DIE GRUNDLEHREN DER

MATHEMATISCHEN WISSENSCHAFTEN

IN EINZELDARSTELLUNGEN MIT BESONDERER BERÜCKSICHTIGUNG DER ANWENDUNGSGEBIETE

GEMEINSAM MIT

W. BLASCHKE
HAMBURG

M. BORN
GÖTTINGEN

C. RUNGE †
GÖTTINGEN

HERAUSGEGEBEN VON

R. COURANT
GÖTTINGEN

BAND III

FUNKTIONENTHEORIE

VON

A. HURWITZ - R. COURANT

BERLIN
VERLAG VON JULIUS SPRINGER
1929

VORLESUNGEN ÜBER

ALLGEMEINE FUNKTIONENTHEORIE UND ELLIPTISCHE FUNKTIONEN

VON

ADOLF HURWITZ

WEIL. ORD. PROF. DER MATHEMATIK AM EIDGENÖSSISCHEN POLYTECHNIKUM ZÜRICH

HERAUSGEGEBEN UND ERGÄNZT DURCH EINEN ABSCHNITT ÜBER

GEOMETRISCHE FUNKTIONENTHEORIE

VON

R. COURANT

ORD. PROF. DER MATHEMATIK AN DER UNIVERSITÄT GÖTTINGEN

DRITTE, VERMEHRTE UND VERBESSERTE AUFLAGE

MIT 152 ABBILDUNGEN

BERLIN

VERLAG VON JULIUS SPRINGER

1929

ISBN 978-3-642-98539-3 ISBN 978-3-642-99353-4 (eBook)
DOI 10.1007/978-3-642-99353-4

SOFTCOVER REPRINT OF THE HARDCOVER 3RD EDITION 1925

Aus dem Vorwort zur ersten Auflage.

Es bedarf kaum eines Wortes der Rechtfertigung, wenn neben den schon vorhandenen funktionentheoretischen Lehrbüchern nunmehr die Vorlesungen von ADOLF HURWITZ über allgemeine Funktionentheorie und elliptische Funktionen erscheinen.

Der erste Abschnitt behandelt die allgemeine Theorie der analytischen Funktionen einer komplexen Variablen. Der Aufbau dieser Theorie wird im Geiste der WEIERSTRASZschen Ideenbildungen auf arithmetischer Grundlage konsequent vollzogen. Im zweiten Abschnitt wird, ebenfalls von WEIERSTRASZschen Gesichtspunkten aus, eine knappe, aber recht vollständige und übersichtliche Einführung in die Theorie der elliptischen Funktionen gegeben.

Bei aller inneren Konsequenz des so errichteten Gebäudes kann der Lernende sich heute mit den Gesichtspunkten der WEIERSTRASZschen Theorie allein nicht mehr begnügen. Hieraus ergab sich der Plan, in einem selbständigen Anhang eine Einführung in den RIEMANNschen geometrisch-funktionentheoretischen Gedankenkreis zu geben.

Das vorliegende Buch als Ganzes gibt, aus drei verhältnismäßig selbständigen und für sich allein lesbaren Abschnitten bestehend, einen einführenden Überblick über die meisten wichtigen funktionentheoretischen Gedankenreihen. — Dem Anfänger, der dieses Buch zum Selbststudium benutzen will, mag empfohlen werden, zugleich mit dem ersten Abschnitt die ersten Kapitel des dritten zu lesen.

Göttingen, im Juni 1922.

Aus dem Vorwort zur zweiten Auflage.

Die vorliegende zweite Auflage unterscheidet sich von der ersten in den beiden von HURWITZ herrührenden Abschnitten durch Verbesserung und Glättung von Einzelheiten.

Eine Umgestaltung von Grund aus dagegen hat der vom Unterzeichneten herrührende Abschnitt über geometrische Funktionentheorie erfahren. Hierbei ist allerdings dieser Abschnitt in seinem Umfange wesentlich angewachsen und hat sich zu einer selbständigen Darstellung entwickelt, die in ihrem Charakter von der HURWITZschen wesentlich abweicht. So wie das Buch jetzt vorliegt, hoffe ich, daß es als Ganzes — trotz der mit seiner Entstehung (und vielleicht der Natur der Sache) zusammenhängenden Unhomogenität — dem Lernenden einen lebendigen Eindruck zugleich von der Vielgestaltigkeit und der Einheit unserer Wissenschaft vermitteln wird.

Göttingen, im März 1925.

R. COURANT.

Vorwort zur dritten Auflage.

Auch in der dritten Auflage haben die von HURWITZ herrührenden beiden ersten Abschnitte keine Änderungen erfahren, abgesehen von Verbesserungen und Ergänzungen in Einzelheiten. Der dritte Abschnitt jedoch ist wiederum in vielen Punkten erweitert und umgestaltet worden. Es soll dadurch erreicht werden, daß er eine wirklich vollständig unabhängig von den vorangehenden Abschnitten lesbare Darstellung der Funktionentheorie vom geometrischen Standpunkt aus gibt und auch den Zugang zu den neueren Spezialforschungen öffnet. Eine kleine Vermehrung des Umfanges war dabei nicht zu vermeiden.

Ich schulde einer Reihe von Fachgenossen für Ratschläge und sonstige Mithilfe herzlichen Dank, vor allem den Herren HARALD BOHR, CARATHÉODORY und V. D. WAERDEN. Ganz besonders aber muß ich an dieser Stelle Herrn Dr. WERNER WEBER für seine selbstlose Hilfe bei jeder kleinen und großen mit der Herausgabe der Neuauflage verbundenen Mühe danken. Ohne diese Hilfe wäre das Erscheinen des Buches zum mindesten um viele Monate hinausgezögert worden.

Göttingen, im Oktober 1929.

R. COURANT.

Inhaltsverzeichnis.

Erster Abschnitt.

Allgemeine Theorie der Funktionen einer komplexen Veränderlichen.

Erstes Kapitel.

Die komplexen Zahlen.

Zweites Kapitel.

Die Potenzreihen.

Drittes Kapitel.

Der Begriff der analytischen Funktion.

Viertes Kapitel.

Untersuchung einiger spezieller analytischer Funktionen.

Fünftes Kapitel.

Die Integration analytischer Funktionen.

Sechstes Kapitel.

Die meromorphen Funktionen.

Siebentes Kapitel.

Die Umkehrung der analytischen Funktionen.

Zweiter Abschnitt.

Elliptische Funktionen.

Erstes Kapitel.

Die doppeltperiodischen meromorphen Funktionen.

Zweites Kapitel.

Die Theta-Funktionen.

Drittes Kapitel.

Die elliptischen Funktionen Jacobis.

Viertes Kapitel.

Die elliptischen Modulfunktionen.

Fünftes Kapitel.

Elliptische Gebilde.

Sechstes Kapitel.

Elliptische Integrale.

Siebentes Kapitel.

Die Transformation der elliptischen Funktionen.

Dritter Abschnitt.

Geometrische Funktionentheorie.

Erstes Kapitel.

Vorbereitende Betrachtungen.

Zweites Kapitel.

Die Grundlagen der Theorie der analytischen Funktionen.

Drittes Kapitel.

Folgerungen aus der Cauchyschen Integralformel.

Viertes Kapitel.

Spezielle Funktionen und ihre Singularitäten.

Fünftes Kapitel.

Analytische Fortsetzung und Riemannsche Flächen.

Sechstes Kapitel.

Die konforme Abbildung einfach zusammenhängender schlichter Gebiete.

Siebentes Kapitel.

Spezielle Abbildungsfunktionen.

Achtes Kapitel.

Die Verallgemeinerung des Riemannschen Abbildungssatzes. Das Dirichletsche Prinzip.

Neuntes Kapitel.

Weitere Existenztheoreme der Funktionentheorie.

Erster Abschnitt.

Allgemeine Theorie der Funktionen einer komplexen Veränderlichen.

Erstes Kapitel.

Die komplexen Zahlen.

§ 1. Begriff der komplexen Zahl.

Die Einführung der komplexen Zahlen hat ihren Grund bekanntlich in dem Umstande, daß die Gleichungen zweiten Grades mit reellen Koeffizienten in zwei Kategorien zerfallen: in solche mit Lösungen und solche ohne Lösungen. Wird man in mathematischen Untersuchungen auf die Unmöglichkeit geführt, gewissen Aufgaben zu genügen, so versucht man, durch eine Erweiterung der fundamentalen Begriffe diese Unmöglichkeit zu beseitigen. So fällt die Unmöglichkeit, gewisse quadratische Gleichungen aufzulösen, fort, wenn wir den Bereich der reellen Zahlen erweitern durch Einführung der komplexen Zahlen. Um die komplexen Zahlen zu definieren, betrachten wir die Gesamtheit aller Zahlenpaare (a, b), welche wir durch die Punkte einer Ebene geometrisch versinnlichen wollen (Abb. 1). Jedem solchen Zahlenpaar ordnen wir das Zeichen

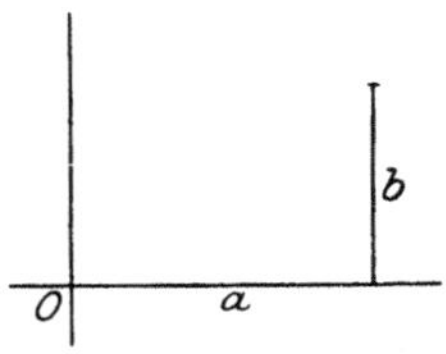

Abb. 1.

$$a + bi$$

zu, in welchem der Buchstabe i zunächst nur als ein reines Symbol anzusehen ist. Wir setzen sogleich fest, daß statt $a + 0i$ einfach a geschrieben werden soll, statt $0 + bi$ einfach bi und statt $1i$ einfach i. Die allgemeinen Zahlen a, welche wir von jetzt ab *reelle Zahlen* nennen wollen, sind also als Symbole den Punkten zugeordnet, deren zweite Koordinate Null ist. Insbesondere ist $a + bi$ dann und nur dann die Zahl 0, wenn $a = b = 0$ ist.

Den Symbolen $a + bi$ geben wir nun dadurch den Charakter von Zahlen, daß wir bestimmte Festsetzungen über das Rechnen mit diesen Symbolen treffen. Dementsprechend werden wir von jetzt an die Symbole $a + bi$ als *komplexe Zahlen* bezeichnen. Wir nennen a den *reellen* und b den *imaginären* Teil der komplexen Zahl $a + bi$. Die Zahlen bi, deren reeller Teil Null ist, heißen *rein imaginär*. Endlich heißt die Zahl $1\,i = i$ die *imaginäre Einheit*.

Die *Addition* der komplexen Zahlen $a + bi$ und $a' + b'i$ definieren wir durch die Gleichung

$$(1) \qquad (a + bi) + (a' + b'i) = (a + a') + (b + b')i.$$

Offenbar genügt die Addition, wie im Gebiete der reellen Zahlen, dem *kommutativen* und dem *assoziativen Gesetze.*

Überdies ist die Addition eindeutig umkehrbar, oder, wenn wir diese Umkehrung der Addition wieder als *Subtraktion* bezeichnen: die Subtraktion ist stets in eindeutiger Weise ausführbar.

Die *Multiplikation* von $a + bi$ und $a' + b'i$ definieren wir durch die Gleichung

$$(2) \qquad (a + bi)\,(a' + b'i) = (aa' - bb') + (ab' + ba')\,i.$$

Nehmen wir $a = a' = 0$, $b = b' = 1$, so ist also speziell

$$i \cdot i = i^2 = -1.$$

Nimmt man $b = 0$, so ergibt sich

$$a\,(a' + b'i) = (a + 0i)\,(a' + b'i) = aa' + ab'i.$$

Insbesondere gilt also für jede komplexe Zahl x

$$1 \cdot x = x.$$

Ein anderer wichtiger spezieller Fall der Definitionsgleichung (2) ist der folgende:

$$(a + bi)\,(a - bi) = a^2 + b^2.$$

Er enthält das Gesetz der Multiplikation zweier *konjugierter* Zahlen. Darunter verstehen wir zwei komplexe Zahlen, welche denselben reellen, aber entgegengesetzten imaginären Teil haben.

Aus der Gleichung (2) ist ersichtlich, daß $(a + bi)\,(a' + b'i)$ dieselbe Zahl vorstellt wie $(a' + b'i)\,(a + bi)$, daß also das *kommutative Gesetz* für die Multiplikation der komplexen Zahlen gilt.

Sind ferner

$$\alpha = a + bi, \quad \alpha' = a' + b'i, \quad \alpha'' = a'' + b''i$$

drei komplexe Zahlen, so ergibt eine leichte Rechnung, daß die beiden Zahlen $(\alpha\alpha')\alpha''$ und $\alpha(\alpha'\alpha'')$ identisch sind, also

$$(\alpha\alpha')\alpha'' = \alpha(\alpha'\alpha'').$$

Es gilt daher auch das *assoziative Gesetz* für die Multiplikation. Da der reelle und der imaginäre Teil des Produktes $(a + bi)\,(a' + b'i)$

homogene lineare Funktionen von a' und b' sind, so gilt ersichtlich die Gleichung

$$\alpha(\alpha' + \alpha'') = \alpha\alpha' + \alpha\alpha''$$

für je drei komplexe Zahlen α, α', α''; d. h. das *distributive Gesetz* ist gültig.

Nach (2) ist ein Produkt zweier komplexer Zahlen Null, wenn ein Faktor Null ist. Aber auch umgekehrt:

Ist ein Produkt Null, so ist notwendig ein Faktor des Produktes Null.

In der Tat folgt aus

$$(a + bi)(a' + b'i) = 0,$$

daß auch

$$(a - bi)(a' - b'i)(a + bi)(a' + b'i) = 0$$

ist, oder, wegen der Vertauschbarkeit der Faktoren in einem Produkt,

$$(a + bi)(a - bi) \cdot (a' + b'i)(a' - b'i) = (a^2 + b^2)(a'^2 + b'^2) = 0.$$

Daher muß

$$a^2 + b^2 = 0 \quad \text{oder} \quad a'^2 + b'^2 = 0$$

sein. Im ersten Falle ist $a = b = 0$, also der Faktor $a + bi = 0$, im zweiten Falle ist $a' = b' = 0$, also der Faktor $a' + b'i = 0$.

Endlich bemerken wir, daß die *Division*, mit Ausnahme der Division durch Null, eine im Reiche der komplexen Zahlen stets eindeutig ausführbare Operation ist. Denn betrachten wir die Gleichung

$$(3) \qquad (a + bi)x = (a' + b'i),$$

so folgt aus derselben

$$(a^2 + b^2)x = (a - bi)(a' + b'i)$$

und hieraus, wenn $a + bi \neq 0$, d. h. $a^2 + b^2 \neq 0$ ist,

$$x = 1 \cdot x = \frac{1}{a^2 + b^2}(a^2 + b^2)x = \frac{1}{a^2 + b^2}(a - bi)(a' + b'i).$$

Dieser Wert von x befriedigt auch wirklich die Gleichung (3), welche demnach stets eine und nur eine Lösung zuläßt.

Die Gleichungen

$$(a - bi) + (a' - b'i) = (a + a') - (b + b')i,$$

$$(a - bi)(a' - b'i) = (aa' - bb') - (ab' + ba')i$$

zeigen, wenn man sie mit (1) und (2) vergleicht, daß die Summe bzw. das Produkt zweier komplexer Zahlen in den konjugierten Wert übergeht, wenn man die Summanden bzw. die Faktoren des Produktes durch ihre konjugierten Werte ersetzt. Oder in anderer Ausdrucksweise: Ordnet man jeder komplexen Zahl ihre konjugierte Zahl als Bild zu, so entsteht dadurch eine Abbildung des Systems aller komplexen Zahlen auf sich selbst von der Eigenschaft, daß Gleichungen von der Form

$$\alpha + \beta = \gamma, \quad \alpha - \beta = \gamma, \quad \alpha\beta = \gamma$$

bestehen bleiben, wenn man die in ihnen vorkommenden Zahlen durch ihre Bilder ersetzt. Daraus folgt dann sofort, daß überhaupt jede Gleichung zwischen komplexen Zahlen, deren beide Seiten durch ausschließliche Anwendung der Operationen der Addition, Subtraktion und Multiplikation gebildet sind, bestehen bleibt, wenn man jede der komplexen Zahlen durch ihre konjugierte Zahl ersetzt.

§ 2. Geometrische Darstellung der komplexen Zahlen. Sätze über den absoluten Betrag.

Die komplexen Zahlen lassen sich nach § 1 den Punkten einer Ebene umkehrbar eindeutig zuordnen, indem man der komplexen Zahl

$$\alpha = a + bi$$

den Punkt mit den rechtwinkligen Koordinaten a, b entsprechen läßt. Zur Vereinfachung werden wir in der Folge den Punkt, welcher einer komplexen Zahl α entspricht, ebenfalls mit α benennen. Die Ebene, durch deren Punkte wir die komplexen Zahlen repräsentieren, nennen wir die *komplexe Zahlenebene*. Der Koordinatenanfangspunkt, welcher der Zahl Null entspricht, heiße der *Nullpunkt*.

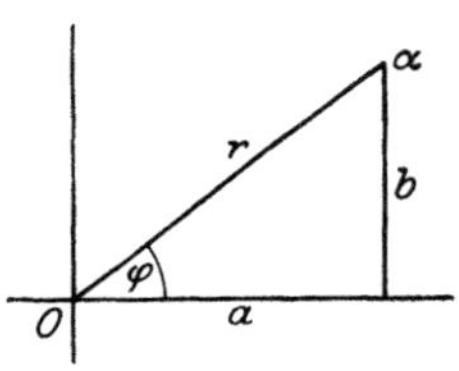

Abb. 2.

Die Entfernung r des Punktes α vom Nullpunkt ist (Abb. 2)

$$r = \sqrt{a^2 + b^2} = \sqrt{(a + bi)(a - bi)}.$$

Diese Größe wird der *absolute Betrag* der komplexen Zahl α genannt und nach WEIERSTRASZ mit $|\alpha|$ bezeichnet. Diejenigen Zahlen, welche einen und denselben absoluten Betrag r besitzen, werden offenbar durch die Punkte einer Kreislinie mit dem Nullpunkt als Mittelpunkt und dem Radius r repräsentiert. Die einzige komplexe Zahl, deren absoluter Betrag 0 ist, ist die Zahl 0. Ferner beweisen wir leicht:

Der absolute Betrag der Differenz $\alpha - \alpha'$ ist die Entfernung der beiden Punkte α und α'.

Ist nämlich $\alpha = a + bi$, $\alpha' = a' + b'i$, so wird

$$\alpha - \alpha' = (a - a') + (b - b')\,i$$

und folglich

$$|\alpha - \alpha'| = \sqrt{(a - a')^2 + (b - b')^2}.$$

Einige weitere wichtige Sätze über die absoluten Beträge erhalten wir durch folgende Betrachtungen.

Bezeichnen wir den reellen Teil der komplexen Zahl α mit $\Re\alpha$, den imaginären Teil mit $\Im\alpha$,[1] so ist

$$|\alpha| = \sqrt{(\Re\alpha)^2 + (\Im\alpha)^2}$$

und demnach

(1) $$\Re\alpha \leqq |\alpha|, \qquad |\Re\alpha| \leqq |\alpha|,$$
$$\Im\alpha \leqq |\alpha|, \qquad |\Im\alpha| \leqq |\alpha|.$$

Die Richtigkeit dieser Ungleichungen leuchtet auch geometrisch sofort ein: In dem rechtwinkligen Dreieck von Abb. 2 ist jede Kathete höchstens von der Länge der Hypotenuse.

Bezeichnen wir mit α, β zwei komplexe Zahlen, mit $\bar\alpha, \bar\beta$ die zu ihnen konjugierten Zahlen, so ist

$$|\alpha| = \sqrt{\alpha\bar\alpha}, \quad |\beta| = \sqrt{\beta\bar\beta}, \quad |\alpha\beta| = \sqrt{(\alpha\beta)(\bar\alpha\bar\beta)} = \sqrt{\alpha\bar\alpha}\sqrt{\beta\bar\beta}$$

und folglich

(2) $$|\alpha\beta| = |\alpha|\,|\beta|.$$

Ersetzen wir hier α durch $\frac{\alpha}{\beta}$ $(\beta \neq 0)$, so kommt $\left|\frac{\alpha}{\beta}\beta\right| = \left|\frac{\alpha}{\beta}\right|\left|\beta\right|$ und daraus

(3) $$\left|\frac{\alpha}{\beta}\right| = \frac{|\alpha|}{|\beta|}.$$

Die Gleichung (2) läßt sich leicht auf ein Produkt $\alpha\beta\gamma\cdots\lambda$ von beliebig vielen komplexen Zahlen ausdehnen; für ein solches Produkt gilt

$$|\alpha\beta\gamma\cdots\lambda| = |\alpha|\cdot|\beta|\cdot|\gamma|\cdots|\lambda|$$

und speziell, wenn alle Faktoren einander gleich angenommen werden,

$$|\alpha^n| = |\alpha|^n \qquad (n = 1, 2, 3, \ldots).$$

Nunmehr vergleichen wir den absoluten Betrag einer Summe

$$|\alpha + \beta|$$

mit den absoluten Beträgen $|\alpha|$ und $|\beta|$ der Summanden. Es sei zunächst $\alpha + \beta \neq 0$. Wegen

$$1 = \frac{\alpha}{\alpha+\beta} + \frac{\beta}{\alpha+\beta}$$

ist dann

$$1 = \Re\frac{\alpha}{\alpha+\beta} + \Re\frac{\beta}{\alpha+\beta},$$

also nach (1) und (3)

$$1 \leqq \left|\frac{\alpha}{\alpha+\beta}\right| + \left|\frac{\beta}{\alpha+\beta}\right| = \frac{|\alpha|}{|\alpha+\beta|} + \frac{|\beta|}{|\alpha+\beta|},$$

endlich

(4) $$|\alpha+\beta| \leqq |\alpha| + |\beta|.$$

Im Falle $\alpha + \beta = 0$ besteht dieselbe Beziehung trivialerweise.

---

[1] Diese Bezeichnungen sollen auch im folgenden beibehalten werden.

Die sehr häufig zu brauchende Ungleichung (4) hat eine einfache geometrische Bedeutung. Betrachten wir nämlich die drei Punkte (Abb. 3)

$$0, \alpha, \alpha+\beta,$$

so bedeutet $|\alpha+\beta|$ die geradlinige Entfernung des Punktes $\alpha+\beta$ vom Punkte 0, während $|\alpha|$ die Entfernung des Punktes α vom Punkte 0 und $|\beta|$ die Entfernung des Punktes α vom Punkte $\alpha+\beta$ darstellt. Die Ungleichung (4) besagt also, daß die Summe der beiden letzteren Entfernungen mindestens so groß ist wie die erstgenannte Entfernung.

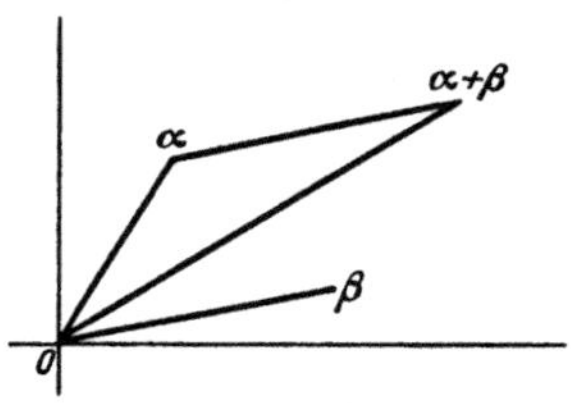

Abb. 3.

Ersetzen wir in (4) die Zahl α durch die Zahl $\alpha-\beta$, so kommt

$$|\alpha| \leqq |\alpha-\beta|+|\beta|$$

und hieraus

$$|\alpha-\beta| \geqq |\alpha|-|\beta|.$$

Indem wir $-\beta$ für β schreiben, gewinnt die vorstehende Ungleichung wegen $|-\beta|=|\beta|$ die Gestalt

(5) $$|\alpha+\beta| \geqq |\alpha|-|\beta|.$$

Nach (4) und (5) liegt also der Wert von $|\alpha+\beta|$ stets zwischen den beiden Grenzen $|\alpha|-|\beta|$ und $|\alpha|+|\beta|$.

Der Winkel φ zwischen der Halbachse der positiven reellen Zahlen und der Richtung vom Nullpunkt zur komplexen Zahl α wird *Winkel*, *Arkus* oder *Amplitude* von α genannt und mit arc α bezeichnet. Offenbar ist (Abb. 2)

$$a=r\cos\varphi, \quad b=r\sin\varphi, \quad \alpha=a+bi=r(\cos\varphi+i\sin\varphi).$$

Dieser Darstellung von α werden wir noch später begegnen (S. 73).

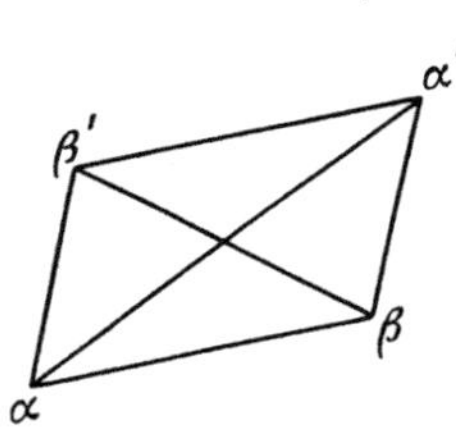

Abb. 4.

Wir wollen nun noch kurz die geometrischen Konstruktionen besprechen, welche der Addition und der Multiplikation der komplexen Zahlen entsprechen.

Sind α und α' zwei Punkte in der komplexen Zahlenebene, so ist $\frac{\alpha+\alpha'}{2}$ der Mittelpunkt ihrer Verbindungsstrecke. Wenn daher

$$\alpha+\alpha'=\beta+\beta'$$

ist, so bilden die Punkte $\alpha, \alpha', \beta, \beta'$ die Ecken eines Parallelogramms (Abb. 4). Um also aus α, α', β

$$\beta'=\alpha+\alpha'-\beta$$

zu konstruieren, ergänze man das Dreieck $\beta\alpha\alpha'$ zum Parallelogramm $\beta\alpha\beta'\alpha'$, dann ist die β gegenüberliegende Ecke β' der zu konstruierende Punkt. Wählt man $\beta=0$, so ist hierin die Konstruktion für die Summe

$\alpha + \alpha'$ enthalten; wählt man $\alpha' = 0$, so hat man die Konstruktion für die Differenz $\alpha - \beta$.

Betrachten wir nun in der komplexen Zahlenebene zwei Dreiecke $\alpha\,\alpha'\alpha''$ und $\beta\,\beta'\beta''$ (Abb. 5), so sind diese ähnlich, wenn

$$\frac{\alpha' - \alpha}{\alpha'' - \alpha} = \frac{\beta' - \beta}{\beta'' - \beta}$$

ist. Denn zunächst folgt aus der vorstehenden Gleichung, indem man beide Seiten um 1 vermindert,

$$\frac{\alpha' - \alpha''}{\alpha'' - \alpha} = \frac{\beta' - \beta''}{\beta'' - \beta}$$

und, indem man zu den absoluten Beträgen übergeht,

$$|\alpha' - \alpha| : |\alpha'' - \alpha| : |\alpha' - \alpha''| = |\beta' - \beta| : |\beta'' - \beta| : |\beta' - \beta''|,$$

d. h. die Seiten des Dreiecks $\alpha\,\alpha'\alpha''$ sind proportional den Seiten des Dreiecks $\beta\,\beta'\beta''$. Eine nähere Betrachtung, die wir übergehen, zeigt, daß die beiden Dreiecke $\alpha\,\alpha'\alpha''$ und $\beta\,\beta'\beta''$ gleichorientiert sind; d. h. wenn der Punkt α'' zur Linken der Durchlaufungsrichtung $\alpha\,\alpha'$ liegt, so liegt auch der Punkt β'' zur Linken der Durchlaufungsrichtung $\beta\beta'$, und wenn der Punkt α'' zur Rechten der Durchlaufungsrichtung $\alpha\alpha'$ liegt, so liegt auch der Punkt β'' zur Rechten der Durchlaufungsrichtung $\beta\beta'$.[1]

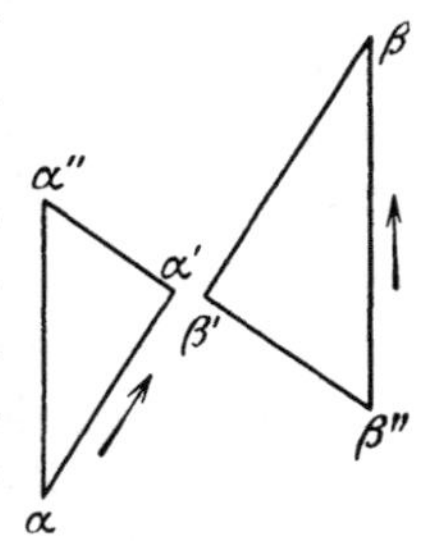

Abb. 5.

Sind fünf der Punkte $\alpha, \alpha', \alpha'', \beta, \beta', \beta''$, etwa die ersten fünf, gegeben, so kann man hiernach den sechsten

$$\beta'' = \beta + (\beta' - \beta)\frac{\alpha'' - \alpha}{\alpha' - \alpha}$$

leicht konstruieren. Man hat nur nötig, über $\beta\,\beta'$ ein Dreieck $\beta\,\beta'\beta''$ zu errichten, das ähnlich und gleichorientiert mit dem Dreieck $\alpha\,\alpha'\alpha''$ ist. Nehmen wir speziell

$$\beta = 0, \quad \beta' = 1, \quad \alpha = 0,$$

so erhalten wir eine Konstruktion für den Quotienten $\frac{\alpha''}{\alpha'}$, während der Annahme

$$\beta = 0, \quad \alpha = 0, \quad \alpha' = 1$$

eine Konstruktion für das Produkt $\beta'\alpha''$ entspricht.

---

[1] Nimmt man an, daß der Punkt i zur Linken der positiven Richtung $\overrightarrow{01}$ der Achse der reellen Zahlen liegt, so liegt α'' zur Linken oder zur Rechten der Durchlaufungsrichtung $\alpha\,\alpha'$, je nachdem der imaginäre Teil des Bruches $\frac{\alpha'' - \alpha}{\alpha' - \alpha}$ positiv oder negativ ist.

§ 3. Konvergente Zahlenfolgen. Die Zahlenkugel.

Eine unendliche *Folge* komplexer Zahlen

$$\alpha_1 = a_1 + b_1 i, \quad \alpha_2 = a_2 + b_2 i, \quad \ldots, \quad \alpha_n = a_n + b_n i, \quad \ldots$$

wollen wir ***konvergent*** nennen, wenn jede der beiden Folgen reeller Zahlen

$$\text{(1)} \qquad \begin{cases} a_1, a_2, \ldots, a_n, \ldots; \\ b_1, b_2, \ldots, b_n, \ldots \end{cases}$$

konvergiert[1]. Es sind dann

$$\lim_{n\to\infty} a_n = a, \qquad \lim_{n\to\infty} b_n = b$$

bestimmte endliche Zahlen. Wir nennen $\alpha = a + bi$ die *Grenze* oder den *Limes* der Zahlenfolge $\alpha_1, \alpha_2, \ldots, \alpha_n, \ldots$ und schreiben

$$\lim_{n\to\infty} \alpha_n = \alpha .$$

Jede unendliche Zahlenfolge, die nicht konvergent ist, heißt *divergent.*

Die Folgen (1) sind bekanntlich dann und nur dann konvergent, wenn zu jeder beliebig klein vorgeschriebenen positiven Zahl ε der Index n so bestimmbar ist, daß

$$\text{(2)} \qquad |a_k - a_h| < \varepsilon \quad \text{und} \quad |b_k - b_h| < \varepsilon$$

ist, falls nur k und h größer als n sind.

Hieraus werden wir jetzt den *Fundamentalsatz der Konvergenz* für das komplexe Zahlgebiet ableiten:

Die Zahlenfolge

$$\alpha_1, \alpha_2, \ldots, \alpha_n, \ldots$$

ist immer und nur dann konvergent, wenn zu jedem positiven ε der Index n so gewählt werden kann, daß

$$|\alpha_k - \alpha_h| < \varepsilon$$

ist, sobald k und h größer als n sind.

Offenbar ist dies eine *notwendige* Bedingung; denn aus (2) folgt

$$|\alpha_k - \alpha_h| = \sqrt{(a_k - a_h)^2 + (b_k - b_h)^2} < \sqrt{2}\,\varepsilon ,$$

und $\sqrt{2}\,\varepsilon$ kann ebenso jede beliebige positive Zahl darstellen wie ε selbst. Die Bedingung ist aber auch *hinreichend*; denn aus

$$|\alpha_k - \alpha_h| = \sqrt{(a_k - a_h)^2 + (b_k - b_h)^2} < \varepsilon$$

folgt

$$|a_k - a_h| < \varepsilon \quad \text{und} \quad |b_k - b_h| < \varepsilon ,$$

d. h. das Bestehen der Ungleichungen (2).

---

[1] Definitionen und einfache Tatsachen aus der Theorie der unendlichen Folgen reeller Zahlen und Reihen mit reellen Gliedern werden als bekannt vorausgesetzt. Man vergleiche etwa das Lehrbuch von KNOPP: Unendliche Reihen. 2. Aufl. Berlin 1924.

Wir bemerken hier sogleich, daß die Bedingung des Fundamentalsatzes der Konvergenz schon erfüllt ist, wenn nur zu jedem positiven ε der Index n so gewählt werden kann, daß

$$|\alpha_k - \alpha_n| < \varepsilon$$

ist, falls $k > n$ ist. Denn ist letztere Bedingung erfüllt, so können wir zu $\frac{\varepsilon}{2}$ den Index n so bestimmen, daß

$$|\alpha_k - \alpha_n| < \frac{\varepsilon}{2}, \qquad |\alpha_h - \alpha_n| < \frac{\varepsilon}{2}$$

ist, wenn k und h zwei beliebige Indizes $> n$ bedeuten. Dann ist aber

$$\begin{aligned} |\alpha_k - \alpha_h| &= |(\alpha_k - \alpha_n) + (\alpha_n - \alpha_h)| \\ &\leqq |\alpha_k - \alpha_n| + |\alpha_h - \alpha_n| < \frac{\varepsilon}{2} + \frac{\varepsilon}{2} = \varepsilon, \end{aligned}$$

also wirklich die Bedingung des Fundamentalsatzes der Konvergenz erfüllt.

An die Definition der konvergenten Zahlenfolgen knüpfen wir nun noch eine weitere Definition.

Kann bei einer Zahlenfolge

$$\alpha_1, \alpha_2, \ldots, \alpha_n, \ldots$$

zu jeder beliebig groß gewählten positiven Zahl G der Index n so bestimmt werden, daß

$$|\alpha_k| > G$$

ist, sobald $k > n$ ist, so wollen wir sagen, die Zahlenfolge habe die Grenze *Unendlich*. Wir drücken dies durch die Gleichung

$$\lim_{n \to \infty} \alpha_n = \infty$$

aus. Um für das hierdurch eingeführte Symbol ∞ ebenfalls eine geometrische Darstellung zu erhalten, stellen wir folgende Überlegung an:

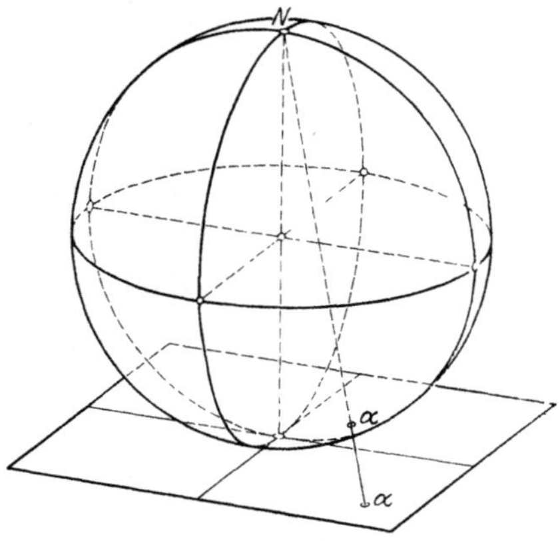

Abb. 6.

Wir betrachten eine Kugel, deren Mittelpunkt sich senkrecht über dem Nullpunkt der komplexen Zahlenebene befindet. Diese selbst denken wir uns horizontal liegend und die Kugel im Nullpunkte berührend (Abb. 6). Verbinden wir den höchsten Punkt N der Kugel mit dem Punkte α der komplexen Zahlenebene geradlinig, so schneidet die Verbindungsgerade die Kugeloberfläche außer in N noch in einem weiteren Punkte, den wir ebenfalls α nennen wollen. Diese Konstruktion, welche jedem Punkte der Ebene einen bestimmten Punkt der Kugel zuordnet, nennt man *stereographische Projektion.* Jede komplexe Zahl α findet nun auf diese Weise einen ihr entsprechenden Punkt α der Kugel. Umgekehrt entspricht, mit Ausnahme des Punktes N, jedem Punkte der Kugel eine bestimmte komplexe Zahl. Und nun wollen wir festsetzen, daß der Punkt N als Repräsentant des Symboles ∞ angesehen werden und dementsprechend *Punkt* ∞ heißen soll.

Betrachten wir eine Zahlenfolge $\alpha_1, \alpha_2, \ldots, \alpha_n, \ldots$, für die

$$\lim_{n \to \infty} \alpha_n = \infty$$

ist, so nähern sich die Punkte $\alpha_1, \alpha_2, \ldots, \alpha_n, \ldots$ der Kugel mit wachsendem Index immer mehr dem Punkte N, während die entsprechenden Punkte der Zahlenebene immer weiter vom Nullpunkt abrücken. Es entspricht also der Punkt N dem unendlich Fernen der Zahlenebene. Deshalb sprechen wir zuweilen kurz vom *unendlich fernen Punkt* der Zahlenebene, worunter wir uns dann aber immer den Punkt ∞ der Zahlenkugel vorzustellen haben[1].

Der Vollständigkeit halber wollen wir hier die Formeln kurz ableiten, die zwischen den Koordinaten des Punktes (x, y) der Zahlenebene und den Koordinaten des entsprechenden Punktes (ξ, η, ζ) der Zahlenkugel bestehen. Wir nehmen den Nullpunkt der Zahlenebene als Anfangspunkt und lassen die positive Z-Achse mit der Richtung ON zusammenfallen.

Der Radius der Kugel heiße a. Dann ist die Gleichung, welche ausdrückt, daß der Punkt (ξ, η, ζ) auf der Kugeloberfläche liegt,

$$\xi^2 + \eta^2 + (\zeta - a)^2 = a^2$$

oder

$$\xi^2 + \eta^2 = 2\,a\,\zeta - \zeta^2.$$

Liegen nun der Punkt $N\,(0, 0, 2\,a)$, der Punkt (ξ, η, ζ) der Kugel und der Punkt $(x, y, 0)$ der Zahlenebene in einer Geraden, so ist

$$\frac{x-0}{\xi-0} = \frac{y-0}{\eta-0} = \frac{0-2a}{\zeta-2a},$$

d. h.

$$x = \frac{2a\,\xi}{2a-\zeta}, \qquad y = \frac{2a\,\eta}{2a-\zeta}.$$

Hieraus folgt

$$x^2 + y^2 = 4\,a^2 \cdot \frac{\xi^2+\eta^2}{(2\,a-\zeta)^2} = \frac{4a^2\zeta}{2a-\zeta}.$$

Es drücken sich also x, y und $x^2 + y^2$ durch folgende Formeln vermöge ξ, η, ζ aus:

$$(3) \qquad x = \frac{2a\,\xi}{2a-\zeta}, \qquad y = \frac{2a\,\eta}{2a-\zeta}, \qquad x^2 + y^2 = \frac{8\,a^3}{2a-\zeta} - 4\,a^2.$$

[1] Diese der Funktionentheorie angemessene Auffassung des unendlich Fernen der Ebene als eines *Punktes* steht in charakteristischem Gegensatz zu der Auffassung der projektiven Geometrie, in welcher bekanntlich das unendlich Ferne der Ebene als eine *Gerade* angesehen wird.

Umgekehrt folgt:

$$\xi = \frac{4a^2 x}{x^2 + y^2 + 4a^2}, \qquad \eta = \frac{4a^2 y}{x^2 + y^2 + 4a^2}, \qquad \zeta = 2a - \frac{8a^3}{x^2 + y^2 + 4a^2}.$$

Betrachten wir in der Zahlenebene diejenigen Punkte, welche der Gleichung

$$A(x^2 + y^2) + Bx + Cy + D = 0 \tag{4}$$

genügen, so bilden dieselben eine Kreisperipherie oder, falls $A = 0$ ist, eine Gerade. Der Kürze halber werden wir jede Gerade in der komplexen Zahlenebene auch als Kreis (mit unendlichem Radius) bezeichnen, so daß also die vorstehende Gleichung (4) in jedem Falle einen Kreis in der Zahlenebene definiert.

Den Formeln (3) zufolge genügen die Koordinaten ξ, η, ζ der Gleichung

$$A\left(\frac{8a^3}{2a - \zeta} - 4a^2\right) + B\frac{2a\xi}{2a - \zeta} + C\frac{2a\eta}{2a - \zeta} + D = 0$$

oder

$$2aB\xi + 2aC\eta + (4a^2A - D)\zeta + 2aD = 0, \tag{5}$$

wenn x und y der Gleichung (4) genügen. Die Gleichung (5) stellt eine Ebene vor, wenn ξ, η, ζ als laufende Koordinaten angesehen werden. Da eine Ebene die Kugel in einem Kreise schneidet, so folgt:

Jedem Kreise in der Zahlenebene entspricht ein Kreis auf der Zahlenkugel.

Der Satz darf offenbar auch umgekehrt werden, da die Koeffizienten A, B, C, D so gewählt werden können, daß die Gleichung (5) eine beliebige Ebene darstellt. Also:

Jedem Kreise auf der Zahlenkugel entspricht ein Kreis in der Zahlenebene.

Diejenigen Kreise der Kugel, welche durch den Punkt ∞ hindurchgehen, entsprechen den Geraden der Zahlenebene. Daher sagen wir, daß eine Gerade ein Kreis sei, welcher durch den unendlich fernen Punkt der Zahlenebene hindurchgeht.

Die leicht beweisbare Tatsache, daß die stereographische Projektion eine *konforme Abbildung* der Ebene auf die Kugel darstellt, d. h. daß der Winkel zwischen zwei Kurven in der Ebene derselbe ist wie der Winkel zwischen den entsprechenden Kurven auf der Kugel, sei hier nur beiläufig erwähnt.

§ 4. Häufungswerte unendlicher Zahlenmengen.

Bezeichnet ε eine positive Zahl, so wollen wir unter der *Umgebung* ε *eines im Endlichen liegenden Punktes* α der komplexen Zahlenebene die Gesamtheit derjenigen Punkte z verstehen, welche der Bedingung $|z - \alpha| < \varepsilon$ genügen. Diese Punkte erfüllen das Innere eines Kreises mit dem Mittelpunkt α und dem Radius ε. Die Zahl ε nehmen wir als

Maß der Größe der Umgebung. Auf der Zahlenkugel bilden die Punkte einer Umgebung des Punktes α das Innere eines um den Punkt α sich legenden Kreises, der sich mit abnehmendem ε immer mehr auf den Punkt α zusammenzieht, aber im allgemeinen nicht den Punkt α zum Mittelpunkt hat.

Unter der *Umgebung ε des unendlich fernen Punktes* wollen wir die Gesamtheit derjenigen Punkte z verstehen, die der Bedingung $|z| > \frac{1}{\varepsilon}$ genügen. Diese Punkte erfüllen das Äußere eines Kreises mit dem Mittelpunkt 0 und dem Radius $\frac{1}{\varepsilon}$. Auch hier nehmen wir ε als Maß für die Größe der Umgebung. Auf der Zahlenkugel stellt sich die Umgebung ε des unendlich fernen Punktes als das Innere eines Kreises dar, der um den Punkt ∞ der Kugel abgegrenzt ist und um so kleiner wird, je kleiner ε ist.

Wir betrachten nun eine Menge Σ von unendlich vielen komplexen Zahlen. Dieselbe wird geometrisch durch eine Menge von unendlich vielen Punkten der Zahlenebene oder der Zahlenkugel dargestellt, welche wir ebenfalls mit Σ bezeichnen wollen. Dabei wollen wir nicht ausschließen, daß unter den Zahlen der Menge Σ sich gleiche finden, und rechnen in diesem Falle einen und denselben Punkt der Punktmenge mehrfach zu.

Die Punktmenge Σ auf der Zahlenkugel bildet eine Punktmenge im dreidimensionalen Zahlenraum, in welchem unsere Kugel liegt. Die *Häufungsstellen* dieser Punktmenge Σ sind gewisse Punkte der Kugel.

Wenn α eine solche im Endlichen oder Unendlichen gelegene Häufungsstelle ist[1], so liegen in jeder noch so kleinen Umgebung von α unendlich viele Punkte der Menge Σ. Wir können daher aus Σ eine Zahlenfolge

$$\alpha_1, \alpha_2, \alpha_3, \ldots, \alpha_n, \ldots$$

so herausheben, daß

$$\lim_{n\to\infty} \alpha_n = \alpha$$

ist. Daher nennen wir α auch einen *Häufungswert* der Zahlenmenge Σ.

Wir knüpfen an diese Betrachtung noch folgende Sätze:

Liegt eine Zahlenfolge

$$\alpha_1, \alpha_2, \ldots, \alpha_n, \ldots$$

vor mit der Grenze α, so daß also

$$\lim_{n\to\infty} \alpha_n = \alpha$$

ist, so besitzt die aus den Punkten $\alpha_1, \alpha_2, \ldots, \alpha_n, \ldots$ bestehende Punktmenge nur die Häufungsstelle α.

---

[1] Jede beschränkte unendliche Punktmenge auf einer Geraden, in einer Ebene oder im Raum hat bekanntlich mindestens eine Häufungsstelle.

Umgekehrt:

Besitzt eine Punktmenge der Zahlenkugel nur eine Häufungsstelle α, so ist die entsprechende Zahlenmenge abzählbar, läßt sich also in eine Reihenfolge

$$\alpha_1, \alpha_2, \ldots, \alpha_n, \ldots$$

bringen, und es ist dann

$$\lim_{n \to \infty} \alpha_n = \alpha .$$

Wir wollen den letzten Satz unter der Annahme beweisen, daß die eine Häufungsstelle α im Punkte ∞ liegt. Man erkennt leicht, daß die Schlüsse, die wir in diesem Falle machen, auch für jeden beliebigen Wert von α anwendbar bleiben.

Es liege also eine unendliche Punktmenge Σ vor mit der einen Häufungsstelle ∞. Betrachten wir irgendeine Umgebung ε des Punktes ∞, so können außerhalb derselben nur endlich viele Punkte von Σ liegen. Im anderen Falle würde nämlich eine von ∞ verschiedene Häufungsstelle von Σ existieren. In der komplexen Zahlenebene wird die Umgebung ε durch das Äußere des Kreises mit dem Mittelpunkt 0 und dem Radius $\frac{1}{\varepsilon}$ dargestellt. Im Inneren eines solchen Kreises liegen also immer nur endlich viele Punkte von Σ.

Wir beschreiben nun um den Nullpunkt eine Reihe von Kreisen, deren Radien nach irgendeinem Gesetze ins Unendliche wachsen, und zerlegen dadurch die Ebene in die Stücke I, II, III, ..., welche, abgesehen vom ersten, lauter Kreisringe sind (Abb. 7).

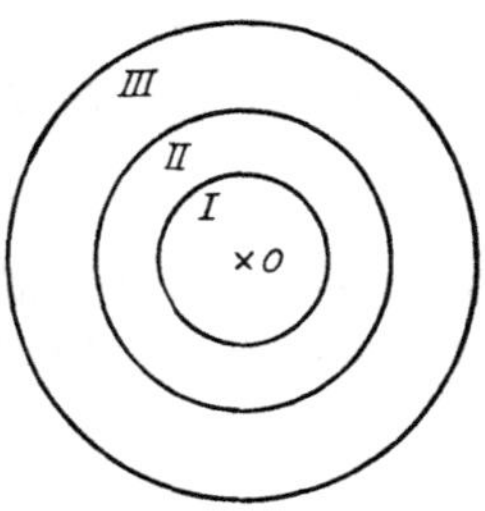

Abb. 7.

Diesen Stücken entsprechend teilen wir die Punkte von Σ in Gruppen (I), (II), (III), ... ein, indem wir in jede Gruppe diejenigen aufnehmen, welche in dem betreffenden Stücke liegen. Jede einzelne Gruppe enthält nur eine endliche Zahl von Punkten. Diese ordnen wir immer irgendwie, doch so, daß diejenigen voranstehen, welche dem Nullpunkte näher liegen.

Auf diese Weise erkennen wir, daß die Zahlen von Σ sich in eine Folge

$$\alpha_1, \alpha_2, \alpha_3, \alpha_4, \ldots$$

bringen lassen, und zwar derart, daß

$$|\alpha_1| \leqq |\alpha_2| \leqq |\alpha_3| \leqq |\alpha_4| \leqq \cdots$$

und $\lim\limits_{n \to \infty} \alpha_n = \infty$ ist. Dies war aber zu beweisen.

§ 5. Konvergenz der Reihen mit komplexen Gliedern.

Die Reihe

$$(1)\qquad w_1 + w_2 + w_3 + \cdots + w_n + \cdots,$$

deren allgemeines Glied

$$w_n = u_n + i v_n$$

eine komplexe Zahl ist, heißt *konvergent*, wenn

$$\lim_{n\to\infty} (w_1 + w_2 + w_3 + \cdots + w_n) = s$$

einen bestimmten endlichen Wert vorstellt, wenn also die Folge der Teilsummen

$$s_1 = w_1, \quad s_2 = w_1 + w_2, \quad s_3 = w_1 + w_2 + w_3, \ldots$$

eine konvergente Zahlenfolge bildet. Die Zahl s heißt dann die *Summe* der Reihe (1). Die Reihe (1) konvergiert daher dann und nur dann, wenn die beiden Reihen

$$(2)\qquad \begin{aligned} &u_1 + u_2 + \cdots + u_n + \cdots, \\ &v_1 + v_2 + \cdots + v_n + \cdots \end{aligned}$$

konvergieren; sind u und v ihre Summen, so ist $s = u + iv$.

Jede Reihe, die nicht konvergent ist, heißt *divergent*.

Wendet man den Fundamentalsatz der Konvergenz auf die Zahlenfolge $s_1, s_2, s_3, \ldots$ an, so folgt das allgemeine Konvergenzkriterium:

Die unendliche Reihe

$$w_1 + w_2 + w_3 + \cdots + w_n + \cdots$$

konvergiert dann und nur dann, wenn zu jedem positiven ε *der Index* n *so bestimmt werden kann, daß die Ungleichung*

$$|w_{n+1} + w_{n+2} + \cdots + w_{n+k}| < \varepsilon$$

für jede natürliche Zahl k *erfüllt ist*[1].

Wir wollen nun eine konvergente Reihe (1) *unbedingt konvergent* nennen, wenn sie bei beliebiger Umstellung der Glieder konvergent bleibt und ihre Summe nicht ändert. Für die unbedingte Konvergenz ist notwendig und hinreichend, daß die Reihen (2) unbedingt konvergent sind, und dies ist bekanntlich dann und nur dann der Fall, wenn die Reihen

$$(3)\qquad \begin{aligned} &|u_1| + |u_2| + \cdots + |u_n| + \cdots, \\ &|v_1| + |v_2| + \cdots + |v_n| + \cdots \end{aligned}$$

konvergieren.

---

[1] Insbesondere ist also notwendig, daß w_n mit wachsendem n gegen 0 konvergiert.

Da nun

$$|w_n| = \sqrt{u_n^2 + v_n^2} = |u_n + i\,v_n| \leqq |u_n| + |v_n|$$

ist, so konvergiert mit den Reihen (3) zugleich die Reihe

(4) $$|w_1| + |w_2| + \cdots + |w_n| + \cdots.$$

Da ferner sowohl $|u_n|$ als auch $|v_n|$ nicht größer als

$$|w_n| = \sqrt{u_n^2 + v_n^2}$$

ist, so konvergiert mit der Reihe (4) auch jede der beiden Reihen (3). Wir haben also erhalten:

Eine Reihe $w_1 + w_2 + \cdots + w_n + \cdots$ *konvergiert stets und nur dann unbedingt, wenn sie „absolut" konvergiert, d. h. wenn die Reihe der absoluten Beträge*

$$|w_1| + |w_2| + \cdots + |w_n| + \cdots$$

konvergiert.

Aus der Reihe (1) kann man in mannigfaltiger Weise eine unendliche Anzahl von Reihen

(5) $$\begin{cases} w_{\alpha_1} + w_{\alpha_2} + w_{\alpha_3} + \cdots, \\ w_{\beta_1} + w_{\beta_2} + w_{\beta_3} + \cdots, \\ w_{\gamma_1} + w_{\gamma_2} + w_{\gamma_3} + \cdots, \\ \cdot\;\cdot\;\cdot\;\cdot\;\cdot\;\cdot\;\cdot\;\cdot\;\cdot\;\cdot\;\cdot \\ \cdot\;\cdot\;\cdot\;\cdot\;\cdot\;\cdot\;\cdot\;\cdot\;\cdot\;\cdot\;\cdot \end{cases}$$

derart bilden, daß jedes Glied w_n der ursprünglichen Reihe in einer und nur einer der neuen Reihen, und zwar einmal, auftritt. Beispielsweise würde

$$\begin{array}{l} w_1 + w_2 + w_4 + w_7 + w_{11} + \cdots, \\ w_3 + w_5 + w_8 + w_{12} + \cdots, \\ w_6 + w_9 + w_{13} + \cdots, \\ w_{10} + w_{14} + \cdots, \\ w_{15} + \cdots, \\ \cdot\;\cdot\;\cdot\;\cdot\;\cdot\;\cdot\;\cdot\;\cdot\;\cdot\;\cdot\;\cdot\;\cdot\;\cdot\;\cdot \end{array}$$

eine derartige Zerlegung der Reihe (1) in unendlich viele Reihen sein. Wir wollen nun den folgenden Satz beweisen, den wir als *Doppelreihensatz* bezeichnen werden:

Wenn die Reihe (1) *absolut konvergiert und die Summe* s *besitzt, so konvergiert auch jede der Reihen* (5) *absolut. Werden die Summen dieser Reihen mit* $s_1, s_2, s_3, \ldots$ *bezüglich bezeichnet, so konvergiert auch die Reihe*

(6) $$s_1 + s_2 + s_3 + \cdots$$

absolut, und ihre Summe ist s.

Die Reihe

$$|w_{\alpha_1}| + |w_{\alpha_2}| + |w_{\alpha_3}| + \cdots$$

ist konvergent, weil ihre Teilsummen unterhalb der endlichen Zahl

$$S = |w_1| + |w_2| + |w_3| + \cdots$$

bleiben. Die erste der Reihen (5) ist daher absolut konvergent; und in gleicher Weise folgt, daß jede einzelne der Reihen (5) absolut konvergiert.

Es sei nun

$$\begin{aligned} s_1 &= w_{\alpha_1} + w_{\alpha_2} + w_{\alpha_3} + \cdots, \\ s_2 &= w_{\beta_1} + w_{\beta_2} + w_{\beta_3} + \cdots, \\ s_3 &= w_{\gamma_1} + w_{\gamma_2} + w_{\gamma_3} + \cdots, \\ &\cdots\cdots\cdots\cdots \end{aligned}$$

Dann wird

$$s - (s_1 + s_2 + \cdots + s_m) = w_{\varkappa_1} + w_{\varkappa_2} + \cdots$$

sein, wo $\varkappa_1, \varkappa_2, \ldots$ diejenigen Indizes bedeuten, die in den ersten m Reihen (5) nicht auftreten. Ist nun n eine beliebig angenommene natürliche Zahl, so werden für genügend große Werte von m die Glieder w_1, $w_2, \ldots, w_n$ in den ersten m Reihen (5) vorkommen und also $\varkappa_1, \varkappa_2, \ldots$ über n liegen. Dann ist also

$$|s - (s_1 + s_2 + \cdots + s_m)| \leqq |w_{n+1}| + |w_{n+2}| + \cdots = r_n,$$

wo r_n den n-ten Rest der Reihe

$$|w_1| + |w_2| + |w_3| + \cdots$$

bezeichnet. Da aber n so angenommen werden kann, daß r_n kleiner als eine beliebig klein vorgeschriebene positive Zahl ist, so hat man

$$\lim_{m \to \infty} (s_1 + s_2 + \cdots + s_m) = s.$$

Die Reihe (6) konvergiert also und hat die Summe s. Daß diese Reihe absolut konvergiert, folgt aus den Ungleichungen

$$\begin{aligned} |s_1| &\leqq |w_{\alpha_1}| + |w_{\alpha_2}| + \cdots, \\ |s_2| &\leqq |w_{\beta_1}| + |w_{\beta_2}| + \cdots, \\ &\cdots\cdots\cdots\cdots, \end{aligned}$$

aus welchen man sofort

$$|s_1| + |s_2| + \cdots + |s_m| \leqq |w_1| + |w_2| + |w_3| + \cdots = S$$

schließt. Die Reihe

$$|s_1| + |s_2| + |s_3| + \cdots$$

ist demnach konvergent, da ihre Teilsummen die feste Zahl S nicht übersteigen. Hiermit ist der Doppelreihensatz in allen Stücken bewiesen.

Mit Hilfe des Doppelreihensatzes ist es leicht, folgenden wichtigen Satz zu beweisen:

Das Produkt $s s'$ der Summen s und s' zweier absolut konvergenter Reihen

$$s = w_1 + w_2 + w_3 + \cdots,$$
$$s' = w_1' + w_2' + w_3' + \cdots$$

wird durch die ebenfalls absolut konvergente Reihe

$$s s' = w_1 w_1' + (w_1 w_2' + w_2 w_1') + (w_1 w_3' + w_2 w_2' + w_3 w_1') + \cdots$$
$$+ (w_1 w_n' + w_2 w_{n-1}' + \cdots + w_n w_1') + \cdots$$

dargestellt.

In der Tat ist die aus den Gliedern

(7) $\qquad w_1 w_1', \quad w_1 w_2', \quad w_2 w_1', \quad w_1 w_3', \quad w_2 w_2', \quad w_3 w_1', \ldots$

gebildete Reihe absolut konvergent. Betrachten wir nämlich irgendwelche Glieder dieser Reihe, so ist die Summe ihrer absoluten Beträge nicht größer als

$$(|w_1| + |w_2| + \cdots + |w_n|)(|w_1'| + |w_2'| + \cdots + |w_n'|),$$

wenn n der höchste Index ist, der in jenen Gliedern auftritt. Um so mehr überschreitet diese Summe nicht das Produkt $W W'$, wo

$$W = |w_1| + |w_2| + |w_3| + \cdots,$$
$$W' = |w_1'| + |w_2'| + |w_3'| + \cdots$$

ist.

Die Summe der aus den Gliedern (7) gebildeten Reihe ist nun einerseits gleich

$$w_1 w_1' + (w_1 w_2' + w_2 w_1') + (w_1 w_3' + w_2 w_2' + w_3 w_1') + \cdots$$

und andererseits nach dem Doppelreihensatz gleich der Summe der unendlich vielen Reihen

$$s_1 = w_1 w_1' + w_1 w_2' + w_1 w_3' + \cdots = w_1 s',$$
$$s_2 = w_2 w_1' + w_2 w_2' + w_2 w_3' + \cdots = w_2 s',$$
$$s_3 = w_3 w_1' + w_3 w_2' + w_3 w_3' + \cdots = w_3 s',$$
$$\cdots\cdots\cdots\cdots\cdots\cdots,$$

d. h. gleich

$$w_1 s' + w_2 s' + w_3 s' + \cdots = s s'.$$

§ 6. Komplexe Variable und Funktionen derselben.

Betrachten wir eine Menge Σ von komplexen Zahlen und setzen wir fest, daß die komplexe Zahl $z = x + iy$ mit jeder Zahl dieser Menge Σ identifiziert werden darf, so nennen wir z eine komplexe *Variable* und Σ ihr *Gebiet*[1]. Dies Gebiet Σ wird geometrisch durch eine Punktmenge in der komplexen Zahlenebene oder auf der Zahlenkugel dargestellt. Wie früher wollen wir die Punktmenge ebenfalls mit

[1] Das Wort Gebiet werden wir später nur in speziellerer Bedeutung verwenden. (Vgl. Kap. 3, § 3, S. 45.)

Σ und ebenfalls als *Gebiet* der komplexen Variablen z bezeichnen. Bedienen wir uns der Darstellung der Zahlen von Σ durch die Zahlenkugel, so brauchen wir dann den Fall nicht auszuschließen, in welchem der Punkt ∞ zu der Punktmenge Σ gehört, in welchem also unter den Zahlen von Σ auch der Wert ∞ vorkommt.

Wenn nun jedem Wert, den z annehmen darf, also jeder Zahl von Σ, nach einem bestimmten Gesetze ein komplexer Zahlenwert $w = u + iv$ zugeordnet ist, so nennen wir w eine *Funktion* von z. Ist wie oben $z = x + iy$, so sind dann u und v *reelle* Funktionen der *reellen* Variablen x und y. Wenn uns also w als Funktion von z gegeben ist, so kommt das darauf hinaus, daß uns im reellen Gebiete zwei Funktionen u und v von x und y gegeben sind.

Betrachten wir die Punktmenge Σ, sei es in der Zahlenebene oder auf der Zahlenkugel, welche das Gebiet der Variablen z ist, so entspricht jedem Punkte von Σ ein bestimmter komplexer Zahlenwert w. Stellen wir den letzteren wieder geometrisch als Punkt in einer Zahlenebene oder auf einer Zahlenkugel dar, so erhalten wir den verschiedenen Werten, die w annimmt, entsprechend eine Punktmenge Σ'. Dabei kann die Punktmenge Σ' einen und denselben Punkt mehrfach enthalten, wenn nämlich verschiedenen Werten von z derselbe Wert w zugeordnet ist.

Nun stellt sich die Abhängigkeit des Wertes von w von dem Werte von z geometrisch offenbar so dar:

Die Punktmengen Σ und Σ' stehen in der Beziehung zueinander, daß jedem Punkte von Σ ein bestimmter Punkt von Σ' zugeordnet ist.

Wenn wir die Punktmengen Σ und Σ' auf der Zahlenkugel betrachten, so brauchen wir den Fall nicht auszuschließen, in welchem zu der Punktmenge Σ' der Punkt ∞ gehört, in welchem also unter den Funktionswerten w auch $w = \infty$ vorkommt.

Wir wollen nun den Begriff der *Stetigkeit* einführen.

Es sei z_0 ein bestimmter Wert der Variablen z, geometrisch dargestellt durch den Punkt z_0 von Σ, und es sei w_0 der zugehörige Funktionswert, geometrisch dargestellt durch den Punkt w_0 von Σ'. Wenn nun z_0 eine Häufungsstelle der Punktmenge Σ ist, so sagen wir, w sei *stetig* für den betrachteten Wert z_0, falls w_0 *endlich* ist und zu jeder beliebig kleinen Umgebung ε von w_0 sich eine Umgebung δ von z_0 so angeben läßt, daß den Punkten von Σ, welche in letztere Umgebung fallen, Punkte von Σ' entsprechen, die in die Umgebung ε von w_0 fallen.

Diese Bedingung läßt sich auch durch folgende ersetzen:

Haben die Punkte $z', z'', z''', \ldots$ von Σ die Grenze z_0, so sollen die entsprechenden Punkte $w', w'', w''', \ldots$ von Σ' die endliche Grenze w_0 besitzen.

Betrachten wir den Fall, wo z_0 einen endlichen Wert besitzt, so drückt sich die Bedingung der Stetigkeit offenbar folgendermaßen aus:

Die Funktion w, welche für $z = z_0$ den Wert w_0 annimmt, ist für z_0 stetig, falls zu jedem beliebig klein vorgeschriebenen positiven ε die positive Größe δ so bestimmt werden kann, daß $|w - w_0| < \varepsilon$ ist, sobald $|z - z_0| < \delta$ ist.

Dies bleibt auch noch gültig für den Fall $z_0 = \infty$, wenn wir nur dem an sich sinnlosen Symbol $z = \infty$ die Bedeutung $\frac{1}{z}$ beilegen.

Ist z. B.

$$w = z^n \quad (n > 0 \text{ ganz}),$$

so können wir als Gebiet der Variablen z die ganze Zahlenkugel mit Ausschluß des Punktes $z = \infty$ annehmen. Ist z_0 ein bestimmter Wert von z und $w_0 = z_0{}^n$, so ist

$$w - w_0 = z^n - z_0^n = (z - z_0)(z^{n-1} + z^{n-2} z_0 + \cdots + z_0^{n-1})$$

und folglich

$$|w - w_0| = |z - z_0|\,|z^{n-1} + z^{n-2} z_0 + \cdots + z_0^{n-1}|$$
$$\leqq |z - z_0|\,(r^{n-1} + r^{n-2} r_0 + \cdots + r_0^{n-1}),$$

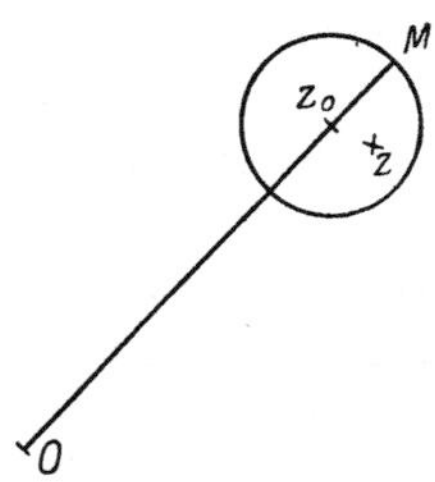

Abb. 8.

wobei wir $|z| = r$, $|z_0| = r_0$ gesetzt haben. Betrachten wir nun die Umgebung δ des Punktes z_0, so ist für jedes z dieser Umgebung offenbar $r = |z| < OM = r_0 + \delta$ (Abb. 8). Daher wird dann

$$|w - w_0| \leqq |z - z_0|\,[(r_0 + \delta)^{n-1} + (r_0 + \delta)^{n-2}(r_0 + \delta) + \cdots]$$
$$< n\delta\,(r_0 + \delta)^{n-1}.$$

Wie aus dieser Ungleichung ersichtlich ist, können wir δ so klein wählen, daß $|w - w_0|$ für alle z der Umgebung δ von z_0 unter einem beliebig vorgeschriebenen positiven ε liegt. Also ist $w = z^n$ stetig für jeden endlichen Wert von z. Ebenso zeigt man, daß allgemeiner dasselbe gilt für jede ganze rationale Funktion

$$w = a_0 z^n + a_1 z^{n-1} + \cdots + a_n \qquad (n \geqq 0).$$

§ 7. Gleichmäßige Konvergenz.

Wir betrachten eine Reihe

$$(1) \qquad s = w_1 + w_2 + w_3 + \cdots + w_n + \cdots,$$

deren Glieder Funktionen der komplexen Variablen z sind. Das Gebiet dieser Variablen sei Σ, und für jeden der Punktmenge Σ angehörenden Punkt z möge die Reihe (1) konvergieren. Die Summe s der Reihe ist dann ebenfalls eine Funktion der Variablen z.

Wird nun ein bestimmter Punkt $z = z_1$ des Gebietes Σ zugrunde gelegt, so sind also die Glieder der Reihe (1) ganz spezielle komplexe Zahlen. Bezeichnen wir mit r_n den n-ten Rest der Reihe, so daß also

$$s - (w_1 + w_2 + w_3 + \cdots + w_n) = r_n$$

oder

$$s = w_1 + w_2 + w_3 + \cdots + w_n + r_n$$

ist, so folgt aus der vorausgesetzten Konvergenz der Reihe, daß

$$|r_k| < \varepsilon \tag{2}$$

ist, sobald der Index k größer als ein geeignet gewählter Index n geworden ist. Dabei bedeutet, wie gewöhnlich, ε eine beliebig klein angenommene positive Zahl.

Stellt man dieselbe Betrachtung für die in irgendeinem andern Punkte $z = z_2$ des Gebietes Σ gebildete Reihe (1) an, so läßt sich wiederum zu jedem ε ein solcher Index n angeben, daß für $k > n$ stets die Ungleichung (2) gilt. Es ist aber nicht gesagt, daß man diesmal bei gegebenem ε dasselbe n verwenden kann wie vorher im Falle $z = z_1$.

Wenn nun aber zu beliebig gegebenem positivem ε ein fester Index n so gewählt werden kann, daß die Ungleichung (2) *besteht für $k > n$ und jeden beliebigen Punkt z des Gebietes Σ, so heißt die Reihe* (1) *im Gebiet Σ „gleichmäßig" konvergent*[1].

Die Bedeutung dieses Begriffes der gleichmäßigen Konvergenz beruht wesentlich auf folgendem Satze:

Sind die Glieder der Reihe

$$s = w_1 + w_2 + w_3 + \cdots + w_n + \cdots$$

für das Gebiet Σ stetige Funktionen von z und konvergiert die Reihe im Gebiet Σ gleichmäßig, so ist auch die Summe s der Reihe für das Gebiet Σ eine stetige Funktion von z.

Denn ist ε eine beliebig klein vorgeschriebene positive Zahl, so kann der Index n zunächst so gewählt werden, daß in der Gleichung

$$s = s_n + r_n$$

der absolute Betrag von r_n kleiner als $\frac{\varepsilon}{3}$ ist für jeden Punkt z des Gebietes Σ. Bezeichnet dann z^* einen bestimmten Punkt von Σ und nehmen wir in vorstehender Gleichung $z = z^*$, so kommt etwa

$$s^* = s_n^* + r_n^*$$

und

$$|s - s^*| = |s_n - s_n^* + r_n - r_n^*| \leqq |s_n - s_n^*| + |r_n| + |r_n^*|.$$

[1] Zum Verständnis des Begriffes der gleichmäßigen Konvergenz dient am besten die Betrachtung einer ungleichmäßig konvergenten Reihe, z. B. der Reihe $\sum_{n=1}^{\infty} \frac{x^2}{(1+x^2)^n}$, welche, wie der Leser leicht nachprüfen wird, im Intervall $-1 \leqq x \leqq +1$ *ungleichmäßig* konvergiert.

Da s_n als Summe einer endlichen Anzahl stetiger Funktionen selbst stetig ist, können wir eine Umgebung von z^* so wählen, daß

$$|s_n - s_n^*| < \frac{\varepsilon}{3}$$

ist für jedes z, welches dieser Umgebung angehört. Für eben diese Umgebung ist dann

$$|s - s^*| < \frac{\varepsilon}{3} + \frac{\varepsilon}{3} + \frac{\varepsilon}{3} = \varepsilon,$$

womit die Stetigkeit von s dargetan ist.

Die gleichmäßige Konvergenz einer Reihe läßt sich häufig mit Hilfe des folgenden Satzes feststellen:

Es seien

$$w_1 + w_2 + w_3 + \cdots,$$
$$\varrho_1 + \varrho_2 + \varrho_3 + \cdots$$

zwei Reihen; die Glieder der ersten Reihe seien Funktionen von z in dem Gebiete Σ, die Glieder der zweiten Reihe konstante positive Zahlen. Wenn dann für jedes z im Gebiete Σ die Ungleichungen

$$|w_n| \leqq \varrho_n \qquad (n = 1, 2, 3, \ldots)$$

gelten und die zweite Reihe konvergent ist, so konvergiert die erste Reihe im Gebiet Σ absolut und gleichmäßig.

Daß die erste Reihe absolut konvergiert, folgt aus

$$|w_1| + |w_2| + \cdots + |w_n| \leqq \varrho_1 + \varrho_2 + \cdots + \varrho_n < \varrho_1 + \varrho_2 + \varrho_3 + \cdots.$$

Da ferner für jedes z im Gebiete Σ der Rest der ersten Reihe die Ungleichung

$$|w_{n+1} + w_{n+2} + \cdots| \leqq |w_{n+1}| + |w_{n+2}| + \cdots \leqq \varrho_{n+1} + \varrho_{n+2} + \cdots$$

erfüllt, also dem Betrage nach höchstens gleich dem Reste der zweiten Reihe ist, so leuchtet auch die gleichmäßige Konvergenz der ersten Reihe ein.

Unser Satz gestattet noch eine bemerkenswerte Verallgemeinerung. Wir wollen zwei Reihen betrachten:

(3) $$W_1 + W_2 + W_3 + \cdots,$$

(4) $$w_1 + w_2 + w_3 + \cdots,$$

deren Glieder Funktionen von z im Gebiete Σ sind.

Wenn nun für jedes z in diesem Gebiete

$$|W_n| \geqq |w_n|$$

ist, so soll die Reihe (3) eine *Majorante* der Reihe (4) für das Gebiet Σ heißen. Umgekehrt heiße (4) *Minorante* von (3).

Nun gilt offenbar folgender Satz:

Ist für das Gebiet Σ die Reihe (4) *Minorante der Reihe* (3) *und konvergiert die Reihe der absoluten Beträge der Glieder von* (3) *gleichmäßig für das Gebiet Σ, so konvergiert die Reihe* (4) *absolut und gleichmäßig für das Gebiet Σ.*

Für den Fall, daß die Glieder der Majorante (3) positive Konstanten sind, geht dieser Satz in den vorhergehenden über.

Zweites Kapitel.

Die Potenzreihen.

Die Theorie der analytischen Funktionen, wie wir sie hier nach WEIERSTRASZ entwickeln wollen, stützt sich auf die Betrachtung der *Potenzreihen.* Daher werden wir uns in diesem Kapitel eingehend mit den Eigenschaften dieser Reihen zu beschäftigen haben.

§ 1. Konvergenzgebiet einer Potenzreihe.

Jede Reihe von der Form

$$\mathfrak{P}(z) = c_0 + c_1 z + c_2 z^2 + \cdots + c_n z^n + \cdots,$$

deren Koeffizienten $c_0, c_1, c_2, \ldots, c_n, \ldots$ irgendwelche komplexe Zahlen sind, heißt eine *Potenzreihe.*

Diejenigen Punkte z in der komplexen Zahlenebene, für welche die Reihe konvergiert, bilden dann das *Konvergenzgebiet* oder den *Konvergenzbereich* der Potenzreihe. Jedenfalls gehört der Punkt $z = 0$ dem Konvergenzgebiete an.

Es gibt auch Potenzreihen, welche *nur* für $z = 0$ konvergieren, deren Konvergenzgebiet also aus dem einen Punkte $z = 0$ besteht. Wir werden nachher zeigen, daß z. B. die Reihe

$$1 + z + 2!z^2 + \cdots + n!z^n + \cdots$$

eine derartige Reihe ist.

Schließen wir diesen Fall aus, so wird $\mathfrak{P}(z)$ auch konvergieren für einen geeignet gewählten Wert z_0, der von Null verschieden ist. Wenn nun

$$c_0 + c_1 z_0 + c_2 z_0^2 + \cdots + c_n z_0^n + \cdots$$

konvergiert, so ist sicher

$$\lim_{n \to \infty} c_n z_0^n = 0.$$

Die Punkte $c_0, c_1 z_0, c_2 z_0^2, \ldots, c_n z_0^n, \ldots$ haben also die einzige Häufungsstelle Null, und es ist daher möglich, um den Nullpunkt einen Kreis zu beschreiben, der alle diese Punkte in seinem Inneren aufnimmt.

Ist g der Radius dieses Kreises, so ist

$$|c_n z_0^n| < g$$

für $n = 0, 1, 2, 3, \ldots$.

Wir beschreiben nun mit positivem Radius ϱ um den Nullpunkt irgend einen Kreis, der den Punkt z_0 nicht enthält; dann ist also $\varrho < |z_0|$. Ist nun z ein beliebiger Punkt im Inneren oder auf der Peripherie dieses Kreises, so ist

$$|c_n z^n| = |c_n z_0^n| \frac{|z|^n}{|z_0|^n} < g \left(\frac{\varrho}{|z_0|}\right)^n.$$

Setzen wir zur Abkürzung

$$\frac{\varrho}{|z_0|} = k,$$

so wird also die Reihe

$$g + gk + gk^2 + \cdots + gk^n + \cdots$$

für den betrachteten Kreis eine Majorante der Potenzreihe

$$c_0 + c_1 z + c_2 z^2 + \cdots + c_n z^n + \cdots$$

sein. Die erstere Reihe konvergiert als geometrische Reihe mit dem positiven Quotienten $k < 1$. Folglich gilt der Satz:

Wenn die Potenzreihe $\mathfrak{P}(z)$ für $z = z_0$ konvergiert, so konvergiert sie absolut und gleichmäßig in den Punkten jedes Kreises mit dem Mittelpunkt 0 *und einem Radius, der kleiner als $|z_0|$ ist.*

Sie konvergiert daher insbesondere absolut für jeden Wert z, dessen absoluter Betrag kleiner als $|z_0|$ ist, d. h. für alle Punkte z im Inneren desjenigen Kreises, der den Mittelpunkt 0 hat und dessen Peripherie durch den Punkt z_0 geht.

Wir betrachten nun die Gesamtheit derjenigen Kreise C mit dem Mittelpunkt 0, welche die Eigenschaft haben, daß im Inneren eines solchen Kreises die Potenzreihe $\mathfrak{P}(z)$ konvergiert. Es sei r die obere Grenze der Radien dieser Kreise, wobei ein unendlich großer Wert von r nicht ausgeschlossen ist, und K der Kreis mit dem Mittelpunkt 0 und dem Radius r. Ist z^* ein Punkt außerhalb dieses Kreises, so kann $\mathfrak{P}(z)$ für diesen Punkt nicht konvergieren. Denn es würde sonst einen Kreis (durch z^*) geben, in dessen Innerem $\mathfrak{P}(z)$ konvergiert und dessen Radius $> r$ ist.

Ist dagegen z ein Punkt im Inneren des Kreises K, so wird $\mathfrak{P}(z)$ für diesen Punkt konvergieren; denn unter den Kreisen C gibt es solche, deren Radien beliebig dicht bei r liegen, also auch solche, die den Punkt z in ihr Inneres aufnehmen. Wir haben damit folgenden Satz erhalten:

Ist $\mathfrak{P}(z)$ eine Potenzreihe, so gibt es einen Kreis K mit dem Mittelpunkt 0 *von der Eigenschaft, daß $\mathfrak{P}(z)$ konvergiert für jeden Punkt z im Inneren des Kreises K, daß dagegen $\mathfrak{P}(z)$ divergiert für jeden Punkt z außerhalb des Kreises K.*

Ob $\mathfrak{P}(z)$ für die Punkte der Peripherie des Kreises K konvergiert oder divergiert, bleibt unentschieden.

Diesen Kreis K nennen wir den *Konvergenzkreis* von $\mathfrak{P}(z)$, seinen Radius r den *Konvergenzradius* von $\mathfrak{P}(z)$.

In dem ausgeschlossenen Fall, in welchem $\mathfrak{P}(z)$ nur für $z = 0$ konvergiert, wollen wir sagen, der Konvergenzradius r sei Null, und entsprechend, der Konvergenzkreis K reduziere sich auf den Nullpunkt.

Ist der Konvergenzradius r (also die obere Grenze der Radien der Kreise C) unendlich, so bedeckt der Konvergenzkreis K die ganze komplexe Zahlenebene, und die Potenzreihe $\mathfrak{P}(z)$ konvergiert dann für jeden Wert von z. Eine solche Potenzreihe nennen wir *beständig konvergent.*

Das Konvergenzgebiet einer Potenzreihe $\mathfrak{P}(z)$ besteht nun offenbar aus den Punkten, die im Inneren des Konvergenzkreises liegen, zu welchen eventuell noch diejenigen Punkte der Peripherie des Konvergenzkreises hinzukommen, in welchen $\mathfrak{P}(z)$ konvergiert.

Wegen der oben bewiesenen gleichmäßigen Konvergenz einer Potenzreihe stellt eine Potenzreihe $\mathfrak{P}(z)$ im Inneren ihres Konvergenzkreises eine *stetige Funktion* vor.

§ 2. Bestimmung des Konvergenzradius.

Nach CAUCHY kann man den Konvergenzradius einer Potenzreihe

$$\mathfrak{P}(z) = c_0 + c_1 z + c_2 z^2 + \cdots + c_n z^n + \cdots \tag{1}$$

auf folgende Weise aus ihren Koeffizienten bestimmen.

Wir bilden die Zahlenfolge

$$|c_1|, \quad \sqrt{|c_2|}, \quad \sqrt[3]{|c_3|}, \quad \sqrt[4]{|c_4|}, \quad \ldots, \quad \sqrt[n]{|c_n|}, \quad \ldots. \tag{2}$$

Alle Glieder dieser Folge sind als reelle nicht-negative Zahlen zu nehmen.

Unter den Häufungswerten dieser Zahlen sei der größte l, d. h. $l = \overline{\lim\limits_{n\to\infty}} \sqrt[n]{|c_n|}$, dann ist

$$r = \frac{1}{l}$$

der Konvergenzradius der Potenzreihe (1).

Zum Beweise denken wir uns einen beliebig fixierten Wert z. Dann ist

$$\overline{\lim_{n\to\infty}} \sqrt[n]{|c_n z^n|} = l\,|z|.$$

Ist nun

$$|z| > \frac{1}{l}, \quad \text{also} \quad l\,|z| > 1,$$

so ist für unendlich viele Indizes n

$$\sqrt[n]{|c_n z^n|} > 1, \quad \text{also} \quad |c_n z^n| > 1,$$

und es findet Divergenz statt, weil $\lim\limits_{n\to\infty} c_n z^n$ nicht Null sein kann. Ist aber

$$|z| < \frac{1}{l}, \quad \text{also} \quad l|z| < 1,$$

so ist von einem gewissen n ab

$$\sqrt[n]{|c_n z^n|} < k,$$

wo k eine zwischen $l\,|\,z\,|$ und 1 fixierte Zahl bedeutet; also ist, wenn C eine geeignete positive Konstante bedeutet, die Reihe

$$C(1 + k + k^2 + \cdots)$$

eine Majorante von $\mathfrak{P}(z)$, woraus die Konvergenz von $\mathfrak{P}(z)$ folgt.

Der Fall $l = 0$ (d. h. $r = \infty$) tritt dann und nur dann ein, wenn die Zahlenfolge (2) die einzige Häufungsstelle 0 besitzt, d. h. wenn

$$\lim_{n\to\infty} \sqrt[n]{|c_n|} = 0$$

ist.

Die Potenzreihe

$$c_0 + c_1 z + c_2 z^2 + \cdots + c_n z^n + \cdots$$

konvergiert beständig dann und nur dann, wenn

$$\lim_{n\to\infty} \sqrt[n]{|c_n|} = 0$$

ist.

Für die vorstehenden Sätze wollen wir nun einige Beispiele betrachten.

Für die Potenzreihe

$$1 + z + z^4 + z^9 + z^{16} + \cdots$$

ist $\sqrt[n]{|c_n|}$ gleich 1 oder 0, je nachdem n ein Quadrat ist oder nicht. Die Zahlenfolge (2) hat also die beiden Häufungswerte 0 und 1; es ist $l = 1$ und $r = \frac{1}{l} = 1$.

Für die Reihe

$$1 + z + \frac{z^2}{2!} + \cdots + \frac{z^n}{n!} + \cdots$$

ist

$$c_n = \frac{1}{n!}.$$

Um $\overline{\lim\limits_{n\to\infty}} \sqrt[n]{|c_n|}$ zu finden, betrachten wir

$$(n!)^2 = \{1\cdot n\}\cdot\{2(n-1)\}\cdot\{3(n-2)\}\cdots\{n\cdot 1\}.$$

Unter den n Faktoren der rechten Seite ist keiner kleiner als n, denn es ist

$$a(n-a+1)-n=(a-1)(n-a)\geqq 0$$

für $a=1,2,3,\ldots,n$. Folglich ist

$$(n!)^2\geqq n^n,\qquad n!\geqq(\sqrt{n})^n,\qquad \sqrt[n]{n!}\geqq\sqrt{n}$$

und daher

$$\sqrt[n]{\frac{1}{n!}}\leqq\frac{1}{\sqrt{n}}.$$

Hiernach ist

$$\lim_{n\to\infty}\sqrt[n]{|c_n|}=\lim_{n\to\infty}\sqrt[n]{\frac{1}{n!}}=0,$$

und die betrachtete Reihe konvergiert also in der ganzen komplexen Zahlenebene.

Für die Reihe

$$1+z+2!\,z^2+\cdots+n!\,z^n+\cdots$$

ist

$$\lim_{n\to\infty}\sqrt[n]{|c_n|}=\lim_{n\to\infty}\sqrt[n]{n!}=\infty;$$

folglich $l=\infty$ und $r=\frac{1}{l}=0$. Die Reihe konvergiert also nur für $z=0$.

Wir erwähnen schließlich noch folgenden häufig gebrauchten Satz über den Konvergenzkreis:

Stehen die Potenzreihen

$$\mathfrak{P}(z)=c_0+c_1z+c_2z^2+\cdots+c_nz^n+\cdots,$$
$$\mathfrak{P}_1(z)=c_0'+c_1'z+c_2'z^2+\cdots+c_n'z^n+\cdots$$

in der Beziehung zueinander, daß von einem gewissen Index ab beständig

$$|c_n|\leqq|c_n'|$$

ist, so ist der Konvergenzkreis von $\mathfrak{P}(z)$ mindestens so groß wie der von $\mathfrak{P}_1(z)$.

Denn für jeden Punkt im Inneren des Konvergenzkreises von $\mathfrak{P}_1(z)$ konvergiert $\mathfrak{P}_1(z)$ absolut, folglich auch $\mathfrak{P}(z)$.

§ 3. Das Rechnen mit Potenzreihen.

Betrachten wir mehrere Potenzreihen

$$\mathfrak{P}_1(z),\quad \mathfrak{P}_2(z),\quad \ldots,\quad \mathfrak{P}_k(z),$$

so wollen wir den *kleinsten* unter ihren Konvergenzkreisen als *gemeinsamen* Konvergenzkreis der Reihen bezeichnen. Für jeden Punkt innerhalb des Kreises konvergieren sämtliche Reihen, und zwar absolut; für jeden Punkt außerhalb dieses Kreises divergiert wenigstens eine der Reihen.

Durch formale *Addition* zweier Potenzreihen

$$\mathfrak{P}_1(z) = c_0^{(1)} + c_1^{(1)} z + \cdots + c_n^{(1)} z^n + \cdots,$$
$$\mathfrak{P}_2(z) = c_0^{(2)} + c_1^{(2)} z + \cdots + c_n^{(2)} z^n + \cdots$$

entsteht die neue Potenzreihe

$$\text{(1)} \qquad \mathfrak{P}_1(z) + \mathfrak{P}_2(z) = (c_0^{(1)} + c_0^{(2)}) + (c_1^{(1)} + c_1^{(2)}) z + \cdots + (c_n^{(1)} + c_n^{(2)}) z^n + \cdots.$$

Diese konvergiert für jedes z, für welches sowohl $\mathfrak{P}_1(z)$ wie $\mathfrak{P}_2(z)$ konvergiert. Das gleiche gilt offenbar von der *Differenz*

$$\text{(2)} \qquad \mathfrak{P}_1(z) - \mathfrak{P}_2(z) = (c_0^{(1)} - c_0^{(2)}) + (c_1^{(1)} - c_1^{(2)}) z + \cdots + (c_n^{(1)} - c_n^{(2)}) z^n + \cdots.$$

Wenn wir ferner das *Produkt* der beiden Reihen $\mathfrak{P}_1(z)$ und $\mathfrak{P}_2(z)$ bilden:

$$\text{(3)} \qquad \mathfrak{P}_1(z) \cdot \mathfrak{P}_2(z) = c_0^{(1)} c_0^{(2)} + (c_0^{(1)} c_1^{(2)} + c_0^{(2)} c_1^{(1)}) z + \cdots,$$

so ist die hierdurch erhaltene neue Potenzreihe nach Kap. 1, § 5 absolut konvergent für jedes z, für welches $\mathfrak{P}_1(z)$ und $\mathfrak{P}_2(z)$ absolut konvergieren, und die Summe dieser neuen Potenzreihe ist dann das Produkt aus den Summen der Reihen $\mathfrak{P}_1(z)$ und $\mathfrak{P}_2(z)$.

Durch wiederholte Anwendung dieser Bemerkungen erhalten wir folgenden Satz:

Es bedeute $G(\mathfrak{P}_1(z), \mathfrak{P}_2(z), \ldots, \mathfrak{P}_k(z))$ eine ganze rationale Funktion der Potenzreihen $\mathfrak{P}_1(z), \mathfrak{P}_2(z), \ldots, \mathfrak{P}_k(z)$, also einen Ausdruck, der durch ausschließliche Anwendung der Operationen der Addition, Subtraktion und Multiplikation aus diesen Reihen und Konstanten zusammengesetzt ist. Durch wiederholte Anwendung der Gleichungen (1), (2) *und* (3) *läßt sich dann diese ganze rationale Funktion wieder in die Form einer Potenzreihe bringen. Die auf diese Weise entstehende Reihe $\mathfrak{P}(z)$ konvergiert für jedes z im Inneren des gemeinsamen Konvergenzkreises der Reihen $\mathfrak{P}_1(z), \mathfrak{P}_2(z), \ldots, \mathfrak{P}_k(z)$, und für jedes solche z besteht die Gleichung*

$$G(\mathfrak{P}_1(z), \mathfrak{P}_2(z), \ldots, \mathfrak{P}_k(z)) = \mathfrak{P}(z),$$

in welcher unter $\mathfrak{P}_1(z), \mathfrak{P}_2(z), \ldots, \mathfrak{P}_k(z)$ und $\mathfrak{P}(z)$ die Summen der Reihen für den betreffenden Wert von z zu verstehen sind.

Wir gehen nun zur Betrachtung der *Division* der Potenzreihen über und wollen zunächst den Quotienten

$$\frac{1}{1 - c_1 z - c_2 z^2 - c_3 z^3 - \cdots}$$

ins Auge fassen, wobei wir annehmen, daß die Potenzreihe im Nenner einen nicht verschwindenden Konvergenzradius besitzt. Dann ist der größte Häufungswert l der Zahlenfolge

$$|c_1|, \quad \sqrt{|c_2|}, \quad \sqrt[3]{|c_3|}, \quad \ldots, \quad \sqrt[n]{|c_n|}, \ldots$$

endlich, und es liegen daher diese Zahlen unterhalb einer geeignet gewählten positiven Zahl. Verstehen wir unter g eine derartige Zahl, so ist für jeden Index n

$$|c_n| < g^n. \tag{4}$$

Nunmehr bestimmen wir die Potenzreihe

$$\mathfrak{Q}(z) = 1 + k_1 z + k_2 z^2 + k_3 z^3 + \cdots + k_n z^n + \cdots \tag{5}$$

so, daß *formal*[1]

$$(1 - c_1 z - c_2 z^2 - c_3 z^3 - \cdots)(1 + k_1 z + k_2 z^2 + k_3 z^3 + \cdots) = 1 \tag{6}$$

wird. Wenn wir nach (3) das Produkt ausführen, so kommt

$$1 + (k_1 - c_1) z + (k_2 - c_1 k_1 - c_2) z^2 + (k_3 - c_1 k_2 - c_2 k_1 - c_3) z^3 + \cdots = 1,$$

und diese Gleichung ist formal befriedigt, wenn

$$k_1 = c_1, \; k_2 = c_1 k_1 + c_2, \; k_3 = c_1 k_2 + c_2 k_1 + c_3, \; \ldots$$

genommen wird.

Nun findet man nach (4) sukzessiv:

$$|k_1| < g, \quad |k_2| \leqq |c_1|\,|k_1| + |c_2| < g^2 + g^2 = 2g^2,$$
$$|k_3| \leqq |c_1|\,|k_2| + |c_2|\,|k_1| + |c_3| < 2g^3 + g^3 + g^3 = 4g^3, \ldots,$$

und allgemein ist

$$|k_n| < 2^{n-1} g^n. \tag{7}$$

Nimmt man dies nämlich bis zu einem gewissen Index n hin als bewiesen an, so folgt

$$|k_{n+1}| = |c_1 k_n + c_2 k_{n-1} + \cdots + c_{n+1}|$$
$$\leqq |c_1|\,|k_n| + |c_2|\,|k_{n-1}| + \cdots + |c_{n+1}|$$

und also

$$|k_{n+1}| < g \cdot 2^{n-1} g^n + g^2 \cdot 2^{n-2} g^{n-1} + \cdots + g^n \cdot g + g^{n+1}$$
$$= g^{n+1}(1 + 1 + 2 + 2^2 + \cdots + 2^{n-1}) = g^{n+1} 2^n.$$

Die Ungleichung (7) gilt daher allgemein, weil sie für $n = 1$ gilt.

Aus dieser Vergleichung folgt, daß die Potenzreihe (5) eine Minorante von

$$1 + gz + 2^1 g^2 z^2 + 2^2 g^3 z^3 + \cdots + 2^{n-1} g^n z^n + \cdots$$

ist. Die letzte Reihe konvergiert aber absolut, solange

$$|z| < \frac{1}{2g}$$

ist; unter derselben Bedingung ist daher sicherlich die Reihe (5) absolut konvergent. Aber auch die Reihe $1 - c_1 z - c_2 z^2 - c_3 z^3 - \cdots$ konvergiert absolut in jenem Kreise $|z| < \frac{1}{2g}$; denn der Konvergenz-

[1] D. h. wenn wir mit den Potenzreihen nach denselben Rechenregeln wie mit endlichen Summen rechnen.

radius $r = \frac{1}{l}$ dieser Reihe ist, wegen $l \leqq g$, nicht kleiner als $\frac{1}{g}$ und um so mehr größer als $\frac{1}{2g}$. Hierdurch gewinnt die formal gebildete Gleichung (6) eine Bedeutung.

Da auf der rechten Seite dieser Gleichung die Zahl 1 steht, so ist auf der linken Seite der Faktor

$$1 - c_1 z - c_2 z^2 - \cdots \neq 0;$$

es folgt also

$$\frac{1}{1 - c_1 z - c_2 z^2 - \cdots} = 1 + k_1 z + k_2 z^2 + \cdots,$$

und dies gilt für $|z| < \frac{1}{2g}$.

Sei jetzt

$$\mathfrak{P}(z) = a_0 + a_1 z + a_2 z^2 + \cdots$$

eine Potenzreihe, deren erster Koeffizient a_0 von Null verschieden ist und die einen nicht verschwindenden Konvergenzradius besitzt. Dann können wir setzen

$$\mathfrak{P}(z) = a_0 (1 - c_1 z - c_2 z^2 - c_3 z^3 - \cdots),$$

wo

$$c_1 = -\frac{a_1}{a_0}, \quad c_2 = -\frac{a_2}{a_0}, \quad c_3 = -\frac{a_3}{a_0}, \ldots$$

ist. Es wird dann nach dem vorigen Satze

$$\frac{1}{\mathfrak{P}(z)} = \frac{1}{a_0} \frac{1}{1 - c_1 z - c_2 z^2 - c_3 z^3 - \cdots} = \frac{1}{a_0} + \frac{k_1}{a_0} z + \frac{k_2}{a_0} z^2 + \cdots$$

für diejenigen Werte von z, deren absoluter Betrag kleiner als eine geeignet gewählte positive Zahl $\frac{1}{2g}$ ist. Für g darf man irgendeine positive Zahl nehmen, welche größer ist als jede Zahl der Folge

$$\left|\frac{a_1}{a_0}\right|, \quad \sqrt{\left|\frac{a_2}{a_0}\right|}, \quad \sqrt[3]{\left|\frac{a_3}{a_0}\right|}, \ldots, \sqrt[n]{\left|\frac{a_n}{a_0}\right|}, \ldots.$$

Wenn also $\mathfrak{P}(z)$ einen nicht verschwindenden Konvergenzradius besitzt und für $z = 0$ nicht Null ist, so gibt es eine andere Potenzreihe $\mathfrak{Q}(z)$ mit ebenfalls nicht verschwindendem Konvergenzradius, so beschaffen, daß in einem geeignet gewählten Kreise mit dem Mittelpunkte Null die Reihen $\mathfrak{P}(z)$ und $\mathfrak{Q}(z)$ beide konvergieren und in der Beziehung

$$\frac{1}{\mathfrak{P}(z)} = \mathfrak{Q}(z)$$

zueinander stehen.

Hieraus folgern wir nun sofort:

Eine gebrochene rationale Funktion der Potenzreihen

$$\mathfrak{P}_1(z), \ \mathfrak{P}_2(z), \ \ldots, \ \mathfrak{P}_k(z)$$

ist in einem nicht verschwindenden Kreise wieder als Potenzreihe darstellbar, wenn die Potenzreihen $\mathfrak{P}_1(z)$, $\mathfrak{P}_2(z), \ldots, \mathfrak{P}_k(z)$ *nicht verschwindende Konvergenzradien besitzen und der Nenner der rationalen Funktion für* $z = 0$ *nicht Null ist.*

§ 4. Prinzip der Koeffizientenvergleichung.

Das Prinzip der Koeffizientenvergleichung beruht auf folgendem Satze:

Es sei $\mathfrak{P}(z)$ *eine Potenzreihe, deren Koeffizienten nicht sämtlich Null sind. Der Konvergenzradius der Potenzreihe sei nicht Null. Dann kann man stets eine Umgebung* δ *der Stelle* $z = 0$ *bestimmen, innerhalb deren die Funktion* $\mathfrak{P}(z)$, *außer etwa für* $z = 0$, *nirgends verschwindet.*

Es sei nämlich c_k der erste von Null verschiedene Koeffizient der Potenzreihe $\mathfrak{P}(z)$; dann ist

$$\mathfrak{P}(z) = z^k (c_k + c_{k+1} z + c_{k+2} z^2 + \cdots) = z^k \mathfrak{P}_1(z),$$

wo die Potenzreihe $\mathfrak{P}_1(z)$ denselben Konvergenzkreis wie $\mathfrak{P}(z)$ besitzt.

Da eine Potenzreihe innerhalb ihres Konvergenzkreises eine stetige Funktion ist, so können wir eine Umgebung δ des Nullpunktes bestimmen, innerhalb deren $\mathfrak{P}_1(z)$ von $\mathfrak{P}_1(0) = c_k$ um eine Größe verschieden ist, deren absoluter Betrag kleiner als $|c_k|$ ist. In dieser Umgebung ist

$$|\mathfrak{P}_1(z)| = |(\mathfrak{P}_1(z) - \mathfrak{P}_1(0)) + c_k| \gtreqless |c_k| - |\mathfrak{P}_1(z) - \mathfrak{P}_1(0)| > 0.$$

In der betrachteten Umgebung kann also $\mathfrak{P}(z) = z^k \mathfrak{P}_1(z)$ nur für $z = 0$ den Wert 0 haben, und zwar ist dieses der Fall oder nicht, je nachdem $k > 0$ oder $k = 0$ ist.

Der soeben bewiesene Satz läßt sich offenbar auch so aussprechen: *Diejenigen Werte von* z, *für welche eine Potenzreihe* $\mathfrak{P}(z)$ *mit nicht sämtlich verschwindenden Koeffizienten verschwindet, die sogenannten „Nullstellen" von* $\mathfrak{P}(z)$, *können nicht die Häufungsstelle* $z = 0$ *besitzen.*

Hieraus folgt nun weiter, daß zwei Potenzreihen miteinander *identisch* sein müssen, wenn für unendlich viele Werte von z, welche die Häufungsstelle $z = 0$ besitzen, die beiden Potenzreihen konvergieren und denselben Wert haben. Denn die Differenz der beiden Reihen muß nach dem letzten Satze *identisch Null* sein, d. h. lauter verschwindende Koeffizienten haben. Also:

Aus der Gleichung

$$c_0 + c_1 z + c_2 z^2 + \cdots = c_0' + c_1' z + c_2' z^2 + \cdots$$

darf man

$$c_0 = c_0', \; c_1 = c_1', \; c_2 = c_2', \; \ldots$$

schließen, wenn die beiden Seiten der Gleichung nicht verschwindende Konvergenzradien besitzen und die Gleichung für unendlich viele verschiedene Werte von z *mit der Häufungsstelle* $z = 0$ *gilt.*

§ 5. Ausdehnung der erhaltenen Sätze.

Die bisherigen Resultate sind unmittelbar zu übertragen auf Potenzreihen von der Gestalt

(1) $\mathfrak{P}(z/a) = c_0 + c_1(z-a) + c_2(z-a)^2 + \cdots + c_n(z-a)^n + \cdots$.

Setzt man bei einer solchen Potenzreihe

$$z - a = \zeta,$$

so wird

$$\mathfrak{P}(z/a) = c_0 + c_1\zeta + c_2\zeta^2 + \cdots + c_n\zeta^n + \cdots,$$

also eine nach Potenzen von ζ fortschreitende Reihe. Ist r ihr Konvergenzradius, so konvergiert oder divergiert die Reihe (1), je nachdem

$$|\zeta| = |z-a| < r \quad \text{oder} \quad > r$$

ist. Die Punkte z, für welche $|z-a| < r$ ist, erfüllen das Innere des Kreises, der den Mittelpunkt a und den Radius r besitzt. Also:

Zu jeder Potenzreihe $\mathfrak{P}(z/a)$ gehört ein Kreis mit dem Mittelpunkt a, innerhalb dessen die Reihe konvergiert, außerhalb dessen die Reihe divergiert.

Dieser Kreis heißt der *Konvergenzkreis*, sein Radius der *Konvergenzradius* der Reihe $\mathfrak{P}(z/a)$.

Betrachten wir einen Kreis, der den Mittelpunkt a hat und dessen Radius *kleiner* ist als der Konvergenzradius, so konvergiert $\mathfrak{P}(z/a)$ für alle Punkte dieses Kreises absolut und gleichmäßig.

Die Summe der Potenzreihe $\mathfrak{P}(z/a)$ stellt daher insbesondere *im Inneren* des Konvergenzkreises eine *stetige* Funktion von z dar.

Aus § 3 schließt man:

Eine rationale Funktion von mehreren Potenzreihen $\mathfrak{P}_1(z/a), \ldots, \mathfrak{P}_k(z/a)$ ist in einem nicht verschwindenden Kreise mit dem Mittelpunkt a wieder in der Form einer Potenzreihe $\mathfrak{P}(z/a)$ darstellbar, wenn die Potenzreihen $\mathfrak{P}_1(z/a), \ldots, \mathfrak{P}_k(z/a)$ nicht verschwindende Konvergenzradien besitzen und der Nenner der rationalen Funktion für $z = a$ nicht verschwindet.

Entsprechendes wie für die Potenzreihen $\mathfrak{P}(z/a)$ gilt auch für die Reihen der Gestalt

(2) $$\mathfrak{P}(z/\infty) = c_0 + \frac{c_1}{z} + \frac{c_2}{z^2} + \cdots + \frac{c_n}{z^n} + \cdots.$$

Diese konvergieren oder divergieren, je nachdem

$$\left|\frac{1}{z}\right| < r \quad \text{oder} \quad \left|\frac{1}{z}\right| > r, \quad \text{d.i.} \quad |z| > \frac{1}{r} \quad \text{oder} \quad |z| < \frac{1}{r}$$

ist, wobei r den Konvergenzradius von $c_0 + c_1\zeta + c_2\zeta^2 + \cdots + c_n\zeta^n + \cdots$ bedeutet.

Eine Reihe von der Gestalt (2) *konvergiert oder divergiert also, je nachdem der Punkt z außerhalb oder innerhalb eines gewissen Kreises mit dem Mittelpunkt* 0 *liegt.*

Die Ausnahmestellung des Punktes ∞ verschwindet, wenn wir die komplexen Zahlen durch die Punkte einer Kugel darstellen. Es gilt dann, gleichgültig ob a endlich oder ∞ ist, der Satz:

Jeder Potenzreihe $\mathfrak{P}(z/a)$ entspricht auf der Kugel ein Kreis, welcher die Kugel in zwei Gebiete von folgender Beschaffenheit zerlegt: Im Inneren desjenigen Gebietes, in welchem der Punkt a liegt, konvergiert $\mathfrak{P}(z/a)$, im Inneren des anderen Gebietes divergiert $\mathfrak{P}(z/a)$.

Der wesentliche Inhalt des vorigen Paragraphen überträgt sich auf die Potenzreihen $\mathfrak{P}(z/a)$, wo a endlich oder ∞ sein darf, in folgender Form:

Wenn die Koeffizienten einer Potenzreihe $\mathfrak{P}(z/a)$ nicht sämtlich verschwinden, so kann man um den Punkt a eine Umgebung so abgrenzen, daß in ihr $\mathfrak{P}(z/a)$, außer etwa für $z = a$, nirgends verschwindet.

Wenn die Gleichung

$$c_0 + c_1(z-a) + c_2(z-a)^2 + \cdots = c_0' + c_1'(z-a) + c_2'(z-a)^2 + \cdots$$

für unendlich viele verschiedene Punkte z mit der Häufungsstelle $z = a$ gilt, so ist

$$c_0 = c_0', \quad c_1 = c_1', \quad c_2 = c_2', \ \ldots .$$

§ 6. Die Umbildungen einer Potenzreihe.

Wir betrachten eine Potenzreihe

$$\mathfrak{P}(z/a) = c_0 + c_1(z-a) + c_2(z-a)^2 + \cdots,$$

deren Konvergenzradius r von Null verschieden ist.

Es sei b ein Punkt im Inneren des Konvergenzkreises von $\mathfrak{P}(z/a)$. Wir können dann

$$z - a = (b-a) + (z-b) = \delta + \zeta$$

setzen, wo δ und ζ Abkürzungen für $b - a$ und $z - b$ resp. sind.

Die Potenzreihe $\mathfrak{P}(z/a)$ nimmt dadurch die Gestalt an:

$$\begin{aligned}(1)\qquad \mathfrak{P}(z/a) &= c_0 + c_1(\delta+\zeta) + c_2(\delta+\zeta)^2 + c_3(\delta+\zeta)^3 + \cdots \\ &= c_0 + \{c_1\delta + c_1\zeta\} + \{c_2\delta^2 + 2c_2\delta\zeta + c_2\zeta^2\} \\ &\quad + \{c_3\delta^3 + 3c_3\delta^2\zeta + 3c_3\delta\zeta^2 + c_3\zeta^3\} + \cdots .\end{aligned}$$

Wir fragen jetzt: Dürfen wir hier auf der rechten Seite nach Potenzen von $\zeta = z - b$ anordnen?

Das ist jedenfalls dann erlaubt, wenn die Reihe der absoluten Beträge

$$(2)\qquad |c_0| + |c_1\delta| + |c_1\zeta| + |c_2\delta^2| + |2c_2\delta\zeta| + |c_2\zeta^2| + \cdots$$

konvergiert. Eine Reihe aus lauter nicht negativen reellen Gliedern konvergiert aber, sobald sie bei irgendeiner beliebigen Zusammenfassung von Gliedern zu endlichen Summen konvergiert. Daher konvergiert die Reihe (2), wenn die Reihe

$$(3) \qquad |c_0| + |c_1|(|\delta| + |\zeta|) + |c_2|(|\delta| + |\zeta|)^2 + |c_3|(|\delta| + |\zeta|)^3 + \cdots$$

konvergiert. Die letztere Reihe ist aber die Reihe der absoluten Beträge von $\mathfrak{P}(z/a)$, wenn $z - a$ durch $|\delta| + |\zeta|$ ersetzt wird. Die Reihe (3) konvergiert also, falls

$$|\delta| + |\zeta| < r, \quad \text{d. h.} \quad |z - b| < r - |b - a|$$

ist. Diese Bedingung ist für jeden Punkt z im Inneren desjenigen Kreises erfüllt, dessen Mittelpunkt b ist und der den Konvergenzkreis von $\mathfrak{P}(z/a)$ von *innen* berührt (Abb. 9). Liegt also z im Inneren dieses Kreises, so dürfen wir die rechte Seite in der Gleichung (1) nach Potenzen von $\zeta = z - b$ anordnen.

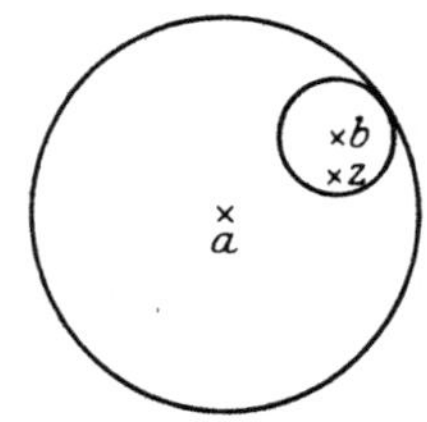

Abb. 9.

Wir wollen nun folgende Terminologie einführen: Setzt man in einer Potenzreihe $\mathfrak{P}(z/a)$ an Stelle von $z - a$ überall $(b - a) + (z - b)$, entwickelt sodann jedes Glied der Potenzreihe nach Potenzen von $z - b$ und ordnet schließlich die ganze Reihe nach den Potenzen von $z - b$ an, so soll die dadurch erhaltene Potenzreihe $\mathfrak{P}_1(z/b)$ die *Umbildung* der Reihe $\mathfrak{P}(z/a)$ für den Punkt b heißen.

Wir haben dann soeben den Satz bewiesen:

Die Umbildung $\mathfrak{P}_1(z/b)$ konvergiert sicher im Inneren desjenigen Kreises, der den Mittelpunkt b hat und den Konvergenzkreis der Reihe $\mathfrak{P}(z/a)$ von innen berührt; innerhalb des genannten Kreises besteht überall die Gleichung

$$\mathfrak{P}(z/a) = \mathfrak{P}_1(z/b).$$

Ein entsprechender Satz gilt für die Potenzreihen $\mathfrak{P}(z/\infty)$. Es sei

$$\mathfrak{P}(z/\infty) = c_0 + \frac{c_1}{z} + \frac{c_2}{z^2} + \cdots + \frac{c_n}{z^n} + \cdots$$

konvergent außerhalb des Kreises $|z| = r$ und b ein Punkt außerhalb dieses Kreises. Wir setzen

$$z = b - (b - z) = b - \zeta,$$

wo ζ zur Abkürzung für $b - z$ steht; dann kommt

$$\mathfrak{P}(z/\infty) = c_0 + \frac{c_1}{b - \zeta} + \frac{c_2}{(b - \zeta)^2} + \frac{c_3}{(b - \zeta)^3} + \cdots.$$

Solange nun $|\zeta| < |b|$ ist, d. h. solange z in dem Kreise liegt, der b als Mittelpunkt hat und durch den Nullpunkt hindurchgeht, ist

$$\frac{1}{b - \zeta} = \frac{1}{b} + \frac{\zeta}{b^2} + \frac{\zeta^2}{b^3} + \cdots$$

und nach den Sätzen des § 3 auch

$$\frac{1}{(b-\zeta)^2} = \frac{1}{b^2} + \frac{2\zeta}{b^3} + \cdots,$$

$$\frac{1}{(b-\zeta)^3} = \frac{1}{b^3} + \frac{3\zeta}{b^4} + \cdots,$$

$$\cdots\cdots\cdots\cdots$$

Daher ist dann

$$\text{(4)} \quad \mathfrak{P}(z/\infty) = c_0 + c_1\left(\frac{1}{b} + \frac{\zeta}{b^2} + \cdots\right) + c_2\left(\frac{1}{b^2} + \frac{2\zeta}{b^3} + \cdots\right) + \cdots.$$

Hier dürfen wir nun nach Potenzen von ζ anordnen, wenn

$$|c_0| + |c_1|\left(\left|\frac{1}{b}\right| + \left|\frac{\zeta}{b^2}\right| + \cdots\right) + |c_2|\left(\left|\frac{1}{b^2}\right| + \left|\frac{2\zeta}{b^3}\right| + \cdots\right) + \cdots,$$

d. h. wenn

$$|c_0| + |c_1|\frac{1}{|b| - |\zeta|} + |c_2|\frac{1}{(|b| - |\zeta|)^2} + \cdots$$

konvergiert. Dies ist der Fall, wenn

$$|b| - |\zeta| > r, \quad \text{d. h.} \quad |b - z| < |b| - r$$

ist, wenn also z in demjenigen Kreise mit dem Mittelpunkt b liegt, der den Kreis $|z| = r$ von *außen* berührt.

Innerhalb dieses Kreises ist also

$$\mathfrak{P}(z/\infty) = \mathfrak{P}_1(z/b),$$

wo $\mathfrak{P}_1(z/b)$ diejenige Potenzreihe ist, welche durch Anordnung der rechten Seite der Gleichung (4) nach Potenzen von $\zeta = b - z$ entsteht. Diese Potenzreihe nennen wir die *Umbildung* der Reihe $\mathfrak{P}(z/\infty)$ für den Punkt b.

§ 7. Die Ableitungen einer Potenzreihe.

Betrachten wir den Koeffizienten von $\zeta = z - b$ in der Umbildung $\mathfrak{P}_1(z/b)$ der Potenzreihe

$$\text{(1)} \quad \mathfrak{P}(z/a) = c_0 + c_1(b - a + \zeta) + c_2(b - a + \zeta)^2 + \cdots + c_n(b - a + \zeta)^n + \cdots,$$

so ist derselbe

$$c_1 + 2c_2(b - a) + 3c_3(b - a)^2 + \cdots + nc_n(b - a)^{n-1} + \cdots.$$

Wir wissen, daß diese Reihe für jeden Punkt b im Inneren des Konvergenzkreises von $\mathfrak{P}(z/a)$ konvergiert. Mit anderen Worten:

Die Reihe

$$\text{(2)} \quad c_1 + 2c_2(z - a) + 3c_3(z - a)^2 + \cdots + nc_n(z - a)^{n-1} + \cdots$$

hat einen Konvergenzradius r', der mindestens so groß ist wie der Konvergenzradius r von $\mathfrak{P}(z/a)$, also

$$r' \geqq r.$$

Vergleichen wir nun die beiden Reihen

$$c_0 + c_1(z-a) + c_2(z-a)^2 + \cdots + c_n(z-a)^n + \cdots,$$
$$c_1(z-a) + 2c_2(z-a)^2 + \cdots + nc_n(z-a)^n + \cdots,$$

so ist r der Konvergenzradius der ersten, r' der Konvergenzradius der zweiten. Da aber $|c_n| \leqq |nc_n|$ $(n = 1, 2, \ldots)$, so ist der Konvergenzradius der ersten mindestens so groß wie der der zweiten, also

$$r \geqq r'.$$

Folglich ist $r' = r$. Die Reihe (2) bezeichnen wir mit $\mathfrak{P}'(z/a)$ und nennen sie die *abgeleitete* Reihe von $\mathfrak{P}(z/a)$.

Es gilt also der Satz:

Die abgeleitete Reihe

$$\mathfrak{P}'(z/a) = c_1 + 2c_2(z-a) + 3c_3(z-a)^2 + \cdots + nc_n(z-a)^{n-1} + \cdots$$

hat denselben Konvergenzkreis wie die ursprüngliche Reihe

$$\mathfrak{P}(z/a) = c_0 + c_1(z-a) + c_2(z-a)^2 + \cdots + c_n(z-a)^n + \cdots.$$

Die Potenzreihen

$$\mathfrak{P}(z/a), \quad \mathfrak{P}'(z/a), \quad \mathfrak{P}''(z/a), \quad \mathfrak{P}'''(z/a), \quad \ldots,$$

von denen jede folgende die abgeleitete Reihe der vorhergehenden Reihe ist, haben also sämtlich denselben Konvergenzkreis wie $\mathfrak{P}(z/a)$ selbst. Wir nennen $\mathfrak{P}^{(n)}(z/a)$ die *n-te abgeleitete Reihe* von $\mathfrak{P}(z/a)$, wobei wir, um diesen Begriff auch für den Fall $n = 0$ anwendbar zu machen, unter der 0-ten abgeleiteten Reihe $\mathfrak{P}^{(0)}(z/a)$ die ursprüngliche Reihe $\mathfrak{P}(z/a)$ selbst verstehen wollen.

Wenn wir in der Gleichung (1) auf der rechten Seite nach Potenzen von $\zeta = z - b$ anordnen, so ergibt sich als Darstellung der Umbildung $\mathfrak{P}_1(z/b)$ von $\mathfrak{P}(z/a)$, wie man leicht erkennt:

$$(3) \quad \mathfrak{P}(z/a) = \mathfrak{P}_1(z/b) = \mathfrak{P}(b/a) + \mathfrak{P}'(b/a)(z-b) + \cdots + \mathfrak{P}^{(n)}(b/a)\frac{(z-b)^n}{n!} + \cdots.$$

Diese Entwicklung ist, wie wir wissen, sicher gültig im Inneren des Kreises mit dem Mittelpunkt b, der den Konvergenzkreis von $\mathfrak{P}(z/a)$ von innen berührt.

Setzen wir $z = b + h$, so folgt aus (3) für alle Werte von h, deren absoluter Betrag eine gewisse positive Größe nicht überschreitet,

$$\frac{\mathfrak{P}(b+h/a) - \mathfrak{P}(b/a)}{h} = \mathfrak{P}'(b/a) + \cdots + \mathfrak{P}^{(n)}(b/a)\frac{h^{n-1}}{n!} + \cdots.$$

Da nun die Potenzreihe rechter Hand eine stetige Funktion von h ist, so kommt

$$\lim_{h\to 0} \frac{\mathfrak{P}(b+h/a) - \mathfrak{P}(b/a)}{h} = \mathfrak{P}'(b/a).$$

Die Potenzreihe $\mathfrak{P}(z/a)$ definiert also im Inneren ihres Konvergenzkreises eine stetige Funktion von z, welche *differenzierbar* ist, und zwar ist der Wert der abgeleiteten Reihe $\mathfrak{P}'(z/a)$ immer der Differentialquotient von $\mathfrak{P}(z/a)$.

Der Begriff des *Differentialquotienten* einer für ein gewisses Gebiet Σ der Variablen z betrachteten Funktion $f(z)$ ist dabei so aufzufassen:

Ist z ein bestimmter Wert der Variablen, dargestellt durch einen bestimmten Punkt des Gebietes Σ, so betrachte man den Quotienten

$$\frac{f(z_1) - f(z)}{z_1 - z},$$

wo z_1 einen von z verschiedenen und veränderlich gedachten Punkt des Gebietes Σ bezeichnet.

Gibt es nun einen bestimmten endlichen Wert f' von der Art, daß

$$\frac{f(z_1) - f(z)}{z_1 - z} - f'$$

absolut genommen kleiner als eine beliebig klein vorgeschriebene positive Zahl ε ist, sobald z_1 einer geeignet gewählten Umgebung des Punktes z angehört, so drücken wir diese Tatsache durch die Gleichung

$$\lim_{z_1 \to z} \frac{f(z_1) - f(z)}{z_1 - z} = f'$$

aus, nennen $f(z)$ für den betrachteten Wert z im Gebiete Σ *differenzierbar* und bezeichnen f' als den *Differentialquotienten* von $f(z)$ für den betrachteten Wert z. Es ist f' von z abhängig und also im Gebiete Σ wieder eine Funktion von z. Der Differentialquotient f'' dieser Funktion, wenn er existiert, heißt der *zweite Differentialquotient* von $f(z)$ usf. An Stelle von $f'(z), f''(z), \ldots$ schreibt man auch $\frac{d f(z)}{d z}, \frac{d^2 f(z)}{d z^2}$ usw.

Die Ableitung $\mathfrak{P}'(z/a)$ von $\mathfrak{P}(z/a)$ ist als Potenzreihe ihrerseits im Konvergenzkreis von $\mathfrak{P}(z/a)$ differenzierbar und hat als Differentialquotienten $\mathfrak{P}''(z/a)$ usf.

Die Potenzreihe $\mathfrak{P}(z/a)$ definiert also im Inneren ihres Konvergenzkreises eine Funktion von z, welche Differentialquotienten aller Ordnungen besitzt.

§ 8. Unmittelbare Fortsetzungen einer Potenzreihe.

Die Konvergenzkreise zweier Potenzreihen $\mathfrak{P}(z/a)$ und $\mathfrak{P}_1(z/a_1)$ mögen ineinandergreifen; S sei das ihnen gemeinsame Stück und b ein Punkt *innerhalb* S (Abb. 10).

Wenn nun die Gleichung

$$\mathfrak{P}(z/a) = \mathfrak{P}_1(z/a_1)$$

für unendlich viele Punkte innerhalb S gilt, die dort die Häufungsstelle b haben, so gilt dieselbe Gleichung für jeden beliebigen Punkt c innerhalb S.

Aus der Voraussetzung folgt mit Rücksicht auf § 4, daß die Umbildungen von $\mathfrak{P}(z/a)$ und $\mathfrak{P}_1(z/a_1)$ für den Punkt b identisch sind. Denn diese Umbildungen sind Potenzreihen in $z - b$, die für unendlich viele Werte von z in beliebiger Nähe von b einander gleich sind. Für diejenigen Punkte der geradlinigen Strecke bc, welche ins Innere des Konvergenzkreises jener gemeinsamen Umbildung von $\mathfrak{P}(z/a)$ und $\mathfrak{P}_1(z/a_1)$ fallen, besitzen die letzteren Potenzreihen immer den gleichen Wert. Auf der Strecke bc gibt es also Punkte p von der Beschaffenheit, daß $\mathfrak{P}(z/a) = \mathfrak{P}_1(z/a_1)$ für jeden Punkt der Strecke bp gilt. Wir betrachten die Entfernungen dieser Punkte p von dem Punkte b. Es sei bq die obere Grenze dieser Entfernungen (Abb. 11). Wir behaupten: Der Punkt q fällt mit c zusammen. Denn auf q läßt sich dasselbe Schlußverfahren anwenden wie vorhin auf b; in einem genügend kleinen um q beschriebenen Kreise gilt also $\mathfrak{P}(z/a) = \mathfrak{P}_1(z/a_1)$, weil diese Gleichung nach unserer Annahme für alle von q verschiedenen Punkte der Strecke bq gilt. Wenn nun q von c verschieden wäre, so würde hiernach die Gleichung $\mathfrak{P}(z/a) = \mathfrak{P}_1(z/a_1)$ auch noch für ein Stück der Verlängerung der Strecke bq über q hinaus gelten, was der Bedeutung des Punktes q widerspricht. Da q mit c zusammenfällt, so gilt $\mathfrak{P}(z/a) = \mathfrak{P}_1(z/a_1)$ auch für $z = c$, w. z. b. w.

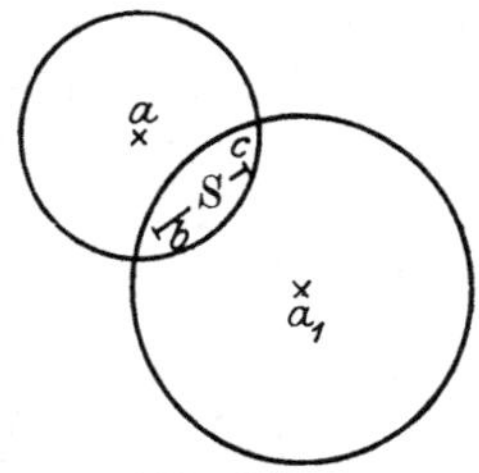

Abb. 10.

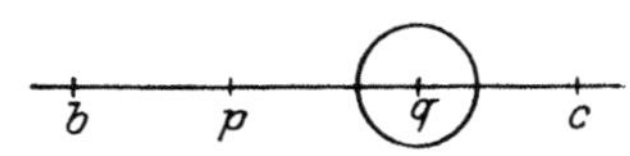

Abb. 11.

Stehen zwei Potenzreihen in der eben betrachteten Beziehung zueinander, haben also ihre Konvergenzkreise ein Stück gemeinsam und besitzen die Reihen innerhalb dieses Stückes überall denselben Wert, so heißt jede der Reihen eine *unmittelbare Fortsetzung* der anderen.

Nach § 6 ist insbesondere jede Umbildung einer Potenzreihe eine unmittelbare Fortsetzung derselben. Es soll nun umgekehrt gezeigt werden:

Jede unmittelbare Fortsetzung einer Potenzreihe kann erhalten werden, indem der Prozeß der Umbildung in geeigneter Weise mehrmals auf die Potenzreihe angewendet wird.

Es sei wieder $\mathfrak{P}_1(z/a_1)$ eine unmittelbare Fortsetzung von $\mathfrak{P}(z/a)$ und S das den Konvergenzkreisen der beiden Potenzreihen gemeinsame Stück. Bedeutet nun a_2 irgendeinen Punkt im Inneren von S, so ist die Umbildung von $\mathfrak{P}(z/a)$ für den Punkt a_2 identisch gleich der Umbildung $\mathfrak{P}_2(z/a_2)$ von $\mathfrak{P}_1(z/a_1)$ für denselben Punkt. Kann man also $\mathfrak{P}_1(z/a_1)$ aus $\mathfrak{P}_2(z/a_2)$ durch wiederholte Umbildung gewinnen, so ist damit zugleich $\mathfrak{P}_1(z/a_1)$ aus $\mathfrak{P}(z/a)$ durch wiederholte Umbildung erzeugt. Es ist also nur noch zu zeigen, daß aus jeder Umbildung $\mathfrak{P}_2(z/a_2)$ einer Potenzreihe $\mathfrak{P}_1(z/a_1)$ umgekehrt die Potenzreihe selbst durch ein- oder mehrmalige Umbildung gewonnen werden kann.

Es sei K_1 der Konvergenzkreis von $\mathfrak{P}_1(z/a_1)$, K_2 derjenige Kreis um a_2, welcher K_1 von innen berührt, und r_2 sein Radius (Abb. 12). Liegt nun a_1 im Inneren von K_2, so ist die Umbildung von $\mathfrak{P}_2(z/a_2)$ für den Punkt a_1 identisch mit $\mathfrak{P}_1(z/a_1)$, also die Behauptung bewiesen. Liegt aber a_1 nicht im Inneren von K_2, so zeichnen wir den auf der Zentralen $a_1 \ldots a_2$ im Abstande $\frac{1}{2} r_2$ von a_2 gelegenen Punkt a_3 und um diesen als Mittelpunkt den Kreis K_3, welcher K_1 von innen berührt. Die Umbildung $\mathfrak{P}_3(z/a_3)$ von $\mathfrak{P}_2(z/a_2)$ für den Punkt a_3 ist dann identisch mit der Umbildung von $\mathfrak{P}_1(z/a_1)$ für diesen Punkt, also im Kreise K_3 vom Radius $r_3 = \frac{3}{2} r_2$ konvergent. Liegt nun a_1 im Inneren von K_3, so ist die Umbildung von $\mathfrak{P}_3(z/a_3)$ für den Punkt a_1 identisch mit $\mathfrak{P}_1(z/a_1)$, also die Behauptung bewiesen. Liegt aber a_1 nicht im Inneren von K_3, so zeichnen wir den auf der Zentralen $a_1 \ldots a_3$ im Abstande $\frac{1}{2} r_3$ von a_3 gelegenen Punkt a_4 und um diesen als Mittelpunkt den Kreis K_4, welcher K_1 von innen berührt. Die Umbildung $\mathfrak{P}_4(z/a_4)$ von $\mathfrak{P}_3(z/a_3)$ für den Punkt a_4 ist dann identisch mit der Umbildung von $\mathfrak{P}_1(z/a_1)$ für diesen Punkt, also im Kreise K_4 vom Radius $r_4 = \frac{3}{2} r_3 = \left(\frac{3}{2}\right)^2 r_2$ konvergent. Liegt nun a_1 im Inneren von K_4, so ist die Umbildung von $\mathfrak{P}_4(z/a_4)$ für den Punkt a_1 identisch mit $\mathfrak{P}_1(z/a_1)$, also die Behauptung bewiesen. Liegt aber a_1 nicht im Inneren von K_4, so setze man das soeben geschilderte Verfahren weiter fort. Dieses bricht nach *endlich* vielen Schritten ab; denn die Radien der *in* K_1 *liegenden* Kreise $K_2, K_3, K_4, \ldots$ haben die Werte r_2, $r_3 = \frac{3}{2} r_2$, $r_4 = \left(\frac{3}{2}\right)^2 r_2, \ldots$; ist also n die kleinste ganze Zahl $\geqq 2$, für welche die Ungleichung $2\left(\frac{3}{2}\right)^{n-2} r_2 > r_1$ gilt, so liegt offenbar der Punkt a_1 in K_n, und dann ist das Verfahren mit $n-1$ Schritten zu Ende.

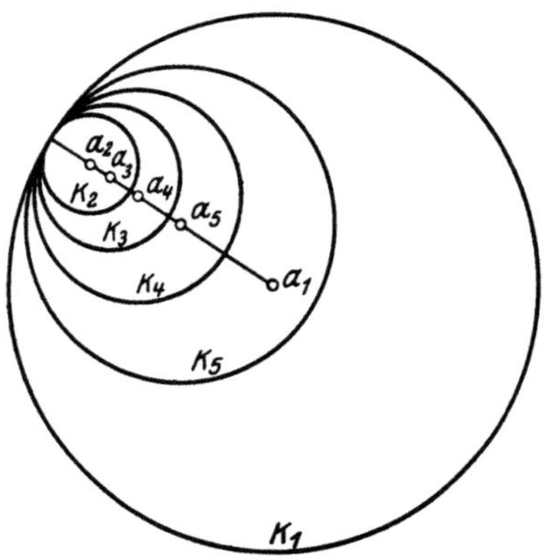

Abb. 12.

Damit ist nach dem oben Bemerkten zugleich die Potenzreihe $\mathfrak{P}_1(z/a_1)$ aus $\mathfrak{P}(z/a)$ durch n-mal wiederholte Umbildung gewonnen.

Aus naheliegenden Gründen werden wir nunmehr, wenn zwei Potenzreihen in $z-a$ und $z-b$ unmittelbare Fortsetzungen voneinander sind, für beide dasselbe Zeichen $\mathfrak{P}$ gebrauchen, also die Bezeichnungen $\mathfrak{P}(z/a)$ und $\mathfrak{P}(z/b)$ nebeneinander verwenden.

§ 9. Laurentsche Reihen. Ein Hilfssatz über Potenzreihen.

Sind $a_0, a_1, a_{-1}, a_2, a_{-2}, \ldots$ komplexe Zahlen, so wollen wir unter dem Zeichen

(1) $$\sum_{n=-\infty}^{+\infty} a_n$$

die Summe der beiden Reihen

$$a_0 + a_1 + a_2 + a_3 + \cdots$$

und

$$a_{-1} + a_{-2} + a_{-3} + \cdots$$

verstehen. Nur wenn diese beiden Reihen konvergent sind, stellt also das Symbol (1) eine bestimmte komplexe Zahl, nämlich die Summe der beiden Limites

$$\lim_{n\to\infty}(a_0 + a_1 + a_2 + \cdots + a_n), \quad \lim_{m\to\infty}(a_{-1} + a_{-2} + \cdots + a_{-m})$$

vor. Die Summe dieser beiden Limites können wir auch durch

$$\lim_{\substack{m\to\infty \\ n\to\infty}} \sum_{k=-m}^{n} a_k$$

andeuten. Nach diesen Festsetzungen wollen wir nun eine Summe der Gestalt

$$\mathfrak{Q}(z) = \sum_{n=-\infty}^{+\infty} c_n z^n$$

betrachten. Für einen bestimmten Wert von z besitzt $\mathfrak{Q}(z)$ einen bestimmten endlichen Wert, wenn für das betreffende z die beiden Potenzreihen

$$\mathfrak{P}(z) = c_0 + c_1 z + c_2 z^2 + \cdots,$$

$$\mathfrak{P}_1\left(\frac{1}{z}\right) = \qquad \frac{c_{-1}}{z} + \frac{c_{-2}}{z^2} + \cdots$$

beide zugleich konvergieren. Die Reihe $\mathfrak{P}(z)$ konvergiert im Inneren eines Kreises $|z| = r$, die Reihe $\mathfrak{P}_1\left(\frac{1}{z}\right)$ außerhalb eines Kreises $|z| = r_1$. Offenbar haben die beiden Konvergenzgebiete von $\mathfrak{P}(z)$ und $\mathfrak{P}_1\left(\frac{1}{z}\right)$ nur dann ein Stück gemein, wenn $r > r_1$ ist, und zwar ist in diesem Falle das gemeinsame Stück ein Kreisring. Diesen nennen wir den *Konvergenzring* von $\mathfrak{Q}(z)$. Da $\mathfrak{P}(z)$ und $\mathfrak{P}_1\left(\frac{1}{z}\right)$ beide im Inneren dieses Kreisringes stetige Funktionen von z vorstellen, so gilt gleiches für

$$\mathfrak{Q}(z) = \mathfrak{P}(z) + \mathfrak{P}_1\left(\frac{1}{z}\right).$$

Eine Summe der Gestalt $\mathfrak{Q}(z)$ nennt man eine *Laurentsche Reihe.* Eine gewöhnliche Potenzreihe können wir offenbar als eine Laurentsche Reihe ansehen, in welcher die Koeffizienten $c_{-1}, c_{-2}, \ldots$ sämtlich Null sind.

Es sei nun ϱ der Radius eines Kreises mit dem Mittelpunkt 0, dessen Peripherie ganz im Innern des Konvergenzringes von $\mathfrak{Q}(z)$ verläuft (also $r_1 < \varrho < r$) (Abb. 13).

Längs der Peripherie dieses Kreises ist $\mathfrak{Q}(z)$ und folglich auch der absolute Betrag $|\mathfrak{Q}(z)|$ von $\mathfrak{Q}(z)$ eine stetige Funktion. Daher besitzt $|\mathfrak{Q}(z)|$ auf der Kreisperipherie ein endliches Maximum M, so daß für jeden Punkt z der Kreisperipherie

$$(2) \qquad |\mathfrak{Q}(z)| \leqq M$$

ist.

Es besteht nun der ebenso merkwürdige wie wichtige Satz, daß für jeden Index $n \gtreqless 0$ *die Ungleichung*

$$(3) \qquad |c_n|\,\varrho^n \leqq M$$

gilt, wenn längs der Kreisperipherie $|z| = \varrho$ *die Ungleichung* (2) *erfüllt ist.*

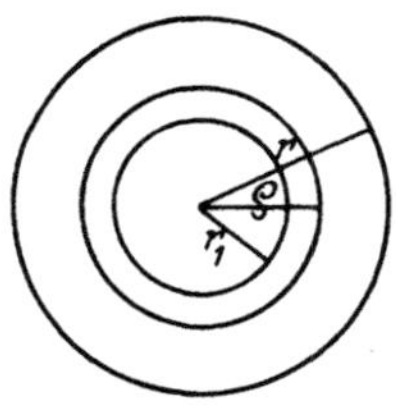

Abb. 13.

Wir beweisen diesen Satz zunächst für den Index $n = 0$.

Da die Reihen $\mathfrak{P}(z)$ und $\mathfrak{P}_1\left(\frac{1}{z}\right)$ längs der Kreisperipherie $|z| = \varrho$ gleichmäßig konvergieren, so können wir m und n so bestimmen, daß in der Gleichung

$$\mathfrak{Q}(z) = \sum_{k=-m}^{n} c_k z^k + \delta$$

der Wert von δ der Ungleichung

$$|\delta| < \varepsilon$$

genügt für jeden Wert von z mit dem absoluten Betrage ϱ. Dabei bedeutet, wie gewöhnlich, ε eine beliebig klein gewählte positive Zahl. Es ist dann

$$(4) \qquad f(z) = c_0 + \sum_{k=-m}^{n}{}' c_k z^k = \mathfrak{Q}(z) - \delta$$

für alle diese Werte z absolut kleiner als $M + \varepsilon$, also

$$(5) \qquad |f(z)| < M + \varepsilon\,.$$

Der Strich an dem Summenzeichen in (4) soll andeuten, daß bei der Summation über k der Wert $k = 0$ auszuschließen ist.

Wir wählen jetzt eine Zahl ξ vom absoluten Betrage 1, die jedoch so beschaffen sein soll, daß keine ganzzahlige positive oder negative Potenz von ξ gleich 1 wird. (Die *Existenz* derartiger Zahlen ξ wollen wir nachher beweisen.) Ist dann s eine positive ganze Zahl und

$$z_0 = \varrho\,, \quad z_1 = \xi\varrho\,, \quad z_2 = \xi^2\varrho\,, \quad \ldots, \quad z_{s-1} = \xi^{s-1}\varrho\,,$$

so sind dies s Punkte auf dem Kreise $|z| = \varrho$, und wir finden leicht

$$\frac{f(z_0) + f(z_1) + \cdots + f(z_{s-1})}{s} = c_0 + \frac{1}{s} \sum_{k=-m}^{n}{}' c_k \varrho^k \frac{\xi^{ks} - 1}{\xi^k - 1}. \tag{6}$$

Nun ist

$$\left| \sum_{k=-m}^{n}{}' c_k \varrho^k \frac{\xi^{ks} - 1}{\xi^k - 1} \right| \leqq \sum_{k=-m}^{n}{}' \left| \frac{c_k \varrho^k}{\xi^k - 1} \right| (|\xi|^{ks} + 1) = 2\lambda,$$

wo

$$\lambda = \sum_{k=-m}^{n}{}' \left| \frac{c_k \varrho^k}{\xi^k - 1} \right|$$

von s unabhängig ist. Mit Rücksicht auf (5) und (6) folgt hieraus

$$|c_0| \leqq \frac{|f(z_0)| + |f(z_1)| + \cdots + |f(z_{s-1})|}{s} + \frac{2\lambda}{s} < M + \varepsilon + \frac{2\lambda}{s}.$$

Da wir s beliebig groß und ε beliebig klein annehmen dürfen, so wird schließlich

$$|c_0| \leqq M. \tag{7}$$

Betrachten wir jetzt

$$z^{-n} \mathfrak{Q}(z) = \sum_{k=-\infty}^{+\infty} c_k z^{k-n},$$

so ist in dieser Reihe c_n das von z freie Glied. Ferner ist längs des Kreises $|z| = \varrho$

$$|z^{-n} \mathfrak{Q}(z)| \leqq \varrho^{-n} M.$$

Folglich gilt nach (7)

$$|c_n| \leqq \varrho^{-n} M,$$

woraus die zu beweisende Ungleichung (3) unmittelbar folgt.

Es erübrigt noch die Existenz von Zahlen ξ nachzuweisen, deren absoluter Betrag gleich 1 ist, ohne daß irgendeine Potenz von ξ mit einem ganzzahligen positiven Exponenten den Wert 1 besitzt.

Eine solche ist z.B. die Zahl $\xi = \frac{2-i}{2+i}$ (die offensichtlich den Betrag 1 hat).

Wäre nämlich $\xi^n = 1$ für ein positives ganzes n, so folgte

$$(2-i)^n = (2+i)^n = (2-i+2i)^n = (2i)^n + n(2-i)(2i)^{n-1} + \cdots$$

und hieraus

$$(2i)^n = (2-i)(A + Bi),$$

wo A und B ganze rationale Zahlen bedeuten. Nimmt man die Quadrate der absoluten Beträge der beiden Seiten, so ergibt sich

$$4^n = 5(A^2 + B^2),$$

und diese Gleichung enthält einen Widerspruch.

Drittes Kapitel.

Der Begriff der analytischen Funktion.

§ 1. Monogene Systeme von Potenzreihen.

Es sei $\mathfrak{P}(z/a)$ eine Potenzreihe

$$c_0 + c_1(z - a) + c_2(z - a)^2 + \cdots$$

mit nicht verschwindendem Konvergenzradius. Sie besitzt unendlich viele unmittelbare Fortsetzungen; diese haben ihrerseits wieder unmittelbare Fortsetzungen usf.

Alle auf diese Weise entstehenden Potenzreihen nennen wir *Fortsetzungen* der Potenzreihe $\mathfrak{P}(z/a)$, so daß also $\mathfrak{P}(z/b)$ eine Fortsetzung von $\mathfrak{P}(z/a)$ heißt, wenn $\mathfrak{P}(z/b)$ entweder im früheren Sinne eine unmittelbare Fortsetzung von $\mathfrak{P}(z/a)$ oder das Endglied einer endlichen Folge

$$\mathfrak{P}(z/a),\quad \mathfrak{P}(z/a_1),\quad \mathfrak{P}(z/a_2),\quad \ldots,\quad \mathfrak{P}(z/a_n),\quad \mathfrak{P}(z/b)$$

ist, in welcher jedes folgende Glied eine unmittelbare Fortsetzung des vorhergehenden ist.

Nach dem Satze, den wir früher in Kap. 2, § 8 kennen lernten, könnten wir den Begriff der Fortsetzung auch so fassen:

Jede aus einer Potenzreihe $\mathfrak{P}(z/a)$ durch eine oder mehrere Umbildungen entstehende Potenzreihe heißt eine Fortsetzung von $\mathfrak{P}(z/a)$.

Ferner leuchtet unmittelbar ein, daß die Reihe $\mathfrak{P}(z/a)$ Fortsetzung von $\mathfrak{P}(z/b)$ ist, wenn letztere Reihe Fortsetzung der ersteren ist.

Ein solches unendliches System von Potenzreihen, welches aus einer Reihe $\mathfrak{P}(z/a)$ und *allen* ihren Fortsetzungen besteht, nennen wir ein *monogenes System von Potenzreihen.*

Wir behaupten, daß jede beliebige in einem solchen System enthaltene Potenzreihe als erzeugende Reihe angesehen werden kann, daß also die Reihe $\mathfrak{P}(z/a)$ keine ausgezeichnete Stellung in dem System einnimmt. Diese Behauptung läßt sich offenbar auch so aussprechen: *Jede Potenzreihe des Systems ist eine Fortsetzung jeder anderen.*

Sind nämlich $\mathfrak{P}(z/b)$ und $\mathfrak{P}(z/c)$ irgendzwei Potenzreihen des aus der Reihe $\mathfrak{P}(z/a)$ erzeugten Systems, so ist $\mathfrak{P}(z/c)$ eine Fortsetzung von $\mathfrak{P}(z/a)$ und $\mathfrak{P}(z/a)$ eine Fortsetzung von $\mathfrak{P}(z/b)$. Folglich ist auch $\mathfrak{P}(z/c)$ eine Fortsetzung von $\mathfrak{P}(z/b)$, w. z. b. w.

Wir bemerken schließlich noch, daß wir in ein vorliegendes monogenes System von Potenzreihen auch jede Potenzreihe $\mathfrak{P}(z/\infty)$ aufnehmen, von welcher eine Fortsetzung in dem Systeme vorkommt. Dabei ist unter einer Fortsetzung einer Reihe $\mathfrak{P}(z/\infty)$ jede Reihe zu verstehen, die aus $\mathfrak{P}(z/\infty)$ durch eine oder mehrere Umbildungen hervorgeht.

Aus vorstehendem ergibt sich der evidente Satz:

Ein System von Potenzreihen bildet ein monogenes System, wenn

1. *jede Potenzreihe des Systems eine Fortsetzung jeder anderen ist und*
2. *jede Umbildung einer Potenzreihe des Systems ebenfalls zum System gehört.*

§ 2. Definition der analytischen Funktion.

Jedes monogene System von Potenzreihen definiert eine bestimmte Funktion $f(z)$ der komplexen Variablen z. Ist nämlich z_0 irgendein Wert von z, so betrachten wir die Potenzreihen des monogenen Systems, deren Konvergenzkreis den Punkt z_0 in seinem Innern aufnimmt. Die Werte, welche diese Potenzreihen für $z = z_0$ annehmen, ordnen wir dem Werte z_0 zu. Dadurch ist eine bestimmte Funktion $f(z)$ von z erklärt, die für $z = z_0$ *eindeutig* oder *mehrdeutig* heißt, je nachdem die genannten Potenzreihen für $z = z_0$ alle den nämlichen Wert annehmen oder nicht. Offenbar können wir die Werte dieser Funktion, die einem bestimmten Argumente z_0 entsprechen, auch so definieren:

Man betrachte die dem monogenen System angehörenden Potenzreihen $\mathfrak{P}(z/z_0)$. *Die konstanten Glieder dieser Potenzreihen sind dann die Werte der Funktion* $f(z)$ *für* $z = z_0$.

Diese Definition halten wir auch noch für $z_0 = \infty$ fest. Wenn also dem Systeme von Potenzreihen auch eine oder mehrere Potenzreihen $\mathfrak{P}(z/\infty)$ angehören, so sollen die konstanten Glieder dieser Potenzreihen die Werte der Funktion $f(z)$ für $z = \infty$ sein.

Eine Funktion $f(z)$ *heißt eine „analytische Funktion", wenn sie in dieser Weise durch ein monogenes System von Potenzreihen erklärt werden kann. Jede Reihe dieses Systems heißt ein „Element" der Funktion* $f(z)$.

Hierbei ist nun noch folgendes zu beachten: Liegt ein monogenes System von Potenzreihen vor, so ist es denkbar, daß ein bestimmt fixierter Wert z_0 von z überhaupt nicht in den Konvergenzkreis irgendeiner Potenzreihe des Systems hineinfällt. Dann ist die betreffende Funktion $f(z)$ für $z = z_0$ *nicht definiert.*

Man mache sich an dieser Stelle klar, einen wie speziellen Typus diese analytischen Funktionen schon rein äußerlich darstellen. Eine *Funktion* im allgemeinsten Sinne besteht gemäß Kap. 1, § 6 nur in der Zuordnung gewisser Werte w zu gewissen Werten z; insbesondere sind dabei sämtliche Argumentwerte z als voneinander völlig unabhängig gedacht, und man kann die Funktion nach Belieben in einigen Punkten z definieren und in anderen undefiniert lassen. Der Begriff einer analytischen Funktion läßt sich zwar auch noch mittels einer solchen (allerdings unter Umständen mehrdeutigen) Zuordnung fassen, setzt aber voraus, daß die Funktion in allen denjenigen Punkten, in denen sie nach dem obigen Verfahren durch Fortsetzung der zugehörigen Potenzreihen definiert werden *könnte*, wirklich in der hierdurch bestimmten Weise definiert *wird*, daß sie aber andrerseits in jedem Punkte, in den die zugehörigen Potenzreihen sich *nicht* fortsetzen lassen, undefiniert bleibt.

Wollte man beispielsweise eine Funktion $f(z)$ außerhalb des Punktes $z = 0$ durch z^2 definieren, dagegen im Nullpunkt undefiniert lassen, so wäre diese Funktion nach der obigen Erklärung nicht analytisch, obwohl sie in ihrem ganzen Definitionsbereich durch eine Potenzreihe darstellbar ist. Denn diese Potenzreihe konvergiert auch im Nullpunkt. (Ebenso wäre die Funktion nicht analytisch, wenn man ihr im Nullpunkt einen von $0^2 = 0$ verschiedenen Wert beilegte.)

Die Gesamtheit derjenigen Werte z_0, die ins Innere des Konvergenzkreises von Potenzreihen des monogenen Systems fallen und für die also auch dem System angehörende Reihen $\mathfrak{P}(z/z_0)$ existieren, bezeichnen wir als den *Regularitätsbereich* der Funktion $f(z)$. Und zwar soll jeder Punkt z_0 so oft dem Regularitätsbereich zugezählt werden, als es *verschiedene* Potenzreihen $\mathfrak{P}(z/z_0)$ des monogenen Systems gibt. Dabei ist der Fall nicht ausgeschlossen, daß zwei *verschiedene Potenzreihen* $\mathfrak{P}(z/z_0)$ *dasselbe konstante Glied* haben, so daß ihnen ein und derselbe Wert $f(z_0)$ entspricht.

Aber man erkennt leicht, daß dieses nur für mehrdeutige Funktionen eintreten kann, daß also folgender Satz gilt:

Ist die analytische Funktion $f(z)$ durchgehend eindeutig, so ist jeder Punkt z_0 ihres Regularitätsbereichs nur einfach zu zählen; die Funktion heißt dann schlechthin „eindeutige Funktion".

Wären nämlich $\mathfrak{P}(z/z_0)$ und $\mathfrak{P}_1(z/z_0)$ zwei verschiedene Funktionselemente von $f(z)$, so würden nach Kap. 2, § 4 in einer genügend kleinen Umgebung der Stelle z_0 für jeden von z_0 verschiedenen Punkt z_1 die beiden Potenzreihen verschiedene Werte besitzen und daher $f(z)$ für jeden solchen Punkt z_1 mindestens zweideutig sein, entgegen der Annahme.

§ 3. Eindeutige Zweige einer analytischen Funktion.

Betrachten wir irgendeine Menge Σ von Punkten in der komplexen Zahlenebene oder auf der Zahlenkugel, so kann sich ein beliebig fixierter Punkt a auf drei Arten gegen diese Punktmenge verhalten.

Entweder gehören *alle* Punkte einer genügend kleinen Umgebung des Punktes a der Menge Σ an,

oder es gehört *kein* Punkt einer genügend kleinen Umgebung des Punktes a der Menge Σ an,

oder endlich es fällt in jede noch so kleine Umgebung des Punktes a sowohl mindestens ein Punkt, der zur Menge gehört, wie auch mindestens ein Punkt, der nicht zur Menge gehört.

Im ersten Falle sagen wir, a liege im Inneren der Menge Σ oder sei ein *innerer* Punkt von Σ; im zweiten Falle, a liege außerhalb der Menge Σ oder sei ein *äußerer* Punkt von Σ; im dritten Falle endlich sagen wir, a liege auf dem *Rand* von Σ oder sei ein *Randpunkt* von Σ. Ein Punkt a heiße ein *isolierter* Randpunkt der Menge Σ, wenn in einer genügend kleinen Umgebung von a der Punkt a der einzige Punkt ist, der nicht zur Menge Σ gehört.

Eine *stetige Kurve* ist eine Menge von Punkten, deren Koordinaten x und y als stetige Funktionen

$$x = \varphi(t), \quad y = \psi(t)$$

einer reellen Veränderlichen t in einem Intervall $t_0 \leqq t \leqq t_1$ definiert sind. Die Kurve heißt *geschlossen*, wenn ihre Endpunkte zusammenfallen, d. h. wenn

$$\varphi(t_0) = \varphi(t_1), \quad \psi(t_0) = \psi(t_1)$$

ist, *einfach*, wenn diese Gleichungen für kein anderes Paar verschiedener Werte von t gelten.

Mit Hilfe dieser Begriffe definieren wir: Eine Punktmenge heißt ein *Gebiet*, wenn

1. alle ihre Punkte innere Punkte sind,

2. je zwei ihrer Punkte sich durch eine stetige Kurve verbinden lassen, die ganz der Menge angehört.

Eine wichtige Eigenschaft der einfach geschlossenen stetigen Kurven lehrt der *Jordansche Kurvensatz*. Er besagt:

Jede einfache, geschlossene, stetige Kurve C zerlegt die Ebene in genau zwei Gebiete, d. h. die der Kurve nicht angehörenden Punkte der Ebene lassen sich in zwei Mengen ohne gemeinsame Punkte einteilen, und jede dieser Mengen ist ein Gebiet. Der allgemeine und strenge Beweis dieses der Anschauung sehr vertrauten Satzes würde hier zu weit führen; doch werden wir den Satz trotzdem gelegentlich benutzen[1]. Das eine der beiden von C bestimmten Gebiete enthält alle genügend weit vom Ursprung entfernten Punkte; wir nennen es das *Äußere*, das andere Gebiet das *Innere* von C.

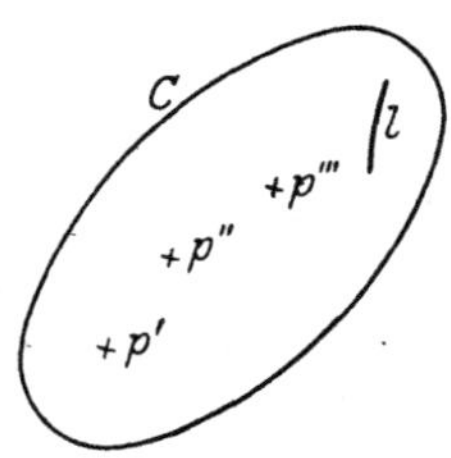

Abb. 14.

Das Innere einer einfachen, geschlossenen Kurve C bildet auch dann noch ein Gebiet, wenn wir einzelne Punkte p', p'', ... und Linienstücke l im Inneren des betreffenden Stückes ausschließen (Abb. 14). Die Randpunkte eines solchen Gebietes sind die Punkte der Linie C, die Punkte der ausgeschlossenen Linienstücke l und die ausgeschlossenen Punkte p', p'', ... Die letzteren sind, soweit

[1] Vgl. Kap. 5, § 5, S. 92.

sie nicht auf einem der Linienstücke l liegen, isolierte Randpunkte des Gebietes.

Es sei jedem Punkte z eines Gebietes D ein bestimmter endlicher Wert w nach irgendeinem Gesetz zugeordnet, so daß also w als Funktion von z in dem Gebiete D gegeben ist. Wenn nun die Werte der Funktion w für eine genügend kleine Umgebung jeder Stelle a des Gebietes D durch eine Potenzreihe $\mathfrak{P}(z/a)$ darstellbar sind, so sagen wir, w sei „regulär" in D.

Dann können wir folgenden fundamentalen Satz beweisen:

Es gibt eine analytische Funktion $f(z)$, so daß für jedes z von D die Funktion $w(z)$ einen der Werte von $f(z)$ vorstellt.

Wir nennen $w(z)$ einen in dem Gebiete D regulären „eindeutigen Zweig" von $f(z)$.

Alles, was wir zu beweisen haben, ist, daß die Potenzreihen $\mathfrak{P}(z/a)$ und $\mathfrak{P}(z/b)$, welche in den Umgebungen von zwei beliebigen Punkten a und b des Gebietes D die Werte von w darstellen, Fortsetzungen voneinander sind.

Es sei a ein Punkt des Gebietes D und r der Radius des *größten* Kreises mit dem Mittelpunkt a, innerhalb dessen die Werte von w durch $\mathfrak{P}(z/a)$ darstellbar sind. Ist dann r für geeignetes a *unendlich*, so liegt b im Inneren des Kreises um a vom Radius r, und $\mathfrak{P}(z/b) = w(z)$ ist Umbildung von $\mathfrak{P}(z/a)$; je zwei Potenzreihen $\mathfrak{P}(z/b_1)$ und $\mathfrak{P}(z/b_2)$ sind also Fortsetzungen voneinander. Ist aber r *endlich* für jedes a, so zeigen wir zunächst, daß r eine *stetige* Funktion von a innerhalb des Gebietes D ist. Es sei a ein beliebig fixierter Punkt des Gebietes D. Ferner sei a' ein Punkt, dessen Entfernung d von a kleiner als $\frac{r}{2}$ ist (Abb. 15). Da die Umbildung $\mathfrak{P}(z/a/a')$[1] von $\mathfrak{P}(z/a)$ für den Punkt a' mindestens in dem Kreise mit dem Mittelpunkt a' und dem Radius $r - d$ die Werte von w darstellt, so ist $r' \geqq r - d$ oder $r - r' \leqq d$, wo r' dieselbe Bedeutung für a' hat wie r für a. Da aber wegen $d < \frac{r}{2}$ der Punkt a im Inneren des Konvergenzkreises von $\mathfrak{P}(z/a/a')$ liegt, so ist aus Symmetriegründen $r \geqq r' - d$ oder $r' - r \leqq d$. Es liegt also $r' - r$ zwischen $-d$ und $+d$, d. h. es ist

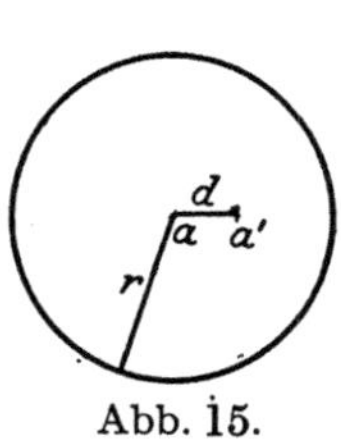

Abb. 15.

$$|r' - r| \leqq d = |a' - a|.$$

Also ist in der Tat r eine stetige Funktion von a.

Es seien nun a und b irgendzwei Punkte des Gebietes D. Wir verbinden dieselben durch eine stetige Kurve, die ganz in D liegt. Da r sich längs dieser Linie stetig ändert, so besitzt r ein *Minimum* ϱ, welches

[1] $\mathfrak{P}(z/a/a')$ gehe aus $\mathfrak{P}(z/a)$ hervor, indem $z - a$ durch $z - a' - (a - a')$ ersetzt und dann die Funktion nach Potenzen von $z - a'$ entwickelt wird.

den Wert von r für einen gewissen Punkt der Kurve ab darstellt und daher von Null verschieden ist.

Wir wählen nun auf der Kurve ab zwischen a und b die aufeinanderfolgenden Punkte $a_1, a_2, a_3, \ldots, a_n$, so daß in der Reihe

$$a a_1 a_2 a_3 \ldots a_n b$$

der Abstand zweier aufeinanderfolgender Punkte kleiner als ϱ ist (Abb. 16).

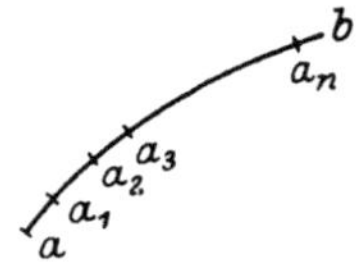

Abb. 16.

Die Potenzreihen

$$\mathfrak{P}(z/a), \quad \mathfrak{P}(z/a_1), \quad \mathfrak{P}(z/a_2), \quad \ldots, \quad \mathfrak{P}(z/a_n), \quad \mathfrak{P}(z/b),$$

welche in der Umgebung jener Punkte die Werte der Funktion w darstellen, sind dann so beschaffen, daß jede folgende durch Umbildung der vorhergehenden erzeugt werden kann, da der Konvergenzkreis jeder dieser Reihen den Mittelpunkt des Konvergenzkreises der nächstfolgenden Reihe in seinem Inneren enthält. Es ist daher wirklich, wie gezeigt werden sollte, $\mathfrak{P}(z/b)$ eine Fortsetzung von $\mathfrak{P}(z/a)$.

§ 4. Beispiele.

Betrachten wir eine rationale Funktion

$$\frac{h(z)}{g(z)} = \frac{b_0 + b_1 z + \cdots + b_r z^r}{a_0 + a_1 z + \cdots + a_n z^n} \qquad (a_n \neq 0),$$

so besitzt dieselbe für jeden endlichen Wert von z, für welchen der Nenner nicht verschwindet, einen bestimmten endlichen Wert w. Sie definiert also in der komplexen Zahlenebene, wenn wir die Wurzeln der Gleichung

$$(1) \qquad a_0 + a_1 z + \cdots + a_n z^n = 0$$

ausschließen, eine eindeutige Funktion von z.

Ohne den „Fundamentalsatz der Algebra" vorauszusetzen, kann man einsehen, daß die Gleichung (1) *höchstens* n Wurzeln besitzt. Denn ist $z = z_1$ eine Wurzel von (1), so ist die linke Seite $g(z)$ ohne Rest durch $z - z_1$ teilbar; wären nun $n + 1$ verschiedene Wurzeln $z = z_1$, $z = z_2$, $\ldots$, $z = z_{n+1}$ der Gleichung (1) vorhanden, so würde die ganze rationale Funktion $g(z)$ durch die ganze rationale Funktion $(n + 1)$-ten Grades $(z - z_1)(z - z_2) \cdots (z - z_{n+1})$ teilbar sein, was widersinnig ist. Man darf außerdem voraussetzen, daß keine Wurzel von (1) zugleich Wurzel von $h(z) = 0$ ist, weil sonst $h(z)$ und $g(z)$ einen gemeinsamen Faktor hätten. Von dem größten gemeinsamen Teiler kann man aber $g(z)$ und $h(z)$ von vornherein befreit annehmen.

Betrachten wir nun die ganze Zahlenebene oder lieber gleich die Zahlenkugel mit Ausschluß der etwa vorhandenen Nullstellen des

Nenners $g(z)$ und des unendlich fernen Punktes, so haben wir ein Gebiet D vor uns, in welchem $w = \frac{h(z)}{g(z)}$ einen eindeutigen Zweig einer analytischen Funktion vorstellt. Denn ist a ein beliebiger Punkt des Gebietes D, so ist

$$w = \frac{h(z)}{g(z)} = \frac{h(a + (z - a))}{g(a + (z - a))} = \frac{\mathfrak{P}_1(z - a)}{\mathfrak{P}_2(z - a)},$$

wo $\mathfrak{P}_1(z - a)$ und $\mathfrak{P}_2(z - a)$ im Endlichen abbrechende Potenzreihen (d. h. ganze rationale Funktionen von $z - a$) vorstellen, von welchen die zweite für $z = a$ nicht Null ist. Folglich ist nach Kap. 2, § 5

$$w = \mathfrak{P}(z - a) \tag{2}$$

in einer genügend kleinen Umgebung der Stelle a, also nach § 3 die Funktion w ein eindeutiger Zweig einer analytischen Funktion.

Diese Funktion ist aber sogar eine *eindeutige* analytische Funktion von z. Denn die Potenzreihen (2), welche wechselnden Werten von a entsprechen, bilden ein *monogenes System*. Daß je zwei der Potenzreihen (2) Fortsetzungen voneinander sind, folgt aus dem schon benutzten Satze, nach welchem w einen eindeutigen Zweig einer analytischen Funktion darstellt. Daß aber auch, wenn $\mathfrak{P}(z/a)$ eine der Potenzreihen (2) bedeutet, *jede* Fortsetzung derselben zu den Potenzreihen (2) gehört, geht unmittelbar daraus hervor, daß jede Umbildung von $\mathfrak{P}(z/a)$, etwa für einen Punkt a_1, in einer Umgebung von a_1 den Wert von $\frac{h(z)}{g(z)}$ darstellt. Durch fortgesetzte Umbildungen kommt man also aus dem System derjenigen Potenzreihen, die $\frac{h(z)}{g(z)}$ in der Umgebung irgendeines Punktes der Zahlenkugel darstellen, in der Tat nicht heraus. In dem System dieser Potenzreihen kommt auch eine dem Punkte ∞ entsprechende Reihe $\mathfrak{P}(z/a)$ vor, wenn $n \geqq r$ ist. Denn dann hat man

$$\frac{h(z)}{g(z)} = \frac{b_0\left(\frac{1}{z}\right)^r + \cdots + b_r}{a_0\left(\frac{1}{z}\right)^n + \cdots + a_n} \cdot \left(\frac{1}{z}\right)^{n-r} = \mathfrak{P}\left(\frac{1}{z}\right).$$

Ist dagegen $n < r$ und $b_r \neq 0$, so gibt es eine solche Reihe $\mathfrak{P}\left(\frac{1}{z}\right)$ nicht.

Zusammenfassend können wir sagen:

Eine rationale Funktion $\frac{h(z)}{g(z)}$ *ist eine eindeutige analytische Funktion. Der Regularitätsbereich umfaßt alle Werte von z mit Ausschluß der Nullstellen des Nenners* $g(z)$ *und, wenn der Grad des Zählers größer als der des Nenners ist, mit Ausschluß von* $z = \infty$.

Da an den ausgeschlossenen Stellen $\frac{h(z)}{g(z)}$ unendlich wird, so kann kein Funktionselement existieren, welches eine dieser Stellen im Inneren seines Konvergenzkreises enthielte. Die ausgeschlossenen Stellen bilden also notwendig den Rand des Regularitätsbereiches.

Als zweites Beispiel wollen wir eine beständig konvergierende Potenzreihe

$$\mathfrak{P}(z) = c_0 + c_1 z + c_2 z^2 + \cdots$$

betrachten. Diese definiert eine eindeutige analytische Funktion, deren Regularitätsbereich durch alle Werte von z mit eventuellem Ausschluß des Wertes $z = \infty$ gebildet wird.

In der Tat ist jede Umbildung $\mathfrak{P}(z/a)$ von $\mathfrak{P}(z)$ ebenfalls eine beständig konvergierende Reihe, und diese Umbildungen bilden daher das aus $\mathfrak{P}(z)$ entspringende monogene System von Potenzreihen. Aus der beständigen Konvergenz von $\mathfrak{P}(z)$ erhellt zugleich, daß die Umbildungen zu dem Wertevorrat dieser Funktion nichts hinzufügen.

Wir wollen nun zeigen, daß, abgesehen von dem Falle, wo $\mathfrak{P}(z)$ sich auf das Anfangsglied c_0 reduziert, der Punkt ∞ *nicht* zu dem Regularitätsbereich der durch $\mathfrak{P}(z)$ definierten Funktion gehört.

Zu diesem Zwecke beweisen wir den Satz:

Wenn die beständig konvergierende Reihe $\mathfrak{P}(z)$ sich nicht auf ihr Anfangsglied reduziert, so gibt es in jeder noch so kleinen Umgebung des Punktes ∞ und zu jedem beliebig großen positiven G mindestens einen Wert von z, für welchen

$$|\mathfrak{P}(z)| > G$$

wird.

Wir betrachten eine Umgebung des Punktes ∞, d. h. das Äußere eines Kreises mit dem Mittelpunkt 0. Es sei ferner G eine beliebig vorgeschriebene positive Zahl, und es werde angenommen, daß

$$|\mathfrak{P}(z)| \leqq G$$

sei für jeden Punkt z in der betrachteten Umgebung des Punktes ∞. Wenn dann r den Radius eines Kreises mit dem Mittelpunkt 0 bedeutet, dessen Peripherie ganz in jener Umgebung verläuft, so ist

$$|c_n| r^n \leqq G \qquad (n = 0, 1, 2, 3, \ldots)$$

nach dem Hilfssatz in § 9 des vorigen Kapitels.

Hieraus folgt

$$|c_n| \leqq \frac{G}{r^n}. \tag{3}$$

Da wir nun r beliebig groß annehmen können, so ist $|c_n|$, falls $n > 0$, höchstens gleich einer beliebig klein zu machenden positiven Größe und daher

$$c_n = 0.$$

Folglich muß sich dann $\mathfrak{P}(z)$ auf das erste Glied c_0 reduzieren.

Damit ist offenbar unser Satz bewiesen.

Wenn nun $z = \infty$ dem Regularitätsbereiche der durch $\mathfrak{P}(z)$ definierten Funktion angehörte, so hätte man in einer genügend kleinen Umgebung des Punktes ∞

$$\mathfrak{P}(z) = k_0 + \frac{k_1}{z} + \frac{k_2}{z^2} + \cdots.$$

Für große Werte von z würde $\mathfrak{P}(z)$ wenig von k_0 verschieden sein und daher $|\mathfrak{P}(z)|$ unter einer endlichen positiven Zahl bleiben. Folglich gehört, wie behauptet wurde, $z = \infty$ nur dann dem Regularitätsbereiche unserer Funktion an, wenn $\mathfrak{P}(z) = c_0$ ist und also die Funktion sich auf eine Konstante reduziert.

Eine analytische Funktion, welche durch eine beständig konvergierende Reihe $\mathfrak{P}(z)$ definiert werden kann, nennt man nach WEIERSTRASZ eine *ganze Funktion*. Wenn die Reihe $\mathfrak{P}(z)$ abbricht, so heißt die betreffende ganze Funktion *rational*, im andern Falle *transzendent*.

Als letztes Beispiel wollen wir den Quotienten zweier beständig konvergierender Reihen

$$w = \frac{\mathfrak{P}_1(z)}{\mathfrak{P}(z)}$$

betrachten. Zunächst beweisen wir den folgenden wichtigen Satz:

Die Nullstellen einer beständig konvergierenden, nicht identisch verschwindenden Potenzreihe $\mathfrak{P}(z)$ können keine im Endlichen liegende Häufungsstelle haben.

Betrachten wir nämlich einen beliebigen endlichen Wert $z = a$, so ist

$$\mathfrak{P}(z) = \mathfrak{P}_1(z - a),$$

wo die rechte Seite die Umbildung von $\mathfrak{P}(z)$ für $z = a$ bedeutet. Nun wissen wir, daß in einer genügend kleinen Umgebung von $z = a$ die Reihe $\mathfrak{P}_1(z - a)$ nicht verschwindet, außer etwa für $z = a$. Daher ist also $z = a$ keine Häufungsstelle der Nullstellen von $\mathfrak{P}(z)$.

Wenn wir nun aus der Zahlenkugel die Nullstellen von $\mathfrak{P}(z)$, wenn solche existieren, und den Punkt ∞ ausscheiden, so entsteht ein Gebiet, in welchem w in der Umgebung jeder Stelle nach Kap. 2, § 5 als Potenzreihe darstellbar ist. Daraus schließen wir wieder, ganz analog wie oben für rationale Funktionen, daß der *Quotient* zweier beständig konvergierender Potenzreihen eine eindeutige analytische Funktion darstellt, deren Regularitätsbereich die Zahlenkugel ist mit Ausschluß gewisser Punkte. Die letzteren besitzen, wenn sie in unendlicher Anzahl vorhanden sind, die einzige Häufungsstelle ∞.

§ 5. Die Elementarzweige und ihre singulären Punkte.

Gehört eine einzelne Potenzreihe $\mathfrak{P}(z/a)$ zu dem monogenen Systeme, das die analytische Funktion $f(z)$ definiert, so bezeichneten wir sie als ein *Element* der Funktion $f(z)$. Im Innern ihres Konvergenzkreises definiert die Potenzreihe $\mathfrak{P}(z/a)$ einen eindeutigen Zweig von $f(z)$; wir wollen einen solchen Zweig einen *Elementarzweig* und jeden inneren Punkt des Konvergenzkreises einen *regulären* Punkt des Elementarzweiges nennen.

Betrachten wir einen Punkt s *auf der Peripherie des Konvergenzkreises* von $\mathfrak{P}(z/a)$, so gibt es entweder eine Potenzreihe $\mathfrak{P}(z/s)$ mit nicht verschwindendem Konvergenzradius, die eine unmittelbare Fortsetzung von $\mathfrak{P}(z/a)$ ist, oder es gibt keine derartige Potenzreihe. Im ersten Falle wollen wir s einen *regulären*, im letzteren Falle einen *singulären* Punkt des Elementarzweiges nennen. Wir beweisen nun in diesem Paragraphen den fundamentalen Satz:

Auf der Peripherie des Konvergenzkreises von $\mathfrak{P}(z/a)$ liegt immer mindestens ein singulärer Punkt.

Beim Beweise setzen wir der Einfachheit halber $a = 0$. Ist a von Null verschieden, so sind die nachfolgenden Betrachtungen nur unwesentlich zu modifizieren.

Es sei also

$$\mathfrak{P}(z) = c_0 + c_1 z + c_2 z^2 + \cdots$$

eine Potenzreihe, r ihr Konvergenzradius und K ihr Konvergenzkreis.

Wir nehmen nun an, daß nicht nur im Inneren, sondern auch auf der Peripherie des Konvergenzkreises jedem Punkte a eine unmittelbare Fortsetzung $\mathfrak{P}(z/a)$ von $\mathfrak{P}(z)$ entspricht; dann wird der Konvergenzradius r_a dieser Fortsetzung eine *stetige* Funktion von a sein. Dies folgt aus einer ähnlichen Betrachtung, wie wir sie in § 3 angestellt haben. Wenn nämlich a' genügend nahe bei a liegt, so ist $|r_{a'} - r_a| \leqq d$, wo d die Entfernung $|a' - a|$ der beiden Punkte voneinander bedeutet. Da nun die Punkte a im Inneren und auf der Peripherie unseres Kreises eine abgeschlossene Menge[1] bilden, so besitzt r_a ein Minimum ϱ, welches von Null verschieden ist.

Hieraus würde nun, wie wir zeigen werden, weiter folgen, daß der Konvergenzradius von $\mathfrak{P}(z)$ nicht r, sondern größer als r wäre.

Wir beschreiben zu dem Zwecke um den Nullpunkt einen Kreis K' mit dem Radius $r + \sigma$, wo σ eine positive Zahl $< \varrho$ bedeutet. Den Ring zwischen K und K' bezeichnen wir mit C, wobei wir die den Ring begrenzenden Kreisperipherien mit zu dem Ringe zählen wollen.

---

[1] Eine Punktmenge heißt *abgeschlossen*, wenn sie ihre Häufungspunkte enthält. Eine auf einer abgeschlossenen Punktmenge *stetige* reelle Funktion besitzt daselbst ein *Maximum* und ein *Minimum*.

Für das Innere und die Peripherie des Kreises K' definieren wir nun eine eindeutige Funktion von z folgendermaßen:

Liegt z im Inneren des Konvergenzkreises K von $\mathfrak{P}(z)$, so soll

$$f(z) = \mathfrak{P}(z)$$

sein. Gehört dagegen z dem Ringe C an, so bestimmen wir einen Punkt a im Inneren von K so, daß sein Abstand von z kleiner als ϱ ist (Abb. 17). Dann fällt z ins Innere des Konvergenzkreises der Umbildung $\mathfrak{P}(z/a)$ von $\mathfrak{P}(z)$, und wir setzen nun fest, daß

$$f(z) = \mathfrak{P}(z/a)$$

genommen werden soll. Der hierdurch definierte Wert $f(z)$ ist unabhängig von der Wahl des Punktes a. Denn nehmen wir statt a einen andern Punkt a' zu Hilfe, so daß der Konvergenzkreis von $\mathfrak{P}(z/a')$ ebenfalls den betrachteten Punkt z umfaßt, so gehört, wie man geometrisch sieht, ein gewisses Teilgebiet von K den Konvergenzkreisen von $\mathfrak{P}(z/a)$ und $\mathfrak{P}(z/a')$ zugleich an; diese beiden Reihen haben dort dieselben Werte $f(z)$, sind also unmittelbare Fortsetzungen voneinander, und daher gilt im betrachteten Punkte z

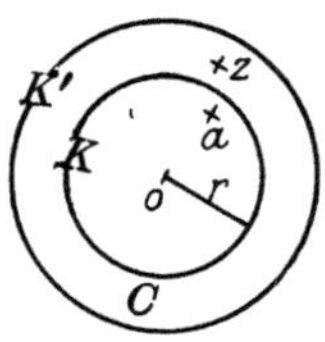

Abb. 17.

$$\mathfrak{P}(z/a') = \mathfrak{P}(z/a).$$

Die so definierte Funktion $f(z)$ ist für den Kreis K' einschließlich seiner Peripherie eine eindeutige und *stetige* Funktion. Folglich hat $|f(z)|$ ein endliches *Maximum*, welches wir mit g bezeichnen wollen.

Nun sei a wieder ein Punkt im Inneren des Kreises K. Wir beschreiben um a als Mittelpunkt einen Kreis mit dem Radius σ. Längs der Peripherie dieses Kreises ist

$$f(z) = \mathfrak{P}(z/a) = \mathfrak{P}(a) + \mathfrak{P}'(a)\frac{z-a}{1!} + \cdots + \mathfrak{P}^{(n)}(a)\frac{(z-a)^n}{n!} + \cdots$$

absolut $\leqq g$. Folglich gilt nach Kap. 2, § 9

$$\left|\frac{1}{n!}\mathfrak{P}^{(n)}(a)\right|\sigma^n \leqq g \qquad (n = 0, 1, 2, \ldots).$$

Es ist aber

$$\frac{1}{n!}\mathfrak{P}^{(n)}(a) = \sum_{k=n}^{\infty}\frac{k!}{n!\,(k-n)!}c_k a^{k-n} = \sum_{k=n}^{\infty}\binom{k}{n}c_k a^{k-n}.$$

Lassen wir a auf einem Kreise mit dem Mittelpunkt 0 und dem Radius $\alpha < r$ wandern, so ist dabei beständig

$$\left|\frac{\mathfrak{P}^{(n)}(a)}{n!}\right| \leqq \frac{g}{\sigma^n}$$

und folglich nach Kap. 2, § 9 für $k = n, n+1, \ldots$

$$\binom{k}{n}|c_k|\alpha^{k-n} \leqq \frac{g}{\sigma^n}.$$

Da wir α beliebig dicht bei r nehmen können, so ist auch

$$|c_k| \binom{k}{n} r^{k-n} \sigma^n \leqq g.$$

Wir nehmen $n = 0, 1, 2, \ldots, k$ und addieren; so kommt

$$|c_k| (r+\sigma)^k \leqq (k+1) g;$$

es ist also

$$\mathfrak{Q}(z) = \sum_{k=0}^{\infty} g(k+1) \left(\frac{z}{r+\sigma}\right)^k$$

eine Majorante von $\mathfrak{P}(z)$.

Die Potenzreihe $\mathfrak{Q}(z)$ konvergiert aber so weit wie

$$\sum_{k=0}^{\infty} \left(\frac{z}{r+\sigma}\right)^k,$$

also für $|z| < r + \sigma$. Ebensoweit müßte daher auch $\mathfrak{P}(z)$ konvergieren.

Dies ist aber gegen die Voraussetzung, daß K der Konvergenzkreis von $\mathfrak{P}(z)$ ist; also ist die Annahme unzulässig, daß auf der Peripherie von K *kein singulärer* Punkt liege. Unser Satz ist nunmehr bewiesen.

Um ein Beispiel für die Anwendung dieses Satzes zu geben, betrachten wir den Quotienten zweier beständig konvergierender Potenzreihen

$$\frac{\mathfrak{P}_1(z)}{\mathfrak{P}(z)} = \frac{b_0 + b_1 z + b_2 z^2 + \cdots}{a_0 + a_1 z + a_2 z^2 + \cdots},$$

wobei wir a_0 von Null verschieden voraussetzen wollen. Der Einfachheit halber wollen wir überdies annehmen, daß $\mathfrak{P}(z)$ und $\mathfrak{P}_1(z)$ keine gemeinsame Nullstelle besitzen.

Wir wissen, daß in der Umgebung der Stelle $z = 0$ eine Gleichung

$$\frac{\mathfrak{P}_1(z)}{\mathfrak{P}(z)} = c_0 + c_1 z + c_2 z^2 + \cdots = \mathfrak{P}_2(z)$$

gilt. Welches ist nun der Konvergenzkreis der Reihe $\mathfrak{P}_2(z)$?

Auf dessen Peripherie muß ein Punkt s vorhanden sein, für den $\mathfrak{P}(z)$ verschwindet. Denn sonst würde in der Umgebung jedes Punktes der Bruch $\frac{\mathfrak{P}_1(z)}{\mathfrak{P}(z)}$ in die Form einer Potenzreihe gesetzt werden können, welche offenbar eine unmittelbare Fortsetzung von $\mathfrak{P}_2(z)$ wäre. Da andererseits der Konvergenzkreis von $\mathfrak{P}_2(z)$ im Inneren keine Nullstelle von $\mathfrak{P}(z)$ enthalten kann, weil für eine solche $\mathfrak{P}_2(z)$ unendlich würde, während doch $\mathfrak{P}_2(z)$ im Inneren des Konvergenzkreises stets einen endlichen Wert besitzt, so folgt, *daß der Konvergenzkreis von $\mathfrak{P}_2(z)$ derjenige Kreis mit dem Mittelpunkt 0 ist, dessen Peripherie durch die dem Punkte $z = 0$ nächstgelegene Nullstelle von $\mathfrak{P}(z)$ hindurchgeht.*

Entwickeln wir beispielsweise

$$\frac{z^2}{1 - 6z - z^2}$$

nach Potenzen von z, so erhalten wir

$$\frac{z^2}{1 - 6z - z^2} = z^2 + 6z^3 + 37z^4 + \cdots.$$

Diese Entwicklung ist gültig in demjenigen Kreise mit dem Mittelpunkt Null, der durch die dem Nullpunkt nächstgelegene Wurzel der Gleichung

$$z^2 + 6z - 1 = 0$$

geht. Die Wurzeln sind

$$z_1 = -3 + \sqrt{10}, \qquad z_2 = -3 - \sqrt{10}.$$

Der Radius des in Betracht gezogenen Konvergenzkreises ist daher $\sqrt{10} - 3$.

§ 6. Der Fundamentalsatz der Algebra.

Wir wollen nun auf Grund der Untersuchung des vorigen Paragraphen einen sehr einfachen Beweis für den *Fundamentalsatz der Algebra* geben. Es sei

$$g(z) = a_0 + a_1 z + a_2 z^2 + \cdots + a_n z^n$$

eine ganze rationale Funktion, wobei $n > 0$, $a_n \neq 0$ vorausgesetzt werde.

Verschwände nun $g(z)$ für keinen Wert von z, so wäre

$$\text{(1)} \qquad \frac{1}{a_0 + a_1 z + a_2 z^2 + \cdots + a_n z^n} = c_0 + c_1 z + c_2 z^2 + \cdots,$$

wo nach dem Ergebnis des vorigen Paragraphen die rechte Seite einen unendlich großen Konvergenzradius besitzt, also eine beständig konvergierende Reihe ist.

Da aber andererseits die linke Seite von (1) in einer gewissen Umgebung von $z = \infty$ in eine Potenzreihe in $\frac{1}{z}$ entwickelbar ist, weil die linke Seite ja in die Form

$$\frac{1}{z^n} \cdot \frac{1}{a_n + a_{n-1}\frac{1}{z} + a_{n-2}\frac{1}{z^2} + \cdots + a_0 \frac{1}{z^n}}$$

gesetzt werden kann, so muß nach § 4 die rechte Seite sich auf das Anfangsglied c_0 reduzieren. Die dann aus (1) folgende Gleichung

$$1 = (a_0 + a_1 z + a_2 z^2 + \cdots + a_n z^n)\, c_0$$

ist aber widersinnig. *Folglich muß notwendig mindestens eine Wurzel der Gleichung $g(z) = 0$ existieren.*

Hieraus leitet man in bekannter Weise den Satz ab, daß jede ganze rationale Funktion n-ten Grades als Produkt von n Linearfaktoren darstellbar ist.

§ 7. Singuläre Punkte einer analytischen Funktion.

Der *Regularitätsbereich* oder *Definitionsbereich* einer *eindeutigen* analytischen Funktion $f(z)$ ist eine Punktmenge, welche beiläufig bemerkt unter den Begriff eines Gebietes fällt. Die Punkte *auf dem Rande* des Regularitätsbereichs nennen wir die *singulären Punkte* der Funktion $f(z)$, die Punkte *im Inneren* des Regularitätsbereichs die *regulären* Punkte von $f(z)$. Die singulären Punkte bilden eine *abgeschlossene* Menge, d. h. eine Häufungsstelle von singulären Punkten ist ebenfalls ein singulärer Punkt. Dieser Satz ist nur ein spezieller Fall des allgemeineren:

Ist Σ irgendeine Punktmenge, so bilden die Punkte auf dem Rande von Σ stets eine abgeschlossene Menge.

Ein Punkt p liegt nach der Definition auf S. 45 auf dem Rande von Σ, wenn in jeder Umgebung von p mindestens ein Punkt liegt, der zu Σ gehört, und auch mindestens ein Punkt, der nicht zu Σ gehört.

Ist nun a eine Häufungsstelle der Punkte $p_1, p_2, p_3, \ldots$, die ihrerseits auf dem Rande von Σ liegen, so fallen in jede Umgebung von a Punkte p_k (und zwar in unendlicher Anzahl) hinein. Um einen solchen Punkt p_k können wir eine Umgebung (p_k) so klein abgrenzen, daß sie ganz im Inneren der betrachteten Umgebung von a liegt. Daher wird in diese mindestens ein Punkt, der zu Σ gehört, und mindestens ein Punkt, der nicht zu Σ gehört, hineinfallen, weil dieses für die Umgebung (p_k) gilt. Folglich ist a ebenfalls ein Punkt auf dem Rande von Σ; und damit ist unser Satz bewiesen.

Betrachten wir nun einen singulären Punkt der Funktion $f(z)$, so wird derselbe entweder Häufungsstelle anderer singulärer Punkte sein oder nicht. Im letzteren Falle nennen wir ihn einen *isolierten* singulären Punkt. Ein isolierter singulärer Punkt ist also ein solcher, um den sich eine so kleine Umgebung abgrenzen läßt, daß in ihr kein weiterer singulärer Punkt der Funktion liegt.

Betrachten wir einen Elementarzweig $\mathfrak{P}(z/a)$ der eindeutigen analytischen Funktion $f(z)$, so ist *jeder singuläre Punkt s dieses Elementarzweiges auch ein singulärer Punkt von $f(z)$.* Denn da für den Punkt s keine Fortsetzung $\mathfrak{P}(z/s)$ von $\mathfrak{P}(z/a)$ existiert, so ist s selbst kein Punkt des Regularitätsbereiches von $f(z)$, und da s andrerseits Häufungsstelle von Punkten des Regularitätsbereiches ist, so ist s ein Punkt auf dem Rande des Regularitätsbereiches. Natürlich ist auch jeder reguläre Punkt des Elementarzweiges $\mathfrak{P}(z/a)$ ein regulärer Punkt der eindeutigen Funktion $f(z)$.

Wenn wir daher die singulären Punkte einer eindeutigen Funktion kennen, so können wir sofort den Konvergenzkreis eines Funktionselementes $\mathfrak{P}(z/a)$ angeben:

Der Kreis mit dem Mittelpunkt a, dessen Peripherie durch einen singulären Punkt geht, welcher a zunächst liegt, ist der Konvergenzkreis der Reihe $\mathfrak{P}(z/a)$.

Wir haben nun schließlich noch die Einteilung der singulären Punkte in *wesentlich singuläre* und *außerwesentlich singuläre* auseinanderzusetzen.

Wenn für einen singulären Punkt s eine Umgebung existiert, innerhalb deren, abgesehen vom Punkte s selber, die Werte der Funktion $\frac{1}{f(z)}$ durch eine Potenzreihe $\mathfrak{P}(z/s)$ darstellbar sind, so nennen wir s einen *außerwesentlich singulären Punkt* oder auch einen *Pol* von $f(z)$; im anderen Falle nennen wir s einen *wesentlich singulären Punkt.* Wir wollen einen Pol s der Funktion $f(z)$ einmal näher betrachten. In der Umgebung von s, abgesehen vom Punkte s selbst, ist nach der gegebenen Definition eines Poles

$$(1)\quad \frac{1}{f(z)} = c_k(z-s)^k + c_{k+1}(z-s)^{k+1} + \cdots = (z-s)^k\,\mathfrak{P}(z-s) \quad (k \geqq 0),$$

wobei wir c_k als nicht verschwindend voraussetzen. Hier ist für den Fall $s = \infty$ unter $z - s$, wie immer, $\frac{1}{z}$ zu verstehen. Nach (1) gilt nun in einer geeignet gewählten Umgebung von s, wieder bis auf den Punkt s selbst, die Gleichung

$$f(z) = \frac{1}{(z-s)^k}\,\frac{1}{\mathfrak{P}(z-s)} = \frac{1}{(z-s)^k}\,\mathfrak{P}_1(z-s)$$

oder, ausführlich geschrieben,

$$(2)\qquad f(z) = \frac{1}{(z-s)^k}\left(a_0 + a_1(z-s) + \cdots\right) \qquad \left(a_0 = \frac{1}{c_k}\right).$$

Daraus geht hervor, daß $k > 0$ ist; denn sonst würde $f(z)$ nach Potenzen von $z - s$ entwickelbar sein, also s entgegen der Voraussetzung nicht zu den singulären Punkten gehören.

Die Zahl k nennen wir die *Ordnung* des Poles. Lassen wir den Punkt z des Regularitätsbereiches in den Punkt s übergehen, so wird nach Gleichung (2) die Funktion $f(z)$ unendlich groß und zwar derart, daß

$$\lim_{z\to s}\{(z-s)^k f(z)\} = a_0$$

einen endlichen, von Null verschiedenen Wert erhält. Wir drücken diese Tatsache dadurch aus, daß wir sagen, $f(z)$ wird für $z = s$ *von der k-ten Ordnung unendlich.*

Setzen wir die Gleichung (2) in die Form

$$f(z) = \frac{a_0}{(z-s)^k} + \frac{a_1}{(z-s)^{k-1}} + \cdots + \frac{a_{k-1}}{z-s} + a_k + a_{k+1}(z-s) + \cdots,$$

so sehen wir, daß

$$f(z) - \left(\frac{a_0}{(z-s)^k} + \frac{a_1}{(z-s)^{k-1}} + \cdots + \frac{a_{k-1}}{z-s}\right) = a_k + a_{k+1}(z-s) + \cdots$$

in der Umgebung von s in eine Potenzreihe $\mathfrak{P}(z/s)$ entwickelbar ist und also für $z = s$ endlich bleibt. Wir sagen deshalb, $f(z)$ werde an der Stelle s unendlich wie

$$g\left(\frac{1}{z-s}\right) = \frac{a_0}{(z-s)^k} + \frac{a_1}{(z-s)^{k-1}} + \cdots + \frac{a_{k-1}}{z-s}.$$

Diese ganze rationale Funktion von $\frac{1}{z-s}$ nennen wir den *meromorphen Teil* oder *Hauptteil* von $f(z)$ für den Pol s.

Aus der Gleichung (2) folgern wir endlich noch den wichtigen Satz:

Ein Pol ist stets eine isolierte singuläre Stelle.

Betrachten wir nämlich irgendeine von s verschiedene Stelle z_0 in derjenigen Umgebung von s, in welcher bis auf den Punkt s die Gleichung

$$f(z) = \frac{1}{(z-s)^k}(a_0 + a_1(z-s) + \cdots)$$

gilt, so können wir für eine geeignet gewählte Umgebung von z_0 die rechte Seite dieser Gleichung als Potenzreihe in $z - z_0$ darstellen. Folglich ist z_0 keine singuläre Stelle von $f(z)$.

Bei *nicht isolierten* singulären Stellen liegen die Verhältnisse im allgemeinen viel verwickelter. Als besonders bemerkenswertes und wichtiges Beispiel erwähnen wir die folgende Tatsache. Es kann vorkommen, daß jeder Punkt einer Linie singuläre Stelle für eine analytische Funktion ist; man spricht dann von einer *singulären Linie*. Vielleicht das einfachste Beispiel dafür liefert die im Kreise $|z| < 1$, im Innern des sogenannten *Einheitskreises*, durch die daselbst konvergente Potenzreihe $\sum_{n=0}^{\infty} z^{n!}$ erklärte Funktion, für die jeder Punkt auf dem Rande des Einheitskreises singulär ist[1]. Daher läßt sie sich in keiner Weise über denselben analytisch fortsetzen; ihr Definitionsbereich besteht also aus dem Inneren des Einheitskreises. Man sagt deshalb auch, der Einheitskreis $|z| = 1$ bilde die *natürliche Grenze* für unsere Funktion.

---

[1] Der Beweis ist einfach folgender: Bei radialer Annäherung des Argumentes z an irgendeine Einheitswurzel $e^{\frac{2\pi i p}{q}}$ (p, q teilerfremde ganze Zahlen, $q > 0$) wird unsere Funktion stets unendlich. Setzt man nämlich $z = \varrho e^{\frac{2\pi i p}{q}}$, wo $0 \leqq \varrho < 1$, so gilt

$$\left|\sum_{n=0}^{\infty} z^{n!}\right| \geqq -\left|\sum_{n=0}^{q-1} z^{n!}\right| + \left|\sum_{n=q}^{\infty} z^{n!}\right| \geqq -q + \sum_{n=q}^{\infty} \varrho^{n!}$$

— man beachte $e^{\frac{2\pi i p}{q} n!} = 1$ für $n \geqq q$ —, und die rechte Seite wächst über alle Grenzen, wenn ϱ von Null bis Eins läuft. Die Einheitswurzeln sind daher jedenfalls singuläre Stellen. Da diese aber den Einheitskreis $|z| = 1$ überall dicht erfüllen, ist jeder andere Punkt dieser Linie als Häufungspunkt singulärer Stellen auch singulär.

Die Definition der singulären Stelle läßt sich nun auch unschwer auf den Fall übertragen, daß die Eindeutigkeit von $f(z)$ nicht vorausgesetzt wird, sondern daß nur ein eindeutiger Zweig betrachtet wird. Wir wollen aber für mehrdeutige Funktionen der Einfachheit halber nicht die allgemeine Definition der singulären Stelle geben, sondern uns auf einen für die Anwendungen genügenden speziellen Fall beschränken.

Es sei $f(z)$ ein in einem Gebiet D regulärer eindeutiger Zweig einer analytischen Funktion. Ferner sei a ein Randpunkt von D, der so beschaffen ist, daß er entweder ein isolierter Randpunkt ist oder daß doch wenigstens in seiner Umgebung, von ihm selber abgesehen, nur isolierte Randpunkte des Gebietes liegen. Wir betrachten nun die Gesamtheit der Elementarzweige des in D eindeutigen Zweiges $f(z)$, d. h. die Gesamtheit der Potenzreihen, durch welche die Werte des Zweiges $f(z)$ in dem Gebiet D dargestellt werden. Ist dann der Punkt a singulärer Punkt irgendeines Elementarzweiges, so nennen wir ihn auch einen singulären Punkt des eindeutigen Zweiges $f(z)$; ist dagegen der Punkt a ein regulärer Punkt für jeden Elementarzweig, dessen Konvergenzkreis a im Inneren oder auf dem Rande enthält, so heißt a regulärer Punkt des eindeutigen Zweiges $f(z)$. Ist nun a ein singulärer Punkt, so heißt er ein Pol, wenn $\frac{1}{f(z)}$ auch noch im Punkte $z = a$ regulär ist, im andern Fall heißt er wesentlich singulär. Ordnung und meromorpher Teil eines Poles werden genau wie oben definiert, und es gilt offenbar wieder der Satz, daß ein Pol stets eine isolierte singuläre Stelle ist.

§ 8. Die singulären Stellen der ganzen und der rationalen Funktionen.

Eine Funktion $f(z)$, die durch eine beständig konvergierende Reihe darstellbar ist, also eine sogenannte *ganze Funktion*, besitzt im Endlichen keine singuläre Stelle. Dieser Satz läßt sich auch umkehren:

Eine eindeutige Funktion[1], *die im Endlichen keine singuläre Stelle besitzt, ist eine ganze Funktion.*

Denn der Konvergenzkreis jedes Funktionselementes muß sich nach dem vorigen Paragraphen ins Unendliche ausdehnen.

Für die Stelle ∞ kann, wie wir wissen, eine Entwicklung $\mathfrak{P}\left(\frac{1}{z}\right)$ nur dann existieren, wenn die beständig konvergierende Reihe sich auf eine Konstante reduziert. Also gilt:

Eine eindeutige Funktion, die überhaupt keine singuläre Stelle besitzt, ist eine Konstante.

---

[1] Den Zusatz *analytisch* unterdrücken wir, weil es sich hier und im folgenden immer nur um analytische Funktionen handelt.

Ist eine ganze Funktion $f(z) = c_0 + c_1 z + c_2 z^2 + \cdots$ für alle endlichen z *beschränkt*, d. h. gibt es eine Konstante M derart, daß für alle endlichen z

$$|f(z)| \leqq M$$

ist, so folgt aus dem Satz im zweiten Beispiel von § 4, daß die Reihe für $f(z)$ sich auf ihr Anfangsglied c_0 reduziert. Also:

Jede beschränkte ganze Funktion ist eine Konstante (Satz von LIOUVILLE).

Nunmehr betrachten wir eine ganze Funktion $f(z)$, für die $z = \infty$ eine *außerwesentlich* singuläre Stelle ist.

Wenn $a_0 z^k + a_1 z^{k-1} + \cdots + a_{k-1} z$ der meromorphe Teil von $f(z)$ an der Stelle $z = \infty$ ist, so hat die Differenz

$$f(z) - (a_0 z^k + a_1 z^{k-1} + \cdots + a_{k-1} z)$$

den Punkt ∞ nicht mehr zum singulären Punkt, und da sie ebensowenig im Endlichen eine singuläre Stelle besitzt, so ist sie eine Konstante a_k; also

$$f(z) = a_0 z^k + a_1 z^{k-1} + \cdots + a_{k-1} z + a_k.$$

Eine eindeutige Funktion, die nur die außerwesentlich singuläre Stelle $z = \infty$ besitzt, ist eine ganze rationale Funktion.

Und hieran knüpft sich sofort der Satz:

Eine eindeutige Funktion, welche die eine wesentlich singuläre Stelle $z = \infty$ besitzt, ist eine ganze transzendente Funktion, und umgekehrt: jede ganze transzendente Funktion besitzt die eine wesentlich singuläre Stelle $z = \infty$.

Nun kommen wir zur Betrachtung einer *rationalen* Funktion

$$w = \frac{h(z)}{g(z)} = \frac{b_0 + b_1 z + \cdots + b_r z^r}{a_0 + a_1 z + \cdots + a_n z^n},$$

wo $h(z)$ und $g(z)$ keinen gemeinsamen Teiler haben. Die singulären Stellen derselben sind die Nullstellen des Nenners und, falls $r > n$ ist, die Stelle ∞.

Ist $z = z_0$ eine Nullstelle des Nenners $g(z)$ und ist $(z - z_0)^k$ die höchste Potenz von $z - z_0$, durch die $g(z)$ teilbar ist, so wird

$$w = \frac{1}{(z - z_0)^k} \frac{h(z)}{g_1(z)} = \frac{1}{(z - z_0)^k} \mathfrak{P}_1(z - z_0),$$

wo $\mathfrak{P}_1$ eine Potenzreihe mit nicht verschwindendem Anfangsglied ist, weil $h(z)$ und $g(z)$ keinen gemeinsamen Faktor haben, also der Bruch $\frac{h(z)}{g_1(z)}$ für $z = z_0$ nicht Null sein kann.

Es ist daher $z = z_0$ ein Pol von der Ordnung k. Ebenso sieht man leicht ein, daß für $r > n$ der Punkt $z = \infty$ ein Pol von der Ordnung $r - n$ ist. Also:

Eine rationale Funktion besitzt nur außerwesentlich singuläre Stellen (Pole).

Wir beweisen nun die Umkehrung dieses Satzes:

Eine eindeutige Funktion $f(z)$, die nur außerwesentlich singuläre Stellen besitzt, ist notwendig eine rationale Funktion.

Wenn die singulären Stellen von $f(z)$ sämtlich *außerwesentlich* sind, so ist ihre Anzahl *endlich*. Im andern Falle würden sie nämlich mindestens eine Häufungsstelle haben, die nach § 7 wesentlich singulär sein würde. Es seien nun

$$z_1, z_2, \ldots, z_r$$

die singulären Stellen von $f(z)$ und für $n = 1, 2, \ldots, r$

$$g_n\left(\frac{1}{z - z_n}\right) = \frac{a_1^{(n)}}{z - z_n} + \frac{a_2^{(n)}}{(z - z_n)^2} + \cdots + \frac{a_{k_n}^{(n)}}{(z - z_n)^{k_n}}$$

der meromorphe Teil von $f(z)$ für den Pol z_n, wobei, wie immer, im Falle $z_n = \infty$ der Ausdruck $\frac{1}{z}$ an Stelle von $z - z_n$ zu setzen ist. Dann wird die Funktion

$$f(z) - g_1\left(\frac{1}{z - z_1}\right) - g_2\left(\frac{1}{z - z_2}\right) - \cdots - g_r\left(\frac{1}{z - z_r}\right)$$

eine eindeutige analytische Funktion sein, die überhaupt keine singuläre Stelle mehr besitzt und daher eine Konstante C ist. Hieraus folgt

$$f(z) = C + g_1\left(\frac{1}{z - z_1}\right) + g_2\left(\frac{1}{z - z_2}\right) + \cdots + g_r\left(\frac{1}{z - z_r}\right),$$

und diese Gleichung enthält nicht nur unseren Satz, sondern zeigt zugleich, daß jede rationale Funktion in *Partialbrüche* zerlegt werden kann.

§ 9. Einige allgemeine Sätze über analytische Funktionen.

Wenn die Funktion $f(z)$ oder ein Zweig von $f(z)$ in dem Gebiet D eindeutig ist und in der Umgebung jeder Stelle a des Gebietes D durch eine Potenzreihe $\mathfrak{P}(z/a)$ darstellbar ist, so wollen wir wie in § 3 sagen, $f(z)$ sei *regulär* in dem Gebiet D. Aus den Gesetzen der Rechnung mit Potenzreihen gehen nun unmittelbar folgende Sätze hervor:

1. *Sind $f_1(z)$ und $f_2(z)$ in dem Gebiet D regulär, so gilt dasselbe von den Funktionen $f_1(z) + f_2(z)$, $f_1(z) - f_2(z)$ und $f_1(z) \cdot f_2(z)$.*

2. Allgemein: *Jede mit konstanten Koeffizienten gebildete ganze rationale Funktion von $f_1(z), f_2(z), \ldots, f_k(z)$ ist in dem Gebiet D regulär, wenn $f_1(z), f_2(z), \ldots, f_k(z)$ es sind.*

3. *Es sei P_a eine aus unendlich vielen verschiedenen Punkten des Gebietes D gebildete Punktmenge, welche den Punkt a des Gebietes zur Häufungsstelle hat.* (Z. B. bilden die Punkte einer beliebig kleinen durch a gehenden Linie, die in dem Gebiet D liegt, eine solche Punktmenge.) *Wenn nun die Funktion $f(z)$ in dem Gebiet D regulär und für die Punkte von P_a Null ist, so ist sie identisch Null.*

Denn die Potenzreihe $\mathfrak{P}(z/a)$, welche $f(z)$ in der Umgebung der Stelle a darstellt, muß identisch verschwinden und folglich auch alle ihre Fortsetzungen.

4. *Wenn $f_1(z)$ und $f_2(z)$ in dem Gebiet D regulär sind und die Gleichung $f_1(z) = f_2(z)$ für alle Punkte einer Punktmenge P_a gilt, so gilt dieselbe Gleichung in dem ganzen Gebiet D.*

Denn $f_1(z) - f_2(z)$ ist dann notwendig identisch Null.

5. *Bedeuten $f_1, f_2, \ldots, f_k$ Funktionen, die in dem Gebiet D regulär sind, und $G(f_1, f_2, \ldots, f_k)$ eine ganze rationale Funktion derselben mit konstanten Koeffizienten, so gilt die Gleichung*

$$G(f_1, f_2, \ldots, f_k) = 0$$

für alle Punkte des Gebietes D, wenn sie für die Punkte einer Punktmenge P_a gilt.

Betrachten wir eine in dem Gebiet D reguläre Funktion $f(z)$, so ist in einer geeigneten Umgebung einer beliebig gewählten Stelle a von D

$$f(z) = \mathfrak{P}(z/a)$$

und daher für jeden Punkt z dieser Umgebung

$$\lim_{h \to 0} \frac{f(z+h) - f(z)}{h} = \mathfrak{P}'(z/a) = f'(z).$$

Also gilt der Satz:

6. *Eine in dem Gebiet D reguläre Funktion $f(z)$ besitzt einen Differentialquotienten $f'(z)$, und dieser wird in der Umgebung einer Stelle a des Gebietes durch die abgeleitete Reihe derjenigen Reihe dargestellt, welche in der Umgebung der Stelle a die Funktion $f(z)$ darstellt. Der Differentialquotient $f'(z)$ ist daher wieder eine in dem Gebiet D reguläre Funktion.*

Wenden wir diesen Satz wiederholt an, so erhalten wir den allgemeineren Satz:

7. *Eine in dem Gebiet D reguläre Funktion $f(z)$ besitzt Differentialquotienten aller Ordnungen $f'(z)$, $f''(z)$, $f'''(z)$, ..., welche in D ebenfalls reguläre Funktionen sind.*

In der Umgebung der Stelle a sei

$$f(z) = \mathfrak{P}(z/a) = c_0 + c_1 \frac{z-a}{1!} + c_2 \frac{(z-a)^2}{2!} + \cdots + c_n \frac{(z-a)^n}{n!} + \cdots;$$

dann ist

$$f^{(n)}(z) = \mathfrak{P}^{(n)}(z/a) = c_n + c_{n+1} \frac{z-a}{1!} + \cdots.$$

Also gilt $f^{(n)}(a) = c_n$, und daher ist

$$f(z) = \mathfrak{P}(z/a) = f(a) + f'(a)(z-a) + f''(a) \frac{(z-a)^2}{2!} + \cdots + f^{(n)}(a) \frac{(z-a)^n}{n!} + \cdots$$

die Reihe, welche $f(z)$ in der Umgebung von a darstellt. Dies ist der *Taylorsche Satz.*

Die Kombination der Sätze 5 und 7 ergibt:

8. *Befriedigen die in dem Gebiet D regulären Funktionen $f_1, f_2, \ldots, f_k$ eine algebraische Differentialgleichung mit konstanten Koeffizienten*

$$G(f_1, f_2, \ldots, f_k, f_1', f_2', \ldots, f_k', f_1'', \ldots, f_k'', \ldots) = 0$$

für alle Punkte einer Punktmenge P_a, so gilt diese Differentialgleichung für alle Punkte des Gebietes D.

Wir wollen aus diesen Sätzen noch einige Folgerungen ziehen.

Es sei $f(z)$ in dem Gebiet D regulär, ferner a ein Punkt des Gebietes. Dann wissen wir, daß für eine geeignete Umgebung von a

$$f(z) = \mathfrak{P}(z/a)$$

ist, wobei $\mathfrak{P}(z/a)$ eine Potenzreihe in $z - a$ bedeutet. Betrachten wir nun diejenigen Kreise mit dem Mittelpunkt a, deren Inneres ganz in dem Gebiet D liegt, so wird unter ihnen ein *größter* vorhanden sein. Die Peripherie dieses größten Kreises enthält mindestens einen Punkt, der auf dem Rande des Gebietes D liegt. Sein Radius ist der kürzeste Abstand des Punktes a von den Randpunkten von D.

Bezeichnen wir mit $D(a)$ das Innere des Kreises, so ist $D(a)$ ein Gebiet, das ganz in dem Gebiet D liegt. Nun gilt der Satz:

Die Gleichung

$$f(z) = \mathfrak{P}(z/a)$$

besteht für das Gebiet $D(a)$.

Es sei, um dies zu beweisen, K ein Kreis mit dem Mittelpunkt a, innerhalb dessen $\mathfrak{P}(z/a)$ konvergiert und dessen Inneres dem Gebiet D angehört. Da $f(z)$ ebenso wie $\mathfrak{P}(z/a)$ im Inneren von K regulär ist und beide in einer geeigneten Umgebung von a übereinstimmen, so ist nach Satz 4

$$f(z) = \mathfrak{P}(z/a)$$

überall im Inneren von K.

Nun konvergiert aber $\mathfrak{P}(z/a)$ in dem Kreise $D(a)$, denn andernfalls würde die Peripherie des Konvergenzkreises C von $\mathfrak{P}(z/a)$ ganz in $D(a)$ verlaufen, und im Inneren des Konvergenzkreises C wäre $f(z) = \mathfrak{P}(z/a)$. Hieraus würde folgen, daß zu jedem Punkte der Peripherie des Konvergenzkreises eine unmittelbare Fortsetzung von $\mathfrak{P}(z/a)$ existiert, was dem Satze von § 5 widerspricht.

Die Reihe $\mathfrak{P}(z/a)$ konvergiert also überall in $D(a)$, und folglich ist

$$f(z) = \mathfrak{P}(z/a)$$

überall in $D(a)$, w. z. b. w.

Es seien D und D_1 zwei Gebiete, die einen Punkt a und folglich auch eine gewisse Umgebung des Punktes a gemeinsam haben. Wenn nun

$$f(z),\ g(z),\ h(z),\ \ldots$$

ein System von endlich vielen in D regulären Funktionen ist und ebenso

$$f_1(z),\ g_1(z),\ h_1(z),\ \ldots$$

ein System von endlich vielen in D_1 regulären Funktionen, so soll das letztere System *unmittelbare Fortsetzung* des ersteren heißen, wenn die Gleichungen

$$f(z) = f_1(z),\quad g(z) = g_1(z),\quad h(z) = h_1(z),\ \ldots$$

für die Umgebung eines den Gebieten D und D_1 gemeinsamen Punktes gelten.

Sind ferner $D, D_1, D_2, \ldots, D_r$ Gebiete und $\Sigma, \Sigma_1, \Sigma_2, \ldots, \Sigma_r$ Systeme von Funktionen, die in ihnen bzw. regulär sind, so wollen wir, wenn jedes folgende System eine unmittelbare Fortsetzung des vorhergehenden ist, auch jedes System schlechthin eine *Fortsetzung* des Systems Σ nennen.

Bei diesen Definitionen soll natürlich auch der Fall nicht ausgeschlossen sein, in welchem jedes der betrachteten Systeme nur aus einer einzigen Funktion besteht. In diesem Falle stimmen die Definitionen offenbar mit den früheren überein.

Ist das System $f_r(z), g_r(z), \ldots$ eine Fortsetzung des Systems $f(z)$, $g(z), \ldots$, so gilt das gleiche offenbar noch, wenn wir die Systeme durch Aufnahme von Differentialquotienten der in ihnen enthaltenen Funktionen erweitern. Also beispielsweise wird dann auch das System $f_r'(z)$, $f_r(z), g_r(z), \ldots$ eine Fortsetzung von $f'(z), f(z), g(z), \ldots$ sein.

Aus Satz 8 folgt dann:

Betrachten wir ein System von Funktionen

$$f(z),\ g(z),\ h(z),\ \ldots,$$

die in einem Gebiete D regulär sind, und nehmen wir an, daß zwischen ihnen eine algebraische Gleichung mit konstanten Koeffizienten der Gestalt

$$G(f(z),\ g(z),\ h(z),\ \ldots,\ f'(z),\ g'(z),\ h'(z),\ \ldots,\ f''(z),\ \ldots) = 0$$

besteht, so gilt dieselbe Gleichung auch für jede Fortsetzung jenes Systems von Funktionen.

Dies ist der *Satz von der Permanenz einer Funktionalgleichung.*

§ 10. Der Weierstraßsche Summensatz.

Es seien

$$\mathfrak{P}_1(z),\quad \mathfrak{P}_2(z),\ \ldots,\ \mathfrak{P}_n(z),\ \ldots$$

unendlich viele Potenzreihen, deren Konvergenzradien sämtlich größer sind als eine positive Zahl ϱ, so daß der Kreis K mit dem Mittelpunkt Null und dem Radius ϱ ganz im Inneren des Konvergenzkreises jeder einzelnen der betrachteten Potenzreihen liegt. Für die Punkte der Peripherie dieses Kreises K möge ferner die unendliche Reihe

$$\mathfrak{P}_1(z) + \mathfrak{P}_2(z) + \cdots + \mathfrak{P}_n(z) + \cdots$$

gleichmäßig konvergieren.

Dann ist für jeden Punkt z im Inneren von K

$$\mathfrak{P}_1(z) + \mathfrak{P}_2(z) + \cdots + \mathfrak{P}_n(z) + \cdots = \mathfrak{P}(z),$$

wo die Potenzreihe $\mathfrak{P}(z)$ dadurch entsteht, daß man auf der linken Seite der vorstehenden Gleichung immer die Glieder zusammenfaßt, welche dieselbe Potenz von z enthalten.

Wir setzen

$$\mathfrak{P}_n(z) = \sum_{k=0}^{\infty} c_k^{(n)} z^k \qquad (n = 1, 2, \ldots).$$

Dann ist die Behauptung des Satzes die, daß für $k = 0, 1, 2, \ldots$

$$c_k = c_k^{(1)} + c_k^{(2)} + \cdots + c_k^{(n)} + \cdots$$

eine konvergente Reihe ist, daß ferner

$$\mathfrak{P}(z) = \sum_{k=0}^{\infty} c_k z^k$$

für jeden Punkt z im Inneren des Kreises K konvergiert und gleich

$$\mathfrak{P}_1(z) + \mathfrak{P}_2(z) + \cdots + \mathfrak{P}_n(z) + \cdots$$

ist.

Da die unendliche Reihe mit dem allgemeinen Gliede $\mathfrak{P}_n(z)$ für die Punkte der Peripherie von K gleichmäßig konvergiert, so kann man zu jeder beliebig klein vorgeschriebenen positiven Größe ε eine ganze Zahl N so bestimmen, daß die Ungleichung

$$|\mathfrak{P}_{n+1}(z) + \mathfrak{P}_{n+2}(z) + \cdots + \mathfrak{P}_{n+m}(z)| \leqq \varepsilon$$

gilt für jeden Punkt z der Peripherie von K, sobald $n > N$ gewählt wird, m aber eine ganz beliebige natürliche Zahl ist. Aus dieser Ungleichung folgt nach dem Hilfssatz in § 9 des vorigen Kapitels

$$|c_k^{(n+1)} + c_k^{(n+2)} + \cdots + c_k^{(n+m)}| \leqq \frac{\varepsilon}{\varrho^k}. \tag{1}$$

Daher ist

$$c_k = c_k^{(1)} + c_k^{(2)} + c_k^{(3)} + \cdots$$

eine konvergente Reihe, und wenn man

$$c_k = c_k^{(1)} + c_k^{(2)} + \cdots + c_k^{(n)} + r_k^{(n)}$$

setzt, so gilt nach (1) für alle $n > N$ die Ungleichung

$$|r_k^{(n)}| \leqq \frac{\varepsilon}{\varrho^k}. \tag{2}$$

Es sei nun z ein Punkt im Inneren des Kreises K und ϱ_1 der absolute Betrag von z. Dann ist

$$\sum_{k=0}^{\infty}(c_k^{(1)}+c_k^{(2)}+\cdots+c_k^{(n)})\,z^k=\mathfrak{P}_1(z)+\mathfrak{P}_2(z)+\cdots+\mathfrak{P}_n(z)$$

konvergent. Ebenso konvergiert für $n>N$ auch

$$\sum_{k=0}^{\infty}r_k^{(n)}z^k=\mathfrak{Q}(z),$$

da diese Reihe nach (2) eine Minorante von

$$\sum_{k=0}^{\infty}\varepsilon\left(\frac{\varrho_1}{\varrho}\right)^k=\frac{\varepsilon}{1-\frac{\varrho_1}{\varrho}}$$

ist; zugleich hat man

$$|\mathfrak{Q}(z)|\leqq\frac{\varepsilon}{1-\frac{\varrho_1}{\varrho}}.$$

Die Reihe

$$\mathfrak{P}_1(z)+\mathfrak{P}_2(z)+\cdots+\mathfrak{P}_n(z)+\mathfrak{Q}(z)=\sum_{k=0}^{\infty}c_k z^k=\mathfrak{P}(z)$$

konvergiert daher ebenfalls für den betrachteten Wert von z, und es ist

$$|\mathfrak{P}(z)-(\mathfrak{P}_1(z)+\mathfrak{P}_2(z)+\cdots+\mathfrak{P}_n(z))|=|\mathfrak{Q}(z)|\leqq\frac{\varepsilon}{1-\frac{\varrho_1}{\varrho}},$$

sobald $n>N$ ist. Hieraus folgt endlich

$$\mathfrak{P}(z)=\mathfrak{P}_1(z)+\mathfrak{P}_2(z)+\cdots+\mathfrak{P}_n(z)+\cdots,$$

womit nun unser Satz in allen Stücken bewiesen ist.

Der Satz bleibt offenbar auch gültig, wenn alle in Betracht kommenden Potenzreihen nach Potenzen von $z-a$ bzw. nach Potenzen von $\frac{1}{z}$ fortschreiten, nur daß dann der Kreis K nicht den Mittelpunkt 0, sondern den Mittelpunkt a besitzt bzw. K das Äußere eines Kreises mit dem Mittelpunkt 0 bedeutet.

Es seien jetzt

$$f_1(z),\quad f_2(z),\quad \ldots,\quad f_n(z),\quad \ldots$$

Funktionen, die sämtlich im Gebiet D regulär sind. Die Reihe

$$f_1(z)+f_2(z)+\cdots+f_n(z)+\cdots \tag{3}$$

konvergiere für jeden Punkt z des Gebietes D, und es werde vorausgesetzt, daß um jeden Punkt a des Gebietes D ein ganz in dem Gebiete liegender Kreis existiert, auf dessen Peripherie die Reihe (3) *gleichmäßig konvergiert.*

Dann ist die Summe

$$f_1(z) + f_2(z) + \cdots + f_n(z) + \cdots = F(z)$$

eine im Gebiet D reguläre Funktion, deren Ableitungen durch gliedweise Differentiation jener Summe entstehen, so daß also für jedes positive ganze k die Gleichung

$$F^{(k)}(z) = f_1^{(k)}(z) + f_2^{(k)}(z) + \cdots + f_n^{(k)}(z) + \cdots$$

im Gebiet D gilt.

Wir betrachten zum Beweise einen beliebigen Punkt a des Gebietes D. Es sei K ein Kreis mit dem Mittelpunkt a, längs dessen Peripherie die Reihe (3) gleichmäßig konvergiert. Da nach § 9 (S. 62) in einer Umgebung $D(a)$ des Punktes a, welche den Kreis K in sich enthält,

$$f_n(z) = \mathfrak{P}_n(z/a) = \sum_{k=0}^{\infty} \frac{1}{k!} f_n^{(k)}(a)(z-a)^k$$

gilt, so ist im Inneren des Kreises K die Summe

$$F(z) = f_1(z) + f_2(z) + \cdots + f_n(z) + \cdots$$

der Reihe (3) dargestellt durch die Potenzreihe

$$\sum_{k=0}^{\infty} \frac{1}{k!} c_k (z-a)^k, \tag{4}$$

wobei

$$c_k = f_1^{(k)}(a) + f_2^{(k)}(a) + \cdots + f_n^{(k)}(a) + \cdots$$

ist. Folglich ist $F(z)$ *regulär* in dem Gebiet D.

Vergleichen wir ferner die Taylorsche Entwicklung von $F(z)$:

$$F(z) = \sum_{k=0}^{\infty} \frac{1}{k!} F^{(k)}(a)(z-a)^k,$$

mit der Entwicklung (4), so folgt

$$F^{(k)}(a) = f_1^{(k)}(a) + f_2^{(k)}(a) + \cdots + f_n^{(k)}(a) + \cdots.$$

Da hier nun a jeder beliebige Punkt des Gebietes D sein kann, so ist unser Satz in allen Stücken bewiesen.

Diesen Satz werden wir in der Folge als den *Weierstraßschen Summensatz* bezeichnen. Als Beispiel seiner Anwendung wollen wir den folgenden Satz beweisen:

Ist $\mathfrak{P}(z) = \sum\limits_{k=0}^{\infty} c_k z^k$ *eine Potenzreihe und* $f(z)$ *in dem Gebiet D regulär, ist ferner für jeden Punkt a in dem Gebiet D der zugehörige Punkt* $f(a)$ *in dem Konvergenzkreise von* $\mathfrak{P}(z)$ *gelegen, so ist auch* $F(z) = \sum\limits_{k=0}^{\infty} c_k \{f(z)\}^k$ *in dem Gebiet D regulär, und die letzte Gleichung bleibt richtig, wenn man sie gliedweise beliebig oft nach z differenziert.*

Es sei a ein Punkt des Gebietes D; dann liegt nach Voraussetzung der Punkt $f(a)$ im Inneren des Konvergenzkreises C der Reihe $\mathfrak{P}(z)$. Wir beschreiben einen mit C konzentrischen Kreis C', der kleiner ist als der Kreis C, aber den Punkt $f(a)$ in seinem Inneren enthält. Ferner beschreiben wir in dem Gebiet D einen Kreis K um a mit einem so kleinen Radius, daß für jeden Punkt z auf der Peripherie dieses Kreises K der Punkt $f(z)$ ins Innere des Kreises C' fällt. Dies ist wegen der Stetigkeit von $f(z)$ möglich.

Da nun für die Punkte im Inneren des Kreises C' die Potenzreihe $\mathfrak{P}(z)$ gleichmäßig konvergiert, so ist

$$F(z) = \sum_{k=0}^{\infty} c_k \{f(z)\}^k$$

für die Punkte z der Peripherie des Kreises K *gleichmäßig* konvergent. Der Weierstraßsche Summensatz findet also hier Anwendung und zeigt die Richtigkeit unseres Satzes.

Ein spezieller Fall hiervon ist der folgende Satz:

Wenn $\sum_{k=0}^{\infty} c_k z^k$ *beständig konvergiert und* $f(z)$ *im Gebiet* D *regulär ist, so ist* $\sum_{k=0}^{\infty} c_k \{f(z)\}^k$ *in dem Gebiet* D *regulär und beliebig oft gliedweise differenzierbar.*

Viertes Kapitel.

Untersuchung einiger spezieller analytischer Funktionen.

§ 1. Die Exponentialfunktion.

Wir wollen untersuchen, ob es eine analytische Funktion $f(z)$ gibt, welche die Eigenschaft besitzt, ihrem Differentialquotienten $f'(z)$ gleich zu sein.

Es sei

$$\mathfrak{P}(z/a) = \sum_{n=0}^{\infty} c_n \frac{(z-a)^n}{n!}$$

ein Funktionselement von $f(z)$; dann muß also die abgeleitete Reihe

$$\mathfrak{P}'(z/a) = \sum_{n=1}^{\infty} c_n \frac{(z-a)^{n-1}}{(n-1)!} = \sum_{n=0}^{\infty} c_{n+1} \frac{(z-a)^n}{n!}$$

mit $\mathfrak{P}(z/a)$ zusammenfallen. Hierfür ist erforderlich und hinreichend, daß

$$c_{n+1} = c_n, \quad \text{d. i.} \quad c_1 = c_0, \quad c_2 = c_1, \quad c_3 = c_2 \text{ usf.}$$

ist, oder also, daß sämtliche Koeffizienten c_n untereinander gleich sind.

Wird ihr gemeinsamer Wert mit c bezeichnet, so ist

$$\mathfrak{P}(z/a) = c \sum_{n=0}^{\infty} \frac{(z-a)^n}{n!}. \tag{1}$$

Die hier auftretende Potenzreihe ist nun (vgl. Kap. 2, § 2) *beständig* konvergent und definiert daher eine *ganze transzendente* Funktion. Also:

Es gibt eine bis auf einen konstanten Faktor bestimmte ganze transzendente Funktion, welche mit ihrem Differentialquotienten identisch ist. Das der Stelle a entsprechende Funktionselement dieser Funktion hat die Gestalt (1).

Wir wollen nun in dieser Funktion über den konstanten Faktor so verfügen, daß das zur Stelle $z = 0$ gehörige Funktionselement

$$1 + z + \frac{z^2}{2!} + \frac{z^3}{3!} + \cdots$$

wird. Bezeichnen wir mit $f(z)$ die hierdurch *völlig bestimmte* ganze transzendente Funktion, so gibt es nach (1) zu jedem a ein bestimmtes c mit

$$f(z) = c \sum_{n=0}^{\infty} \frac{(z-a)^n}{n!}$$

oder

$$f(z+a) = c\, f(z).$$

Setzen wir hier $z = 0$, so folgt, da $f(0) = 1$ ist, $f(a) = c$ und folglich

$$f(z+a) = f(a)\, f(z). \tag{2}$$

In dieser Gleichung bedeuten z und a zwei beliebige endliche Werte, so daß wir auch

$$f(z_1 + z_2) = f(z_1)\, f(z_2)$$

schreiben können. Durch wiederholte Anwendung dieser Gleichung entsteht

$$f(z_1 + z_2 + z_3 + \cdots + z_n) = f(z_1)\, f(z_2)\, f(z_3) \cdots f(z_n).$$

Indem wir $z_1 = z_2 = z_3 = \cdots = z_n = 1$ setzen, ergibt sich für $n = 1, 2, 3, \ldots$

$$f(n) = \{f(1)\}^n. \tag{3}$$

Ferner ergibt sich aus (2) für $a = -z$ die Gleichung

$$1 = f(z)\, f(-z), \qquad f(-z) = \{f(z)\}^{-1},$$

so daß (3) auch für negative ganze n gilt. Definieren wir nun die Zahl e durch die Gleichung

$$e = f(1) = 1 + \frac{1}{1!} + \frac{1}{2!} + \frac{1}{3!} + \cdots,$$

so sehen wir, daß für jedes *ganzzahlige* z

$$f(z) = e^z$$

ist. Wir werden dadurch darauf geführt, unsere Funktion $f(z)$ überhaupt für *jeden* Argumentwert z durch das Symbol

$$e^z$$

zu *bezeichnen*. Daher heißt $f(z)$ auch die *Exponentialfunktion*.

Die sich unmittelbar darbietenden Eigenschaften dieser Funktion e^z sind die folgenden:

1. Es ist in der ganzen Zahlenebene

$$e^z = 1 + \frac{z}{1!} + \frac{z^2}{2!} + \cdots + \frac{z^n}{n!} + \cdots.$$

Die Funktion e^z ist also eine *ganze transzendente* Funktion; sie hat die eine wesentlich singuläre Stelle $z = \infty$.

2. Es ist

$$\frac{d(e^z)}{dz} = e^z.$$

3. Es ist für je zwei Argumente z_1 und z_2

$$e^{z_1 + z_2} = e^{z_1} \cdot e^{z_2}.$$

Die hierin ausgesprochene Eigenschaft der Exponentialfunktion heißt ihr *Additionstheorem*.

4. Insbesondere ist

$$e^z \cdot e^{-z} = e^0 = 1 \quad \text{oder} \quad e^z = \frac{1}{e^{-z}}.$$

Die Funktion e^z hat daher stets einen von Null verschiedenen Wert, *sie besitzt also keine Nullstelle.*

§ 2. Die trigonometrischen Funktionen.

Betrachten wir, indem wir unter z einen beliebigen endlichen Wert verstehen, die Gleichung

$$e^{iz} = 1 + iz + \frac{(iz)^2}{2!} + \frac{(iz)^3}{3!} + \cdots,$$

so läßt sich die rechte Seite derselben in der Form

$$\cos z + i \sin z$$

schreiben, wenn wir zur Abkürzung setzen:

$$(1) \quad \cos z = 1 - \frac{z^2}{2!} + \frac{z^4}{4!} - + \cdots, \quad \sin z = z - \frac{z^3}{3!} + \frac{z^5}{5!} - + \cdots.$$

Da diese Potenzreihen beständig konvergieren, so folgt:

Die Funktionen $\sin z$ *und* $\cos z$ *sind ganze transzendente Funktionen.*

Da

$$e^{iz} = \cos z + i \sin z$$

ist, so lassen sich die Eigenschaften der Funktionen $\sin z$ und $\cos z$ aus denen der Exponentialfunktion ablesen.

Wir stellen hier die hauptsächlichsten Eigenschaften zusammen:

1. Es ist

$$\frac{d \sin z}{dz} = \cos z, \qquad \frac{d \cos z}{dz} = -\sin z \tag{2}$$

und $\sin 0 = 0$, $\cos 0 = 1$. Die Funktion $\sin z$ ist eine *ungerade*, die Funktion $\cos z$ eine *gerade* Funktion, d. h.

$$\sin(-z) = -\sin z, \qquad \cos(-z) = \cos z.$$

Dies alles folgt sofort aus den Definitionsgleichungen (1).

2. Es ist

$$\cos^2 z + \sin^2 z = 1. \tag{3}$$

Dies folgt durch Multiplikation der beiden Gleichungen

$$e^{iz} = \cos z + i \sin z, \qquad e^{-iz} = \cos z - i \sin z.$$

3. Für die Funktionen $\sin z$ und $\cos z$ gelten die *Additionstheoreme*

$$\sin(z_1 + z_2) = \sin z_1 \cos z_2 + \cos z_1 \sin z_2,$$
$$\cos(z_1 + z_2) = \cos z_1 \cos z_2 - \sin z_1 \sin z_2,$$

deren Beweis unmittelbar aus

$$e^{\pm i(z_1+z_2)} = e^{\pm i z_1} \cdot e^{\pm i z_2}, \quad \text{d. i.}$$

$$\cos(z_1 + z_2) \pm i \sin(z_1 + z_2)$$
$$= (\cos z_1 \pm i \sin z_1)(\cos z_2 \pm i \sin z_2)$$

folgt.

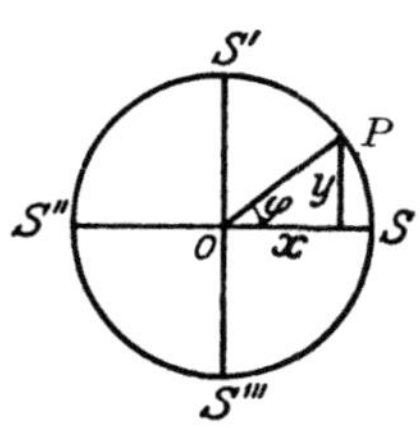

Abb. 18.

Wir wollen nun zeigen, daß die Funktionen $\sin z$ *und* $\cos z$ *für reelle Werte von* z *mit den in der Elementarmathematik so bezeichneten Funktionen, den sogenannten trigonometrischen Funktionen, identisch sind.*

Zu dem Zwecke betrachten wir die Gleichungen

$$x = \cos z, \qquad y = \sin z, \tag{4}$$

in welchen z alle reellen Werte annehmen soll und x und y als rechtwinklige Koordinaten in einer Ebene gedeutet werden mögen.

Die durch (4) dargestellten Punkte (x, y) befinden sich nach (3) auf dem Kreise

$$x^2 + y^2 = 1.$$

Für $z = 0$ befinden wir uns im Punkt S $(x = 1, y = 0)$; für kleine positive Werte von z liegen $\cos z$ und $\frac{\sin z}{z}$ nach (1) dicht bei dem Wert 1, so daß der Punkt P (x, y) dann positive Koordinaten besitzt (Abb. 18).

Aus den Gleichungen (2) folgt nun weiter, daß $x = \cos z$ zunächst *abnimmt*, $y = \sin z$ zunächst *wächst*, wenn z von Null ausgehend anwächst. Aber $\sin z$ muß schließlich notwendig einmal vom Wachsen ins Abnehmen übergehen, mit anderen Worten $\frac{d \sin z}{dz} = \cos z$ muß, wenn z von Null aus wächst, einmal von positiven zu negativen Werten übergehen. In der Tat ist

$$\cos z = 1 - \frac{z^2}{2!}\left(1 - \frac{z^2}{3\cdot 4}\right) - \frac{z^6}{6!}\left(1 - \frac{z^2}{7\cdot 8}\right) - \cdots.$$

Nehmen wir $z = 2$, so werden die Klammern

$$1 - \frac{z^2}{3\cdot 4}, \quad 1 - \frac{z^2}{7\cdot 8}, \ \ldots$$

sämtlich positiv und daher

$$\cos 2 < 1 - \frac{4}{2}\left(1 - \frac{1}{3}\right) = -\frac{1}{3},$$

d. h. $\cos 2$ ist negativ. Zwischen $z = 0$ und $z = 2$ gibt es daher einen kleinsten Wert, für welchen $\cos z$ durch Null hindurchgehend von positiven zu negativen Werten übergeht; bis zu diesem Werte hin wechselt $\cos z$ das Vorzeichen nicht. Den betreffenden Wert von z bezeichnen wir mit $\frac{\pi}{2}$.

Wenn z von 0 bis $\frac{\pi}{2}$ wächst, wächst nach (2) die Funktion $\sin z$ beständig und zwar von 0 bis 1, weil $\cos\frac{\pi}{2} = 0$ und nach (3) folglich $\sin\frac{\pi}{2} = 1$ sein muß. Zugleich nimmt $\cos z$ von 1 bis 0 ab; wieder mit Rücksicht auf (2). Der Punkt $x = \cos z$, $y = \sin z$ durchläuft also den Quadranten SS', wenn z von 0 bis $\frac{\pi}{2}$ wächst.

Nach den Additionstheoremen ist nun

$$\text{(5)} \qquad \sin\left(z + \frac{\pi}{2}\right) = \sin z \cos\frac{\pi}{2} + \cos z \sin\frac{\pi}{2} = \cos z,$$

$$\text{(6)} \qquad \cos\left(z + \frac{\pi}{2}\right) = \cos z \cos\frac{\pi}{2} - \sin z \sin\frac{\pi}{2} = -\sin z.$$

Lassen wir hierin z von 0 bis $\frac{\pi}{2}$ wachsen, so erkennen wir, daß der Punkt (4) den Quadranten $S'S''$ durchläuft, wenn z von $\frac{\pi}{2}$ bis π wächst. Endlich folgt aus den Gleichungen

$$\cos(-z) = \cos z, \qquad \sin(-z) = -\sin z,$$

daß der Punkt (4) den Halbkreis $S''S'''S$ durchläuft, während z von $-\pi$ bis 0 wächst. Zusammenfassend können wir sagen:

Der Punkt

$$x = \cos z, \qquad y = \sin z$$

durchläuft die Peripherie des Kreises $x^2 + y^2 = 1$ *gerade einmal, wenn* z *von* $-\pi$ *bis* $+\pi$ *wächst.*

Bezeichnen wir nun mit φ den Bogen SP, den wir zugleich als Maß für den Zentriwinkel POS nehmen, und normieren wir φ durch die Bedingung $-\pi < \varphi \leqq \pi$, so ist für $\varphi \neq \pi$

$$\left(\frac{d\varphi}{dz}\right)^2 = \left(\frac{dx}{dz}\right)^2 + \left(\frac{dy}{dz}\right)^2 = (-\sin z)^2 + (\cos z)^2 = 1$$

und folglich, da für $z = 0$ auch $\varphi = 0$ ist,

$$\varphi = z.$$

Es ist also z *gleich dem von* S *aus gerechneten Kreisbogen.*

Die Identität der Funktionen $\sin z$ und $\cos z$ mit den trigonometrischen Funktionen Sinus und Kosinus für reelle z ist damit erwiesen.

Insbesondere ist $\frac{\pi}{2}$ *der vierte Teil des Kreisumfangs oder* 2π *der Gesamtumfang des Kreises.*

Aus den Gleichungen (5) und (6) folgt, indem man z durch $z + \frac{\pi}{2}$ ersetzt,

$$(7) \qquad \sin(z + \pi) = -\sin z, \qquad \cos(z + \pi) = -\cos z$$

und hieraus, indem man z durch $z + \pi$ ersetzt,

$$(8) \qquad \sin(z + 2\pi) = \sin z, \qquad \cos(z + 2\pi) = \cos z.$$

Die Gleichungen (5) bis (8) übertragen sich auf die Exponentialfunktion in der folgenden Weise:

$$e^{i\left(z+\frac{\pi}{2}\right)} = i e^{iz}, \qquad e^{i(z+\pi)} = -e^{iz}, \qquad e^{i(z+2\pi)} = e^{iz},$$

und diese Gleichungen führen offenbar auf die einfacheren

$$e^{\frac{\pi}{2}i} = i, \qquad e^{\pi i} = -1, \qquad e^{2\pi i} = +1.$$

Hieraus folgt:

Die Exponentialfunktion besitzt die Periode $2\pi i$, *d. h. es ist*

$$e^{z+2\pi i} = e^z,$$

und die trigonometrischen Funktionen $\sin z$ *und* $\cos z$ *besitzen die Periode* 2π, *d. h. es ist*

$$\sin(z + 2\pi) = \sin z, \qquad \cos(z + 2\pi) = \cos z.$$

Betrachten wir den Punkt $e^{\varphi i} = \cos\varphi + i\sin\varphi$, so durchläuft er, wenn φ von $-\pi$ bis $+\pi$ variiert, gerade den Einheitskreis. Der Punkt $\varrho e^{\varphi i}$, wo ϱ eine reelle positive Zahl ist, durchläuft also den Kreis mit dem Mittelpunkt 0 und dem Radius ϱ. Hieraus schließen wir (vgl. S. 6):

Jede von Null verschiedene komplexe Zahl z läßt sich, und zwar nur auf eine Weise, in die Form setzen

$$z = \varrho\, e^{\varphi i} \qquad (\varrho > 0,\ -\pi < \varphi \leqq \pi).$$

Der Faktor ϱ ist der absolute Betrag von z; der Winkel φ ist die Amplitude von z.

§ 3. Der Logarithmus.

Unter dem *Logarithmus* von z, in Zeichen $\log z$, verstehen wir für gegebenes z diejenigen Werte w, welche die Gleichung

(1) $$e^{w} = z$$

befriedigen. Da die Exponentialfunktion nur endliche von Null verschiedene Werte annimmt, so bleiben die Werte $z = 0$ und $z = \infty$ außer Betracht.

Ist nun z ein gegebener von Null verschiedener Wert, so sei

$$z = \varrho\, e^{\varphi i} \qquad (\varrho > 0,\ -\pi < \varphi \leqq \pi).$$

Die Gleichung (1) lautet dann, wenn wir $w = u + iv$ setzen,

$$e^{u} e^{vi} = \varrho\, e^{\varphi i},$$

und folglich muß

$$e^{u} = \varrho, \qquad e^{(v-\varphi)i} = 1$$

sein.

Lassen wir u die Werte von 0 bis ∞ durchlaufen, so variiert

$$e^{u} = 1 + u + \frac{u^2}{2!} + \frac{u^3}{3!} + \cdots$$

von 1 bis ∞, und da $e^{-u} = \frac{1}{e^{u}}$ ist, so nimmt e^{u} von 1 bis 0 ab, wenn u von 0 ausgehend alle negativen Werte durchläuft. Daher hat die Gleichung

$$e^{u} = \varrho$$

eine *einzige* reelle Lösung u, die wir mit $l(\varrho)$ bezeichnen wollen.

Um alle Lösungen der Gleichung

$$e^{(v-\varphi)i} = 1$$

zu bestimmen, setzen wir für einen Augenblick

$$v = \varphi + t;$$

dann haben wir die allgemeinste Lösung der Gleichung

$$e^{ti} = 1$$

zu suchen. Durchläuft t das Intervall $0 \leqq t \leqq 2\pi$, so durchläuft der Punkt e^{ti} den Einheitskreis. Folglich ist $t = 2\pi$ die *kleinste positive* Lösung unserer Gleichung. Ist t nun eine *beliebige* Lösung, so können wir

$$t = 2n\pi + r$$

setzen, wo $0 \leqq r < 2\pi$ und n eine ganze Zahl ist. Dann wird

$$e^{ri} = e^{ti - 2n\pi i} = e^{ti}\,(e^{2\pi i})^{-n} = 1$$

und folglich $r = 0$. Die allgemeinste Lösung von $e^{ti} = 1$ ist also

$$t = 2n\pi,$$

wo n eine beliebige ganze Zahl bedeutet, und

$$v = \varphi + 2n\pi$$

ist also die allgemeinste Lösung der Gleichung $e^{(v-\varphi)i} = 1$.

Damit sind wir zu folgendem Resultat gelangt:

Ist

$$z = \varrho\, e^{\varphi i} \qquad (\varrho > 0, \; -\pi < \varphi \leqq \pi)$$

ein gegebener von Null verschiedener Wert, so ist die allgemeinste Lösung der Gleichung

$$e^{w} = z$$

die folgende:

$$w = l(\varrho) + \varphi i + 2n\pi i.$$

Dabei bedeutet $l(\varrho)$ die einzige reelle Lösung u der Gleichung

$$e^{u} = \varrho$$

und n eine beliebige ganze Zahl.

Da die ganze Zahl n beliebig bleibt, so ist $\log z$ eine *unendlich vieldeutige* Funktion von z. Den der Annahme $n = 0$ entsprechenden Wert nennen wir den *Hauptwert* der Funktion $\log z$ und bezeichnen ihn mit $l(z)$. (In dem speziellen Falle, daß z eine positive reelle Zahl ϱ ist, deckt sich diese Definition offenbar mit der obigen Definition von $l(\varrho)$.) Es ist also

$$l(z) = l(\varrho) + \varphi i,$$

wo ϱ den absoluten Betrag von z und φ die der Bedingung $-\pi < \varphi \leqq \pi$ genügende Amplitude von z bedeutet. Ferner drücken sich durch den Hauptwert $l(z)$ alle Werte von $\log z$ vermöge der Formel

$$\log z = l(z) + 2n\pi i$$

aus.

Wir wollen nunmehr dasjenige Gebiet D betrachten, welches von allen Punkten der komplexen Zahlenebene mit Ausschluß der negativen Achse der reellen Zahlen[1] gebildet wird. Auf der Zahlenkugel entsteht das entsprechende Gebiet, wenn wir die Hälfte desjenigen Meridians der Kugel ausscheiden, welcher die reellen Zahlen repräsentiert.

[1] Hierbei ist der Nullpunkt mit auszuschließen.

In dem Gebiet D ist, wie aus der Definition sofort folgt, der *Hauptwert* $l(z)$ des Logarithmus eine *eindeutige* und *stetige* Funktion. Wir werden jetzt zeigen, daß diese Funktion in dem Gebiet D sogar *regulär* ist. Es sei a ein Punkt des Gebiets D (Abb. 19). Dann haben wir zu zeigen, daß in einer gewissen Umgebung von a eine Gleichung der Form

$$l(z) = l(a) + c_1(z-a) + c_2(z-a)^2 + \cdots = l(a) + \mathfrak{P}$$

gilt. Soll diese Gleichung bestehen, so muß

$$e^{l(a)+\mathfrak{P}} = z \quad \text{oder} \quad e^{\mathfrak{P}} = \frac{z}{a}$$

sein für genügend kleine Werte des absoluten Betrages von $z - a$. Dann ist aber auch

$$1 + \mathfrak{P} + \frac{\mathfrak{P}^2}{2!} + \frac{\mathfrak{P}^3}{3!} + \cdots = \frac{z}{a},$$

Abb. 19.

also, da wir zufolge § 10 des vorigen Kapitels nach z differenzieren dürfen,

$$\mathfrak{P}'\left(1 + \mathfrak{P} + \frac{\mathfrak{P}^2}{2!} + \cdots\right) = \mathfrak{P}'\frac{z}{a} = \frac{1}{a},$$

d. h.

$$\mathfrak{P}' = c_1 + 2c_2(z-a) + 3c_3(z-a)^2 + \cdots = \frac{1}{z} = \frac{1}{a + (z-a)}$$

$$= \frac{1}{a} - \frac{z-a}{a^2} + \frac{(z-a)^2}{a^3} - + \cdots,$$

wenn (was offenbar keine Beschränkung der Allgemeinheit bedeutet) $|z - a| < |a|$ angenommen wird.

Demnach muß die Reihe $\mathfrak{P}$ folgendermaßen lauten:

$$\mathfrak{P} = \frac{z-a}{a} - \frac{1}{2}\left(\frac{z-a}{a}\right)^2 + \frac{1}{3}\left(\frac{z-a}{a}\right)^3 - \frac{1}{4}\left(\frac{z-a}{a}\right)^4 + - \cdots.$$

Diese Reihe konvergiert nun in demselben Kreise wie ihre abgeleitete Reihe $\mathfrak{P}'$, also in dem durch die Bedingung

$$\left|\frac{z-a}{a}\right| < 1$$

bestimmten Kreise. Dieser Kreis, den wir mit K_a bezeichnen wollen, hat den Mittelpunkt a, und seine Peripherie geht durch den Nullpunkt.

Für jeden Punkt z, der im Inneren des Kreises K_a liegt, ist aber wirklich, wenn $\mathfrak{P}$ die soeben angegebene Reihe bedeutet,

(2) $$e^{l(a)+\mathfrak{P}} = z.$$

Denn zunächst folgt aus dem Weierstraßschen Summensatz aus Kap. 3, § 10

$$e^{l(a)+\mathfrak{P}} = a\left(1 + \mathfrak{P} + \frac{\mathfrak{P}^2}{2!} + \frac{\mathfrak{P}^3}{3!} + \cdots\right) = \mathfrak{P}_1(z-a)$$

und, indem wir die Ableitung nehmen,

$$a\,\mathfrak{P}'\left(1 + \mathfrak{P} + \frac{\mathfrak{P}^2}{2!} + \frac{\mathfrak{P}^3}{3!} + \cdots\right) = \mathfrak{P}_1'(z-a)$$

oder, weil $\mathfrak{P}' = \frac{1}{z}$ ist,

$$\mathfrak{P}_1(z-a) = z\,\mathfrak{P}_1'(z-a).$$

Setzen wir nun

$$\mathfrak{P}_1(z-a) = a + b_1(z-a) + b_2(z-a)^2 + \cdots,$$

so kommt

$$\begin{aligned} a + b_1(z-a) + b_2(z-a)^2 + \cdots \\ = +\{a + (z-a)\}\cdot\{b_1 + 2b_2(z-a) + 3b_3(z-a)^2 + \cdots\} \end{aligned}$$

und durch Koeffizientenvergleichung

$$b_1 = 1, \quad b_2 = 0, \quad b_3 = 0, \quad \ldots.$$

Daher ist $\mathfrak{P}_1(z-a) = a + (z-a) = z$ und damit die Gleichung (2) bewiesen. Aus dieser Gleichung geht hervor, daß für jeden Punkt z im Inneren des Kreises K_a

$$l(a) + \mathfrak{P} = l(z) + 2n\pi i$$

ist, wo n eine ganze Zahl bezeichnet.

Es bedeute nun $D(a)$ wieder den größten Kreis mit dem Mittelpunkte a, dessen Inneres ganz dem Gebiet D angehört. Dieser Kreis $D(a)$ fällt mit K_a zusammen, wenn der Punkt a eine nicht negative Abszisse hat. Im anderen Falle dagegen wird der Kreis $D(a)$ kleiner sein als der Kreis K_a; nämlich $D(a)$ wird derjenige Kreis sein, der a zum Mittelpunkt hat und die Achse der negativen reellen Zahlen berührt.

Nun sehen wir leicht ein, daß im Inneren von $D(a)$ die Zahl n beständig Null ist. Denn es ist

$$n = \frac{1}{2\pi i}\{l(a) + \mathfrak{P} - l(z)\}$$

im Inneren von $D(a)$ *stetig*, und da n für $z = a$ Null ist, so muß n als ganze Zahl *beständig* Null sein.

Hiermit sind wir zu folgendem Resultate gelangt:

Der Hauptwert des Logarithmus $l(z)$ ist in dem Gebiete D eine reguläre Funktion. Es gilt nämlich in der Umgebung $D(a)$ eines beliebigen Punktes a des Gebiets D die Gleichung

$$l(z) = l(a) + \frac{z-a}{a} - \frac{1}{2}\left(\frac{z-a}{a}\right)^2 + \frac{1}{3}\left(\frac{z-a}{a}\right)^3 - + \cdots;$$

diese Gleichung zeigt ferner, daß $l(z)$ die Differentialgleichung

$$\frac{d\,l(z)}{dz} = \frac{1}{z}$$

befriedigt.

Wenn z sich in einen Punkt $-\varrho$ $(\varrho > 0)$ der Achse der negativen reellen Zahlen hineinbewegt, so geht offenbar $l(z)$ stetig in den Wert $l(\varrho) + \pi i$ oder in den Wert $l(\varrho) - \pi i$ über, je nachdem sich z von der Seite der *positiven* oder von der Seite der *negativen* Ordinaten nach dem Punkt $-\varrho$ bewegt.

Betrachten wir nun die Werte

$$l(z) + 2n\pi i,$$

so bilden diese für jedes bestimmt gewählte ganze n ebenfalls eine reguläre Funktion in dem Gebiete D. Diese Funktion heiße für einen Augenblick f_n, so daß also f_0 der Hauptwert $l(z)$ ist.

Wir wollen jetzt zeigen, daß die Funktionen $f_0, f_1, f_{-1}, f_2, f_{-2}, \ldots$ *eindeutige Zweige einer und derselben analytischen Funktion sind.*

Offenbar genügt hierfür der Nachweis, daß für jedes ganze n ein Funktionselement $\mathfrak{P}(z/a)$ von f_n zur Fortsetzung ein Funktionselement $\mathfrak{P}(z/b)$ von f_{n+1} besitzt.

Wir wählen a und b als Spiegelpunkte bezüglich der Achse der reellen Zahlen, und zwar so, daß die gemeinsame Abszisse von a und b negativ ist (Abb. 20). Die Konvergenzkreise von $\mathfrak{P}(z/a)$ und $\mathfrak{P}(z/b)$ haben dann ein Stück der Achse der negativen reellen Zahlen gemein.

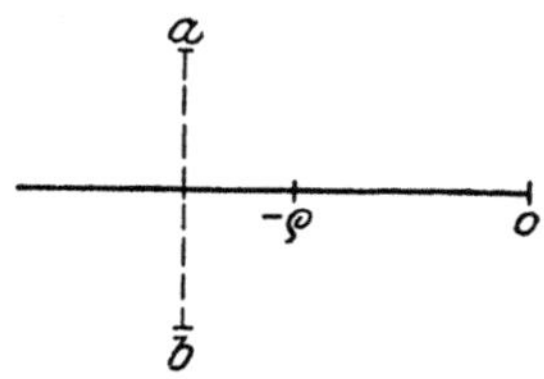

Abb. 20.

Ist $-\varrho$ irgendein Punkt dieses gemeinsamen Stückes, so ist für $z = -\varrho$

$$\mathfrak{P}(z/a) = l(\varrho) + \pi i + 2n\pi i,$$

$$\mathfrak{P}(z/b) = l(\varrho) - \pi i + 2(n+1)\pi i,$$

folglich $\mathfrak{P}(z/a) = \mathfrak{P}(z/b)$, und daher ist nach Kap. 2, § 8 die Potenzreihe $\mathfrak{P}(z/b)$ eine unmittelbare Fortsetzung von $\mathfrak{P}(z/a)$.

Der Logarithmus ist hiernach eine unendlich vieldeutige Funktion, die sich aus den in dem Gebiete D eindeutigen Zweigen $l(z) + 2n\pi i$ zusammensetzt. Die Eigenschaften des Logarithmus gehen im übrigen aus denen der Exponentialfunktion hervor.

Z. B. folgt aus

$$e^{\log z_1 + \log z_2} = e^{\log z_1} \cdot e^{\log z_2} = z_1 z_2,$$

daß $\log z_1 + \log z_2$ *einen* Wert von $\log(z_1 z_2)$ vorstellt.

Die Gleichung

$$\log z_1 + \log z_2 = \log z_1 z_2 \tag{3}$$

ist demnach so aufzufassen: Versteht man unter $\log z_1$ und $\log z_2$ irgend zwei bestimmte unter den unendlich vielen Werten, welche diese Zeichen vorstellen, so ist $\log z_1 + \log z_2$ einer der unendlich vielen Werte, welche $\log(z_1 z_2)$ besitzt.

Für die Hauptwerte des Logarithmus stellt sich, wie leicht zu sehen ist, die Gleichung (3) so dar: Es sei

$$z_1 = \varrho_1 e^{\varphi_1 i}, \quad z_2 = \varrho_2 e^{\varphi_2 i} \quad (\varrho_1 > 0,\ \varrho_2 > 0,\ -\pi < \varphi_1 \leqq \pi,\ -\pi < \varphi_2 \leqq \pi).$$

Dann ist

$$l(z_1) + l(z_2) = l(z_1 z_2) + 2n\pi i,$$

wobei $n = 0$ oder $+1$ oder -1 ist, je nachdem, welcher von den Ungleichungen

$$-\pi < \varphi_1 + \varphi_2 \leqq \pi, \quad \pi < \varphi_1 + \varphi_2 \leqq 2\pi, \quad -2\pi < \varphi_1 + \varphi_2 \leqq -\pi$$

die Summe der Amplituden φ_1 und φ_2 von z_1 und z_2 genügt.

§ 4. Die allgemeine Potenz.

Bedeutet m eine positive ganze Zahl, so versteht man unter der Potenz z^m das Produkt aus m Faktoren, von welchen jeder gleich z ist. Will man diesen Begriff der Potenz z^m ausdehnen auf beliebige komplexe Exponenten m, so erreicht man dies am einfachsten mit Hilfe des Logarithmus. Wir setzen für $z \neq 0$

(1) $$z^m = e^{m \log z} = 1 + m \log z + \frac{(m \log z)^2}{2!} + \cdots.$$

Nach dieser Definition wird die Funktion z^m im allgemeinen unendlich viele Werte haben, nämlich die Werte

$$e^{m(l(z)+2n\pi i)} = e^{m\,l(z)} \cdot e^{m \cdot 2n\pi i} \quad (n = 0, +1, -1, +2, -2, \ldots).$$

Wegen $e^{m\,l(z)} \neq 0$ wird nur dann, wenn unter den Zahlen

(2) $$e^{m \cdot 2n\pi i} \qquad (n = 0, \pm 1, \pm 2, \pm 3, \ldots)$$

bloß endlich viele verschiedene sind, z^m nur eine endliche Zahl verschiedener Werte haben. Soll nun

$$e^{m \cdot 2n\pi i} = e^{m \cdot 2n'\pi i} \qquad (n \neq n')$$

sein, so muß

$$e^{m(n-n') \cdot 2\pi i} = 1,$$

folglich $m(n - n')$ eine ganze Zahl und also m eine rationale Zahl sein. Wenn umgekehrt $m = \frac{r}{s}$ (r und s teilerfremd; $s \geqq 1$) eine rationale Zahl ist, so sind unter den Zahlen (2) nur s Zahlen voneinander verschieden, als deren Repräsentanten man die Zahlen

$$e^{\frac{r}{s} 2n\pi i} \qquad (n = 0, 1, 2, \ldots, s-1)$$

nehmen kann, und $z^m = z^{\frac{r}{s}}$ ist dann eine s-deutige Funktion.

Unter dem *Hauptwert* von z^m wollen wir denjenigen Wert von z^m verstehen, der dem Hauptwert von $\log z$ entspricht, der also durch

$$z^m = e^{m\,l(z)}$$

definiert ist. Wir bezeichnen ihn mit (z^m). *In dem Gebiet D, das durch Ausscheidung der Achse der negativen reellen Zahlen aus der Zahlenebene entsteht, ist (z^m) eine reguläre Funktion.*

In der Tat gilt in der Umgebung $D(a)$ irgendeiner Stelle a des Gebiets D die Gleichung

$$l(z) = l(a) + \frac{z-a}{a} - \frac{1}{2}\left(\frac{z-a}{a}\right)^2 + \frac{1}{3}\left(\frac{z-a}{a}\right)^3 - + \cdots = \mathfrak{P}$$

und daher auch

$$(z^m) = e^{m\,l(z)} = 1 + m\,\mathfrak{P} + m^2\frac{\mathfrak{P}^2}{2!} + \cdots = \mathfrak{P}_1,$$

wo nach dem Weierstraßschen Summensatz

$$\mathfrak{P}_1 = c_0 + c_1\frac{z-a}{a} + c_2\left(\frac{z-a}{a}\right)^2 + \cdots \tag{3}$$

wieder eine Potenzreihe in $z-a$ bedeutet.

Nun folgt durch Differentiation

$$\frac{m}{z}e^{m\,l(z)} = \mathfrak{P}_1{}'$$

oder

$$m\,\mathfrak{P}_1 = (a + (z-a))\,\mathfrak{P}_1{}' = a\left(1 + \frac{z-a}{a}\right)\mathfrak{P}_1{}'.$$

Berücksichtigen wir (3), so folgt

$$m\sum_{n=0}^{\infty} c_n\left(\frac{z-a}{a}\right)^n = a\left(1 + \frac{z-a}{a}\right)\sum_{n=1}^{\infty}\frac{n\,c_n}{a}\left(\frac{z-a}{a}\right)^{n-1}$$

$$= \sum_{n=0}^{\infty}(n+1)\,c_{n+1}\left(\frac{z-a}{a}\right)^n + \sum_{n=0}^{\infty} n\,c_n\left(\frac{z-a}{a}\right)^n$$

und durch Koeffizientenvergleichung

$$(n+1)\,c_{n+1} = (m-n)\,c_n \qquad (n = 0, 1, 2, \ldots).$$

Hieraus finden wir sukzessiv

$$c_1 = \frac{m}{1}c_0, \quad c_2 = \frac{m(m-1)}{1\cdot 2}c_0, \quad c_3 = \frac{m(m-1)(m-2)}{1\cdot 2\cdot 3}c_0, \ \ldots,$$

allgemein

$$c_n = \binom{m}{n}c_0,$$

wo

$$\binom{m}{n} = \frac{m(m-1)\cdots(m-n+1)}{1\cdot 2\cdots n}$$

der n-te *Binomialkoeffizient* zur Basis m ist.

Für c_0 ergibt sich aus $e^{m\,l(z)} = \mathfrak{P}_1$, indem wir $z = a$ setzen, die Gleichung $c_0 = e^{m\,l(a)} = (a^m)$. Daher wird also in der Umgebung $D(a)$ des Punktes a die Darstellung gelten:

$$(z^m) = (a^m)\left\{1 + \binom{m}{1}\frac{z-a}{a} + \binom{m}{2}\left(\frac{z-a}{a}\right)^2 + \binom{m}{3}\left(\frac{z-a}{a}\right)^3 + \cdots\right\}.$$

Die übrigen Werte von z^m entstehen aus dem Hauptwerte (z^m) durch Multiplikation mit den konstanten Faktoren (2).

Hieraus schließen wir, daß die Werte von z^m in eindeutige Zweige zerfallen, die in dem Gebiete D reguläre Funktionen sind und die wegen (1), *da wir das Entsprechende für den Logarithmus festgestellt haben, zu einer und derselben analytischen Funktion gehören.*

Aus der Definitionsgleichung (1) folgt noch

$$z_1^m z_2^m = e^{m \log z_1 + m \log z_2} = e^{m \log (z_1 z_2)},$$

also

$$z_1^m z_2^m = \{z_1 z_2\}^m.$$

Diese Gleichung ist so aufzufassen: Das Produkt aus einem beliebig gewählten der Werte von z_1^m und einem beliebig gewählten der Werte von z_2^m ist stets einer der Werte von $\{z_1 z_2\}^m$.

Ähnliches gilt von der aus (1) folgenden Gleichung

$$\log z^m = m \log z,$$

sowie der hieraus sich ergebenden Gleichung

$$\{z^m\}^{m_1} = e^{m_1 \log z^m} = e^{m_1 m \log z},$$

d. i.

$$\{z^m\}^{m_1} = z^{m m_1}.$$

Fünftes Kapitel.

Die Integration analytischer Funktionen.

§ 1. Gleichmäßige Stetigkeit und Differenzierbarkeit analytischer Funktionen.

Einen Bereich in der Zahlenebene oder auf der Zahlenkugel, der aus allen Punkten innerhalb und auf einer einfach geschlossenen[1] stetigen Kurve besteht, wollen wir eine *Elementarfläche* nennen. Jede Elementarfläche enthält also ihren Rand.

Beispielsweise bilden die Punkte im Innern und auf der Peripherie irgendeines Kreises eine Elementarfläche.

Liegt eine Elementarfläche E mit allen ihren Punkten in einem Gebiete D, in welchem eine Funktion $f(z)$ regulär ist, so soll $f(z)$ auch *auf der Elementarfläche E regulär* heißen.

Bedeutet a einen beliebigen Punkt im Inneren oder auf dem Rande der Elementarfläche, so ist nach Kap. 3, § 7

$$(1) \qquad f(z) = f(a) + (z-a) f'(a) + (z-a)^2 \frac{f''(a)}{2!} + \cdots$$

für alle Punkte z des Gebietes D, welche der Umgebung $D(a)$ des Punktes a angehören. Diese Umgebung $D(a)$ ist definitionsgemäß das Innere des größten Kreises mit dem Mittelpunkt a, der noch mit allen

[1] Vgl. S. 45.

seinen inneren Punkten dem Gebiete D angehört. Bezeichnen wir mit r_a den Radius dieses Kreises, so ist r_a eine *stetige* Funktion von a. Da die Elementarfläche E nach ihrer Definition eine *abgeschlossene* Punktmenge vorstellt, so besitzt auf ihr die Funktion r_a ein *Minimum*, und dieses ist positiv. Wir bezeichnen in der Folge mit ϱ eine positive Größe, die kleiner als jenes Minimum angenommen werden soll. Dann ist für jeden Punkt a der Elementarfläche

$$r_a > \varrho .$$

Beschreiben wir um jeden Punkt der Elementarfläche E einen Kreis mit dem Radius ϱ, so bilden die inneren Punkte und alle Punkte auf den Peripherien dieser Kreise einen Bereich E', der die Elementarfläche E ganz enthält. Dieser Bereich E' liegt ganz in dem Gebiete D und stellt, wie leicht ersichtlich ist, eine abgeschlossene Punktmenge vor. Da die Funktion $f(z)$ stetig ist, so besitzt $|f(z)|$ im Bereiche E' ein Maximum M; dann besteht also für jeden Punkt z von E' die Ungleichung

$$|f(z)| \leqq M .$$

Insbesondere gilt diese Ungleichung für die Peripherie eines Kreises vom Radius ϱ, dessen Mittelpunkt ein beliebiger Punkt a der Elementarfläche E ist. In Rücksicht auf (1) und Kap. 2, § 9 folgt daraus

$$\text{(2)} \qquad \frac{1}{n!}\left|f^{(n)}(a)\right| \leqq \frac{M}{\varrho^n} \qquad (n = 0, 1, 2, \ldots).$$

Diese Ungleichungen, in welchen M und ϱ feste positive Zahlen sind, gelten also für jeden Punkt a der Elementarfläche E. Wir können hieraus einige wichtige Folgerungen ziehen.

Es seien a und b zwei Punkte der Elementarfläche E, deren Abstand kleiner ist als eine unterhalb ϱ liegende positive Zahl δ, also:

$$|b - a| < \delta < \varrho .$$

Dann ist nach (1)

$$\text{(3)} \qquad f(b) - f(a) = (b - a) f'(a) + (b - a)^2 \frac{f''(a)}{2!} + \cdots$$

und nach (2)

$$|f(b) - f(a)| \leqq \delta \frac{M}{\varrho} + \delta^2 \frac{M}{\varrho^2} + \cdots = M \frac{\frac{\delta}{\varrho}}{1 - \frac{\delta}{\varrho}} .$$

Ist nun ε irgendeine positive Zahl, so können wir ein positives $\delta < \varrho$ so klein wählen, daß $M \frac{\frac{\delta}{\varrho}}{1 - \frac{\delta}{\varrho}} < \varepsilon$ wird; es gilt also der Satz:

Ist $f(z)$ auf der Elementarfläche E regulär, so kann man nach Annahme einer beliebig kleinen positiven Größe ε die positive Größe δ so bestimmen, daß

$$|f(b) - f(a)| < \varepsilon$$

ist, sobald a und b irgend zwei Punkte der Elementarfläche E bezeichnen, die der Bedingung $|b - a| < \delta$ genügen.

Diese Eigenschaft der Funktion $f(z)$ bezeichnet man als *gleichmäßige Stetigkeit*; sie hätte auch aus allgemeineren Prinzipien gefolgert werden können, nämlich aus dem Satz, daß jede in einer abgeschlossenen Punktmenge stetige Funktion in dieser gleichmäßig stetig ist.

Schreiben wir die Gleichung (3) in der Form

$$\frac{f(b) - f(a)}{b - a} - f'(a) = (b - a)\frac{f''(a)}{2!} + (b - a)^2\frac{f'''(a)}{3!} + \cdots$$

und setzen zur Abkürzung

$$\frac{f(b) - f(a)}{b - a} - f'(a) = \gamma,$$

so folgt

$$|\gamma| \leqq \delta\frac{M}{\varrho^2} + \delta^2\frac{M}{\varrho^3} + \cdots = \frac{M}{\varrho}\,\frac{\frac{\delta}{\varrho}}{1 - \frac{\delta}{\varrho}},$$

und hieraus schließen wir:

Ist $f(z)$ auf der Elementarfläche E regulär, so kann man nach Annahme einer beliebig kleinen positiven Größe ε die positive Größe δ so bestimmen, daß die durch die Gleichung

$$\frac{f(b) - f(a)}{b - a} = f'(a) + \gamma$$

definierte Größe γ der Bedingung $|\gamma| < \varepsilon$ genügt, sobald nur $|b - a| < \delta$ ist, wo auch immer die Punkte a und b auf der Elementarfläche E angenommen werden.

Da die Ableitung $f'(z)$ auf der Elementarfläche E regulär und folglich auch gleichmäßig stetig ist, so läßt sich der vorstehende Satz dahin verallgemeinern:

Ist $\varepsilon > 0$ vorgeschrieben, so kann man $\delta > 0$ so bestimmen, daß die durch die Gleichung

$$\frac{f(b) - f(a)}{b - a} = f'(c) + \gamma$$

definierte Größe γ der Bedingung

$$|\gamma| < \varepsilon$$

genügt, sobald a, b, c auf der Elementarfläche E irgendwie, jedoch den Bedingungen

$$|b - a| < \delta, \qquad |c - a| < \delta$$

entsprechend angenommen werden.

Die in den letzten beiden Sätzen ausgesprochene Eigenschaft von $f(z)$ deuten wir kurz dadurch an, daß wir sagen, $f(z)$ sei auf der Elementarfläche E *gleichmäßig differenzierbar*. Daß in den beiden Sätzen a und b als voneinander verschiedene Punkte vorausgesetzt werden, braucht kaum besonders hervorgehoben zu werden.

§ 2. Integration der Potenzreihen.

Eine Potenzreihe

$$\mathfrak{P}(z/a) = c_0 + c_1(z-a) + c_2(z-a)^2 + \cdots$$

stellt im Inneren ihres Konvergenzkreises C eine reguläre Funktion $f(z)$ dar, und umgekehrt läßt sich jede in einem Kreise C reguläre Funktion durch eine in C konvergierende Potenzreihe darstellen. Bilden wir nun die Reihe

$$\mathfrak{P}_1(z/a) = c + c_0(z-a) + \frac{c_1}{2}(z-a)^2 + \frac{c_2}{3}(z-a)^3 + \cdots,$$

wo c eine beliebig gewählte Konstante bedeutet, so fällt die *abgeleitete* Reihe von $\mathfrak{P}_1(z/a)$ mit $\mathfrak{P}(z/a)$ zusammen. Daher hat $\mathfrak{P}_1(z/a)$ denselben Konvergenzkreis C, und die im Inneren dieses Kreises durch $\mathfrak{P}_1(z/a)$ definierte reguläre Funktion $f_1(z)$ genügt der Gleichung

$$\frac{d f_1(z)}{dz} = f(z).$$

Wir nennen $f_1(z)$ ein *unbestimmtes Integral* von $f(z)$.

§ 3. Integration der Ableitung einer regulären Funktion.

Wir beweisen nun einen allgemeinen Satz, der sich auf zwei in einem Gebiete D reguläre Funktionen $f(z)$ und $f_1(z)$ bezieht, von denen die eine die Ableitung der anderen ist, zwischen denen also etwa die Gleichung

$$\frac{d f_1(z)}{dz} = f(z)$$

besteht.

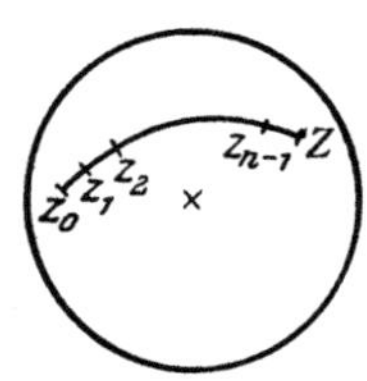

Abb. 21.

Es seien z_0 und Z zwei beliebig im Inneren von D fixierte Punkte. Wir verbinden sie durch eine im Inneren von D verlaufende *rektifizierbare stetige Kurve* L von positiver Länge. Zwischen z_0 und Z schalten wir auf dieser Kurve L irgendwie $n-1$ ($n \geqq 2$) voneinander und von z_0 und Z verschiedene Punkte $z_1, z_2, \ldots, z_{n-1}$ ein (Abb. 21) und bilden nun die Summe

$$\sum f(z)\,\Delta z = f(\zeta_1)(z_1 - z_0) + f(\zeta_2)(z_2 - z_1) + \cdots + f(\zeta_n)(Z - z_{n-1}),$$

wobei $\zeta_1, \zeta_2, \ldots, \zeta_n$ Punkte der Kurve L bedeuten, die bzw. auf den Stücken $z_0 \ldots z_1$, $z_1 \ldots z_2$, $\ldots$, $z_{n-1} \ldots Z$ beliebig angenommen sind.

Wir wollen nun zeigen, daß die Gleichung

$$\lim \sum f(z) \Delta z = f_1(Z) - f_1(z_0) \tag{1}$$

gilt, in welcher das Limeszeichen bedeutet, daß man die Anzahl der Punkte $z_1, z_2, \ldots, z_{n-1}$ ins Unendliche anwachsen und zugleich die Längen der Stücke, in welche die Kurve L durch die Punkte zerlegt wird, unendlich klein werden lassen soll.

Wir schließen die Kurve L in eine Elementarfläche ein, die ganz im Inneren von D liegt[1]. Auf dieser Elementarfläche sind $f_1(z)$ und $f_1'(z) = f(z)$ regulär. Ist daher $\varepsilon > 0$ beliebig klein vorgeschrieben, so werden nach § 1 in den Gleichungen

$$\frac{f_1(z_1) - f_1(z_0)}{z_1 - z_0} = f(\zeta_1) + \gamma_1,$$

$$\frac{f_1(z_2) - f_1(z_1)}{z_2 - z_1} = f(\zeta_2) + \gamma_2,$$

$$\cdots\cdots\cdots\cdots\cdots\cdots$$

die Größen $\gamma_1, \gamma_2, \ldots$ absolut genommen kleiner als ε sein, sobald die einzelnen Stücke $z_0 \ldots z_1, z_1 \ldots z_2, \ldots$ der Kurve L genügend klein sind.

Nun folgt aus den vorstehenden Gleichungen

$$f_1(Z) - f_1(z_0) = \sum f(z) \Delta z + \gamma_1(z_1 - z_0) + \gamma_2(z_2 - z_1) + \cdots + \gamma_n(Z - z_{n-1})$$

oder

$$\sum f(z) \Delta z = f_1(Z) - f_1(z_0) + R,$$

wo

$$|R| = |\gamma_1(z_1 - z_0) + \gamma_2(z_2 - z_1) + \cdots + \gamma_n(Z - z_{n-1})|$$
$$< \varepsilon\{|z_1 - z_0| + |z_2 - z_1| + \cdots + |Z - z_{n-1}|\}$$

ist.

Da $|z_1 - z_0|, |z_2 - z_1|, \ldots$ die Längen der der Kurve L einbeschriebenen Sehnen $z_0 \ldots z_1, z_1 \ldots z_2, \ldots$ sind, so ist

$$|R| < \varepsilon l,$$

wo l die Länge der Kurve L bedeutet.

Hieraus folgt nun in der Tat, weil ε beliebig klein angenommen werden darf,

$$\lim \sum f(z) \Delta z = f_1(Z) - f_1(z_0).$$

Den hier betrachteten Limes bezeichnen wir mit

$$\int_{z_0}^{Z} f(z)\, dz \quad \text{oder} \quad \int_L f(z)\, dz$$

und nennen ihn *das durch die Kurve L erstreckte Integral von* $f(z)$. Die Kurve L heißt der *Integrationsweg. Diese Definition des Integrals ist*

[1] Eine solche erhält man z. B., wenn man zu allen Punkten a von L die Größe r_a bildet wie in § 1 und dann mit einem positiven Radius ϱ, der unterhalb des Minimums aller r_a liegt, um jeden Punkt von L den Kreis beschreibt.

unabhängig davon, ob $f(z)$ die Ableitung einer anderen Funktion $f_1(z)$ ist oder nicht. Die Gleichung (1) läßt sich dann so schreiben:

$$\int_{z_0}^{Z} f(z)\,dz = f_1(Z) - f_1(z_0). \tag{2}$$

In dem bisher ausgeschlossenen Falle, daß L die Länge Null hat, also $Z = z_0$ ist, sei unter $\int_{z_0}^{Z} f(z)\,dz$ der Wert 0 verstanden. Die Gleichung (2) gilt dann auch für diesen Fall.

Die Gleichung (2) lehrt, daß der Wert des Integrales *unabhängig* ist von der Wahl der die Punkte z_0 und Z innerhalb des Gebietes D verbindenden Kurve L, falls die in D reguläre Funktion $f(z)$ die Ableitung einer anderen in D regulären Funktion $f_1(z)$ ist.

Aus der Definition des Integrales folgt in sofort verständlicher Schreibweise unmittelbar

$$\left|\int_{z_0}^{Z} f(z)\,dz\right| \leqq \overline{\lim} \sum |f(z)|\,|\Delta z|.$$

Die rechte Seite läßt sich aber durch ein gewöhnliches reelles Integral ausdrücken; bedeutet nämlich s die von z_0 aus auf L gemessene Bogenlänge, so ist $|f(z)|$ auf L eine *stetige* Funktion von s, und die rechte Seite ist gleich

$$\int_{0}^{l} |f(z)|\,ds,$$

wofür wir auch

$$\int_{z_0}^{Z} |f(z)|\,|dz| \quad \text{oder} \quad \int_{L} |f(z)|\,|dz|$$

schreiben wollen. Es ist also

$$\left|\int_{z_0}^{Z} f(z)\,dz\right| \leqq \int_{z_0}^{Z} |f(z)|\,|dz| \leqq M\,l,$$

wo M das Maximum von $|f(z)|$ auf L bedeutet.

Fällt der Punkt Z mit dem Punkte z_0 zusammen, so zeigt die Gleichung (2):

Ist $f(z)$ im Gebiete D die Ableitung einer regulären Funktion, so hat das durch eine geschlossene, rektifizierbare, ganz im Inneren von D liegende Kurve erstreckte Integral $\int f(z)\,dz$ den Wert Null.

Da nach § 2 jede in einem Kreise reguläre Funktion $f(z)$ dort als Ableitung einer Funktion $f_1(z)$, eines unbestimmten Integrales, dargestellt werden kann, so schließen wir nun:

Im Inneren eines Kreises, in welchem $f(z)$ regulär ist, ist

$$\int_{z_0}^{z} f(z)\,dz$$

von dem Integrationswege unabhängig, und das durch eine geschlossene rektifizierbare Kurve genommene Integral $\int f(z)\,dz$ ist Null.

Wir werden in § 5 diesen Satz wesentlich erweitern, indem wir zeigen, daß an Stelle des Kreises eine beliebige Elementarfläche treten kann.

§ 4. Beispiele.

Ein prinzipiell wichtiges Beispiel bildet das Integral

$$\int \frac{dz}{z}\,.$$ [1]

Es sei D das aus allen Punkten der Ebene mit Ausschluß der negativen Achse der reellen Zahlen bestehende Gebiet. In diesem Gebiete ist $l(z)$ nach Kap. 4, § 3 eine reguläre Funktion und

$$\frac{d\,l(z)}{dz} = \frac{1}{z}\,.$$

Daher gilt der Satz:

Das in dem Gebiete D von einem Punkt a nach irgendeinem anderen Punkte b genommene Integral

$$\int_a^b \frac{dz}{z}$$

hat den Wert $l(b) - l(a)$.

Dabei ist der *Integrationsweg*, d. h. die a mit b verbindende Kurve L, durch welche das Integral genommen wird, *ganz in dem Gebiete D liegend* vorausgesetzt. *Welchen Wert hat nun aber das Integral, wenn die Kurve L nicht mit allen ihren Punkten in dem Gebiete liegt?*

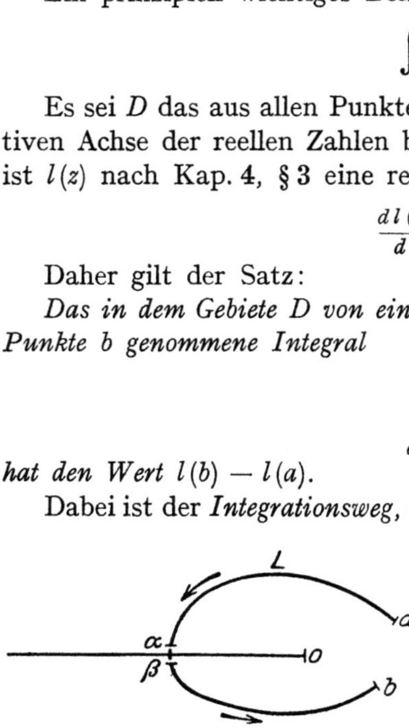

Abb. 22.

Wir wollen diese Frage zunächst für den einfachen Fall behandeln, daß die Kurve L die Achse der negativen reellen Zahlen nur *einmal* durchschneidet, etwa im Punkt $-\varrho$. Durchläuft man die Kurve L vom Ausgangspunkt a bis zum Endpunkt b, so möge die Überschreitung der Achse der negativen reellen Zahlen von der Seite der positiven nach der Seite der negativen Ordinaten hin geschehen, wie das in der Abb. 22

[1] Dies soll natürlich nur eine kurze Schreibweise für $\int \frac{1}{z}\,dz$ sein. Ähnliche Freiheiten erlauben wir uns im folgenden öfters.

angedeutet ist. Es seien nun α und β zwei zu beiden Seiten des Durchschnittspunktes $-\varrho$ der Kurve L mit der Achse der negativen reellen Zahlen angenommene Punkte der Kurve L, und zwar liege α auf derselben Seite von $-\varrho$, auf der a liegt; dann ist

$$\int_a^\alpha \frac{dz}{z} + \int_\beta^b \frac{dz}{z} = l(\alpha) - l(a) + l(b) - l(\beta).$$

Lassen wir α und β in den Punkt $-\varrho$ hineinrücken, so wird

$$l(\alpha) \quad \text{in} \quad l(\varrho) + \pi i,$$
$$l(\beta) \quad \text{in} \quad l(\varrho) - \pi i$$

übergehen. Daher kommt

$$\text{(1)} \qquad \int_a^b \frac{dz}{z} = l(b) - l(a) + 2\pi i.$$

Träte die Kurve L von der Seite der negativen nach der Seite der positiven Ordinaten über, so würde in vorstehender Gleichung an Stelle von $+2\pi i$ auf der rechten Seite $-2\pi i$ zu schreiben sein.

Nunmehr betrachten wir einen Integrationsweg L, der die Punkte a und b verbindet und die Achse der negativen Zahlen in beliebig vielen Punkten $s_1, s_2, \ldots, s_r$ durchschneidet.

Wir wollen jedem einzelnen Punkte s_k die Einheit $\varepsilon_k = +1$ oder $\varepsilon_k = -1$ zuordnen, je nachdem die Kurve L im Punkte s_k von der Seite der positiven auf die Seite der negativen Ordinaten oder umgekehrt von der Seite der negativen auf die Seite der positiven Ordinaten durch die Achse der negativen reellen Zahlen hindurchtritt. In der beigesetzten Abb. 23 würden z. B. den Punkten s_1, s_2, s_3, s_4 der Reihe nach die Einheiten $\varepsilon_1 = +1$, $\varepsilon_2 = -1$, $\varepsilon_3 = +1$, $\varepsilon_4 = +1$ entsprechen.

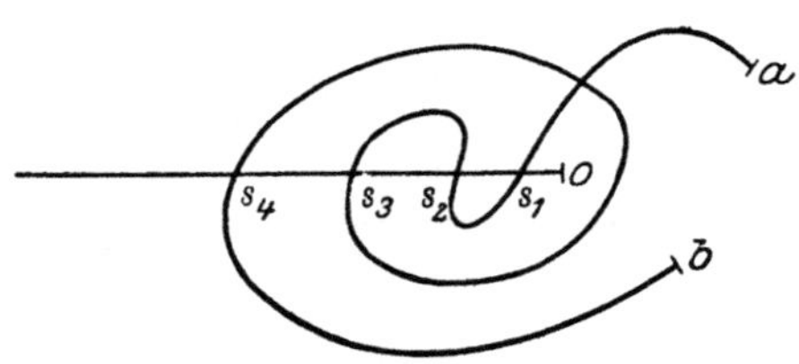

Abb. 23.

Nun gilt offenbar für das durch die Kurve L erstreckte Integral $\int \frac{dz}{z}$ die Gleichung:

$$\int_a^b \frac{dz}{z} = l(b) - l(a) + 2\pi i(\varepsilon_1 + \varepsilon_2 + \cdots + \varepsilon_r).$$

Die Summe $\varepsilon_1 + \varepsilon_2 + \cdots + \varepsilon_r$ heißt die *Windungszahl* der Kurve L.

Lassen wir die Punkte a und b zusammenfallen, so ergibt die Gleichung (1) das Resultat:

Es ist

$$\int \frac{dz}{z} = 2\pi i,$$

wenn das Integral in „positivem Sinne" um den Nullpunkt erstreckt wird.

Diese Ausdrucksweise bedeutet, daß das Integral durch eine einfach geschlossene Kurve L um den Nullpunkt erstreckt werden soll, wobei L in demjenigen Sinne durchlaufen wird, bei dem der Nullpunkt stets zur Linken gelegen ist. (Vgl. S. 7, Fußnote.) Diesen Durchlaufungssinn werden wir stets den *positiven*, den entgegengesetzten den *negativen* nennen.

Nun betrachten wir das etwas allgemeinere Integral

$$I = \int_a^b \frac{dz}{z - z_0},$$

wo z_0 eine Konstante bedeutet und der Integrationsweg a mit b verbindet. Natürlich nehmen wir dabei a, b und die Punkte des Integrationsweges L von z_0 verschieden an.

Setzen wir

$$z - z_0 = \zeta,$$

so durchläuft ζ eine Kurve L', während z die Kurve L durchläuft; und zwar entsteht L' aus L durch eine Parallelverschiebung der komplexen Zahlenebene (Abb. 24). Bei dieser Parallelverschiebung geht die durch z_0 parallel zur Achse der negativen reellen Zahlen verlaufende Gerade in diese Achse über. Nun ist offenbar unser Integral I gleich dem Integral

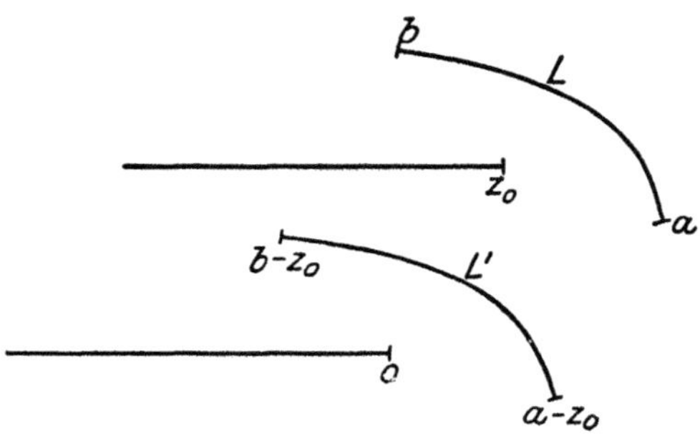

Abb. 24.

$$\int_{a-z_0}^{b-z_0} \frac{d\zeta}{\zeta},$$

wenn letzteres durch die Kurve L' erstreckt wird. Hieraus folgen nachstehende Sätze:

Es sei g die durch z_0 parallel zur Achse der negativen reellen Zahlen laufende Halbgerade. Dann ist

$$\int_a^b \frac{dz}{z - z_0} = l(b - z_0) - l(a - z_0),$$

wenn der Integrationsweg die Gerade g nicht trifft, dagegen

$$\int_a^b \frac{dz}{z - z_0} = l(b - z_0) - l(a - z_0) + 2\pi i(\varepsilon_1 + \varepsilon_2 + \cdots + \varepsilon_r),$$

wenn der Integrationsweg die Gerade g in r Punkten trifft. Dabei sind $\varepsilon_1, \varepsilon_2, \ldots, \varepsilon_r$ diesen Punkten einzeln zugeordnete positive oder negative Einheiten.

Ferner:

Das in positivem Sinne um den Punkt $z = z_0$ erstreckte Integral

$$\int \frac{dz}{z - z_0}$$

hat den Wert $2\pi i$.

Betrachten wir als zweites Beispiel die Funktion

$$f_1(z) = \frac{1}{n+1}(z - z_0)^{n+1},$$

wo n eine von -1 verschiedene ganze Zahl bedeutet, so ist

$$\frac{d f_1(z)}{dz} = f(z) = (z - z_0)^n.$$

Die beiden Funktionen $f(z)$ und $f_1(z)$ besitzen, wenn n positiv ist, die eine singuläre Stelle $z = \infty$, wenn n negativ ist, die eine singuläre Stelle $z = z_0$; im Falle $n = 0$ ist $f_1(z)$ nur im Punkte $z = \infty$ singulär, $f(z)$ dagegen eine Konstante. Es sind also $f(z)$ und $f_1(z)$ jedenfalls regulär in dem Gebiete D, welches aus allen Punkten der Ebene mit Ausschluß der Punkte $z = z_0$ und $z = \infty$ gebildet wird. Daher gilt

$$\int_a^b (z - z_0)^n dz = \frac{1}{n+1}\{(b - z_0)^{n+1} - (a - z_0)^{n+1}\}$$

für jeden Integrationsweg, welcher nicht durch den Punkt z_0 geht.

Insbesondere ist

$$\int (z - z_0)^n dz = 0$$

für jeden nicht durch z_0 hindurchgehenden geschlossenen Integrationsweg.

Das in positivem Sinne um $z = z_0$ erstreckte Integral

$$\int (z - z_0)^n dz$$

ist also immer Null mit Ausnahme des Falles $n = -1$, in welchem es den Wert $2\pi i$ besitzt.

§ 5. Integration regulärer Funktionen.

Es sei wie in § 1 die Funktion $f(z)$ regulär in dem Gebiete D, und E bezeichne eine in dem Gebiete D liegende Elementarfläche. Ferner möge ϱ dieselbe Bedeutung haben wie in § 1, so daß also jeder Kreis vom Radius ϱ, dessen Mittelpunkt der Elementarfläche E angehört, ganz im Inneren des Gebietes D verläuft.

Wir verbinden zwei Punkte a und b, die im Inneren der Elementarfläche E liegen, durch eine *rektifizierbare* Kurve L, die ganz im Inneren der Elementarfläche E verläuft.

Es sei die positive Zahl m kleiner als der kürzeste Abstand der Punkte von L von der Begrenzung von E, so daß jeder Kreis vom Radius m, dessen Mittelpunkt ein beliebiger Punkt der Kurve L ist, ganz im Inneren von E liegt.

Wir zerlegen nun die Kurve L, indem wir zwischen a und b auf ihr die Punkte $z_1, z_2, \ldots, z_{n-1}$ einschalten, in Stücke $L_1, L_2, \ldots, L_n$, und zwar seien diese Stücke so klein, daß der Abstand je zweier Punkte eines und desselben Stückes kleiner als ϱ und kleiner als m ist. Es sei $z_0 = a$, $z_n = b$ gesetzt. Wir bezeichnen das durch die Kurve L bzw. L_k $(k = 1, \ldots, n)$ erstreckte in § 3 definierte Integral

$$\int_a^b f(z)\,dz \quad \text{bzw.} \quad \int_{z_{k-1}}^{z_k} f(z)\,dz$$

kurz mit (L) bzw. (L_k); dann ist also

$$(L_1) + (L_2) + \cdots + (L_n) = \int_a^{z_1} + \int_{z_1}^{z_2} + \cdots + \int_{z_{n-1}}^{b} = \int_a^b f(z)\,dz = (L).$$

Es soll sich in diesem Paragraphen um den Nachweis handeln, daß der Wert dieses durch die Kurve L erstreckten Integrals nicht von der Wahl der Kurve L, sondern nur von den Grenzen a und b abhängig ist und daß dieser Wert, angesehen als Funktion der oberen Grenze b, eine im Inneren der Elementarfläche E reguläre Funktion ist.

Man kann die Kurve L_k $(k = 1, 2, \ldots, n)$ ersetzen durch die Verbindungsgerade G_k ihrer Endpunkte, ohne den Wert des Integrals $\int_{z_{k-1}}^{z_k} f(z)\,dz$ dadurch zu ändern. Dies folgt unmittelbar aus dem Satze am Schluß von § 3; denn die beiden von z_{k-1} nach z_k führenden Kurven L_k und G_k liegen im Inneren des Kreises vom Radius ϱ um z_k, und in diesem Kreise ist $f(z)$ regulär. Die geraden Strecken G_k liegen dabei ganz im Inneren von E. Es ist also

$$(L) = (G_1) + (G_2) + \cdots + (G_n) = (G),$$

wo G den aus den Strecken $G_1, G_2, \ldots, G_n$ zusammengesetzten gebrochenen Linienzug bedeutet. Wieder sollen dabei die Klammern, wie auch im folgenden, die Integralbildung andeuten.

Um die *Unabhängigkeit des Integralwertes von der Wahl der Kurve L* darzutun, genügt es hiernach, die Gleichheit der beiden Integrale (G) und (G') zu beweisen, wo G und G' zwei von a nach b führende gebrochene Linienzüge bedeuten, von denen jeder sich aus einer endlichen Zahl von geradlinigen, ganz innerhalb E gelegenen Strecken zusammensetzt.

Durchlaufen wir den Linienzug G' in umgekehrter Richtung, so ändern wir dadurch nur das Vorzeichen des betreffenden Integrals (G').

Es kommt daher der Nachweis der Gleichung $(G) = (G')$ auf den Nachweis des folgenden Satzes hinaus:

Wird das Integral $\int f(z)\,dz$ durch den Umfang eines Polygons erstreckt, dessen Seiten sämtlich im Inneren von E liegen, so hat es den Wert Null.

Betrachten wir ein solches Polygon, so können möglicherweise zwei nicht aneinander stoßende Seiten desselben sich schneiden, so daß also der Umfang des Polygons sich selber durchsetzt. In diesem Falle zerlegen wir den Umfang in einzelne Stücke, von denen jedes für sich einen einfachen geschlossenen Linienzug bildet[1]. Offenbar genügt es, für jedes solche Stück das Verschwinden des Integrals $\int f(z)\,dz$ zu beweisen.

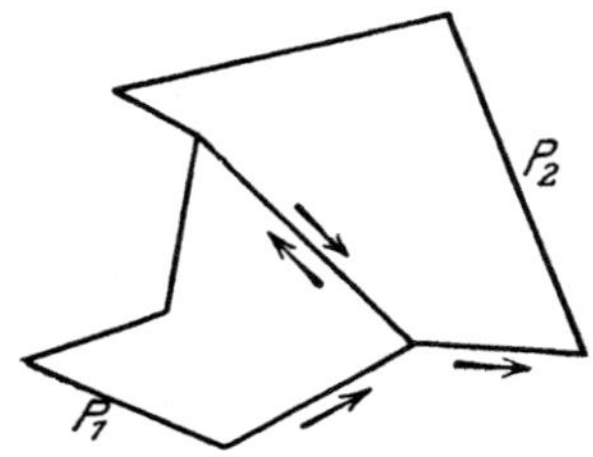

Abb. 25.

Es sei nun P ein Polygon, dessen Umfang sich nicht selbst durchsetzt und im Inneren von E liegt. Den Umfang des Polygons P bezeichnen wir der Kürze halber ebenfalls mit P. Dann handelt es sich um den Nachweis, daß $(P) = 0$ ist.

Haben zwei Polygone P_1 und P_2 eine Seite gemeinsam (Abb. 25) und bedeutet $P_1 + P_2$ das Polygon, welches von den Seiten von P_1 und P_2 mit Ausschluß der gemeinsamen Seite gebildet wird, so ist, wenn die Integrale durch die Polygonumfänge stets im positiven Sinne erstreckt werden,

$$(P_1) + (P_2) = (P_1 + P_2).$$

Denn die auf die gemeinsame Seite von P_1 und P_2 sich beziehenden Integralteile zerstören sich, weil diese gemeinsame Seite bei dem Integral (P_1) in entgegengesetzter Richtung zu durchlaufen ist wie bei dem Integral (P_2). Hieraus folgt nun:

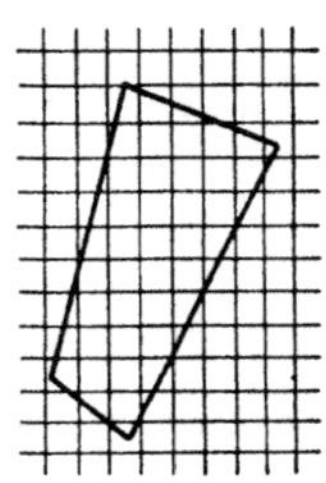
Abb. 26.

Können wir das Polygon P in Polygone $P_1, P_2, \ldots, P_r$ zerlegen, für welche die Integrale $(P_1), (P_2), \ldots, (P_r)$ sämtlich Null sind, so ist auch $(P) = 0$.

Dies ist nun tatsächlich für jedes Polygon P möglich, dessen Umfang sich nicht selbst durchsetzt und ganz im Inneren von E liegt.

Man zerlege nämlich die Ebene durch äquidistante Parallelen zur Achse der reellen und imaginären Zahlen in Quadrate, deren Diagonalen kleiner als ϱ sind (Abb. 26). Durch diese Parallelen wird die Polygonfläche P in Stücke $P_1, P_2, \ldots$ zerlegt, von welchen jedes einzelne ganz in einem Kreise mit dem Radius ϱ liegt, dessen Mittelpunkt ein

[1] Verfolgen wir nämlich das Polygon von einem beliebigen Anfangspunkt bis zu dem ersten Punkt P_1, der schon durchlaufen wurde, so können wir den Zug von P_1 bis P_1, ein einfaches Polygon, abtrennen. Wiederholung dieses Verfahrens führt zum Ziel.

Punkt von E ist. Jedes einzelne Integral (P_1), (P_2), ... hat daher nach § 3 den Wert Null und folglich auch das Integral (P).

Hierbei haben wir stillschweigend angenommen, daß die Fläche des Polygons P ganz im Inneren von E liegt. Es ist aber auch ohne Berufung auf die Anschauung leicht zu zeigen, daß kein Punkt im Inneren von P auf dem Rande oder außerhalb von E liegen kann. Denn wenn ein solcher Punkt nicht selbst außerhalb, sondern auf dem Rande von E liegt, so gibt es doch in seiner Nähe Punkte im Innern von P, die außerhalb E liegen. Es sei p_1 ein solcher Punkt. Da E ganz im Endlichen liegt, so gibt es auch außerhalb von P Punkte, die außerhalb E liegen. Ein solcher sei p_2. Nach dem Jordanschen Kurvensatz, angewendet auf E, müßte es eine p_1 und p_2 verbindende Kurve geben, die ganz außerhalb von E verläuft und daher das Polygon P nicht trifft. Das steht aber im Widerspruch damit, daß nach dem Jordanschen Kurvensatz die Verbindungslinie eines Punktes p_1 im Inneren von P mit einem Punkt p_2 außerhalb von P jedenfalls P treffen muß.

Nachdem wir gezeigt haben, daß der Wert des Integrals

$$\int_a^b f(z)\, dz$$

von der Wahl der a mit b innerhalb E verbindenden Kurve L unabhängig ist, *beweisen wir nun, daß dieser Wert innerhalb E eine reguläre Funktion von b ist.* Wir wollen die obere Grenze jetzt mit z statt mit b bezeichnen, die untere Grenze mit z_0 und

$$f_1(z) = \int_{z_0}^{z} f(\zeta)\, d\zeta$$

setzen, wobei der Integrationsweg ganz in E liegt.

Es sei nun a ein beliebiger Punkt in E. Liegt dann z in einer Umgebung von a, die ganz in D hineinfällt, so ist

$$f(z) = c_0 + c_1(z-a) + c_2(z-a)^2 + \cdots$$

und nach § 2 und § 3

$$\int_a^z f(\zeta)\, d\zeta = c_0(z-a) + \frac{c_1}{2}(z-a)^2 + \frac{c_2}{3}(z-a)^3 + \cdots.$$

Nun können wir die z_0 und z verbindende Kurve so wählen, daß sie den Punkt a enthält. Dann ist

$$(1) \qquad f_1(z) = \int_{z_0}^{z} f(\zeta)\, d\zeta = \int_{z_0}^{a} f(\zeta)\, d\zeta + \int_a^z f(\zeta)\, d\zeta$$

$$= c + c_0(z-a) + \frac{c_1}{2}(z-a)^2 + \cdots,$$

wo $c = \int_{z_0}^{a} f(\zeta)\, d\zeta$ von z unabhängig ist.

Die Gleichung (1) zeigt, daß die Funktion $f_1(z)$ innerhalb E regulär und $\frac{d f_1(z)}{dz} = f(z)$ ist.

Jede andere innerhalb E reguläre Funktion $f_2(z)$, *welche ebenfalls der Gleichung* $\frac{d f_2(z)}{dz} = f(z)$ *genügt, unterscheidet sich von* $f_1(z)$ *nur um eine Konstante.* Denn ist in der Umgebung einer Stelle a von E

$$f_2(z) - f_1(z) = k + k_1(z-a) + k_2(z-a)^2 + \cdots,$$

so folgt nach Kap. 2, § 4, da die Ableitung von $f_2(z) - f_1(z)$ verschwindet, daß $k_1 = k_2 = k_3 = \cdots = 0$ sein muß. Folglich ist

$$f_2(z) = f_1(z) + k,$$

und diese in der Umgebung der Stelle a gültige Gleichung gilt nach Kap. 3, § 9 für das ganze Innere von E.

§ 6. Der Satz von Cauchy.

Es sei E eine Elementarfläche, auf welcher $f(z)$ regulär ist. Betrachten wir eine geschlossene rektifizierbare Kurve L, die ganz im Innern von E liegt, so wird sie durch zwei beliebig auf ihr angenommene Punkte a, b in zwei Stücke L_1 und L_2 zerlegt (Abb. 27). Nach dem vorigen Paragraphen ist nun in leicht verständlicher Schreibweise

$$^{(L_1)}\int_a^b f(z)\,dz = {}^{(L_2)}\int_a^b f(z)\,dz$$

oder

$$^{(L_1)}\int_a^b f(z)\,dz + {}^{(L_2)}\int_b^a f(z)\,dz = 0.$$

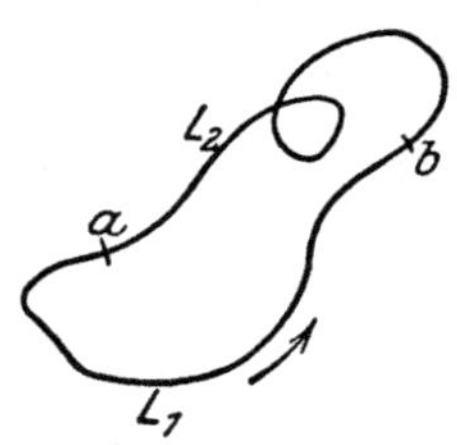

Abb. 27.

Die Summe der Integrale linker Hand ist aber gerade das durch die geschlossene Kurve L genommene Integral $\int f(z)\,dz$. Es gilt also der Satz:

Liegt die geschlossene rektifizierbare Kurve L ganz im Innern einer Elementarfläche, auf welcher $f(z)$ *regulär ist, so ist*

$$\int_L f(z)\,dz = 0.$$

Dieser von CAUCHY entdeckte Satz gehört wegen seiner mannigfaltigen Anwendungen zu den wichtigsten Sätzen der Analysis.

Wir wollen, ehe wir zu solchen Anwendungen übergehen, noch einige Bemerkungen an den Satz von Cauchy knüpfen.

Es sei E eine Elementarfläche, die mit allen ihren Punkten einem Gebiet D angehört und von einer rektifizierbaren Kurve L begrenzt wird. Wir können dann (vgl. S. 84) die Elementarfläche E in eine geschlossene Kurve L' einschließen, welche eine ebenfalls ganz in dem Gebiet D liegende Elementarfläche E' begrenzt (Abb. 28). Wenn nun $f(z)$ in dem Gebiet D regulär ist, so folgt nach dem Satz von Cauchy, wenn dieser auf die Kurve L in der Elementarfläche E' angewendet wird, die Gleichung

$$\int_L f(z)\,dz = 0.$$

Es gilt also die Gleichung $\int f(z)\,dz = 0$ für jede einfach geschlossene rektifizierbare Kurve, die eine Elementarfläche begrenzt, auf welcher $f(z)$ regulär ist.

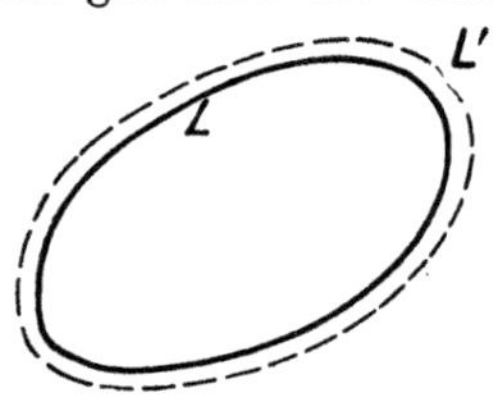

Abb. 28.

Ein Flächenstück G der komplexen Zahlenebene sei nun begrenzt von einer endlichen Zahl einfach geschlossener rektifizierbarer Kurven $L, L_1, L_2, \ldots$, die sich gegenseitig nicht treffen und von denen die eine, L, die übrigen einschließt. Das Flächenstück G möge *einschließlich seiner Randkurven* $L, L_1, L_2, \ldots$ ganz in einem Gebiet D liegen, in welchem $f(z)$ regulär ist (Abb. 29). Wir wollen dann der Kürze halber sagen, $f(z)$ sei *auf der Fläche G regulär.*

Bei der einzelnen geschlossenen Kurve wollen wir als *positiven* Durchlaufungssinn denjenigen nehmen, welcher dem Sinne des Uhrzeigers entgegengesetzt ist. Je nachdem das Integral $\int f(z)\,dz$ durch eine geschlossene Kurve L im *positiven* oder im *negativen* Sinne erstreckt wird, bezeichnen wir dasselbe mit $\int_{L^+} f(z)\,dz$ oder $\int_{L^-} f(z)\,dz$. Entsprechend soll hernach $\int_{L^+} |f(z)|\,|dz|$ das im positiven Sinn durch die Kurve L erstreckte Integral $\int |f(z)|\,|dz|$ bedeuten.

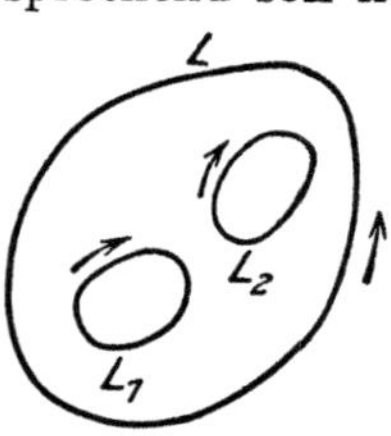

Abb. 29.

Man sagt, der Rand eines Flächenstücks werde *positiv* umlaufen, wenn das Flächenstück dabei zur Linken bleibt. Im Falle unseres Flächenstücks G muß also die Kurve L im positiven, alle anderen Kurven $L_1, L_2, \ldots$ im negativen Sinne durchlaufen werden. Das durch den Rand von G in positivem Sinne erstreckte Integral $\int_{G^+} f(z)\,dz$ ist also die Summe

$$\int_{L^+} f(z)\,dz + \int_{L_1^-} f(z)\,dz + \int_{L_2^-} f(z)\,dz + \cdots.$$

Es gilt nun folgender Satz:

Wird das Integral $\int f(z)\,dz$ in positivem Sinne durch den Rand einer Fläche G erstreckt, auf welcher $f(z)$ regulär ist, so hat es den Wert Null.

Zum Beweise (bei welchem wir der Einfachheit halber etwa drei Randkurven L, L_1, L_2 voraussetzen wollen) verbinden wir die Kurve L mit den Kurven L_1 und L_2, sowie L_1 mit L_2 durch rektifizierbare, im

Inneren von G verlaufende Kurven, die sich gegenseitig nicht treffen. Hierdurch zerfällt die Fläche G in zwei Elementarflächen E_1 und E_2 (Abb. 30). Die im positiven Sinne durch den Rand von E_1 bzw. E_2 erstreckten Integrale $\int f(z)\,dz$ sind nun gleich Null, folglich auch ihre Summe. Nun werden die Hilfslinien bei der Integration durch den Rand von E_1 gerade in entgegengesetzter Richtung durchlaufen wie bei der Integration durch den Rand von E_2. Die betreffenden Integralteile heben sich daher bei der Addition auf, und die Summe jener beiden Integrale ist also identisch mit dem im positiven Sinne durch den Rand von G erstreckten Integrale $\int f(z)\,dz$.

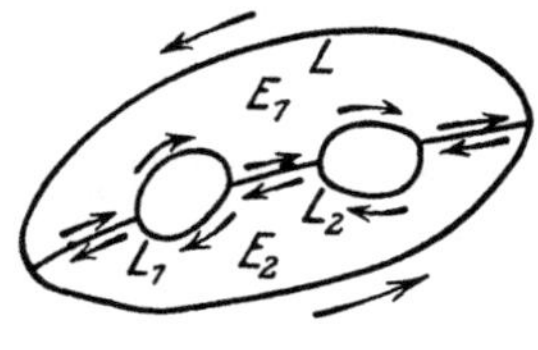

Abb. 30.

Betrachten wir den speziellen Fall des letzten Satzes, in welchem die Fläche G nur zwei Randkurven L und L_1 besitzt (Abb. 31), so haben wir dann die Gleichung

Abb. 31.

$$\int_{L^+} f(z)\,dz + \int_{L_1^-} f(z)\,dz = 0,$$

aus welcher

$$\int_{L^+} f(z)\,dz = \int_{L_1^+} f(z)\,dz$$

folgt. Also:

Begrenzen die beiden Kurven L und L_1 eine Fläche und ist $f(z)$ auf dieser Fläche mit Einschluß des Randes regulär, so ändert sich der Wert des Integrales

$$\int_{L^+} f(z)\,dz$$

nicht, wenn man die Kurve L durch die Kurve L_1 ersetzt.

§ 7. Folgerungen aus dem Satz von Cauchy. Der Satz von Laurent.

Es sei L eine einfach geschlossene rektifizierbare Kurve, welche eine Elementarfläche E begrenzt, auf der die Funktion $f(z)$ regulär ist. Bedeutet z_0 einen Punkt im Inneren dieser Elementarfläche E, so ist offenbar auf E mit Ausschluß des Punktes z_0 die dort definierte Funktion $g(z) = \frac{f(z) - f(z_0)}{z - z_0}$ regulär. Ist nun

$$f(z) = c_0 + c_1(z - z_0) + c_2(z - z_0)^2 + \cdots$$

die Potenzreihenentwicklung von $f(z)$ in einer zu E gehörigen Umgebung von z_0, so gilt in dieser Umgebung mit Ausschluß des Punktes z_0

$$g(z) = c_1 + c_2(z - z_0) + c_3(z - z_0)^2 + \cdots.$$

Definiert man also überdies $g(z_0) = c_1 = f'(z_0)$, so gilt die vorstehende Potenzreihenentwicklung von $g(z)$ in einer ganzen Umgebung von z_0; die Funktion $g(z)$ ist also auf der ganzen Elementarfläche E regulär. Folglich ist

$$\int\limits_{L^+} \frac{f(z) - f(z_0)}{z - z_0} dz = \int\limits_{L^+} \frac{f(z)}{z - z_0} dz - f(z_0) \int\limits_{L^+} \frac{1}{z - z_0} dz = \int\limits_{L^+} g(z)\, dz = 0.$$

Der Faktor von $f(z_0)$ hat, wie wir in § 4 gesehen haben, den Wert $2\pi i$. Also ist

$$f(z_0) = \frac{1}{2\pi i} \int\limits_{L^+} \frac{f(z)\, dz}{z - z_0}.$$

Wir wollen die Bezeichnung ein wenig ändern. Den auf L veränderlichen Punkt bezeichnen wir mit ζ statt mit z und den im Inneren von L beliebig angenommenen Punkt mit z statt mit z_0. Dann heißt unsere Formel:

(1) $$f(z) = \frac{1}{2\pi i} \int\limits_{L^+} \frac{f(\zeta)\, d\zeta}{\zeta - z}.$$

Diese Formel zeigt, daß man die Werte von $f(z)$ im Inneren von L berechnen kann, wenn man die Werte von $f(z)$ auf der Kurve L kennt. Denn der Wert des Integrals hängt nur von den Werten $f(\zeta)$ ab.

Die Formel (1) läßt sich leicht verallgemeinern. Eine Fläche G sei begrenzt von einer endlichen Anzahl von Kurven $L, L_1, L_2, \ldots, L_r$, von denen die erste, L, die übrigen einschließt. Auf G mit Einschluß des Randes sei $f(z)$ regulär. Wir fixieren innerhalb G willkürlich einen Punkt z_0, legen um z_0 eine Kurve K, die eine ganz in G liegende Elementarfläche einschließt, und scheiden diese Elementarfläche aus G aus (Abb. 32). Dadurch erhalten wir eine von den Kurven $L, L_1, L_2, \ldots, L_r$ und K begrenzte Fläche G'; auf dieser und auf ihrem Rande ist $\frac{f(z)}{z - z_0}$ regulär.

Abb. 32.

Folglich ist das positiv durch den Rand von G' erstreckte Integral $\int \frac{f(z)}{z - z_0} dz$ gleich Null; und hieraus entnehmen wir die Gleichung

$$\frac{1}{2\pi i} \int\limits_{K^+} \frac{f(z)}{z - z_0} dz = \frac{1}{2\pi i} \int\limits_{L^+} \frac{f(z)}{z - z_0} dz + \frac{1}{2\pi i} \int\limits_{L_1^-} \frac{f(z)}{z - z_0} dz + \cdots.$$

Die linke Seite stellt nach Formel (1) den Wert $f(z_0)$ dar.

Ersetzen wir wieder z_0 durch z und schreiben wir in den Integralen ζ statt z, so kommt

(2) $$f(z) = \frac{1}{2\pi i} \int\limits_{L^+} \frac{f(\zeta)\, d\zeta}{\zeta - z} + \frac{1}{2\pi i} \int\limits_{L_1^-} \frac{f(\zeta)\, d\zeta}{\zeta - z} + \cdots.$$

Diese Formel drückt wiederum den Wert von $f(z)$ im Inneren der Fläche G durch die Werte dieser Funktion auf dem Rande von G aus.

Von der Formel (2) wollen wir nun eine interessante Anwendung machen. Es sei R ein Kreisring, begrenzt durch zwei Kreise mit dem Mittelpunkt a. Die Punkte dieses Kreisringes, zu welchen wir die Punkte auf den Peripherien der Begrenzungskreise *nicht* rechnen, bilden ein Gebiet. Es möge die Funktion $f(z)$ in diesem Gebiet regulär sein. Fixieren wir einen beliebigen Punkt z in dem Kreisring, so können wir einen zweiten Kreisring mit demselben Mittelpunkt a konstruieren, der ganz in dem ursprünglichen Kreisring liegt und z in seinem Inneren enthält. L_1 und L_2 seien die diesen zweiten Kreisring begrenzenden Kreise (Abb. 33). Dann ist nach der Formel (2)

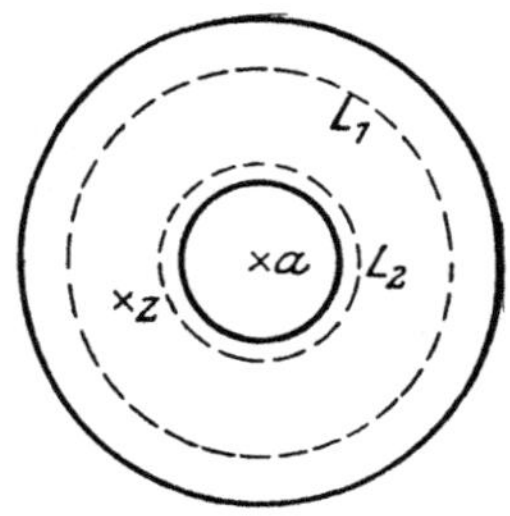

Abb. 33.

$$f(z) = f_1(z) + f_2(z),$$

wobei

$$f_1(z) = \frac{1}{2\pi i}\int_{L_1^+} \frac{f(\zeta)\,d\zeta}{\zeta - z}, \qquad f_2(z) = \frac{1}{2\pi i}\int_{L_2^-} \frac{f(\zeta)\,d\zeta}{\zeta - z}$$

ist. Wenn ζ auf L_1 liegt, so ist $|z - a| < |\zeta - a|$ und also

$$\left|\frac{z-a}{\zeta-a}\right| = k_1 < 1. \tag{3}$$

Der Wert k_1 ist unabhängig von der Lage des Punktes ζ auf L_1, weil $|\zeta - a|$ längs L_1 konstant bleibt, nämlich den Radius des Kreises L_1 vorstellt.

In dem durch L_1^+ erstreckten Integrale substituieren wir

$$\frac{1}{\zeta - z} = \frac{1}{(\zeta - a)-(z-a)} = \frac{1}{\zeta - a} + \frac{z-a}{(\zeta-a)^2} + \frac{(z-a)^2}{(\zeta-a)^3} + \cdots + \frac{(z-a)^n}{(\zeta-a)^n(\zeta-z)}$$

und integrieren dann gliedweise. Hierdurch kommt

$$f_1(z) = c_0 + c_1(z-a) + c_2(z-a)^2 + \cdots + c_{n-1}(z-a)^{n-1} + r_n,$$

wobei gesetzt ist

$$c_k = \frac{1}{2\pi i}\int_{L_1^+} \frac{f(\zeta)\,d\zeta}{(\zeta-a)^{k+1}} \qquad (k = 0, 1, \ldots, n-1), \tag{4}$$

$$r_n = \frac{1}{2\pi i}\int_{L_1^+} \left(\frac{z-a}{\zeta-a}\right)^n \frac{f(\zeta)\,d\zeta}{\zeta - z}.$$

Mit unendlich wachsendem n konvergiert r_n gegen Null; denn es ist nach § 3

$$|r_n| \leqq \frac{1}{2\pi}\int_{L_1^+} \left|\left(\frac{z-a}{\zeta-a}\right)^n \frac{f(\zeta)}{\zeta-z}\right| |d\zeta| = k_1^n \frac{1}{2\pi}\int_{L_1^+} \left|\frac{f(\zeta)}{\zeta-z}\right| |d\zeta|,$$

und nach (3) ist $\lim_{n\to\infty} k_1^n = 0$. Also ist

$$(5)\qquad f_1(z) = \frac{1}{2\pi i}\int_{L_1^+} \frac{f(\zeta)\,d\zeta}{\zeta - z}$$
$$= c_0 + c_1(z-a) + c_2(z-a)^2 + \cdots + c_n(z-a)^n + \cdots.$$

Bei dem Integral, welches den Koeffizienten c_k definiert, darf statt des Kreises L_1 auch irgend ein anderer Kreis mit dem Mittelpunkt a, der ganz im Kreisring R liegt, als Integrationsweg genommen werden. Denn die integrierte Funktion $\frac{f(z)}{(z-a)^{k+1}}$ ist im Kreisring R regulär. Man darf nach dem vorigen Paragraphen statt L_1 sogar allgemeiner einen beliebigen einfach geschlossenen Integrationsweg nehmen, der den Punkt a einschließt und ganz im Innern des Kreisringes R verläuft. Hieraus folgt beiläufig, daß c_k von der Wahl des Punktes z im Kreisring R unabhängig ist. $f_1(z)$ stellt nach (5) eine *im Inneren des größeren Begrenzungskreises* des Ringes R reguläre Funktion vor.

Betrachten wir nun

$$f_2(z) = \frac{1}{2\pi i}\int_{L_2^+} \frac{f(\zeta)\,d\zeta}{z - \zeta},$$

so bemerken wir zunächst, daß für jeden Punkt ζ der Kreisperipherie L_2 die Ungleichung

$$\left|\frac{\zeta - a}{z - a}\right| = k_2 < 1$$

gilt. Daher werden wir in dem Integrale substituieren

$$\frac{1}{z-\zeta} = \frac{1}{z-a} + \frac{\zeta - a}{(z-a)^2} + \frac{(\zeta-a)^2}{(z-a)^3} + \cdots + \frac{(\zeta-a)^n}{(z-a)^n(z-\zeta)}.$$

Hierdurch kommt

$$f_2(z) = c_{-1}\frac{1}{z-a} + c_{-2}\frac{1}{(z-a)^2} + \cdots + c_{-n}\frac{1}{(z-a)^n} + r_n',$$

wobei gesetzt ist

$$(6)\qquad c_{-k} = \frac{1}{2\pi i}\int_{L_2^+} f(\zeta)(\zeta - a)^{k-1}\,d\zeta \qquad (k = 1, 2, \ldots, n),$$

$$r_n' = \frac{1}{2\pi i}\int_{L_2^+}\left(\frac{\zeta - a}{z - a}\right)^n \frac{f(\zeta)\,d\zeta}{z - \zeta}.$$

Ebenso wie r_n konvergiert auch r_n' mit unendlich wachsendem n gegen Null. Also ist

$$(7)\ f_2(z) = \frac{1}{2\pi i}\int_{L_2^+}\frac{f(\zeta)\,d\zeta}{z-\zeta} = c_{-1}\frac{1}{z-a} + c_{-2}\frac{1}{(z-a)^2} + \cdots + c_{-n}\frac{1}{(z-a)^n} + \cdots.$$

Auch hier darf bei dem Integral (6), welches c_{-k} definiert, die Kreisperipherie L_2 durch jede andere ganz im Kreisring liegende Kreisperipherie mit dem Mittelpunkt a ersetzt werden und allgemein durch jede einfach geschlossene Kurve, welche a umschließt und ganz im Kreisring liegt. Die Gleichung (7) zeigt, daß $f_2(z)$ eine *außerhalb des inneren Begrenzungskreises* unseres Kreisringes reguläre Funktion ist. Beachten wir noch, daß der Integrand in (6) aus dem in (4) hervorgeht, wenn wir in diesem $-k$ an Stelle von k schreiben, so können wir das Resultat unserer Untersuchung so aussprechen:

Ist die Funktion $f(z)$ regulär in einem Kreisringe mit dem Mittelpunkte a, so läßt sich $f(z)$ in diesem Ringe darstellen durch eine nach positiven und negativen Potenzen[1] *von $z-a$ fortschreitende Potenzreihe:*

$$f(z) = \sum_{n=-\infty}^{+\infty} c_n (z-a)^n. \tag{8}$$

Die Glieder mit positiven Potenzen bilden eine Potenzreihe $\mathfrak{P}(z-a)$, welche in dem größeren den Ring begrenzenden Kreise konvergiert, die Glieder mit negativen Potenzen bilden eine Potenzreihe $\mathfrak{P}_1\left(\frac{1}{z-a}\right)$, welche außerhalb des kleineren den Ring begrenzenden Kreises konvergiert. Ist ferner L eine Kreisperipherie mit dem Mittelpunkt a, die ganz im Inneren des Kreisringes liegt, so hat man

$$c_n = \frac{1}{2\pi i}\int_{L^+} \frac{f(\zeta)\,d\zeta}{(\zeta-a)^{n+1}} \qquad (n = 0, \pm 1, \pm 2, \ldots). \tag{9}$$

Insbesondere ist

$$c_{-1} = \frac{1}{2\pi i}\int_{L^+} f(\zeta)\,d\zeta. \tag{10}$$

Der vorstehende Satz ist unter dem Namen des *Satzes von Laurent* bekannt.

Aus dem Hilfssatze von Kap. 2, § 9 wollen wir jetzt noch die Folgerung ziehen, *daß eine in einem Kreisringe mit dem Mittelpunkt a reguläre Funktion $f(z)$ nur auf eine Weise nach positiven und negativen Potenzen von $z-a$ entwickelbar ist.* Ist nämlich

$$f(z) = \sum_{n=-\infty}^{+\infty} c_n (z-a)^n, \qquad f(z) = \sum_{n=-\infty}^{+\infty} d_n (z-a)^n,$$

so folgt

$$0 = \sum_{n=-\infty}^{+\infty} (c_n - d_n)(z-a)^n.$$

Die Potenzreihe auf der rechten Seite stellt also im Kreisringe eine reguläre Funktion vor, die den konstanten Wert 0 hat. Also hat auch das Maximum M ihres absoluten Betrages auf der Peripherie eines beliebigen im Ringe gelegenen Kreises $|z| = \varrho$ den Wert 0. Setzen wir

[1] Der Kürze halber nennen wir eine Potenz $(z-a)^n$ eine *positive* oder *negative* Potenz, je nachdem der Exponent $n \geqq 0$ oder < 0 ist.

aber in jenem Hilfssatze $M = 0$, so erhalten wir $|c_n - d_n| \varrho^n \leqq 0$ und folglich $|c_n - d_n| \leqq 0$, $c_n = d_n$. Die Reihe für die Funktion $f(z)$ ist also notwendig die Laurentsche Reihe mit den durch (9) gelieferten Koeffizienten c_n.

Aus der Gleichung (9) lesen wir umgekehrt sehr leicht den soeben benutzten Hilfssatz über Laurentsche Reihen ab. Es folgt nämlich aus (9) die Ungleichung

$$|c_n| \leqq \frac{1}{2\pi}\int_{L^+}\left|\frac{f(\zeta)}{(\zeta - a)^{n+1}}\right| |d\zeta|.$$

Wenn nun längs der Kreisperipherie L beständig $|f(\zeta)| \leqq M$ ist, so hat man

$$|c_n| \leqq \frac{M}{2\pi}\int_{L^+}\frac{|d\zeta|}{|\zeta - a|^{n+1}}.$$

Es ist aber $|\zeta - a|$ gleich dem Radius ϱ des Kreises L. Definitionsgemäß (vgl. § 3, S. 85) kommt also, wenn ds das Bogenelement des Kreises L bedeutet,

$$|c_n| \leqq \frac{M}{2\pi}\,\frac{1}{\varrho^{n+1}}\int_{L^+} ds = \frac{M}{\varrho^n},$$

und diese Ungleichung bildet den Inhalt jenes Hilfssatzes.

Mit Hilfe des Laurentschen Satzes können wir den folgenden wichtigen Satz beweisen:

Der absolute Betrag jeder in der Umgebung einer isolierten singulären Stelle eindeutigen analytischen Funktion nimmt dort beliebig große Werte an.

Anders formuliert: *Eine in der Umgebung eines Punktes a eindeutige reguläre Funktion $f(z)$ von beschränktem absolutem Betrag ist in diesem Punkte selbst regulär.*

Zum Beweise zeichnen wir um a einen ganz in jener Umgebung gelegenen Kreisring und betrachten in der obigen Laurentschen Entwicklung den Koeffizienten c_n $(n = -1, -2, \ldots)$. Ist nun M eine Schranke für $|f(z)|$ in der Umgebung von a, so können wir, da der innere Kreis des Kreisringes beliebig klein genommen werden kann, in der Abschätzung $|c_n| \leqq \frac{M}{\varrho^n}$ die Zahl ϱ beliebig klein wählen, woraus sofort $c_{-1} = 0$, $c_{-2} = 0, \ldots$, also die Regularität von $f(z)$ in $z = a$ folgt.

Eine wichtige Folgerung des hiermit bewiesenen Satzes ist der *Satz von Weierstraß*:

Eine in der Umgebung einer wesentlich singulären Stelle a eindeutige Funktion $f(z)$ kommt in beliebiger Nähe dieser Stelle jedem beliebigen Werte beliebig nahe.

Wäre dies für einen Wert α nicht richtig, so wäre der absolute Betrag der in der Umgebung von a eindeutigen regulären Funktion $\frac{1}{f(z) - \alpha}$

daselbst beschränkt, also diese Funktion nach dem vorigen Satze im Punkte $z = a$ regulär; die Funktion $f(z) - \alpha$, also auch die Funktion $f(z)$, wäre also in $z = a$ entweder regulär oder hätte dort einen Pol, also jedenfalls keine *wesentlich* singuläre Stelle.

§ 8. Die Residuen der analytischen Funktionen.

In dem Gebiete D sei die Funktion $f(z)$ regulär. Ferner sei a ein *isolierter* Randpunkt von D, so daß also in einem genügend kleinen um a beschriebenen Kreise der Mittelpunkt a der *einzige* nicht zum Gebiet D gehörige Punkt ist. Betrachten wir nun einen Kreisring mit dem Mittelpunkt a, der ganz in dem Gebiete D liegt, so haben wir innerhalb desselben nach dem Laurentschen Satze:

$$f(z) = \sum_{n=-\infty}^{+\infty} c_n (z-a)^n = \mathfrak{P}(z-a) + \mathfrak{P}_1\left(\frac{1}{z-a}\right). \tag{1}$$

Der Radius des inneren Begrenzungskreises des Kreisringes kann dabei so klein gewählt werden, wie man will; daher wird $\mathfrak{P}_1\left(\frac{1}{z-a}\right)$ eine außerhalb des Punktes $z = a$ überall konvergierende Potenzreihe sein.

Wir führen nun die folgende Definition ein:

Der Wert des positiv um den isolierten Randpunkt a genommenen Integrales

$$\frac{1}{2\pi i}\int f(z)\,dz$$

soll das „Residuum" von $f(z)$ an der Stelle $z = a$ heißen.

Für dieses Residuum gebrauchen wir nach CAUCHY die Bezeichnung

$$\underset{a}{r}[f(z)].$$

Nach Gleichung (10) *des vorigen Paragraphen ist dieses Residuum der Koeffizient von $\frac{1}{z-a}$ aus der Entwickelung* (1) *von $f(z)$ in der Umgebung von $z = a$ nach positiven und negativen Potenzen von $z - a$.*

Hierbei haben wir a als endlich vorausgesetzt. Wir wollen indessen den Begriff des Residuums auf den Fall $a = \infty$ ausdehnen. Es sei also der Punkt ∞ ein isolierter Randpunkt eines Gebietes D, in welchem $f(z)$ regulär ist. Wählen wir zwei Kreise mit dem Mittelpunkt 0 und mit genügend großen Radien, so wird in dem von diesen Kreisen begrenzten Kreisring $f(z)$ regulär und also in der Form

$$f(z) = \sum_{n=-\infty}^{+\infty} c_n z^n = \mathfrak{P}(z) + \mathfrak{P}_1\left(\frac{1}{z}\right) \tag{2}$$

darstellbar sein. Hier wird, beiläufig bemerkt, $\mathfrak{P}(z)$ eine beständig konvergierende Reihe sein, weil wir den Radius des äußeren Begrenzungskreises unseres Kreisringes beliebig groß nehmen dürfen.

Als Residuum von $f(z)$ für den Punkt ∞ bezeichnen wir nun den Wert von

$$\frac{1}{2\pi i}\int f(z)\,dz,$$

wenn wir das Integral in negativem Sinne durch einen Kreis erstrecken, der ganz in dem Gebiete D liegt und dessen Äußeres, abgesehen vom Punkte ∞, ebenfalls ganz dem Gebiete D angehört.

Für dieses Residuum wenden wir die Bezeichnung

$$\underset{\infty}{r}[f(z)]$$

an. Nach dem vorigen Paragraphen ist sein Wert der negativ genommene Koeffizient von $\frac{1}{z}$ aus der Entwicklung (2) der Funktion $f(z)$ in der Umgebung von $z = \infty$.

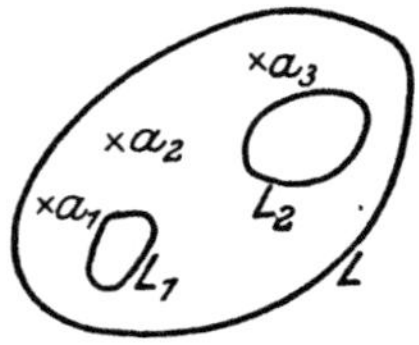

Abb. 34.

Wir wollen nun die Residuenformel von CAUCHY *ableiten.*

Wir nehmen an, $f(z)$ sei regulär auf einem Flächenstück F, abgesehen von den inneren Punkten $a_1, a_2, \ldots, a_r$. Die Randkurven $L, L_1, L_2, \ldots$ von F setzen wir als rektifizierbar voraus (Abb. 34). Wir umgeben die Punkte $a_1, a_2, \ldots, a_r$ mit kleinen Kreisen $K_1, K_2, \ldots, K_r$, die sich gegenseitig nicht treffen und ganz im Inneren von F liegen. Schließen wir die Flächen dieser Kreise aus F aus, so erhalten wir eine Fläche F', welche von den Kurven

$$L,\ L_1,\ L_2,\ \ldots,\ K_1,\ K_2,\ \ldots,\ K_r$$

begrenzt ist, und auf der Fläche F' wird die Funktion $f(z)$ regulär sein.

Nach dem Satz von CAUCHY ist das positiv durch die Berandung von F' erstreckte Integral $\int f(z)\,dz$ gleich Null. Hieraus folgt, wenn die Integration durch den Rand von F in positivem Sinne durch das Zeichen F^+ angedeutet wird,

$$\frac{1}{2\pi i}\int_{F^+} f(z)\,dz + \frac{1}{2\pi i}\int_{K_1^-} f(z)\,dz + \frac{1}{2\pi i}\int_{K_2^-} f(z)\,dz + \cdots + \frac{1}{2\pi i}\int_{K_r^-} f(z)\,dz = 0.$$

Die auf die Kreise $K_1, K_2, \ldots, K_r$ bezüglichen Glieder dieser Gleichung stellen die negativ genommenen Residuen der Funktion $f(z)$ an den Stellen $a_1, a_2, \ldots, a_r$ vor. Folglich ist

$$\frac{1}{2\pi i}\int_{F^+} f(z)\,dz = \underset{a_1}{r}[f(z)] + \underset{a_2}{r}[f(z)] + \cdots + \underset{a_r}{r}[f(z)]. \tag{3}$$

Als Beispiel der *Anwendung dieser „Residuenformel“* betrachten wir das Integral

$$I = \int_{-\infty}^{+\infty} R(z)\,dz;$$

hierin bedeutet $R(z)$ eine *rationale* Funktion, die für reelle Werte von z nicht unendlich wird und für $z = \infty$ mindestens von der zweiten Ordnung Null wird, worunter wir verstehen, daß $z^2 R(z)$ für $z = \infty$ einen endlichen Grenzwert ergibt.

Es bedeute p eine positive Größe, die später unendlich groß werden soll. Über dem Stück $-p \cdots +p$ der Achse der reellen Zahlen als Durchmesser beschreiben wir einen Halbkreis K und denken uns p schon so groß gewählt, daß die oberhalb der Achse der reellen Zahlen liegenden Pole der rationalen Funktion $R(z)$ sämtlich innerhalb des Halbkreises liegen (Abb. 35).

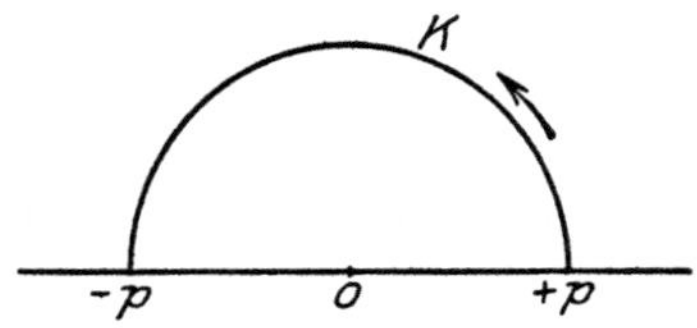

Abb. 35.

Die Anwendung der Gleichung (3) auf die Fläche dieses Halbkreises liefert:

$$\int_{-p}^{+p} R(z)\,dz + \int_K R(z)\,dz = 2\pi i \sum_{a_k} r[R(z)], \tag{4}$$

wobei die Summe über alle Pole a_k von $R(z)$ zu erstrecken ist, welche positive Ordinaten besitzen.

Nun strebt das über die Halbkreisperipherie K genommene Integral $\int R(z)\,dz$ *mit wachsendem* p *gegen Null.* In der Tat ist für genügend große Werte von $|z|$, d. h. in der Umgebung von $z = \infty$,

$$R(z) = \frac{c}{z^r} + \frac{c'}{z^{r+1}} + \cdots = \frac{c}{z^r}(1+\varepsilon) \qquad (r \geqq 2,\ c \neq 0), \tag{5}$$

wo ε mit $\frac{1}{z}$ verschwindet. Daher ist, wenn z auf K liegt,

$$|R(z)| = \frac{|c|}{p^r}|1+\varepsilon| \leqq \frac{|c|}{p^r}(1+|\varepsilon|) < \frac{2|c|}{p^r},$$

sobald p so groß geworden ist, daß auf K bereits (5) gilt und überdies $|\varepsilon| < 1$ ausfällt. Aus vorstehender Ungleichung folgt nach § 3

$$\left|\int_K R(z)\,dz\right| \leqq \int_K |R(z)|\,|dz| \leqq \frac{2|c|}{p^r}\int_K |dz| = \frac{2|c|}{p^{r-1}}\pi,$$

weil $\int_K |dz|$ die Länge des Halbkreises K ist. Mit unendlich wachsendem p nähert sich nun $\frac{2|c|\pi}{p^{r-1}}$ und also auch $\int_K R(z)\,dz$ der Grenze Null.

Die Gleichung (4) geht daher für $p = \infty$ über in

$$\int_{-\infty}^{+\infty} R(z)\,dz = 2\pi i \sum_{a_k} r[R(z)],$$

wobei über alle Pole a_k von $R(z)$ mit positivem Imaginärteil zu summieren ist.

Beispielsweise wird für ganzzahliges positives n

$$\int_{-\infty}^{+\infty} \frac{dz}{(z^2+1)^n} = 2\pi i \underset{i}{r}\left[\frac{1}{(z^2+1)^n}\right].$$

Um das Residuum zu berechnen, haben wir die Funktion $(z^2+1)^n$ nach Potenzen von

$$z - i = h$$

zu entwickeln. Nun ist für $|h| < 2$

$$\frac{1}{(z^2+1)^n} = \frac{1}{\{(i+h)^2+1\}^n} = \frac{1}{\{h(2i+h)\}^n} = \frac{1}{(2i)^n h^n}\left(1 - \frac{ih}{2}\right)^{-n}$$
$$= \frac{1}{(2i)^n h^n}\left(1 + n\frac{ih}{2} + \frac{n(n+1)}{1\cdot 2}\left(\frac{ih}{2}\right)^2 + \frac{n(n+1)(n+2)}{1\cdot 2\cdot 3}\left(\frac{ih}{2}\right)^3 + \cdots\right).$$

Der Koeffizient von $\frac{1}{h}$ in dieser Entwicklung lautet

$$\frac{1}{(2i)^n}\cdot\frac{n(n+1)(n+2)\cdots(2n-2)}{(n-1)!}\cdot\left(\frac{i}{2}\right)^{n-1} = \frac{1}{i}\cdot\frac{1}{2^{2n-1}}\cdot\frac{(2n-2)!}{(n-1)!\,(n-1)!},$$

und dieses ist also der Wert des in Betracht kommenden Residuums. Daher finden wir

$$\int_{-\infty}^{+\infty} \frac{dz}{(z^2+1)^n} = \frac{\pi}{2^{2n-2}}\cdot\frac{(2n-2)!}{(n-1)!\,(n-1)!}.$$

§ 9. Bestimmung der Null- und Unendlichkeitsstellen einer Funktion.

Es sei F eine Elementarfläche oder eine von einer endlichen Anzahl von einfach geschlossenen Kurven begrenzte Fläche. Die Randlinien werden als *rektifizierbar* vorausgesetzt. Nun möge $f(z)$ auf der Fläche F *regulär* sein, abgesehen von den Punkten $a_1, a_2, \ldots, a_r$, welche *Pole* von $f(z)$ sein sollen. Auf dem Rande von F soll $f(z)$ weder verschwinden noch Pole haben. Die im Inneren von F vorhandenen Nullstellen von $f(z)$ seien $b_1, b_2, \ldots, b_s$. Ihre Anzahl ist notwendig endlich, da sie keine Häufungsstellen besitzen können. Denn nach Kap. 2, § 5 könnte $f(z)$ in einer solchen Häufungsstelle nicht regulär sein. Diese müßte also in einen der Pole a_k fallen; das widerspricht aber der Definition des Pols, nach welcher die Funktion $\frac{1}{f(z)}$ in der Umgebung von a_k regulär sein soll.

Die Funktion $\frac{f'(z)}{f(z)}$ ist nun offenbar auf F regulär, abgesehen von den Punkten $a_1, a_2, \ldots, a_r, b_1, b_2, \ldots, b_s$.

Besitzt $f(z)$ in der Umgebung einer Stelle a die Entwicklung

$$f(z) = c_0(z-a)^k + c_1(z-a)^{k+1} + \cdots \qquad (c_0 \neq 0),$$

wobei k eine positive oder negative ganze Zahl bezeichnet[1], so ist

$$f'(z) = k c_0 (z-a)^{k-1} + (k+1) c_1 (z-a)^k + \cdots$$

und folglich

$$\frac{f'(z)}{f(z)} = \frac{k}{z-a} + \mathfrak{P}(z-a).$$

Der Punkt a ist dann also ein Pol von $\frac{f'(z)}{f(z)}$ und k das zugehörige Residuum. Wenn k eine *positive* Zahl ist, so ist a eine Nullstelle von $f(z)$, und zwar soll diese Nullstelle eine *k-fache* oder *von der Vielfachheit* oder *Multiplizität* k heißen. Wenn dagegen k eine *negative* Zahl ist, so ist a ein Pol von $f(z)$ und $h = -k$ seine Ordnung, oder anders ausgedrückt, es ist a eine *h-fache Unendlichkeitsstelle* der Funktion $f(z)$ oder auch eine Unendlichkeitsstelle *von der Multiplizität h*. Der Residuensatz ergibt nun

$$\frac{1}{2\pi i}\int_{F^+} \frac{f'(z)}{f(z)}\, dz = k_1 + k_2 + \cdots + k_s - (h_1 + h_2 + \cdots + h_r),$$

wo $k_1, k_2, \ldots, k_s$ die Multiplizitäten der Nullstellen $b_1, b_2, \ldots, b_s$ und $h_1, h_2, \ldots, h_r$ die Multiplizitäten der Unendlichkeitsstellen $a_1, a_2, \ldots, a_r$ bedeuten. Rechnen wir jede Nullstelle und jede Unendlichkeitsstelle so oft, wie ihre Multiplizität angibt, so ist $k_1 + k_2 + \cdots + k_s$ die Gesamtzahl der Nullstellen und $h_1 + h_2 + \cdots + h_r$ die Gesamtzahl der Unendlichkeitsstellen von $f(z)$ innerhalb der Fläche F. Also:

Bezeichnet N die Gesamtzahl der Nullstellen, U die Gesamtzahl der Unendlichkeitsstellen von $f(z)$ innerhalb der Fläche F, so ist

$$\frac{1}{2\pi i}\int_{F^+} \frac{f'(z)}{f(z)}\, dz = N - U. \tag{1}$$

Hieraus ergibt sich beiläufig ein neuer Beweis für den Fundamentalsatz der Algebra. Ist nämlich

$$f(z) = z^n + a_1 z^{n-1} + a_2 z^{n-2} + \cdots + a_n \qquad (n > 0),$$

so hat man für genügend große Werte von $|z|$ die Gleichung

$$\frac{f'(z)}{f(z)} = \frac{n z^{n-1} + \cdots}{z^n + \cdots} = \frac{n}{z} + \frac{k_1}{z^2} + \frac{k_2}{z^3} + \cdots.$$

Es sei nun F die Fläche eines Kreises mit dem Mittelpunkt 0, dessen Peripherie im Inneren des Geltungsbereiches der vorstehenden Entwicklung liegt und durch keine Nullstelle von $f(z)$ geht[2]; dann kommt nach § 7, Formel (10)

$$\frac{1}{2\pi i}\int_{F^+} \frac{f'(z)}{f(z)}\, dz = n$$

---

[1] Dies bedeutet offenbar, daß $f(z)$ in a entweder eine Nullstelle oder einen Pol hat.

[2] Nach Kap. 3, § 4 (S. 47) hat $f(z)$ nur endlich viele Nullstellen

und folglich, da $f(z)$ nicht unendlich wird, also $U = 0$ ist,

$$N = n,$$

d. h. $f(z)$ verschwindet im Innern von F genau $n$mal.

Das Integral $\int \frac{f'(z)}{f(z)} dz = \int \frac{df(z)}{f(z)} = \int d \log f(z)$ geht durch die Substitution

$$f(z) = \zeta$$

in das Integral $\int \frac{d\zeta}{\zeta}$ über. Hieraus ergibt sich eine neue Deutung der Formel (1). Wenn nämlich z eine der Randlinien L der Fläche F durchläuft, so wird der Punkt $\zeta = f(z)$ eine geschlossene Kurve $\overline{L}$ beschreiben. Das Integral

$$\frac{1}{2\pi i} \int\limits_L \frac{f'(z)}{f(z)} dz = \frac{1}{2\pi i} \int\limits_{\overline{L}} \frac{d\zeta}{\zeta}$$

gibt daher nach § 4 die Windungszahl der Kurve $\overline{L}$ an. Also können wir den Inhalt der Gleichung (1) auch so aussprechen:

Der Punkt z beschreibe die Randlinien $L, L_1, L_2, \ldots$ der Fläche F, und zwar die äußere Randlinie L in positivem, die inneren Randlinien in negativem Sinne. Dann wird der Punkt $\zeta = f(z)$ gewisse geschlossene Kurven $\overline{L}, \overline{L}_1, \overline{L}_2, \ldots$ durchlaufen. Die Summe der Windungszahlen der letzteren Kurven ist dann gleich der Differenz der Anzahl der Nullstellen und der Anzahl der Unendlichkeitsstellen, welche $f(z)$ innerhalb der Fläche F besitzt.

Zwei Funktionen $f(z)$ und $\varphi(z)$ seien auf der Fläche F regulär. Längs des Randes von F sei beständig $|\varphi(z)| < |f(z)|$. Da $|\varphi(z)| \geqq 0$ ist, so kann $f(z)$ auf dem Rande von F nicht verschwinden. Ebensowenig kann $f(z) + \varphi(z)$ in einem Punkte des Randes von F Null sein, weil $|f(z) + \varphi(z)| \geqq |f(z)| - |\varphi(z)| > 0$ ist.

Setzen wir nun

(2) $$\frac{f(z) + \varphi(z)}{f(z)} = 1 + u = \psi(z),$$

so ist nach Voraussetzung $u = \frac{\varphi(z)}{f(z)}$ längs des Randes von F beständig absolut genommen kleiner als 1, und es ist daher auch das Maximum ϱ von $|u|$ längs des Randes von F kleiner als 1. Der Punkt $\psi(z) = 1 + u$ fällt also niemals außerhalb des Kreises mit dem Mittelpunkt 1 und dem Radius ϱ, und dieser Kreis schließt den Nullpunkt aus.

Nun folgt aus (2)

$$\frac{f' + \varphi'}{f + \varphi} = \frac{f'}{f} + \frac{\psi'}{\psi},$$

und daher ist

$$\frac{1}{2\pi i} \int\limits_{F^+} \frac{f' + \varphi'}{f + \varphi} dz = \frac{1}{2\pi i} \int\limits_{F^+} \frac{f'}{f} dz + \frac{1}{2\pi i} \int\limits_{F^+} \frac{\psi'}{\psi} dz.$$

Das letzte Integral ist aber Null, weil der Punkt $\psi(z)$, während z eine Randlinie von F durchläuft, eine den Nullpunkt ausschließende Kurve beschreibt, deren Windungszahl also Null ist.

Die vorstehende Gleichung lehrt folglich, daß die Funktion $f(z) + \varphi(z)$ genau dieselbe Anzahl von Nullstellen auf der Fläche F besitzt wie die Funktion $f(z)$. Also:

Sind die Funktionen f und φ auf der Fläche F regulär und ist längs des Randes von F beständig $|\varphi| < |f|$, so besitzt die Funktion $f + \varphi$ genau so viele Nullstellen innerhalb F wie die Funktion f.

Diesen Satz verallgemeinert man leicht auf den Fall, in welchem f und φ in der Fläche F eine endliche Zahl von Polen besitzen. Es tritt dann in dem Ausspruch des Satzes an die Stelle der Anzahl der Nullstellen nur die Differenz zwischen dieser Anzahl und der Anzahl der Unendlichkeitsstellen.

Als Anwendung des vorstehenden Satzes wollen wir beweisen, daß eine auf der Fläche F reguläre Funktion $f(z)$, welche auf der Fläche nirgends verschwindet, die folgende Eigenschaft besitzt:

Sowohl das Maximum wie das Minimum des absoluten Betrages von $f(z)$ findet sich auf dem Rande der Fläche F.

Angenommen, das Minimum von $|f(z)|$ fände sich nicht auf dem Rande von F. Dann wäre längs des Randes

$$|f(z_0)| < |f(z)|,$$

wo z_0 einer derjenigen Punkte innerhalb F ist, für welche das Minimum von $|f(z)|$ stattfindet. Folglich würden $f(z)$ und $f(z) - f(z_0)$ innerhalb F dieselbe Zahl von Nullstellen haben. Diese Zahl ist aber 0 für $f(z)$ und mindestens 1 für $f(z) - f(z_0)$, da letztere Funktion die Nullstelle $z = z_0$ hat. Die Annahme, von der wir ausgingen, führt also zu einem Widerspruch.

Fände sich auf dem Rande von F nicht das Maximum von $|f(z)|$, so wäre für einen geeignet gewählten Punkt z_0 im Inneren von F die Ungleichung $|f(z)| < |f(z_0)|$ längs des Randes erfüllt. Also hätte $f(z_0) - f(z)$ dieselbe Zahl von Nullstellen innerhalb F wie die *von Null verschiedene* Konstante $f(z_0)$, was wiederum widersinnig ist.

Die Gleichung (1) ist nur ein spezieller Fall der folgenden:

$$\frac{1}{2\pi i}\int_{F^+} z^\lambda \frac{f'(z)}{f(z)}\, dz = \sum b^\lambda - \sum a^\lambda,$$

in welcher λ eine nicht-negative ganze Zahl bedeutet und die Summen über die Null- bzw. Unendlichkeitsstellen von $f(z)$ im Inneren von F auszudehnen sind. Dabei ist jede Stelle so oft zu berücksichtigen, wie ihre Multiplizität angibt.

Sechstes Kapitel.

Die meromorphen Funktionen.

§ 1. Begriff der meromorphen Funktion.

Unter einer *meromorphen* Funktion verstehen wir eine *eindeutige* Funktion, die *im Endlichen keinen wesentlich singulären* Punkt besitzt.

Zu diesen Funktionen gehören die *ganzen* Funktionen, welche im Endlichen überhaupt keinen singulären Punkt haben; ferner die *rationalen* Funktionen, welche nur Pole und zwar in endlicher Anzahl besitzen.

Die Definition der meromorphen Funktion besagt in anderer Ausdrucksweise:

Bedeutet a einen beliebigen Punkt im Endlichen, so ist für eine passend gewählte Umgebung von a entweder

$$f(z) = c_0 + c_1(z-a) + c_2(z-a)^2 + \cdots, \tag{1}$$

wenn nämlich a ein regulärer Punkt ist, oder aber

$$f(z) = \frac{1}{(z-a)^r}(c_0 + c_1(z-a) + c_2(z-a)^2 + \cdots) \quad (c_0 \neq 0;\ r > 0), \tag{2}$$

wenn nämlich a ein Pol r-ter Ordnung ist. Nehmen wir an, daß die Funktion $f(z)$ nicht identisch Null ist, so wird in (1) ein erster Koeffizient in der Reihe $c_0, c_1, c_2, \ldots$ vorhanden sein, der nicht Null ist. Die beiden Fälle (1) und (2) können daher so zusammengefaßt werden:

Eine Funktion $f(z)$, die nicht identisch Null ist, ist dann und nur dann meromorph, wenn für jede endliche Stelle a eine Darstellung der Gestalt

$$f(z) = (z-a)^k(c_0 + c_1(z-a) + c_2(z-a)^2 + \cdots) \quad (c_0 \neq 0)$$

gilt, wo k eine positive, verschwindende oder negative ganze Zahl bedeutet.

Die Zahl k möge *Ordnung* der Stelle a für $f(z)$ heißen.

Hieraus folgen nun nachstehende Sätze:

1. *Jede Konstante ist eine meromorphe Funktion.*

2. *Summe und Differenz zweier meromorpher Funktionen sind wieder meromorphe Funktionen.*

3. *Produkt und Quotient zweier meromorpher Funktionen sind wieder meromorphe Funktionen.*

Zusammenfassend können wir sagen:

4. *Eine rationale Funktion von meromorphen Funktionen*

$$R(f_1, f_2, \ldots, f_k)$$

mit konstanten Koeffizienten ist wieder eine meromorphe Funktion.

Insbesondere ist also der Quotient zweier ganzer Funktionen eine meromorphe Funktion. Da $\sin z$, $\cos z$ ganze Funktionen sind, so sind also $\operatorname{tg} z = \frac{\sin z}{\cos z}$, $\cot z = \frac{\cos z}{\sin z}$ meromorphe Funktionen. Überhaupt gehören die meisten in der Analysis auftretenden eindeutigen Funktionen zu den meromorphen.

§ 2. Die meromorphen Funktionen mit endlich vielen Polen.

Ist $f(z)$ eine meromorphe Funktion, die *keinen* Pol im Endlichen besitzt, so ist sie eine ganze Funktion.

Besitzt die meromorphe Funktion $f(z)$ nur *endlich viele* Pole im Endlichen, so seien diese

$$a_1, a_2, \ldots, a_k$$

und

$$g_1\left(\frac{1}{z-a_1}\right), \quad g_2\left(\frac{1}{z-a_2}\right), \ldots, g_k\left(\frac{1}{z-a_k}\right)$$

die zugehörigen meromorphen Teile (vgl. S. 57).

Dann ist

$$f(z) = \sum_{n=1}^{k} g_n\left(\frac{1}{z-a_n}\right) + G(z),$$

wo $G(z)$ eine ganze Funktion bedeutet.

§ 3. Die meromorphen Funktionen mit unendlich vielen Polen. Der Mittag-Lefflersche Satz.

Hat eine meromorphe Funktion $f(z)$ *unendlich viele* Pole, so haben diese nur die eine Häufungsstelle ∞. Denn jede *Häufungsstelle* von Polen ist nach Kap. 3, § 7 eine *wesentlich* singuläre Stelle, und wir haben bei der Definition der meromorphen Funktionen vorausgesetzt, daß $f(z)$ höchstens die wesentlich singuläre Stelle ∞ hat. Da hiernach in jedem Kreise mit dem Mittelpunkt Null nur endlich viele Pole von $f(z)$ liegen können, so lassen sich die Pole nach wachsenden absoluten Beträgen anordnen. Die Pole bilden dann also eine Folge

$$a_0, a_1, a_2, a_3, a_4, \ldots$$

von der Beschaffenheit, daß

$$|a_0| \leqq |a_1| \leqq |a_2| \leqq |a_3| \leqq |a_4| \leqq \cdots$$

und

$$\lim_{n\to\infty} a_n = \infty$$

ist. Wir bezeichnen die zugehörigen meromorphen Teile von $f(z)$ mit

$$F_0(z) = g_0\left(\frac{1}{z-a_0}\right), \quad F_1(z) = g_1\left(\frac{1}{z-a_1}\right), \ldots, F_n(z) = g_n\left(\frac{1}{z-a_n}\right), \ldots.$$

Ist die Stelle $z = 0$ ein Pol von $f(z)$, so ist $a_0 = 0$; auf jeden Fall aber sind $a_1, a_2, a_3, \ldots$ von Null verschieden.

Es sei C_1 ein Kreis mit dem Mittelpunkt 0, dessen Radius kleiner als $|a_1|$ sei; dann liegen die Punkte $a_1, a_2, a_3, \ldots$ sämtlich außerhalb des Kreises C_1. Jetzt sei C_2 ein Kreis mit dem Mittelpunkt 0, dessen Radius größer als der Radius von C_1, aber kleiner als $|a_2|$ sei; dann liegen die Punkte $a_2, a_3, \ldots$ sämtlich außerhalb des Kreises C_2. Nun sei wieder C_3 ein Kreis mit dem Mittelpunkt 0, dessen Radius größer als der Radius von C_2, aber kleiner als $|a_3|$ ist. So fortfahrend erhalten wir eine Reihe von Kreisen $C_1, C_2, C_3, \ldots$ mit dem gemeinsamen Mittelpunkt 0 und beständig wachsenden Radien, und diese Kreise sind so beschaffen, daß der Pol a_n von $F_n(z) = g_n\left(\frac{1}{z - a_n}\right)$ *außerhalb* des Kreises C_n liegt. Da der Radius des Kreises C_n beliebig dicht unter $|a_n|$ angenommen werden darf, so können wir voraussetzen, daß der Radius von C_n mit n ins Unendliche wächst.

Um nun für $f(z)$ eine ähnliche Darstellung zu bekommen wie im vorigen Paragraphen für die meromorphen Funktionen mit endlich vielen Polen, schicken wir zunächst einen allgemeinen Satz voraus.

Es sei eine Folge von irgendwelchen meromorphen Funktionen

$$F_0(z),\ F_1(z),\ F_2(z),\ \ldots,\ F_n(z),\ \ldots$$

gegeben. Es seien

$$C_1,\ C_2,\ C_3,\ \ldots,\ C_n,\ \ldots$$

unendlich viele konzentrische Kreise mit dem Mittelpunkt 0, und ihre Radien

$$r_1,\ r_2,\ r_3,\ \ldots,\ r_n,\ \ldots$$

mögen beständig und zwar ins Unendliche anwachsen. Es werde ferner vorausgesetzt, daß für $n = 1, 2, \ldots$ die singulären Stellen von $F_n(z)$ sämtlich *außerhalb* des Kreises C_n liegen.

Auf der durch den Kreis C_n gebildeten Fläche ist $F_n(z)$ regulär und also für $|z| \leqq r_n$

$$F_n(z) = c_0 + c_1 z + c_2 z^2 + \cdots,$$

wo die Potenzreihe *gleichmäßig* für alle diese Werte von z konvergiert. Ist also ε_n eine beliebig vorgeschriebene positive Zahl, so kann man den Index N so wählen, daß die ganze rationale Funktion

$$h_n(z) = c_0 + c_1 z + c_2 z^2 + \cdots + c_N z^N$$

der Bedingung

(1) $$|F_n(z) - h_n(z)| < \varepsilon_n$$

für alle z mit $|z| \leqq r_n$ genügt.

Nun mögen $\varepsilon_1, \varepsilon_2, \varepsilon_3, \ldots$ unendlich viele positive Zahlen sein, deren Summe

$$\varepsilon_1 + \varepsilon_2 + \varepsilon_3 + \cdots$$

eine konvergente Reihe bildet. *Dann können wir zeigen, daß die unendliche Reihe*

$$(2) \qquad F(z) = F_0(z) + \{F_1(z) - h_1(z)\} + \{F_2(z) - h_2(z)\} + \cdots + \{F_n(z) - h_n(z)\} + \cdots$$

in jedem endlichen Gebiete der Ebene einen gleichmäßig konvergierenden Rest besitzt.

Es sei G ein solches Gebiet und C_k der *erste* Kreis der Folge $C_1, C_2, C_3, \ldots$, welcher G ganz in seinem Inneren enthält. Betrachten wir dann die Reihe

$$\Phi(z) = \{F_k(z) - h_k(z)\} + \{F_{k+1}(z) - h_{k+1}(z)\} + \cdots,$$

also den k-ten Rest der Reihe (2), so konvergiert sie in G *gleichmäßig*, weil sie nach (1) eine *Minorante* der konvergenten Reihe

$$\varepsilon_k + \varepsilon_{k+1} + \cdots$$

ist, und damit ist unsere Behauptung bewiesen.

Nehmen wir in G einen Kreis K mit dem Mittelpunkt a, so ist nach dem Weierstraßschen Summensatz die Funktion $\Phi(z)$ regulär innerhalb K (Abb. 36). Da nun

$$F(z) = F_0(z) + \{F_1(z) - h_1(z)\} + \cdots + \{F_{k-1}(z) - h_{k-1}(z)\} + \Phi(z)$$

ist, so leuchtet ein, daß $F(z)$ sich in der Umgebung von $z = a$ ebenfalls regulär verhält, wenn der Punkt $z = a$ für keine der Funktionen $F_0(z), F_1(z), \ldots, F_{k-1}(z)$ ein Pol ist. Im anderen Falle kann $z = a$ für $F(z)$ nur ein Pol sein, und zwar ist der zugehörige meromorphe Teil von $F(z)$ dann gleich der Summe der meromorphen Teile derjenigen endlich vielen Funktionen $F_0(z), F_1(z), F_2(z), \ldots$, welche $z = a$ zum Pol haben. Es hat sich also ergeben:

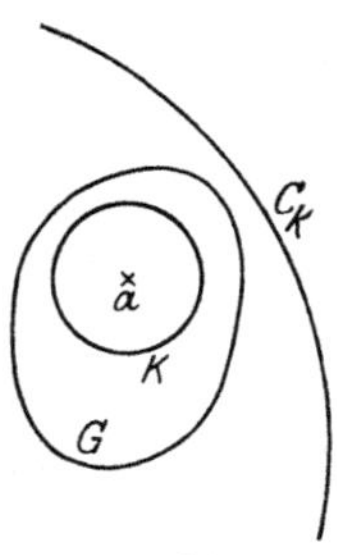

Abb. 36.

Die durch die Reihe (2) definierte Funktion $F(z)$ ist eine meromorphe Funktion, und ihre Pole sind unter den Polen der Funktionen $F_0(z), F_1(z), \ldots$ enthalten.

Wir wollen nun den folgenden speziellen Fall des eben bewiesenen Satzes besonders hervorheben:

Es sei gegeben eine nach wachsenden absoluten Beträgen geordnete Folge von verschiedenen Zahlen

$$a_0, a_1, a_2, a_3, \ldots$$

mit der einzigen Häufungsstelle $\lim\limits_{n\to\infty} a_n = \infty$. *Jeder Zahl* a_n $(n = 0, 1, 2, \ldots)$ *sei eine ganze rationale Funktion von* $\frac{1}{z-a_n}$ *zugeordnet*:

$$F_n(z) = g_n\left(\frac{1}{z-a_n}\right).$$

Dann lassen sich ganze rationale Funktionen $h_1(z), h_2(z), \ldots$ *so bestimmen, daß die unendliche Reihe*

$$F(z) = g_0\left(\frac{1}{z-a_0}\right) + \left\{g_1\left(\frac{1}{z-a_1}\right) - h_1(z)\right\} + \left\{g_2\left(\frac{1}{z-a_2}\right) - h_2(z)\right\} + \cdots$$
$$+ \left\{g_n\left(\frac{1}{z-a_n}\right) - h_n(z)\right\} + \cdots$$

in einem beliebig angenommenen, ganz im Endlichen liegenden Bereich nach Abtrennung einer endlichen Zahl von Anfangsgliedern gleichmäßig konvergiert und $F(z)$ *eine meromorphe Funktion ist mit den Polen* $a_0, a_1, \ldots$ *und den zugehörigen meromorphen Teilen*

$$g_0\left(\frac{1}{z-a_0}\right), \quad g_1\left(\frac{1}{z-a_1}\right), \ldots.$$

Die Funktion $h_n(z)$ besteht dabei aus geeignet gewählten Anfangsgliedern der Entwicklung von $g_n\left(\frac{1}{z-a_n}\right)$ nach aufsteigenden Potenzen von z.

Der vorstehende Satz wird nach seinem Entdecker der *Satz von* Mittag-Leffler genannt.

§ 4. Allgemeiner Ausdruck einer meromorphen Funktion mit unendlich vielen Polen.

Es sei nun $f(z)$ wie in § 3 eine meromorphe Funktion mit den unendlich vielen Polen

$$a_0, a_1, a_2, \ldots, a_n, \ldots,$$

die wir wieder nach steigenden absoluten Beträgen angeordnet denken. Die zugehörigen meromorphen Teile von $f(z)$ seien

$$g_0\left(\frac{1}{z-a_0}\right), \quad g_1\left(\frac{1}{z-a_1}\right), \quad g_2\left(\frac{1}{z-a_2}\right), \ldots, g_n\left(\frac{1}{z-a_n}\right), \ldots.$$

Nach dem Mittag-Lefflerschen Satze können wir jetzt

$$F(z) = g_0\left(\frac{1}{z-a_0}\right) + \sum_{n=1}^{\infty}\left\{g_n\left(\frac{1}{z-a_n}\right) - h_n(z)\right\}$$

bilden, und die Funktion $F(z)$ ist dann eine meromorphe Funktion, welche *dieselben* meromorphen Teile besitzt wie $f(z)$. Folglich ist $f(z) - F(z) = G(z)$ eine *ganze* Funktion, und es gilt

$$f(z) = G(z) + g_0\left(\frac{1}{z-a_0}\right) + \sum_{n=1}^{\infty}\left\{g_n\left(\frac{1}{z-a_n}\right) - h_n(z)\right\}.$$

Eine jede meromorphe Funktion $f(z)$ läßt sich also darstellen als Summe einer ganzen Funktion und einer Reihe aus rationalen Funktionen, von welchen jede einzelne im Endlichen nur einen der Pole von $f(z)$ zum Pol hat.

Eine solche Darstellung von $f(z)$ nennen wir eine *Partialbruchzerlegung* von $f(z)$.

§ 5. Der Fall einfacher Pole.

Wir wollen hier den häufig auftretenden Fall besonders diskutieren, in welchem die den Punkten

$$a_0, a_1, a_2, \ldots, a_n, \ldots$$

zugeordneten meromorphen Teile die Gestalt

$$\frac{c_0}{z-a_0}, \quad \frac{c_1}{z-a_1}, \quad \frac{c_2}{z-a_2}, \ldots, \frac{c_n}{z-a_n}, \ldots$$

besitzen, so daß es sich also ausschließlich um einfache Pole handelt. Es ist für $a_n \neq 0$

$$\frac{c_n}{z-a_n} = -\frac{c_n}{a_n}\frac{1}{1-\frac{z}{a_n}} = -\frac{c_n}{a_n}\left(1+\frac{z}{a_n}+\frac{z^2}{a_n^2}+\cdots\right);$$

wir haben also im vorliegenden Falle

$$h_n(z) = -\frac{c_n}{a_n} - \frac{c_n}{a_n^2}z - \frac{c_n}{a_n^3}z^2 - \cdots - \frac{c_n}{a_n^{k_n}}z^{k_n-1}$$

und demnach

$$\text{(1)} \qquad F(z) = \frac{c_0}{z-a_0} + \sum_{n=1}^{\infty}\left(\frac{c_n}{z-a_n} + \frac{c_n}{a_n} + \frac{c_n}{a_n^2}z + \cdots + \frac{c_n}{a_n^{k_n}}z^{k_n-1}\right)$$

zu setzen. Die Gleichung (1) läßt sich auch so schreiben:

$$\text{(2)} \qquad F(z) = \frac{c_0}{z-a_0} + \sum_{n=1}^{\infty}\left(\frac{z}{a_n}\right)^{k_n}\frac{c_n}{z-a_n},$$

und die ganzen Zahlen k_n sind nun derart zu wählen, daß in jedem endlichen Gebiet der z-Ebene die vorstehende Summe nach Abtrennung einer geeigneten endlichen Zahl von Anfangsgliedern gleichmäßig konvergiert.

Betrachten wir irgendein festes endliches Gebiet der z-Ebene, so wird, sobald der Index n genügend groß ist, $\frac{z}{a_n}$ absolut genommen unter einer beliebig klein gewählten positiven Zahl und folglich $1-\frac{z}{a_n}$ beliebig dicht bei 1 liegen, wo auch der Punkt z in jenem Gebiete angenommen werden möge. Wenn daher ε eine beliebig klein gewählte positive Zahl < 1 bedeutet, so kann ein Index ν so gefunden werden, daß für alle $n \geqq \nu$ die Ungleichung

$$1 - \varepsilon < \left| 1 - \frac{z}{a_n} \right| < 1 + \varepsilon$$

gilt; daraus folgt dann

$$\left| \left(\frac{z}{a_n} \right)^{k_n} \frac{c_n}{a_n} \right| \frac{1}{1+\varepsilon} \leqq \left| \left(\frac{z}{a_n} \right)^{k_n} \frac{c_n}{z - a_n} \right| \leqq \left| \left(\frac{z}{a_n} \right)^{k_n} \frac{c_n}{a_n} \right| \frac{1}{1-\varepsilon}.$$

Demnach wird die Reihe $F(z)$ in jedem endlichen Gebiete dann und nur dann absolut konvergieren, wenn

$$\sum_{n=1}^{\infty} \left(\frac{z}{a_n} \right)^{k_n} \frac{c_n}{a_n}$$

absolut konvergiert für *jeden* Wert von z. Ist aber diese Bedingung erfüllt, so wird die Reihe $F(z)$ in jedem endlichen Gebiete nach Abtrennung von endlich vielen Gliedern auch *gleichmäßig* konvergent sein. Denn liegt irgendein endliches Gebiet vor, so sei ϱ die obere Grenze des absoluten Betrages von z in diesem Gebiete. Ferner werde zu der positiven Zahl $\varepsilon < 1$ der Index ν wie oben bestimmt, dann ist in dem betrachteten Gebiete die Reihe

$$\sum_{n=\nu}^{\infty} \left(\frac{z}{a_n} \right)^{k_n} \frac{c_n}{z - a_n} \tag{3}$$

eine Minorante von

$$\sum_{n=\nu}^{\infty} \left(\frac{\varrho}{|a_n|} \right)^{k_n} \left| \frac{c_n}{a_n} \right| \frac{1}{1-\varepsilon}.$$

Da die letztere Reihe konvergiert und aus konstanten positiven Gliedern gebildet ist, so ist die Reihe (3) und folglich nach Abtrennung von endlich vielen Gliedern auch die Reihe (2) in dem betrachteten Gebiete gleichmäßig konvergent.

Es gilt also der Satz:

Werden in der Gleichung (1) *bzw.* (2) *die Zahlen* k_n *so gewählt, daß*

$$\sum_{n=1}^{\infty} \left(\frac{z}{a_n} \right)^{k_n} \frac{c_n}{a_n}$$

für jeden Wert von z *absolut konvergiert, also beständig konvergent ist, so ist die Reihe auf der rechten Seite der Gleichung* (1) *in jedem endlichen Gebiet der* z*-Ebene nach Abtrennung einer geeigneten endlichen Zahl von Anfangsgliedern gleichmäßig konvergent.*

Wir fragen nun zunächst: Wann dürfen wir die Zahlen k_n sämtlich gleich einer und derselben Zahl m setzen?

Das ist erlaubt, wenn die Reihe

$$\sum_{n=1}^{\infty} \left(\frac{z}{a_n} \right)^{m} \frac{c_n}{a_n} = z^m \sum_{n=1}^{\infty} \frac{c_n}{a_n^{m+1}}$$

für jedes z absolut konvergiert. Hieraus folgt:

In der Gleichung (1) *bzw.* (2) *darf man die Zahlen k_n sämtlich gleich einer und derselben Zahl m setzen, wenn*

$$\sum_{n=1}^{\infty} \frac{|c_n|}{|a_n|^{m+1}}$$

konvergiert.

Wann kann ferner $k_n = n$ genommen werden? Offenbar dann, wenn

$$\sum_{n=1}^{\infty} \frac{c_n}{a_n^{n+1}} z^n \quad \text{oder auch} \quad \sum_{n=1}^{\infty} \frac{c_n}{a_n^{n+1}} z^{n+1}$$

beständig konvergiert, also

$$\lim_{n\to\infty} \frac{\sqrt[n+1]{|c_n|}}{|a_n|} = 0$$

ist. Diese Bedingung ist insbesondere erfüllt, wenn der obere Limes von $\sqrt[n+1]{|c_n|}$ endlich ist, oder wenn die unendliche Reihe

$$\sum_{n=1}^{\infty} c_n z^n$$

einen nicht verschwindenden Konvergenzradius hat.

Also folgt speziell:

Für den Fall, daß die absoluten Beträge der Zähler c_n der meromorphen Teile unter einer festen positiven Schranke bleiben, darf man

$$k_n = n$$

setzen.

§ 6. Beispiele.

Als Beispiele wollen wir die Funktionen

$$\frac{\pi}{\sin \pi z}, \quad \frac{\pi}{\cos \pi z}, \quad \pi \cot \pi z = \frac{\pi \cos \pi z}{\sin \pi z}, \quad \pi \operatorname{tg} \pi z = \frac{\pi \sin \pi z}{\cos \pi z}$$

betrachten.

Die aus der Definition (Kap. 4, § 2) sofort folgenden Gleichungen

$$\sin \pi z = \frac{e^{i\pi z} - e^{-i\pi z}}{2i}, \quad \cos \pi z = \frac{e^{i\pi z} + e^{-i\pi z}}{2}$$

zeigen, daß die Nullstellen von $\sin \pi z$ gleich

$$0, \quad 1, \quad -1, \quad 2, \quad -2, \quad 3, \quad -3, \quad \ldots$$

sind und die Nullstellen von $\cos \pi z$ gleich

$$\tfrac{1}{2}, \quad -\tfrac{1}{2}, \quad \tfrac{3}{2}, \quad -\tfrac{3}{2}, \quad \ldots.$$

Wir betrachten nun zunächst die Funktion

$$f(z) = \frac{\pi}{\sin \pi z}.$$

Ihre Pole sind in der Form

$$z = n$$

enthalten, wo n jede ganze Zahl bedeuten kann. Um den meromorphen Teil, welcher dem Pole n entspricht, zu finden, setzen wir

$$z - n = h, \quad \text{also} \quad z = n + h.$$

Es wird dann

$$f(z) = \frac{\pi}{\sin \pi (n + h)} = \frac{(-1)^n \pi}{\sin \pi h} = \frac{(-1)^n \pi}{\pi h - \frac{\pi^3 h^3}{3!} + - \cdots}$$

oder

$$f(z) = \frac{(-1)^n}{h} + \mathfrak{P}(h) = \frac{(-1)^n}{z - n} + \mathfrak{P}(z - n),$$

wo $\mathfrak{P}$ wie immer eine gewöhnliche Potenzreihe bedeutet. Der meromorphe Teil ist also $\frac{(-1)^n}{z - n}$.

Den Polen

$$0, \quad 1, \quad -1, \quad 2, \quad -2, \quad 3, \quad -3, \quad \ldots$$

entsprechen daher der Reihe nach die meromorphen Teile

$$\frac{1}{z}, \quad \frac{-1}{z-1}, \quad \frac{-1}{z+1}, \quad \frac{1}{z-2}, \quad \frac{1}{z+2}, \quad \frac{-1}{z-3}, \quad \frac{-1}{z+3}, \quad \ldots .$$

Es wird demnach die Reihe

$$\sum_{n=1}^{\infty} \frac{|c_n|}{|a_n|^{m+1}} = \frac{1}{1^{m+1}} + \frac{1}{1^{m+1}} + \frac{1}{2^{m+1}} + \frac{1}{2^{m+1}} + \cdots$$

aus § 5 konvergent, wenn wir $m = 1$ wählen. *Daher ist*

$$F(z) = \frac{1}{z} + \sum_{n=1}^{\infty} \left\{ (-1)^n \left(\frac{1}{z - n} + \frac{1}{n} \right) + (-1)^n \left(\frac{1}{z + n} - \frac{1}{n} \right) \right\}$$

$$= \frac{1}{z} + \sum_{n=-\infty}^{+\infty}{}' (-1)^n \left(\frac{1}{z - n} + \frac{1}{n} \right)$$

eine meromorphe Funktion, deren meromorphe Teile mit denen von $\frac{\pi}{\sin \pi z}$ *übereinstimmen, und folglich ist*

$$\frac{\pi}{\sin \pi z} = G(z) + \frac{1}{z} + \sum_{n=-\infty}^{+\infty}{}' (-1)^n \left(\frac{1}{z - n} + \frac{1}{n} \right). \tag{1}$$

Dabei deutet das *Komma* an dem Summenzeichen an, daß in der Summe das für $n = 0$ entstehende Glied auszulassen ist, und $G(z)$ bedeutet eine *ganze* Funktion, auf deren Bestimmung wir später eingehen wollen. (Vgl. S. 121.)

Bei der Funktion

$$f(z)=\frac{\pi}{\cos\pi z}$$

entspricht, wie leicht zu sehen ist, dem Pole $z=\frac{2n-1}{2}$ der meromorphe Teil

$$\frac{(-1)^n}{z-\frac{2n-1}{2}},$$

und es ist daher

$$\text{(2)}\qquad \frac{\pi}{\cos\pi z}=G_1(z)+\sum_{n=-\infty}^{+\infty}(-1)^n\left(\frac{1}{z-\frac{2n-1}{2}}+\frac{1}{\frac{2n-1}{2}}\right),$$

wo wieder $G_1(z)$ eine gewisse ganze Funktion bedeutet.

Die Funktion

$$f(z)=\pi\cot\pi z$$

hat die Nullstellen von $\sin\pi z$ zu Polen. Dem Pole

$$z=n$$

entspricht die Entwicklung

$$f(n+h)=\frac{\pi\cos\pi(n+h)}{\sin\pi(n+h)}=\frac{\pi\cos\pi h}{\sin\pi h}=\frac{1}{h}+\mathfrak{P}(h)$$

und folglich der meromorphe Teil

$$\frac{1}{z-n}.$$

Also ist

$$\text{(3)}\qquad \pi\cot\pi z=G_2(z)+\frac{1}{z}+\sum_{n=-\infty}^{+\infty}{}'\left(\frac{1}{z-n}+\frac{1}{n}\right).$$

Die Funktion

$$f(z)=\pi\operatorname{tg}\pi z$$

hat die Nullstellen von $\cos\pi z$ zu Polen, und dem Pole

$$z=\frac{2n-1}{2}$$

entspricht die Entwicklung

$$f\left(\frac{2n-1}{2}+h\right)=\frac{\pi\sin((n-\frac{1}{2})\pi+h\pi)}{\cos((n-\frac{1}{2})\pi+h\pi)}=\frac{-\pi\cos h\pi}{\sin h\pi}=-\frac{1}{h}+\mathfrak{P}(h).$$

Daher wird

$$\text{(4)}\qquad \pi\operatorname{tg}\pi z=G_3(z)-\sum_{n=-\infty}^{+\infty}\left(\frac{1}{z-\frac{2n-1}{2}}+\frac{1}{\frac{2n-1}{2}}\right).$$

Die in den Partialbruchzerlegungen (1) bis (4) auftretenden ganzen Funktionen $G(z)$, $G_1(z)$, $G_2(z)$, $G_3(z)$ bleiben noch zu bestimmen. Ihre

Bestimmung verursacht gewisse Schwierigkeiten, die aber auf dem von CAUCHY eingeschlagenen Wege zur Herstellung der Partialbruchzerlegungen fortfallen. Cauchys Verfahren wollen wir im folgenden Paragraphen auseinandersetzen.

§ 7. Cauchys Methode der Partialbruchzerlegung.

Es sei $f(z)$ eine meromorphe Funktion mit unendlich vielen Polen; die von Null verschiedenen Pole seien $a_1, a_2, \ldots$, ferner sei $a_0 = 0$. Allgemein sei $g_n\left(\frac{1}{z-a_n}\right)$ der dem Pole a_n entsprechende meromorphe Teil von $f(z)$. Unter $g_0\left(\frac{1}{z-a_0}\right) = g_0\left(\frac{1}{z}\right)$ verstehen wir, wenn $a_0 = 0$ ein Pol von $f(z)$ ist, den meromorphen Teil von $f(z)$ für diesen Pol; andernfalls sei $g_0\left(\frac{1}{z}\right)$ identisch gleich Null.

Wir betrachten nun eine einfach geschlossene rektifizierbare Kurve C, welche durch keinen der Pole von $f(z)$ hindurchgeht und die endlich vielen Punkte $a_0 = 0,\ a_1, a_2, \ldots, a_r$ in ihrem Inneren enthält. Für jede natürliche Zahl m ist das Integral

$$I = \frac{1}{2\pi i}\int\limits_{C^+} f(\zeta)\left(\frac{1}{\zeta - z} - \frac{1}{\zeta} - \frac{z}{\zeta^2} - \cdots - \frac{z^{m-1}}{\zeta^m}\right) d\zeta,$$

welches sich auch in die Form

$$I = \frac{1}{2\pi i}\int\limits_{C^+} \frac{z^m}{\zeta^m}\,\frac{f(\zeta)\,d\zeta}{\zeta - z}$$

setzen läßt, nach dem Residuensatze von CAUCHY leicht auszuwerten. In diesem Integrale wollen wir unter z einen im Inneren der Kurve C beliebig fixierten Punkt verstehen, der jedoch mit keinem der Punkte $a_0, a_1, a_2, \ldots, a_r$ zusammenfallen soll. Dann sind die Punkte

$$z,\quad a_0 = 0,\ a_1,\ a_2,\ \ldots,\ a_r$$

die Unendlichkeitspunkte der integrierten Funktion $\frac{z^m}{\zeta^m}\frac{f(\zeta)}{\zeta - z}$ im Inneren von C.

Dem Punkte $\zeta = z$ entspricht das Residuum

$$f(z).$$

Beim Punkt $\zeta = a_k$ haben wir folgende Entwicklungen:

$$f(\zeta) = g_k\left(\frac{1}{\zeta - a_k}\right) + \mathfrak{P}(\zeta - a_k),$$

$$\frac{1}{\zeta - z} = \frac{1}{\zeta - a_k - (z - a_k)} = -\left(\frac{1}{z - a_k} + \frac{\zeta - a_k}{(z - a_k)^2} + \frac{(\zeta - a_k)^2}{(z - a_k)^3} + \cdots\right).$$

Der Koeffizient von $\frac{1}{\zeta - a_k}$ in der Entwicklung von $f(\zeta)\frac{1}{\zeta - z}$ lautet daher

$$- g_k\left(\frac{1}{z - a_k}\right).$$

Bezeichnen wir den Koeffizienten von $\frac{1}{\zeta - a_k}$ in der Entwicklung von

$$- f(\zeta)\left(\frac{1}{\zeta} + \frac{z}{\zeta^2} + \cdots + \frac{z^{m-1}}{\zeta^m}\right)$$

nach steigenden Potenzen von $\zeta - a_k$ mit $h_k(z)$, so ist $h_k(z)$ eine ganze rationale Funktion höchstens $(m - 1)$-ten Grades von z, und das dem Punkte a_k entsprechende Residuum im Integrale I lautet dann

$$-\left(g_k\left(\frac{1}{z - a_k}\right) - h_k(z)\right).$$

Nach dem Residuensatze von Kap. 5, § 8 ist nun

$$I = f(z) - \sum_{k=0}^{r}\left(g_k\left(\frac{1}{z - a_k}\right) - h_k(z)\right)$$

oder

$$f(z) = \sum_{k=0}^{r}\left(g_k\left(\frac{1}{z - a_k}\right) - h_k(z)\right) + \frac{1}{2\pi i}\int_{C^+}\frac{z^m}{\zeta^m}\frac{f(\zeta)\,d\zeta}{\zeta - z}.$$

Wir lassen nun für einen festen Wert von z die Kurve C sich immer mehr und mehr ausdehnen, so daß die Anzahl der in ihr Inneres fallenden Punkte $a_0, a_1, a_2, a_3, \ldots$ über alle Grenzen wächst. *Wenn nun hierbei der Wert des Integrales*

$$R = \frac{1}{2\pi i}\int_{C^+}\frac{f(\zeta)\,d\zeta}{\zeta^m(\zeta - z)}$$

den Grenzwert Null besitzt, so gilt für den betrachteten Wert von z die Gleichung

$$f(z) = \sum_{k=0}^{\infty}\left(g_k\left(\frac{1}{z - a_k}\right) - h_k(z)\right). \tag{1}$$

In bezug auf die ganzen rationalen Funktionen $h_k(z)$ ist noch folgendes zu bemerken. Man hat

$$g_k\left(\frac{1}{z - a_k}\right) - h_k(z) = -\frac{z^m}{2\pi i}\int_{(a_k)}\frac{f(\zeta)\,d\zeta}{\zeta^m(\zeta - z)},$$

wobei das Integral im positiven Sinne um den Punkt a_k zu erstrecken ist. Wenn nun $k > 0$, also a_k von Null verschieden ist, so dürfen wir in vorstehender Gleichung den Punkt z auf eine beliebig klein gewählte Umgebung der Stelle $z = 0$ einschränken. Da die Entwicklung der rechten Seite nach Potenzen von z mit dem Gliede z^m beginnt, so ist mit Rücksicht auf Kap. 2, § 4 klar, daß $h_k(z)$ die Summe der ersten m Glieder in der Entwicklung von

$$g_k\left(\frac{1}{z-a_k}\right)$$

nach aufsteigenden Potenzen von z vorstellt.

Ferner ist

$$h_0(z) = -\frac{1}{2\pi i}\int\limits_{(0)} f(\zeta)\left(\frac{1}{\zeta}+\frac{z}{\zeta^2}+\cdots+\frac{z^{m-1}}{\zeta^m}\right)d\zeta,$$

wobei das Integral positiv um den Nullpunkt genommen ist. Da in der Umgebung von $\zeta = 0$

$$f(\zeta) = g_0\left(\frac{1}{\zeta}\right) + c_0 + c_1\zeta + c_2\zeta^2 + \cdots$$

ist, so wird

$$h_0(z) = -(c_0 + c_1 z + c_2 z^2 + \cdots + c_{m-1} z^{m-1}).$$

Was den Wert des Integrals R angeht, so ist jedenfalls nach Kap. 5, § 3

$$|R| \leqq \frac{1}{2\pi}\int\limits_{C+}\left|\frac{f(\zeta)\,d\zeta}{\zeta^{m+1}}\right|\frac{1}{\left|1-\frac{z}{\zeta}\right|}.$$

Wenn nun die Kurve C sich so ausdehnt, daß ihre Punkte immer weiter hinausrücken, so wird $1-\frac{z}{\zeta}$ immer dichter bei 1 liegen. Es wird also, wenn ε eine beliebig gewählte positive Größe < 1 bezeichnet, schließlich

$$|R| \leqq \frac{1}{2\pi}\,\frac{1}{1-\varepsilon}\int\limits_{C+}\left|\frac{f(\zeta)\,d\zeta}{\zeta^{m+1}}\right|$$

sein. Hieraus folgt:

Die Entwicklung (1) *von* $f(z)$ *ist sicher gültig, und zwar für jeden Wert von* z, *falls bei unendlicher Ausdehnung der Kurve* C *das Integral*

$$\int\limits_{C+}\left|\frac{f(\zeta)\,d\zeta}{\zeta^{m+1}}\right|$$

den Grenzwert Null annimmt.

§ 8. Beispiele.

Als erstes Beispiel betrachten wir die Funktion

$$f(z) = \frac{\pi}{\sin \pi z}.$$

Die Kurve C setzen wir zusammen aus den 4 Seiten des Quadrats

$$x = \pm\lambda, \qquad y = \pm\lambda,$$

wobei $\lambda = r + \frac{1}{2}$ und r eine positive ganze Zahl sein soll (Abb. 37). Ist ζ ein Punkt auf einer der vertikalen Seiten dieses Quadrats, so ist

$$\zeta = \pm (r + \tfrac{1}{2}) + i y \quad (-\lambda \leqq y \leqq +\lambda)$$

und folglich

$$f(\zeta) = \frac{\pm \pi}{\cos \pi i y} = \frac{\pm 2\pi}{e^{-\pi y} + e^{\pi y}} = \frac{\pm \pi}{1 + \frac{\pi^2 y^2}{2!} + \frac{\pi^4 y^4}{4!} + \cdots}.$$

Auf diesen *vertikalen* Seiten ist daher beständig

(1) $$|f(\zeta)| \leqq \pi.$$

Auf einer der horizontalen Seiten des Quadrats ist

$$\zeta = \pm i\lambda + x \qquad (-\lambda \leqq x \leqq +\lambda).$$

also

$$f(\zeta) = \frac{2 i \pi}{e^{i\pi\zeta} - e^{-i\pi\zeta}}$$

$$= \frac{2 i \pi}{e^{i\pi x} e^{\mp \pi\lambda} - e^{-i\pi x} e^{\pm \pi\lambda}}$$

$$= \frac{\mp 2 i \pi}{e^{\pi\lambda} e^{\mp i\pi x} - e^{-\pi\lambda} e^{\pm i\pi x}}.$$

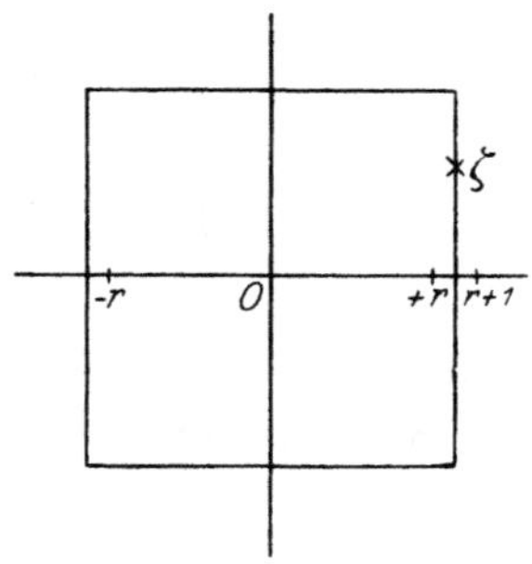

Abb. 37.

Der absolute Betrag des Nenners ist mindestens gleich $e^{\pi\lambda} - e^{-\pi\lambda}$ und nimmt also mit wachsendem λ unbegrenzt zu. Daher besteht die Ungleichung (1) auch auf den *horizontalen* Seiten des Quadrats, sobald $\lambda = r + \frac{1}{2}$ eine gewisse Grenze überschritten hat. Es ist also dann

$$\int_C \left| \frac{f(\zeta)\, d\zeta}{\zeta^{m+1}} \right| \leqq \pi \int_C \left| \frac{d\zeta}{\zeta^{m+1}} \right|.$$

Längs der Seiten des Quadrats ist nun $|\zeta| \geqq r + \frac{1}{2}$. Daher gilt

$$\pi \int_C \left| \frac{d\zeta}{\zeta^{m+1}} \right| \leqq \frac{\pi}{\left(r + \frac{1}{2}\right)^{m+1}} \int_C |d\zeta| = \frac{\pi}{\left(r + \frac{1}{2}\right)^{m+1}} \cdot 8\left(r + \frac{1}{2}\right),$$

weil $\int_C |d\zeta|$ den Umfang des Quadrats vorstellt. Es liegt demnach

$$\int_C \left| \frac{f(\zeta)\, d\zeta}{\zeta^{m+1}} \right|$$

unterhalb $\dfrac{8\pi}{\left(r + \frac{1}{2}\right)^m}$ und konvergiert also mit unendlich wachsendem r gegen Null, wenn wir $m = 1$ nehmen.

Die Gleichung (1) *des vorigen Paragraphen ergibt nun*

(2) $$\frac{\pi}{\sin \pi z} = \frac{1}{z} + \sum_{n=-\infty}^{+\infty}{}' (-1)^n \left(\frac{1}{z - n} + \frac{1}{n} \right),$$

womit nicht nur ein neuer Beweis der Gleichung (1) in § 6 erbracht ist, sondern zugleich die in dieser Gleichung auftretende ganze Funktion $G(z)$ als identisch Null erkannt worden ist.

Als zweites Beispiel betrachten wir die Funktion

$$f(z) = \pi \cot \pi z = \frac{\pi \cos \pi z}{\sin \pi z}.$$

Die Kurve C identifizieren wir, wie beim vorigen Beispiel, mit dem Umfang des Quadrats $x = \pm \lambda$, $y = \pm \lambda$, wo $\lambda = r + \frac{1}{2}$ ist. Auf den vertikalen Seiten des Quadrats ist $\zeta = \pm (r + \frac{1}{2}) + i y$, also

$$f(\zeta) = -\frac{\pi \sin \pi i y}{\cos \pi i y} = -\frac{\pi}{i} \frac{e^{-\pi y} - e^{\pi y}}{e^{-\pi y} + e^{\pi y}}.$$

Dieser Ausdruck ändert seinen absoluten Betrag nicht, wenn y durch $-y$ ersetzt wird. Für ein positives y ist aber

$$\frac{e^{\pi y} - e^{-\pi y}}{e^{\pi y} + e^{-\pi y}}$$

positiv und kleiner als 1. Daher hat man

$$|f(\zeta)| < \pi$$

auf den *vertikalen* Seiten des Quadrats.

Auf den *horizontalen* Seiten des Quadrats ist $\zeta = \pm i\lambda + x$, also

$$f(\zeta) = \pi i \frac{e^{i\pi x} e^{\mp \pi \lambda} + e^{-i\pi x} e^{\pm \pi \lambda}}{e^{i\pi x} e^{\mp \pi \lambda} - e^{-i\pi x} e^{\pm \pi \lambda}},$$

und daher liegt $f(\zeta)$ für sehr große Werte von λ dicht bei $\mp \pi i$.

Folglich ist für genügend große Werte von λ längs aller Seiten des Quadrats

$$|f(\zeta)| < \pi + \varepsilon,$$

wo ε eine beliebig klein gewählte positive Größe bedeutet. Hieraus ergibt sich nun weiter, daß das Integral

$$\int_C \left| \frac{f(\zeta)\, d\zeta}{\zeta^{m+1}} \right|$$

für $m = 1$ mit unendlich wachsendem $\lambda = r + \frac{1}{2}$ gegen Null konvergiert.

Es gilt also

$$\pi \cot \pi z = \frac{1}{z} + \sum_{n=-\infty}^{+\infty}{}' \left(\frac{1}{z-n} + \frac{1}{n} \right). \tag{3}$$

In analoger Weise erhält man

$$\frac{\pi}{\cos \pi z} = \pi + \sum_{n=-\infty}^{+\infty} (-1)^n \left(\frac{1}{z - \frac{2n-1}{2}} + \frac{1}{\frac{2n-1}{2}} \right),$$

$$\pi \operatorname{tg} \pi z = -\sum_{n=-\infty}^{+\infty} \left(\frac{1}{z - \frac{2n-1}{2}} + \frac{1}{\frac{2n-1}{2}} \right).$$

Die letzten Gleichungen lassen sich übrigens auch leicht aus den Gleichungen (2) und (3) ableiten, indem man in diesen z durch $z+\frac{1}{2}$ ersetzt und hierauf einige einfache Umformungen vornimmt.

Faßt man in (2) und (3) je zwei entgegengesetzten Werten von n entsprechende Terme zusammen, so kommt

$$\frac{\pi}{\sin \pi z} = \frac{1}{z} + \sum_{n=1}^{\infty} (-1)^n \left(\frac{1}{z-n} + \frac{1}{z+n}\right),$$

$$\pi \cot \pi z = \frac{1}{z} + \sum_{n=1}^{\infty} \left(\frac{1}{z-n} + \frac{1}{z+n}\right). \tag{4}$$

Nach dem Weierstraßschen Summensatz ist die Differentiation der Reihe (4) nach Gliedern erlaubt; daher ist

$$\left(\frac{\pi}{\sin \pi z}\right)^2 = \sum_{n=-\infty}^{+\infty} \frac{1}{(z-n)^2}.$$

§ 9. Ganze Funktionen mit vorgeschriebenen Nullstellen.

Für viele Untersuchungen ist es wichtig, den *allgemeinen Ausdruck* einer ganzen Funktion zu kennen, die an *vorgeschriebenen* Stellen und nur an diesen verschwindet.

Wir wollen zunächst den allgemeinen Ausdruck derjenigen ganzen Funktionen aufsuchen, die überhaupt nicht verschwinden.

Bezeichnet $G(z)$ eine derartige Funktion, so ist

$$\frac{G'(z)}{G(z)} = c_0 + c_1 z + c_2 z^2 + \cdots$$

eine ganze Funktion, weil $\frac{G'(z)}{G(z)}$ eindeutig ist und keine singuläre Stelle im Endlichen besitzt. Hieraus folgt

$$\int_0^z \frac{G'(\zeta)}{G(\zeta)} d\zeta = \log G(z) - \log G(0) = c_0 z + c_1 \frac{z^2}{2} + \cdots$$

oder

$$\log G(z) = \log G(0) + c_0 z + c_1 \frac{z^2}{2} + \cdots = H(z),$$

wo $H(z)$ wiederum eine *ganze* Funktion bedeutet. Die vorstehende Gleichung ergibt nun:

$$G(z) = e^{H(z)}. \tag{1}$$

Da umgekehrt die Funktion $e^{H(z)}$ eine ganze Funktion ohne Nullstellen ist, wenn $H(z)$ eine beliebige ganze Funktion bedeutet, so liefert (1) *die allgemeine Form der ganzen Funktionen, die nirgends verschwinden.*

Wir betrachten nun zweitens diejenigen ganzen Funktionen, welche nur an einer *endlichen Zahl* gegebener Stellen verschwinden, und zwar an jeder dieser Stellen mit einer beliebig vorgeschriebenen Multiplizität.

Wir schreiben uns zunächst die gegebenen Stellen auf, jede einzelne so oft, wie die Multiplizität derselben angibt. Dadurch erhalten wir etwa die Reihe

$$a_1, a_2, \ldots, a_r.$$

Offenbar ist nun mit Rücksicht auf das soeben abgeleitete Resultat

$$G(z) = (z - a_1)(z - a_2) \cdots (z - a_r)\, e^{H(z)}$$

der allgemeine Ausdruck der in Rede stehenden ganzen Funktionen.

Wir betrachten endlich den interessantesten Fall *einer ganzen Funktion mit unendlich vielen Nullstellen.* Wir werden zu einer beliebig gegebenen Folge komplexer Zahlen, die sich im Endlichen nicht häufen:

$$a_1,\ a_2,\ a_3,\ \ldots \to \infty, \tag{2}$$

eine ganze Funktion konstruieren, die genau diese Werte zu Nullstellen hat, und zwar jeden so oft, wie er in der Folge a_n vorkommt. Zunächst nehmen wir an, die Zahlen a_n seien alle von Null verschieden.

Gibt es eine ganze Funktion $G_1(z)$ mit der genannten Eigenschaft, so ist nach Kap. 5, § 9 ihre logarithmische Ableitung G_1'/G_1 eine meromorphe Funktion, die an den Stellen a_n und sonst nirgends Pole hat, und zwar einfache Pole mit ganzzahligem Residuum, das die Vielfachheit der Nullstelle von $G_1(z)$ angibt. Nach dem Mittag-Lefflerschen Satz können wir eine solche Funktion aufstellen in der Gestalt

$$K(z) = \sum_{n=1}^{\infty}\left(\frac{1}{z - a_n} + \frac{1}{a_n} + \frac{z}{a_n^2} + \cdots + \frac{z^{k_n - 1}}{a_n^{k_n}}\right), \tag{3}$$

worin nach § 5 die ganzen Zahlen k_n so zu wählen sind, daß die Summe in (3) in jedem endlichen Gebiet nach Abtrennung endlich vieler Glieder gleichmäßig konvergiert.

Integriert man die Gleichung (3) von 0 bis z auf einem Wege, der die Stellen a_n vermeidet, so darf man wegen der gleichmäßigen Konvergenz gliedweise integrieren[1] und erhält

$$\int_0^z K(\zeta)\, d\zeta = \sum_{n=1}^{\infty}\left\{\log\frac{z - a_n}{-a_n} + \frac{z}{a_n} + \frac{z^2}{2\,a_n^2} + \cdots + \frac{z^{k_n}}{k_n\, a_n^{k_n}}\right\}, \tag{4}$$

worin die Logarithmen durch den Integrationsweg bestimmt sind. Wählt man einen anderen Integrationsweg, so ändern sie sich um Vielfache von $2\pi i$, und dies kann wegen der Konvergenz der Summe in (4) nur bei endlich vielen Gliedern vorkommen.

---

[1] Die Tatsache, daß man bei gleichmäßiger Konvergenz gliedweise integrieren darf, folgt genau wie das Entsprechende im Reellen. Vgl. etwa das Lehrbuch von Knopp: *Unendliche Reihen.* 2. Aufl. Berlin 1924. Kap. XI.

Daher ist die Funktion

$$(5)\qquad e^{\int\limits_0^z K(\zeta)\,d\zeta} = \prod_{n=1}^{\infty}\left\{\left(1-\frac{z}{a_n}\right)e^{\frac{z}{a_n}+\frac{1}{2}\left(\frac{z}{a_n}\right)^2+\cdots+\frac{1}{k_n}\left(\frac{z}{a_n}\right)^{k_n}}\right\}$$ [1]

eindeutig, und aus der gleichmäßigen Konvergenz der Reihe in (4) geht nach dem Weierstraßschen Summensatz hervor, daß das unendliche Produkt in der Umgebung jeder beliebigen Stelle in eine gewöhnliche Potenzreihe entwickelbar ist, also eine ganze Funktion von z darstellt. Ferner verschwindet das Produkt an genau denjenigen Stellen, an welchen irgendein Faktor Null ist; es hat also die Werte a_n und nur diese zu Nullstellen.

---

[1] Ein *unendliches Produkt*

$$c_1\,c_2\,c_3\ldots c_n\ldots,$$

dessen Faktoren $c_1, c_2, \ldots$ alle von Null verschieden sind, heißt *konvergent*, wenn der Grenzwert

$$(1)\qquad \lim_{n\to\infty}(c_1\,c_2\,c_3\ldots c_n) = \Pi$$

existiert und *von Null verschieden* ist.

Π heißt der *Wert des Produktes*:

$$\Pi = c_1\,c_2\,c_3\ldots c_n\ldots = \prod_{n=1}^{\infty} c_n\,.$$

Da sich aus (1) leicht folgern läßt, daß

$$(2)\qquad \log\Pi = \lim_{n\to\infty}(\log c_1 + \log c_2 + \cdots + \log c_n)$$

ist, wo die Logarithmen rechts passend bestimmt sind, und umgekehrt aus (2) wieder (1) folgt, so ergibt sich:

Die notwendige und hinreichende Bedingung für die Konvergenz von

$$\Pi = \prod_{n=1}^{\infty} c_n$$

ist die, daß die Reihe

$$(3)\qquad S = \log c_1 + \log c_2 + \cdots + \log c_n + \cdots$$

bei geeigneter Bestimmung der Logarithmen konvergiert, und es ist dann

$$\Pi = e^S.$$

Wenn die Reihe (3) konvergiert, so haben die in ihr auftretenden Logarithmen notwendig von einer gewissen Stelle ab ihre Hauptwerte; denn wegen der Konvergenz der Reihe muß der imaginäre Teil von $\log c_n$ mit wachsendem n gegen Null konvergieren, also schließlich zwischen $-\pi$ und $+\pi$ liegen.

Ein unendliches Produkt, in welchem einige Glieder Null sind, heißt konvergent, wenn das Produkt der von Null verschiedenen Glieder konvergiert. Als *Wert des Produktes* bezeichnet man alsdann sinngemäß die Zahl 0, und natürlich bleibt die Gleichung (1) mit $\Pi = 0$ bestehen. Es gilt also der Satz:

Ein konvergentes unendliches Produkt wird dann und nur dann Null, wenn ein Faktor des Produktes Null ist.

Das Produkt

$$\Pi = \prod_{n=1}^{\infty} \left\{ \left(1 - \frac{z}{a_n}\right) e^{\frac{z}{a_n} + \frac{1}{2}\left(\frac{z}{a_n}\right)^2 + \cdots + \frac{1}{k_n}\left(\frac{z}{a_n}\right)^{k_n}} \right\}$$

stellt also eine ganze Funktion mit den vorgeschriebenen Nullstellen a_1, $a_2, \ldots$ *dar. Ist nun* $G(z)$ *irgendeine ganze Funktion mit den Nullstellen* a_n, *so ist der Quotient* G/Π *eine nirgends verschwindende ganze Funktion; daher ist der allgemeine Ausdruck einer ganzen Funktion mit denselben Nullstellen der folgende:*

$$G(z) = e^{H(z)} \cdot \Pi,$$

wobei $H(z)$ *eine beliebige ganze Funktion bezeichnet.*

Soll endlich außerdem noch $z = 0$ eine k-fache Nullstelle der zu bildenden ganzen Funktion sein, so hat man beim Produkte Π offenbar noch den Faktor z^k zuzusetzen.

Als Beispiel betrachten wir diejenigen ganzen Funktionen, welche die einfachen Nullstellen

$$0, \quad +1, \quad -1, \quad +2, \quad -2, \ldots$$

besitzen. Eine dieser Funktionen wird durch das Produkt

$$z \prod_{n=-\infty}^{+\infty}{}' \left\{ \left(1 - \frac{z}{n}\right) e^{\frac{z}{n}} \right\}$$

dargestellt, wobei n alle ganzen Zahlen mit Ausschluß der Null durchläuft. Der allgemeine Ausdruck dieser Funktionen ist also:

$$e^{H(z)} z \prod_{n=-\infty}^{+\infty}{}' \left\{ \left(1 - \frac{z}{n}\right) e^{\frac{z}{n}} \right\}.$$

Insbesondere wird also bei geeigneter Wahl der ganzen Funktion $H(z)$:

$$\sin \pi z = e^{H(z)} z \prod_{n=-\infty}^{+\infty}{}' \left\{ \left(1 - \frac{z}{n}\right) e^{\frac{z}{n}} \right\}.$$

Um $H(z)$ zu bestimmen, nehmen wir die logarithmische Ableitung der beiden Seiten vorstehender Gleichung, wodurch

$$\frac{\pi \cos \pi z}{\sin \pi z} = H'(z) + \frac{1}{z} + \sum_{n=-\infty}^{+\infty}{}' \left(\frac{1}{z-n} + \frac{1}{n} \right)$$

entsteht. Folglich ist mit Rücksicht auf § 8 die Funktion $H'(z) = 0$ und daher $H(z)$ sowie $e^{H(z)}$ eine Konstante. Die letztere Konstante hat den Wert π, weil $\frac{\sin \pi z}{z}$ für $z \to 0$ gegen den Wert π strebt. Also ist

$$\sin \pi z = \pi z \prod_{n=-\infty}^{+\infty}{}' \left\{ \left(1 - \frac{z}{n}\right) e^{\frac{z}{n}} \right\}.$$

Faßt man die entgegengesetzt gleichen Werten von n entsprechenden Faktoren in dem Produkte zusammen, so folgt

$$\sin\pi z = \pi z \prod_{n=1}^{\infty}\left(1 - \frac{z^2}{n^2}\right). \tag{6}$$

Dies ist also die Produktzerlegung der Funktion $\sin\pi z$.

§ 10. Darstellung der meromorphen Funktionen durch ganze Funktionen.

Es sei $f(z)$ eine beliebige meromorphe Funktion. Ihre Nullstellen können im Endlichen keine Häufungsstelle besitzen, lassen sich also nach nicht abnehmenden absoluten Beträgen anordnen. Die Nullstellen seien

$$a_0,\ a_1,\ a_2,\ \ldots, \tag{1}$$

wobei jede Nullstelle so oft in diese Reihe (1) aufgenommen werde, als ihre Multiplizität angibt. Entsprechend sei

$$b_0,\ b_1,\ b_2,\ \ldots \tag{2}$$

die Reihe der Pole oder Unendlichkeitsstellen von $f(z)$.

Wir bilden nun zwei ganze Funktionen

$$G_1(z) \quad \text{und} \quad G(z),$$

von denen die erste genau die Nullstellen (1), die zweite genau die Unendlichkeitsstellen (2) von $f(z)$ zu Nullstellen besitzt. Die Funktion

$$\frac{f(z)\,G(z)}{G_1(z)}$$

hat dann keine Null- und keine Unendlichkeitsstelle und ist folglich nach dem vorigen Paragraphen eine ganze Funktion der Gestalt $e^{g(z)}$, wo $g(z)$ wieder eine ganze Funktion bezeichnet. Aus

$$\frac{f(z)\,G(z)}{G_1(z)} = e^{g(z)}$$

folgt

$$f(z) = \frac{e^{g(z)}\,G_1(z)}{G(z)}.$$

Es ist aber

$$e^{g(z)}\,G_1(z) = H(z)$$

eine ganze Funktion, welche wie $G_1(z)$ genau die Nullstellen von $f(z)$ zu Nullstellen hat. Daher besteht der Satz:

Eine jede meromorphe Funktion $f(z)$ läßt sich als Quotient zweier ganzer Funktionen darstellen:

$$f(z) = \frac{H(z)}{G(z)},$$

derart, daß der Zähler $H(z)$ ausschließlich die Nullstellen, der Nenner $G(z)$ ausschließlich die Unendlichkeitsstellen von $f(z)$ zu Nullstellen besitzt.

§ 11. Die Produktdarstellung der Gammafunktion.

Wir wollen uns die Frage stellen: Läßt sich in einfacher Weise eine analytische Funktion $g(z)$ definieren, die für $z = 1, 2, 3, 4, \ldots$ die Werte $0! = 1$, $1! = 1$, $2! = 2$, $3! = 6, \ldots$ annimmt[1]? Mit Hilfe einer solchen Funktion kann man dann dem Symbol $n!$ auch für beliebige komplexe Werte einen Sinn erteilen.

Aus $g(n+1) = n!$ folgt $g(1) = 1$ und $g(n+1) = n g(n)$ für $n = 1, 2, 3, \ldots$; es ist also naheliegend, das Bestehen der Funktionalgleichung

$$g(z+1) = z g(z) \tag{1}$$

für den ganzen Regularitätsbereich der noch unbekannten Funktion $g(z)$ zu verlangen. Hieraus ergibt sich dann

$$\frac{d^2 \log g(z+1)}{dz^2} = -\frac{1}{z^2} + \frac{d^2 \log g(z)}{dz^2}$$

und allgemein für $n = 0, 1, 2, \ldots$

$$\frac{d^2 \log g(z)}{dz^2} = \sum_{k=0}^{n} \frac{1}{(z+k)^2} + \frac{d^2 \log g(z+n+1)}{dz^2}. \tag{2}$$

Umgekehrt folgt aus (2) wieder (1), wenn die Integrationskonstanten geeignet bestimmt werden.

Setzt man nun

$$f(z) = \sum_{k=0}^{\infty} \frac{1}{(z+k)^2},$$

so ist nach dem Weierstraßschen Summensatz die Funktion $f(z)$ für alle endlichen Werte von z regulär mit Ausnahme der Werte $z = 0, -1, -2, \ldots$, wo sie offenbar je einen Pol zweiter Ordnung besitzt; ferner genügt $f(z)$ der Funktionalgleichung

$$f(z) = \sum_{k=0}^{n} \frac{1}{(z+k)^2} + f(z+n+1).$$

Dies legt uns nahe, zunächst eine Funktion $\Gamma(z)$ durch

$$\frac{d^2 \log \Gamma(z)}{dz^2} = f(z) = \sum_{n=0}^{\infty} \frac{1}{(z+n)^2} \tag{3}$$

zu definieren; dann ist nämlich (2) für $g(z) = \Gamma(z)$ erfüllt. Wir denken uns sogleich die Integrationskonstanten so gewählt, daß auch (1) für

---

[1] Daß $g(n+1) = n!$ und nicht $g(n) = n!$ zum Ausgangspunkt der Betrachtung gewählt wird, hat seinen Grund nur in den einmal historisch eingebürgerten Bezeichnungen.

$g(z) = \Gamma(z)$ zutrifft und $\Gamma(1) = 1$ ist. Aus (3) folgt durch Integration längs einer Kurve von 1 bis z

$$\frac{d \log \Gamma(z)}{dz} = \frac{\Gamma'(z)}{\Gamma(z)} = \Gamma'(1) + \sum_{n=1}^{\infty}\left(\frac{1}{n} - \frac{1}{z+n-1}\right)$$

$$= \Gamma'(1) - \frac{1}{z} + \sum_{n=1}^{\infty}\left(\frac{1}{n} - \frac{1}{z+n}\right),$$

also nach (1)

$$\frac{\Gamma'(z+1)}{\Gamma(z+1)} = \Gamma'(1) + \sum_{n=1}^{\infty}\left(\frac{1}{n} - \frac{1}{z+n}\right)$$

und bei nochmaliger Integration von 0 bis z

$$\log \Gamma(z+1) = \Gamma'(1)\, z + \sum_{n=1}^{\infty}\left\{\frac{z}{n} - \log\left(1 + \frac{z}{n}\right)\right\}. \tag{4}$$

Für $z = 1$ erhalten wir wegen $\Gamma(2) = 1 \cdot \Gamma(1) = 1$

$$-\Gamma'(1) = \sum_{n=1}^{\infty}\left(\frac{1}{n} - \log\frac{n+1}{n}\right) = \lim_{n\to\infty}\left(1 + \frac{1}{2} + \cdots + \frac{1}{n} - \log n\right) = C, \tag{5}$$

und dieser Grenzwert C heißt *Eulersche Konstante*. Die Gleichungen (4) und (5) liefern schließlich

$$\Gamma(z) = \frac{e^{-Cz}}{z} \prod_{n=1}^{\infty} \frac{e^{\frac{z}{n}}}{1 + \frac{z}{n}}. \tag{6}$$

Die *Gammafunktion* $\Gamma(z)$ ist nun definitionsgemäß eine Lösung der Funktionalgleichung (1); dies läßt sich auch leicht an dem Ausdruck (6) verifizieren. Wegen $\Gamma(1) = 1$ ist also allgemein

$$\Gamma(n+1) = n! \qquad (n = 0, 1, 2, \ldots).$$

Die Gammafunktion erfüllt also wirklich die zu Beginn dieses Paragraphen gestellte Forderung.

Aus (6) ersieht man ferner:

Die Gammafunktion ist eine meromorphe Funktion; ihre singulären Stellen im Endlichen liegen bei $z = 0, -1, -2, \ldots$ und sind Pole erster Ordnung. Sie hat keine Nullstellen; ihr reziproker Wert ist daher eine ganze Funktion mit der Produktdarstellung

$$\frac{1}{\Gamma(z)} = e^{Cz} z \prod_{n=1}^{\infty}\left\{\left(1 + \frac{z}{n}\right) e^{-\frac{z}{n}}\right\}. \tag{7}$$

Aus (6) folgt

$$\Gamma(z)\,\Gamma(-z) = -\frac{1}{z^2} \prod_{n=1}^{\infty}\left(1 - \frac{z^2}{n^2}\right)^{-1},$$

also nach § 9, (6)

$$\Gamma(z)\,\Gamma(-z) = \frac{-\pi}{z \sin \pi z}$$

oder in anderer Schreibweise

$$\Gamma(z)\,\Gamma(1-z) = \frac{\pi}{\sin \pi z}. \tag{8}$$

Speziell ist demnach

$$[\Gamma(\tfrac{1}{2})]^2 = \pi$$

und, da nach (6) die Funktion $\Gamma(z)$ für $z > 0$ positiv ist,

$$\Gamma(\tfrac{1}{2}) = +\sqrt{\pi}.$$

Für $n = 0, 1, 2, \ldots$ ist nach (8)

$$(z+n)\,\Gamma(z) = \frac{\pi(z+n)}{\sin \pi(z+n)} \cdot \frac{(-1)^n}{\Gamma(1-z)}.$$

Da die rechte Seite im Punkte $z = -n$ den Wert $\frac{(-1)^n}{\Gamma(n+1)} = \frac{(-1)^n}{n!}$ besitzt, so ist damit das Residuum von $\Gamma(z)$ in den Polen erster Ordnung bei $z = 0, -1, -2, \ldots$ ermittelt:

Das Residuum der Gammafunktion bei $z = -n$ $(n = 0, 1, 2, \ldots)$ hat den Wert $\frac{(-1)^n}{n!}$.

Ersetzt man in der Gleichung (3) für positives ganzes k die Variable z durch $z,\ z+\frac{1}{k},\ z+\frac{2}{k},\ \ldots,\ z+\frac{k-1}{k}$ und addiert die k so entstehenden Gleichungen, so wird

$$\frac{d^2}{dz^2}\log\left\{\Gamma(z)\,\Gamma\left(z+\frac{1}{k}\right)\cdots\Gamma\left(z+\frac{k-1}{k}\right)\right\} = \sum_{h=0}^{k-1}\sum_{n=0}^{\infty}\left(z+\frac{h}{k}+n\right)^{-2} \tag{9}$$

$$= k^2\sum_{n=0}^{\infty}(kz+n)^{-2} = \frac{d^2 \log \Gamma(kz)}{dz^2}.$$

Nun sei zur Abkürzung

$$\varphi(z) = \frac{\Gamma(z)\,\Gamma\left(z+\frac{1}{k}\right)\cdots\Gamma\left(z+\frac{k-1}{k}\right)}{\Gamma(kz)} \tag{10}$$

gesetzt; dann ist nach (9)

$$\varphi(z) = a\,b^z, \tag{11}$$

wo a und b gewisse noch zu bestimmende, von Null verschiedene Konstanten bedeuten. Wegen (1) ist

$$\varphi(z+1) = \frac{z\left(z+\frac{1}{k}\right)\left(z+\frac{2}{k}\right)\cdots\left(z+\frac{k-1}{k}\right)}{(kz+k-1)\,(kz+k-2)\cdots(kz)}\,\varphi(z) = k^{-k}\,\varphi(z),$$

andererseits nach (11)

$$\varphi(z+1) = b\,\varphi(z),$$

also

$$b = k^{-k}. \tag{12}$$

Setzt man in dem Ausdruck (10) für z den Wert 0, nachdem man auf der rechten Seite mit kz erweitert hat, so wird wegen (11)

$$\varphi(0) = k\,\Gamma\left(\frac{1}{k}\right)\Gamma\left(\frac{2}{k}\right)\cdots\Gamma\left(\frac{k-1}{k}\right) = a\,,$$

also nach (8)

$$(13)\quad \left(\frac{a}{k}\right)^2 = \Gamma\left(\frac{1}{k}\right)\Gamma\left(1-\frac{1}{k}\right)\Gamma\left(\frac{2}{k}\right)\Gamma\left(1-\frac{2}{k}\right)\cdots\Gamma\left(\frac{k-1}{k}\right)\Gamma\left(1-\frac{k-1}{k}\right)$$

$$= \frac{\pi^{k-1}}{\sin\frac{\pi}{k}\sin\frac{2\pi}{k}\cdots\sin\frac{(k-1)\pi}{k}} = \frac{(2\pi i)^{k-1}}{\prod\limits_{h=1}^{k-1}\left(e^{\frac{h\pi i}{k}} - e^{-\frac{h\pi i}{k}}\right)}$$

$$= \frac{(2\pi i)^{k-1}}{e^{\frac{k-1}{2}\pi i}\prod\limits_{h=1}^{k-1}\left(1 - e^{-\frac{2h\pi i}{k}}\right)} = \frac{(2\pi)^{k-1}}{k}\,;$$

hierbei wurde von der Identität

$$\prod_{h=1}^{k-1}\left(x - e^{-\frac{2h\pi i}{k}}\right) = \frac{x^k-1}{x-1} = x^{k-1} + x^{k-2} + \cdots + x + 1$$

Gebrauch gemacht.

Da für $z > 0$ auch $\Gamma(z) > 0$ ist, so ist nach (13)

$$a = +\,(2\pi)^{\frac{k-1}{2}}\sqrt{k}$$

und daher mit Rücksicht auf (10), (11) und (12)

$$(14)\qquad \Gamma(z)\,\Gamma\left(z+\frac{1}{k}\right)\cdots\Gamma\left(z+\frac{k-1}{k}\right) = k^{\frac{1}{2}-kz}\,(2\pi)^{\frac{k-1}{2}}\,\Gamma(kz)\,.$$

Die Gleichungen (1), (8) und (14) bringen die Haupteigenschaften der Gammafunktion zum Ausdruck.

Aus (14) folgt für den Spezialfall $k = 2$

$$\Gamma(z)\,\Gamma(z+\tfrac{1}{2}) = 2\sqrt{\pi}\,4^{-z}\,\Gamma(2z)\,,$$

$$\Gamma(z+1)\,\Gamma(z+\tfrac{1}{2}) = z\,\Gamma(z)\,\Gamma(z+\tfrac{1}{2}) = \sqrt{\pi}\,4^{-z}\cdot 2z\,\Gamma(2z)$$

$$= \sqrt{\pi}\,4^{-z}\,\Gamma(2z+1)\,,$$

und die letztere Formel liefert für $z = 0$ wieder $\Gamma(\frac{1}{2}) = \sqrt{\pi}$.

§ 12. Die Integraldarstellung der Gammafunktion.

Die durch das unendliche Produkt (6) im vorigen Paragraphen definierte Funktion $\Gamma(z)$ läßt sich, wie wir im folgenden zeigen wollen, auch als Wert eines bestimmten Integrals darstellen.

Der reelle Teil x der komplexen Größe $z = x + iy$ sei *positiv*.

Das uneigentliche Integral

$$(1)\qquad G(z) = \int_0^\infty t^{z-1} e^{-t}\, dt$$

$$= \int_0^\infty t^{x-1} \cos(y \log t)\, e^{-t}\, dt + i \int_0^\infty t^{x-1} \sin(y \log t)\, e^{-t}\, dt$$

hat als Majorante

$$\int_0^1 t^{x-1} e^{-t}\, dt + \int_1^\infty t^{x-1} e^{-t}\, dt;$$

die beiden letzten Integrale sind konvergent, weil für $t > 0$ die Ungleichung $0 < t^{x-1} e^{-t} < t^{x-1}$, für $t \geqq 1$ die Ungleichung $0 < t^{x-1} e^{-t} < c_1 e^{-\frac{t}{2}}$ mit geeignet gewähltem konstantem c_1 gilt und die Integrale $\int_0^1 t^{x-1}\, dt = \frac{1}{x}$ und $\int_1^\infty c_1 e^{-\frac{t}{2}}\, dt = 2 c_1 e^{-\frac{1}{2}}$ bestimmte endliche Werte haben. Folglich ist auch das Integral $G(z)$ konvergent.

Zerlegt man das Intervall von 0 bis ∞ in die Teile von 0 bis 1 und von 1 bis ∞ und führt im zweiten Intervall $\frac{1}{t}$ an Stelle von t als Integrationsvariable ein, so ergibt sich

$$(2)\qquad G(z) = \int_0^1 \left(t^{z-1} e^{-t} + t^{-z-1} e^{-\frac{1}{t}} \right) dt.$$

Nunmehr sei $x > 1$, also z ein fester Punkt der *Halbebene* $x > 1$. Ferner sei auch $a = b + ic$ ein in dieser Halbebene gelegener Punkt; und zwar enthalte der Kreis um a mit dem Radius $b - 1$ den Punkt z in seinem Inneren. Dann ist also $x > 1$, $b > 1$, $|z - a| < b - 1$. Wir zeigen jetzt, daß die unendliche Reihe

$$(3)\quad \sum_{n=0}^\infty \frac{1}{n!} (z-a)^n \left(\log^n \frac{1}{t} \right) \left\{ (-1)^n t^{a-1} e^{-t} + t^{-a-1} e^{-\frac{1}{t}} \right\} = t^{z-1} e^{-t} + t^{-z-1} e^{-\frac{1}{t}}$$

im Intervall $0 \leqq t \leqq 1$ *gleichmäßig* konvergiert. Dabei ist unter dem allgemeinen Glied der Reihe für $t = 0$ der Limes dieses Gliedes für $t \to 0$, also der Wert 0 zu verstehen.

Es ist

$$t^{-2b} e^{-\frac{1}{t}} = \left(\frac{1}{t}\right)^{2b} : e^{\frac{1}{t}} \to 0 \qquad \text{für } t \to 0,$$

also beschränkt für $0 \leqq t \leqq 1$, und daher

$$\left| \log^n \frac{1}{t} \left\{ (-1)^n t^{a-1} e^{-t} + t^{-a-1} e^{-\frac{1}{t}} \right\} \right| \leqq c_2 \left(\log^n \frac{1}{t} \right) t^{b-1} \qquad \text{für } 0 \leqq t \leqq 1,$$

wo c_2 eine Konstante bedeutet. Folglich genügt es, die gleichmäßige Konvergenz von

$$\sum_{n=1}^{\infty} \frac{1}{n!}(z-a)^n \left(\log^n \frac{1}{t}\right) t^{b-1}$$

für $0 \leqq t \leqq 1$ nachzuweisen.

Nun ist für $k \geqq 1$

$$k \log\left(1+\frac{1}{k}\right) = k\left(\frac{1}{k} - \frac{1}{2k^2} + \frac{1}{3k^3} - \frac{1}{4k^4} + - \cdots\right) < 1,$$

$$\left(1+\frac{1}{k}\right)^k < e,$$

$$\frac{(k+1)^{k+1} e^{-1}}{k^k (k+1)} < 1.$$

Durch Multiplikation der für $k = 1, 2, \ldots, n-1$ gebildeten Ungleichungen folgt

$$\frac{n^n e^{-n}}{n!} < 1 \qquad (n = 1, 2, \ldots). \tag{4}$$

Ferner ist für $0 < t < 1$ die Funktion

$$\frac{d}{dt}\left\{\log\left(\log^n \frac{1}{t}\right) + (b-1)\log t\right\} = \frac{-n}{t \log \frac{1}{t}} + \frac{b-1}{t} \gtreqless 0,$$

je nachdem

$$\log \frac{1}{t} \gtrless \frac{n}{b-1}$$

ist, und daher

$$\log\left(\log^n \frac{1}{t}\right) + (b-1)\log t \leqq \log\left(\frac{n}{b-1}\right)^n - n,$$

$$\left|\left(\log^n \frac{1}{t}\right) t^{b-1}\right| \leqq \left(\frac{n}{b-1}\right)^n e^{-n},$$

also wegen (4) für $0 \leqq t \leqq 1$

$$\left|\frac{1}{n!}(z-a)^n \left(\log^n \frac{1}{t}\right) t^{b-1}\right| \leqq \left|\frac{z-a}{b-1}\right|^n \frac{n^n e^{-n}}{n!} \leqq \left|\frac{z-a}{b-1}\right|^n \qquad (n = 1,2,3,\ldots).$$

Die von t freie geometrische Reihe $\sum\limits_{n=1}^{\infty} \left|\frac{z-a}{b-1}\right|^n$ konvergiert aber wegen der Voraussetzung $|z-a| < b-1$; und damit ist die gleichmäßige Konvergenz von (3) bewiesen.

Man trage nun die Reihe (3) in (2) ein und führe die Integration der unendlichen Reihe gliedweise aus; dies ist wegen der gleichmäßigen Konvergenz gestattet. Dadurch entsteht aber eine Entwicklung von $G(z)$ nach Potenzen von $z-a$, welche sicherlich im Inneren des Kreises mit dem Mittelpunkt a und dem Radius $b-1$ konvergiert. Folglich ist $G(z)$ in der Umgebung des Punktes z regulär. Da aber $z = x + iy$ jeden beliebigen Punkt der Halbebene $x > 1$ bedeuten kann, so ist $G(z)$ in dieser Halbebene *regulär.*

Nun ist nach (1) für $x > 0$

$$G(z+1)=\int_0^\infty t^z e^{-t}\,dt=\left[-t^z e^{-t}\right]_0^\infty+z\int_0^\infty t^{z-1}e^{-t}\,dt=z\,G(z),$$

und diese Gleichung zeigt uns, daß die Funktion $G(z)$ in die ganze Ebene fortgesetzt werden kann und höchstens bei $z=0,\,-1,\,-2,\ldots$ Pole erster Ordnung besitzt, sonst aber regulär ist. Setzt man

$$\frac{G(z)}{\Gamma(z)}=f(z),$$

so ist nach dem vorigen Paragraphen

$$f(z+1)=f(z), \tag{5}$$

und da $f(z)$ für $x > 1$ regulär ist, ist also $f(z)$ eine ganze Funktion. Wir wollen nun zeigen, daß diese ganze Funktion identisch gleich 1 ist.

Setzt man $z=\frac{\log w}{2\pi i}$, also $w=e^{2\pi i z}$, so wird nach dem Weierstraßschen Summensatz $f(z)$ eine für *alle endlichen von Null verschiedenen* w *reguläre* Funktion von w, und zwar eine *eindeutige* Funktion von w, da die Vieldeutigkeit von $\log w$ durch die Periodizitätseigenschaft (5) gerade kompensiert wird. Nach dem Laurentschen Satze gilt also für $f(z)$ eine nach positiven und negativen Potenzen von w fortschreitende Reihenentwicklung

$$f(z)=\sum_{n=-\infty}^{+\infty}c_n w^n,$$

die für alle endlichen $w \neq 0$ konvergiert.

Für jedes reelle η bedeute nun $M(\eta)$ das Maximum von $f(z)=f(x+iy)$ auf der *Strecke* $1 \leqq x \leqq 2$, $y=-\eta$, also auf dem *Kreise* $|w|=e^{2\pi\eta}$; dann ist nach dem Hilfssatz aus Kap. 2, § 9 für $n=0,\,\pm 1,\,\pm 2,\ldots$

$$|c_n|\,e^{2\pi n\eta} \leqq M(\eta). \tag{6}$$

Wir schätzen jetzt die rechte Seite dieser Ungleichung auf anderem Wege ab. Aus § 11, (7) mit $z=x$ bzw. $z=x+iy$ folgt durch Division und Übergang zum absoluten Betrag

$$\left|\frac{\Gamma(x)}{\Gamma(x+iy)}\right|^2=\prod_{\nu=0}^{\infty}\left(1+\frac{y^2}{(x+\nu)^2}\right).$$

Ist nun $x \geqq 1$, $y \neq 0$, so ergibt sich also aus der Produktdarstellung des Sinus in § 9, (6)

$$\left|\frac{\Gamma(x)}{\Gamma(x+iy)}\right|^2 \leqq \prod_{\nu=1}^{\infty}\left(1+\frac{y^2}{\nu^2}\right)=\frac{\sin\pi i y}{\pi i y}=\frac{e^{\pi y}-e^{-\pi y}}{2\pi y}.$$

Für $1 \leqq x \leqq 2$, $|y| > \alpha_1 > 0$, wo α_1 eine passend gewählte Konstante, d. h. von x und y unabhängige Größe ist, wird also

$$\left|\frac{1}{\Gamma(x+iy)}\right| \leqq \alpha_2 \cdot e^{\pi|y|}$$

mit konstantem α_2.

Ferner ist nach (1) für $1 \leqq x \leqq 2$ und beliebiges y

$$|G(x+iy)| \leqq \int_0^\infty t^{x-1} e^{-t} dt < \alpha_3,$$

also für $1 \leqq x \leqq 2$, $|y| > \alpha_1$

$$|f(x+iy)| < \alpha_2 \alpha_3 e^{\pi|y|} = \alpha_4 e^{\pi|y|}$$

und insbesondere (für $|y| > \alpha_1$)

$$M(y) < \alpha_4 e^{\pi|y|}, \tag{7}$$

wobei α_3 und α_4 von x und y nicht abhängen.

Aus (6) und (7) folgt nun

$$|c_n| < \alpha_4 e^{(\pi - 2\pi|n|)|y|},$$

für $|y| > \alpha_1$. Also ist $c_n = 0$ für $n = \pm 1, \pm 2, \ldots$, und

$$f(z) = c_0.$$

Wegen $G(1) = \Gamma(1) = 1$ ist daher $c_0 = 1$ und, wie behauptet war,

$$G(z) = \Gamma(z).$$

Die Gammafunktion besitzt also die Integraldarstellung

$$\Gamma(z) = \int_0^\infty t^{z-1} e^{-t} dt; \tag{8}$$

und zwar gilt diese für alle Werte von $z = x + iy$, für welche das Integral (8) *konvergiert, d. h. in der Halbebene $x > 0$.*

Siebentes Kapitel.

Die Umkehrung der analytischen Funktionen.

§ 1. Umkehrung der Potenzreihen.

Setzen wir

$$w = c_1 z + c_2 z^2 + \cdots = \mathfrak{P}(z), \tag{1}$$

so entspricht jedem Werte von z, der im Inneren des Konvergenzkreises der Potenzreihe $\mathfrak{P}(z)$ liegt, ein bestimmter endlicher Wert w. Die Werte z repräsentieren wir geometrisch in einer Ebene, die Werte w in einer zweiten Ebene. Vermöge (1) wird dann also jedem Punkte z der z-Ebene, der im Inneren des Konvergenzkreises von $\mathfrak{P}(z)$ liegt, ein bestimmter Punkt w in der w-Ebene zugeordnet. Insbesondere entspricht dem Punkte $z = 0$ der Punkt $w = 0$.

Wir wollen nun annehmen, der Koeffizient c_1 sei nicht Null. Dann können wir zunächst folgenden Satz beweisen:

Es sei C ein um den Nullpunkt der z-Ebene beschriebener Kreis, und zwar so gewählt, daß $\mathfrak{P}(z)$ für die Punkte im Inneren und auf der Peripherie von C konvergiert und daß $\mathfrak{P}(z)$ für alle diese Punkte, abgesehen vom Punkte $z = 0$, einen von Null verschiedenen Wert besitzt. Dann läßt sich um den Nullpunkt der w-Ebene ein Kreis K so beschreiben, daß jedem Punkte w im Inneren von K ein einziger Punkt z im Inneren von C entspricht, für welchen $\mathfrak{P}(z) = w$ ist. Der betreffende Wert z läßt sich als eine eindeutige Funktion von w innerhalb des Kreises K ansehen. Diese Funktion ist eine analytische Funktion von w, d. h. z ist im Inneren von K als eine gewöhnliche Potenzreihe in w darstellbar.

Wenn z die Peripherie des Kreises C durchläuft, so wird der absolute Betrag $|\mathfrak{P}(z)|$ ein Minimum M besitzen, welches nach Voraussetzung von Null verschieden ist. Unter K verstehen wir nun den Kreis um den Nullpunkt mit dem Radius M.

Es sei w irgendein Punkt im Inneren des Kreises K. Dann wird für jeden Punkt ζ der Kreisperipherie C

$$|w| < |\mathfrak{P}(\zeta)|$$

sein. Nach einem Satze aus Kap. 5, § 9 (S. 107) hat daher die Funktion $\mathfrak{P}(z) - w$ innerhalb C dieselbe Anzahl von Nullstellen wie die Funktion $\mathfrak{P}(z)$, also genau eine Nullstelle.

Hiermit ist der erste Teil unseres Satzes bewiesen.

Um den zweiten Teil zu beweisen, betrachten wir das Integral

$$I = \frac{1}{2\pi i} \int_{C+} f(\zeta) \frac{\mathfrak{P}'(\zeta)\, d\zeta}{\mathfrak{P}(\zeta) - w},$$

wo $f(z)$ eine auf der Kreisfläche C reguläre Funktion bedeutet und w im Kreise K liegt.

Nach dem Residuensatze von Kap. 5, § 8 ist

$$I = f(z),$$

falls z die *eine* im Inneren von C befindliche Lösung der Gleichung $\mathfrak{P}(z) = w$ bedeutet. Andererseits haben wir, da $\left|\frac{w}{\mathfrak{P}(\zeta)}\right| < 1$ ist, längs der Peripherie von C:

$$f(\zeta) \frac{\mathfrak{P}'(\zeta)}{\mathfrak{P}(\zeta)} \frac{1}{1 - \frac{w}{\mathfrak{P}(\zeta)}} = f(\zeta) \frac{\mathfrak{P}'(\zeta)}{\mathfrak{P}(\zeta)} \left(1 + \frac{w}{\mathfrak{P}(\zeta)} + \frac{w^2}{\mathfrak{P}(\zeta)^2} + \cdots\right),$$

und die unendliche Reihe auf der rechten Seite kann wegen ihrer gleichmäßigen Konvergenz gliedweise längs C integriert werden. Daher ist für jeden Punkt w im Inneren von K

$$I = k_0 + k_1 w + k_2 w^2 + \cdots,$$

wobei

$$k_n = \frac{1}{2\pi i}\int_{C+} f(\zeta)\,\frac{\mathfrak{P}'(\zeta)}{\mathfrak{P}(\zeta)^{n+1}}\,d\zeta \tag{2}$$

gesetzt ist.

Da $\mathfrak{P}(z)$ im Inneren von C nur für $z = 0$ verschwindet, so ist nach dem Residuensatz

$$k_n = \underset{0}{r}\left[f(z)\,\frac{\mathfrak{P}'(z)}{\mathfrak{P}(z)^{n+1}}\right],$$

oder in anderer Schreibweise

$$k_n = \left[\frac{f(z)\,\mathfrak{P}'(z)}{\mathfrak{P}(z)^{n+1}}\right]_{\frac{1}{z}},$$

wo das rechts stehende Symbol den Koeffizienten von $\frac{1}{z}$ in der Entwicklung der eingeklammerten Funktion nach *aufsteigenden* Potenzen von z bezeichnet.

Der Koeffizient k_n läßt sich noch in anderer Weise schreiben.

Da $\mathfrak{P}(z)$ für $z = 0$ von der ersten Ordnung Null wird, so läßt sich die Funktion

$$\frac{f(z)\,z^{n+1}\,\mathfrak{P}'(z)}{\mathfrak{P}(z)^{n+1}}$$

in eine gewöhnliche Potenzreihe nach aufsteigenden Potenzen von z entwickeln. Der Koeffizient von z^n in dieser Potenzreihe ist dann offenbar identisch mit k_n. Also gilt

$$k_n = \frac{1}{n!} D_z^n \left\{f(z)\,\mathfrak{P}'(z)\left(\frac{z}{\mathfrak{P}(z)}\right)^{n+1}\right\}_{z=0}, \tag{3}$$

wo D_z^n für $\frac{d^n}{dz^n}$ steht. Wenn $n > 0$ ist, so kann k_n noch einfacher dargestellt werden. Nach (2) ist

$$k_n = -\frac{1}{2\pi i n}\int_{C+} f(\zeta)\,d\,\frac{1}{\mathfrak{P}(\zeta)^n} + \frac{1}{2\pi i n}\int_{C+} \frac{f'(\zeta)}{\mathfrak{P}(\zeta)^n}\,d\zeta, \tag{4}$$

wie durch partielle Integration ersichtlich wird[1]. Folglich gilt

$$k_n = \frac{1}{n}\left[\frac{f'(z)}{\mathfrak{P}(z)^n}\right]_{\frac{1}{z}} = \frac{1}{n!} D_z^{n-1}\left\{f'(z)\left(\frac{z}{\mathfrak{P}(z)}\right)^n\right\}_{z=0} \qquad (n = 1, 2, \ldots).$$

Der Koeffizient k_0 ergibt sich aus (3) gleich $f(0)$.

---

[1] Die formalen Regeln der Integralrechnung gelten im Komplexen naturgemäß genau so wie im Reellen.

Fassen wir zusammen, so können wir sagen:

Es sei $f(z)$ auf der Kreisfläche C regulär und M das Minimum von $|\mathfrak{P}(z)|$ auf der Kreisperipherie. Bedeutet dann w einen Punkt im Inneren des Kreises K vom Radius M um den Nullpunkt und z den ihm vermöge

$$w = \mathfrak{P}(z)$$

entsprechenden Punkt im Inneren von C, so ist

$$f(z) = f(0) + k_1 w + k_2 w^2 + \cdots + k_n w^n + \cdots, \tag{5}$$

wobei k_n für $n = 1, 2, \ldots$ durch die Gleichung

$$k_n = \frac{1}{n!} D_z^{n-1} \left\{ f'(z) \left(\frac{z}{\mathfrak{P}(z)} \right)^n \right\}_{z=0} \tag{6}$$

bestimmt wird. Durch (5) ist die Funktion $f(z)$ nach Potenzen von $\mathfrak{P}(z)$ entwickelt, und diese Reihe konvergiert sicherlich für alle Punkte w aus dem Inneren des Kreises K, d. h. für $|w| < M$. Die Reihe (5) mit der Koeffizientenbestimmung (6) wird als *Bürmann-Lagrangesche Reihe* bezeichnet.

Wählen wir insbesondere $f(z) = z$, so zeigt die Gleichung (5), daß z durch eine gewöhnliche Potenzreihe von w darstellbar, also z eine analytische Funktion von w innerhalb des Kreises K ist. *Damit ist auch der zweite Teil des zu Anfang ausgesprochenen Satzes bewiesen, und zwar ist*

$$z = k_1 w + k_2 w^2 + \cdots$$

mit

$$k_n = \frac{1}{n!} D_z^{n-1} \left(\frac{z}{\mathfrak{P}(z)} \right)^n_{z=0} \qquad (n = 1, 2, \ldots). \tag{7}$$

Diese Formel kann auch noch anders geschrieben werden. Nehmen wir allgemeiner an, daß w im Kreise $|z - a| < r$ regulär ist und daselbst nur für $z = a$ verschwindet, und zwar von der ersten Ordnung, so können wir für $|z - a| < r$

$$w = c_1 (z - a) + c_2 (z - a)^2 + \cdots = (z - a)\{c_1 + c_2 (z - a) + \cdots\} = \frac{z - a}{\varphi(z)}$$

setzen, wo die Funktion

$$\varphi(z) = \frac{z - a}{w}$$

in demselben Kreise regulär ist. Ist auch $f(z)$ bei $z = a$ regulär, so folgt aus (5) und (6), wenn in diesen Gleichungen z durch $z - a$ und der Punkt $z = 0$ durch $z = a$ ersetzt wird,

$$f(z) = f(a) + k_1 w + \cdots$$

mit

$$k_n = \frac{1}{n!} D_z^{n-1} (f'(z)\, \varphi(z)^n)_{z=a} \qquad (n = 1, 2, \ldots). \tag{8}$$

Wir wollen nunmehr annehmen, der Koeffizient c_1 in der Potenzreihe (1) sei gleich 0, und unser Ergebnis auf diesen Fall übertragen. *Es sei c_k der erste Koeffizient in der Potenzreihe $\mathfrak{P}(z)$, welcher von 0 verschieden ist.* Die Gleichung (1) hat dann die Form

$$w = \mathfrak{P}(z) = c_k z^k (1 + \mathfrak{P}_1(z)), \tag{9}$$

wo $\mathfrak{P}_1(z)$ eine mit z verschwindende Potenzreihe bedeutet.

Aus (9) folgt dann, wenn z auf das Innere eines Kreises beschränkt wird, in welchem $|\mathfrak{P}_1(z)| < 1$ ist,

$$w^{\frac{1}{k}} = \sqrt[k]{c_k}\, z (1 + \mathfrak{P}_1(z))^{\frac{1}{k}} = \sqrt[k]{c_k}\, z \left(1 + \frac{1}{k}\mathfrak{P}_1(z) + \cdots\right),$$

oder nach dem Weierstraßschen Summensatz

$$w' = w^{\frac{1}{k}} = z(c_1' + c_2' z + \cdots), \tag{10}$$

wo nun $c_1' = \sqrt[k]{c_k}$ von Null verschieden ist. Umgekehrt: Wenn einer der k Werte von $w' = w^{\frac{1}{k}}$ die Gleichung (10) befriedigt, so besteht auch die Gleichung (9). Für die betrachteten Werte von z kann also die Gleichung (9) durch die Gleichung (10) ersetzt werden.

Wenden wir nun den oben bewiesenen Satz auf die Gleichung (10) an, so ergibt sich:

Um die Nullpunkte der z- und der w'-Ebene kann man zwei Kreise C und K' so beschreiben, daß jedem Punkt w' im Inneren von K' ein einziger Punkt z im Inneren von C entspricht, welcher der Gleichung (10) genügt. Wenn nun w' alle Lagen im Inneren von K' annimmt, so nimmt

$$w = w'^k$$

alle Lagen im Inneren des Kreises K an, der in der w-Ebene um den Nullpunkt als Mittelpunkt beschrieben ist, und zwar entsprechen jeder Lage von w im Inneren von K genau k Lagen

$$w' = w^{\frac{1}{k}},\quad w' = e^{\frac{2\pi i}{k}} w^{\frac{1}{k}},\quad w' = e^{2\frac{2\pi i}{k}} w^{\frac{1}{k}},\quad \ldots,\quad w' = e^{(k-1)\frac{2\pi i}{k}} w^{\frac{1}{k}}$$

von w' im Inneren von K'.

Also folgt:

Um die Nullpunkte der z- und der w-Ebene kann man zwei Kreise C und K so beschreiben, daß dem Punkte $w = 0$ der Punkt $z = 0$ und jedem Punkte $w \neq 0$ im Inneren von K genau k verschiedene Punkte z im Inneren von C entsprechen, für welche die Gleichung (9) *erfüllt ist.*

Aus unserer Untersuchung geht noch hervor, daß man den Radius des Kreises C kleiner als eine beliebig klein vorgeschriebene Größe annehmen kann. Gleiches gilt offenbar auch von dem von C abhängigen Kreise K.

Die nach vorigem Satze dem einzelnen w entsprechenden k Werte von z sind analytisch darstellbar durch eine nach Potenzen von $w^{\frac{1}{k}}$ fortschreitende Potenzreihe

$$(11) \qquad z = b_1 w^{\frac{1}{k}} + b_2 w^{\frac{2}{k}} + \dots,$$

und dabei ist nach (7) für $n = 1, 2, \dots$

$$b_n = \frac{1}{n!} D_z^{n-1} \left(\frac{z}{\sqrt[k]{\mathfrak{P}(z)}} \right)_{z=0}^n.$$

Gibt man hier der Größe $w^{\frac{1}{k}}$ der Reihe nach ihre k durch k-te Einheitswurzeln als Faktoren voneinander unterschiedenen Werte, so erhält man aus (11) die k dem festen w entsprechenden Werte von z.

Die bewiesenen Sätze lassen sich leicht folgendermaßen weiter verallgemeinern.

Es sei $\varphi(z)$ regulär an der Stelle $z = a$ und $\varphi(a) = b$, so daß die Entwicklung von $\varphi(z)$ in der Umgebung von $z = a$ die Gestalt

$$\varphi(z) = b + c_1(z - a) + c_2(z - a)^2 + \cdots$$

besitzt.

Durch die Gleichung

$$(12) \qquad \begin{aligned} w - b &= c_1 (z - a) + c_2 (z - a)^2 + \cdots \\ &= \varphi'(a)(z - a) + \frac{\varphi''(a)}{2!}(z - a)^2 + \cdots \end{aligned}$$

wird dann jedem Werte von z, der einer genügend kleinen Umgebung der Stelle a angehört, ein bestimmter Wert w zugeordnet. Schreibt man zur Abkürzung W für $w - b$ und Z für $z - a$, so erhält (12) die Form

$$W = c_1 Z + c_2 Z^2 + \cdots,$$

und man kann nun die oben bewiesenen Sätze anwenden. Dadurch gelangt man zu folgendem Satze:

Ist die Funktion $\varphi(z)$ im Punkte a regulär und

$$\varphi(a) = b,$$

so entspricht vermöge der Gleichung

$$(13) \qquad w = \varphi(z)$$

jedem Punkte z einer gewissen Umgebung des Punktes a der z-Ebene ein bestimmter Punkt w in der w-Ebene. Man kann nun um den Punkt a in der z-Ebene einen Kreis C, der ganz in jener Umgebung liegt, und um den Punkt b in der w-Ebene einen Kreis K so konstruieren, daß vermöge der Gleichung (13) *jedem Punkte $w \neq b$ im Inneren von K genau k verschiedene Punkte z im Inneren von C entsprechen. Die Zahl k ist* 1, *wenn*

$\varphi'(a)$ von Null verschieden ist; allgemein ist k der Index der ersten nicht verschwindenden Ableitung in der Reihe $\varphi'(a)$, $\varphi''(a)$, ... Die k Werte von z, welche einem innerhalb K liegenden Punkte w entsprechen, lassen sich analytisch durch eine Gleichung von der Form

$$z - a = \mathfrak{P}\left((w-b)^{\frac{1}{k}}\right)$$

darstellen, deren rechte Seite eine gewöhnliche Potenzreihe in $(w-b)^{\frac{1}{k}}$ bedeutet mit einem Anfangsglied der Gestalt $c(w-b)^{\frac{1}{k}}$, wo c eine von Null verschiedene Konstante bezeichnet.

Die Kreise C und K können insbesondere so gewählt werden, daß ihre Radien kleiner sind als eine beliebig vorgeschriebene positive Zahl.

§ 2. Beispiele.

Als erstes Beispiel betrachten wir die Funktion

$$w = z\,e^{-az} = \sum_{n=0}^{\infty} \frac{(-a)^n}{n!} z^{n+1} = \mathfrak{P}(z),$$

wo a eine beliebige Konstante $\neq 0$ bedeutet. Dies ist offenbar eine ganze transzendente Funktion von z, welche für alle $z \neq 0$ von Null verschieden ist. Setzen wir für beliebiges $b \neq 0$

$$f(z) = e^{bz},$$

so ist für $n = 1, 2, \ldots$

$$f'(z) = b\,e^{bz},$$

$$f'(z)\left(\frac{z}{\mathfrak{P}(z)}\right)^n = b\,e^{(an+b)z},$$

$$D_z^{n-1}\left\{f'(z)\left(\frac{z}{\mathfrak{P}(z)}\right)^n\right\} = b\,(an+b)^{n-1} e^{(an+b)z},$$

also nach den Formeln (5) und (6) des vorigen Paragraphen

(1) $$e^{bz} = b \sum_{n=0}^{\infty} \frac{(an+b)^{n-1}}{n!} w^n.$$

Aus der leicht zu beweisenden Gleichung

$$\lim_{n\to\infty} \sqrt[n]{\frac{|an+b|^{n-1}}{n!}} = |a|\,e$$

ist ersichtlich, daß die Reihe (1) für $|w| < \frac{1}{|a|\,e}$, also für $|az| < |e^{az-1}|$ konvergiert. Dasselbe ergibt sich auch auf folgendem Wege: Bedeutet C einen Kreis vom Radius r um den Nullpunkt der z-Ebene, so ist $r e^{-|a|r}$ das Minimum von $|\mathfrak{P}(z)|$ auf der Peripherie des Kreises C. Nach dem

Resultat des vorigen Paragraphen ist dann die Reihe (1) konvergent für $|w| < r e^{-|a| r}$; in dieser Ungleichung hat aber für $r = \frac{1}{|a|}$ die rechte Seite den Wert $\frac{1}{|a| e}$, also konvergiert die Reihe (1) für $|w| < \frac{1}{|a| e}$.

Für $a = b = 1$ geht (1) über in

$$\frac{z}{w} = e^z = \sum_{n=0}^{\infty} \frac{(n+1)^{n-1}}{n!} w^n,$$

$$z = \sum_{n=1}^{\infty} \frac{n^{n-2}}{(n-1)!} w^n,$$

$$z = \sum_{n=1}^{\infty} \frac{n^{n-1}}{n!} w^n;$$

diese Reihe konvergiert für $|w| < \frac{1}{e}$ und liefert die Auflösung der Gleichung

$$w = z e^{-z}.$$

Speziell ergibt sich für $z \to 1$ die Formel

$$1 = \sum_{n=1}^{\infty} \frac{n^{n-1}}{n!\, e^n}.$$

Als zweites Beispiel nehmen wir

$$(2) \qquad w = (e^z - 1) e^{-a z} = z + c_2 z^2 + \cdots;$$

w ist eine ganze transzendente Funktion und von Null verschieden für $0 < |z| < 2\pi$. Setzen wir $f(z) = z$, so ist nach Formel (4) und (5) des vorigen Paragraphen

$$z = \sum_{n=1}^{\infty} k_n w^n$$

mit

$$k_n = \frac{1}{2\pi i n} \int_{C^+} \frac{e^{a n \zeta}}{(e^\zeta - 1)^n} d\zeta \qquad (n = 1, 2, \ldots),$$

wo C^+ etwa den Kreis $|\zeta| = \pi$ bedeuten möge. Durch partielle Integration folgt

$$k_n = \frac{a n - 1}{n(n-1)} \frac{1}{2\pi i} \int_{C^+} \frac{e^{(an-1)\zeta}}{(e^\zeta - 1)^{n-1}} d\zeta = \frac{(a n - 1)(a n - 2)}{n(n-1)(n-2)} \frac{1}{2\pi i} \int_{C^+} \frac{e^{(an-2)\zeta}}{(e^\zeta - 1)^{n-2}} d\zeta$$

$$\frac{(a n - 1) \cdots (a n - n + 1)}{n!} \frac{1}{2\pi i} \int_{C^+} \frac{e^{(an-n+1)\zeta}}{e^\zeta - 1} d\zeta$$

(für $n = 1$ bedeutet das leere Produkt $(an-1)\cdots(an-n+1)$ die Zahl 1), also für $a \neq 0$

$$k_n = \frac{1}{a\,n}\binom{a\,n}{n},$$

(3)
$$z = \sum_{n=1}^{\infty} \binom{a\,n}{n} \frac{w^n}{a\,n}.$$

Für $a = 1$ ist offenbar

$$z = \sum_{n=1}^{\infty} k_n w^n = \sum_{n=1}^{\infty} \frac{w^n}{n} = \log\frac{1}{1-w},$$

wie sich auch direkt aus (2) ergibt. Durch Untersuchung der Zahlenfolge $\sqrt[n]{|k_n|}$ ersieht man, daß der Konvergenzradius der Reihe (3) für $a \neq 0$ und $a \neq 1$ den Wert $\left|\frac{(a-1)^{a-1}}{a^a}\right|$ besitzt, wobei die Potenzen $(a-1)^{a-1}$ und a^a ihre Hauptwerte haben.

Drittens sei

(4)
$$w = 2\frac{z-a}{z^2-1} = \frac{z-a}{\varphi(z)}.$$

Dann ist nach Formel (8) des vorigen Paragraphen

(5)
$$z = a + \sum_{n=1}^{\infty} \frac{w^n}{n!}\left\{D_\zeta^{n-1}\left(\frac{\zeta^2-1}{2}\right)^n\right\}_{\zeta=a}.$$

Aus (4) folgt nun, wenn z als Funktion von w und a betrachtet wird[1],

$$2z\frac{\partial z}{\partial a}w = 2\left(\frac{\partial z}{\partial a} - 1\right), \qquad \frac{\partial z}{\partial a} = \frac{1}{1-wz}$$

und andererseits

$$(wz)^2 - w^2 = 2wz - 2aw, \qquad (1-wz)^2 = 1 - 2aw + w^2,$$

also

$$\frac{\partial z}{\partial a} = (1-2aw+w^2)^{-\frac{1}{2}}.$$

Nach (5) ist aber

(6)
$$\frac{\partial z}{\partial a} = \sum_{n=0}^{\infty} \frac{w^n}{2^n n!}\{D_\zeta^n(\zeta^2-1)^n\}_{\zeta=a}$$

und daher

(7)
$$\frac{1}{\sqrt{1-2aw+w^2}} = \sum_{n=0}^{\infty} \frac{w^n}{2^n n!}\{D_\zeta^n(\zeta^2-1)^n\}_{\zeta=a}.$$

Der Koeffizient von w^n in der Entwicklung von $(1-2aw+w^2)^{-\frac{1}{2}}$ nach Potenzen von w hat also den Wert $\frac{1}{2^n n!}\{D_\zeta^n(\zeta^2-1)^n\}_{\zeta=a}$.

---

[1] Das im folgenden benutzte Zeichen ∂ hat selbstverständlich die aus der reellen Analysis geläufige Bedeutung der „partiellen Differentiation".

Dieser Koeffizient ist offenbar eine ganze rationale Funktion n-ten Grades von a mit rationalen Zahlenkoeffizienten; diese führt den Namen *Legendresche Kugelfunktion n-ten Grades.*

Da die linke Seite von (7), wie man z. B. nach dem Weierstraßschen Summensatz leicht erkennt, in jedem Kreise regulär ist, der keine Wurzel der quadratischen Gleichung $1 - 2aw + w^2 = 0$ enthält, so konvergiert die Reihe (7) im Inneren desjenigen Kreises um den Nullpunkt der w-Ebene, auf dessen Peripherie die Wurzel von kleinstem absoluten Betrage liegt. Daß der Übergang von (5) zu (6), also die *gliedweise* Differentiation der Reihe (5) nach a, keinen Fehler enthält, folgt ohne Schwierigkeit aus dem Weierstraßschen Summensatz.

Als letztes Beispiel wollen wir die in der theoretischen Astronomie auftretende sogenannte *Keplersche Gleichung* behandeln. Darunter versteht man die Gleichung

$$w = \frac{z - a}{\sin z}, \tag{8}$$

in welcher a und w zwei gegebene Zahlen bedeuten, von denen $a \neq 0, \pm\pi, \pm 2\pi, \ldots$ ist, und z gesucht wird.

Es ist dann nach Formel (8) aus § 1

$$z = a + \sum_{n=1}^{\infty} \frac{w^n}{n!} (D_\zeta^{n-1} \sin^n \zeta)_{\zeta=a}. \tag{9}$$

Für die astronomischen Anwendungen kommen nur *reelle* Werte von a in Frage. Es sei z. B. $a = \frac{\pi}{2}$ und C ein Kreis um $z = a$ vom Radius $r < \frac{\pi}{2}$; dann ist die Funktion w auf der Fläche dieses Kreises regulär, und es gilt für alle Punkte $z = \frac{\pi}{2} + re^{i\varphi}$ $(0 \leqq \varphi < 2\pi)$ auf der Peripherie von C die Ungleichung

$$|w| = \left|\frac{z - a}{\sin z}\right| = \frac{2r}{|e^{ire^{i\varphi}} + e^{-ire^{i\varphi}}|} \geqq \frac{2r}{e^r + e^{-r}}.$$

Folglich ist die Reihe (9) konvergent für

$$|w| < \frac{2r}{e^r + e^{-r}}.$$

Die Funktion $\frac{2r}{e^r + e^{-r}}$ hat ein Maximum für

$$\frac{1}{r} = \frac{e^r - e^{-r}}{e^r + e^{-r}}, \qquad e^{2r} = \frac{r+1}{r-1}, \qquad r = 1{,}195 \cdots < \frac{\pi}{2}, \tag{10}$$

und zwar hat dieses Maximum den Wert $\sqrt{r^2 - 1} = 0{,}6627\ldots$; die Reihe (9) konvergiert daher im Falle $a = \frac{\pi}{2}$ sicherlich für

$$|w| < 0{,}6627\ldots.$$

Daß diese Zahl 0,6627 ... der genaue Konvergenzradius im Falle $a = \frac{\pi}{2}$ ist, erkennt man folgendermaßen:

Aus (8) ergibt sich

$$\frac{dw}{dz} = \frac{\sin z - (z - a)\cos z}{\sin^2 z}.$$

Da nun die Gleichung $\frac{dw}{dz} \cdot \frac{dz}{dw} = 1$ im Innern des Konvergenzkreises K von (9) gilt, so ist daselbst $\frac{dw}{dz} \neq 0$; jede Lösung von $\frac{dw}{dz} = 0$, d. h. von

$$\operatorname{tg} z = z - a \tag{11}$$

liefert also einen nicht innerhalb K gelegenen Punkt w. Für $a = \frac{\pi}{2}$, $z = \frac{\pi}{2} + i\zeta$ geht nun aber (11) über in

$$\frac{e^{\zeta} + e^{-\zeta}}{e^{\zeta} - e^{-\zeta}} = \zeta, \tag{12}$$

und dies ist gerade die Gleichung (10) mit ζ statt r. Es wird daher wegen (11) und (12)

$$w = \frac{1}{\cos z} = -\frac{1}{\sin i\zeta} = \frac{2i}{e^{\zeta} - e^{-\zeta}} = i\sqrt{\zeta^2 - 1}, \quad |w| = 0{,}6627\ldots;$$

dieser Punkt liegt also nicht innerhalb K und folglich nach dem früheren Resultat *auf dem Rande* von K.

Diese Methode zur Bestimmung des Konvergenzradius der Umkehrung einer Potenzreihe führt übrigens auch in allgemeineren Fällen zum Ziele.

Zweiter Abschnitt.
Elliptische Funktionen.

Erstes Kapitel.
Die doppeltperiodischen meromorphen Funktionen.

Eine eindeutige Funktion $f(u)$ der komplexen Variablen u heißt gemäß Abschn. I, Kap. 6 *meromorph*, wenn sie im Endlichen keinen wesentlich singulären Punkt hat, so daß jeder im Endlichen liegende Punkt a entweder ein regulärer Punkt oder ein Pol der Funktion ist.

Diese Funktionen $f(u)$ sind also dadurch charakterisiert, daß für die Umgebung jedes Punktes a, wo a einen endlichen Wert bedeutet, eine Entwicklung der Gestalt

$$f(u) = (u-a)^m (c_0 + c_1(u-a) + \cdots) = (u-a)^m \mathfrak{P}(u-a)$$

besteht; dabei ist m eine ganze Zahl, die positiv, Null oder negativ sein kann. Den Ausgangspunkt, welchen wir zur Begründung der Theorie der elliptischen Funktionen wählen, soll nun die Betrachtung *derjenigen meromorphen Funktionen* bilden, *welche periodisch sind.* Derartigen Funktionen begegnen wir schon unter den elementaren Funktionen. So besitzt die Exponentialfunktion e^u, der Gleichung $e^{u+2\pi i} = e^u$ zufolge, die Periode $2\pi i$, die Funktionen $\sin u$ und $\cos u$ die Periode 2π und $\operatorname{tg} u$ die Periode π. Es ist auch leicht, aus diesen Funktionen solche meromorphe Funktionen zu bilden, die eine beliebig vorgeschriebene von Null verschiedene Zahl ω als Periode zulassen. Z. B. wird

$$f(u) = e^{\frac{2\pi i}{\omega} u}$$

eine solche Funktion sein, und allgemeiner wird jede rationale Funktion von $e^{\frac{2\pi i}{\omega} u}$ mit konstanten, d. h. von u unabhängigen Koeffizienten die Periode ω besitzen.

Ehe wir uns nun unserem eigentlichen Gegenstande zuwenden, wollen wir einige häufig zu gebrauchende einfache Sätze zusammenstellen, die an die geometrische Darstellung der komplexen Zahlen durch die Punkte einer Ebene anknüpfen.

§ 1. Zur geometrischen Darstellung der komplexen Zahlen.

Unter dem *Punkte*

$$a = a' + i a''$$

(a' und a'' reell) werden wir wie im I. Abschnitt denjenigen Punkt der komplexen Zahlenebene verstehen, welcher die komplexe Zahl a repräsentiert, der also die Abszisse a' und die Ordinate a'' besitzt. Es besteht nun zunächst folgender

Satz 1. *Der Punkt $a + bt$ ($b \neq 0$) beschreibt die Gerade, welche die Punkte a und $a + b$ miteinander verbindet, wenn t alle reellen Werte durchläuft. Insbesondere erhalten wir die Punkte der Strecke $a \ldots a + b$, wenn t die reellen Werte von 0 bis 1 annimmt.*

Setzen wir $a = a' + i a''$, $b = b' + i b''$, so sind die Koordinaten des Punktes $a + bt$

$$x = a' + b't, \qquad y = a'' + b''t,$$

und hieraus folgt nach bekannten Sätzen der analytischen Geometrie unmittelbar unser Satz.

Nehmen wir $a = 0$, so erhalten wir den

Satz 2. *Der Punkt $c = bt$ ($b \neq 0$) nimmt, wenn t die reellen Werte durchläuft, alle Lagen auf der Geraden an, welche den Nullpunkt mit dem Punkte b verbindet.*

Aus diesem Satze ergibt sich sofort

Satz 3. *Die Bedingung dafür, daß die Punkte b ($\neq 0$) und c mit dem Nullpunkt in einer Geraden liegen, ist die, daß der Quotient $\frac{c}{b}$ reell ist.*

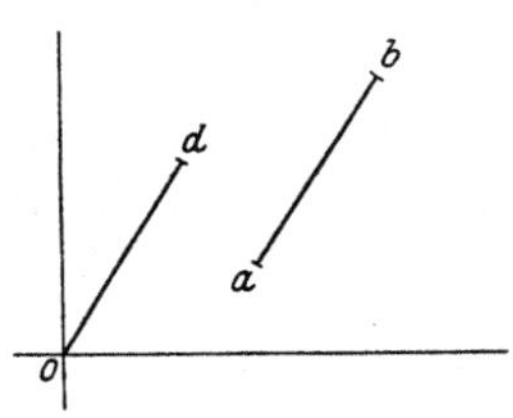

Abb. 38.

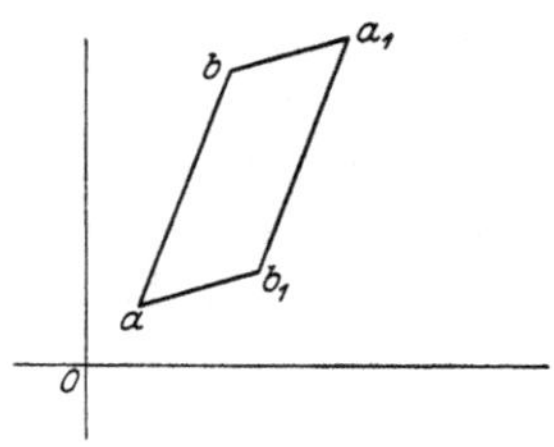

Abb. 39.

Ziehen wir zu irgendeiner Strecke $a \ldots b$ eine gleich gerichtete und gleich lange Strecke $0 \ldots d$ durch den Nullpunkt, so ist offenbar d der Repräsentant der Differenz $b - a$ (Abb. 38). Betrachten wir daher ein Parallelogramm, in welchem a und a_1, bzw. b und b_1 gegenüberliegende Ecken sind, so wird

$$b - a = a_1 - b_1$$

oder

$$a + a_1 = b + b_1$$

sein (Abb. 39).

Satz 4. *Wenn a, a_1, b, b_1 die vier Ecken eines Parallelogramms bilden und zwar a, a_1 bzw. b, b_1 je gegenüberliegende Ecken, so ist*

$$a + a_1 = b + b_1.$$

Der gemeinsame Wert von $\frac{1}{2}(a + a_1)$ und $\frac{1}{2}(b + b_1)$ wird, wie aus Satz 1 folgt, durch den Schnittpunkt der Diagonalen des Parallelogramms dargestellt.

§ 2. Sätze über die Perioden einer meromorphen Funktion.

Wenn ω eine Konstante bedeutet, $f(u)$ eine meromorphe Funktion und

$$f(u + \omega) = f(u)$$

für alle Werte der Variablen u ist, so heißt ω eine *Periode* von $f(u)$. Hiernach ist $\omega = 0$ eine Periode jeder Funktion $f(u)$. Die Periode $\omega = 0$ können wir als triviale oder *uneigentliche* Periode bezeichnen und im Gegensatz dazu eine Periode ω, die nicht Null ist, als eine *eigentliche*. Wenn wir von einer *periodischen Funktion* sprechen, so meinen wir damit natürlich eine solche, die eine eigentliche Periode besitzt.

Wir wollen nun unter Ω das System aller Perioden einer Funktion $f(u)$ verstehen und einige Eigenschaften dieses Systems Ω beweisen. Das System der Punkte, welche die Perioden geometrisch darstellen und die wir *Periodenpunkte* nennen werden, bezeichnen wir als *Punktsystem Ω*.

Satz 1. *Das System Ω aller Perioden bildet einen Modul.*

Dabei ist unter einem *Modul* ein System von Zahlen zu verstehen, innerhalb dessen die Operationen der Addition und Subtraktion unbeschränkt ausführbar sind; d. h. mit ω_1 und ω_2 sollen dem System auch $\omega_1 + \omega_2$ und $\omega_1 - \omega_2$ angehören.

Die Behauptung des Satzes 1 ist also die, daß eine Funktion $f(u)$, welche die Perioden ω_1 und ω_2 besitzt, notwendig auch die Perioden $\omega_1 + \omega_2$ und $\omega_1 - \omega_2$ hat. Dies ist aber leicht zu zeigen. Aus

$$f(u + \omega_1) = f(u), \quad f(u + \omega_2) = f(u)$$

folgt nämlich

$$f((u + \omega_1) + \omega_2) = f(u + \omega_1) = f(u);$$

ferner aus

$$f(u + \omega_1) = f(u + \omega_2),$$

indem wir u durch $u - \omega_2$ ersetzen,

$$f(u + \omega_1 - \omega_2) = f(u).$$

Gehören irgend einem Modul die Zahlen

$$\omega_1, \omega_2, \ldots, \omega_k \tag{1}$$

an, so wird auch

$$\omega = m_1\omega_1 + m_2\omega_2 + \cdots + m_k\omega_k \tag{2}$$

demselben Modul angehören, wobei $m_1, m_2, \ldots, m_k$ irgendwelche *ganze* Zahlen bezeichnen. Denn durch Anwendung der Operationen der Addition und Subtraktion können wir aus den Zahlen (1) die Zahl ω bilden. Es gilt demnach der

Satz 2. *Gleichzeitig mit den Perioden* (1) *besitzt eine Funktion* $f(u)$ *auch die Periode* (2).

Die Periode ω heißt aus den Perioden $\omega_1, \omega_2, \ldots, \omega_k$ *zusammengesetzt* oder *abgeleitet*. Die *äußersten* Fälle, die bei einem Modul vorliegen können, sind die, daß der Modul nur aus der einen Zahl Null oder aber aus der Gesamtheit aller Zahlen besteht. Der *erste* Fall tritt für den Modul Ω aller Perioden von $f(u)$ ein, wenn $f(u)$ nur die triviale Periode Null besitzt, also nicht im eigentlichen Sinne des Wortes periodisch ist. Der *zweite* Fall tritt offenbar ein, wenn $f(u)$ sich auf eine Konstante reduziert, da ja eine Konstante vom Argument u gar nicht abhängt und also jede beliebige Zahl als Periode besitzt. Den Modul, welcher nur aus der einen Zahl Null besteht, wollen wir als *Modul Null*, denjenigen, welcher aus der Gesamtheit aller Zahlen besteht, als *Modul* ∞ bezeichnen. Alle Moduln teilen wir nun in zwei Arten ein:

Ein Modul Ω heiße von der ersten Art, wenn das Punktsystem Ω keinen Häufungspunkt im Endlichen besitzt, von der zweiten Art, wenn ein solcher Häufungspunkt vorhanden ist.

Beispielsweise ist der Modul Null von der ersten, der Modul ∞ von der zweiten Art. Wir wollen von einem Systeme von Zahlen sagen, es enthalte *unendlich kleine* oder *infinitesimale* Zahlen, wenn unter den Zahlen des Systems solche vorhanden sind, die von Null verschieden sind und deren absoluter Betrag unter einer beliebig klein vorgegebenen positiven Zahl liegt. Es gilt dann der

Satz 3. *Ein Modul Ω ist von der zweiten oder von der ersten Art, je nachdem er unendlich kleine Zahlen enthält oder nicht.*

Enthält nämlich Ω unendlich kleine Zahlen, so können wir offenbar die von Null verschiedenen Zahlen des Moduls

$$\varepsilon_1, \; \varepsilon_2, \; \varepsilon_3, \; \ldots$$

so wählen, daß sie den Limes Null besitzen. Der Modul Ω ist also zweiter Art. Wir sehen zugleich, daß dann *jede* Zahl ω des Moduls einen Häufungswert des Punktsystems Ω liefert. Denn die Zahlen

$$\omega + \varepsilon_1, \quad \omega + \varepsilon_2, \quad \omega + \varepsilon_3, \quad \ldots$$

mit dem Häufungswert ω gehören dem Modul an. Besitzt umgekehrt das Punktsystem Ω einen Häufungspunkt a im Endlichen, so können wir aus ihm eine Folge verschiedener Werte

$$\omega_1, \omega_2, \omega_3, \ldots$$

mit dem Häufungspunkte a herausheben. Dann haben die dem Systeme Ω angehörenden, von Null verschiedenen Zahlen

$$\omega_2 - \omega_1 = \varepsilon_1, \quad \omega_3 - \omega_2 = \varepsilon_2, \quad \omega_4 - \omega_3 = \varepsilon_3, \ldots$$

den Limes Null. Daher enthält Ω unendlich kleine Zahlen.

Wir werden nun den für die Theorie der meromorphen periodischen Funktionen grundlegenden Satz beweisen:

Satz 4. *Die Perioden einer meromorphen Funktion $f(u)$, die sich nicht auf eine Konstante reduziert, bilden einen Modul Ω erster Art.*

Nach Satz 3 genügt es, zu zeigen, daß $f(u)$ keine unendlich kleinen Perioden besitzt. Zu dem Ende betrachten wir einen regulären Punkt a der Funktion $f(u)$. Für alle genügend kleinen Werte von $|\omega|$ gilt dann eine Entwicklung der Gestalt

$$f(a + \omega) = f(a) + \omega^r (c + c'\omega + \cdots),$$

wo r eine natürliche Zahl und c einen von Null verschiedenen Wert bezeichnet. Wir wählen nun die positive Zahl ε so klein, daß für $|\omega| < \varepsilon$ der Wert der Reihe

$$c + c'\omega + \cdots$$

von Null verschieden bleibt; dies ist wegen $c \neq 0$ möglich. Es wird dann

$$f(a + \omega) \neq f(a)$$

sein, solange $|\omega| < \varepsilon$ und von Null verschieden ist. Daher kann die Funktion $f(u)$ eine *eigentliche Periode* ω von einem Betrage $< \varepsilon$ nicht besitzen, womit unser Satz bewiesen ist.

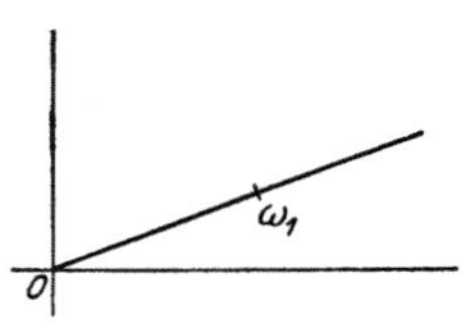

Abb. 40.

Wir wollen nun die *Konstitution der Moduln erster Art* näher studieren und unterscheiden dabei, indem wir den Modul Null beiseite lassen, zwei Fälle:

Fall 1. *Der Modul Ω ist so beschaffen, daß die Punkte des Punktsystems Ω sämtlich auf einer Geraden liegen.*

Da zu diesen Punkten auch der Nullpunkt gehört, so muß die Gerade durch den Nullpunkt hindurchgehen. Auf der einen der beiden Halbgeraden, in welche unsere Gerade durch den Nullpunkt zerlegt wird, betrachten wir denjenigen vom Nullpunkt verschiedenen Punkt ω_1 des Systems Ω, der dem Nullpunkt *zunächst* liegt (Abb. 40). Ein solcher Punkt ω_1 existiert, weil andernfalls der Nullpunkt ein Häufungspunkt von Ω wäre.

Ist nun w ein beliebiger Punkt von Ω, so haben wir

$$w = \omega_1 t$$

(Satz 2, § 1) oder, da wir die reelle Zahl t in die Form $t = m + r$ setzen können, wo m eine ganze Zahl und $0 \leqq r < 1$ ist,

$$w = \omega_1(m + r), \quad w - m\omega_1 = r\omega_1.$$

Da nun $r\omega_1$ ein Punkt von Ω ist, der auf der Strecke $0 \ldots \omega_1$ näher am Nullpunkt als ω_1 liegt, so muß $r\omega_1 = 0$ und also

$$w = m\omega_1$$

sein. *In dem jetzt betrachteten Falle sind also die Zahlen des Moduls Ω die Multipla einer Zahl ω_1.*

Fall 2. *Die Punkte des Moduls erster Art Ω liegen nicht sämtlich auf einer Geraden.*

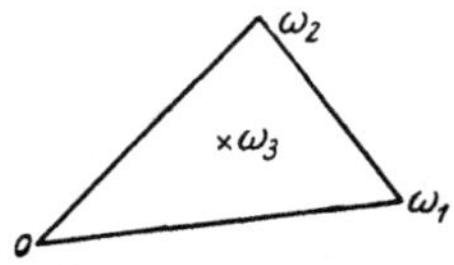

Abb. 41.

In diesem Falle verbinden wir zunächst den Nullpunkt mit einem andern Punkte ω_1 von Ω und wählen einen dritten Punkt ω_2, der nicht auf der Geraden $0 \ldots \omega_1$ liegt (Abb. 41). Im Inneren und auf dem Rande des Dreiecks $0\omega_1\omega_2$ kann es nur endlich viele Punkte des Systems Ω geben, weil sonst ein im Endlichen liegender Häufungspunkt von Ω vorhanden wäre. Wenn nun ω_3 ein weiterer unserem Dreieck angehöriger Punkt von Ω ist, der nicht auf der Geraden $0 \ldots \omega_1$ liegt, so wird das Dreieck $0\omega_1\omega_3$ weniger Punkte von Ω enthalten als das ursprüngliche Dreieck, weil der Punkt ω_2 dem letzteren angehörte. Hieraus folgt, daß wir ein Dreieck von positiver Fläche herstellen können, das außer seinen Ecken keinen Punkt von Ω enthält, und wir wollen annehmen, daß das Dreieck $0\omega_1\omega_2$ schon diese Beschaffenheit hat.

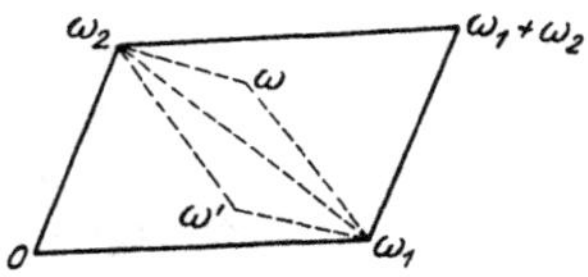

Abb. 42.

Bilden wir nun das Parallelogramm mit den Ecken 0, ω_1, ω_2, $\omega_1 + \omega_2$ (Abb. 42), so sehen wir leicht ein, daß im Inneren und auf dem Rande dieses Parallelogramms, abgesehen von den Ecken, kein Punkt von Ω liegen kann. Von der durch das Dreieck $0\omega_1\omega_2$ gebildeten Hälfte des Parallelogramms ist es von vornherein klar, daß sie keinen weiteren Punkt von Ω enthält. Wäre aber in der anderen Hälfte ein solcher Punkt ω vorhanden, so würde der Punkt

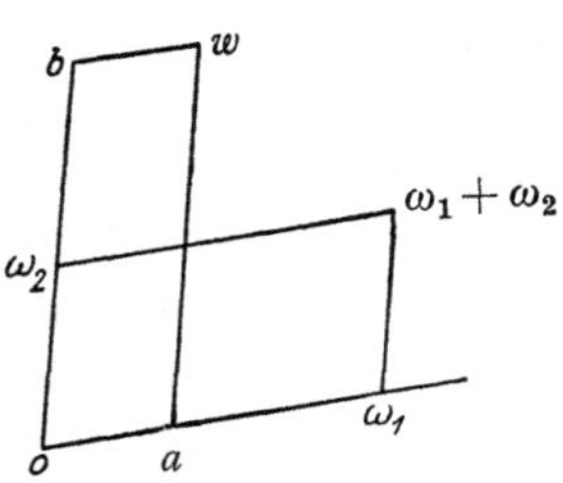

Abb. 43.

$$\omega' = \omega_1 + \omega_2 - \omega,$$

der ebenfalls zu Ω gehört, nach Satz 4, § 1 im Dreieck $0\omega_1\omega_2$ liegen. Außer den Ecken enthält also das Parallelogramm in der Tat keinen Punkt von Ω.

Sei jetzt w ein beliebiger Punkt von Ω. Wir konstruieren das Parallelogramm mit den Ecken $0, a, w, b$, indem wir durch w Parallelen zu $0\omega_1$ und $0\omega_2$ legen (Abb. 43). Nach den Sätzen von § 1 haben wir dann:

$$w = a + b = t_1\omega_1 + t_2\omega_2;$$

dabei bedeuten t_1 und t_2 reelle Zahlen, die wir in die Formen

$$t_1 = m_1 + r_1, \qquad t_2 = m_2 + r_2,$$
$$0 \leqq r_1 < 1, \qquad 0 \leqq r_2 < 1,$$

setzen wollen, wo m_1, m_2 ganze Zahlen bezeichnen. Nun gehört der Punkt

$$w - m_1\omega_1 - m_2\omega_2 = r_1\omega_1 + r_2\omega_2$$

einerseits dem System Ω, andererseits, weil $r_1\omega_1$ auf der Strecke $0 \ldots \omega_1$ und $r_2\omega_2$ auf der Strecke $0 \ldots \omega_2$ liegt, dem Parallelogramme $0, \omega_1, \omega_1 + \omega_2, \omega_2$ an. Daraus folgt aber, daß der Punkt $r_1\omega_1 + r_2\omega_2$ mit der Ecke 0 dieses Parallelogramms zusammenfallen und daher

$$w = m_1\omega_1 + m_2\omega_2 \tag{3}$$

sein muß. *In dem jetzt betrachteten Falle* 2 *sind also alle Zahlen des Moduls* Ω *gemäß Gleichung* (3) *aus den beiden Zahlen* ω_1 *und* ω_2 *abzuleiten.*

Wir wollen noch bemerken, daß die beiden Fälle auch dadurch charakterisiert werden können, daß im Falle 1 je zwei Zahlen des Moduls Ω einen reellen Quotienten besitzen (Satz 3, § 1), während im Falle 2 im Modul Ω zwei solche Zahlen (wie z. B. ω_1 und ω_2) vorhanden sind, deren Quotient nicht reell ist.

Aus den vorhergehenden Untersuchungen folgt nun für die meromorphen periodischen Funktionen:

Satz 5. *Die Perioden einer solchen Funktion $f(u)$, die sich nicht auf eine Konstante reduziert, lassen sich entweder sämtlich aus einer Periode ω_1 ableiten oder aber aus zwei Perioden ω_1 und ω_2, deren Quotient nicht reell ist.*

Der erste Fall, in welchem die Funktion $f(u)$ *einfach periodisch* heißt, liegt z. B. bei der Funktion e^u vor, deren Perioden die sämtlichen Multipla von $2\pi i$ sind. Im zweiten Falle nennen wir $f(u)$ *doppeltperiodisch.* Ein Periodenpaar ω_1, ω_2, aus welchem alle übrigen Perioden von $f(u)$ abgeleitet werden können, bezeichnen wir dann als ein Paar *primitiver* Perioden oder als *Fundamentalperioden* von $f(u)$. Die *Existenz* von doppeltperiodischen meromorphen Funktionen, die den Hauptgegenstand unserer Untersuchungen bilden sollen, wird sich weiterhin ergeben.

§ 3. Das Periodenparallelogramm.

Es sei ω_1, ω_2 ein Paar von Zahlen, deren Quotient nicht reell ist. Wenn nun zwischen irgend zwei komplexen Zahlen u und v die Beziehung

$$v = u + m_1\omega_1 + m_2\omega_2 \quad \text{oder} \quad v - u = m_1\omega_1 + m_2\omega_2$$

besteht, wo m_1 und m_2 ganze Zahlen bezeichnen, so wollen wir sagen, *v sei kongruent u modulis ω_1, ω_2*, und dies symbolisch durch die Schreibweise

$$v \equiv u \quad (\omega_1, \omega_2)$$

andeuten. Wenn ω_1 und ω_2 ein für allemal, wie in diesem Paragraphen, fest bleiben, schreiben wir auch kürzer unter Fortlassung der *Moduln* ω_1, ω_2

$$v \equiv u.$$

Es gelten nun folgende Tatsachen, deren Beweise so einfach sind, daß wir sie übergehen können.

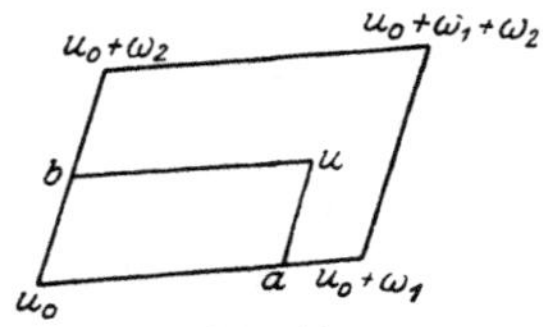

Abb. 44.

1. Es ist für jeden Wert von u

$$u \equiv u.$$

2. Aus $v \equiv u$ folgt $u \equiv v$.
3. Aus $u \equiv v$ und $v \equiv w$ folgt $u \equiv w$.
4. Aus $u \equiv v$ und $u_1 \equiv v_1$ folgt $u + u_1 \equiv v + v_1$.
5. Allgemeiner folgt aus $u \equiv v$ und $u_1 \equiv v_1$, daß $nu + n_1 u_1 \equiv nv + n_1 v_1$ ist, wo n und n_1 irgend zwei ganze Zahlen bedeuten.

Zur Abkürzung werden wir von zwei *Punkten* u und v auch sagen, sie seien *kongruent*, wenn die *Zahlen* u und v kongruent sind.

Wir nehmen nun einen beliebigen Punkt u_0 an und bilden das Parallelogramm mit den Ecken u_0, $u_0 + \omega_1$, $u_0 + \omega_1 + \omega_2$, $u_0 + \omega_2$ (Abb. 44). Dieses soll *das aus ω_1 und ω_2 gebildete Periodenparallelogramm (u_0) heißen.* Zu dem Periodenparallelogramm (u_0) rechnen wir jeden Punkt u, der im Inneren oder auf einer der in u_0 zusammenstoßenden Seiten, exklusive der Endpunkte $u_0 + \omega_1$ bzw. $u_0 + \omega_2$ dieser Seiten, liegt. Da die Punkte des Parallelogramms, die auf den Seiten $u_0 \ldots u_0 + \omega_1$ bzw. $u_0 \ldots u_0 + \omega_2$ liegen, durch

$$a = u_0 + r_1 \omega_1 \text{ bzw. } b = u_0 + r_2 \omega_2$$
$$(0 \leqq r_1 < 1,\ 0 \leqq r_2 < 1)$$

dargestellt werden, so gilt

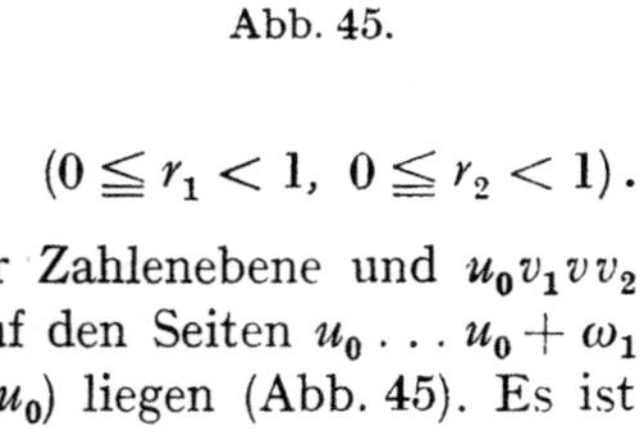

Abb. 45.

Satz 1. *Die Punkte des Periodenparallelogramms (u_0) sind die Punkte*

$$u = u_0 + r_1 \omega_1 + r_2 \omega_2 \qquad (0 \leqq r_1 < 1,\ 0 \leqq r_2 < 1).$$

Es sei jetzt v ein beliebiger Punkt der Zahlenebene und $u_0 v_1 v v_2$ das Parallelogramm, dessen Ecken v_1, v_2 auf den Seiten $u_0 \ldots u_0 + \omega_1$ bzw. $u_0 \ldots u_0 + \omega_2$ des Parallelogramms (u_0) liegen (Abb. 45). Es ist dann

$$v = v_1 + v_2 - u_0 = (u_0 + t_1 \omega_1) + (u_0 + t_2 \omega_2) - u_0$$

oder

$$v = u_0 + m_1 \omega_1 + m_2 \omega_2 + r_1 \omega_1 + r_2 \omega_2,$$

wenn die reellen Zahlen t_1, t_2 auf die Form $t_1 = m_1 + r_1$ bzw. $t_2 = m_2 + r_2$ gebracht werden, wo m_1, m_2 ganze Zahlen sind und $0 \leqq r_1 < 1$, $0 \leqq r_2 < 1$ ist. Hieraus folgt

Satz 2. *Jeder beliebige Punkt v ist einem und offenbar nur einem Punkte*

$$u = u_0 + r_1\omega_1 + r_2\omega_2$$

kongruent, der dem Parallelogramm (u_0) *angehört.*

Wir betrachten jetzt die Punkte

$$u_0,\ u_0 + \omega_1,\ u_0 - \omega_1,\ u_0 + 2\omega_1,\ u_0 - 2\omega_1,\ \ldots,$$

welche ein System äquidistanter Punkte auf einer Geraden g_1, und die Punkte

$$u_0,\ u_0 + \omega_2,\ u_0 - \omega_2,\ u_0 + 2\omega_2,\ u_0 - 2\omega_2,\ \ldots,$$

welche ein ebensolches System auf einer Geraden g_2 bilden. Legen wir durch die ersten Punkte Parallelen zur Geraden g_2, durch die letzten Parallelen zur Geraden g_1, so erhalten wir durch diese Konstruktion die sämtlichen Parallelogramme

$$(u_0 + m_1\omega_1 + m_2\omega_2),$$
$$m_1 = 0,\ \pm 1,\ \pm 2,\ \ldots,$$
$$m_2 = 0,\ \pm 1,\ \pm 2,\ \ldots,$$

und wir sehen, daß diese die u-Ebene einfach und lückenlos überdecken (Abb. 46).

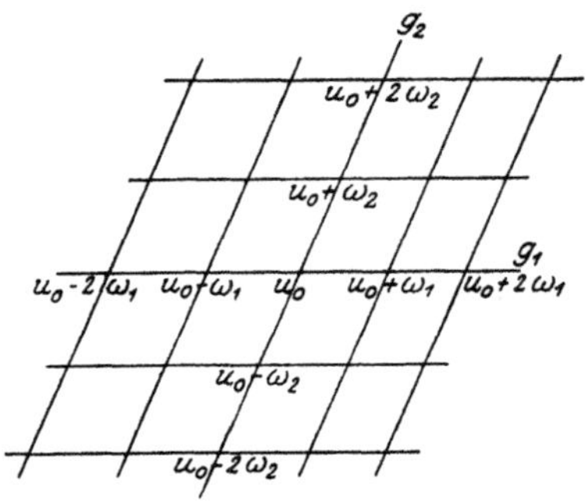

Abb. 46.

Wir wollen nun mit

$$[u]$$

stets das System aller derjenigen Werte $u + m_1\omega_1 + m_2\omega_2$ oder auch derjenigen Punkte, welche diese Werte geometrisch darstellen, bezeichnen, die einem bestimmten u kongruent sind. Dann können wir sagen: *In jedes Parallelogramm unseres Parallelogrammnetzes fällt ein und nur ein Punkt des Systemes* $[u]$.

§ 4. Definition der elliptischen Funktionen. Der Körper K.

Wir wenden uns nun zur Definition der elliptischen Funktionen: *Eine analytische Funktion* $f(u)$ *heißt eine elliptische Funktion, wenn sie erstens meromorph ist und zweitens zwei Perioden* ω_1 *und* ω_2 *besitzt, deren Quotient* $\frac{\omega_2}{\omega_1}$ *nicht reell ist.*

Wir wollen zunächst die beiden Werte ω_1 und ω_2 als fest gegeben annehmen und alle elliptischen Funktionen, welche diese beiden Werte zu Perioden haben, zu einem System K zusammenfassen. Unter dem Zeichen $f(u)$ werden wir bis auf weiteres stets eine Funktion des Systems K verstehen. Das System K besitzt einige einfache wichtige Eigenschaften, die wir hier zusammenstellen.

1. Zu dem System gehört jede Konstante, wenn diese als Funktion von u angesehen wird. Denn jede Konstante besitzt als Periode jeden beliebigen Wert, also auch ω_1 und ω_2.

2. Gleichzeitig mit $f_1(u)$ und $f_2(u)$ gehören auch $f_1(u) + f_2(u)$, $f_1(u) - f_2(u)$, $f_1(u)\, f_2(u)$ und, wenn $f_2(u)$ nicht die Konstante Null ist, $\frac{f_1(u)}{f_2(u)}$ zum System K.

Wir drücken dies kürzer aus, indem wir sagen: Die Funktionen des Systems K bilden einen *Funktionenkörper*. Aus 1. und 2. folgt

3. Jede rationale Funktion von Funktionen $f_1(u), f_2(u), \ldots, f_k(u)$ mit konstanten Koeffizienten ist ebenfalls eine Funktion $f(u)$.

4. Gleichzeitig mit $f(u)$ gehört auch die Ableitung $f'(u)$ zum Körper K.

Denn ist $f(u)$ meromorph, so gilt gleiches von $f'(u)$, und aus

$$f(u + \omega_n) = f(u) \qquad (n = 1, 2)$$

folgt durch Differentiation

$$f'(u + \omega_n) = f'(u).$$

5. Es sei

$$a' \equiv a \quad (\omega_1, \omega_2),$$

d. h. $a' = a + w$, wo $w = m_1\omega_1 + m_2\omega_2$ ist.

Wenn nun a ein Pol von $f(u)$ ist und $g\left(\frac{1}{u-a}\right)$ der zugehörige meromorphe Teil, so ist auch a' ein Pol und $g\left(\frac{1}{u-a'}\right)$ der ihm zugehörige meromorphe Teil.

In der Tat gilt nach Voraussetzung für die Umgebung des Punktes a die Entwicklung

$$f(u) = g\left(\frac{1}{u-a}\right) + \mathfrak{P}(u-a),$$

wo $\mathfrak{P}(u-a)$ eine gewöhnliche Potenzreihe in $u - a$ bedeutet. Liegt nun u in der Umgebung des Punktes a, so liegt $u' = u + w$ in der Umgebung des Punktes $a' = a + w$, zugleich ist $u' - a' = u - a$ und

$$f(u') = f(u + w) = f(u) = g\left(\frac{1}{u'-a'}\right) + \mathfrak{P}(u' - a'),$$

woraus die Behauptung folgt.

6. *In jedem beliebigen Periodenparallelogramm (u_0) hat eine Funktion $f(u)$ nur endlich viele Pole.*

Wären nämlich unendlich viele Pole in (u_0) vorhanden, so hätten diese einen Häufungspunkt, der wesentlich singulär für $f(u)$ wäre; dies widerspricht aber der Voraussetzung, daß $f(u)$ meromorph ist.

Wir wollen uns die Pole von $f(u)$, die im Parallelogramm (u_0) liegen, aufgeschrieben denken und zwar jeden so oft, als seine Multiplizität beträgt. Die Anzahl r der so aufgeschriebenen Pole

$$a_1, a_2, \ldots, a_r$$

heißt der *Grad* der Funktion $f(u)$. Die Systeme

$$[a_1],\ [a_2],\ \ldots,\ [a_r]$$

umfassen dann die Gesamtheit aller Pole von $f(u)$ und zwar jeden Pol so oft, als seine Multiplizität angibt. Greifen wir aus jedem System eine Zahl heraus, so erhalten wir r Zahlen

$$a_1',\ a_2',\ \ldots,\ a_r',$$

von denen wir sagen wollen, daß sie ein *vollständiges System von Polen von* $f(u)$ bilden.

Die Begriffe „Grad" und „vollständiges System von Polen" hängen gemäß dieser Definition noch von der Wahl der Perioden ω_1 und ω_2 ab. Dasselbe gilt von den im folgenden Paragraphen einzuführenden Begriffen.

§ 5. Allgemeine Sätze über die Funktionen $f(u)$.

Wir werden nun eine Reihe von allgemeinen Sätzen beweisen, welche die Grundlage für die Theorie der elliptischen Funktionen bilden.

Satz 1. *Eine Funktion* $f(u)$ *vom Grade* $r = 0$ *ist eine Konstante, oder, anders ausgedrückt, eine elliptische Funktion ohne Pole ist eine Konstante.*

Wenn $f(u)$ keinen Pol besitzt, so hat $|f(u)|$ ein *endliches Maximum* g, falls u alle Lagen im Periodenparallelogramm annimmt. Da $f(u)$ für *beliebiges* u keine anderen Werte annimmt als die, welche den Punkten u des Periodenparallelogramms entsprechen, so gilt also für *jedes* endliche Argument u die Ungleichung

$$|f(u)| \leqq g,$$

woraus nach dem Liouvilleschen Satze[1] folgt, daß die ganze Funktion $f(u)$ sich auf eine Konstante reduziert.

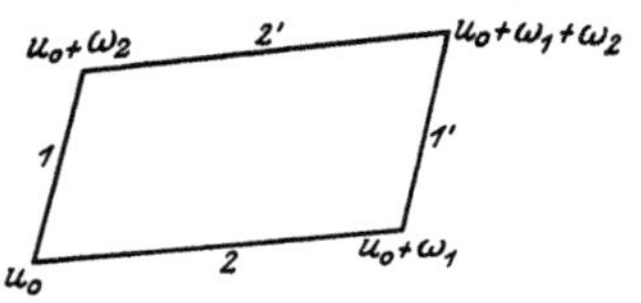

Abb. 47.

Ehe wir zur Ableitung weiterer Sätze schreiten, die alle aus dem Cauchyschen Integralsatze folgen werden, schicken wir folgendes voraus. Wir dürfen und wollen voraussetzen, daß das Parallelogramm (u_0) in positivem Sinne umlaufen wird, wenn wir seine Seiten in der Folge 2, 1′, 2′, 1 durchlaufen (Abb. 47). Denn falls dies nicht zutrifft, so können wir es durch Vertauschung von ω_1 mit ω_2 erreichen, also durch eine einfache Abänderung der Bezeichnung.

Es sei $\varphi(u)$ eine auf dem Rande von (u_0) reguläre Funktion; dann setzt sich das positiv um (u_0) erstreckte Integral von $\varphi(u)$ zusammen aus den durch die Seiten 2, 1′, 2′, 1 erstreckten Integralen. Nun durchläuft $u + \omega_1$ die Seite 1′, wenn u die Seite 1 durchläuft, und $u + \omega_2$

[1] Vgl. Abschn. I, Kap. 3, § 8.

die Seite 2′, wenn u die Seite 2 durchläuft. Daher ist das erwähnte Integral in leicht verständlicher Bezeichnungsweise durch die Formel

$$(1)\quad \int\limits_{(u_0)} \varphi'(u)\,du = \int\limits_{1} \{\varphi(u+\omega_1) - \varphi(u)\}\,du - \int\limits_{2} \{\varphi(u+\omega_2) - \varphi(u)\}\,du$$

darstellbar, wobei das Integral durch die Seite 1 in der Richtung von u_0 nach $u_0 + \omega_2$, durch die Seite 2 in der Richtung von u_0 nach $u_0 + \omega_1$ zu nehmen ist.

Wir identifizieren zunächst $\varphi(u)$ mit einer Funktion $f(u)$, wobei wir durch passende Wahl von u_0 dafür sorgen, daß kein Pol von $f(u)$ auf den Rand des Parallelogramms (u_0) fällt. Die Integrale der rechten Seite der Formel (1) verschwinden jetzt, da $f(u)$ die Perioden ω_1 und ω_2 hat. Das Integral der linken Seite ist, abgesehen vom Faktor $2\pi i$, die Summe der Residuen der verschiedenen Pole von $f(u)$, die im Inneren des Parallelogramms (u_0) liegen. Man erkennt so die Richtigkeit von

Satz 2. *Die Summe der Residuen für die irgend einem Periodenparallelogramm angehörenden verschiedenen Pole einer Funktion $f(u)$ ist Null.*

Hieraus folgt sofort

Satz 3. *Eine Funktion $f(u)$ vom Grade $r = 1$ kann nicht existieren.*

Denn besäße $f(u)$ nur einen Pol erster Ordnung a im Parallelogramm (u_0), so würde der zugehörige meromorphe Teil $\frac{C}{u-a}$ lauten, wo das Residuum $C \neq 0$ ist. Nach Satz 2 müßte aber, im Widerspruch dazu, $C = 0$ sein.

Der nächste Satz erfordert eine Vorbemerkung. Bezeichnet u_1 eine Lösung der Gleichung

$$(2)\qquad f(u) = c,$$

wobei $f(u)$ eine *nicht konstante* in der Umgebung der Stelle u_1 reguläre Funktion ist, so besteht für diese Umgebung eine Potenzreihenentwicklung von der Gestalt

$$(3)\qquad f(u) - c = A\,(u - u_1)^k + \cdots \qquad (A \neq 0),$$

in welcher k eine natürliche Zahl ist. Die Stelle u_1 wird dann k mal als Lösung der Gleichung (2) gezählt, oder, anders ausgedrückt, u_1 wird als Lösung von (2) mit der *Vielfachheit* k gerechnet. — Diese Definition stimmt offenbar im Spezialfall $c = 0$ mit der früheren Definition der Vielfachheit einer Nullstelle (Abschn. I, Kap. 5, § 9) überein.

Im Sinne dieser Bezeichnungsweise gilt der

Satz 4. *Es sei $f(u)$ eine Funktion von einem Grade $r \geqq 2$ und c ein gegebener endlicher Wert. Dann gibt es in jedem Parallelogramm (u_0) genau r Stellen, an welchen $f(u)$ den Wert c annimmt.*

Eine Funktion $f(u)$ wird also nach diesem Satze in einem Periodenparallelogramm genau so oft gleich einem vorgeschriebenen endlichen

Werte c, als sie den Wert ∞ annimmt. Der Satz 4 ist eigentlich ein spezieller Fall des Residuensatzes 2 und entsteht aus diesem, wenn wir ihn auf die Funktion

$$\frac{d}{d\,u}\log\{f(u)-c\}=\frac{f'(u)}{f(u)-c}$$

anwenden. Man wähle nun den Punkt u_0 so, daß die meromorphe Funktion $f(u)-c$ auf dem Rande des Periodenparallelogramms (u_0) weder verschwindet noch Pole hat. Dies läßt sich, nötigenfalls durch eine kleine Verschiebung, stets erreichen. Nach Formel (1) verschwindet dann der Ausdruck $\frac{1}{2\pi i}\int\limits_{(u_0)}\frac{f'(u)}{f(u)-c}\,du$. Andrerseits stellt er aber die Differenz zwischen der Anzahl der Nullstellen und der Anzahl r der Unendlichkeitsstellen von $f(u)-c$ vor, die im Parallelogramme (u_0) liegen[1].

Der Satz 4 besagt also, daß die Gleichung (2), in der $f(u)$ nunmehr unsre elliptische Funktion bedeutet, genau r Lösungen

$$u_1,\,u_2,\,\ldots,\,u_r \tag{4}$$

im einzelnen Periodenparallelogramm zuläßt, wenn wir in die Reihe (4) jede einzelne Lösung so oft aufnehmen, als ihre Vielfachheit beträgt.

Im allgemeinen werden die Stellen (4) untereinander verschieden, also jede Lösung u_i von der Vielfachheit 1 sein. Fragen wir nämlich nach denjenigen Werten c, für welche in der Gleichung (3) der Exponent $k>1$ ausfällt, so ist hierfür notwendig und hinreichend, daß außer $f(u_1)=c$ auch noch

$$f'(u_1)=0$$

gilt. Wir erhalten also die gesuchten Werte c, indem wir die voneinander verschiedenen Nullstellen der elliptischen Funktion $f'(u)$ im Parallelogramme (u_0) aufsuchen. Sind dieselben die Stellen

$$v_1,\,v_2,\,\ldots,\,v_\lambda,$$

wobei ihre Anzahl höchstens so groß ist wie der Grad der Funktion $f'(u)$, so sind die fraglichen Werte von c die Werte

$$f(v_1)=c_1\,,\quad f(v_2)=c_2,\;\ldots,\;f(v_\lambda)=c_\lambda.$$

Die Anzahl der Werte von c, für welche in der zugehörigen Reihe (4) ein und derselbe Wert mehr als einmal auftritt, ist also höchstens gleich dem Grade der Funktion $f'(u)$.

In dem speziellen Falle $c=0$ besagt der Satz 4, daß eine Funktion $f(u)$ vom Grade r in jedem Parallelogramm (u_0) genau r Nullstellen besitzt, vorausgesetzt, daß jede Nullstelle mit ihrer Vielfachheit gezählt wird.

---

[1] Vgl. Abschn. I, Kap. 5, § 9.

Wir wollen nun wieder unter $f(u)$ eine beliebige Funktion vom Grade $r \geqq 2$ verstehen. Es gilt dann der wichtige

Satz 5. *Bezeichnen $b_1, b_2, \ldots, b_r$ die Nullstellen, $a_1, a_2, \ldots, a_r$ die Pole von $f(u)$ in einem Periodenparallelogramm (u_0), so besteht die Kongruenz*

$$b_1 + b_2 + \cdots + b_r \equiv a_1 + a_2 + \cdots + a_r \quad (\omega_1, \omega_2). \tag{5}$$

Beim Beweise dürfen wir wieder annehmen, daß keine der Nullstellen und keiner der Pole auf dem Rand des Parallelogramms (u_0) liegt. Wenn wir

$$\varphi(u) = u\,\frac{f'(u)}{f(u)}$$

setzen, so ist $\varphi(u)$ eine Funktion, die im Parallelogramm (u_0) nur die Punkte b_i und a_i zu Polen besitzt. Nach dem Residuensatz ist daher

$$\frac{1}{2\pi i}\int\limits_{(u_0)} \varphi(u)\,du = \sum_{b_n} r[\varphi(u)] + \sum_{a_n} r[\varphi(u)], \tag{6}$$

wo die Summen über die voneinander verschiedenen Punkte b_n bzw. a_n zu erstrecken sind.

Ist nun b irgendeiner der Punkte b_n und k seine Multiplizität als Nullstelle von $f(u)$, so ist für die Umgebung des Punktes b:

$$\varphi(u) = \{b + (u-b)\}\,\frac{k\,(u-b)^{k-1}c + \cdots}{(u-b)^k c + \cdots} = \frac{kb}{u-b} + \mathfrak{P}(u-b),$$

also kb das zugehörige Residuum. Ebenso findet sich für das Residuum von $\varphi(u)$ an einer der Stellen a_n, etwa a, der Wert $-k'a$, wenn k' die Vielfachheit von a als Pol von $f(u)$ bedeutet. Demnach ist die rechte Seite der Gleichung (6)

$$\Sigma\, kb - \Sigma\, k'a = b_1 + b_2 + \cdots + b_r - (a_1 + a_2 + \cdots + a_r). \tag{7}$$

Andererseits ist nach Formel (1) wegen

$$\begin{aligned}\varphi(u+\omega_n) - \varphi(u) &= (u+\omega_n)\frac{f'(u+\omega_n)}{f(u+\omega_n)} - u\frac{f'(u)}{f(u)}\\ &= \{(u+\omega_n) - u\}\frac{f'(u)}{f(u)} = \omega_n\frac{f'(u)}{f(u)} \qquad (n = 1, 2)\end{aligned}$$

das Integral (6) gleich

$$\frac{1}{2\pi i}\,\omega_1\int\limits_{u_0}^{u_0+\omega_2}\frac{f'(u)}{f(u)}\,du - \frac{1}{2\pi i}\,\omega_2\int\limits_{u_0}^{u_0+\omega_1}\frac{f'(u)}{f(u)}\,du, \tag{8}$$

wobei die Integrale geradlinig zu nehmen sind. Die hier auftretenden Integrale sind nun Vielfache von $2\pi i$. Denn z. B. ist

$$\int\limits_{u_0}^{u_0+\omega_2}\frac{f'(u)}{f(u)}\,du = \int\limits_{u_0}^{u_0+\omega_2} d\log f(u)$$

der stetige Zuwachs, den $\log f(u)$ erfährt, wenn u geradlinig von u_0 bis $u_0 + \omega_2$ wandert. Dabei beschreibt aber, weil $f(u + \omega_2) = f(u)$ ist, der Punkt $f(u)$ einen *geschlossenen* Weg, auf welchem $\log f(u)$ also um ein Multiplum von $2\pi i$ wächst oder abnimmt.

Der Ausdruck (8) hat daher die Gestalt

$$m_1\omega_1 + m_2\omega_2, \tag{9}$$

wo m_1 und m_2 ganze Zahlen bedeuten. Der Vergleich von (6), (7) und (9) gibt die Kongruenz (5).

Wir wollen den Satz 5 noch in eine andere Form bringen, indem wir ihn zugleich etwas verallgemeinern.

Zunächst setzen wir folgendes fest:

Sind $a_1, a_2, \ldots, a_r$ die Pole der Funktion $f(u)$, die in einem Parallelogramm (u_0) liegen, oder auch ein vollständiges System von Polen der Funktion $f(u)$, so nennen wir jede Zahl s, welche die Kongruenz

$$s \equiv a_1 + a_2 + \cdots + a_r \quad (\omega_1, \omega_2)$$

befriedigt, Polsumme der Funktion $f(u)$.

Die Polsumme einer Funktion $f(u)$ ist demnach nur bis auf eine additive Periode bestimmt.

Es seien ferner $u_1, u_2, \ldots, u_r$ die in einem Periodenparallelogramm (u_0) gelegenen Nullstellen von $f(u) - c$, wobei c einen gegebenen endlichen Wert bedeutet. Die Wertsysteme

$$[u_1],\ [u_2],\ \ldots,\ [u_r]$$

umfassen dann *alle* Werte von u, welche der Gleichung

$$f(u) = c \tag{10}$$

genügen. Entnehmen wir diesen Wertsystemen je einen Wert, so erhalten wir r Werte

$$u_1',\ u_2',\ \ldots,\ u_r', \tag{11}$$

die wir ein *vollständiges System von Lösungen* der Gleichung (10) nennen wollen.

Wenden wir den Satz 5 auf die Funktion $f(u) - c$ an, so erhalten wir leicht den

Satz 6. *Ist $f(u)$ eine Funktion vom Grade r und bilden die Zahlen* (11) *ein vollständiges System von Lösungen der Gleichung* (10), *so gilt die Kongruenz*

$$u_1' + u_2' + \cdots + u_r' \equiv s\ (\omega_1, \omega_2),$$

wo s die Polsumme von $f(u)$ bezeichnet.

§ 6. Die Funktion $\wp(u)$.

Wir wollen das Periodenparallelogramm (u_0) so wählen, daß der Nullpunkt in sein Inneres fällt. Unter den nicht konstanten Funktionen $f(u)$ werden wir diejenigen von möglichst niedrigem Grade, also vom Grade $r = 2$, als die einfachsten zu betrachten haben. *Wir wollen nun versuchen, eine derartige Funktion zu bilden, die im Parallelogramm* (u_0) *nur den einen Doppelpol* $u = 0$ *mit dem zugehörigen meromorphen Teil* $\frac{1}{u^2} + \frac{c}{u}$ *besitzt.* Nach dem Residuensatze 2 des vorigen Paragraphen muß $c = 0$ sein, so daß die Entwicklung der herzustellenden Funktion für die Umgebung der Stelle $u = 0$ die Form

$$f(u) = \frac{1}{u^2} + \mathfrak{P}(u)$$

besitzen muß. Hieraus folgt leicht, daß die Funktion $f(u)$, wenn sie überhaupt existiert, bis auf eine additive Konstante bestimmt ist. Denn ist $f_1(u)$ eine Funktion von derselben Beschaffenheit wie $f(u)$, so hat die Differenz $f_1(u) - f(u)$ den Nullpunkt nicht mehr zum Pol und daher im Parallelogramm (u_0) überhaupt keinen Pol. Nach Satz 1 des vorigen Paragraphen ist daher in der Tat notwendig

$$f_1(u) = f(u) + C.$$

Die Konstante C kann, und zwar nur auf eine Weise, so gewählt werden, daß in der Potenzreihe, welche $f_1(u)$ in der Umgebung der Stelle $u = 0$ darstellt, das konstante Glied fehlt.

Wenn es also überhaupt eine Funktion $\wp(u)$ nach Art der gesuchten gibt, so ist sie vollkommen bestimmt durch folgende Eigenschaften: Sie ist eine elliptische Funktion zweiten Grades und besitzt in der Umgebung der Stelle $u = 0$ eine Entwicklung der Gestalt

$$\wp(u) = \frac{1}{u^2} + u\,\mathfrak{P}(u),$$

wo $\mathfrak{P}(u)$ eine Potenzreihe bezeichnet.

Die Gesamtheit der Pole von $\wp(u)$ wird durch das System [0] aller Periodenpunkte

(1) $$w = m_1\omega_1 + m_2\omega_2$$

gebildet, und dem Pole w wird nach § 4 der meromorphe Teil $\frac{1}{(u-w)^2}$ entsprechen, da der zu w kongruenten Stelle 0 der meromorphe Teil $\frac{1}{u^2}$ zukommt.

Wir werden durch diese Bemerkung darauf geführt, zu versuchen, die Funktion $\wp(u)$ mit Hilfe des Mittag-Lefflerschen Satzes herzustellen. Zuvor haben wir aber noch den folgenden Satz zu beweisen:

Die Summe

$$S = \sum{}' \frac{1}{|w|^3}$$

konvergiert.

Dabei ist die Summe über alle Perioden (1) zu erstrecken mit Ausnahme der Periode Null, was durch das an das Summenzeichen gesetzte Komma angedeutet werden soll.

Wir betrachten diejenigen Punkte w, für welche

$$n \leqq |w| < n + 1 \tag{2}$$

ist, wo n eine natürliche Zahl bedeutet, und setzen

$$S_n = \sum \frac{1}{|w|^3}; \tag{3}$$

dabei soll die Summe über die betrachteten Punkte erstreckt werden. Nun schätzen wir die Anzahl dieser Punkte folgendermaßen ab. Es sei 2ε eine positive Zahl, die kleiner ist als der Abstand des Nullpunktes von jedem anderen Periodenpunkte w. Dann ist auch

$$2\,\varepsilon < |w_1 - w_2|,$$

d. h. kleiner als der Abstand zweier verschiedener Periodenpunkte w_1 und w_2. Wenn wir also um jeden Periodenpunkt als Mittelpunkt einen Kreis mit dem Radius ε beschreiben, so liegen diese Kreise ganz außereinander. Die Punkte w, welche der Bedingung (2) genügen und deren Anzahl A_n heißen möge, gehören dem Kreisring an, der durch die Kreise mit dem Mittelpunkt Null und den Radien n und $n+1$ begrenzt wird. Ist zunächst $A_n > 0$, d. h. gibt es mindestens einen Punkt w mit der Eigenschaft (2), so folgt für jeden solchen Punkt: $2\varepsilon < |w| < n + 1$, $\varepsilon < \frac{n+1}{2}$, $n - \varepsilon > \frac{n-1}{2} \geqq 0$, so daß $n - \varepsilon$ noch positiv ist. Die um die A_n Punkte w mit dem Radius ε beschriebenen Kreise liegen daher ganz in dem Kreisring mit dem Mittelpunkt Null und den Radien $n - \varepsilon$ und $n + 1 + \varepsilon$ und bedecken also eine Fläche, die kleiner ist als die Fläche dieses Kreisringes. Daher ist

$$A_n \varepsilon^2 \pi < (n + 1 + \varepsilon)^2 \pi - (n - \varepsilon)^2 \pi$$

oder

$$A_n < \frac{1 + 2\,\varepsilon}{\varepsilon^2} (2\,n + 1) \leqq \frac{1 + 2\,\varepsilon}{\varepsilon^2} \cdot 3\,n = k\,n,$$

wo k zur Abkürzung für die feste Zahl $3 \frac{1 + 2\,\varepsilon}{\varepsilon^2}$ steht. Diese Abschätzung

$$A_n < kn$$

gilt trivialerweise auch im Falle $A_n = 0$.

Nun folgt für die Summe (3)

$$S_n \leqq A_n \cdot \frac{1}{n^3} < k\,n \cdot \frac{1}{n^3} = \frac{k}{n^2},$$

und die Summe

$$S_1 + S_2 + S_3 + \cdots + S_n + \cdots$$

ist daher konvergent; folglich auch die Summe S, weil alle Glieder von S, abgesehen von den endlich vielen, für die etwa $|w| < 1$ sein sollte, in den Summen S_n auftreten.

Zufolge des eben bewiesenen Satzes stellt nun nach dem Mittag-Lefflerschen Theorem (vgl. Abschn. I, Kap. 6, § 3 und § 5) die unendliche Reihe

$$(4) \qquad \zeta(u) = \frac{1}{u} + \sum{}' \left(\frac{1}{u-w} + \frac{1}{w} + \frac{u}{w^2} \right) = \frac{1}{u} + \sum{}' \frac{u^2}{(u-w)\,w^2}$$

eine meromorphe Funktion mit den meromorphen Teilen $\frac{1}{u-w}$ vor. Wir sehen jetzt leicht ein, daß

$$(5) \qquad \wp(u) = -\zeta'(u) = \frac{1}{u^2} + \sum{}' \left(\frac{1}{(u-w)^2} - \frac{1}{w^2} \right)$$

allen Bedingungen, die wir für die gesuchte Funktion gestellt haben, genügt.

Zunächst hat $\wp(u)$ die Punkte w zu Polen mit den richtigen meromorphen Teilen. Weitere singuläre Punkte sind nicht vorhanden. Ferner hat $\wp(u) - \frac{1}{u^2}$ den Limes Null für $u \to 0$, weil die Summe in (5) für $u = 0$ verschwindet. Es bleibt zu zeigen, daß $\wp(u)$ die Perioden ω_1 und ω_2 besitzt. Zu dem Ende bilden wir

$$\wp'(u) = -\frac{2}{u^3} - 2\sum{}' \frac{1}{(u-w)^3} = -2\sum \frac{1}{(u-w)^3},$$

wo die Summe ohne Komma über die Gesamtheit aller Perioden $w = m_1\omega_1 + m_2\omega_2$ $(m_1, m_2 = 0, \pm 1, \pm 2, \ldots)$ zu erstrecken ist. Daß die gliedweise ausgeführte Differentiation der rechten Seite von (5) die Ableitung von $\wp(u)$ ergibt, folgt aus dem Weierstraßschen Summensatz. Nun ist

$$\wp'(u + \omega_1) = -2\sum \frac{1}{\{u - (w - \omega_1)\}^3} = -2\sum \frac{1}{(u-w)^3},$$

weil

$$w - \omega_1 = (m_1 - 1)\,\omega_1 + m_2\omega_2$$

ebenfalls alle Perioden durchläuft. Es ist also

$$\wp'(u + \omega_1) = \wp'(u);$$

und hieraus folgt durch Integration

$$(6) \qquad \wp(u + \omega_1) = \wp(u) + c_1,$$

wo c_1 eine Konstante bedeutet. Nun ist $\wp(u)$ eine gerade Funktion. Denn nach (5) ist

$$\wp(-u) = \frac{1}{u^2} + \sum{}' \left(\frac{1}{(u+w)^2} - \frac{1}{w^2} \right) = \frac{1}{u^2} + \sum{}' \left(\frac{1}{(u-w)^2} - \frac{1}{w^2} \right) = \wp(u),$$

da $-w$ dieselben Werte wie $+w$ durchläuft. Setzen wir zur Bestimmung von c_1 in (6) $u = -\frac{\omega_1}{2}$, so folgt

$$\wp\left(\frac{\omega_1}{2}\right) = \wp\left(-\frac{\omega_1}{2}\right) + c_1 = \wp\left(\frac{\omega_1}{2}\right) + c_1$$

und also $c_1 = 0$. Wir haben daher

$$\wp(u + \omega_1) = \wp(u);$$

und ebenso folgt

$$\wp(u + \omega_2) = \wp(u).$$

Die Funktion $\wp(u)$, die tatsächlich alle geforderten Eigenschaften besitzt, wollen wir die *Weierstraßsche $\wp$-Funktion* nennen, weil sie von WEIERSTRASZ der Theorie der elliptischen Funktionen zugrundegelegt wurde.

Aus dem vorhergehenden Paragraphen folgt sogleich eine Reihe von Sätzen über die Funktion $\wp(u)$, die wir hier zusammenstellen.

Satz 1. *Als Polsumme von $\wp(u)$ kann $s = 0$ genommen werden.*

Denn die Pole a_1 und a_2, die $\wp(u)$ in unserem Periodenparallelogramm (u_0) besitzt, sind beide Null.

Satz 2. *Die Lösungen der Gleichung $\wp(u) = c$, wo c einen gegebenen Wert bedeutet, bilden zwei Systeme $[u']$ und $[u'']$, und es ist $u' + u'' \equiv 0$ (ω_1, ω_2).*

Dies folgt aus Satz 6 von § 5. Wenn wir eines der beiden Systeme, etwa $[u']$, kennen, so wird, da $u'' \equiv -u'$ (ω_1, ω_2) ist, das andere das System $[-u']$ sein.

Satz 3. *Die Gleichung*

$$\wp(u) = \wp(v) \tag{7}$$

besteht dann und nur dann, wenn

$$u \equiv v\ (\omega_1, \omega_2) \quad \textit{oder} \quad u \equiv -v\ (\omega_1, \omega_2) \tag{8}$$

ist.

Denken wir uns nämlich in (7) das Argument v als fest gegeben, u als ein zu bestimmendes Argument, so gehört u nach Satz 2 einem von zwei Systemen untereinander kongruenter Werte an. Das eine dieser beiden Systeme ist offenbar das System $[v]$, und folglich ist $[-v]$ das andere; d. h. u muß einer der Kongruenzen (8) genügen.

Wir wollen jetzt untersuchen, für welche Werte von v die beiden Lösungssysteme $[v]$ und $[-v]$ der Gleichung (7) zusammenfallen. Hierzu ist notwendig und hinreichend, daß

$$v \equiv -v \quad \text{oder} \quad 2v \equiv 0\ (\omega_1, \omega_2)$$

ist. Es muß also $2v = m_1\omega_1 + m_2\omega_2$ oder

$$v = \frac{m_1\omega_1 + m_2\omega_2}{2},$$

die Hälfte einer Periode, sein. Da nun

$$m_1 = 2\,m_1' + \varepsilon_1, \quad m_2 = 2\,m_2' + \varepsilon_2$$

gesetzt werden kann, wo m_1', m_2' ganze Zahlen, ε_1 und ε_2 je einen der beiden Werte 0 und 1 bezeichnen, so kommt

$$v = m_1'\,\omega_1 + m_2'\,\omega_2 + \frac{\varepsilon_1\,\omega_1 + \varepsilon_2\,\omega_2}{2};$$

d. h. die gesuchten Werte von v sind einer der Zahlen

$$(9) \qquad 0, \quad \frac{\omega_1}{2}, \quad \frac{\omega_1 + \omega_2}{2}, \quad \frac{\omega_2}{2}$$

kongruent. Während für $v = 0$ der zugehörige Wert der $\wp$-Funktion ∞ ist, entsprechen den drei anderen Zahlen (9) drei *endliche* Funktionswerte, die wir mit

$$\wp\left(\frac{\omega_1}{2}\right) = e_1, \quad \wp\left(\frac{\omega_1 + \omega_2}{2}\right) = e_2, \quad \wp\left(\frac{\omega_2}{2}\right) = e_3$$

bezeichnen wollen. Bedeutet c einen endlichen Wert, so sind also die Lösungen der Gleichung

$$\wp(u) - c = 0$$

von der Multiplizität zwei, wenn c mit einer der Zahlen e_1, e_2, e_3 zusammenfällt. Hieraus folgt, daß die Gleichung

$$\wp'(u) = 0$$

für $u = \frac{\omega_1}{2}, \frac{\omega_1 + \omega_2}{2}, \frac{\omega_2}{2}$ erfüllt ist. Diese Punkte fallen, wenn wir den Punkt u_0 genügend dicht beim Nullpunkt annehmen, in unser Parallelogramm (u_0) und bilden mit dem Nullpunkt die Ecken eines Parallelogramms (Abb. 48).

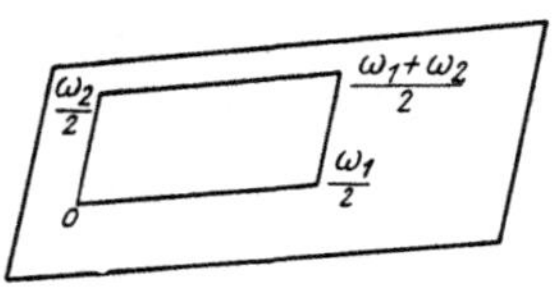

Abb. 48.

Aus Satz 3 ergibt sich noch, daß die Werte e_1, e_2, e_3 *untereinander verschieden* sind. Das läßt sich auch so erschließen: Wäre z. B. $e_1 = e_3$, so würde die Funktion *zweiten* Grades

$$\wp(u) - e_1 = \wp(u) - e_3$$

im Periodenparallelogramm *vier* Nullstellen, nämlich die Stellen $\frac{\omega_1}{2}$ und $\frac{\omega_2}{2}$, jede doppelt gezählt, besitzen; und das wäre ein Widerspruch.

§ 7. Die Differentialgleichung von $\wp(u)$.

Die Funktion $\wp'(u)$ hat in der Umgebung der Stelle $u = 0$ die Entwicklung

$$\wp'(u) = -\frac{2}{u^3} + \mathfrak{P}(u),$$

hat also die Stelle $u = 0$ zum *dreifachen* Pol, während sie im Periodenparallelogramm (u_0) sonst überall regulär ist. Es ist daher $\wp'(u)$ eine

Funktion vom Grade $r = 3$ und muß folglich im Periodenparallelogramm auch genau *dreimal* verschwinden. Nach dem vorigen Paragraphen sind die drei Nullstellen von $\wp'(u)$ die Punkte

$$u = \frac{\omega_1}{2}, \quad \frac{\omega_1 + \omega_2}{2}, \quad \frac{\omega_2}{2},$$

an denen $\wp'(u)$ demnach *einfach* Null wird. In diesen Punkten werden bzw.

$$\wp(u) - e_1, \quad \wp(u) - e_2, \quad \wp(u) - e_3$$

je *doppelt* verschwinden.

Vergleichen wir nun die Pole und Nullstellen von $\wp'(u)$, nämlich:

$$\text{Pole: } 0,\ 0,\ 0, \text{ Nullstellen: } \frac{\omega_1}{2}, \quad \frac{\omega_1 + \omega_2}{2}, \quad \frac{\omega_2}{2},$$

mit denen von

$$f(u) = (\wp(u) - e_1)(\wp(u) - e_2)(\wp(u) - e_3),$$

nämlich:

$$\text{Pole: } 0, 0, 0, 0, 0, 0, \text{ Nullstellen: } \frac{\omega_1}{2}, \frac{\omega_1}{2}, \frac{\omega_1 + \omega_2}{2}, \frac{\omega_1 + \omega_2}{2}, \frac{\omega_2}{2}, \frac{\omega_2}{2},$$

so sehen wir, daß der Quotient

$$Q = \frac{\wp'^2(u)}{f(u)}$$

im Periodenparallelogramm (u_0) *nirgends* unendlich wird, da der Zähler dieselben Pole und Nullstellen in derselben Vielfachheit wie der Nenner besitzt. Folglich ist der Quotient eine Funktion vom Grade $r = 0$ und also eine Konstante. In der Umgebung der Stelle $u = 0$ haben wir die Entwicklungen

$$\wp'^2(u) = \frac{4}{u^6} + \cdots, \quad f(u) = \frac{1}{u^6} + \cdots.$$

Tragen wir diese in den Quotienten Q ein und lassen dann u in Null übergehen, so erhalten wir den Wert $Q = 4$, und da Q, wie wir wissen, eine Konstante ist, so folgt

$$\wp'^2(u) = 4 f(u);$$

d. h.

Satz 1. *Die Funktion $\wp(u)$ befriedigt die Differentialgleichung*

$$\wp'^2(u) = 4(\wp(u) - e_1)(\wp(u) - e_2)(\wp(u) - e_3). \tag{1}$$

Wir wollen diese wichtige Differentialgleichung noch in einer anderen Form ableiten.

Zunächst betrachten wir die Entwicklung der Funktion $\wp(u)$ an der Stelle $u = 0$ etwas näher. Für

$$\zeta(u) = \frac{1}{u} + \sum{}'\left(\frac{1}{u - w} + \frac{1}{w} + \frac{u}{w^2}\right) = \frac{1}{u} - \sum{}'\left(\frac{u^2}{w^3} + \frac{u^3}{w^4} + \cdots\right)$$

erhalten wir die Entwicklung

$$\zeta(u) = \frac{1}{u} - G_3 u^2 - G_4 u^3 - \cdots - G_n u^{n-1} - \cdots,$$

wenn wir zur Abkürzung

$$G_n = \sum' \frac{1}{w^n} = \sum' \frac{1}{(m_1\omega_1 + m_2\omega_2)^n} \qquad (n = 3, 4, \ldots)$$

setzen. Die Summe G_n ändert sich nicht, wenn wir $-w$ statt w schreiben. Für ein ungerades n ist folglich

$$G_n = \sum' \frac{1}{(-w)^n} = -\sum' \frac{1}{w^n} = -G_n$$

und also $G_n = 0$. Daher können wir die Entwicklung von $\zeta(u)$ in der Form ansetzen:

(2) $$\zeta(u) = \frac{1}{u} - c_2\frac{u^3}{3} - c_3\frac{u^5}{5} - \cdots - c_n\frac{u^{2n-1}}{2n-1} - \cdots,$$

wobei die Koeffizienten c_n die Werte

(3) $$c_n = (2n-1)\sum' \frac{1}{w^{2n}} \qquad (n = 2, 3, 4, \ldots)$$

haben.

Demnach lautet die Entwicklung von $\wp(u)$ um den Nullpunkt:

(4) $$\wp(u) = -\zeta'(u) = \frac{1}{u^2} + c_2u^2 + c_3u^4 + \cdots + c_nu^{2n-2} + \cdots,$$

wobei die Koeffizienten c_n gemäß (3) von den Perioden ω_1, ω_2 abhängen.

Nun folgt aus (4)

$$\wp'(u) = -\frac{2}{u^3} + 2c_2u + 4c_3u^3 + \cdots$$

und, wenn wir die Entwicklungen immer bis zu den von u unabhängigen Gliedern fortsetzen,

$$\wp'^2(u) = \frac{4}{u^6} - \frac{8c_2}{u^2} - 16c_3 + \cdots,$$

$$\wp^3(u) = \frac{1}{u^6} + \frac{3c_2}{u^2} + 3c_3 + \cdots,$$

$$\wp'^2(u) - 4\wp^3(u) = -\frac{20c_2}{u^2} - 28c_3 + \cdots$$

und schließlich

(5) $$\wp'^2(u) - 4\wp^3(u) + 20c_2\wp(u) = -28c_3 + \cdots.$$

Die links stehende elliptische Funktion kann im Periodenparallelogramm (u_0) höchstens den Pol $u = 0$ haben. Tatsächlich hat sie aber gemäß (5) den Punkt $u = 0$ nicht zum Pol. Nach § 5, Satz 1 ist unsere Funktion daher eine Konstante, deren Wert sich aus (5) zu $-28c_3$ ergibt. Es ist also für alle Werte von u

$$\wp'^2(u) - 4\wp^3(u) + 20c_2\wp(u) = -28c_3.$$

Führen wir noch im Anschluß an Weierstrasz die Bezeichnungen ein:

(6) $$g_2 = 20c_2 = 60\sum' \frac{1}{w^4}, \qquad g_3 = 28c_3 = 140\sum' \frac{1}{w^6},$$

so haben wir demnach den

Satz 2. *Die Funktion $\wp(u)$ genügt der Differentialgleichung*

$$\wp'^2 = 4\wp^3 - g_2\wp - g_3. \tag{7}$$

Dabei ist der Kürze halber $\wp$ für $\wp(u)$ und $\wp'$ für $\wp'(u)$ geschrieben. Die Konstanten g_2 und g_3 heißen die *Invarianten* der Funktion $\wp(u)$.

Die rechten Seiten in den Gleichungen (1) und (7) sind für *alle* Werte von u beide derselben Größe (nämlich $\wp'^2(u)$) gleich. Daraus folgt, daß identisch in x die Gleichung

$$4x^3 - g_2x - g_3 = 4(x-e_1)(x-e_2)(x-e_3)$$

besteht. *Es sind also e_1, e_2, e_3 die Wurzeln der Gleichung dritten Grades*

$$4x^3 - g_2x - g_3 = 0.$$

Als *Diskriminante* werden wir den Wert

$$\Delta = 16(e_1-e_2)^2(e_1-e_3)^2(e_2-e_3)^2$$

bezeichnen, der nach Früherem von Null verschieden ist. Bekannten algebraischen Sätzen zufolge gelten die Beziehungen:

$$\left\{\begin{aligned} &e_1+e_2+e_3=0, \quad e_1e_2+e_2e_3+e_3e_1 = -\tfrac14 g_2, \quad e_1e_2e_3 = \tfrac14 g_3, \\ &\Delta = 16(e_1-e_2)^2(e_1-e_3)^2(e_2-e_3)^2 = g_2^3 - 27g_3^2. \end{aligned}\right. \tag{8}$$

Aus der Differentialgleichung (7) erhalten wir auf folgende Weise eine Rekursionsformel für die Entwicklungskoeffizienten c_n der Funktion $\wp(u)$. Durch Differentiation von (7) finden wir

$$2\wp'\wp'' = (12\wp^2 - g_2)\wp'$$

oder

$$\wp'' = 6\wp^2 - \tfrac12 g_2 = 6\wp^2 - 10c_2.$$

Setzen wir hierin die Entwicklung (4) für $\wp$ ein, so kommt

$$\frac{6}{u^4} + 2\cdot1\cdot c_2 + 4\cdot3\cdot c_3u^2 + \cdots + (2n-2)(2n-3)c_nu^{2n-4} + \cdots$$

$$= -10c_2 + 6\wp^2 = -10c_2 + 6\left\{\frac{1}{u^2} + \sum_{n=2}^{\infty} c_nu^{2n-2}\right\}^2$$

$$= -10c_2 + 6\left\{\frac{1}{u^4} + 2\sum_{n=2}^{\infty} c_nu^{2n-4} + \sum_{r=2}^{\infty}\sum_{s=2}^{\infty} c_rc_su^{2(r+s)-4}\right\},$$

woraus durch Vergleichung der Koeffizienten von u^{2n-4} sich leicht

$$\{(2n-2)(2n-3)-12\}c_n = 6\sum_{\substack{r+s=n\\ r\geqq2\\ s\geqq2}} c_rc_s \qquad (n=4,5,6,\ldots)$$

ergibt. Nach einfacher Rechnung erhält man hieraus

$$(n-3)(2n+1)c_n = 3(c_2c_{n-2} + c_3c_{n-3} + \cdots + c_{n-2}c_2) \quad (n=4,5,6,\ldots).$$

Vermöge dieser Rekursionsformel können wir sukzessiv

$$c_4 = \tfrac{1}{3} c_2^2, \quad c_5 = \tfrac{3}{11} c_2 c_3, \quad c_6 = \tfrac{1}{13}(2 c_2 c_4 + c_3^2) = \tfrac{1}{13}(\tfrac{2}{3} c_2^3 + c_3^2), \ldots$$

durch c_2 und c_3 oder auch wegen (6) durch g_2 und g_3 ausdrücken. Wir erkennen so die Richtigkeit von

Satz 3. *Die Entwicklungskoeffizienten c_n von $\wp(u)$ sind ganze rationale Funktionen der Invarianten g_2 und g_3 mit rationalen positiven Zahlenkoeffizienten.*

Hierin liegt wegen (3) die bemerkenswerte Tatsache, daß sich die Summen

$$G_{2n} = \sum{}' \frac{1}{w^{2n}} = \sum_{m_1, m_2}{}' \frac{1}{(m_1\omega_1 + m_2\omega_2)^{2n}} \qquad (n = 2, 3, \ldots)$$

ganz und rational mit rationalen positiven Koeffizienten durch G_4 und G_6 ausdrücken lassen.

§ 8. Das Additionstheorem von $\wp(u)$.

Man sagt von einer Funktion $\varphi(u)$, sie besitze ein *algebraisches Additionstheorem*, wenn zwischen $\varphi(u_1 + u_2)$, $\varphi(u_1)$, $\varphi(u_2)$ eine algebraische Gleichung mit festen, d. h. von u_1 und u_2 unabhängigen Koeffizienten besteht oder, was dasselbe besagt, wenn $\varphi(u_1 + u_2)$ algebraisch durch $\varphi(u_1)$ und $\varphi(u_2)$ ausdrückbar ist. Daß die *Exponentialfunktion* und die *elementaren trigonometrischen Funktionen* solche Additionstheoreme besitzen, ist eine der Haupteigenschaften dieser Funktionen. Wir wollen jetzt zeigen, daß dieselbe Eigenschaft auch der Funktion $\wp(u)$ zukommt.

Zu dem Ende betrachten wir die Funktion

$$f(u) = \wp'(u) - a\wp(u) - b,$$

wo wir die Konstanten a und b so wählen, daß $f(u)$ an zwei beliebig fixierten Stellen u_1 und u_2 verschwindet. Setzen wir zur Abkürzung

$$\wp(u_1) = p_1, \quad \wp'(u_1) = p_1', \quad \wp(u_2) = p_2, \quad \wp'(u_2) = p_2',$$

so sind also a und b aus den Gleichungen

$$(1) \qquad a p_1 + b = p_1', \quad a p_2 + b = p_2'$$

zu bestimmen. Nun ist $f(u)$ eine Funktion vom Grade $r = 3$, die im Periodenparallelogramm (u_0) den dreifachen Pol $u = 0$ und folglich die Polsumme $s = 0$ besitzt. Nach § 5, Satz 6 bilden daher die Werte

$$u_1, \; u_2, \; -(u_1 + u_2)$$

ein vollständiges System von Nullstellen der Funktion $f(u)$. Wenn also

$$\wp(u_1 + u_2) = p_3, \qquad \wp'(u_1 + u_2) = p_3'$$

gesetzt wird, so gilt unter Berücksichtigung des Umstandes, daß $\wp'(u)$ eine ungerade Funktion ist, die Gleichung

$$a p_3 + b = -p_3',$$

welche zum Ausdruck bringt, daß $f(u)$ für $u = -(u_1 + u_2)$ verschwindet.

Setzen wir nun in die Differentialgleichung der $\wp$-Funktion

$$4\wp^3 - g_2\wp - g_3 = \wp'^2$$

für das Argument u sukzessive u_1, u_2, $u_1 + u_2$ ein, so erkennen wir, daß die Gleichung

$$4x^3 - g_2 x - g_3 - (ax + b)^2 = 0 \tag{2}$$

die Wurzeln

$$x = p_1, \quad x = p_2, \quad x = p_3 \tag{3}$$

besitzt. Wir wollen uns u_1 und u_2 etwa im Periodenparallelogramm (u_0) so fixiert denken, daß $p_1 = \wp(u_1)$, $p_2 = \wp(u_2)$, $p_3 = \wp(u_1 + u_2)$ voneinander verschieden sind. Dadurch schließen wir, wenn wir u_1 *beliebig* angenommen haben, nur *endlich viele* Punkte u_2 im Periodenparallelogramm aus. Denn die Funktion

$$(\wp(u_2) - \wp(u_1))(\wp(u_1 + u_2) - \wp(u_1))(\wp(u_1 + u_2) - \wp(u_2))$$

ist in u_2 elliptisch mit den Perioden ω_1, ω_2 und verschwindet daher nur an endlich vielen Stellen des Periodenparallelogramms. Wir sind jetzt sicher, daß die Werte (3) die *sämtlichen* Wurzeln der Gleichung (2) darstellen. Demnach gelten die Gleichungen

$$\tag{4} \left\{ \begin{aligned} p_1 + p_2 + p_3 &= \frac{a^2}{4}, \\ p_1 p_2 + p_1 p_3 + p_2 p_3 &= -\frac{ab}{2} - \frac{g_2}{4}, \\ p_1 p_2 p_3 &= \frac{b^2}{4} + \frac{g_3}{4}. \end{aligned} \right.$$

Aus (1) ergeben sich nun weiter für a und b die Werte

$$a = \frac{p_1' - p_2'}{p_1 - p_2}, \qquad b = \frac{p_1 p_2' - p_2 p_1'}{p_1 - p_2},$$

und die erste der Gleichungen (4) liefert den

Satz 1. *Für die Funktion $\wp(u)$ gilt die Gleichung*

$$\wp(u_1 + u_2) = -\wp(u_1) - \wp(u_2) + \frac{1}{4}\left(\frac{\wp'(u_1) - \wp'(u_2)}{\wp(u_1) - \wp(u_2)}\right)^2,$$

wenn u_1, u_2 zwei beliebige Argumente bedeuten.

Die Beschränkung, die wir beim Beweise den Argumenten u_1, u_2 auferlegten, haben wir im Ausspruch des Satzes wieder fallen lassen, was offenbar erlaubt ist.

Da $\wp'(u_1)$ und $\wp'(u_2)$ vermöge der Differentialgleichung der $\wp$-Funktion algebraisch durch $\wp(u_1)$ bzw. $\wp(u_2)$ ausdrückbar sind, so gibt Satz 1 *das Additionstheorem von $\wp(u)$.*

Wenn wir aus den Gleichungen (4) die Zahlen a und b eliminieren, so erhalten wir

Satz 2. *Zwischen*

$$\wp(u_1) = p_1, \quad \wp(u_2) = p_2, \quad \wp(u_1 + u_2) = p_3$$

besteht die algebraische Gleichung

$$(p_1 + p_2 + p_3)(4 p_1 p_2 p_3 - g_3) = \left(p_1 p_2 + p_1 p_3 + p_2 p_3 + \frac{g_2}{4}\right)^2,$$

welche das Additionstheorem der $\wp$-Funktion in anderer Form darstellt.

§ 9. Darstellung der elliptischen Funktionen durch die $\wp$-Funktion.

Es sei $f(u)$ eine meromorphe Funktion mit den Perioden ω_1, ω_2, also eine Funktion aus dem Körper K. Dann können wir nach § 5 die Konstante c auf unendlich viele Weisen so wählen, daß die Gleichung $f(u) = c$ keine mehrfach zu zählende Lösung besitzt.

Wir wollen nun bezüglich der Funktion $f(u)$ drei Fälle betrachten:

Erster Fall: $f(u)$ ist eine *gerade* Funktion, also $f(-u) = f(u)$.

Ist dann $[u_1]$ eines der r Lösungssysteme der Gleichung $f(u) = c$, so ist $[-u_1]$ ein davon verschiedenes. Denn wäre $u_1 \equiv -u_1 \ (\omega_1, \omega_2)$, so würde auch für jede beliebige Zahl h die Beziehung $u_1 + h \equiv -u_1 + h$ gelten und daher auch

$$f(u_1 + h) = f(-u_1 + h) = f(u_1 - h), \quad f'(u_1 + h) = -f'(u_1 - h),$$

und hieraus würde $f'(u_1) = 0$ folgen. Es wäre dann u_1 eine mehrfach zu zählende Lösung, was der Annahme widerspricht. Insbesondere ist also stets $u_1 \neq 0$. — Aus dieser Bemerkung geht hervor, daß die Lösungssysteme der Gleichung $f(u) = c$ in Paaren folgendermaßen angesetzt werden können:

$$[u_1], [-u_1], [u_2], [-u_2], \ldots, [u_k], [-u_k],$$

woraus beiläufig folgt, daß der Grad r einer geraden Funktion $f(u)$ eine gerade Zahl $2k$ ist. Für einen anderen Wert von c, den wir d nennen wollen, habe $f(u) = d$ die Lösungssysteme

$$[v_1], [-v_1], [v_2], [-v_2], \ldots, [v_k], [-v_k].$$

Die Funktion

$$F(u) = \frac{f(u) - c}{f(u) - d}$$

hat dann dieselben Pole und Nullstellen wie die Funktion

$$Q(u) = \frac{\{\wp(u) - \wp(u_1)\}\{\wp(u) - \wp(u_2)\} \cdots \{\wp(u) - \wp(u_k)\}}{\{\wp(u) - \wp(v_1)\}\{\wp(u) - \wp(v_2)\} \cdots \{\wp(u) - \wp(v_k)\}};$$

der Quotient aus den beiden Funktionen ist daher eine Konstante C (§ 5, Satz 1).

Die Auflösung der Gleichung

$$\frac{f(u)-c}{f(u)-d} = C\,Q(u)$$

nach $f(u)$ ergibt den

Satz 1. *Eine gerade elliptische Funktion mit den Perioden ω_1, ω_2 ist als rationale Funktion der mit diesen Perioden gebildeten Funktion $\wp(u)$ darstellbar.*

Zweiter Fall: $f(u)$ ist eine *ungerade* Funktion, also $f(-u) = -f(u)$. Da $\wp'(u)$ ebenfalls ungerade ist, so wird $\frac{f(u)}{\wp'(u)}$ gerade sein. Die Anwendung von Satz 1 auf diese Funktion liefert den

Satz 2. *Eine ungerade elliptische Funktion mit den Perioden ω_1, ω_2 ist als Produkt von $\wp'(u)$ mit einer rationalen Funktion von $\wp(u)$ darstellbar.*

Dritter Fall: Es sei $f(u)$ eine *beliebige* meromorphe Funktion mit den Perioden ω_1, ω_2. Durch den Ansatz

$$f(u) = \tfrac{1}{2}\{f(u) + f(-u)\} + \tfrac{1}{2}\{f(u) - f(-u)\}$$

wird $f(u)$ in die Summe zweier meromorpher Funktionen zerlegt, welche die Perioden ω_1, ω_2 besitzen und von denen die erste eine gerade, die zweite eine ungerade Funktion ist. Die Anwendung der vorhergehenden Sätze ergibt daher den

Satz 3. *Eine jede elliptische Funktion $f(u)$ mit den Perioden ω_1, ω_2 läßt sich als rationale Funktion von $\wp(u)$ und $\wp'(u)$ darstellen, und zwar in der Form*

$$f(u) = R(\wp(u)) + \wp'(u)\,R_1(\wp(u)), \tag{1}$$

wo $R(x)$ und $R_1(x)$ rationale Funktionen von x bedeuten.

Umgekehrt ist jede rationale Funktion $R_2(\wp(u), \wp'(u))$ von $\wp(u)$ und $\wp'(u)$ eine elliptische Funktion mit den Perioden ω_1, ω_2. Die hieraus beiläufig folgende Tatsache, daß sich jede solche rationale Funktion auf die Form (1) bringen läßt, kann auch leicht direkt aus der Differentialgleichung von $\wp(u)$ nachgewiesen werden, da diese gestattet, die höheren Potenzen von $\wp'(u)$ durch $\wp(u)$ und die erste Potenz von $\wp'(u)$ auszudrücken.

Die Ableitungen von $\wp(u)$ geben die einfachsten Beispiele für die hier bewiesenen Sätze. Da jede Ableitung gerader Ordnung $\wp^{(2n)}(u)$ eine gerade Funktion ist, so muß sie nach Satz 1 eine rationale Funktion von $\wp(u)$ sein; dagegen ist jede Ableitung ungerader Ordnung nach Satz 2 das Produkt aus $\wp'(u)$ und einer rationalen Funktion von $\wp(u)$. Setzen wir dementsprechend, indem wir der bequemeren Schreibweise wegen das Argument u unterdrücken,

$$\wp^{(2n)} = R_n(\wp), \quad \text{also} \quad \wp^{(2n+1)} = R_n'(\wp)\,\wp', \tag{2}$$

so wird

$$\wp'' = R_1(\wp),$$

in Übereinstimmung mit der Gleichung

$$\wp'' = 6\wp^2 - \tfrac{1}{2} g_2,$$

die wir schon früher durch Differentiation aus der Differentialgleichung von $\wp(u)$ fanden.

Die Differentiation der zweiten Gleichung (2) liefert

$$\wp^{(2n+2)} = R_n'(\wp)\wp'' + R_n''(\wp)\wp'^2 = R_{n+1}(\wp)$$

und daher

$$R_{n+1}(\wp) = R_n'(\wp)(6\wp^2 - \tfrac{1}{2} g_2) + R_n''(\wp)(4\wp^3 - g_2\wp - g_3).$$

Aus dieser Rekursionsformel können wir sukzessiv, ausgehend von R_1, die rationalen Funktionen R_2, R_3, ... bestimmen. So erkennt man leicht, daß

$$\wp^{(2n)}(u) = R_n(\wp) = (2n+1)!\,\wp^{n+1} + \cdots$$

eine ganze rationale Funktion $(n+1)$-ten Grades von $\wp(u)$ wird.

Der Umstand, daß die hier auftretenden rationalen Funktionen *ganze* Funktionen werden, beruht auf dem folgenden allgemeinen Satze:

Satz 4. *Eine Funktion $f(u)$, die im Periodenparallelogramm nur den einen Pol $u \equiv 0$ besitzt, ist in der Form*

$$f(u) = R(\wp(u)) + \wp'(u) R_1(\wp(u))$$

darstellbar, wo R und R_1 ganze rationale Funktionen bezeichnen.

Denn würde $R(\wp)$ für einen *endlichen* Wert von $\wp$ *unendlich*, so würde auch $f(u) + f(-u) = 2R(\wp(u))$ für einen Wert von u unendlich werden, der *nicht kongruent Null* ist. Folglich ist R eine *ganze* rationale Funktion. Also wird auch $\wp'(u) R_1(\wp(u))$ für keinen zu Null inkongruenten Wert von u unendlich. Würde nun R_1 für einen endlichen Wert von $\wp$ unendlich, so müßte zugleich $\wp'(u) = 0$ sein; wegen $\left(\frac{1}{R_1}\right)' = -\frac{R_1'}{R_1^2}\wp'$ würde also dort $\left(\frac{1}{R_1}\right)'$ als Funktion von u mindestens von erster, demnach $\frac{1}{R_1}$ mindestens von zweiter, $\wp'(u)$ nur von erster Ordnung verschwinden, also $\wp'(u) R_1(\wp(u))$ doch unendlich werden. Daher ist auch R_1 eine *ganze* rationale Funktion.

Als zweites Beispiel für Satz 1 betrachten wir die Funktion $\wp(nu)$, wo n eine natürliche Zahl bezeichnet. Diese Funktion ist in der Tat gerade und besitzt die Perioden ω_1 und ω_2. Also gilt das *Multiplikationstheorem* von $\wp(u)$:

Satz 5. *Die Funktion $\wp(nu)$ ist als rationale Funktion von $\wp(u)$ darstellbar.*

Die den einzelnen Werten von n entsprechenden Darstellungen sind mit Hilfe des Additionstheorems leicht erhältlich. Z. B. ergibt sich aus

$$\wp(u+u_1) = -\wp(u) - \wp(u_1) + \frac{1}{4}\left(\frac{\wp'(u)-\wp'(u_1)}{\wp(u)-\wp(u_1)}\right)^2, \tag{3}$$

wenn wir u_1 in u hineinrücken lassen, die Gleichung

$$\wp(2u) = -2\wp(u) + \frac{1}{4}\left(\frac{\wp''(u)}{\wp'(u)}\right)^2$$

oder

$$\wp(2u) = -2\wp + \frac{1}{4}\frac{\left(6\wp^2 - \frac{1}{2}g_2\right)^2}{4\wp^3 - g_2\wp - g_3} = \frac{\wp^4 + \frac{1}{2}g_2\wp^2 + 2g_3\wp + \frac{1}{16}g_2^2}{4\wp^3 - g_2\wp - g_3},$$

wo rechter Hand $\wp$ für $\wp(u)$ steht.

Ersetzt man sodann in (3) u_1 durch $2u$, so ergibt sich durch leichte Rechnung $\wp(3u)$ usf.

Der Hauptsatz dieses Paragraphen, der Satz 3, ist von hohem prinzipiellen Interesse. Er gibt uns eine klare Anschauung von der Gesamtheit der Funktionen $f(u)$, die wir zu dem System K zusammengefaßt hatten. Diese Funktionen fallen völlig zusammen mit denjenigen, die sich rational aus $\wp(u)$ und $\wp'(u)$ aufbauen lassen.

§ 10. Weitere Eigenschaften der Funktionen $f(u)$.

Betrachten wir irgend zwei elliptische Funktionen $f(u)$, $f_1(u)$ mit den Perioden ω_1, ω_2, so ist nach Satz 3 des vorigen Paragraphen

$$f(u) = R(\wp, \wp'), \qquad f_1(u) = R_1(\wp, \wp'),$$

wo R und R_1 rationale Funktionen bedeuten. Verbinden wir hiermit die Gleichung

$$\wp'^2 = 4\wp^3 - g_2\wp - g_3,$$

so wird die Elimination von $\wp$ und $\wp'$ eine *algebraische* Gleichung

$$G(f(u), f_1(u)) = 0$$

liefern, deren Koeffizienten von u unabhängig sind. Also besteht der

Satz 1. *Zwischen je zwei elliptischen Funktionen $f(u)$, $f_1(u)$ mit denselben Perioden ω_1, ω_2 besteht eine algebraische Gleichung mit konstanten Koeffizienten.*

Wenden wir diesen Satz an auf den Fall $f_1(u) = f'(u)$, so kommt

Satz 2. *Jede elliptische Funktion $f(u)$ befriedigt eine algebraische Differentialgleichung*

$$G(f(u), f'(u)) = 0,$$

deren linke Seite eine ganze rationale Funktion mit konstanten Koeffizienten ist.

Wir beweisen leicht durch ähnliche Betrachtungen den

Satz 3. *Jede elliptische Funktion $f(u)$ besitzt ein algebraisches Additionstheorem.*

Es ist nämlich

(1) $$f(u_1+u_2) = R(\wp(u_1+u_2), \wp'(u_1+u_2));$$

setzen wir nun zur Abkürzung

$$\wp(u_1) = p_1, \quad \wp'(u_1) = p_1', \quad \wp(u_2) = p_2, \quad \wp'(u_2) = p_2',$$

so ist nach dem Additionstheorem der $\wp$-Funktion

(2) $$\wp(u_1+u_2) = R_1(p_1, p_1', p_2, p_2'),$$

wo R_1 wieder eine rationale Funktion bedeutet, deren Koeffizienten von u_1 und u_2 unabhängig sind.

Durch Differentiation der Gleichung (2) nach u_1 kommt sodann

(3) $$\wp'(u_1+u_2) = \frac{\partial R_1}{\partial p_1} p_1' + \frac{\partial R_1}{\partial p_1'} \wp''(u_1) = R_2(p_1, p_1', p_2, p_2'),$$

wobei von der Gleichung $\wp''(u_1) = 6p_1^2 - \frac{1}{2}g_2$ Gebrauch gemacht ist. Tragen wir die Ausdrücke von (2) und (3) in (1) ein, so erhalten wir etwa

(4) $$f(u_1+u_2) = R_3(p_1, p_1', p_2, p_2').$$

Diese Gleichung kombinieren wir endlich mit den folgenden:

(5) $$\begin{cases} f(u_1) = R(p_1, p_1'), & f(u_2) = R(p_2, p_2'), \\ p_1'^2 = 4p_1^3 - g_2 p_1 - g_3, & p_2'^2 = 4p_2^3 - g_2 p_2 - g_3. \end{cases}$$

Aus den fünf Gleichungen (4) und (5) ergibt sich dann durch Elimination der vier Größen p_1, p_1', p_2, p_2' eine Gleichung der Gestalt

$$G(f(u_1+u_2), f(u_1), f(u_2)) = 0,$$

womit unser Satz **3** bewiesen ist.

Zu diesem Satze wollen wir noch folgendes bemerken. In seinen Vorlesungen über elliptische Funktionen pflegte WEIERSTRASZ von der Frage nach denjenigen analytischen Funktionen auszugehen, die ein *algebraisches Additionstheorem* besitzen, und zu beweisen, daß *diejenigen unter diesen Funktionen, die eindeutig und transzendent sind, entweder rationale Funktionen einer Exponentialfunktion* $e^{\frac{2\pi i u}{\omega}}$ *oder elliptische Funktionen sind.* Auf den Beweis dieses Satzes können wir aber hier nicht eingehen.

§ 11. Die Funktion $\zeta(u)$.

Wir wollen jetzt die Funktion $\zeta(u)$, als deren negativ genommene Ableitung $\wp(u)$ gewonnen wurde, einer näheren Untersuchung unterziehen.

Es war (§ 6, (4) und § 7, (2))

(1) $$\zeta(u) = \frac{1}{u} + \sum{}'\left(\frac{1}{u-w} + \frac{1}{w} + \frac{u}{w^2}\right) = \frac{1}{u} - c_2\frac{u^3}{3} - c_3\frac{u^5}{5} - \cdots.$$

Aus der Entwicklung von $\zeta(u)$ am Nullpunkte ist ersichtlich, daß

$$\zeta(-u) = -\zeta(u),$$

also $\zeta(u)$ eine ungerade Funktion ist.

Wie verhält sich nun $\zeta(u)$ bei Vermehrung von u um eine der Perioden? Da

$$-\frac{d}{du}(\zeta(u+\omega_1) - \zeta(u)) = \wp(u+\omega_1) - \wp(u) = 0$$

ist, so ist $\zeta(u+\omega_1) - \zeta(u)$ eine Konstante, und aus analogem Grunde $\zeta(u+\omega_2) - \zeta(u)$ ebenfalls. Wir setzen

$$\zeta(u+\omega_1) = \zeta(u) + \eta_1, \quad \zeta(u+\omega_2) = \zeta(u) + \eta_2, \tag{2}$$

wobei η_1 und η_2 zwei Konstanten bedeuten, die wir leicht durch ω_1 und ω_2 ausdrücken können. Tragen wir nämlich in die Gleichungen (2) für u resp. $-\frac{\omega_1}{2}$ und $-\frac{\omega_2}{2}$ ein und berücksichtigen, daß $\zeta(u)$ ungerade ist, so finden wir

$$\eta_1 = 2\zeta\left(\frac{\omega_1}{2}\right), \quad \eta_2 = 2\zeta\left(\frac{\omega_2}{2}\right), \tag{3}$$

und die rechten Seiten dieser Gleichungen enthalten gemäß (1) nur noch ω_1 und ω_2.

Durch wiederholte Anwendung der Gleichungen (2) ergibt sich offenbar

$$\zeta(u + m_1\omega_1 + m_2\omega_2) = \zeta(u) + m_1\eta_1 + m_2\eta_2, \tag{4}$$

wenn m_1, m_2 irgend zwei ganze Zahlen bezeichnen; d. h.:

Bei Vermehrung des Argumentes u um eine Periode $w = m_1\omega_1 + m_2\omega_2$ vermehrt sich die Funktion $\zeta(u)$ um eine Konstante $\eta = m_1\eta_1 + m_2\eta_2$, die gerade so aus η_1, η_2 abgeleitet ist wie die Periode w aus ω_1, ω_2.

Zwischen den Größen η_1, η_2 und ω_1, ω_2 besteht eine wichtige Relation, die man auf folgende Weise erhält. In einem Periodenparallelogramm (u_0) besitzt $\zeta(u)$ nur einen Pol mit dem Residuum 1. Demnach ist

$$\int_{(u_0)} \zeta(u)\,du$$

$$= \int_{u_0}^{u_0+\omega_2} \{\zeta(u+\omega_1) - \zeta(u)\}\,du - \int_{u_0}^{u_0+\omega_1} \{\zeta(u+\omega_2) - \zeta(u)\}\,du = 2\pi i$$

(wo die rechts stehenden Integrale durch geradlinige Wege zu erstrecken sind) oder, gemäß den Gleichungen (2),

$$\eta_1\omega_2 - \eta_2\omega_1 = 2\pi i.$$

Diese Beziehung pflegt man in der Literatur die *Legendresche Relation* zu nennen.

§ 12. Darstellung der elliptischen Funktionen durch $\zeta(u)$.

Die meromorphe Funktion $\zeta(u-a)$ hat an der Stelle $u = a$ und den zu ihr kongruenten Stellen, d.h. also an jeder Stelle des Systems $[a]$, einen einfachen Pol. Bei $u = a$ gilt nach Formel (1) des vorigen Paragraphen die Entwicklung

$$(1) \qquad \zeta(u-a) = \frac{1}{u-a} + \mathfrak{P}(u-a).$$

Es sei nun $f(u)$ eine elliptische Funktion mit den Perioden ω_1, ω_2. In irgendeinem Periodenparallelogramm (u_0) habe $f(u)$ nur einfache Pole $a_1, a_2, \ldots, a_r$ mit den zugehörigen Residuen $A_1, A_2, \ldots, A_r$. Da die Summe dieser Residuen verschwindet, so ist

$$\varphi(u) = A_1\zeta(u-a_1) + A_2\zeta(u-a_2) + \cdots + A_r\zeta(u-a_r)$$

eine Funktion, welche die Perioden ω_1, ω_2 besitzt. Denn vermehren wir u z. B. um ω_1, so kommt nach Gleichung (2) in § 11

$$\varphi(u+\omega_1) = \varphi(u) + \eta_1 A_1 + \eta_1 A_2 + \cdots + \eta_1 A_r = \varphi(u).$$

Außerdem hat zufolge (1) die meromorphe Funktion $\varphi(u)$ dieselben Pole mit denselben Residuen im Periodenparallelogramm (u_0) wie $f(u)$, und die Differenz $f(u) - \varphi(u)$ ist, da sie keinen Pol besitzt, eine Konstante. In der somit geltenden Gleichung

$$f(u) = A + A_1\zeta(u-a_1) + A_2\zeta(u-a_2) + \cdots + A_r\zeta(u-a_r),$$

in welcher A eine Konstante bezeichnet, dürfen wir a_i auch durch irgendeine zu a_i kongruente Zahl ersetzen. Denn nach Gleichung (4) in § 11 kommt dies nur darauf hinaus, daß A eventuell durch eine andere Konstante ersetzt wird. Es gilt demnach der

Satz 1. *Besitzt $f(u)$ nur einfache Pole und bilden die Zahlen*

$$a_1, a_2, \ldots, a_r$$

ein vollständiges System dieser Pole mit den zugehörigen meromorphen Teilen

$$\frac{A_1}{u-a_1}, \quad \frac{A_2}{u-a_2}, \quad \ldots, \quad \frac{A_r}{u-a_r},$$

so ist

$$f(u) = A + A_1\zeta(u-a_1) + A_2\zeta(u-a_2) + \cdots + A_r\zeta(u-a_r),$$

wo A eine geeignet zu wählende Konstante bedeutet.

Diese Gleichung stellt, da

$$(2) \qquad \zeta(u-a) = \frac{1}{u-a} + \sum{}' \left(\frac{1}{u-a-w} + \frac{1}{w} + \frac{u-a}{w^2}\right)$$

ist, offenbar die *Partialbruchzerlegung* von $f(u)$ vor.

Betrachten wir z. B. die Funktion

$$f(u) = \frac{\wp'(u)}{\wp(u) - \wp(v)} = \frac{d}{du}\log(\wp(u) - \wp(v)),$$

wobei wir unter v ein beliebig fixiertes Argument verstehen, welches zunächst inkongruent zu $-v$ vorausgesetzt wird, also keiner vollen oder halben Periode kongruent ist, so bilden die Punkte

$$v, \quad -v, \quad 0$$

ein vollständiges System von Polen von $f(u)$ mit den bezüglichen meromorphen Teilen

$$\frac{1}{u-v}, \quad \frac{1}{u+v}, \quad \frac{-2}{u}.$$

Denn an den Stellen $u = v, -v$ wird $\wp(u) - \wp(v)$ von der ersten Ordnung Null und an der Stelle $u = 0$ von der zweiten Ordnung unendlich. Nach Satz 1 ist daher

$$\frac{\wp'(u)}{\wp(u)-\wp(v)} = A + \zeta(u-v) + \zeta(u+v) - 2\zeta(u). \tag{3}$$

Ersetzen wir hier u durch $-u$, so kommt, da $\wp(u)$ gerade ist, aber $\wp'(u)$ und $\zeta(u)$ ungerade Funktionen sind,

$$-\frac{\wp'(u)}{\wp(u)-\wp(v)} = A - \zeta(u+v) - \zeta(u-v) + 2\zeta(u). \tag{4}$$

Durch Addition von (3) und (4) erkennt man, daß $A = 0$ ist.

Vertauschen wir in (3) die Variable u mit v und addieren die dadurch entstehende Gleichung zu (3), so kommt

$$\frac{1}{2}\,\frac{\wp'(u)-\wp'(v)}{\wp(u)-\wp(v)} = \zeta(u+v) - \zeta(u) - \zeta(v).$$

Diese Gleichung wollen wir als *Additionstheorem der Funktion* $\zeta(u)$ bezeichnen.

Durch Differentiation dieser Gleichung nach u oder v ergibt sich das Additionstheorem der $\wp$-Funktion in den neuen Formen

$$\begin{aligned}\wp(u+v) &= \wp(u) - \frac{1}{2}\frac{\partial}{\partial u}\left(\frac{\wp'(u)-\wp'(v)}{\wp(u)-\wp(v)}\right)\\ &= \wp(v) - \frac{1}{2}\frac{\partial}{\partial v}\left(\frac{\wp'(u)-\wp'(v)}{\wp(u)-\wp(v)}\right).\end{aligned}$$

Nunmehr betrachten wir den Fall, wo $f(u)$ Pole von beliebiger Vielfachheit besitzt. Es sei a irgendein Pol von $f(u)$; dann können wir den zugehörigen meromorphen Teil von $f(u)$ in der folgenden Form ansetzen:

$$\frac{A}{u-a} - \frac{A'}{(u-a)^2} + \frac{2!\,A''}{(u-a)^3} - + \cdots + (-1)^{k-1}\frac{(k-1)!\,A^{(k-1)}}{(u-a)^k}. \tag{5}$$

Nach (2) besitzt nun die Funktion

$$A\,\zeta(u-a) + A'\zeta'(u-a) + A''\zeta''(u-a) + \cdots + A^{(k-1)}\zeta^{(k-1)}(u-a)$$

denselben meromorphen Teil an der Stelle a wie $f(u)$. Hieraus schließen wir in einer zu dem Beweis von Satz 1 ganz analogen Weise den

Satz 2. *Eine beliebige elliptische Funktion $f(u)$ läßt sich darstellen in der Form*

$$(6)\quad f(u) = C + \sum_a \{A\,\zeta(u-a) + A'\,\zeta'(u-a) + A''\,\zeta''(u-a) + \cdots + A^{(k-1)}\,\zeta^{(k-1)}(u-a)\},$$

wobei die Summe zu erstrecken ist über die verschiedenen in einem Periodenparallelogramm befindlichen Pole a der Funktion, die dem einzelnen Pole entsprechenden Konstanten A, A', ... dem in die Form (5) gesetzten meromorphen Teile von $f(u)$ zu entnehmen sind und C eine Konstante bedeutet.

Die Ableitungen von ζ können natürlich durch die $\wp$-Funktion und ihre Ableitungen ausgedrückt werden, wodurch (6) die Gestalt

$$f(u) = C + \sum_a \{A\,\zeta(u-a) - A'\,\wp(u-a) - A''\,\wp'(u-a) - \cdots - A^{(k-1)}\,\wp^{(k-2)}(u-a)\}$$

erhält.

§ 13. Die Funktion $\sigma(u)$.

Integrieren wir die Funktion

$$\zeta(u) - \frac{1}{u} = \sum{}' \left(\frac{1}{u-w} + \frac{1}{w} + \frac{u}{w^2}\right)$$

auf einem den Nullpunkt mit irgendeinem Punkte u verbindenden Wege, so entsteht

$$(1)\quad \int_0^u \left(\zeta(v) - \frac{1}{v}\right) dv = \sum{}' \left\{\log\left(1 - \frac{u}{w}\right) + \frac{u}{w} + \frac{1}{2}\frac{u^2}{w^2}\right\},$$

wobei der Logarithmus den ganz bestimmten Wert

$$\log\left(1 - \frac{u}{w}\right) = \int_0^u \frac{dv}{v-w}$$

darstellt. Der gewählte Integrationsweg muß dabei nur der einen Bedingung genügen, daß er die von Null verschiedenen Periodenpunkte w vermeidet.

Nach den allgemeinen Sätzen der Funktionentheorie[1] stellt nun das unendliche Produkt

$$\sigma(u) = u \prod{}' \left\{\left(1 - \frac{u}{w}\right) e^{\frac{u}{w} + \frac{1}{2}\left(\frac{u}{w}\right)^2}\right\}$$

eine *ganze* Funktion von u vor, welche die Periodenpunkte zu einfachen Nullstellen besitzt. Die Gleichung (1) läßt sich folgendermaßen schreiben:

$$(2)\quad \int_0^u \left(\zeta(v) - \frac{1}{v}\right) dv = \log\frac{\sigma(u)}{u},$$

[1] Vgl. Abschn. I, Kap. 6, § 9.

und die logarithmische Differentiation von $\sigma(u)$ führt auf die Funktion $\zeta(u)$ zurück:

$$\zeta(u) = \frac{d \log \sigma(u)}{du} = \frac{\sigma'(u)}{\sigma(u)}. \tag{3}$$

Hiermit ist $\zeta(u)$ und auch

$$\wp(u) = -\zeta'(u) = -\frac{d^2 \log \sigma(u)}{du^2} = \frac{\sigma'^2(u) - \sigma(u)\,\sigma''(u)}{\sigma^2(u)} \tag{4}$$

durch die *ganze transzendente* Funktion $\sigma(u)$ ausgedrückt.

Die Gleichungen (3) *und* (4) *stellen die meromorphen Funktionen* $\zeta(u)$ *und* $\wp(u)$ *als Quotienten ganzer Funktionen dar.*

Wir wollen nun die Funktion $\sigma(u)$ näher untersuchen. Was zunächst ihre Entwicklung an der Stelle $u = 0$ angeht, von der wir von vornherein wissen, daß sie für jeden endlichen Wert von u konvergieren muß, so erhalten wir vermöge

$$\zeta(u) - \frac{1}{u} = -c_2 \frac{u^3}{3} - c_3 \frac{u^5}{5} - \cdots$$

aus Gleichung (2)

$$\sigma(u) = u\, e^{-c_2 \frac{u^4}{12} - c_3 \frac{u^6}{30} - \cdots} = u\left\{1 - u^4\,\mathfrak{P} + \frac{u^8}{2!}\,\mathfrak{P}^2 - \frac{u^{12}}{3!}\,\mathfrak{P}^3 + - \cdots\right\}, \tag{5}$$

wobei $\mathfrak{P}$ die Potenzreihe

$$\mathfrak{P} = \frac{c_2}{12} + \frac{c_3}{30} u^2 + \cdots + \frac{c_n}{2n(2n-1)} u^{2n-4} + \cdots$$

bedeutet. Berücksichtigen wir, daß nach §7, Satz 3 die Größen $c_2, c_3, \ldots, c_n, \ldots$ ganze rationale Funktionen von g_2 und g_3 mit rationalen Zahlenkoeffizienten sind, so erhalten wir aus (5) den

Satz 1. *Die Entwicklung von* $\sigma(u)$ *an der Stelle* $u = 0$ *hat die Gestalt*

$$\sigma(u) = u + k_2 u^5 + k_3 u^7 + \cdots, \tag{6}$$

wobei die Koeffizienten ganze rationale Funktionen von g_2 *und* g_3 *mit rationalen Zahlenkoeffizienten sind.*

Die Rechnung gibt für die ersten beiden Koeffizienten die Werte

$$k_2 = -\frac{c_2}{12} = -\frac{g_2}{240}, \qquad k_3 = -\frac{c_3}{30} = -\frac{g_3}{840}.$$

Die Entwicklung (6) zeigt, daß $\sigma(u)$ eine ungerade Funktion ist:

Satz 2. *Es ist* $\sigma(-u) = -\sigma(u)$.

Wie verhält sich nun $\sigma(u)$ bei Vermehrung von u um eine Periode $w = m_1\omega_1 + m_2\omega_2$?

Wir wissen, daß

$$\zeta(u + w) = \zeta(u) + \eta \qquad \text{oder} \qquad \frac{\sigma'(u+w)}{\sigma(u+w)} = \frac{\sigma'(u)}{\sigma(u)} + \eta$$

ist, wenn wir zur Abkürzung

$$\eta = m_1\eta_1 + m_2\eta_2$$

setzen. Durch Integration ergibt sich demnach

$$\log\sigma(u+w) = \log\sigma(u) + \eta u + c$$

oder

$$\sigma(u+w) = e^{\eta u + c}\sigma(u).$$

Diese Gleichung wollen wir in der Form

$$\sigma(u+w) = C e^{\eta\left(u+\frac{w}{2}\right)}\sigma(u)$$

schreiben, wobei C eine noch zu bestimmende Konstante bedeutet. Um C zu berechnen, lassen wir u in den Wert $-\frac{w}{2}$ übergehen und erhalten, falls $\sigma\left(\frac{w}{2}\right) \neq 0$ ist,

$$C = \left\{\frac{\sigma(u+w)}{\sigma(u)}\right\}_{u=-\frac{w}{2}} = \frac{\sigma\left(\frac{w}{2}\right)}{\sigma\left(-\frac{w}{2}\right)}.$$

Ist $\frac{w}{2}$ keine Periode, d. h. sind m_1 und m_2 nicht beide gerade Zahlen, so ist demnach $C = -1$. Wenn dagegen $\frac{w}{2}$ eine Periode ist, also m_1 und m_2 beide gerade sind, so ist die letztere Formel nicht anwendbar, weil dann $\sigma\left(\frac{w}{2}\right)$ verschwindet. Dann wird also, da $\sigma'(u)$ eine gerade Funktion und $\sigma'\left(\frac{w}{2}\right) \neq 0$ ist,

$$C = \frac{\sigma'\left(\frac{w}{2}\right)}{\sigma'\left(-\frac{w}{2}\right)} = +1.$$

Demnach gilt

Satz 3. *Sind m_1 und m_2 ganze Zahlen und wird*

$$w = m_1\omega_1 + m_2\omega_2, \quad \eta = m_1\eta_1 + m_2\eta_2$$

gesetzt, so besteht die Gleichung

$$\sigma(u+w) = \varepsilon e^{\eta\left(u+\frac{w}{2}\right)}\sigma(u), \tag{7}$$

wobei $\varepsilon = +1$ oder $\varepsilon = -1$ ist, je nachdem $\frac{1}{2}w$ eine Periode ist oder nicht.

Da $m_1 + m_2 + m_1 m_2$ nur dann gerade ist, wenn m_1 und m_2 es sind, so kann ε durch

$$\varepsilon = (-1)^{m_1 + m_2 + m_1 m_2}$$

ausgedrückt werden.

Aus Satz 3 folgt speziell, daß

$$\sigma(u+\omega_1) = -e^{\eta_1\left(u+\frac{\omega_1}{2}\right)}\sigma(u), \quad \sigma(u+\omega_2) = -e^{\eta_2\left(u+\frac{\omega_2}{2}\right)}\sigma(u) \tag{8}$$

ist; und aus diesen Gleichungen kann man durch wiederholte Anwendung wieder die allgemeine Gleichung (7) erhalten.

Betrachten wir noch den Quotienten

$$\varphi(u) = \frac{\sigma(u-b)}{\sigma(u-a)},$$

wo a und b irgend zwei Konstanten bedeuten, so erhalten wir für sein Verhalten bei Vermehrung von u um die Periode w aus (7) offenbar die Gleichung

$$\varphi(u+w) = e^{\eta(a-b)}\varphi(u). \tag{9}$$

Der Quotient $\varphi(u)$ wird also dabei mit der Konstanten $e^{\eta(a-b)}$ multipliziert.

§ 14. Darstellung der elliptischen Funktionen durch die Funktion $\sigma(u)$.

Ist $f(u)$ eine elliptische Funktion r-ten Grades und bilden $b_1, b_2, \ldots, b_r$ ein vollständiges System von Nullstellen, $a_1, a_2, \ldots, a_r$ ein vollständiges System von Polen dieser Funktion, so ist nach § 5, Satz 5

$$b_1 + b_2 + \cdots + b_r = a_1 + a_2 + \cdots + a_r + m_1\omega_1 + m_2\omega_2.$$

Nun kann a_r durch $a_r + m_1\omega_1 + m_2\omega_2$ ersetzt werden, d. h. $a_1, a_2, \ldots, a_{r-1}, a_r + m_1\omega_1 + m_2\omega_2$ bilden gerade so gut wie $a_1, a_2, \ldots, a_r$ ein vollständiges System von Polen von $f(u)$.

Wir können also die Nullstellen und Pole so wählen, daß

$$b_1 + b_2 + \cdots + b_r = a_1 + a_2 + \cdots + a_r \tag{1}$$

ist. Ist dies geschehen, so wird die meromorphe Funktion

$$F(u) = \frac{\sigma(u-b_1)\,\sigma(u-b_2)\cdots\sigma(u-b_r)}{\sigma(u-a_1)\,\sigma(u-a_2)\cdots\sigma(u-a_r)}$$

die Perioden ω_1 und ω_2 besitzen. Denn nach Gleichung (9) des vorigen Paragraphen wird

$$F(u+w) = e^{\eta(a_1-b_1)+\eta(a_2-b_2)+\cdots+\eta(a_r-b_r)}F(u) = F(u),$$

zufolge der Gleichung (1). Nun hat aber $f(u)$ genau dieselben Nullstellen und Pole wie $F(u)$. Der Quotient beider Funktionen besitzt also keinen Pol und ist folglich eine Konstante. Daher gilt der

Satz 1. *Jede elliptische Funktion $f(u)$ läßt sich darstellen in der Form*

$$f(u) = C\,\frac{\sigma(u-b_1)\,\sigma(u-b_2)\cdots\sigma(u-b_r)}{\sigma(u-a_1)\,\sigma(u-a_2)\cdots\sigma(u-a_r)},$$

wobei C eine Konstante, $b_1, b_2, \ldots, b_r$ ein vollständiges System von Nullstellen, $a_1, a_2, \ldots, a_r$ ein vollständiges System von Polen der Funktion $f(u)$ bezeichnen, die so gewählt sind, daß

$$b_1 + b_2 + \cdots + b_r = a_1 + a_2 + \cdots + a_r$$

ist.

Betrachten wir beispielsweise die Funktion

$$f(u) = \wp(u) - \wp(v),$$

wo v ein beliebig fixiertes von allen Periodenpunkten verschiedenes. Argument bedeutet, so können wir

$$b_1 = v, \quad b_2 = -v, \quad a_1 = 0, \quad a_2 = 0$$

wählen und erhalten

$$\wp(u) - \wp(v) = C \frac{\sigma(u-v)\,\sigma(u+v)}{\sigma^2(u)}.$$

Um die Konstante C zu bestimmen, multiplizieren wir beide Seiten dieser Gleichung mit u^2 und lassen dann u in Null übergehen. Auf diese Weise kommt

$$1 = C\sigma(-v)\sigma(v).$$

Also besteht der

Satz 2. *Für irgend zwei Argumente u und v gilt die Gleichung*

$$(2) \qquad \wp(u) - \wp(v) = -\frac{\sigma(u+v)\,\sigma(u-v)}{\sigma^2(u)\,\sigma^2(v)}.$$

Aus dieser Gleichung folgt leicht der

Satz 3. *Für die mit den Perioden ω_1 und ω_2 gebildete Funktion $\wp(u)$ sind ω_1 und ω_2 ein Paar primitiver Perioden, d. h. $\wp(u)$ besitzt keine anderen als die Perioden $w = m_1\omega_1 + m_2\omega_2$.*

Ist nämlich w irgendeine Periode von $\wp(u)$, so ist

$$\wp(u+w) - \wp(u) = -\frac{\sigma(2u+w)\,\sigma(w)}{\sigma^2(u+w)\,\sigma^2(u)} = 0,$$

und zwar für alle Werte von u. Folglich muß $\sigma(w) = 0$, also w eine der Nullstellen von $\sigma(u)$, oder

$$w = m_1\omega_1 + m_2\omega_2$$

sein, was zu beweisen war.

Nehmen wir auf beiden Seiten der Gleichung (2) den Logarithmus und differenzieren sodann nach u, so kommen wir auf die früher in § 12 bewiesene Gleichung

$$\frac{\wp'(u)}{\wp(u) - \wp(v)} = \zeta(u+v) + \zeta(u-v) - 2\zeta(u),$$

aus welcher wir das Additionstheorem der Funktion $\zeta(u)$ erhielten.

Eine andere interessante Folgerung aus der Gleichung (2) betrifft die Funktion $\wp'(u)$.

Lassen wir nämlich in der Gleichung

$$\frac{\wp(u) - \wp(v)}{u-v} = -\frac{\sigma(u+v)}{\sigma^2(u)\sigma^2(v)} \cdot \frac{\sigma(u-v)}{u-v}$$

das Argument v in u übergehen, so kommt

$$(3) \qquad \wp'(u) = -\frac{\sigma(2u)}{\sigma^4(u)}.$$

Wenn wir hier $\wp(u)$ nach § 13, (4) durch $\sigma(u)$ ausdrücken, so erhalten wir nach leichter Rechnung das folgende bemerkenswerte Funktionaltheorem für die σ-Funktion:

$$\sigma(2u) = \sigma(u)\{2\sigma'^3(u) - 3\sigma(u)\sigma'(u)\sigma''(u) + \sigma^2(u)\sigma'''(u)\}.$$

Als weiteres Beispiel für den Satz 1 betrachten wir die Funktion $f(u) = \wp'(u)$. Hier können wir als Nullstellen und Pole die folgenden wählen:

$$b_1 = \frac{\omega_1}{2}, \quad b_2 = -\frac{\omega_1+\omega_2}{2}, \quad b_3 = \frac{\omega_2}{2}; \quad a_1 = 0, \quad a_2 = 0, \quad a_3 = 0,$$

und erhalten dann

$$\wp'(u) = C\,\frac{\sigma\left(u - \frac{\omega_1}{2}\right)\sigma\left(u + \frac{\omega_1+\omega_2}{2}\right)\sigma\left(u - \frac{\omega_2}{2}\right)}{\sigma^3(u)}.$$

Für die Konstante C ergibt sich, indem man mit u^3 multipliziert und sodann $u = 0$ setzt, der Wert

$$C = -\frac{2}{\sigma\left(\frac{\omega_1}{2}\right)\sigma\left(\frac{\omega_1+\omega_2}{2}\right)\sigma\left(\frac{\omega_2}{2}\right)}.$$

§ 15. Die Funktionen $\wp(u)$, $\zeta(u)$, $\sigma(u)$ als Funktionen von u, ω_1, ω_2.

Die Funktionen $\wp(u)$, $\zeta(u)$, $\sigma(u)$ sind erst bestimmt, nachdem die Perioden ω_1 und ω_2 gemäß der Bedingung, daß $\frac{\omega_2}{\omega_1}$ einen nicht reellen Wert besitzen soll, gewählt worden sind. Diese Funktionen sind also Funktionen von *drei* Argumenten u, ω_1, ω_2 und mögen als solche mit

$$\wp(u/\omega_1, \omega_2), \quad \zeta(u/\omega_1, \omega_2), \quad \sigma(u/\omega_1, \omega_2)$$

bezeichnet werden.

Die Definitionsgleichung von $\wp(u/\omega_1, \omega_2)$, nämlich

$$\wp(u) = \frac{1}{u^2} + \sum{}'\left(\frac{1}{(u-w)^2} - \frac{1}{w^2}\right), \tag{1}$$

zeigt, daß diese Funktion *homogen* in ihren drei Argumenten ist. Denn für einen beliebigen von Null verschiedenen Faktor λ gilt offenbar die Gleichung

$$\wp(\lambda u/\lambda\omega_1, \lambda\omega_2) = \frac{1}{\lambda^2}\wp(u/\omega_1, \omega_2). \tag{2}$$

Analog finden wir aus den Definitionsgleichungen der ζ- und der σ-Funktion

$$\left\{\begin{aligned} \zeta(\lambda u/\lambda\omega_1, \lambda\omega_2) &= \frac{1}{\lambda}\zeta(u/\omega_1, \omega_2), \\ \sigma(\lambda u/\lambda\omega_1, \lambda\omega_2) &= \lambda\sigma(u/\omega_1, \omega_2). \end{aligned}\right. \tag{3}$$

Es gilt also der

Satz 1. *Die Funktionen $\wp$, ζ, σ sind homogene Funktionen der drei Argumente u, ω_1, ω_2 von den bezüglichen Graden -2, -1, $+1$.*

Infolgedessen lassen sich diese Funktionen leicht auf solche von nur zwei Argumenten zurückführen. Wählen wir nämlich in den Gleichungen (2) und (3) für λ den Wert $\frac{1}{\omega_1}$, so ergibt sich

$$\wp(u/\omega_1, \omega_2) = \frac{1}{\omega_1^2}\wp\left(\frac{u}{\omega_1}/1, \frac{\omega_2}{\omega_1}\right),$$

$$\zeta(u/\omega_1, \omega_2) = \frac{1}{\omega_1}\zeta\left(\frac{u}{\omega_1}/1, \frac{\omega_2}{\omega_1}\right), \qquad \sigma(u/\omega_1, \omega_2) = \omega_1\,\sigma\left(\frac{u}{\omega_1}/1, \frac{\omega_2}{\omega_1}\right),$$

und hiermit sind die Funktionen auf solche der beiden Argumente $\frac{u}{\omega_1}$, $\frac{\omega_2}{\omega_1}$ zurückgeführt.

Wir wollen hier noch die Frage behandeln, wann identisch in der Variablen u

$$\wp(u/\omega_1, \omega_2) = \wp(u/\omega_1', \omega_2') \tag{4}$$

ist, oder, was dasselbe ist, die Frage: Wann ist die mit den Perioden ω_1, ω_2 gebildete Funktion $\wp(u)$ identisch mit derjenigen, die mit den Perioden ω_1', ω_2' gebildet ist?

Besteht die Gleichung (4), so sind sowohl ω_1, ω_2 wie auch ω_1', ω_2' nach § 14, Satz 3 primitive Perioden der Funktion $\wp(u)$, und es fallen daher die aus ω_1 und ω_2 abgeleiteten Perioden

$$w = m_1\omega_1 + m_2\omega_2 \tag{5}$$

völlig zusammen mit den aus ω_1', ω_2' abgeleiteten

$$w' = m_1'\omega_1' + m_2'\omega_2'. \tag{6}$$

Diese notwendige Bedingung für das Bestehen der Gleichung (4) ist auch hinreichend. Denn sind die Werte w in ihrer Gesamtheit identisch mit den Werten w', so sind nach Gleichung (1) auch die mit den Perioden ω_1, ω_2 bzw. ω_1', ω_2' gebildeten $\wp$-Funktionen identisch gleich.

Wir führen nun folgende Definition ein:

Zwei Größenpaare (ω_1, ω_2) und (ω_1', ω_2') heißen äquivalent, wenn die aus dem einen Paare abgeleiteten Zahlen w in ihrer Gesamtheit völlig zusammenfallen mit den aus dem anderen Paare abgeleiteten Zahlen w'.

Es besteht dann der

Satz 2. *Damit aus den Perioden ω_1, ω_2 dieselbe $\wp$-Funktion entspringt wie aus den Perioden ω_1', ω_2', ist notwendig und hinreichend, daß die Größenpaare (ω_1, ω_2) und (ω_1', ω_2') äquivalent sind.*

Wir wollen jetzt die Bedingung, daß die Gesamtheit der Werte (5) mit der der Werte (6) identisch sein soll, näher betrachten, wobei wir nur die Voraussetzung machen wollen, daß der Quotient $\frac{\omega_2}{\omega_1}$ *keine rationale* Zahl sei.

Sollen die w mit den w' zusammenfallen, so müssen jedenfalls Gleichungen folgender Gestalt bestehen:

$$\omega_1' = \alpha\omega_1 + \beta\omega_2, \qquad \omega_2' = \gamma\omega_1 + \delta\omega_2, \tag{7}$$

$$\omega_1 = \alpha'\omega_1' + \beta'\omega_2', \qquad \omega_2 = \gamma'\omega_1' + \delta'\omega_2', \tag{8}$$

wobei $\alpha, \beta, \ldots, \delta'$ ganze Zahlen bedeuten. Tragen wir die Werte von ω_1', ω_2' aus (7) in (8) ein, so ergibt sich

$$\omega_1 = (\alpha'\alpha + \beta'\gamma)\omega_1 + (\alpha'\beta + \beta'\delta)\omega_2,$$

$$\omega_2 = (\gamma'\alpha + \delta'\gamma)\omega_1 + (\gamma'\beta + \delta'\delta)\omega_2,$$

und da $\frac{\omega_2}{\omega_1}$ keine rationale Zahl sein soll, so müssen diese Gleichungen in ω_1, ω_2 identisch bestehen, d. h. es muß

$$\alpha'\alpha + \beta'\gamma = 1, \quad \alpha'\beta + \beta'\delta = 0, \quad \gamma'\alpha + \delta'\gamma = 0, \quad \gamma'\beta + \delta'\delta = 1$$

sein. Nach dem Multiplikationssatz der Determinanten folgt hieraus

$$(\alpha\delta - \beta\gamma)(\alpha'\delta' - \beta'\gamma') = 1$$

und daher

$$\alpha\delta - \beta\gamma = \pm 1.$$

Umgekehrt: Bestehen die Gleichungen (7), wo $\alpha, \beta, \gamma, \delta$ ganze Zahlen der Determinante ± 1 bedeuten, so erhalten wir durch Auflösung dieser Gleichungen

$$\omega_1 = \pm(\delta\omega_1' - \beta\omega_2'), \qquad \omega_2 = \pm(-\gamma\omega_1' + \alpha\omega_2'),$$

und es ist klar, daß jede Zahl $w = m_1\omega_1 + m_2\omega_2$ auch (und zwar auf genau eine Weise) in die Form $m_1'\omega_1' + m_2'\omega_2'$ gesetzt werden kann und umgekehrt, daß also (ω_1, ω_2) und (ω_1', ω_2') äquivalente Paare sind.

Satz 3. *Ist der Quotient* $\frac{\omega_2}{\omega_1}$ *nicht rational, so ist die notwendige und hinreichende Bedingung für die Äquivalenz der Größenpaare* (ω_1, ω_2) *und* (ω_1', ω_2') *das Bestehen zweier Gleichungen der Gestalt*

$$\omega_1' = \alpha\omega_1 + \beta\omega_2, \qquad \omega_2' = \gamma\omega_1 + \delta\omega_2,$$

wobei $\alpha, \beta, \gamma, \delta$ *ganze Zahlen der Determinante*

$$\alpha\delta - \beta\gamma = \pm 1$$

bedeuten.

Der Satz 2 bleibt offenbar gültig, wenn wir in seinem Ausspruch an die Stelle der $\wp$-Funktion die ζ-Funktion oder die σ-Funktion treten lassen. Denn da $\wp(u) = -\zeta'(u)$ und $\zeta(u) = \frac{\sigma'(u)}{\sigma(u)}$ ist, so wird die Gleichung (4) gelten, wenn aus dem Paare (ω_1, ω_2) dieselbe Funktion $\zeta(u)$ oder $\sigma(u)$ entspringt wie aus dem Paare (ω_1', ω_2'); und wenn andrerseits die Größenpaare (ω_1, ω_2) und (ω_1', ω_2') äquivalent sind, so folgt die Identität der Funktionen $\zeta(u)$ bzw. der Funktionen $\sigma(u)$ aus den Definitionsgleichungen.

Da die Entwicklungen der Funktionen $\wp(u)$, $\zeta(u)$, $\sigma(u)$ an der Stelle $u = 0$ Koeffizienten besitzen, welche ganze rationale Funktionen von g_2 und g_3 sind, so kann man die drei Funktionen auch als Funktionen von u, g_2, g_3 betrachten. Dabei ist allerdings die Variabilität der Argumente g_2, g_3 auf solche Werte beschränkt, für welche die Gleichungen

$$g_2 = 60 \sum{}' \frac{1}{w^4}, \qquad g_3 = 140 \sum{}' \frac{1}{w^6} \qquad (w = m_1\omega_1 + m_2\omega_2) \tag{9}$$

durch ein Wertepaar (ω_1, ω_2) mit nicht reellem Quotienten $\frac{\omega_2}{\omega_1}$ befriedigt werden können. Da durch die Werte von g_2 und g_3 die Entwicklung von $\wp(u)$ an der Stelle $u = 0$ völlig bestimmt ist und also auch die Funktion $\wp(u)$ selbst, so werden bei festen Werten g_2, g_3 zwei verschiedene Lösungen (ω_1, ω_2) und (ω_1', ω_2') der Gleichungen (9) nach Satz 2 notwendig äquivalent sein. Die Theorie der Gleichungen (9) werden wir später in Kap. 4 eingehend behandeln.

Tabellarische Übersicht zum 1. Kapitel.

$$(1)\quad \begin{cases} \sigma(u) = u \prod{}' \left\{ \left(1 - \dfrac{u}{w}\right) e^{\frac{u}{w} + \frac{1}{2}\left(\frac{u}{w}\right)^2} \right\}; \\[2ex] \zeta(u) = \dfrac{1}{u} + \sum{}' \left\{ \dfrac{1}{u-w} + \dfrac{1}{w} + \dfrac{u}{w^2} \right\} = \dfrac{\sigma'(u)}{\sigma(u)}; \qquad (w = m_1\omega_1 + m_2\omega_2.) \\[2ex] \wp(u) = \dfrac{1}{u^2} + \sum{}' \left\{ \dfrac{1}{(u-w)^2} - \dfrac{1}{w^2} \right\} = -\dfrac{d}{du}\left(\dfrac{\sigma'(u)}{\sigma(u)}\right). \end{cases}$$

$$(2)\quad \begin{cases} \sigma(u) = u + k_2 u^5 + k_3 u^7 + \cdots + k_n u^{2n+1} + \cdots; \\[1ex] \zeta(u) = \dfrac{1}{u} - \dfrac{c_2}{3} u^3 - \dfrac{c_3}{5} u^5 - \cdots - \dfrac{c_n}{2n-1} u^{2n-1} - \cdots; \\[1ex] \wp(u) = \dfrac{1}{u^2} + c_2 u^2 + c_3 u^4 + \cdots + c_n u^{2n-2} + \cdots. \end{cases}$$

Die Koeffizienten c_n sind ganze rationale Funktionen von g_2, g_3 mit positiven rationalen Koeffizienten, die Koeffizienten k_n ganze rationale Funktionen von g_2, g_3 mit rationalen Koeffizienten:

$$c_2 = \tfrac{1}{20} g_2, \; c_3 = \tfrac{1}{28} g_3, \; \ldots, \; k_2 = -\tfrac{1}{240} g_2, \; k_3 = -\tfrac{1}{840} g_3, \; \ldots.$$

$$(3)\quad \begin{cases} g_2 = 60 \sum{}' \dfrac{1}{w^4}, \quad g_3 = 140 \sum{}' \dfrac{1}{w^6}; \\[1ex] \Delta = g_2^3 - 27 g_3^2; \\[1ex] e_1 = \wp\left(\dfrac{\omega_1}{2}\right), \quad e_2 = \wp\left(\dfrac{\omega_1 + \omega_2}{2}\right), \quad e_3 = \wp\left(\dfrac{\omega_2}{2}\right); \\[1ex] \eta_1 = 2\zeta\left(\dfrac{\omega_1}{2}\right), \quad \eta_2 = 2\zeta\left(\dfrac{\omega_2}{2}\right); \\[1ex] \eta_1\omega_2 - \eta_2\omega_1 = 2\pi i. \end{cases}$$

$$(4)\quad \begin{cases} \wp'^2(u) = 4\wp^3(u) - g_2\wp(u) - g_3 = 4(\wp(u) - e_1)(\wp(u) - e_2)(\wp(u) - e_3); \\ \wp''(u) = 6\wp^2(u) - \tfrac{1}{2} g_2. \end{cases}$$

$$(5)\quad \begin{cases} \wp(u+w) = \wp(u); \\ \zeta(u+w) = \zeta(u) + \eta; \\ \sigma(u+w) = \varepsilon\, e^{\eta\left(u+\frac{w}{2}\right)}\sigma(u). \end{cases} \qquad \begin{matrix} (w = m_1\omega_1 + m_2\omega_2,\ \eta = m_1\eta_1 + m_2\eta_2; \\ \varepsilon = +1 \text{ oder } -1, \text{ je nachdem} \\ m_1, m_2 \text{ beide gerade sind oder nicht.}) \end{matrix}$$

$$(6)\quad \begin{cases} \wp(u) - \wp(v) = -\dfrac{\sigma(u+v)\,\sigma(u-v)}{\sigma^2(u)\,\sigma^2(v)}; \\ \zeta(u+v) + \zeta(u-v) - 2\zeta(u) = \dfrac{\wp'(u)}{\wp(u) - \wp(v)}; \\ \zeta(u+v) - \zeta(u) - \zeta(v) = \dfrac{1}{2}\,\dfrac{\wp'(u) - \wp'(v)}{\wp(u) - \wp(v)}; \\ \wp(u+v) = -\wp(u) - \wp(v) + \dfrac{1}{4}\left(\dfrac{\wp'(u) - \wp'(v)}{\wp(u) - \wp(v)}\right)^2. \end{cases}$$

Darstellung der meromorphen Funktionen $f(u)$ mit den Perioden ω_1, ω_2 durch $\sigma(u)$, $\zeta(u)$, $\wp(u)$:

$$(7)\quad \begin{cases} f(u) = C\,\dfrac{\sigma(u-b_1)\,\sigma(u-b_2)\cdots\sigma(u-b_r)}{\sigma(u-a_1)\,\sigma(u-a_2)\cdots\sigma(u-a_r)} \quad (b_1 + b_2 + \cdots + b_r = a_1 + a_2 + \cdots + a_r); \\ f(u) = C + \sum\limits_a \{A\,\zeta(u-a) + A'\zeta'(u-a) + \cdots + A^{(k-1)}\zeta^{(k-1)}(u-a)\}; \\ f(u) = R(\wp(u), \wp'(u)) = R_1(\wp(u)) + \wp'(u)\,R_2(\wp(u)). \end{cases}$$

Zweites Kapitel.

Die Theta-Funktionen.

Wir werden jetzt die im ersten Kapitel betrachteten Funktionen durch außerordentlich stark konvergierende Reihen, die sogenannten *Thetareihen*, darstellen. Diese Darstellung beruht auf einem allgemeinen Satze, den wir in § 1 vorausschicken.

§ 1. Darstellung ganzer Funktionen mit einer gegebenen Periode.

Es sei $\varphi(u)$ eine ganze Funktion von u mit der von Null verschiedenen Periode ω. Indem wir

$$(1)\qquad e^{\frac{2\pi i u}{\omega}} = \zeta$$

setzen, wollen wir untersuchen, wie sich $\varphi(u)$ als Funktion von ζ verhält. Dabei möge u durch die Punkte einer ersten Ebene, der u-Ebene, ζ durch die Punkte einer zweiten Ebene, der ζ-Ebene, repräsentiert werden. Fixieren wir in der letzteren einen vom Nullpunkt verschiedenen, im Endlichen liegenden Punkt $\zeta = a$, so entsprechen diesem in der u-Ebene die Punkte

$$u = \frac{\omega}{2\pi i}(\log a + m\cdot 2\pi i) = \frac{\omega}{2\pi i}\log a + m\,\omega,$$

wo $\log a$ den Hauptwert des Logarithmus bezeichnet und m alle ganzen Zahlen durchläuft. Da $\varphi(u)$ die Periode ω besitzt, so entspricht dem fixierten Werte $\zeta = a$ der eine Wert

$$\varphi(u) = \varphi\left(\frac{\omega}{2\pi i}\log a\right);$$

d. h. es ist $\varphi(u)$, angesehen als Funktion von ζ, eine *eindeutige* Funktion in demjenigen Gebiet, welches aus der ganzen ζ-Ebene mit Ausschluß der Punkte $\zeta = 0$ und $\zeta = \infty$ besteht.

Wir zeigen nun leicht, daß diese Funktion in dem genannten Gebiete regulär ist. Es seien nämlich a und b entsprechende Punkte der ζ- und der u-Ebene, so daß

$$e^{\frac{2\pi i b}{\omega}} = a \tag{2}$$

ist. Liegt dann u in der Umgebung von b, so liegt ζ in der Umgebung von a, und aus (1) und (2) folgt

$$e^{\frac{2\pi i(u-b)}{\omega}} = \frac{\zeta}{a} = 1 + \frac{\zeta - a}{a}$$

und also

$$u - b = \frac{\omega}{2\pi i}\log\left(1 + \frac{\zeta - a}{a}\right) = \frac{\omega}{2\pi i}\left(\frac{\zeta - a}{a} - \frac{1}{2}\left(\frac{\zeta - a}{a}\right)^2 + - \cdots\right) = \mathfrak{P}(\zeta - a).$$

Aus der Entwicklung von $\varphi(u)$ in der Umgebung von $u = b$:

$$\varphi(u) = c_0 + c_1(u - b) + c_2(u - b)^2 + \cdots,$$

ergibt sich nun nach dem Weierstraßschen Summensatz

$$\varphi(u) = c_0 + c_1\mathfrak{P}(\zeta - a) + c_2(\mathfrak{P}(\zeta - a))^2 + \cdots = \mathfrak{P}_1(\zeta - a),$$

so daß in der Tat $\varphi(u)$ für die Umgebung von $\zeta = a$ durch eine gewöhnliche Potenzreihe darstellbar ist.

Beschreiben wir jetzt in der ζ-Ebene um den Nullpunkt als Mittelpunkt einen Kreis mit beliebig klein gewähltem Radius und einen zweiten Kreis mit beliebig großem Radius, so besteht nach dem Laurentschen Satze für die Punkte in dem von beiden Kreisen begrenzten Kreisring die folgende Darstellung von $\varphi(u)$:

$$\varphi(u) = \sum_{n=-\infty}^{+\infty} A_n \zeta^n = \sum_{n=-\infty}^{+\infty} A_n e^{\frac{2\pi i u}{\omega}n}. \tag{3}$$

Es gilt also der

Satz: *Jede ganze Funktion $\varphi(u)$ von u mit der Periode ω läßt sich gemäß* (3) *durch eine Potenzreihe darstellen, die nach Potenzen von $e^{\frac{2\pi i u}{\omega}}$ mit positiven und negativen ganzzahligen Exponenten fortschreitet und für jeden Wert von u konvergiert.*

§ 2. Bezeichnungen.

Wir betrachten, wie im ersten Kapitel, Funktionen der Variablen u und der Größen ω_1, ω_2; dabei wollen wir aber einige neue Bezeichnungen gebrauchen, an denen wir ein für allemal festhalten werden. Wir setzen nämlich

$$\omega_1 = 2\,\omega, \quad \omega_2 = 2\,\omega',$$

so daß also ω und ω' die halben Perioden $\frac{1}{2}\omega_1$ bzw. $\frac{1}{2}\omega_2$ bedeuten; ferner sei

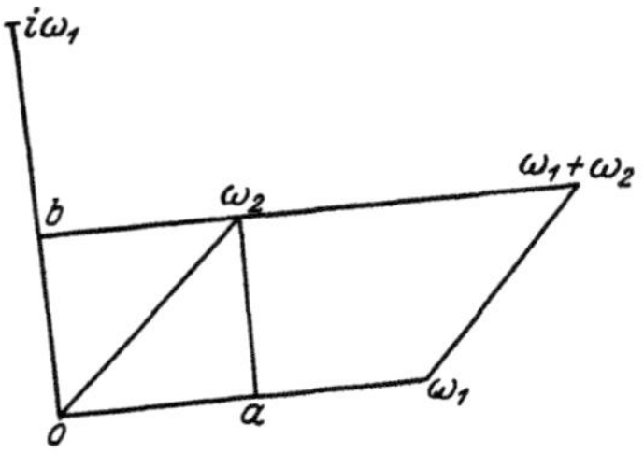

Abb. 49.

$$\tau = \frac{\omega_2}{\omega_1} = \frac{\omega'}{\omega},$$

$$h = e^{i\pi\tau},$$

$$\eta_1 = 2\,\eta, \quad \eta_2 = 2\,\eta',$$

$$v = \frac{u}{2\,\omega},$$

$$z = e^{i\pi v} = e^{\frac{i\pi u}{2\omega}}.$$

Die Gleichung $\eta_1\omega_2 - \eta_2\omega_1 = 2\pi i$ aus Kap. 1, § 11 stellt sich in den neuen Bezeichnungen folgendermaßen dar:

$$\eta\,\omega' - \eta'\,\omega = \tfrac{1}{2}\pi i. \tag{1}$$

Die Größen ω_1 und ω_2 sollen der Bedingung genügen, daß der *positive* Umlaufungssinn des Periodenparallelogramms (0) durch die Eckenfolge 0, ω_1, $\omega_1 + \omega_2$, ω_2 gegeben ist. Dies hat zur Folge, daß der Punkt ω_2 auf *derselben* Seite der Geraden $0 \ldots \omega_1$ liegt wie der Punkt $i\omega_1$. Es ist daher (Abb. 49)

$$\omega_2 = a + b = r\omega_1 + s i\omega_1,$$

wo r und s reell sind und $s > 0$ ist. Daher kommt

$$\tau = \frac{\omega_2}{\omega_1} = r + is, \quad s > 0$$

und

$$|h| = \left|e^{i\pi(r+is)}\right| = e^{-\pi s} < 1.$$

Wir bemerken noch, daß wir für jeden beliebigen Wert des Exponenten ϱ unter h^ϱ bzw. z^ϱ stets $e^{i\pi\tau\varrho}$ bzw. $e^{i\pi v\varrho}$ verstehen werden.

§ 3. Die Funktion $\vartheta_1(v)$.

Das Verhalten der Funktion $\sigma(u)$ bei Vermehrung von u um ω_1 oder ω_2 (Kap. 1, § 13, (8)) drückt sich in den neuen Bezeichnungen folgendermaßen aus:

$$\sigma(u + 2\,\omega) = -\,e^{2\eta(u+\omega)}\,\sigma(u), \quad \sigma(u + 2\,\omega') = -\,e^{2\eta'(u+\omega')}\,\sigma(u).$$

Wir wollen nun die Konstanten a und b so bestimmen, daß die Funktion

$$\varphi(u) = e^{au^2+bu}\sigma(u)$$

die Periode 2ω besitzt. Da

$$\frac{\varphi(u+2\omega)}{\varphi(u)} = -e^{2(2a\omega+\eta)(u+\omega)+b\cdot 2\omega}, \quad \frac{\varphi(u+2\omega')}{\varphi(u)} = -e^{2(2a\omega'+\eta')(u+\omega')+b\cdot 2\omega'}$$

wird, so erreichen wir dies, wenn wir

$$a = -\frac{\eta}{2\omega}, \qquad b = \frac{\pi i}{2\omega}$$

wählen. Zugleich wird dann, wie eine leichte Rechnung ergibt, unter Berücksichtigung von § 2, (1)

$$\frac{\varphi(u+2\omega')}{\varphi(u)} = -e^{-\frac{\pi i}{\omega}(u+\omega')+\pi i\frac{\omega'}{\omega}} = -e^{-\frac{\pi i u}{\omega}} = -z^{-2}.$$

Demnach finden wir

Satz 1. *Für die Funktion*

(1) $$\varphi(u) = e^{-\frac{\eta u^2}{2\omega}+\frac{\pi i u}{2\omega}}\sigma(u) = e^{-\frac{\eta u^2}{2\omega}}z\,\sigma(u)$$

gelten die Gleichungen

(2) $$\varphi(u+2\omega) = \varphi(u), \quad \varphi(u+2\omega') = -z^{-2}\varphi(u).$$

Da nun $\varphi(u)$ eine ganze Funktion von u ist, so haben wir nach § 1

$$\varphi(u) = \sum_{n=-\infty}^{+\infty} A_n e^{\frac{2\pi i u}{2\omega}n} = \sum_{n=-\infty}^{+\infty} A_n z^{2n} \qquad \left(z = e^{\frac{i\pi u}{2\omega}}\right).$$

Tragen wir dies in die zweite Gleichung (2) ein, so wird

$$\sum_{n=-\infty}^{+\infty} A_n z^{2n} h^{2n} = \varphi(u+2\omega') = -\sum_{n=-\infty}^{+\infty} A_n z^{2n-2} = -\sum_{n=-\infty}^{+\infty} A_{n+1} z^{2n},$$

woraus durch Koeffizientenvergleichung für alle ganzen Zahlen n die Gleichung

$$A_{n+1} = -h^{2n}A_n = -h^{(n+\frac{1}{2})^2-(n-\frac{1}{2})^2}A_n$$

oder

$$(-1)^{n+1}h^{-(n+\frac{1}{2})^2}A_{n+1} = (-1)^n h^{-(n-\frac{1}{2})^2}A_n$$

folgt. Die linke Seite dieser Gleichung geht dadurch aus der rechten hervor, daß man n durch $n+1$ ersetzt. Hieraus schließt man, daß

$$(-1)^n h^{-(n-\frac{1}{2})^2}A_n$$

für jeden Index n *denselben* Wert besitzt. Nennen wir diesen Wert Ci, so wird

$$\varphi(u) = C\,i\sum_{n=-\infty}^{+\infty}(-1)^n h^{(n-\frac{1}{2})^2}z^{2n},$$

wobei C eine Konstante bezeichnet.

Wir führen nun folgende Bezeichnung ein:

$$\vartheta_1(v) = i \sum_{n=-\infty}^{+\infty} (-1)^n h^{\left(\frac{2n-1}{2}\right)^2} z^{2n-1}, \tag{3}$$

und haben dann nach (1)

$$\sigma(u) = e^{\frac{\eta u^2}{2\omega}} z^{-1} \varphi(u) = e^{\frac{\eta u^2}{2\omega}} C\, \vartheta_1(v).$$

Zur Bestimmung der Konstanten C dividieren wir mit $u = 2\omega v$ und lassen dann u, also auch v, gegen 0 konvergieren. Dadurch kommt, weil $\left(\frac{\vartheta_1(v)}{v}\right)_{v=0} = \vartheta_1'(0)$ ist,

$$1 = C\, \frac{\vartheta_1'(0)}{2\omega}$$

und also

$$\sigma(u) = e^{\frac{\eta u^2}{2\omega}} \frac{2\omega}{\vartheta_1'(0)} \vartheta_1(v) \qquad \left(v = \frac{u}{2\omega}\right). \tag{4}$$

Die Reihe, welche $\vartheta_1(v)$ definiert, können wir noch etwas anders schreiben. Dabei wollen wir ein für allemal folgendes verabreden:

Der Summationsbuchstabe n soll stets alle ganzen Zahlen (0, ± 1, ± 2, ...) *durchlaufen, der Summationsbuchstabe g alle geraden natürlichen Zahlen* (2, 4, 6, ...) *und der Summationsbuchstabe ν alle ungeraden natürlichen Zahlen* (1, 3, 5, ...). *Dasselbe soll für die Buchstaben n, g, ν gelten, wenn dieselben als laufende Indizes bei einem unendlichen Produkte auftreten.*

Nach dieser Festsetzung wird wegen (3)

$$\vartheta_1(v) = i\left\{\sum_\nu (-1)^{\frac{\nu+1}{2}} h^{\frac{\nu^2}{4}} z^\nu + \sum_\nu (-1)^{\frac{-\nu+1}{2}} h^{\frac{\nu^2}{4}} z^{-\nu}\right\},$$

da die Zahlen ν und $-\nu$ zusammen alle Zahlen $2n-1$ ausmachen. Nun ist

$$(-1)^{\frac{\nu+1}{2}} = (-1)^\nu (-1)^{\frac{-\nu+1}{2}} = -(-1)^{\frac{-\nu+1}{2}}$$

und

$$z^\nu - z^{-\nu} = e^{\nu i \pi v} - e^{-\nu i \pi v} = 2i \sin(\nu\pi v)$$

und daher

$$\left\{\begin{aligned} \vartheta_1(v) &= 2\sum_\nu (-1)^{\frac{\nu-1}{2}} h^{\frac{\nu^2}{4}} \sin(\nu\pi v) \\ &= 2\left\{h^{\frac{1}{4}} \sin \pi v - h^{\frac{9}{4}} \sin 3\pi v + h^{\frac{25}{4}} \sin 5\pi v - + \cdots\right\}. \end{aligned}\right. \tag{5}$$

Die Funktion $\vartheta_1(v)$ nennen wir die *erste Thetafunktion*, die sie definierende Reihe (3) oder (5) die *erste Thetareihe*. Die Funktion ist eine *ganze und ungerade* Funktion von v. Sie hängt außer von v noch von dem Periodenverhältnis τ ab; dies werden wir nötigenfalls dadurch zum Ausdruck bringen, daß wir $\vartheta_1(v/\tau)$ statt $\vartheta_1(v)$ schreiben.

§ 4. Die Funktionen $\sigma_1(u)$, $\sigma_2(u)$, $\sigma_3(u)$.

Neben der Funktion $\vartheta_1(v)$ haben wir noch *drei weitere Thetafunktionen* einzuführen, die wir am besten an die von WEIERSTRASZ mit $\sigma_1(u)$, $\sigma_2(u)$, $\sigma_3(u)$ bezeichneten Funktionen anknüpfen. Setzen wir in der Gleichung

$$\wp(u) - \wp(u') = -\frac{\sigma(u+u')\sigma(u-u')}{\sigma^2(u)\sigma^2(u')}$$

für u' eine *halbe* Periode

$$\tilde{\omega} = m\omega + m'\omega',$$

so daß m und m' ganze Zahlen bedeuten, die nicht beide gerade sind, so ergibt sich

$$\wp(u) - \wp(\tilde{\omega}) = \frac{\sigma(u+\tilde{\omega})\sigma(\tilde{\omega}-u)}{\sigma^2(u)\sigma^2(\tilde{\omega})}.$$

Nun ist aber

$$\sigma(u+2\tilde{\omega}) = -e^{2\tilde{\eta}(u+\tilde{\omega})}\sigma(u) \qquad (\tilde{\eta} = m\eta + m'\eta'),$$

und hieraus folgt, wenn u durch $u-\tilde{\omega}$ ersetzt wird,

$$\sigma(u+\tilde{\omega}) = -e^{2\tilde{\eta}u}\sigma(\ \ -\tilde{\omega}) = e^{2\tilde{\eta}u}\sigma(\tilde{\omega}-u),$$

so daß man

$$(1) \qquad \wp(u) - \wp(\tilde{\omega}) = \left\{\frac{e^{\tilde{\eta}u}\sigma(\tilde{\omega}-u)}{\sigma(u)\sigma(\tilde{\omega})}\right\}^2$$

erhält. Hier nehmen wir nun sukzessiv

$$m=1,\ m'=0; \quad m=1,\ m'=1; \quad m=0,\ m'=1,$$

setzen a der Reihe nach

$$\tilde{\omega} = \omega = \frac{\omega_1}{2}, \quad \tilde{\omega} = \omega + \omega' = \frac{\omega_1+\omega_2}{2}, \quad \tilde{\omega} = \omega' = \frac{\omega_2}{2}.$$

Mit den Abkürzungen

$$(2) \quad \sigma_1(u) = e^{\eta u}\frac{\sigma(\omega-u)}{\sigma(\omega)}, \quad \sigma_2(u) = e^{(\eta+\eta')u}\frac{\sigma(\omega+\omega'-u)}{\sigma(\omega+\omega')}, \quad \sigma_3(u) = e^{\eta' u}\frac{\sigma(\omega'-u)}{\sigma(\omega')}$$

liefert dann (1) die Gleichungen

$$(3) \quad \wp(u) - e_1 = \left\{\frac{\sigma_1(u)}{\sigma(u)}\right\}^2, \quad \wp(u) - e_2 = \left\{\frac{\sigma_2(u)}{\sigma(u)}\right\}^2, \quad \wp(u) - e_3 = \left\{\frac{\sigma_3(u)}{\sigma(u)}\right\}^2,$$

welche in Evidenz setzen, daß jede der drei Funktionen $\wp(u) - e_k$ nur *zweifache* Nullstellen und *zweifache* Pole besitzt.

Die durch die Gleichungen (2) definierten Funktionen $\sigma_1(u)$, $\sigma_2(u)$, $\sigma_3(u)$ sind *ganze* Funktionen von u, und zwar *gerade* Funktionen, wie aus der Gleichung

$$e^{-\tilde{\eta}u}\sigma(u+\tilde{\omega}) = e^{\tilde{\eta}u}\sigma(\tilde{\omega}-u)$$

ersichtlich ist. Außerdem ist nach (2)

$$\sigma_1(0) = \sigma_2(0) = \sigma_3(0) = 1.$$

Unter Berücksichtigung der letzten Gleichungen und der Differentialgleichung von $\wp(u)$ folgt durch Multiplikation der Gleichungen (3) leicht

$$\wp'(u) = -2\,\frac{\sigma_1(u)\,\sigma_2(u)\,\sigma_3(u)}{\sigma^3(u)}.$$

§ 5. Die Funktionen $\vartheta_2(v)$, $\vartheta_3(v)$, $\vartheta_0(v)$.

Aus der Gleichung (4) in § 3, nämlich

$$\sigma(u) = C\,e^{\frac{\eta u^2}{2\omega}}\,\vartheta_1\left(\frac{u}{2\omega}\right),$$

in welcher C eine Konstante, d. h. eine von u unabhängige Zahl bedeutet, erhalten wir leicht analoge Darstellungen für die Funktionen $\sigma_1(u)$, $\sigma_2(u)$, $\sigma_3(u)$.

Setzen wir, wie im vorigen Paragraphen,

$$\tilde{\omega} = m\,\omega + m'\,\omega', \qquad \tilde{\eta} = m\,\eta + m'\,\eta',$$

so ergibt sich zunächst

$$e^{\tilde{\eta} u}\,\frac{\sigma(\tilde{\omega}-u)}{\sigma(\tilde{\omega})} = \frac{C}{\sigma(\tilde{\omega})}\,e^{\tilde{\eta} u + \eta\frac{(\tilde{\omega}-u)^2}{2\omega}}\,\vartheta_1\left(\frac{\tilde{\omega}-u}{2\omega}\right)$$

oder nach leichter Rechnung

$$(1) \qquad e^{\tilde{\eta} u}\,\frac{\sigma(\tilde{\omega}-u)}{\sigma(\tilde{\omega})} = \tilde{C}\,e^{\frac{\eta u^2}{2\omega}}\,e^{(\tilde{\eta}\,\omega - \tilde{\omega}\,\eta)\frac{u}{\omega}}\,\vartheta_1\left(\frac{\tilde{\omega}-u}{2\omega}\right)$$

$$= \tilde{C}\,e^{\frac{\eta u^2}{2\omega}}\,z^{-m'}\,\vartheta_1\left(\frac{m}{2} + \frac{m'}{2}\tau - v\right),$$

wo von der Gleichung

$$\tilde{\eta}\,\omega - \tilde{\omega}\,\eta = (m\,\eta + m'\,\eta')\,\omega - (m\,\omega + m'\,\omega')\,\eta = -m'\,\frac{\pi i}{2}$$

Gebrauch gemacht ist und $\tilde{C}$ eine Konstante bedeutet. Die Gleichung (1) spaltet sich in die drei Gleichungen

$$(2) \qquad \begin{cases} \sigma_1(u) = C_1\,e^{\frac{\eta u^2}{2\omega}}\,\vartheta_1\left(\frac{1}{2} - v\right), \\[2ex] \sigma_2(u) = C_2\,e^{\frac{\eta u^2}{2\omega}}\,z^{-1}\,\vartheta_1\left(\frac{1}{2} + \frac{\tau}{2} - v\right), \\[2ex] \sigma_3(u) = C_3\,e^{\frac{\eta u^2}{2\omega}}\,z^{-1}\,\vartheta_1\left(\frac{\tau}{2} - v\right). \end{cases}$$

Benutzen wir hier die Gleichung (3) von § 3, so kommt

$$\vartheta_1\left(\tfrac{1}{2} - v\right) = -\vartheta_1\left(v - \tfrac{1}{2}\right) = -i\sum_n (-1)^n\,h^{\left(\frac{2n-1}{2}\right)^2}\,(-i\,z)^{2n-1}$$

$$= \sum_n h^{\left(\frac{2n-1}{2}\right)^2}\,z^{2n-1} = 2\sum_\nu h^{\frac{\nu^2}{4}}\cos(\nu\,\pi\,v).$$

Setzen wir hierin $v - \frac{\tau}{2}$ für v, also $zh^{-\frac{1}{2}}$ für z, so ergibt sich weiter

$$\vartheta_1\left(\frac{1}{2} + \frac{\tau}{2} - v\right) = \sum_n h^{\left(\frac{2n-1}{2}\right)^2} h^{-\frac{2n-1}{2}} z^{2n-1} = h^{-\frac{1}{4}} z \sum_n h^{(n-1)^2} z^{2n-2}$$
$$= h^{-\frac{1}{4}} z \sum_n h^{n^2} z^{2n}$$

und, wenn hier $v + \frac{1}{2}$ statt v, also iz statt z geschrieben wird,

$$\vartheta_1\left(\frac{\tau}{2} - v\right) = h^{-\frac{1}{4}} i z \sum_n (-1)^n h^{n^2} z^{2n}.$$

Wir definieren nun drei weitere Thetafunktionen durch die Gleichungen

$$\vartheta_2(v) = \vartheta_2(v/\tau) = \sum_n h^{\left(\frac{2n-1}{2}\right)^2} z^{2n-1}$$
$$= 2h^{\frac{1}{4}} \cos \pi v + 2h^{\frac{9}{4}} \cos 3\pi v + 2h^{\frac{25}{4}} \cos 5\pi v + \cdots,$$
$$\vartheta_3(v) = \vartheta_3(v/\tau) = \sum_n h^{n^2} z^{2n}$$
$$= 1 + 2h \cos 2\pi v + 2h^4 \cos 4\pi v + 2h^9 \cos 6\pi v + \cdots,$$
$$\vartheta_0(v) = \vartheta_0(v/\tau) = \sum_n (-1)^n h^{n^2} z^{2n}$$
$$= 1 - 2h \cos 2\pi v + 2h^4 \cos 4\pi v - 2h^9 \cos 6\pi v + - \cdots.$$

Dann verwandeln sich die Gleichungen (2) zunächst in

$$\sigma_1(u) = C_1 e^{\frac{\eta u^2}{2\omega}} \vartheta_2(v), \quad \sigma_2(u) = \overline{C}_2 e^{\frac{\eta u^2}{2\omega}} \vartheta_3(v), \quad \sigma_3(u) = \overline{C}_3 e^{\frac{\eta u^2}{2\omega}} \vartheta_0(v),$$

wobei $\overline{C}_2$, $\overline{C}_3$ neue Konstanten bezeichnen. Bestimmen wir diese und C_1, indem wir u und daher auch v gegen 0 konvergieren lassen, so kommt schließlich

$$\sigma_1(u) = e^{\frac{\eta u^2}{2\omega}} \frac{\vartheta_2(v)}{\vartheta_2(0)}, \quad \sigma_2(u) = e^{\frac{\eta u^2}{2\omega}} \frac{\vartheta_3(v)}{\vartheta_3(0)}, \quad \sigma_3(u) = e^{\frac{\eta u^2}{2\omega}} \frac{\vartheta_0(v)}{\vartheta_0(0)}.$$

§ 6. Zusammenstellung.

Wir stellen hier noch einmal die Definitionsgleichungen der vier ϑ-Funktionen und ihren Zusammenhang mit den σ-Funktionen und der $\wp$-Funktion übersichtlich zusammen. Bezüglich der Bezeichnungen bemerken wir folgendes: Die nach der Variablen v genommenen Ableitungen der ϑ-Funktionen sollen durch Striche angedeutet werden, so daß z. B. $\vartheta_0''(v)$ den zweiten nach v genommenen Differentialquotienten der Funktion $\vartheta_0(v)$ bedeutet. Werden diese Funktionen und ihre Ableitungen ohne Hinzufügen des Argumentes v geschrieben, so meinen wir denjenigen Wert, welcher dem Argumente $v = 0$ entspricht, den sogenannten *Nullwert* der betreffenden Funktion. Endlich soll die Funktion $\vartheta_0(v)$ auch mit $\vartheta_4(v)$ bezeichnet werden, weil es dadurch möglich wird, mehrere Formeln in eine einzige zusammenzufassen[1].

Wir haben nun folgende Gleichungen:

$$(1)\quad\begin{cases}\vartheta_1(v) = i\sum\limits_n (-1)^n h^{\left(\frac{2n-1}{2}\right)^2} z^{2n-1}\\ \qquad = 2h^{\frac14}\sin\pi v - 2h^{\frac94}\sin 3\pi v + 2h^{\frac{25}{4}}\sin 5\pi v - + \cdots,\\ \vartheta_2(v) = \sum\limits_n h^{\left(\frac{2n-1}{2}\right)^2} z^{2n-1}\\ \qquad = 2h^{\frac14}\cos\pi v + 2h^{\frac94}\cos 3\pi v + 2h^{\frac{25}{4}}\cos 5\pi v + \cdots,\\ \vartheta_3(v) = \sum\limits_n h^{n^2} z^{2n}\\ \qquad = 1 + 2h\cos 2\pi v + 2h^4\cos 4\pi v + 2h^9\cos 6\pi v + \cdots,\\ \vartheta_0(v) = \sum\limits_n (-1)^n h^{n^2} z^{2n}\\ \qquad = 1 - 2h\cos 2\pi v + 2h^4\cos 4\pi v - 2h^9\cos 6\pi v + - \cdots,\end{cases}$$

$$(2)\quad \sigma(u) = \frac{2\omega}{\vartheta_1'} e^{\frac{\eta u^2}{2\omega}} \vartheta_1(v), \qquad \sigma_k(u) = \frac{1}{\vartheta_{k+1}} e^{\frac{\eta u^2}{2\omega}} \vartheta_{k+1}(v) \qquad (k = 1, 2, 3),$$

$$(3)\quad \sqrt{\wp(u) - e_k} = \frac{\sigma_k(u)}{\sigma(u)} = \frac{1}{2\omega}\frac{\vartheta_1'}{\vartheta_{k+1}}\frac{\vartheta_{k+1}(v)}{\vartheta_1(v)} \qquad (k = 1, 2, 3),$$

wobei $v = \frac{u}{2\omega}$ ist.

Durch die Gleichungen (3) sind die Wurzeln $\sqrt{\wp(u) - e_k}$ als *eindeutige* Funktionen von u erklärt. Was die auftretenden *Nullwerte* angeht, so sind diese nach (1) durch die stark konvergierenden Reihen darstellbar:

$$(4)\quad\begin{cases}\vartheta_1' = 2\pi\left(h^{\frac14} - 3h^{\frac94} + 5h^{\frac{25}{4}} - 7h^{\frac{49}{4}} + - \cdots\right),\\ \vartheta_2 = 2h^{\frac14} + 2h^{\frac94} + 2h^{\frac{25}{4}} + 2h^{\frac{49}{4}} + \cdots,\\ \vartheta_3 = 1 + 2h + 2h^4 + 2h^9 + \cdots,\\ \vartheta_0 = 1 - 2h + 2h^4 - 2h^9 + - \cdots.\end{cases}$$

§ 7. Zusammenfassende Darstellung der ϑ-Funktionen. Die ϑ-Funktionen als Funktionen von v und τ.

Die vier ϑ-Funktionen sind spezielle Fälle der von HERMITE eingeführten Funktion

$$(1)\quad \Theta_{\mu,\nu}(v) = \sum_{n=-\infty}^{+\infty} e^{2i\pi v\left(n+\frac{\mu}{2}\right) + i\pi\tau\left(n+\frac{\mu}{2}\right)^2 + i\pi n\nu},$$

[1] In der Literatur werden die Funktionen $\vartheta_1(v)$, $\vartheta_2(v)$, $\vartheta_3(v)$, $\vartheta_0(v)$ auch mit $\vartheta_{11}(v)$, $\vartheta_{10}(v)$, $\vartheta_{00}(v)$, $\vartheta_{01}(v)$ bezeichnet.

in welcher wir v, μ, ν als unbeschränkt veränderliche komplexe Variable betrachten[1], dagegen $\tau = r + is$ auf die *obere Halbebene* einschränken wollen, d. h. auf dasjenige Gebiet der τ-Ebene, welches durch $s > 0$ charakterisiert ist. Wir werden weiterhin zeigen, daß $\Theta_{\mu,\nu}(v)$ eine ganze Funktion von jeder der Variablen v, μ, ν und eine reguläre Funktion von τ in der oberen τ-Halbebene ist. Zunächst schreiben wir die Reihe (1) in der Gestalt

$$\Theta_{\mu,\nu}(v) = \sum_{n=-\infty}^{+\infty} e^{i\pi n\nu} h^{\left(\frac{2n+\mu}{2}\right)^2} z^{2n+\mu}.$$

Vergleichen wir hiermit die Definitionsgleichungen der ϑ-Funktionen (1) des vorigen Paragraphen, so erkennen wir, daß

$$(2)\qquad \begin{cases} \vartheta_1(v) = -i\,\Theta_{1,1}(v), & \vartheta_2(v) = \Theta_{1,0}(v), \\ \vartheta_3(v) = \quad\;\; \Theta_{0,0}(v), & \vartheta_0(v) = \Theta_{0,1}(v) \end{cases}$$

ist. Dabei ist zu beachten, daß in den Definitionsgleichungen von $\vartheta_1(v)$ und $\vartheta_2(v)$ der Summationsbuchstabe n durch $n+1$ ersetzt wird, was erlaubt ist, weil n alle ganzen Zahlen von $-\infty$ bis $+\infty$ durchläuft.

Wir wollen nun die Konvergenz der Reihe (1) direkt untersuchen, wobei wir sie als Summe der beiden Reihen

$$f_{\mu,\nu}(v) = \sum_{n=1}^{\infty} e^{2i\pi v\left(n+\frac{\mu}{2}\right) + i\pi\tau\left(n+\frac{\mu}{2}\right)^2 + i\pi n\nu},$$

$$g_{\mu,\nu}(v) = \sum_{n=0}^{\infty} e^{2i\pi v\left(-n+\frac{\mu}{2}\right) + i\pi\tau\left(-n+\frac{\mu}{2}\right)^2 - i\pi n\nu}$$

auffassen. Die Variablen v, μ, ν schränken wir auf beliebige beschränkte Gebiete ein, die Variable τ auf ein beschränktes und einschließlich des Randes im Inneren der oberen τ-Halbebene liegendes Gebiet G'.

Für alle in Betracht gezogenen Werte von v, μ, ν, τ konvergiert dann jede der Reihen $f_{\mu,\nu}(v)$ und $g_{\mu,\nu}(v)$ absolut und gleichmäßig.

Da die Reihe für $g_{\mu,\nu}(v)$ aus der für $f_{-\mu,-\nu}(-v)$ durch Hinzufügung des einen Gliedes $e^{2i\pi v\frac{\mu}{2} + i\pi\tau\left(\frac{\mu}{2}\right)^2}$ hervorgeht, so genügt es, diesen Satz für die Reihe $f_{\mu,\nu}(v)$ zu beweisen.

Nach Abtrennung eines von n unabhängigen Faktors lautet das allgemeine Glied von $f_{\mu,\nu}(v)$

$$e^{i\pi\tau n^2 + i\pi A n},$$

wo zur Abkürzung

$$A = 2v + \tau\mu + \nu$$

gesetzt ist. Wenn nun

$$\tau = \tau_1 + i\tau_2, \quad A = A_1 + iA_2$$

ist, so wird die untere Grenze der Werte, die τ_2 im Gebiete G' hat, ein gewisser positiver Wert τ_2' und die untere Grenze der Werte, die A_2 für

[1] ν bedeutet also in diesem Paragraphen keinen Summationsbuchstaben.

alle in Betracht gezogenen Werte von v, μ, ν, τ annimmt, ein gewisser Wert A_2' sein. Es ist dann

$$\left| e^{i\pi\tau n^2 + i\pi A n} \right| = e^{-\pi\tau_2 n^2 - \pi A_2 n} \leqq e^{-\pi\tau_2' n^2 - \pi A_2' n}.$$

Nun ist weiter, wenn n groß genug ist, etwa für $n \geqq N$,

$$\pi\tau_2' n^2 + \pi A_2' n > n,$$

weil $\tau_2' > 0$ ist. Folglich ist für alle in Betracht kommenden Werte v, μ, ν, τ die Reihe $\sum\limits_{n=N}^{\infty} e^{-n}$ eine Majorante von $\sum\limits_{n=N}^{\infty} e^{i\pi\tau n^2 + i\pi A n}$, woraus die Behauptung folgt.

Die Reihe $\Theta_{\mu,\nu}(v)$ stellt daher eine reguläre Funktion jeder Variablen v, μ, ν, τ dar, solange τ positiven imaginären Teil hat, und die Ableitungen nach diesen Variablen können nach dem Weierstraßschen Summensatz durch gliedweise Differentiation der Reihe gebildet werden.

Hiernach bestätigt man sofort, daß $\Theta_{\mu,\nu}(v)$ der partiellen Differentialgleichung

$$\frac{\partial^2 \Theta_{\mu,\nu}}{\partial v^2} = 4 i \pi \frac{\partial \Theta_{\mu,\nu}}{\partial \tau}$$

genügt. Zufolge (2) genügt also auch jede der vier ϑ-Funktionen dieser Differentialgleichung.

Die Reihe (1) ändert sich nicht, wenn wir ν durch $\nu + 2$ ersetzen. Sie nimmt den Faktor $e^{-i\pi\nu}$ auf, wenn μ um 2 vermehrt wird und dann n durch $n - 1$ ersetzt wird.

Die Funktion $\Theta_{\mu,\nu}(v)$ genügt daher den Funktionalgleichungen:

(3) $$\Theta_{\mu,\nu+2}(v) = \Theta_{\mu,\nu}(v), \qquad \Theta_{\mu+2,\nu}(v) = e^{-i\pi\nu}\,\Theta_{\mu,\nu}(v).$$

Eine weitere Funktionalgleichung erhalten wir durch folgende Betrachtung:

Bedeuten μ' und ν', ebenso wie μ und ν, zwei beliebige komplexe Zahlen, so ist der Exponent von e im allgemeinen Gliede der Reihe

$$\Theta_{\mu+\mu',\nu+\nu'}(v),$$

nämlich

$$2 i\pi v\left(n + \frac{\mu+\mu'}{2}\right) + i\pi\tau\left(n + \frac{\mu+\mu'}{2}\right)^2 + i\pi n(\nu+\nu'),$$

darstellbar in der Form

$$2 i\pi\left(v + \frac{\nu' + \mu'\tau}{2}\right)\left(n + \frac{\mu}{2}\right) + i\pi\tau\left(n + \frac{\mu}{2}\right)^2 + i\pi n\nu + i\pi\mu' v$$
$$+ i\pi\frac{\mu'^2}{4}\tau - i\pi\frac{\mu\nu'}{2}.$$

Daher befriedigt die Funktion $\Theta_{\mu,\nu}(v)$ die Gleichung

(4) $$\Theta_{\mu+\mu',\nu+\nu'}(v) = e^{i\pi\mu' v + i\pi\frac{\mu'^2}{4}\tau - i\pi\frac{\mu\nu'}{2}}\,\Theta_{\mu,\nu}\left(v + \frac{\nu' + \mu'\tau}{2}\right)$$

oder in anderer Schreibweise

$$\Theta_{\mu,\nu}\left(v+\frac{\nu'+\mu'\tau}{2}\right)=e^{i\pi\frac{\mu\nu'}{2}}\,h^{-\frac{\mu'^2}{4}}\,z^{-\mu'}\,\Theta_{\mu+\mu',\,\nu+\nu'}(v). \tag{5}$$

Durch die Gleichung (4) kann die Funktion $\Theta_{\mu,\nu}(v)$ auf jede andere solche Funktion mit beliebig vorgeschriebenen Werten von μ und ν, z. B. auf die Funktion $\Theta_{0,0}(v)$, also auf $\vartheta_3(v)$, zurückgeführt werden.

§ 8. Verwandlungsformeln und Nullstellen der vier ϑ-Funktionen.

Nehmen wir in der Gleichung (5) des vorigen Paragraphen für μ, ν, μ', ν' ganze Zahlen der Reihe 0, 1, 2 und berücksichtigen wir dabei die Gleichungen (3) und (2) desselben Paragraphen, so erhalten wir ein System von Gleichungen, welches wir in nachfolgender Tabelle übersichtlich zusammenstellen.

Zur Abkürzung setzen wir:

$$m=h^{-\frac{1}{4}}\,z^{-1}=e^{-\left(\frac{i\pi\tau}{4}+i\pi v\right)},\qquad k=h^{-1}\,z^{-2}=e^{-(i\pi\tau+2i\pi v)}.$$

Verwandlungstabelle der ϑ-Funktionen.

	$v+\frac{1}{2}$	$v+\frac{\tau}{2}$	$v+\frac{1}{2}+\frac{\tau}{2}$	$v+1$	$v+\tau$	$v+1+\tau$
ϑ_1	ϑ_2	$i\,m\,\vartheta_0$	$m\,\vartheta_3$	$-\vartheta_1$	$-k\,\vartheta_1$	$k\,\vartheta_1$
ϑ_2	$-\vartheta_1$	$m\,\vartheta_3$	$-i\,m\,\vartheta_0$	$-\vartheta_2$	$k\,\vartheta_2$	$-k\,\vartheta_2$
ϑ_3	ϑ_0	$m\,\vartheta_2$	$i\,m\,\vartheta_1$	ϑ_3	$k\,\vartheta_3$	$k\,\vartheta_3$
ϑ_0	ϑ_3	$i\,m\,\vartheta_1$	$m\,\vartheta_2$	ϑ_0	$-k\,\vartheta_0$	$-k\,\vartheta_0$

Diese Tabelle ist so zu verstehen: Wollen wir $\vartheta_\alpha\left(v+\frac{\nu}{2}+\frac{\mu\tau}{2}\right)$ bestimmen, so haben wir diejenige Horizontalreihe der Tabelle zu nehmen, vor welcher ϑ_α steht, also die erste, zweite, dritte oder vierte, je nachdem $\alpha=1, 2, 3$ oder 0 ist. In dieser Horizontalreihe steht der zu bestimmende Wert in der mit $v+\frac{\nu}{2}+\frac{\mu\tau}{2}$ überschriebenen Vertikalreihe. Z. B. ist also

$$\vartheta_1\left(v+\frac{1}{2}+\frac{\tau}{2}\right)=m\,\vartheta_3=e^{-\left(\frac{i\pi\tau}{4}+i\pi v\right)}\,\vartheta_3(v),$$

$$\vartheta_2(v+\tau)=k\,\vartheta_2=e^{-(i\pi\tau+2i\pi v)}\,\vartheta_2(v),$$

usf.

Wir fügen dieser Tabelle noch eine zweite hinzu, welche die *Nullstellen* und die ihnen entsprechenden Werte von $z^2=e^{2i\pi v}$ für die Thetafunktionen enthält.

Nach (2) in § 6 hat $\vartheta_1(v)$ dieselben Nullstellen wie $\sigma(u) = \sigma(2\,\omega v)$; d. h. $\vartheta_1(v)$ verschwindet für $2\,\omega v = n \cdot 2\,\omega + n' \cdot 2\,\omega'$ oder für

$$v = n + n'\tau,$$

wo n und n' alle ganzen Zahlen von $-\infty$ bis $+\infty$ zu durchlaufen haben.

Die Nullstellen der übrigen Thetafunktionen lesen wir aus der vorstehenden Tabelle ab. Z. B. haben wir

$$\vartheta_2\left(v + \tfrac{1}{2}\right) = -\,\vartheta_1(v),$$

und daher erhalten wir die Nullstellen von $\vartheta_2(v)$, wenn wir diejenigen von $\vartheta_1(v)$ um $\frac{1}{2}$ vermehren. So entsteht die folgende

Tabelle der Nullstellen der ϑ-Funktionen.

	v	$z^2 = e^{2i\pi v}$
ϑ_1	$n + n'\tau$	$h^{2n'}$
ϑ_2	$n + n'\tau + \frac{1}{2}$	$-\,h^{2n'}$
ϑ_3	$n + n'\tau + \frac{1}{2} + \frac{\tau}{2}$	$-\,h^{2n'+1}$
ϑ_0	$n + n'\tau \qquad + \frac{\tau}{2}$	$h^{2n'+1}$

Diese Tabellen werden wir weiterhin zu benutzen haben.

§ 9. Darstellung von e_1, e_2, e_3 und Δ durch die Nullwerte der ϑ.

In der Formel (3) aus § 6 setzen wir $u = \omega$, also $v = \frac{u}{2\,\omega} = \frac{1}{2}$, und sodann $u = \omega + \omega'$, also $v = \frac{u}{2\,\omega} = \frac{1}{2} + \frac{\tau}{2}$; dann folgt für $k = 1, 2, 3$

$$\sqrt{e_1 - e_k} = \frac{1}{2\,\omega}\,\frac{\vartheta_1'}{\vartheta_{k+1}}\,\frac{\vartheta_{k+1}\left(\frac{1}{2}\right)}{\vartheta_1\left(\frac{1}{2}\right)}, \qquad \sqrt{e_2 - e_k} = \frac{1}{2\,\omega}\,\frac{\vartheta_1'}{\vartheta_{k+1}}\,\frac{\vartheta_{k+1}\left(\frac{1}{2} + \frac{\tau}{2}\right)}{\vartheta_1\left(\frac{1}{2} + \frac{\tau}{2}\right)},$$

wobei zu beachten ist, daß $\vartheta_4(v)$ dasselbe wie $\vartheta_0(v)$ bedeutet.

Die erste dieser Gleichungen wenden wir an für $k = 2, 3$, die zweite für $k = 3$. Die auftretenden Werte der ϑ-Funktionen können wir dann vermöge der Verwandlungstabelle des vorigen Paragraphen auf die Nullwerte zurückführen; z. B. ist $\vartheta_3\left(v + \frac{1}{2}\right) = \vartheta_0(v)$ und daher $(\vartheta\tfrac{1}{2}{}_3) = \vartheta_0(0) = \vartheta_0$.

Auf diese Weise finden wir

$$(1)\qquad \begin{cases} \sqrt{e_1 - e_2} = \dfrac{1}{2\,\omega}\,\dfrac{\vartheta_1'}{\vartheta_3}\,\dfrac{\vartheta_3\left(\frac{1}{2}\right)}{\vartheta_1\left(\frac{1}{2}\right)} = \dfrac{1}{2\,\omega}\,\dfrac{\vartheta_1'}{\vartheta_3}\,\dfrac{\vartheta_0}{\vartheta_2}, \\[2ex] \sqrt{e_1 - e_3} = \dfrac{1}{2\,\omega}\,\dfrac{\vartheta_1'}{\vartheta_0}\,\dfrac{\vartheta_0\left(\frac{1}{2}\right)}{\vartheta_1\left(\frac{1}{2}\right)} = \dfrac{1}{2\,\omega}\,\dfrac{\vartheta_1'}{\vartheta_0}\,\dfrac{\vartheta_3}{\vartheta_2}, \\[2ex] \sqrt{e_2 - e_3} = \dfrac{1}{2\,\omega}\,\dfrac{\vartheta_1'}{\vartheta_0}\,\dfrac{\vartheta_0\left(\frac{1}{2}+\frac{\tau}{2}\right)}{\vartheta_1\left(\frac{1}{2}+\frac{\tau}{2}\right)} = \dfrac{1}{2\,\omega}\,\dfrac{\vartheta_1'}{\vartheta_0}\,\dfrac{\vartheta_2}{\vartheta_3}. \end{cases}$$

Durch diese Gleichungen ist je ein bestimmter unter den beiden Werten der Quadratwurzeln $\sqrt{e_i - e_k}$ als *eindeutige* Funktion des Periodenverhältnisses τ in der oberen τ-Halbebene dargestellt, wenn wir die Gleichungen (4) von § 6 heranziehen.

Um e_k direkt zu berechnen, setzen wir die Gleichung (3), § 6 in die Form

$$\sqrt{\wp(2\,\omega\,v) - e_k} = \frac{1}{2\,\omega}\,\frac{1 + \dfrac{\vartheta_{k+1}''}{\vartheta_{k+1}}\dfrac{v^2}{2} + \cdots}{v + \dfrac{\vartheta_1'''}{\vartheta_1'}\dfrac{v^3}{6} + \cdots}$$

$$= \frac{1}{2\,\omega\,v}\left(1 + \left(\frac{\vartheta_{k+1}''}{\vartheta_{k+1}} - \frac{1}{3}\frac{\vartheta_1'''}{\vartheta_1'}\right)\frac{v^2}{2} + \cdots\right).$$

Da die Entwicklung von $\wp(2\,\omega v)$ an der Stelle $v = 0$ kein konstantes Glied enthält, so ist $-\,e_k$ das konstante Glied in der Entwicklung des Quadrats der rechten Seite vorstehender Gleichung nach Potenzen von v. Dies ergibt:

$$(2)\qquad e_k = \frac{1}{4\,\omega^2}\left(\frac{1}{3}\frac{\vartheta_1'''}{\vartheta_1'} - \frac{\vartheta_{k+1}''}{\vartheta_{k+1}}\right) \qquad (k = 1, 2, 3).$$

Da die Summe $e_1 + e_2 + e_3$ verschwindet, so folgt

$$(3)\qquad \frac{\vartheta_1'''}{\vartheta_1'} = \frac{\vartheta_2''}{\vartheta_2} + \frac{\vartheta_3''}{\vartheta_3} + \frac{\vartheta_0''}{\vartheta_0}.$$

Nun erhalten wir aus den Differentialgleichungen

$$\frac{\partial^2 \vartheta(v)}{\partial v^2} = 4\,i\,\pi\,\frac{\partial \vartheta(v)}{\partial \tau}, \qquad \frac{\partial^3 \vartheta(v)}{\partial v^3} = 4\,i\,\pi\,\frac{\partial^2 \vartheta(v)}{\partial v\,\partial \tau},$$

denen die vier ϑ-Funktionen genügen, für $v = 0$ die Gleichungen

$$(4)\qquad \vartheta_k'' = 4\,i\,\pi\,\frac{\partial \vartheta_k}{\partial \tau}, \qquad \vartheta_1''' = 4\,i\,\pi\,\frac{\partial \vartheta_1'}{\partial \tau},$$

so daß die Gleichung (3) in der folgenden Weise geschrieben werden kann:

$$\frac{1}{\vartheta_1'}\frac{\partial \vartheta_1'}{\partial \tau} = \frac{1}{\vartheta_2}\frac{\partial \vartheta_2}{\partial \tau} + \frac{1}{\vartheta_3}\frac{\partial \vartheta_3}{\partial \tau} + \frac{1}{\vartheta_0}\frac{\partial \vartheta_0}{\partial \tau}.$$

Durch Integration folgt hieraus

$$\vartheta_1' = C\,\vartheta_2\,\vartheta_3\,\vartheta_0,$$

wo C eine von τ unabhängige Größe bedeutet. Diese bestimmen wir, indem wir die Entwicklungen (4) des § 6 eintragen:

$$2\pi\,(h^{\frac{1}{4}} - + \cdots) = C\,(2\,h^{\frac{1}{4}} + \cdots)\,(1 + \cdots)\,(1 - + \cdots),$$

und die Anfangsglieder auf beiden Seiten vergleichen. Es ergibt sich $C = \pi$ und damit die wichtige Relation:

$$\vartheta_1' = \pi\vartheta_2\vartheta_3\vartheta_0. \tag{5}$$

Vermöge derselben stellen sich nun die Gleichungen (1) folgendermaßen dar:

$$\sqrt{e_1 - e_2} = \frac{\pi}{2\omega}\vartheta_0^2, \quad \sqrt{e_1 - e_3} = \frac{\pi}{2\omega}\vartheta_3^2, \quad \sqrt{e_2 - e_3} = \frac{\pi}{2\omega}\vartheta_2^2, \tag{6}$$

während man auf Grund der Gleichungen (4) für die Werte (2) der e_k erhält

$$e_1 = \frac{i\pi}{\omega^2}\left(\frac{1}{3}\frac{d\log\vartheta_1'}{d\tau} - \frac{d\log\vartheta_2}{d\tau}\right), \quad e_2 = \frac{i\pi}{\omega^2}\left(\frac{1}{3}\frac{d\log\vartheta_1'}{d\tau} - \frac{d\log\vartheta_3}{d\tau}\right), \tag{7}$$

$$e_3 = \frac{i\pi}{\omega^2}\left(\frac{1}{3}\frac{d\log\vartheta_1'}{d\tau} - \frac{d\log\vartheta_0}{d\tau}\right).$$

Die Multiplikation der Gleichungen (6) ergibt für die Diskriminante $\varDelta$ (vgl. S. 168) die Darstellung:

$$\sqrt[4]{\varDelta} = 2\left(\frac{\pi}{2\omega}\right)^3 \vartheta_0^2\,\vartheta_3^2\,\vartheta_2^2 = \frac{\pi}{4\,\omega^3}\vartheta_1'^2. \tag{8}$$

§ 10. Darstellung der ϑ-Funktionen durch unendliche Produkte.

Die Funktion $\vartheta_3(v)$ ist als Funktion der Variablen $z^2 = e^{2i\pi v}$ regulär für alle endlichen von Null verschiedenen Werte von z^2.

Ihre Nullstellen bilden nach § 8 die beiden Punktfolgen

$$z^2 = -h^{-1}, \quad -h^{-3}, \quad -h^{-5}, \ \ldots, \tag{1}$$

$$z^2 = -h, \quad -h^3, \quad -h^5, \ \ldots, \tag{2}$$

von welchen die erste den Häufungspunkt $z^2 = \infty$, die zweite den Häufungspunkt $z^2 = 0$ besitzt. Die Punkte $z^2 = \infty$, $z^2 = 0$ sind also wesentlich singuläre Stellen der Funktion.

Nach einem Satz der allgemeinen Funktionentheorie[1] stellt nun

$$\left(1 - \frac{x}{a_1}\right)\left(1 - \frac{x}{a_2}\right)\left(1 - \frac{x}{a_3}\right)\cdots$$

[1] Vgl. Abschn. I, Kap. 6, § 9.

eine ganze Funktion von x mit den Nullstellen $a_1, a_2, a_3, \ldots$ vor, wenn die Reihe

$$\frac{1}{a_1} + \frac{1}{a_2} + \frac{1}{a_3} + \cdots$$

absolut konvergiert. Nun ist $|h| < 1$ und daher

$$f_1 = (1 + hz^2)(1 + h^3z^2)(1 + h^5z^2)\ldots$$

eine ganze Funktion von z^2, welche genau die Punkte (1) zu Nullstellen hat. Ebenso wird

$$f_2 = (1 + hz^{-2})(1 + h^3z^{-2})(1 + h^5z^{-2})\ \ldots$$

eine ganze Funktion von z^{-2} sein, die als Funktion von z^{-2} ebenfalls genau die Punkte $-h^{-1}, -h^{-3}, -h^{-5}, \ldots$ zu Nullstellen besitzt. Als Funktion von z^2 betrachtet, ist demnach f_2 in der ganzen Ebene mit Ausschluß der Punkte 0 und ∞ regulär und hat dort genau die Punkte (2) zu Nullstellen.

Die Funktion

$$\begin{aligned} f(v) = f_1 f_2 &= \prod_{n=1}^{\infty}(1 + h^{2n-1}z^2)\,(1 + h^{2n-1}z^{-2}) \\ &= \prod_{\nu}(1 + h^{\nu} z^2)\,(1 + h^{\nu} z^{-2}) \end{aligned}$$

ist daher, als Funktion von v betrachtet, eine ganze Funktion mit denselben Nullstellen wie $\vartheta_3(v)$. Wie verhält sich $f(v)$ bei Vermehrung von v um 1 oder um τ? Da $z^2 = e^{2i\pi v}$ bei Vermehrung von v um τ den Faktor h^2 erhält, so ist offenbar

$$f(v + 1) = f(v)$$

und

$$\begin{aligned} f(v + \tau) &= \prod_{\nu}(1 + h^{\nu+2} z^2)\,(1 + h^{\nu-2} z^{-2}) \\ &= \frac{1 + h^{-1}z^{-2}}{1 + h z^2}\prod_{\nu}(1 + h^{\nu} z^2)\,(1 + h^{\nu} z^{-2}) = h^{-1}z^{-2} f(v). \end{aligned}$$

Genau so verhält sich aber nach der Verwandlungstabelle in § 8 die Funktion $\vartheta_3(v)$, und folglich ist $\frac{\vartheta_3(v)}{f(v)}$ eine Funktion von v, welche keinen Pol und die Perioden 1 und τ besitzt und daher eine Konstante ist. Somit kommt

$$\vartheta_3(v) = C\prod_{\nu}(1 + h^{\nu} z^2)\,(1 + h^{\nu} z^{-2}),$$

wo C eine Konstante, d. h. einen von v unabhängigen Wert bedeutet. Nach der Verwandlungstabelle in § 8 folgt hieraus weiter:

$$\begin{aligned} \vartheta_0(v) &= \vartheta_3(v + \tfrac{1}{2}) = C\prod_{\nu}(1 - h^{\nu} z^2)\,(1 - h^{\nu} z^{-2}), \\ \vartheta_2(v) &= \frac{1}{m}\vartheta_3\left(v + \frac{\tau}{2}\right) = C h^{\frac{1}{4}} z\prod_{\nu}(1 + h^{\nu+1} z^2)\,(1 + h^{\nu-1} z^{-2}), \\ \vartheta_1(v) &= -\vartheta_2(v + \tfrac{1}{2}) = -i C h^{\frac{1}{4}} z\prod_{\nu}(1 - h^{\nu+1} z^2)\,(1 - h^{\nu-1} z^{-2}), \end{aligned}$$

oder in anderer Anordnung und nach leichten Umformungen:

$$
(3)\quad \begin{cases}
\vartheta_1(v) = C\, h^{\frac{1}{4}}\, \frac{z - z^{-1}}{i} \prod_g (1 - h^g z^2)(1 - h^g z^{-2}), \\
\vartheta_2(v) = C\, h^{\frac{1}{4}}\, (z + z^{-1}) \prod_g (1 + h^g z^2)(1 + h^g z^{-2}), \\
\vartheta_3(v) = C \prod_\nu (1 + h^\nu z^2)(1 + h^\nu z^{-2}), \\
\vartheta_0(v) = C \prod_\nu (1 - h^\nu z^2)(1 - h^\nu z^{-2}),
\end{cases}
$$

wobei gemäß früherer Verabredung g die geraden Zahlen $2, 4, 6, \ldots$ und ν die ungeraden Zahlen $1, 3, 5, \ldots$ durchlaufen muß.

Da $z = e^{i\pi v}$ ist, so können die Faktoren $\frac{z - z^{-1}}{i}$ resp. $z + z^{-1}$ durch $2\sin\pi v$ resp. $2\cos\pi v$ ersetzt werden.

Um die Konstante C zu bestimmen, setzen wir in den Formeln (3) $v = 0$, wobei wir die erste dieser Formeln noch vorher durch v dividieren. Dadurch kommt zunächst:

$$
(4)\quad \begin{cases}
\vartheta_1' = 2\pi C\, h^{\frac{1}{4}} \prod_g (1 - h^g)^2, \\
\vartheta_2 = 2 C\, h^{\frac{1}{4}} \prod_g (1 + h^g)^2, \\
\vartheta_3 = C \prod_\nu (1 + h^\nu)^2, \\
\vartheta_0 = C \prod_\nu (1 - h^\nu)^2.
\end{cases}
$$

Wir tragen diese Ausdrücke in die Relation § 9, (5)

$$\vartheta_1' = \pi \vartheta_2 \vartheta_3 \vartheta_0$$

ein und erhalten

$$\prod_g (1 - h^g)^2 = C^2 \prod_g (1 + h^g)^2 \prod_\nu (1 - h^{2\nu})^2.$$

Es ist aber weiter

$$\prod_g (1 - h^g)^2 = \prod_g (1 - h^{2g})^2 \prod_\nu (1 - h^{2\nu})^2,$$

weil die geraden Zahlen g mit der Gesamtheit der Zahlen $2g$ und 2ν übereinstimmen. Somit folgt

$$C^2 \prod_g (1 + h^g)^2 = \prod_g (1 - h^{2g})^2 = \prod_g (1 + h^g)^2 (1 - h^g)^2$$

und schließlich

$$C = \prod_g (1 - h^g),$$

wobei berücksichtigt ist, daß gemäß (4) in § 6 der Nullwert ϑ_3 für $h = 0$ in $+1$ und also auch C nach (4) für $h = 0$ in $+1$ übergehen muß.

Für ϑ_1' ergibt sich nun aus (4) die Darstellung

$$\vartheta_1' = 2\pi h^{\frac{1}{4}} \prod_g (1 - h^g)^3 \tag{5}$$

und demnach für Δ nach (8) des vorigen Paragraphen

$$\Delta = \left(\frac{\pi}{\omega}\right)^{12} h^2 \prod_g (1 - h^g)^{24}. \tag{6}$$

Diese Formel setzt die Tatsache in Evidenz, daß Δ für jede zulässige Wahl der Perioden 2ω, $2\omega'$ von Null verschieden ist.

§ 11. Einige zahlentheoretische Anwendungen der erhaltenen Resultate.

Da der Nullwert der Funktion ϑ_3 durch die Reihe

$$\vartheta_3 = \sum_{n=-\infty}^{+\infty} h^{n^2}$$

dargestellt wird, so ist

$$\vartheta_3^4 = \sum h^{n_1^2+n_2^2+n_3^2+n_4^2} = \sum_{m=0}^{\infty} \Theta(m)\, h^m, \tag{1}$$

wo $\Theta(m)$ angibt, wie viele Lösungen die Gleichung

$$m = n_1^2 + n_2^2 + n_3^2 + n_4^2$$

in ganzen Zahlen n_1, n_2, n_3, n_4 besitzt.

Nun ist andererseits nach § 9, (6) und (7)

$$\vartheta_3^4 = \left(\frac{2\omega}{\pi}\right)^2 (e_1 - e_3) = \frac{4i}{\pi}\left(\frac{d\log\vartheta_0}{d\tau} - \frac{d\log\vartheta_2}{d\tau}\right) = \frac{4i}{\pi}\frac{d}{d\tau}\left(\log\frac{\vartheta_0}{\vartheta_2}\right)$$

oder, da

$$h = e^{i\pi\tau}, \quad \frac{d}{d\tau} = \frac{d}{dh}\cdot\frac{dh}{d\tau} = \frac{d}{dh}\cdot h i \pi$$

ist,

$$\vartheta_3^4 = -4h\frac{d}{dh}\left(\log\frac{\vartheta_0}{\vartheta_2}\right) = 4h\frac{d}{dh}\left(\log\frac{\vartheta_2}{\vartheta_0}\right). \tag{2}$$

Setzen wir hierin die Produktdarstellungen (4) des vorigen Paragraphen für ϑ_2 und ϑ_0 ein, so wird

$$\frac{\vartheta_2}{\vartheta_0} = 2h^{\frac{1}{4}}\frac{\prod_g (1+h^g)^2}{\prod_\nu (1-h^\nu)^2} = 2h^{\frac{1}{4}}\frac{\prod_g (1-h^{2g})^2}{\prod_g (1-h^g)^2 \prod_\nu (1-h^\nu)^2} = 2h^{\frac{1}{4}}\frac{\prod_g (1-h^{2g})^2}{\prod_r (1-h^r)^2},$$

wo r alle natürlichen Zahlen durchläuft, und (2) geht über in

$$\vartheta_3^4 = 1 + 8h\frac{d}{dh}\log\frac{\prod_g (1-h^{2g})}{\prod_r (1-h^r)}.$$

Die Weiterführung der Rechnung liefert

$$\begin{aligned}\vartheta_3^4 &= 1 + 8\sum_r \frac{r\,h^r}{1-h^r} - 8\sum_g \frac{2\,g\,h^{2g}}{1-h^{2g}}\\ &= 1 + 8\sum_r\sum_{r'} r\,h^{rr'} - 8\sum_g\sum_{r'} 2\,g\,h^{2gr'},\end{aligned}$$

wo r' ebenso wie r alle natürlichen Zahlen durchläuft, und schließlich

$$\vartheta_3^4 = 1 + 8\sum_{m=1}^{\infty}\Phi(m)\,h^m - 8\sum_{m=1}^{\infty}\Phi'(m)\,h^m. \tag{3}$$

Hier gibt $\Phi(m)$ die Summe aller Zahlen r, die bei allen möglichen Darstellungen von m in der Form $m = rr'$ auftreten, und $\Phi'(m)$ die Summe aller Zahlen $2g$, die bei allen möglichen Darstellungen von m in der Form $m = 2gr'$ auftreten. Es bedeutet demnach $\Phi(m)$ die Summe aller positiven Teiler von m und $\Phi'(m)$ die Summe aller durch 4 teilbaren positiven Teiler von m.

Die Vergleichung der beiden Entwicklungen (1) und (3) ergibt nun

$$\Theta(m) = 8\{\Phi(m) - \Phi'(m)\} \qquad (m = 1, 2, 3, \ldots),$$

d. h.:

Eine natürliche Zahl m ist so oft als Summe von vier Quadraten ganzer Zahlen darstellbar, als das 8fache der Summe derjenigen positiven Teiler von m beträgt, die nicht durch 4 teilbar sind.

Z. B. ist für $m = 3$ die Summe der nicht durch 4 teilbaren positiven Teiler $1 + 3 = 4$, und in der Tat hat 3 die folgenden 32 Darstellungen:

$$\begin{aligned}3 &= 0^2 + (\pm 1)^2 + (\pm 1)^2 + (\pm 1)^2 = (\pm 1)^2 + 0^2 + (\pm 1)^2 + (\pm 1)^2\\ &= (\pm 1)^2 + (\pm 1)^2 + 0^2 + (\pm 1)^2 = (\pm 1)^2 + (\pm 1)^2 + (\pm 1)^2 + 0^2,\end{aligned}$$

und keine weiteren.

Der Satz läßt sich noch in anderer Form aussprechen. Es sei

$$m = 2^{\alpha} m_1,$$

wo m_1 ungerade ist, und es seien $\delta_1, \delta_2, \ldots, \delta_r$ die positiven Teiler von m_1, also zugleich die ungeraden positiven Teiler von m. Ist dann $\alpha = 0$, also m ungerade, so sind $\delta_1, \delta_2, \ldots, \delta_r$ zugleich *alle* nicht durch 4 teilbaren positiven Teiler von m. Wenn dagegen $\alpha > 0$, also m gerade ist, so treten zu ihnen noch die Teiler $2\delta_1, 2\delta_2, \ldots, 2\delta_r$ von m als nicht durch 4 teilbare positive Teiler hinzu. Also folgt:

Eine natürliche Zahl m ist so oft als Summe von vier Quadraten ganzer Zahlen darstellbar, als das 8fache oder 24fache der Summe ihrer ungeraden positiven Teiler beträgt, je nachdem m ungerade oder gerade ist.

Dieser tiefliegende zahlentheoretische Satz ist zuerst von Jacobi aus der Theorie der elliptischen Funktionen abgeleitet worden. Der berühmte Satz von Lagrange, daß jede positive ganze Zahl sich als Summe von vier Quadratzahlen darstellen läßt, ist natürlich in diesem Jacobischen Satze enthalten.

Eine andere interessante Folgerung ziehen wir aus der Gleichung

$$(4)\qquad \vartheta_3(v) = \prod_g (1 - h^g) \prod_\nu (1 + h^\nu z^2)(1 + h^\nu z^{-2}) = \sum_n h^{n^2} z^{2n},$$

die für veränderliche Werte von h und z gilt, in diesen Variablen also eine reine Identität darstellt. Sie kann übrigens als solche auch unabhängig von der Theorie der elliptischen Funktionen nachgewiesen werden.

In (4) sei

$$z^2 = -x^{\frac{1}{2}}, \quad h = x^{\frac{3}{2}},$$

wobei x eine Variable bedeutet. Dann wird das Produkt, wenn wir noch $g = 2r$, $\nu = 2r - 1$ setzen,

$$\prod_{r=1}^{\infty}(1 - x^{3r})(1 - x^{3r - \frac{3}{2} + \frac{1}{2}})(1 - x^{3r - \frac{3}{2} - \frac{1}{2}}) = \prod_{r=1}^{\infty}(1 - x^{3r})(1 - x^{3r-1})(1 - x^{3r-2}),$$

und die Summe geht über in

$$\sum_{n=-\infty}^{+\infty} x^{\frac{3n^2}{2}} (-x^{\frac{1}{2}})^n.$$

Da nun die Zahlen $3r$, $3r - 1$, $3r - 2$ zusammen wieder *alle* natürlichen Zahlen r ausmachen, so folgt

$$\prod_{r=1}^{\infty}(1 - x^r) = \sum_{n=-\infty}^{+\infty} (-1)^n x^{\frac{3n^2+n}{2}} = 1 - x - x^2 + x^5 + x^7 - \cdots.$$

Diese bemerkenswerte Gleichung rührt von Euler her, der sie zuerst *auf empirischem Wege* fand und dem es erst nach langjährigen Bemühungen gelungen ist, sie zu beweisen.

Die Vergleichung der beiden Darstellungen von ϑ_1' in den Formeln (4), § 6 und (5), § 10 lehrt, wenn wir h^2 mit x bezeichnen, daß ferner die Entwicklung

$$\prod_{r=1}^{\infty}(1 - x^r)^3 = \sum_{r=1}^{\infty}(-1)^{r-1}(2r-1)\, x^{\frac{r^2-r}{2}} = 1 - 3x + 5x^3 - 7x^6 + \cdots$$

gilt.

Eine weitere zahlentheoretische Anwendung werden wir in § 13 kennenlernen.

§ 12. Partialbruchzerlegungen von $\zeta(u)$ und $\wp(u)$ als Funktionen von z^2. Darstellungen von η, g_2, g_3.

Aus der Gleichung (2) in § 6

$$\sigma(u) = \frac{2\omega}{\vartheta_1'} e^{\frac{\eta u^2}{2\omega}} \vartheta_1(v) \qquad \left(v = \frac{u}{2\omega}\right)$$

ergibt sich durch logarithmische Differentiation die folgende Darstellung von $\zeta(u)$:

$$\zeta(u) = \frac{\eta u}{\omega} + \frac{1}{2\omega} \frac{d}{dv} \log \vartheta_1(v),$$

in welche wir die Produktentwicklung (3), § 10 von $\vartheta_1(v)$ eintragen wollen. Auf diese Weise kommt nach leichten Umformungen:

$$(1)\quad \zeta(u) = \frac{\eta u}{\omega} + \frac{i\pi}{2\omega}\frac{z+z^{-1}}{z-z^{-1}} + \frac{i\pi}{\omega}\sum_g\left(\frac{h^g z^{-2}}{1-h^g z^{-2}} - \frac{h^g z^2}{1-h^g z^2}\right) \quad \left(z = e^{\frac{i\pi u}{2\omega}}\right).$$

Dies liefert offenbar die Partialbruchzerlegung der Funktion

$$\zeta(u) - \frac{\eta u}{\omega},$$

wenn sie als Funktion von

$$z^2 = e^{2i\pi v} = e^{\frac{i\pi u}{\omega}}$$

angesehen wird.

Da

$$i\frac{z+z^{-1}}{z-z^{-1}} = i\frac{e^{i\pi v} + e^{-i\pi v}}{e^{i\pi v} - e^{-i\pi v}} = \cot \pi v$$

ist, so läßt sich (1) auch in der Form

$$(2)\quad \zeta(u) = \frac{\eta u}{\omega} + \frac{\pi}{2\omega}\cot\pi v + \frac{i\pi}{\omega}\sum_g\left(\frac{h^g z^{-2}}{1-h^g z^{-2}} - \frac{h^g z^2}{1-h^g z^2}\right) \quad \left(z = e^{\frac{i\pi u}{2\omega}}\right)$$

schreiben. Die hier auftretenden Summen

$$S_1 = \sum_g \frac{h^g z^2}{1-h^g z^2} \quad \text{und} \quad S_2 = \sum_g \frac{h^g z^{-2}}{1-h^g z^{-2}}$$

konvergieren absolut und gleichmäßig in jedem beschränkten Bereich der z^2-Ebene, für den der Nullpunkt weder innerer Punkt noch Randpunkt ist und in welchem außerdem kein Glied der betreffenden Summe einen verschwindenden Nenner hat. Denn ist z. B. für die Summe S_1 der Bereich B ein solcher Bereich und M das Maximum von $|z^2|$ in diesem Bereich, so gilt

$$\left|\frac{h^g z^2}{1-h^g z^2}\right| \leqq \frac{M|h|^g}{1-M|h|^g} < M'|h|^g,$$

sobald g genügend groß ist und M' eine positive Zahl bedeutet, die um beliebig wenig größer als M fixiert worden ist. Demnach ist im Bereich B für hinreichend großes G die Reihe

$$M'|h|^G + M'|h|^{G+1} + \cdots$$

eine Majorante von

$$\sum_{g=G}^{\infty} \frac{h^g z^2}{1-h^g z^2},$$

und hieraus folgt die absolute und gleichmäßige Konvergenz von S_1 im Bereiche B. Die analoge Betrachtung gilt für S_2.

Wird nun z^2 auf den Kreisring

$$(3) \qquad |h^2| < |z^2| < |h^{-2}|$$

eingeschränkt, so ist für jede gerade natürliche Zahl g sowohl $h^g z^{-2}$ als auch $h^g z^2$ absolut kleiner als 1, und die Glieder der Summe in (2) können nach Potenzen von z entwickelt und dann die Terme, welche dieselbe Potenz von z^2 enthalten, zusammengezogen werden.

So erhalten wir

$$\zeta(2\omega v) = 2\eta v + \frac{\pi}{2\omega}\cot \pi v + \frac{i\pi}{\omega}\sum_g \sum_r (h^{rg} z^{-2r} - h^{rg} z^{2r})$$

$$= 2\eta v + \frac{\pi}{2\omega}\cot \pi v + \frac{i\pi}{\omega}\sum_r \frac{h^{2r}}{1-h^{2r}}(z^{-2r} - z^{2r})$$

oder

$$(4) \qquad \zeta(2\omega v) = 2\eta v + \frac{\pi}{2\omega}\cot \pi v + \frac{2\pi}{\omega}\sum_{r=1}^{\infty} \frac{h^{2r}}{1-h^{2r}}\sin(2r\pi v).$$

Den Punkten des Kreisringes (3) entsprechen in der v-Ebene die der Bedingung

$$|e^{2i\pi\tau}| < |e^{2i\pi v}| < |e^{-2i\pi\tau}|$$

genügenden Punkte. Setzt man

$$\tau = \tau_1 + i\tau_2, \qquad v = v_1 + i v_2,$$

so wird diese Bedingung

$$-\tau_2 < -v_2 < +\tau_2$$

oder, was dasselbe ist,

$$-\tau_2 < v_2 < +\tau_2;$$

d.h. die Entwicklung (4) ist gültig für den Parallelstreifen der v-Ebene, welcher von den Parallelen zur reellen Zahlenachse durch die Punkte $\tau = \tau_1 + i\tau_2$ und $\bar{\tau} = \tau_1 - i\tau_2$ begrenzt wird.

Wir wollen nun die beiden Seiten der Gleichung (4) an der Stelle $v = 0$ entwickeln und die beiden Entwicklungen vergleichen.

Die Entwicklung von $\zeta(2\omega v)$ lautet nach der tabellarischen Übersicht zum 1. Kap., (2)

$$\zeta(2\omega v) = \frac{1}{2\omega v} - \frac{g_2}{60}(2\omega v)^3 - \frac{g_3}{140}(2\omega v)^5 - \cdots.$$

Bei der Entwicklung der rechten Seite von (4) haben wir zu berücksichtigen, daß

$$\cot(\pi v) = \frac{1}{\pi v} - \frac{\pi v}{3} - \frac{(\pi v)^3}{45} - \frac{2(\pi v)^5}{45\cdot 21} - \cdots$$

ist. Die Vergleichung der Koeffizienten von v, v^3 und v^5 liefert nun die folgenden Darstellungen von η, g_2 und g_3:

$$(5)\qquad \left\{\begin{aligned} \eta &= \frac{\pi^2}{\omega}\left(\frac{1}{12} - 2\sum_{r=1}^{\infty}\frac{r\,h^{2r}}{1-h^{2r}}\right),\\ g_2 &= \left(\frac{\pi}{\omega}\right)^4\left(\frac{1}{12} + 20\sum_{r=1}^{\infty}\frac{r^3 h^{2r}}{1-h^{2r}}\right),\\ g_3 &= \left(\frac{\pi}{\omega}\right)^6\left(\frac{1}{216} - \frac{7}{3}\sum_{r=1}^{\infty}\frac{r^5 h^{2r}}{1-h^{2r}}\right).\end{aligned}\right.$$

Die Vergleichung der höheren Potenzen von v ergibt ähnliche Darstellungen für die Summen

$$c_n = (2n-1)\sum{}'\frac{1}{w^{2n}} = (2n-1)\sum{}'\frac{1}{(2m\omega + 2m'\omega')^{2n}}.$$

Durch Differentiation der Gleichungen (1) und (4) ergeben sich analoge Entwicklungen von $\wp(u)$ und $\wp(2\omega v)$ mit denselben Gültigkeitsbereichen.

§ 13. Entwicklung von $\sqrt{\wp(u)-e_k}$.

Die Entwicklung (1) von $\zeta(u)$ im vorigen Paragraphen gestattet, die Funktionen $\sqrt{\wp(u)-e_k}$ in ähnliche Reihen zu entwickeln. Wir wollen hier insbesondere (vgl. (3) in § 6) die Funktion

$$\varphi(u) = \sqrt{\wp(u)-e_3} = \frac{1}{2\omega}\frac{\vartheta_1'}{\vartheta_0}\frac{\vartheta_0(v)}{\vartheta_1(v)} \qquad \left(v = \frac{u}{2\omega}\right)$$

betrachten, um in Ergänzung von § 11 von der entstehenden Entwicklung eine interessante *zahlentheoretische Anwendung* zu machen.

Die Funktion $\varphi(u)$ genügt den Gleichungen

$$\varphi(u+2\omega) = -\varphi(u), \quad \varphi(u+2\omega') = \varphi(u),$$

wie die Verwandlungstabelle der ϑ-Funktionen in § 8 zeigt. Denn der Vermehrung von u um 2ω bzw. $2\omega'$ entspricht die Vermehrung von v um 1 bzw. τ. Die Funktion $\varphi(u)$ hat daher die Perioden 4ω und $2\omega'$, und da sie im Periodenparallelogramm

$$(0,\ 4\omega,\ 4\omega + 2\omega',\ 2\omega')$$

nur die beiden Pole $u = 0$, $u = 2\omega$ mit den Residuen 1 und -1 besitzt, so ist nach Kap. 1, § 12

$$(1)\qquad \begin{aligned}\varphi(u) &= \sqrt{\wp(u)-e_3}\\ &= \zeta(u/4\omega,\ 2\omega') - \zeta(u+2\omega/4\omega,\ 2\omega') + C,\end{aligned}$$

wo C eine Konstante bedeutet. Da $\varphi(u) - \frac{1}{u}$ nach § 9 an der Stelle $u = 0$ verschwindet, so ist ferner

$$C = \zeta(2\,\omega/4\,\omega, 2\,\omega'),$$

d. h. gleich dem Werte von η, der den Perioden $4\,\omega$, $2\,\omega'$ entspricht (vgl. Kap. 1, § 11, (3)). Diesen Wert wollen wir zur Abkürzung mit $\bar{\eta}$ bezeichnen.

Die Entwicklung (1) des vorigen Paragraphen liefert, indem wir ω durch $2\,\omega$, also $z^2 = e^{2i\pi\frac{u}{2\omega}}$ durch z und $h^2 = e^{2i\pi\frac{\omega'}{\omega}}$ durch h ersetzen

$$\zeta(u/4\omega, 2\omega') = \frac{\bar{\eta}\,u}{2\omega} + \frac{i\pi}{4\omega}\frac{z+1}{z-1} + \frac{i\pi}{2\omega}\sum_{r=1}^{\infty}\left(\frac{h^r z^{-1}}{1-h^r z^{-1}} - \frac{h^r z}{1-h^r z}\right),$$

und hieraus folgt

$$\zeta(u + 2\omega/4\omega, 2\omega')$$

$$= \frac{\bar{\eta}\,u}{2\omega} + \bar{\eta} - \frac{i\pi}{4\omega}\frac{-z+1}{z+1} - \frac{i\pi}{2\omega}\sum_{r=1}^{\infty}\left(\frac{h^r z^{-1}}{1+h^r z^{-1}} - \frac{h^r z}{1+h^r z}\right),$$

weil z in $-z$ übergeht, wenn u durch $u + 2\,\omega$ ersetzt wird. Die vorstehenden Entwicklungen ergeben nach Eintragung in (1) und leichter Umformung

$$\sqrt{\wp(u) - e_3} = \frac{1}{2\omega}\frac{\vartheta_1'}{\vartheta_0}\frac{\vartheta_0(v)}{\vartheta_1(v)}$$

$$= \frac{i\pi}{\omega}\left\{\frac{1}{z-z^{-1}} + \sum_{r=1}^{\infty}\left(\frac{h^r z^{-1}}{1-h^{2r}z^{-2}} - \frac{h^r z}{1-h^{2r}z^2}\right)\right\},$$

und dies ist die gewünschte Entwicklung.

Setzen wir hierin $u = \omega$, also $z = e^{i\pi\frac{u}{2\omega}} = e^{\frac{i\pi}{2}} = i$, so finden wir

$$\sqrt{e_1 - e_3} = \frac{\pi}{2\omega}\vartheta_3^2 = \frac{\pi}{\omega}\left\{\frac{1}{2} + \sum_r\left(\frac{h^r}{1+h^{2r}} + \frac{h^r}{1+h^{2r}}\right)\right\}$$

oder

$$\vartheta_3^2 = 1 + 4\sum_r \frac{h^r}{1+h^{2r}} = 1 + 4\sum_r \frac{h^r - h^{3r}}{1-h^{4r}}.$$

Die linke Seite ist

(2) $$\vartheta_3^2 = (\sum_n h^{n^2})^2 = \sum_{n_1, n_2} h^{n_1^2 + n_2^2},$$

die rechte Seite

(3) $$1 + 4\sum_r \frac{h^r}{1-h^{4r}} - 4\sum_r \frac{h^{3r}}{1-h^{4r}}$$

$$= 1 + 4\sum_r\sum_{r'} h^{(4r'-3)r} - 4\sum_r\sum_{r'} h^{(4r'-1)r},$$

wo r' wie r alle natürlichen Zahlen 1, 2, 3, ... durchlaufen muß.

Vergleichen wir in den beiden vorstehenden Gleichungen (2) und (3) die Koeffizienten von h^m auf den rechten Seiten, so erhalten wir den Satz:

Die Anzahl der Darstellungen einer natürlichen Zahl m als Summe von zwei Quadraten ganzer Zahlen ist gleich dem vierfachen Überschuß der Anzahl der positiven Teiler von m, welche die Form $4k + 1$ haben, über die Anzahl der positiven Teiler von m, welche die Form $4k + 3$ haben.

Der Fermatsche Satz, daß jede Primzahl von der Form $4k + 1$ sich auf genau eine Weise[1] als Summe zweier Quadrate natürlicher Zahlen darstellen läßt, ist ein spezieller Fall des vorstehenden Satzes.

Drittes Kapitel.

Die elliptischen Funktionen Jacobis.

Für manche Anwendungen der elliptischen Funktionen ist es zweckmäßig, statt der Weierstraßschen Funktion $\wp(u)$ die von JACOBI mit

$$\text{(1)} \qquad \sin\text{am}(u), \quad \cos\text{am}(u), \quad \Delta\,\text{am}(u)$$

(*Sinus amplitudinis, Cosinus amplitudinis, Delta amplitudinis*) bezeichneten Funktionen zu gebrauchen. Da die Kenntnis dieser Funktionen überdies für das Verständnis der älteren Literatur über elliptische Funktionen erforderlich ist, so wollen wir sie in diesem Kapitel näher betrachten. Was die Bezeichnung betrifft, so hat GUDERMANN statt der Jacobischen Bezeichnungen (1) die kürzeren

$$\text{sn}\,u, \quad \text{cn}\,u, \quad \text{dn}\,u$$

eingeführt. Wir werden die drei Funktionen (1) noch kürzer der Reihe nach mit

$$s(u), \quad c(u), \quad \Delta(u)\ \text{[2]}$$

bezeichnen.

§ 1. Definition der Funktionen $s(u), c(u), \Delta(u)$.

Es bezeichne $\tau = r + is$ einen beliebig fixierten Wert, für welchen $s > 0$ ist.

Für ω wählen wir eine sogleich näher anzugebende, von τ abhängende Zahl und für ω' sodann den Wert

$$\text{(1)} \qquad \omega' = \omega\tau.$$

---

[1] Dabei wird von der Reihenfolge der Basen der beiden Quadrate abgesehen

[2] $\Delta(u)$ hat nichts mit der Diskriminante Δ zu tun.

Wir definieren nun die Jacobischen elliptischen Funktionen durch folgende Gleichungen:

$$(2)\quad \left\{\begin{aligned} s(u) &= \frac{\sigma(u)}{\sigma_3(u)} = 2\omega\frac{\vartheta_0}{\vartheta_1'}\frac{\vartheta_1(v)}{\vartheta_0(v)}, \\ c(u) &= \frac{\sigma_1(u)}{\sigma_3(u)} = \frac{\vartheta_0}{\vartheta_2}\frac{\vartheta_2(v)}{\vartheta_0(v)}, \\ \Delta(u) &= \frac{\sigma_2(u)}{\sigma_3(u)} = \frac{\vartheta_0}{\vartheta_3}\frac{\vartheta_3(v)}{\vartheta_0(v)}. \end{aligned}\right. \qquad \left(v = \frac{u}{2\omega}\right)$$

Nach Kap. 2, § 6 ist dann

$$(3)\quad \sqrt{\wp(u)-e_3} = \frac{1}{s(u)}, \quad \sqrt{\wp(u)-e_1} = \frac{c(u)}{s(u)}, \quad \sqrt{\wp(u)-e_2} = \frac{\Delta(u)}{s(u)}.$$

Eliminieren wir hieraus $\wp(u)$, so erkennen wir, daß $c(u)$ und $\Delta(u)$ in einfacher Weise algebraisch durch $s(u)$ ausdrückbar sind, indem

$$(4)\quad c^2(u) + (e_1-e_3)\,s^2(u) = 1, \quad \Delta^2(u) + (e_2-e_3)\,s^2(u) = 1$$

ist. Nun haben wir ferner nach Kap. 2, § 9, (6) die Gleichungen

$$(5)\quad e_1-e_2 = \left(\frac{\pi}{2\omega}\right)^2\vartheta_0^4, \quad e_1-e_3 = \left(\frac{\pi}{2\omega}\right)^2\vartheta_3^4, \quad e_2-e_3 = \left(\frac{\pi}{2\omega}\right)^2\vartheta_2^4,$$

wobei sich die Nullwerte der ϑ-Funktionen ϑ_0, ϑ_2, ϑ_3, etwa vermöge der Formeln (4) in § 6 des Kap. 2, als Funktionen von τ darstellen.

Wir wählen ω so, daß der Faktor e_1-e_3 in der ersten Gleichung (4) gleich 1 wird; wir nehmen nämlich

$$(6)\quad \omega = \frac{\pi}{2}\vartheta_3^2 = \frac{\pi}{2}(1+2h+2h^4+2h^9+\cdots)^2 \qquad (h = e^{i\pi\tau});$$

dann wird nach (5)

$$(7)\quad e_1-e_2 = \frac{\vartheta_0^4}{\vartheta_3^4}, \quad e_1-e_3 = 1, \quad e_2-e_3 = \frac{\vartheta_2^4}{\vartheta_3^4}.$$

Die Gleichungen (4) lauten jetzt

$$(8)\quad c^2(u) + s^2(u) = 1, \quad \Delta^2(u) + \varkappa^2 s^2(u) = 1,$$

wenn zur Abkürzung

$$(9)\quad \varkappa = \frac{\vartheta_2^2}{\vartheta_3^2}$$

gesetzt wird.

Da nach Fixierung von τ gemäß (6) und (1) die Größen ω und ω' bestimmte Werte haben, so hängen die Funktionen $s(u)$, $c(u)$, $\Delta(u)$ außer von u nur von τ ab. Dies werden wir nötigenfalls dadurch zum Ausdruck bringen, daß wir die Funktionen bzw. mit $s(u/\tau)$, $c(u/\tau)$, $\Delta(u/\tau)$ bezeichnen.

Bezüglich der Bezeichnungen ist ferner noch folgendes zu bemerken:

Die durch (9) als Funktion von τ eingeführte Größe $\varkappa$ heißt der *Modul* der Funktionen $s(u)$, $c(u)$, $\varDelta(u)$, die Größe

$$\varkappa' = \frac{\vartheta_0^2}{\vartheta_3^2} \tag{10}$$

das *Komplement des Moduls.* Nach (7) besteht zwischen $\varkappa$ und $\varkappa'$ die Relation

$$\varkappa^2 + \varkappa'^2 = 1.$$

JACOBI bezeichnet die Werte von ω und ω' bzw. mit K und iK', so daß also

$$K = \omega = \frac{\pi}{2}\vartheta_3^2, \qquad i\,K' = \omega' = \omega\tau = \frac{\pi}{2}\vartheta_3^2\tau \tag{11}$$

ist. Wir werden indessen an den Bezeichnungen ω und ω' festhalten[1], müssen aber immer eingedenk sein, daß in diesem Kapitel ω und ω' Funktionen von τ sind.

Endlich wollen wir hier unter $\sqrt{\varkappa}$, $\sqrt{\varkappa'}$, $\sqrt{\frac{\varkappa'}{\varkappa}}$ stets die Werte

$$\sqrt{\varkappa} = \frac{\vartheta_2}{\vartheta_3}, \qquad \sqrt{\varkappa'} = \frac{\vartheta_0}{\vartheta_3}, \qquad \sqrt{\frac{\varkappa'}{\varkappa}} = \frac{\vartheta_0}{\vartheta_2}$$

verstehen, die eindeutig von τ abhängen.

Die in (3) auftretende Funktion $\wp(u)$ besitzt die von τ abhängenden Fundamentalperioden 2ω und $2\omega'$, und die Werte e_1, e_2, e_3 sind ebenfalls Funktionen von τ, die aus (7) in Verbindung mit $e_1 + e_2 + e_3 = 0$ leicht berechnet werden können.

Die Definitionsgleichungen (2) von $s(u)$, $c(u)$, $\varDelta(u)$ lassen sich vermöge der Gleichungen

$$2\omega\frac{\vartheta_0}{\vartheta_1'} = \pi\,\vartheta_3^2\frac{\vartheta_0}{\vartheta_1'} = \frac{\vartheta_3}{\vartheta_2} = \frac{1}{\sqrt{\varkappa}}, \qquad \frac{\vartheta_0}{\vartheta_2} = \sqrt{\frac{\varkappa'}{\varkappa}}, \qquad \frac{\vartheta_0}{\vartheta_3} = \sqrt{\varkappa'}$$

auch in die folgende Gestalt setzen:

$$s(u) = \frac{1}{\sqrt{\varkappa}}\frac{\vartheta_1(v)}{\vartheta_0(v)}, \quad c(u) = \sqrt{\frac{\varkappa'}{\varkappa}}\frac{\vartheta_2(v)}{\vartheta_0(v)}, \quad \varDelta(u) = \sqrt{\varkappa'}\frac{\vartheta_3(v)}{\vartheta_0(v)}\left(v = \frac{u}{2\omega}\right). \tag{12}$$

Übrigens ergibt sich aus den Gleichungen (2) in Rücksicht auf die bekannten Eigenschaften der σ- und σ_k-Funktionen:

Die Funktion $s(u)$ ist ungerade, und ihre Entwicklung nach aufsteigenden Potenzen von u beginnt mit dem Gliede u. Die Funktionen $c(u)$ und $\varDelta(u)$ sind gerade, und es ist $c(0) = \varDelta(0) = 1$.

---

[1] Nur in § 4 bis § 6 des siebenten Kapitels werden wir die Bezeichnungen K und iK' aufnehmen, um sie dort von frei veränderlichen halben Perioden ω und ω' zu unterscheiden.

§ 2. Die Funktionen $s(u), c(u), \Delta(u)$ als elliptische Funktionen.

Vermöge der Gleichungen (12) des vorigen Paragraphen übertragen sich die Tabellen in § 8 des 2. Kapitels von den ϑ-Funktionen ohne weiteres auf die Funktionen $s(u)$, $c(u)$, $\Delta(u)$. Wir erhalten so:

Tabelle I. Verwandlungsformeln der Funktionen $s(u)$, $c(u)$, $\Delta(u)$.

	$u+\omega$	$u+\omega'$	$u+\omega+\omega'$	$u+2\omega$	$u+2\omega'$	$u+2\omega+2\omega'$
s	$\frac{c(u)}{\Delta(u)}$	$\frac{1}{\varkappa}\frac{1}{s(u)}$	$\frac{1}{\varkappa}\frac{\Delta(u)}{c(u)}$	$-s(u)$	$s(u)$	$-s(u)$
c	$-\varkappa'\frac{s(u)}{\Delta(u)}$	$-\frac{i}{\varkappa}\frac{\Delta(u)}{s(u)}$	$-i\frac{\varkappa'}{\varkappa}\frac{1}{c(u)}$	$-c(u)$	$-c(u)$	$c(u)$
Δ	$\varkappa'\frac{1}{\Delta(u)}$	$-i\frac{c(u)}{s(u)}$	$i\varkappa'\frac{s(u)}{c(u)}$	$\Delta(u)$	$-\Delta(u)$	$-\Delta(u)$

Die drei letzten Vertikalreihen zeigen, daß $s(u)$ die Perioden 4ω, $2\omega'$, $c(u)$ die Perioden 4ω, $2\omega+2\omega'$, $\Delta(u)$ die Perioden 2ω, $4\omega'$ besitzt.

Tabelle II. Nullstellen, Pole und Perioden der Funktionen $s(u)$, $c(u)$, $\Delta(u)$.

	Nullstellen	Pole	Perioden
$s(u)$	$2n\omega + 2n'\omega'$	$2n\omega + (2n'+1)\omega'$	$4\omega,\quad 2\omega'$
$c(u)$	$(2n+1)\omega + 2n'\omega'$	$2n\omega + (2n'+1)\omega'$	$4\omega,\quad 2\omega+2\omega'$
$\Delta(u)$	$(2n+1)\omega + (2n'+1)\omega'$	$2n\omega + (2n'+1)\omega'$	$2\omega,\quad 4\omega'$

In den nachfolgenden Abb. 50, 51, 52 ist für jede der Funktionen

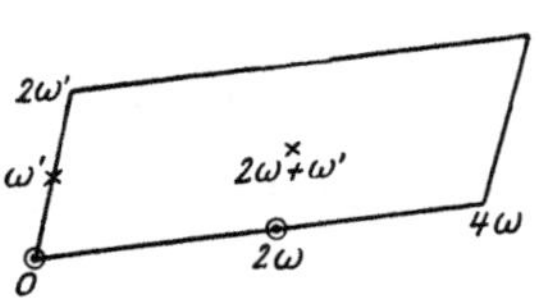

$s(u)$
Abb. 50.

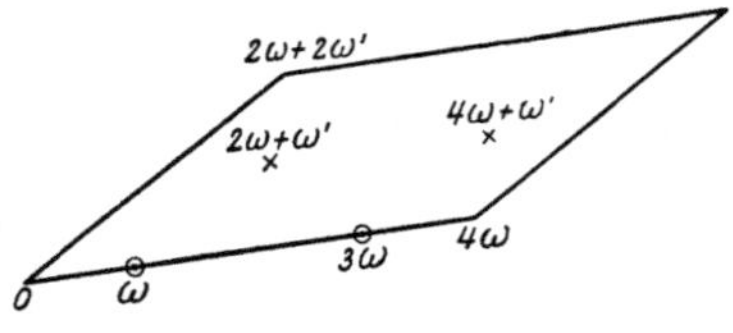

$c(u)$
Abb. 51.

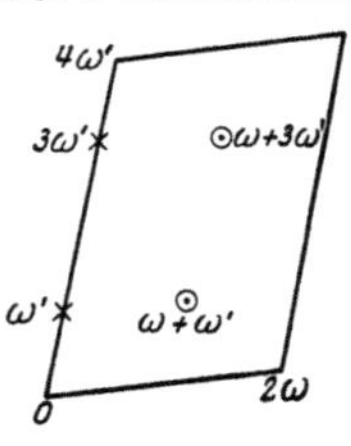

$\Delta(u)$
Abb. 52.

das zu den angegebenen Perioden gehörende Parallelogramm (0) gezeichnet und die hineinfallenden Nullstellen und Pole der betreffenden Funktion, die ersteren durch kleine Kreise, die letzteren durch Kreuze, kenntlich gemacht.

Hieraus geht hervor:

Die Funktionen $s(u)$, $c(u)$, $\Delta(u)$ sind elliptische Funktionen mit den Perioden 4ω, $2\omega'$ bzw. 4ω, $2\omega+2\omega'$ bzw. 2ω, $4\omega'$. In bezug *auf diese Perioden haben sie den Grad* 2 *und die bezüglichen Polsummen* $2\,\omega$, 0, 0.

Da die Funktionen den Grad 2 besitzen, so folgt nach Kap. 1, § 14, daß die angegebenen Perioden jeweils Fundamentalperioden sind.

§ 3. Die Differentialgleichungen von $s(u)$, $c(u)$, $\Delta(u)$.

Es ist

$$\wp'(u) = -2\sqrt{\wp(u)-e_1}\,\sqrt{\wp(u)-e_2}\,\sqrt{\wp(u)-e_3} = -\frac{2c(u)\,\Delta(u)}{\{s(u)\}^3}$$

nach § 1, (3), wenn die Vorzeichen der Wurzeln wie in Kap. 2, § 6 festgelegt werden. Andererseits folgt aus $\wp(u) - e_3 = \frac{1}{s^2(u)}$ die Gleichung

$$\wp'(u) = -\frac{2\,s'(u)}{\{s(u)\}^3}.$$

Aus diesen beiden Ausdrücken für $\wp'(u)$ ergibt sich

(1) $$s'(u) = c(u)\,\Delta(u).$$

Durch Differentiation der Gleichungen

(2) $$c^2(u) = 1 - s^2(u), \quad \Delta^2(u) = 1 - \varkappa^2 s^2(u)$$

und Benutzung von (1) folgen die zweite und dritte Gleichung des Systems:

(3) $$s'(u) = c(u)\,\Delta(u), \quad c'(u) = -s(u)\,\Delta(u), \quad \Delta'(u) = -\varkappa^2 s(u)\,c(u).$$

Aus (3) gewinnen wir durch Quadrieren und Berücksichtigung von (2) die *Differentialgleichungen* von $s(u)$, $c(u)$, $\Delta(u)$:

(4) $$\begin{cases} \{s'(u)\}^2 = (1 - s^2(u))(1 - \varkappa^2 s^2(u)), \\ \{c'(u)\}^2 = (1 - c^2(u))(\varkappa'^2 + \varkappa^2 c^2(u)), \\ \{\Delta'(u)\}^2 = -(1 - \Delta^2(u))(\varkappa'^2 - \Delta^2(u)). \end{cases}$$

§ 4. Die Additionstheoreme von $s(u)$, $c(u)$, $\Delta(u)$.

Es sei v ein beliebiger fester Wert, für den die sechs Inkongruenzen

(1) $$\begin{cases} v \not\equiv \pm\,\omega & (2\omega, 2\omega'), \\ v \not\equiv \pm\,(\omega - \omega') & (2\omega, 2\omega'), \\ v \not\equiv \pm\,\omega' & (2\omega, 2\omega') \end{cases}$$

erfüllt sind. Die Funktionen

$$\varphi_1(u) = s(u)\,s(u+v), \quad \varphi_2(u) = c(u)\,c(u+v), \quad \varphi_3(u) = \Delta(u)\,\Delta(u+v)$$

besitzen nach Tabelle I in § 2 die Perioden $2\,\omega$ und $2\,\omega'$ und in dem mit diesen Perioden gebildeten Parallelogramm (0) die Pole

$$u \equiv \omega', \quad u \equiv -v + \omega' \quad (2\omega, 2\omega'),$$

sind also in bezug auf die Perioden 2ω, $2\omega'$ elliptische Funktionen zweiten Grades mit denselben beiden Polen. Daher werden $\varphi_2(u) + A\,\varphi_1(u)$ und $\varphi_3(u) + B\,\varphi_1(u)$ Konstante sein, wenn die Konstanten A und B so gewählt werden, daß die Funktionen $\varphi_2(u) + A\,\varphi_1(u)$ und $\varphi_3(u) + B\,\varphi_1(u)$ den Punkt ω' nicht mehr zum Pol haben. Es bestehen also zwei Gleichungen der Form

$$(2)\qquad \begin{cases} c(u)\,c(u+v) + A\,s(u)\,s(u+v) = A_1\,, \\ \Delta(u)\,\Delta(u+v) + B\,s(u)\,s(u+v) = B_1\,, \end{cases}$$

wo A, A_1, B, B_1 Konstanten, d. h. von u unabhängige Werte, bedeuten.

Indem wir $u = 0$ setzen, ergibt sich

$$A_1 = c(v), \qquad B_1 = \Delta(v)\,.$$

Sodann erhalten wir durch Differentiation der Gleichungen (2) nach u und darauf folgende Substitution $u = 0$ unter Berücksichtigung der Gleichungen (3) im vorigen Paragraphen:

$$c'(v) + A\,s(v) = 0, \quad \text{also} \quad A = \Delta(v)\,,$$
$$\Delta'(v) + B\,s(v) = 0, \quad \text{also} \quad B = \varkappa^2 c(v)\,.$$

Die Gleichungen (2) lauten daher definitiv:

$$(3)\qquad \begin{cases} c(u)\,c(u+v) + \Delta(v)\,s(u)\,s(u+v) = c(v)\,, \\ \Delta(u)\,\Delta(u+v) + \varkappa^2 c(v)\,s(u)\,s(u+v) = \Delta(v)\,. \end{cases}$$

Nachträglich können wir diese Gleichungen — aus Stetigkeitsgründen — natürlich auch für die oben durch die Inkongruenzen (1) ausgeschlossenen Werte von v behaupten.

Setzen wir $-u$ statt u und $v + u$ statt v, so kommt

$$c(u)\,c(v) - \Delta(u+v)\,s(u)\,s(v) = c(u+v)\,,$$
$$\Delta(u)\,\Delta(v) - \varkappa^2 c(u+v)\,s(u)\,s(v) = \Delta(u+v)\,.$$

Aus den letzten Gleichungen können wir $c(u+v)$ und $\Delta(u+v)$ berechnen und durch Eintragung des berechneten Wertes von $c(u+v)$ in die erste Gleichung (3) auch $s(u+v)$. Die Ausführung der Rechnung liefert die *Additionstheoreme* von $s(u)$, $c(u)$, $\Delta(u)$ in der Gestalt

$$(4)\qquad \begin{cases} s(u+v) = \dfrac{s(u)\,c(v)\,\Delta(v) + s(v)\,c(u)\,\Delta(u)}{1 - \varkappa^2 s^2(u)\,s^2(v)}\,, \\[2ex] c(u+v) = \dfrac{c(u)\,c(v) - s(u)\,\Delta(u)\,s(v)\,\Delta(v)}{1 - \varkappa^2 s^2(u)\,s^2(v)}\,, \\[2ex] \Delta(u+v) = \dfrac{\Delta(u)\,\Delta(v) - \varkappa^2 s(u)\,c(u)\,s(v)\,c(v)}{1 - \varkappa^2 s^2(u)\,s^2(v)}\,. \end{cases}$$

§ 5. Die trigonometrischen Funktionen als Grenzfälle der Funktionen $s(u)$, $c(u)$, $\Delta(u)$.

Die Gleichungen § 1, (2) zeigen, wenn sie ausführlich geschrieben werden, die Abhängigkeit der Funktionen $s(u)$, $c(u)$, $\Delta(u)$ von u und τ:

$$s(u/\tau) = \frac{\vartheta_3}{\vartheta_2}\frac{\vartheta_1(v)}{\vartheta_0(v)} = \frac{1+2h+\cdots}{2(h^{\frac{1}{4}}+h^{\frac{9}{4}}+\cdots)}\,\frac{2(h^{\frac{1}{4}}\sin\pi v - + \cdots)}{1-2h\cos 2\pi v + - \cdots},$$

$$c(u/\tau) = \frac{\vartheta_0}{\vartheta_2}\frac{\vartheta_2(v)}{\vartheta_0(v)} = \frac{1-2h+-\cdots}{2(h^{\frac{1}{4}}+h^{\frac{9}{4}}+\cdots)}\,\frac{2(h^{\frac{1}{4}}\cos\pi v + \cdots)}{1-2h\cos 2\pi v + - \cdots} \qquad (h = e^{i\pi\tau}),$$

$$\Delta(u/\tau) = \frac{\vartheta_0}{\vartheta_3}\frac{\vartheta_3(v)}{\vartheta_0(v)} = \frac{1-2h+-\cdots}{1+2h+2h^4+\cdots}\,\frac{1+2h\cos 2\pi v+\cdots}{1-2h\cos 2\pi v + - \cdots},$$

wobei $v = \frac{u}{\pi\vartheta_3^2}$ mit $\vartheta_3 = 1 + 2h + 2h^4 + 2h^9 + \cdots$ zu setzen ist.

Wenn wir nun $\tau = r + is$ dadurch ins Unendliche übergehen lassen, daß wir r festhalten, während s bis $+\infty$ wächst, so wird

$$h = e^{i\pi\tau} = e^{i\pi r}e^{-\pi s}$$

in Null übergehen. Dabei geht 2ω in π über, da $\vartheta_3 = 1 + 2h + 2h^4 + \cdots$ nach 1 konvergiert, und $2\omega'$ rückt ins Unendliche, da $2\omega' = 2\omega\tau$ ist.

Die vorstehenden Darstellungen von $s(u)$, $c(u)$, $\Delta(u)$ lassen nun erkennen, daß bei diesem Grenzübergang

$$s(u/\tau) \textit{ in } \sin u, \quad c(u/\tau) \textit{ in } \cos u, \quad \Delta(u/\tau) \textit{ in } 1$$

übergeht.

Da

$$\varkappa = \frac{\vartheta_2^2}{\vartheta_3^2} = \left\{\frac{2(h^{\frac{1}{4}}+h^{\frac{9}{4}}+\cdots)}{1+2h+\cdots}\right\}^2$$

in Null übergeht, so gehen die Additionstheoreme (4) des vorigen Paragraphen in die elementaren Formeln

$$\sin(u+v) = \sin u\cos v + \cos u \sin v, \quad \cos(u+v) = \cos u\cos v - \sin u\sin v$$

über, wie zu erwarten stand. Aus den Differentialgleichungen des § 3 werden zugleich die bekannten für $\sin u$ und $\cos u$ geltenden Differentialgleichungen.

Viertes Kapitel.

Die elliptischen Modulfunktionen.

Die in der Theorie der elliptischen Funktionen auftretenden Größen, wie die Invarianten g_2, g_3, Δ, der Modul $\varkappa$ der Jacobischen elliptischen Funktionen, die Nullwerte der ϑ-Funktionen usw., die nur von den Perioden oder vom Periodenverhältnis abhängen, haben zu der ausgedehnten Theorie der *elliptischen Modulfunktionen* Anlaß gegeben.

Wir wollen hier die ersten Elemente dieser Theorie entwickeln, und zwar namentlich zu dem Zwecke, eine sich unmittelbar darbietende, wichtige Frage zu erledigen. Diese Frage ist die folgende: *Ist es möglich, die Perioden* ω_1, ω_2 *so zu wählen, daß die mit ihnen gemäß den Formeln* (6) *aus* Kap. 1, § 7, S. 167 *gebildeten Invarianten* g_2, g_3 *mit vorgeschriebenen Werten zusammenfallen?*

Diese Frage kommt offenbar auf die Frage nach der Lösbarkeit der Gleichungen

$$g_2 = 60 \sum{}' \frac{1}{(m_1\omega_1 + m_2\omega_2)^4}, \qquad g_3 = 140 \sum{}' \frac{1}{(m_1\omega_1 + m_2\omega_2)^6}$$

hinaus, in welchen g_2, g_3 gegebene, ω_1, ω_2 zu bestimmende Werte bezeichnen, welche außerdem der Bedingung genügen sollen, daß $\frac{\omega_1}{\omega_2}$ nicht reell ist.

§ 1. Äquivalenz der Größenpaare und der Größen.

In § 15 des ersten Kapitels haben wir festgesetzt, daß zwei Größenpaare (ω_2', ω_1') und (ω_2, ω_1) *äquivalent* heißen sollen, wenn die Gesamtheit der aus dem einen Paare gebildeten Zahlen $m_1\omega_1 + m_2\omega_2$ mit der Gesamtheit der aus dem anderen Paare gebildeten Zahlen $m_1'\omega_1' + m_2'\omega_2'$ zusammenfällt. Dort wurde auch gezeigt, daß hierfür, wenn einer der Quotienten $\frac{\omega_1}{\omega_2}$ und $\frac{\omega_1'}{\omega_2'}$ als nichtrational vorausgesetzt ist, notwendig und hinreichend die Existenz von vier ganzen Zahlen α, β, γ, δ ist, für welche die Gleichungen

$$(1) \qquad \omega_2' = \alpha\omega_2 + \beta\omega_1, \quad \omega_1' = \gamma\omega_2 + \delta\omega_1, \qquad \alpha\delta - \beta\gamma = \pm 1$$

bestehen. Wir beweisen nun folgenden Satz:

Satz 1. *Zu jedem Paare* (ω_2', ω_1'), *für welches* $\frac{\omega_2'}{\omega_1'}$ *nicht reell ist, gibt es ein äquivalentes Paar* (ω_2, ω_1), *welches den Bedingungen*

$$(2) \qquad |\omega_2| \geqq |\omega_1|, \qquad |\omega_2 + \omega_1| \geqq |\omega_2|, \qquad |\omega_2 - \omega_1| \geqq |\omega_2|$$

genügt. Dabei kann man sogar erreichen, daß die in (1) *auftretende Determinante* $\alpha\delta - \beta\gamma$ *den Wert* $+1$ *erhält.*

Um dies zu zeigen, ordnen wir die Periodenpunkte $m_1'\omega_1' + m_2'\omega_2'$ nach nicht abnehmendem Abstande vom Nullpunkt in eine Folge

$$(3) \qquad 0, w_1, w_2, w_3, \ldots$$

und bezeichnen mit w_k den ersten auf w_1 folgenden Punkt, der mit w_1 und dem Nullpunkt nicht in gerader Linie liegt. Nehmen wir

$$(4) \qquad w_1 = \omega_1, \quad w_k = \omega_2,$$

so befriedigen ω_1 und ω_2 die Bedingungen (2); denn $w_k + w_1$ und $w_k - w_1$ sind Punkte der Folge (3), die in dieser hinter w_k stehen, weil sie mit w_1 und dem Nullpunkt nicht in einer Geraden liegen. Nun kann ferner nach der Bestimmungsweise der Punkte (4) in dem Dreiecke mit den Ecken 0, ω_1, ω_2 kein von diesen Ecken verschiedener Punkt aus der Reihe (3) auftreten. Folglich können wir das Parallelogramm 0, ω_1, $\omega_1 + \omega_2$, ω_2 ebensogut wie das Parallelogramm 0, ω_1', $\omega_1' + \omega_2'$, ω_2' für die Funktionen mit den Perioden ω_1', ω_2' gebrauchen (Kap. 1, § 2); das heißt aber: das Paar (ω_2', ω_1') ist dem Paare (ω_2, ω_1) äquivalent. Das in Satz 1 auftretende Paar (ω_2, ω_1) kann so angenommen werden, daß in den Gleichungen (1) die Determinante $\alpha\delta - \beta\gamma = +1$ wird. Denn andernfalls können wir an die Stelle des Paares (ω_2, ω_1) das Paar $(\omega_2, -\omega_1)$ setzen.

Wir führen nun weiter den Begriff der *Äquivalenz zweier Größen* ein.

Eine Größe τ' heißt zu einer Größe τ *äquivalent,* wenn es vier ganze Zahlen $\alpha, \beta, \gamma, \delta$ gibt, die den Gleichungen

$$\tau' = \frac{\alpha\tau + \beta}{\gamma\tau + \delta}, \qquad \alpha\delta - \beta\gamma = \varepsilon$$

genügen, wo ε einen der Werte $+1$ und -1 bedeutet.

Im Falle $\varepsilon = +1$ sagen wir, τ' sei zu τ *eigentlich* äquivalent; im Falle $\varepsilon = -1$ sagen wir, τ' sei zu τ *uneigentlich* äquivalent.

Beispielsweise sind τ und

$$\tau' = \tau + 1 = \frac{1\cdot\tau + 1}{0\cdot\tau + 1}$$

zueinander eigentlich äquivalent; ebenso τ und

$$\tau' = \frac{-1}{\tau} = \frac{0\cdot\tau - 1}{1\cdot\tau + 0}.$$

Wir beweisen nun im folgenden über die Äquivalenz von Größen zwei Sätze.

Satz 2. *Ist τ eine nicht reelle Größe, τ' eine ihr äquivalente Größe, so ist auch τ' nicht reell, und die Punkte τ' und τ liegen auf der gleichen oder auf verschiedenen Seiten der Achse der reellen Zahlen, je nachdem die Äquivalenz eine eigentliche oder eine uneigentliche ist.*

Es sei nämlich $\tau = r + is$, $\tau' = r' + is' = \dfrac{\alpha\tau + \beta}{\gamma\tau + \delta} = \dfrac{(\alpha r + \beta) + i\alpha s}{(\gamma r + \delta) + i\gamma s}$; dann findet man

$$s' = \frac{\alpha\delta - \beta\gamma}{(\gamma r + \delta)^2 + \gamma^2 s^2}\, s,$$

woraus ersichtlich ist, daß s' von Null verschieden ist und zwar das nämliche oder entgegengesetztes Vorzeichen besitzt wie s, je nachdem die Zahl $\alpha\delta - \beta\gamma$ positiv oder negativ ist.

Zur Vereinfachung der Ausdrucksweise wollen wir von zwei Punkten τ und τ' in der komplexen Zahlenebene sagen, sie seien *äquivalent,* wenn die durch sie repräsentierten Größen τ und τ' es sind. Es gilt dann

Satz 3. *Zu einem in der oberen Halbebene beliebig fixierten Punkte τ' gibt es stets einen eigentlich äquivalenten Punkt τ in derselben Halbebene, für welchen*

$$(5) \qquad |\tau| \geqq 1, \quad |\tau+1| \geqq |\tau|, \quad |\tau-1| \geqq |\tau|$$

ist.

Nach Satz 1 existiert nämlich zu dem Größenpaar $(\tau', 1)$ ein äquivalentes (ω_2, ω_1), so daß

$$(6) \qquad \tau' = \alpha\omega_2 + \beta\omega_1, \quad 1 = \gamma\omega_2 + \delta\omega_1, \quad \alpha\delta - \beta\gamma = +1$$

ist und zugleich die Bedingungen (2) erfüllt sind. Setzen wir dann

$$\frac{\omega_2}{\omega_1} = \tau,$$

so genügt τ, wie aus (2) folgt, den Bedingungen (5); wegen (6) ist

$$\tau' = \frac{\alpha\omega_2 + \beta\omega_1}{\gamma\omega_2 + \delta\omega_1} = \frac{\alpha\tau + \beta}{\gamma\tau + \delta},$$

und nach Satz 2 liegt auch τ in der oberen Halbebene.

Die Bedingungen (5) lassen sich in einfacher Weise geometrisch interpretieren. Die Ungleichung $|\tau| \geqq 1$ besagt, daß der Punkt τ auf dem Rande oder außerhalb des Kreises mit dem Mittelpunkt Null und dem Radius 1 liegt. Die Bedingung $|\tau - 1| \geqq |\tau|$ besagt, daß der Punkt τ vom Punkte 1 keine kleinere Entfernung besitzt als vom Nullpunkt, d. h. daß er links von der Geraden oder auf der Geraden liegt, die im Punkt $\frac{1}{2}$ senkrecht zur Achse der reellen Zahlen errichtet ist. Analog bedeutet $|\tau+1| \geqq |\tau|$, daß der Punkt τ auf oder rechts von der Geraden liegt, die im Punkte $-\frac{1}{2}$ senkrecht zur Achse der reellen Zahlen steht. Der genannte Kreis und die beiden erwähnten Geraden begrenzen nun einen Bereich G in der oberen Halbebene (Abb. 53). Zwei gegenüberliegende Punkte τ und $\tau+1$ auf den geradlinigen Begrenzungslinien AC und $A'C'$ von G sind äquivalent; ebenso je zwei gegenüberliegende Punkte τ und $-\frac{1}{\tau}$ auf den Begrenzungsteilen AB und BA' von G. Setzen wir daher fest, daß von den Randpunkten des Bereiches G die auf den Randteilen AC und AB liegenden Punkte mit Einschluß des Punktes B zum Bereiche gerechnet werden sollen, die übrigen auf den Randteilen BA' und $A'C'$ liegenden aber nicht, so läßt sich Satz 3 folgendermaßen formulieren:

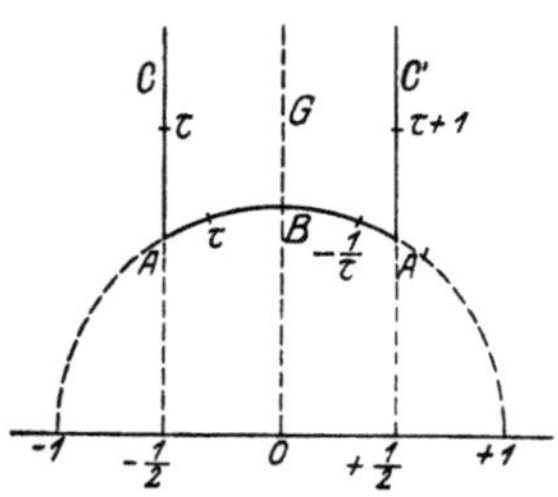

Abb. 53.

Zu jedem Punkt τ' in der oberen Halbebene gibt es einen äquivalenten Punkt τ, der dem Bereiche G angehört.

Die Punkte A, B, A' und den unendlich fernen Punkt, in welchem AC und $A'C'$ zusammenlaufen, wollen wir als *Ecken* des Bereiches G bezeichnen. Wir sehen also G als ein Viereck an. Die Ecke B repräsentiert den Punkt $\tau = i$, die Ecke A den Punkt $\tau = e^{\frac{2i\pi}{3}} = \varrho$, die Ecke A' den Punkt $\tau = \varrho + 1 = -\varrho^2 = e^{\frac{i\pi}{3}}$. Der Winkel, unter welchem die Seiten AB und AC in A zusammenstoßen, ist offenbar $\frac{\pi}{3}$.

§ 2. Die elementaren Modulformen.

Die Variablen ω_1, ω_2 mögen der einen Einschränkung unterliegen, daß die Zahl

$$\frac{\omega_2}{\omega_1} = \tau = r + i s$$

positiven imaginären Teil s besitzen, der Punkt τ also in der *oberen* Halbebene liegen soll. Es sind dann die Werte

$$(1)\qquad \left\{\begin{aligned} g_2 &= g_2(\omega_1, \omega_2) = 60 \sum{}' \frac{1}{(m_1\omega_1 + m_2\omega_2)^4}, \\ g_3 &= g_3(\omega_1, \omega_2) = 140 \sum{}' \frac{1}{(m_1\omega_1 + m_2\omega_2)^6}, \\ \Delta(\omega_1, \omega_2) &= g_2^3 - 27 g_3^2 \end{aligned}\right.$$

eindeutige, homogene, stets endliche Funktionen der beiden Variablen ω_1, ω_2. Wir wollen g_2, g_3, Δ als die *elementaren Modulformen* bezeichnen.

Nach Kap. 2, § 10, (6) und § 12, (5) ist

$$(2)\qquad \left\{\begin{aligned} g_2 &= \left(\frac{2\pi}{\omega_1}\right)^4 \left(\frac{1}{12} + 20 \sum_{n=1}^{\infty} \frac{n^3 h^{2n}}{1 - h^{2n}}\right) \\ &= \left(\frac{2\pi}{\omega_1}\right)^4 \left(\frac{1}{12} + 20 h^2 + \cdots + 20\,\zeta_3(n)\, h^{2n} + \cdots\right), \\ g_3 &= \left(\frac{2\pi}{\omega_1}\right)^6 \left(\frac{1}{216} - \frac{7}{3} \sum_{n=1}^{\infty} \frac{n^5 h^{2n}}{1 - h^{2n}}\right) \qquad (h = e^{i\pi\tau}) \\ &= \left(\frac{2\pi}{\omega_1}\right)^6 \left(\frac{1}{216} - \frac{7}{3} h^2 - \cdots - \frac{7}{3}\zeta_5(n)\, h^{2n} - \cdots\right), \\ \Delta &= \left(\frac{2\pi}{\omega_1}\right)^{12} h^2 \prod_{n=1}^{\infty} (1 - h^{2n})^{24} = \left(\frac{2\pi}{\omega_1}\right)^{12} (h^2 - 24 h^4 + \cdots). \end{aligned}\right.$$

Hier bedeuten $\zeta_3(n)$ bzw. $\zeta_5(n)$ die Summen der dritten bzw. fünften Potenzen der positiven Teiler der natürlichen Zahl n. Die Darstellungen (2) sind für alle in Betracht kommenden Werte der Variablen ω_1, ω_2 gültig und lassen ebenso wie (1) erkennen, daß g_2, g_3, Δ homogen von den bezüglichen Graden -4, -6, -12 sind. Auch ersieht man aus (2), daß Δ als unendliches Produkt stets von Null verschieden ist.

§ 3. Die absolute Invariante $J(\tau)$.

Wir bilden nun aus g_2 und Δ die nur vom Periodenverhältnis τ abhängende Funktion

$$J(\tau) = \frac{g_2^3}{\Delta},$$

die auch durch die Gleichung

$$(1) \qquad J(\tau) - 1 = \frac{27\, g_3^2}{\Delta}$$

definiert werden kann. Wir nennen $J(\tau)$ die *absolute Invariante*; sie ist die einfachste und zugleich die wichtigste *Modulfunktion* und soll als Funktion von τ nun näher untersucht werden.

Es ist nach § 2

$$(2) \qquad J(\tau) = \frac{\left(\frac{1}{12} + 20\, h^2 + \cdots\right)^3}{h^2 \prod\limits_{n=1}^{\infty} (1 - h^{2n})^{24}} = \frac{1}{h^2}\left(\frac{1}{12^3} + c_1 h^2 + \cdots\right),$$

und die hier auftretende Potenzreihe von $h^2 = e^{2i\pi\tau}$ konvergiert, solange $|h^2| < 1$ ist, weil Δ beständig von Null verschieden bleibt.

Wir haben also zunächst:

Satz 1. *$J(\tau)$ ist eine in der oberen Halbebene reguläre Funktion von τ.*

Da g_2, g_3, Δ sich nicht ändern, wenn (ω_2, ω_1) durch ein äquivalentes Paar (ω_2', ω_1') oder, was dasselbe besagt, τ durch eine äquivalente Größe τ' ersetzt wird, so gilt ferner:

Satz 2. *Sind τ' und τ zwei äquivalente Punkte der oberen Halbebene, so ist*

$$J(\tau') = J(\tau).$$

Die für uns wichtigste Eigenschaft der Funktion $J(\tau)$, zu deren Beweis wir uns nun wenden, ist aber diese:

Satz 3. *Bedeutet a einen gegebenen endlichen Wert, so besitzt die Gleichung*

$$(3) \qquad J(\tau) - a = 0$$

eine und nur eine Lösung τ im Bereiche G.

Schneiden wir von G durch eine Parallele CC' zur Achse der reellen Zahlen den Bereich $G' = CABA'C'$ ab (Abb. 54), zu dem wir sämtliche Randpunkte mit Ausnahme der Punkte der Strecke CC' hinzurechnen, so werden alle Lösungen der Gleichung (3), die sich im Bereiche G oder auf seinem Rande finden, notwendig dem Bereiche G' angehören, sobald der Abstand c der Parallelen CC' von der Achse der reellen Zahlen genügend groß genommen ist. Denn ist $\tau = r + is$ und $s \geqq c$, so wird

$$|h^2| = |e^{2i\pi r - 2\pi s}| \leqq e^{-2\pi c},$$

also durch genügend große Wahl von c beliebig klein und folglich nach (2) der absolute Betrag von $J(\tau)$ beliebig groß, z. B. $|J(\tau)| > |a|$. Dann kann aber eine Lösung der Gleichung (3) im Bereiche G mit Rand sicher nicht außerhalb des Bereiches G' vorhanden sein.

Wir wollen nun zunächst annehmen, daß auf dem Rande von G' niemals $J(\tau) - a = 0$ wird. Dann ist nach Kap. 5, § 9 des ersten Abschnittes

$$N = \frac{1}{2\pi i} \int\limits_{(G')} \frac{J'(\tau)}{J(\tau) - a}\, d\tau = \frac{1}{2\pi i} \int\limits_{(G')} d \log(J(\tau) - a)$$

die Anzahl der Lösungen der Gleichung (3), wenn das Integral positiv durch die Berandung von G' erstreckt wird. Das Integral zerlegen wir nach dem Schema

$$\int\limits_A^B - \int\limits_{A'}^B + \int\limits_{A'}^{C'} - \int\limits_A^C + \int\limits_{C'}^C,$$

wo die ersten beiden Integrale durch die Kreisbögen AB bzw. $A'B$, die übrigen geradlinig zu nehmen sind. Substituiert man im ersten Integrale $-\frac{1}{\tau}$ für τ, so geht es in das zweite über, und ebenso geht das dritte Integral, wenn man $\tau + 1$ für τ setzt, in das vierte über; denn es bestehen nach Satz 2 die Gleichungen

$$J\left(-\frac{1}{\tau}\right) = J(\tau), \quad J(\tau + 1) = J(\tau). \tag{4}$$

Diese Integrale heben sich also auf, und es kommt

$$N = \frac{1}{2\pi i} \int\limits_{C'}^{C} d \log(J(\tau) - a). \tag{5}$$

Durchläuft nun

$$\tau = r + is$$

die geradlinige Strecke $C'C$, so beschreibt

$$h^2 = e^{2\pi i r} e^{-2\pi s} = e^{2\pi i r} e^{-2\pi c}$$

in negativem Sinne einen Kreis um den Nullpunkt mit dem Radius $e^{-2\pi c}$, welcher durch Vergrößerung von c beliebig klein gemacht werden kann. Das Integral (5) gibt daher an, wenn wir $J(\tau) - a$ *als Funktion von* h^2 betrachten, von welcher Ordnung diese Funktion im Nullpunkt unendlich wird. Daher ist nach (2)

$$N = 1,$$

d. h. $J(\tau) - a$ wird im Bereiche G *genau einmal* Null, w. z. b. w.

Etwas umständlicher wird der Beweis unseres Satzes, wenn wir die Annahme, $J(\tau) - a$ bleibe auf dem Rande von G' beständig von Null *verschieden, nicht machen.* Wir verfahren dann so: Wir markieren auf dem Rande von G' die endlich vielen, voneinander und von den Punkten der Strecke CC' verschiedenen Punkte

$$A,\ B,\ A',\ p,\ p',\ p_1,\ p_1',\ \ldots; \tag{6}$$

unter ihnen mögen diejenigen Randpunkte vorhanden sein, für welche $J(\tau) - a$ verschwindet (Abb. 54). Die Punkte p und p' sollen dabei symmetrisch zur Achse des Imaginären liegen, ebenso p_1 und p_1' usw. Aus dem Bereiche G' scheiden wir die Punkte $p', p_1', \ldots$ durch Kreisstücke aus, die jeweils von einem Stück der Strecke $A'C'$ bzw. des Bogens BA' und einem Kreisbogen mit dem Mittelpunkt $p', p_1', \ldots$ begrenzt werden. Die Punkte $p, p_1, \ldots$ dagegen umgeben wir mit kleinen Kreisstücken, die jeweils von einem Stück der Strecke AC bzw. des Bogens AB und einem Kreisbogen mit dem Mittelpunkt $p, p_1, \ldots$ begrenzt werden, bis auf die Ränder ganz in das *Äußere* des Bereiches G' fallen und deren Radien bezüglich gleich den Radien der Kreise um $p', p_1', \ldots$ sind. Die sämtlichen Radien mögen dabei so klein gewählt werden, daß die Flächen der Kreisstücke um $p', p_1', \ldots$ ganz dem Bereiche G', die Flächen der Kreisstücke um $p, p_1, \ldots$ ganz der oberen Halbebene angehören. Endlich werden auch noch A, B, A' durch Kreisstücke ausgeschlossen, die jeweils von einem zusammenhängenden Randstück des Bereiches G' und einem Kreisbogen mit dem Mittelpunkt A, B, A' begrenzt sind und ganz in den Bereich G' fallen. Alle vorkommenden Kreisstücke mögen übrigens so klein gewählt werden, daß je zwei ihrer Flächen keinen Punkt gemeinsam haben und daß auf ihnen, abgesehen von den Mittelpunkten, die Funktion $J(\tau) - a$ keine Nullstelle hat. So entstehe aus G' der Bereich G''.

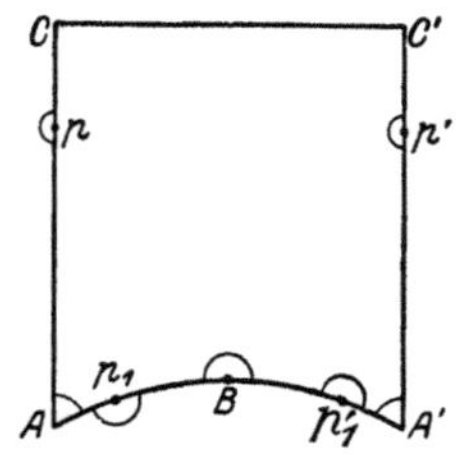

Abb. 54.

Die um die Punkte (6) gelegten Kreisbögen bezeichnen wir bezüglich mit

$$(A),\ (B),\ (A'),\ (p),\ (p'),\ (p_1),\ (p_1'),\ \ldots$$

und haben dann in leicht verständlicher Schreibweise, wenn wir die sich aufhebenden Integralteile gleich unterdrücken,

$$\begin{aligned} 2\pi i N &= \int_{(G'')} d\log(J(\tau) - a) \\ &= \int_{C'}^{C} + \int_{(A)} + \int_{(B)} + \int_{(A')} + \int_{(p)} + \int_{(p')} + \int_{(p_1)} + \int_{(p_1')} + \cdots, \end{aligned} \tag{7}$$

wo nun N die Anzahl der Nullstellen von $J(\tau) - a$ im Bereiche G'' bedeutet.

Wegen der Gleichungen (4) heben sich die Integrale über (p) und (p') auf, ebenso über (p_1) und (p_1') usw. Verschwindet nun die Funktion $J(\tau) - a$ nicht in den Ecken A, B, A', so können die Integrale über (A), (B), (A') fortgelassen werden, und (7) geht über in

$$2\pi i N = \int_{C'}^{C},$$

also in (5), woraus wie oben $N = 1$ folgt. N ist aber offenbar zugleich die Anzahl der Nullstellen von $J(\tau) - a$ im Bereiche G.

Es bleibt noch der Fall zu behandeln, daß $J(\tau) - a$ in den Ecken verschwindet.

Für $\tau = i$ wird

$$(8) \qquad \frac{\omega_1^6 g_3}{140} = \sum{}' \frac{1}{(m_1 + m_2 i)^6} = -\sum{}' \frac{1}{(-m_1 i + m_2)^6}$$
$$= -\sum{}' \frac{1}{(m_1 + m_2 i)^6} = 0,$$

da die Zahlen m_2, $-m_1$ dieselben Wertepaare wie m_1, m_2 durchlaufen; also

$$g_3 = 0, \quad J(i) = 1.$$

Für $\tau = \varrho$ ist

$$(9) \qquad \frac{\omega_1^4 g_2}{60} = \sum{}' \frac{1}{(m_1 + m_2 \varrho)^4} = \frac{1}{\varrho} \sum{}' \frac{1}{(m_1 \varrho^2 + m_2)^4}$$
$$= \frac{1}{\varrho} \sum{}' \frac{1}{(-m_1 \varrho - m_1 + m_2)^4} = \frac{1}{\varrho} \sum{}' \frac{1}{(m_1 + m_2 \varrho)^4} = 0,$$

da die Zahlen $-m_1 + m_2$, $-m_1$ dieselben Wertepaare wie m_1, m_2 durchlaufen; also

$$g_2 = 0, \quad J(\varrho) = 0.$$

Für $a = 1$ verschwindet also $J(\tau) - a$ in B, aber nicht in A und A'. Folglich ist für $a = 1$

$$(10) \qquad 2\pi i N = \int_{C'}^{C} + \int_{(B)}.$$

Wegen $J\left(-\frac{1}{\tau}\right) = J(\tau)$ ist aber, wenn (B') den Bogen (B) zu einem Vollkreis K ergänzt,

$$(11) \quad \int_{(B)} d \log (J(\tau) - 1) = \int_{(B')} d \log \left\{J\left(-\frac{1}{\tau}\right) - 1\right\} = \frac{1}{2} \int_{(K)} d \log (J(\tau) - 1),$$

wo K in *negativem* Sinne durchlaufen wird.

Nach (1) verschwindet nun $J(\tau) - 1$ in $\tau = i$ von *gerader* Ordnung 2ν $(\nu \geqq 1)$. Nach (10) und (11) ist aber

$$N = 1 - \nu,$$

also, da N seiner Bedeutung nach $\geqq 0$ ist,

$$N = 0, \quad \nu = 1.$$

In G'' verschwindet daher $J(\tau) - 1$ nicht; diese Funktion hat also in G nur die eine (zweifache) Nullstelle $\tau = i$.

Auf dieselbe Art zeigt man, daß die Gleichung $J(\tau) = 0$ in G nur die eine (dreifache) Lösung $\tau = \varrho$ besitzt.

Damit ist Satz 3 *bewiesen.*

§ 4. Auflösung der Gleichungen $g_2(\omega_1, \omega_2) = a_2$, $g_3(\omega_1, \omega_2) = a_3$.

Es seien jetzt a_2 und a_3 gegebene Werte, für welche

$$a_2^3 - 27\, a_3^2 = a$$

von Null verschieden ist.

Die Gleichungen

$$g_2(\omega_1, \omega_2) = a_2, \quad g_3(\omega_1, \omega_2) = a_3 \tag{1}$$

seien nach ω_1 und ω_2 aufzulösen.

1. Es sei $a_2 = 0$. Man setze $e^{\frac{2\pi i}{3}} = \varrho$. Für $\omega_2 = \omega_1 \varrho$ ist dann $\tau = \varrho$; nach § 3, (9) besteht also für jedes $\omega_1 \neq 0$ die Gleichung

$$g_2(\omega_1, \omega_1 \varrho) = 0 = a_2.$$

Bestimmt man noch ω_1 aus

$$\omega_1^6 = \frac{140}{a_3} \sum{}' \frac{1}{(m_1 + m_2\varrho)^6},$$

so ist (1) mit $\omega_2 = \omega_1 \varrho$ erfüllt.

2. Es sei $a_3 = 0$. Für $\omega_2 = \omega_1 i$ ist $\tau = i$; nach § 3, (8) ist also für jedes $\omega_1 \neq 0$ die Gleichung

$$g_3(\omega_1, \omega_1 i) = 0 = a_3$$

erfüllt. Die Lösung von (1) wird dann durch

$$\omega_1^4 = \frac{60}{a_2} \sum{}' \frac{1}{(m_1 + m_2 i)^4}, \qquad \omega_2 = \omega_1 i$$

geliefert.

3. Es sei $a_2 \neq 0$, $a_3 \neq 0$.

Die Gleichungen (1) sind dann und nur dann erfüllt, wenn die Gleichungen

$$\frac{g_2(\omega_1, \omega_2)}{g_3(\omega_1, \omega_2)} = \frac{a_2}{a_3}, \qquad \frac{g_2^3(\omega_1, \omega_2)}{g_2^3(\omega_1, \omega_2) - 27\, g_3^2(\omega_1, \omega_2)} = \frac{a_2^3}{a} \tag{2}$$

bestehen.

Betrachten wir nun ω_1 und $\frac{\omega_2}{\omega_1} = \tau$ als zu bestimmende Größen, so schreiben sich die Gleichungen (2) in der Form

$$\omega_1^2 = \frac{a_2}{a_3} \frac{140 \sum{}' \frac{1}{(m_1 + m_2\tau)^6}}{60 \sum{}' \frac{1}{(m_1 + m_2\tau)^4}}, \qquad J(\tau) = \frac{a_2^3}{a}.$$

Nach § 3, Satz 3 hat die letzte Gleichung eine nicht reelle Lösung τ; dann ergibt sich ω_1 aus der ersten durch Wurzelziehen und ferner ω_2 aus $\omega_2 = \omega_1 \tau$.

Damit ist die zu Beginn dieses Kapitels gestellte Frage in bejahendem Sinne beantwortet:

Es ist stets möglich, die Perioden ω_1, ω_2 so zu wählen, daß die Invarianten g_2, g_3 vorgeschriebene Werte a_2, a_3 besitzen, falls diese der Bedingung $a_2^3 - 27\, a_3^2 \neq 0$ genügen.

§ 5. Die Funktion $\varkappa^2(\tau)$.

Im 3. Kapitel, § 3, haben wir gesehen, daß die elliptische Funktion $s(u)$ der Differentialgleichung

$$\{s'(u)\}^2 = (1 - s^2(u))(1 - \varkappa^2 s^2(u)) \tag{1}$$

genügt; dabei war $\varkappa^2$ als Funktion von τ definiert durch die Gleichung

$$\varkappa^2 = \frac{\vartheta_2^4}{\vartheta_3^4} = \frac{e_2 - e_3}{e_1 - e_3}. \tag{2}$$

Die Größe $\varkappa^2$ ist von 0 und 1 verschieden, da die Werte e_1, e_2, e_3 voneinander verschieden sind. Zu jedem τ mit positivem Imaginärteil gehört also ein von 0 und 1 verschiedener Wert von $\varkappa^2$ und eine Funktion $s(u)$. Wir fragen nun, ob umgekehrt zu jedem von 0 und 1 verschiedenen vorgeschriebenen $\varkappa^2$ die Differentialgleichung (1) durch eine elliptische Funktion $s(u)$ befriedigt werden kann. *Es ist also zu untersuchen, ob für jedes von 0 und 1 verschiedene a die Gleichung*

$$\varkappa^2(\tau) = a \tag{3}$$

durch ein τ mit positivem Imaginärteil gelöst werden kann.

Wir setzen

$$e_3 = -\frac{a+1}{3}, \quad e_1 = e_3 + 1, \quad e_2 = e_3 + a, \quad \text{also} \quad e_1 + e_2 + e_3 = 0 \tag{4}$$

und mit Rücksicht auf Kap. 1, § 7, (8)

$$g_2 = -4(e_1 e_2 + e_2 e_3 + e_3 e_1), \quad g_3 = 4\, e_1 e_2 e_3. \tag{5}$$

Dann sind die Zahlen e_1, e_2, e_3 voneinander verschieden, und daher ist

$$g_2^3 - 27\, g_3^2 \neq 0.$$

§ 4 lehrt nun, daß die Gleichungen (5), also auch (4), durch zwei Perioden ω_1, ω_2 befriedigt werden können. Setzt man $\frac{\omega_2}{\omega_1} = \tau$ und trägt (4) in (2) ein, so erkennt man, daß dieses τ der Gleichung (3) genügt.

Zu jedem von 0 und 1 verschiedenen Werte von a gehört also eine elliptische Funktion $s(u)$, die der Differentialgleichung

$$\{s'(u)\}^2 = (1 - s^2(u))(1 - a\, s^2(u))$$

Genüge leistet.

Fünftes Kapitel.

Elliptische Gebilde.

§ 1. Das Weierstraßsche Gebilde.

Sind x und y zwei komplexe Variable, die durch eine algebraische Gleichung mit konstanten Koeffizienten

$$G(x, y) = 0 \tag{1}$$

verbunden sind, so nennen wir die Gesamtheit der Wertepaare, welche der Gleichung (1) genügen, ein *algebraisches Gebilde.* Jedes Wertepaar (x, y) heißt eine *Stelle* oder ein *Punkt* des Gebildes. Sind die Koeffizienten von $G(x, y)$ reell und gibt es *reelle* Wertepaare (x, y), die zu dem Gebilde gehören, so werden diese durch die Punkte der algebraischen Kurve $G(x, y) = 0$ dargestellt, wenn wir x, y als rechtwinklige Koordinaten in einer Ebene deuten.

Wir wollen uns nun hier mit dem algebraischen Gebilde

$$y^2 = a_0 x^4 + a_1 x^3 + a_2 x^2 + a_3 x + a_4 = G_4(x) \tag{2}$$

beschäftigen, wobei wir die Konstanten $a_0, \ldots, a_4$ nur der einen Bedingung unterwerfen, daß $G_4(x) = 0$ *lauter verschiedene Wurzeln* hat.

Damit ist insbesondere der Fall $a_0 = 0$, $a_1 = 0$ ausgeschlossen; sonst würde nämlich die Doppelwurzel ∞ vorliegen. Die rechte Seite von (2) ist also ein Polynom dritten oder vierten Grades. Das durch (2) dargestellte algebraische Gebilde nennen wir das *elliptische Grundgebilde.*

In diesem Paragraphen betrachten wir den speziellen Fall, wo es sich um das Gebilde

$$y^2 = 4x^3 - g_2 x - g_3, \tag{3}$$

das sogenannte *Weierstraßsche Gebilde*, handelt. Hierin bedeuten g_2 und g_3 beliebige Zahlen, die nur der Bedingung

$$g_2^3 - 27 g_3^2 \neq 0$$

unterliegen.

Wir haben im vorigen Kapitel bewiesen: Die Größen ω_1 und ω_2 können so bestimmt werden, daß

$$60 \sum{}' \frac{1}{(m_1\omega_1 + m_2\omega_2)^4} = g_2, \qquad 140 \sum{}' \frac{1}{(m_1\omega_1 + m_2\omega_2)^6} = g_3$$

wird und $\frac{\omega_2}{\omega_1}$ nicht reell ist.

Bildet man mit diesen Größen ω_1, ω_2 die Funktion $\wp(u)$, so ist

$$\wp'^2(u) = 4\wp^3(u) - g_2\wp(u) - g_3,$$

und folglich wird

$$x = \wp(u), \qquad y = \wp'(u) \tag{4}$$

ein Punkt des Gebildes (3) sein. Vermöge (4) entspricht jedem Punkt eines Periodenparallelogramms der Funktion $\wp(u)$ ein Punkt des Gebildes, wenn die Stelle $x = \infty$, $y = \infty$ zu dem Gebilde gerechnet wird. Ferner hat die Gleichung $x = \wp(u)$ im Periodenparallelogramm genau zwei Lösungen u_1 und u_2; für diese ist $\wp'(u_1) = -\wp'(u_2)$. Gehört also u_1 zu (x, y), so gehört u_2 zu $(x, -y)$; für $y \neq 0$ gehört daher zu (x, y) genau ein Punkt des Periodenparallelogramms. Für $y = 0$ aber ist $u_1 = u_2$, so daß auch in diesem Falle der Stelle (x, y) des Gebildes genau ein Punkt u_1 des Parallelogramms entspricht.

Durch die Gleichungen (4) *sind also die Stellen des Weierstraßschen Gebildes und die Punkte eines Periodenparallelogramms der Funktion* $\wp(u)$ *eindeutig umkehrbar aufeinander bezogen.*

Das Ergebnis dieses Paragraphen können wir leicht auf den allgemeinen Fall (2) ausdehnen. Das geschieht in den beiden folgenden Paragraphen.

§ 2. Das Gebilde $y^2 = G_3(x)$.

Es sei

(1) $$y^2 = a_1 x^3 + a_2 x^2 + a_3 x + a_4 = G_3(x) \qquad (a_1 \neq 0),$$

und das Polynom $G_3(x)$ habe drei *verschiedene* Nullstellen. Wir setzen

$$x = \frac{x_1 + b}{a}, \qquad y = \frac{y_1}{a};$$

dann geht (1) über in

(2) $$y_1^2 = \frac{a_1}{a} x_1^3 + \left(3 \frac{a_1}{a} b + a_2\right) x_1^2 + \cdots.$$

Nun wählen wir a und b derart, daß x_1^3 den Faktor 4 und x_1^2 den Faktor 0 erhält, also

$$a = \frac{a_1}{4}, \qquad b = -\frac{a_2}{12}.$$

Hierdurch erhält (2) die Form

$$y_1^2 = 4 x_1^3 - g_2 x_1 - g_3,$$

wo sich die Koeffizienten g_2 und g_3 leicht durch $a_1, \ldots, a_4$ ausdrücken lassen. Die Diskriminante $g_2^3 - 27 g_3^2$ ist dabei $\neq 0$; denn die Gleichung $G_3(x) = 0$, also auch die Gleichung $4 x_1^3 - g_2 x_1 - g_3 = 0$ hat lauter einfache Wurzeln. Nach § 1 wird daher das Gebilde (1) durch

(3) $$x = \frac{4}{a_1}\left(\wp(u) - \frac{a_2}{12}\right) = \varphi(u), \qquad y = \frac{4 \wp'(u)}{a_1} = \varphi'(u)$$

dargestellt, wo $\wp(u)$ die zu den Invarianten g_2, g_3 gehörige $\wp$-Funktion bedeutet. $\varphi(u)$ ist also eine *elliptische Funktion zweiten Grades mit dem Doppelpol* $u = 0$.

Die Gleichungen (3) *ergeben jede Stelle des Gebildes* (1) *genau einmal, wenn* u *alle Lagen in einem Periodenparallelogramm annimmt.*

§ 3. Das Gebilde $y^2 = G_4(x)$.

Schließlich sei das Gebilde

$$(1)\qquad y^2 = a_0 x^4 + a_1 x^3 + a_2 x^2 + a_3 x + a_4 = G_4(x)$$

gegeben, wo $G_4(x) = 0$ vier *verschiedene* Wurzeln hat.

Wir setzen

$$x = \frac{1}{x_1} + l, \qquad y = -\frac{y_1}{x_1^2}$$

und finden

$$(2)\qquad \begin{aligned} y_1^2 &= a_0(1 + l x_1)^4 + a_1 x_1 (1 + l x_1)^3 + a_2 x_1^2 (1 + l x_1)^2 \\ &\qquad + a_3 x_1^3 (1 + l x_1) + a_4 x_1^4 \\ &= b_1 x_1^3 + b_2 x_1^2 + b_3 x_1 + b_4, \end{aligned}$$

falls l eine Lösung der Gleichung $G_4(x) = 0$ bedeutet. Da $G_4(x)$ lauter einfache Nullstellen hat, so gilt dasselbe für das Polynom (2); aus demselben Grunde ist $b_1 = G_4'(l) \neq 0$. Nach dem Ergebnis des vorigen Paragraphen läßt sich nun das Gebilde

$$y_1^2 = b_1 x_1^3 + b_2 x_1^2 + b_3 x_1 + b_4$$

darstellen durch

$$x_1 = \frac{4}{b_1}\left(\wp(u) - \frac{b_2}{12}\right), \qquad y_1 = \frac{4\wp'(u)}{b_1}.$$

Das Gebilde (1) wird also dargestellt durch

$$x = \frac{b_1}{4\left(\wp(u) - \frac{b_2}{12}\right)} + l = \varphi(u), \qquad y = -\frac{b_1 \wp'(u)}{4\left(\wp(u) - \frac{b_2}{12}\right)^2} = \varphi'(u).$$

Das Ergebnis fassen wir noch einmal zusammen:

Satz. *Die Punkte des elliptischen Grundgebildes*

$$(3)\qquad y^2 = a_0 x^4 + a_1 x^3 + a_2 x^2 + a_3 x + a_4$$

lassen sich darstellen in der Form

$$x = \varphi(u) = \frac{a\wp(u) + b}{c\wp(u) + d},$$

$$y = \varphi'(u) = \frac{(ad - bc)\wp'(u)}{(c\wp(u) + d)^2} \qquad (ad - bc \neq 0).$$

Die Funktion $\varphi(u)$ ist also eine elliptische Funktion zweiten Grades und hat die Polsumme Null. Ist die rechte Seite von (3) *ein Polynom dritten Grades, also $a_0 = 0$, so ist $\varphi(u)$ eine ganze lineare Funktion von $\wp(u)$.*

Durch die Substitution

$$x = \frac{a x_1 + b}{c x_1 + d}, \qquad y = \frac{(ad - bc) y_1}{(c x_1 + d)^2}$$

geht (3) über in das Weierstraßsche Gebilde

$$y_1^2 = 4 x_1^3 - g_2 x_1 - g_3.$$

§ 4. Das Legendresche Gebilde.

Das Gebilde

(1) $$y^2 = (1 - x^2)(1 - a x^2),$$

wo a von 0 und 1 verschieden ist, wollen wir das *Legendresche Gebilde* nennen, weil es der Form der elliptischen Integrale zugrunde liegt, die Legendre bei seinen klassischen Untersuchungen benutzte. Dasselbe fällt natürlich unter die im vorigen Paragraphen behandelten Gebilde. Man kann aber auch ganz direkt zeigen, daß dieses Gebilde durch elliptische Funktionen dargestellt werden kann.

Nach § 5 des vorigen Kapitels läßt sich nämlich die Gleichung

$$\varkappa^2(\tau) = a \qquad (a \neq 0 \quad \text{und} \quad \neq 1)$$

stets durch ein τ mit positivem Imaginärteil lösen. Die zu diesem τ gehörige Funktion $s(u)$ genügt dann der Differentialgleichung

$$\{s'(u)\}^2 = (1 - s^2(u))(1 - a s^2(u)).$$

Daher läßt sich das Gebilde (1) *darstellen durch*

$$x = s(u), \quad y = s'(u).$$

§ 5. Die Hauptform der Riemannschen Fläche des Gebildes $y^2 = G_4(x)$.

Wir wollen im folgenden den inneren Zusammenhang der Stellen, aus denen sich das elliptische Grundgebilde zusammensetzt, genauer studieren. Hierzu dient die von Riemann herrührende Darstellung der mehrdeutigen Funktionen durch die nach ihm benannten Flächen, welche wir aber hier nur für den uns speziell interessierenden Fall in Betracht ziehen wollen.

Eine Fläche F heißt Riemannsche Fläche des elliptischen Gebildes

(1) $$y^2 = A_0 x^4 + A_1 x^3 + A_2 x^2 + A_3 x + A_4 = G_4(x),$$

wenn die Punkte der Fläche eindeutig umkehrbar den Stellen des Gebildes zugeordnet sind, und zwar so, daß einer stetigen Lagenänderung des Punktes auf der Fläche F eine stetige Änderung des zugehörigen Wertepaares (x, y) entspricht, solange x und y endlich bleiben.

Aus dieser Definition folgt, wie sogleich noch näher ausgeführt werden soll, daß die Riemannsche Fläche *nicht eindeutig bestimmt,* sondern in den mannigfaltigsten Arten herstellbar ist.

Zunächst erhalten wir unmittelbar eine besonders einfache Gestalt der Riemannschen Fläche des Gebildes (1), wenn wir die Darstellung des Gebildes in der Form

(2) $$x = \varphi(u), \qquad y = \varphi'(u)$$

heranziehen. Dabei bedeutet $\varphi(u)$ gemäß § 3 eine elliptische Funktion zweiten Grades mit der Polsumme Null.

Die Punkte (x, y) des Gebildes sind durch die Gleichungen (2) eindeutig umkehrbar den Punkten des Periodenparallelogramms $abcd$ zugeordnet. Von den Randpunkten des Parallelogramms sind dabei nur die Punkte auf den Seiten ab, ad zum Parallelogramm zu rechnen, exklusive der Punkte b und d. Nehmen wir aber die Randpunkte mit hinzu, so repräsentieren immer je zwei einander gegenüberliegende Punkte, wie μ und μ' oder ν und ν', denselben Punkt des elliptischen Gebildes; insbesondere entsprechen die vier Ecken a, b, c, d alle vier einem und demselben Punkt des Gebildes (Abb. 55). Es wird dann also die Eindeutigkeit gestört, insofern gewisse Punkte des Gebildes zwei

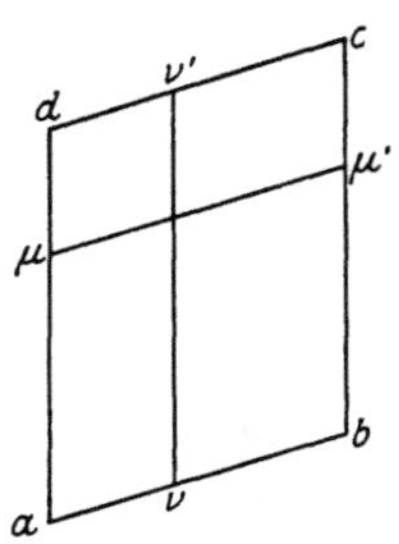

Abb. 55.

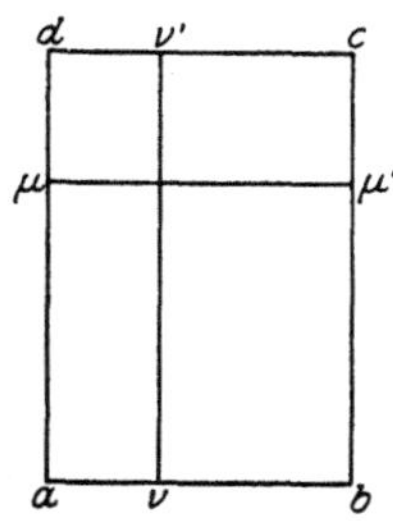

Abb. 56.

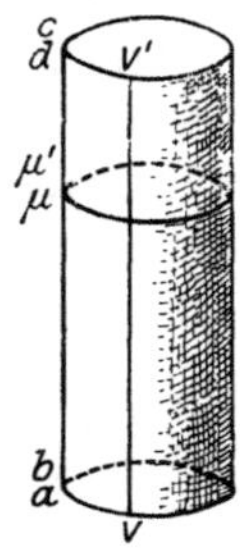

Abb. 57.

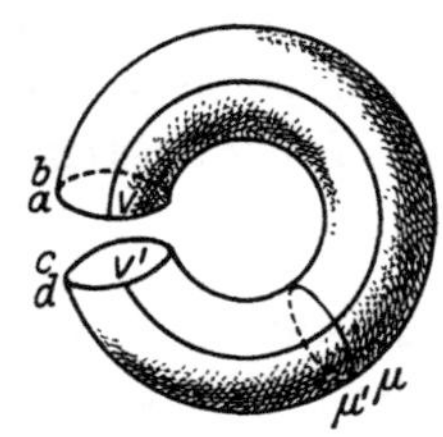

Abb. 58.

verschiedenen Punkten und ein Punkt des Gebildes sogar vier Punkten der Parallelogrammfläche korrespondieren.

Die Mehrdeutigkeit können wir aber auf folgende Weise wieder beseitigen. Wir denken uns das Parallelogramm aus einem vollkommen biegsamen und dehnbaren Material hergestellt. Wir bringen es zunächst durch geeignete Dehnung in die Form eines Rechtecks (Abb. 56). Sodann biegen wir die Rechtecksfläche in die Gestalt eines Zylinders derart, daß die Seite bc auf die Seite ad fällt, wodurch sich je zwei Punkte μ, μ' in einen einzigen Punkt vereinigen (Abb. 57). Nunmehr biegen wir die Zylinderfläche in einen *Kreisring* oder *Torus*, wobei nun auch je zwei entsprechende Punkte ν und ν', sowie die vier Punkte a, b, c, d zur Deckung gelangen (Abb. 58).

Auf die Punkte dieses Kreisringes sind nun die Stellen des elliptischen Gebildes eindeutig umkehrbar und stetig bezogen.

Dabei ist noch zu bemerken, daß wir *zwei* Stellen im Periodenparallelogramm, also auch auf dem Kreisringe haben, an welchen $x = \infty$, $y = \infty$ wird, wenn a_0 von Null verschieden ist, im anderen Falle nur *eine* solche Stelle.

Im ersteren Falle müssen wir also, um eine durchgängig eindeutig umkehrbare Beziehung zwischen den Stellen des elliptischen Gebildes und den Punkten des Kreisringes zu haben, das Wertepaar $x = \infty$, $y = \infty$ zweimal als Stelle des elliptischen Gebildes rechnen.

Den Kreisring wollen wir als die *Hauptform* der Riemannschen Fläche des elliptischen Grundgebildes (1) bezeichnen.

Man beachte, daß den Parallelen zu dem einen Seitenpaar ab, cd des Periodenparallelogramms auf dem Kreisringe die Meridiankreise entsprechen, den Parallelen zu dem anderen Seitenpaar ad, bc die Breitenkreise.

§ 6. Die zweiblättrige Form der Riemannschen Fläche von $y^2 = G_4(x)$.

Wir wenden uns nun zu der Form der Riemannschen Fläche unseres Gebildes, welche die ursprünglich von RIEMANN angegebene und in der älteren Literatur fast ausschließlich verwendete ist. Folgende Bemerkungen schicken wir zweckmäßig voraus.

Die Funktion

$$y = \sqrt{x-a}$$

hat für jeden von a verschiedenen Wert von x zwei entgegengesetzt gleiche Werte; sie ist also eine *zweideutige* Funktion von x.

Ist x_0 ein von a verschiedener Wert, so können wir

$$y = \sqrt{(x_0 - a) + (x - x_0)} = \sqrt{x_0 - a}\left(1 + \frac{x - x_0}{x_0 - a}\right)^{\frac{1}{2}}$$

nach aufsteigenden Potenzen von $x - x_0$ entwickeln; die entstehende Potenzreihe wird den einen oder den anderen der beiden Werte von $\sqrt{x-a}$ ergeben, je nachdem wir für den Faktor $\sqrt{x_0 - a}$ den einen oder den anderen seiner beiden Werte wählen. Man sieht also:

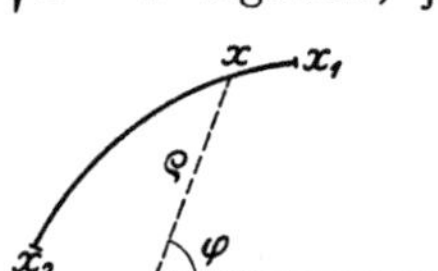

Abb. 59.

In der Umgebung einer von a verschiedenen Stelle x_0 zerfällt der Wertevorrat von $y = \sqrt{x-a}$ in zwei Systeme, von denen jedes durch eine gewöhnliche Potenzreihe in $x - x_0$ darstellbar ist.

Wenn wir x eine stetige Kurve $x_1 \ldots x_2$ beschreiben lassen, die nicht durch den Punkt a geht, so können wir jeder Lage von x auf der Kurve einen der beiden Werte von $y = \sqrt{x-a}$ zuordnen. Verlangen wir aber, daß y sich stetig ändern soll, so ist y in jedem Punkte der Kurve $x_1 \ldots x_2$ offenbar völlig bestimmt, wenn wir für den Anfangspunkt x_1 festgesetzt haben, welchen der beiden Werte von $\sqrt{x_1 - a}$ hier y besitzen soll. Setzen wir

$$x - a = \varrho e^{i\varphi},$$

so ist der Winkel φ längs der Kurve $x_1 \ldots x_2$ eindeutig bestimmt, wenn wir ihn für den Anfangspunkt x_1 willkürlich fixiert haben und längs der Kurve sich *stetig* ändern lassen (Abb. 59).

Beachten wir, daß

$$\sqrt{x-a} = \sqrt{\varrho}\, e^{i\frac{\varphi}{2}}$$

ist, so erkennen wir sofort, indem wir x_2 mit x_1 zusammenfallen lassen:

Beim Durchlaufen einer geschlossenen Kurve, die den Punkt a ausschließt, nimmt $y = \sqrt{x-a}$ *seinen ursprünglichen Wert wieder an; beim Durchlaufen einer einfachen geschlossenen Kurve, die den Punkt a einschließt, geht* $y = \sqrt{x-a}$ *in seinen entgegengesetzten Wert* $-\sqrt{x-a}$ *über.*

Diese Sätze lassen sich sofort auf eine Quadratwurzel aus einer beliebigen ganzen rationalen Funktion von x übertragen.

Insbesondere folgt für

$$\begin{aligned} y &= \sqrt{A_0 x^4 + A_1 x^3 + A_2 x^2 + A_3 x + A_4} \\ &= \sqrt{A_0}\,\sqrt{x-a_1}\,\sqrt{x-a_2}\,\sqrt{x-a_3}\,\sqrt{x-a_4}, \end{aligned}$$

wo $A_0 \neq 0$ ist und die vier Größen a_1, a_2, a_3, a_4 voneinander verschieden sind, daß

1. *in der Umgebung einer von* a_1, a_2, a_3, a_4 *verschiedenen Stelle* x_0 *der Wertevorrat von y in zwei Systeme zerfällt, von denen jedes durch eine gewöhnliche Potenzreihe in* $x - x_0$ *darstellbar ist:*

$$y = \mathfrak{P}(x-x_0), \qquad y = -\mathfrak{P}(x-x_0),$$

2. *beim Durchlaufen einer einfach geschlossenen Kurve y in seinen ursprünglichen Wert oder in seinen entgegengesetzten Wert* $-y$ *übergeht, je nachdem die Kurve eine gerade oder eine ungerade Anzahl der Punkte* a_1, a_2, a_3, a_4 *einschließt.*

Die Punkte a_1, a_2, a_3, a_4 heißen die *Verzweigungspunkte* von y. Wir haben hier den Fall $A_0 \neq 0$ vorausgesetzt. Ist $A_0 = 0$, $A_1 \neq 0$ und sind die drei Nullstellen a_1, a_2, a_3 des Polynoms $A_1 x^3 + A_2 x^2 + A_3 x + A_4$ voneinander verschieden, so bleiben vorstehende Sätze gültig, falls dann $a_4 = \infty$ genommen wird. Wir denken uns nunmehr in die komplexe Zahlenebene oder Zahlenkugel vom Punkte a_1 zum Punkte a_2 einen *Schnitt* angebracht. Jeder Punkt λ, der von dem Schnitte getroffen wird, erscheint nach Ausführung des Schnittes einmal auf dem linken Rand des Schnittes, ein zweites Mal auf dem rechten Rand; wir unterscheiden diese zwei Punkte, die denselben Wert λ von x repräsentieren, durch die Bezeichnung λ^+, λ^- voneinander (Abb. 60).

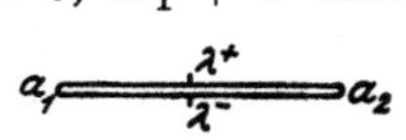

Abb. 60.

In derselben Weise führen wir einen Schnitt vom Punkte a_3 zum Punkte a_4, der jedoch so gewählt wird, daß er den Schnitt $a_1 \ldots a_2$ nicht trifft. Die Punkte der beiden Schnittränder, welche denselben Wert μ von x repräsentieren, seien wieder mit μ^+, μ^- bezeichnet.

Die mit den Schnitten $a_1 a_2$, $a_3 a_4$ versehene Ebene oder Kugel wollen wir mit E bezeichnen. Die Punkte auf den Rändern der Schnitte bilden den *Rand* von E.

Nunmehr fixieren wir irgend einen Punkt x_0 im Innern der Ebene E und ordnen diesem Punkte einen der beiden zugehörigen Werte von y zu. Diesen Wert von y wollen wir mit y_0 bezeichnen. Gehen wir von x_0 stetig nach x auf einem in E verlaufenden Wege C, so wird y_0 stetig in einen der beiden dem Werte x entsprechenden Werte von y übergehen. Dieser Wert von y ist nun unabhängig von dem gewählten Wege. Denn ist C_1 ein anderer Weg, so bildet er mit C eine geschlossene Kurve, die notwendig eine gerade Anzahl der Punkte a_1, a_2, a_3, a_4 einschließt (Abb. 61). Gehen wir also von x_0 längs C nach x, so geht y_0 etwa stetig in y über; gehen wir weiter von x längs C_1 nach x_0, so geht y wieder stetig in den Wert y_0 zurück. Durchlaufen wir daher C_1 in umgekehrter Richtung von x_0 nach x, so wird y_0 in y übergehen. Ordnen wir nun jedem Punkte x der Ebene E denjenigen Wert von y zu, der in der angegebenen Weise entsteht, so haben wir dadurch eine *eindeutige* Funktion in der Ebene E bestimmt.

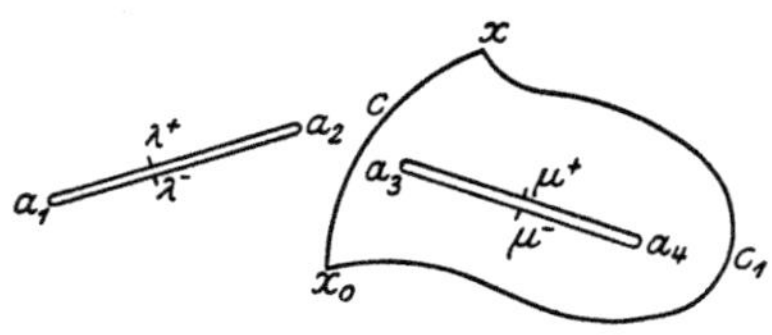

Abb. 61.

Man bemerkt sofort, daß den Randpunkten λ^+ und λ^- (oder μ^+ und μ^-) entgegengesetzte Werte von y entsprechen.

Wir denken uns nun ein zweites Exemplar E' der Ebene (oder Kugel) E genommen und dasselbe dicht über die Ebene E parallel zu ihr gelegt, so daß zwei denselben Wert x repräsentierende Punkte senkrecht übereinander liegen. Wenn y der Wert ist, welcher dem Punkte x in der Ebene E zugeordnet wurde, so soll dem Punkte x der Ebene E' der Wert $-y$ zugeordnet werden. Was die Punkte auf den Schnitträndern betrifft, so ist folgendes klar. Dem Punkte λ^+ in der Ebene E ist derselbe Wert y zugeordnet wie dem Punkte λ^- in der Ebene E', und umgekehrt dem Punkte λ^- der Ebene E derselbe Wert y wie dem Punkte λ^+ in der Ebene E'. Entsprechendes gilt von den Randpunkten μ^+ und μ^-.

Heften wir nun den linken Rand jedes Schnittes in der Ebene E an den rechten Rand des entsprechenden Schnittes der Ebene E' und umgekehrt, und zwar so, daß entsprechende Randpunkte aufeinanderfallen, so entsteht eine aus den beiden Ebenen E und E' bestehende Fläche, auf deren Punkte die Stellen (x, y) des elliptischen Grundgebildes *eindeutig umkehrbar* bezogen sind. Wir nennen E und E' die *Blätter* der Fläche, die Linien $a_1 a_2$ und $a_3 a_4$, bei deren Überschreiten man aus einem Blatt in das andere gelangt, die *Verzweigungs-* oder *Übergangslinien.*

Diese Fläche ist die gewöhnlich als Riemannsche Fläche des elliptischen Grundgebildes bezeichnete Fläche. Wir können von ihr, wie man an den beistehenden Abbildungen leicht einsieht, durch stetige Deformation zur Hauptform übergehen. Man denke sich nämlich E und E' als Kugeln, auf denen die Verzweigungslinien zu Kreisen erweitert sind (Abb. **62**); dann ziehe man diese Kugeln zu Zylindern aus (Abb. **63**), und schließlich biege man die beiden Zylinder zu einer Ringfläche zusammen, wobei

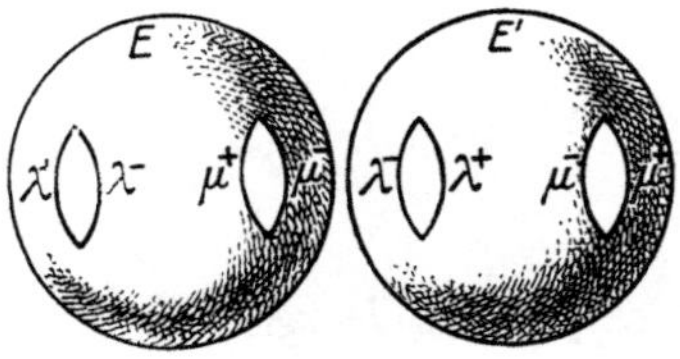

Abb. 62.

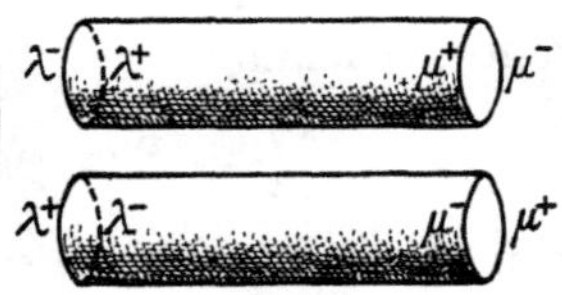

Abb. 63.

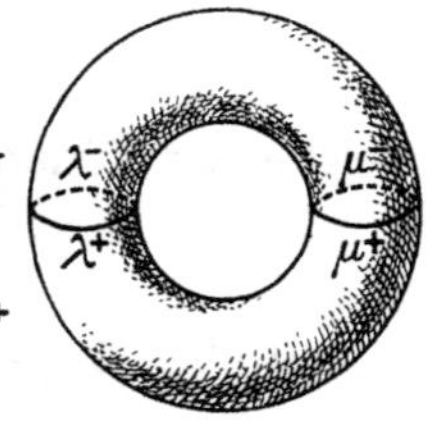

Abb. 64.

man die einander zugeordneten Randteile von E' und E zur Deckung bringt (Abb. **64**). Die Ufer der Schnitte $a_1 a_2$ und $a_3 a_4$ gehen dann auf der Ringfläche in je einen Meridiankreis über.

Sechstes Kapitel.

Elliptische Integrale.

§ 1. Definitionen.

Es sei

$$y^2 = a_0 x^4 + a_1 x^3 + a_2 x^2 + a_3 x + a_4, \tag{1}$$

wo das Polynom auf der rechten Seite keine mehrfache Nullstelle besitzt. Die Funktion y ist also die Quadratwurzel aus einem Polynom dritten oder vierten Grades in x.

In jedem Punkte der Riemannschen Fläche F des Gebildes (1) hat sowohl x als auch y einen ganz bestimmten Wert; man sagt: Auf der Riemannschen Fläche F sind x und y *eindeutige Funktionen des Ortes*. Ist $R(x, y)$ irgend eine rationale Funktion von x und y, so wird auch sie in jedem Punkte der Fläche F einen ganz bestimmten Wert besitzen, also eine eindeutige Funktion des Ortes auf F sein.

Wir betrachten zwei Punkte p_1, p_2 der Fläche F und verbinden sie durch irgend eine Kurve L. Da längs dieser Kurve in jedem Punkte sowohl x als auch y einen ganz bestimmten Wert hat, so hat das durch die Kurve L erstreckte Integral

$$J = \int_L R(x, y)\, dx = \int_{p_1}^{p_2} R(x, y)\, dx \tag{2}$$

jedenfalls dann einen ganz bestimmten Wert, wenn x und $R(x, y)$ auf dem Integrationswege endlich bleiben. Aber auch wenn x oder $R(x, y)$ auf der Kurve $p_1 \ldots p_2$ Unendlichkeitsstellen hat, kann das Integral einen endlichen Wert haben, es ist dann eben ein uneigentliches Integral[1]. Wir nennen das Integral (2) ein *bestimmtes elliptisches Integral.*

Lassen wir in (2) den Endpunkt p_2 der Kurve L variabel und fügen noch eine willkürliche Konstante hinzu, so erhalten wir eine Funktion von $x = x_2$, d. h. der x-Koordinate von p_2,

$$J = \int R(x, y)\, dx,$$

welche der Differentialgleichung

$$\frac{dJ}{dx} = R(x, y)$$

genügt. Wir nennen sie ein *unbestimmtes elliptisches Integral.*

§ 2. Die unbestimmten elliptischen Integrale.

Wir wollen in diesem Paragraphen beliebige unbestimmte elliptische Integrale durch gewisse spezielle unter ihnen ausdrücken.

Nach Kap. 5, § 3 läßt sich durch eine Substitution

(1) $$x = \frac{a\xi + b}{c\xi + d}, \qquad y = \frac{\eta}{(c\xi + d)^2} \qquad (ad - bc = 1)$$

die Gleichung

$$y^2 = a_0 x^4 + a_1 x^3 + a_2 x^2 + a_3 x + a_4$$

in die Form

(2) $$\eta^2 = 4\xi^3 - g_2 \xi - g_3$$

transformieren. Offenbar sind auch ξ und η rational durch x und y ausdrückbar. Nun ist

$$\frac{dx}{d\xi} = \frac{1}{(c\xi + d)^2};$$

durch die Substitution (1) geht also das elliptische Integral

$$z = \int R(x, y)\, dx$$

über in

(3) $$z = \int \mathsf{P}(\xi, \eta)\, d\xi,$$

wo P wieder eine rationale Funktion ist und zwischen ξ und η die Gleichung (2) besteht. Wir setzen

$$\xi = \wp(u), \qquad \eta = \wp'(u);$$

---

[1] Man definiert bekanntlich ein uneigentliches Integral als Grenzwert eines eigentlichen, z. B.

$$\int_0^1 \frac{dx}{\sqrt{1-x}} = \lim_{h \to 1} \int_0^h \frac{dx}{\sqrt{1-x}},$$

wobei h von links gegen 1 rückt.

dann geht (3) über in

$$z = \int \mathsf{P}(\wp(u), \wp'(u))\,\wp'(u)\,du = \int F(u)\,du,$$

wo $F(u)$ eine elliptische Funktion bedeutet.

Nach Kap. 1, § 12 läßt sich nun aber die *allgemeinste elliptische Funktion* $F(u)$ darstellen in der Form

$$F(u) = C + \sum_a \{A\zeta(u-a) + A_1\wp(u-a) + A_2\wp'(u-a) + \cdots + A_r\wp^{(r-1)}(u-a)\};$$

zwischen den Residuen A besteht dabei die Gleichung

$$\sum A = 0.$$

Also wird

$$z = \int F(u)\,du = Cu + \sum\{A\int\zeta(u-a)\,du + A_1\int\wp(u-a)\,du + A_2\wp(u-a) + \cdots + A_r\wp^{(r-2)}(u-a)\} + C_1$$

oder, da

$$\zeta(u-a) = \frac{d\log\sigma(u-a)}{du}, \quad \wp(u-a) = -\frac{d\zeta(u-a)}{du}$$

ist,

$$(4)\quad \begin{cases} z = C_1 + Cu + \sum A\log\sigma(u-a) - \sum A_1\zeta(u-a) \\ \qquad + \sum(A_2\wp(u-a) + \cdots + A_r\wp^{(r-2)}(u-a)). \end{cases}$$

Die letzte Summe ist als elliptische Funktion rational durch $\wp(u)$ und $\wp'(u)$, d. h. durch x und y ausdrückbar.

Wir bringen die rechte Seite von (4) noch auf eine andere Gestalt, um das Integral z durch möglichst wenige Terme transzendenter Natur auszudrücken. Zunächst bemerken wir, daß

$$\zeta(u-a) - \zeta(u)$$

die Perioden ω_1 und ω_2 besitzt, also eine elliptische Funktion ist. Wir ersetzen deshalb

$$\sum A_1\zeta(u-a) \quad \text{durch} \quad \zeta(u)\sum A_1 + \sum A_1\{\zeta(u-a) - \zeta(u)\}.$$

Sodann wollen wir

$$\sum A\log\sigma(u-a) = \sum A\log\sigma(u-a) - \log\sigma(u)\sum A$$

ersetzen durch

$$\sum A\left\{\log\frac{\sigma(a-u)}{\sigma(u)\,\sigma(a)} + \frac{\sigma'(a)}{\sigma(a)}u\right\}.$$

Der Unterschied zwischen beiden Summen ist offenbar eine ganze lineare Funktion von u. Wir bemerken noch, daß in der vorstehenden Summe gegebenenfalls das $a = 0$ entsprechende Glied zu unterdrücken ist. Die Gleichung (4) läßt sich nunmehr so schreiben:

$$z = c + c_1u + c_2\zeta(u) + \sum A\left\{\log\frac{\sigma(a-u)}{\sigma(u)\,\sigma(a)} + \frac{\sigma'(a)}{\sigma(a)}u\right\} + R_1(\wp(u), \wp'(u)),$$

wo R_1 eine rationale Funktion bedeutet.

Es setzt sich also das allgemeinste elliptische Integral linear zusammen aus Gliedern der Form

$$u, \quad \zeta(u), \quad \log\frac{\sigma(a-u)}{\sigma(u)\,\sigma(a)} + \frac{\sigma'(a)}{\sigma(a)}\,u$$

und einer rationalen Funktion von $x = \wp(u)$, $y = \wp'(u)$.

Diese einzelnen Glieder sind selbst elliptische Integrale. Zunächst ist nämlich

$$u = \int du = \int \frac{d\wp(u)}{\wp'(u)} = \int \frac{dx}{y};$$

dieses Integral $\int \frac{dx}{y}$ heißt *elliptisches Normalintegral erster Gattung.* Ferner ist

$$\zeta(u) = -\int \wp(u)\,du = -\int \frac{x\,dx}{y};$$

dieses Integral $\int \frac{x\,dx}{y}$ heißt *elliptisches Normalintegral zweiter Gattung.*

Um auch

$$\log\frac{\sigma(a-u)}{\sigma(u)\,\sigma(a)} + \frac{\sigma'(a)}{\sigma(a)}\,u = \log\frac{\sigma(a-u)}{\sigma(u)\,\sigma(a)} + \zeta(a)\,u$$

als elliptisches Integral darzustellen, benutzen wir die Gleichung

$$\frac{1}{2}\,\frac{\wp'(u)-\wp'(v)}{\wp(u)-\wp(v)} = \zeta(u+v) - \zeta(u) - \zeta(v),$$

die wir in § 12 des 1. Kapitels ableiteten. Wir setzen in ihr $v = -a$ und integrieren dann nach u; auf diese Weise kommt

$$\int \frac{1}{2}\,\frac{\wp'(u)+\wp'(a)}{\wp(u)-\wp(a)}\,du = \int \zeta(u-a)\,du - \int \zeta(u)\,du + \int \zeta(a)\,du$$
$$= \log\sigma(a-u) - \log\sigma(u) + \zeta(a)\,u - \log\sigma(a)$$

bei geeigneter Verfügung über die Integrationskonstante. Setzen wir noch

$$\wp(u) = x, \quad \wp'(u) = y, \quad \wp(a) = x_0, \quad \wp'(a) = y_0,$$

so kommt

$$\log\frac{\sigma(a-u)}{\sigma(u)\,\sigma(a)} + \frac{\sigma'(a)}{\sigma(a)}\,u = \int \frac{1}{2}\,\frac{y+y_0}{x-x_0}\,\frac{dx}{y};$$

dieses Integral heißt *elliptisches Normalintegral dritter Gattung.* Es hängt von einer willkürlich bleibenden Stelle $x_0 = \wp(a)$, $y_0 = \wp'(a)$ des Weierstraßschen Gebildes ab.

Das hauptsächlichste Ergebnis unserer Untersuchung fassen wir in folgendem Satze zusammen:

Wenn y definiert ist durch die Gleichung

$$y^2 = 4x^3 - g_2 x - g_3,$$

so läßt sich das allgemeinste Integral der Form

$$z = \int R(x, y)\, dx$$

darstellen als eine lineare Funktion von Integralen der Gestalt

$$\int \frac{dx}{y}, \quad \int \frac{x\,dx}{y}, \quad \int \frac{1}{2} \frac{y + y_0}{x - x_0} \frac{dx}{y},$$

vermehrt um eine rationale Funktion von x und y. Es ist also

$$\int R(x, y)\, dx = R_2(x, y) + c_1 \int \frac{dx}{y} + c_2 \int \frac{x\,dx}{y} + \sum A \int \frac{1}{2} \frac{y + y_0}{x - x_0} \frac{dx}{y},$$

wo in der Summe auf der rechten Seite von Glied zu Glied die Konstanten A, x_0, y_0 wechseln und R_2 eine rationale Funktion bedeutet.

§ 3. Die bestimmten elliptischen Integrale.

Wir wollen in diesem Paragraphen untersuchen, in welcher Weise der Wert eines elliptischen Integrales

$$\int_{p_1}^{p_2} R(x, y)\, dx$$

von dem p_1 mit p_2 verbindenden Integrationswege abhängt.

Nach § 2 dürfen wir uns dabei auf die Betrachtung der Normalintegrale

$$J_1 = \int_{p_1}^{p_2} \frac{dx}{y}, \quad J_2 = \int_{p_1}^{p_2} \frac{x\,dx}{y}, \quad J_3 = \int_{p_1}^{p_2} \frac{1}{2} \frac{y + y_0}{x - x_0} \frac{dx}{y} \quad (y^2 = 4x^3 - g_2 x - g_3)$$

beschränken.

Die Hauptform der Riemannschen Fläche denken wir uns durch Zusammenbiegung aus dem Periodenparallelogramm entstanden. Bezeichnen wir mit A^+, A^-, B^+, B^- die Seiten des Parallelogramms, so finden wir sie auf der Riemannschen Fläche in der Weise wieder, daß A^+ mit A^- in der Linie A und B^+ mit B^- in der Linie B zur Deckung gelangt ist (Abb. 65). Die Gesamtheit der nicht auf A und B liegenden Punkte der Riemannschen Fläche nennen wir T. Die aus A^+ entstandene Seite der Linie A nennen wir die *positive*, die aus A^- entstandene die *negative*. Einen Punkt p von A nennen wir p^+ oder p^-, je nachdem wir ihn uns durch Hineinrücken eines Punktes von T auf die positive oder die negative Seite von A entstanden denken. Dieselben Festsetzungen mögen für B gelten.

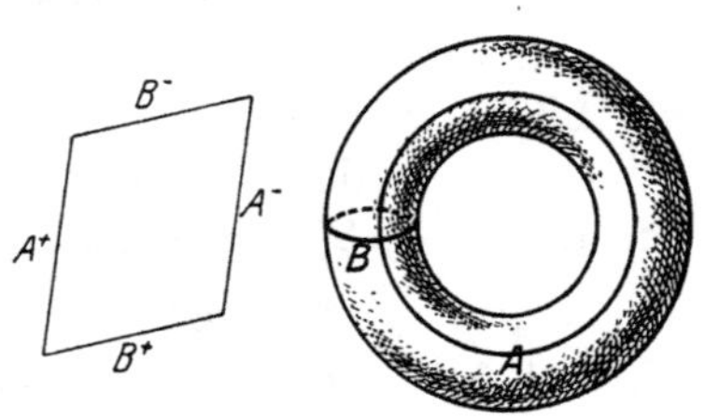

Abb. 65.

Jedem Punkte p von T entspricht ein bestimmter Punkt $u = u(p)$ des Periodenparallelogramms. Dann ist längs A

$$u(p^-) - u(p^+) = \omega_1$$

und längs B

$$u(p^-) - u(p^+) = \omega_2.$$

Liegt eine Kurve $p_1 \ldots p_2$ ganz in T, so entspricht ihr eine im Inneren des Periodenparallelogramms liegende Kurve $u_1 \ldots u_2$, und es ist

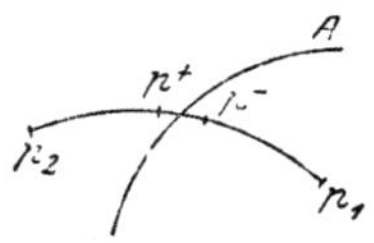

Abb. 66.

$$J_1 = \int_{p_1}^{p_2} \frac{dx}{y} = \int_{u_1}^{u_2} du = u(p_2) - u(p_1).$$

Überschreitet dagegen $p_1 \ldots p_2$ die Linie A, und zwar von der negativen zur positiven Seite, so ist (Abb. 66)

$$J_1 = \int_{p_1}^{p_2} \frac{dx}{y} = \int_{p_1}^{p^-} + \int_{p^+}^{p_2} = u(p^-) - u(p_1) + u(p_2) - u(p^+)$$
$$= u(p_2) - u(p_1) + \omega_1;$$

überschreitet aber $p_1 \ldots p_2$ die Linie A von der positiven zur negativen Seite, so ist

$$J_1 = u(p_2) - u(p_1) - \omega_1.$$

Ebenso gilt natürlich, wenn der Weg $p_1 \ldots p_2$ die Linie B einmal überschreitet,

$$J_1 = u(p_2) - u(p_1) \pm \omega_2,$$

wo das positive oder negative Vorzeichen steht, je nachdem B von der negativen zur positiven oder von der positiven zur negativen Seite überschritten wird.

Führt nun der Integrationsweg ganz beliebig von p_1 nach p_2, so zerlegen wir ihn durch Zwischenpunkte $p^{(1)}, p^{(2)}, \ldots, p^{(k)}$, die keiner der Linien A, B angehören, in die Wege $p_1 \ldots p^{(1)}, p^{(1)} \ldots p^{(2)}, \ldots, p^{(k)} \ldots p_2$, so daß jeder dieser Wege höchstens einen Punkt mit einer der Linien A, B gemein hat. *Dann ist*

$$J_1 = \int_{p_1}^{p_2} \frac{dx}{y} = \int_{p_1}^{p^{(1)}} + \int_{p^{(1)}}^{p^{(2)}} + \cdots + \int_{p^{(k)}}^{p_2} = u(p_2) - u(p_1) + m_1\omega_1 + m_2\omega_2,$$

wo m_1 angibt, wieviel häufiger der Integrationsweg die Linie A von der negativen zur positiven Seite als in umgekehrter Richtung durchkreuzt, und m_2 dieselbe Bedeutung für B besitzt.

Insbesondere folgt also

$$\int_C \frac{dx}{y} = m_1\omega_1 + m_2\omega_2,$$

wenn C eine geschlossene Kurve ist, die mit keiner der Linien A, B zusammenfällt.

Der Wert des durch eine geschlossene Kurve erstreckten elliptischen Integrals erster Gattung ist also gleich einer Periode.

Läßt sich eine solche geschlossene Kurve stetig auf einen Punkt zusammenziehen, so ist nach dem Satze von CAUCHY offenbar

$$\int_C \frac{dx}{y} = 0.$$

Die eigentlichen Perioden kommen also dadurch zustande, daß es auf dem Kreisring geschlossene Linien gibt, die sich nicht stetig auf einen Punkt zusammenziehen lassen.

Wir betrachten jetzt das bestimmte Normalintegral zweiter Gattung

$$J_2 = \int_{p_1}^{p_2} \frac{x\,dx}{y}.$$

Liegt die Integrationskurve ganz in T, so ist

$$J_2 = \int_{u(p_1)}^{u(p_2)} \wp(u)\,du = -\zeta(u(p_2)) + \zeta(u(p_1)).$$

Längs A ist nun $u(p^-) - u(p^+) = \omega_1$, also

$$\zeta(u(p^-)) - \zeta(u(p^+)) = \eta_1,$$

und entsprechend längs B

$$\zeta(u(p^-)) - \zeta(u(p^+)) = \eta_2.$$

Daraus folgt für den Fall einer beliebigen Kurve $p_1 \ldots p_2$

$$J_2 = \int_{p_1}^{p_2} \frac{x\,dx}{y} = \zeta(u(p_1)) - \zeta(u(p_2)) - m_1\eta_1 - m_2\eta_2,$$

wo m_1 *und* m_2 *die oben beim Integral erster Gattung erklärte Bedeutung haben.* Man nennt η_1 und η_2 auch die *Perioden* des Integrals zweiter Gattung, da sie dieselbe Rolle spielen wie ω_1 und ω_2 beim Integral erster Gattung.

Endlich untersuchen wir das Normalintegral dritter Gattung

$$J_3 = \int_{p_1}^{p_2} \frac{1}{2}\,\frac{y + y_0}{x - x_0}\,\frac{dx}{y}.$$

Es sei $x_0 = \wp(a)$. Ohne Beschränkung der Allgemeinheit dürfen wir annehmen, daß die Punkte $u = 0$ und $u = a \neq 0$ im *Inneren* des Periodenparallelogramms liegen. Wir verbinden sie durch eine Kurve.

Dieser entspricht auf dem Kreisring eine Linie C, auf welcher wir wieder eine positive und eine negative Seite unterscheiden (Abb. 67).

p_1 und p_2 seien von $u = 0$ und $u = a$ verschieden. Vermeidet der Weg $p_1 \ldots p_2$ alle drei Kurven A, B, C, so ist

$$J_3 = \int\limits_{u(p_1)}^{u(p_2)} \{\zeta(u-a) - \zeta(u) + \zeta(a)\}\, du = \left[\log \frac{\sigma(a-u)}{\sigma(u)\,\sigma(a)} + \zeta(a)\, u\right]_{u(p_1)}^{u(p_2)},$$

und hier hat die rechts stehende Differenz einen ganz bestimmten Wert, da in dem von $u = 0$ nach $u = a$ aufgeschnittenen Periodenparallelogramm der rechts auftretende Logarithmus eindeutig ist.

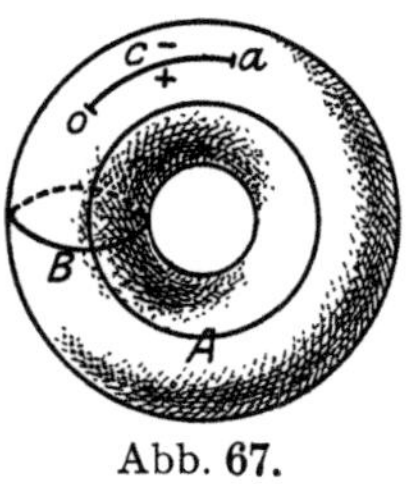

Abb. 67.

Jetzt möge der Weg $p_1 \ldots p_2$ die Kurve C genau einmal kreuzen, dagegen A und B nicht treffen. Zunächst seien $p_1 = p^+$, $p_2 = p^-$ ein und derselbe Punkt auf C, und zwar auf der positiven bzw. negativen Seite. Der Weg $p^+ \ldots p^-$ umschließt einen der beiden Pole 0 und a des Integranden

$$\zeta(u-a) - \zeta(u) + \zeta(a).$$

Diese Pole sind nach Kap. 1, § 11 von der ersten Ordnung und haben das Residuum -1 bzw. $+1$. Folglich ist für diesen Fall bei geeigneter Fixierung der positiven Seite von C

$$J_3 = 2\pi i.$$

Dasselbe gilt dann natürlich für jeden geschlossenen Integrationsweg, der die Kurve C genau einmal schneidet.

Dieselbe Betrachtung stellen wir für die Linien A und B an. Integrieren wir zunächst von einem Punkte p^+ von A bis zum zugehörigen Punkt p^- von A, ohne dabei A, B oder C zu treffen, so ist

$$J_3 = \left[\log \frac{\sigma(a-u)}{\sigma(u)\,\sigma(a)} + \zeta(a)\, u\right]_{u(p^+)}^{u(p^-)};$$

ferner ist $u(p^-) - u(p^+) = \omega_1$ und nach Kap. 1, § 13

$$\sigma(u+\omega_1) = -e^{\eta_1\left(u+\frac{1}{2}\omega_1\right)}\sigma(u),$$

$$\sigma(u-\omega_1) = -e^{-\eta_1\left(u-\frac{1}{2}\omega_1\right)}\sigma(u),$$

also

$$\log \frac{\sigma(a-u+\omega_1)}{\sigma(u-\omega_1)\,\sigma(a)} + \zeta(a)(u-\omega_1) = \log\left\{\frac{-e^{\eta_1\left(a-u+\frac{1}{2}\omega_1\right)}\sigma(a-u)}{-e^{-\eta_1\left(u-\frac{1}{2}\omega_1\right)}\sigma(u)\,\sigma(a)}\right\}$$

$$+\zeta(a)\,u - \zeta(a)\,\omega_1 = \log \frac{\sigma(a-u)}{\sigma(u)\,\sigma(a)} + a\,\eta_1 + \zeta(a)\,u - \zeta(a)\,\omega_1;$$

daher mit Rücksicht auf die Vieldeutigkeit des Logarithmus

$$J_3 = -a\,\eta_1 + \zeta(a)\,\omega_1 + n_1 \cdot 2\pi i = \Omega_1;$$

n_1 ist hierbei eine ganze Zahl, die wir nicht näher bestimmen wollen.

Integrieren wir von einem Punkte p^+ von B zurück nach p^-, ohne A, B oder C zu treffen, so ergibt sich ebenso

$$J_3 = -a\eta_2 + \zeta(a)\omega_2 + n_2 \cdot 2\pi i = \Omega_2.$$

Die Konstanten Ω_1 und Ω_2 spielen für das bestimmte Normalintegral dritter Gattung dieselbe Rolle wie die Werte ω_1, ω_2 bzw. η_1, η_2 für die Integrale erster bzw. zweiter Gattung; sie heißen daher auch *Perioden.*

Ist nun schließlich ein ganz beliebiger Integrationsweg von p_1 nach p_2 vorgeschrieben, der nur die Punkte $u = 0$ und $u = a$ vermeidet und nicht gänzlich zu A oder gänzlich zu B gehört, so verbinden wir p_1 mit p_2 durch eine Hilfslinie, die A, B und C nicht kreuzt, und nennen den Wert des durch sie erstreckten Integrales $\overline{J}_3$. Diesen Wert hatten wir an erster Stelle ermittelt.

Dann ist

$$J_3 = \int_{p_1}^{p_2} \frac{1}{2}\,\frac{y + y_0}{x - x_0}\,\frac{dx}{y} = \overline{J}_3 + m \cdot 2\pi i + m_1\Omega_1 + m_2\Omega_2$$

mit ganzzahligen m, m_1, m_2. Hierbei haben m_1 und m_2 die frühere Bedeutung, und m gibt an, um wieviel häufiger der Integrationsweg $p_1 \ldots p_2$ die Linie C von der negativen zur positiven Seite überschreitet als in umgekehrter Richtung; die Bedeutungen von m, m_1, m_2 sind also ganz analog. Der Beweis ergibt sich wie früher durch Zerlegung des Integrationsweges in solche Stücke, die höchstens einmal eine der Kurven A, B, C schneiden.

Siebentes Kapitel.

Die Transformation der elliptischen Funktionen.

§ 1. Lineare Transformation der Weierstraßschen Funktionen.

Wenn

(1) $$\overline{\omega}_2 = \alpha\omega_2 + \beta\omega_1, \qquad \overline{\omega}_1 = \gamma\omega_2 + \delta\omega_1$$

gesetzt wird, wo $\alpha, \beta, \gamma, \delta$ ganze Zahlen der Determinante $\alpha\delta - \beta\gamma = 1$ bezeichnen, so sagt man, $(\overline{\omega}_2, \overline{\omega}_1)$ gehe aus (ω_2, ω_1) durch *lineare Transformation* hervor. Wir beschäftigen uns hier zunächst mit der Frage, wie sich die *Weierstraßschen Funktionen* bei linearer Transformation der Perioden verhalten. Es war

$$\sigma(u/\omega_1, \omega_2) = u \prod{}' \left\{\left(1 - \frac{u}{w}\right) e^{\frac{u}{w} + \frac{1}{2}\left(\frac{u}{w}\right)^2}\right\} \qquad (w = m_1\omega_1 + m_2\omega_2).$$

Wenn wir ω_1, ω_2 durch $\overline{\omega}_1, \overline{\omega}_2$ ersetzen, so ändert sich die Gesamtheit der Perioden w gar nicht, und die Periode 0 geht in sich über. Also ist

$$\sigma(u/\overline{\omega}_1, \overline{\omega}_2) = \sigma(u/\omega_1, \omega_2).$$

Ebenso erkennt man die Richtigkeit der Gleichungen

$$\zeta(u/\overline{\omega}_1, \overline{\omega}_2) = \zeta(u/\omega_1, \omega_2), \qquad \wp(u/\overline{\omega}_1, \overline{\omega}_2) = \wp(u/\omega_1, \omega_2).$$

Die Funktionen $\sigma(u), \zeta(u), \wp(u)$ sind also bei linearer Transformation der Perioden invariant[1].

Aus demselben Grunde sind auch $g_2, g_3, \Delta = g_2^3 - 27 g_3^2$ invariant.

Wie verhalten sich die Größen

$$\eta_1 = 2\,\zeta\left(\frac{\omega_1}{2}\middle|\,\omega_1, \omega_2\right), \qquad \eta_2 = 2\,\zeta\left(\frac{\omega_2}{2}\middle|\,\omega_1, \omega_2\right)?$$

Bezeichnen wir mit $\overline{\eta}_1, \overline{\eta}_2$ die Werte, in welche η_1, η_2 übergehen, falls ω_1, ω_2 durch $\overline{\omega}_1, \overline{\omega}_2$ ersetzt werden, so ist

$$\overline{\eta}_2 = 2\,\zeta\left(\frac{\alpha\,\omega_2 + \beta\,\omega_1}{2}\middle|\,\overline{\omega}_1, \overline{\omega}_2\right) = 2\,\zeta\left(\frac{\alpha\,\omega_2 + \beta\,\omega_1}{2}\middle|\,\omega_1, \omega_2\right),$$

$$\overline{\eta}_1 = 2\,\zeta\left(\frac{\gamma\,\omega_2 + \delta\,\omega_1}{2}\middle|\,\overline{\omega}_1, \overline{\omega}_2\right) = 2\,\zeta\left(\frac{\gamma\,\omega_2 + \delta\,\omega_1}{2}\middle|\,\omega_1, \omega_2\right).$$

Nun folgt aus

$$\zeta(u + \alpha\,\omega_2 + \beta\,\omega_1/\omega_1, \omega_2) = \zeta(u/\omega_1, \omega_2) + \alpha\,\eta_2 + \beta\,\eta_1$$

für $u = -\frac{\alpha\,\omega_2 + \beta\,\omega_1}{2}$ die Gleichung $\overline{\eta}_2 = \alpha\eta_2 + \beta\eta_1$, und entsprechend $\overline{\eta}_1 = \gamma\eta_2 + \delta\eta_1$. *Es erfahren also η_1, η_2 dieselbe Transformation wie ω_1, ω_2.*

Die Größen

$$e_1 = \wp\left(\frac{\omega_1}{2}\middle|\,\omega_1, \omega_2\right), \quad e_2 = \wp\left(\frac{\omega_1 + \omega_2}{2}\middle|\,\omega_1, \omega_2\right), \quad e_3 = \wp\left(\frac{\omega_2}{2}\middle|\,\omega_1, \omega_2\right)$$

erfahren offenbar bei linearer Transformation der Perioden eine *Vertauschung.*

§ 2. Lineare Transformation der ϑ-Funktionen.

Aus Kap. 2, § 6, (2) und § 9, (8) folgt

$$(1) \qquad \vartheta_1(v/\tau) = \sqrt{\frac{\omega_1}{2\pi}}\,\sqrt[8]{\Delta}\,e^{-\frac{\eta_1}{2\omega_1}u^2}\,\sigma(u) \qquad \left(v = \frac{u}{\omega_1},\ \tau = \frac{\omega_2}{\omega_1}\right).$$

Bilden wir dieselbe Gleichung statt für die Perioden ω_1, ω_2 für die Perioden $\overline{\omega}_1, \overline{\omega}_2$, die mit ω_1, ω_2 durch die Gleichungen (1) des vorigen Paragraphen verbunden sind, so folgt

$$(2) \quad \vartheta_1(\overline{v}/\overline{\tau}) = \sqrt{\frac{\overline{\omega}_1}{2\pi}}\,\sqrt[8]{\overline{\Delta}}\,e^{-\frac{\overline{\eta}_1}{2\overline{\omega}_1}u^2}\,\sigma(u) \qquad \left(\begin{aligned}\overline{v} &= \frac{u}{\overline{\omega}_1} = v\,\frac{\omega_1}{\overline{\omega}_1} = \frac{v}{\gamma\tau + \delta},\\ \overline{\tau} &= \frac{\overline{\omega}_2}{\overline{\omega}_1} = \frac{\alpha\tau + \beta}{\gamma\tau + \delta}\end{aligned}\right).$$

---

[1] Vgl. Kap. 1, § 15.

Dividieren wir (2) durch (1), so folgt, weil $\Delta = \overline{\Delta}$ ist,

$$\vartheta_1\left(\frac{v}{\gamma\tau+\delta}\,\middle|\,\frac{\alpha\tau+\beta}{\gamma\tau+\delta}\right) = \vartheta_1(v/\tau)\sqrt{\frac{\overline{\omega}_1}{\omega_1}}\,\varepsilon\, e^{\left(\frac{\eta_1}{2\omega_1}-\frac{\overline{\eta}_1}{2\overline{\omega}_1}\right)u^2},$$

wo ε eine 8-te Einheitswurzel bezeichnet. Nun ist

$$\frac{\eta_1}{\omega_1}-\frac{\overline{\eta}_1}{\overline{\omega}_1} = \frac{\eta_1(\gamma\omega_2+\delta\omega_1)-(\gamma\eta_2+\delta\eta_1)\omega_1}{\omega_1\overline{\omega}_1} = \frac{\gamma(\eta_1\omega_2-\eta_2\omega_1)}{\omega_1\overline{\omega}_1} = \frac{\gamma\cdot 2\pi i}{\omega_1\overline{\omega}_1},$$

$$u = \omega_1 v,$$

so daß wir folgende Formel für die lineare Transformation von ϑ_1 erhalten:

$$\text{(3)}\qquad \vartheta_1\left(\frac{v}{\gamma\tau+\delta}\,\middle|\,\frac{\alpha\tau+\beta}{\gamma\tau+\delta}\right) = \varepsilon\sqrt{\gamma\tau+\delta}\, e^{\frac{i\pi\gamma}{\gamma\tau+\delta}v^2}\,\vartheta_1(v/\tau).$$

Auf die Bestimmung der 8-ten Einheitswurzel ε beziehen sich mehrere Arbeiten. Die gründlichste Untersuchung hierüber hat DEDEKIND in einer Erläuterung zu einer nachgelassenen Arbeit Riemanns ausgeführt.

Dividieren wir (3) durch $\vartheta_1(v/\tau)$ und setzen dann $v = 0$, so kommt

$$\varepsilon\sqrt{\gamma\tau+\delta} = \frac{1}{\gamma\tau+\delta}\,\frac{\vartheta_1'\left(0\,\middle|\,\frac{\alpha\tau+\beta}{\gamma\tau+\delta}\right)}{\vartheta_1'(0/\tau)}.$$

Nun war (Kap. 2, § 10, (5))

$$\vartheta_1'(0/\tau) = 2\pi h^{\frac14}\prod_{n=1}^{\infty}(1-h^{2n})^3 \qquad (h = e^{i\pi\tau});$$

daher entsteht

$$\text{(4)}\quad \varepsilon\sqrt{\gamma\tau+\delta} = \frac{1}{\gamma\tau+\delta}\,\frac{h'^{\frac14}\prod\limits_{n=1}^{\infty}(1-h'^{2n})^3}{h^{\frac14}\prod\limits_{n=1}^{\infty}(1-h^{2n})^3} \qquad \left(h = e^{i\pi\tau},\ h' = e^{i\pi\frac{\alpha\tau+\beta}{\gamma\tau+\delta}}\right).$$

Wir heben noch die speziellen Fälle der Transformationen

$$\begin{pmatrix}\alpha\,\beta\\ \gamma\,\delta\end{pmatrix} = \begin{pmatrix}1\,1\\ 0\,1\end{pmatrix}, \qquad \begin{pmatrix}\alpha\,\beta\\ \gamma\,\delta\end{pmatrix} = \begin{pmatrix}0 & -1\\ 1 & 0\end{pmatrix}$$

hervor, aus welchen sich, wie man leicht beweisen kann, durch Zusammensetzung die allgemeinste lineare Transformation ableiten läßt. Diesen speziellen Transformationen entsprechen die Gleichungen

$$\text{(5)}\qquad \vartheta_1(v/\tau+1) = \varepsilon_1\,\vartheta_1(v/\tau),$$

$$\text{(6)}\qquad \vartheta_1\left(\frac{v}{\tau}\,\middle|\,-\frac{1}{\tau}\right) = \varepsilon_2\sqrt{\tau}\, e^{\frac{i\pi}{\tau}v^2}\,\vartheta_1(v/\tau).$$

Im Falle (5) ist nach (4), weil $h' = e^{i\pi(\tau+1)} = e^{i\pi}h$, also $h'^{\frac14} = e^{\frac{i\pi}{4}}h^{\frac14}$ ist,

$$\varepsilon_1 = e^{\frac{i\pi}{4}}.$$

Im Falle (6) hat man nach (4), wenn unter ε_2' eine achte Einheitswurzel verstanden wird,

$$\varepsilon_2 \sqrt{\tau} = \varepsilon_2' \sqrt{\frac{\tau}{i}} = \frac{1}{\tau} \frac{h'^{\frac{1}{4}} \prod_{n=1}^{\infty} (1 - h'^{2n})^3}{h^{\frac{1}{4}} \prod_{n=1}^{\infty} (1 - h^{2n})^3} \qquad \left(h = e^{i\pi\tau},\ h' = e^{-\frac{i\pi}{\tau}}\right).$$

Für $\tau = i$ wird $h = h'$. Wählt man daher für $\sqrt{\frac{\tau}{i}}$ in der oberen τ-Halbebene diejenige Bestimmung der Quadratwurzel, die sich für $\tau = i$ auf $+1$ reduziert, so kommt $\varepsilon_2' = \frac{1}{i}$.

Man findet daher definitiv

$$(7)\quad \vartheta_1(v/\tau + 1) = e^{\frac{i\pi}{4}} \vartheta_1(v/\tau), \qquad \vartheta_1\left(\frac{v}{\tau} \Big/ -\frac{1}{\tau}\right) = \frac{1}{i} \sqrt{\frac{\tau}{i}}\, e^{\frac{i\pi}{\tau} v^2}\, \vartheta_1(v/\tau).$$

Von der Funktion ϑ_1 können wir zu den drei anderen ϑ-Funktionen durch die Gleichungen (Kap. 2, § 8)

$$\vartheta_1\left(v + \frac{1}{2} \Big/ \tau\right) = \vartheta_2(v/\tau), \qquad \vartheta_1\left(v + \frac{\tau}{2} \Big/ \tau\right) = i\, e^{-\frac{i\pi\tau}{4} - i\pi v}\, \vartheta_0(v/\tau),$$

$$\vartheta_1\left(v + \frac{1}{2} + \frac{\tau}{2} \Big/ \tau\right) = e^{-\frac{i\pi\tau}{4} - i\pi v}\, \vartheta_3(v/\tau)$$

übergehen. So finden wir aus (7)

$$(8)\quad \begin{cases} \vartheta_2(v/\tau + 1) = e^{\frac{i\pi}{4}} \vartheta_2(v/\tau), & \vartheta_2\left(\frac{v}{\tau} \Big/ -\frac{1}{\tau}\right) = \sqrt{\frac{\tau}{i}}\, e^{\frac{i\pi}{\tau} v^2}\, \vartheta_0(v/\tau), \\ \vartheta_3(v/\tau + 1) = \qquad \vartheta_0(v/\tau), & \vartheta_3\left(\frac{v}{\tau} \Big/ -\frac{1}{\tau}\right) = \sqrt{\frac{\tau}{i}}\, e^{\frac{i\pi}{\tau} v^2}\, \vartheta_3(v/\tau), \\ \vartheta_0(v/\tau + 1) = \qquad \vartheta_3(v/\tau), & \vartheta_0\left(\frac{v}{\tau} \Big/ -\frac{1}{\tau}\right) = \sqrt{\frac{\tau}{i}}\, e^{\frac{i\pi}{\tau} v^2}\, \vartheta_2(v/\tau). \end{cases}$$

Für $v = 0$ ist also insbesondere nach (8)

$$\sum_{n=-\infty}^{+\infty} e^{i\pi n^2 \tau} = \sqrt{\frac{i}{\tau}} \sum_{n=-\infty}^{+\infty} e^{-\frac{i\pi n^2}{\tau}}.$$

Diese Formel tritt in vielen Anwendungen auf.

Ist

$$\tau = r + is,$$

so wird

$$-\frac{1}{\tau} = \frac{-1}{r + is} = \frac{-r + is}{r^2 + s^2}$$

und also

$$|h| = |e^{i\pi\tau}| = e^{-\pi s}, \qquad |h'| = \left|e^{-\frac{i\pi}{\tau}}\right| = e^{-\pi \frac{s}{r^2 + s^2}}.$$

Es wird daher $|h'| < |h|$ sein, wenn $r^2 + s^2 < 1$, d. i. $|\tau| < 1$ ist. In diesem Falle konvergieren daher die Reihen $\vartheta_\alpha\left(\frac{v}{\tau} / -\frac{1}{\tau}\right)$ *besser* als die Reihen $\vartheta_\alpha(v/\tau)$, und unsere Transformationsformeln werden dann *zweckmäßig zu numerischen Rechnungen* benutzt. Allgemein gestattet (Kap. 4, § 1) die Formel (3), den Wert von τ zu ersetzen durch den äquivalenten Wert $\frac{\alpha\tau + \beta}{\gamma\tau + \delta} = r + is$, wo (vgl. Kap. 4, § 1) $-\frac{1}{2} \leqq r < \frac{1}{2}$ und $r^2 + s^2 \geqq 1$ ist. Das Minimum von s, also der für die Güte der Konvergenz ungünstigste Wert von s, ist dann $\frac{1}{2}\sqrt{3}$ und daher

$$|h'| \leqq e^{-\pi\frac{\sqrt{3}}{2}} = 0{,}06583\ldots.$$

Die mit diesem h' gebildeten ϑ-Reihen sind außerordentlich gut konvergent.

§ 3. Transformation zweiter Ordnung.

Wenn

$$\bar{\omega}_2 = a\,\omega_2 + b\,\omega_1\,, \qquad \bar{\omega}_1 = c\,\omega_2 + d\,\omega_1$$

ist, wo a, b, c, d ganze Zahlen der Determinante $ad - bc = n > 0$ bezeichnen, so sagen wir, $(\bar{\omega}_2, \bar{\omega}_1)$ *gehe durch Transformation n-ter Ordnung aus (ω_2, ω_1) hervor.*

Transformation erster Ordnung ist also gleichbedeutend mit *linearer* Transformation.

Wir wollen nur den einfachsten Fall $n = 2$ betrachten. Wir beweisen zunächst:

Es gibt ein zu $(\bar{\omega}_2, \bar{\omega}_1)$ äquivalentes Paar $(\bar{\Omega}_2, \bar{\Omega}_1)$ und ein zu (ω_2, ω_1) äquivalentes Paar (Ω_2, Ω_1), so daß

$$\bar{\Omega}_2 = \Omega_2\,, \qquad \bar{\Omega}_1 = 2\,\Omega_1$$

ist.

Zum Beweise unterscheiden wir zwei Fälle. Da $ad - bc = 2$ ist, so können c und d nur 1 oder 2 zum gemeinsamen Teiler haben. Ist nun *erstens* 2 Teiler von c und d, so kann man setzen

$$\bar{\omega}_2 = a\,\omega_2 + b\,\omega_1 = \Omega_2\,,$$

$$\bar{\omega}_1 = 2\left(\frac{c}{2}\,\omega_2 + \frac{d}{2}\,\omega_1\right) = 2\,\Omega_1\,.$$

Ist *zweitens* 1 der größte gemeinsame Teiler von c und d, so sei

$$\alpha d - \beta c = 1\ [1]$$

---

[1] Sind c und d zwei teilerfremde ganze Zahlen, so läßt sich nach den einfachsten Sätzen der Zahlentheorie die Gleichung

$$\alpha d - \beta c = 1$$

stets in ganzen Zahlen α, β lösen.

mit ganzzahligen Werten von α und β; hieraus folgt

$$(a - 2\alpha) d - (b - 2\beta) c = 0, \quad \frac{a - 2\alpha}{b - 2\beta} = \frac{c}{d},$$

$$a = 2\alpha + t c, \quad b = 2\beta + t d,$$

wo t, da der Bruch $\frac{c}{d}$ sich nicht mehr kürzen läßt, eine ganze Zahl ist. Man hat dann

$$\overline{\omega}_2 = (2\alpha + t c)\,\omega_2 + (2\beta + t d)\,\omega_1, \quad \overline{\omega}_1 = c\,\omega_2 + d\,\omega_1,$$

also

$$\overline{\omega}_2 - t\,\overline{\omega}_1 = 2(\alpha\,\omega_2 + \beta\,\omega_1), \quad \overline{\omega}_1 = c\,\omega_2 + d\,\omega_1.$$

Setzen wir

$$\overline{\Omega}_2 = \overline{\omega}_1, \qquad \overline{\Omega}_1 = -\overline{\omega}_2 + t\,\overline{\omega}_1,$$

$$\Omega_2 = c\,\omega_2 + d\,\omega_1, \quad \Omega_1 = -(\alpha\,\omega_2 + \beta\,\omega_1),$$

so folgt

$$\overline{\Omega}_2 = \Omega_2, \quad \overline{\Omega}_1 = 2\,\Omega_1.$$

Damit ist unser Satz bewiesen.

Wollen wir nun untersuchen, in welchem Zusammenhange

$$\wp(u/\omega_1, \omega_2) \quad \text{und} \quad \wp(u/\overline{\omega}_1, \overline{\omega}_2)$$

stehen, so berücksichtigen wir, daß

$$\wp(u/\omega_1, \omega_2) = \wp(u/\Omega_1, \Omega_2) \quad \text{und} \quad \wp(u/\overline{\omega}_1, \overline{\omega}_2) = \wp(u/\overline{\Omega}_1, \overline{\Omega}_2)$$

ist. Bezeichnen wir Ω_1, Ω_2 jetzt neuerdings mit $2\,\omega$, $2\,\omega'$, so ist

$$\Omega_1 = \omega, \quad \Omega_2 = 2\,\omega',$$

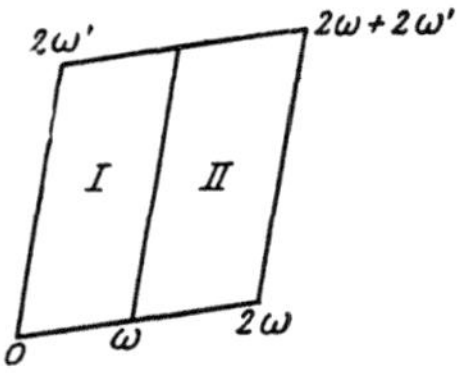

Abb. 68.

und wir haben also nur noch die Aufgabe, festzustellen, in welchem Zusammenhange die Funktionen

$$\wp = \wp(u/2\,\omega, 2\,\omega') \quad \text{und} \quad \overline{\wp} = \wp(u/\omega, 2\,\omega')$$

miteinander stehen.

Das Periodenparallelogramm von $\wp$ setzt sich aus zwei Periodenparallelogrammen von $\overline{\wp}$ zusammen (Abb. 68). Wir können $\overline{\wp}$ als elliptische Funktion vierten Grades mit den Perioden $2\,\omega$, $2\,\omega'$ ansehen, die an den Stellen $u = 0$ und $u = \omega$ von der zweiten Ordnung unendlich wird. Bezeichnen wir die zu $\overline{\wp}$ gehörenden Größen mit überstrichenen Buchstaben, so wird

$$\overline{\wp} - \overline{e}_3 \quad (\overline{e}_3 = \wp(\omega'/\omega, 2\,\omega'))$$

an denselben Stellen unendlich wie $\overline{\wp}$ und zweifach Null für

$$u = \omega', \quad u = \omega' + \omega.$$

Dieselben Null- und Unendlichkeitsstellen wie $\overline{\wp} - \overline{e}_3$ besitzt die Funktion

$$(\wp(u) - e_3)(\wp(u + \omega) - e_3).$$

Also ist mit konstantem M

$$\bar{\wp}(u) - \bar{e}_3 = M(\wp(u) - e_3)(\wp(u+\omega) - e_3).$$

Die Konstante M ergibt sich durch Entwicklung an der Stelle $u = 0$, und zwar gleich $\frac{1}{e_1 - e_3}$, so daß also

$$(1)\quad \begin{cases} \wp(u/\omega, 2\omega') - \wp(\omega'/\omega, 2\omega') \\ = \frac{1}{e_1 - e_3}(\wp(u/2\omega, 2\omega') - \wp(\omega'/2\omega, 2\omega'))(\wp(u+\omega/2\omega, 2\omega') - \wp(\omega'/2\omega, 2\omega')) \end{cases}$$

folgt. Da $\wp(u+\omega) - e_1$ an der Stelle $u = \omega$ von zweiter Ordnung unendlich, bei $u = 0$ aber von zweiter Ordnung 0 wird und $\frac{1}{\wp(u) - e_1}$ dasselbe Verhalten zeigt, so ist, wie das Einsetzen des Wertes $u = \omega'$ lehrt, $\wp(u+\omega) - e_1 = \frac{(e_2 - e_1)(e_3 - e_1)}{\wp(u) - e_1}$, und *durch* (1) *ist* $\bar{\wp}$ *rational durch* $\wp$ *dargestellt.* Aus der Gleichung (1), die wir kürzer folgendermaßen schreiben:

$$(2)\qquad \bar{\wp}(u) - \bar{e}_3 = \frac{1}{e_1 - e_3}(\wp(u) - e_3)(\wp(u+\omega) - e_3),$$

entsteht durch Vertauschung von ω mit ω'

$$\bar{\bar{\wp}}(u) - \bar{\bar{e}}_1 = \frac{1}{e_3 - e_1}(\wp(u) - e_1)(\wp(u+\omega') - e_1),$$

wo $\bar{\bar{\wp}}(u) = \wp(u/2\omega, \omega')$, $\bar{\bar{e}}_1 = \wp(\omega/2\omega, \omega')$ gesetzt ist.

§ 4. Zusammenhang zwischen den Weierstraßschen und den Jacobischen elliptischen Funktionen.

Für das Folgende ist es notwendig, nochmals auf den Zusammenhang zwischen den Jacobischen und Weierstraßschen Funktionen zurückzukommen.

Bezeichnen $\omega_1 = 2\omega$, $\omega_2 = 2\omega'$ die Perioden, mit denen $\wp(u)$ gebildet ist, und $s(u)$, $c(u)$, $\Delta(u)$ die mit $\frac{\omega_2}{\omega_1} = \frac{\omega'}{\omega} = \tau$ gebildeten elliptischen Funktionen Jacobis, so können wir diese folgendermaßen durch $\wp(u)$ ausdrücken. Es ist (Kap. 2, § 9, (6) und Kap. 3, § 1, (11))

$$(1)\quad \begin{cases} 2K = \pi\vartheta_3^2 = 2\omega\sqrt{e_1 - e_3}, \\ 2iK' = 2K\tau = 2\omega'\sqrt{e_1 - e_3}, \end{cases} \qquad \varkappa^2 = \frac{e_2 - e_3}{e_1 - e_3}, \quad \varkappa'^2 = \frac{e_1 - e_2}{e_1 - e_3}.$$

Hieraus folgt nach Kap. 3, § 2, daß $s^2(u\sqrt{e_1 - e_3})$, $c^2(u\sqrt{e_1 - e_3})$, $\Delta^2(u\sqrt{e_1 - e_3})$ dieselben Perioden 2ω, $2\omega'$ wie $\wp(u)$ haben. Die Funktion $s^2(u\sqrt{e_1 - e_3})$ hat aber ferner den Doppelpol $u = \omega'$, die Doppelnullstelle $u = 0$ und den Wert 1 für $u = \omega$. Daraus folgt

$$\wp(u+\omega') - e_3 = C\,s^2(u\sqrt{e_1 - e_3}) = (e_2 - e_3)\,s^2(u\sqrt{e_1 - e_3}).$$

Entsprechende Überlegungen gelten für c^2 und Δ^2, so daß *folgende Gleichungen bestehen*:

$$\wp(u+\omega') - e_1 = (e_3 - e_1)\,\Delta^2(u\sqrt{e_1 - e_3}),$$
$$\wp(u+\omega') - e_2 = (e_3 - e_2)\,c^2(u\sqrt{e_1 - e_3}),$$
$$\wp(u+\omega') - e_3 = (e_2 - e_3)\,s^2(u\sqrt{e_1 - e_3}).$$

Vermehrt man u um ω, ω', $\omega + \omega'$ und benutzt die Tabelle I in Kap. 3, § 2, so erhält man ein weiteres System von Gleichungen, welches wir mit dem soeben gewonnenen in folgender *Tabelle* übersichtlich zusammenstellen:

	u	$u+\omega$	$u+\omega+\omega'$	$u+\omega'$
$\wp - e_1$	$(e_1-e_3)\dfrac{c^2}{s^2}$	$(e_1-e_2)\dfrac{s^2}{c^2}$	$(e_2-e_1)\dfrac{1}{\Delta^2}$	$(e_3-e_1)\,\Delta^2$
$\wp - e_2$	$(e_1-e_3)\dfrac{\Delta^2}{s^2}$	$(e_1-e_2)\dfrac{1}{c^2}$	$\dfrac{(e_1-e_2)(e_3-e_2)}{e_1-e_3}\,\dfrac{s^2}{\Delta^2}$	$(e_3-e_2)\,c^2$
$\wp - e_3$	$(e_1-e_3)\dfrac{1}{s^2}$	$(e_1-e_3)\dfrac{\Delta^2}{c^2}$	$(e_2-e_3)\dfrac{c^2}{\Delta^2}$	$(e_2-e_3)\,s^2$

Das gemeinsame Argument der hier auftretenden Funktionen s, c, Δ ist $u\sqrt{e_1 - e_3}$.

§ 5. Die Landensche Transformation.

Benutzen wir die Tabelle des vorigen Paragraphen und nehmen der Deutlichkeit halber das Periodenverhältnis τ mit in die Bezeichnung der Funktionen s, c, Δ auf, so folgt aus (2) in § 3

$$(\bar{e}_1 - \bar{e}_3)\,\frac{1}{s^2(u\sqrt{\bar{e}_1 - \bar{e}_3}/2\tau)} = \frac{1}{s^2(u\sqrt{e_1 - e_3}/\tau)}\,(e_1 - e_3)\,\frac{\Delta^2(u\sqrt{e_1 - e_3}/\tau)}{c^2(u\sqrt{e_1 - e_3}/\tau)}$$

und hieraus

$$(1)\qquad s(m\,u/2\tau) = m\,\frac{s(u/\tau)\,c(u/\tau)}{\Delta(u/\tau)} \qquad \left(m = \sqrt{\frac{\bar{e}_1 - \bar{e}_3}{e_1 - e_3}}\right).$$

Nach Formel (1) des vorigen Paragraphen ist, wenn $\overline{K}$, $\overline{K'}$ die zu $s(u/2\tau)$ gehörenden Werte von K, K' bezeichnen,

$$2\overline{K} = \omega\sqrt{\bar{e}_1 - \bar{e}_3} = K m, \qquad 2i\overline{K'} = 2\omega'\sqrt{\bar{e}_1 - \bar{e}_3} = 2iK'm,$$

also

$$\overline{K} = m\frac{K}{2}, \qquad \overline{K'} = mK'.$$

Die Werte von m und $\bar{\varkappa}$, dem Modul von $s(u/2\tau)$, lassen sich durch $\varkappa$, den Modul von $s(u/\tau)$, ausdrücken. Wir setzen zu dem Zwecke in (1) $u = \frac{K}{2}$, also $mu = \overline{K}$. Im weiteren Verlauf dieses Paragraphen soll nun bei den Jacobischen Funktionen das Periodenverhältnis, wenn es den Wert τ hat, immer weggelassen werden. Dann kommt

$$(2) \qquad 1 = m \frac{s\left(\frac{K}{2}\right) c\left(\frac{K}{2}\right)}{\Delta\left(\frac{K}{2}\right)}.$$

Aus den Gleichungen $s(u+K) = \frac{c(u)}{\Delta(u)}$, $\Delta(u+K) = \varkappa' \frac{1}{\Delta(u)}$ von Kap. 3, § 2 folgen für $u = -\frac{K}{2}$ die Gleichungen $s\left(\frac{K}{2}\right) = \frac{c\left(\frac{K}{2}\right)}{\Delta\left(\frac{K}{2}\right)}$, $\Delta^2\left(\frac{K}{2}\right) = \varkappa'$ und demnach wegen (2)

$$1 = m\, s^2\left(\frac{K}{2}\right) = m\left(\frac{1-\Delta^2\left(\frac{K}{2}\right)}{\varkappa^2}\right) = m\frac{1-\varkappa'}{\varkappa^2}.$$

Es wird also

$$m = \frac{\varkappa^2}{1-\varkappa'} = \frac{1-\varkappa'^2}{1-\varkappa'} = 1+\varkappa'.$$

Substituiert man $u + iK'$ für u in (1), so folgt nach Kap. 3, § 2

$$\frac{1}{\bar{\varkappa}}\frac{1}{s(m\,u/2\,\tau)} = m\frac{1}{\varkappa^2}\frac{\Delta(u)}{s(u)\,c(u)} \quad \text{oder} \quad s(m\,u/2\,\tau) = \frac{\varkappa^2}{m\,\bar{\varkappa}}\frac{s(u)\,c(u)}{\Delta(u)}.$$

Daher gilt nach (1)

$$\frac{\varkappa^2}{m\,\bar{\varkappa}} = m, \qquad \bar{\varkappa} = \frac{\varkappa^2}{m^2} = \frac{1-\varkappa'^2}{(1+\varkappa')^2} = \frac{1-\varkappa'}{1+\varkappa'}.$$

Wir haben also definitiv, wenn wir die zum Modul $\varkappa$ *gehörenden Funktionen mit* $s(u,\varkappa)$, $c(u,\varkappa)$, $\Delta(u,\varkappa)$ *bezeichnen,*

$$(3) \qquad s\left((1+\varkappa')\,u, \frac{1-\varkappa'}{1+\varkappa'}\right) = (1+\varkappa')\frac{s(u,\varkappa)\,c(u,\varkappa)}{\Delta(u,\varkappa)} \qquad (\varkappa^2+\varkappa'^2=1).$$

Dies ist die sogenannte Landensche Transformation. Sie wird meistens in einer anderen Form dargestellt, zu der wir jetzt übergehen wollen.

Setzen wir

$$s(u,\varkappa) = x, \qquad s((1+\varkappa')\,u, \bar{\varkappa}) = y,$$

so wird gemäß (3) nach Kap. 3, § 1, (8)

$$(4) \qquad y = (1+\varkappa')\frac{x\sqrt{1-x^2}}{\sqrt{1-\varkappa^2 x^2}}$$

und nach Kap. 3, § 3, (4)

$$\frac{dx}{\sqrt{(1-x^2)(1-\varkappa^2 x^2)}} = du, \qquad \frac{dy}{\sqrt{(1-y^2)(1-\bar{\varkappa}^2 y^2)}} = (1+\varkappa')\,du.$$

Vermöge der Substitution (4) gewinnen wir daher

$$(5) \qquad \int \frac{dy}{\sqrt{(1-y^2)(1-\bar{\varkappa}^2 y^2)}} = (1+\varkappa') \int \frac{dx}{\sqrt{(1-x^2)(1-\varkappa^2 x^2)}}.$$

Der Modul $\varkappa$ heißt zugleich *Modul des elliptischen Integrals*

$$\int \frac{dx}{\sqrt{(1-x^2)(1-\varkappa^2 x^2)}}.$$

Sind nun $\varkappa$ und $\varkappa'$ *reelle zwischen* 0 *und* 1 *gelegene Zahlen*, so wird

$$\bar{\varkappa} = \frac{1-\varkappa'}{1+\varkappa'} = \frac{1-\varkappa'^2}{(1+\varkappa')^2} = \frac{\varkappa^2}{(1+\varkappa')^2} < \varkappa^2 < \varkappa,$$

und *die Gleichung* (5) *führt also die Berechnung eines elliptischen Integrals mit dem Modul* $\varkappa$ *auf die eines elliptischen Integrals mit einem kleineren Modul* $\bar{\varkappa}$ *zurück*. Durch wiederholte Anwendung der Landenschen Transformation kann man den Modul immer mehr und mehr verkleinern. Ist der Modul $\varkappa$ so klein geworden, daß er vernachlässigt werden kann, so ist $\int \frac{dy}{\sqrt{(1-y^2)(1-\varkappa^2 y^2)}}$ durch $\int \frac{dy}{\sqrt{1-y^2}} = \arcsin y$ ersetzbar, so daß also die mehrfach wiederholte Landensche Transformation zur numerischen Berechnung der elliptischen Integrale dienen kann.

§ 6. Das arithmetisch-geometrische Mittel.

Die Landensche Transformation gestattet insbesondere eine einfache Berechnung des zwischen den festen Grenzen 0 *und* 1 *erstreckten Integrals*

$$(1) \qquad \int_0^1 \frac{dx}{\sqrt{(1-x^2)(1-\varkappa^2 x^2)}},$$

wobei $\varkappa$ *als eine gegebene, zwischen* 0 *und* 1 *liegende reelle Zahl vorausgesetzt wird.*

Setzt man $s(u,\varkappa) = x$ und beachtet, daß nach Kap. 3, § 2 die Relationen

$$s(\omega) = \frac{c(0)}{\Delta(0)} = 1, \qquad s(0) = 0$$

bestehen, so folgt

$$\int_0^1 \frac{dx}{\sqrt{(1-x^2)(1-\varkappa^2 x^2)}} = \omega = K.$$

Die Gleichung $\bar{K} = \frac{m}{2} K = \frac{1+\varkappa'}{2} K$ aus § 5 liefert ferner

$$(2) \quad K = \int_0^1 \frac{dx}{\sqrt{(1-x^2)(1-\varkappa^2 x^2)}} = \frac{2}{1+\varkappa'} \int_0^1 \frac{dx}{\sqrt{(1-x^2)(1-\bar{\varkappa}^2 x^2)}} \quad \left(\bar{\varkappa} = \frac{1-\varkappa'}{1+\varkappa'}\right).$$

Das Integral (1) geht nun durch die Substitution $x = \sin\varphi$ über in

$$K = \int_0^{\frac{\pi}{2}} \frac{d\varphi}{\sqrt{1 - \varkappa^2 \sin^2\varphi}} = \int_0^{\frac{\pi}{2}} \frac{d\varphi}{\sqrt{\cos^2\varphi + \sin^2\varphi - \varkappa^2 \sin^2\varphi}}$$

$$= \int_0^{\frac{\pi}{2}} \frac{d\varphi}{\sqrt{\cos^2\varphi + \varkappa'^2 \sin^2\varphi}},$$

so daß die Gleichung (2) so geschrieben werden kann:

$$(3)\qquad K = \int_0^{\frac{\pi}{2}} \frac{d\varphi}{\sqrt{\cos^2\varphi + \varkappa'^2 \sin^2\varphi}} = \frac{2}{1+\varkappa'} \int_0^{\frac{\pi}{2}} \frac{d\varphi}{\sqrt{\cos^2\varphi + \bar{\varkappa}'^2 \sin^2\varphi}},$$

wobei

$$\bar{\varkappa}' = \sqrt{1 - \bar{\varkappa}^2} = \sqrt{1 - \left(\frac{1-\varkappa'}{1+\varkappa'}\right)^2} = \frac{2\sqrt{\varkappa'}}{1+\varkappa'}$$

ist.

Es sei $\varkappa' = \frac{b}{a}$, wo a eine beliebig gewählte positive Zahl bedeutet; dann ist $b = a\varkappa'$ positiv und $< a$. Ferner wird

$$\bar{\varkappa}' = \frac{2\sqrt{ab}}{a+b} = \frac{b_1}{a_1}$$

mit

$$a_1 = \frac{a+b}{2}, \qquad b_1 = \sqrt{ab}.$$

Aus (3) folgt

$$(4)\qquad \frac{K}{a} = \int_0^{\frac{\pi}{2}} \frac{d\varphi}{\sqrt{a^2\cos^2\varphi + b^2\sin^2\varphi}} = \frac{2}{a+b}\int_0^{\frac{\pi}{2}} \frac{d\varphi}{\sqrt{\cos^2\varphi + \frac{b_1^2}{a_1^2}\sin^2\varphi}}$$

$$= \int_0^{\frac{\pi}{2}} \frac{d\varphi}{\sqrt{a_1^2\cos^2\varphi + b_1^2\sin^2\varphi}}.$$

Bilden wir nun die Folgen

$$a,\ a_1,\ a_2,\ a_3,\ \ldots;$$
$$b,\ b_1,\ b_2,\ b_3,\ \ldots$$

nach der Maßgabe, daß

$$(5)\qquad a_{n+1} = \frac{a_n + b_n}{2}, \qquad b_{n+1} = \sqrt{a_n b_n} \qquad (n = 1, 2, \ldots)$$

gesetzt wird, so zeigen wir leicht, daß $\lim\limits_{n\to\infty} a_n = \lim\limits_{n\to\infty} b_n = M(a, b)$ eine bestimmte endliche Zahl darstellt. Es ist nämlich

$$a_1 = \frac{a+b}{2} < \frac{a+a}{2} = a, \qquad b_1 = \sqrt{ab} > \sqrt{bb} = b,$$

$$a_1 - b_1 = \frac{a+b}{2} - \sqrt{ab} = \frac{1}{2}(\sqrt{a} - \sqrt{b})^2 > 0, \qquad a_1 > b_1,$$

und allgemein folgen aus $a_n > b_n (n \geqq 1)$ die Ungleichungen

$$a_{n+1} = \frac{a_n + b_n}{2} < a_n, \qquad b_{n+1} = \sqrt{a_n b_n} > b_n,$$

$$a_{n+1} - b_{n+1} = \frac{a_n + b_n}{2} - \sqrt{a_n b_n} = \frac{1}{2}(\sqrt{a_n} - \sqrt{b_n})^2 > 0, \quad a_{n+1} > b_{n+1},$$

so daß die Folgen der a_n und b_n *beschränkt* und *monoton* sind und daher konvergieren. Aus (5) folgt dann, daß sie denselben Grenzwert besitzen.

Die Gleichung (4) gibt, durch den Grenzübergang $n \to \infty$,

$$\frac{K}{a} = \lim_{n\to\infty} \int_0^{\frac{\pi}{2}} \frac{d\varphi}{\sqrt{a_n^2 \cos^2\varphi + b_n^2 \sin^2\varphi}} = \int_0^{\frac{\pi}{2}} \frac{d\varphi}{M(a,b)\sqrt{\cos^2\varphi + \sin^2\varphi}} = \frac{\pi}{2M(a,b)}$$

und demnach

$$K = \int_0^{\frac{\pi}{2}} \frac{d\varphi}{\sqrt{1 - \varkappa^2 \sin^2\varphi}} = \frac{\pi}{2}\frac{a}{M(a, a\varkappa')} = \frac{\pi}{2}\frac{1}{M(1,\varkappa')}. \tag{6}$$

Ersetzt man ω durch $\frac{\omega'}{i}$, ω' durch $i\omega$, so wird τ zu $-\frac{1}{\tau}$, K zu K' und $\varkappa$ nach Kap. 3, § 1, (9) und (10) und Kap. 7, § 2, (8) zu $\varkappa'$. Daher kommt

$$K' = \int_0^{\frac{\pi}{2}} \frac{d\varphi}{\sqrt{1 - \varkappa'^2 \sin^2\varphi}} = \frac{\pi}{2}\frac{a}{M(a, a\varkappa)} = \frac{\pi}{2}\frac{1}{M(1,\varkappa)}. \tag{7}$$

Da das „arithmetisch-geometrische Mittel“ $M(a, b)$ leicht mit großer Genauigkeit berechnet werden kann, so können bei gegebenem $\varkappa$ nach (6) *und* (7) *die Größen K und K' und hieraus $\tau = \frac{iK'}{K}$, $h = e^{i\pi\tau}$ bestimmt werden, worauf dann auch die ϑ-Reihen, sowie $s(u)$, $c(u)$, $\Delta(u)$ berechnet werden können.*

Damit ist ein Weg zur praktischen numerischen Lösung des in Kap. 4, § 5 behandelten Problems gefunden.

Dritter Abschnitt.

Geometrische Funktionentheorie.

Um die Theorie der Funktionen einer komplexen Veränderlichen z zu entwickeln, kann man verschiedene Ausgangspunkte wählen. Man kann einmal die einfachsten explizit gegebenen Ausdrücke in z, nämlich die Polynome $c_0 + c_1 z + \cdots + c_n z^n$, zugrunde legen und dann durch Grenzübergang, indem man den Grad des Polynoms unbegrenzt wachsen läßt, zu allgemeineren durch „Potenzreihen" darstellbaren Funktionen übergehen. Auf dieser Grundlage hat WEIERSTRASZ das Gebäude der Theorie der analytischen Funktionen errichtet, und der Darstellung dieser Theorie sind die im ersten Abschnitt abgedruckten Vorlesungen von HURWITZ über allgemeine Funktionentheorie gewidmet.

Man kann jedoch bei der Entwicklung der Funktionentheorie auch einen andern, in mancher Hinsicht einfacheren Weg einschlagen. Man versucht nämlich die analytischen Funktionen durch solche Eigenschaften zu charakterisieren, welche an die geometrische Anschauung anknüpfen und leichter als die Definition durch Potenzreihen gestatten, einen Überblick über das Verhalten der Funktionen im großen zu gewinnen. Der Aufbau der Funktionentheorie unter solchen Gesichtspunkten schließt im wesentlichen an die bahnbrechenden Arbeiten RIEMANNS an, welche nicht nur von geometrischen, sondern auch von physikalischen Vorstellungen angeregt sind.

Es ist das Ziel der folgenden Kapitel, einen einführenden Überblick über diese „geometrische Funktionentheorie" zu geben. Dabei wird die Darstellung, obwohl sie sich in vielen Punkten mit der von HURWITZ ergänzt, vollständig unabhängig und in sich abgeschlossen sein.

Erstes Kapitel.

Vorbereitende Betrachtungen.

§ 1. Komplexe Zahlen.

Wir stellen zunächst ohne Beweis einige elementare, die Grundbegriffe der Funktionentheorie betreffende Tatsachen zusammen, die dem Leser bekannt sein dürften und jedenfalls im folgenden als bekannt vorausgesetzt werden.

Eine *komplexe Zahl* ist definiert als das Paar (a, b) zweier „reeller“ Zahlen a, b, welches auch in der Form

$$z = a + bi$$

geschrieben wird. Die komplexe Zahl $a + (-b)i$ heißt die zu $z = a + bi$ *konjugierte* Zahl und wird mit $\bar{z}$ bezeichnet. Geometrisch pflegt man die komplexe Zahl $a + bi$ durch den Punkt mit den rechtwinkligen Koordinaten a, b in einer Ebene zu veranschaulichen. Daher redet man oft ohne wesentlichen Unterschied der Bedeutung statt von der Zahl $z = a + bi$ von dem Punkt $z = a + bi$. Unter einer *„reellen“* Zahl a soll künftig in Wirklichkeit das Zahlenpaar $(a, 0)$ verstanden werden, während jedes Zahlenpaar von der Form $(0, b)$ eine *rein imaginäre* Zahl heißt und kurz mit bi bezeichnet wird. Ist $z = a + bi$, so heißt die Zahl a der *reelle Teil* von z, geschrieben $\Re z$, die Zahl b der *imaginäre Teil* von z, geschrieben $\Im z$.

Als Rechnungsregeln für komplexe Zahlen setzt man fest:

$$(a + bi) + (c + di) = (a + c) + (b + d)i;$$

$$(a + bi) \cdot (c + di) = (ac - bd) + (ad + bc)i.$$

Mit diesen Bezeichnungen gelten alle gewöhnlichen Rechengesetze; insbesondere ergibt sich als Umkehrung der Addition die Subtraktion und als Umkehrung der Multiplikation die Division durch eine von 0 verschiedene komplexe Zahl. Ferner wird

$$i^2 = -1.$$

Statt durch die rechtwinkligen Koordinaten a, b läßt sich der Punkt $z = a + bi$ auch durch seine Polarkoordinaten r, φ mit

$$r = \sqrt{a^2 + b^2},$$

$$\cos\varphi = \frac{a}{r}, \quad \sin\varphi = \frac{b}{r} \qquad (\text{für } z \neq 0)$$

charakterisieren, wobei φ nur bis auf ein additives Vielfaches von 2π bestimmt ist, beispielsweise auf das Intervall $0 \leqq \varphi < 2\pi$ beschränkt werden kann. Es gelten dann auch die Umkehrungsformeln:

$$a = r\cos\varphi,$$

$$b = r\sin\varphi,$$

und es wird

$$z = r(\cos\varphi + i\sin\varphi).$$

Die Zahl r, der „Radiusvector“ des Punktes z, heißt der *absolute Betrag* der Zahl z, geschrieben $|z|$; die Zahl φ heißt *Amplitude* oder *Arkus* von z, geschrieben $\operatorname{arc} z$. Der Ausdruck $|z_1 - z_2|$ bedeutet geometrisch die Entfernung der Punkte z_1 und z_2.

Für den absoluten Betrag gelten die Formeln:

$$|z_1 \pm z_2| \leqq |z_1| + |z_2|;$$
$$|z_1 \pm z_2| \geqq |z_1| - |z_2|;$$
$$|z_1 z_2| = |z_1| |z_2|.$$

Ist a eine komplexe, ε eine positiv-reelle Zahl, so heißt die Gesamtheit aller komplexen Zahlen z, für welche

$$|z - a| < \varepsilon$$

ist, eine *Umgebung* von a. Geometrisch entspricht ihr das Innere des Kreises mit dem Mittelpunkt a und dem Radius ε.

Bedeutet M eine *Menge* von komplexen Zahlen z (geometrisch: von Punkten in der Ebene), so heißt der Punkt ζ ein *Häufungspunkt* von M, wenn in jeder Umgebung von ζ mindestens ein von ζ verschiedener Punkt z aus M liegt. Eo ipso liegen dann in jeder Umgebung von ζ sogar unendlich viele Punkte z aus M. Der Punkt ζ selbst braucht dabei nicht notwendig zu M zu gehören.

Eine *Folge* komplexer Zahlen $z_1, z_2, \ldots, z_n, \ldots$ heißt *konvergent*, wenn es eine komplexe Zahl z von der Beschaffenheit gibt, daß in jeder Umgebung von z alle Zahlen z_n bis auf endlich viele liegen, d. h. daß zu jedem $\varepsilon > 0$ eine solche natürliche Zahl N existiert, daß für jedes $n \geqq N$

$$|z_n - z| < \varepsilon$$

ist. Die (eindeutig bestimmte) Zahl z heißt der *Grenzwert* oder *Limes* der Zahlenfolge und ist zugleich deren einziger Häufungspunkt. Man schreibt:

$$\lim_{n \to \infty} z_n = z.$$

Eine unendliche *Reihe*

$$z_1 + z_2 + \cdots + z_n + \cdots$$

heißt *konvergent*, wenn die Folge $s_1, s_2, \ldots, s_n, \ldots$ ihrer Partialsummen

$$s_n = z_1 + z_2 + \cdots + z_n \qquad (n = 1, 2, \ldots)$$

konvergiert. Die Zahl $s = \lim\limits_{n \to \infty} s_n$ heißt die *Summe* der Reihe; man schreibt:

$$s = z_1 + z_2 + \cdots = \sum_{n=1}^{\infty} z_n.$$

Ist eine Menge M von komplexen Zahlen gegeben und jeder zu M gehörigen Zahl z in irgendeiner Weise eine Zahlenfolge $u_1(z), u_2(z), \ldots, u_n(z), \ldots$ zugeordnet, so heißen diese Folgen auf der Menge M *gleichmäßig konvergent*, wenn sie nicht nur in jedem einzelnen Punkte z von M nach einer gewissen Zahl $u = u(z)$ konvergieren, sondern sogar zu jedem $\varepsilon > 0$ eine von z *unabhängige* natürliche Zahl N existiert von der Beschaffenheit, daß für alle $n \geqq N$

$$| u_n(z) - u(z) | < \varepsilon$$

für *alle* z aus M gilt. — Entsprechend heißt die unendliche Reihe $u_1(z) + u_2(z) + \cdots + u_n(z) + \cdots$ auf der Menge M *gleichmäßig konvergent*, wenn die Folge $S_1(z), S_2(z), \ldots, S_n(z), \ldots$ ihrer Partialsummen

$$S_n(z) = u_1(z) + u_2(z) + \cdots + u_n(z) \qquad (n = 1, 2, \ldots)$$

auf M gleichmäßig konvergiert. Ein Beispiel dafür liefert die „geometrische Reihe"

$$1 + z + z^2 + \cdots = \sum_{n=0}^{\infty} z^n.$$

Bei gegebenem R mit $0 < R < 1$ konvergiert sie im Kreise $|z| \leqq R$ gleichmäßig gegen $\frac{1}{1-z}$.

Für viele Zwecke ist noch eine zweite geometrische Darstellung der komplexen Zahlen nützlich: die Darstellung durch die Punkte einer Kugeloberfläche, die man durch *stereographische Projektion* aus der Darstellung in der Ebene gewinnt. Man wähle die z-Ebene zur Äquatorebene einer Kugel mit dem Nullpunkt der Ebene als Mittelpunkt und dem Radius 1 und projiziere alle Punkte $z = x + iy$ der Ebene vom Nordpol der Kugel aus auf die Kugeloberfläche (Abb. 69)[1]. Führt man im Raum die rechtwinkligen Koordinaten ξ, η, ζ ein, wobei die ξ- und η-Achse mit der x- bzw. y-Achse der Ebene zusammenfallen mögen und die positive Richtung der ζ-Achse nach dem Nordpol weisen soll, so bestehen zwischen den ebenen Koordinaten x, y des Punktes z und den räumlichen Koordinaten ξ, η, ζ des zugeordneten Kugelpunktes Z die Beziehungen

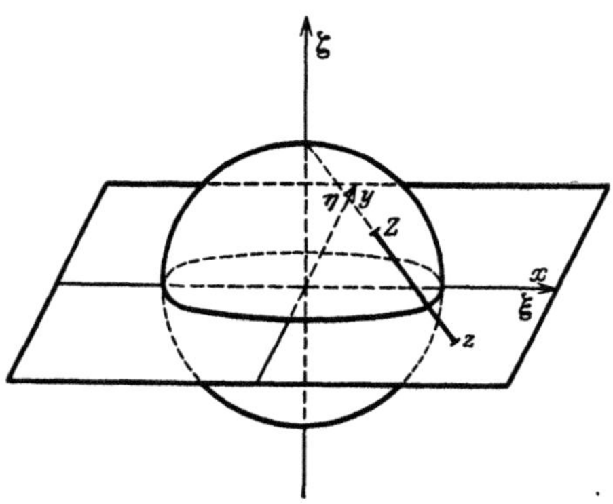

Abb. 69.

$$(1) \qquad \xi = \frac{z + \bar{z}}{|z|^2 + 1}, \quad \eta = \frac{z - \bar{z}}{i(|z|^2 + 1)}, \quad \zeta = \frac{|z|^2 - 1}{|z|^2 + 1};$$

$$x = \frac{\xi}{1 - \zeta}, \quad y = \frac{\eta}{1 - \zeta}.$$

[1] Eine andere Art der stereographischen Projektion, bei der die z-Ebene die Kugel im Südpol berührt, wird gleichfalls häufig angewandt. Vgl. die entsprechende Darstellung in Abschn. I, Kap. 1, § 3 (S. 9—10).

Der einzige Kugelpunkt, dem in dieser Weise kein Punkt der Ebene entspricht, ist der Nordpol. Nähert sich aber der Kugelpunkt Z dem Nordpol, so entfernt sich das Bild z von Z beliebig weit vom Nullpunkt der z-Ebene. Daher denkt man sich häufig die Punkte der Ebene durch einen idealen „*unendlich fernen*" Punkt ergänzt, als dessen Bild auf der Kugel man den Nordpol betrachtet, und bezeichnet ihn auch mit dem Symbol ∞.

Für den räumlichen Abstand d zweier Kugelpunkte $Z_1 = (\xi_1, \eta_1, \zeta_1)$ und $Z_2 = (\xi_2, \eta_2, \zeta_2)$, die den komplexen Zahlen $z_1 = x_1 + iy_1$ und $z_2 = x_2 + iy_2$ entsprechen, ergibt sich

$$d = \sqrt{(\xi_1 - \xi_2)^2 + (\eta_1 - \eta_2)^2 + (\zeta_1 - \zeta_2)^2}$$

und hieraus nach Einsetzung der Werte (1) und einigen Umrechnungen die Formel

$$d = \frac{2\,|z_1 - z_2|}{\sqrt{(|z_1|^2 + 1)\,(|z_2|^2 + 1)}}\,.$$

Diese räumliche Abstandsmessung hat den Vorzug, daß sie auch dann einen endlichen Wert liefert, wenn einer der beiden Punkte in der z-Ebene der unendlich ferne Punkt ist.

§ 2. Geometrische Grundbegriffe[1].

Unter einer *stetigen Kurve* pflegt man eine Menge von Punkten zu verstehen, deren Koordinaten x und y als stetige Funktionen

$$x = \varphi(t), \qquad y = \psi(t)$$

einer reellen Veränderlichen t in einem Intervall $t_1 \leqq t \leqq t_2$ definiert sind. Für die Zwecke der geometrischen Funktionentheorie können und wollen wir uns in den meisten Fällen auf eine viel speziellere Klasse von Kurven beschränken. Wir betrachten zunächst „*glatte Kurvenbögen*", d. h. solche, welche in jedem Punkte, einschließlich Anfangs- und Endpunkt, eine Tangente besitzen, deren Richtung sich stetig ändert, wenn der Punkt den Kurvenbogen durchläuft. Durch Aneinanderhängung von endlich vielen solchen glatten Kurvenbögen entsteht eine „*stückweise glatte Kurve*" C. An den Zusammenfügungsstellen kann sie Ecken oder Spitzen aufweisen. Wenn wir von Kurven reden

[1] Fragen der in § 2 behandelten Art gehören der *Topologie* oder *Analysis situs* an. Die Entwicklung dieser Disziplin ist in der Richtung gegangen, die „naive Anschauung" mehr und mehr zurückzudrängen. Bei unseren Betrachtungen hingegen brauchen wir nicht auf die volle Allgemeinheit und Abstraktheit jener Theorie einzugehen und werden uns demgemäß nicht scheuen, auch anschauliche Hilfsmittel heranzuziehen. Im Verlaufe unserer späteren Überlegungen wird sich jedoch die Notwendigkeit ergeben, die in diesem Paragraphen gegebenen topologischen Überlegungen noch zu erweitern.

Eine zusammenfassende Darstellung der Topologie findet man in Bd. VIII dieser Sammlung: B. v. KERÉKJÁRTÓ, Vorlesungen über Topologie I. Berlin **1923**.

und nicht ausdrücklich etwas anderes bemerken, nehmen wir sie immer als stückweise glatt an. Statt Kurve werden wir übrigens zuweilen auch den Ausdruck „*Weg*“ gebrauchen.

Analytisch wird die Kurve C durch zwei Gleichungen

$$x = \varphi(t), \quad y = \psi(t)$$

definiert, wobei $\varphi(t)$ und $\psi(t)$ zwei im Intervall $t_1 \leqq t \leqq t_2$ stetige reelle Funktionen des Parameters t mit stückweise stetigen[1], nirgends gleichzeitig verschwindenden Ableitungen $\varphi'(t)$ und $\psi'(t)$ bedeuten. Wachsenden Parameterwerten entspricht hierbei ein gewisser Durchlaufungssinn der Kurve.

Von den eben betrachteten Kurven mit Anfangs- und Endpunkt unterscheidet man Kurven, bei denen diese Punkte entweder nicht hinzugerechnet werden oder überhaupt nicht existieren; solche Kurven nennen wir ausdrücklich „*offene*“ Kurven. Analytisch werden sie wiederum durch zwei Gleichungen

$$x = \varphi(t), \quad y = \psi(t)$$

definiert, wobei aber der Parameter t ein offenes Intervall $t_1 < t < t_2$ durchläuft, in welchem die Funktionen $\varphi(t)$ und $\psi(t)$ stetig sind und stückweise stetige, nirgends zugleich verschwindende Ableitungen haben. Ein Beispiel liefert die Kurve $x = t$, $y = \sin\frac{1}{t}$ für $0 < t < 2\pi$.

Eine Kurve heißt *geschlossen*, wenn ihr Anfangs- und Endpunkt zusammenfallen, also wenn $\varphi(t_1) = \varphi(t_2)$, $\psi(t_1) = \psi(t_2)$ ist; wir können in diesem Falle offenbar $\varphi(t)$ und $\psi(t)$ als stetige periodische Funktionen von t mit derselben Periode $t_2 - t_1$, etwa gleich 1, auffassen, so daß für alle Werte von t die Gleichungen

$$\varphi(t+1) = \varphi(t), \quad \psi(t+1) = \psi(t)$$

bestehen.

Eine Kurve heißt *einfach* oder *doppelpunktfrei*, wenn sie sich selbst nirgends trifft, d. h. wenn

$$[\varphi(t) - \varphi(t^*)]^2 + [\psi(t) - \psi(t^*)]^2 \neq 0$$

bleibt, falls $t - t^*$ von Null verschieden bzw. bei einer geschlossenen Kurve keine Periode ist. Von der speziellen Wahl des Parameters t und (bei geschlossenen Kurven) des Anfangspunktes hängt diese Definition nicht ab.

---

[1] Eine Funktion heißt in einem abgeschlossenen oder offenen Intervalle *stückweise stetig*, wenn sich dieses Intervall derart in endlich viele Teilintervalle zerlegen läßt, daß die Funktion im Innern jedes solchen Teilintervalles definiert und stetig ist und bei Annäherung an die Teilpunkte von innen her bestimmten endlichen Grenzwerten zustrebt. Zu diesen „Teilpunkten“ sind dabei die Endpunkte des Gesamtintervalls nur dann (ausnahmsweise) hinzuzurechnen, wenn dieses als abgeschlossen vorausgesetzt war. In den Teilpunkten braucht die Funktion nicht definiert zu sein.

Gelegentlich ist es nötig, eine stückweise glatte Kurve C durch eine Folge ebenfalls stückweise glatter Kurven $C_1, C_2, \ldots$ zu „approximieren". Wir wollen sagen: Eine Folge von Kurven C_n *approximiert* die Kurve C, wenn sich für C_n eine solche Parameterdarstellung

$$x = \varphi_n(t), \qquad y = \psi_n(t), \qquad t_1 \leqq t \leqq t_2,$$

wählen läßt, daß

$$\lim_{n\to\infty} \varphi_n(t) = \varphi(t), \qquad \lim_{n\to\infty} \psi_n(t) = \psi(t)$$

gilt.

Diesen Approximationsbegriff verschärfen wir durch die Forderung, daß sich die Kurven C_n bei hinreichend großem n auch in ihrer Richtung von der Richtung in demjenigen Punkte von C, der demselben t entspricht, nur beliebig wenig unterscheiden, sofern dieser Punkt von C nicht etwa gerade eine Ecke oder Spitze ist. Um auch diese Bedingung analytisch zu formulieren, schließen wir zunächst die Stellen $t = \tau_1$, $t = \tau_2, \ldots$, für welche die Tangentenrichtung von C Unstetigkeiten erleidet, in Intervalle $|t - \tau_\nu| < \varepsilon$ mit beliebig klein gewähltem positivem ε ein und verlangen, daß für alle anderen Werte von t im Intervalle $t_1 \leqq t \leqq t_2$ nicht nur gleichmäßig die Beziehungen

$$\lim_{n\to\infty} \varphi_n(t) = \varphi(t), \qquad \lim_{n\to\infty} \psi_n(t) = \psi(t)$$

gelten, sondern darüber hinaus noch gleichmäßig die weiteren Relationen

$$\lim_{n\to\infty} \varphi_n'(t) = \varphi'(t), \qquad \lim_{n\to\infty} \psi_n'(t) = \psi'(t).$$

Dabei sind die letzten Gleichungen so zu verstehen, daß in den Punkten, wo die Kurve C_n eine Ecke besitzt, für $\varphi_n'(t)$ und $\psi_n'(t)$ sowohl die rechtsseitige als auch die linksseitige Ableitung eingesetzt werden darf (die Anzahl der Ecken auf der Kurve C_n kann größer sein als die der Ecken auf der Kurve C und auch für $n \to \infty$ über alle Grenzen wachsen). Wenn diese Bedingungen erfüllt sind, sagen wir, daß die Kurven C_n die Kurve C „*glatt approximieren*". Insbesondere können wir jede stückweise glatte Kurve durch geradlinige Polygone glatt approximieren; solche Approximationspolygone lassen sich z. B. aus geeigneten Stücken von Tangenten oder Sehnen der gegebenen Kurve zusammensetzen. Wir können, wenn die Kurve einfach ist, sogar die weitere Bedingung stellen, daß sie den Polygonzug nirgends durchschneidet.

Nach diesen Bemerkungen über Kurven kommen wir auf allgemeinere Punktmengen zu sprechen. Den unendlich fernen Punkt schließen wir dabei vorläufig noch aus.

Zwei Punktmengen heißen *getrennt*, wenn sie keinen gemeinsamen Punkt enthalten.

Eine Punktmenge heißt *abgeschlossen*, wenn sie ihre sämtlichen etwaigen Häufungspunkte enthält.

Eine Punktmenge heißt *zusammenhängend*, wenn je zwei ihrer Punkte sich durch eine geeignete stetige Kurve verbinden lassen, deren sämtliche Punkte zu der Menge gehören.

Ein *Gebiet* in der Ebene ist eine Punktmenge mit den beiden folgenden Eigenschaften: *erstens: mit jedem Punkte dieser Menge gehört auch eine geeignete Umgebung dieses Punktes der Menge an; zweitens: die Punktmenge ist zusammenhängend.*

Randpunkt eines Gebietes heißt ein Punkt der Ebene, bei dem jede noch so kleine Umgebung sowohl Punkte des Gebietes als auch Punkte, die nicht dem Gebiete angehören, enthält. Die Menge aller Randpunkte heißt der *Rand*, die *Berandung* oder die *Begrenzung* des Gebietes. Die Randpunkte eines Gebietes gehören nach unserer obigen Definition nicht dem Gebiete an, was man dadurch ausdrückt, daß man sagt, ein Gebiet sei eine *offene* Punktmenge oder bestehe nur aus *inneren* Punkten. Besteht eine Kurve C nur aus Randpunkten eines Gebietes G, so sagt man, G werde von C *begrenzt*. Bei Hinzunahme der Randpunkte zum Gebiete wollen wir von einem *abgeschlossenen Gebiet* sprechen, obwohl die Verwendung des Wortes „Gebiet" nach unserer Definition eine kleine sprachliche Unkorrektheit darstellt.

Gehören alle Punkte eines Gebietes G' auch dem offenen oder abgeschlossenen Gebiete G an, so heißt G' ein *Teilgebiet* von G. Gehören alle Punkte eines abgeschlossenen Gebietes B zu dem offenen oder abgeschlossenen Gebiete G, so heißt B ein *abgeschlossenes Teilgebiet* von G.

Ist G ein Gebiet, so heißt die Gesamtheit der Punkte, die weder innere Punkte noch Randpunkte von G sind, das *Äußere* von G.

Für eine Punktmenge, die entweder ein Gebiet ist oder aus einem Gebiet dadurch hervorgeht, daß man die Randpunkte zum Teil oder sämtlich hinzunimmt, gebrauchen wir auch gelegentlich das Wort „*Bereich*" (z. B. „Existenzbereich"), verwenden es aber nicht ausdrücklich, wie es in der Literatur manchmal geschieht, als Bezeichnung für „abgeschlossenes Gebiet".

Ein Gebiet der Ebene heißt *beschränkt*, wenn es ganz im Innern eines Kreises liegt; wir betrachten zunächst nur beschränkte Gebiete.

Folgende Bemerkung ist häufig nützlich: *Ist C eine in einem beschränkten Gebiete verlaufende stückweise glatte (nicht offene) Kurve, so gibt es eine positive Zahl d derart, daß jeder Kreis mit dem Radius d um einen Punkt der Kurve noch ganz zum Gebiete gehört; entsprechendes gilt, wenn statt einer Kurve ein abgeschlossenes Teilgebiet genommen wird.* Andernfalls nämlich müßte es eine solche Folge von Punkten $P_1, P_2, \ldots$ von C geben, daß der Radius der größten Kreisscheibe mit dem Mittelpunkt P_n, deren Inneres noch ganz dem Gebiete angehört, mit wachsendem n gegen Null konvergieren würde. Jeder Häufungspunkt dieser Punktfolge muß einerseits Punkt von C sein, könnte aber andererseits nicht mehr zum Gebiete gehören, da keine seiner Umgebungen zum Gebiete gehört.

Die Randpunkte eines Gebietes können eine außerordentlich komplizierte Punktmenge bilden, die sich nicht mehr mit unserem oben definierten Kurvenbegriff fassen läßt und der Anschauung schwer zugänglich ist. Man betrachte etwa die beiden in Abb. 70 und 71 angedeuteten Gebiete. In Abb. 70 sind in das Innere des Rechteckes

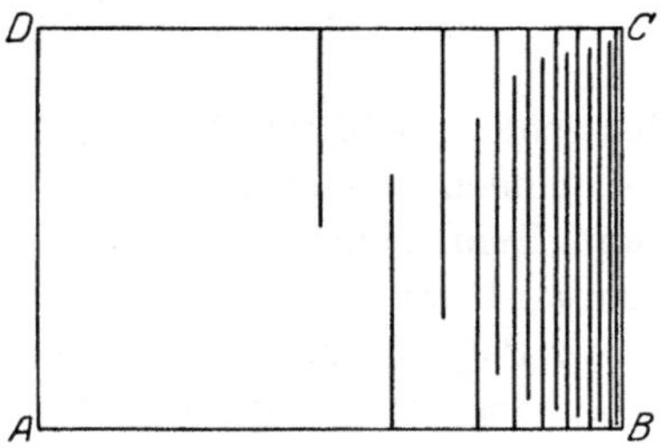

Abb. 70.

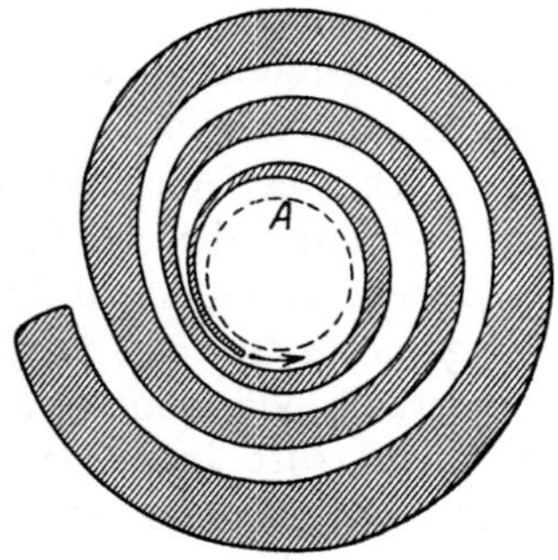

Abb. 71.

ABCD abwechselnd von den Seiten *AB* und *CD* ausgehende immer länger werdende und sich gegen die Seite *BC* häufende geradlinige Einschnitte geführt; das Gebiet ist die nach Abzug dieser Einschnitte und des Rechteckrandes verbleibende Punktmenge im Innern des Rechtecks. In Abb. 71 hingegen windet sich das Gebiet asymptotisch um eine Grenzkurve *A*.

Wir werden vorerst Gebiete mit derart komplizierter Berandung nicht in Betracht zu ziehen haben, sondern uns auf solche Gebiete beschränken, deren Rand von endlich vielen stückweise glatten Kurvenbögen gebildet wird. Insbesondere spielen solche Gebiete eine bevorzugte Rolle, deren Rand eine einzige einfache stückweise glatte geschlossene Kurve ist. Ein Beispiel ist die von den Punkten im Innern eines Kreises gebildete „*Kreisscheibe*". Wir betrachten ferner bei stückweise glatten Kurven den *Jordanschen Kurvensatz* als anschaulich gegeben. Er besagt, daß *jede einfache geschlossene Kurve die Menge aller nicht auf ihr liegenden Punkte der Ebene in zwei getrennte Gebiete zerlegt, ein beschränktes „Innengebiet" und ein nicht beschränktes „Außengebiet"* [1].

[1] Für einen Beweis dieses Satzes vgl. etwa B. v. Kerékjártó, l. c. S. 59ff. — Ein Beweis des Jordanschen Satzes für Polygone sei hier kurz skizziert. Wir betrachten ein einfach geschlossenes Polygon Π und irgendeine Richtung $\mathfrak{r}$, welche keiner der Polygonseiten parallel ist. Durch jeden nicht auf Π liegenden Punkt P der Ebene ziehen wir einen Strahl parallel zu $\mathfrak{r}$. Trifft dieser Strahl das Polygon Π in einer geraden Anzahl von Punkten, so rechnen wir den Punkt P zur Punktmenge M_1, andernfalls zur Punktmenge M_2. (Fällt dabei ein Treffpunkt von $\mathfrak{r}$ mit Π in eine Ecke von Π, so rechnen wir diese Ecke nur dann als Treffpunkt mit, wenn das Polygon in dieser Ecke die Gerade $\mathfrak{r}$ durchsetzt.) Man erkennt

Wir werden von diesem Satze in seiner allgemeinen Fassung vorläufig keinen Gebrauch machen, sondern nur den in der Fußnote zu S. 265 erledigten Spezialfall anwenden.

Verschiedentlich werden wir die Tatsache benutzen, daß sich das Innengebiet eines einfachen Polygons in eine endliche Anzahl von Dreiecken zerlegen läßt[1].

Ein beschränktes Gebiet, dessen Berandung aus stückweise glatten Kurven besteht, heißt *einfach zusammenhängend*, wenn die Randpunkte eine einzige zusammenhängende Punktmenge, z. B. eine einfache geschlossene Kurve, bilden.

Ein solches einfach zusammenhängendes Gebiet G hat die Eigenschaft, daß mit jedem in ihm verlaufenden einfachen Polygon auch dessen Innengebiet ganz zu ihm gehört. Denn wenn ein einfaches Polygon Π ganz im Gebiet G verläuft, so wird der Rand von G entweder ganz innerhalb oder ganz außerhalb des Polygons Π verlaufen müssen, da er Π nicht trifft. Im ersten Fall würde das ganze Außengebiet von Π, im zweiten Fall das ganze Innengebiet dem Gebiet G angehören. Ersteres ist wegen der Beschränktheit von G ausgeschlossen; also gehört das Innere von Π dem Gebiet G an.

Die eben bewiesene Tatsache, daß mit jedem einfachen Polygon Π auch dessen Inneres zum Gebiet G gehört, ist eine innere Eigenschaft des Gebietes G, die mit dem Rand nichts mehr zu tun hat. Sie ist die einzige Eigenschaft einfach zusammenhängender Gebiete, die im fol-

sehr leicht, daß diese beiden Punktmengen durch Π voneinander getrennt werden und daß zu jedem Punkt von M_1 (und ebenso von M_2) eine volle Umgebung ebensolcher Punkte gehört. Randpunkte von M_1 (und ebenso von M_2) sind demnach nur die Punkte des Polygons Π, diese aber auch sämtlich. Bis jetzt ist die Doppelpunktfreiheit von Π übrigens noch nicht benutzt; *jedes Polygon berandet demnach zwei offene Punktmengen M_1 und M_2*. Besteht M_1 (oder M_2) aus mehreren Gebieten, so ist der Rand eines jeden dieser Gebiete offensichtlich aus Teilstrecken von Π zusammengesetzt und selbst ein Polygon. Ist nun Π einfach, so gibt es kein Teilpolygon von Π außer Π selbst, und man erkennt, daß M_1 und M_2 je nur aus einem Gebiet bestehen können. — Diese Tatsachen aber enthalten die Aussage des Jordanschen Satzes für unser Polygon Π.

[1] Die Tatsache dieser Zerlegbarkeit erkennt man allgemein folgendermaßen: Zunächst ist für ein konvexes Polygon die Zerlegbarkeit in Dreiecke unmittelbar einleuchtend, weil man lediglich einen inneren Punkt eines solchen Polygons mit allen Eckpunkten zu verbinden braucht, um eine solche Zerlegung zu erhalten. Ist nun Π ein beliebiges Polygon, so verlängert man alle Polygonseiten nach beiden Seiten ins Unendliche. Hierdurch wird die Ebene in eine endliche Anzahl von polygonalen Feldern F eingeteilt, von denen eines oder mehrere zusammen das Innere von Π bilden. Ist g eine das Feld F begrenzende Gerade und H diejenige von g begrenzte Halbebene, welcher F angehört, so wird F gebildet von der Gesamtheit aller Punkte, welche den sämtlichen so definierten Halbebenen H angehören. Da nun alle diese Halbebenen konvexe Bereiche sind, so muß die ihnen gemeinsame Punktmenge, d. h. F, wieder konvex sein. Somit ist das Innere von Π in eine endliche Anzahl konvexer Polygonbereiche zerlegt und damit der Zerlegungssatz allgemein bewiesen.

genden benutzt wird, und könnte daher auch zur Definition des einfachen Zusammenhangs dienen. *Diese neue Definition wird dann auch auf solche Gebiete ausgedehnt, die nicht von stückweise glatten Kurven berandet werden.*

Eine Folge der erwähnten Eigenschaft ist: *In einem einfach zusammenhängenden ebenen Gebiet läßt sich jeder geschlossene Polygonzug durch stetige Abänderung unter Festhaltung eines beliebigen seiner Punkte auf diesen Punkt zusammenziehen.*

Jedes Polygon läßt sich zunächst in *einfache* Polygone zerlegen. Das erkennt man, indem man von einem nicht einfachen Polygon ein einfaches folgendermaßen abtrennt. Durchläuft man das Polygon (Abb. 72) von einer Ecke P aus, so muß man ein letztes Mal einen Punkt Q passieren, der nach seiner Überschreitung noch genau einmal berührt wird (bei einem einfachen Polygon wäre P selbst dieser Punkt). Derjenige Teil des ursprünglichen Polygons nun, der zwischen diesen beiden Überschreitungen des Punktes Q durchlaufen wird, bildet ein einfaches einfach durchlaufenes Polygon. Trennt man dieses ab und wendet das Verfahren nötigenfalls auf das übrigbleibende Polygon mehrfach an, so muß zuletzt ein einfaches Polygon übrigbleiben. — Es genügt also, den Satz für einfache Polygonzüge zu beweisen. Ist Π ein einfach geschlossener Polygonzug in G, so gehört das Innere M von Π ebenfalls dem Gebiet G an; wir wollen zeigen, daß Π sogar im Bereiche M zusammenziehbar ist. Ist M ein Dreieck, so ist die Behauptung klar. Ist M etwa aus n Dreiecken aufgebaut, so nehmen wir Induktion nach n vor. Es sei $n > 1$. Lassen wir aus M eins der Randdreiecke (das also eine oder zwei Seiten mit Π gemein hat) weg, so bleibt ein Bereich M' aus $n - 1$ Dreiecken übrig, und der Rand Π' von M' ist innerhalb des Gebietes M stetig in den von M überführbar, da man eine Seite eines Dreiecks stetig in die zwei andern überführen kann, ohne das Dreiecksinnere zu verlassen. Das deformierte Polygon Π' braucht nicht mehr einfach zu sein; aber es berandet einen Bereich aus weniger als n Dreiecken, und die einfachen Bestandteile, in die es sich eventuell zerlegen läßt, beranden Bereiche aus noch weniger Dreiecken. Die Induktionsvoraussetzung läßt sich also auf Π' anwenden; somit ist Π' und damit auch Π auf jeden seiner Punkte stetig zusammenziehbar.

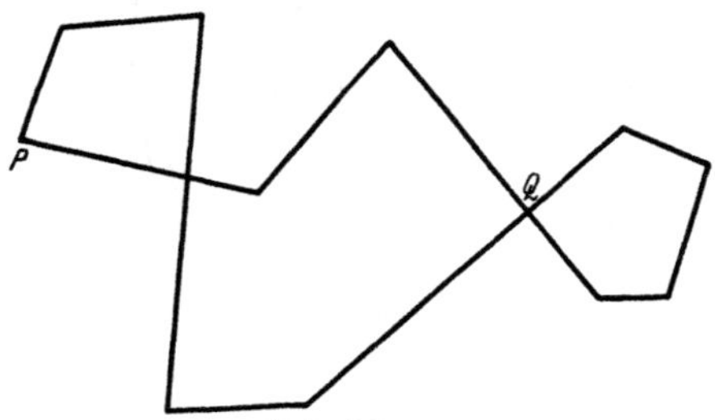

Abb. 72.

Auch diese Eigenschaft kann man als Definition des einfachen Zusammenhangs benutzen; diese Definition gilt dann auch für Gebiete, die nicht in der Ebene, sondern etwa im Raum oder auf einer „Riemannschen Fläche" (vgl. Kap. 5, § 3) liegen.

Im Falle eines einfach zusammenhängenden Gebietes mit stückweise glatten Randkurven verstehen wir unter *positiver Umlaufung* des Gebietes eine solche Durchlaufung der Randkurven, bei der auf jedem glatten Kurvenbogen die in die Durchlaufungsrichtung weisende Tangente durch eine positive Drehung[1] um $\frac{\pi}{2}$ in die in das Innere des Gebietes weisende Normale übergeht. Wir sagen in diesem Falle auch kurz, daß das Gebiet bei der Umlaufung zur Linken bleibt. Wir

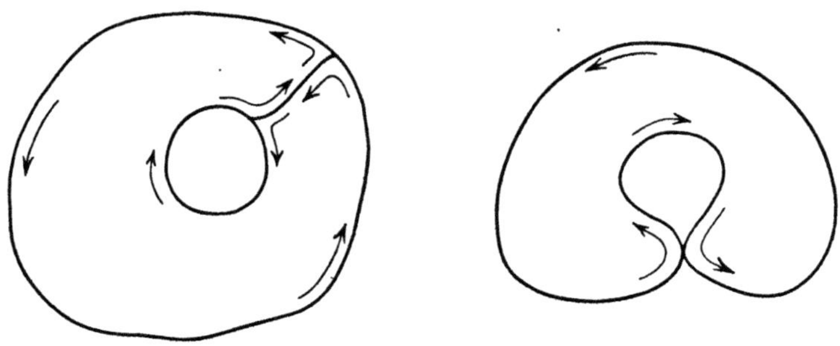

Abb. 73.

bemerken, daß auch bei nicht einfachen Randkurven ein positiver Umlaufungssinn des Gebietes festgelegt werden kann, in der Art, wie es Abb. 73 veranschaulicht.

Beschränkte Gebiete, deren Begrenzung aus 2, 3, . . ., n paarweise getrennten geschlossenen Kurven besteht, bezeichnen wir als *zweifach, dreifach, . . ., n-fach,* allgemein als *mehrfach* oder *endlich vielfach zusammenhängend.*

Die Begriffe des ein- und mehrfachen Zusammenhanges werden wir natürlich in sinngemäßer Weise auch auf abgeschlossene Gebiete anwenden.

Unter einem *Querschnitt* eines beliebigen Gebietes verstehen wir eine stückweise glatte einfache Kurve, deren Endpunkte auf dem Rande liegen und die im übrigen im Gebiete verläuft. Ein Gebiet längs eines Querschnittes *zerschneiden* heißt zu einer Punktmenge übergehen, welche aus dem ursprünglichen Gebiete durch Wegnahme der Punkte des Querschnittes entsteht. Ein einfach zusammenhängendes Gebiet wird durch jeden Querschnitt in getrennte Gebiete zerlegt. Ein n-fach zusammenhängendes Gebiet können wir durch $n-1$ geeignete Querschnitte in ein einfach zusammenhängendes Gebiet verwandeln (vgl.

[1] Unter einer positiven Drehung verstehen wir eine Drehung vom Sinne derjenigen, durch welche die positive x-Achse auf dem kürzesten Wege in die positive y-Achse übergeht.

Abb. 74); wir brauchen nämlich nur eines der zusammenhängenden Randstücke durch einen Querschnitt mit einem zweiten, dieses mit einem dritten, ..., schließlich ein $(n-1)$-tes Randstück mit dem n-ten zu verbinden[1]. Ein n-ter Querschnitt von der n-ten Randkurve zur ersten zurück zerlegt dieses Gebiet in zwei einfach zusammenhängende Gebiete. Ist das ursprüngliche Gebiet von einfachen Kurven begrenzt, so sind die beiden zuletzt entstehenden einfach zusammenhängenden Gebiete ebenfalls von einfachen Kurven begrenzt.

Jedem von endlich vielen stückweise glatten einfachen Kurven C begrenzten Gebiet können wir einen gewissen *Umlaufungssinn* zuordnen, und zwar wollen wir sagen, daß das Gebiet im *positiven* Sinne umlaufen wird, wenn wir jede der Randkurven so umlaufen, daß dabei die in die Richtung der Durchlaufung weisende Tangente durch positive Drehung auf dem kürzesten Wege in die in das Innere des Gebietes gerichtete Normale übergeht.

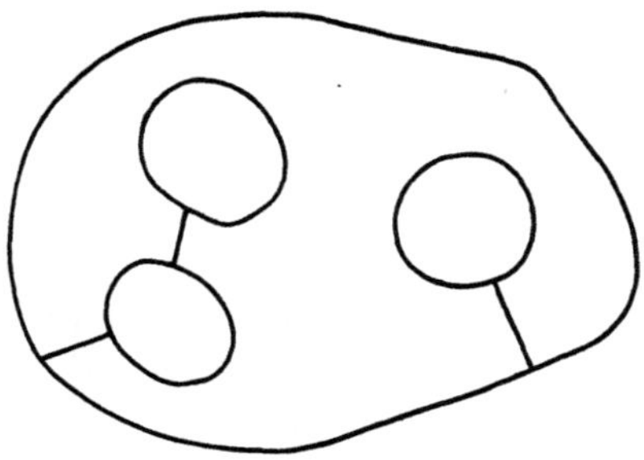

Abb. 74.

Der Begriff des Gebietes wird zweckmäßig noch einer Verallgemeinerung unterworfen. Wie schon in § 1 hervorgehoben wurde, ist es oft bequem, durch stereographische Projektion von der Zahlenebene zur Zahlenkugel überzugehen und dabei das Projektionszentrum, den „Nordpol", als „unendlich fernen Punkt" zu bezeichnen, dem wir auch in der Ebene als ideales Element einen „*unendlich fernen Punkt*" zuordnen. Es ist demgemäß auch zweckmäßig, von einer „Umgebung des unendlich fernen Punktes" in der Ebene zu sprechen und darunter eine Gesamtheit von Punkten zu verstehen, welche durch stereographische Projektion in eine Umgebung des Nordpoles der Kugel übergehen. Wir wollen somit den Gebietsbegriff durch Zulassung des unendlich fernen Punktes erweitern, indem wir jetzt auch „Gebiete" betrachten, zu denen dieser unendlich ferne Punkt gehört, z. B. das Äußere eines Kreises.

Auch auf solche (nicht mehr beschränkten) Gebiete läßt sich die Definition des Zusammenhanges ohne weiteres übertragen. Es sei je-

[1] Diese Querschnitte konstruiert man etwa so: Man verbinde einen Punkt des ersten mit einem Punkt eines andern Randstückes geradlinig und suche auf der Verbindungsstrecke den letzten Punkt P, der noch zum ersten Randstück gehört, und den ersten darauf folgenden Punkt Q, der zu einem anderen Randstück gehört. Dann ist die Strecke PQ der gesuchte Querschnitt vom ersten Randstück zu einem zweiten. Die Strecke zerlegt das Gebiet nicht; denn durch einen Weg im Gebiet, der das zweite Randstück approximiert, kann man von einem Ufer der Strecke zum andern gelangen. Man kann also fortfahren und eine Strecke ziehen, die zu einem dritten Randstück führt und das durch den ersten Querschnitt entstandene $(n-1)$-fach zusammenhängende Gebiet nicht zerlegt, usw.

doch ausdrücklich hervorgehoben, daß z. B. das Äußere eines Kreises als einfach bzw. zweifach zusammenhängend betrachtet werden muß, je nachdem man den unendlich fernen Punkt mit zum Gebiete rechnet oder nicht; denn im letzteren Fall bildet der unendlich ferne Punkt einen Teil des Randes. Der früher bewiesene Satz muß jetzt dahin verallgemeinert werden, daß ein einfach zusammenhängendes Gebiet mit jedem Polygon entweder das Innere oder das Äußere dieses Polygons ganz enthält.

Im Sinne dieser Bezeichnungen ist z. B. die negativ-reelle Achse als ein Querschnitt des aus der ganzen Ebene mit Ausnahme des Nullpunkts bestehenden Gebietes anzusprechen, wofern man auch den unendlich fernen Punkt als Randpunkt betrachtet.

§ 3. Kurvenintegrale.

Ist durch

$$x = \varphi(t), \qquad y = \psi(t), \qquad t_1 \leqq t \leqq t_2$$

eine in einem einfach zusammenhängenden beschränkten Gebiet G verlaufende stückweise glatte Kurve C definiert und bedeuten $a(x, y)$, $b(x, y)$ zwei stetige reelle Funktionen von x und y in G, so verstehen wir unter dem *Kurvenintegral*

$$J = \int_C \{a\,dx + b\,dy\}$$

das bestimmte Integral

$$\int_{t_1}^{t_2} [a(\varphi(t), \psi(t))\,\varphi'(t) + b(\varphi(t), \psi(t))\,\psi'(t)]\,dt.$$

Wie man unmittelbar sieht, ist diese Definition von der speziellen Wahl des Parameters t unabhängig. Bei dieser Definition darf übrigens C auch einen Teil des Randes oder den ganzen Rand des Gebietes G bedeuten, vorausgesetzt, daß der Rand aus einer einfachen Kurve besteht und daß die Funktionen a, b in dem aus G durch Hinzufügung der Randpunkte entstehenden abgeschlossenen Bereich noch stetig sind.

Das Kurvenintegral nimmt den entgegengesetzten Wert an, wenn man den Durchlaufungssinn von C ändert, d. h. den Parameter t von der oberen Grenze t_2 zur unteren t_1 laufen läßt.

Ist der Endpunkt der stückweise glatten Kurve C_1 zugleich Anfangspunkt der stückweise glatten Kurve C_2 und setzt man C_1 und C_2 unter Beibehaltung der Orientierung zu einer gerichteten Kurve C zusammen, so besteht die Beziehung

$$\int_{C_1} \{a\,dx + b\,dy\} + \int_{C_2} \{a\,dx + b\,dy\} = \int_C \{a\,dx + b\,dy\},$$

wofern die beiden Kurvenintegrale über C_1 und C_2 existieren. Ein entsprechender Satz gilt natürlich für die Zusammensetzung beliebig vieler Integrationswege.

Zerlegt man das Innere einer stückweise glatten geschlossenen einfachen Kurve C durch stückweise glatte Kurvenstücke in Teilgebiete, wie Abb. 75 es zeigt, so ist das im positiven Sinne über die Kurve C erstreckte Kurvenintegral gleich der Summe der im positiven Sinne erstreckten Integrale über die Ränder $C_1, C_2, \ldots, C_n$ der einzelnen Teilgebiete. Denn jede der Kurven C_k läßt sich zunächst in endlich viele Teilkurven $D_1^{(k)}, D_2^{(k)}, \ldots$ spalten, von denen jede entweder der Kurve C oder aber außer C_k noch genau einer andern unter den Kurven $C_1, C_2, \ldots, C_n$ vollständig angehört. Die Summe der Integrale über $C_1, C_2, \ldots, C_n$ ist dann gleich der Summe der Integrale über die sämtlichen Kurvenstücke $D_l^{(k)}$. Diejenigen $D_l^{(k)}$, die zu C gehören, setzen sich dabei wiederum zu der im positiven Sinne durchlaufenen Kurve C zusammen; die Integrale über diese Kurven ergeben also bei der Addition das Kurvenintegral über C. Jedes andere Kurvenstück $D_l^{(k)}$ wird genau zweimal durchlaufen, und zwar in zwei entgegengesetzten Richtungen. Die Integrale über zwei zueinander entgegengesetzte Kurven ergänzen sich aber nach dem Obigen zu Null.

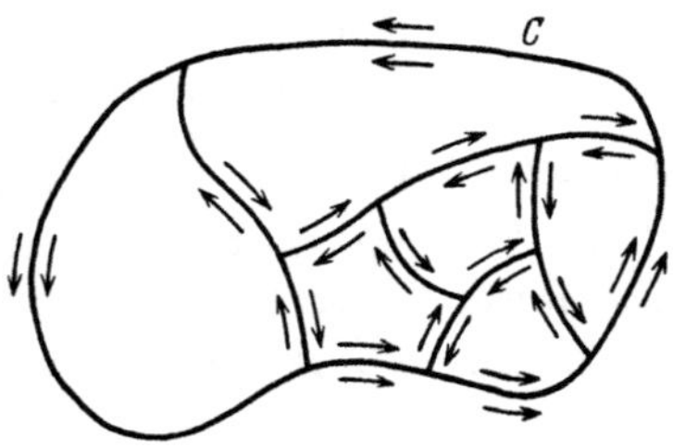

Abb. 75.

Statt $\int\limits_C \{a\,dx + (-b)\,dy\}$ werden wir auch kürzer $\int\limits_C \{a\,dx - b\,dy\}$ schreiben.

Ein Kurvenintegral wird im allgemeinen seinen Wert ändern, wenn die Kurve C deformiert wird, gleichviel, ob man bei der Deformation die Endpunkte festhält oder nicht. Wir bemerken zunächst, daß die Änderung des Kurvenintegrals stetig vor sich geht, wenn die Kurve C stetig deformiert wird. Es gilt mit andern Worten der Satz: *Wenn die stückweise glatte Kurve C durch eine Folge von stückweise glatten, im Gebiete G gelegenen Kurven $C_1, C_2, \ldots, C_n, \ldots$ glatt approximiert wird, dann konvergiert das über die Kurve C_n erstreckte Integral*

$$J_n = \int\limits_{C_n} \{a\,dx + b\,dy\}$$

mit wachsendem n gegen das Integral

$$J = \int\limits_C \{a\,dx + b\,dy\}.$$

Den Beweis wird der Leser auf Grund der in § 2 gegebenen Definition der glatten Approximation und der in ihr liegenden Gleichmäßigkeitsvoraussetzung ohne Schwierigkeit selbst durchführen können[1].

[1] Die in der Voraussetzung der glatten Approximation enthaltene Forderung, daß auch die Tangentenrichtung auf der approximierenden Kurve gegen die Tangentenrichtung auf der Grenzkurve strebt, kann durch die schwächere ersetzt werden, daß die Länge der approximierenden Kurven beschränkt bleibt. Der auf elementaren Integralabschätzungen beruhende Beweis dieses (künftig nicht benutzten) Satzes kann wiederum dem Leser überlassen bleiben.

Von besonderem Interesse ist die Frage, unter welchen Bedingungen der Wert eines Kurvenintegrals bei festem Anfangs- und Endpunkt vom Wege unabhängig wird. Da zwei Kurven, die Anfangs- und Endpunkt gemein haben, sich hingegen unterwegs nicht treffen, zusammen eine geschlossene Kurve ergeben, läuft unsere Frage darauf hinaus, wann das über eine geschlossene Kurve erstreckte Kurvenintegral verschwindet. Auch folgendermaßen können wir sie fassen: Unter welchen Bedingungen stellt das von einem festen Anfangspunkte P_0 mit den Koordinaten x_0, y_0 aus erstreckte Kurvenintegral eine Funktion des Endpunktes $P(\xi, \eta)$ dar, die nicht davon abhängt, auf welchem in G verlaufenden Wege dieser Endpunkt erreicht wird?

Wir machen die Voraussetzung, daß die Funktionen a, b in G stetige partielle Ableitungen $\frac{\partial a}{\partial y} = a_y$, $\frac{\partial b}{\partial x} = b_x$ besitzen[1]. Es gilt folgender Satz: *Sind die Funktionen a, b, a_y, b_x in dem einfach zusammenhängenden beschränkten Gebiete G stetig, so ist das über eine in G verlaufende stückweise glatte Kurve C erstreckte Kurvenintegral*

$$J = \int_C \{a\,dx + b\,dy\} \tag{1}$$

dann und nur dann vom Wege unabhängig, wenn überall in G die Bedingung

$$a_y = b_x \tag{2}$$

erfüllt ist. Bei festgehaltenem Anfangspunkt stellt dann das Integral eine stetige Funktion $F(\xi, \eta)$ der Koordinaten ξ, η des Endpunktes von C dar, deren erste Ableitungen vorhanden und stetig sind und durch die Gleichungen

$$F_\xi = a, \qquad F_\eta = b \tag{3}$$

geliefert werden.

Wir beweisen zunächst die Notwendigkeit unserer Bedingung. Nehmen wir also an, daß unser Kurvenintegral vom Wege unabhängig ist und eine Funktion $F(\xi, \eta)$ des Endpunktes allein darstellt. Daß diese Funktion stetig ist, folgt sofort aus der Definition des Kurvenintegrals und der vorausgesetzten Stetigkeit der Funktionen $a(x, y)$, $b(x, y)$, $\varphi(t)$, $\psi(t)$ sowie der stückweisen Stetigkeit der Funktionen $\varphi'(t)$, $\psi'(t)$. Wir zeigen, daß $F(\xi, \eta)$ differenzierbar ist und daß hierbei die Gleichungen (3) gelten. In der Tat wird z. B. bei hinreichend kleinem $|h| > 0$

$$\frac{F(\xi + h, \eta) - F(\xi, \eta)}{h} = \frac{1}{h}\int_\xi^{\xi+h} a(x, \eta)\,dx,$$

[1] Wir wollen hier und im folgenden, wo es bequem scheint, partielle Ableitungen durch angehängte Indizes bezeichnen, also z. B. a_x, a_y statt $\frac{\partial a}{\partial x}$, $\frac{\partial a}{\partial y}$ schreiben.

indem wir den von (ξ, η) nach $(\xi + h, \eta)$ führenden, bei hinreichend kleinem $|h|$ in G bleibenden Weg als geradlinig voraussetzen. Nach dem Mittelwertsatz ist aber die rechte Seite gleich $a(\xi + \vartheta h, \eta)$ mit $0 \leqq \vartheta \leqq 1$, und durch den Grenzübergang $h \to 0$ entsteht die gewünschte Gleichung $F_\xi = a$; analog erhält man die Beziehung $F_\eta = b$. Durch weiteres Differenzieren kommen wir zu den Relationen

$$F_{\xi\eta} = a_\eta, \qquad F_{\eta\xi} = b_\xi.$$

Nach Voraussetzung sind a_η und b_ξ stetig; es ist daher $F_{\xi\eta} = F_{\eta\xi}$, also

$$a_\eta = b_\xi,$$

womit die Notwendigkeit der Bedingung (2) erwiesen ist.

Um nun die Bedingung (2) auch als hinreichend zu erkennen, braucht man, wie gesagt, unter der Voraussetzung (2) nur zu zeigen, daß das Kurvenintegral $\int\limits_C \{a\,dx + b\,dy\}$ über irgendeine *geschlossene*, ganz innerhalb G verlaufende Kurve C den Wert Null hat. Wir behandeln zunächst den besonderen Fall, daß sich C in ein gänzlich zu G gehöriges Rechteck mit achsenparallelen Seiten einschließen läßt. Wir betrachten etwa das Rechteck $\alpha_1 \leqq x \leqq \alpha_2$, $\beta_1 \leqq y \leqq \beta_2$ (vgl. Abb. **76**). Es genügt, die Existenz einer Funktion F in unserm Rechteck darzutun, derart, daß die Gleichungen (**3**) bestehen. Dann nimmt nämlich das Kurvenintegral (1) die Gestalt

$$J = \int\limits_{t_1}^{t_2} [F_x \varphi'(t) + F_y \psi'(t)]\,dt = \int\limits_{t_1}^{t_2} \frac{dF}{dt}\,dt = F(\xi, \eta) - F(x_0, y_0)$$

an, wobei t_1 und t_2 die dem Anfangs- und Endpunkt x_0, y_0 bzw. ξ, η der Integrationskurve entsprechenden Parameterwerte bedeuten; es wird also tatsächlich vom Wege unabhängig. Zur Konstruktion der Funktion F definieren wir in unserm Rechteck und auf seinem Rande eine Funktion $\Phi(\xi, \eta)$ durch die Gleichung

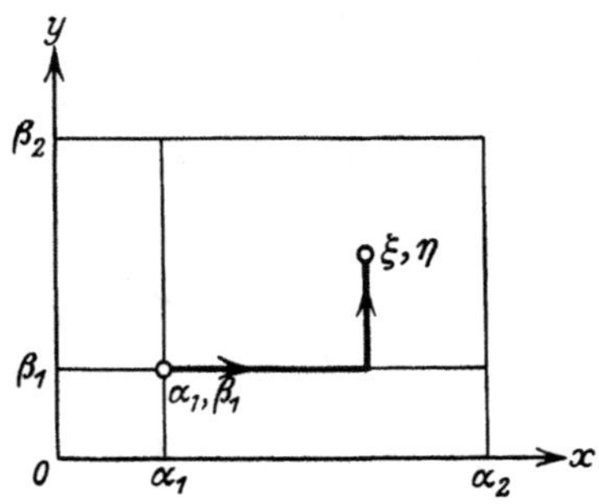

Abb. 76.

$$\Phi(\xi, \eta) = \int\limits_{\alpha_1}^{\xi} a(x, \beta_1)\,dx + \int\limits_{\beta_1}^{\eta} b(\xi, y)\,dy,$$

also durch ein Kurvenintegral über einen den linken unteren Eckpunkt α_1, β_1 mit dem Punkt ξ, η verbindenden achsenparallelen Streckenzug. Für diese Funktion $\Phi(\xi, \eta)$ wird

$$\Phi_\xi = a(\xi, \beta_1) + \int\limits_{\beta_1}^{\eta} b_\xi(\xi, y)\,dy = a(\xi, \beta_1) + \int\limits_{\beta_1}^{\eta} a_y(\xi, y)\,dy = a(\xi, \eta),$$

$$\Phi_\eta = b(\xi, \eta);$$

also ist $F(\xi, \eta) = \Phi(\xi, \eta)$ eine Funktion, für welche im Rechteck und auf seinem Rande die Gleichungen (3) bestehen. Daher ist das Kurvenintegral (1), wenn es über einen das abgeschlossene Rechteck nicht verlassenden Weg mit dem Anfangspunkt x_0, y_0 und dem Endpunkt ξ, η erstreckt wird, unseren obigen Betrachtungen zufolge vom Wege unabhängig. Um irgendeine im Rechteck liegende geschlossene Kurve erstreckt, hat daher das Integral (1) den Wert Null, wie wir beweisen wollten.

Nunmehr sei C eine beliebige in G liegende geschlossene Kurve. Wir ersetzen C durch ein Polygon, das selbst in G liegt und dessen Ecken Punkte von C sind, und vermeiden dabei, daß eine Seite zweimal durchlaufen wird, sei es nun beide Male in derselben oder in zwei entgegengesetzten Richtungen. Die Seiten des Polygons wählen wir so klein, daß sich das von je einer Polygonseite und dem zugehörigen Kurvenbogen begrenzte Flächenstück in ein zu G gehöriges achsenparalleles Rechteck einschließen läßt (Abb. 77). Nach dem Obigen dürfen wir dann die Integrale über die einzelnen Kurvenbögen durch die Integrale über die betreffenden Polygonseiten ersetzen, und nach S. 270 genügt es also, das Verschwinden des Kurvenintegrals über das Polygon nachzuweisen. Das Polygon läßt sich, wie in § 2 (S. 267) gezeigt wurde, in *einfache* Polygone zerlegen. Es genügt also, den Integralsatz für einfache Polygone zu beweisen.

Da G als einfach zusammenhängend vorausgesetzt wurde, so ist das Innere eines in G verlaufenden einfachen Polygons gänzlich in G enthalten. Da nach § 2 das Innere jedes einfachen Polygons aus Dreiecken aufgebaut werden kann, dürfen wir uns also auf Dreiecke beschränken; denn die Summe der im positiven Sinn über alle diese Dreiecke erstreckten Integrale ist nach S. 270 f. gleich dem Integral über das ursprüngliche Polygon. Jedes Dreieck kann man aber in so kleine Teildreiecke zerlegen, daß jedes von ihnen sich in ein ganz zu G gehöriges Rechteck einschließen läßt. Das Integral über das ursprüngliche Dreieck ist dann wiederum die Summe der Integrale über die Teildreiecke. Für die letzteren ist das Verschwinden des Kurvenintegrals bewiesen; daraus ergibt sich dieselbe Tatsache für das zugrunde gelegte Polygon und daher schließlich für die Kurve C.

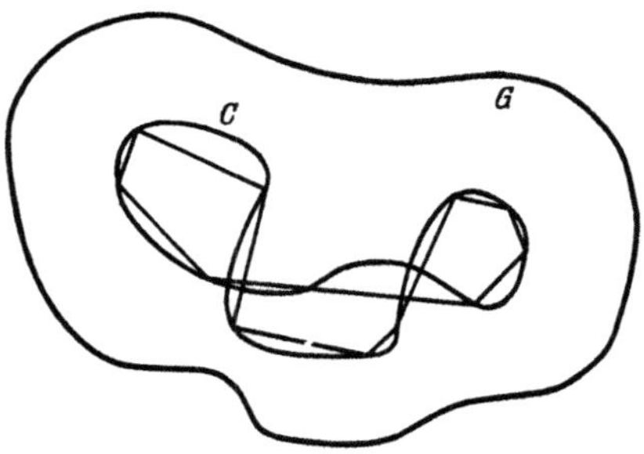

Abb. 77.

Wesentlich bei unserem Beweis ist die Voraussetzung, daß es sich um ein einfach zusammenhängendes beschränktes Gebiet G handelt. Ist diese Voraussetzung nicht erfüllt, so kann man nur behaupten, daß *das Integral über jedes geschlossene Polygon, dessen Inneres ganz zu G gehört, oder allgemeiner über jede geschlossene Kurve, die ein ganz zu G gehöriges Gebiet berandet, verschwindet.* Der Beweis wird genau so wie vorhin geführt. Bei mehrfach zusammenhängenden Gebieten gibt es aber Polygone, deren Inneres nicht zu G gehört; dies geht z. B. aus Abb. 78 hervor. Dann braucht das Integral über eine geschlossene Kurve nicht den Wert Null zu haben. Betrachtet man z. B. in einem Kreisringe um den Nullpunkt die Funktionen

$$a(x, y) = -\frac{y}{x^2+y^2}, \qquad b(x, y) = \frac{x}{x^2+y^2}$$

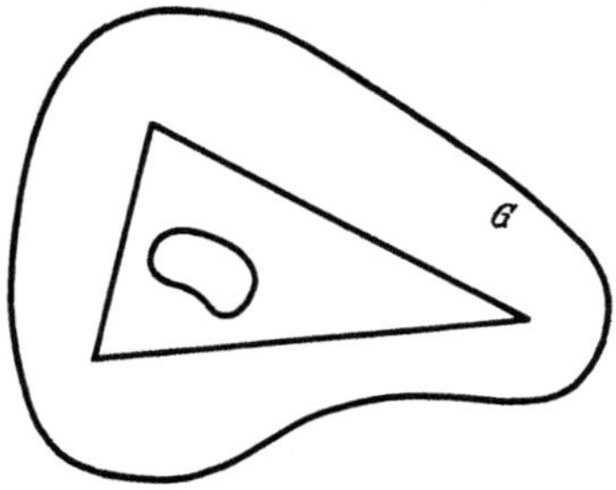

Abb. 78.

und integriert man im positiven Sinne über einen im Kreisringe verlaufenden Kreis K vom Radius r, so wird

$$\int_K \{a\,dx + b\,dy\}$$

$$= \int_0^{2\pi} [a(r\cos\varphi, r\sin\varphi)\cdot(-r\sin\varphi) + b(r\cos\varphi, r\sin\varphi)\cdot r\cos\varphi]\,d\varphi$$

$$= \int_0^{2\pi} d\varphi = 2\pi.$$

Zweites Kapitel.

Die Grundlagen der Theorie der analytischen Funktionen.

In der Theorie der Funktionen einer reellen Veränderlichen x pflegt man zunächst von dem allgemeinsten Funktionsbegriffe auszugehen. Man betrachtet ein Intervall I der unabhängigen Variabeln x und denkt durch irgendeine eindeutige Vorschrift jedem Werte x aus I eine Größe u zugeordnet. Dann heißt $u = f(x)$ eine Funktion von x in diesem Intervalle. Diesen vagen und für die Verwendung viel zu allgemeinen Funktionsbegriff schränkt man dann nachträglich wesentlich ein, indem man weitere Forderungen hinzufügt, vor allem die Forderung, daß die Funktion $f(x)$ stetig oder daß sie differenzierbar ist. Erst durch solche Beschränkung auf engere Funktionenklassen wird der Aufbau der Analysis im Reellen, insbesondere die Differential- und Integralrechnung möglich.

Ausgangspunkt der Funktionentheorie oder, genauer gesagt, der Theorie der analytischen Funktionen ist nun das Problem, den Begriff der Funktion einer reellen Veränderlichen x zum Begriffe der Funktion einer komplexen Veränderlichen $z = x + iy$ zu erweitern und diesen

Funktionsbegriff im Komplexen so einzuschränken, daß sich auf den neuen Funktionsbereich die Grundoperationen der Differential- und Integralrechnung übertragen lassen.

Von vornherein könnte man dabei von folgendem allgemeinsten Begriff einer komplexen Funktion $\zeta = f(z)$ der komplexen Veränderlichen z ausgehen: Ist G ein Gebiet der Zahlenebene und ist jedem Punkte $z = x + iy$ von G durch irgendeine Vorschrift eine komplexe Zahl $\zeta = u + iv$ zugeordnet, so heißt $\zeta = f(z)$ eine komplexe Funktion von z in G. Diese Definition besagt also lediglich, daß jedem Paar reeller Zahlen x, y, für welche der Punkt x, y zu G gehört, ein Paar reeller Zahlen u, v zugeordnet ist, d. h. daß u und v irgend zwei in G definierte reelle Funktionen der beiden reellen Veränderlichen x und y sind.

Nunmehr schränken wir unseren Funktionsbegriff zunächst durch die Forderung der Stetigkeit ein, indem wir verlangen, daß $u(x, y)$ und $v(x, y)$ in G stetige Funktionen von x und y sind.

Wir verlangen ferner, daß die Funktion $\zeta = f(z)$ in G differenzierbar sein soll, und wir werden erkennen, daß diese Forderung allein hinreicht, um einen in sich geschlossenen Bereich von Funktionen festzulegen, in welchem unbeschränkt alle elementaren Operationen der Analysis, insbesondere unbeschränkt häufiges Differenzieren und Integrieren möglich ist. Die Tatsache, daß aus der Differenzierbarkeit einer komplexen Funktion ihre Integrierbarkeit folgt — und umgekehrt —, wird sich als der Grundpfeiler der Theorie erweisen. Die Äquivalenz der beiden Forderungen verleiht der Funktionentheorie eine Geschlossenheit und Harmonie, welche der Analysis im Reellen vielfach abgeht[1].

§ 1. Die Forderung der Differenzierbarkeit.

Um die Forderung der Differenzierbarkeit zu präzisieren, setzen wir entsprechend zur Definition des Differentialquotienten reeller Funktionen fest: $f(z) = u + iv$ *heißt eine im Punkte z differenzierbare Funktion von z, wenn der Grenzwert*

$$\lim_{h \to 0} \frac{f(z+h) - f(z)}{h}$$

für jede gegen Null konvergierende Folge komplexer, nicht verschwindender Zahlen h existiert und von der speziellen Wahl der Folge, also von der Art der Annäherung des Punktes z + h an den Punkt z, unabhängig ist. Den

[1] Noch eine dritte Forderung hat sich ebenfalls als gleichwertig mit der Differenzierbarkeit oder Integrierbarkeit und somit als brauchbare Definition unserer Funktionenklasse erwiesen, nämlich die gleichmäßige Approximierbarkeit durch Polynome, d. h. die einfachsten mit Hilfe der komplexen Veränderlichen z gebildeten Ausdrücke. Es ist dies der Inhalt eines von RUNGE (Acta math. 6 (1885), S. 229ff.) gefundenen Satzes. Der Beweis würde allerdings für das vorliegende Buch zu umfangreich sein und bleibt deshalb weg.

Grenzwert selbst nennen wir die Ableitung oder den Differentialquotienten von $\zeta = f(z)$ *und bezeichnen ihn mit* $\zeta' = f'(z)$.

Insbesondere besagt unsere Definition, daß der Differentialquotient nicht von der „Differentiationsrichtung“ abhängen darf, d. h. daß sich derselbe Wert des Differentialquotienten ergeben muß, gleichviel auf welcher Kurve durch den Punkt z der Punkt $z + h$ gegen diesen heranrückt.

Für die Differenzierbarkeit der Funktion $f(z)$ im Gebiete G ist es zwar offenbar notwendig, aber keineswegs hinreichend, daß u und v in G differenzierbare Funktionen von x und y sind. Setzen wir z. B. $f(z) = x = \Re z$, so wird, wenn h nur reelle Werte durchläuft,

$$\lim_{h\to 0} \frac{f(z+h) - f(z)}{h} = \lim_{h\to 0} \frac{h}{h} = 1;$$

lassen wir aber h rein imaginäre Werte durchlaufen, so ergibt sich

$$\lim_{h\to 0} \frac{f(z+h) - f(z)}{h} = \lim_{h\to 0} \frac{0}{h} = 0.$$

Die Funktionen u und v müssen also noch weiteren Bedingungen genügen, damit die Differenzierbarkeit der Funktion $f(z) = u + iv$ gewährleistet ist. Zur Aufstellung dieser Bedingungen lassen wir h einmal reelle, dann rein imaginäre Werte durchlaufen. Im ersten Falle bekommen wir

$$\lim_{h\to 0} \frac{f(z+h) - f(z)}{h} = \frac{\partial u}{\partial x} + i\frac{\partial v}{\partial x}$$

und im zweiten

$$\lim_{h\to 0} \frac{f(z+h) - f(z)}{h} = \frac{1}{i}\left(\frac{\partial u}{\partial y} + i\frac{\partial v}{\partial y}\right).$$

Soll $f(z)$ differenzierbar sein, so muß also die Beziehung

$$\frac{\partial u}{\partial x} + i\frac{\partial v}{\partial x} = \frac{1}{i}\left(\frac{\partial u}{\partial y} + i\frac{\partial v}{\partial y}\right)$$

bestehen, d. h. es muß

$$(1) \qquad \frac{\partial u}{\partial x} = \frac{\partial v}{\partial y}, \qquad \frac{\partial u}{\partial y} = -\frac{\partial v}{\partial x}$$

sein. Wir erhalten daher das Resultat: *Für die Differenzierbarkeit der Funktion* $\zeta = f(z) = u + iv$ *in einem Gebiete G ist notwendig, daß die Funktionen u und v den Differentialgleichungen* (1) *genügen; soll außerdem die Ableitung* $f'(z)$ *stetig sein, so müssen auch die Funktionen* u_x *und* v_x *stetig sein.*

Indem wir umgekehrt die Voraussetzung machen, daß $f(z)$ stetig ist und die ersten Ableitungen der Funktionen u und v nach x und y im

Gebiete G existieren und stetig[1] sind, wollen wir nunmehr nachweisen, daß die Bedingungen (1) auch hinreichend für die Differenzierbarkeit der Funktion $f(z)$ sind. Dazu setzen wir $h = r + is$ mit reellem r und s; dann ist nach dem Mittelwertsatz der Differentialrechnung

$$\begin{aligned} Q &= \frac{f(z+h) - f(z)}{h} \\ &= \frac{u(x+r, y+s) - u(x, y) + i[v(x+r, y+s) - v(x, y)]}{r+is} \\ &= \frac{r u_x(\xi, \eta) + s u_y(\xi, \eta)}{r+is} + i \frac{r v_x(\xi', \eta') + s v_y(\xi', \eta')}{r+is}, \end{aligned}$$

wobei $\xi + i\eta$ und $\xi' + i\eta'$ zwei Punkte der Verbindungsstrecke von z und $z + h$ sind. Unter Berücksichtigung der Gleichungen (1) folgt daher

$$Q = \frac{r u_x(\xi, \eta) + i s u_x(\xi', \eta')}{r+is} + i \frac{r v_x(\xi', \eta') + i s v_x(\xi, \eta)}{r+is}$$

$$= u_x(\xi, \eta) + i v_x(\xi', \eta') + i s \frac{u_x(\xi', \eta') - u_x(\xi, \eta)}{r+is} + i r \frac{v_x(\xi', \eta') - v_x(\xi, \eta)}{r+is};$$

da $\left|\frac{s}{r+is}\right|$ und $\left|\frac{r}{r+is}\right|$ höchstens gleich 1 sind, so folgt aus der Stetigkeit der partiellen Ableitungen

$$\lim_{h \to 0} Q = u_x + i v_x = -i u_y + v_y.$$

Dieser Grenzwert ist aber unabhängig von der speziellen Wahl der Folge der h; d. h. $f(z)$ ist differenzierbar. Zugleich zeigt die letzte Gleichung, daß die Ableitung $f'(z)$ wieder stetig ist.

Die hiernach für die ganze Funktionentheorie grundlegenden Relationen (1) heißen die *Cauchy-Riemannschen Differentialgleichungen*[2].

Wir legen dem weiteren Aufbau der Funktionentheorie die folgende Definition zugrunde:

Der Ausdruck $\zeta = f(z) = u + iv$ heißt eine im Gebiete G analytische, genauer reguläre analytische Funktion von $z = x + iy$, wenn in diesem

---

[1] Es sei hier darauf hingewiesen, daß es gelungen ist, die Voraussetzung der Stetigkeit der Ableitungen als überflüssig zu erkennen. Das weitestgehende Resultat rührt von LOOMAN her („Über die Cauchy-Riemannschen Differentialgleichungen", Gött. Nachr. 1923, S. 97—108) und besagt, daß es genügt, außer der Stetigkeit der Funktion $f(z)$ allein das Bestehen der Differentialgleichungen (1) vorauszusetzen, während sich die andern hier gemachten Voraussetzungen daraus folgern lassen.

[2] Sie stehen bei A. L. CAUCHY in der Abhandlung „Sur les différentielles de quantités algébriques ou géometriques, et sur les dérivées des fonctions de ces quantités", Exercises d'analyse et de physique mathématique, t. 4, S. 345, Paris 1847, und bildeten für B. RIEMANN den Ausgangspunkt seiner berühmten Dissertation „Grundlagen für eine allgemeine Theorie der Funktionen einer veränderlichen komplexen Größe", Göttingen 1851, 2. Abdruck 1867, Ges. math. Werke, 1. u. 2. Aufl., S. 3ff., finden sich aber bereits bei D'ALEMBERT, EULER und LAGRANGE.

Gebiete u und v stetige Funktionen von x und y mit stetigen partiellen Ableitungen erster Ordnung sind und dort die Cauchy-Riemannschen Differentialgleichungen (1) *gelten.*

Nach dem Obigen ist diese Definition völlig gleichwertig mit der folgenden:

Der Ausdruck $\zeta = f(z)$ *heißt eine im Gebiete G reguläre analytische Funktion von z, wenn* ζ *in diesem Gebiete eine stetige Ableitung nach z hat.*

Regulär in einem Punkte bzw. auf einer Kurve nennen wir eine Funktion, wenn sie in einem diesen Punkt bzw. diese Kurve enthaltenden Gebiet regulär ist.

Ebenso wie bei der Differentiation reeller Funktionen ergibt sich, daß Summe, Differenz, Produkt und Quotient in G analytischer Funktionen in jedem Punkte von G, wofern in diesem Punkte im Falle des Quotienten der Nenner nicht verschwindet, selbst wieder stetige Ableitungen besitzen und zwar unter Gültigkeit der bekannten Regeln der Differentialrechnung. Dasselbe trifft für eine analytische Funktion $f(\varphi)$ zu, deren Argument $\varphi = \varphi(z)$ eine in G reguläre analytische Funktion von z ist; dabei wird vorausgesetzt, daß die Werte $\varphi(z)$, wenn z in G läuft, in einem Gebiete der φ-Ebene liegen, in welchem $f(\varphi)$ regulär ist. Also: *Summe, Differenz, Produkt, Quotient von analytischen Funktionen sowie eine analytische Funktion von einer analytischen Funktion sind in geeigneten Gebieten wieder analytisch.* Da z selbst und jede Konstante offenbar in jedem Gebiet analytische Funktionen von z sind, bilden demnach alle rationalen Funktionen von z Beispiele analytischer Funktionen.

§ 2. Die inverse Funktion.

Wir wollen in diesem Paragraphen zeigen, daß der soeben eingeführte Funktionsbegriff einer weiteren Anforderung genügt: *Der Begriff der Umkehrfunktion hat einen Sinn wie bei den Funktionen einer reellen Veränderlichen.*

Damit eine Umkehrfunktion existiert, muß jedenfalls eine umkehrbar eindeutige Zuordnung der Punkte einer gewissen Umgebung des Punktes $z_0 = x_0 + iy_0$ einerseits und der Punkte einer gewissen Umgebung des Punktes $\zeta_0 = f(z_0)$ andererseits bestehen, eine Zuordnung, welche man als umkehrbar eindeutige „*Abbildung*" der beiden Gebiete auf einander bezeichnet. Hierzu müssen sich die beiden Gleichungen

$$u = u(x, y), \quad v = v(x, y)$$

in einer Umgebung des Punktes x_0, y_0 von G eindeutig nach x und y auflösen lassen.

Nach einem bekannten Satze der Differentialrechnung ist dies der Fall, wenn die partiellen ersten Ableitungen von u und v für $x = x_0$,

$y = y_0$ existieren und stetig sind und ihre Jacobische Determinante $\Delta = u_x v_y - u_y v_x$ im Punkte $x = x_0$, $y = y_0$ (und wegen der Stetigkeit auch in einer gewissen Umgebung dieses Punktes) nicht verschwindet. Sind diese Bedingungen erfüllt, so werden in einer Umgebung der Stelle $u(x_0, y_0) = u_0$, $v(x_0, y_0) = v_0$ der uv-Ebene die Funktionen $x = x(u, v)$ und $y = y(u, v)$ eindeutige und stetige Funktionen von u und v, deren partielle erste Ableitungen stetig sind und die Werte

$$x_u = \frac{v_y}{\Delta}, \qquad x_v = -\frac{u_y}{\Delta}, \qquad y_u = -\frac{v_x}{\Delta}, \qquad y_v = \frac{u_x}{\Delta}$$

haben.

Ist nun die Funktion $u + iv$ analytisch, so ist nach den Cauchy-Riemannschen Differentialgleichungen

$$\Delta = u_x^2 + v_x^2 = u_y^2 + v_y^2 = |f'(z)|^2;$$

im Falle $f'(z_0) \neq 0$ sind also alle obigen Bedingungen erfüllt, und überdies wird nach den Cauchy-Riemannschen Differentialgleichungen $u_x = v_y$, $u_y = -v_x$, also

$$x_u = y_v, \qquad x_v = -y_u.$$

Wir gewinnen also das Resultat:

Ist für $z = z_0$ die Ableitung $f'(z)$ von Null verschieden, so wird eine hinreichend kleine Umgebung des Punktes z_0 umkehrbar eindeutig auf eine Umgebung des Punktes $\zeta_0 = f(z_0)$ abgebildet; d. h. für diese Umgebung von $z = z_0$ ist die Gleichung $\zeta = f(z)$ in der Form $z = \varphi(\zeta)$ eindeutig nach z auflösbar. Die Funktion $\varphi(\zeta)$ ist in einer Umgebung des Punktes ζ_0 stetig und hat dort stetige partielle Ableitungen, die den Cauchy-Riemannschen Differentialgleichungen genügen; sie ist daher eine analytische Funktion von ζ. Sie heißt die zu $f(z)$ inverse Funktion oder die Umkehrfunktion von $f(z)$; ihre Ableitung lautet

$$\frac{dz}{d\zeta} = \varphi'(\zeta) = \frac{\partial x}{\partial u} + i\frac{\partial y}{\partial u} = \frac{v_y - iv_x}{\Delta} = \frac{1}{v_y + iv_x} = \frac{1}{f'(z)}.$$

Die Tatsache, daß durch eine analytische Funktion $f(z)$ mit $f'(z_0) \neq 0$ eine hinreichend kleine Umgebung der Stelle z_0 wieder auf ein Gebiet der ζ-Ebene abgebildet wird, bezeichnen wir gelegentlich als „*Satz von der Gebietstreue*". In Kap. 4, § 1 werden wir die Voraussetzung $f'(z_0) \neq 0$ für die Gebietstreue als überflüssig erkennen.

§ 3. Das bestimmte Integral einer analytischen Funktion und seine Grundeigenschaften.

Wie schon in der Einleitung zu diesem Kapitel angedeutet wurde, ist es eine entscheidende Tatsache der Funktionentheorie, daß die Differenzierbarkeit von selbst die Übertragbarkeit der Integralrechnung auf die so charakterisierten Funktionen nach sich zieht.

In der Theorie der reellen Funktionen wird das Integral einerseits als Umkehrung des Differentialquotienten („unbestimmtes Integral"), andererseits als Grenzwert einer Summe („bestimmtes Integral") eingeführt; nachträglich wird dann bewiesen, daß die beiden Definitionen inhaltlich übereinstimmen.

Analog können wir bei den analytischen Funktionen einer komplexen Variablen vorgehen. Um zunächst die Erklärung des bestimmten Integrals übertragen zu können, denken wir uns zwei Punkte z_0 und Z eines Gebietes G durch eine stückweise glatte Kurve C miteinander verbunden, welche ganz in G verläuft. Eine Funktion $f(z)$ möge im ganzen Gebiet G oder auch nur längs der Kurve C stetig sein[1]. Wir zerlegen die Kurve C durch die im Sinne der Orientierung von C aufeinander folgenden Punkte $z_0, z_1, \ldots, z_n = Z$ in n Teile und bilden die Summe

$$S_n = \sum_{\nu=1}^{n} f(z_\nu^*)(z_\nu - z_{\nu-1}),$$

in welcher z_ν^* einen beliebigen auf C im Intervall von $z_{\nu-1}$ (einschließlich) bis z_ν (einschließlich) liegenden Punkt bezeichnet. Verfeinern wir nun die Einteilung unbegrenzt, indem wir die Anzahl der Teilpunkte über alle Grenzen wachsen und den größten ihrer gegenseitigen Abstände $|z_\nu - z_{\nu-1}|$ gegen Null abnehmen lassen, so strebt S_n einem von der speziellen Wahl der Zwischenpunkte $z_1, z_2, \ldots, z_{n-1}$ sowie $z_1^*, z_2^*, \ldots, z_{n-1}^*$ unabhängigen Grenzwert zu. Das kann man ohne Benutzung reeller Integrale ganz analog beweisen wie die entsprechende Tatsache im Reellen. Auch kann man diesen Satz folgendeımaßen auf reelle Kurvenintegrale (vgl. Kap. 1, § 3) zurückführen: Wir setzen

$$f(z) = f(x + iy) = u(x, y) + iv(x, y),$$
$$z_\nu^* = x_\nu^* + iy_\nu^*,$$
$$z_\nu - z_{\nu-1} = \Delta z_\nu = \Delta x_\nu + i\Delta y_\nu;$$

dann ergibt sich

$$\begin{aligned} S_n &= \sum_{\nu=1}^{n} f(z_\nu^*)\Delta z_\nu \\ &= \sum_{\nu=1}^{n} [u(x_\nu^*, y_\nu^*)\Delta x_\nu - v(x_\nu^*, y_\nu^*)\Delta y_\nu] \\ &+ i\sum_{\nu=1}^{n} [u(x_\nu^*, y_\nu^*)\Delta y_\nu + v(x_\nu^*, y_\nu^*)\Delta x_\nu]. \end{aligned}$$

Bei wachsendem n konvergieren die Summen auf der rechten Seite gegen die reellen Kurvenintegrale $\int_C \{u\,dx - v\,dy\}$ bzw. $\int_C \{v\,dx + u\,dy\}$; daher existiert der behauptete Grenzwert.

---

[1] Eine Funktion $f(z) = u + iv$ heißt *längs einer stetigen Kurve C stetig*, wenn die reellen Funktionen u und v auf der Kurve C stetig vom Kurvenparameter abhängen.

Den Grenzwert von S_n nennen wir das über die Kurve C genommene *bestimmte Integral*

$$ {}^{(C)}\int_{z_0}^{Z} f(z)\,dz \quad \text{oder} \quad \int_C f(z)\,dz $$

der Funktion $f(z)$. Es ist also

$$ (1) \qquad {}^{(C)}\int_{z_0}^{Z} f(z)\,dz = \int_C \{u\,dx - v\,dy\} + i\int_C \{v\,dx + u\,dy\}. $$

Das Integral gestattet nach seiner Definition, wenn $|f(z)|$ auf dem ganzen Integrationswege eine Schranke M nicht überschreitet und L die Länge des Integrationsweges bedeutet, die wichtige Abschätzung

$$ (2) \qquad \left| {}^{(C)}\int_{z_0}^{Z} f(z)\,dz \right| \leqq ML. $$

Aus der Definition des bestimmten Integrals folgen sofort die Regeln:

Ist der Endpunkt der stückweise glatten Kurve C_1 zugleich Anfangspunkt der stückweise glatten Kurve C_2, ist C die durch Zusammenfügung der Kurven C_1 und C_2 entstehende Kurve und ist die Funktion $f(z)$ längs C stetig, so ist

$$ \int_{C_1} f(z)\,dz + \int_{C_2} f(z)\,dz = \int_C f(z)\,dz. $$

Sind die Funktionen $f(z)$ und $g(z)$ längs C stetig, so ist

$$ \int_C f(z)\,dz + \int_C g(z)\,dz = \int_C (f(z) + g(z))\,dz. $$

Ist $f(z)$ längs C stetig und c eine Konstante, so ist

$$ c\int_C f(z)\,dz = \int_C c\,f(z)\,dz. $$

Ist $f(z)$ längs C stetig und C' die aus C durch Umkehrung des Durchlaufungssinnes entstehende Kurve, so ist

$$ \int_{C'} f(z)\,dz = -\int_C f(z)\,dz. $$

§ 4. Der Cauchysche Integralsatz.

Auch der Begriff des unbestimmten Integrals läßt sich unmittelbar auf das komplexe Gebiet ausdehnen. Ist in einem Gebiete einer *analytischen* Funktion $f(z)$ eine zweite analytische Funktion $F(z)$ derart zugeordnet, daß $F'(z) = f(z)$ ist, so nennen wir $F(z)$ ein *unbestimmtes Integral* von $f(z)$ und schreiben

$$ F(z) = \int f(z)\,dz. $$

Der Begriff des Integrals einer *analytischen* Funktion erhält seine Bedeutung erst dadurch, daß sich das bestimmte Integral gleichzeitig als unbestimmtes Integral auffassen läßt und daß es vom Integrationswege unabhängig ist. Es gilt nämlich der folgende, als *Cauchyscher Integralsatz*[1] bezeichnete fundamentale Satz:

Es sei G ein einfach zusammenhängendes Gebiet der z-Ebene und $f(z)$ eine in G reguläre analytische Funktion. Ferner sei z_0 ein fester, Z ein veränderlicher Punkt in G, C irgendeine z_0 mit Z verbindende, in G verlaufende stückweise glatte Kurve. Dann ist das über die Kurve C erstreckte Integral

$$^{(C)}\int_{z_0}^{Z} f(z)\,dz = F(Z)$$

von der speziellen Wahl des Integrationsweges C unabhängig und stellt eine in G reguläre analytische Funktion $F(Z)$ dar, deren Ableitung durch die Gleichung

$$F'(z) = f(z)$$

gegeben wird.

Gewöhnlich spricht man den Cauchyschen Integralsatz in der Fassung aus, daß *für jede ganz im Regularitätsgebiete G von $f(z)$ liegende geschlossene stückweise glatte Kurve C das Integral $\int_C f(z)\,dz$ den Wert Null hat.*

Wir führen den Beweis des Integralsatzes durch Bezugnahme auf reelle Kurvenintegrale. Die Kurvenintegrale in Formel (1) des vorigen Paragraphen sind nach den Cauchy-Riemannschen Differentialgleichungen auf Grund des Satzes in Kap. 1, § 3 vom Wege C unabhängig und stellen bei festem z_0 und variablem $Z = X + iY$ stetige Funktionen $U(X, Y)$ und $V(X, Y)$ dar, deren Ableitungen nach X und Y

$$\frac{\partial U}{\partial X} = u(X, Y), \qquad \frac{\partial U}{\partial Y} = -v(X, Y),$$

$$\frac{\partial V}{\partial X} = v(X, Y), \qquad \frac{\partial V}{\partial Y} = u(X, Y)$$

stetig sind und den Cauchy-Riemannschen Differentialgleichungen genügen. Mithin ist $F(Z) = U + iV$ eine analytische Funktion von Z, deren Ableitung

$$F'(Z) = \frac{\partial U}{\partial X} + i\frac{\partial V}{\partial X} = u(X, Y) + iv(X, Y) = f(Z)$$

lautet. Damit ist der Cauchysche Integralsatz bewiesen.

Der Cauchysche Integralsatz bleibt unter der Voraussetzung einer einfachen Berandung auch dann noch in Kraft, wenn die Integrationskurve C ganz oder teilweise mit dem Rande des Gebietes G zusammenfällt und die Funktion $f(z)$ auf dem Rande zwar nicht mehr regulär analytisch,

---

[1] CAUCHY, A. L.: Mémoire sur les intégrales définies, prises entre des limites imaginaires, Paris 1825; wieder abgedruckt Darb. Bull. 7 (1874), S. 265 und 8 (1875), S. 43, 148. GAUSZ war bereits 1811 im Besitze dieses Satzes, vgl. Brief an BESSEL vom 18. Dez. 1811; GAUSZ: Werke Bd. 8, S. 90 bis 92.

aber im abgeschlossenen Gebiete stetig ist; auch bei nicht einfach berandeten Gebieten gilt diese erweiterte Fassung, wenn sich das Gebiet durch Querschnitte in eine endliche Anzahl einfach berandeter Gebiete zerlegen läßt, in denen dieselben Voraussetzungen erfüllt sind. Um dies einzusehen, braucht man nur die Integrationskurve im Sinne von Kap. 1, § 2 durch andere, ganz in G verlaufende stückweise glatte Kurven, z. B. geradlinige Streckenzüge, glatt zu approximieren. Denn für diese Approximationskurven gilt der Cauchysche Integralsatz, und die entsprechenden Kurvenintegrale konvergieren gegen das Kurvenintegral über die approximierte Kurve.

Unserem Beweise des Cauchyschen Integralsatzes, bei dem wir uns auf die in Kap. 1, § 3 entwickelte Theorie der reellen Kurvenintegrale gestützt haben, lassen wir jetzt einen zweiten folgen, bei welchem wir die Unabhängigkeit des Integrals vom Wege direkt zeigen. Der Integrationsweg sei gegeben durch eine komplexe Funktion $z = \chi(t, \alpha)$ zweier reeller Größen[1] t und α, wobei t im Intervalle $t_1 \leqq t \leqq t_2$ und α im Intervalle $0 \leqq \alpha \leqq 1$ veränderlich sein möge. Jedem festen Wert von α entspricht ein bestimmter Integrationsweg, welcher durchlaufen wird, wenn t von t_1 bis t_2 variiert. Die Anfangs- und Endpunkte aller so erhaltenen Integrationswege wollen wir als fest voraussetzen, d. h. wir wollen annehmen, daß $\chi(t_1, \alpha)$ und $\chi(t_2, \alpha)$ von α unabhängig sind. Ferner soll die Funktion $\chi(t, \alpha)$, allenfalls mit Ausnahme einer endlichen Anzahl fester Werte von t, eine stetige Ableitung nach t sowie zweite Ableitung nach t und α und für jedes feste t eine stetige Ableitung nach α besitzen, und alle für die verschiedenen Werte von α sich ergebenden Wege sollen in einem Regularitätsgebiete G von $f(z)$ liegen. Differenzieren wir nun das Integral

$$J = \int_{\chi(t_1, \alpha)}^{\chi(t_2, \alpha)} f(z)\, dz = \int_{t_1}^{t_2} f(\chi)\, \chi_t\, dt$$

nach α, so ergibt sich

$$\frac{dJ}{d\alpha} = \int_{t_1}^{t_2} (f'(\chi)\, \chi_\alpha \chi_t + f(\chi)\, \chi_{t\alpha})\, dt$$

$$= \int_{t_1}^{t_2} \left(\frac{d f(\chi)}{dt} \chi_\alpha + f(\chi)\, \chi_{t\alpha}\right) dt.$$

Wenden wir im ersten Summanden partielle Integration an, so fällt das Glied $f(\chi)\chi_\alpha$ für die Grenzen fort, und es wird

$$\frac{dJ}{d\alpha} = \int_{t_1}^{t_2} (-f(\chi)\, \chi_{\alpha t} + f(\chi)\, \chi_{t\alpha})\, dt = 0;$$

---

[1] Unter einer komplexen Funktion reeller Größen verstehen wir eine komplexe Größe, welche von den reellen Veränderlichen abhängt.

d. h. J ist von α unabhängig, das Integral ändert sich nicht bei einer derartigen stetigen Abänderung des Integrationsweges.

Dasselbe gilt, wenn ein geschlossener Integrationsweg, bei dem $\chi(t_1, \alpha) = \chi(t_2, \alpha)$ ist, in der angegebenen Weise innerhalb G deformiert wird; denn auch in diesem Falle verschwindet bei der partiellen Integration die Differenz der an den Grenzen genommenen Ausdrücke $f(\chi)\chi_\alpha$.

Um nunmehr den Cauchyschen Integralsatz in seiner obigen Fassung zu beweisen, müssen wir zeigen, daß das Integral über eine beliebige in G gelegene stückweise glatte geschlossene Kurve den Wert Null hat. Eine solche Kurve läßt sich durch Polygone in G glatt approximieren; die über diese Polygone erstreckten Integrale konvergieren, wie sich aus der Definition des Integrals ohne weiteres ergibt, gegen das über die Grenzkurve erstreckte Integral. Der Integralsatz braucht also nur für Polygone bewiesen zu werden. Wie beim Beweis des Hauptsatzes über Kurvenintegrale in Kap. 1, § 3 erkennt man, daß es genügt, den Satz für Dreiecke zu beweisen. Für ein Dreieck mit den Ecken z_1, z_2, z_3 (vgl. Abb. 79) können wir aber eine Funktion $\chi(t, \alpha)$, welche die Seite z_1, z_3 in den Streckenzug z_1, z_2, z_3 überführt, leicht explizit angeben. Setzt man nämlich

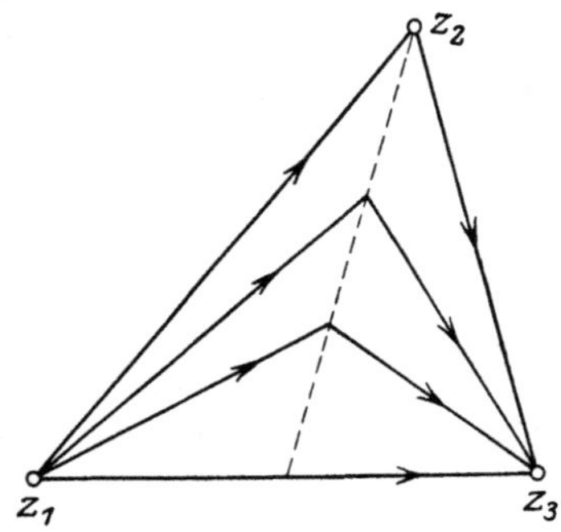

Abb. 79.

$$\chi(t, \alpha) = z_1 + t(z_3 - z_1) + \alpha t(2 z_2 - z_3 - z_1), \qquad 0 \leqq t \leqq \tfrac{1}{2},$$

$$\chi(t, \alpha) = z_3 + (1 - t)(z_1 - z_3) + \alpha(1 - t)(2 z_2 - z_3 - z_1), \quad \tfrac{1}{2} \leqq t \leqq 1,$$

so ist $\chi(t, \alpha)$ eine geeignete Funktion, also

$$\int_{z_1}^{z_3} f(z)\,dz = \int_{z_1}^{z_2} f(z)\,dz + \int_{z_2}^{z_3} f(z)\,dz,$$

$$\int_{z_1}^{z_2} + \int_{z_2}^{z_3} + \int_{z_3}^{z_1} = 0,$$

was zu beweisen war.

Einen grundsätzlichen Fortschritt gegenüber diesen Beweisen des Integralsatzes erzielt der folgende Beweis von GOURSAT, bei welchem nur von der Existenz, nicht aber von der Stetigkeit der Ableitung Gebrauch gemacht wird. Wir schicken zwei Hilfssätze voraus.

Zunächst folgt aus der Definition des Integrals sofort, daß das über irgendeine Kurve K mit dem Anfangspunkt a und dem Endpunkt b erstreckte Integral $\int_K 1\,dz$, welches auch kurz $\int_K dz$ geschrieben wird, stets den Wert $b - a$ hat; über eine geschlossene Kurve erstreckt, hat das Integral also den Wert 0.

Zweitens ist das Integral $\int\limits_K z\,dz$ nach Definition der Grenzwert eines Ausdrucks

$$\sum_{\nu=1}^{n} z_\nu (z_\nu - z_{\nu-1})$$

und zugleich der Grenzwert von

$$\sum_{\nu=1}^{n} z_{\nu-1} (z_\nu - z_{\nu-1}),$$

demnach auch der Grenzwert des arithmetischen Mittels

$$\sum_{\nu=1}^{n} \frac{(z_\nu + z_{\nu-1})(z_\nu - z_{\nu-1})}{2} = \sum_{\nu=1}^{n} \frac{z_\nu^2 - z_{\nu-1}^2}{2} = \frac{z_n^2 - z_0^2}{2} = \frac{b^2 - a^2}{2},$$

also selbst gleich $\frac{b^2 - a^2}{2}$. Für eine geschlossene Kurve K ist dieser Ausdruck wiederum Null, also $\int\limits_K z\,dz = 0$.

Wie oben erkennt man nun zunächst, daß es genügt, den Cauchyschen Integralsatz für ein Dreieck C zu beweisen. Es bedeute l_0 den Umfang des Dreiecks. Für $n = 1, 2, 3, \ldots$ setze man $l_n = \frac{l_0}{2^n}$. Verbindet man die Seitenmitten des Dreiecks C, so zerfällt es in vier Teildreiecke vom Umfang $l_1 = \frac{l_0}{2}$ (Abb. 80). Setzt man nun $\left|\int\limits_C f(z)\,dz\right| = \alpha_0$, so muß mindestens eins der Teildreiecke die Eigenschaft haben, daß das über seinen Rand C_1 erstreckte Integral der Bedingung

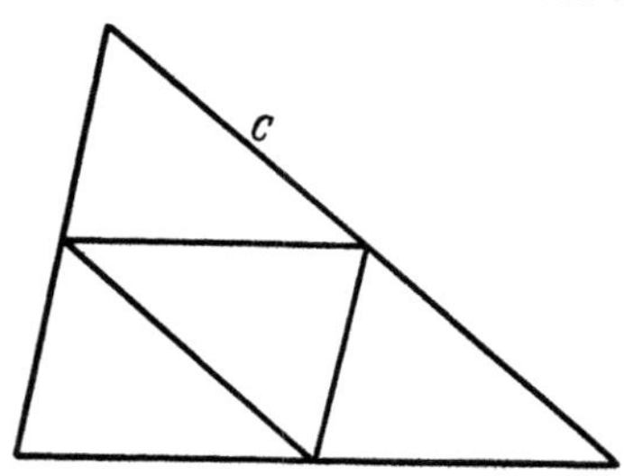

Abb. 80.

$$\alpha_1 = \left|\int\limits_{C_1} f(z)\,dz\right| \geqq \frac{\alpha_0}{4}$$

genügt. Denn das Integral über C setzt sich additiv aus den Integralen über die vier Teildreiecke zusammen, und der absolute Betrag einer Summe ist nicht größer als die Summe der Beträge der einzelnen Summanden. Nun wende man auf C_1 dasselbe Verfahren wie oben auf C an und fahre so fort. Dadurch kommt man zu einer Folge ineinander geschachtelter Dreiecke $C = C_0, C_1, C_2, \ldots$; jedes C_n $(n = 0, 1, 2, \ldots)$ hat die Länge $l_n = \frac{l_0}{2^n}$, und für die zugehörigen Integrale gilt die Beziehung

$$\alpha_n = \left|\int\limits_{C_n} f(z)\,dz\right| \geqq \frac{\alpha_0}{4^n}.$$

Diese Dreiecke müssen, da ihr Durchmesser mit wachsendem n gegen Null strebt, einen und nur einen gemeinsamen inneren Punkt γ enthalten, nach welchem ihre sämtlichen Ecken konvergieren. Da nun die Funktion $f(z)$ im Punkte γ differenzierbar ist, so läßt sich zu jedem $\varepsilon > 0$ eine positive Zahl s so finden, daß für alle z, für die $|z - \gamma| < s$ ist, eine Gleichung

$$f(z) = f(\gamma) + (z - \gamma) f'(\gamma) + \sigma(z)(z - \gamma)$$

mit $|\sigma(z)| < \varepsilon$ besteht. Diese Aussage ist gleichbedeutend mit der Tatsache, daß die Funktion $f(z)$ im Punkte γ differenzierbar ist, d. h. daß die Zahl

$$\sigma(z) = \frac{f(z) - f(\gamma)}{z - \gamma} - f'(\gamma)$$

absolut genommen beliebig klein wird, wenn nur $|z - \gamma|$ hinreichend klein wird. Weiter können wir eine natürliche Zahl N so angeben, daß für alle $n \geqq N$ der Maximalabstand ϱ_n zwischen dem Punkte γ und der Linie C_n kleiner als s ist. Aus der obigen Gleichung folgt dann für $n \geqq N$

$$\int_{C_n} f(z)\,dz = \int_{C_n} \sigma(z)(z - \gamma)\,dz + \int_{C_n} f'(\gamma)(z - \gamma)\,dz + \int_{C_n} f(\gamma)\,dz$$

$$(1) \qquad = \int_{C_n} \sigma(z)(z - \gamma)\,dz + f'(\gamma) \int_{C_n} z\,dz + (f(\gamma) - \gamma f'(\gamma)) \int_{C_n} dz.$$

Da die Integrale $\int_{C_n} dz$ und $\int_{C_n} z\,dz$ nach dem Obigen verschwinden, so wird die Gleichung (1) zu

$$\int_{C_n} f(z)\,dz = \int_{C_n} \sigma(z)(z - \gamma)\,dz,$$

und hieraus ergibt sich nach § 3, (2) weiter

$$\left|\int_{C_n} f(z)\,dz\right| \leqq l_n\,\varepsilon\,\varrho_n.$$

Nun ist $\varrho_n \leqq l_n$, demnach

$$\alpha_n = \left|\int_{C_n} f(z)\,dz\right| \leqq l_n^2\,\varepsilon = \frac{l_0^2}{4^n}\,\varepsilon.$$

Wegen $\alpha_n \geqq \frac{\alpha_0}{4^n}$ ist also

$$\left|\int_C f(z)\,dz\right| = \alpha_0 \leqq l_0^2\,\varepsilon.$$

Da ε beliebig klein gewählt werden kann, so ist

$$\int_C f(z)\,dz = 0.$$

Damit ist der Cauchysche Integralsatz völlig bewiesen.

Es sei nochmals hervorgehoben, daß in diesem Beweis die Stetigkeit der Ableitung $f'(z)$ nirgends benutzt wird. In § 7 wird sich nun zeigen, daß aus der Unabhängigkeit des Integrals $\int\limits_{z_0}^{z} f(z)\,dz$ vom Weg auch umgekehrt der analytische Charakter der Funktion $f(z)$ in dem betrachteten Gebiete folgt. Somit hätte man bei der Definition der analytischen Funktion in § 1 sich auf die Forderung der Differenzierbarkeit beschränken und auf die zusätzliche Forderung der Stetigkeit der Ableitung verzichten können. Die Stetigkeit der Ableitung ergibt sich dann nachträglich als Folgerung aus ihrer Existenz auf dem Umweg über den Beweis des Cauchyschen Integralsatzes und seiner Umkehrung.

§ 5. Integrale in mehrfach zusammenhängenden Bereichen. Der Cauchysche Residuensatz.

Für das Bestehen des Cauchyschen Integralsatzes ist die Voraussetzung wesentlich, daß das betrachtete Gebiet G einfach zusammenhängt. Ist die Funktion $f(z)$ in dem n-fach zusammenhängenden Gebiete G, welches von n einfachen geschlossenen Kurven begrenzt wird, mit Einschluß des Randes regulär, so gilt folgende Verallgemeinerung des Cauchyschen Integralsatzes: *Bedeutet $f(z)$ eine in einem n-fach zusammenhängenden einfach berandeten Gebiete G einschließlich des Randes reguläre analytische Funktion, so hat das Integral $\int f(z)\,dz$ den Wert Null, wenn es in positivem Sinne um den ganzen Rand von G erstreckt wird.*

Zum Beweis approximieren wir jede der n Randkurven von G glatt durch einen ganz zu G gehörigen Polygonzug. Bei hinreichender Güte der Approximation beranden diese Polygonzüge wieder ein n-fach zusammenhängendes Teilgebiet B von G, das man genau wie das Innere eines einfachen Polygons in Dreiecke zerlegen kann. Das über einen einzelnen Dreiecksrand im positiven Sinn erstreckte Integral hat nach dem Cauchyschen Integralsatz den Wert Null. Durch Summation über alle Dreiecke ergibt sich (da die Integrale über die inneren Dreiecksseiten sich gegenseitig aufheben), daß das Integral über den positiv durchlaufenen Gesamtrand von B verschwindet. Durch Grenzübergang erhält man nach einem Satz aus Kap. 1, § 3 auch für das Integral über den positiv durchlaufenen Rand von G den Wert Null.

Hängt speziell das Gebiet zweifach zusammen, so wird

$$\int\limits_{C_1} f(z)\,dz = \int\limits_{C_2} f(z)\,dz,$$

wobei beide Randkurven C_1 und C_2 im gleichen Sinne zu durchlaufen sind, d. h. so, daß sie beide ihr Innengebiet im selben Sinne umlaufen.

Die Funktion $f(z)$ möge in einem Gebiet G mit Ausschluß eines gewissen inneren Punktes z_0 regulär sein; über ihr Verhalten in z_0 wird nichts vorausgesetzt. K_1 und K_2 seien zwei ganz innerhalb G gelegene Kreise mit dem Mittelpunkt z_0 und ohne gemeinsame Peripheriepunkte (Abb. 81). Da $f(z)$ in dem zwischen K_1 und K_2 liegenden zweifach zusammenhängenden Ringgebiet mit Einschluß des Randes regulär ist, so liefert der soeben hervorgehobene Spezialfall die Gleichung

$$\int_{K_1} f(z)\,dz = \int_{K_2} f(z)\,dz,$$

wenn K_1 und K_2 beide im positiven Sinne durchlaufen werden. Unser Satz besagt also: *Die Integrale über alle hinreichend kleinen Kreise mit*

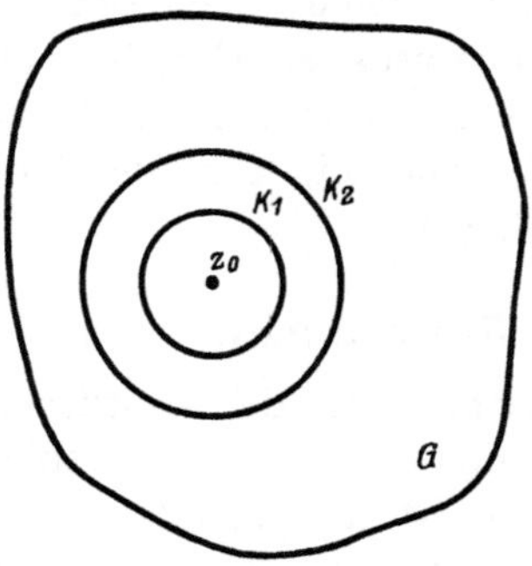

Abb. 81.

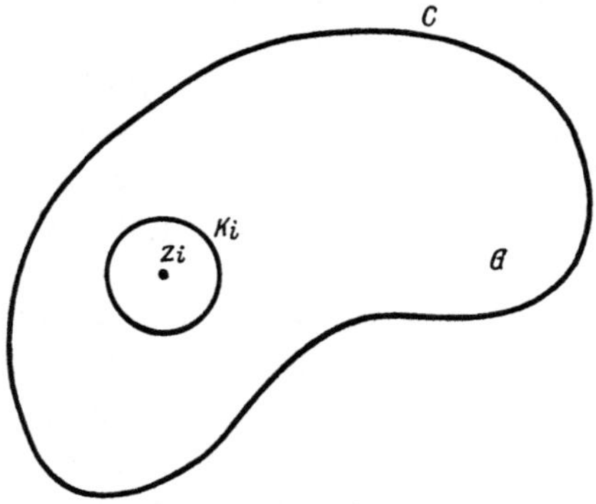

Abb. 82.

dem Mittelpunkt z_0 haben einen und denselben Wert. Das $\frac{1}{2\pi i}$-fache dieser durch die Funktion $f(z)$ und den Punkt z_0 völlig bestimmten Größe wird als das *Residuum* der Funktion $f(z)$ an der Stelle z_0 bezeichnet.

Eine Funktion $f(z)$ sei nun in dem einfach zusammenhängenden Gebiet G bis auf endlich viele im Innern liegende Punkte $z_1, z_2, \ldots, z_r$ und überdies auf dem ganzen Rande C von G regulär. Wir umgeben (vgl. Abb. 82) jeden der Punkte z_i $(i = 1, 2, \ldots, r)$ mit einem ganz innerhalb G gelegenen kleinen Kreis K_i, der (mit Einschluß seiner Peripherie) bis auf den Mittelpunkt z_i keine weitere der Stellen $z_1, z_2, \ldots, z_r$ enthält; überdies mögen die Kreise $K_1, K_2, \ldots, K_r$ so klein gewählt sein, daß sie sich gegenseitig nicht treffen. Wendet man den zu Beginn dieses Paragraphen bewiesenen Satz auf das aus G nach Ausschluß der r Kreisflächen entstehende $(r+1)$-fach zusammenhängende Gebiet an, so ergibt sich, wenn alle Integrationswege im positiven Sinne durchlaufen werden, die Formel

$$\int_C f(z)\,dz - \int_{K_1} f(z)\,dz - \int_{K_2} f(z)\,dz - \cdots - \int_{K_r} f(z)\,dz = 0$$

und hieraus

$$\int_C f(z)\,dz = \int_{K_1} f(z)\,dz + \int_{K_2} f(z)\,dz + \cdots + \int_{K_r} f(z)\,dz.$$

Da $f(z)$ im Innern und auf dem Rande jedes Kreises K_i mit Ausschluß des Mittelpunktes z_i regulär ist, so stellen in der letzten Gleichung die Glieder der rechten Seite die mit $2\pi i$ multiplizierten Residuen der Funktion $f(z)$ an den Stellen $z_1, z_2, \ldots, z_r$ dar, und es ergibt sich der *Cauchysche Residuensatz*:

Ist die Funktion $f(z)$ im Innern und auf dem Rande des einfach zusammenhängenden Gebietes G mit Ausschluß endlich vieler innerer Punkte $z_1, z_2, \ldots, z_r$ regulär, so ist das im positiven Sinne über den Rand von G erstreckte Integral $\int f(z)\,dz$ gleich der mit $2\pi i$ multiplizierten Summe der Residuen von $f(z)$ in den Punkten $z_1, z_2, \ldots, z_r$.

Auf S. 308 wird sich ein rechnerisch in den meisten Fällen brauchbares Mittel ergeben, das Residuum einer analytischen Funktion an einer gegebenen Stelle zu bestimmen. Hierdurch erhält dann der Cauchysche Residuensatz seine volle Fruchtbarkeit für die Auswertung bestimmter Integrale. Vgl. Kap. 3, § 5.

§ 6. Beispiele. Elementare Funktionen.

Die bisher gewonnenen Ergebnisse gestatten uns, die sämtlichen sogenannten elementaren Funktionen auch für das komplexe Gebiet zu definieren. Für die rationalen Funktionen ist dies bereits in § 1 hervorgehoben worden; auch der Prozeß der Differentiation liefert uns hier nichts Neues. Dagegen erhalten wir durch Integration rationaler Funktionen neue Funktionen. Das einfachste und wichtigste Beispiel liefert uns die Integration der Funktion $f(z) = \frac{1}{z}$.

Diese Funktion verhält sich für alle von Null verschiedenen Werte von z regulär. Bei Annäherung an den Punkt $z = 0$ hingegen wächst $|f(z)|$ über alle Grenzen, so daß sich also $f(z)$ in der Umgebung des Nullpunktes nicht mehr wie eine dort reguläre Funktion verhält. Umgibt man daher den Punkt $z = 0$ mit einer geschlossenen Kurve C, so ist auf diese der Cauchysche Integralsatz nicht anwendbar. In der Tat wird, wenn etwa C ein Kreis vom Radius ϱ um den Nullpunkt ist, auf C

$$z = \varrho(\cos\varphi + i\sin\varphi) \quad (0 \leqq \varphi < 2\pi),$$

$$dz = \varrho(-\sin\varphi + i\cos\varphi)\,d\varphi = i\,\varrho(\cos\varphi + i\sin\varphi)\,d\varphi, [1]$$

also bei positiver Umlaufung des Nullpunktes

$$\int_C \frac{dz}{z} = i\int_0^{2\pi} d\varphi = 2\pi i \quad (\neq 0). [2]$$

---

[1] Der Sinn dieser mitunter bequemen und auch im folgenden gelegentlich wiederkehrenden Bezeichnungsweise durch „Differentiale“ ist klar.

[2] Eine genauere Schreibweise statt $\int_C \frac{dz}{z}$ wäre $\int_C \frac{1}{z}\,dz$. Solche Vereinfachungen werden wir uns aber in Zukunft öfters erlauben.

Nach dem vorigen Paragraphen gilt die Gleichung

(1) $$\int_C \frac{dz}{z} = 2\pi i$$

nicht nur für den Kreis C, sondern für jede beliebige einfache geschlossene stückweise glatte Kurve um den Nullpunkt; denn wir können ϱ so klein wählen, daß der Kreis C ganz im Innern dieser Kurve liegt.

Für reelle positive Werte von z gilt bekanntlich

(2) $$\log z = \int_1^z \frac{dt}{t}.$$

Wir nehmen diese Formel als Definition der Funktion $\log z$, *des Logarithmus, auch für komplexe Werte von* z. Dann ist aber die Funktion $\log z$ nicht mehr eindeutig; wir können nämlich den Punkt 1 mit dem Punkte z durch zwei verschiedene Integrationswege verbinden, welche sich nicht ohne Überschreitung des Ausnahmepunktes $z=0$ stetig ineinander überführen lassen, indem sie z. B. zusammen eine einfache geschlossene, den Punkt 0 umschließende Kurve bilden, für welche der Gesamtwert des Integrales nicht 0, sondern, nach (1), gleich $2\pi i$ ist.

Der Logarithmus $\log z$ erweist sich also im komplexen Gebiete als eine (unendlich) vieldeutige Funktion von z. Will man eine eindeutige Bestimmung erzielen, so schneidet man die Ebene vom Nullpunkte an etwa längs der negativen reellen Achse bis ins Unendliche auf. Die so aufgeschnittene Ebene ist ein Gebiet mit einer Randlinie, in dessen Innerem die Funktion $\frac{1}{z}$ regulär ist und in dem das Integral $\zeta = \int_1^z \frac{dt}{t}$, wenn der Integrationsweg auf das Innere des Gebietes beschränkt wird, eine eindeutig bestimmte Funktion der oberen Grenze z mit der Ableitung $\frac{1}{z} \neq 0$ darstellt. Der so definierte Wert von $\log z$ heißt der *Hauptwert* des Logarithmus.

Die fundamentale Eigenschaft des Logarithmus ist das „*Additionstheorem*"

(3) $$\log z_1 + \log z_2 = \log(z_1 z_2),$$

eine Gleichung, die wegen der Mehrdeutigkeit des Logarithmus so zu verstehen ist, daß bei irgend welcher Bestimmung der Werte von $\log z_1$ und $\log z_2$ einer der Werte von $\log(z_1 z_2)$ gleich der Summe der beiden ersteren Logarithmen ist. Das Additionstheorem ergibt sich unmittelbar aus der folgenden Transformation:

$$\log z_1 + \log z_2 = \log z_1 + \int_1^{z_2} \frac{dt}{t} = \log z_1 + \int_1^{z_2} \frac{d(z_1 t)}{z_1 t} = \int_1^{z_1} \frac{dt}{t} + \int_{z_1}^{z_1 z_2} \frac{dt}{t}$$

$$= \int_1^{z_1 z_2} \frac{dt}{t} = \log(z_1 z_2).$$

Setzt man $z = x + iy = \varrho(\cos\varphi + i\sin\varphi)$, wobei $\varrho^2 = x^2 + y^2$, $\varrho \geqq 0$, $\operatorname{tg}\varphi = \frac{y}{x}$ ist, und integriert man über den in Abb. 83 angegebenen Weg, der aus dem Stück der reellen Achse von 1 bis ϱ und einem Kreisbogen vom Radius ϱ besteht, so wird

$$(4) \qquad \log z = \int_1^z \frac{dt}{t} = \int_1^{\varrho} + \int_{\varrho}^{z} = \log\varrho + i\int_0^{\varphi} d\psi = \log\varrho + i\varphi,$$

womit der komplexe Logarithmus auf reelle Funktionen zurückgeführt ist. Da $\log\varrho$ und φ alle reellen Werte annehmen können, so nimmt $\log z$ alle komplexen Werte an.

Nach dem Satze von § 2 besitzt die Funktion $\zeta = \log z$ für die Umgebung jeder von $z = 0$ verschiedenen Stelle eine Umkehrfunktion; diese heißt die *Exponentialfunktion* und wird mit $z = e^{\zeta}$ bezeichnet. Die Gleichung (4) lehrt, daß jedem Werte $\zeta = \log\varrho + i\varphi$ ein und nur ein von 0 verschiedener Punkt z zugeordnet ist, d. h. daß e^{ζ} in der ganzen ζ-Ebene eindeutig definiert ist. Speziell gilt für $|z| = \varrho = 1$

$\log\varrho = 0$, also $\log z = i\varphi$

oder

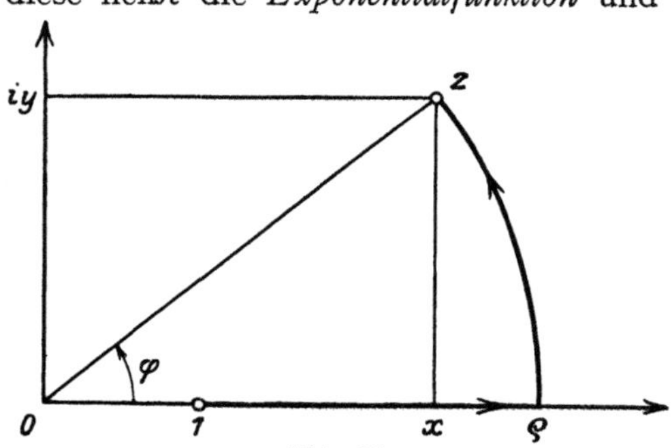

Abb. 83.

$$(5) \qquad z = \cos\varphi + i\sin\varphi = e^{i\varphi}.$$

Eine beliebige komplexe Zahl ζ gestattet nach (4) (mit ζ statt z) die Darstellung

$$\varrho(\cos\varphi + i\sin\varphi) = \zeta = e^{\log\zeta} = e^{\log\varrho + i\varphi},$$

und da $\log\zeta$ jede komplexe Zahl z bedeuten kann, so ergibt sich für beliebiges z die wichtige Gleichung

$$(6) \qquad |e^z| = e^{\Re z}.$$

Der Vieldeutigkeit des Logarithmus entsprechend besitzt die Exponentialfunktion die Periode $2\pi i$, d. h. sie genügt der Gleichung

$$e^{\zeta + 2\pi i} = e^{\zeta}.$$

Insbesondere ist

$$e^{2\pi i} = 1.$$

Aus dem Additionstheorem (3) folgt die Relation

$$e^{\log z_1} e^{\log z_2} = e^{\log z_1 + \log z_2},$$

$$e^a e^b = e^{a+b}.$$

Genau wie im Reellen folgt für den Differentialquotienten der Exponentialfunktion

$$\frac{d e^z}{d z} = e^z.$$

Die Einführung des Logarithmus erlaubt uns schließlich noch, die allgemeine Potenz z^α durch die Formel

$$z^\alpha = e^{\alpha \log z}$$

zu definieren.

Die hier eingeführten Funktionen werden wir auch noch in Kap. 4 untersuchen.

§ 7. Die Cauchysche Integralformel.

Der Cauchysche Integralsatz bzw. der allgemeinere Satz von S. 288 für mehrfach zusammenhängende Gebiete ermöglicht die Herleitung einer grundlegenden, ebenfalls von CAUCHY herrührenden Integralformel, welche den Wert einer analytischen Funktion $f(z)$ in einem beliebigen inneren Punkte z eines abgeschlossenen Regularitätsgebietes durch die Werte von $f(z)$ auf dem Rande ausdrückt [1].

Es sei $f(z)$ eine in dem Gebiete G reguläre analytische Funktion und C der stückweise glatte aus einfachen Kurven bestehende Rand eines ein- oder mehrfach zusammenhängenden, ganz in G liegenden abgeschlossenen Regularitätsgebietes, welches im positiven Sinne umlaufen wird und den Punkt z_0 in seinem Innern enthält. In dem Gebiet, welches aus G durch Ausschneiden eines Kreises um z_0 von hinreichend kleinem Radius ϱ entsteht, verhält sich also $\frac{f(z)}{z - z_0}$ regulär. Daher ist, wenn K die positiv umlaufene Kreisperipherie bedeutet,

$$\int\limits_C \frac{f(z)}{z - z_0}\, dz = \int\limits_K \frac{f(z)}{z - z_0}\, dz.$$

Nun gilt auf K

$$z = z_0 + \varrho e^{i\varphi} \qquad (0 \leqq \varphi < 2\pi),$$

also

$$dz = i\varrho e^{i\varphi} d\varphi, \qquad \frac{dz}{z - z_0} = i d\varphi$$

---

[1] CAUCHY, L. A.: Sur la mécanique céleste et sur un nouveau calcul appelé calcul des limites. Turin 1831 = Exerc. d'anal. et de phys. math., Bd. 2, Paris 1841.

und somit

$$\int_C \frac{f(z)}{z - z_0}\,dz = i\int_0^{2\pi} f(z_0 + \varrho e^{i\varphi})\,d\varphi. \tag{1}$$

Wegen der Stetigkeit von $f(z)$ im Punkte z_0 gilt bei beliebig klein vorgegebenem positivem ε für alle hinreichend kleinen Werte von ϱ und beliebige φ

$$|f(z_0 + \varrho e^{i\varphi}) - f(z_0)| < \varepsilon;$$

daher wird nach der Abschätzungsformel (2) aus § 3

$$\left|\int_0^{2\pi} (f(z_0 + \varrho e^{i\varphi}) - f(z_0))\,d\varphi\right| \leqq 2\pi\varepsilon,$$

$$\int_0^{2\pi} f(z_0 + \varrho e^{i\varphi})\,d\varphi = \int_0^{2\pi} f(z_0)\,d\varphi + \int_0^{2\pi} (f(z_0 + \varrho e^{i\varphi}) - f(z_0))\,d\varphi$$
$$= 2\pi f(z_0) + 2\pi\eta$$

mit $|\eta| \leqq \varepsilon$. Bei verschwindendem ϱ konvergiert mithin die rechte Seite der Gleichung (1) gegen $2\pi i f(z_0)$. Schreiben wir noch z statt z_0 und bezeichnen wir die Integrationsvariable mit t, so haben wir damit die *Integralformel von* CAUCHY bewiesen:

$$f(z) = \frac{1}{2\pi i}\int_C \frac{f(t)}{t - z}\,dt. \tag{2}$$

Durch diese Formel sind die Werte einer analytischen Funktion im Inneren eines abgeschlossenen Regularitätsbereiches vermittels der am Rande angenommenen „*Randwerte*" der Funktion ausgedrückt.

In derselben Weise wie bei der allgemeineren Formulierung des Cauchyschen Integralsatzes (vgl. § 4, S. 283f.) erkennen wir hier, *daß die Cauchysche Integralformel* (2) *auch noch gültig bleibt, wenn die Funktion in dem von der Kurve C begrenzten abgeschlossenen Bereiche stetig ist, ihr analytischer Charakter aber nur für das Innere vorausgesetzt wird.*

Die eben durchgeführten Betrachtungen führen in einfacher Weise zu einigen prinzipiell wichtigen Ergebnissen.

Wir zeigen zunächst: *Die Ableitung einer analytischen Funktion ist wieder eine analytische Funktion.* Zu diesem Zwecke beweisen wir sogleich folgende weitergehende Tatsache: *Ist $\varphi(z)$ irgendeine längs der einfachen geschlossenen, stückweise glatten Kurve C stetige komplexe Funktion*[1], *so wird durch die Gleichung*

$$f(z) = \frac{1}{2\pi i}\int_C \frac{\varphi(t)}{t - z}\,dt \tag{3}$$

[1] D. h. eine stetig von der Bogenlänge abhängige Größe.

eine im Innern von C reguläre analytische Funktion definiert, deren sämtliche Ableitungen existieren und durch die Formel

$$f^{(n)}(z) = \frac{n!}{2\pi i}\int_C \frac{\varphi(t)}{(t-z)^{n+1}}\,dt \qquad (n = 1, 2, \ldots) \tag{4}$$

gegeben sind.

Bedeutet nämlich z einen beliebigen Punkt im Innengebiet G von C, so folgt für hinreichend kleine, von Null verschiedene, sonst aber ganz beliebige Werte von h die Beziehung:

$$\frac{f(z+h)-f(z)}{h} - \frac{1}{2\pi i}\int_C \frac{\varphi(t)}{(t-z)^2}\,dt \tag{5}$$

$$= \frac{1}{2\pi i}\int_C \varphi(t)\left\{\frac{1}{h}\left(\frac{1}{t-z-h} - \frac{1}{t-z}\right) - \frac{1}{(t-z)^2}\right\}dt$$

$$= \frac{h}{2\pi i}\int_C \frac{\varphi(t)}{(t-z-h)(t-z)^2}\,dt.$$

Der absolute Betrag von $\varphi(t)$ ist auf C beschränkt, und der Nenner $(t-z-h)(t-z)^2$ bleibt bei hinreichend kleinem Betrage von h absolut genommen oberhalb einer festen positiven Schranke, da die Entfernungen des Punktes z von den Punkten von C eine positive untere Grenze haben. Mithin konvergiert (wieder nach § 3, (2)) bei verschwindendem h die rechte Seite in (5) gegen Null, und wir erhalten

$$\lim_{h\to 0}\frac{f(z+h)-f(z)}{h} = f'(z) = \frac{1}{2\pi i}\int_C \frac{\varphi(t)}{(t-z)^2}\,dt.$$

Damit ist die Existenz der Ableitung $f'(z)$ von $f(z)$ bewiesen. Eine ganz analoge Betrachtung lehrt die Existenz der weiteren Ableitungen $f''(z)$, $f'''(z)$, ... und die Gültigkeit der Formel (4); aus der Existenz von $f''(z)$ folgt weiter die Stetigkeit von $f'(z)$ und somit der analytische Charakter von $f(z)$ in G.

Es sei ausdrücklich darauf hingewiesen, daß die durch Formel (3) definierte Funktion keineswegs die Randwerte $\varphi(z)$ zu besitzen braucht[1]. Damit dies erfüllt sei, muß die komplexe Funktion $\varphi(z)$ ganz bestimmten Bedingungen genügen, die wir später (in Kap. 3, § 11) angeben werden.

[1] Als Beispiel betrachten wir etwa den Einheitskreis und setzen auf ihm $\varphi(t) = \frac{1}{t}$. Für jeden von 0 verschiedenen Punkt z im Innern des Einheitskreises hat die durch (3) dargestellte Funktion den Wert

$$\int_C \frac{1}{t(t-z)}\,dt = \frac{1}{z}\left(\int_C \frac{1}{t-z}\,dt - \int_C \frac{1}{t}\,dt\right) = \frac{1}{z}(2\pi i - 2\pi i),$$

also den Wert 0 (der übrigens auch im Nullpunkt vorliegt).

Wissen wir aber von vornherein, daß $\varphi(z)$ mit den Randwerten einer analytischen Funktion $f(z)$ übereinstimmt, so ergibt sich auf Grund der Cauchyschen Integralformel speziell das Resultat: *Eine analytische Funktion $f(z)$ besitzt stetige Ableitungen, welche durch die Formeln*

$$f^{(n)}(z) = \frac{n!}{2\pi i}\int\limits_C \frac{f(t)}{(t-z)^{n+1}}\,dt \qquad (n = 1, 2, \ldots) \tag{6}$$

gegeben werden; es sind also sämtliche Ableitungen analytischer Funktionen wieder analytische Funktionen[1]. Hierbei bedeutet C eine den Punkt z umschließende Kurve, welche samt ihrem Innern in dem Regularitätsgebiet der Funktion $f(z)$ gelegen ist.

Der vorstehende Beweis bleibt Wort für Wort erhalten, wenn G nicht das Innen-, sondern das Außengebiet der Kurve C bedeutet und z in G liegt. Daher stellen die Formeln (3) und (4) nicht nur für das Innere, sondern auch für das Äußere der betrachteten Kurve C eine analytische Funktion nebst ihren Ableitungen dar. Diese beiden analytischen Funktionen haben aber an sich nichts miteinander zu tun. Ist beispielsweise $\varphi(z)$ mit den Randwerten einer im Innern und auf der Kurve C gegebenen regulären Funktion $f(z)$ identisch, so stellt das Integral (3) für jeden Wert von z außerhalb C den Wert 0 dar, wie unmittelbar aus dem Cauchyschen Satze folgt, da die Funktion $\frac{f(z)}{z - z_0}$ für alle außerhalb C gelegenen Punkte z_0 eine innerhalb C und auf C reguläre analytische Funktion darstellt.

Ist aber C eine einfache *nicht* geschlossene Kurve, so stellen die Formeln (3) und (4) eine in der ganzen Ebene mit Ausschluß der Kurve C reguläre analytische Funktion dar. Auch hierfür gilt wörtlich der obige Beweis.

Aus den gewonnenen Resultaten folgt die *Umkehrung des Cauchyschen Integralsatzes*[2], nämlich der Satz: *Ist die Funktion $f(z)$ in dem Gebiete G stetig und verschwindet das Integral von $f(z)$ über jede beliebige ganz in G liegende einfache geschlossene Kurve, so ist $f(z)$ in G analytisch.*

Zum Beweise brauchen wir nur auf die Überlegungen von § 3 zurückzugehen. Sind z_0 und Z zwei Punkte in G, so ist das Integral $\int\limits_{z_0}^{Z} f(z)\,dz$ nach unserer Voraussetzung vom Integrationswege unabhängig und bei festem z_0 und variablem Z eine Funktion $F(Z)$ von Z allein, deren Real- und Imaginärteil stetig sind und stetige partielle Ableitungen besitzen, die den Cauchy-Riemannschen Differentialgleichungen ge-

[1] Im Komplexen liegen also die Verhältnisse wesentlich anders als im Reellen, wo die Existenz und Stetigkeit der ersten Ableitung keineswegs die aller weiteren nach sich zieht.

[2] In der Literatur auch als „*Satz von* MORERA“ bezeichnet.

nügen (vgl. S. 281). Daher ist $F(z)$ eine analytische Funktion von z, also nach den obigen Resultaten auch ihre Ableitung $f(z)$.

Wir sehen aus diesem Resultat, daß wir beim Aufbau der Funktionentheorie ebensogut von der Forderung der Integrierbarkeit wie von der der Differenzierbarkeit hätten ausgehen können. (Vgl. die Einleitung zu diesem Kapitel.)

§ 8. Konforme Abbildung.

In unsern weiteren Entwicklungen wird eine Eigenschaft der analytischen Funktionen im Mittelpunkt der Betrachtung stehen, welche den geometrischen Ausdruck der Differenzierbarkeit bildet: die *konforme Abbildung.*

Indem wir jedem Punkte des Gebietes G der z-Ebene durch die in G analytische Funktion $\zeta = f(z)$ einen Punkt der ζ-Ebene zuordnen, erhalten wir eine Abbildung des Gebietes G auf eine gewisse Punktmenge der ζ-Ebene. Wir wollen jetzt die Natur dieser Abbildung genauer studieren. Es sei z ein Punkt von G, in dem $f'(z) \neq 0$ ist. Nach dem in § 2 bewiesenen Satze von der Gebietstreue einer durch eine analytische Funktion vermittelten Abbildung wird eine hinreichend kleine Umgebung des Punktes z umkehrbar eindeutig auf eine Umgebung des entsprechenden Punktes der ζ-Ebene abgebildet.

Durch den Punkt z legen wir zwei Kurven C_1 und C_2, die mit bestimmten Orientierungen versehen sind und im Punkte z die beiden mit dem entsprechenden Richtungssinn versehenen Tangenten t_1 und t_2 besitzen mögen; mit φ_1 und φ_2 bezeichnen wir die Winkel von t_1 und t_2 gegen die positive x-Achse, mit $\delta = \varphi_2 - \varphi_1$ den zwischen ihnen eingeschlossenen Winkel. Nun sei $z_1 = z + h_1$ ein Punkt auf C_1, der also mit verschwindendem absoluten Betrage von h_1 gegen z rückt, $z_2 = z + h_2$ ein ebensolcher Punkt auf C_2; dann wird sowohl

$$\lim_{h_1 \to 0} \frac{f(z+h_1) - f(z)}{h_1} = f'(z) \tag{1}$$

wie auch

$$\lim_{h_2 \to 0} \frac{f(z+h_2) - f(z)}{h_2} = f'(z)\,. \tag{2}$$

Nehmen wir insbesondere h_1 und h_2 von gleichem absolutem Betrage r, indem wir

$$h_1 = r\,e^{i\psi_1}, \qquad h_2 = r\,e^{i\psi_2} \tag{3}$$

setzen, wo ψ_1 und ψ_2 noch von r abhängen, so folgt aus (1) und (2) wegen $f'(z) \neq 0$

$$\lim_{r \to 0} \left(\frac{f(z+h_2) - f(z)}{f(z+h_1) - f(z)} \cdot \frac{h_1}{h_2} \right) = 1\,,$$

also, da bei geeigneter Normierung von ψ_1 und ψ_2 (die man ja nach Belieben um Vielfache von 2π vermehren kann)

$$\lim_{r\to 0}\psi_1 = \varphi_1, \qquad \lim_{r\to 0}\psi_2 = \varphi_2$$

ist,

$$\lim_{r\to 0}\frac{f(z+h_2)-f(z)}{f(z+h_1)-f(z)} = e^{i\delta}.$$

Schreiben wir

$$f(z+h_1)-f(z) = \varrho_1 e^{i\chi_1}, \qquad f(z+h_2)-f(z) = \varrho_2 e^{i\chi_2},$$

so nimmt die letzte Beziehung die Form

$$\lim_{r\to 0}\frac{\varrho_2}{\varrho_1} e^{i(\chi_2-\chi_1)} = e^{i\delta}$$

an, und diese Gleichung zerfällt sofort in die beiden Relationen

$$\lim_{r\to 0}\frac{\varrho_2}{\varrho_1} = 1, \tag{4}$$

$$\lim_{r\to 0}(\chi_2-\chi_1) = \delta, \tag{5}$$

falls bei Messung der Winkel von Vielfachen von 2π abgesehen wird. Nun werden, wie man leicht sieht, durch die Funktion $f(z)$ die Kurven C_1, C_2 der z-Ebene auf zwei Kurven Γ_1, Γ_2 der ζ-Ebene abgebildet, welche im Punkte $\zeta = f(z)$ Tangenten besitzen; nach der Definition von χ_1 und χ_2 konvergieren diese Winkel bei gegen Null abnehmendem r gegen zwei Winkel, welche die Tangenten τ_1 und τ_2 von Γ_1 und Γ_2 im Punkte ζ mit der positiv-reellen Achse bilden. Die Relation (5) besagt daher, daß der Winkel zwischen den Tangenten τ_1 und τ_2 in der ζ-Ebene gleich dem entsprechenden Winkel zwischen den Tangenten t_1 und t_2 in der z-Ebene ist; der Richtungssinn auf τ_1 und τ_2 ist hierbei entsprechend derjenigen Orientierung der Kurven Γ_1 und Γ_2 gewählt, die sich vermöge der Abbildung aus dem Richtungssinn von C_1 und C_2 ergibt. *Bildet man also die z-Ebene durch die analytische Funktion $f(z)$ auf die ζ-Ebene ab, so bleiben die Winkel zwischen entsprechenden Kurven in jedem Punkte, für den $f'(z) \neq 0$ ist, der Größe und dem Sinne nach erhalten*; die Abbildung ist, wie man auch sagt, „winkeltreu“ oder „konform“.

Als Ergebnis halten wir fest: *Eine analytische Funktion vermittelt eine konforme Abbildung, genauer eine konforme Abbildung mit Erhaltung des Drehsinns.*

Man kann die obigen Schlüsse rückwärts durchlaufen und erkennt so, daß aus der Konformität der Abbildung unter Voraussetzung der Existenz und Stetigkeit der Ableitungen von u und v umgekehrt die Differenzierbarkeit der Funktion $\zeta = f(z) = u + iv$ folgt. Setzt man noch voraus, daß u_x und v_x in dem betrachteten Gebiet nirgends beide zugleich verschwinden, so folgt überdies, daß $f'(z)$ in dem Gebiet überall von Null verschieden ist.

Die Konformität der Abbildung ist unter der eben erwähnten Voraussetzung mit dem analytischen Charakter der Abbildungsfunktion mit der Nebenbedingung des Nichtverschwindens der Ableitung äquivalent.

Bei einer winkeltreuen Abbildung muß ein kleines Dreieck der z-Ebene offenbar annähernd in ein ähnliches Dreieck der ζ-Ebene übergehen. Man nennt daher eine konforme Abbildung auch „*in den kleinsten Teilen ähnlich*". Der Ausdruck

$$|f'(z)| = \sqrt{u_x^2 + v_x^2} = \sqrt{u_y^2 + v_y^2}$$

stellt dabei, wie aus Gleichung (1) hervorgeht, das *lineare Vergrößerungsverhältnis* dar.

Wird durch die analytische Funktion $\zeta = f(z)$ ein Gebiet G der xy-Ebene auf ein Gebiet Γ der uv-Ebene konform abgebildet, so ist der Flächeninhalt des Bildgebietes Γ durch das Integral

$$\iint_\Gamma du\,dv = \iint_G (u_x v_y - u_y v_x)\,dx\,dy = \iint_G (u_x^2 + v_x^2)\,dx\,dy$$
$$= \iint_G |f'(z)|^2\,dx\,dy$$

gegeben.

Für die Konformität der Abbildung ist das Nichtverschwinden der Ableitung wesentlich. Wir werden später (Kap. 4, § 1 und 2) sehen, wie sich die Abbildung an Stellen verhält, für welche die Ableitung verschwindet.

Neben den betrachteten konformen Abbildungen, welche Größe und Drehsinn der Winkel erhalten, treten gelegentlich auch Abbildungen auf, bei denen zwar die Größe der Winkel erhalten bleibt, aber ihr Drehsinn umgekehrt wird. Eine solche Abbildung werden wir stets als *konforme Abbildung mit Umlegung der Winkel* bezeichnen. Das einfachste Beispiel einer derartigen Abbildung bekommen wir durch

$$\zeta = \bar{z},$$

wobei $\bar{z}$, wie üblich, die zu $z = x + iy$ konjugiert komplexe Zahl $\bar{z} = x - iy$ bezeichnet; geometrisch bedeutet diese Abbildung eine Spiegelung an der reellen Achse. Ebenso definiert die Zuordnung von z zu den konjugiert komplexen Werten $\bar{\zeta}$ einer analytischen Funktion $\zeta = f(z)$ eine konforme Abbildung mit Umlegung der Winkel. Da umgekehrt jede solche Zuordnung von $\bar{\zeta}$ und z zu einer analytischen Funktion $\zeta = f(z)$ führt, so folgt hieraus, daß wir auf diese Art zu allen konformen Abbildungen mit Umlegung der Winkel gelangen. Als einfaches Beispiel dürfte dem Leser die Transformation durch reziproke Radien bekannt sein, auf die wir auch später eingehen werden (Kap. 4, § 3).

Die Bedeutung konformer Abbildungen für die Anwendungsgebiete der Mathematik (Kartenprojektion u. a.) ist hinreichend bekannt.

Drittes Kapitel.

Folgerungen aus der Cauchyschen Integralformel.

Bevor wir daran gehen, die Konsequenzen des Begriffes der konformen Abbildung zu entwickeln, wollen wir in diesem Kapitel eine Reihe von allgemeinen funktionentheoretischen Tatsachen ableiten, welche alle mehr oder weniger unmittelbare Folgerungen aus der Cauchyschen Integralformel sind.

§ 1. Der Satz vom arithmetischen Mittel. Prinzip vom Maximum und Schwarzsches Lemma.

Durch Anwendung der Cauchyschen Integralformel auf einen mit dem Radius ϱ um den Punkt z beschriebenen Kreis, welcher ein abgeschlossenes Regularitätsgebiet der Funktion $f(z)$ bildet, bekommen wir die Formel

$$f(z) = \frac{1}{2\pi}\int_0^{2\pi} f(z + \varrho e^{i\varphi})\, d\varphi. \tag{1}$$

Der Wert von $f(z)$ im Punkte z ist also gleich dem arithmetischen Mittel der Funktionswerte auf dem Umfange des Kreises um z.

Ist M eine obere Schranke für den absoluten Betrag von $f(z)$ auf dem Kreis, so folgt aus der Formel (1) unmittelbar $|f(z)| \leqq M$.

Dieser Abschätzung können wir den folgenden als „*Prinzip vom Maximum und Minimum*" bezeichneten Satz entnehmen: *Der absolute Betrag einer im abgeschlossenen Gebiete G regulären analytischen Funktion $f(z)$ erreicht seinen größten und, wenn $f(z)$ in G nullstellenfrei ist, auch seinen kleinsten Wert auf dem Rande von G, und zwar, wenn $f(z)$ in G nicht konstant ist, auch nur auf dem Rande.*

Wir schicken die Bemerkung voraus, daß $|f(z)|$ dann und nur dann konstant wird, wenn $f(z) = u + iv$ eine Konstante ist. Man erkennt dies entweder durch Übergang zur Funktion $\log f(z)$ oder dadurch, daß man die Gleichung $u^2 + v^2 = \text{konst.}$ nach x und y differenziert und dadurch unter Berücksichtigung der Cauchy-Riemannschen Differentialgleichungen zu den beiden Relationen $vu_x - uv_x = 0$, $uu_x + vv_x = 0$ gelangt; aus diesen folgt, daß entweder die Determinante $u^2 + v^2$ oder $u_x = v_y$ und $v_x = -u_y$ verschwindet.

Ist $f(z)$ konstant, so ist der obige Satz trivial. Würde bei nicht konstantem $f(z)$, also auch nicht konstantem $|f(z)|$, der größte Wert M von $|f(z)|$ im Inneren von G angenommen, so müßte es auch einen inneren Punkt z^* geben, in welchem $|f(z^*)| = M$ ist und in dessen beliebig klein gewählter Umgebung Punkte liegen, für die $|f(z)| < M$ wird.

Man könnte also um z^* einen ganz in G gelegenen Kreis vom Radius ϱ derart beschreiben, daß $|f(z)|$ auf seinem Rande nirgends größer als M, längs eines oder einiger Stücke des Randes aber kleiner als M ist. Dies steht aber im Widerspruch mit der nach (1) notwendigen Ungleichung

$$M \leqq \frac{1}{2\pi}\int_0^{2\pi} |f(z^* + \varrho\, e^{i\varphi})|\, d\varphi. \tag{2}$$

Die Behauptung über das Minimum ergibt sich durch Anwendung des eben bewiesenen Satzes auf die unter der Voraussetzung der Nullstellenfreiheit in G reguläre Funktion $\frac{1}{f(z)}$.

Eine unmittelbare Folgerung aus dem Satze vom Maximum und Minimum ist das sogenannte *Schwarzsche Lemma.*

Es sei $f(z)$ eine im Einheitskreise $|z| < 1$ reguläre analytische Funktion mit $f(0) = 0$, für welche

$$|f(z)| \leqq 1 \quad \text{für alle } z \text{ mit} \quad |z| < 1$$

gilt. Dann besagt das Schwarzsche Lemma, daß für $|z| < 1$ sogar

$$|f(z)| \leqq |z|$$

bleibt, wobei das Gleichheitszeichen nur dann in mindestens einem Punkte gilt, wenn $f(z)$ die Form

$$f(z) = e^{i\gamma} z \qquad (\gamma \text{ reell})$$

hat.

Zum Beweise betrachten wir die Funktion $\frac{f(z)}{z}$. Wie man durch Entwicklung von $f(z)$ in eine Potenzreihe und Division durch z sieht, ist die Funktion $\frac{f(z)}{z}$ für $|z| < 1$ (also auch im Nullpunkt) regulär, und ihr Betrag nimmt für jeden Kreis $|z| \leqq R$ mit $R < 1$ sein Maximum auf der Peripherie an. Nach Voraussetzung gilt also

$$\frac{|f(z)|}{|z|} \leqq \frac{1}{R},$$

woraus sich durch den Grenzübergang $R \to 1$ sofort die Behauptung ergibt. Wenn das Gleichheitszeichen an einer einzigen Stelle gilt, so muß für $|z| < 1$ durchweg $\frac{|f(z)|}{|z|} = 1$ sein, da dann $\frac{|f(z)|}{|z|}$ sein Maximum in einem inneren Punkte annimmt; also ist auch $\frac{f(z)}{z}$ konstant und $f(z) = e^{i\gamma} z$, wo γ eine reelle Konstante bedeutet.

§ 2. Abschätzungsformeln. Satz von Liouville.

Aus der Integralformel (6) von Kap. 2, § 7 können wir leicht Abschätzungsformeln für die Ableitungen einer analytischen Funktion im Innern eines Regularitätsgebiets erhalten. Es sei C eine einfach geschlossene Kurve der Länge L, welche samt ihrem Innern dem Regularitätsgebiet der Funktion $f(z)$ angehört; ferner sei M eine obere Schranke für die Werte von $|f(z)|$ auf der Kurve C und z ein Punkt im Innern von C, welcher von dieser Kurve einen Abstand mindestens gleich δ besitzt. Dann folgt aus Formel (2) von Kap. 2, § 7 die Abschätzung

$$(1) \qquad |f(z)| \leqq \frac{ML}{2\pi\delta}$$

bzw. aus (6) Kap. 2, § 7 die Abschätzung

$$(2) \qquad |f^{(n)}(z)| \leqq \frac{n!\,ML}{2\pi\delta^{n+1}} \qquad (n = 1, 2, \ldots),$$

die für $n = 0$ die vorige umfaßt. Ist C insbesondere ein Kreis um den Punkt z mit einem Radius ϱ, so gilt

$$(3) \qquad |f^{(n)}(z)| \leqq \frac{n!\,M}{\varrho^n} \qquad (n = 0, 1, 2, \ldots).$$

Aus dieser Formel, welche für $n = 1$

$$(4) \qquad |f'(z)| \leqq \frac{M}{\varrho}$$

lautet, folgt der *Liouvillesche Satz*: *Wenn eine Funktion in der ganzen Ebene regulär und beschränkt ist, so ist sie eine Konstante.* Man kann dann nämlich den Radius ϱ beliebig groß nehmen, so daß aus (4) folgt: $f'(z)$ ist identisch Null.

§ 3. Gleichmäßige Konvergenz. Ein Konvergenzsatz von Weierstraß.

Wir wenden uns nunmehr von der Untersuchung einzelner analytischer Funktionen zu der Betrachtung von Funktionenmengen, wobei uns vor allem die Frage der Konvergenz von Funktionenfolgen interessiert. Hierzu erinnern wir an den Begriff der gleichmäßigen Konvergenz (Kap. 1, § 1). Eine Funktionenfolge $f_1(z), f_2(z), \ldots$, die in einer Punktmenge M definiert ist, heißt in M *gleichmäßig konvergent*, wenn sie in jedem Punkte z von M konvergiert und zwar für alle diese Punkte „gleich gut“, in folgendem präzisen Sinne: Ist $f(z)$ die in M definierte Grenzfunktion $\lim\limits_{n\to\infty} f_n(z)$, so läßt sich zu gegebenem $\varepsilon > 0$ stets eine natürliche Zahl N finden von der Beschaffenheit, daß für $n \geqq N$

$$|f_n(z) - f(z)| < \varepsilon$$

ist — gleichgültig, welchen speziellen Punkt z von M man dabei ins Auge faßt. Ist G ein Gebiet oder C eine stetige Kurve in der Ebene und sind die Funktionen $f_n(z)$ in G oder längs C stetig, so ist auch die Grenzfunktion $f(z) = \lim\limits_{n\to\infty} f_n(z)$ in G bzw. längs C stetig; das kann man genau so beweisen wie den entsprechenden Satz im Reellen.

Sind die Funktionen $f_1(z)$, $f_2(z)$, ... längs der stückweise glatten Kurve C stetig und konvergiert ihre Folge auf C gleichmäßig, so genügt die Grenzfunktion $f(z)$ der Bedingung

$$\lim_{n\to\infty} \int_C f_n(z)\,dz = \int_C f(z)\,dz\,.$$

Zunächst folgt nämlich aus dem oben Gesagten die Stetigkeit, also auch die Integrierbarkeit von $f(z)$. Da nun

$$\left|\int_C f_n(z)\,dz - \int_C f(z)\,dz\right| = \left|\int_C (f_n(z) - f(z))\,dz\right|$$

ist, so folgt aus der gleichmäßigen Abschätzung von $|f_n(z) - f(z)|$ und der Integralabschätzung § 3, (2) unser Satz genau so wie der analoge Satz im Reellen.

Man kann diesen Satz kurz so aussprechen: Bei gleichmäßiger Konvergenz darf man Integral- und Limeszeichen vertauschen.

Unter den tieferen Sätzen über konvergente Funktionenfolgen steht nun an erster Stelle der folgende von Weierstrasz herrührende Satz: *Ist $f_1(z)$, $f_2(z)$, $f_3(z)$, ... eine Folge von Funktionen, welche in dem einfach zusammenhängenden Gebiete G mit der Randkurve C einschließlich des Randes regulär sind und auf dem Rande gleichmäßig konvergieren, so konvergieren sie auch im Innern gleichmäßig. Die Grenzfunktion $f(z)$ ist eine in G reguläre analytische Funktion, deren Ableitungen die Grenzfunktionen der entsprechenden Ableitungen von $f_1(z)$, $f_2(z)$, $f_3(z)$, ... sind.*

Die gleichmäßige Konvergenz für das Innere von G folgt sofort aus dem Satze vom Maximum und Minimum, da das Maximum des Absolutbetrages der Differenz $f_n(z) - f_m(z)$ auf dem Rande C erreicht wird. Die Funktionenfolge $\frac{f_\nu(t)}{t-z}$ $(\nu = 1, 2, 3, \ldots)$ konvergiert offenbar ebenso wie die Funktionenfolge $f_\nu(t)$ längs C *gleichmäßig*. In der Formel

$$f(z) = \lim_{\nu\to\infty} f_\nu(z) = \lim_{\nu\to\infty} \frac{1}{2\pi i}\int_C \frac{f_\nu(t)}{t-z}\,dt$$

darf man also nach dem obigen Hilfssatz Integral- und Limeszeichen vertauschen, und demnach läßt sich die Grenzfunktion $f(z)$ im Innern von G mittels der Cauchyschen Integralformel darstellen:

$$f(z) = \frac{1}{2\pi i}\int_C \frac{f(t)}{t-z}\,dt\,.$$

Hieraus ergibt sich, wie in Kap. 2, § 7 gezeigt wurde, unmittelbar die stetige Differenzierbarkeit der Grenzfunktion im Innern, d. h. ihr analytischer Charakter, und derselbe Paragraph liefert für die Ableitung die Formel

$$f'(z) = \frac{1}{2\pi i}\int_C \frac{f(t)}{(t-z)^2}\,dt\,,$$

woraus wegen der leicht einzusehenden gleichmäßigen Konvergenz der Funktionenfolge $\frac{f_\nu(t)}{(t-z)^2}$ $(\nu = 1, 2, 3, \ldots)$ wiederum

$$f'(z) = \lim_{\nu\to\infty} \frac{1}{2\pi i}\int\limits_C \frac{f_\nu(t)}{(t-z)^2}\,dt = \lim_{\nu\to\infty} f_\nu'(z)$$

folgt. In derselben Weise ergibt sich auch für die n-te Ableitung die Formel

$$f^{(n)}(z) = \lim_{\nu\to\infty} f_\nu^{(n)}(z).$$

Es ist mitunter nützlich, den Begriff der gleichmäßigen Konvergenz durch einen anderen, ihm gleichwertigen Begriff zu ersetzen. Einen solchen liefert die folgende Definition:

Eine in dem Gebiet G definierte Folge von Funktionen $f_1(z), f_2(z), \ldots$ heißt in G *stetig konvergent* gegen eine Funktion $f(z)$, wenn folgende Bedingung erfüllt ist: Ist z ein beliebiger Punkt aus G und $z_1, z_2, z_3, \ldots$ irgend eine Folge von Punkten, die gleichfalls zu G gehören und überdies gegen z konvergieren, so konvergiert $f_n(z_n)$ gegen $f(z)$, unabhängig von der speziellen Wahl der Punkte z_n.

Insbesondere dürfen dabei alle z_n mit z zusammenfallen. Aus der stetigen Konvergenz folgt also die Konvergenz im gewöhnlichen Sinne.

Ist B ein beschränktes abgeschlossenes Gebiet, so ist eine Folge stetiger Funktionen $f_1(z), f_2(z), \ldots$ dann und nur dann in B gleichmäßig konvergent, wenn sie dort stetig konvergent ist.

Daß aus der gleichmäßigen Konvergenz die stetige folgt, ist leicht zu sehen. Es sei $\lim\limits_{n\to\infty} z_n = z$, wobei z und die z_n zu B gehören. Bei gegebenem $\varepsilon > 0$ ist dann in der Ungleichung

$$|f_n(z_n) - f(z)| \leqq |f_n(z_n) - f(z_n)| + |f(z_n) - f(z)|$$

wegen der gleichmäßigen Konvergenz das erste Glied der rechten Seite kleiner als $\frac{\varepsilon}{2}$, sobald etwa $n \geqq N(\varepsilon)$ gemacht wird. Da überdies die Grenzfunktion $f(z)$ als gleichmäßiger Limes stetiger Funktionen in B stetig ist, so ist, wenn N hinreichend groß gewählt wird, für $n \geqq N$ auch $|f(z_n) - f(z)| < \frac{\varepsilon}{2}$, demnach

$$|f_n(z_n) - f(z)| < \varepsilon,$$

womit die stetige Konvergenz bewiesen ist.

Umgekehrt setzen wir nun die stetige Konvergenz der $f_n(z)$ voraus. Es sei $N_1, N_2, N_3, \ldots$ eine Folge ganzer Zahlen, die ins Unendliche wachsen. Wäre die Konvergenz der $f_n(z)$ nicht gleichmäßig, so gäbe es ein $\alpha > 0$ und eine Folge in B gelegener Punkte $z_1, z_2, z_3, \ldots$ von der

Beschaffenheit, daß für $k = 1, 2, 3, \ldots$ jedesmal für ein geeignetes $n = n(k) \geqq N_k$

$$|f_n(z_k) - f(z_k)| > \alpha \tag{1}$$

wäre. Für jedes feste k strebt aber die Folge der Zahlen $f_1(z_k), f_2(z_k), \ldots$ gegen den Grenzwert $f(z_k)$. Wegen (1) gäbe es also zu jedem k einen weiteren Index m, den wir größer als n wählen können, so daß auch schon

$$|f_n(z_k) - f_m(z_k)| > \alpha \tag{2}$$

wäre. Da nun der Bereich B beschränkt und abgeschlossen ist, so hat die Folge der Punkte z_k mindestens einen in B gelegenen Häufungspunkt z. Ohne Beschränkung der Allgemeinheit können wir annehmen, daß $z = \lim\limits_{k \to \infty} z_k$ ist. Läßt man in (2) die Zahl k und damit n und m über alle Grenzen wachsen, so folgt wegen der vorausgesetzten stetigen Konvergenz:

$$|f(z) - f(z)| > \alpha$$

und damit ein Widerspruch, so daß die Annahme ungleichmäßiger Konvergenz hinfällig wird.

Wie sich aus diesem Satz ohne weiteres ergibt, ist eine Folge stetiger Funktionen in einem beschränkten *offenen* Gebiet dann und nur dann stetig konvergent, wenn sie in jedem abgeschlossenen Teilbereich gleichmäßig konvergiert.

§ 4. Die Taylorsche und Laurentsche Reihe.

Die Cauchysche Integralformel erlaubt uns, eine analytische Funktion in eine Potenzreihe zu entwickeln und damit den Anschluß an den Weierstraßschen Aufbau der Funktionentheorie herzustellen. Diese Überlegungen seien hier in Kürze durchgeführt.

Bedeutet z_0 einen festen Punkt im Innern der Kurve C, so erhalten wir aus der Cauchyschen Integralformel für die Punkte z innerhalb von C die Gleichung

$$f(z) = \frac{1}{2\pi i}\int\limits_C \frac{f(t)}{t-z}\,dt = \frac{1}{2\pi i}\int\limits_C \frac{f(t)}{t-z_0}\,\frac{1}{1-\dfrac{z-z_0}{t-z_0}}\,dt. \tag{1}$$

In ihr können wir den zweiten Faktor im Integranden in die geometrische Reihe

$$\frac{1}{1-\dfrac{z-z_0}{t-z_0}} = 1 + \frac{z-z_0}{t-z_0} + \left(\frac{z-z_0}{t-z_0}\right)^2 + \cdots$$

entwickeln, wenn der Quotient $\frac{z-z_0}{t-z_0}$ absolut kleiner als 1 ist. Dies trifft sicher dann zu, wenn z im Innern eines Kreises K um den Punkt z_0 liegt, welcher samt seinem Rande ganz dem Innern von C angehört, und zwar konvergiert die Reihe dann sogar gleichmäßig in bezug auf t. Nach § 3 dürfen wir also nach Eintragung der geometrischen Reihe in die Gleichung (1) gliedweise integrieren und gewinnen dadurch unter Beachtung der Beziehungen (6) aus Kap. 2, § 7 die Entwicklung

$$f(z) = f(z_0) + \frac{f'(z_0)}{1!}(z - z_0) + \frac{f''(z_0)}{2!}(z - z_0)^2 + \cdots \tag{2}$$

$$= \sum_{n=0}^{\infty} \frac{f^{(n)}(z_0)}{n!}(z - z_0)^n,$$

gültig für alle Werte von z im Innern des Kreises K um z_0. In Analogie zu der in der elementaren Differentialrechnung üblichen Bezeichnung nennt man diese Reihe die *Taylorsche Reihe* der Funktion $f(z)$ in der Umgebung der Stelle z_0 und das gewonnene Ergebnis den *Taylorschen Satz*.

Die Taylorsche Reihe (2) konvergiert gleichmäßig in jedem Kreise um z_0, der samt seinem Rande im Innern des Regularitätsgebietes von $f(z)$ liegt. Nach dem Weierstraßschen Konvergenzsatz aus § 3 stellt sie also dort eine analytische Funktion dar, die in der Umgebung der Stelle z_0 mit der gegebenen Funktion $f(z)$ übereinstimmt.

An die Taylorsche Formel knüpfen wir folgende Definition an: Wenn für die Stelle $z = z_0$ sowohl $f(z)$ als auch die Ableitungen $f'(z)$, $\ldots$, $f^{(n-1)}(z)$ verschwinden, während $f^{(n)}(z_0) \neq 0$ ist, wenn also die Entwicklung von $f(z)$ in ihre Taylorsche Reihe

$$f(z) = (z - z_0)^n (a + b(z - z_0) + \cdots) \qquad (a \neq 0)$$

lautet, so sagen wir, $f(z)$ habe an der Stelle $z = z_0$ eine *n-fache Nullstelle*.

Aus der Taylorschen Entwicklung läßt sich noch eine wichtige Folgerung ziehen, die wir öfters benutzen werden. Die Funktion $f(z)$ sei in einer Umgebung des Punktes $z = z_0$ regulär und lasse sich dort in die Potenzreihe

$$f(z) = c_0 + c_1(z - z_0) + c_2(z - z_0)^2 + \cdots$$

entwickeln. Vorausgesetzt werde, daß diese Reihe wenigstens einen von Null verschiedenen Koeffizienten hat. Ist etwa c_k ($k \geqq 0$) der früheste nicht verschwindende Koeffizient, so ist die Funktion

$$g(z) = \frac{f(z)}{(z - z_0)^k}$$

in der Umgebung von $z = z_0$ mit Ausschluß dieses Punktes selber definiert und dort regulär; zugleich gestattet sie in diesem Gebiete die Reihenentwicklung

$$g(z) = c_k + c_{k+1}(z - z_0) + \cdots.$$

Setzt man also noch

$$g(z_0) = c_k,$$

so ist die Funktion $g(z)$ in einer ganzen Umgebung von z_0 regulär und genügt der Bedingung

$$(z - z_0)^k g(z) = f(z), \tag{3}$$

wenn im Falle $k = 0$ unter $(z - z_0)^k$ auch für $z = z_0$ die Zahl 1 verstanden wird. Da die Funktion $g(z)$ im Punkte z_0 den von Null verschiedenen Wert c_k hat, so läßt sich wegen der Stetigkeit eine ganze Umgebung von z_0 abgrenzen, in der überall $g(z) \neq 0$ ist. Aus (3) folgt alsdann, daß in dieser Umgebung, vom Punkte z_0 selbst abgesehen, überall $f(z) \neq 0$ ist.

Damit ist der Satz bewiesen:

Ist die Funktion $f(z)$ im Punkte $z = z_0$ regulär und in seiner Umgebung nicht identisch Null, so kann z_0 kein Häufungspunkt von Nullstellen von $f(z)$ sein.

Auf Grund des Taylorschen Satzes erkennt man ohne weiteres, daß die bekannten unendlichen Reihen für e^z, $\log(1 + z)$, $(1 + z)^\alpha$ auch für komplexe Werte von z bestehen bleiben und mit Rücksicht auf die obige Bemerkung über die Konvergenz der Reihe (2) (S. 306) in der ganzen Ebene bzw. im Innern des Einheitskreises konvergieren.

Eine Verallgemeinerung der Taylorschen Reihe (2), bei der wir die Funktion $f(z)$ als regulär in einem gewissen Kreise K um z_0 vorausgesetzt haben, ist die *Laurentsche Reihe*. Es sei die Funktion $f(z)$ in einem von zwei Kreisen K_1 und K_2 um z_0 begrenzten Ringgebiet mit Einschluß des Randes regulär. Für Werte z im Innern des Ringgebietes nimmt die Cauchysche Integralformel die Gestalt an:

$$f(z) = \frac{1}{2\pi i}\int_{K_1} \frac{f(t)}{t - z}\, dt + \frac{1}{2\pi i}\int_{K_2} \frac{f(t)}{t - z}\, dt,$$

wobei über K_1 und K_2 so zu integrieren ist, daß das Ringgebiet zur Linken bleibt. Auf dem äußeren Kreise, etwa K_2, setzen wir

$$\frac{1}{t - z} = \frac{1}{t - z_0} \cdot \frac{1}{1 - \dfrac{z - z_0}{t - z_0}} = \frac{1}{t - z_0} \sum_{n=0}^{\infty} \left(\frac{z - z_0}{t - z_0}\right)^n$$

und auf dem inneren Kreise K_1

$$\frac{1}{t - z} = -\frac{1}{z - z_0} \cdot \frac{1}{1 - \dfrac{t - z_0}{z - z_0}} = -\frac{1}{z - z_0} \sum_{n=0}^{\infty} \left(\frac{t - z_0}{z - z_0}\right)^n.$$

Dann entsteht durch gliedweise Integration die Entwicklung

$$\begin{aligned} f(z) = {} & \sum_{n=0}^{\infty} (z - z_0)^n \frac{1}{2\pi i}\int_{K_2} \frac{f(t)}{(t - z_0)^{n+1}}\, dt \\ & + \sum_{n=0}^{\infty} \frac{1}{(z - z_0)^{n+1}} \frac{1}{2\pi i}\int_{K_1} f(t)\,(t - z_0)^n\, dt, \end{aligned} \tag{4}$$

wobei die Integration über K_2 und K_1 beidemal im positiven Sinne läuft, oder auch

$$(5)\qquad f(z) = \sum_{n=-\infty}^{\infty} (z - z_0)^n \frac{1}{2\pi i} \int\limits_C \frac{f(t)}{(t - z_0)^{n+1}}\, dt = \sum_{n=-\infty}^{\infty} c_n (z - z_0)^n,$$

wobei die Integrationskurve C eine beliebige einfache, geschlossene Kurve um z_0 im Ringgebiet ist. Dieses Ergebnis bezeichnet man als den *Laurentschen Satz*. Die Entwicklung (4) oder (5) heißt die *Laurentsche Reihe* der Funktion $f(z)$; sie ist namentlich dann von Bedeutung, wenn sich $f(z)$ in einer gewissen Umgebung von z_0 mit alleiniger Ausnahme der Stelle z_0 selbst regulär verhält. Dann gilt die Entwicklung (5) in einem gewissen Kreise um z_0, aus dem z_0 selbst ausgeschlossen ist.

Ist C speziell ein Kreis mit dem Mittelpunkt z_0 und dem Radius ϱ und bedeutet M eine obere Schranke für den Betrag der Funktion $f(z)$ auf C, so folgt aus (5) für den Koeffizienten c_n der Laurentschen Entwicklung die Abschätzung

$$(6)\qquad |c_n| \leqq \frac{M}{\varrho^n} \qquad (n = \ldots, -1, 0, 1, 2, \ldots).$$

Ferner ergibt sich für den Koeffizienten c_{-1} der Ausdruck

$$c_{-1} = \frac{1}{2\pi i} \int\limits_C f(t)\, dt.$$

Der Koeffizient c_{-1} ist also im Sinne von § 5 das *Residuum* von $f(z)$ an der Stelle z_0. Für diesen Fall gilt ferner der Satz:

Hat der Ausdruck $(z - z_0) f(z)$ für $z \to z_0$ *einen Grenzwert, so ist dieser gleich dem Residuum der Funktion* $f(z)$ *im Punkte* z_0.

Da nämlich $(z - z_0) f(z)$ zufolge der Voraussetzung in der Umgebung von z_0 beschränkt ist, so müssen in der Laurentschen Entwicklung dieser Funktion für die Umgebung des Punktes z_0 die Koeffizienten aller Glieder mit negativem Exponenten verschwinden. Der Beweis ergibt sich ohne weiteres z. B. aus dem Laurentschen Satze; denn wir können in (6) die Zahl ϱ beliebig klein wählen. Aus

$$(z - z_0) f(z) = c_0 + c_1 (z - z_0) + c_2 (z - z_0)^2 + \cdots$$

folgt aber

$$f(z) = \frac{c_0}{z - z_0} + c_1 + c_2 (z - z_0) + \cdots;$$

das Residuum von $f(z)$ an der Stelle z_0 hat also den Wert $c_0 = \lim\limits_{z \to z_0} (z - z_0) f(z)$.

Haben in der Laurentschen Entwicklung der Funktion $f(z)$ für die Umgebung eines Punktes z_0 nur endlich viele nichtverschwindende Glieder, aber mindestens eins, einen negativen Exponenten, so heißt die Stelle z_0 ein *Pol* der Funktion $f(z)$. Ist etwa $\frac{c}{(z - z_0)^n}$ $(n \geqq 1,\ c \neq 0)$

das niedrigste Glied, so heißt z_0 ein Pol *n-ter Ordnung* oder ein Pol von der *Vielfachheit* n.

Um jeden Pol einer Funktion $f(z)$ läßt sich eine Umgebung abgrenzen, in welcher die Funktion, abgesehen vom Mittelpunkt, dem Betrage nach durchweg größer als eine vorgegebene positive Konstante C ist. Denn ist

$$f(z) = \frac{c_{-n}}{(z-z_0)^n} + \cdots + \frac{c_{-1}}{z-z_0} + c_0 + c_1(z-z_0) + \cdots \qquad (c_{-n} \neq 0,\ n \geqq 1)$$

die Laurentsche Reihe für $f(z)$ in der Umgebung des Punktes z_0, so ist die Funktion

$$(7) \quad g(z) = c_{-n} + c_{-(n-1)}(z-z_0) + \cdots + c_0(z-z_0)^n + c_1(z-z_0)^{n+1} + \cdots$$

in einer Umgebung von z_0 regulär und, abgesehen vom Mittelpunkt, gleich $(z-z_0)^n f(z)$. Es ist $g(z_0) = c_{-n}$; wegen der Stetigkeit gibt es also eine Umgebung von z_0, in welcher durchweg

$$|g(z)| > \frac{1}{2}|c_{-n}| > 0$$

ist. Wählt man diese Umgebung überdies so klein, daß in ihr überall

$$|z-z_0|^n < \frac{|c_{-n}|}{2C}$$

ist, so folgt aus (7), daß in dieser Umgebung mit Ausschluß des Punktes z_0 selbst

$$|f(z)| > C$$

wird. — Insbesondere kann ein Pol also niemals Häufungspunkt von Nullstellen sein.

Durch die Ausführungen dieses Paragraphen ist der Anschluß an die Weierstraßsche Auffassung der Funktionentheorie hergestellt. *Die Klasse der durch Potenzreihen definierten Funktionen ist vollständig identisch mit der Klasse der Funktionen, welche wir auf Grund der Existenz stetiger Ableitungen als analytisch bezeichnet haben.*

§ 5. Anwendungen des Cauchyschen Integralsatzes und Residuensatzes.

Der Cauchysche Integralsatz (Kap. 2, § 4) und seine Erweiterung, der Cauchysche Residuensatz (Kap. 2, § 5), bieten neben ihren zahllosen Anwendungen in der Funktionentheorie auch für andere mathematische Disziplinen ein vielfach nützliches Hilfsmittel. Im folgenden sollen hierfür einige Beispiele aus der reellen Analysis gegeben werden. Die beiden Sätze werden hier oft mit Vorteil dazu benutzt, unhandliche reelle Integrale, namentlich über ein unendliches Integrationsintervall, auf dem Umweg über das komplexe Gebiet explizit auszuwerten. Wir bringen die nachstehenden Beispiele erst jetzt, weil bei den Anwendungen des Residuensatzes ein Satz aus dem vorigen Paragraphen benutzt wird.

Als erstes Beispiel betrachten wir das Integral

$$J = \int \frac{e^{iz}}{z}\, dz$$

über den positiv durchlaufenen Rand des in Abb. 84 angegebenen Bereiches. Der Integrand ist in diesem Bereich mit Einschluß des Randes regulär. Durch Zerlegung des Integrationsweges kann man J folgendermaßen als Summe von Integralen über reelle Integrationsintervalle darstellen:

$$(1)\qquad \left\{\begin{aligned} J = {} & \int_r^R \frac{e^{ix}}{x}\, dx + \int_0^\pi e^{-R\sin\varphi + iR\cos\varphi}\, i\, d\varphi \\ & + \int_{-R}^{-r} \frac{e^{ix}}{x}\, dx + \int_\pi^0 e^{-r\sin\varphi + ir\cos\varphi}\, i\, d\varphi . \end{aligned}\right.$$

Wir lassen nun r gegen 0 streben und unabhängig davon R über alle Grenzen wachsen. Das zweite Glied der rechten Seite von (1) strebt dann gegen Null; denn der Betrag des Integranden

$$\left| e^{-R\sin\varphi + iR\cos\varphi} \right| = e^{-R\sin\varphi}$$

ist in jedem der Teilintervalle $0, \frac{\pi}{2}$ und $\frac{\pi}{2}, \pi$ monoton und konvergiert dort überall, von den Endpunkten 0 und π abgesehen, gegen Null. Das vierte Integral strebt gegen

$$\int_\pi^0 i\, d\varphi = -\pi i .$$

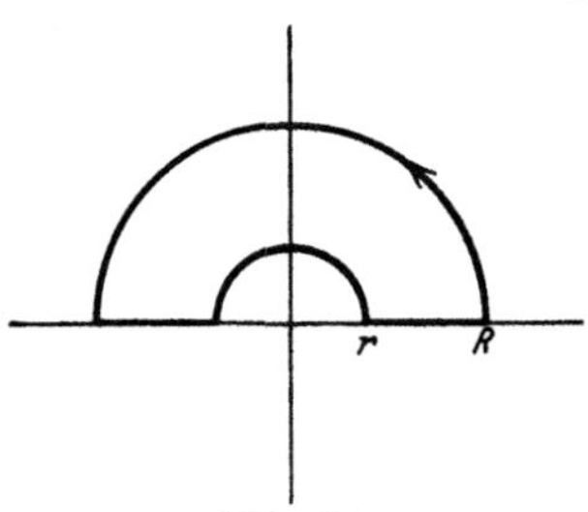

Abb. 84.

Endlich ergeben das erste und dritte Integral zusammen nach Kap. 2, § 6, (5) den Wert

$$\int_r^R \frac{e^{ix} - e^{-ix}}{x}\, dx = 2i \int_r^R \frac{\sin x}{x}\, dx .$$

Andrerseits hat J nach dem Cauchyschen Integralsatz den Wert 0; durch den Grenzübergang ergibt sich also:

$$\int_0^\infty \frac{\sin x}{x}\, dx = \frac{\pi}{2} .$$

Ferner bilden wir z. B. das Integral

$$J = \int e^{-z^2}\, dz$$

über die positiv umlaufene Berandung eines Kreissektors mit den Ecken 0, r, $re^{i\varphi}$ und dem Mittelpunkt 0, wobei $r > 0$, $0 < \varphi \leqq \frac{\pi}{4}$ sein soll (Abb. 85). Nach dem Cauchyschen Integralsatz hat J den Wert 0. Auf dem Kreisbogen ist nun

$$z^2 = (r\,e^{i\alpha})^2 = r^2 e^{2i\alpha} = r^2(\cos 2\alpha + i \sin 2\alpha) \qquad (0 \leqq \alpha \leqq \varphi),$$

also nach Kap. 2, § 6, (6)

$$|e^{-z^2}| = e^{-r^2\cos 2\alpha};$$

daraus ergibt sich für das über den Bogen erstreckte Integral die Abschätzung

$$\left|\int_r^{re^{i\varphi}} e^{-z^2}\,dz\right| \leqq r\int_0^{\varphi} e^{-r^2\cos 2\alpha}\,d\alpha.$$

Die rechte Seite strebt mit wachsendem r gegen Null; das ist im Falle $\varphi < \frac{\pi}{4}$ ohne weiteres ersichtlich, während es sich im Falle $\varphi = \frac{\pi}{4}$ durch eine besondere Diskussion ergibt, die wir, da sie der reellen Analysis angehört, hier nicht auszuführen brauchen. Folglich hat auch das Integral über den Kreisbogen bei $r \to \infty$ den Grenzwert 0. Es wird also

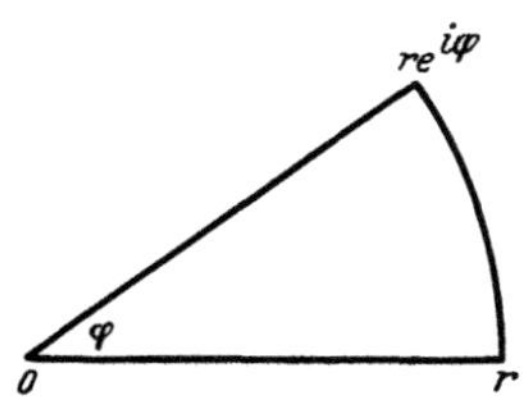

Abb. 85.

$$\text{(2)} \qquad \lim_{r\to\infty}\int_0^{re^{i\varphi}} e^{-z^2}\,dz = \lim_{r\to\infty}\int_0^{r} e^{-z^2}\,dz,$$

falls einer der beiden Grenzwerte existiert. Dies ist aber gewiß der Fall; denn nach einem bekannten Satze der reellen Analysis ist das uneigentliche Integral

$$\int_0^{\infty} e^{-x^2}\,dx$$

konvergent und hat den Wert $\frac{1}{2}\sqrt{\pi}$. Da für jedes r

$$\int_0^{re^{i\varphi}} e^{-z^2}\,dz = e^{i\varphi}\int_0^{r} e^{-e^{2i\varphi}z^2}\,dz,$$

$$e^{-i\varphi}\int_0^{re^{i\varphi}} e^{-z^2}\,dz = \int_0^{r} e^{-(\cos 2\varphi + i\sin 2\varphi)z^2}\,dz$$

ist, so ergibt sich beim Grenzübergang $r \to \infty$ durch Trennung von Real- und Imaginärteil unter Berücksichtigung von (2)

$$\int_0^{\infty} e^{-x^2\cos 2\varphi}\cos(x^2\sin 2\varphi)\,dx = \frac{1}{2}\cos\varphi\cdot\sqrt{\pi},$$

$$\int_0^{\infty} e^{-x^2\cos 2\varphi}\sin(x^2\sin 2\varphi)\,dx = \frac{1}{2}\sin\varphi\cdot\sqrt{\pi}.$$

Speziell für $\varphi = \frac{\pi}{4}$ lauten diese Formeln

$$\int_0^\infty \cos x^2\,dx = \int_0^\infty \sin x^2\,dx = \frac{1}{2}\sqrt{\frac{\pi}{2}}$$

(*Fresnelsche Integrale*).

Eine Anwendung des Residuensatzes liefert das Integral

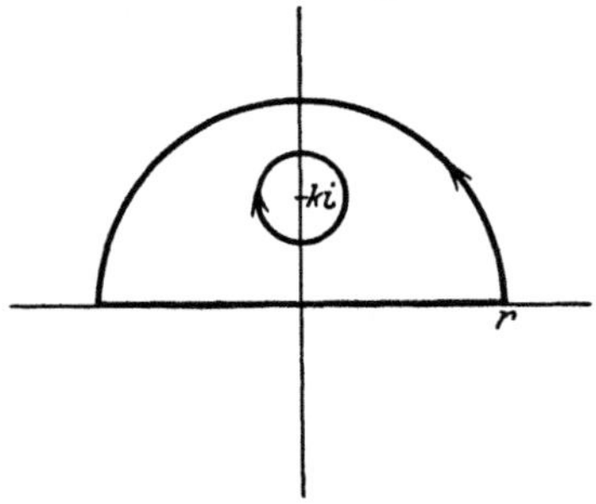

Abb. 86.

$$\int \frac{z\,e^{iz}}{z^2+k^2}\,dz \qquad (k \text{ positiv-reell})$$

über den positiv durchlaufenen Rand C des zweifach zusammenhängenden Bereiches aus Abb. 86. Das Integral ist gleich dem $2\pi i$-fachen der zugehörigen Residuensumme. Da der Punkt ki die einzige im Innern gelegene singuläre Stelle ist und andrerseits das dortige Residuum nach § 4 den Wert

$$\lim_{z\to ki}(z-ki)\frac{z\,e^{iz}}{z^2+k^2} = \lim_{z\to ki}\frac{z\,e^{iz}}{z+ki} = \frac{k\,i\,e^{-k}}{2\,k\,i} = \frac{e^{-k}}{2}$$

hat, so folgt

$$\int_C \frac{z\,e^{iz}}{z^2+k^2}\,dz = \pi\,i\,e^{-k}.$$

Das über den Halbkreisdurchmesser von $-r$ nach $+r$ erstreckte Integral hat nun nach Kap. 2, § 6, (5) den Wert

$$\int_{-r}^{r} \frac{x\,e^{ix}}{x^2+k^2}\,dx = \int_0^r \frac{x\,(e^{ix}-e^{-ix})}{x^2+k^2}\,dx = 2\,i\int_0^r \frac{x\sin x}{x^2+k^2}\,dx.$$

Das Integral über den Halbkreis ist dem Betrage nach gleich dem Ausdruck

$$\left|\int_0^\pi \frac{r\,e^{i\varphi}\,e^{-r\sin\varphi+ir\cos\varphi}\,i\,r\,e^{i\varphi}}{r^2\,e^{2i\varphi}+k^2}\,d\varphi\right| \leqq \frac{r^2}{r^2-k^2}\int_0^\pi e^{-r\sin\varphi}\,d\varphi\,,$$

strebt also mit wachsendem r gegen Null. Durch den Grenzübergang $r\to\infty$ folgt also:

$$2\,i\int_0^\infty \frac{x\sin x}{x^2+k^2}\,dx = \pi\,i\,e^{-k},$$

$$\int_0^\infty \frac{x\sin x}{x^2+k^2}\,dx = \frac{\pi\,e^{-k}}{2}.$$

Eine Verallgemeinerung des „Gaußschen Fehlerintegrals“ $\int\limits_{-\infty}^{\infty} e^{-x^2} dx$ ist das uneigentliche Integral

$$\int\limits_{-\infty}^{\infty} e^{-x^2} \cos a x \, dx$$

mit reellem a. Zu seiner Berechnung dient uns folgende Hilfsbetrachtung: Es sei $c = r + is$ eine beliebige nicht reelle Zahl, $\alpha > 0$. Über das Parallelogramm P mit den Ecken $\pm \alpha$ und $c \pm \alpha$ erstreckt (Abb. 87), hat dann das Integral

$$\int\limits_P e^{-z^2} dz$$

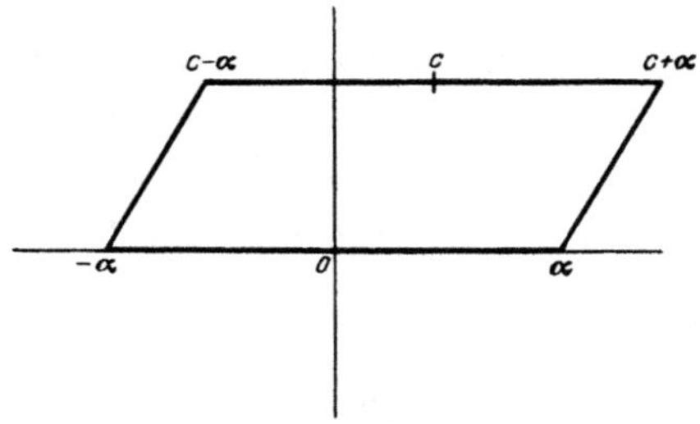

Abb. 87.

nach dem Cauchyschen Integralsatz den Wert 0. Bei festem c und wachsendem α bleibt die Länge der beiden nicht horizontalen Seiten erhalten, während der Betrag des Integranden

$$\begin{aligned} |e^{-z^2}| &= e^{\Re(-z^2)} = e^{(\Im z)^2 - (\Re z)^2} \\ &= e^{(ts)^2 - (tr \pm \alpha)^2} \qquad (0 \leqq t \leqq 1) \end{aligned}$$

auf diesen Seiten unterhalb einer mit wachsendem α gegen Null konvergierenden Schranke bleibt. Der Grenzübergang $\alpha \to \infty$ liefert also die Gleichung

$$\int\limits_{-\infty}^{\infty} e^{-(x+c)^2} dx = \int\limits_{-\infty}^{\infty} e^{-x^2} dx = \sqrt{\pi}\,.$$

Setzt man nun hierin $c = i\frac{a}{2}$, so folgt weiter:

$$\sqrt{\pi} = \int\limits_{-\infty}^{\infty} e^{-\left(x + i\frac{a}{2}\right)^2} dx = e^{\frac{a^2}{4}} \int\limits_{-\infty}^{\infty} e^{-x^2} e^{-iax} dx;$$

durch Übergang zum Realteil ergibt sich also:

$$\int\limits_{-\infty}^{\infty} e^{-x^2} \cos a x \, dx = e^{-\frac{a^2}{4}} \sqrt{\pi}\,.$$

Eine sehr allgemeine Klasse von Integralen läßt sich mit Hilfe des folgenden Satzes auswerten:

Die Funktion $f(z)$ sei in der oberen Halbebene $\Im z > 0$ regulär mit Ausnahme von endlich oder abzählbar unendlich vielen singulären Stellen $z_1, z_2, z_3, \ldots$, die sich im Endlichen nirgends häufen. Auf der reellen Achse *sei $f(z)$ überall regulär. Es gebe drei positive Zahlen r, C und ε so, daß für $|z| \geqq r$ überall*

$$|f(z)| < \frac{C}{|z|^{1+\varepsilon}} \tag{3}$$

ist. Dann existiert das reelle uneigentliche Integral

$$\int_{-\infty}^{\infty} f(x)\,dx$$

und ist gleich dem $2\pi i$-fachen der Summe der Residuen von $f(z)$ in den singulären Punkten z_ν, wenn diese Punkte im Falle unendlicher Anzahl nach wachsenden Beträgen geordnet werden.

Beweis: Die Existenz des Integrals folgt unmittelbar daraus, daß $f(x)$ für große $|x|$ die Majorante $\frac{C}{|x|^{1+\varepsilon}}$ hat und das Integral $\int_1^\infty \frac{C}{|x|^{1+\varepsilon}}\,dx$ konvergiert. In der Relation

$$\int_{-\infty}^{\infty} f(x)\,dx = \lim_{R\to\infty} \int_{-R}^{R} f(x)\,dx$$

darf man sich R sprungweise ins Unendliche wachsend denken, und zwar möge dies so geschehen, daß die obere Hälfte des Kreises $|z| = R$ dabei niemals durch einen singulären Punkt von $f(z)$ geht. Bedeutet nun K den von $-R$ nach $+R$ durchlaufenen Halbkreis (Abb. 88), so folgt aus dem Residuensatz die Gleichung

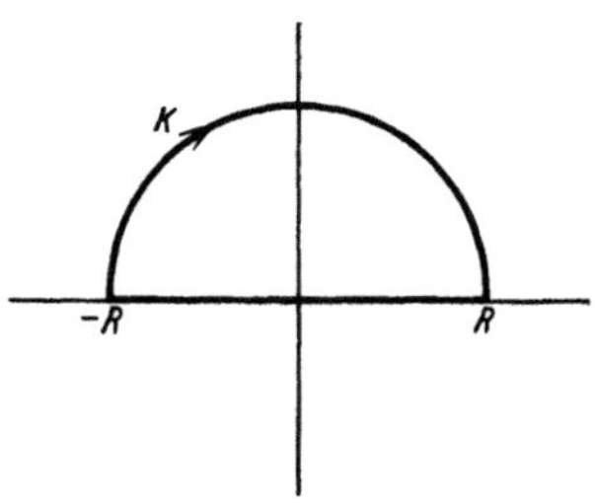

Abb. 88.

$$\int_{-R}^{R} f(x)\,dx = \int_K f(z)\,dz + 2\pi i \sum r_\nu ,$$

wo r_ν das Residuum von $f(z)$ im Punkte z_ν bedeutet und die Summe über alle Indizes ν zu erstrecken ist, für welche z_ν im Innern des Halbkreises liegt. Für $R \geqq r$ ist aber hierin nach Kap. 2, § 3, (2)

$$\left| \int_K f(z)\,dz \right| \leqq \frac{C}{R^{1+\varepsilon}} \pi R = \frac{\pi C}{R^{\varepsilon}} ;$$

mit wachsendem R konvergiert also das Integral über den Halbkreis gegen Null. Durch den Grenzübergang $R \to \infty$ folgt also

$$\int_{-\infty}^{\infty} f(x)\,dx = 2\pi i \sum r_\nu ,$$

worin die Summe über die Indizes *aller* singulären Stellen z_ν (bei unendlicher Anzahl in der oben näher bezeichneten Reihenfolge) zu erstrecken ist.

Beispiel: Die Funktion

$$f(z) = \frac{1}{a z^2 + b z + c} ,$$

in der die Koeffizienten a, b, c reelle, der Bedingung

$$b^2 - 4ac < 0$$

genügende Größen sein sollen, ist in der Halbebene $\mathfrak{J} z \geqq 0$ mit Ausnahme des Punktes $z = \frac{1}{2a}(-b + i\sqrt{4ac - b^2}) = z_1$, wo der Quadratwurzel das Vorzeichen von a zu geben ist, regulär und erfüllt für hinreichend große $|z|$ die Bedingung (3) mit $\varepsilon = 1$ und geeignetem C. Das Residuum von $f(z)$ im singulären Punkte $z = z_1$ hat den Wert

$$\lim_{z \to z_1} (z - z_1) \frac{1}{az^2 + bz + c} = \lim_{z \to z_1} \frac{z - z_1}{a(z - z_1)(z - \bar{z}_1)} = \frac{1}{a(z_1 - \bar{z}_1)} = \frac{1}{i\sqrt{4ac - b^2}}.$$

Nach unserm Satz ist also

$$\int_{-\infty}^{\infty} \frac{1}{ax^2 + bx + c} dx = \frac{2\pi}{\sqrt{4ac - b^2}}.$$

Auf die große Bedeutung des Cauchyschen Integral- und Residuensatzes für die analytische Zahlentheorie kann hier nur hingewiesen werden. Dagegen ist für uns eine Anwendung des Residuensatzes auf die Funktionentheorie von Wichtigkeit. Es handelt sich um die Abzählung der Nullstellen und Pole einer analytischen Funktion.

Die Funktion $f(z)$ sei auf einer einfachen geschlossenen Kurve C und in ihrem Innern regulär, abgesehen von den endlich vielen Punkten $a_1, a_2, \ldots, a_r$; diese sollen *Pole* von $f(z)$ sein. Auf C selbst sei die Funktion durchweg regulär und von Null verschieden. Die Nullstellen von $f(z)$ im Innern von C seien $b_1, b_2, \ldots, b_s$. Ihre Anzahl ist notwendig endlich, da sie andernfalls eine Häufungsstelle im Innern von C oder auf C selbst besitzen müßten, die nach § 4 weder eine reguläre Stelle noch ein Pol sein könnte.

Die Funktion $\frac{f'(z)}{f(z)}$ ist nun offenbar auf C und im Innern regulär, abgesehen von den Punkten $a_1, a_2, \ldots, a_r, b_1, b_2, \ldots, b_s$.

Hat $f(z)$ in der Umgebung einer Stelle z_0 die Gestalt

$$f(z) = (z - z_0)^k g(z),$$

wo k eine positive oder negative ganze Zahl und $g(z)$ eine im Punkte $z = z_0$ reguläre und nicht verschwindende Funktion bezeichnet, so ist

$$\begin{aligned} f'(z) &= k(z - z_0)^{k-1} g(z) + (z - z_0)^k g'(z) \\ &= (z - z_0)^{k-1} h(z), \end{aligned}$$

wobei auch die Funktion $h(z) = kg(z) + (z - z_0)g'(z)$ im Punkte $z = z_0$ regulär und von Null verschieden ist. Daher wird

$$\frac{f'(z)}{f(z)} = \frac{1}{z - z_0} \frac{h(z)}{g(z)}.$$

Die Funktion $\frac{h(z)}{g(z)}$ nimmt an der Stelle $z = z_0$ den Wert k an, besitzt also in der Umgebung dieser Stelle eine Entwicklung

$$\frac{h(z)}{g(z)} = k + c_1(z - z_0) + c_2(z - z_0)^2 + \cdots,$$

so daß

$$\frac{f'(z)}{f(z)} = \frac{k}{z - z_0} + c_1 + c_2(z - z_0) + \cdots$$

wird. Der Punkt z_0 ist dann also ein Pol von $\frac{f'(z)}{f(z)}$ und k das zugehörige Residuum. Wenn k eine *positive* Zahl ist, so ist z_0 eine Nullstelle k-ter Ordnung von $f(z)$. Ist dagegen k eine *negative* Zahl, so ist z_0 ein Pol von $f(z)$ und $-k$ seine Ordnung. Der Residuensatz (Kap. 2, § 5) ergibt nun

$$\frac{1}{2\pi i}\int\limits_C \frac{f'(z)}{f(z)}\,dz = (k_1 + k_2 + \cdots + k_s) - (h_1 + h_2 + \cdots + h_r),$$

wo $k_1, k_2, \ldots, k_s$ die Vielfachheiten der Nullstellen $b_1, b_2, \ldots, b_s$ und $h_1, h_2, \ldots, h_r$ die Vielfachheiten der Pole $a_1, a_2, \ldots, a_r$ bedeuten und die Integration über C im positiven Sinne vorgenommen wird. Rechnen wir jede Nullstelle und jeden Pol so oft, wie ihre Vielfachheit angibt, so ist $k_1 + k_2 + \cdots + k_s$ die Gesamtzahl der Nullstellen und $h_1 + h_2 + \cdots + h_r$ die Gesamtzahl der Pole von $f(z)$ innerhalb der Kurve C. Also:

Bezeichnet N die Gesamtzahl der Nullstellen, P die Gesamtzahl der Pole von $f(z)$ innerhalb der Kurve C, so ist

$$\frac{1}{2\pi i}\int\limits_C \frac{f'(z)}{f(z)}\,dz = N - P, \tag{4}$$

wenn das Integral über C im positiven Sinne erstreckt wird.

In ganz ähnlicher Weise kann man noch folgende Verallgemeinerung dieses Satzes ableiten:

Ist $\lambda \geqq 0$ eine ganze Zahl, so ist

$$\frac{1}{2\pi i}\int\limits_C z^\lambda \frac{f'(z)}{f(z)}\,dz = \sum_{k=1}^{s} b_k^{\lambda} - \sum_{k=1}^{r} a_k^{\lambda}, \tag{5}$$

wenn wiederum $a_1, a_2, \ldots, a_r$ die Pole, $b_1, b_2, \ldots, b_s$ die Nullstellen von $f(z)$ im Innern der Kurve C bezeichnen.

§ 6. Das Häufungsstellenprinzip für analytische Funktionen.

Die Resultate von § 2 erlauben es, den Beweis eines tiefer liegenden allgemeinen Satzes zu erbringen, welcher eine Reihe scheinbar auseinanderliegender Tatsachen der Funktionentheorie von einem einheitlichen Gesichtspunkte beleuchtet. Wir wollen ihn aus diesem Grunde hier entwickeln, obwohl wir unsere späteren Überlegungen stets unabhängig von ihm durchführen werden.

Viele Überlegungen und Beweise der Analysis stützen sich auf den elementaren Weierstraßschen Häufungsstellensatz: Jede in einem beschränkten Gebiete liegende unendliche Zahlenmenge besitzt mindestens einen Häufungspunkt. Schwierigkeiten, die sich bei Beweisen der Analysis, besonders bei Existenzbeweisen, ergeben, beruhen häufig darauf, daß es nicht immer möglich ist, einen entsprechenden Satz für Mengen anderer mathematischer Objekte aufzustellen. Z. B. ist es nicht richtig, daß man aus jeder Menge von unendlich vielen in einem festen Intervalle stetigen und dem Betrage nach unterhalb einer festen Schranke liegenden reellen Funktionen eine konvergente Teilfolge auswählen kann.

Es ist nun für die Theorie der analytischen Funktionen einer komplexen Variablen von der größten Bedeutung, daß hier ein Häufungsstellenprinzip in weitem Umfange gilt, was natürlich darauf beruht, daß der Begriff der analytischen Funktion einer komplexen Variablen ein viel engerer ist als der der stetigen reellen Funktion einer reellen Variablen. Wir sprechen das Häufungsstellenprinzip in folgender Form[1] aus: *Ist eine Folge unendlich vieler Funktionen $f_1(z)$, $f_2(z)$, ... in einem Gebiete G regulär analytisch und sind ihre absoluten Beträge in G gleichmäßig*[2] *beschränkt, so läßt sich aus ihnen eine Teilfolge auswählen, welche in jedem ganz in G liegenden abgeschlossenen Bereich gleichmäßig gegen eine reguläre analytische Grenzfunktion konvergiert.*

Wir führen den Beweis in mehreren Schritten.

Zunächst zeigen wir: Ist B ein abgeschlossener einfach und stückweise glatt berandeter Teilbereich von G, so sind die sämtlichen Funktionen $f_n(z)$ in B gleichmäßig stetig, d. h. es gibt zu jedem $d > 0$ eine nicht von n abhängige positive Größe $\delta = \delta(d)$, welche mit d zugleich gegen 0 strebt, derart daß $|f_n(z_1) - f_n(z_2)| < \delta(d)$ wird, wenn z_1 und z_2 zwei Punkte von B sind, für welche $|z_1 - z_2| < d$ gilt. Zum Beweise dieser Tatsache bezeichnen wir mit ϱ eine solche positive Größe, daß jede Kreisscheibe mit dem Radius ϱ um einen Punkt von B ganz zu G gehört. Dann gilt für jeden Punkt z von B auf Grund der Abschätzung (4) § 2

$$|f_n'(z)| \leqq \frac{M}{\varrho},$$

wenn M eine obere Schranke für die absoluten Beträge aller Funktionen $f_n(z)$ bedeutet. Werden die beiden Punkte z_1 und z_2 von B durch eine in B liegende Kurve der Länge l verbunden, so ist (wenn über jene Kurve integriert wird)

$$|f_n(z_1) - f_n(z_2)| = \left|\int_{z_2}^{z_1} f_n'(z)\,dz\right| \leqq \frac{M\,l}{\varrho}.$$

---

[1] Über dieses Häufungsstellenprinzip, seine Verallgemeinerungen und Anwendungen vgl. z. B. die Arbeiten von MONTEL und JULIA. (MONTEL: Ann. Ec. Norm. sup. 1912, 1916; JULIA: Journ. d. math. 1918 und Ann. Ec. Norm. sup. 1919, 1920.)

[2] D. h. durch eine für alle diese Funktionen gemeinsame obere Schranke.

Die Länge l dieses Weges kann aber, wenn die Distanz d von z_1 und z_2 beliebig klein gewählt wird, ebenfalls, und nur von d abhängig, beliebig klein gemacht werden[1].

Nunmehr beweisen wir die folgende Tatsache: Wenn eine Folge $\varphi_1(z)$, $\varphi_2(z)$, ... von Funktionen, welche in G analytisch und gleichmäßig beschränkt sind, in einem abgeschlossenen Teilbereich B von G oder auch nur in einer in B überall dichten Punktmenge konvergiert, so konvergiert sie in dem ganzen Bereiche B gleichmäßig. Wir führen den Beweis indirekt. Falls die behauptete gleichmäßige Konvergenz nicht bestünde, so gäbe es eine positive Konstante α, eine unendliche Folge $z_1, z_2, \ldots$ von Punkten in B und ganze Zahlen $p = p(m)$, $q = q(m)$, welche zugleich mit m beliebig groß werden, derart, daß

$$|\varphi_p(z_m) - \varphi_q(z_m)| > \alpha > 0 \qquad (m = 1, 2, \ldots)$$

ist. Nach dem Weierstraßschen Häufungsstellensatz besitzen die Punkte z_m mindestens einen Häufungspunkt z in B; wir dürfen, nötigenfalls nach Weglassung anderer Punkte und Umnumerierung, annehmen, daß $\lim\limits_{n\to\infty} z_n = z$ ist. In beliebiger Nähe des Punktes z gibt es nach Voraussetzung einen Punkt t, für welchen die Funktionen φ_n konvergieren (unter Umständen gilt dies bereits für z selbst). Ist ε eine vorgegebene beliebig kleine positive Zahl, so können wir den Punkt t nach dem vorhin bewiesenen Satze so nahe an z wählen, daß für alle Indizes n

$$|\varphi_n(z) - \varphi_n(t)| < \frac{\varepsilon}{8}$$

wird. Wenn m hinreichend groß ist, wird andererseits

$$|\varphi_p(z_m) - \varphi_p(z)| < \frac{\varepsilon}{8} \quad \text{und} \quad |\varphi_q(z_m) - \varphi_q(z)| < \frac{\varepsilon}{8},$$

also

$$|\varphi_p(z_m) - \varphi_q(z_m)| < |\varphi_p(z) - \varphi_q(z)| + \frac{\varepsilon}{4} < |\varphi_p(t) - \varphi_q(t)| + \frac{\varepsilon}{2}.$$

Da die Funktionen φ_n nach Voraussetzung im Punkte t konvergieren und p und q zugleich mit m über alle Grenzen wachsen, so wird bei hinreichend großem m auch

$$|\varphi_p(t) - \varphi_q(t)| < \frac{\varepsilon}{2},$$

also

$$|\varphi_p(z_m) - \varphi_q(z_m)| < \varepsilon,$$

was der Voraussetzung $\alpha > 0$ widerspricht.

---

[1] Andernfalls gäbe es nämlich in B eine Folge von Punktepaaren, deren Abstand gegen Null konvergiert und welche sich nicht in B durch eine Kurve von einer Länge kleiner als eine feste positive Zahl α verbinden lassen. Diese Punktepaare müßten aber einen zu B gehörigen Häufungspunkt besitzen; und da alle Punktepaare in B, welche in einer hinreichend kleinen Umgebung dieses Häufungspunktes liegen, sich durch eine beliebig kurze Kurve in B verbinden lassen, so würden wir zu einem Widerspruch gelangen.

Nunmehr ergibt sich der Beweis des Häufungsstellenprinzipes, indem wir aus der Funktionenfolge $f_1(z), f_2(z), \ldots$ eine Teilfolge herausgreifen, welche in einer in G überall dichten abzählbaren Punktmenge konvergiert. Eine solche Punktmenge, deren Punkte wir mit $t_1, t_2, \ldots$ bezeichnen, erhalten wir etwa in der Gesamtheit aller zu G gehörigen Punkte mit rationalen Koordinaten. Auf Grund des Weierstraßschen Häufungsstellensatzes können wir, da die Funktionswerte $f_n(t_1)$ beschränkt sind, eine Teilfolge $\psi_1(z), \psi_2(z), \ldots$ unter der Folge $f_1(z)$, $f_2(z), \ldots$ derart auswählen, daß die Werte $\psi_n(t_1)$ einen Grenzwert besitzen. Aus der Funktionenfolge $\psi_1(z), \psi_2(z), \ldots$ können wir ebenso eine Teilfolge $\chi_1(z), \chi_2(z), \ldots$ auswählen, derart, daß die Werte $\chi_n(t_2)$ einen Grenzwert besitzen. Ebenso wählen wir unter den Funktionen $\chi_n(z)$ eine Teilfolge $\omega_1(z), \omega_2(z), \ldots$ derart aus, daß die Werte $\omega_n(t_3)$ einen Grenzwert haben, usw. Bilden wir nun die „Diagonalfolge" $\varphi_1(z) = \psi_1(z)$, $\varphi_2(z) = \chi_2(z)$, $\varphi_3(z) = \omega_3(z), \ldots$, so konvergiert diese offenbar in allen Punkten t_ν. Da die Punktmenge der t_ν auch in jedem abgeschlossenen Teilgebiete von G überall dicht liegt, so ist nach dem obigen Satze diese Diagonalfolge eine Teilfolge der ursprünglichen Folge $f_1(z), f_2(z), \ldots$, welche die behauptete Konvergenzeigenschaft besitzt.

Eine unmittelbare Anwendung ist der *Satz von* VITALI: *Eine in dem Gebiete G gleichmäßig beschränkte Folge analytischer Funktionen $f_1(z)$, $f_2(z), \ldots$ konvergiert in G gleichmäßig, wenn sie in einer Punktmenge M konvergiert, die einen zu G gehörigen Häufungspunkt ζ hat.*

Es sei $z_1, z_2, z_3, \ldots$ eine Folge zu M gehöriger Punkte mit dem Grenzwert ζ. Da die Funktionenfolge $f_1(z), f_2(z), \ldots$ in G gleichmäßig beschränkt ist, so läßt sich nach dem vorigen Satz eine in jedem abgeschlossenen Teilgebiet von G gleichmäßig konvergente Teilfolge $g_1(z), g_2(z), \ldots$ herausheben, die in G gegen eine dort reguläre Funktion $g(z)$ konvergiert. Diese Grenzfunktion stimmt in den Punkten z_n $(n = 1, 2, 3, \ldots)$ mit den dortigen Grenzwerten $\lim\limits_{\nu\to\infty} f_\nu(z_n) = f(z_n)$ überein. Wählt man aus der Folge $f_1(z), f_2(z), \ldots$ irgend eine andere in jedem abgeschlossenen Teilgebiet von G gleichmäßig konvergente Teilfolge $h_1(z), h_2(z), \ldots$ aus, so konvergiert sie in derselben Weise in G gegen eine dort reguläre Funktion $h(z)$, welche den Bedingungen $h(z_n) = f(z_n)$ genügt. Die Differenz $g(z) - h(z)$ ist also in G regulär und hat in den Punkten $z_1, z_2, z_3, \ldots$ den Wert 0. Nach § 4 (S. 307) verschwindet sie also im ganzen Gebiet G; d. h. für alle z aus G ist $g(z) = h(z)$. Alle in jedem abgeschlossenen Teilgebiet von G gleichmäßig konvergenten Teilfolgen der gegebenen Funktionenfolge streben also im Gebiete G gegen eine und dieselbe Grenzfunktion. Daher hat die gesamte Folge $f_1(z), f_2(z), \ldots$ in G nur *eine* Häufungsfunktion, ist also dort konvergent, und in jedem abgeschlossenen Teilgebiet ist die Konvergenz sogar gleichmäßig.

§ 7. Zusammenhang mit der Potentialtheorie.

Aus der in Kap. 2, § 7 bewiesenen Tatsache, daß eine analytische Funktion in ihrem Regularitätsgebiet unbeschränkt differenzierbar ist, folgt unmittelbar, daß auch die Real- und Imaginärteile $u(x, y)$ und $v(x, y)$ einer analytischen Funktion von $z = x + iy$ unbeschränkt differenzierbare Funktionen der reellen Variablen x und y sind; insbesondere dürfen wir also die Cauchy-Riemannschen Differentialgleichungen nach x und y differenzieren. Da hierbei die gemischten zweiten Ableitungen stetig und daher von der Reihenfolge der Differentiation unabhängig sind, so ergeben sich sofort die beiden Differentialgleichungen

$$\frac{\partial^2 u}{\partial x^2} + \frac{\partial^2 u}{\partial y^2} = 0, \qquad \frac{\partial^2 v}{\partial x^2} + \frac{\partial^2 v}{\partial y^2} = 0. \tag{1}$$

Real- und Imaginärteil einer analytischen Funktion sind also Lösungen der partiellen Differentialgleichung zweiter Ordnung

$$\Delta \varphi = 0,$$

wo zur Abkürzung

$$\Delta \varphi = \frac{\partial^2 \varphi}{\partial x^2} + \frac{\partial^2 \varphi}{\partial y^2}$$

gesetzt ist. Diese Differentialgleichung, welche in zahlreichen Anwendungen eine Rolle spielt, heißt die „*Potentialgleichung*"; ihre Lösungen werden als „*Potentialfunktionen*" oder „*Potentiale*" bezeichnet. Eine Potentialfunktion heißt in einem Gebiete G *regulär*, wenn sie dort mit ihren sämtlichen partiellen ersten und zweiten Ableitungen stetig ist. *Real- und Imaginärteil einer analytischen Funktion sind also reguläre Potentialfunktionen.* Eine Funktion v, welche mit einer regulären Potentialfunktion u durch die Cauchy-Riemannschen Differentialgleichungen verknüpft ist, ist wieder eine reguläre Potentialfunktion und heißt eine zu u *konjugierte* Potentialfunktion. Die konjugierte Potentialfunktion ist bis auf eine additive Konstante durch u eindeutig bestimmt. Nach dieser Definition ist u konjugiert zu $-v$.

Ist v eine zu u konjugierte Potentialfunktion, so schneidet jede Kurve der Schar $u(x, y) =$ konst. jede Kurve der Schar $v(x, y) =$ konst. unter rechtem Winkel, ausgenommen die Stellen, an denen $u_x = u_y = 0$ ist. Dies folgt ohne weiteres aus der allgemeinen Tatsache der konformen Abbildung, da diese Kurven die Bilder der in der uv-Ebene aufeinander senkrechten Geraden $u =$ konst., $v =$ konst. sind[1].

Gehen wir statt von einer analytischen Funktion $f(z)$ von einer beliebigen regulären Potentialfunktion $u(x, y)$ aus, so können wir uns, vermöge der Cauchy-Riemannschen Differentialgleichungen, eine kon-

[1] Übrigens folgt dies auch unmittelbar aus der Beziehung

$$u_x v_x + u_y v_y = -u_x u_y + u_y u_x = 0.$$

jugierte Potentialfunktion $v(x, y)$ und dadurch eine analytische Funktion $f = u + iv$ konstruieren. *Die Theorie der regulären Potentialfunktionen ist also äquivalent mit der Theorie der analytischen Funktionen*[1].

Während bisher bei der Untersuchung analytischer Funktionen Real- und Imaginärteil grundsätzlich nicht getrennt wurden, wird in dem folgenden Teile dieses Kapitels mehr der potentialtheoretische Gesichtspunkt in den Vordergrund treten.

§ 8. Darstellung der analytischen Funktionen und der Potentialfunktionen durch das Poissonsche Integral.

Ist die Funktion $f(z) = u + iv$ im Innern und auf dem Rande eines Kreises K vom Radius R regulär (als Mittelpunkt des Kreises wählen wir etwa den Nullpunkt), so gilt für einen beliebigen Punkt $z = x + iy = re^{i\psi}$ im Innern von K nach der Cauchyschen Integralformel

$$(1) \qquad f(z) = \frac{1}{2\pi i}\int_K \frac{f(t)}{t-z}\,dt = \frac{1}{2\pi}\int_0^{2\pi} f(Re^{i\varphi})\,\frac{Re^{i\varphi}}{Re^{i\varphi} - re^{i\psi}}\,d\varphi .$$

Betrachten wir andererseits irgend einen außerhalb von K gelegenen Punkt z^*, etwa den Punkt $z^* = \frac{R^2}{\bar{z}} = \frac{R^2}{r}e^{i\psi}$, so wird die Funktion $\frac{f(z)}{z - z^*}$ in K einschließlich des Randes regulär sein, also die Gleichung

$$(2) \qquad 0 = \frac{1}{2\pi i}\int_K \frac{f(t)}{t-z^*}\,dt = \frac{1}{2\pi}\int_0^{2\pi} f(Re^{i\varphi})\,\frac{re^{i\varphi}}{re^{i\varphi} - Re^{i\psi}}\,d\varphi$$

bestehen. Durch Subtraktion von (1) und (2) folgt

$$f(z) = \frac{1}{2\pi}\int_0^{2\pi} f(Re^{i\varphi})\left(\frac{Re^{i\varphi}}{Re^{i\varphi} - re^{i\psi}} - \frac{re^{i\varphi}}{re^{i\varphi} - Re^{i\psi}}\right)d\varphi ,$$

wofür wir auch schreiben können

$$f(z) = u + iv = \frac{1}{2\pi}\int_0^{2\pi} f(Re^{i\varphi})\,\frac{R^2 - r^2}{R^2 - 2Rr\cos(\psi - \varphi) + r^2}\,d\varphi .$$

---

[1] Hieran schließt sich der folgende Satz: *Ist $p(x, y)$ eine in einem Gebiete G der xy-Ebene reguläre Potentialfunktion und ist $u + iv = f(z) = f(x + iy)$ eine in diesem Gebiete reguläre analytische Funktion von z, welche das Gebiet G auf ein Gebiet Γ der uv-Ebene abbildet, so geht die Funktion $p(x, y)$ bei Einführung der neuen unabhängigen Veränderlichen u und v in eine im Gebiete Γ reguläre Potentialfunktion $p^*(u, v) = p(x, y)$ über.* Bedeutet nämlich $q(x, y)$ die zu p konjugierte Potentialfunktion, so ist $p + iq$ eine analytische Funktion von z in G, also auch eine analytische Funktion von $\zeta = u + iv$ in Γ. Die Einfuhrung der neuen Variablen u, v statt x, y werden wir gelegentlich als „*Übertragung*" der Potentialfunktion p von G nach Γ bezeichnen.

Trennen wir links und rechts Reelles und Imaginäres, so erhalten wir die Formel

$$(3)\qquad u(r,\psi) = \frac{1}{2\pi}\int_0^{2\pi} u(R,\varphi)\,\frac{R^2 - r^2}{R^2 - 2Rr\cos(\psi-\varphi) + r^2}\,d\varphi\,,$$

welche die *Poissonsche Integralformel* heißt. Da sich jede reguläre Potentialfunktion als Realteil einer analytischen Funktion auffassen läßt, wird durch diese Formel der Wert jeder Potentialfunktion im Innern eines Kreises durch ihre Randwerte ausgedrückt. Wir merken noch an, daß man die partiellen Ableitungen von u nach r und ψ (oder x und y) für das Innere des Kreises aus der Formel (3) erhält, indem man unter dem Integralzeichen differenziert.

Besonders einfach gestaltet sich die Formel (3), wenn $r = 0$ wird; dann ergibt sich

$$(4)\qquad u(0) = u(0,\psi) = \frac{1}{2\pi}\int_0^{2\pi} u(R,\varphi)\,d\varphi\,.$$

Es ist also der Wert einer regulären Potentialfunktion im Mittelpunkt eines Kreises gleich dem arithmetischen Mittel der Werte auf dem Rande des Kreises.

Selbstverständlich gilt eine entsprechende Formel, wenn wir u durch eine konjugierte Potentialfunktion ersetzen.

Wir können aber auch die zu u konjugierte Funktion v, bis auf eine additive Konstante, durch die Randwerte von u ausdrücken. Hierzu addieren wir die beiden Gleichungen (1) und (2); dann ergibt sich

$$f(z) = \frac{1}{2\pi}\int_0^{2\pi} f(Re^{i\varphi})\left(\frac{Re^{i\varphi}}{Re^{i\varphi} - re^{i\psi}} + \frac{re^{i\varphi}}{re^{i\varphi} - Re^{i\psi}}\right)d\varphi$$

oder

$$\begin{aligned} f(z) &= u + iv \\ &= \frac{1}{2\pi}\int_0^{2\pi}\bigl(u(R,\varphi) + iv(R,\varphi)\bigr)\left(1 + i\,\frac{2Rr\sin(\psi-\varphi)}{R^2 - 2Rr\cos(\psi-\varphi) + r^2}\right)d\varphi\,. \end{aligned}$$

Da nach (4) $\frac{1}{2\pi}\int_0^{2\pi} v(R,\varphi)\,d\varphi = v(0)$ ist, so folgt hieraus durch Trennung von Reellem und Imaginärem die Relation

$$(5)\qquad v(r,\psi) = v(0) + \frac{1}{\pi}\int_0^{2\pi} u(R,\varphi)\,\frac{Rr\sin(\psi-\varphi)}{R^2 - 2Rr\cos(\psi-\varphi) + r^2}\,d\varphi\,,$$

welche die gesuchte Darstellung leistet.

Durch Zusammenfassung dieser Gleichung mit der Gleichung (3) erhalten wir für $f(z) = f(re^{i\psi}) = u + iv$

$$f(z) = i\,v(0) + \frac{1}{2\pi}\int_0^{2\pi} u(R,\varphi)\,\frac{R^2 - r^2 + 2i\,R\,r\sin(\psi-\varphi)}{R^2 - 2R\,r\cos(\psi-\varphi) + r^2}\,d\varphi$$

$$= i\,v(0) + \frac{1}{2\pi}\int_0^{2\pi} u(R,\varphi)\,\frac{R^2 - r^2 + R\,r\left(e^{i(\psi-\varphi)} - e^{-i(\psi-\varphi)}\right)}{R^2 + r^2 - R\,r\left(e^{i(\psi-\varphi)} + e^{-i(\psi-\varphi)}\right)}\,d\varphi$$

$$= i\,v(0) + \frac{1}{2\pi}\int_0^{2\pi} u(R,\varphi)\,\frac{R\,e^{i\varphi} + r\,e^{i\psi}}{R\,e^{i\varphi} - r\,e^{i\psi}}\,d\varphi$$

$$= i\,v(0) + \frac{1}{2\pi}\int_0^{2\pi} u(R,\varphi)\,\frac{t+z}{t-z}\,d\varphi.$$

Entwickeln wir hierin den Bruch $\frac{t+z}{t-z}$ in eine geometrische Reihe

$$\frac{t+z}{t-z} = 1 + 2\sum_{n=1}^{\infty}\left(\frac{z}{t}\right)^n = 1 + 2\sum_{n=1}^{\infty}\left(\frac{r}{R}\right)^n e^{in(\psi-\varphi)},$$

so dürfen wir gliedweise integrieren und bekommen dann

(6) $$f(z) = i\,v(0) + \frac{\alpha_0}{2} + \sum_{n=1}^{\infty}\left(\frac{r}{R}\right)^n \alpha_n\,e^{in\psi}$$

mit

(7) $$\alpha_n = \frac{1}{\pi}\int_0^{2\pi} u(R,\varphi)\,e^{-in\varphi}\,d\varphi \qquad (n = 0, 1, 2, \ldots)$$

oder

(8) $$u(r,\psi) = \frac{a_0}{2} + \sum_{n=1}^{\infty}\left(\frac{r}{R}\right)^n (a_n\cos n\psi + b_n\sin n\psi),$$

(9) $$v(r,\psi) = v(0) + \sum_{n=1}^{\infty}\left(\frac{r}{R}\right)^n (-b_n\cos n\psi + a_n\sin n\psi)$$

mit

$$a_n = \frac{1}{\pi}\int_0^{2\pi} u(R,\varphi)\cos n\varphi\,d\varphi \qquad (n = 0, 1, 2, \ldots),$$

$$b_n = \frac{1}{\pi}\int_0^{2\pi} u(R,\varphi)\sin n\varphi\,d\varphi \qquad (n = 1, 2, \ldots).$$

Da jedes Glied in (8) oder (9) für sich eine Potentialfunktion darstellt (es ist z. B. $r^n\cos n\psi$ der Realteil der analytischen Funktion z^n), so haben wir in den Formeln (8) und (9) die Entwicklung einer beliebigen regulären Potentialfunktion u und der zu ihr konjugierten Potentialfunktion v in eine konvergente Reihe besonders einfacher Potentialfunktionen vor uns.

Ersetzen wir in den obigen Formeln (3) und (5) $u(R, \varphi)$ durch eine beliebige längs der Kreisperipherie stetige oder auch nur stückweise stetige[1] Funktion $g(\varphi)$, so werden durch die Formeln

$$(10) \qquad u(r, \psi) = \frac{1}{2\pi}\int_0^{2\pi} g(\varphi) \frac{R^2 - r^2}{R^2 - 2Rr\cos(\psi - \varphi) + r^2} d\varphi$$

und

$$(11) \qquad v(r, \psi) = v(0) + \frac{1}{\pi}\int_0^{2\pi} g(\varphi) \frac{Rr\sin(\psi - \varphi)}{R^2 - 2Rr\cos(\psi - \varphi) + r^2} d\varphi$$

zwei Funktionen definiert, welche im Innern des Kreises selbst wieder Potentialfunktionen, im Falle eines durchweg stetigen $g(\varphi)$ sogar reguläre Potentialfunktionen sind. Wir können nämlich die Ausdrücke Δu und Δv durch Differenzieren unter dem Integralzeichen bilden, wobei sich identisch Null ergibt, da die Faktoren von $g(\varphi)$ selbst Potentialfunktionen sind. Wir werden in § 10 sehen, daß die durch diese Formel dargestellte Funktion u auch die Randwerte $g(\varphi)$ besitzt. Vorher ziehen wir aus den gefundenen Resultaten einige Folgerungen.

§ 9. Folgerungen.

Wir können aus dem Vorangehenden eine Reihe von Folgerungen ziehen, welche den oben bei der Cauchyschen Integralformel gewonnenen Resultaten entsprechen. Aus der Mittelwertformel (4) § 8 folgt der *Satz vom Maximum und Minimum einer Potentialfunktion*: *Eine in einem Gebiete G einschließlich des Randes reguläre Potentialfunktion nimmt ihren größten und ihren kleinsten Wert am Rande an; wird ein solcher Extremwert im Innern angenommen, so ist die Funktion konstant.* Der Beweis verläuft ganz analog zu dem in § 1 gegebenen Beweis des Prinzips vom Maximum und Minimum für den Betrag einer analytischen Funktion; die Beträge $|f(z)|$ sind dabei durch die Potentialfunktion zu ersetzen, und die zu der Formel (2) aus § 1 analoge Formel gilt sogar mit dem Gleichheitszeichen.

Ebenso läßt sich der Konvergenzsatz aus § 3 in folgender Form übertragen („*Satz von* HARNACK"): *Es sei* $u_1(r, \psi)$, $u_2(r, \psi)$, ... *eine Folge von Potentialfunktionen, welche in einem Kreise K einschließlich des Randes regulär sind und deren Randwerte* $g_1(\varphi)$, $g_2(\varphi)$, ... *gleichmäßig gegen eine stetige Funktion* $g(\varphi)$ *konvergieren. Dann konvergieren*

[1] Vgl. S. 262, Fußnote.

die Potentialfunktionen u_n überall im Kreise K gleichmäßig gegen eine reguläre Potentialfunktion u mit den Randwerten $g(\varphi)$.

Der Beweis verläuft wie bei dem Weierstraßschen Satze von § 3. Das Maximum der Differenz $|u_n - u_m|$ liegt auf dem Rande, wo die Differenz $|g_n - g_m|$ nach Voraussetzung für hinreichend großes n und alle $m > n$ gleichmäßig in φ beliebig klein ist; daher konvergieren die Funktionen u_n überall in K gleichmäßig gegen eine stetige Grenzfunktion u mit den Randwerten $g(\varphi)$. Die Funktion u läßt sich, da wir den Grenzübergang wegen der Gleichmäßigkeit der Konvergenz unter dem Integralzeichen ausführen dürfen, durch das Poissonsche Integral (3) § 8 ausdrücken. Dieses stellt aber, wie oben bemerkt, im Innern von K eine reguläre Potentialfunktion dar.

Eine weitere Folgerung aus den Überlegungen des vorigen Paragraphen ist der folgende Konvergenzsatz für analytische Funktionen, den wir an späterer Stelle (Kap. 6, § 2) gebrauchen werden: *Wenn in einem Gebiete G die Funktionen einer Folge $\omega_1(z)$, $\omega_2(z)$, ... in einem Punkte, etwa $z = 0$, mit wachsendem Index gegen Null streben und wenn die Realteile dieser Funktionen im Gebiete G gleichmäßig gegen Null konvergieren, so konvergieren die Funktionen $\omega_n(z)$ in jedem abgeschlossenen Teilgebiete von G gleichmäßig gegen Null.* Ist nämlich G^* irgend ein abgeschlossenes Teilgebiet von G, so verstehen wir unter R eine solche positive Zahl, daß jede abgeschlossene Kreisscheibe vom Radius R um einen Punkt von G^* noch ganz im Gebiete G liegt (vgl. Kap. 1, § 2, S. 264). Für jeden Punkt P des Gebietes G^* wenden wir die Formel (3) § 8 mit diesem Punkt als Mittelpunkt an, differenzieren sie nach r und setzen $r = 0$; dann erhalten wir

$$\frac{\partial u_n(0, \psi)}{\partial r} = \frac{1}{R\pi}\int_0^{2\pi} u_n(R, \varphi)\cos(\psi - \varphi)\, d\varphi .$$

Hieraus folgt: Gilt im ganzen Gebiete G für die Realteile $|u_n| \leqq M_n$, so ist in jedem Punkte P von G^* sowohl $\left|\frac{\partial u_n}{\partial x}\right|$ wie $\left|\frac{\partial u_n}{\partial y}\right| \leqq \frac{2M_n}{R}$. Wegen der Cauchy-Riemannschen Differentialgleichungen sind also auch die Ableitungen der Imaginärteile v_n ihrem Betrage nach unter derselben Schranke gelegen; also konvergiert die Schwankung[1] der Funktion v in dem abgeschlossenen Teilgebiet G^* gleichmäßig gegen Null, womit unser Satz bewiesen ist.

Die Formeln (10) und (11) von § 8 erlauben uns ferner, für den Real- und Imaginärteil einer im Innern und auf dem Rande eines Kreises $|z| \leqq R$ regulären Funktion $f(z) = u + iv$ präzise Schranken anzugeben; wir setzen hierbei voraus, daß die Randwerte $g(\varphi)$ des Realteils für die Peripherie des Kreises einen Betrag $\leqq 1$ haben.

[1] D. h. der größte auftretende Betrag der Differenz zweier Funktionswerte.

Die beiden Ausdrücke

$$(1)\qquad u(r,\psi)-u(0)=\frac{1}{\pi}\int_0^{2\pi} g(\varphi)\,\frac{R\,r\cos(\psi-\varphi)-r^2}{R^2-2Rr\cos(\psi-\varphi)+r^2}\,d\varphi,$$

$$(2)\qquad v(r,\psi)-v(0)=\frac{1}{\pi}\int_0^{2\pi} g(\varphi)\,\frac{R\,r\sin(\psi-\varphi)}{R^2-2Rr\cos(\psi-\varphi)+r^2}\,d\varphi$$

seien zunächst positiv. Sie erhalten dann unter der Voraussetzung $|g(\varphi)|\leqq 1$ einen möglichst großen Betrag, wenn man $g(\varphi)$ dort gleich 1 setzt, wo der zweite Faktor des Integranden positiv ist, dagegen sonst $g(\varphi)=-1$ nimmt. Da stets $R^2+r^2-2Rr\cos(\psi-\varphi)\geqq 0$ ist, so hat man nur den Zähler jener Faktoren zu beachten. Man hat also demgemäß in (1)

$$g(\varphi)=1 \qquad \text{für} \qquad \cos(\psi-\varphi)>\frac{r}{R},$$

$$g(\varphi)=-1 \qquad \text{für} \qquad \cos(\psi-\varphi)\leqq\frac{r}{R}$$

zu setzen. Ebenso erhält man für (2) als vorzuschreibende Randwerte

$$g(\varphi)=1 \qquad \text{für} \qquad 0<\psi-\varphi<\pi,$$

$$g(\varphi)=-1 \qquad \text{für} \qquad \pi\leqq\psi-\varphi\leqq 2\pi.$$

— Ist einer der beiden Ausdrücke (1), (2) negativ oder Null, so bringt man, um eine Abschätzung für den Betrag zu erhalten, die Funktionswerte $g(\varphi)=1$ und $g(\varphi)=-1$ gerade in entgegengesetzter Verteilung an.

Unter diesen Annahmen lassen sich die beiden Integrale direkt ausrechnen, und man erhält

$$(3)\qquad |u(r,\psi)-u(0)|\leqq\frac{4}{\pi}\arcsin\frac{r}{R},$$

$$(4)\qquad |v(r,\psi)-v(0)|\leqq\frac{2}{\pi}\log\frac{R+r}{R-r}.$$

Die erste dieser beiden Abschätzungen wird auch als „Schwarzsche Arcussinus-Formel" bezeichnet[1].

§ 10. Lösung der Randwertaufgabe der Potentialtheorie für den Kreis.

Bisher diente uns das Poissonsche Integral zur Darstellung einer von vornherein als bekannt betrachteten Potentialfunktion. Seine Bedeutung reicht jedoch, wie schon angedeutet wurde, weiter. Es gilt

[1] Ausführliche Überlegungen in ähnlicher Richtung findet der Leser bei P. Koebe: Über das Schwarzsche Lemma ..., Math. Zeitschr. Bd. 6 (1920), S. 52 bis 84.

nämlich der Satz: *Ist* $g(\varphi)$ *eine beliebige reelle stetige Funktion der reellen Veränderlichen* φ *mit der Periode* 2π, *so stellt das Integral*

$$(1)\qquad u(r,\psi)=\frac{1}{2\pi}\int_0^{2\pi} g(\varphi)\,\frac{R^2-r^2}{R^2-2Rr\cos(\psi-\varphi)+r^2}\,d\varphi,$$

das auch in die unendliche Reihe

$$u(r,\psi)=\frac{a_0}{2}+\sum_{\nu=1}^{\infty}\left(\frac{r}{R}\right)^{\nu}(a_\nu\cos\nu\psi+b_\nu\sin\nu\psi)$$

mit

$$a_\nu=\frac{1}{\pi}\int_0^{2\pi} g(\varphi)\cos\nu\varphi\,d\varphi,\qquad b_\nu=\frac{1}{\pi}\int_0^{2\pi} g(\varphi)\sin\nu\varphi\,d\varphi\qquad(\nu=0,1,2,\ldots)$$

entwickelt werden kann, eine im Innern des Kreises vom Radius R um den Nullpunkt reguläre Potentialfunktion dar, welche die Randwerte $g(\varphi)$ *annimmt.*

Man sagt: *Das Poissonsche Integral löst die Randwertaufgabe der Potentialtheorie* für den Kreis.

Zum Beweise approximieren wir, was nach einem bekannten Satze von FEJÉR immer möglich ist[1], die stetige Funktion $g(\varphi)$ gleichmäßig

[1] Der Beweis dieses Fejérschen Satzes verläuft folgendermaßen: Es sei $f(x)$ eine stetige Funktion mit der Periode 2π; ferner

$$\alpha_\nu=\frac{1}{2\pi}\int_0^{2\pi} f(\vartheta)\,e^{-i\nu\vartheta}\,d\vartheta\qquad(\nu=\cdots,-2,-1,0,1,2,\ldots)$$

und

$$s_n=\sum_{\nu=-n}^{n}\alpha_\nu e^{i\nu x}\qquad(n=0,1,2,\ldots)$$

$$f_{n-1}(x)=\frac{1}{n}\sum_{\nu=0}^{n-1}s_\nu\qquad(n=1,2,\ldots).$$

Dann ist zunächst

$$s_n=\frac{1}{2\pi}\int_0^{2\pi} f(\vartheta)\sum_{\nu=-n}^{n}e^{-i\nu(\vartheta-x)}\,d\vartheta$$

$$=\frac{1}{2\pi}\int_0^{2\pi} f(\vartheta)\,e^{in(\vartheta-x)}\,\frac{1-e^{-i(2n+1)(\vartheta-x)}}{1-e^{-i(\vartheta-x)}}\,d\vartheta$$

$$=\frac{1}{2\pi}\int_0^{2\pi} f(\vartheta)\,\frac{e^{i\frac{2n+1}{2}(\vartheta-x)}-e^{-i\frac{2n+1}{2}(\vartheta-x)}}{e^{i\frac{\vartheta-x}{2}}-e^{-i\frac{\vartheta-x}{2}}}\,d\vartheta$$

$$=\frac{1}{2\pi}\int_0^{2\pi} f(\vartheta)\,\frac{\left(e^{i(n+1)(\vartheta-x)}+e^{-i(n+1)(\vartheta-x)}\right)-\left(e^{in(\vartheta-x)}+e^{-in(\vartheta-x)}\right)}{\left(e^{i\frac{\vartheta-x}{2}}-e^{-i\frac{\vartheta-x}{2}}\right)^2}\,d\vartheta;$$

durch eine Folge trigonometrischer Polynome von der Form

$$g_n(\varphi) = \frac{a_0^{(n)}}{2} + \sum_{\nu=1}^{n} (a_\nu^{(n)} \cos \nu \varphi + b_\nu^{(n)} \sin \nu \varphi).$$

Die regulären Potentialfunktionen

$$u_n(r, \psi) = \frac{a_0^{(n)}}{2} + \sum_{\nu=1}^{n} \left(\frac{r}{R}\right)^\nu (a_\nu^{(n)} \cos \nu \psi + b_\nu^{(n)} \sin \nu \psi)$$

---

folglich

$$f_{n-1}(x) = \frac{1}{2\pi n} \int_0^{2\pi} f(\vartheta) \frac{e^{in(\vartheta - x)} - 2 + e^{-in(\vartheta - x)}}{\left(e^{i\frac{\vartheta - x}{2}} - e^{-i\frac{\vartheta - x}{2}}\right)^2} d\vartheta$$

$$= \frac{1}{2\pi n} \int_0^{2\pi} f(\vartheta) \left(\frac{\sin \frac{n(\vartheta - x)}{2}}{\sin \frac{\vartheta - x}{2}}\right)^2 d\vartheta = \frac{1}{2\pi n} \int_0^{2\pi} f(\vartheta + x) \left(\frac{\sin \frac{n\vartheta}{2}}{\sin \frac{\vartheta}{2}}\right)^2 d\vartheta.$$

Speziell gilt also für $f(x) = 1$

$$(*) \qquad 1 = \frac{1}{2\pi n} \int_0^{2\pi} \left(\frac{\sin \frac{n\vartheta}{2}}{\sin \frac{\vartheta}{2}}\right)^2 d\vartheta,$$

also im allgemeinen Falle

$$f_{n-1}(x) - f(x) = \frac{1}{2\pi n} \int_0^{2\pi} (f(\vartheta + x) - f(x)) \left(\frac{\sin \frac{n\vartheta}{2}}{\sin \frac{\vartheta}{2}}\right)^2 d\vartheta.$$

Man zerlegt nun das Intervall $0, 2\pi$ mit Hilfe einer zwischen 0 (ausschließlich) und $\frac{\pi}{2}$ (ausschließlich) gelegenen Zahl δ in die Teilintervalle $0, \delta$; $\delta, 2\pi - \delta$; $2\pi - \delta, 2\pi$. Bei vorgegebenem $\varepsilon > 0$ kann man dann auf Grund der gleichmäßigen Stetigkeit und der Periodizität von $f(x)$ die Zahl $\delta = \delta(\varepsilon)$ so klein wählen, daß für alle ϑ des ersten und dritten Teilintervalls und alle x die Ungleichung $|f(\vartheta + x) - f(x)| < \frac{\varepsilon}{2}$ besteht, und da für den andern Faktor des Integranden die Formel (*) gilt, so wird

$$\frac{1}{2\pi n} \left| \int_0^{\delta} (f(\vartheta + x) - f(x)) \left(\frac{\sin \frac{n\vartheta}{2}}{\sin \frac{\vartheta}{2}}\right)^2 d\vartheta + \int_{2\pi - \delta}^{2\pi} (f(\vartheta + x) - f(x)) \left(\frac{\sin \frac{n\vartheta}{2}}{\sin \frac{\vartheta}{2}}\right)^2 d\vartheta \right| < \frac{\varepsilon}{2}.$$

Bei diesem δ kann man aber $N = N(\varepsilon)$ so groß wählen, daß für $n \geqq N$ stets

$$\frac{1}{2\pi n} \left| \int_{\delta}^{2\pi - \delta} (f(\vartheta + x) - f(x)) \left(\frac{\sin \frac{n\vartheta}{2}}{\sin \frac{\vartheta}{2}}\right)^2 d\vartheta \right| < \frac{\varepsilon}{2}$$

wird. Für $n \geqq N(\varepsilon)$ ist also $|f_{n-1}(x) - f(x)| < \varepsilon$ für alle x.

Die reellen trigonometrischen Polynome $f_n(x)$ konvergieren also gleichmäßig gegen $f(x)$.

haben offenbar die Randwerte $g_n(\varphi)$. Die Auswertung der Integrale

$$(2)\qquad \begin{cases} \dfrac{1}{\pi}\displaystyle\int_0^{2\pi} g_n(\varphi)\cos\nu\varphi\, d\varphi & (\nu = 0, 1, 2, \ldots), \\ \dfrac{1}{\pi}\displaystyle\int_0^{2\pi} g_n(\varphi)\sin\nu\varphi\, d\varphi & (\nu = 1, 2, \ldots) \end{cases}$$

liefert nach den bekannten „Orthogonalitätsrelationen der trigonometrischen Funktionen" für $\nu = 0, 1, \ldots, n$ die Werte $a_\nu^{(n)}$ bzw. $b_\nu^{(n)}$, für $\nu > n$ dagegen stets den Wert 0. Bezeichnet man die Ausdrücke (2) für *jedes* $\nu \geqq 0$ mit $a_\nu^{(n)}$ und $b_\nu^{(n)}$, so wird also für $\nu > n$ stets $a_\nu^{(n)} = b_\nu^{(n)} = 0$, und man kann schreiben

$$(3)\qquad u_n(r, \psi) = \frac{a_0^{(n)}}{2} + \sum_{\nu=1}^{\infty}\left(\frac{r}{R}\right)^{\nu}(a_\nu^{(n)}\cos\nu\psi + b_\nu^{(n)}\sin\nu\psi),$$

wo nunmehr die Summe ins Unendliche erstreckt ist. Mit wachsendem n konvergieren aber die Funktionen u_n nach dem ersten Konvergenzsatz aus § 9 gegen eine reguläre Potentialfunktion u mit den Randwerten $\lim\limits_{n\to\infty} g_n(\varphi) = g(\varphi)$. In den Ungleichungen

$$\left|\int_0^{2\pi} g(\varphi)\cos\nu\varphi\, d\varphi - \int_0^{2\pi} g_n(\varphi)\cos\nu\varphi\, d\varphi\right| \leqq \int_0^{2\pi} |g(\varphi) - g_n(\varphi)|\, d\varphi,$$

$$\left|\int_0^{2\pi} g(\varphi)\sin\nu\varphi\, d\varphi - \int_0^{2\pi} g_n(\varphi)\sin\nu\varphi\, d\varphi\right| \leqq \int_0^{2\pi} |g(\varphi) - g_n(\varphi)|\, d\varphi$$

sind die rechten Seiten von ν unabhängig und konvergieren mit wachsendem n gegen Null, da $g_n(\varphi)$ gleichmäßig gegen $g(\varphi)$ strebt. Daher gilt gleichmäßig in ν

$$\lim_{n\to\infty} a_\nu^{(n)} = \frac{1}{\pi}\int_0^{2\pi} g(\varphi)\cos\nu\varphi\, d\varphi,$$

$$\lim_{n\to\infty} b_\nu^{(n)} = \frac{1}{\pi}\int_0^{2\pi} g(\varphi)\sin\nu\varphi\, d\varphi.$$

Wegen der Gleichmäßigkeit dieser Konvergenz darf man in (3) in der unendlichen Summe gliedweise zur Grenze $n = \infty$ übergehen und erhält dadurch für die Funktion u gerade die in der Behauptung auftretende Reihe. Daß aber diese Reihe gleich dem Integral (1) ist, erkennt man genau analog zu der Entwicklung von § 8, wo an Stelle von $g(\varphi)$ die Potentialfunktion $u(R, \varphi)$ stand.

Weitere Beweise des obigen Satzes findet der Leser am Schlusse des nächsten Paragraphen und in Kap. 4, § 3.

Schließlich sei darauf hingewiesen, daß das Poissonsche Integral die Randwertaufgabe auch noch unter der allgemeineren Voraussetzung löst, daß die Funktion $g(\varphi)$ auf dem Rande nur stückweise stetig ist.

Die dargestellte Potentialfunktion nimmt an allen Stetigkeitsstellen der Funktion $g(\varphi)$ die vorgeschriebenen Randwerte an und hat bei Annäherung an eine Unstetigkeitsstelle φ_0 bestimmte Häufungswerte, welche zwischen $\lim\limits_{\varepsilon\to 0} g(\varphi_0 + \varepsilon)$ und $\lim\limits_{\varepsilon\to 0} g(\varphi_0 - \varepsilon)$ liegen. Den einfachen Beweis dieser Tatsache übergehen wir hier, da er an einer späteren Stelle (Kap. 6, § 6, S. 408f.) in allgemeinerem Zusammenhange nachgeholt werden wird.

§ 11. Die Randwerte einer analytischen Funktion.

Die Randwerte, welche eine in einem einfach zusammenhängenden abgeschlossenen Gebiete analytische Funktion am Rande dieses Gebietes annimmt, können gewiß nicht willkürlich vorgeschrieben werden. Dies lehrt uns unmittelbar der Satz vom Maximum und Minimum für Potentialfunktionen. Sind nämlich die Randwerte für den Realteil u gegeben, so ist dieser Realteil dadurch eindeutig bestimmt; denn die Differenz zweier Potentialfunktionen u_1 und u_2 mit denselben Randwerten ist eine Potentialfunktion mit den Randwerten 0 und muß also nach dem Satze vom Maximum und Minimum im ganzen abgeschlossenen Gebiete identisch verschwinden. Durch den Realteil sind aber der Imaginärteil und seine Randwerte bis auf eine additive Konstante eindeutig bestimmt; seine Randwerte können daher nicht mehr neben den Randwerten des Realteiles willkürlich festgesetzt werden.

Zeigen uns diese Überlegungen, daß das Maß von Willkür, welches in der Konstruktion einer analytischen Funktion steckt, nicht größer sein kann, als es in der willkürlichen Wahl von stetigen Randwerten des Realteils (und einer rein imaginären Konstanten) gelegen ist, so lehrt uns das Resultat des vorigen Paragraphen für den speziellen Fall kreisförmiger Gebiete, daß hier genau dieses Maß von Willkür auch wirklich vorliegt. Erst später (Kap. 6, § 5 und 6) werden wir durch Lösung der Randwertaufgabe der Potentialtheorie für einen in weiten Grenzen beliebigen einfach zusammenhängenden Bereich diesem Resultat seine volle Allgemeingültigkeit verleihen. Wir sind aber bereits hier in der Lage, notwendige und hinreichende Bedingungen für die Randwerte einer analytischen Funktion in einem einfach zusammenhängenden Bereich anzugeben, den wir der Einfachheit halber als von einer einzigen stetig gekrümmten Kurve C begrenzt voraussetzen.

Wir knüpfen an die Formel (3) von Kap. 2, § 7 an, welche uns in jedem von Punkten der Kurve C freien Gebiet eine analytische Funktion darstellt. Zerlegen wir die Kurve in mehrere Bestandteile, so entspricht jedem Bestandteil eine durch Integration über ihn entstehende Funktion, welche in der ganzen Ebene mit Ausnahme jenes Kurvenbogens regulär analytisch ist. Aus diesen einzelnen Funktionen setzt sich die ursprünglich betrachtete additiv zusammen. Die folgenden Betrachtungen werden davon unabhängig sein, ob wir es mit einer geschlossenen oder einer nicht geschlossenen Kurve zu tun haben.

Wir bedürfen im folgenden des auch sonst wichtigen Begriffes des „*Cauchyschen Hauptwertes*" eines Integrals. Ist $g(x)$ eine in einem abgeschlossenen Intervalle $a \leqq x \leqq b$ der reellen Veränderlichen x mit ihren Ableitungen erster und zweiter Ordnung stetige Funktion und ist x_0 ein Punkt im Innern des Intervalles, so hat nach der gewöhnlichen Definition des Integrals im allgemeinen der Ausdruck $\int\limits_a^b \frac{g(x)}{x-x_0}\,dx$ keinen Sinn. Dagegen existiert der folgende Grenzwert:

$$H(x_0) = \lim_{\varepsilon\to 0}\left(\int\limits_a^{x_0-\varepsilon} \frac{g(x)}{x-x_0}\,dx + \int\limits_{x_0+\varepsilon}^{b} \frac{g(x)}{x-x_0}\,dx\right),$$

der sogenannte *Cauchysche Hauptwert* des Integrals, bei dem also wesentlich ist, daß die singuläre Stelle von beiden Seiten gleichzeitig und symmetrisch approximiert wird. Um die Existenz dieses Grenzwertes einzusehen, brauchen wir nur zu beachten, daß sich nach unseren Voraussetzungen $g(x)$ in der Form darstellen läßt:

$$g(x) = g(x_0) + (x - x_0)\,h(x, x_0),$$

wobei $h(x, x_0)$ eine im Bereich $a \leqq x \leqq b$, $a \leqq x_0 \leqq b$ stetige Funktion der Variablen x, x_0 ist. Es braucht also nur die Existenz des Cauchyschen Hauptwertes von $\int\limits_a^b \frac{dx}{x-x_0}$ bewiesen zu werden; diese ist aber unmittelbar klar. Gleichzeitig erkennt man, daß der Cauchysche Hauptwert $H(x_0)$ in jedem ganz im Innern des Intervalles a, b gelegenen abgeschlossenen Teilintervalle eine stetige Funktion von x_0 ist.

Dieser Begriff des Cauchyschen Hauptwertes läßt sich leicht auf das komplexe Gebiet übertragen. Es sei C ein stetig gekrümmter Kurvenbogen der komplexen Zahlenebene, dessen Punkte durch die komplexe Variable $t = \xi + i\eta$ bezeichnet werden. Bedeutet s die Bogenlänge auf der Kurve, so ist t eine mit stetigen Ableitungen erster und zweiter Ordnung versehene komplexe Funktion von s, für welche $|t'(s)| = 1$ ist. Es sei nun $\varphi(t)$ eine Funktion der auf der Kurve C laufenden komplexen Veränderlichen t, welche nach Ersetzung von t durch $t(s)$ stetige erste und zweite Ableitungen nach s besitzt[1]. Ist dann

[1] Es ist dabei zu beachten, daß die Variable t ausschließlich auf dem Kurvenbogen läuft, so daß die Existenz der Ableitungen nicht den analytischen Charakter von $\varphi(t)$ nach sich zieht.

t_0 ein beliebiger innerer Punkt auf dem Bogen C, so definieren wir als Cauchyschen Hauptwert des Integrals $\int\limits_C \frac{\varphi(t)}{t-t_0}\,dt$ den Grenzwert

$$\lim_{\varepsilon\to 0}\left(\int\limits_a^{s_0-\varepsilon} \frac{\varphi(t)}{t-t_0}\,t'\,ds + \int\limits_{s_0+\varepsilon}^{b} \frac{\varphi(t)}{t-t_0}\,t'\,ds\right),$$

wobei a und b die Werte von s am Anfangs- und Endpunkt von C bedeuten und $t_0 = t(s_0)$ ist. Die Existenz dieses Hauptwertes läßt sich leicht durch Zurückführung auf den Hauptwert im Reellen beweisen. Es ist nämlich

$$t - t_0 = (s - s_0)\,t'(s_0)\,(1 + (s - s_0)\,\alpha_1(s, s_0)),$$

also, wenn nur $|s - s_0|$ hinreichend klein ist,

$$\frac{1}{t-t_0} = \frac{1}{(s-s_0)\,t'(s_0)}(1 + (s - s_0)\,\alpha_2(s, s_0)),$$

wobei $\alpha_1(s, s_0)$, $\alpha_2(s, s_0)$, wie auch hernach α_3, α_4, für alle zu C gehörigen Werte s, s_0 stetige Funktionen bedeuten. Ebenso ist

$$\varphi(t) = \varphi(t_0) + (s - s_0)\,\alpha_3(s, s_0).$$

Unser Integrand nimmt also die Form $\dfrac{\frac{\varphi(t_0)}{t'(s_0)}\,t'(s)}{s - s_0} + \alpha_4(s, s_0)$ an, womit die Zurückführung auf den Hauptwert reeller Integrale erfolgt ist. Auch hier ist der Hauptwert eine stetige Funktion von s_0, solange der zu s_0 gehörige Punkt auf einem abgeschlossenen Teilbogen im Innern von C liegt.

Nunmehr definieren wir $f(z)$ durch die Formel

$$f(z) = \frac{1}{2\pi i}\int\limits_C \frac{\varphi(t)}{t-z}\,dt$$

für jeden Punkt z, welcher nicht auf der Kurve C liegt; für einen Punkt $z = t_0$ auf der Kurve verstehen wir unter dem Ausdruck rechts seinen Hauptwert und bezeichnen ihn mit $h(t_0)$.

Wir bezeichnen mit $f^+(t_0)$ bzw. $f^-(t_0)$ die Grenzwerte von $f(z)$ (falls sie vorhanden sind), welche wir erhalten, wenn wir uns dem Punkte t_0 auf der in t_0 errichteten Normalen zur Kurve C aus „positiver" bzw. „negativer" Richtung annähern; dabei verstehen wir unter „positiver Normalenrichtung" diejenige Richtung, welche bei positiver Durchlaufung der Kurve C nach links weist.

Unser Ziel ist der Beweis des folgenden Satzes: *Die Grenzwerte $f^+(t_0)$ bzw. $f^-(t_0)$ existieren und sind mit den Werten $\varphi(t_0)$ und $h(t_0)$ durch die Gleichungen*

$$
(1) \qquad \begin{gathered} f^+(t_0) - \tfrac{1}{2}\varphi(t_0) = h(t_0), \qquad f^-(t_0) + \tfrac{1}{2}\varphi(t_0) = h(t_0), \\ f^+(t_0) - f^-(t_0) = \varphi(t_0) \end{gathered}
$$

verknüpft.

Zum Beweise können wir offenbar annehmen, daß die Integrationskurve C aus einem beliebig klein zu wählenden, den Punkt t_0 umgebenden Stück besteht; denn das von einem etwaigen anderen Bogen herrührende Integral stellt in der Umgebung des Punktes t_0 eine reguläre

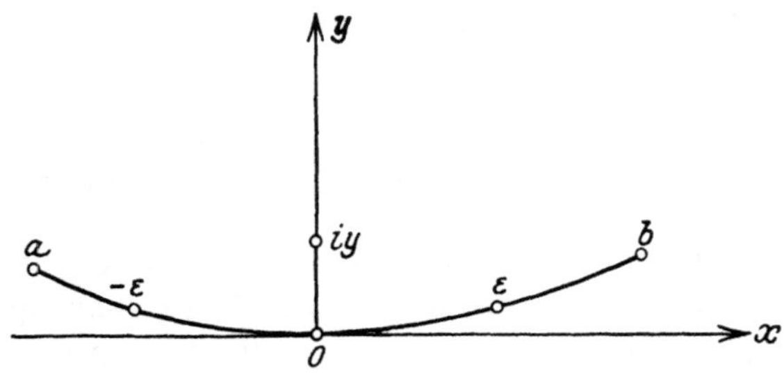

Abb. 89.

und somit stetige Funktion von z dar. Wir denken uns das Koordinatensystem so gelegt, daß $t_0 = 0$ wird und C dort die x-Achse berührt (vgl. Abb. 89). Der Durchlaufungssinn der Kurve C soll im Nullpunkte mit der positiven x-Richtung zusammenfallen. Der Punkt $z = iy$ wird dann auf der imaginären Achse gegen den Punkt 0 rücken, und zwar von der positiven Seite her bei der Bildung von $f^+(0)$. Die Bogenlänge s zählen wir vom Nullpunkt ab. Auf Grund der obigen Bemerkung dürfen wir von vornherein den Kurvenbogen C so klein annehmen, daß sich seine Richtung von der der x-Achse nirgends um mehr als 30^0 entfernt.

Den zu untersuchenden Ausdruck

$$
2\pi i f(z) = 2\pi i f(iy) = \int_a^b \frac{\varphi(t)}{t - iy}\, t'\, ds \qquad (y \neq 0)
$$

zerlegen wir nun in zwei Summanden $G(\varepsilon, y)$ und $H(\varepsilon, y)$, wobei

$$
G(\varepsilon, y) = \int_{-\varepsilon}^{\varepsilon} \frac{\varphi(t)}{t - iy}\, t'\, ds
$$

ist, unter ε eine hinreichend kleine positive Größe verstanden. Für $|s| > \varepsilon$ ist auf Grund unserer Voraussetzung $|t - iy| > c\varepsilon$, worin c

eine von ε unabhängige positive Konstante bedeutet. Hieraus ergibt sich für beliebige reelle Werte y_1, y_2 mit konstantem c_1 die Abschätzung

$$(2) \qquad |H(\varepsilon, y_1) - H(\varepsilon, y_2)| < \int_a^b \frac{|\varphi(t)|}{c^2 \varepsilon^2} |y_1 - y_2| \, ds < c_1 \frac{|y_1 - y_2|}{\varepsilon^2}.$$

Auf der Kurve C wird

$$\varphi(t) = \varphi(0) + s\beta_1(s), \quad t = s + s^2\beta_2(s), \quad t' = 1 + s\beta_3(s),$$

wobei $\beta_1(s), \beta_2(s), \ldots$ stetige Funktionen von s bedeuten. Es ist also

$$G(\varepsilon, y) = \int_{-\varepsilon}^{\varepsilon} \frac{\varphi(0) + s\beta_1(s)}{s - iy + s^2\beta_2(s)} (1 + s\beta_3(s)) \, ds$$

$$= \int_{-\varepsilon}^{\varepsilon} \frac{\varphi(0)}{s - iy} \, ds + \int_{-\varepsilon}^{\varepsilon} \frac{(s - iy)\, s\beta_4(s) + s^2\beta_5(s)}{(s - iy)(s - iy + s^2\beta_2(s))} \, ds.$$

Wir verbinden nunmehr die Größen ε und y durch die Gleichung $|y| = \varepsilon^3$. Rückt $|y|$, und damit ε, gegen 0, so konvergiert $H(\varepsilon, y)$ nach Formel (2), in der wir $|y_1| = \varepsilon^3$, $y_2 = 0$ setzen, gegen den Hauptwert $2\pi i h(0)$. Im Integral $G(\varepsilon, y)$ hat der zweite Bestandteil den Grenzwert 0; denn da für $y \to 0$ im Punkte $s = 0$ der Zähler des Integranden mindestens von der zweiten, der Nenner aber genau von der zweiten Ordnung in s verschwindet, so liegt der Betrag des Integranden in der Umgebung von $s = 0$ unterhalb einer von y unabhängigen endlichen Grenze, während der Integrationsweg sich auf diesen Punkt zusammenzieht. Der erste Bestandteil von $G(\varepsilon, y)$ wird gleich

$$\varphi(0) \lim_{\varepsilon \to 0} \int_{-\varepsilon}^{\varepsilon} \frac{ds}{s \mp i\varepsilon^3},$$

wobei das Vorzeichen von $i\varepsilon^3$ bei Bildung von f^+ negativ, bei Bildung von f^- positiv zu wählen ist. Führen wir eine neue Integrationsvariable σ durch $s = \varepsilon^3\sigma$ ein, so erhalten wir

$$\varphi(0) \lim_{\varepsilon \to 0} \int_{-\varepsilon^{-2}}^{\varepsilon^{-2}} \frac{d\sigma}{\sigma \mp i};$$

dieser Grenzwert ist aber gleich $\pm \pi i \varphi(0)$, womit die obige Behauptung bewiesen ist.

Aus dem bewiesenen Satze ergibt sich nun ohne weiteres eine Bedingung dafür, daß die Werte $\varphi(t)$ auf dem Rande eines einfach zusammenhängenden abgeschlossenen Gebietes, das wir von stückweise stetig gekrümmten Kurven begrenzt voraussetzen, Randwerte einer regulären analytischen Funktion $\varphi(z)$ sind. Es muß nämlich dann, zufolge der

Cauchyschen Integralformel, diese Funktion im Innern des Gebietes durch den Ausdruck $\frac{1}{2\pi i}\int\limits_C \frac{\varphi(t)}{t-z}\,dt$ dargestellt sein, welcher außerhalb identisch den Wert 0 haben muß. Indem wir in dem obigen Satze $f^+(t_0)$ mit $\varphi(t_0)$ identifizieren, dagegen $f^-(t_0) = 0$ setzen, erhalten wir für diese Randwerte $\varphi(t)$ im Innern jedes stetig gekrümmten geschlossenen Kurvenbogens C die Bedingung

$$\varphi(t_0) = \frac{1}{\pi i}\int\limits_C \frac{\varphi(t)}{t-t_0}\,dt, \tag{3}$$

wobei dieses Integral als Hauptwert zu verstehen ist. Diese Bedingung hat die Form einer sogenannten *Integralgleichung*. Sie ist notwendig und, wie Einsetzen in Formel (1) zeigt[1], auch hinreichend dafür, daß die Funktion $\varphi(t)$ die Randwerte der durch sie im Innengebiete definierten analytischen Funktion $\varphi(z)$ darstellt.

Für den Fall, daß die Kurve C ein Kreis ist, können wir aus unseren Ergebnissen leicht einen neuen Beweis dafür erhalten, daß das Poissonsche Integral tatsächlich die Randwertaufgabe löst[2]. Wir schreiben es gemäß § 8 in der Form

$$u(r,\psi) = \frac{1}{2\pi i}\int\limits_C \frac{\varphi(t)}{t-z}\,dt - \frac{1}{2\pi i}\int\limits_C \frac{\varphi(t)}{t-z^*}\,dt, \tag{4}$$

wobei $z^* = \frac{R^2}{\bar z}$ ist und mit $\varphi(t)$ die vorgegebenen (reellen) Randwerte auf der Kreisperipherie bezeichnet sind. Wenn sich der Punkt z einem Randpunkte t_0 von innen her nähert, so konvergiert der Punkt z^* von außen gegen denselben Wert t_0; Formel (1) lehrt dann, daß der Grenzwert der Differenz (4) tatsächlich $\varphi(t_0)$ ist.

§ 12. Strömungen.

Die Potentialtheorie steht in engem Zusammenhang mit physikalischen Vorstellungen. Da uns diese später als heuristische Hilfsmittel nützlich sein werden, so wollen wir hier kurz auf sie eingehen; eine ausführliche Diskussion der Anwendungen der Potentialtheorie würde allerdings den Rahmen dieses Buches überschreiten.

---

[1] Es sei darauf hingewiesen, daß die bei den obigen Ableitungen gemachte Voraussetzung der Annäherung längs einer Normalen fallen gelassen werden kann; die Grenzwerte f^+ und f^- und damit auch die Formeln (1) behalten ihren Sinn auch bei beliebiger Annäherung an den betreffenden Punkt. Man erkennt dies leicht auf Grund der Bemerkung, daß alle unsere Abschätzungen gleichmäßig für jeden ganz im Innern des Bogens C liegenden abgeschlossenen Teilbogen gelten.

[2] Unser Beweis gilt auf Grund der Überlegungen des Textes nur für radiale Annäherung; die vorstehende Anmerkung lehrt aber seine Gültigkeit für beliebige Annäherung.

Wir gehen aus von der Betrachtung eines „*Vektorfeldes*" in einem Gebiete G der xy-Ebene, d. h. eines Systems von zwei in G definierten stetigen Funktionen

$$\mathfrak{v}_x = p(x, y), \qquad \mathfrak{v}_y = q(x, y),$$

die wir als Komponenten eines Vektors $\mathfrak{v}$ auffassen. Dieses Vektorfeld soll anschaulich durch die Geschwindigkeitsverteilung einer „*stationären ebenen Strömung einer Flüssigkeit mit überall gleicher Dichte*" gedeutet werden[1].

Wir wollen nunmehr annehmen, daß das Gebiet G einfach zusammenhängend ist, und wollen ferner voraussetzen, daß die Strömung „*quellenfrei*" ist, d. h. daß sich in jedem Teilgebiet von G der Zu- und Abstrom von Flüssigkeit über den Rand das Gleichgewicht halten. Diese Voraussetzung führt zu einer Bedingung, welcher der Geschwindigkeitsvektor $\mathfrak{v}$ genügen muß. Wir betrachten eine einfache geschlossene stückweise glatte Kurve C in G mit der Bogenlänge s. Wird die Komponente von $\mathfrak{v}$ normal zur Kurve C mit $\mathfrak{v}_n$ bezeichnet, wobei die positive Richtung der Normalen nach dem Innengebiet von C gerechnet werden soll, so ist der Ausdruck

$$\int_C \mathfrak{v}_n \, ds$$

der Einströmung von Flüssigkeit in das durch C begrenzte Teilgebiet von G während der Zeiteinheit proportional. Zufolge der Voraussetzung der Quellenfreiheit muß er den Wert Null haben, gleichviel, wie die Kurve C gewählt wird. Nun ist[2]

$$\mathfrak{v}_n = p \cos(n, x) + q \cos(n, y) = -p \frac{dy}{ds} + q \frac{dx}{ds};$$

es ergibt sich also die Bedingung

$$\int_C \left(q \frac{dx}{ds} - p \frac{dy}{ds}\right) ds = \int_C \{q\, dx - p\, dy\} = 0.$$

Sind nun, wie wir im folgenden annehmen, die partiellen ersten Ableitungen von p und q vorhanden und stetig, so folgt aus Kap. 1, § 3: *Für die Quellenfreiheit unserer Strömung ist die Bedingung*

$$\frac{\partial p}{\partial x} = -\frac{\partial q}{\partial y} \tag{1}$$

notwendig und hinreichend.

---

[1] Die materielle Natur der strömenden Flüssigkeit braucht nicht näher fixiert zu werden. Die mathematische Darstellung trifft ebenso die Strömung von Elektrizität in dünnen Lamellen wie Strömung von Wärme oder Strömung von Flüssigkeits- oder Luftmengen. Wesentlich ist nur, daß alle diese Strömungen als Transport eines Fluidums aufgefaßt werden können, bei dem wir von Quantität sprechen können.

[2] (n, x) und (n, y) bedeuten die Winkel der positiven Normalen gegen die x-Achse bzw. die y-Achse.

Bezeichnet $\mathfrak{v}_s$ die Komponente des Geschwindigkeitsvektors $\mathfrak{v}$ in Richtung der Tangente der einfachen geschlossenen stückweise glatten Kurve C in G, so nennt man das Integral

$$\int_C \mathfrak{v}_s\, ds$$

die von der Kurve C umschlossene *Wirbelstärke* oder *Zirkulation*. Die Bogenlänge soll dabei so gerechnet werden, daß bei wachsendem s das von der Kurve C eingeschlossene Gebiet in positivem Sinne umlaufen wird. Wenn die Wirbelstärke für jede in G verlaufende einfache, geschlossene Kurve C Null ist, heißt die Strömung *wirbelfrei*. Da nun[1]

$$\mathfrak{v}_s = p\cos(s, x) + q\cos(s, y) = p\frac{dx}{ds} + q\frac{dy}{ds}$$

ist, erhalten wir aus der Gleichung

$$\int_C \left(p\frac{dx}{ds} + q\frac{dy}{ds}\right) ds = \int_C \{p\,dx + q\,dy\} = 0$$

folgende Bedingung für die Wirbelfreiheit: *Unsere Strömung ist dann und nur dann wirbelfrei, wenn die Geschwindigkeitskomponenten die Differentialgleichung*

$$\frac{\partial p}{\partial y} = \frac{\partial q}{\partial x} \tag{2}$$

erfüllen.

Die beiden Gleichungen (1) und (2) stimmen mit den Cauchy-Riemannschen Differentialgleichungen überein.

Bei einer wirbelfreien Strömung in einem einfach zusammenhängenden Gebiet sind, wie aus den Ergebnissen von Kap. 1, § 3 hervorgeht, p und q die partiellen Ableitungen einer Funktion von x und y, die etwa $-u(x, y)$ heißen möge:

$$p = -\frac{\partial u}{\partial x}, \qquad q = -\frac{\partial u}{\partial y}. \tag{3}$$

Die Funktion $u(x, y)$ heißt *Geschwindigkeitspotential* der Strömung; die Geschwindigkeit selbst ist durch $\sqrt{\left(\frac{\partial u}{\partial x}\right)^2 + \left(\frac{\partial u}{\partial y}\right)^2}$ gegeben. Ist die Strömung auch noch quellenfrei, so folgt aus (3) und (1) die Gleichung

$$\Delta u = \frac{\partial^2 u}{\partial x^2} + \frac{\partial^2 u}{\partial y^2} = 0. \tag{4}$$

Jede quellen- und wirbelfreie Strömung besitzt ein Geschwindigkeitspotential $u(x, y)$, welches der Potentialgleichung (4) genügt.

Die Kurven $u =$ konst. werden *Niveaulinien* oder *Äquipotentiallinien* genannt. Längs dieser Kurven findet keine Flüssigkeitsbewegung statt, vielmehr strömt die Flüssigkeit überall senkrecht zu ihnen. Für

[1] (s, x) und (s, y) sollen die Winkel der positiven Tangente gegen die Achsen bedeuten.

die Geschwindigkeitskomponente $\mathfrak{v}_s$ in einer beliebigen Richtung s gilt nämlich die Beziehung

$$\mathfrak{v}_s = p\frac{dx}{ds} + q\frac{dy}{ds};$$

es wird also wegen (3)

$$\mathfrak{v}_s = -\frac{du}{ds}, \tag{5}$$

woraus sich ergibt, daß längs einer Kurve $u =$ konst. die Geschwindigkeitskomponente Null ist.

Ist v die zu u konjugierte Potentialfunktion, die sogenannte „*Stromfunktion*“ der Strömung, so liefern die Kurven $v =$ konst. die „*Stromlinien*“ der Strömung.

Fassen wir v als Geschwindigkeitspotential einer Strömung, $-u$ als zugehörige Stromfunktion auf, so heißt die zugehörige Strömung die zur ursprünglichen „konjugierte“ Strömung.

Viertes Kapitel.

Spezielle Funktionen und ihre Singularitäten.

§ 1. Singularitäten und Kreuzungspunkte.

Die elementaren Funktionen sind durch ihre expliziten Ausdrücke für alle Werte von z mit Ausnahme gewisser Punkte definiert. Gerade diese Punkte und das Verhalten der Funktion in ihrer Umgebung sind für das Verständnis des Gesamtverlaufes der Funktion von entscheidender Bedeutung; sie heißen *singuläre Punkte* oder *singuläre Stellen*. Ähnliche Wichtigkeit besitzen diejenigen Stellen, wo die Abbildung aufhört, konform zu sein, wo also die Ableitung der Funktion verschwindet. Solche Punkte nennen wir *Kreuzungspunkte*; es wird sich zeigen, daß ein Kreuzungspunkt eine singuläre Stelle der Umkehrfunktion definiert.

Wir werden in diesem Paragraphen an Hand typischer Beispiele die einfachsten derartigen Vorkommnisse betrachten. Die allgemeine Theorie der Singularitäten werden wir erst im nächsten Kapitel entwickeln.

Wir schicken zunächst eine Bemerkung über die sogenannten *hebbaren Unstetigkeiten* voraus. Wenn in einem einfach zusammenhängenden Gebiete, etwa in einem Kreise, eine reguläre analytische Funktion $f(z)$ für alle Punkte mit Ausnahme eines Punktes, etwa des Mittelpunktes $z = 0$, definiert ist und wenn die Funktionswerte überall absolut genommen unterhalb einer festen Schranke M bleiben, so können wir dem Ausnahmepunkt $z = 0$ einen solchen Funktionswert $f(0)$ zuweisen, daß $f(z)$ im ganzen Gebiet regulär analytisch wird. Das erkennt man z. B., wenn man die Funktion $f(z)$ in ihre Laurentsche Reihe in der Umgebung des Punktes $z = 0$ entwickelt: Die Koeffizienten aller Glieder mit negativem Exponenten verschwinden, da man in der Abschätzungsformel Kap. 3, § 4, (6) die Zahl ϱ beliebig klein wählen kann[1]. Mithin ist $f(z)$ in der Umgebung von $z = 0$ durch eine reguläre Potenzreihe dargestellt, deren Wert für $z = 0$ als Definition von $f(0)$ dienen soll. Eine derartige belanglose Singularität nennen wir eine *hebbare Unstetigkeit* oder *hebbare Unbestimmtheit* und denken sie uns ein für allemal nach der obigen Vorschrift behoben.

Wir betrachten zunächst singuläre Stellen $z = z_0$ folgender Art: Es läßt sich eine Umgebung von z_0 so angeben, daß $f(z)$ für diese ganze Umgebung außer für $z = z_0$ eindeutig definiert und regulär analytisch ist. In der Umgebung einer solchen *isolierten singulären Stelle* läßt sich $f(z)$ in eine Laurentsche Reihe entwickeln. Wir sagen wie in Kap. 3, § 4, die Stelle ist ein *Pol*, wenn nur endlich viele Glieder mit negativen Exponenten in der Entwicklung auftreten; andernfalls heißt die Stelle eine *wesentlich singuläre Stelle*[2]. In der Umgebung eines Poles läßt sich die Funktion folgendermaßen darstellen:

$$f(z) = g(z) + h\left(\frac{1}{z - z_0}\right),$$

wobei h eine ganze rationale Funktion ihres Argumentes bedeutet, deren Grad im Einklang mit Kap. 3, § 4 die *Ordnung* des Poles heißt, und $g(z)$ in der Umgebung der Stelle z_0 regulär ist.

Wir können einen Pol auch durch jede der folgenden Eigenschaften charakterisieren: Die Funktion $f(z)$ läßt sich in der Form $\frac{1}{(z - z_0)^n}\varphi(z)$ darstellen, wobei $\varphi(z)$ für $z = z_0$ regulär ist. Oder: Der Pol ist eine singuläre isolierte Eindeutigkeitsstelle, für welche der absolute Betrag der Funktionswerte bei jeder Annäherung unendlich wird[3]. Oder: Der Pol n-ter Ordnung ist eine Stelle $z = z_0$, für welche der reziproke Wert $\frac{1}{f(z)}$ eine Nullstelle n-ter Ordnung besitzt, vorausgesetzt, daß man die Unbestimmtheit für $z = z_0$ nach der obigen Vorschrift behoben hat.

Für eine wesentlich singuläre isolierte Eindeutigkeitsstelle z_0 besteht der *Satz von* WEIERSTRASZ, nach welchem in ihrer Umgebung die Funktionswerte jedem Werte a beliebig nahe kommen. Der Beweis folgt unmittelbar aus der Tatsache, daß $\frac{1}{f(z) - a}$ in der Umgebung von z_0 nicht beschränkt bleiben kann. Sonst wäre nämlich $g(z) = \frac{1}{f(z) - a}$ an der Stelle z_0 regulär, und $f(z) = a + \frac{1}{g(z)}$ wäre an der Stelle z_0 entweder regulär oder hätte dort einen Pol, entgegen der Voraussetzung.

---

[1] Vgl. das analoge Schlußverfahren Kap. 3, § 4 (S. 308).

[2] Überhaupt nennt man nach WEIERSTRASZ jede singuläre Stelle, welche nicht ein Pol ist, wesentlich singulär.

[3] Vgl. Kap. 3, § 4.

Die Möglichkeit eines ganz anderen singulären Verhaltens zeigt die Funktion $f(z) = \log z$ für $z = 0$. Hier kann man nicht mehr in der Umgebung von $z = 0$ einen Funktionsverlauf eindeutig definieren (vgl. Kap. 2, § 6). Wir sagen, der Punkt $z = 0$ ist ein *logarithmischer Verzweigungspunkt.*

Ebenso werden wir auch in der Stelle $z = 0$ eine singuläre Stelle der Funktion $f(z) = \sqrt[n]{z} = z^{\frac{1}{n}}$ erkennen, in deren Umgebung sich die Funktion nicht eindeutig definieren läßt.

Zu den *Kreuzungspunkten* führt uns die Frage nach den Stellen, an denen $f'(z)$ verschwindet, wo also die durch $f(z)$ vermittelte Abbildung nicht mehr konform ist. Ein Kreuzungspunkt heißt *n-fach,* wenn in ihm sämtliche Ableitungen der Funktion bis zur n-ten einschließlich verschwinden, während die $(n+1)$-te von Null verschieden bleibt. Ist also z_0 ein n-facher Kreuzungspunkt der Funktion $f(z)$, so lautet für die Umgebung dieser Stelle die Taylorsche Entwicklung von $f(z)$:

$$(1) \qquad f(z) = f(z_0) + \frac{(z-z_0)^{n+1}}{(n+1)!} f^{(n+1)}(z_0)\left(1 + a(z-z_0) + \cdots\right)$$
$$(f^{(n+1)}(z_0) \neq 0).$$

Die Funktion $f(z) - f(z_0)$ hat also im Punkte $z = z_0$ eine $(n+1)$-fache Nullstelle.

Die Abbildung in der Umgebung eines Kreuzungspunktes ist durch den folgenden Satz charakterisiert: *Der Winkel zwischen zwei Kurven durch einen n-fachen Kreuzungspunkt z_0 der z-Ebene multipliziert sich bei der Abbildung auf die ζ-Ebene mit $n+1$.*

Es seien nämlich

$$z_1 = z_0 + r_1 e^{i\varphi_1}, \qquad z_2 = z_0 + r_2 e^{i\varphi_2}$$

zwei Punkte in der Nähe von z_0 auf den fraglichen Kurven durch z_0,

$$\zeta_1 = \zeta_0 + \varrho_1 e^{i\vartheta_1}, \qquad \zeta_2 = \zeta_0 + \varrho_2 e^{i\vartheta_2}$$

ihre Bilder in der ζ-Ebene; dann ergibt sich aus (1), daß ϑ_1 und ϑ_2 bei geeigneter Normierung bestimmten Grenzwerten zustreben, vorausgesetzt, daß φ_1 und φ_2 dies tun, und ferner

$$\frac{\zeta_1 - \zeta_0}{\zeta_2 - \zeta_0} = \frac{\varrho_1}{\varrho_2} e^{i(\vartheta_1 - \vartheta_2)} = \left(\frac{r_1}{r_2}\right)^{n+1} e^{(n+1)i(\varphi_1 - \varphi_2)} \frac{1 + a r_1 e^{i\varphi_1} + \cdots}{1 + a r_2 e^{i\varphi_2} + \cdots},$$

also

$$\frac{\varrho_2}{\varrho_1}\left(\frac{r_1}{r_2}\right)^{n+1} e^{i[(n+1)(\varphi_1-\varphi_2) - (\vartheta_1 - \vartheta_2)]} \frac{1 + a r_1 e^{i\varphi_1} + \cdots}{1 + a r_2 e^{i\varphi_2} + \cdots} = 1.$$

Lassen wir nun r_1 und r_2 gegen Null konvergieren, so ergibt sich

$$\lim \frac{\varrho_2}{\varrho_1}\left(\frac{r_1}{r_2}\right)^{n+1} = 1$$

und bei geeigneter Festsetzung über das noch verfügbare Vielfache von 2π

$$\lim(\vartheta_1 - \vartheta_2) = (n+1)\lim(\varphi_1 - \varphi_2),$$

so daß der Winkel zwischen den Kurven der ζ-Ebene durch ζ_0 gerade $(n+1)$ mal so groß ist wie der entsprechende Winkel in der z-Ebene.

Wir können übrigens auch folgenden Satz aussprechen: *In der Umgebung eines n-fachen Kreuzungspunktes z_0 von $f(z)$ ist die Funktion*

$$\sqrt[n+1]{f(z) - f(z_0)} = \varphi(z)$$

bis auf eine $(n+1)$-te Einheitswurzel als Faktor eindeutig bestimmt und regulär. Wir erkennen dies aus der Darstellung

$$f(z) - f(z_0) = (z - z_0)^{n+1} \frac{f^{(n+1)}(z_0)}{(n+1)!}(1 + g(z)), \qquad f^{(n+1)}(z_0) \neq 0,$$

wobei $g(z)$ eine für $z = z_0$ verschwindende reguläre Funktion ist. $\sqrt[n+1]{1 + g(z)}$ ist in der Umgebung von $z = z_0$ z. B. durch die Binomialreihe bis auf eine $(n+1)$-te Einheitswurzel eindeutig und regulär definiert, woraus sich die Behauptung unmittelbar ergibt.

Wegen

$$(\varphi(z))^{n+1} = f(z) - f(z_0)$$

muß die Funktion $\varphi(z)$ im Punkte $z = z_0$ von erster Ordnung verschwinden; die Ableitung $\varphi'(z)$ ist also dort von Null verschieden, und die durch $\varphi(z)$ bewirkte Abbildung der Umgebung von z_0 ist somit (nach Kap. 2, § 2) gebietstreu. Da die Potenzierung mit $n+1$ offenbar ein Gebiet wieder in ein Gebiet überführt, so erkennt man, daß auch die Umgebung eines Kreuzungspunktes wieder auf ein Gebiet abgebildet wird, wenn auch nicht mehr umkehrbar eindeutig. Damit ist der in Kap. 2, § 2 ausgesprochene Satz von der Gebietstreue von der dort gemachten einschränkenden Voraussetzung befreit.

Die Einführung des unendlich fernen Punktes (vgl. Kap. 1, § 1 und 2) erlaubt uns, unsere Begriffsbildungen folgendermaßen zu erweitern. Wir setzen $z = \frac{1}{z^*}$ und betrachten an Stelle von $f(z)$ in der Umgebung von $z = \infty$ die Funktion $g(z^*) = f\left(\frac{1}{z^*}\right)$ für die Umgebung der Stelle $z^* = 0$. Je nachdem, ob $g(z^*)$ für $z^* = 0$ regulär ist (genauer: nur hebbar unbestimmt ist) oder einen Pol n-ter Ordnung oder eine Singularität anderer Art oder einen n-fachen Kreuzungspunkt besitzt, weisen wir der Funktion $f(z)$ für $z = \infty$ dasselbe Verhalten zu.

Wenn $f(z)$ im unendlich fernen Punkte regulär ist, so muß die Ableitung $g'(z^*)$ im Nullpunkte existieren und stetig sein. Das heißt aber:

$$g'(z^*) = -f'\left(\frac{1}{z^*}\right)\cdot\frac{1}{z^{*2}} = -z^2 f'(z)$$

muß beim Grenzübergange $z \to \infty$ einem Grenzwerte zustreben. Also:

Die Ableitung einer für $z = \infty$ regulären Funktion $f(z)$ verschwindet für unendlich große Werte von z mindestens von zweiter Ordnung.

Eine in der ganzen Ebene eindeutig definierte Funktion, welche höchstens im Unendlichen singulär wird, heißt eine *ganze* Funktion. Ist der Punkt $z = \infty$ nur ein Pol, so ist die Funktion *ganz rational*; ist dagegen der Punkt $z = \infty$ eine wesentlich singuläre Stelle, so heißt die Funktion *ganz transzendent*. — Eine im Endlichen bis auf Pole überall reguläre und eindeutige Funktion heißt *meromorph*.

§ 2. Veranschaulichung der einfachsten Singularitäten und Kreuzungspunkte.

Um das Verhalten einer analytischen Funktion in ihren Ausnahmepunkten zu veranschaulichen und mit den Vorstellungen von einer strömenden Flüssigkeit in Verbindung zu bringen, gehen wir am besten von der logarithmischen Singularität aus.

Wegen der Gleichung $\zeta = \log z = \log r + i\varphi = u + iv$ geht bei der Abbildung der z-Ebene auf die ζ-Ebene durch die Funktion $\log z$ das Polarkoordinatensystem r, φ der z-Ebene in das rechtwinklige Koordinatensystem u, v der ζ-Ebene über. Den Kurven $u =$ konst. entsprechen die konzentrischen Kreise $\log r =$ konst. um den Nullpunkt, den Kurven $v =$ konst. die Strahlen $\varphi =$ konst. aus dem Nullpunkt. Betrachten wir die Funktion $\log r$ als Geschwindigkeitspotential einer Flüssigkeitsströmung in der z-Ebene mit den Stromlinien $\varphi =$ konst. und den Niveaulinien $\log r =$ konst., so wird die Strömungsgeschwindigkeit $-\mathfrak{v}_r$, welche radial nach innen gerichtet ist, nach Formel (5) aus Kap. 3, § 12 durch

$$-\mathfrak{v}_r = \frac{\partial \log r}{\partial r} = \frac{1}{r}$$

gegeben. Die Menge Q der bei dieser Strömung in der Zeiteinheit in den Kreis C vom Radius r eintretenden Flüssigkeit ist nach Kap. 3, § 10 dem über den Umfang des Kreises erstreckten Integral

$$Q = -\int\limits_C \mathfrak{v}_r\, ds = \int\limits_0^{2\pi} \frac{1}{r}\, r\, d\varphi = 2\pi$$

proportional. Die logarithmische Singularität im Punkte $z = 0$ stört also die Quellenfreiheit unseres Strömungsfeldes; sie stellt, wie man sagt, eine *Senke von der Stärke* 2π dar. Vom unendlich fernen Punkte aus, wo man sich eine *Quelle der Ergiebigkeit* 2π gelegen denken muß, strömt die Flüssigkeit radial zum Nullpunkt, wo sie wieder verschwindet. Um die Verhältnisse besser übersehen zu können, denken wir uns den unendlich fernen Punkt durch eine lineare Transformation[1] ins Endliche gebracht, indem wir etwa

$$z^* = \frac{z}{z-1}, \qquad z = \frac{z^*}{z^*-1}$$

setzen. Dann ergibt sich

$$\zeta = \log z = \log z^* - \log(z^* - 1).$$

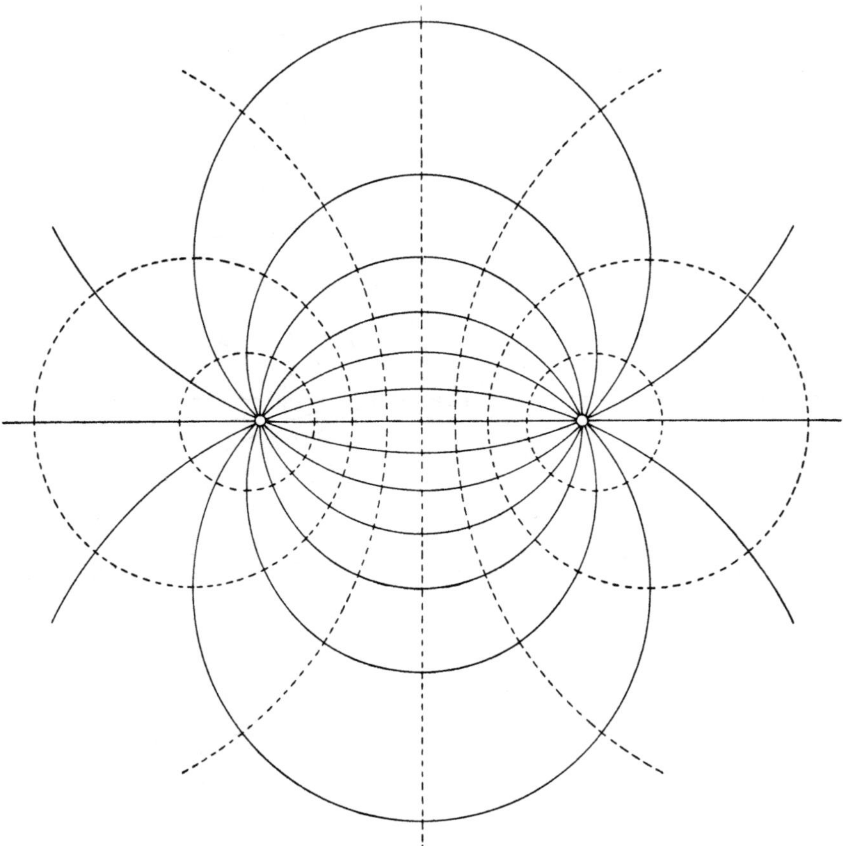

Abb. 90.

In derselben Weise wie hier kann man jeder analytischen Funktion $f(z)$ eine Strömung in der z-Ebene zuordnen, indem man den reellen Teil von $f(z)$ als Geschwindigkeitspotential auffaßt.

Betrachten wir allgemein die Funktion

$$\zeta = \log(z - z_1) - \log(z - z_2) = u + iv \qquad (z_1 \neq z_2),$$

so ist der Punkt z_1 eine Senke, der Punkt z_2 eine Quelle von der Stärke 2π,

[1] Vgl. § 3.

Denn nehmen wir etwa

$$z - z_1 = r_1 e^{i\varphi_1}, \qquad z - z_2 = r_2 e^{i\varphi_2}$$

an, so wird

$$u = \log\frac{r_1}{r_2}, \qquad v = \varphi_1 - \varphi_2.$$

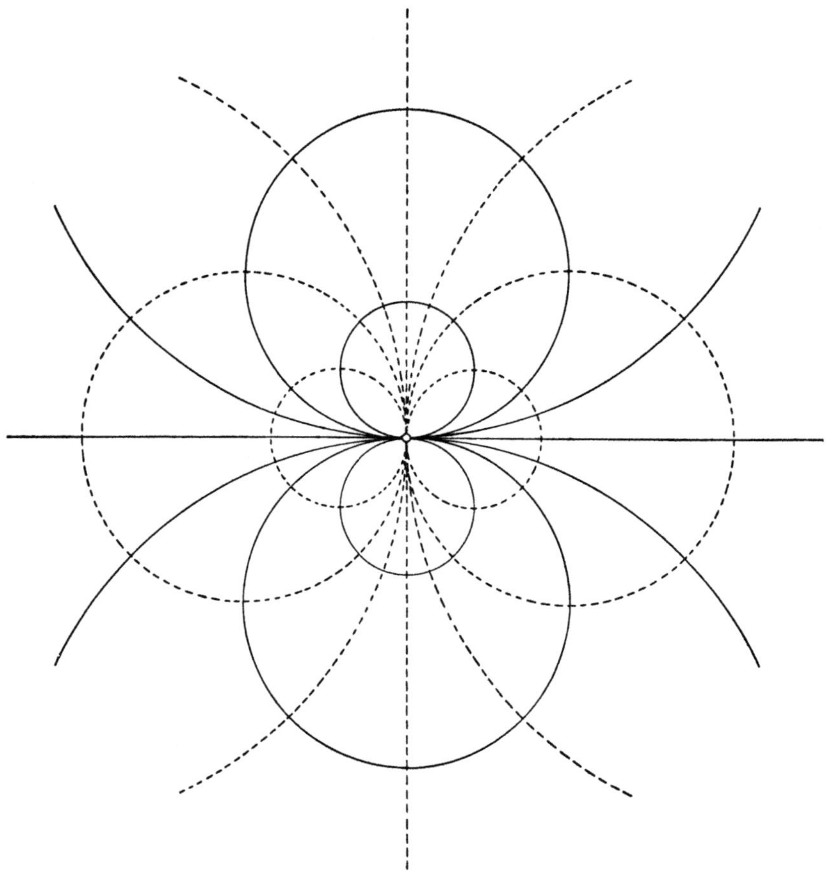

Abb. 91.

Die Stromlinien $v =$ konst. werden also (nach dem elementargeometrischen Satze über die Peripheriewinkel im Kreise) von den Kreisen des Kreisbüschels K durch z_1 und z_2 gebildet, während die Niveaulinien $u =$ konst. mit den Kreisen des Orthogonalkreisbüschels K' zusammenfallen. Zur Veranschaulichung dient Abb. 90, die wir auch noch in § 3 diskutieren werden.

Statt die Kurven $v =$ konst. als Stromlinien und die Kurven $u =$ konst. als Niveaulinien zu nehmen, können wir die Flüssigkeit auch umgekehrt längs der Kreise der Schar K' strömen lassen. Bei dieser

Auffassung erscheinen die Punkte z_1 und z_2 als „Wirbelpunkte“, deren entgegengesetzt gleiche Wirbelstärken den Betrag 2π haben.

Aus logarithmischen Singularitäten erhalten wir Pole durch Grenzübergang. Wir betrachten die Funktion

$$\zeta = \frac{\log(z+h) - \log z}{h} \qquad (h > 0);$$

Abb. 92.

die ihr zugeordnete Strömung weist im Punkte $z = -h$ eine Senke, im Punkte $z = 0$ eine Quelle von der Ergiebigkeit $\frac{2\pi}{h}$ auf. Für $\lim h = 0$ erhalten wir die Funktion $\zeta = \frac{1}{z}$, d. h. eine Funktion, welche im Punkte $z = 0$ einen Pol erster Ordnung besitzt. Wir können ihn auffassen als die Vereinigung einer Quelle und einer Senke von „gleicher, unendlich großer Ergiebigkeit“. Man spricht daher auch von einer *Doppelquelle* (in der Physik auch Dipol genannt). Durch Zusammenrücken mehrerer Doppelquellen entstehen Pole höherer Ordnung oder Vielfachpole.

Um das geometrische Bild der Niveaulinien $u = $ konst. und der Stromlinien $v = $ konst. in der Umgebung eines Poles n-ter Ordnung $z = z_0$ zu erhalten, brauchen wir, wenn wir uns auf eine hinreichend kleine Umgebung von z_0 beschränken, nur das Glied

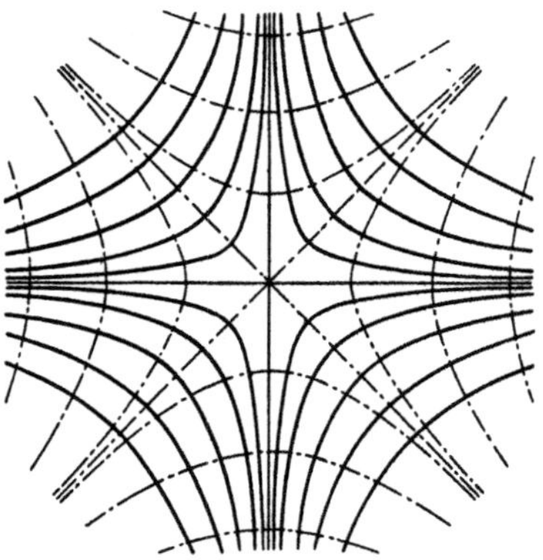

Abb. 93.

$$\frac{a_n}{(z - z_0)^n} = \frac{a_n}{r^n} (\cos n\,\varphi - i \sin n\,\varphi)$$

$$(z = z_0 + r\,e^{i\varphi})$$

der Laurentschen Entwicklung zu berücksichtigen. In der Umgebung eines einfachen Poles ergibt sich so im wesentlichen das Bild der Abb. 91 mit zwei zueinander orthogonalen Kreisscharen, deren jede im Pole eine gemeinsame Tangente besitzt. Für Pole höherer Ordnung gewinnt man entsprechende, nur verwickeltere Figuren, z. B. Abb. 92 für $n = 2$.

Ein n-facher Kreuzungspunkt wird für die Fälle $n = 1$ und $n = 2$ durch die Abb. 93, 94 veranschaulicht. In einer genügend kleinen Umgebung des Kreuzungspunktes z_0 ist die Funktion $f(z)$ vom Typus der Funktion $(z - z_0)^{n+1}$, woraus sich z. B. für $n = 1$ ergibt, daß die Kurven $u = $ konst. und $v = $ konst. annähernd gleichseitige Hyperbeln sind. Allgemein stehen in einem n-fachen Kreuzungspunkte die Kurven $u = $ konst. und $v = $ konst. (für $n > 1$) nicht mehr aufeinander senkrecht, sondern teilen die Umgebung des Kreuzungspunktes in je $2\,(n + 1)$ gleiche Winkelräume ein. Deuten wir sie als Niveau- und Stromlinien einer Flüssigkeitsbewegung, so strömt die Flüssigkeit in verschiedenen Richtungen nach dem Kreuzungspunkte hin und von ihm weg; in dem Punkte selbst herrscht die Geschwindigkeit Null (daher auch der Name „Staupunkt" für Kreuzungspunkt).

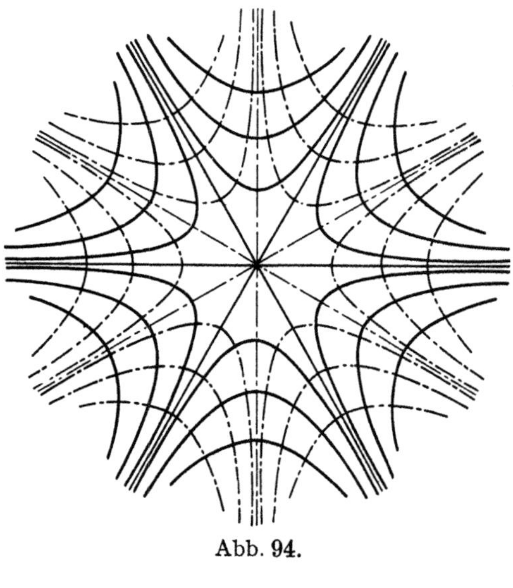

Abb. 94.

§ 3. Lineare Funktionen.

Wir gehen nunmehr zur näheren Betrachtung der einfachsten Funktionen über und beginnen mit der *linearen Funktion*

$$\zeta = \frac{a z + b}{c z + d}, \tag{1}$$

wobei a, b, c, d vier komplexe Zahlen von nicht verschwindender Determinante $ad - bc$ bedeuten[1].

Diese Funktion $\zeta(z)$ ist für alle diejenigen z regulär, welche den Nenner $cz + d$ nicht zu Null machen. Nun verschwindet $cz + d$ im Falle $c = 0$ überhaupt nicht, bei $c \neq 0$ nur für $z = -\frac{d}{c}$. Daher ist die lineare Funktion ζ in allen Punkten der z-Ebene regulär mit höchstens einer Ausnahme.

Als Umkehrung folgt aus (1)

$$z = \frac{d\zeta - b}{-c\zeta + a}. \tag{2}$$

Auch z ist also, als Funktion von ζ betrachtet, eindeutig bestimmt und überall regulär, im Falle $c \neq 0$ mit Ausnahme der Stelle $\zeta = \frac{a}{c}$.

Die genannten Ausnahmepunkte sind einfache Pole für die lineare Funktion $\zeta(z)$ und ihre Umkehrfunktion. Im Falle $c = 0$ sind die beiden unendlich fernen Punkte der z- bzw. ζ-Ebene diese Pole. In jedem Falle entspricht, wenn wir die beiden unendlich fernen Punkte zu den Zahlenebenen hinzunehmen, *jedem Punkt der einen Ebene ein und nur ein Punkt der anderen Ebene.*

Diese Eigenschaft ist sogar *charakteristisch* für die linearen Funktionen, d. h. es gilt der Satz: *Wenn eine Funktion $f(z)$ die volle z-Ebene, d. h. die Ebene mit Einschluß des Punktes $z = \infty$, umkehrbar eindeutig und konform auf die volle ζ-Ebene abbildet, so ist $f(z)$ eine lineare Funktion.*

Beim Beweise können wir annehmen, indem wir nötigenfalls z einer geeigneten linearen Transformation unterwerfen, daß sich die Punkte $z = \infty$ und $\zeta = \infty$ und auch die Punkte $z = 0$ und $\zeta = 0$ entsprechen. Dann muß also $f(z)$ eine ganze Funktion von z sein, und da der Punkt $z = \infty$ ein Pol der Funktion ist, so ist $f(z)$ eine ganze rationale Funktion. Wäre ihr Grad größer als 1, so würde ihre Ableitung $f'(z)$ eine Nullstelle z_0 besitzen. Die Stelle z_0 wäre also ein Kreuzungspunkt der Funktion $f(z)$, dessen Umgebung nach § 1 nicht mehr umkehrbar eindeutig auf die Umgebung der Stelle $\zeta_0 = f(z_0)$ abgebildet wäre, im Widerspruch mit unserer Voraussetzung. Damit ist unser Satz bewiesen.

Zum näheren Studium der durch die Gleichung (1) gegebenen konformen Abbildung betrachten wir die Kreise der z-Ebene, wobei wir

---

[1] Man bezeichnet eine solche Beziehung auch als lineare *Transformation* oder lineare *Substitution*.

die Geraden als Kreise mit unendlich großem Radius ansehen. Es seien z_1, z_2, z_3, z_4 vier voneinander verschiedene und in dieser Reihenfolge auf einem Kreise der z-Ebene aufeinanderfolgende Punkte, ferner α und β die Winkel zwischen den Vektoren $z_3 z_1$ und $z_3 z_2$ bzw. $z_4 z_1$ und $z_4 z_2$, und zwar in solchem Sinne gemessen, daß eine positive Drehung um α bzw. β die Richtung des Vektors $z_3 z_1$ bzw. $z_4 z_1$ in die Richtung des Vektors $z_3 z_2$ bzw. $z_4 z_2$ überführt, und so normiert, daß $0 < \alpha < 2\pi$, $0 < \beta < 2\pi$ ist; schließlich sei zur Abkürzung $|z_h - z_k| = r_{hk}$ $(h, k = 1, 2, 3, 4)$ gesetzt. Dann wird

$$\frac{z_3 - z_1}{z_3 - z_2} = \frac{r_{31}}{r_{32}} e^{-i\alpha}, \qquad \frac{z_4 - z_1}{z_4 - z_2} = \frac{r_{41}}{r_{42}} e^{-i\beta},$$

und da (nach dem Satze von den Peripheriewinkeln über demselben Bogen) $\alpha = \beta$ gilt, so hat das „Doppelverhältnis"

$$\frac{z_3 - z_1}{z_3 - z_2} : \frac{z_4 - z_1}{z_4 - z_2} = \frac{r_{31} r_{42}}{r_{32} r_{41}}$$

einen positiv reellen Wert. Wie man leicht feststellt, geht es bei der Transformation (1) in das Doppelverhältnis $\frac{\zeta_3 - \zeta_1}{\zeta_3 - \zeta_2} : \frac{\zeta_4 - \zeta_1}{\zeta_4 - \zeta_2}$ über. Auch dieses Doppelverhältnis ist also positiv reell, und da der Satz von den Peripheriewinkeln umkehrbar ist, so folgt, daß $\zeta_1, \zeta_2, \zeta_3, \zeta_4$ ebenfalls auf einem Kreise liegen. Wir haben daher den Satz: *Bei der durch die lineare Funktion* (1) *vermittelten Abbildung gehen die Kreise der z-Ebene in Kreise der ζ-Ebene über und umgekehrt.*

Man nennt deshalb eine solche Abbildung auch eine *Kreisverwandtschaft.*

Oft ist es vorteilhaft, den Funktionswert ζ nicht als Punkt einer zweiten Ebene, sondern als Punkt der z-Ebene selbst zu deuten. Hierbei sind diejenigen Punkte von besonderer Bedeutung, welche ihren Platz nicht ändern, die sogenannten „*Fixpunkte*" der Transformation (1). Damit z ein Fixpunkt ist, muß

$$z = \frac{az + b}{cz + d}$$

gelten; dies liefert für z die quadratische Gleichung

$$cz^2 + (d - a)z - b = 0. \tag{3}$$

Ist $a = d$, $b = 0$, $c = 0$, so liegt die identische Transformation $\zeta = z$ vor. Dann ist jeder Punkt Fixpunkt. Sehen wir von diesem trivialen Falle ab, so hat die Gleichung (3) zwei einfache Wurzeln oder eine Doppelwurzel; im Falle $c = 0$ muß dabei $z = \infty$ als Wurzel mitgerechnet werden.

Zunächst nehmen wir an, die beiden Wurzeln z_1 und z_2 der Gleichung (3) seien endlich und voneinander verschieden. Dann geht jeder Kreis durch z_1 und z_2 bei der Transformation (1) in einen Kreis durch dieselben Punkte über, das gesamte Kreisbüschel K durch z_1 und z_2 also in sich. Wegen der Konformität der Abbildung muß dann auch die zu K orthogonale Kreisschar K' in sich übergehen (vgl. wiederum Abb. 90, S. 343). Hierbei sind drei Möglichkeiten zu unterscheiden, von denen die beiden ersten als Grenzfälle der dritten anzusehen sind.

1. *Jeder Kreis von K geht in sich selbst über.* Dann liegen die Bilder der Schnittpunkte eines festen Kreises von K mit den Kreisen von K' wieder auf diesem Kreise. Man kann also die Kreise von K als die Bahnen ansehen, auf denen die Punkte der Ebene nach ihren Bildpunkten wandern. Eine solche Transformation heißt *hyperbolisch.*

2. *Jeder Kreis von K' geht in sich selbst über.* Dann sind die Kreise von K' Bahnkurven für die Punkte der Ebene. Wir sprechen in diesem Falle von einer *elliptischen* Transformation.

3. *Weder jeder Kreis von K noch jeder Kreis von K' geht in sich selbst über.* Die entsprechende Transformation heißt *loxodromisch.*

Für diese drei Arten von Transformationen gibt es gewisse Normalformen, die wir jetzt aufstellen wollen. Es seien z_3 und z zwei Punkte auf einem Kreise durch die Fixpunkte z_1 und z_2, ζ_3 und ζ die Bildpunkte von z_3 und z. Die Bilder ζ_1 und ζ_2 der Fixpunkte sind z_1 und z_2 selbst. Nach dem oben über das Doppelverhältnis Gesagten gilt also

$$(4)\qquad \frac{z-z_1}{z-z_2}:\frac{z_3-z_1}{z_3-z_2}=\frac{\zeta-\zeta_1}{\zeta-\zeta_2}:\frac{\zeta_3-\zeta_1}{\zeta_3-\zeta_2}=\frac{\zeta-z_1}{\zeta-z_2}:\frac{\zeta_3-z_1}{\zeta_3-z_2}.$$

Im Falle einer hyperbolischen Transformation liegen nun z_1, z_2, z_3, ζ_3 auf einem Kreise. Also ist das Doppelverhältnis $\frac{z_3-z_1}{z_3-z_2}:\frac{\zeta_3-z_1}{\zeta_3-z_2}$ eine reelle Konstante $\alpha \neq 0$, und wir bekommen

$$(5)\qquad \frac{z-z_1}{z-z_2}=\alpha\frac{\zeta-z_1}{\zeta-z_2}\qquad (\alpha \text{ reell}, \neq 0).$$

Umgekehrt folgt aus (5), daß sich der Bildpunkt ζ von z auf dem Kreise durch z_1, z_2 und z befindet; die Relation (5) definiert also, da sich ζ aus ihr durch Ausrechnen als lineare Funktion von z ergibt, eine hyperbolische Transformation.

Haben wir es mit einer elliptischen Transformation zu tun, so besteht nach dem bekannten elementargeometrischen Satze von APOLLONIUS die Gleichung

$$(6)\qquad \frac{|z-z_1|}{|z-z_2|}=\frac{|\zeta-z_1|}{|\zeta-z_2|}$$

oder

$$(7)\qquad \frac{z-z_1}{z-z_2}=\alpha\frac{\zeta-z_1}{\zeta-z_2}\qquad (|\alpha|=1,\ \alpha\neq 1).$$

Ist umgekehrt die Transformation (7) vorgelegt, so ergibt sich gemäß (6), daß ζ und z auf einem zum Kreisbüschel durch z_1 und z_2

orthogonalen Kreise liegen, also (7) eine elliptische Transformation darstellt[1].

Im Falle einer loxodromischen Transformation schließlich gilt nach (4)

$$\frac{z - z_1}{z - z_2} = \alpha \frac{\zeta - z_1}{\zeta - z_2} \qquad (\alpha \text{ nicht reell}; \ |\alpha| \neq 1). \tag{8}$$

Die Gleichungen (5), (7) *und* (8) *geben die Normalformen der hyperbolischen, elliptischen und loxodromischen Transformation.*

Rückt einer der Fixpunkte, etwa z_2, ins Unendliche, so schreiben wir die Transformation in der Gestalt

$$z - z_1 = \alpha (\zeta - z_1) \frac{z - z_2}{\zeta - z_2}$$

und lassen hierin z_2 unendlich groß werden. Dann erhalten wir

$$z - z_1 = \alpha (\zeta - z_1).$$

Je nach dem oben charakterisierten Verhalten von α haben wir die Normalform einer hyperbolischen, elliptischen oder loxodromischen Transformation mit einem unendlich fernen Fixpunkt. Im ersten Falle liegt eine *Streckung* der Ebene vom Punkte z_1 aus vor; die Geraden durch z_1 gehen einzeln in sich über und die Schar der konzentrischen Kreise um z_1 in sich. Im zweiten Falle hat man eine *Drehung* der Ebene um z_1, wobei die konzentrischen Kreise einzeln in sich übergehen und das Geradenbüschel durch z_1 in sich. Der dritte Fall liefert eine *Drehstreckung*, d. h. die Zusammensetzung einer Drehung und einer Streckung. Bei ihr geht ein System logarithmischer Spiralen um den Punkt z_1 in sich über; da diese Kurven auch Loxodromen genannt werden, erklärt sich hieraus die Bezeichnung loxodromische Transformation[2].

Fallen schließlich die beiden Fixpunkte z_1 und z_2 in z_1 zusammen, so spricht man von einer *parabolischen* Transformation. Liegt der Fixpunkt z_1 im Endlichen, so ist ihre Normalform

$$\frac{1}{z - z_1} = \frac{1}{\zeta - z_1} + \beta \qquad (\beta \neq 0). \tag{9}$$

Denn offenbar sind auch $z - z_1$ und $\zeta - z_1$ durch eine Transformation von der Form (1) verknüpft, für welche die Gleichung (3) die Doppelwurzel 0 haben muß; dies führt sofort zu der Formel (9). Der ganze Schluß ist umkehrbar; (9) liefert also die Normalform einer parabolischen

[1] Hiernach gibt es Transformationen, die sowohl hyperbolisch als auch elliptisch sind. Ihre Normalform ist:

$$\frac{z - z_1}{z - z_2} = -\frac{\zeta - z_1}{\zeta - z_2}.$$

[2] Die Bezeichnung „hyperbolisch", „parabolisch", „elliptisch" ist lediglich eine sprachliche Anspielung an formal ähnliche Unterscheidungen in der analytischen Geometrie.

Substitution mit dem endlichen Fixpunkt z_1. Ist hingegen $z_1 = \infty$, so hat die Normalform der parabolischen Transformation die Gestalt

$$z = \zeta + \gamma \qquad (\gamma \neq 0). \tag{10}$$

Die parabolischen Transformationen lassen sich als Grenzfälle der oben betrachteten Transformationen mit zwei Fixpunkten auffassen; man braucht nur z_1 geradlinig gegen z_2 rücken zu lassen. Dann geht das Kreisbüschel K durch z_1 und z_2 über in ein Büschel, dessen sämtliche Kreise sich in z_2 berühren, und das Büschel K' in das dazu orthogonale durch z_2 (vgl. Abb. 91, S. 344).

Im Falle $z_2 = \infty$ ist K eine Schar von parallelen Geraden, K' die dazu senkrechte Geradenschar und die Transformation wegen (10) eine Translation.

In der Gleichung (1) sind nur drei Konstanten wesentlich; denn offenbar können a, b, c, d mit demselben von Null verschiedenen Faktor multipliziert werden, ohne daß die lineare Funktion sich ändert. Also hängt die allgemeine lineare Transformation von drei willkürlichen Konstanten ab. Wir können vorschreiben, daß durch die Abbildung (1) drei beliebig gegebene voneinander verschiedene Punkte der z-Ebene in drei beliebig gegebene voneinander verschiedene Punkte der ζ-Ebene übergehen sollen; dies liefert drei homogene lineare Gleichungen für a, b, c, d, die sich bekanntlich stets lösen lassen. Da durch drei Punkte ein Kreis bestimmt wird, können wir also durch eine lineare Funktion einen beliebigen Kreis der z-Ebene auf einen beliebigen Kreis der ζ-Ebene abbilden. Ehe wir zu Beispielen hierfür übergehen, wollen wir erst einige Bezeichnungen einführen und einen Hilfssatz ableiten.

Es sei K ein Kreis vom Radius r um einen Punkt M. Unter dem *Spiegelpunkt* eines Punktes P in bezug auf den Kreis K versteht man denjenigen Punkt P' des Strahles MP, für den

$$MP \cdot MP' = r^2$$

gilt. Fällt P mit M zusammen, so bedeutet P' den unendlich fernen Punkt; ist umgekehrt P der unendlich ferne Punkt, so soll P' der Punkt M sein. Wir benutzen diese Ausdrucksweise auch, wenn K in eine gerade Linie ausartet; dann wird P' als der zu P in bezug auf die Gerade symmetrische Punkt definiert.

Analytisch kann man den Prozeß der Spiegelung an einem Kreise, den man auch *Transformation durch reziproke Radien* nennt, folgendermaßen darstellen: Indem wir der Einfachheit halber den Einheitskreis als Spiegelkreis wählen, ordnen wir dem Punkte $z = re^{i\varphi}$ den Punkt

$$\zeta = \frac{1}{\bar{z}} = \frac{1}{r} e^{i\varphi}$$

zu. Wegen $\bar{\zeta} = \frac{1}{z}$ ist also gemäß der Bemerkung am Schlusse von § 8 in Kap. 2 *die Transformation durch reziproke Radien eine konforme Abbildung mit Umlegung der Winkel.*

Für diese Transformation besteht nun folgender Satz: *Sind z und z' Spiegelpunkte in bezug auf einen Kreis K, so sind bei linearer Transformation die Bilder ζ und ζ' von z und z' Spiegelpunkte in bezug auf den Bildkreis* K.

Nach einem bekannten Satze der elementaren Geometrie sind nämlich alle Kreise durch z und z' orthogonal zu K, und umgekehrt sind zwei Punkte ζ und ζ' Spiegelpunkte in bezug auf einen Kreis K, wenn alle Kreise durch sie auf K senkrecht stehen. Nun geht aber das zu K orthogonale Kreisbüschel durch z und z' bei linearer Transformation über in ein Kreisbüschel, das einerseits durch ζ und ζ' geht, andrerseits aber zu K orthogonal ist; folglich sind, wie behauptet, ζ und ζ' Spiegelpunkte in bezug auf K.

Als erstes Beispiel für die Abbildung eines Kreises der z-Ebene auf einen Kreis der ζ-Ebene suchen wir alle linearen Funktionen, welche die obere Halbebene $\mathfrak{J} z > 0$ auf das Innere des Einheitskreises $|\zeta| < 1$ abbilden. Wenn die Funktion

$$\zeta = \frac{az + b}{cz + d}$$

die gesuchte Abbildung vermittelt, so muß $c \neq 0$ sein, da sonst die Gerade $\mathfrak{J} z = 0$ wieder in eine Gerade übergeht. Der Punkt $\zeta = \infty$ ist daher das Bild des endlichen Punktes $z = -\frac{d}{c}$. Nach dem Hilfssatze müssen die Bildpunkte der in bezug auf den Kreis $|\zeta| = 1$ spiegelbildlich gelegenen Punkte $\zeta = \infty$ und $\zeta = 0$ in bezug auf die reelle Achse $\mathfrak{J} z = 0$ Spiegelpunkte sein; das besagt aber, daß die Punkte $z = -\frac{d}{c}$ und $z = -\frac{b}{a}$ konjugiert komplex sein müssen. Wir können also

$$-\frac{b}{a} = \beta, \qquad -\frac{d}{c} = \bar{\beta},$$

$$\zeta = \frac{a\,(z - \beta)}{c\,(z - \bar{\beta})} \qquad (a \neq 0,\ \beta \text{ nicht reell})$$

setzen. Der reelle Punkt $z = 0$ verwandelt sich in einen Punkt des Einheitskreises $|\zeta| = 1$, woraus

$$\left|\frac{a}{c}\cdot\frac{-\beta}{-\bar{\beta}}\right| = \left|\frac{a}{c}\right| = 1, \qquad \frac{a}{c} = e^{i\tau} \qquad (\tau \text{ reell}),$$

$$\zeta = e^{i\tau}\frac{z - \beta}{z - \bar{\beta}} \tag{11}$$

folgt. Da $z = \beta$ in $\zeta = 0$ transformiert wird und die obere Halbebene in das Innere des Einheitskreises übergehen soll, muß der imaginäre

Teil von β positiv sein. Unter der Bedingung $\mathfrak{J}\beta > 0$ leistet die Funktion (11) bei beliebigem reellem τ wirklich die gesuchte Abbildung; denn zunächst folgt aus (11) für reelle z die Gleichung

$$|\zeta| = \left|\frac{z-\beta}{z-\bar{\beta}}\right| = 1,$$

so daß die reelle z-Achse in den Einheitskreis transformiert wird; ferner geht ein Punkt der oberen Halbebene (nämlich β) in einen inneren Punkt des Einheitskreises (in $\zeta = 0$) über, also aus Stetigkeitsgründen die ganze obere Halbebene in das ganze Innere des Einheitskreises. (Ist τ reell, $\mathfrak{J}\beta < 0$, so wird durch (11) die obere Halbebene auf das Äußere des Einheitskreises abgebildet.)

Daß in (11) drei reelle Konstanten τ, $\mathfrak{R}\beta$, $\mathfrak{J}\beta$ willkürlich sind, entspricht der Tatsache, daß man noch drei beliebigen verschiedenen Punkten der reellen Achse drei beliebige verschiedene Punkte des Einheitskreises zuordnen kann. Beispielsweise bildet die Funktion

$$\zeta = -\frac{z-i}{z+i} = \frac{1+iz}{1-iz}$$

die obere Halbebene $\mathfrak{J}z > 0$ so auf den Einheitskreis $|\zeta| < 1$ ab, daß die Punkte

$$z = 0, 1, \infty \quad \text{in} \quad \zeta = 1, i, -1$$

übergehen; der Nullpunkt $\zeta = 0$ entspricht dem Punkte $z = i$. Die Umkehrfunktion lautet

$$z = i\frac{1-\zeta}{1+\zeta} = \frac{1}{i}\frac{\zeta-1}{\zeta+1}.$$

Als zweites Beispiel ermitteln wir alle linearen Transformationen des Einheitskreises in sich selbst. Den Spiegelpunkten $\zeta = 0$ und $\zeta = \infty$ müssen Spiegelpunkte $z = \alpha$ und $z = \frac{1}{\bar{\alpha}}$ entsprechen, woraus

$$\zeta = \gamma\frac{z-\alpha}{\bar{\alpha}z-1}$$

mit konstantem γ folgt. Für $z = 1$ muß $|\zeta| = 1$ sein, also

$$\left|\gamma\frac{1-\alpha}{\bar{\alpha}-1}\right| = |\gamma| = 1, \qquad \gamma = e^{i\tau} \qquad (\tau \text{ reell}),$$

$$\zeta = e^{i\tau}\frac{z-\alpha}{\bar{\alpha}z-1}. \tag{12}$$

Damit das Innere $|z| < 1$ wieder in das Innere $|\zeta| < 1$ des Einheitskreises übergeht, muß sich speziell der Punkt $z = 0$ in einen Punkt ζ mit $|\zeta| < 1$ verwandeln; hieraus folgt die Bedingung $|\alpha| < 1$. Umgekehrt liefert unter dieser Bedingung, wie man leicht feststellt, die Transformation (12) mit beliebigem reellem τ die gewünschte Abbildung, wobei der willkürlich wählbare Punkt $z = \alpha$ in den Nullpunkt $\zeta = 0$ verwandelt wird.

Insbesondere sei bemerkt, daß wir den Einheitskreis so auf sich selbst abbilden können, daß hierbei ein vorgegebener Punkt in den Nullpunkt, eine vorgegebene Richtung in dem gegebenen Punkte in die Richtung der positiven reellen Achse übergeht.

Als letztes Beispiel wollen wir ohne Beweis eine analytische Darstellung für die Drehungen einer Kugel angeben. Wir denken uns die z-Ebene stereographisch auf die Einheitskugel projiziert (vgl. Kap. 1, § 1), die Kugel mit irgendeinem Durchmesser als Achse um irgendeinen Winkel gedreht und dann wieder stereographisch auf die ζ-Ebene projiziert. Es läßt sich leicht zeigen, daß die entsprechende Abbildung der z-Ebene auf die ζ-Ebene durch eine lineare Funktion der Form

$$\zeta = \frac{p z + q}{\bar{q} z - \bar{p}}$$

geliefert wird und daß umgekehrt jeder solchen linearen Funktion eine Kugeldrehung entspricht.

Wir fügen noch die beiden folgenden Aufgaben hinzu:

1. Man beweise den Satz, daß das Poissonsche Integral die Randwertaufgabe der Potentialtheorie für den Kreis löst, in folgender Weise. Durch Abbildung des Kreises auf die obere Halbebene gebe man dem Poissonschen Integral die Form

$$u(x, y) = \frac{1}{\pi} \int_{-\infty}^{\infty} f(\xi) \frac{y}{(\xi - x)^2 + y^2} d\xi.$$

Dabei bedeutet x, y den bei der Abbildung aus dem Punkte r, ψ des Kreises hervorgehenden Punkt der oberen Halbebene. Nun sei $f(\xi)$ eine beliebige reelle, stetige, beschränkte Funktion der reellen Veränderlichen ξ im Intervall $-\infty < \xi < \infty$. Dann ist zu zeigen, daß die durch das Integral definierte Funktion $u(x, y)$ eine in der oberen Halbebene reguläre Potentialfunktion ist, welche auf der reellen Achse die Randwerte $f(\xi)$ annimmt. Es möge also der Punkt x, y der oberen Halbebene gegen den Randpunkt $\xi_0, 0$ rücken. Man zerlege dann das Integral in drei Teile:

$$\int_{-\infty}^{\xi_0-\delta} + \int_{\xi_0-\delta}^{\xi_0+\delta} + \int_{\xi_0+\delta}^{\infty},$$

entsprechend einer gewissen Umgebung des fraglichen Randpunktes ξ_0 und Restintegralen. Ist etwa $x = \xi_0$ und wählt man $y = \delta^3$, so unterscheidet sich das Integral über das Intervall $\xi_0 - \delta$, $\xi_0 + \delta$ wegen der Stetigkeit von $f(\xi)$ bei hinreichend kleinem y beliebig wenig von $f(\xi_0)$, und die Restintegrale werden beliebig klein.

2. Man untersuche, was im Grenzfalle mit der konformen Abbildung eines Kreises auf sich selbst geschieht, bei welcher der Mittelpunkt

in einen Punkt α übergeht, wenn dieser Punkt gegen einen Randpunkt rückt.

Ebenso untersuche man das Verhalten einer linearen Transformation, welche drei feste Punkte eines Kreises in drei andere Punkte desselben Kreises überführt, wenn von diesen zwei bzw. alle drei in einen Punkt zusammenrücken.

§ 4. Die Funktion $\zeta = z^n$.

Beispiele für das Auftreten von Kreuzungspunkten liefern die Funktionen

$$\zeta = z^n \quad \text{für} \quad n = 2, 3, \ldots .$$

Da der Fall $n = 2$ bereits alles Wesentliche hervortreten läßt, beschränken wir uns zunächst auf die Funktion

$$\zeta = z^2.$$

Wir wollen feststellen, wie ein Polarkoordinatennetz um den Nullpunkt der xy-Ebene auf die uv-Ebene abgebildet wird. Setzen wir

$$z = r e^{i\varphi}, \qquad \zeta = \varrho e^{i\vartheta},$$

so wird bei geeigneter Normierung der Winkel

$$\varrho = r^2, \qquad \vartheta = 2\varphi.$$

Die Schar der konzentrischen Kreise $r =$ konst. geht also in die Schar der konzentrischen Kreise $\varrho =$ konst. über, und die Winkel φ werden verdoppelt. Läßt man also φ bei festem $r > 0$ von 0 bis 2π laufen, so variiert ϑ monoton zwischen 0 und 4π, und der Bildpunkt ζ durchwandert den Kreis $\varrho =$ konst. zweimal, wenn der Punkt z den Kreis $r =$ konst. einmal durchläuft. Somit entsprechen einem Werte von ζ zwei Werte von z; d. h. die Umkehrfunktion

$$z = \sqrt{\zeta}$$

unserer Funktion $\zeta = z^2$ ist eine „zweideutige“ Funktion von ζ.

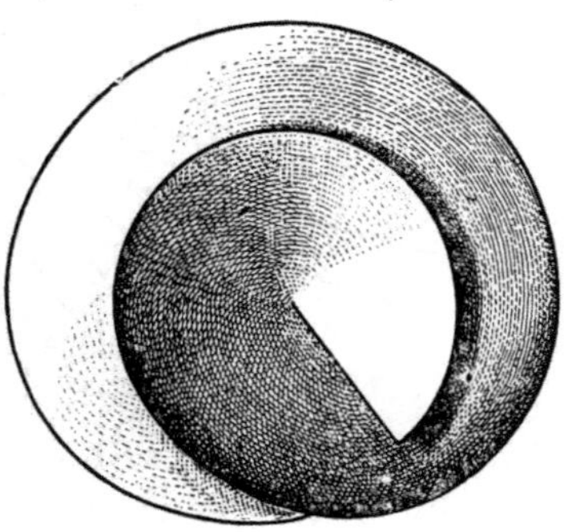

Abb. 95.

Zur Veranschaulichung dieser Verhältnisse denkt man sich die ζ-Ebene in zwei Exemplaren, zwei „*Blättern*“, übereinandergelegt. Dann führt man in beiden Blättern von $\zeta = 0$ bis $\zeta = \infty$ kongruente Schnitte, etwa längs der positiven reellen Achse, und heftet die vier entstehenden Schnittufer unter wechselweiser Durchdringung der beiden Blätter kreuzweise aneinander (Abb. 95). Auf dem so entstehenden

Gebilde verwandelt sich der zweimal zu durchlaufende Kreis der ζ-Ebene in eine einmal zu durchlaufende, aus zwei kongruenten Kreisen des unteren und oberen Blattes durch die Zusammenheftung hervorgehende Kurve. Die Bilder der Punkte $z = re^{i\varphi}$ und $-z = re^{i(\varphi+\pi)}$ werden jetzt durch Punkte verschiedener Blätter repräsentiert. — Die Nullpunkte der beiden Blätter betrachten wir nicht als getrennt.

Unser zweiblättriges Gebilde ist ein einfaches Beispiel einer *Riemannschen Fläche*. Die durch die Funktion $\zeta = z^2$ vermittelte Abbildung der z-Ebene auf sie wird eindeutig umkehrbar, während dies bei der Abbildung auf die gewöhnliche einblättrige oder „schlichte" ζ-Ebene nicht der Fall ist.

Der Bildpunkt $\zeta = 0$ des Kreuzungspunktes $z = 0$ heißt ein *Verzweigungspunkt* (oder *Windungspunkt*) *erster Ordnung* der Riemannschen Fläche der Funktion $z = \sqrt{\zeta}$. Da es nicht möglich ist, in der Umgebung dieses Punktes Funktionswerte $z = \sqrt{\zeta}$ auf eindeutige und stetige Weise festzulegen, so ist die Stelle $\zeta = 0$ eine singuläre Stelle der Funktion $z(\zeta) = \sqrt{\zeta}$.[1] Eine eindeutige Festlegung der Funktionswerte wird erst auf der Riemannschen Fläche möglich.

Die Untersuchung der Potenz $\zeta = z^n$ mit beliebigem positiven ganzen Exponenten n und ihrer Umkehrfunktion $z = \sqrt[n]{\zeta}$ verläuft in entsprechender Weise. Die zugehörige Riemannsche Fläche besitzt n Blätter und hat einen „*Verzweigungspunkt* $(n-1)$-*ter Ordnung*" oder einen „$(n-1)$-*fachen Verzweigungspunkt*" an der Stelle $\zeta = 0$. Für die Funktion $\zeta = z^n$ ist der Punkt $z = 0$ ein $(n-1)$-facher Kreuzungspunkt.

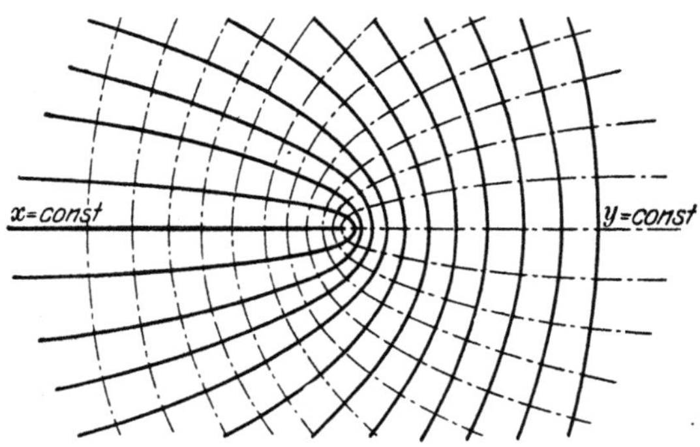

Abb. 96.

Ein selbständiges Interesse bietet auch die Betrachtung der von der Funktion $\zeta = z^2$ vermittelten konformen Abbildung, wenn man von einem rechtwinkligen Koordinatensystem der ζ- bzw. z-Ebene ausgeht.

Durch Trennung von Reellem und Imaginärem ergibt sich

$$u = x^2 - y^2, \qquad v = 2xy;$$

d. h. den Geraden $u =$ konst. und $v =$ konst. entsprechen zwei Scharen gleichseitiger Hyperbeln

$$x^2 - y^2 = \text{konst.}; \qquad 2xy = \text{konst.}$$

[1] Auch der Punkt $\zeta = \infty$ ist Verzweigungspunkt der Funktion $z = \sqrt{\zeta}$.

Diese beiden Scharen (vgl. Abb. 93, S. 346) sind überall orthogonal zueinander, außer im Nullpunkt, wo sie sich unter 45^0 schneiden, entsprechend der Tatsache, daß der Punkt $z = 0$ ein einfacher Kreuzungspunkt ist.

Setzen wir andrerseits $x = c$ bzw. $y = c$, so folgt

$$v^2 = 4\,c^2(c^2 - u) \quad \text{bzw.} \quad v^2 = 4\,c^2(c^2 + u).$$

Die Bilder der Geraden $x =$ konst. und $y =$ konst. der xy-Ebene in der uv-Ebene sind zwei zueinander orthogonale, nach links bzw. rechts geöffnete Scharen konfokaler Parabeln (Abb. 96).

Endlich sei dem Leser empfohlen, zu untersuchen, wie sich das Polarkoordinatensystem um den Punkt $\zeta = 1$ auf die z-Ebene abbildet. Als Bilder der konzentrischen Kreise ergeben sich konfokale Lemniskaten mit den Brennpunkten $z = -1$ und $z = 1$, als Bilder der Strahlen durch den Punkt $\zeta = 1$ gleichseitige Hyperbeln, welche durch die Punkte $z = \pm 1$ gehen.

§ 5. Die Funktion $\zeta = \frac{1}{2}\left(z + \frac{1}{z}\right)$.

Setzt man $z = r e^{i\varphi}$, so ergeben sich für den Real- und Imaginärteil der Funktion

$$\zeta = \frac{1}{2}\left(z + \frac{1}{z}\right) = u + i v$$

die Gleichungen

$$u = \frac{1}{2}\left(r + \frac{1}{r}\right)\cos\varphi, \qquad v = \frac{1}{2}\left(r - \frac{1}{r}\right)\sin\varphi.$$

Hieraus folgt

$$\frac{u^2}{\frac{1}{4}\left(r + \frac{1}{r}\right)^2} + \frac{v^2}{\frac{1}{4}\left(r - \frac{1}{r}\right)^2} = 1.$$

Bei der Abbildung der z-Ebene auf die ζ-Ebene gehen also die konzentrischen Kreise $r =$ konst. in konfokale Ellipsen mit der Exzentrizität 1 und den Hauptachsen $r + \frac{1}{r}$ und $\left|r - \frac{1}{r}\right|$ über. Lassen wir r von 0 an monoton nach 1 anwachsen, so verkürzen sich beide Hauptachsen von anfänglich sehr großen Werten an monoton, und die Ellipsen ziehen sich mehr und mehr zusammen, bis sich schließlich für $r = 1$ die Ellipse auf die doppelt durchlaufene Strecke $-1 \leqq \zeta \leqq 1$ zwischen den Brennpunkten reduziert. Wächst r von 1 an weiter, so nehmen beide Hauptachsen wieder monoton zu, wobei jede frühere Ellipse noch einmal auftritt. Als Bilder der Strahlen $\varphi =$ konst. der z-Ebene bekommen wir die zu unseren Ellipsen orthogonalen und konfokalen Hyperbeln

$$\frac{u^2}{\cos^2 \varphi} - \frac{v^2}{\sin^2 \varphi} = 1$$

der ζ-Ebene (Abb. 97).

Schneiden wir die ζ-Ebene längs der Strecke $-1 \leqq \zeta \leqq 1$ auf, so wird sowohl das Innere als auch das Äußere des Einheitskreises der z-Ebene auf die so entstehende „aufgeschlitzte" Vollebene abgebildet. Um die Abbildung umkehrbar eindeutig zu gestalten, bedienen wir uns

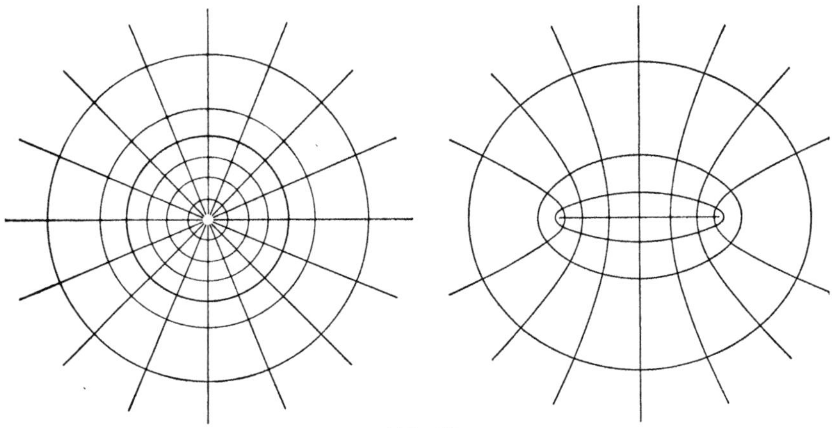

Abb. 97.

wieder des Hilfsmittels der Riemannschen Fläche. Wir legen zwei Exemplare der ζ-Ebene übereinander, schneiden jedes längs der Strecke $-1 \leqq \zeta \leqq 1$ auf und heften die vier Ränder kreuzweise aneinander. Dadurch gewinnen wir eine zweiblättrige Riemannsche Fläche, deren eines Blatt konform auf das Innere und deren anderes Blatt konform auf das Äußere des Einheitskreises bezogen ist, so daß zwischen den Punkten der z-Ebene und den Punkten der Fläche eine umkehrbar eindeutige Beziehung besteht. Die Umkehrfunktion $z = \zeta + \sqrt{\zeta^2 - 1}$ wird also auf der Fläche eindeutig, während sie in der schlichten ζ-Ebene zweideutig ist. In den Punkten $z = \pm 1$ verschwindet die Ableitung

$$\zeta' = \frac{1}{2}\left(1 - \frac{1}{z^2}\right),$$

während die zweite Ableitung

$$\zeta'' = \frac{1}{z^3}$$

dort von Null verschieden ist; diese Punkte sind somit einfache Kreuzungspunkte, ihre Bilder $\zeta = \pm 1$ einfache Verzweigungspunkte der Riemannschen Fläche der Funktion $z(\zeta)$.

Den engen Zusammenhang mit der einfachen Abbildung durch die Quadratwurzel zeigt die Formel

$$\frac{\zeta - 1}{\zeta + 1} = \left(\frac{z-1}{z+1}\right)^2.$$

§ 6. Logarithmus und Exponentialfunktion.

Um den Gesamtverlauf der Funktion $\zeta = \log z$ (vgl. Kap. 2, § 6) durch eine Riemannsche Fläche zu veranschaulichen, denken wir uns ein zweites Exemplar der längs der negativen reellen Achse aufgeschnittenen z-Ebene über das erste gelegt. Dann sollen den Punkten des ersten Blattes die Hauptwerte, den Punkten des zweiten Blattes die um $2\pi i$ vermehrten Hauptwerte des Logarithmus zugeordnet werden. Nach Kap. 2, § 6 stimmen jetzt die Funktionswerte in den Punkten des unteren Schnittufers des zweiten Blattes mit den Funktionswerten in den entsprechenden Punkten des oberen Schnittufers des ersten Blattes überein. Daher vereinigen wir nachträglich das obere Schnittufer des ersten Blattes mit dem unteren Schnittufer des zweiten Blattes. Analog heften wir an das obere Schnittufer des zweiten Blattes das untere eines dritten und fahren so in infinitum fort; ferner verbinden wir das untere Schnittufer des ersten Blattes mit dem oberen eines darunterliegenden, dessen Punkten um $2\pi i$ verminderte Funktionswerte entsprechen, usw. So entsteht ein Gebilde mit unendlich vielen Blättern, die „*Riemannsche Fläche des Logarithmus*". Auf ihr ist der Logarithmus eine eindeutige Funktion des Ortes. Die Punkte $z = 0$ und $z = \infty$ werden *Verzweigungspunkte* oder *Windungspunkte unendlich hoher Ordnung* genannt, weil in ihnen unendlich viele Blätter zusammenhängen.

Aus den Gleichungen

$$\begin{aligned} \zeta = u + iv &= \log r + i\varphi, \\ u = \log r, &\quad v = \varphi \end{aligned} \qquad (z = re^{i\varphi})$$

(vgl. Kap. 2, § 6) folgt, daß dasjenige Blatt der Riemannschen Fläche, welches bei der obigen Konstruktion das erste war, durch die Funktion $\log z$ umkehrbar eindeutig auf den unendlichen Parallelstreifen $-\pi \leqq v \leqq \pi$ der ζ-Ebene abgebildet wird. Dabei entsprechen das untere bzw. obere Schnittufer den Rändern $v = -\pi$ bzw. $v = \pi$.[1] Die gesamte unendlich-vielblättrige Riemannsche Fläche wird also umkehrbar eindeutig auf die volle ζ-Ebene abgebildet, wobei übereinanderliegende Punkte der Fläche in solche Punkte der ζ-Ebene verwandelt werden, welche sich auf einer Parallelen zur v-Achse in einem Abstande voneinander befinden, der ein ganzzahliges Vielfaches von 2π ist.

[1] Wir betrachten hier die Abbildung der aufgeschnittenen Ebene einschließlich des Randes.

Da der Nullpunkt der z-Ebene in den unendlich fernen Punkt der ζ-Ebene transformiert wird, verschwindet die Umkehrfunktion $z = e^{\zeta}$ für keinen endlichen Wert von ζ. *Die Exponentialfunktion ist also eine nicht konstante ganze Funktion ohne Nullstellen*[1].

§ 7. Die trigonometrischen Funktionen.

Durch die Gleichungen

$$\sin z = \frac{e^{iz} - e^{-iz}}{2i}, \qquad \cos z = \frac{e^{iz} + e^{-iz}}{2},$$

$$\operatorname{tg} z = \frac{1}{i}\frac{e^{iz} - e^{-iz}}{e^{iz} + e^{-iz}}, \qquad \operatorname{ctg} z = \frac{1}{\operatorname{tg} z}$$

führen wir vier Funktionen ein, die für reelle Werte der Veränderlichen mit den gewöhnlichen trigonometrischen Funktionen übereinstimmen[2] und deshalb auch im Komplexen den Namen trigonometrische Funktionen führen. Wir wollen hier nur die Abbildung betrachten, welche zwischen z- und ζ-Ebene durch die Funktion $\zeta = \operatorname{tg} z$ vermittelt wird. Dazu ersetzen wir die eine Gleichung

$$\zeta = \operatorname{tg} z = \frac{1}{i}\frac{e^{2iz} - 1}{e^{2iz} + 1}$$

durch die folgenden drei Gleichungen:

(1) $t = 2iz,$ (2) $\omega = e^{t},$ (3) $\zeta = \frac{1}{i}\frac{\omega - 1}{\omega + 1}.$

Die Gleichung (1) definiert eine Drehstreckung der z-Ebene. Das Vergrößerungsverhältnis ist gleich 2 und der Drehwinkel gleich $\frac{\pi}{2}$. Durch die Gleichung (2) wird die t-Ebene konform auf die Riemannsche Fläche des Logarithmus abgebildet; d. h. ein zur reellen Achse paralleler Streifen der t-Ebene von der Breite 2π wird in die aufgeschnittene ω-Ebene verwandelt. Die lineare Transformation (3) ist uns aus § 3 bekannt. Durch sie wird der Einheitskreis der ω-Ebene auf die obere Halbebene der ζ-Ebene abgebildet, wobei die Punkte $\omega = 0$ und $\omega = \infty$ in die Punkte $\zeta = i$ und $\zeta = -i$ übergehen. Wir gelangen so für die Umkehrfunktion von $\zeta = \operatorname{tg} z$, die man mit $z = \operatorname{arctg} \zeta$ bezeichnet, zu einer Riemannschen Fläche, welche ähnlich wie die des Logarithmus zwei Verzweigungspunkte unendlich hoher Ordnung aufweist und zwar in den Punkten $\zeta = i$ und $\zeta = -i$. Dies läßt vermuten, daß die Funk-

[1] Sie ist in gewissem Sinne sogar die einfachste derartige Funktion. Denn ist $h(\zeta)$ eine ganze Funktion ohne Nullstellen, so muß $\frac{h'(\zeta)}{h(\zeta)}$ ebenfalls eine ganze Funktion sein, etwa $g(\zeta)$. Hieraus folgt aber, daß $h(\zeta)$ von der Form

$$h(\zeta) = e^{\int g(\tau)\,d\tau} = e^{g_1(\zeta)}$$

sein muß, wo $g_1(\zeta)$ eine ganze Funktion bedeutet.

[2] Vgl. Kap. 2, § 6, (5).

tion $\operatorname{arctg}\zeta$ nahe mit dem Logarithmus verwandt ist. In der Tat folgt aus den Beziehungen (1), (2) und (3) die Gleichung:

$$z = \operatorname{arctg}\zeta = \frac{1}{2i}\log\frac{1+i\zeta}{1-i\zeta}.$$

In ganz ähnlicher Weise lassen sich die durch die übrigen trigonometrischen Funktionen vermittelten Abbildungen studieren.

§ 8. Potenzen mit beliebigen Exponenten. Kreisbogenzweiecke.

Die allgemeine Potenz

$$\zeta = z^{\alpha}$$

mit einem beliebigen reellen oder komplexen Exponenten α wurde in Kap. 2, § 4 durch die Gleichung

$$\zeta = e^{\alpha\log z}$$

definiert. Die Funktion $\zeta = z^{\alpha}$ ist also eine eindeutige Funktion des Logarithmus $\log z$; man kann sie in Parameterdarstellung durch die Gleichungen

$$\zeta = e^{\alpha t}, \qquad z = e^{t}$$

charakterisieren oder, wie man auch sagt, durch eindeutige Funktionen uniformisieren.

Ist α keine rationale Zahl, so ist die Funktion $z^{\alpha} = e^{\alpha\log z}$ unendlich vieldeutig wie der Logarithmus selbst. Bei einem positiven Umlauf um den Punkt $z=0$ multipliziert sich nämlich der Funktionswert mit $e^{2\pi i\alpha}$, bei n-maligem Umlauf mit $e^{2\pi i n\alpha}$, und dieser Faktor fällt für zwei verschiedene n stets verschieden aus. Auf der Riemannschen Fläche des Logarithmus, die bei $z=0$ und $z=\infty$ je einen Verzweigungspunkt unendlich hoher Ordnung hat, ist z^{α} eine eindeutige Funktion des Ortes.

Ist hingegen α eine rationale Zahl $\frac{p}{q}$ (p, q teilerfremd, $q>0$), so ergibt sich nach q Umläufen zum erstenmal wieder der Ausgangswert. An die Stelle der unendlich vielblättrigen Fläche können wir daher eine q-blättrige Riemannsche Fläche von der Art der in § 4 untersuchten Fläche treten lassen; alsdann wird z^{α} auf dieser Fläche eine eindeutige Funktion des Ortes.

Wir betrachten schließlich die konforme Abbildung, welche durch die allgemeine Potenz vermittelt wird.

Bei reellem $\alpha \neq 0$ gehen das System der konzentrischen Kreise um den Nullpunkt und das System der vom Nullpunkt ausgehenden Strahlen je in sich über; der Winkel zwischen zwei einzelnen Strahlen wird mit α multipliziert. Indem wir z und ζ je einer linearen Transformation unterwerfen, welche die Punkte 0 und ∞ der z- bzw. ζ-Ebene in beliebige voneinander verschiedene Punkte z_1, z_2 bzw. ζ_1, ζ_2 überführt (vgl. § 3), erkennen wir, daß allgemein durch eine Beziehung

$$\pm\frac{\zeta-\zeta_1}{\zeta-\zeta_2}=\left(\pm\frac{z-z_1}{z-z_2}\right)^{\alpha}$$

ein *Kreisbogenzweieck* der z-Ebene mit den Ecken z_1 und z_2 und mit dem Winkel λ, d. h. ein von zwei sich in den Punkten z_1 und z_2 unter dem Winkel λ schneidenden Kreisen begrenztes Gebiet, in ein Kreisbogenzweieck der ζ-Ebene mit den Ecken ζ_1 und ζ_2 und dem Winkel $\alpha\,\lambda$ verwandelt wird.

Beispielsweise können wir ein beliebiges Kreisbogenzweieck immer in einen Halbkreis transformieren. Hierzu müssen wir insbesondere α so wählen, daß $\alpha\,\lambda=\frac{\pi}{2}$ wird. Z. B. geht bei der Transformation

$$\frac{\zeta}{1-\zeta}=\sqrt{\frac{z}{1-z}}$$

die obere Halbebene, die man als Kreisbogenzweieck durch die Punkte $z=0$ und $z=1$ mit dem Winkel π auffassen kann, in einen Halbkreis über der Strecke zwischen $\zeta=0$ und $\zeta=1$ über.

Ganz anders liegen die Dinge, wenn α rein imaginär ist. Es sei etwa $\alpha=i$, also

$$\zeta=z^{i}.$$

Wir wollen die konforme Abbildung der oberen Halbebene $\mathfrak{J}z\geqq 0$ studieren. Dazu setzen wir

$$z=r\,e^{i\varphi},\qquad \zeta=\varrho\,e^{i\vartheta};$$

dann wird

$$\varrho=e^{-\varphi},\qquad \vartheta=\log r.$$

Den Strahlen $\varphi=\text{konst.}=c$ der z-Ebene entsprechen somit konzentrische Kreise $\varrho=e^{-c}$ der ζ-Ebene, den Kreisen $r=\text{konst.}=c$ der z-Ebene Strahlen $\vartheta=\log c$ der ζ-Ebene. Speziell sind den Halbgeraden $\varphi=0$ und $\varphi=\pi$, welche die Halbebene $\mathfrak{J}z\geqq 0$ nach unten begrenzen, die in beiden Richtungen unendlich oft durchlaufenen Kreise $\varrho=1$ bzw. $\varrho=e^{-\pi}$ zugeordnet. Im Nullpunkt und im unendlich fernen Punkte der z-Ebene wird der Wert von ζ unbestimmt. Wir erhalten so als Bild der oberen z-Halbebene ein Band, das den Kreisring $e^{-\pi}\leqq\varrho\leqq 1$ der ζ-Ebene unendlich oft überdeckt.

Es sei dem Leser überlassen, die durch $\zeta=z^{\alpha}$ vermittelte konforme Abbildung für den Fall eines beliebigen komplexen α zu untersuchen. An Stelle der Radien und Kreise der z-Ebene treten zwei Scharen von sich orthogonal schneidenden logarithmischen Spiralen.

§ 9. Anhang. Raumgeometrische Deutung der linearen Substitutionen.

Wir wollen in diesem Paragraphen eine geometrische Veranschaulichung der linearen Substitutionen einer komplexen Veränderlichen z behandeln, deren Wesen darin besteht, neben den auf der Zahlenkugel K selbst gelegenen Punkten die Punkte des dreidimensionalen Raumes R, in dem die Kugel liegt, mit zu betrachten.

Die Gleichung der Kugel K, deren Radius wir etwa gleich 1 nehmen, lautet in einem rechtwinkligen Koordinatensystem, dessen Ursprung in den Mittelpunkt der Kugel fällt,

$$X^2 + X^2 + Z^2 = 1. \tag{1}$$

Die Werte z übertragen wir auf die Kugel, indem wir die Ebene $Z = 0$ als z-Ebene ($z = X + iY$) benutzen und sie aus dem Punkte $X = Y = 0$, $Z = 1$ stereographisch auf die Kugel projizieren. Dann bestehen nach Kap. 1, § 1 zwischen den Koordinaten X, Y, Z eines Kugelpunktes und seinem zugeordneten z-Werte die Beziehungen

$$X = \frac{z + \bar{z}}{z\bar{z} + 1}, \qquad Y = -i\,\frac{z - \bar{z}}{z\bar{z} + 1}, \qquad Z = \frac{z\bar{z} - 1}{z\bar{z} + 1}. \tag{2}$$

Da wir den Raum R im Sinne der projektiven Geometrie zu behandeln haben werden, gehen wir zu homogenen Raumkoordinaten über, indem wir

$$X = \frac{X_1}{X_4}, \qquad Y = \frac{X_2}{X_4}, \qquad Z = \frac{X_3}{X_4}$$

setzen, wodurch sich die Formeln (1) und (2) in

$$X_1^2 + X_2^2 + X_3^2 - X_4^2 = 0 \tag{3}$$

bzw.

$$X_1 : X_2 : X_3 : X_4 = (z + \bar{z}) : \frac{z - \bar{z}}{i} : (z\bar{z} - 1) : (z\bar{z} + 1) \tag{4}$$

verwandeln. Die letzte Beziehung läßt sich auch in der Form

$$(X_1 + iX_2) : (X_1 - iX_2) : (X_3 + X_4) : (X_4 - X_3) = z : \bar{z} : z\bar{z} : 1 \tag{5}$$

schreiben.

Einen Punkt des Raumes R nennen wir reell, wenn seine Koordinatenverhältnisse reelle Werte haben. Eine Kollineation

$$X_i' = \sum_{k=1}^{4} a_{ik} X_k \qquad (i = 1, 2, 3, 4) \tag{6}$$

heiße reell, wenn sie jeden reellen Punkt wieder in einen reellen Punkt verwandelt; das ist dann und nur dann der Fall, wenn der in den a_{ik} enthaltene willkürliche Proportionalitätsfaktor so gewählt werden kann, daß die a_{ik} sämtlich reell werden. Wir werden bei reellen Kollineationen die a_{ik} stets von vornherein reell annehmen. Die reellen Kollineationen zerfallen in zwei Arten; diejenigen der ersten Art sind dadurch ausgezeichnet, daß sich ihre Koeffizienten a_{ik} durch stetige Abänderung auf reellem Wege in die Koeffizienten

$$\delta_{ik} = \begin{cases} 1 & \text{für } i = k, \\ 0 & \text{für } i \neq k \end{cases}$$

der identischen Kollineation überführen lassen, ohne daß die Kollineation während dessen ausartet, d. h. ohne daß ihre Determinante $|a_{ik}|$ verschwindet. Bei den Kollineationen der zweiten Art ist dies nicht möglich. Für die Kollineationen der ersten Art ist daher die Transformationsdeterminante $|a_{ik}|$ positiv, für die der zweiten Art ist sie negativ. Die Kollineationen erster Art verwandeln jedes Rechtskoordinatensystem in ein Rechtskoordinatensystem, die der zweiten Art verwandeln jedes Rechtskoordinatensystem in ein Linkskoordinatensystem.

Nach diesen Vorbemerkungen sprechen wir den Satz, dessen Beweis das Hauptziel dieses Paragraphen ist, folgendermaßen aus: *Zu jeder linearen Substitution der komplexen Veränderlichen z gehört genau eine reelle Kollineation erster Art des Raumes R, welche die Kugel K so in sich überführt, daß die einzelnen Punkte von K durch die Kollineation dieselbe Lagenänderung erfahren wie durch die lineare Substitution. Umgekehrt gehört zu jeder reellen Kollineation erster Art, welche K in sich überführt, genau eine lineare Substitution der komplexen Veränderlichen z, welche die Punkte der Kugel K in derselben Weise untereinander vertauscht wie die Kollineation.*

Bei dem Beweise ist es wesentlich, den Einfluß unserer Kollineationen auch auf die komplexen Punkte der Kugel K zu betrachten. Nimmt man die komplexen Punkte der Kugel mit hinzu, so liegen auf ihr zwei Scharen geradliniger Erzeugender in der Weise, daß durch jeden Kugelpunkt je eine Erzeugende aus jeder der beiden Scharen läuft und daß jede Erzeugende genau einen reellen Punkt enthält[1]. Das gibt uns die

---

[1] Die Existenz dieser Erzeugenden und ihre wichtigsten Eigenschaften lassen sich aus der Gleichung (3) der Kugel sehr leicht herleiten. Schreibt man diese in der Form

$$(X_1 + i X_2)(X_1 - i X_2) - (X_3 + X_4)(X_4 - X_3) = 0,$$

so sieht man, daß sie befriedigt wird, wenn man entweder gleichzeitig

$$(*) \qquad X_1 + i X_2 = \lambda (X_4 - X_3), \qquad X_3 + X_4 = \lambda (X_1 - i X_2)$$

oder gleichzeitig

$$(**) \qquad X_1 - i X_2 = \mu (X_4 - X_3), \qquad X_3 + X_4 = \mu (X_1 + i X_2)$$

setzt, unter λ und μ beliebige komplexe Zahlen verstanden. (Auch $\lambda = \infty = \frac{1}{0}$ bzw. $\mu = \infty = \frac{1}{0}$ sind zulässig.) Die Gleichungspaare (*) und (**) stellen aber bei festem λ bzw. μ gerade Linien dar, die folglich ihrer ganzen Erstreckung nach der Kugel K angehören. Die Parameter λ und μ sind in (*) bzw. (**) genau so gewählt, wie im Text angegeben.

Möglichkeit, die Erzeugenden der beiden Scharen durch Zahlenwerte λ bzw. μ zu kennzeichnen. Einer Erzeugenden der ersten Schar ordnen wir denjenigen Zahlenwert λ zu, der gleich dem Wert der Variablen z in dem reellen Punkt der Erzeugenden (also einem reellen Kugelpunkt) ist; einer Erzeugenden der zweiten Schar ordnen wir denjenigen Zahlenwert μ zu, der konjugiert komplex zu dem Werte z in ihrem reellen Punkte ist. Ein beliebiger reeller oder komplexer Punkt der Kugel läßt sich dann als Schnittpunkt einer Erzeugenden der ersten Schar mit einer der zweiten Schar durch Angabe zweier Zahlen λ und μ festlegen; die reellen Kugelpunkte sind insbesondere dadurch ausgezeichnet, daß λ und μ konjugiert komplex zueinander sind.

Um zunächst den zweiten Teil unseres Satzes zu beweisen, bemerken wir, daß die als gegeben betrachtete reelle Kollineation erster Art C nicht nur jeden reellen Kugelpunkt wieder in einen reellen Kugelpunkt verwandelt, sondern überhaupt jeden Kugelpunkt in einen Kugelpunkt. Da C als Kollineation jede Gerade in eine Gerade überführt, geht jede geradlinige Erzeugende der Kugel durch Anwendung von C wieder in eine geradlinige Erzeugende über, und zwar gehen zwei Erzeugende der gleichen Schar in Erzeugende der gleichen Schar über. Denn eine beliebige Erzeugende schneidet keine andere Erzeugende aus der Schar, der sie selbst angehört, dagegen jede Erzeugende der anderen Schar, und diese Schnittpunktsbeziehungen sind gegenüber Kollineationen invariant. Die Kollineation C vertauscht daher entweder die beiden Erzeugendenscharen miteinander, oder sie bewirkt nur innerhalb der Scharen eine Vertauschung der Geraden. Die erste Möglichkeit scheidet aber aus; denn die Unterscheidung der beiden Erzeugendenscharen als erster und zweiter ist gleichbedeutend mit der Festlegung eines Umlaufssinnes auf der reellen Kugeloberfläche[1], und weil die Kollineation C nach Voraussetzung von der ersten Art ist, bewahrt sie den Umlaufssinn. Es seien nun P ein beliebiger reeller Kugelpunkt, g_1, g_2 die beiden durch ihn gehenden Erzeugenden und t_1, t_2 zwei beliebige reelle Tangenten an die Kugel durch P. Durch Anwendung der Kollineation C wird aus P ein reeller Kugelpunkt P'; g_1, g_2 gehen in die beiden Erzeugenden g_1', g_2' durch P über, wobei g_1' und g_1' bzw. g_2 und g_2' je der gleichen Erzeugendenschar angehören mögen, und t_1, t_2 werden in zwei reelle Kugeltangenten t_1', t_2' durch P' verwandelt. Nach den Regeln der projektiven Maßbestimmung ist der Winkel[2] zwischen t_1 und t_2 gegeben durch

$$\sphericalangle\, t_1 t_2 = \frac{i}{2} \log D\,(t_1\,, t_2\,, g_1\,, g_2),$$

[1] Dies folgt aus dem Ausdruck des Winkels als Logarithmus eines Doppelverhältnisses, der im Text sogleich zur Anwendung gelangen wird.

[2] Wir erinnern daran, daß der in der Lehre von der projektiven Maßbestimmung betrachtete Winkel zwischen zwei Geraden eine nur mod. π, nicht mod. 2π bestimmte Größe ist.

wo D zur Abkürzung für das Doppelverhältnis der vier in der Klammer enthaltenen Geraden steht. Ebenso ist der im gleichen Umlaufssinn gemessene Winkel zwischen t_1' und t_2' gegeben durch

$$\sphericalangle t_1' t_2' = \frac{i}{2} \log D(t_1', t_2', g_1', g_2').$$

Da das Doppelverhältnis gegenüber projektiven Transformationen unveränderlich ist, folgt somit

$$\sphericalangle t_1 t_2 = \sphericalangle t_1' t_2'.$$

Aus Stetigkeitsgründen ist es ferner klar, daß auch der mod. 2π gemessene Winkel zwischen den mit irgend einem Richtungssinn versehenen Tangenten t_1, t_2 gleich dem mod. 2π gemessenen Winkel zwischen den mit dem entsprechenden Richtungssinn versehenen Tangenten t_1', t_2' ist; d. h. aber: *Die Kollineation C bewirkt eine umkehrbar eindeutige Abbildung der reellen Kugeloberfläche K auf sich, die in allen Punkten winkeltreu ist.* Eine solche Abbildung wird aber, wie wir in § 3 gesehen haben, durch eine lineare Funktion von z vermittelt.

Den ersten Teil des Satzes könnten wir durch ähnliche geometrische Überlegungen beweisen wie den zweiten; wir ziehen es jedoch der Kürze halber vor, den Beweis rechnerisch zu erbringen. Die Formel (5) legt es nahe, an Stelle der Koordinaten X_1, X_2, X_3, X_4 neue Koordinaten $\Xi_1, \Xi_2, \Xi_3, \Xi_4$ durch die Formel

$$\Xi_1 : \Xi_2 : \Xi_3 : \Xi_4 = (X_1 + iX_2) : (X_1 - iX_2) : (X_3 + X_4) : (X_4 - X_3)$$

einzuführen. Dann wird die Gleichung der Kugel K

$$\Xi_1 \Xi_2 - \Xi_3 \Xi_4 = 0,$$

und die der Formel (5) entsprechende Beziehung zwischen den Ξ-Koordinaten eines reellen Kugelpunktes und dem Werte der Variablen z in ihm nimmt die einfache Gestalt an:

$$\Xi_1 : \Xi_2 : \Xi_3 : \Xi_4 = z : \bar{z} : z\bar{z} : 1. \tag{7}$$

Es sei nun

$$z' = \frac{az+b}{cz+d} \qquad (ad - bc \neq 0) \tag{8}$$

eine vorgelegte lineare Substitution. Ist $\Xi_1' : \Xi_2' : \Xi_3' : \Xi_4'$ das Koordinatenverhältnis des Kugelpunktes, der den Wert z' trägt, so gelten zufolge (7) und (8) die Beziehungen

$$\left\{\begin{aligned} \varrho\, \Xi_1' &= a\bar{d}\, \Xi_1 + b\bar{c}\, \Xi_2 + a\bar{c}\, \Xi_3 + b\bar{d}\, \Xi_4, \\ \varrho\, \Xi_2' &= \bar{b}c\, \Xi_1 + \bar{a}d\, \Xi_2 + \bar{a}c\, \Xi_3 + \bar{b}d\, \Xi_4, \\ \varrho\, \Xi_3' &= a\bar{b}\, \Xi_1 + \bar{a}b\, \Xi_2 + a\bar{a}\, \Xi_3 + b\bar{b}\, \Xi_4, \\ \varrho\, \Xi_4' &= c\bar{d}\, \Xi_1 + \bar{c}d\, \Xi_2 + c\bar{c}\, \Xi_3 + d\bar{d}\, \Xi_4, \end{aligned}\right. \tag{9}$$

wo ϱ einen willkürlichen von Null verschiedenen Proportionalitätsfaktor bezeichnet. Indem wir (9) als Transformation für beliebige Raumpunkte, nicht nur für reelle Kugelpunkte auffassen, haben wir eine Kollineation vor uns, von der es leicht ist nachzuweisen, daß sie reell und von der ersten Art ist.

Wir wollen schließlich unsern Satz in die Sprache der nichteuklidischen Geometrie übersetzen. Auf die Kugel K als Fundamentalfläche gründen wir eine projektive Maßbestimmung; dann stellen die reellen Kollineationen erster Art des Raumes, welche die Kugel K in sich überführen, gerade die Gesamtheit der nichteuklidischen Bewegungen dar, und wir können sagen: *Die nichteuklidischen Bewegungen des Raumes R und die linearen Transformationen der komplexen Variablen z entsprechen einander umkehrbar eindeutig.*

Wir können uns nun von den verschiedenen Typen linearer Substitutionen (hyperbolische, parabolische, elliptische und loxodromische) leicht eine anschauliche Vorstellung machen. Indem wir zunächst die parabolischen Substitutionen beiseite lassen, wissen wir von den übrigen, daß sie zwei Fixpunkte haben, die F_1 und F_2 heißen mögen. Eine Kollineation, die zwei Punkte fest läßt, verwandelt die ganze Verbindungsgerade derselben in sich. Nun besitzt die Verbindungsgerade g der Fixpunkte in bezug auf die Kugel K eine konjugierte Polare g', und da die Kollineation sowohl g als auch K in sich transformiert und die Polarenbeziehung gegen Kollineationen invariant ist, verwandelt sie auch g' in sich. Ferner geht jede durch g (bzw. g') gehende Ebene wieder in eine durch g (bzw. g') gehende Ebene über. Das Büschel der Ebenen durch g schneidet nun aus der Kugel K die Schar der Kreise aus, die durch F_1 und F_2 gehen, während das Büschel der Ebenen durch g', die im nichteuklidischen Sinne auf den Ebenen des ersten Büschels senkrecht stehen, aus K die Orthogonalkreise zu der ersten Kreisschar ausschneidet. Mit Rücksicht auf die Ausführungen von § 3 erkennen wir daher sofort:

Einer elliptischen Substitution entspricht eine nichteuklidische Bewegung, bei der die Punkte der Geraden g sowie die Ebenen durch die Gerade g' einzeln festbleiben, während die Punkte der Geraden g' auf dieser wandern und die Ebenen durch die Gerade g um diese gedreht werden.

Bei einer nichteuklidischen Bewegung, die einer hyperbolischen Substitution entspricht, bleiben umgekehrt die Punkte der Geraden g' und die Ebenen durch die Gerade g einzeln fest, während die Punkte der Geraden g auf dieser wandern und die Ebenen durch die Gerade g' um diese gedreht werden.

Wir können dies kürzer auch so ausdrücken: *Einer elliptischen Substitution entspricht eine nichteuklidische Drehung um die Gerade g, einer hyperbolischen Substitution eine nichteuklidische Translation längs der Geraden g.*

Bei einer loxodromischen Substitution sind natürlich beide Arten nichteuklidischer Bewegungen kombiniert; ein beliebiger Raumpunkt wird sich dabei auf einer schraubenlinienartig gewundenen Raumkurve bewegen, die man als Loxodrome bezeichnen mag.

Die parabolischen Substitutionen schließlich gewinnen wir als Grenzfall zwischen den elliptischen und hyperbolischen. Lassen wir die beiden Punkte F_1 und F_2 längs einer glatten Kurve auf K in einen einzigen Punkt F zusammenrücken, so geht die Gerade g in eine Tangente an die Kugel im Punkte F über und die Gerade g' in die auf g senkrecht stehende Kugeltangente durch F. Dabei deckt sich in diesem Falle die euklidische und die nichteuklidische Bedeutung des Wortes „senkrecht". Der allgemeinsten parabolischen Substitution mit dem Fixpunkt F entspricht dann wieder die Kombination einer nichteuklidischen Drehung um die Achse g mit einer solchen um die Achse g'. Eine derartige doppelte Drehung läßt sich aber stets ersetzen durch eine einfache Drehung um eine passende Kugeltangente g'' durch F.

Ebenso wie den linearen Transformationen

$$z' = \frac{a z + b}{c z + d} \qquad (a d - b c \neq 0)$$

die nichteuklidischen Bewegungen entsprechen, so entsprechen den linearen Transformationen mit Umlegung der Winkel

$$z' = \frac{a \bar{z} + b}{c \bar{z} + d} \qquad (a d - b c \neq 0)$$

die nichteuklidischen Umlegungen. Das sind solche Raumtransformationen, bei denen die Raumfiguren in im nichteuklidischen Sinne spiegelbildlich kongruente verwandelt werden. Insbesondere entspricht einer Transformation durch reziproke Radien in bezug auf einen Kreis auf der Kugel K die nichteuklidische Spiegelung an der Ebene, die den Kreis aus K ausschneidet. Der Begriff der nichteuklidischen Spiegelung läßt sich dabei genau so erklären wie der der euklidischen. Um zu einem Punkte P den Spiegelpunkt in bezug auf eine Ebene E zu finden, fällen wir von P das nichteuklidische Lot auf E, d. h. verbinden P mit dem Pol von E in bezug auf K, und bestimmen auf dem Lot denjenigen Punkt P', der auf der P entgegengesetzten Seite von E liegt und von E den gleichen nichteuklidischen Abstand hat wie P. Auf Grund dieser räumlichen Deutung der Transformation durch reziproke Radien wird der in § 3 (S. 352) bewiesene Satz zur Selbstverständlichkeit.

Fünftes Kapitel.

Analytische Fortsetzung und Riemannsche Flächen.

Bisher haben wir nur Beispiele solcher analytischen Funktionen kennen gelernt, welche uns durch übersichtliche analytische Ausdrücke in ihrem Gesamtverlauf gegeben waren. Für die allgemeine Theorie müssen wir aber davon ausgehen, daß ein Funktionsverlauf von vornherein nur für ein gegebenes beschränktes Gebiet G_0 der z-Ebene definiert ist, wie z. B. durch eine Potenzreihe in ihrem Konvergenzkreise. Dann entsteht das Problem der *analytischen Fortsetzung*, d. h. die Frage, ob und wie es möglich ist, den ursprünglichen Definitionsbereich G_0 zu erweitern. Den Funktionsverlauf in einem gegebenen Gebiete bezeichnen wir von diesem Standpunkte aus als „*Funktionselement*".

§ 1. Allgemeines über analytische Fortsetzung.

Der erste Schritt zu analytischer Fortsetzung eines in G_0 definierten Funktionselementes $f(z)$ ist die *Fortsetzung durch bloße Gebietserweiterung*: Ist in einem G_0 enthaltenden Gebiet G_0' eine analytische Funktion $\varphi(z)$ definiert, welche in G_0 mit $f(z)$ übereinstimmt, so heißt $\varphi(z)$ *analytische Fortsetzung von* $f(z)$ *in das Gebiet* G_0'.

Diese analytische Fortsetzung ist, wenn überhaupt, nur auf eine Weise möglich. Es seien nämlich $\varphi_1(z)$ und $\varphi_2(z)$ zwei in G_0' reguläre Funktionen, die beide in G_0 mit $f(z)$ übereinstimmen. Die Differenz $\varphi_1(z) - \varphi_2(z)$ ist in G_0' regulär und mindestens in G_0 gleich Null. Es sei G^* diejenige Punktmenge in G_0', für welche $\varphi_1 - \varphi_2$ verschwindet. Wenn G^* nicht mit G_0' identisch wäre, so gäbe es einen in G^* liegenden Punkt P derart, daß wir um ihn eine Kreisscheibe legen können, welche ganz zu G_0' gehört, aber auch nicht zu G^* gehörige Punkte enthält und in welcher $\varphi_1 - \varphi_2$ durch eine Potenzreihe darstellbar ist. Da P Häufungspunkt von G^* ist, so kann diese Potenzreihe nach Kap. 3, § 4 keinen von Null verschiedenen Koeffizienten besitzen, muß also in ihrem ganzen Konvergenzkreise verschwinden. Da dieser Konvergenzkreis auch Punkte von G_0' enthalten würde, die nicht zu G^* gehören, so bedeutet dies einen Widerspruch.

Durch eine solche Erweiterung des Definitionsbereiches G_0 gelangen wir immer nur zu Gebieten der z-Ebene, in denen der Funktionsverlauf eindeutig definiert ist. Um auch das Wesen der mehrdeutigen Funktionen und der zugehörigen Riemannschen Flächen mit Hilfe der analytischen Fortsetzung erfassen zu können, nehmen wir die folgende Erweiterung unserer Begriffsbildungen vor. Wie oben sei in einem Gebiete G_0 eine reguläre Funktion $f(z)$ definiert und in ein G_0 umfassendes Gebiet G_0' analytisch fortgesetzt; wir bezeichnen (auf Grund der Eindeutigkeit dieses Verfahrens) auch diese Funktion mit $f(z)$. G_1 sei ein Teilgebiet von G_0' und G_1' ein beliebiges G_1 enthaltendes Gebiet (vgl. Abb. 98). Können wir dann eine in G_1' reguläre Funktion $f_1(z)$ finden, die in G_1 mit $f(z)$ übereinstimmt, so soll jetzt $f_1(z)$ analytische Fortsetzung von $f(z)$ in das Gebiet G_1' heißen. Dabei kann es sehr wohl vorkommen, daß G_1' und G_0 Teile gemeinsam haben,

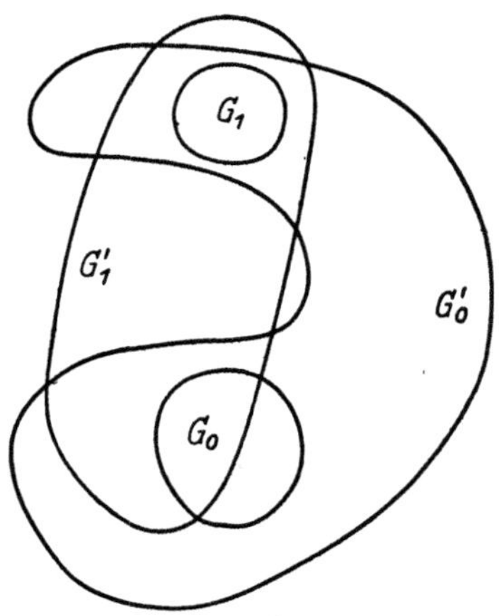

Abb. 98.

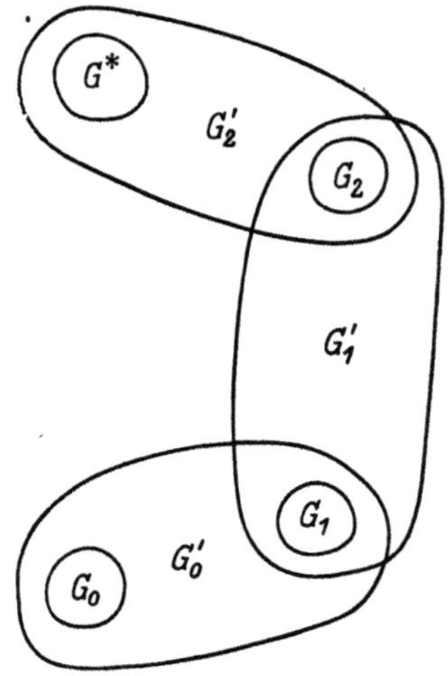

Abb. 99.

in denen $f_1(z)$ von $f(z)$ verschieden ist. Allgemeiner heiße eine in einem Gebiete G^* reguläre Funktion $f^*(z)$ *analytische Fortsetzung von $f(z)$ in das Gebiet G^**, wenn sich eine Folge von endlich vielen Gebieten G_0, G_0', $G_1, G_1', \ldots, G_k, G_k', G^*$ angeben läßt (vgl. Abb. 99) mit folgenden beiden Eigenschaften: 1. G_0 ist Teilgebiet von G_0'; G_ν $(\nu = 1, 2, \ldots, k)$ ist gemeinsames Teilgebiet von $G_{\nu-1}'$ und G_ν'; G^* ist Teilgebiet von G_k'. 2. Zu jedem Gebiet G_ν' gibt es eine in ihm reguläre Funktion $f_\nu(z)$ derart, daß für $\nu = 0, 1, \ldots, k-1$ die Funktionen $f_\nu(z)$ und $f_{\nu+1}(z)$ in $G_{\nu+1}$ übereinstimmen und daß ferner in G_0 die Gleichung $f(z) = f_0(z)$ und in G^* die Gleichung $f_k(z) = f^*(z)$ gilt. Wir nennen eine derartige Gebietsfolge eine *„Kette" von Gebieten* und sagen, *„die Funktion $f(z)$ sei vermöge dieser Kette fortgesetzt"*. Die zugehörigen Funktionen $f_\nu(z)$ nennen wir eine *Kette von Funktionselementen*.

Genau wie am Anfang des Paragraphen zeigt sich, daß der soeben geschilderte Prozeß der Fortsetzung bei gegebener Gebietskette, wenn überhaupt, nur auf eine Weise möglich ist.

Wählen wir in jedem Gebiet G_ν $(\nu = 0, 1, \ldots, k)$ einen Punkt z_ν, in G^* einen Punkt $z^* = z_{k+1}$ und verbinden wir z_ν $(\nu = 0, 1, \ldots, k)$ mit

$z_{\nu+1}$ durch eine in G_ν' verlaufende stetige Kurve, so sagen wir, $f^*(z)$ entstehe durch analytische Fortsetzung von $f(z)$ *längs der Kurve* $z_0, z_1, \ldots, z_{k+1}$. Ist umgekehrt eine stetige Kurve C mit dem Anfangspunkt z_0 und dem Endpunkt z^* gegeben, so läßt sich $f(z)$ längs C dann analytisch fortsetzen, wenn es gelingt, in solcher Weise die Kurve C in Teilbögen $z_0 z_1, z_1 z_2, \ldots, z_k z_{k+1}$ ($z_{k+1} = z^*$) zu zerlegen, jeden Teilbogen $z_\nu z_{\nu+1}$ mit einem Gebiet G_ν' und jeden Teilpunkt z_ν mit einem sowohl in $G_{\nu-1}'$ wie in G_ν' enthaltenen Gebiet G_ν zu umgeben[1], daß man zu der so hergestellten Gebietskette eine Kette von Funktionselementen $f_\nu(z)$ ($\nu = 0, 1, \ldots, k$) finden kann, für die $f_\nu(z)$ in G_ν' regulär ist und für die die Gleichungen gelten: $f_0(z) = f(z)$ in G_0 und $f_{\nu+1}(z) = f_\nu(z)$ in $G_{\nu+1}$ ($\nu = 0, 1, \ldots, k-1$). Wie man den obigen Überlegungen entnimmt, ist die analytische Fortsetzung längs einer gegebenen Kurve, wenn überhaupt, nur auf eine Weise möglich[2].

Wenn die analytische Fortsetzung längs zweier die Punkte z_0 und z_{k+1} verbindenden Kurven vermöge derselben Gebietskette erfolgen kann, so ist das Resultat der Fortsetzung des Ausgangselementes dasselbe, da die Fortsetzung allein durch die Gebietskette definiert ist. Daraus folgt: *Die analytische Fortsetzung längs jeder der Kurve C hinreichend nahe benachbarten*[3] *und dieselben Punkte verbindenden Kurve C^* ist zugleich mit der Fortsetzung längs C möglich und liefert dasselbe Resultat.* Insbesondere können wir also sagen: *Wird die Kurve C, längs deren die analytische Fortsetzung erfolgt, mit festgehaltenem Anfangspunkt z_0 und festem Endpunkt z^* stetig geändert, jedoch immer so, daß die analytische Fortsetzung längs C möglich bleibt, so ändert sich das Ergebnis der Fortsetzung nicht, d. h. man gelangt immer zu demselben Funktionselement im Endpunkt.*

Prinzipiell läßt sich die analytische Fortsetzung durch das folgende Verfahren[4] bewerkstelligen: Ist, unter Beibehaltung der obigen Bezeichnungen, d der kleinste Abstand des Bogens $z_\nu z_{\nu+1}$ vom Rande von G_ν', so teilen wir diesen Bogen durch Teilpunkte $z_{\nu,0} = z_\nu, z_{\nu,1}, \ldots, z_{\nu,l} = z_{\nu+1}$ in Teilbögen, deren Durchmesser[5] kleiner als d ist, und schlagen um jeden Teilpunkt einen Kreis mit dem Radius d. In diesem Kreise liegt dann auch noch der folgende Teilpunkt; wir können daher die Potenzreihe, die bei $z_{\nu,\lambda+1}$ die Funktion $f_\nu(z)$ darstellt, durch Umbildung

---

[1] G_{-1}' bedeute dasselbe wie G_0'.

[2] Natürlich nur dann, wenn das Gebiet, in welches fortgesetzt werden soll, vorgegeben ist; diese triviale Vorbedingung erwähnen wir im folgenden nicht mehr ausdrücklich.

[3] D. h. im Sinne von Kap. 1, § 2 hinreichend genau approximierenden.

[4] Es ist praktisch wegen seiner Umständlichkeit wenig brauchbar. Ein in vielen Fällen zum Ziele führendes Verfahren werden wir in § 3 kennen lernen.

[5] Unter dem „*Durchmesser*" einer Kurve verstehen wir die größte Entfernung zweier Kurvenpunkte.

der zu $z_{\nu,\lambda}$ gehörigen erhalten[1]. Wenden wir dies Verfahren auf alle Teilbögen $z_\nu\, z_{\nu+1}$ an, so sehen wir: Jedes Funktionselement einer analytischen Fortsetzung von $f(z)$ läßt sich aus einem bestimmten durch wiederholte Umbildung ableiten.

Aus den vorangehenden Tatsachen folgern wir leicht den folgenden Satz („*Monodromiesatz*"): *Ist die Funktion $f(z)$ in einem einfach zusammenhängenden Gebiet G längs jeder stetigen Kurve fortsetzbar, so ist sie in G eindeutig, d. h. bei Fortsetzung längs jeder geschlossenen stetigen Kurve C in G gelangt man zum Ausgangswert zurück.*

Beweis. Wir können die Kurve C durch einen geschlossenen Polygonzug Π derart approximieren, daß die Fortsetzung längs Π dasselbe Resultat ergibt wie die Fortsetzung längs C. Nach einem Satz aus Kap. 1, § 2 läßt sich jedes geschlossene Polygon Π innerhalb G auf einen seiner Punkte, etwa P, stetig zusammenziehen. Nach unserer obigen Bemerkung liefert die Fortsetzung des Ausgangselementes längs Π dasselbe wie die Fortsetzung längs einer Kurve in beliebiger Nähe des Ausgangspunktes, also insbesondere längs einer Kurve, die ganz in dem Gebiet verläuft, in dem das Ausgangselement eindeutig definiert ist.

§ 2. Das Prinzip der Stetigkeit und das Spiegelungsprinzip.

Bevor wir aus den entwickelten Begriffen allgemeine Folgerungen ziehen, wollen wir eine wichtige, die analytische Fortsetzung betreffende Tatsache kennen lernen, welche uns gestattet, den Prozeß der Fortsetzung noch anders als durch Ketten übereinander greifender Gebiete allgemein zu charakterisieren; vor allem aber werden wir aus dieser Einsicht ein einfaches und anschauliches Hilfsmittel zur wirklichen Durchführung des Fortsetzungsprozesses gewinnen, welches zwar nur auf eine bestimmte Klasse spezieller Fälle anwendbar ist, sich dann aber um so wirksamer zeigt.

Wir stellen den folgenden Satz an die Spitze: *Grenzen zwei Gebiete G_1 und G_2 längs eines glatten Bogens B aneinander, ist in G_1 bzw. G_2 je eine reguläre Funktion $f_1(z)$ bzw. $f_2(z)$ gegeben, die bei Annäherung an B gegen eine stetige Wertefolge konvergiert, und stimmen die Grenzwerte der beiden Funktionen $f_1(z)$, $f_2(z)$ auf B überein, so sind $f_1(z)$ und $f_2(z)$ analytische Fortsetzungen voneinander.*

Kurz gesagt heißt dies, daß stetige Fortsetzung immer analytische Fortsetzung ist. Der Satz erlaubt uns also, die analytische Fortsetzung einer Funktion statt durch Ketten übereinander greifender Gebiete

---

[1] Die „Umbildung" einer nach Potenzen von $z - a$ fortschreitenden Potenzreihe für einen inneren Punkt b des Konvergenzkreises K erhält man, indem man $z - a$ durch $(b - a) + (z - b)$ ersetzt und formal nach wachsenden Potenzen von $z - b$ ordnet. Man beweist unschwer, daß die entstehende Reihe in jedem ganz innerhalb K gelegenen Kreis um b mit positivem Radius konvergiert und denselben Wert wie die Ausgangsreihe darstellt. (Vgl. Abschn. I, Kap. 2, § 6.)

durch Folgen solcher Gebiete zu bewerkstelligen, die nur mit einem glatten Kurvenbogen aneinander grenzen.

Zum Beweise dieses Satzes konstruieren wir uns ein Kurvenviereck R, welches von dem Bogen B in zwei zu G_1 bzw. G_2 gehörige Teile R_1 bzw. R_2 zerlegt wird (vgl. Abb. 100), und bilden in R eine Funktion $f(z)$, welche in R_1 bzw. R_2 mit $f_1(z)$ bzw. $f_2(z)$ und auf dem in R liegenden Stück von B mit den gemeinsamen Grenzwerten von $f_1(z)$ und $f_2(z)$ übereinstimmt. Das Integral

$$\frac{1}{2\pi i}\int\limits_{R_1}\frac{f(\zeta)\,d\zeta}{\zeta - z},$$

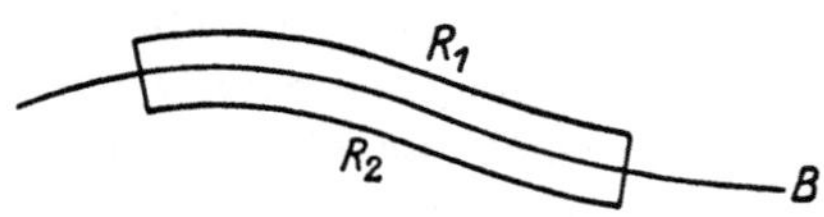

Abb. 100.

im positiven Sinne um R_1 erstreckt, stellt dann nach Kap. 2, § 7 (vgl. besonders die Bemerkung auf S. 294) für alle z in R_1 die Funktion $f(z)$ dar und hat außerhalb R_1, insbesondere in R_2, den Wert Null. Ebenso stellt

$$\frac{1}{2\pi i}\int\limits_{R_2}\frac{f(\zeta)\,d\zeta}{\zeta - z}$$

in R_2 die Funktion $f(z)$ dar und ist in R_1 gleich Null. Addieren wir die beiden Integrale, so heben sich die Beiträge des Bogens B auf. Daher stellt

$$\frac{1}{2\pi i}\int\limits_{R}\frac{f(\zeta)\,d\zeta}{\zeta - z}$$

sowohl in R_1 als auch in R_2 die Funktion $f(z)$ dar. Dieses Integral hängt aber (nach Kap. 2, § 7, S. 294 f.) für alle Werte innerhalb R analytisch von z ab, womit der gewünschte Beweis erbracht ist.

Als wichtigste Folgerung dieses Stetigkeitssatzes beweisen wir das folgende von Riemann und Schwarz aufgestellte „*Spiegelungsprinzip*": Das Gebiet G habe ein geradliniges oder allgemeiner kreisbogenförmiges Begrenzungsstück B; die Funktion $\zeta = f(z)$ sei in G regulär und konvergiere bei Annäherung an B gegen eine stetige Folge von Werten[1], die in der ζ-Ebene ebenfalls auf einer geraden Linie bzw. einem Kreisbogen L liegen. *Spiegeln wir G an B und ordnen wir dem Spiegelbild z^* von z den durch Spiegelung an L aus $\zeta = f(z)$ hervorgehenden Wert ζ^* zu, so ist die so definierte Funktion $\zeta^* = f^*(z^*)$ in dem gespiegelten Gebiet G^* regulär und analytische Fortsetzung von $f(z)$.*

Beim Beweise dürfen wir annehmen, daß es sich nur um Spiegelung an Geraden handelt; jeder Kreisbogen kann nämlich durch eine geeignete lineare Transformation in eine geradlinige Strecke übergeführt

[1] Wie wir später (vgl. Kap. 6, § 4, S. 401) sehen werden, könnten wir die Voraussetzungen über die Stetigkeitseigenschaften der Randwerte fallen lassen.

werden, wobei nach Kap. 4, § 3 (S. 352) Spiegelpunkte an dem Kreisbogen in Spiegelpunkte an der Strecke übergehen. Die Funktion f^* ist in G^* analytisch, da sie dort offenbar stetige Ableitungen besitzt. Sie nimmt auf B dieselben Werte an wie $f(z)$ und ist daher nach unserem Stetigkeitsprinzip analytische Fortsetzung von $f(z)$.

Ausgehend von dem gewonnenen Resultate können wir auch den allgemeinen Fall behandeln, daß die entsprechenden Randkurven des Gebietes G und des Bildgebietes Γ analytische Kurven sind[1]. Es gilt nämlich der folgende Satz: *Ist die Funktion $\zeta = f(z)$ in einem Gebiete G regulär, verhält sie sich bei Annäherung an einen analytischen Randbogen B von G noch stetig und entspricht dem Bogen B ein analytischer Bogen B' der ζ-Ebene, so läßt sich $f(z)$ über B hinaus analytisch fortsetzen.*

Der Beweis beruht auf der folgenden Tatsache. Ist z_0 ein regulärer Punkt eines analytischen Bogens B in der z-Ebene, so läßt sich eine Umgebung von z_0 umkehrbar eindeutig und konform auf ein Gebiet einer t-Ebene so abbilden, daß B in eine Strecke der reellen Achse übergeht.

Es sei $z = x + iy$, und $x = \varphi(t)$, $y = \psi(t)$ (t reell) sei eine Parameterdarstellung des Bogens B durch die reellen analytischen Funktionen φ und ψ. Dem Werte $t = 0$ entspreche der Punkt z_0, so daß also $z_0 = \varphi(0) + i\psi(0)$ ist. Es sei z_0 ein regulärer Punkt und demgemäß $\varphi'(0) \neq 0$ oder $\psi'(0) \neq 0$. Die Funktion $z = \varphi(t) + i\psi(t) = \omega(t)$, als Funktion der komplexen Variablen t aufgefaßt, läßt sich in eine in der Umgebung von $t = 0$ konvergente Potenzreihe entwickeln, ist daher in dieser Umgebung analytisch und bildet demnach eine Umgebung von $t = 0$ auf eine Umgebung von $z = z_0$ so ab, daß reellem t Punkte von B entsprechen. Da $\varphi'(0) + i\psi'(0) \neq 0$ ist, läßt sich die Abbildung in der Umgebung von $z = z_0$ eindeutig umkehren, womit die verlangte Abbildung geleistet ist.

Nunmehr bilden wir die Umgebung eines regulären Punktes z_0 von B durch $t = \Omega(z)$ auf die Umgebung des Nullpunktes der t-Ebene so ab, daß B in ein Stück der reellen Achse übergeht. Ebenso bilden wir eine Umgebung des Punktes $\zeta_0 = f(z_0)$ durch $\tau = \Lambda(\zeta)$ auf die Umgebung des Nullpunktes der τ-Ebene so ab, daß B' in ein Stück der reellen Achse übergeht. Sind $z = \omega(t)$, $\zeta = \lambda(\tau)$ die Umkehrfunktionen von Ω bzw. Λ, so ist $\tau = \Lambda(f(\omega(t))) = \chi(t)$ auf der einen Seite der reellen Achse regulär und auf der Achse selbst stetig und reell, läßt

[1] Eine durch $x = \varphi(t)$, $y = \psi(t)$ dargestellte Kurve heißt „*analytisch*", wenn $\varphi(t)$ und $\psi(t)$ analytische Funktionen der reellen Veränderlichen t sind, d. h. sich in Potenzreihen nach t entwickeln lassen. Der Variabilitätsbereich der unabhängig Veränderlichen t kann dann ohne weiteres auf das komplexe Gebiet erweitert werden. Ein Punkt der Kurve, für welchen bei geeigneter Parameterdarstellung nicht zugleich $\varphi'(t)$ und $\psi'(t)$ verschwinden, heißt ein „*regulärer*" Punkt.

sich also nach dem Spiegelungsprinzip über diese hinaus fortsetzen. Die Funktion $\zeta = \lambda(\chi(\Omega(z)))$ ist daher in der Umgebung von $z = z_0$ regulär und stimmt in G mit $f(z)$ überein.

Das eben charakterisierte Prinzip der analytischen Fortsetzung über einen Kurvenbogen hinaus bezeichnet man auch als „*Spiegelung an einem analytischen Kurvenbogen*".

Falls die Kurve B algebraisch ist, d. h. sich durch eine Gleichung

$$F(x, y) = 0$$

darstellen läßt, wo F ein Polynom in zwei Variabeln ist, so empfiehlt sich zuweilen die folgende analytische Darstellung der Spiegelung[1]:

Ist wieder $x = \varphi(t)$, $y = \psi(t)$ (t reell) eine Parameterdarstellung des Kurvenbogens B, so gilt in einem gewissen Gebiete der komplexen Variabeln t identisch

$$F(\varphi(t), \psi(t)) = 0. \tag{1}$$

Ein beliebiger Punkt z in der Nachbarschaft von B hat die Form

$$z = \varphi(t) + i\psi(t),$$

wobei aber t, wenn z nicht auf der Kurve selbst liegt, im allgemeinen nicht reell ist. Der als Spiegelpunkt von z in bezug auf B definierte Punkt ist dann

$$z^* = \varphi(\bar{t}) + i\psi(\bar{t}).$$

Es folgt

$$\overline{z^*} = \varphi(t) - i\psi(t),$$

also

$$\varphi(t) = \frac{z + \overline{z^*}}{2},$$

$$\psi(t) = \frac{z - \overline{z^*}}{2i}.$$

Wegen (1) ist also

$$F\left(\frac{z + \overline{z^*}}{2}, \frac{z - \overline{z^*}}{2i}\right) = 0.$$

Diese Gleichung ermöglicht es, $\overline{z^*}$ als analytische Funktion von z zu gewinnen; mit $\overline{z^*}$ hat man aber auch den Spiegelpunkt z^* von z.

Zum Schlusse bemerken wir, daß sich aus dem allgemeinen Stetigkeitssatze noch der folgende wichtige Satz ergibt: *Besitzt eine in einem Gebiete G analytische Funktion an einem glatten Kurvenbogen die Randwerte Null, so ist sie identisch Null.*

Wir können nämlich die Funktion $f(z)$ über den Kurvenbogen hinaus stetig durch die Funktion $f_1(z) \equiv 0$ fortsetzen. Diese Fortsetzung ist aber analytisch, und da eine analytische Funktion, die in einem be-

[1] Ich verdanke den Hinweis auf diese Darstellung einer mündlichen Mitteilung von Herrn CARATHÉODORY.

liebig kleinen Gebiete verschwindet, überall verschwinden muß, so ist $f(z)$ identisch Null.

Wir können diesen Satz auch so aussprechen: *Zwei in G verschiedene analytische Funktionen können auf keinem glatten Kurvenbogen des Randes übereinstimmende Randwerte besitzen.*

§ 3. Der Gesamtverlauf der analytischen Funktionen und ihre Riemannschen Flächen[1].

Indem wir uns wieder allgemeinen Überlegungen zuwenden, stellen wir die Frage, wie wir, ausgehend von einem Funktionselement, alle Möglichkeiten seiner analytischen Fortsetzung in Betracht ziehen können, um damit den Begriff des Gesamtverlaufs einer Funktion, ihrer Singularitäten und ihrer Riemannschen Fläche allgemein festzulegen. Es sei schon hier bemerkt, daß sich dabei die Bedeutung der Riemannschen Fläche, welche uns in den früher betrachteten Beispielen nur mehr oder weniger Mittel zur Veranschaulichung der Mehrdeutigkeit eines Funktionsverlaufes war, wesentlich vertiefen wird.

Wir erinnern an den allgemeinen Begriff eines *Funktionselementes*; wir verstanden darunter eine in einem Gebiete G eindeutig definierte reguläre Funktion; hierbei kann es selbstverständlich auch vorkommen, daß G den unendlich fernen Punkt enthält. Es ist dann wieder vorteilhaft, von der Zahlenebene zur Zahlenkugel überzugehen. Wir wollen ferner sagen: ein Funktionselement „*liegt über dem Punkte* z_0“, wenn der Punkt z_0 in dem Definitionsgebiete G des Funktionselementes gelegen ist; ein solches Funktionselement liegt also auch über allen Punkten einer hinreichend kleinen Umgebung von z_0. Zwei über dem selben Punkte gelegene Funktionselemente sollen „*äquivalent*“ heißen, wenn sie in einer genügend kleinen Umgebung des Punktes übereinstimmen; die beiden Funktionselemente werden also in der Umgebung dieses Punktes durch dieselbe Potenzreihe dargestellt[2]. Gehen wir von dem im Gebiete G liegenden Punkte z_0 und einem über ihm gelegenen Funktionselemente $f(z)$ aus und verbinden in der z-Ebene den Punkt z_0 mit einem Punkte z_1 durch eine stetige Kurve, längs welcher sich das Ausgangselement $f(z)$ in ein über dem Punkte z_1 gelegenes Funktionselement fortsetzen läßt, so wollen wir sagen: Der Punkt z_1 mit dem über ihm liegenden Funktionselement[3] ist „*ein Punkt der zu* $f(z)$ *gehörigen Riemannschen Fläche*“ und zwar ein „*über dem Punkte* z_1 *der* z-*Ebene gelegener*“ Punkt der Riemannschen Fläche.

---

[1] Vgl. zu der hier entwickelten (für das erste Verständnis des Folgenden übrigens nicht absolut notwendigen) Theorie auch H. WEYL: Die Idee der Riemannschen Fläche; 2 Aufl., Leipzig und Berlin 1923.

[2] Im Anschluß an WEIERSTRASZ wird das Funktionselement oft geradezu mit dieser Potenzreihe identifiziert.

[3] Wir dürfen es, gemäß § 1, wieder mit $f(z)$ bezeichnen.

Wenn zwei über demselben Punkte z_1 gelegene Funktionselemente äquivalent sind, so wollen wir sagen, daß sie mit z_1 *den selben über z_1 gelegenen Punkt* der Riemannschen Fläche definieren.

Die Gesamtheit aller in der angegebenen Weise definierten Punkte, d. h. Werte von z mit zugehörigen durch analytische Fortsetzung aus einem Ausgangselemente $f(z)$ entstandenen Funktionselementen[1] bezeichnen wir als *Riemannsche Fläche der Funktion* $f(z)$, werden diesen Begriff aber im folgenden noch etwas zu erweitern haben (vgl. S. 382).

Um uns von einer Riemannschen Fläche ein anschauliches Bild machen zu können, betrachten wir das Definitionsgebiet G eines Funktionselementes $f(z)$; sind z_1 und z_2 zwei Punkte von G, so definieren sie zusammen mit dem über ihnen gelegenen Funktionselement zwei (über z_1 bzw. z_2 liegende) Punkte der Riemannschen Fläche von $f(z)$, welche wir als in demselben „*Blatt*" gelegen bezeichnen wollen; mit anderen Worten: die Punkte eines Blattes sind in umkehrbar eindeutiger Weise den Punkten eines Gebietes der Ebene zugeordnet[2]. Es sei ausdrücklich betont, daß dieser Begriff des Blattes keineswegs eine bestimmte Einteilung der ganzen Riemannschen Fläche in Blätter liefert; im Gegenteile bleibt bei einer solchen Einteilung noch für eine weitgehende Willkür Spielraum.

Über einem Punkte der z-Ebene können mehrere „Blätter" der Riemannschen Fläche gelegen sein. Wir gehen wieder von dem über dem Punkte z_0 gelegenen Funktionselemente $f(z)$ und einem aus ihm durch Fortsetzung nach dem Punkte z_1 entstandenen Funktionselemente aus, dessen Definitionsgebiet wir mit G_1 bezeichnen; dann ist es möglich, daß sich der Punkt z_0 mit z_1 durch eine zweite Kurve, längs deren das Ausgangselement wieder analytisch fortsetzbar ist, so verbinden läßt, daß das Resultat dieser Fortsetzung ein über dem Punkte z_1 gelegenes, aber mit dem früheren nicht äquivalentes Funktionselement etwa mit dem Definitionsgebiet G_1' ist, das also mit dem Punkte z_1 einen weiteren über z_1 gelegenen Punkt der Riemannschen Fläche definiert. Ist G_1^* dasjenige Gebiet, das aus den G_1 und G_1' gemeinsamen Punkten besteht und den Punkt z_1 enthält, so rechnen wir alle Punkte der Riemannschen Fläche, welche durch dieses neue Funktionselement und Punkte von G_1^* definiert sind, zu einem zweiten über z_1 gelegenen „Blatte" der Riemannschen Fläche.

In entsprechender Weise können wir gegebenen Falles zu beliebig vielen über einem Punkte gelegenen Blättern gelangen. Es sei aber

[1] Diese Gesamtheit ist selbstverständlich von der speziellen Wahl des Ausgangselementes unabhängig.

[2] Den durch ein Blatt der Riemannschen Fläche repräsentierten Funktionsverlauf, d. h. ein Funktionselement, werden wir, wie es auch sonst in der Literatur geschieht, gelegentlich als einen „*Zweig*" der Funktion bezeichnen.

bemerkt, daß die Mannigfaltigkeit der über einer Stelle z gelegenen Punkte der Riemannschen Fläche höchstens abzählbar unendlich sein kann. Jeder Punkt der Riemannschen Fläche ist nämlich durch eine von z_0 nach z_1 führende stetige Kurve der z-Ebene definiert; betrachten wir zunächst nur Punkte z_1 mit rationalen Koordinaten, so können wir diese Kurve durch eine dasselbe Funktionselement über z_1 ergebende Kurve ersetzen, welche aus endlich vielen geraden Stücken besteht und deren Eckpunkte rational sind. Wegen der Abzählbarkeit der rationalen Zahlen erhalten wir auf diese Weise nur abzählbar viele Funktionselemente. Da nun jedes einen Punkt der Riemannschen Fläche definierende Funktionselement auch über einem rationalen Punkt liegen muß, so ergibt sich unsere Behauptung.

Die Bezeichnung „*Fläche*" für das soeben definierte Gebilde ist dadurch gerechtfertigt, daß wir auch für die Riemannsche Fläche einen Umgebungsbegriff und den Begriff des stetigen Zusammenhanges definieren können und daß die Punkte einer solchen Umgebung unmittelbar[1] den Punkten eines Gebietes der Ebene entsprechen, über denen sie liegen. Wir sagen nämlich: Der über dem Punkte z_2 der z-Ebene liegende Punkt Q der Riemannschen Fläche gehört zu einer „*Umgebung*", genauer zu einer „ϱ-Umgebung" ($\varrho > 0$) eines über dem Punkte z_1 liegenden Punktes P der Riemannschen Fläche, wenn $|z_2 - z_1| < \varrho$ ist und wenn P und Q demselben den Kreis $|z - z_1| < \varrho$ überdeckenden Blatte angehören.

Auf Grund des Umgebungsbegriffes können wir den Begriff des Limes auf einer Riemannschen Fläche folgendermaßen definieren: Eine Folge von Punkten $P_1, P_2, \ldots$ einer Riemannschen Fläche konvergiert gegen den Punkt P, wenn in jeder Umgebung von P alle Punkte P_n bis auf endlich viele liegen. Damit ist auch der Stetigkeitsbegriff auf einer Riemannschen Fläche gegeben. Unter einer stetigen Kurve verstehen wir eine Menge von Punkten $P(t)$ der Riemannschen Fläche, welche stetig von einem Parameter t abhängen in dem Sinne, daß für $\lim\limits_{n\to\infty} t_n = t$ der Punkt $P(t_n)$ gegen den Punkt $P(t)$ konvergiert; insbesondere bilden dann auch die zu diesen Punkten gehörigen z-Werte eine stetige Funktion dieses Parameters.

Der Begriff eines Gebietes der z-Ebene erforderte zu seiner Definition lediglich den Begriff der Umgebung und des stetigen Zusammenhanges (vgl. Kap. 1, § 2). Da wir diese beiden Begriffe nunmehr auch für eine Riemannsche Fläche definiert haben, so läßt sich jetzt die Gebietsdefinition wörtlich auf jede Riemannsche Fläche übertragen: Eine Menge von Punkten heißt ein Gebiet, wenn mit jedem Punkte auch eine Umgebung des Punktes zur Menge gehört und wenn diese Menge

---

[1] Und zwar umkehrbar eindeutig und in dem sogleich zu definierenden Sinne stetig.

zusammenhängend ist. Wir wollen deswegen von nun an ausdrücklich von „*schlichten*" Gebieten sprechen, wenn wir unseren ursprünglichen Begriff eines Gebietes der z-Ebene besonders bezeichnen wollen.

Besitzt die Riemannsche Fläche einer Funktion $f(z)$ über einer Stelle z_0 nur ein einziges Blatt, so heißt $f(z)$ *an der Stelle* z_0 *eindeutig*. Eine analytische Funktion heißt schlechthin „*eindeutig*", wenn sie über allen Stellen, für die sie definiert ist, eindeutig ist; ihre Riemannsche Fläche ist dann „einblättrig", d. h. ein schlichtes Gebiet. Jede analytische Funktion ist auf ihrer Riemannschen Fläche eine eindeutige Funktion, auch wenn sie über der z-Ebene mehrdeutig ist.

Durch eine analytische Funktion wird eine „*stetige Abbildung*" ihrer Riemannschen Fläche auf eine andere Riemannsche Fläche vermittelt. Hierbei heißt eine eindeutige Abbildung einer Riemannschen Fläche auf eine andere stetig, wenn die Bilder der Punkte einer konvergenten Punktfolge gegen das Bild des Grenzpunktes konvergieren. So bildet z. B. die Funktion $\zeta = f(z)$ ihre Riemannsche Fläche stetig auf die einblättrige Riemannsche Fläche über der ζ-Ebene ab. Doch braucht die Abbildung nicht eindeutig umkehrbar zu sein, wie z. B. die Funktion $\zeta = z^2$ zeigt. Betrachten wir aber die Umkehrfunktion $z = \varphi(\zeta)$ und ihre Riemannsche Fläche, so entsprechen sich die Punkte der beiden Flächen umkehrbar eindeutig, wenn man die Kreuzungspunkte der Funktion $f(z)$, d. h. die Nullstellen von $f'(z)$, bzw. die Kreuzungspunkte von $\varphi(\zeta)$ ausnimmt.

Im Hinblick auf solche Ausnahmepunkte werden wir sogleich den Begriff der Riemannschen Fläche noch etwas erweitern, müssen uns aber hierzu mit dem Begriffe der „*singulären Stellen*" einer Funktion beschäftigen.

Wir beschränken uns zunächst auf eindeutige Funktionen, deren Riemannsche Fläche also ein Gebiet G der z-Ebene ist; die singulären Stellen der Funktion werden dann in den Rand dieses Gebietes zu verweisen sein. Demgemäß betrachten wir nun die Randpunkte eines schlichten Gebietes, und zwar vorerst die „erreichbaren" Randpunkte. Es liegt nahe, als *erreichbaren Randpunkt* des Gebietes jeden nicht zu G gehörigen Punkt Q zu bezeichnen, der sich mit einem Punkt P von G durch eine bis auf den Endpunkt Q ganz in G gelegene Kurve verbinden läßt. Nun kann es aber vorkommen, daß sich der Punkt Q auf mehrere (wesentlich) verschiedene Arten erreichen läßt, wie z. B. bei einer geschlitzten Kreisscheibe ein Punkt des Schlitzes von beiden Seiten her. Um in einem solchen Falle von mehreren verschiedenen statt von einem „mehrfachen" Randpunkt sprechen zu können, müssen wir der Definition des erreichbaren Randpunktes eine etwas andere Wendung geben, indem wir nicht mehr sagen, ein erreichbarer Randpunkt „ist" ein Punkt Q der Ebene, sondern einen „*über dem Punkte Q der Ebene gelegenen erreichbaren Randpunkt*" definieren durch eine bis auf ihren Endpunkt ganz in G verlaufende stetige Kurve. Zwei verschiedene Kurven C_1 und C_2 von P nach Q definieren dann und nur dann *denselben* über Q gelegenen Randpunkt, wenn es möglich ist, innerhalb einer beliebig kleinen Kreisscheibe um Q einen Punkt von C_1 mit einem Punkt von C_2 durch eine ganz in G verlaufende stetige Kurve zu verbinden.

Jeden erreichbaren Randpunkt von G bezeichnen wir nunmehr als singuläre Stelle der Funktion.

Es ist darauf zu achten, daß nach dieser Definition nicht jeder Randpunkt des Existenzbereiches einer eindeutigen Funktion als singulärer Punkt gilt, sondern nur jeder erreichbare Randpunkt. Ist z. B. der Existenzbereich das Quadrat $0 < x < 1$, $0 < y < 1$ $(z = x + iy)$ mit Ausnahme der Strecken $x = \frac{1}{2^n}$ $(n = 1, 2, \ldots)$, $0 < y \leqq \frac{1}{2}$ (vgl. Abb. 101), so sind die Punkte $x = 0$, $0 \leqq y < \frac{1}{2}$ nicht erreichbare Randpunkte, also keine singulären Punkte. Das ist dadurch gerechtfertigt, daß man die Funktion nicht beliebig nahe an einen dieser Punkte heran fortsetzen kann, ohne zugleich anderen Punkten, z. B. dem Punkt $z = \frac{1}{2}i$ beliebig nahe zu kommen.

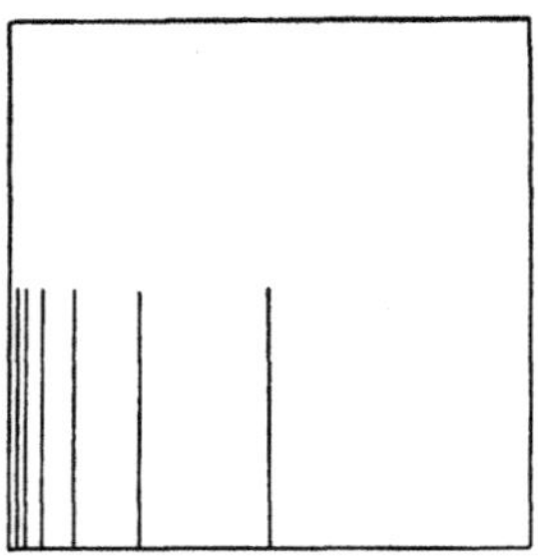

Abb. 101.

Wir können nun leicht unserer Definition der singulären Stellen eine Form geben, die sich auch auf mehrdeutige Funktionen übertragen läßt. Es sei der im Definitionsgebiete von $f(z)$ gelegene Punkt z_0 mit einem Punkte a der z-Ebene durch eine stetige Kurve verbunden, derart, daß sich das über z_0 gelegene Ausgangselement längs dieser ganzen Kurve fortsetzen läßt mit Ausnahme allein des Punktes a; *ein solcher Weg definiert dann eine über a gelegene singuläre Stelle der Funktion.* Zwei verschiedene, den Punkt z_0 mit dem Punkte a verbindende Wege C_1 und C_2 von dieser Eigenschaft definieren dann und nur dann dieselbe über a gelegene singuläre Stelle, wenn die folgende Bedingung erfüllt ist: Ist z_1 bzw. z_2 je ein auf C_1 bzw. C_2 gelegener Punkt, für welchen $|z_1 - a| < \varrho$ bzw. $|z_2 - a| < \varrho$ $(\varrho > 0)$ gilt, so lassen sich die durch Fortsetzung längs C_1 bzw. C_2 entstandenen, über z_1 bzw. z_2 gelegenen Funktionselemente ineinander analytisch fortsetzen längs eines Weges, welcher beliebig nahe an a bleibt, sobald nur ϱ hinreichend klein gewählt wird[1].

Da in dieser Definition in keiner Weise auf Ein- oder Mehrdeutigkeit der Funktion Bezug genommen ist, so können wir sie ohne weiteres

[1] Diese Definition der singulären Stelle schließt sich im wesentlichen an die von L. BIEBERBACH gegebene an: Encyklopädie der mathematischen Wissenschaften II C 4 S. 401 bis 404; Lehrbuch der Funktionentheorie I, Leipzig und Berlin 1921, S. 213 bis 217.

auch als Definition der singulären Stellen mehrdeutiger Funktionen wählen.

Um nun zu einer naturgemäßen Erweiterung des Begriffes der Riemannschen Fläche zu gelangen, charakterisieren wir zunächst noch gewisse einfache Singularitäten etwas näher, nämlich die sogenannten „*isolierten*" singulären Stellen. Eine durch die Kurve C definierte über dem Punkte a gelegene singuläre Stelle S heißt *isoliert*, wenn ein in a beginnendes zusammenhängendes Stück C' der Kurve C in einen solchen Kreis K um a eingeschlossen werden kann, daß man, ausgehend von einem über einem Punkte von C' liegenden Funktionselemente, die Funktion längs jedes in dem „punktierten" Kreise (d. h. dem Kreise K ohne Mittelpunkt) verlaufenden Weges fortsetzen kann. (Selbstverständlich können über der Stelle a oder einer beliebig benachbarten Stelle auch noch andere reguläre oder singuläre Punkte liegen, die nur nicht durch Fortsetzung innerhalb K erreicht werden können.) Innerhalb des Kreises K ohne seinen Mittelpunkt ist dann die Funktion $f(z)$ unbeschränkt fortsetzbar. Wenn nun bei dieser Fortsetzung nur eine endliche Anzahl nicht äquivalenter über einem Punkt z_0 in K gelegener Funktionselemente erzielt werden kann, so ist diese Anzahl für jeden Punkt $z_0 \neq a$ dieselbe. Denn dehnt man diese Bestimmungen der Funktion durch analytische Fortsetzung nach irgend einem andern Punkt z_1 von derselben Eigenschaft aus, so erhält man auch über z_1 lauter verschiedene Blätter, da andernfalls auch die Ausgangselemente nicht alle verschieden sein könnten. Es sei etwa k die Anzahl der über jedem Punkt $z_0 \neq a$ gelegenen Funktionselemente. Wenn nun jede dieser k Bestimmungen von $f(z)$ bei Annäherung an $z = a$ demselben bestimmten endlichen oder unendlichen Grenzwert zustrebt, so heißt S eine *algebraische Singularität* (weil Singularitäten dieser Art die einzigen sind, die bei algebraischen Funktionen auftreten können; vgl. § 4). Ist r der Radius des Kreises K um a und setzen wir

$$\frac{z-a}{r} = e^u,$$

so ist die Funktion $f(z) = f(a + re^u) = \varphi(u)$ in der Halbebene $\Re u < 0$ unbeschränkt fortsetzbar und daher (da die Halbebene einfach zusammenhängt) nach dem Monodromiesatz eindeutig nach beliebiger Festsetzung eines Ausgangselementes. Überdies entsprechen den Werten $u + 2n\pi i$ dieselben z-Werte. Da jedem Wert z nur k Elemente von $f(z)$ zukommen, muß für eine natürliche Zahl l die Relation $\varphi(u + 2l\pi i) = \varphi(u)$ bestehen. Ist l die kleinste Zahl dieser Art, so kommen dem Punkt z die l verschiedenen Funktionselemente

$$f(z) = \varphi(u + 2\nu\pi i) \qquad (\nu = 0, 1, \ldots, l-1)$$

zu; es ist also $l = k$, d. h. die Funktion $f(z)$ kehrt bei k-maliger Umkreisung des Punktes $z = a$ zu ihrem Ausgangswert zurück. Sie ist daher eine innerhalb des Kreises $|z-a|<r$ eindeutige Funktion von $v=(z-a)^{\frac{1}{k}}$, die nach Voraussetzung bei $v=0$ einen endlichen oder unendlichen Grenzwert hat, läßt sich also nach Kap. 4, § 1 in der Umgebung der Stelle $v=0$ in eine Potenzreihe nach v mit höchstens endlich vielen negativen Potenzen entwickeln; für $f(z)$ gilt also eine Entwicklung

$$(1) \qquad f(z)=\sum_{\nu=n}^{\infty} c_\nu (z-a)^{\frac{\nu}{k}} \qquad \left(n \gtreqless 0\right).$$ [1]

Unter diesen Singularitäten sind auch die Pole enthalten; bei ihnen ist $k=1$ und $n<0$. Die Übertragung dieser Begriffe und Entwicklungen auf den Fall, daß an Stelle des Punktes a der unendlich ferne Punkt tritt, bedarf keiner besonderen Erörterung.

Auf Grund dieser Betrachtungen nehmen wir nun die folgende Erweiterung des Begriffes der Riemannschen Fläche vor: Zunächst wollen wir als Funktionselemente auch solche Funktionsverläufe in einem Gebiete G zulassen, welche in diesem Gebiete Pole aufweisen; allgemeiner wollen wir aber als Funktionselement auch einen Funktionsverlauf in der Umgebung einer beliebigen algebraischen Singularität hinzunehmen, welcher also durch eine Reihe der Form (1) dargestellt wird und durch die Transformation $v=(z-a)^{\frac{1}{k}}$ in ein gewöhnliches Funktionselement der v-Ebene übergeht. Ein solches Funktionselement über der entsprechenden Stelle der Zahlenebene definiert einen „$(k-1)$-*fachen Verzweigungspunkt*“; auch diesen rechnen wir zur Riemannschen Fläche. Wir können uns die Riemannsche Fläche in der Umgebung eines solchen Verzweigungspunktes k-blättrig über der z-Ebene ausgebreitet denken, wobei diese k Blätter in dem Verzweigungspunkte so zusammenhängen wie die Blätter der in Kap. 4, § 4 behandelten Beispiele.

Hiermit ist die Riemannsche Fläche einer analytischen Funktion endgültig definiert. Es sei noch darauf hingewiesen, daß man den Aufbau der Riemannschen Fläche auch in etwas anderer Weise beschreiben kann. Man kann nämlich, etwa auf Grund des im vorigen Paragraphen bewiesenen Stetigkeitsprinzipes, an das Ausgangsgebiet weitere Gebiete anhängen, in welche sich das ursprüngliche Funktionselement analytisch fortsetzen läßt, und diesen Prozeß in geeigneter Weise, im allgemeinen unendlich oft, wiederholen. Die hierdurch entstehenden Gebiete können die Ebene (ganz oder teilweise) mehrfach überdecken und geben so zur Mehrblättrigkeit der Riemannschen Fläche Anlaß.

---

[1] Aus der Darstellung (1) folgt, daß Summe, Differenz, Produkt und Quotient zweier Funktionen, welche in a höchstens algebraische Singularitäten aufweisen, (und ebenso die Ableitung einer solchen Funktion) in a höchstens algebraisch singulär sind.

Diese Auffassung ermöglicht eine wichtige Verallgemeinerung des Cauchyschen Integralsatzes. Wir bemerken zunächst, daß wir jede beliebige Funktion $\varphi(z)$ als abhängig von den Punkten einer Riemannschen Fläche einer Funktion $f(z)$ ansehen können, wenn diese Riemannsche Fläche den Existenzbereich der Funktion $\varphi(z)$ überdeckt. Diese Funktion kann, auch wenn sie in der z-Ebene mehrdeutig ist, in einem Gebiete B der Riemannschen Fläche eindeutig definierbar sein. Es sei etwa B ein endlich vielblättriges, von stückweise glatten Kurven begrenztes und nicht ins Unendliche reichendes Gebiet der Riemannschen Fläche, welches keine Verzweigungspunkte enthält, und φ dort (einschließlich des Randes) eindeutig und regulär. Dann läßt sich B aus endlich vielen schlichten, von stückweise glatten Kurven begrenzten Gebieten aufbauen. Da für solche Gebiete der Cauchysche Integralsatz (bzw. seine Verallgemeinerung von Kap. 2, § 5) gilt, so finden wir durch Addition der Teilintegrale, daß dieser Satz auch für eine mehrdeutige Funktion von z bestehen bleibt, wenn der Integrationsweg ein Gebiet der eben definierten Art umschließt. *Der Cauchysche Integralsatz bleibt aber auch bestehen für jedes endlich vielblättrige von stückweise glatten Kurven begrenzte im Endlichen gelegene Gebiet einer Riemannschen Fläche, in welchem die Funktion einschließlich des Randes eindeutig und regulär ist.* Wir definieren zunächst: Eine in einem Gebiete B der Riemannschen Fläche eindeutige Funktion heißt *in einem Verzweigungspunkte regulär,* wenn sie in der Umgebung des Verzweigungspunktes regulär und beschränkt[1] bleibt und daher bei konformer Abbildung der Umgebung des Verzweigungspunktes auf ein schlichtes Gebiet in eine dort reguläre Funktion übergeht[2]. Die Gültigkeit des Cauchyschen Integralsatzes folgt nun, indem wir zunächst die Verzweigungspunkte durch kreisförmige Umgebungen aus dem Gebiete B ausschneiden, sodann auf das Restgebiet den obigen Beweis des Integralsatzes anwenden und schließlich die Radien der Kreise gegen Null konvergieren lassen.

In den vorangehenden Betrachtungen scheint die Riemannsche Fläche einer von vornherein gegebenen Funktion zugeordnet, deren Gesamtverlauf sie repräsentiert. Um nun dem Begriff der Riemannschen Fläche einen rein geometrischen Sinn zu geben, nehmen wir die folgende Identitätsdefinition hinzu: Die Riemannschen Flächen zweier Funktionen heißen miteinander *identisch,* wenn sich ihre Punkte einander ein-eindeutig so zuordnen lassen, daß zwei zugeordnete Punkte stets beide über demselben Punkt der Ebene liegen und entweder beide ein-

[1] Hat dagegen die Funktion in dem Verzweigungspunkte eine Unendlichkeitsstelle, so sagen wir, sie besitzt dort einen *Pol.*

[2] Diese Definition steht nur scheinbar im Widerspruch zu der Auffassung aus Kap. 4, § 1, wonach Verzweigungspunkte stets als singuläre Stellen zu betrachten waren. Damals wurde die Funktion als mehrdeutige Funktion in der Ebene, jetzt dagegen als eindeutige Funktion auf einer Riemannschen Fläche betrachtet.

fache Punkte oder beide Verzweigungspunkte gleicher Vielfachheit sind. Es ist klar, in welcher Weise hiernach die Definition der Riemannschen Fläche ohne Heranziehung analytischer Funktionen zu einer allgemeinen geometrischen Definition erweitert werden könnte. Die tiefste Bedeutung der Riemannschen Flächen beruht nun auf der Tatsache, daß es sich hier nur um eine scheinbare Erweiterung handelt, daß nämlich auch umgekehrt einer solchen unabhängig von jeder Funktion definierten „Riemannschen Fläche" $\mathfrak{F}$ stets eine analytische Funktion entspricht, deren Riemannsche Fläche gerade $\mathfrak{F}$ ist. Mit andern Worten: *Die Mannigfaltigkeit aller ein- und mehrdeutigen analytischen Funktionen wird durch die Mannigfaltigkeit aller von vornherein geometrisch definierbaren „Riemannschen Flächen" geliefert.* Der Beweis dieser Tatsache hängt aufs engste mit dem Problem zusammen, die Riemannsche Fläche konform auf gewisse einfach übersehbare Bereiche abzubilden. Die Untersuchung dieser Fragen wird ein Hauptziel der späteren Kapitel sein (vgl. Kap. 8).

Im Sinne der eben angedeuteten geometrischen Auffassung, bei welcher die Riemannsche Fläche gegenüber der Funktion das primär Gegebene ist, liegt es schließlich nahe, noch einen Schritt weiter zu gehen und die Riemannsche Fläche von ihrer Beziehung zur z-Ebene loszulösen und sie sich z. B. durch krumme Flächen im Raum oder allgemeiner durch eine abstrakte Mannigfaltigkeit ersetzt zu denken. Wie dies geschehen kann, wird an einer späteren Stelle (Kap. 9, § 7) erörtert werden.

§ 4. Die algebraischen Funktionen.

Die allgemeinen Betrachtungen des vorigen Paragraphen lassen sich in anschaulicher Weise an den algebraischen Funktionen und deren Riemannschen Flächen verfolgen.

Wir bezeichnen als *algebraische Funktion* eine endlich vieldeutige Funktion $f(z)$, welche nur algebraische Singularitäten in endlicher Anzahl besitzt. Liegen über den Punkten $z_1, z_2, \ldots, z_r$ die singulären Stellen der Funktion $f(z)$, so ist $f(z)$ bei Vermeidung dieser Punkte unbeschränkt fortsetzbar. Sind nun über einer von diesen verschiedenen Stelle z_0 genau n verschiedene Blätter gelegen, so kann man diese nach jedem nicht singulären Wert z durch analytische Fortsetzung ausdehnen und erhält dort n verschiedene Funktionselemente, da sonst auch die Ausgangselemente nicht alle verschieden hätten sein können. Also gehört zu jedem nicht singulären Wert z dieselbe Zahl n verschiedener Blätter der Riemannschen Fläche von $f(z)$.

Die Riemannsche Fläche einer algebraischen Funktion können wir uns hiernach aus n übereinander liegenden Exemplaren der vollständigen z-Ebene bzw. z-Kugel bestehend denken, welche in den Verzweigungspunkten zusammenhängen und sich in geeigneten „Verzweigungsschnitten“ gegenseitig durchdringen; jedes solche Exemplar können wir als ein Blatt der Riemannschen Fläche bezeichnen. Man nennt eine solche Riemannsche Fläche auch eine „*geschlossene*“ Fläche. Beispielsweise ist die Funktion $\sqrt{R(z)}$, wo $R(z)$ eine ganze rationale Funktion von z bedeutet, eine algebraische Funktion, welche eine zweiblättrige Riemannsche Fläche besitzt[1]. Die Abb. 102 und 103 veranschaulichen den Fall $R(z) = 1 - z^4$ unter Verwendung zweier verschiedener Systeme von „Verzweigungsschnitten“.

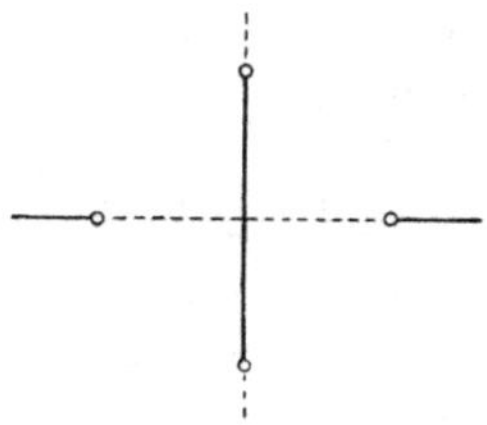

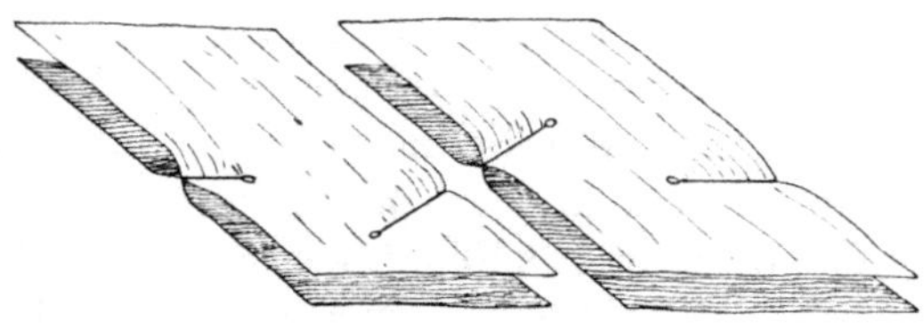

Abb. 102.

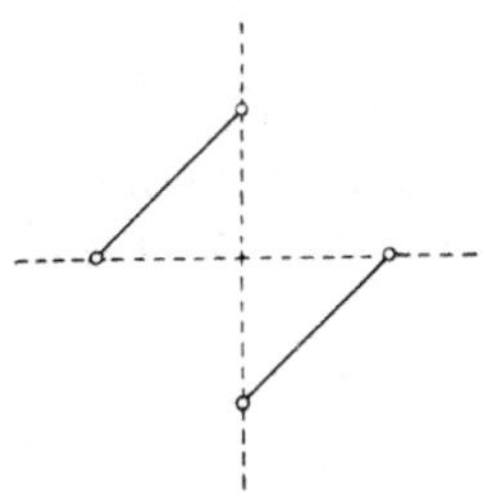

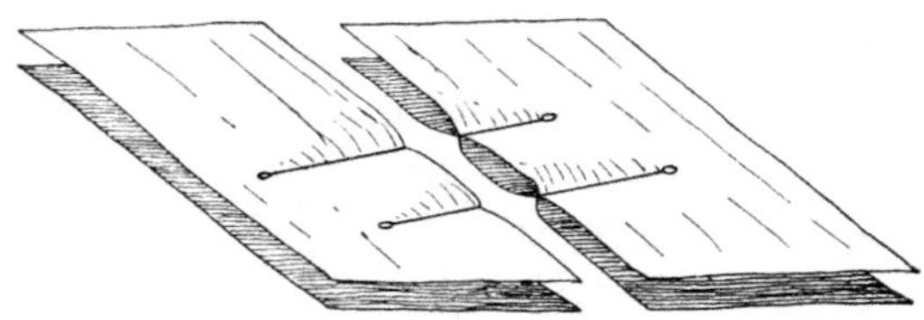

Abb. 103.

Ist die Blätterzahl $n = 1$, d. h. die Funktion eindeutig, so sind, wie schon in § 3 bemerkt wurde, die Singularitäten z_ν Pole; zu jedem von ihnen gehört eine Entwicklung

$$f(z) = g_\nu\left(\frac{1}{z - z_\nu}\right) + \mathfrak{P}_\nu(z - z_\nu)$$

bzw. im Falle $z_\nu = \infty$

$$f(z) = g_\nu(z) + \mathfrak{P}_\nu\left(\frac{1}{z}\right),$$

wo g_ν eine ganze rationale Funktion, $\mathfrak{P}_\nu$ eine Potenzreihe ist. Subtrahieren wir die Summe sämtlicher „Hauptteile“ $g_\nu\left(\frac{1}{z - z_\nu}\right)$ bzw. $g_\nu(z)$ von $f(z)$, so bleibt eine im Endlichen überall reguläre und im Unendlichen beschränkte Funktion übrig; eine solche ist aber eine Konstante. *Eine eindeutige Funktion mit nur algebraischen Singularitäten ist daher stets rational.*

[1] Ist der Grad der ganzen rationalen Funktion $R(z)$ speziell gleich 3 oder 4 und hat $R(z)$ keine mehrfache Nullstelle, so nennt man die entsprechende Riemannsche Fläche eine „*elliptische*“ Riemannsche Fläche; die zweiblättrigen Flächen, bei denen der Grad von $R(z)$ größer als 4 ist, heißen dann „*hyperelliptische*“ Riemannsche Flächen.

Ist aber $n > 1$, so bilden wir die symmetrischen Grundfunktionen der n zu einer nicht singulären Stelle z gehörigen Funktionswerte $f(z) = \zeta_1, \zeta_2, \ldots, \zeta_n$, nämlich

$$\varphi_1(z) = \zeta_1 + \zeta_2 + \cdots + \zeta_n,$$
$$\varphi_2(z) = \zeta_1\zeta_2 + \zeta_1\zeta_3 + \cdots + \zeta_{n-1}\zeta_n,$$
$$\cdots\cdots\cdots\cdots\cdots\cdots\cdots\cdots$$
$$\varphi_n(z) = \zeta_1\zeta_2\cdots\zeta_n.$$

Sie sind bei Vermeidung der singulären Stellen unbeschränkt fortsetzbar und, da sich die Werte $\zeta_1, \zeta_2, \ldots, \zeta_n$ bei Fortsetzung längs eines in der z-Ebene geschlossenen Weges höchstens untereinander vertauschen, eindeutig. Ferner sind die Funktionen $\varphi_1(z), \varphi_2(z), \ldots, \varphi_n(z)$ algebraische Funktionen, da sie nur durch Addition und Multiplikation aus den algebraischen Funktionen $\zeta_1, \zeta_2, \ldots, \zeta_n$ gebildet sind (vgl. S. 382, insbes. Anm. 1). Die Funktionen $\varphi_\nu(z)$ sind somit nach dem oben bewiesenen Satze rational. Nun genügen die Werte $\zeta_1, \zeta_2, \ldots, \zeta_n$ der Gleichung

$$(\zeta - \zeta_1)(\zeta - \zeta_2)\cdots(\zeta - \zeta_n) = \zeta^n - \varphi_1(z)\zeta^{n-1} + \cdots + (-1)^n\varphi_n(z) = 0.$$

Multiplizieren wir sie mit dem Hauptnenner der rationalen Funktionen $\varphi_1(z), \varphi_2(z), \ldots, \varphi_n(z)$, so erkennen wir: *Die Werte einer algebraischen Funktion genügen einer algebraischen Gleichung*

$$F(z, \zeta) = p_0(z)\zeta^n + p_1(z)\zeta^{n-1} + \cdots + p_n(z) = 0, \tag{1}$$

in der $p_0(z), p_1(z), \ldots, p_n(z)$ Polynome ohne gemeinsamen Teiler sind.

Wir wollen nun zeigen, daß die Gleichung (1) *irreduzibel* ist, d. h. daß sich $F(z, \zeta)$ nicht als Produkt zweier nicht konstanter ganzer rationaler Funktionen $F_1(z, \zeta)$ und $F_2(z, \zeta)$ von z und ζ darstellen läßt. Ist z_0, ζ_0 ein Punkt unserer Riemannschen Fläche und ζ das zu diesem Punkte gehörige Funktionselement, so folgt aus der Gleichung $F_1(z, \zeta) F_2(z, \zeta) = 0$, daß mindestens einer der Faktoren $F_1(z, \zeta)$, $F_2(z, \zeta)$, z. B. $F_1(z, \zeta)$, in der Umgebung der Stelle z_0, ζ_0 unendlich oft verschwindet. Daher ist er auf der Riemannschen Fläche identisch Null; d. h. aber die Gleichung $F_1(z, \zeta) = 0$ wird bei beliebigem z durch die n Werte $\zeta_1(z), \zeta_2(z), \ldots, \zeta_n(z)$ befriedigt. Folglich hat die Funktion $F_1(z, \zeta)$ in ζ den Grad n, da sie als Faktor von $F(z, \zeta)$ nicht in beiden Variablen identisch Null sein kann. $F_2(z, \zeta)$ muß demnach in ζ den Grad Null haben, kann aber auch in z keinen positiven Grad haben, weil die Polynome $p_0(z), p_1(z), \ldots, p_n(z)$ ohne gemeinsamen Teiler sind. Damit ist die Irreduzibilität von $F(z, \zeta)$ bewiesen.

Wir zeigen nun auch die Umkehrung: *Die Wurzeln $\zeta_1, \zeta_2, \ldots, \zeta_n$ einer irreduziblen algebraischen Gleichung* (1) *stellen die Zweige einer algebraischen Funktion dar.* Die Gleichung (1) hat für jeden Wert z, der nicht mit einer Nullstelle von $p_0(z)$ zusammenfällt, n Wurzeln. Sie sind dann und nur dann nicht alle voneinander verschieden, wenn die Diskriminante der Gleichung (1), die ein Polynom $D(z)$ in z ist, verschwindet. Wegen der vorausgesetzten Irreduzibilität der Funktion $F(z, \zeta)$ kann $D(z)$ nicht identisch Null sein[1]. Mit Ausnahme endlich vieler Stellen der z-Ebene sind daher immer n verschiedene endliche Wurzeln vorhanden; es ist zu zeigen, daß sie die Zweige einer einzigen analytischen Funktion von z sind. Es sei also z_0 ein von den Ausnahmepunkten verschiedener Punkt der z-Ebene, und $\zeta_1^{(0)}, \zeta_2^{(0)}, \ldots, \zeta_n^{(0)}$ seien seine Bildpunkte in der ζ-Ebene. Um jeden dieser Punkte $\zeta_\nu^{(0)}$ schlagen wir einen Kreis K_ν, der außer $\zeta_\nu^{(0)}$ keinen der Punkte $\zeta_1^{(0)}, \zeta_2^{(0)}, \ldots, \zeta_n^{(0)}$ enthält. Dann ist nach Kap. 3, § 5, (4)

$$(2) \qquad \frac{1}{2\pi i}\int\limits_{K_\nu} \frac{F_\zeta(z_0, \zeta)}{F(z_0, \zeta)}\, d\zeta = 1 \qquad (\nu = 1, 2, \ldots, n).$$

Liegt nun z in dem Kreise $|z - z_0| < \varrho$, wo ϱ eine hinreichend kleine positive Konstante bezeichnet, so verschwindet $F(z, \zeta)$ (als Funktion von ζ) auf dem Rande des Kreises K_ν nicht; daher ist das Integral

$$(3) \qquad \frac{1}{2\pi i}\int\limits_{K_\nu} \frac{F_\zeta(z, \zeta)}{F(z, \zeta)}\, d\zeta$$

für $|z - z_0| < \varrho$ eine stetige Funktion von z. Andererseits ist es gleich der Anzahl der in K_ν gelegenen Nullstellen der Funktion $F(z, \zeta)$, also jedenfalls eine ganze Zahl. Eine stetige Funktion, die nur ganzzahlige Werte annimmt, ist aber konstant. Folglich liegt für hinreichend wenig von z_0 verschiedene z in jedem Kreise K_ν genau eine Wurzel ζ_ν der Gleichung $F(z, \zeta) = 0$. Ihren Wert können wir nach Kap. 3, § 5, (5) durch das Integral

$$\zeta_\nu(z) = \frac{1}{2\pi i}\int\limits_{K_\nu} \frac{\zeta F_\zeta(z, \zeta)}{F(z, \zeta)}\, d\zeta$$

ausdrücken, wodurch zugleich ihre analytische Abhängigkeit von z gewährleistet wird.

Die Funktionen $\zeta_\nu(z)$ lassen sich außer in die endlich vielen Ausnahmepunkte in jeden Punkt der z-Ebene analytisch fortsetzen. In der Umgebung eines Ausnahmepunktes z_μ, den wir der Einfachheit halber als im Endlichen gelegen annehmen[2], sind sie höchstens n-deutig. Um zu zeigen, daß sie in z_μ keine anderen als algebraische Singularitäten haben können, brauchen wir nur noch nachzuweisen, daß sie nach Multiplikation mit einer geeigneten Potenz $(z - z_\mu)^k$ dem Grenzwert Null zustreben, wenn z gegen z_μ konvergiert; denn dann sind sie die Quotienten zweier Funktionen mit höchstens algebraischen Singularitäten in z_μ, also selbst in z_μ höchstens algebraisch singulär. Aus der

[1] Der Beweis hierfür findet sich z. B. bei H. Weber: Lehrbuch der Algebra, 2. Aufl., Bd. 1 (Braunschweig 1898), S. 168.

[2] Sollte der Punkt $z = \infty$ zu den Ausnahmepunkten gehören, so lassen sich für ihn völlig entsprechende Betrachtungen anstellen.

Gleichung (1) folgt, daß die Werte $\eta_\nu = \zeta_\nu (z - z_\mu)^k$ der Gleichung

$$\eta^n + \frac{(z - z_\mu)^k p_1}{p_0} \eta^{n-1} + \cdots + \frac{(z - z_\mu)^{nk} p_n}{p_0} = 0$$

genügen. Für hinreichend großes k streben bei Annäherung von z an z_μ alle Koeffizienten, abgesehen vom ersten, gegen Null. Dann gilt aber dasselbe von den Wurzeln η_ν. Ist nämlich

$$f(\eta) = \eta^n + a_1 \eta^{n-1} + \cdots + a_n = 0 \tag{4}$$

die Gleichung, der η_ν genügt, und ist

$$\sum_{\mu=1}^{n} |a_\mu| < 1, \tag{5}$$

so gelten nach (4) die Abschätzungen

$$|\eta_\nu|^n \leqq |\eta_\nu|^{n-1} \sum |a_u| \qquad \text{für } |\eta_\nu| \geqq 1,$$
$$|\eta_\nu|^n \leqq \sum |a_\mu| \qquad \text{für } |\eta_\nu| \leqq 1,$$

aus denen mit Rücksicht auf (5) in beiden Fällen folgt

$$|\eta_\nu| \leqq \sqrt[n]{\sum |a_u|}\,.$$

Die Wurzeln η_ν streben also sämtlich zugleich mit den Koeffizienten a_ν gegen Null.

Die Funktionen $\zeta_\nu(z)$ sind somit endlich vieldeutige analytische Funktionen mit nur algebraischen Singularitäten in endlicher Anzahl, d. h. sie sind algebraische Funktionen. Es fehlt nur noch der Nachweis, daß sie die Zweige einer einzigen algebraischen Funktion sind. Gelangte man durch analytische Fortsetzung von ζ_1 nur zu den Funktionen ζ_2, $\zeta_3, \ldots, \zeta_m$, wo $m < n$ ist, so würde ζ_1 auf Grund der Schlüsse auf S. 386 bereits einer Gleichung

$$F^*(z, \zeta) = p_0^*(z)\, \zeta^m + p_1^*(z)\, \zeta^{m-1} + \cdots + p_m^*(z) = 0$$

vom m-ten Grade genügen, und $F^*(z, \zeta)$ würde also ein nicht trivialer Teiler von $F(z, \zeta)$ sein, was der vorausgesetzten Irreduzibilität von $F(z, \zeta)$ widerspricht.

Wir kehren zur Betrachtung der zu einer algebraischen Funktion $\zeta = \zeta(z)$ gehörigen n-blättrigen Riemannschen Fläche zurück. Auf dieser ist offenbar jeder in z und ζ rationale Ausdruck $R(z, \zeta)$ eindeutig und bis auf endlich viele Pole regulär. Wir wollen zeigen, daß auch die Umkehrung gilt: *Jede analytische Funktion $w(z)$, welche auf der gegebenen Fläche eindeutig und bis auf endlich viele Pole regulär ist, läßt sich als rationale Funktion von z und ζ darstellen.*

Zum Beweise bilden wir mit Hilfe der n (gleichen oder verschiedenen) Zweige $w_1, w_2, \ldots, w_n$ der Funktion w die n Gleichungen

$$\begin{aligned} w_1 + w_2 + \cdots + w_n &= \varphi_0(z), \\ w_1 \zeta_1 + w_2 \zeta_2 + \cdots + w_n \zeta_n &= \varphi_1(z), \\ \cdots\cdots\cdots\cdots\cdots\cdots\cdots\cdots \\ w_1 \zeta_1^{n-1} + w_2 \zeta_2^{n-1} + \cdots + w_n \zeta_n^{n-1} &= \varphi_{n-1}(z), \end{aligned} \tag{6}$$

wobei $\zeta_1, \ldots, \zeta_n$ die entsprechenden (voneinander verschiedenen) Zweige der Funktion ζ bedeuten. Wie oben erkennt man, daß $\varphi_0(z)$, $\varphi_1(z), \ldots, \varphi_{n-1}(z)$ rationale Funktionen von z sind. Die Determinante des Systems (6) ist die Quadratwurzel aus der Diskriminante der Gleichung $F(z, \zeta) = 0$, der ζ genügt, verschwindet also nicht identisch[1]. Man kann daher etwa w_1 als Quotienten zweier Determinanten darstellen, also als rationale Funktion in $z, \zeta_1, \zeta_2, \ldots, \zeta_n$, welche außerdem in $\zeta_2, \ldots, \zeta_n$ symmetrisch ist. Die rationalen symmetrischen Funktionen von $\zeta_2, \ldots, \zeta_n$ sind aber rational durch die Koeffizienten der Gleichung $(n-1)$-ten Grades $\frac{F(z,\zeta)}{\zeta - \zeta_1} = 0$ darstellbar, der $\zeta_2, \ldots, \zeta_n$ genügen, also rational in z und ζ_1; es ist also auch w_1 rational durch z und ζ_1 ausdrückbar, etwa $w_1 = R(z, \zeta_1)$. Daher ist in der Tat für die ganze Riemannsche Fläche $w = R(z, \zeta)$, wie behauptet wurde.

Entsprechend den allgemeinen Schlußbemerkungen zum vorigen Paragraphen werden wir später (Kap. 9) die in diesem Paragraphen durchgeführten Überlegungen insofern umkehren, als wir uns rein geometrisch eine „*algebraische Riemannsche Fläche*" vorgeben (d. h. eine die ganze Ebene bzw. die Kugel n-fach überdeckende geschlossene Fläche mit endlich vielen Windungspunkten) und die Frage stellen, ob und wie wir eine zu dieser Fläche „gehörige" algebraische Funktion konstruieren können.

Sechstes Kapitel.

Die konforme Abbildung einfach zusammenhängender schlichter Gebiete.

Am Ende von § 3 des vorigen Kapitels ergab sich das Problem, analytische Funktionen durch geometrische Eigenschaften zu charakterisieren; dieser Frage wollen wir uns nunmehr zuwenden. Wir haben in Kap. 2, § 8 gesehen, daß eine in einem Gebiete analytische Funktion eine konforme Abbildung dieses Gebietes auf ein anderes Gebiet vermittelt. Wir stellen nunmehr die umgekehrte Frage: Gegeben sind zwei Gebiete G und Γ der Ebene; gesucht ist eine analytische Funktion, welche die konforme Abbildung des Gebietes G auf das Gebiet Γ liefert.

In diesem Kapitel wollen wir uns auf den einfachsten Fall beschränken, indem wir die Voraussetzung machen, daß beide Gebiete sowohl schlicht als einfach zusammenhängend sind. Wir können ferner annehmen, daß eines der beiden Gebiete, etwa Γ, der Einheitskreis ist, da man, wenn die Aufgabe für diesen speziellen Fall gelöst ist, durch

[1] Vgl. Anmerkung 1 von S. 387.

Zwischenschaltung eines Kreisgebietes die Abbildung beliebiger Gebiete aufeinander erhalten kann. Dann gilt der folgende Satz, der als „*Riemannscher Abbildungssatz*" bezeichnet wird und zu den wichtigsten Sätzen der Funktionentheorie gehört: *Jedes einfach zusammenhängende Gebiet G, welches von der vollen und der „punktierten"*[1] *Ebene verschieden ist, läßt sich durch eine analytische Funktion umkehrbar eindeutig und konform auf das Innere des Einheitskreises abbilden und zwar so, daß man noch einem bestimmten Punkte in G und einer Richtung in ihm etwa den Nullpunkt und die Richtung der positiven reellen Achse zuordnen kann.*

Anschließend an diesen Satz werden wir zeigen, daß eine Funktion, unter Zugrundelegung der eben genannten Normierung, durch die von ihr vermittelte Abbildung *eindeutig* festgelegt wird.

Wir haben also im Riemannschen Abbildungssatze ein geometrisches Prinzip zur Erzeugung analytischer Funktionen, dessen Auswirkung wir im nächsten Kapitel verfolgen werden; erst in Kap. 8 werden wir unseren Abbildungssatz auf anderer Grundlage in der weitest möglichen Weise verallgemeinern. In dem hier betrachteten speziellen Falle werden wir unsere Ergebnisse noch dadurch vervollständigen, daß wir die Abbildung bis auf den Rand des Gebietes verfolgen und andererseits die Gesichtspunkte der Potentialtheorie mit den Abbildungsproblemen in Zusammenhang bringen.

Wir beginnen mit dem Beweise des Riemannschen Abbildungssatzes.

§ 1. Vorbemerkungen und Hilfssätze.

Es sei Γ der Einheitskreis der ζ-Ebene; dann müssen wir zunächst eine bei der Abbildung eines Gebietes der z-Ebene auf den Einheitskreis verbleibende Willkür durch eine bestimmte Normierung ausschalten. Man kann nämlich, wie aus den Überlegungen von Kap. 4, § 3 folgt, den Einheitskreis durch eine lineare Transformation derart auf sich selbst abbilden, daß dabei zwei vorgegebene Linienelemente (d. h. zwei Punkte und Richtungen durch jeden von ihnen) einander entsprechen. Demgemäß muß es, wenn sich ein Gebiet G überhaupt auf den Einheitskreis abbilden läßt, auch stets möglich sein, die Abbildung so zu normieren, daß ein vorgegebenes Linienelement im Gebiete G in den Nullpunkt des Einheitskreises und die Richtung der positiven reellen Achse übergeht. Wenn wir uns, was keine Beschränkung der Allgemeinheit bedeutet, das Gebiet G so in der z-Ebene gelegen denken, daß das vorgegebene Linienelement mit der Richtung der positiven reellen Achse im Nullpunkt der z-Ebene übereinstimmt, so bedeutet dies für die Abbildungsfunktion $\zeta = f(z)$ die Forderung, daß $f(0) = 0$, $f'(0) > 0$ sein soll.

[1] Hierunter versteht man die volle Ebene, aus der ein einzelner Punkt entfernt ist.

Wir wollen nunmehr zeigen, daß sich ein Gebiet G in zwei Fällen sicherlich nicht konform auf das Innere des Einheitskreises abbilden läßt: dann nämlich, wenn G entweder die volle oder die „punktierte" Ebene ist. Um die Unmöglichkeit einer solchen Abbildung zu beweisen, betrachten wir eine Funktion $\zeta = f(z)$, von der wir annehmen, daß sie die ganze z-Ebene, höchstens mit Ausnahme eines einzigen Randpunktes, den wir ohne Beschränkung der Allgemeinheit als den Punkt ∞ annehmen dürfen — andernfalls wenden wir vorher eine passende lineare Transformation an, die den Ausnahmepunkt nach ∞ bringt —, auf das Innere des Einheitskreises der ζ-Ebene umkehrbar eindeutig und konform abbildet. Diese Funktion $f(z)$ muß eine ganze Funktion von z sein; andererseits ist sie beschränkt. Also müßte die Abbildungsfunktion, nach dem Satze von LIOUVILLE Kap. 3, § 2, eine Konstante sein, was unmöglich ist[1].

Wir werden demgemäß für das abzubildende Gebiet G von vornherein voraussetzen müssen, daß es mindestens zwei verschiedene Randpunkte, also wegen des einfachen Zusammenhanges auch eine zusammenhängende, die beiden Punkte verbindende Randpunktmenge besitzt. Sind a und b zwei verschiedene im Endlichen gelegene Randpunkte, so können wir durch eine Transformation

$$z^* = \sqrt{\frac{z-a}{z-b}}$$

das Gebiet G konform in ein Gebiet G^* verwandeln, welches einen Teil der z^*-Ebene frei läßt. Die Quadratwurzel ist nämlich nach dem Monodromiesatz als eine im Gebiet G eindeutige Funktion definierbar, und wenn sie einen von Null verschiedenen Wert z^* samt Umgebung annimmt, läßt sie den Wert $-z^*$ samt einer Umgebung sicher aus, da $-z^*$ zum selben Wert von z gehören würde wie z^*. Ist α ein Punkt der z^*-Ebene, welcher samt seiner Umgebung außerhalb des Gebietes G^* liegt, so erhalten wir durch die Abbildung vermöge der Funktion $\zeta = \frac{1}{z^* - \alpha}$ aus G^* ein neues Gebiet, welches ganz im Innern eines endlichen Kreises gelegen ist und welches wir durch Verschiebung

[1] Wir erwähnen noch den folgenden etwas allgemeineren Satz: *Jede Funktion $f(z)$, welche die ganze, höchstens mit einem (und ebenso mit endlich vielen) Ausnahmepunkten versehene Ebene auf ein schlichtes Gebiet umkehrbar eindeutig und konform abbildet und nirgends im Endlichen unendlich wird, ist eine ganze lineare Funktion.* Da nämlich $f(z)$ nirgends im Endlichen unendlich wird, müssen die im Endlichen gelegenen Ausnahmepunkte hebbare Unstetigkeiten sein. $\zeta = f(z)$ ist demnach eine ganze Funktion; wegen der geforderten umkehrbaren Eindeutigkeit der Abbildung kann $f(z)$ nicht ganz rational von höherem als erstem Grade sein; $f(z)$ kann aber auch keine ganze transzendente Funktion sein, da man sich sonst nach dem Weierstraßschen Satze (vgl. Kap. 4, § 1) jedem Punkte der ζ-Ebene beliebig annähern könnte, wenn z in geeigneter Weise gegen den Randpunkt $z = \infty$ rückt.

dieses Kreises und durch Ähnlichkeitstransformation in ein Gebiet überführen können, das im Innern des Einheitskreises gelegen ist und den Nullpunkt in seinem Inneren enthält. Wir werden uns daher im folgenden Paragraphen auf solche Gebiete beschränken, welche im Innern des Einheitskreises liegen und den Nullpunkt enthalten.

Beim Beweis des Riemannschen Abbildungssatzes bedürfen wir noch der Kenntnis einiger Eigenschaften einer einfachen Hilfsfunktion, welche den doppelt überdeckten Einheitskreis mit exzentrisch gelegenem Verzweigungspunkt auf den einfach überdeckten Einheitskreis konform abbildet. Um diese Hilfsfunktion zu definieren, denken wir uns den Einheitskreis der t-Ebene von einem Punkte P, der vom Nullpunkt die positive Entfernung $\mu < 1$ hat, nach dem Rande zu aufgeschnitten

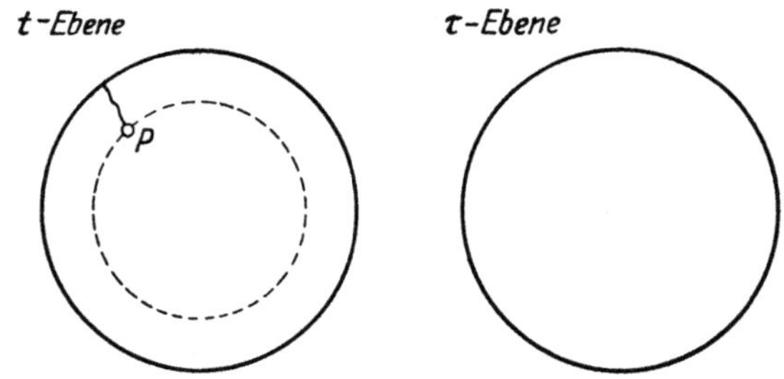

Abb. 104.

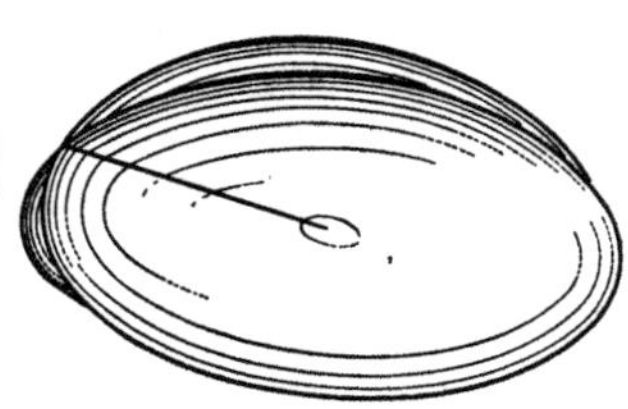
Abb. 105.

und zwei übereinander gelegte Exemplare in der üblichen Weise längs dieses Schnittes miteinander verbunden (vgl. Abb. 104, 105). Durch die Funktion $\tau = \psi(t) = \psi_\mu(t)$ möge diese doppelt überdeckte Kreisscheibe derart auf den Einheitskreis der τ-Ebene konform abgebildet werden, daß dabei für das eine Blatt $\psi(0) = 0$, $\psi'(0) > 0$ wird. Es ist für uns nicht nötig, diese Funktion explizite aufzuschreiben; wir können sie konstruieren, indem wir zunächst durch eine lineare Transformation, die den Einheitskreis in sich überführt, den Verzweigungspunkt P in den Nullpunkt bringen, sodann die Quadratwurzel bilden und endlich durch eine neue lineare Transformation die vorgeschriebene Zuordnung der Linienelemente in den Nullpunkten herstellen. Die Umkehrfunktion der Funktion $\psi_\mu(t)$ bezeichnen wir mit $t = \chi(\tau)$; sie ist im Einheitskreise eindeutig und regulär. Offenbar ist auch $\frac{\chi(\tau)}{\tau}$ im Einheitskreise $|\tau| \leqq 1$ regulär; da $\left|\frac{\chi(\tau)}{\tau}\right|$ am Einheitskreise die Randwerte 1 besitzt, so ist im ganzen Innern des Einheitskreises nach dem Prinzip vom Maximum des absoluten Betrages (vgl. Kap. 3, § 1) $\left|\frac{\chi(\tau)}{\tau}\right| < 1$, wobei ausdrücklich das Zeichen $<$ gilt, weil diese Funktion nicht konstant ist. Mit anderen Worten: Es besteht zwischen den Größen t und τ stets die Beziehung $|\tau| > |t|$, solange $|t| < 1$ ist.

Bei dieser Abbildung wird also jeder Punkt des Kreises $|t| < 1$ in einen vom Nullpunkt weiter entfernten Punkt des Kreises $|\tau| < 1$ verschoben.

Wir können diese Verschiebung noch präziser charakterisieren, wenn wir uns auf alle Punkte einer abgeschlossenen konzentrischen Kreisscheibe der t-Ebene, etwa auf alle Punkte der Kreisscheibe $|t| \leqq \mu$ beschränken. Es gibt dann für $|t| \leqq \mu$ eine feste positive Zahl $q(\mu)$, welche größer als 1 ist, so daß

$$|\tau| \geqq q(\mu)\,|t|$$

wird. Wir brauchen nämlich für q nur den kleinsten Wert zu wählen, den die Größe $\left|\frac{\tau}{t}\right|$ im betreffenden Kreise $|t| \leqq \mu$ annimmt. Dieser kleinste Wert muß ja nach dem Obigen größer als 1 sein.

Liegt im Einheitskreise $|t| < 1$ ein schlichtes Gebiet K, welches den Punkt P zum Randpunkt (oder auch zum äußeren Punkt) hat, so wird bei der Abbildung

$$\tau = \psi(t)$$

das Gebiet K auf ein Teilgebiet K des Kreises $|\tau| < 1$ umkehrbar eindeutig abgebildet, und jeder Punkt von K wird einen größeren Absolutbetrag, d. h. Abstand vom Nullpunkt haben als der entsprechende Punkt von K. Wenn K den Nullpunkt enthält, hat also K bei dieser Abbildung gewissermaßen die Tendenz, sich über den ganzen Kreis $|\tau| < 1$ auszudehnen bzw. sich diesem Kreise genauer anzuschmiegen; bei dieser Abbildung von K auf K bleiben der Nullpunkt und in ihm die Richtung der positiv-reellen Achse ungeändert.

Enthält K eine Kreisscheibe $|t| < \varrho \leqq \mu$, so enthält K eine Kreisscheibe $|\tau| < \varrho^*$ mit $\varrho^* = q(\mu)\varrho > \varrho$.

Als weitere Vorbereitung für unseren Beweis formulieren wir den folgenden Hilfssatz: *Wenn die in einem Gebiete G definierte Funktionenfolge $f_1(z)$, $f_2(z)$, ... in jedem abgeschlossenen Teilgebiet von G gleichmäßig gegen eine Funktion $f(z)$ konvergiert, welche nicht konstant ist, und wenn jede Funktion $f_n(z)$ das Gebiet G umkehrbar eindeutig auf ein schlichtes Bildgebiet abbildet,* so daß also $f_n(z)$ in zwei verschiedenen Punkten von G stets verschiedene Werte annimmt, *dann bildet auch $f(z)$ das Gebiet G auf ein schlichtes Gebiet ab.* Zum Beweise betrachten wir einen Punkt $z = z_0$ in G; wir schlagen um ihn einen in G liegenden hinreichend kleinen Kreis mit der Peripherie $\varkappa$, auf welcher $f(z)$ von dem Werte $f(z_0) = a$ verschieden bleiben soll, was nach Voraussetzung möglich ist. Es ist dann (vgl. Kap. 3, § 5, (4))

$$\frac{1}{2\pi i}\int\limits_{\varkappa} \frac{f'(z)}{f(z) - a}\,dz = \nu,$$

wobei ν eine positive ganze Zahl ist, welche angibt, eine wievielfache a-Stelle der Punkt $z = z_0$ für die Funktion $f(z)$ ist. Da aus der gleichmäßigen Konvergenz von $f_n(z)$ gegen $f(z)$ auch die von $f_n'(z)$ gegen $f'(z)$ folgt (vgl. Kap. 3, § 3), so ist das Integral

$$\frac{1}{2\pi i}\int\limits_{\varkappa} \frac{f_n'(z)}{f_n(z) - a}\,dz$$

von dem obigen Integral bei hinreichend großem n beliebig wenig verschieden, muß also, da es nur einen der ganzzahligen Werte 0, 1, ... besitzen darf, dem obigen Integrale gleich sein; da aber $f_n(z)$ im Innern der Kreisperipherie $\varkappa$ nur eine einzige a-Stelle haben darf und überdies nur eine einfache, so ist $\nu = 1$, also $z = z_0$ eine einfache a-Stelle von $f(z)$, demnach $f'(z_0) \neq 0$. Ist $\varkappa'$ ein in G liegender Kreis, der z_0 nicht in seinem Innern enthält und auf dessen Rand $f(z)$ von a verschieden ist, so hat der Ausdruck

$$\frac{1}{2\pi i}\int\limits_{\varkappa'} \frac{f'(z)}{f(z) - a}\,dz$$

den Wert 0. Denn andernfalls würde auch die Funktion $f_n(z)$ im Kreis $\varkappa'$ für alle großen n irgendwo den Wert a annehmen; da dasselbe für $\varkappa$ gilt und $\varkappa$ beliebig eng auf den Punkt z_0 zusammengezogen werden kann, so hätte also $f_n(z)$ in G für große n mindestens zwei verschiedene a-Stellen, was der Voraussetzung widerspricht. $f(z)$ nimmt also außerhalb von z_0 den Wert a nirgends an.

§ 2. Beweis des Riemannschen Abbildungssatzes.

Zum Beweise des Riemannschen Abbildungssatzes dürfen wir nach § 1 annehmen, daß das Gebiet G im Kreise $|z| < 1$ gelegen ist und den Nullpunkt enthält; die gesuchte Abbildungsfunktion $f(z)$ wollen wir gemäß den Bedingungen $f(0) = 0$, $f'(0) > 0$ normieren. Wir betrachten die Gesamtheit $\mathfrak{M}$ aller Abbildungsfunktionen $\varphi(z)$, welche den Bedingungen $\varphi(0) = 0$, $\varphi'(0) > 0$ genügen und das Gebiet G auf ein schlichtes Teilgebiet des Einheitskreises konform abbilden.

Wir führen nun den Beweis des Abbildungssatzes auf zwei verschiedene Arten, von denen die erste sich auf das Häufungsstellenprinzip aus Kap. 3, § 6 stützt und dadurch in wenigen Schritten zum Ziele führt. Der Gedanke dieses Beweises ist, die gesuchte Abbildungsfunktion $\zeta = f(z)$ durch eine Maximumeigenschaft zu charakterisieren[1]. Wir stellen nämlich folgendes Problem: Es sei a ein beliebiger vom Nullpunkt verschiedener fest gewählter Punkt in G; dann suchen wir in unserer Funktionenmenge $\mathfrak{M}$ eine solche Funktion $\varphi(z) = f(z)$, für welche der Bildpunkt $\alpha = f(a)$ einen möglichst großen Abstand vom

[1] Diese, frühere Darstellungen vereinfachende Charakterisierung verdanke ich einer mündlichen Mitteilung von Herrn CARATHÉODORY.

Nullpunkt erhält, für welche mit anderen Worten $|\alpha| = |f(a)|$ größer oder mindestens gleich dem Betrage $|\varphi(a)|$ für jede andere Funktion φ der Menge wird. Wir werden uns zunächst mit Hilfe des Häufungsstellenprinzips davon überzeugen, daß dieses Maximumproblem eine Lösung $f(z)$ besitzt, und wir werden sodann mittels der in § 1 diskutierten Hilfsfunktion erkennen, daß diese Funktion $f(z)$ tatsächlich die gewünschte Abbildung leistet.

Um die Existenz einer Lösung $f(z)$ unseres Maximumproblems einzusehen, gehen wir von der Bemerkung aus, daß es für die Menge aller Zahlen $|\varphi(a)|$ (wenn die Funktion φ die Gesamtheit der Funktionen aus $\mathfrak{M}$ durchläuft) eine obere Grenze α gibt. Es gibt dann eine Folge von Funktionen $\varphi_1(z), \varphi_2(z), \varphi_3(z), \ldots$ aus unserer Funktionenmenge, für welche

$$\lim_{n\to\infty} |\varphi_n(a)| = \alpha$$

ist. Nach dem Häufungsstellenprinzip können wir aus der Folge dieser Funktionen, welche ja alle im Gebiet G absolut genommen kleiner als 1 sind, eine konvergente Teilfolge $\Phi_1(z), \Phi_2(z), \Phi_3(z), \ldots$ auswählen, welche gegen eine analytische Grenzfunktion $\zeta = f(z)$ konvergiert und zwar gleichmäßig für jeden ganz im Innern von G liegenden abgeschlossenen Teilbereich. Es wird daher

$$|f(a)| = \lim_{n\to\infty} |\Phi_n(a)| = \alpha .$$

Nun ist wegen $\Phi_n(0) = 0$ und $\Phi_n'(0) > 0$ sicherlich auch $f(0) = 0$ und $f'(0) \geqq 0$. Daher kann die Grenzfunktion $\zeta = f(z)$ keine Konstante sein — die Zahl α ist von Null verschieden — und bildet also nach dem letzten Hilfssatz von § 1 das Gebiet G auf ein schlichtes Gebiet H ab, welches ganz dem abgeschlossenen Einheitskreise $|\zeta| \leqq 1$, also wegen der Gebietseigenschaft bereits dem Innern des Einheitskreises $|\zeta| < 1$ angehört. Wäre $f'(0) = 0$, so würde nach Kap. 4, § 1 die Umgebung von $z = 0$ nicht mehr umkehrbar eindeutig auf die Umgebung von $\zeta = 0$ abgebildet werden. Es ist daher $f'(0) > 0$, und somit gehört $f(z)$ unserer oben definierten Funktionenklasse $\mathfrak{M}$ an. Die Funktion $f(z)$ löst also unser Maximumproblem.

Wir erkennen nun leicht, daß diese Funktion $\zeta = f(z)$ das Gebiet wirklich auf den vollen Kreis $|\zeta| < 1$ abbildet. Wäre dies nicht der Fall, so gäbe es im Einheitskreise $|\zeta| < 1$ einen Punkt P, der nicht zum Bildgebiet H von G gehört, etwa einen im Innern des Einheitskreises gelegenen Randpunkt von H. Zu diesem Punkte P, welcher vom Nullpunkt den Abstand μ haben möge, konstruieren wir die in § 1 definierte Funktion $\zeta^* = \psi_\mu(\zeta)$, wobei wir ζ mit t und ζ^* mit τ identifizieren. Durch diese Funktion wird das Gebiet H auf ein Gebiet H^* im Einheitskreise $|\zeta^*| < 1$ abgebildet, und für alle Punkte von H gilt

$$|\zeta^*| > |\zeta| .$$

Die Funktion

$$\zeta^* = \psi(\zeta) = \psi(f(z)) = F(z)$$

gehört nun offenbar ebenfalls unserer Funktionenklasse $\mathfrak{M}$ an; denn sie bildet G auf ein Teilgebiet des Einheitskreises ab, und es ist $F(0) = 0$ und $F'(0) = \psi'(0)\, f'(0) > 0$. Für diese Funktion aber würde sich, wenn wir den Punkt ζ mit dem Punkt α identifizieren,

$$|\alpha^*| = |\psi(\alpha)| = |F(a)| > |\alpha|$$

ergeben, im Widerspruch zu der Tatsache, daß $|\alpha|$ der größte absolute Betrag $|\varphi(a)|$ für unsere Funktionenmenge ist. Wir werden also zu einem Widerspruch geführt, solange wir annehmen, daß es im Einheitskreis $|\zeta| < 1$ einen nicht zu H gehörigen Punkt P gebe. Somit ist H mit dem Einheitskreis $|\zeta| < 1$ identisch, und unser Abbildungssatz ist bewiesen.

Der eben durchgeführte Beweis erkauft den Vorteil der Kürze damit, daß er einen reinen Existenzbeweis darstellt und darauf verzichtet, einen Weg zur prinzipiellen Konstruktion der Abbildungsfunktion $f(z)$ aufzuzeigen. Von diesem Gesichtspunkt aus hat die folgende Modifikation der Beweisführung, welche sich nicht auf den Häufungsstellensatz stützt, gewisse Vorzüge.

Für jede der Menge $\mathfrak{M}$ angehörige Funktion $\varphi(z)$, welche das Gebiet G auf irgend ein Teilgebiet H des Einheitskreises konform abbildet, sei ϱ der Radius des größten Kreises um den Nullpunkt, dessen Inneres ganz zu H gehört. Wir behaupten: Es gibt eine Folge von Funktionen $\varphi_1(z), \varphi_2(z), \ldots$, welche den Bedingungen $\varphi_n(0) = 0$, $\varphi_n'(0) > 0$ genügen[1] und für welche $\lim\limits_{n\to\infty} \varrho_n = 1$ ist; oder mit anderen Worten: Es läßt sich das Gebiet G auf ein dem Kreisgebiet beliebig genau sich anschmiegendes Gebiet konform abbilden. Wäre nämlich die obere Grenze μ aller Zahlen ϱ kleiner als 1, so betrachten wir irgend eins der Gebiete H, welche einen Kreis vom Radius $\varrho = \mu - \varepsilon > 0$ enthalten, wobei ε eine positive hinreichend kleine, sogleich näher zu fixierende Größe ist. Dann gibt es einen nicht zu H gehörigen Punkt P des Einheitskreises, welcher vom Nullpunkt den Abstand μ besitzt. Die komplexe Variable im Gebiete H wollen wir mit t bezeichnen und zu dem betreffenden Punkte P die in § 1 definierte Funktion $\tau = \psi(t) = \psi_\mu(t)$ betrachten. Ein Zweig dieser Funktion bildet das Gebiet H auf ein im Einheitskreise der τ-Ebene gelegenes Gebiet H^* ab, welches das Innere einer Kreisscheibe vom Radius $(\mu - \varepsilon)\, q(\mu)$ ganz enthält. Zugleich genügt die durch Zusammensetzung entstehende Abbildung wieder den beiden Normierungsbedingungen. Wir können, da $q(\mu) > 1$ ist, ε so klein wählen, daß $(\mu - \varepsilon)\, q(\mu) > \mu$ wird, was der Voraussetzung, daß μ die

[1] Diese Funktionen haben also in der Umgebung des Nullpunktes eine Entwicklung $\varphi_n(z) = a_1 z + \cdots$, wo $a_1 > 0$ ist.

obere Grenze der Werte ϱ bedeutet, widerspricht. Also ist $\mu = 1$, wie behauptet wurde. Es gibt also eine Folge von Funktionen $\varphi_1(z), \varphi_2(z), \ldots$ mit der obigen Eigenschaft[1].

Es bleibt zu zeigen, daß die Funktionen $\varphi_n(z)$ mit wachsendem n gegen die gesuchte Abbildungsfunktion konvergieren. Zu diesem Zwecke betrachten wir den Quotienten $\frac{\varphi_n(z)}{\varphi_m(z)}$; diese Funktion ist im ganzen Gebiet G regulär und von 0 verschieden. Also liegt ihr absoluter Betrag zwischen der oberen und der unteren Grenze der Randwerte des absoluten Betrages. Es ist also

$$\varrho_n \leqq \left| \frac{\varphi_n(z)}{\varphi_m(z)} \right| \leqq \frac{1}{\varrho_m} \tag{1}$$

für das ganze Gebiet G. Mithin gilt gleichmäßig für das Gebiet G

$$\lim_{m,n\to\infty} \left| \frac{\varphi_n(z)}{\varphi_m(z)} \right| = 1; \tag{2}$$

außerdem ist für $z = 0$ der Wert des Quotienten $\frac{\varphi_n(z)}{\varphi_m(z)}$ stets reell. Betrachten wir also die im ganzen Gebiete reguläre Funktion

$$\omega_k(z) = \log \frac{\varphi_n(z)}{\varphi_m(z)} = \log \left| \frac{\varphi_n(z)}{\varphi_m(z)} \right| + i\psi,$$

wo etwa die kleinste der Zahlen n und m mit k bezeichnet und die andere davon abhängig gedacht wird, und machen wir den Grenzübergang $k \to \infty$, so konvergiert nach (2) der Realteil der Funktionen ω_k im ganzen Gebiete G gleichmäßig gegen Null, während im Nullpunkt $\lim_{k\to\infty} \omega_k(0) = 0$ ist. Nach dem Satze aus Kap. 3, § 9 (S. 325) gilt also in jedem abgeschlossenen Teilgebiet von G gleichmäßig $\lim_{k\to\infty} \omega_k(z) = 0$, d.h. aber $\lim_{n,m\to\infty} \frac{\varphi_n(z)}{\varphi_m(z)} = 1$, woraus unmittelbar $\lim_{n,m\to\infty} (\varphi_n(z) - \varphi_m(z)) = 0$ folgt. Die Funktionen $\varphi_n(z)$ konvergieren also in jedem abgeschlossenen Teilgebiet von G gleichmäßig gegen eine Grenzfunktion $f(z) = \lim_{n\to\infty} \varphi_n(z)$, für welche $f(0) = 0$, $f'(0) \geqq 0$ ist. Der absolute Betrag der Werte dieser Funktion $f(z)$ am Rande von G ist gleich 1. Gehen wir nämlich in (1) bei festem m zur Grenze $n = \infty$ über, so folgt

$$1 \leqq \left| \frac{f(z)}{\varphi_m(z)} \right| \leqq \frac{1}{\varrho_m}.$$

[1] Anstatt die Existenz einer Folge von Funktionen $\varphi_1(z), \varphi_2(z), \ldots$, welche das Gebiet G auf die gegen den Kreis konvergierenden Bildgebiete $H_1, H_2, \ldots$ abbilden, durch Berufung auf die Existenz einer oberen Grenze zu beweisen, können wir eine solche Funktionenfolge auch direkt konstruieren, indem wir von jedem Gebiet K_ν $(K_1 = G)$ zum nächstfolgenden $K_{\nu+1}$ vermittels eines Zweiges der Funktion $\psi_{\varrho_\nu}(t)$ übergehen. Daß eine solche Gebietsfolge gegen den Einheitskreis konvergieren muß, erkennt man ganz ähnlich wie oben.

Da die Funktion $|\varphi_m(z)|$ bei hinreichend großem m und in hinreichender Nähe des Randes von G beliebig wenig von 1 verschieden ist und letzteres für große m auch von $\frac{1}{\varrho_m}$ gilt, so folgt die Behauptung über die Randwerte von $f(z)$ hieraus unmittelbar. Die Funktion $f(z)$ ist also, da $f(0) = 0$ ist, nicht konstant. Somit bildet sie, nach dem Hilfssatze aus § 1, das Gebiet G auf ein schlichtes Gebiet ab, woraus insbesondere folgt, daß $f'(0)$ nicht nur $\geqq 0$, sondern > 0 sein muß. Dieses Gebiet liegt ganz im Einheitskreise, da aus $|\varphi_n(z)| < 1$ auch $|f(z)| \leqq 1$ folgt. Da nach dem oben Bewiesenen alle Randpunkte des Bildgebietes auf dem Einheitskreis liegen müssen, so ist das Bildgebiet mit dem Innern des Einheitskreises identisch.

Hiermit ist der *Riemannsche Abbildungssatz* bewiesen, welcher also besagt: *Jedes einfach zusammenhängende Gebiet G, mit Ausnahme der vollen oder punktierten Ebene, läßt sich umkehrbar eindeutig und konform auf das Innere des Einheitskreises abbilden, derart daß einem willkürlich angenommenen Punkte im Gebiete G und einer Richtung in ihm der Nullpunkt des Einheitskreises bzw. die Richtung der positiven reellen Achse in ihm entspricht.*

Will man diesen Satz ohne Erwähnung der Ausnahmefälle aussprechen, so braucht man nur zu berücksichtigen, daß man als Gebiet Γ auch das Äußere eines Kreises hätte nehmen können; man kann also sagen: *Jedes einfach zusammenhängende Gebiet mit mindestens einem Randpunkt läßt sich durch eine analytische Funktion auf das Äußere eines Kreises abbilden.* Hierbei ist ein einzelner Punkt als Grenzfall eines Kreises anzusehen.

§ 3. Der Eindeutigkeitssatz.

Nachdem durch den Riemannschen Abbildungssatz die Existenz einer Abbildungsfunktion gesichert ist, zeigen wir nunmehr, daß es nur eine Funktion geben kann, welche diese Abbildung leistet.

Wir stellen also den folgenden Eindeutigkeitssatz auf: *Eine Funktion $\zeta = f(z)$, welche das den Nullpunkt enthaltende einfach zusammenhängende Gebiet G der z-Ebene so auf den Einheitskreis der ζ-Ebene konform abbildet, daß $f(0) = 0$, $f'(0) > 0$ wird, ist durch diese Forderung eindeutig bestimmt.* Gäbe es nämlich zwei solche Funktionen $\zeta = f(z)$ und $\zeta^* = f^*(z)$, so könnte man mit Hilfe dieser beiden Beziehungen ζ^* als analytische Funktion von ζ, etwa $\varphi(\zeta)$, ausdrücken. Diese Funktion $\zeta^* = \varphi(\zeta)$ bildet den Einheitskreis umkehrbar eindeutig auf sich selbst ab und erfüllt die Bedingungen $\varphi(0) = 0$, $\varphi'(0) > 0$. Wir haben zu zeigen, daß $\zeta^* = \varphi(\zeta) = \zeta$ ist. In der Tat ist $\frac{\varphi(\zeta)}{\zeta}$ eine im Nullpunkt positive, nirgends im Einheitskreise verschwindende Funktion, deren absoluter Betrag die Randwerte 1 besitzt. Also ist, nach dem Prinzip vom Maximum und Minimum, der absolute Betrag der Funktion $\frac{\varphi(\zeta)}{\zeta}$ überall gleich 1 und daher die Funktion identisch gleich 1. Hiermit ist der gewünschte Eindeutigkeitsbeweis erbracht.

Man kann für diese Tatsache einen anderen Beweis geben, welcher zu einer wesentlich allgemeineren Formulierung des Eindeutigkeitssatzes führt, indem darin keinerlei Voraussetzung über die Zusammenhangszahl des Gebietes gemacht wird. Um die Eindeutigkeit der Abbildung eines Gebietes auf ein anderes zu sichern, genügt offenbar der Nachweis, daß die Abbildung eines Gebietes auf sich selbst, unter den Normierungsbedingungen der obigen Form, nur die identische Abbildung sein kann. Demgemäß formulieren wir folgenden Satz: *Wenn eine Funktion $f(z)$, welche der Bedingung $f(0) = 0$, $f'(0) > 0$ genügt, das den Nullpunkt enthaltende, ganz im Endlichen gelegene Gebiet G der z-Ebene auf dasselbe Gebiet umkehrbar eindeutig und konform abbildet, so ist $f(z) = z$.*

Zum Beweise beachten wir, daß wir $f'(0) \geqq 1$ annehmen dürfen. Wäre nämlich $f'(0) < 1$, so brauchten wir nur an Stelle der Funktion $f(z)$ ihre Umkehrfunktion zu betrachten. Wir beachten ferner, daß mit der Funktion $f_1(z) = f(z)$ auch alle weiteren Funktionen $f_2(z) = f(f_1(z))$, $f_3(z) = f(f_2(z))$, ... eine Abbildung des Gebietes G auf sich vermitteln, wobei immer $f_n(0) = 0$, $f_n'(0) > 0$ ist. Die Funktion $f(z)$ besitzt nach Voraussetzung im Nullpunkt eine Entwicklung der Form

$$f(z) = az + bz^\nu + \cdots,$$

wobei $\nu \geqq 2$ und $a \geqq 1$ ist. Offenbar hat die Reihenentwicklung der Funktion $f_n(z)$ die Gestalt $f_n(z) = a^n z + \cdots$. Wäre $a > 1$, so würde bei hinreichend großem n die Ableitung $f_n'(0) = a^n$ größer als eine beliebig vorgegebene Zahl A werden. Bedeutet aber M den Radius eines Kreises um den Nullpunkt, welcher das Gebiet G ganz enthält, ist also in G überall $|f_n(z)| < M$, ist ferner ϱ der Radius eines Kreises um den Nullpunkt, welcher ganz im Innern des Gebietes G liegt, so ist, nach Kap. 3, § 2,

$$a^n = f_n'(0) \leqq \frac{M}{\varrho}.$$

Da diese Ungleichung für jeden Wert von n bestehen muß, so kann a nicht größer als 1, sondern nur gleich 1 sein. Es ist also entweder

$$f(z) = z$$

oder

$$f(z) = z + bz^\nu + \cdots \qquad (b \neq 0, \quad \nu \geqq 2).$$

Aus der letzteren Annahme folgt aber sofort[1]

$$f_2(z) = z + 2bz^\nu + \cdots,$$

$$\cdots\cdots\cdots\cdots$$

$$f_n(z) = z + nbz^\nu + \cdots.$$

---

[1] Vgl. zu dieser Betrachtung die S. 413 genannte Arbeit von BIEBERBACH.

Nun ist nach den Ungleichungen (3) von Kap. 3, § 2

$$|f_n^{(\nu)}(0)| \leqq \nu! \frac{M}{\varrho^\nu}.$$

Es ist also

$$n|b| \leqq \frac{M}{\varrho^\nu};$$

da rechts eine von n unabhängige Zahl steht, diese Ungleichung aber für jeden Wert von n gilt, so würde folgen $b = 0$ entgegen der Voraussetzung $b \neq 0$; es kann also nicht $f(z)$ von z verschieden sein.

§ 4. Ränderzuordnung bei konformer Abbildung.

Entsprechend der Tatsache, daß zu einem Gebiete G die Randpunkte grundsätzlich nicht hinzugerechnet werden, hatten wir bei den auf die konforme Abbildung bezüglichen Betrachtungen von § 2 die Randpunkte außer acht gelassen. Wir wollen jetzt zeigen, daß die Abbildungsfunktionen auch noch eine umkehrbar eindeutige und stetige Abbildung der Ränder der Gebiete aufeinander vermitteln, sobald diese Ränder gewissen sehr allgemeinen Bedingungen genügen[1].

Wir formulieren zunächst für den einfachsten und anschaulichsten Fall[2] den folgenden Satz: *Es sei G ein von einer stückweise glatten einfachen geschlossenen Kurve begrenztes Gebiet der z-Ebene mit dem Rande S; durch die Funktion $\zeta = f(z)$ möge dieses Gebiet umkehrbar eindeutig und konform auf ein ebensolches Gebiet Γ der ζ-Ebene mit der Berandung Σ*

[1] Es ist selbstverständlich, daß sich die Ränder zweier aufeinander konform abgebildeter Gebiete G und Γ in der Weise entsprechen, daß der Bildpunkt eines Punktes P in G gegen den Rand des Bildgebietes Γ rücken muß, wenn sich P dem Rande von G nähert; diese Annäherung des Bildpunktes muß sogar gleichmäßig erfolgen, d. h. zu jedem $\varepsilon > 0$ gibt es eine nur von ε abhängige und mit ε gegen Null strebende Zahl $\delta = \delta(\varepsilon)$ derart, daß der Bildpunkt jedes vom Rande des Gebietes G um weniger als ε entfernten Punktes P eine Entfernung kleiner als δ vom Rande des Bildgebietes Γ besitzt. Wäre dieses nämlich nicht der Fall, so gäbe es eine Punktfolge $P_1, P_2, \ldots$ in G, deren Häufungspunkte auf dem Rande von G liegen und deren Bildpunkte $Q_1, Q_2, \ldots$ sämtlich eine Entfernung vom Rande von Γ besitzen würden, welche oberhalb einer festen positiven Zahl α liegt. Wir dürfen nach dem Weierstraßschen Häufungsstellensatz, nötigenfalls nach Weglassung einer Teilmenge der P_n und Q_n, annehmen, daß die Punkte P_n einen einzigen Häufungspunkt P und die Punkte Q_n einen einzigen Häufungspunkt Q besitzen. Dieser letztere muß aber vom Rande von Γ einen Abstand mindestens gleich α haben, also ein innerer Punkt des Gebietes Γ sein; einer Umgebung eines solchen Punktes Q entspricht aber bei der konformen Abbildung eine Umgebung eines inneren Punktes des Gebietes G, was unvereinbar damit ist, daß der Häufungspunkt P der Punkte P_n auf dem Rande liegt. — Wenn wir im folgenden von dem „*Entsprechen*“ zweier Randstücke reden, so meinen wir damit, daß jeder gegen einen Punkt des Randstückes des einen Gebietes konvergierenden Punktfolge im anderen Gebiet eine Punktfolge entspricht, deren sämtliche Häufungspunkte auf dem anderen Randstücke gelegen sind, und umgekehrt.

[2] Die folgenden Ausführungen gelten auch bei endlich vielfach zusammenhängenden Gebieten, worauf wir aber hier nicht einzugehen brauchen.

abgebildet werden. Dann sind durch die Funktion $\zeta = f(z)$ auch die Ränder S und Σ umkehrbar eindeutig und stetig einander zugeordnet.

Dieser Satz erlaubt uns, bei der analytischen Fortsetzung von Abbildungsfunktionen durch Spiegelung an Kreisen oder analytischen Kurvenbögen die früher (Kap. 5, § 2) gemachte Voraussetzung der Stetigkeit der Abbildung am Rande fallen zu lassen; es folgt also insbesondere, *daß eine Funktion, welche ein von analytischen Kurvenbögen begrenztes einfach zusammenhängendes Gebiet umkehrbar eindeutig auf ein ebensolches abbildet, über diese Kurvenbögen hinaus fortsetzbar ist.*

Um unseren Satz zu beweisen, genügt es, zu zeigen, daß die Abbildungsfunktion $f(z)$ im ganzen Gebiete G (bzw. die Umkehrfunktion in Γ) gleichmäßig stetig ist. Dann läßt sich nämlich $f(z)$, bzw. die Umkehrfunktion, in eindeutiger Weise stetig auf den Rand fortsetzen, indem wir jedem Randpunkte denjenigen eindeutig bestimmten Funktionswert zuordnen, der sich als Grenzwert solcher Funktionswerte ergibt, welche in einer gegen diesen Punkt konvergierenden Punktfolge angenommen werden.

Bestünde diese Gleichmäßigkeitseigenschaft nicht, so gäbe es in G eine Folge von Punktepaaren z_n', z_n'' ($n = 1, 2, \ldots$; $z_n' \neq z_n''$), so daß $\lim\limits_{n\to\infty} |z_n' - z_n''| = 0$ ist, während trotzdem der Abstand $|\zeta_n' - \zeta_n''| = |f(z_n') - f(z_n'')|$ oberhalb einer festen positiven Schranke α bliebe. Nach dem Weierstraßschen Häufungsstellensatze können wir (nötigen Falles unter Weglassung geeigneter Punktepaare) annehmen, daß diese Punktepaare z_n', z_n'' einen einzigen Häufungspunkt P besitzen, während die Bildpunkte ζ_n', ζ_n'' (welche wir etwa mit Q_n', Q_n'' bezeichnen) genau zwei Häufungspunkte, Q' und Q'', aufweisen, deren Abstand mindestens gleich α sein muß. Der Punkt P muß auf dem Rande von G liegen, da die Funktion $f(z)$ in einem inneren Punkte von G von selbst stetig ist. Ebenso müssen Q' und Q'' auf dem Rande von Γ liegen; denn läge etwa Q' im Innern von Γ, so würde wegen der Stetigkeit der Umkehrfunktion $z = \varphi(\zeta)$ in Γ die Punktfolge $z_n' = \varphi(\zeta_n')$ gegen einen inneren Punkt von G konvergieren, während sie gegen den Randpunkt P konvergiert.

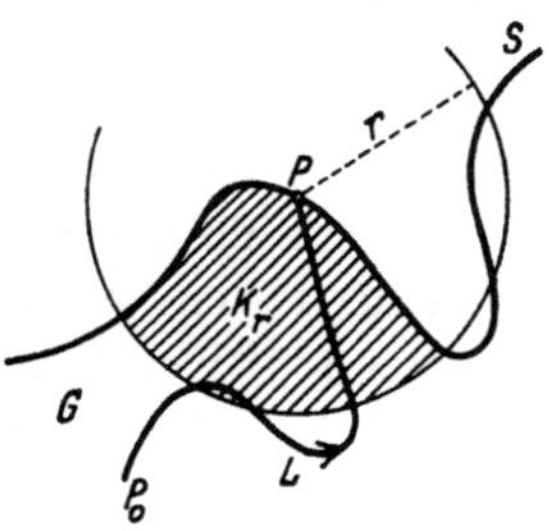

Abb. 106.

Um den Randpunkt P als Zentrum führen wir Polarkoordinaten r und ϑ ein; mit ihrer Hilfe definieren wir eine zum Punkte P gehörige Folge von ineinander geschachtelten, in G liegenden einfach zusammenhängenden Gebieten K_r durch folgendes Verfahren: Es sei P_0 irgend ein fester Punkt im Innern von G (etwa der Punkt $z = 0$), den wir durch eine stetige Kurve L in G mit dem Punkte P verbunden denken (Abb. 106). Ist dann die Zahl A kleiner als die Entfernung der Punkte P_0 und P voneinander, so trifft die von P_0 nach P durchlaufene Kurve L ein letztes Mal den Kreis mit dem Radius r um P, wenn nur $0 < r < A$ ist. Verfolgen wir diesen Kreis von hier aus nach beiden Seiten bis zu seinem jeweils ersten Treffpunkt mit dem Rande S von G, so werde mit K_r dasjenige Teilgebiet von G bezeichnet, das durch diesen einen Kreisbogen vom Radius r und jenen Teil von S begrenzt wird, auf dem der Punkt P gelegen ist. Für $0 < r_1 < r_2 < A$ ist dann K_{r_1} ein Teilgebiet von K_{r_2}. Mit gegen Null abnehmendem r ziehen sich die Gebiete K_r gegen den Punkt P zusammen. Ist $\varepsilon < A$ eine feste positive Zahl, so müssen

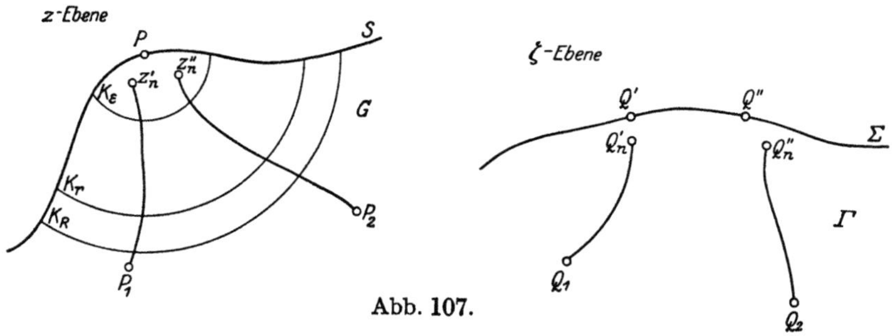

Abb. 107.

die Punkte z_n', z_n'' für hinreichend großes n innere Punkte des Gebietes K_ε sein.

Es seien Q_1 und Q_2 beliebige fest gewählte, voneinander verschiedene Punkte im Innern von Γ, denen in G die Punkte P_1 und P_2 entsprechen. Wir verbinden Q_1 mit Q_n', Q_2 mit Q_n'' durch die Kurve C_n' bzw. C_n'' (vgl. Abb. 107), so daß diese beiden Kurven ganz in Γ liegen und einander nicht treffen. Diese Kurven können wir in Abhängigkeit von n so wählen, daß ihr gegenseitiger kürzester Abstand für alle großen n oberhalb einer festen nur von α (und der Lage der Punkte Q', Q'', Q_1, Q_2) abhängigen positiven Schranke β bleibt. Ist R ein derartiger Wert, daß die Punkte P_1 und P_2 außerhalb des Gebietes K_R liegen, so müssen die Bildkurven von C_n' und C_n'' bei hinreichend großem n für jedes r mit $\varepsilon \leqq r \leqq R$ die kreisförmige Begrenzung von K_r durchschneiden, da sie ja die Punkte z_n' und z_n'' mit P_1 bzw. P_2 verbinden. Also ist die Schwankung der Funktion $f(z)$ für jeden solchen Kreisbogen oberhalb der festen Schranke β gelegen. Es gilt also für zwei geeignete Punkte z_1 und z_2 des Kreisbogens

$$\beta \leqq |f(z_2) - f(z_1)| = \left|\int_{z_1}^{z_2} f'(z)\,dz\right| \leqq \int |f'(z)|\, r\, d\vartheta,$$

wo das Integral über den entsprechenden Teil des Kreisbogens vom Radius r zu erstrecken ist. Hieraus folgt mit Hilfe der Schwarzschen Ungleichung[1]

$$\beta^2 \leqq \left(\int |f'(z)|\, r\, d\vartheta\right)^2 \leqq 2\pi \int |f'(z)|^2 r^2\, d\vartheta$$

[1] Als „*Schwarzsche Ungleichung*“ bezeichnet man die folgende wichtige Abschätzung: Sind g und h zwei in einem (ein- oder mehrdimensionalen) Gebiete G

oder

$$\frac{\beta^2}{r} \leqq 2\pi \int |f'(z)|^2 r\, d\vartheta.$$

Durch Integration nach r von $r = \varepsilon$ bis $r = R$ folgt

$$\beta^2 \log \frac{R}{\varepsilon} \leqq 2\pi \int\int |f'(z)|^2 r\, dr\, d\vartheta < 2\pi \iint_{K_R} |f'(z)|^2 r\, dr\, d\vartheta,$$

wobei dieses letzte Integral über das ganze Gebiet K_R zu erstrecken ist. Da dieses Integral den Flächeninhalt des Bildgebietes von K_R darstellt, also eine unterhalb einer festen Schranke (nämlich des Flächeninhalts des Gebietes Γ) liegende Zahl ist, so muß auch der Ausdruck $\beta^2 \log \frac{R}{\varepsilon}$ unter einer festen Zahl bleiben. Hiermit ist aber die Annahme, daß β nicht gleichzeitig mit ε gegen Null strebt, unverträglich. Daher entspricht jeder Punktfolge in G mit dem Häufungspunkte P auf dem Rande S sicherlich eine Punktfolge aus Γ mit nur einem Häufungspunkt auf dem Rande Σ.

Da sich dieselbe Betrachtung für die inverse Abbildung von Γ auf G durchführen läßt, so ist damit die umkehrbar eindeutige und stetige Zuordnung der Randpunkte dargetan.

Die eben durchgeführten Betrachtungen über die Zuordnung der Ränder bei konformer Abbildung des Innern von Gebieten sind ihrem Wesen nach keineswegs an die Voraussetzung gebunden, daß es sich um stückweise glatte oder einfache Randkurven handelt. Zur Übertragung unserer Betrachtungen auf den allgemeinen Fall erinnern wir an die in Kap. 5, § 3 (S. 379f.) angestellten Überlegungen über die Randpunkte eines Gebietes.

Jeder über dem Punkte Q liegende erreichbare Randpunkt wurde definiert durch eine bis auf ihren Endpunkt Q in G verlaufende stetige Kurve. Zwei verschiedene erreichbare Randpunkte R_1 und R_2 haben die folgende Eigenschaft: Sind C_1 und C_2 irgend zwei sie definierende Kurven und P_1 bzw. P_2 Punkte auf diesen beiden Kurven, welche vom Rande um weniger als eine beliebig klein gewählte Zahl h entfernt sind, so liegt der Durchmesser[1] jeder stetigen, die Punkte P_1 und P_2 in G verbindenden Kurve bei hinreichend kleinem h nicht unterhalb einer positiven Schranke l, welche unabhängig von der speziellen Wahl der

definierte reelle Funktionen und bedeutet df das Integrationselement in G, so gilt

$$\left(\int g h\, df\right)^2 \leqq \int g^2\, df \cdot \int h^2\, df.$$

Diese Ungleichung folgt sofort aus der Bemerkung, daß der in den reellen Parametern λ, μ homogen quadratische Ausdruck

$$\int (\lambda g + \mu h)^2\, df$$

negativer Werte nicht fähig ist.

[1] Als Durchmesser einer Kurve wurde die größte Entfernung zwischen irgend zwei Kurvenpunkten bezeichnet.

Kurven C_1 und C_2 ist; die obere Grenze der Werte dieser Schranke könnte man als „Entfernung“ der beiden Randpunkte bezeichnen[1].

Wesentlich für die obigen Schlüsse war die Konstruktion der Gebiete K_r, welche zu einem Randpunkte P gehören. Diese Konstruktion können wir nunmehr für jeden erreichbaren Randpunkt des Gebietes G analog zu den obigen Betrachtungen durchführen. Die Kurve C, welche den Randpunkt definiert, muß bei hinreichend kleinem r die Peripherie des Kreises mit dem Radius r um P ein letztes Mal treffen. Von diesem Punkte aus verfolgen wir die Kreisperipherie nach beiden Seiten bis zu ihrem ersten Schnittpunkt mit dem Rande, den es bei hinreichend kleinem r geben muß, sofern P kein isolierter Randpunkt[2] ist. Durch den so definierten Kreisbogen ist das Gebiet K_r vollständig festgelegt. Alle oben durchgeführten Schlüsse bleiben unverändert bestehen, sobald beide Gebiete G und Γ nur erreichbare Randpunkte haben. Es besteht also der Satz: *Falls die Ränder von G und Γ aus lauter erreichbaren Randpunkten bestehen, so sind bei konformer Abbildung des Innern der beiden Gebiete auch die Ränder umkehrbar eindeutig und stetig aufeinander bezogen.* Es gilt dann auch der Satz von der gleichmäßigen Stetigkeit der Abbildungsfunktionen in den beiden Gebieten. Dabei ist dem Stetigkeitsbegriff die obige Verallgemeinerung des Entfernungsbegriffes zugrunde zu legen.

Was die nicht erreichbaren Randpunkte betrifft, so wollen wir auf deren punktmengentheoretische Untersuchung nicht eingehen[3]. Wir begnügen uns damit, auf die Beispiele in den Abb. **70**, **71** und **101** (S. **265** bzw. **380**) hinzuweisen, wo nicht erreichbare Randpunkte durch die Linie BC, den Kreis A bzw. die Strecke $0, \frac{i}{2}$ gegeben sind. Diese Abbildungen erläutern uns die hier nicht weiter zu diskutierende Tatsache, daß man nicht erreichbare Randpunkte zu einfachsten, durch Querschnitte nicht weiter zerlegbaren Bestandteilen des Randes, „*Primenden*“, zusammenfassen kann. Jede der oben genannten Linien stellt ein solches Primende dar, welches, mit Ausnahme des Punktes $\frac{i}{2}$ bei Abb. **101**, keinen einzigen erreichbaren Randpunkt besitzt. Man kann nach derselben Methode wie bei erreichbaren Randpunkten zeigen, daß diesen Primenden eines Gebietes bei konformer Abbildung auf ein anderes Gebiet in umkehrbar eindeutiger Weise die Primenden des Bildgebietes

---

[1] Man beachte, daß zwei „gegenüberliegende“ Punkte der Ufer eines Schnittes hierdurch eine „Entfernung“ erhalten, die nur der halben Länge eines sie um den Schlitz verbindenden Weges entspricht.

[2] Diesen trivialen Ausnahmefall wollen wir im folgenden ausdrücklich ausschließen.

[3] Vgl. CARATHÉODORY: Über die Begrenzung einfach zusammenhängender Gebiete, Math. Ann. Bd. **73** (**1913**), S. **323** bis **370**, sowie KERÉKJÁRTÓ: l. c. **3**. Abschnitt, § **2**.

zugeordnet sind, wobei auch erreichbare Randpunkte als Primenden zu zählen sind[1].

Zum Schlusse dieses Paragraphen bemerken wir noch, daß durch den Abbildungssatz und den Satz von der Ränderzuordnung sich auch die Frage beantwortet, ob es analytische Funktionen gibt, deren Riemannsche Fläche mit dem gegebenen Gebiete G identisch ist, die also, mit andern Worten, überall in G regulär sind, sich aber nicht über G hinaus fortsetzen lassen. Da wir Funktionen kennen, welche im Einheitskreise regulär sind, sich aber nicht über diesen hinaus fortsetzen lassen, weil sie in der Umgebung jedes Randpunktes des Einheitskreises beliebig große Werte annehmen[2], so gehen diese analytischen Funktionen durch Abbildung des Einheitskreises auf G tatsächlich in Funktionen über, deren Riemannsche Fläche mit G identisch ist. Eine solche Funktion nimmt nämlich in der Umgebung jedes Randpunktes von G beliebig große Werte an, läßt sich also nicht über G hinaus fortsetzen.

§ 5. Die Greensche Funktion und die Randwertaufgabe der Potentialtheorie.

Ist $\zeta = f(z) = u + iv$ die analytische Funktion, welche das den Punkt $z_0 = x_0 + i y_0$ enthaltende von einer stückweise glatten Kurve begrenzte einfach zusammenhängende Gebiet G der z-Ebene auf den Einheitskreis der ζ-Ebene konform abbildet, so daß $f(z_0) = 0$, $f'(z_0) > 0$ ist[3], so wird der Realteil $g(x, y; x_0, y_0)$ von $\log f(z)$ *die zum Quellpunkte* x_0, y_0 *gehörige Greensche Funktion des Gebietes* G genannt. Die Greensche Funktion ist eine Potentialfunktion, welche in der Umgebung des Quellpunktes die Form $\log r + \gamma(x, y; x_0, y_0)$ hat, wobei $r = \sqrt{(x-x_0)^2+(y-y_0)^2}$ ist und $\gamma(x, y; x_0, y_0)$ eine in der Umgebung des Quellpunktes reguläre

---

[1] Man kann geradezu die Primenden eines einfach zusammenhängenden Gebietes G durch die konforme Abbildung von G auf einen Kreis definieren, indem man alle Punktfolgen aus dem Kreise, welche gegen einen seiner Randpunkte R konvergieren, betrachtet und die Häufungspunkte aller der zugehörigen Folgen von Bildpunkten in G als einem Primende zugehörig bezeichnet.

[2] Eine solche Funktion wird z. B. durch die Potenzreihe $\sum_{n=0}^{\infty} z^{n!}$ geliefert. Zunächst ist nämlich diese Reihe innerhalb des Einheitskreises offensichtlich konvergent, strebt aber, wenn z sich radial einer Einheitswurzel $e^{\frac{2\pi i p}{q}}$ (p, q ganz und teilerfremd, $q > 0$) nähert, ins Unendliche, da ($|z| = \varrho$ gesetzt)

$$\left|\sum_{n=0}^{\infty} z^{n!}\right| \geqq -\left|\sum_{n=0}^{q-1} z^{n!}\right| + \left|\sum_{n=q}^{\infty} z^{n!}\right| \geqq -q + \sum_{n=q}^{\infty} \varrho^{n!}$$

ist. Da die Einheitswurzeln auf der Kreisperipherie überall dicht liegen, so ist auch jeder andere Punkt dieser Linie singulär.

[3] In den vorigen Paragraphen wurde der Einfachheit halber $z_0 = 0$ angenommen.

Potentialfunktion bedeutet. Im übrigen ist g eine im Gebiete G reguläre Potentialfunktion, welche am Rande verschwindet. Durch diese Eigenschaften ist die Greensche Funktion eindeutig charakterisiert, weil die Differenz zweier derartiger Funktionen am Rande verschwindet und im Innern regulär ist, also identisch verschwinden muß.

Die Greensche Funktion können wir also durch Lösung der folgenden Randwertaufgabe erhalten: Es ist diejenige im Gebiete G reguläre Potentialfunktion $\gamma(x, y; x_0, y_0)$ gesucht, welche am Rande des Gebietes dieselben Randwerte wie die Funktion $-\log r$ besitzt. Die Greensche Funktion entsteht aus ihr durch Addition von $\log r$.

Bei der konformen Abbildung des Gebietes G auf ein anderes derartiges Gebiet G^* geht die Greensche Funktion in die Greensche Funktion des Bildgebietes über. Ist nämlich $z = h(z^*)$ die inverse Abbildung von G^* auf G, so geht die normierte Abbildung $F(z^*)$ des Gebietes G^* auf den Einheitskreis durch eine einfache Drehung um den Nullpunkt aus der Abbildung $f(h(z^*))$ hervor. Demnach haben $\log F(z^*)$ und $\log f(h(z^*)) = \log f(z)$ dieselben Realteile.

Die Greensche Funktion besitzt eine einfache anschauliche physikalische Bedeutung. Die Kurven $g =$ konst. geben uns die Niveaulinien einer Strömung, die wir uns folgendermaßen erzeugt denken: Das Gebiet G sei auf seiner Ober- und Unterseite mit einer leitenden Schicht bedeckt und diese beiden Schichten außer am Rande gegeneinander isoliert. Entsprechend dem Punkte z_0 denken wir uns auf der Ober- und Unterseite des Gebietes eine Quelle von der Stärke -2π bzw. $+2\pi$ aufgesetzt, durch welche die Strömung verursacht wird. Fassen wir dagegen die Kurven $g =$ konst. als Stromlinien auf, so erhalten wir einen Wirbel, welcher den Punkt z_0 umkreist, derart daß eine Stromlinie mit der Randkurve von G zusammenfällt.

Wie man aus der Abbildungsfunktion $f(z)$ die Greensche Funktion $g(x, y; x_0, y_0)$ erhält, kann man umgekehrt aus der Kenntnis der Greenschen Funktion die Abbildungsfunktion gewinnen, indem man, unter h die zu g konjugierte Potentialfunktion verstanden, $f(z) = e^{g+ih}$ setzt. Die in h noch willkürliche additive Konstante muß dabei gemäß der Normierungsbedingung $f'(z_0) > 0$ bestimmt werden.

Wenn auch zunächst die Konstruktion der Greenschen Funktion nur mit der Lösung einer speziellen Randwertaufgabe gleichbedeutend erscheint, so läßt sich aus dieser Lösung doch die *Lösung des allgemeinsten Randwertproblems* gewinnen, d. h. die Lösung der Aufgabe: *Auf dem Rande des Gebietes G seien stetige Randwerte gegeben; gesucht ist eine in G reguläre Potentialfunktion $u(x, y)$, welche diese Randwerte annimmt.* Wir brauchen nämlich nur das Gebiet G auf den Einheitskreis konform abzubilden, was auf Grund des Riemannschen Abbildungssatzes oder der damit äquivalenten Kenntnis der Greenschen Funktion möglich ist; dabei gehen wegen des Satzes von der Ränderzuordnung die Randwerte in stetige Werte auf der Kreisperipherie über. Mit diesen Randwerten können wir aber für den Kreis durch das Poissonsche Integral die Randwertaufgabe lösen (vgl. Kap. 3, § 10). Die so gewonnene Potentialfunktion ist dann, aufgefaßt als Funktion in G, die Lösung $u(x, y)$ der gestellten Randwertaufgabe.

Beiläufig sei folgende Tatsache erwähnt, deren Beweis dem Leser überlassen bleiben kann. Die Greensche Funktion des Einheitskreises hat die Form $g(x, y;\ x_0, y_0) = \log r - \log r_1 + \log \sqrt{x_0^2 + y_0^2}$, wobei $r = \sqrt{(x - x_0)^2 + (y - y_0)^2}$ und $r_1 = \sqrt{(x - x_1)^2 + (y - y_1)^2}$ ist, x_0, y_0 einen Punkt im Kreise (den Quellpunkt) und x_1, y_1 seinen Spiegelpunkt am Einheitskreise bedeutet. Das Poissonsche Integral läßt sich, wenn die Randwerte als Funktion der Bogenlänge s mit $\varphi(s)$ bezeichnet werden, in der Form schreiben

$$u(x_0, y_0) = -\frac{1}{2\pi}\int \varphi(s)\,\frac{\partial g(x, y; x_0, y_0)}{\partial n}\,ds,$$

wobei $\frac{\partial}{\partial n}$ die Ableitung nach der inneren Normalen bezeichnet und der Punkt x, y auf dem Kreise variiert. Diese Formel bleibt bei konformer Abbildung auf das Gebiet G unverändert und liefert die Lösung der Randwertaufgabe für G, sofern dort $\frac{\partial g}{\partial n}$ eine stetige Funktion der Bogenlänge darstellt.

Es liegt auf Grund unserer Betrachtungen über die Randwertaufgabe nahe, den hier dargelegten Zusammenhang umzukehren und zu versuchen, ob man den Riemannschen Abbildungssatz nicht dadurch gewinnen kann, daß man zuvor die Lösbarkeit der Randwertaufgabe der Potentialtheorie für das Gebiet G bzw. die Existenz der Greenschen Funktion beweist. Wir wollen im nächsten Paragraphen kurz dartun, in welcher Weise man durch das „*alternierende Verfahren*“ von H. A. Schwarz dieses Ziel erreichen kann.

§ 6. Das alternierende Verfahren. Stetigkeitseigenschaften der Abbildungsfunktionen.

Wir beweisen zunächst den folgenden Hilfssatz. Es sei G ein einfach zusammenhängendes, von einer stückweise glatten Kurve begrenztes Gebiet der z-Ebene, C ein stückweise glatter Querschnitt, welcher die Randpunkte P und Q miteinander verbindet und in P und Q den Rand nicht tangential trifft (vgl. Abb. 108); der Einfachheit halber wollen wir annehmen, daß die Tangentenrichtung der Randkurve von G in P und Q stetig sei. A und B seien die Teilbögen des Randes, in welche dieser durch P und Q zerlegt wird. Wir setzen ferner voraus, daß wir für das Gebiet G die Randwertaufgabe der Potentialtheorie bei stetigen oder stückweise stetigen[1] Randwerten lösen können[2]. Ist dann w eine in G reguläre Potentialfunktion, deren Randwerte auf dem Bogen A verschwinden und auf dem Bogen B absolut genommen unterhalb einer Schranke M gelegen sind, so gibt es eine nur von der geometrischen Konfiguration, nicht aber von der speziellen Wahl der Randwerte auf B bzw. der Schranke M abhängige positive Konstante q, welche kleiner als 1 ist, derart, daß auf dem Bogen C

$$|w| \leqq q M$$

gilt.

Beim Beweise können wir uns auf den Fall $M = 1$ beschränken, da wir sonst nur die Funktion $\frac{w}{M}$ zu betrachten hätten. Wir bezeichnen mit W eine Potentialfunktion, welche in G regulär ist, auf dem Bogen A verschwindet, auf B die konstanten Randwerte 1 hat, also überall in G, insbesondere auch in den inneren Punkten von C, positiv und kleiner als 1 ist. Wegen des Satzes vom Maximum und Minimum ist offenbar in G überall $-W \leqq w \leqq W$. Unser Hilfssatz ist bewiesen, sobald gezeigt wird, daß W bei Annäherung an den Randpunkt P oder Q längs der Kurve C gegen Grenzwerte strebt, welche kleiner als 1 sind. Zum Beweise betrachten wir ein Polarkoordinatensystem etwa im Punkte P; seinen Winkel φ zählen wir von derjenigen Tangentenrichtung in P an, welche gegen den Bogen A weist (vgl. Abb. 108). Jedem Punkte des Randes von G ordnen wir nun denjenigen Wert φ zu, welcher ihm in diesem Koordinatensystem entspricht, wenn man in stetiger Weise, von Null ausgehend, zunächst über den Bogen A hingeht, wobei die positive Zählung von φ derart gewählt werden soll, daß die Werte von φ bei Annäherung an P von B her gegen $+\pi$, nicht etwa gegen $-\pi$, streben. Den inneren Punkten von G ordnen wir diejenigen Werte φ zu, welche sich stetig an diese Randwerte anschließen. Dann ist φ eine im ganzen Gebiete G reguläre Potentialfunktion, deren Randwerte überall außer im Punkte P stetig sind und dort einen Sprung des Betrages π machen. Die in G reguläre Potentialfunktion $W - \frac{\varphi}{\pi}$ hat also Randwerte,

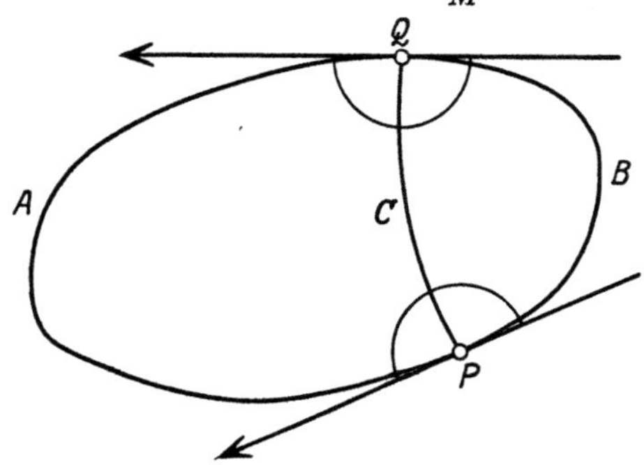

Abb. 108.

[1] Vgl. die Fußnote zu S. 262.

[2] Von einer solchen Lösung verlangen wir, daß ihre Häufungswerte bei Annäherung an eine Sprungstelle der Randfunktion zwischen den beiden Grenzwerten liegen, welche die Randfunktion an der Sprungstelle besitzt (vgl. S. 330).

welche in P stetig sind, und verschwindet dort[1]. Diese Funktion schließt sich im Punkte P stetig an den Randwert Null an; da in der Umgebung von P der Winkel φ auf C von 0 und π verschieden ist, so strebt W bei Annäherung längs C an P gegen Randwerte, welche zwischen 0 und 1 mit Ausschluß dieser Grenzen gelegen sind. Da Entsprechendes für den Punkt Q gilt, so wird die Funktion W auf dem Bogen C überall unter einer positiven Schranke q bleiben, welche kleiner als 1 ist. Hiermit ist der Beweis des Hilfssatzes erbracht.

Das „*alternierende Verfahren*" erlaubt uns nun, die Randwertaufgabe der Potentialtheorie für ein Gebiet K zu lösen, das sich aus zwei Gebieten G und H zusammensetzt, für deren jedes die Lösbarkeit der Randwertaufgabe schon feststeht. G und H seien einfach zusammenhängende, von stückweise glatten Kurven begrenzte Gebiete (vgl. Abb. 109), welche ein einfach zusammenhängendes durch je einen Bogen des Randes von G und H begrenztes Teilgebiet gemeinsam haben. Das Gebiet K besteht aus allen Punkten, welche mindestens einem der beiden Gebiete G und H angehören. Den in H liegenden Bogen des Randes von G nennen wir B, den übrig bleibenden Bogen A; die entsprechenden Bögen für den Rand des Gebietes H bezeichnen wir mit C und D. Die Bögen B und C mögen sich unter einem von 0 und π verschiedenen Winkel treffen; die Schnittpunkte P und Q seien (der Einfachheit halber) Stetigkeitsstellen der Richtung der Tangenten an die Randkurven von G und H.

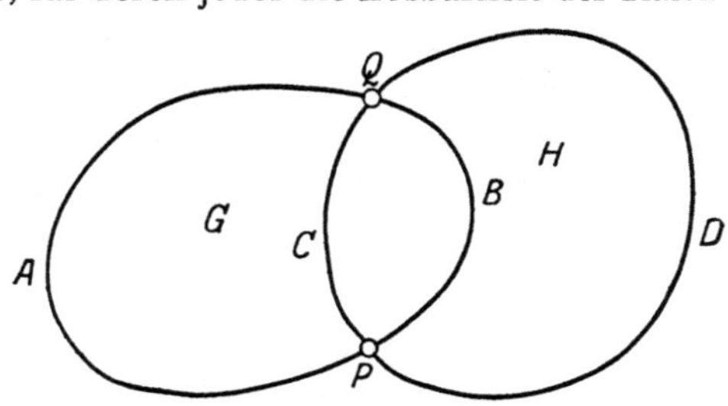

Abb. 109.

Auf dem Rande des Gebietes K seien irgendwelche stetige Randwerte vorgegeben, welche ihrem Betrage nach unterhalb einer festen Schranke M liegen. Wir ergänzen diese Randwerte auf dem Bogen B derartig, daß dadurch eine stetige, sonst ganz willkürliche Verteilung von Randwerten auf dem ganzen Rande des Gebietes G entsteht, aber diese Randwerte überall absolut kleiner als M bleiben. Nunmehr lösen wir mit diesen Randwerten die Randwertaufgabe für das Gebiet G durch eine reguläre Potentialfunktion u_1. Überall in G ist $|u_1| < M$; die Werte von u_1 auf dem Bogen C bilden zusammen mit den auf D vorgegebenen Werten eine stetige Randfunktion auf dem Rande von

[1] Es sei hier darauf hingewiesen, daß uns dieser Kunstgriff erlaubt, die Lösbarkeit der Randwertaufgabe bei stückweise stetigen Randwerten als erwiesen anzusehen, falls sie für stetige Randwerte feststeht. Wir können nämlich stückweise stetige Randwerte durch Addition von Funktionen des obigen Typus in stetige Randwerte verwandeln.

H mit einem Betrage kleiner als M. Mit diesen Randwerten lösen wir für H die Randwertaufgabe durch eine in H reguläre Potentialfunktion v_1, welche in H dem Betrage nach ebenfalls kleiner als M bleibt und welche wiederum auf dem Bogen B eine stetige Wertefolge definiert. Diese Werte mit den ursprünglich auf A gegebenen Werten führen zu einer neuen Potentialfunktion u_2 in G. In dieser Weise definieren wir eine unendliche Folge $u_1, v_1, u_2, v_2, \ldots$; wir behaupten, daß die Funktionen u_n und v_n in den Gebieten G bzw. H gleichmäßig konvergieren und daß die Grenzfunktion im Gebiete K die Lösung der Randwertaufgabe für die ursprünglichen Randwerte darstellt.

Zum Beweise bezeichnen wir die erste auf dem Bogen B gewählte Werteverteilung mit v_0. Die Funktion $u_2 - u_1$ nimmt auf A die Randwerte Null an, auf dem Bogen B Randwerte, die durch $v_1 - v_0$ dargestellt sind, also ihrem Betrage nach unter der Schranke $2M$ liegen. Es ist also nach unserem Hilfssatz auf dem Bogen C

$$|u_2 - u_1| < 2qM,$$

wobei q einen positiven echten Bruch bezeichnet, der nur von der geometrischen Konfiguration abhängt. Ebenso hat $v_2 - v_1$ auf D die Randwerte Null, auf C Randwerte, die durch $u_2 - u_1$ gegeben sind, also absolut kleiner als $2qM$ sind. Also ist auf B

$$|v_2 - v_1| < 2qq'M,$$

wo q' einen zweiten positiven echten Bruch bedeutet. Fährt man in derselben Weise fort, so erkennt man, daß auf dem Bogen C bzw. B gilt

$$|u_{n+1} - u_n| < 2q^n q'^{n-1} M$$

bzw.

$$|v_{n+1} - v_n| < 2(qq')^n M$$

oder, wenn man mit q_0 den größten der beiden Brüche q und q' bezeichnet,

$$|u_{n+1} - u_n| < 2q_0^{2n-1} M,$$

$$|v_{n+1} - v_n| < 2q_0^{2n} M.$$

Hieraus folgt aber unmittelbar die gleichmäßige Konvergenz der Funktionen u_n im Gebiete G bzw. der Funktionen v_n im Gebiete H sowie die Übereinstimmung der beiden Grenzfunktionen in dem G und H gemeinsamen Teilgebiete. Diese Grenzfunktion ist also eine im Gebiete K reguläre Potentialfunktion, welche die Randwertaufgabe löst.

Von dieser als „alternierendes Verfahren" bezeichneten Methode machen wir nun Gebrauch, indem wir von Kreisgebieten ausgehen. Da wir durch das Poissonsche Integral die Randwertaufgabe für den Kreis bereits gelöst haben, so folgt hieraus nunmehr ihre Lösbarkeit für ein aus zwei sich teilweise überdeckenden Kreisscheiben bestehendes Gebiet[1] und ebenso für ein aus endlich vielen Kreisscheiben aufgebautes Gebiet (wenn nicht drei von den Kreisen durch einen Punkt gehen oder zwei einander berühren). Insbesondere ist also die Existenz der Greenschen Funktion für jedes solche Gebiet festgestellt.

Um die Greensche Funktion für ein beliebiges einfach zusammenhängendes Gebiet G zu konstruieren, bedarf es noch eines Grenzüberganges. Unser Ziel ist der Beweis des folgenden Satzes: Es sei $G_1, G_2, \ldots$ eine Folge von einfach zusammenhängenden, den Nullpunkt enthaltenden Gebieten, welche in dem gegebenen Gebiete G gelegen sind und gegen dasselbe konvergieren. Hierunter verstehen wir, daß bei hinreichend großem n jeder Randpunkt von G_n von dem Rande von G (und daher jeder Randpunkt von G von dem Rande von G_n) eine beliebig kleine Entfernung besitzt. Es sei $f_n(z)$ eine Funktion, welche für $z = 0$ verschwindet, dort eine positive Ableitung besitzt und das Gebiet G_n auf den Einheitskreis der ζ-Ebene konform abbildet; *dann existiert in G die Funktion* $\lim\limits_{n\to\infty} f_n(z) = f(z)$ *und bildet dieses Gebiet derart auf den Einheitskreis ab, daß* $f(0) = 0$, $f'(0) > 0$ *ist.*

Auf Grund dieses Satzes können wir also aus der Existenz der Abbildungsfunktionen für die Approximationsgebiete die der Abbildungsfunktion für das Grenzgebiet erschließen. Da wir jedes einfach zusammenhängende Gebiet als Grenzgebiet einer Folge von Teilgebieten G_n darstellen können, deren jedes aus endlich vielen Kreisscheiben besteht[2], so folgt nach diesem Satze aus der Existenz der Greenschen Funktion für solche Kreisgebiete die Existenz der Abbildungsfunktion und somit der Greenschen Funktion auch für das Gebiet G.

Wir schicken dem Beweise unseres Satzes einen etwas allgemeineren Satz voraus. Es seien die Gebiete G_n und G und die Funktionen $f_n(z)$ wie oben definiert; dann gibt es zu jeder noch so kleinen positiven Zahl h eine nur von h, nicht aber von n abhängige mit h zugleich gegen Null strebende Zahl $\delta(h)$ derart, daß die Bildpunkte $f_n(z)$ jedes Punktes

[1] Wie wir in Kap. 4, § 8 gesehen haben, ist für Kreisbogenzweiecke dieses Resultat bereits durch einfachere Hilfsmittel gesichert.

[2] Solche Gebiete G_n erhalten wir, indem wir von einer Einteilung der Ebene in achsenparallele Quadrate ausgehen, die auseinander durch fortgesetzte Halbierung entstehen und die Seitenlängen $1, \frac{1}{2}, \ldots, \frac{1}{2^n}, \ldots$ besitzen. Jedem dieser Quadrate denken wir uns einen Kreis umbeschrieben; das Gebiet G_n ist dann, von einem gewissen n ab, das größte den Nullpunkt enthaltende Teilgebiet von G, welches aus Kreisscheiben gebildet ist, die Quadraten der Seitenlänge $\frac{1}{2^n}$ zugeordnet sind. — Um die oben beim alternierenden Verfahren gemachten Voraussetzungen zu erfüllen, müssen wir die Kreise zuvor von ihren Mittelpunkten aus gewissen Ähnlichkeitstransformationen (etwa im Maßstabe 1 : 1,1) unterwerfen.

von G_n, welcher vom Rande von G_n keine größere Entfernung als h besitzt, von der Peripherie des Einheitskreises höchstens um $\delta(h)$ entfernt sind.

Wir führen den Beweis kurz in Anlehnung an die Betrachtungen in § 4 über die Ränderzuordnung. Wäre die Behauptung falsch, so gäbe es (nötigen Falles unter Weglassung gewisser Approximationsgebiete) eine Folge von Punkten z_n (z_n sei Punkt von G_n), welche sich gegen einen Randpunkt P von G häufen, derart, daß die Funktionswerte $\zeta_n = f_n(z_n)$ im Innern eines Kreises mit einem Radius $\varrho < 1$ um den

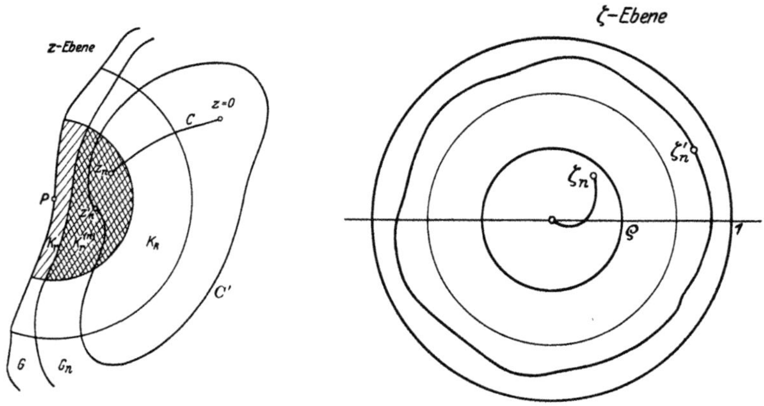

Abb. 110.

Nullpunkt der ζ-Ebene liegen (vgl. Abb. 110). Wir verbinden den Punkt ζ_n mit dem Nullpunkt durch irgendeine im Kreise $|\zeta| < \varrho$ liegende stetige Kurve; dann wird ihre Bildkurve C in G_n den Punkt z_n mit dem Punkte $z = 0$ verbinden.

Andererseits muß es bei hinreichend großem n in beliebiger Nähe des Punktes z_n einen Punkt z_n' von G_n geben, welcher so nahe am Rande von G_n liegt, daß der Punkt $\zeta_n' = f_n(z_n')$ der Peripherie des Einheitskreises beliebig nahe kommt, etwa außerhalb des Kreises $|\zeta| = \frac{1+\varrho}{2}$ liegt. Wir denken uns ein für allemal jedem n ein z_n' von dieser Beschaffenheit zugeordnet, das so nahe an dem jeweiligen z_n liegt, daß $z_n - z_n'$ gegen 0 und demnach auch z_n' gegen P konvergiert. Ziehen wir außerhalb des Kreises $|\zeta| = \frac{1+\varrho}{2}$ längs der ganzen Peripherie des Einheitskreises eine geschlossene, durch den Punkt ζ_n' gehende Kurve, welche den Punkt $\zeta = 0$ umschließt, so entspricht dieser im Gebiet G_n eine durch den Punkt z_n' laufende den Punkt $z = 0$ umschließende Kurve C'. Wir verstehen unter K_r die bereits in § 4, S. 401 f. definierten Teilgebiete von G, welche den Punkt P auf dem Rande enthalten; die damals zur Konstruktion benutzte Kurve L kann jetzt eine beliebige aus dem Innern von G kommende und in P mündende Kurve sein. $K_r^{(n)}$ sei dann dasjenige Teilgebiet von K_r, das zu G_n gehört, und R eine solche feste positive Zahl, daß der Kreis K_R den Punkt $z = 0$ ausschließt. Dann liegen die Punkte z_n und z_n' in $K_r^{(n)}$, sobald r nicht kleiner ist als eine mit wachsendem n gegen Null strebende Schranke $\varepsilon = \varepsilon(n)$. Für alle großen n wird $\varepsilon(n) < R$; für $\varepsilon(n) \leqq r \leqq R$ durchschneiden dann die Kurven C und C' die Peripherie des $K_r^{(n)}$ begrenzenden Kreisbogens. Auf diesem Kreisbogen ist also die Schwankung der Funktion $f_n(z)$ größer als $\frac{1-\varrho}{2}$, was nach derselben Schlußweise wie in § 4 mit der Annahme $\varrho < 1$ nicht vereinbar ist. Damit ist die behauptete Gleichmäßigkeitseigenschaft bewiesen.

Aus diesem Satze können wir nun die oben ausgesprochene Stetigkeitseigenschaft der Abbildungsfunktionen folgendermaßen schließen. Wir betrachten das größte den Nullpunkt enthaltende Teilgebiet G' von G, dessen Punkte von dem Rande von G um mehr als eine hinreichend klein gewählte positive Größe h entfernt sind. h sei gleich so klein gewählt, daß das oben konstruierte $\delta(h)$ kleiner als 1 ist. Bei hinreichend großem m und n fällt dann G' mit Einschluß des Randes ganz in die Gebiete G_m und G_n. Auf dem Rande von G' ist sowohl $|f_n(z)|$ wie $|f_m(z)|$ zwischen 1 ausschließlich und $1 - \delta(h)$ einschließlich gelegen. Der Quotient $\frac{f_n(z)}{f_m(z)}$ ist eine nirgends in G' verschwindende Funktion, für welche bei hinreichend großem n und m auf Grund des Satzes vom Maximum und Minimum gleichmäßig in G'

$$1 - \delta(h) \leqq \left| \frac{f_n(z)}{f_m(z)} \right| \leqq \frac{1}{1 - \delta(h)}$$

gilt. Hieraus folgt aber, da wir h beliebig klein nehmen können, daß für jedes abgeschlossene Teilgebiet von G der Ausdruck $\left| \frac{f_n(z)}{f_m(z)} \right|$ gleichmäßig gegen 1 konvergiert; wie in § 2 (S. **397** f.) folgt nun weiter die Konvergenz der Funktion $f_n(z)$ gegen eine Grenzfunktion $f(z)$, für welche $f(0) = 0$, $f'(0) > 0$ gilt und welche das Gebiet G auf den Einheitskreis abbildet[1].

Die für die letzten Betrachtungen entscheidende Frage der stetigen Abhängigkeit der Abbildungsfunktionen vom Gebiete kann man mit den angegebenen Methoden noch wesentlich weiter verfolgen. Betrachtet man z. B. eine Folge von Gebieten, welche dadurch entstehen, daß man zwei Gebiete G und G' durch einen geraden Steg der Breite $\frac{1}{n}$ zu einem

---

[1] Es sei hier noch auf ein anderes Verfahren zum Beweise der Stetigkeitseigenschaften hingewiesen, welches wesentlich das Häufungsstellenprinzip von Kap. 3, § 6 benutzt und es auf die Funktionen $f_n(z)$ bzw. deren Umkehrfunktionen anwendet. Vgl. L. BIEBERBACH: Über einen Satz des Herrn CARATHÉODORY. Göttinger Nachrichten **1913**, S. **552** bis **560**.

Gebiete G_n verschmilzt (vgl. Abb. 111) und dann n über alle Grenzen wachsen läßt, so konvergieren die Abbildungsfunktionen $f_n(z)$, sobald der Nullpunkt dem Gebiete G angehört, gegen die Abbildungsfunktion $f(z)$ des Gebietes G auf den Einheitskreis (mit $f(0) = 0$, $f'(0) > 0$), während im Gebiete G' Konvergenz gegen einen konstanten Wert stattfindet. Der Beweis dieser Tatsachen und ihre Verallgemeinerung können dem Leser überlassen bleiben[1].

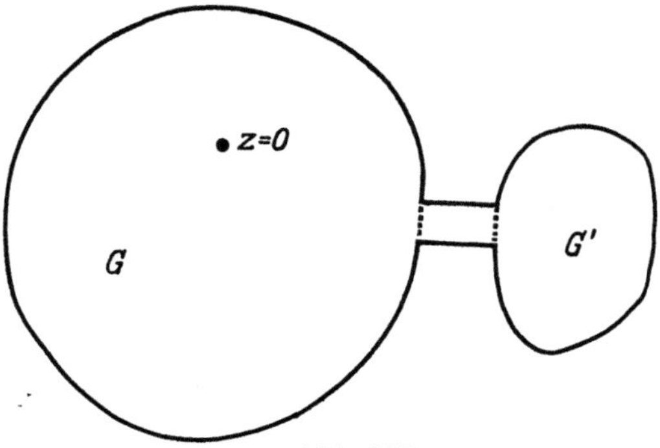

Abb. 111.

§ 7. Verzerrungssätze.

Das *Schwarzsche Lemma* aus Kap. 3, § 1 besagt, geometrisch ausgesprochen, daß eine im Kreise $|z| < 1$ definierte Funktion $\zeta = f(z)$, welche diesen Kreis auf ein ganz im Kreise $|\zeta| < 1$ enthaltenes Gebiet konform abbildet und dabei den Punkt $z = 0$ in den Punkt $\zeta = 0$ überführt, stets für den Bildpunkt ζ einen höchstens so großen Abstand vom Nullpunkt liefert wie für den Originalpunkt z, wobei die Gleichheit der beiden Abstände dann und nur dann eintritt, wenn die Abbildung eine einfache Drehung um den Nullpunkt darstellt. Dieser Satz macht also eine bestimmte einschränkende Aussage über die „*Verzerrungen*" bei einer durch $\zeta = f(z)$ bewirkten konformen Abbildung, wobei die einschränkende Aussage gleichmäßig für eine weite Funktionenklasse $f(z)$ gilt und die angegebenen Schranken für gewisse wohldefinierte Funktionen der Klasse auch wirklich erreicht werden[2]. Umgekehrt erkennen wir: Sind z_0 und ζ_0 Punkte im Innern des Einheitskreises und besteht die Ungleichung $|\zeta_0| \leqq |z_0|$, so gibt es immer eine Funktion aus

[1] Es ist instruktiv, dieses Verhalten bei der konformen Abbildung von Kreisbogenzweiecken der in Abb. 112 angegebenen Gestalt explizite zu verfolgen, wenn die beiden Eckpunkte gegeneinander rücken.

Abb. 112.

[2] Daß ganz allgemein solche einschränkenden Aussagen gelten müssen, zeigt schon die Integraldarstellung der Ableitung einer Funktion $f(z)$ mit Hilfe der Randwerte von $f(z$ (Kap. 2, § 7, (6)). Sind die Randwerte beschränkt und haben ihre Beträge die obere Schranke M, so ergeben sich hieraus für jeden im Innern liegenden abgeschlossenen Teilbereich auch für die Größen $|f'(z)|$, $\Re f'(z)$, $\Im f'(z)$ Schranken, die nur von M abhängen, und diese liefern wiederum Schranken für die Verzerrungen, die bei der Abbildung dieses Teilbereiches durch irgendeine Funktion aus unserer Funktionenmenge entstehen können.

unserer Funktionenklasse, die den Punkt z_0 in den Punkt ζ_0 transformiert; schon eine passende Abbildung durch Drehung und ähnliche Verkleinerung vom Nullpunkt aus leistet dies. Das Schwarzsche Lemma ist also der Ausdruck dafür, daß bei der Gesamtheit der konformen Abbildungen $\zeta = f(z)$, die den Einheitskreis der z-Ebene in einen Teilbereich des Einheitskreises der ζ-Ebene transformieren und dabei den Nullpunkt fest lassen, der Bildpunkt eines gegebenen Punktes z_0 in jeden Punkt des Kreises $|\zeta| \leqq |z_0|$ fallen kann und nur in einen solchen.

Wenn man diese Tatsache mit dem allgemeinen Riemannschen Abbildungssatz kombiniert, so gelangt man unmittelbar zu einer vielfach angewandten, nach LINDELÖF benannten Verallgemeinerung. Es sei G

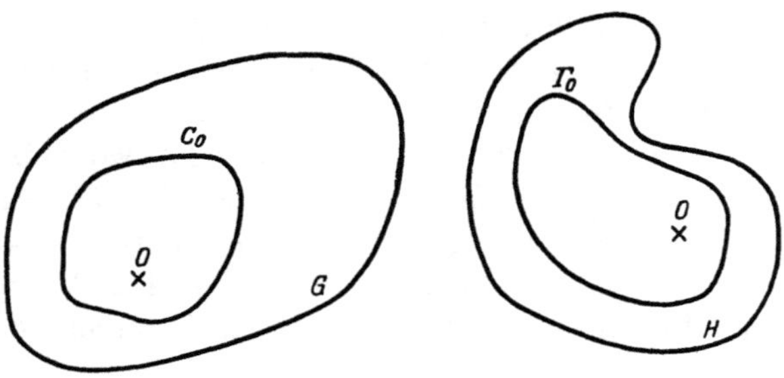

Abb. 113.

ein einfach zusammenhängendes berandetes Gebiet der z-Ebene und H ein ebensolches der ζ-Ebene (Abb. 113); beide mögen den Nullpunkt enthalten. Wir betrachten die Gesamtheit $\mathfrak{M}$ aller Funktionen $\zeta = f(z)$, die in G regulär sind, im Nullpunkt verschwinden und jeden Punkt von G in einen Punkt von H überführen. Um die beiden Nullpunkte in den Gebieten G und H denken wir uns die Niveaulinien der zu den Nullpunkten gehörigen Greenschen Funktionen der beiden Gebiete gezogen, d. h. diejenigen Kurven, die bei einer Abbildung der Gebiete G bzw. H auf den Einheitskreis einer komplexen t-Ebene, bei welcher der Nullpunkt in den Nullpunkt übergeführt wird, den konzentrischen Kreisen $|t| = \text{konst.} < 1$ entsprechen. Durch jeden Punkt von G und durch jeden Punkt von H geht eine und nur eine solche Niveaulinie; die Niveaukurven in H entsprechen umkehrbar eindeutig denjenigen von G, wobei solche Niveaukurven einander zugeordnet sind, die demselben Kreis $|t| = \text{konst.}$ entsprechen.

Es gilt nun folgender Satz:

Ist z_0 irgendein Punkt von G und C_0 die durch ihn gehende Niveaulinie der Greenschen Funktion, ist ferner Γ_0 die C_0 entsprechende Niveaulinie in H, so wird der Punkt z_0 bei irgendeiner Abbildung $\zeta = f(z)$ aus der Funktionenmenge $\mathfrak{M}$ in einen solchen Punkt von H transformiert, der auf der Kurve Γ_0 oder in ihrem Innern liegt, und der gesamte Wertevorrat, den $f(z_0)$ bei gegebenem C_0 annehmen kann, wenn z_0 beliebig auf C_0 und *die Funktion $f(z)$ beliebig in der Menge $\mathfrak{M}$ variiert, erschöpft den durch Γ_0 begrenzten abgeschlossenen Bereich.*

Der Beweis dieser Tatsache folgt unmittelbar, wenn wir das Gebiet G nullpunktstreu auf den Einheitskreis $|t| < 1$ und das Gebiet H ebenso auf den Einheitskreis $|\tau| < 1$ abgebildet denken. Die Funktion $\zeta = f(z)$ geht bei dieser Abbildung über in eine Funktion $\tau = \varphi(t)$, welche die sämtlichen Punkte des Kreises $|t| < 1$ in Punkte des Kreises $|\tau| < 1$ transformiert und der Bedingung $\varphi(0) = 0$ genügt. Wenden wir auf diese Funktion das Schwarzsche Lemma an und übertragen dessen Aussage rückwärts auf die Gebiete G und H, so ergibt sich unmittelbar der obige Satz.

Unter den Anwendungen dieses „*Lindelöfschen Prinzips*" mögen hier zwei besonders wichtige herausgegriffen werden, deren genaue Ausführung dem Leser überlassen bleiben kann.

1. Für $|z| < 1$ sei $f(z)$ regulär und $\Re f(z) < a$, wo a eine Konstante ist. Dann ergibt das Lindelöfsche Prinzip eine Abschätzung von $|f(z)|$ im Kreise $|z| \leqq \varrho$, wo $0 < \varrho < 1$ ist (*Ungleichung von* CARATHÉODORY).

2. Im Kreise $|z| \leqq R$ sei $f(z)$ regulär und $-1 \leqq \Re f(z) \leqq 1$. Dann folgen aus dem Lindelöfschen Prinzip die Formeln (3) und (4) aus Kap. 3, § 9 (S. 326)[1].

Hinsichtlich weiterer Anwendungen sei auch noch ausdrücklich auf die in Kap. 7, § 6 zu liefernden Beweise der Sätze von SCHOTTKY, LANDAU und PICARD hingewiesen.

Einem etwas andern Typus gehören die folgenden, im wesentlichen auf KOEBE zurückgehenden Verzerrungssätze an.

Wir denken uns den abzubildenden Einheitskreis in der z-Ebene gelegen; G sei sein schlichtes Bildgebiet in der ζ-Ebene, das den Punkt $\zeta = 0$ enthält. Die Abbildungsfunktion $\zeta = f(z)$ können wir so normieren, daß $f(0) = 0$, $f'(0) > 0$ ist. Wir wollen sogar annehmen, daß $f'(0) = 1$ ist, was offenbar keine Beschränkung der Allgemeinheit bedeutet. Dann hat also $f(z)$ die Gestalt

$$\zeta = f(z) = z + a_2 z^2 + \cdots. \tag{1}$$

Unter diesen Annahmen[2] wollen wir die folgenden Verzerrungssätze beweisen:

Ist $r < 1$ und $|z| = r$, so gilt

$$\frac{1-r}{(1+r)^3} \leqq |f'(z)| \leqq \frac{1+r}{(1-r)^3}. \tag{2}$$

[1] Genau in dieser Weise verlief auch der alte Koebesche Beweis in der auf S. 326, Fußnote 1, zitierten Abhandlung.

[2] Wird die obige Normierung $f'(0) = 1$ nicht gewählt, so tritt in Formel (2) an Stelle des absoluten Verzerrungsfaktors $|f'(z)|$ das Verzerrungsverhältnis $\left|\frac{f'(z)}{f'(0)}\right|$.

Ebenso gilt für $|f(z)|$

(3) $$\frac{r}{(1+r)^2} \leqq |f(z)| \leqq \frac{r}{(1-r)^2};$$

hieraus folgt insbesondere für $\lim r = 1$, *daß das Bildgebiet G des Einheitskreises immer den Kreis* $|\zeta| < \frac{1}{4}$ *enthalten muß. In beiden Formeln gilt das Gleichheitszeichen nur für die Funktionen*

(4) $$f(z) = \frac{z}{(1+e^{i\alpha}z)^2} \qquad (\alpha \text{ reell})\,[1].$$

Der Beziehung (2) entspricht für den Arkus von $f'(z)$ der sogenannte „*Drehungssatz*"

(5) $$|\operatorname{arc} f'(z)| \leqq 2\log\frac{1+r}{1-r}.$$

Man kennt hier jedoch keine spezielle Funktion, für welche diese Schranke erreicht wird[2].

Dem Beweise dieser Sätze schicken wir folgenden Hilfssatz („*Flächensatz*") voraus: Setzt man

(6) $$\frac{1}{f(z)} = \frac{1}{z} + b_0 + b_1 z + \cdots,$$

wo also

$$b_0 = -a_2, \qquad b_1 = a_2^2 - a_3$$

ist, so gilt

(7) $$\sum_{n=1}^{\infty} n\,|b_n|^2 \leqq 1.$$

---

[1] Diese Funktion bildet für $\alpha = 0$ den Einheitskreis auf die vom Punkte $\zeta = \frac{1}{4}$ längs der positiven reellen Achse aufgeschnittene ζ-Ebene ab. Sucht man unter allen Funktionen der Form (1) mit der Nebenbedingung, daß diese Funktionen eine schlichte Abbildung liefern, eine Funktion extremaler Verzerrungseigenschaften, so wird uns die Lösung dieser Aufgabe durch ein solches Individuum aus der Gesamtheit aller zugelassenen Vergleichsfunktionen gegeben, welches gerade noch die Nebenbedingung erfüllt, nämlich bei Ausführung gewisser beliebig kleiner Variationen keine schlichte Abbildung mehr ergibt. Dies entspricht einem sehr allgemeinen Prinzip aus der Lehre von den Maxima und Minima mit Nebenbedingungen: Haben solche Nebenbedingungen die Gestalt von Ungleichungen, so sind diese Ungleichungen entweder ohne Einfluß auf die Lösung, oder die Lösung ist so beschaffen, daß für sie in den nicht einflußlosen Ungleichungen das Gleichheitszeichen gilt.

[2] Der nachfolgende Beweis dieser Sätze schließt sich in der Hauptsache an die Arbeit von R. Nevanlinna: Über die schlichten Abbildungen des Einheitskreises (Oeversikt av Finska Vetensk.-Soc. Förh. Bd. **62** Avd. A., Nr. 7) an, wo auch weitere Literatur nachgewiesen ist. Verzichtet man auf die explizite Angabe der Schranken für $|f'(z)|$ bzw. $|f(z)|$, d. h. begnügt man sich mit der Tatsache, daß allein von r abhängige Schranken existieren, so kann man den Beweis dieser Verzerrungssätze in einfacher Weise auf Grund des Häufungsstellenprinzipes (Kap. **3**, § **6**) führen. In dieser Art hat Koebe zuerst diese Sätze aufgestellt und unter Benutzung eines Gedankens von Carathéodory bewiesen, als Hilfsmittel für die Untersuchung allgemeiner Abbildungsprobleme. Wir werden jedoch in den Untersuchungen der nächsten Kapitel von den Koebeschen Verzerrungssätzen keinen Gebrauch zu machen haben. — Der Drehungssatz wurde zuerst von L. Bieberbach gefunden und bewiesen.

Dieser Satz wird sich lediglich als ein Ausdruck für die Tatsache erweisen, daß die Funktion $\frac{1}{f(z)}$ den Einheitskreis auf ein schlichtes, den Punkt ∞ in seinem Inneren enthaltendes Gebiet B abbildet.

Zum Beweise betrachten wir den Kreisring $\varrho < |z| < 1$, wobei $0 < \varrho < 1$ ist. Durch die Funktion $\xi = \frac{1}{f(z)}$ wird dieser Kreisring auf ein Gebiet B_ϱ der ξ-Ebene abgebildet, welches einerseits von dem Rande von B, andrerseits von einer Kurve begrenzt wird, welche sich durch

$$\xi = \frac{1}{\varrho e^{i\varphi}} + b_0 + b_1 \varrho e^{i\varphi} + \varrho^2 \omega(\varrho, \varphi) \tag{8}$$

mit Hilfe des Parameters φ darstellen läßt, wobei $\omega(\varrho, \varphi)$ bei variabelm ϱ und φ beschränkt bleibt. Da durch die Gleichung

$$\xi e^{-i\frac{\psi}{2}} = \frac{1}{\varrho} e^{-i\left(\varphi + \frac{\psi}{2}\right)} + |b_1| \varrho e^{i\left(\varphi + \frac{\psi}{2}\right)} \qquad (\psi = \operatorname{arc} b_1)$$

eine Ellipse mit den Halbachsen $\frac{1}{\varrho} + |b_1|\varrho$ und $\frac{1}{\varrho} - |b_1|\varrho$ gegeben wird, so unterscheidet sich der Flächeninhalt F des Innengebietes der durch (8) gegebenen Kurve von $\frac{\pi}{\varrho^2}$ um weniger als das ϱ-fache einer beschränkt bleibenden Zahl. Der Flächeninhalt des Gebietes B_ϱ ist gegeben durch

$$\int_\varrho^1 \int_0^{2\pi} |\xi'|^2 r\, dr\, d\varphi = \pi\left(\frac{1}{\varrho^2} - 1 + \sum_{n=1}^{\infty} n|b_n|^2 - \sum_{n=1}^{\infty} n|b_n|^2 \varrho^{2n}\right),$$

wie man leicht nachrechnet. Zieht man dies von $\frac{\pi}{\varrho^2}$ ab und läßt ϱ gegen Null konvergieren, so erhält man den Flächeninhalt des von B freigelassenen Teiles der ξ-Ebene, der nicht negativ sein kann, woraus unmittelbar die Behauptung (7) folgt.

Wir verwenden nun die Formel (7) dazu, eine Abschätzung des Koeffizienten a_2 zu gewinnen, und zwar behaupten wir: Es ist stets

$$|a_2| \leqq 2, \tag{9}$$

und das Gleichheitszeichen gilt nur für eine Funktion

$$f(z) = \frac{z}{(1 + e^{i\alpha} z)^2} \qquad (\alpha \text{ reell}).$$

Zum Beweise bedienen wir uns des folgenden Kunstgriffes. Die Funktion

$$\sqrt{\frac{1}{f(z^2)}} = \frac{1}{z} + \beta_1 z + \cdots, \qquad \beta_1 = \frac{b_0}{2},$$

bildet, wie man leicht erkennt, den Einheitskreis $|z| \leqq 1$ ebenfalls auf ein schlichtes Gebiet ab. Da sie offenbar das Reziproke einer Funktion von der Gestalt (1) ist, so ist also nach dem Flächensatze

$$|\beta_1|^2 = \frac{|b_0|^2}{4} \leqq 1,$$

woraus wegen $b_0 = -a_2$ die Abschätzung (9) folgt.

Nach (7) kann die Gleichung $|\beta_1| = 1$ nur dann gelten, wenn $\beta_2 = \beta_3 = \cdots = 0$ ist. Es gilt also $|a_2| = 2$ dann und nur dann, wenn

$$\sqrt{\frac{1}{f(z^2)}} = \frac{1}{z} + e^{i\alpha} z \qquad (\alpha \text{ reell})$$

ist oder

$$\frac{1}{f(z)} = \left(\frac{1}{\sqrt{z}} + e^{i\alpha}\sqrt{z}\right)^2,$$

d. h.

$$f(z) = \frac{z}{(1 + e^{i\alpha} z)^2}$$

ist.

Wir untersuchen nun die gegebene Funktion $f(z)$ in irgendeinem inneren Punkte z_0 des Einheitskreises. Wegen der schlichten Abbildung ist insbesondere $f'(z_0) \neq 0$. Die Substitution

$$\xi = \frac{z - z_0}{1 - \bar{z}_0 z}$$

führt den Kreis $|z| < 1$ in $|\xi| < 1$ über und verwandelt den Punkt z_0 in $\xi = 0$. Es ist

$$z = \frac{\xi + z_0}{1 + \bar{z}_0 \xi}.$$

Setzt man

$$f^*(\xi) = f\left(\frac{\xi + z_0}{1 + \bar{z}_0 \xi}\right) - f(z_0),$$

so bildet die Funktion $f^*(\xi)$ den Kreis $|\xi| < 1$ auf ein schlichtes Gebiet ab und läßt den Nullpunkt fest. Es ist also nach dem Taylorschen Satze

$$f^*(\xi) = (1 - |z_0|^2) f'(z_0)\,\xi + \tfrac{1}{2}(1 - |z_0|^2)\,[f''(z_0)(1 - |z_0|^2) - 2\bar{z}_0 f'(z_0)]\,\xi^2 + \cdots.$$

Die Funktion

$$\frac{f^*(\xi)}{(1 - |z_0|^2) f'(z_0)}$$

ist also im Kreise $|\xi| < 1$ regulär und genügt den Voraussetzungen, unter denen wir $|a_2| \leqq 2$ bewiesen haben. Es ist daher

$$\left|\frac{f''(z_0)}{f'(z_0)}(1 - |z_0|^2) - 2\bar{z}_0\right| \leqq 4.$$

In jedem Punkte des Kreises $|z| = r$ $(r < 1)$ gilt also

$$\left| z \frac{f''(z)}{f'(z)} - \frac{2r^2}{1-r^2} \right| \leqq \frac{4r}{1-r^2}$$

und daher

$$-\frac{4r - 2r^2}{1-r^2} \leqq \Re\left(z \frac{f''(z)}{f'(z)}\right) \leqq \frac{4r + 2r^2}{1-r^2},$$

$$\left| \Im\left(z \frac{f''(z)}{f'(z)}\right) \right| \leqq \frac{4r}{1-r^2}.$$

Nun ist aber

$$\Re\left(z \frac{f''(z)}{f'(z)}\right) = r \frac{\partial}{\partial r} \log |f'(z)|, \qquad \Im\left(z \frac{f''(z)}{f'(z)}\right) = r \frac{\partial}{\partial r} \operatorname{arc} f'(z),$$

woraus folgt

$$-\frac{4 - 2r}{1-r^2} \leqq \frac{\partial}{\partial r} \log |f'(z)| \leqq \frac{4 + 2r}{1-r^2},$$

$$-\frac{4}{1-r^2} \leqq \frac{\partial}{\partial r} \operatorname{arc} f'(z) \leqq \frac{4}{1-r^2}.$$

Durch Integration von 0 bis r folgt

$$\frac{1-r}{(1+r)^3} \leqq |f'(z)| \leqq \frac{1+r}{(1-r)^3} \quad \text{bzw.} \quad |\operatorname{arc} f'(z)| \leqq 2 \log \frac{1+r}{1-r},$$

womit der Verzerrungssatz (2) und der Drehungssatz (5) bewiesen sind. Die Formel (3) ergibt sich ohne Schwierigkeit aus (2) mit Hilfe einer nochmaligen Integration[1].

Anschließend an die Koebeschen Sätze mag noch erwähnt werden, daß man zu einer viel allgemeineren Gruppe von Verzerrungssätzen gelangt, wenn man die Voraussetzung der Schlichtheit von $f(z)$ im Einheitskreis aufgibt. Eine besondere Rolle spielt in diesem Fragenkomplex der *Satz von* BLOCH, den wir ohne Beweis mitteilen: *Die Funktion $f(z)$ sei für $|z| \leqq 1$ regulär; es sei $f'(0) = 1$. Dann enthält die Riemannsche Fläche, auf die $f(z)$ den Einheitskreis der z-Ebene abbildet, in einem ihrer Blätter eine offene Kreisscheibe vom Radius B, wo B eine absolute positive Konstante ist.* Beispielsweise ist der Satz mit $B = \frac{1}{8}$ richtig.

§ 8. Anwendungen des Prinzips vom Maximum.

Das in Kap. 3, § 1 entwickelte Prinzip vom Maximum zeigt, daß der Betrag einer in einem abgeschlossenen Bereich analytischen Funktion sicher unterhalb einer Schranke M bleibt, wenn die Randwerte diese Schranke M besitzen. Es ist nun für manche Anwendungen solcher Ab-

---

[1] Dabei muß zum Beweise der linken Hälfte der Ungleichung (3) die Integration im Kreise $|z| < 1$ über denjenigen Weg geführt werden, welcher der geradlinigen Verbindungsstrecke des Punktes $\zeta = 0$ mit dem ihm nächsten Punkte der Bildkurve des Kreises $|z| = r$ in der ζ-Ebene entspricht.

schätzungen wichtig, daß man in einem sehr allgemeinen Fall einen ähnlichen Schluß auch dann noch ziehen kann, wenn man über das Verhalten der Funktion am Rande nur schwächere Voraussetzungen macht, indem man für einen einzelnen Punkt des Randes die ausdrückliche Voraussetzung der Regularität und Beschränktheit aufgibt. Die Formulierung eines solchen Satzes gelingt nach PHRAGMÉN und LINDELÖF[1] in besonders einfacher Weise, wenn man als Bereich einen vertikalen „Halbstreifen" wählt und den Ausnahmepunkt dabei als den unendlich fernen Punkt des Halbstreifens annimmt — was ja nach dem Riemannschen Abbildungssatz durch eine geeignete Transformation stets erreichbar ist. Es gilt dann der folgende, in modernen Untersuchungen häufig angewandte Satz:

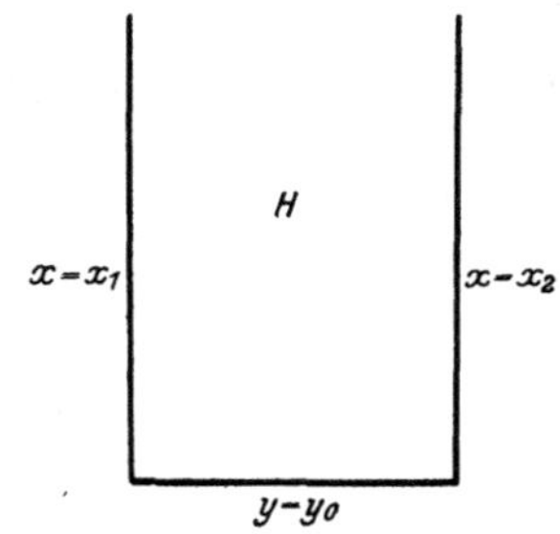

Abb. 114.

In der Ebene der komplexen Variabeln $z = x + iy$ *sei durch*

$$x_1 \leqq x \leqq x_2, \qquad y \geqq y_0\,(> 0)$$

ein „Halbstreifen" H definiert (vgl. Abb. 114).

Die Funktion $f(z)$ *sei in H regulär und auf dem Rande von H beschränkt:*

$$(1) \qquad |f(z)| \leqq c \quad \text{für} \begin{cases} x = x_1, & y \geqq y_0; \\ x = x_2, & y \geqq y_0; \\ y = y_0, & x_1 \leqq x \leqq x_2. \end{cases}$$

Endlich gebe es zwei von x unabhängige Konstanten C und γ *so, daß in H*

$$|f(z)| \leqq C e^{\gamma y}$$

ist. Dann gilt auch im Innern von H

$$|f(z)| \leqq c.$$

Beweis: Bei gegebenem $\varepsilon > 0$ ist die Funktion

$$g(z) = e^{\varepsilon z^2} f(z)$$

ebenfalls in H regulär. In H ist nun

$$|g(z)| = e^{\varepsilon \Re(z^2)} |f(z)| = e^{\varepsilon(x^2 - y^2)} |f(z)| \leqq e^{\varepsilon(a - y^2)} |f(z)|,$$

wenn a die größte der beiden Zahlen $x_1{}^2$ und $x_2{}^2$ bezeichnet. Auf dem Rande wird also insbesondere

$$|g(z)| \leqq e^{\varepsilon a} c;$$

im Innern und auf dem Rande ist

$$(2) \qquad |g(z)| \leqq e^{\varepsilon(a - y^2)} C e^{\gamma y} = C e^{-\varepsilon y^2 + \gamma y + \varepsilon a}.$$

[1] „Sur une extension d'un principe classique de l'analyse et sur quelques propriétés des fonctions monogènes dans le voisinage d'un point singulier", Acta math. 31 (1908), S. 381 ff.

Da in dem quadratischen Ausdruck $-\varepsilon y^2 + \gamma y + \varepsilon a$ bei großem $|y|$ das höchste Glied überwiegt, so strebt die von x unabhängige rechte Seite von (2) bei wachsendem y gegen Null. Bei hinreichend großem y_1 besteht also auf der „Querstrecke"

$$x_1 \leqq x \leqq x_2, \quad y = y_1$$

(vgl. Abb. 115) die Abschätzung

$$|g(z)| \leqq c\, e^{\varepsilon a}. \tag{3}$$

Da diese wegen (1) selbstverständlich auch auf dem übrigen Rande des Rechtecks $x_1 \leqq x \leqq x_2$, $y_0 \leqq y \leqq y_1$ richtig ist, so ergibt das Prinzip vom Maximum auch für das ganze Innere dieses Rechtecks die Abschätzung (3) und demnach:

$$|f(z)| \leqq c\, e^{\varepsilon a}\, e^{\varepsilon(y^2 - x^2)} \leqq c\, e^{\varepsilon(a + y^2)}. \tag{4}$$

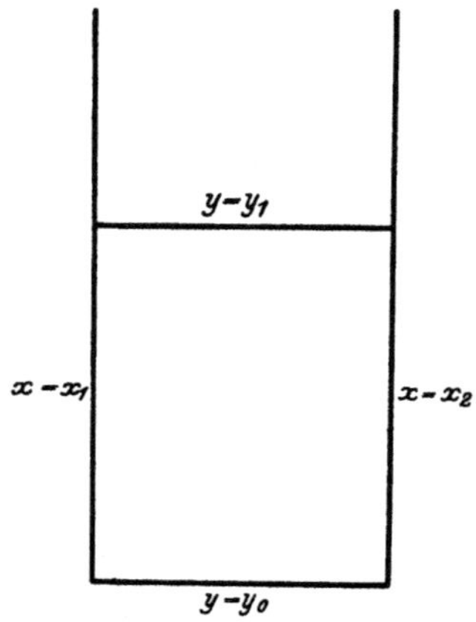

Abb. 115.

Da nun jeder fest gewählte Punkt $z = x + iy$ des Halbstreifens H dem Rechteck $x_1 \leqq x \leqq x_2$, $y_0 \leqq y \leqq y_1$ angehört, wenn nur y_1 groß genug gewählt wird, gilt die Abschätzung (4) im *ganzen* Halbstreifen H, und zwar mit jedem positiven ε. Bei festem z aus H können wir daher den Grenzübergang $\varepsilon \to 0$ machen und erhalten

$$|f(z)| \leqq \lim_{\varepsilon \to 0} c\, e^{\varepsilon(a + y^2)} = c,$$

womit der Satz bewiesen ist.

Ähnlichen Charakter trägt eine weitere Anwendung des Prinzips vom Maximum, der *Hadamardsche Dreikreisesatz*:

Die Funktion $f(z)$ sei im Kreise $|z| < R$ oder auch in der ganzen Ebene regulär, überdies nicht identisch Null. Für jedes r mit $0 < r < R$ bzw., wenn $f(z)$ eine ganze Funktion ist, für jedes $r > 0$ bedeute $M(r)$ den größten Wert von $\log|f(z)|$ auf der Kreisfläche $|z| \leqq r$. Dann ist $M(r)$ eine „konvexe" Funktion von $\log r$; d. h. für $0 < r_1 < r_2 < r_3$ $(< R)$ gilt stets

$$M(r_2) \leqq M(r_1) \cdot \frac{\log r_3 - \log r_2}{\log r_3 - \log r_1} + M(r_3) \cdot \frac{\log r_2 - \log r_1}{\log r_3 - \log r_1}.$$

Zum Beweise setzen wir

$$u(x, y) = \log|f(x + iy)|.$$

Das Maximum $M(r_k)$ $(k = 1, 2, 3)$ von $u(x, y)$ auf dem Kreis mit dem Radius r_k werde kurz mit M_k bezeichnet. Wir bilden die Potentialfunktion von x und y

$$u(x, y) + (M_1 - M_3)\,\frac{\log r - \log r_1}{\log r_3 - \log r_1},$$

in welcher r für $|x + iy|$ steht. Diese Funktion hat auf der Peripherie des Kreises r_1 den Wert $u(x, y)$, also den Höchstwert M_1; auf der Peripherie des Kreises r_3 hat sie den Wert $u(x, y) + M_1 - M_3$, also ebenfalls den Höchstwert M_1 $(= M_3 + M_1 - M_3)$. Ihr Höchstwert auf dem Kreise $|z| = r_2$ beträgt nun

$$M_2 + (M_1 - M_3) \frac{\log r_2 - \log r_1}{\log r_3 - \log r_1}.$$

Durch Anwendung des Prinzips vom Maximum auf das von den Kreisen r_1 und r_3 begrenzte Ringgebiet folgt also:

$$M_2 + (M_1 - M_3) \frac{\log r_2 - \log r_1}{\log r_3 - \log r_1} \leqq M_1,$$

$$M_2 \leqq M_1 \frac{\log r_3 - \log r_2}{\log r_3 - \log r_1} + M_3 \frac{\log r_2 - \log r_1}{\log r_3 - \log r_1}.$$

Das ist gerade die Behauptung.

Siebentes Kapitel.

Spezielle Abbildungsfunktionen.

Wenn auch durch den Riemannschen Abbildungssatz ein Prinzip zur Erzeugung analytischer Funktionen gegeben ist, indem man nämlich jedem willkürlich geometrisch definierten einfach zusammenhängenden schlichten Gebiet eine Abbildungsfunktion zuordnet, so kann man doch von dieser Abbildungsfunktion über die bloße Existenz hinaus nur wenig aussagen. Wählt man jedoch als Bildbereich des Einheitskreises (oder, was hier bequemer sein wird, der oberen Halbebene) hinreichend einfache geometrische Figuren, nämlich Bereiche, welche geradlinig oder durch Kreisbogen begrenzt sind, so gelangt man zu einer großen Klasse wichtiger spezieller Abbildungsfunktionen, für die man mit Hilfe des Spiegelungsprinzipes eine Reihe charakteristischer Eigenschaften unmittelbar aus der Gestalt dieser Bildbereiche ablesen kann; es wird dann sogar das Vordringen bis zu einem mehr oder minderexpliziten Ausdruck für jene Funktionen ermöglicht. Der Untersuchung dieser Funktionenklasse ist das vorliegende Kapitel gewidmet.

§ 1. Die allgemeine Polygonabbildung.

Wir wollen uns zunächst damit beschäftigen, den expliziten Ausdruck einer Funktion $z = \varphi(\zeta)$ anzugeben, welche die obere ζ-Halbebene konform auf das Innere eines in der z-Ebene gelegenen geradlinigen einfachen Polygons abbildet. Es sei etwa Π ein solches n-Eck in der z-Ebene, und $\alpha_1 \pi, \alpha_2 \pi, \ldots, \alpha_n \pi$ $(0 < \alpha_k < 2,\ \alpha_k \neq 1)$ seien seine

Winkel, so daß also $\alpha_1 + \cdots + \alpha_n = n - 2$ wird (vgl. Abb. 116). Die Eckpunkte von Π seien durch die Werte $z = b_1, \ldots, z = b_n$ gegeben.

Um einen Ausdruck für die Abbildungsfunktion $z = \varphi(\zeta)$ zu finden, gehen wir von der Bemerkung aus, daß unser Polygon bei einer Translation und Drehung in eine kongruente Figur übergeht, während andererseits der Ausdruck $\frac{\varphi''(\zeta)}{\varphi'(\zeta)}$ gegenüber allen Transformationen $z^* = \varphi^* = \alpha\varphi + \beta = \alpha z + \beta$ mit beliebigen komplexen Konstanten α, β $(\alpha \neq 0)$ invariant ist, d. h. daß $\frac{\varphi^{*\prime\prime}}{\varphi^{*\prime}} = \frac{\varphi''}{\varphi'}$ ist, wenn φ^* und φ durch eine derartige Transformation zusammenhängen. Die n Punkte der reellen Achse der ζ-Ebene, welche den n Eckpunkten des Polygons Π entsprechen, seien bzw. mit $a_1, a_2, \ldots, a_n$ bezeichnet. Wir setzen nun die konforme Abbildung des Polygons nach dem Spiegelungsprinzip in die untere Halbebene fort. Einer Spiegelung von Π an einer seiner Seiten entspricht ein Übergang von der oberen zur unteren ζ-Halbebene. Eine erneute Spiegelung von Π bringt das abermals umgeklappte Polygon in eine Lage, die aus der ursprünglichen durch bloße Drehung und nachfolgende Verschiebung hervorgeht; gleichzeitig gelangt man in der ζ-Ebene wieder in die obere Halbebene, d. h. zu den Ausgangswerten von ζ zurück. Eine gerade Anzahl von Spiegelungen ergibt also immer wieder dieselben ζ-Werte, während sie für $z = \varphi(\zeta)$ eine ganze lineare Transformation $z^* = \alpha z + \beta$ mit $\alpha \neq 0$ (sogar $|\alpha| = 1$) bedeutet. Eine solche läßt aber den Ausdruck $\frac{\varphi''}{\varphi'}$ invariant; dieser stellt also eine in der ganzen ζ-Ebene eindeutige Funktion dar. Da sowohl φ' wie φ'' für alle von $\zeta = a_1, \zeta = a_2, \ldots, \zeta = a_n$ verschiedenen Punkte regulär ist und außerdem φ' nur für die Bilder der Eckpunkte verschwinden kann, so sind höchstens diese Stellen für die Funktion $\frac{\varphi''}{\varphi'}$ singulär.

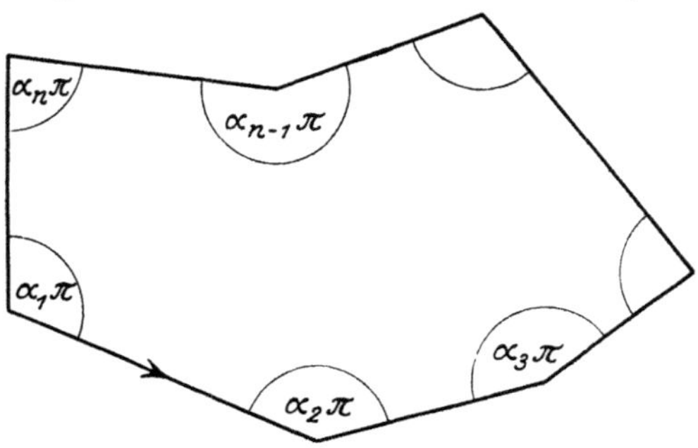

Abb. 116.

Um die Natur dieser Singularitäten zu bestimmen, betrachten wir einen der Punkte $\zeta = a_k$, von denen wir zunächst voraussetzen, daß sie vom unendlich fernen Punkt verschieden sind; dann ist $\varphi(\zeta)$ für $\zeta = \infty$ regulär. Wir werden zeigen, daß $\zeta = a_k$ ein einfacher Pol der Funktion

$\frac{\varphi''}{\varphi'}$ ist[1]. Wir führen hierzu eine neue Veränderliche $t = (z - b_k)^{\frac{1}{\alpha_k}}$ ein. Einem gestreckten Winkel im Punkte $t = 0$ entspricht dann der Winkel $\alpha_k \pi$ im Punkte $z = b_k$, d. h. wieder ein gestreckter Winkel im Punkte $\zeta = a_k$. Einer Spiegelung der ζ-Halbebene an der reellen Achse entspricht also eine ebensolche Spiegelung der t-Halbebene und umgekehrt, so daß t eine in der Umgebung der Stelle $t = 0$ umkehrbar eindeutige Funktion von ζ sein muß, welche, wegen $\lim\limits_{\zeta \to a_k} z = b_k$, im Punkte $\zeta = a_k$ eine (wegen der umkehrbaren Eindeutigkeit) einfache Nullstelle besitzen muß. Also gilt in der Umgebung des Punktes $\zeta = a_k$ die Entwicklung:

$$t = (z - b_k)^{\frac{1}{\alpha_k}} = c\,(\zeta - a_k)\{1 + c_1(\zeta - a_k) + \cdots\},$$

wo $c \neq 0$ ist; hieraus folgt für $z - b_k$

$$z - b_k = c^*(\zeta - a_k)^{\alpha_k}\{1 + c_1^*(\zeta - a_k) + \cdots\} \qquad (c^* \neq 0).$$

Für $\frac{\varphi''}{\varphi'}$ gilt also schließlich

$$\frac{\varphi''(\zeta)}{\varphi'(\zeta)} = \frac{\alpha_k - 1}{\zeta - a_k} + \mathfrak{P}(\zeta - a_k), \tag{1}$$

wo $\mathfrak{P}(\zeta - a_k)$ eine im Punkte a_k reguläre Potenzreihe darstellt. Eine analoge Entwicklung gilt für jeden anderen der Punkte $a_1, a_2, \ldots, a_n$, die wir zunächst alle im Endlichen gelegen voraussetzen wollen, so daß $\frac{\varphi''}{\varphi'}$ eine bis auf endlich viele Pole reguläre eindeutige Funktion von ζ ist; nach dem Satze aus Kap. 5, § 4 (S. 385) ist also dieser Quotient eine rationale Funktion von ζ, hat also[2] nach (1) die Gestalt

$$\frac{\varphi''(\zeta)}{\varphi'(\zeta)} = \frac{z''}{z'} = \frac{\alpha_1 - 1}{\zeta - a_1} + \frac{\alpha_2 - 1}{\zeta - a_2} + \cdots + \frac{\alpha_n - 1}{\zeta - a_n}.$$

Hieraus ergibt sich durch Integration für die gesuchte Abbildungsfunktion des Polygons

$$z = \varphi(\zeta) = c\int\limits_0^{\zeta} (t - a_1)^{\alpha_1 - 1}(t - a_2)^{\alpha_2 - 1}\cdots(t - a_n)^{\alpha_n - 1}\,dt + c', \tag{2}$$

wo c, c' beliebige komplexe Konstanten bedeuten.

---

[1] Womit die Eindeutigkeit der Funktion $\frac{\varphi''}{\varphi'}$ nochmals bewiesen ist.

[2] Da $\varphi(\zeta)$ im Unendlichen regulär vorausgesetzt ist, so ist in der Umgebung des unendlich fernen Punktes eine Entwicklung nach Potenzen von $\frac{1}{\zeta}$ möglich. Ist etwa $\frac{c_\nu}{\zeta^\nu}$ das erste nicht verschwindende Glied mit positivem ν, so gibt dies für $\frac{\varphi''}{\varphi'}$ zu einem Gliede $-\frac{\nu + 1}{\zeta}$ Anlaß. Es muß also $\frac{\varphi''}{\varphi'}$ im Unendlichen verschwinden, so daß zu dem obigen Ausdrucke für $\frac{\varphi''}{\varphi'}$ keine von Null verschiedene Konstante hinzukommen kann.

Die oben gemachte Beschränkung, daß keine der Stellen a_k im Unendlichen gelegen sein soll, können wir leicht durch eine lineare Transformation aufheben. Verlegen wir etwa den Punkt a_n ins Unendliche, indem wir ζ durch $a_n - \frac{1}{\zeta}$ ersetzen bzw. im Integral durch die Gleichung $t = -\frac{1}{\tau} + a_n$ eine neue Variable τ einführen, so erhalten wir unter Berücksichtigung der Relation $\alpha_1 + \cdots + \alpha_n = n - 2$

$$(3)\quad z = c\int\limits_0^{\zeta}\left(a_n - a_1 - \frac{1}{\tau}\right)^{\alpha_1 - 1}\left(a_n - a_2 - \frac{1}{\tau}\right)^{\alpha_2 - 1}\cdots\left(-\frac{1}{\tau}\right)^{\alpha_n - 1}\frac{d\tau}{\tau^2} + c_1'$$

$$= c_1\int\limits_0^{\zeta}(\tau - a_1')^{\alpha_1 - 1}(\tau - a_2')^{\alpha_2 - 1}\cdots(\tau - a_{n-1}')^{\alpha_{n-1} - 1}\,d\tau + c_1',$$

wobei $a_1', a_2', \ldots, a_{n-1}'$ Konstante bedeuten. Ersetzen wir τ durch eine neue Variable $a\tau + b$ $(a \neq 0)$, so können wir noch zweien der Konstanten $a_1', \ldots, a_{n-1}'$ beliebige voneinander verschiedene Werte erteilen.

Durch eine lineare Transformation können wir von der oberen Halbebene zum Einheitskreis als Bildgebiet übergehen. So erhält man z. B. für die Abbildung eines regelmäßigen n-Eckes ($n \geqq 3$) mit dem Mittelpunkt im Nullpunkt der z-Ebene auf den Einheitskreis die Funktion

$$z = \int\limits_0^{\zeta}\frac{dt}{\sqrt[n]{(1 - t^n)^2}}.$$

Es sei ferner bemerkt, daß sich auch leicht die konforme Abbildung des Äußeren eines Polygons auf die Halbebene bzw. den Einheitskreis bewerkstelligen läßt; als Beispiel, dessen Bestätigung ebenfalls dem Leser überlassen bleiben kann, sei hier nur die Funktion

$$z = \int\limits_1^{\zeta}\frac{\sqrt{1 + t^4}}{t^2}\,dt$$

angeführt, welche das Äußere eines Quadrats der z-Ebene auf das Innere des Einheitskreises konform abbildet, wobei dem Nullpunkt der ζ-Ebene der Punkt ∞ in der z-Ebene entspricht[1].

§ 2. Die Funktionen des geradlinigen Dreiecks.

Als ersten Spezialfall der allgemeinen Polygonabbildung betrachten wir die Abbildungsfunktion eines geradlinigen Dreiecks. Auf Grund der

---

[1] Vgl. H. A. Schwarz: Über einige Abbildungsaufgaben. Ges. Math. Abh. Bd. II, S. 65—83.

Formel (3) von § 1 erhalten wir für die Abbildungsfunktion, wenn wir die Punkte a_1', a_2' bzw. in die Punkte 0, 1 verlegen, den Ausdruck

$$z = c\int_0^\zeta t^{\alpha_1-1}(1-t)^{\alpha_2-1}\,dt + c'. \tag{1}$$

Wir wollen die durch (1) definierte Funktion nach dem Spiegelungsprinzip analytisch fortsetzen. Spiegeln wir die obere Halbebene an einer der Strecken 0 1 oder 1 ∞ oder ∞ 0, so erhalten wir entsprechend je ein gespiegeltes, mit dem ersten längs einer der drei Seiten zusammenhängendes Dreieck; ein Doppeldreieck wird auf die volle, längs eines Teiles der reellen Achse aufgeschnittene ζ-Ebene abgebildet. Durch unbegrenzte Fortsetzung des Spiegelungsprozesses erhalten wir als Riemannsche Fläche der Funktion $z = z(\zeta)$ eine unendlich vielfache Überdeckung der ganzen ζ-Ebene mit Verzweigungspunkten über den Stellen 0, 1, ∞. Die Überdeckung der z-Ebene mit Dreiecken wird im allgemeinen nicht einfach sein, sondern zu einer kompliziert verzweigten Riemannschen Fläche für die Funktion $\zeta = \zeta(z)$ führen. Dann und nur dann erhalten wir eine einfache Bedeckung der z-Ebene, wenn sich in jeder Ecke die Reihe der zusammenstoßenden Doppeldreiecke schließt, d. h. wenn 2π ein ganzzahliges Multiplum des betreffenden Winkels ist; die Winkel der Doppeldreiecke sind aber gleich $2\alpha_1\pi$, $2\alpha_2\pi$, $2\alpha_3\pi$; wir erhalten also als Bedingung für die Einfachheit der Doppeldreiecksüberdeckung die Forderung, daß $\frac{2\pi}{2\alpha_1\pi} = \frac{1}{\alpha_1} = r_1$, $\frac{1}{\alpha_2} = r_2$, $\frac{1}{\alpha_3} = r_3$ ganze Zahlen sein müssen, welche im übrigen wegen $\alpha_1 + \alpha_2 + \alpha_3 = 1$ der Gleichung

$$\frac{1}{r_1} + \frac{1}{r_2} + \frac{1}{r_3} = 1 \tag{2}$$

zu genügen haben.

Die funktionentheoretische Bedeutung unserer Fragestellung ist, daß im Falle einer einfachen Überdeckung der z-Ebene die Umkehrfunktion $\zeta = \zeta(z)$ in der ganzen z-Ebene eine eindeutige Funktion wird, während sie andernfalls in den Ecken des Dreiecks und allen daraus durch Spiegelung hervorgehenden Punkten Windungspunkte endlich oder unendlich hoher Ordnung besitzt.

Alle Fälle, in welchen diese eindeutige Umkehrbarkeit stattfindet, können wir nun leicht durch Diskussion der diophantischen Gleichung (2) ermitteln, wobei wir aus Symmetriegründen $r_1 \leqq r_2 \leqq r_3$ annehmen dürfen. Eine erste Lösung ist $r_1 = r_2 = r_3 = 3$; bei jeder weiteren Lösung muß eine der Zahlen, also auch r_1, kleiner als 3 sein. Ist $r_1 = 1$, so wird notwendig $\frac{1}{r_2} = 0$, $\frac{1}{r_3} = 0$, was durch ganzzahlige r_2, r_3 nicht zu erreichen ist. Obwohl unsere Betrachtung, die auf die Gleichung (2) führte, dann versagt, wollen wir als Grenzfall den Fall $r_1 = 1$, $r_2 = r_3 = \infty$

mitzählen; ihm entspricht die Abbildung der Halbebene auf ein geradliniges Dreieck, von dem zwei Ecken im unendlich fernen Punkt liegen, so daß man ihnen die Winkel 0, 0 zuschreiben kann, während die dritte, im Endlichen gelegene Ecke den Winkel π hat. Ein solches Dreieck ist ein unendlicher Parallelstreifen.

Ist $r_1 = 2$, so wird $\frac{1}{r_2} + \frac{1}{r_3} = \frac{1}{2}$, d. h. entweder $r_2 = r_3 = 4$ oder $r_2 = 3$, $r_3 = 6$ oder schließlich als Grenzfall $r_2 = 2$, $r_3 = \infty$. Die verschiedenen Fälle werden durch folgende Tabelle dargestellt:

	r_1	r_2	r_3
1.	3	3	3
2.	1	∞	∞
3.	2	4	4
4.	2	3	6
5.	2	2	∞

Im Grenzfall 2 lautet die Abbildungsfunktion bei passender Wahl der beiden Konstanten in (1):

$$z = \int_0^\zeta \frac{dt}{1-t} = \log \frac{1}{1-\zeta},$$

in Übereinstimmung mit den Ergebnissen von Kap. 4, § 6.

Der Grenzfall 5 ergibt die Abbildung auf einen dreieckigen Bereich mit den Winkeln $\frac{\pi}{2}$, $\frac{\pi}{2}$, 0, d.h. einen Halbstreifen; bei geeigneter Wahl der Konstanten lautet die Abbildungsfunktion

$$z = \int_0^\zeta \frac{dt}{\sqrt{t(1-t)}} - \frac{\pi}{2},$$

und das ist, wie man unmittelbar durch Differenzieren nachweist, die Umkehrfunktion des Sinus: $z = \arcsin(2\zeta - 1)$.[1]

Die Fälle 1, 3, 4 führen über den Bereich der elementaren Funktionen hinaus. Sie liefern die Abbildung der Halbebene auf ein gleichseitiges, ein gleichschenklig rechtwinkliges und ein rechtwinkliges, durch Halbierung des gleichseitigen entstehendes Dreieck. Die betreffenden Abbildungsfunktionen lauten bei passender Wahl der Konstanten

$$z = \int_0^\zeta \frac{dt}{\sqrt[3]{t^2(1-t)^2}}, \qquad z = \int_0^\zeta \frac{dt}{\sqrt[4]{t^2(1-t)^3}}, \qquad z = \int_0^\zeta \frac{dt}{\sqrt[6]{t^3(1-t)^4}}.$$

[1] Die Abbildungseigenschaften der Grenzfälle 2 und 5 ergeben sich auch unmittelbar aus den Formeln.

Wie sich aus den Betrachtungen des nächsten Paragraphen ergeben wird, sind ihre Umkehrfunktionen „doppeltperiodische" Funktionen. Aus diesem Grunde ist es an der Zeit, daß wir hier einige einfache Grundbegriffe aus der Theorie der „periodischen" Funktionen zusammenstellen. Eine analytische Funktion $f(z)$ heißt von der *Periode* ω, wenn für jeden regulären Punkt z

$$f(z+\omega) = f(z)$$

ist. Ist dabei $\omega \neq 0$, so heißt die Funktion $f(z)$ *periodisch*. Zwei Perioden einer Funktion heißen voneinander *abhängig*, wenn ihr Quotient reell ist, andernfalls *unabhängig*. Eine eindeutige analytische Funktion kann, wie sich zeigen läßt[1], kein System von mehr als zwei voneinander unabhängigen Perioden haben. Sind alle Perioden einer periodischen Funktion voneinander abhängig, so heißt die Funktion *einfach periodisch*; die Perioden bestehen dann aus allen ganzzahligen Vielfachen einer geeigneten unter ihnen. Besitzt die Funktion $f(z)$ zwei voneinander unabhängige Perioden, so heißt $f(z)$ *doppeltperiodisch*. Es können dann (auf unendlich viele Arten) zwei „Fundamentalperioden" ω_1 und ω_2 gefunden werden, so daß die Perioden von $f(z)$ genau die Zahlen

$$m_1\omega_1 + m_2\omega_2$$

mit ganzen m_1, m_2 sind. Jedes Parallelogramm, dessen Ecken bei geeignetem komplexem u die Gestalt

$$u, \quad u+\omega_1, \quad u+\omega_1+\omega_2, \quad u+\omega_2$$

haben, heißt ein *Periodenparallelogramm* der Funktion $f(z)$.

§ 3. Abbildung des Rechteckes. Elliptische Funktionen.

Einen weiteren speziellen Fall der Polygonabbildung liefert das Problem, ein Rechteck der z-Ebene auf die obere ζ-Halbebene konform abzubilden.

Wir denken uns die Ecken des Rechteckes bzw. in den Punkten

$$\frac{\omega_1}{2}, \quad \frac{\omega_1}{2} + i\omega_2,$$

$$-\frac{\omega_1}{2} + i\omega_2, \quad -\frac{\omega_1}{2}$$

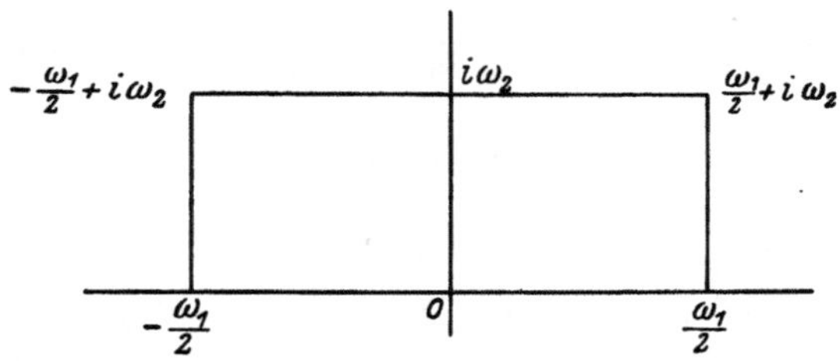

Abb. 117.

der z-Ebene gelegen (vgl. Abb. 117), wobei ω_1, ω_2 zwei beliebige positive reelle Zahlen bedeuten. Wir wollen dieses Rechteck so auf die obere ζ-Halbebene abbilden, daß sich die beiden Nullpunkte entsprechen und der Punkt $z = \frac{\omega_1}{2}$ in den Punkt $\zeta = 1$ fällt. Um die Abbildung so zu

[1] Man vergleiche hier und im folgenden etwa Abschn. II, Kap. 1, § 2.

normieren, daß der Punkt $z = -\frac{\omega_1}{2}$ in den Punkt $\zeta = -1$ zu liegen kommt, bilden wir das in dem Quadranten $\Re z \geqq 0$, $\Im z \geqq 0$ gelegene halbe Rechteck auf die Viertelebene $\Re \zeta \geqq 0$, $\Im \zeta \geqq 0$ derart ab, daß sich die Punkte $z = 0$ und $\zeta = 0$ bzw. $z = \frac{\omega_1}{2}$ und $\zeta = 1$ bzw. $z = i\omega_2$ und $\zeta = \infty$ entsprechen. Durch Spiegelung an den imaginären Achsen erhalten wir die Abbildung des Gesamtrechteckes auf die obere Halbebene. Hierbei fällt der Bildpunkt der Ecke $z = \frac{\omega_1}{2} + i\omega_2$ in einen Punkt der reellen ζ-Achse rechts von 1, etwa den Punkt $\zeta = \frac{1}{\varkappa}$ $(0 < \varkappa < 1)$; das Bild der Ecke $z = -\frac{\omega_1}{2} + i\omega_2$ ist dann der Spiegelpunkt $\zeta = -\frac{1}{\varkappa}$. Die gesuchte Abbildungsfunktion hat also nach § 1, (2) die Gestalt

$$z = c \int_0^\zeta \frac{dt}{\sqrt{(t^2 - 1)\left(t^2 - \frac{1}{\varkappa^2}\right)}},$$

wo c eine reelle Konstante bedeutet, oder, wenn wir $\varkappa c$ wieder mit c bezeichnen,

$$z = c \int_0^\zeta \frac{dt}{\sqrt{(1 - t^2)(1 - \varkappa^2 t^2)}}. \tag{1}$$

Setzt man fest, daß für $t = 0$ das Vorzeichen der Wurzel positiv zu nehmen ist, so ist dadurch die Konstante c völlig festgelegt und zwar positiv. Man bezeichnet diesen Ausdruck als *Legendresches Integral erster Gattung.*

Die Größe $\varkappa$ ist durch das Verhältnis der Seiten des halben Rechtecks

$$\frac{\omega_1}{2} = c \int_0^1 \frac{dt}{\sqrt{(1 - t^2)(1 - \varkappa^2 t^2)}}, \qquad i\omega_2 = c \int_1^{\frac{1}{\varkappa}} \frac{dt}{\sqrt{(1 - t^2)(1 - \varkappa^2 t^2)}} \tag{2}$$

bestimmt, während die Größe c einen Ausdruck für die absolute Größe des Rechteckes darstellt.

Sind umgekehrt zwei beliebige positive reelle Zahlen c und $\varkappa < 1$ verfügbar, so kann durch einen Ausdruck der Form (1) die Abbildung der oberen ζ-Halbebene auf jedes beliebige Rechteck der z-Halbebene von der oben festgesetzten Lage bewerkstelligt werden. Variiert nämlich $\varkappa$ zwischen 0 und 1, so variiert das durch (2) gegebene Seitenverhältnis zwischen 0 und ∞, während durch c die Größe des Rechtecks bestimmt wird.

Zur näheren Beschreibung des Gesamtverlaufes der durch den Ausdruck (1) gegebenen analytischen Funktion wenden wir das Spiegelungsprinzip an.

Wir bezeichnen die Seiten des Rechteckes gemäß Abb. 118 mit I, II, III, IV, die ihnen entsprechenden Strecken der reellen ζ-Achse mit I′, II′, III′, IV′. Wir spiegeln zunächst an der Strecke I. Dann erhalten wir in der z-Ebene zwei längs I zusammenhängende kongruente Rechtecke und in der ζ-Ebene die volle obere und untere Halbebene, welche längs der Strecke I′ aneinander hängen. Spiegeln wir andererseits an II, III oder IV, so erhalten wir jedesmal ein neues Rechteck, das mit dem alten längs der Seite II, III oder IV zusammenhängt, und

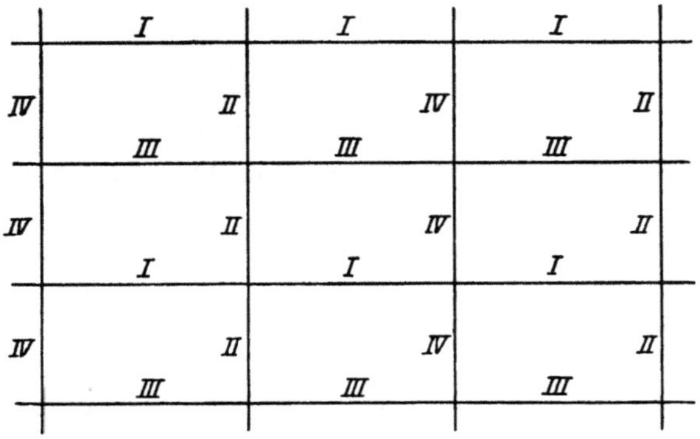

Abb. 118.

über der ζ-Ebene drei untere Halbebenen, die mit der oberen längs II′, III′ oder IV′ verbunden sind. Jetzt spiegeln wir die neuen Rechtecke an ihren freien Seiten und setzen dieses Verfahren in infinitum fort, indem wir die ganze z-Ebene lückenlos und einfach mit Rechtecken überdecken; in der ζ-Ebene entstehen dann entsprechend unendlich viele neue obere und untere Halbebenen, die sinngemäß längs der Strecken I′, II′, III′, IV′ zu verbinden sind. Die Punkte ζ bilden also eine unendlich vielblättrige Riemannsche Fläche F, welche über den Punkten ± 1, $\pm \frac{1}{\varkappa}$ verzweigt ist (aber nicht wie die Fläche des Logarithmus, sondern indem unendlich viele Verzweigungspunkte erster Ordnung übereinander geschichtet sind). Die einfachste Vorstellung von den Zusammenhangsverhältnissen der Blätter erhält man durch Betrachtung der Rechtecksfigur. Je zwei Rechtecken mit einer gemeinsamen Seite entspricht ein volles Exemplar der ζ-Ebene. Spiegelt man ein Rechteck an einer Seite und geht dabei der Punkt z_1 in den Punkt z_2 über, so sind die Funktionswerte von z_1 und z_2 zueinander konjugiert komplex. Nun sieht man geometrisch sofort ein, daß ein beliebiger Punkt z_0 nur dann durch eine Anzahl aufeinanderfolgender Spiegelungen in sich selbst zurückkehren kann, wenn diese Anzahl *gerade* ist. Die Funktion $\zeta(z)$ ist also in der ganzen z-Ebene eindeutig[1]. Spiegeln wir ein Rechteck R zweimal in derselben Richtung, etwa in der Richtung der Halbachse des positiv

[1] Vgl. die entsprechenden Überlegungen in § 2 (S. 427).

Reellen, so gelangen wir zu einem neuen Rechteck R_1, welches wir auch durch Parallelverschiebung von R um die Größe $2\,\omega_1$ erhalten können; ebenso entspricht einer doppelten Spiegelung in der Richtung des positiv Imaginären eine Parallelverschiebung der Punkte des Rechteckes um die Größe $2\,i\,\omega_2$. In der ζ-Ebene erhalten wir bei einer solchen doppelten Spiegelung wieder die Ausgangswerte. Es ergibt sich also für die Umkehrfunktion $\zeta(z)$ die Relation

$$\zeta(z + 2\,\omega_1) = \zeta(z + 2\,\omega_2 i) = \zeta(z)$$

oder allgemeiner

$$\zeta(z + 2\,h_1\omega_1 + 2\,h_2\omega_2 i) = \zeta(z) \qquad (h_1, h_2 = 0, \pm 1, \pm 2, \ldots).$$

Wir erkennen also, daß die Umkehrfunktion $\zeta(z)$ eine in der ganzen z-Ebene eindeutige doppeltperiodische Funktion mit den Perioden $2\,\omega_1$ und $2\,\omega_2 i$ ist. Auf diese Weise haben wir anschaulich das einfachste Beispiel einer „*elliptischen Funktion*", d. h. einer doppeltperiodischen meromorphen Funktion erhalten[1].

Nach dem obigen Vorbilde kann man entsprechende Überlegungen für die Funktionen des vorigen Paragraphen anstellen, wobei man sich aus den Dreiecken geeignete Rechtecke bzw. Parallelogramme zu konstruieren hat.

§ 4. Modulfunktionen und automorphe Funktionen.

Wir gehen nun dazu über, die konforme Abbildung der oberen Halbebene auf diejenigen regelmäßigen Gebilde zu studieren, welche nächst den geradlinigen Polygonen die einfachsten sind: die *Kreisbogenpolygone*. Der Fall des Kreisbogenzweieckes wurde bereits in Kap. 4, § 8 besprochen. Als nächst einfache Figur kommt also das Kreisbogendreieck in Betracht und hierbei wieder als einfachster Fall das gleichseitig nullwinklige Dreieck.

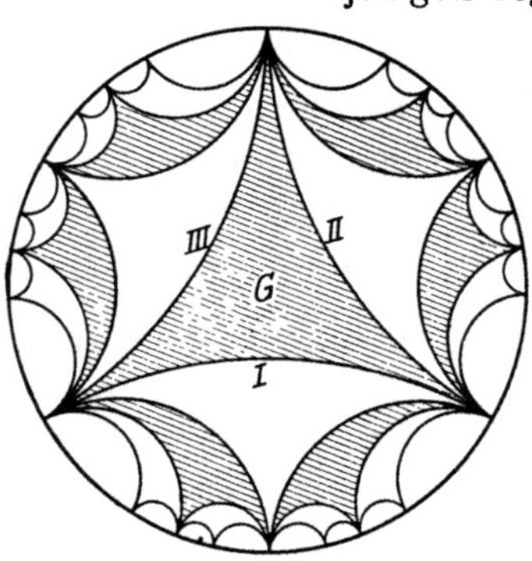

Abb. 119.

Wir denken uns ein solches Dreieck G im Einheitskreise der z-Ebene gelegen (vgl. Abb. 119). Dann lehrt der Riemannsche Abbildungssatz, daß es eine analytische Funktion $\zeta = f(z)$ gibt, welche im Inneren des Gebietes G definiert ist und welche dieses derart auf die obere ζ-Halbebene abbildet, daß den Ecken von G die drei Punkte $0, 1, \infty$ der reellen Achse entsprechen.

[1] Es sei betont, daß es sich in diesem Kapitel nur um spezielle Fälle der elliptischen Funktionen handelt und daß im allgemeinen Falle eines beliebigen Periodenparallelogramms durch die elliptische Funktion keine konforme Abbildung auf die Halbebene geliefert wird.

Ohne den expliziten Ausdruck dieser Funktion zu kennen, sind wir mit Hilfe des Spiegelungsprinzipes imstande, ihre wesentlichen Eigenschaften fast unmittelbar aus den geometrischen Beziehungen abzuleiten.

Wir bezeichnen die drei Dreiecksseiten mit I, II, III, ihre Bilder auf der reellen Achse bzw. mit I′, II′, III′. Spiegeln wir die ζ-Halbebene an einem der geradlinigen Stücke I′, II′, III′, so erhalten wir eine längs dieses Stückes mit der oberen Halbebene zusammenhängende untere Halbebene; entsprechend ergibt sich durch Spiegelung des Dreiecks G an der betreffenden Seite ein anliegendes, ebenfalls nullwinkliges Kreisbogendreieck, das zwar nicht mehr gleichseitig sein wird, das aber wiederum dem Einheitskreise der z-Ebene einbeschrieben sein muß; der Einheitskreis steht nämlich auf dem Kreise, an dem gespiegelt wird, senkrecht, muß also durch die Spiegelung in einen Kreis übergehen, der den Spiegelkreis in denselben Punkten senkrecht trifft, d. h. er wird in sich transformiert. Gehen wir in derselben Weise weiter, indem wir jedes in der Figur der z-Ebene vorhandene Kreisbogendreieck an seinen freien Seiten spiegeln und analog über der ζ-Ebene entsprechende obere und untere Halbebenen aneinander reihen bzw. übereinander schichten, so gelangen wir einerseits über der ζ-Ebene zu einer unendlich vielblättrigen Riemannschen Fläche, welche ihre Verzweigungspunkte in 0, 1, ∞ hat; andererseits erhalten wir in der z-Ebene eine „*Modulfigur*", d. h. ein Netz von unendlich vielen nullwinkligen, dem Einheitskreise einbeschriebenen Kreisbogendreiecken, welche den ganzen Einheitskreis ausfüllen, indem sie sich gegen jeden Randpunkt anhäufen, und deren Seiten sämtlich zum Einheitskreise senkrecht stehen.

Diese letztere, anschaulich aus der Figur unmittelbar einleuchtende geometrische Tatsache beweist man folgendermaßen: Wir nehmen den Spiegelungsprozeß derart vor, daß wir dabei stets die volle Symmetrie wahren. Zunächst spiegeln wir G gleichzeitig an den drei Seiten und gelangen so zu einem einbeschriebenen nullwinkligen Kreisbogensechseck; dieses spiegeln wir an jeder seiner sechs Außenseiten und gelangen so zu einem dem Einheitskreise einbeschriebenen nullwinkligen 30-Eck, usw.; wir zeigen nun, daß die Kreisperipherie von den Eckpunkten überall dicht bedeckt wird. Wäre γ ein Bogen des Einheitskreises, welcher von Eckpunkten frei bliebe, so müßte es unendlich viele ineinander geschachtelte Orthogonalkreisbögen geben, welche sich über dem Bogen γ (bzw. einem diesen enthaltenden Bogen) des Einheitskreises wölben. Diese Kreisbögen müßten gegen einen Kreisbogen konvergieren, der sich ebenfalls über γ wölbt und mit dem Bogen γ oder einem größeren Bogen des Einheitskreises ein von unseren Dreiecken nicht angetastetes Gebiet G^* begrenzt. Dies kann jedoch nicht sein, da wir sicherlich zu Punkten im Inneren dieses Gebietes gelangen, wenn wir das Ausgangsdreieck oder ein anderes an einem derjenigen Orthogonalkreise spiegeln, welche die Begrenzung von G^* hinreichend nahe approximieren. Andererseits überdeckt das einbeschriebene nullwinklige n-Eck bei hinreichend großem n das Kreisinnere beliebig genau, wenn die Eckpunkte bei wachsendem n hinreichend dicht liegen.

Die Funktion $\zeta(z)$ bildet nun gemäß dem Spiegelungsprinzip das ganze Innere des Einheitskreises der z-Ebene auf die vorher geschilderte Riemannsche Fläche konform ab; zwei längs einer Seite zusammenstoßenden Dreiecken entspricht dabei immer ein ganzes Exemplar der ζ-Ebene. Die Funktion $\zeta(z)$ nimmt also im Inneren des Einheitskreises jeden Wert außer $0, 1, \infty$ unendlich oft an, während diese Werte selbst nirgends angenommen werden; auf dem ganzen Rande des Einheitskreises ist die Funktion $\zeta(z)$ singulär; denn in der Umgebung jedes Punktes häufen sich die Kreisbogendreiecke, und es wird daher in beliebiger Nähe jedes Randpunktes jeder Wert außer $0, 1, \infty$ unendlich oft angenommen, was gewiß in der Umgebung eines regulären Punktes nicht möglich wäre. Der Einheitskreis ist also eine singuläre Linie der Funktion $\zeta(z)$, und diese Funktion kann somit auf keine Weise über diesen Kreis hinaus fortgesetzt werden, sie besitzt den Einheitskreis zur „*natürlichen Grenze*“.

Zu den durch die historische Entwicklung der Theorie der elliptischen Funktionen eingebürgerten Bezeichnungen gelangen wir, indem wir den Einheitskreis der z-Ebene auf die obere Halbebene einer neuen Veränderlichen τ abbilden und diese Abbildung so normieren, daß die den Punkten $0, 1, \infty$ der reellen ζ-Achse entsprechenden Eckpunkte unseres Ausgangsdreieckes bzw. den Punkten $\infty, 0, 1$ der τ-Ebene entsprechen, d. h. daß man als Bild von G den in Abb. 120 dargestellten Bereich erhält. Die Funktion, welche diesen Bereich auf die obere ζ-Halbebene abbildet, bezeichnen wir mit $\varkappa^2(\tau)$.

Sodann teilen wir das nullwinkelige Dreieck der Abb. 120 durch seine „Höhen“ in 6 Teildreiecke (vgl. Abb. 121). Zum Ausgangsbereich, der auf die obere ζ-Halbebene abgebildet werden soll, wählen wir nunmehr den eng schraffierten[1] Bereich, der den Winkel $\frac{\pi}{3}$ im Punkte $\tau = e^{\frac{\pi i}{3}}$, den Winkel $\frac{\pi}{2}$ im Punkte $\tau = 1 + i$ und den Winkel 0 in dem unendlich fernen dritten Eckpunkte aufweist. Normiert man die Abbildung derart, daß diesen Punkten bzw. die Werte $0, 1, \infty$ der reellen ζ-Achse entsprechen, so entsteht eine in der Literatur mit $J(\tau)$ bezeichnete Funktion.

Aus der Tatsache, daß der Ausgangsbereich der Abb. 121 durch eine Sechsteilung des Bereiches von Abb. 120 entstanden ist, kann,

[1] Die beiden anderen in der Abbildung schraffierten Bereiche gehen durch je zweimalige Spiegelung aus dem ersteren hervor.

wie hier nicht näher ausgeführt werden soll, geschlossen werden, daß zwischen den beiden Funktionen $\varkappa^2(\tau)$ und $J(\tau)$ eine Relation besteht, durch die $J(\tau)$ als rationale Funktion sechsten Grades von $\varkappa^2$ ausgedrückt wird; diese lautet:

$$J = \frac{4}{27} \frac{(\varkappa^4 - \varkappa^2 + 1)^3}{\varkappa^4 (1 - \varkappa^2)^2}.$$

Die beiden Funktionen J und $\varkappa^2$ sind es insbesondere, welche man als *„Modulfunktionen"* bezeichnet. In Anlehnung an diesen Namen

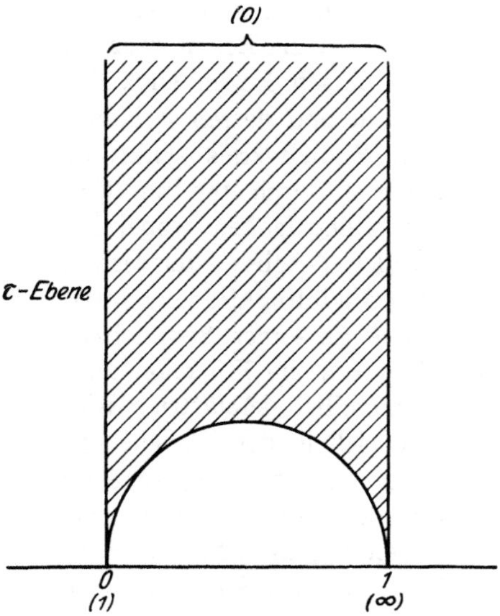

Abb. 120.

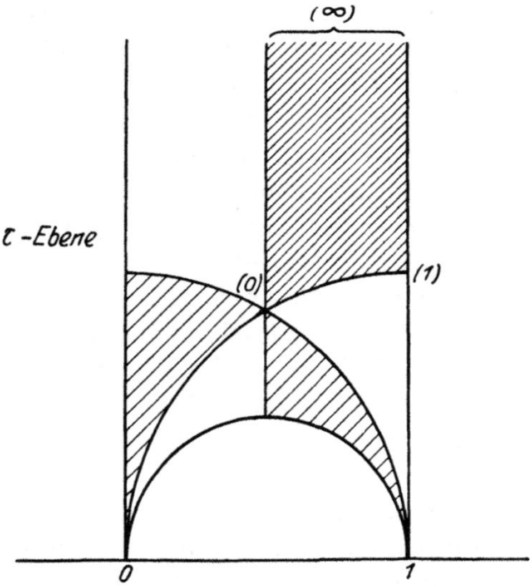

Abb. 121.

wollen wir hinfort die auf S. **433** geschilderte Riemannsche Fläche über der ζ-Ebene kurz die *„Modulfläche"* nennen.

Auch die wichtigste Eigenschaft der Modulfunktionen ergibt sich direkt aus der geometrischen Betrachtung. Einer geraden Anzahl von Spiegelungen der oberen J- bzw. $\varkappa^2$-Halbebene, durch die man also zu den Ausgangswerten zurückkehrt, entspricht nämlich eine gewisse lineare Transformation der Variablen τ. Man drückt dies dadurch aus, daß man sagt: *die Modulfunktionen gestatten lineare Transformationen in sich.* Wir erhalten alle derartigen linearen Transformationen einer Modulfunktion in sich, indem wir auf alle möglichen Weisen eine gerade Anzahl von Spiegelungen unserer Dreiecksfigur aneinanderreihen. *Die Gesamtheit dieser Transformationen bildet eine Gruppe.* Dabei verstehen wir unter einer Gruppe von Transformationen eine Gesamtheit von Transformationen, die mit jeder Transformation auch ihre inverse enthält und insbesondere so beschaffen ist, daß die Zusammensetzung zweier Transformationen wieder eine Transformation dieser Gesamtheit ist[1].

Man nennt solche eindeutige Funktionen einer Veränderlichen, welche sich bei einer Gruppe linearer Transformationen dieser Veränderlichen nicht ändern, *automorphe Funktionen*. Die Modulfunktionen sind nächst den elliptischen Funktionen das einfachste nicht elementare Beispiel dieser für die höhere Funktionentheorie wichtigen Funktionenklasse.

Weitere automorphe Funktionen können wir auf ähnlichem Wege erhalten, indem wir von allgemeineren Kreisbogenpolygonen ausgehen. Nehmen wir ein Kreisbogenpolygon, welches bis auf die Ecken ganz im Innern des Einheitskreises der z-Ebene liegt, dessen Ecken entweder auf dem Rande oder ebenfalls im Innern liegen und dessen n Seiten (eventuell nach Verlängerung) sämtlich den Einheitskreis senkrecht schneiden, so können wir das Innere G des Polygons durch eine Funktion $\zeta(z)$ wiederum auf die obere ζ-Halbebene abgebildet denken, wobei den n Eckpunkten gewisse n Punkte auf der reellen ζ-Achse entsprechen werden. Wir können, genau wie oben bei den Modulfunktionen, durch fortlaufende Spiegelung des Kreisbogenpolygons an seinen Seiten bzw. der Halbebene an ihren geradlinigen Randstücken die Funktion analytisch fortsetzen; dabei erhalten wir eine unendlichvielblättrige Riemannsche Fläche über der ζ-Ebene, während sich in der z-Ebene unendlich viele den Halbebenen der Riemannschen Fläche entsprechende Kreisbogenpolygone aneinanderreihen; aus demselben Grunde wie oben müssen diese Polygone sämtlich ihre Seiten senkrecht zum Einheitskreise behalten; der Einheitskreis ist „*Orthogonalkreis*" für die Funktion.

Wir sorgen nun dafür, daß die Figur aus Kreisbogenpolygonen, welche wir erhalten, zu einer einfachen Überdeckung des Einheitskreises führt, und zwar so, daß dabei um jeden im Innern gelegenen Eck-

---

[1] Denkt man sich etwa die Abb. 121 durch Spiegelung über die ganze obere τ-Halbebene fortgesetzt, so erkennt man, daß diese ganze Einteilung der Halbebene in sich übergeht, wenn man hierauf die Substitution $\tau' = \tau + 1$ oder $\tau' = -\frac{1}{\tau}$ ausübt. Diese Substitutionen sind spezielle Fälle der als „*Modulsubstitutionen*" bezeichneten Substitutionen

$$\tau' = \frac{\alpha\tau + \beta}{\gamma\tau + \delta}$$

$$(\alpha, \beta, \gamma, \delta \text{ ganze Zahlen, } \alpha\delta - \beta\gamma = 1).$$

Daß sich sämtliche Modulsubstitutionen durch wiederholte Zusammensetzung der beiden oben genannten erzeugen lassen, ist eine Tatsache, auf deren Beweis wir hier nicht eingehen können.

Zur Theorie der Modulfunktionen überhaupt sei insbesondere auf das Werk von Klein und Fricke: Vorlesungen über die Theorie der elliptischen Modulfunktionen (2 Bde., Leipzig 1890 und 1892), hingewiesen.

punkt eine gerade Anzahl von Polygonen liegt; zu diesem Zwecke müssen wir die Winkel zwischen den aneinanderstoßenden Seiten des n-Ecks als von der Form $\frac{\pi}{r_1}, \frac{\pi}{r_2}, \ldots, \frac{\pi}{r_n}$ annehmen, wobei $r_1, r_2, \ldots, r_n$ natürliche Zahlen oder ∞ sind. Als Beispiel ist in der Abb. 122 der Fall $n = 3$, $r_1 = 2$, $r_2 = 7$, $r_3 = 3$ gezeichnet. Eine nähere, hier zu übergehende, elementargeometrische Diskussion ergibt, daß die so

Abb. 122.

entstehenden Polygone dann zu einer einfachen und lückenlosen Überdeckung des Einheitskreises führen, wobei sie sich gegen jeden Randpunkt dieses „*Grenzkreises*" häufen. Ohne weiteres erkennen wir, daß die so gewonnene Funktion $\zeta(z)$ wieder eine ***eindeutige automorphe Funktion*** von z ist. Denn jede Umkreisung eines Verzweigungspunktes in der z-Ebene ist äquivalent mit einer geraden Anzahl von Spiegelungen; einer zweimaligen Spiegelung aber entspricht Rückkehr zum Ausgangswert ζ. Sodann liefert in der z-Ebene eine zweimalige Spiegelung eine lineare Transformation $z' = \frac{\alpha z + \beta}{\gamma z + \delta}$, und es wird somit

$$\zeta(z') = \zeta(z).$$

Genau wie bei der Modulfunktion besitzt also unsere Funktion $\zeta(z)$ eine Gruppe linearer Transformationen, bei welchen die Funktion nicht geändert wird. Auf ein genaueres Studium dieser Funktionen, welches ein Eingehen auf die Eigenschaften der geometrisch gelieferten Transformationsgruppe erfordert, müssen wir hier verzichten; der Leser findet eine ausführliche Darstellung in der Monographie von FRICKE-KLEIN: „Vorlesungen über die Theorie der automorphen Funktionen"[1].

§ 5. Der Picardsche Satz.

Auf der Existenz der Modulfunktionen beruht der folgende Beweis des *Picardschen Satzes.* Dieser Satz stellt eine Verschärfung des in Kap. 4, § 1 genannten Weierstraßschen Satzes dar und besagt: *Jede ganze Funktion, welche keine Konstante ist, nimmt beliebige vorgeschriebene Werte höchstens mit einer Ausnahme an.*

Daß eine solche Ausnahme möglich ist, lehrt das Beispiel der Exponentialfunktion, welche nirgends verschwindet.

Zum Beweise des Picardschen Satzes nehmen wir an, eine ganze transzendente[2] Funktion $G(s)$ nähme zwei verschiedene Werte, etwa $G = a$ und $G = b$ nicht an; dann ist $g(s) = \frac{G(s) - a}{b - a}$ eine ganze transzendente Funktion, welche die Werte 0 und 1 nicht annimmt; den Wert ∞ nimmt sie nach der über $G(s)$ gemachten Voraussetzung nicht an, da sie überall im Endlichen regulär ist. Es sei $\zeta = \varkappa^2(\tau) = m(z)$ die im vorigen Paragraphen definierte Modulfunktion, welche den Einheitskreis der z-Ebene auf die Modulfläche über der ζ-Ebene abbildet. Wir betrachten die unendlich vieldeutige Umkehrfunktion $z(\zeta)$. Ist s_0 ein beliebiger endlicher Punkt, so ist $g(s_0)$ nach Voraussetzung von 0, 1 und ∞ verschieden, demnach die Funktion $z(\zeta)$ im Punkte $\zeta = g(s_0)$ regulär und zwar unendlich vieldeutig. Wir denken irgend einen in der Umgebung von $\zeta = g(s_0)$ eindeutigen Zweig der Funktion $z(\zeta)$ herausgegriffen und ordnen die zugehörigen Werte von ζ ihrerseits vermöge der Funktion $\zeta = g(s)$ den Punkten einer Umgebung von $s = s_0$ zu. Das so entstandene Funktionselement $T(s) = z(g(s))$ läßt sich vom Punkte $s = s_0$ aus längs jedes beliebigen im Endlichen verlaufenden Weges analytisch fortsetzen, da die ganze Funktion $g(s)$ die Werte 0, 1 und ∞ vermeidet; zugleich sieht man, daß die durch alle möglichen Fortsetzungen entstehende Funktion $T(s)$ an jeder endlichen Stelle s die Eigenschaft behält, einem der unendlich vielen Werte von $z(g(s))$ gleich zu sein. Nach dem Monodromiesatz (Kap. 5, § 1) ist $T(s)$ in der Umgebung jeder endlichen Stelle s eindeutig. Mithin muß $T(s)$ wieder eine ganze Funktion sein. Nun liegen aber alle Funktionswerte $T(s) = z(g(s))$ dieser Funktion im Einheitskreise $|T| \leqq 1$; also muß diese Funktion

[1] 2 Bde., Leipzig 1897 und 1912. Ebenso sei auf die Originalarbeiten von H. POINCARÉ und F. KLEIN (POINCARÉ, Œuvres Bd. 2; KLEIN, Ges. math. Abh. Bd. 3) hingewiesen. Auch in Kap. 9 werden wir uns noch mit diesen Funktionen zu beschäftigen haben.

[2] Von einer ganzen rationalen Funktion wird nach dem Fundamentalsatz der Algebra jeder Wert angenommen.

nach dem Satze von LIOUVILLE (Kap. 3, § 2) eine Konstante sein, was offenbar nur möglich ist, wenn auch der Wert des Argumentes $g(s)$ eine Konstante ist. Damit haben wir den Picardschen Satz bewiesen[1].

§ 6. Anderer Beweis des Picardschen Satzes. Die Sätze von Schottky und Landau.

Wichtige Folgerungen aus der Existenz der Modulfunktionen sind auch die Sätze von SCHOTTKY und LANDAU, aus denen sich unter anderem wieder der Picardsche Satz ergibt.

Der *Satz von* SCHOTTKY gehört zu der Klasse der in Kap. 6, § 7 charakterisierten Verzerrungssätze und lautet: *Die Menge aller im Kreise* $|z| < R$ *regulären Funktionen* $\zeta = f(z)$, *die in diesem Kreise die Werte* 0 *und* 1 *nicht annehmen und im Nullpunkt den vorgegebenen Wert* ζ_0 *haben, ist in jedem Kreis* $|z| \leqq R_1 < R$ *gleichmäßig beschränkt.*

Es bedeute $t = t(\zeta)$ die Umkehrung der im Sinne von § 4 gebildeten Modulfunktion $\zeta = m(t)$. Analog zu dem Verfahren von § 5 ordne man zunächst dem Nullpunkt der z-Ebene irgend einen der unendlich vielen Werte von $t(\zeta_0)$ zu und erzeuge hieraus durch analytische Fortsetzung eine Funktion von der Gestalt $T(z) = t(f(z))$. Da $f(z)$ im Kreise $|z| < R$ nirgends die Werte 0, 1, ∞ annimmt, so ist die analytische Fortsetzung längs jedes ganz im Kreise $|z| < R$ verlaufenden Weges möglich. Die hierdurch den Punkten dieses Kreises zugeordneten Funktionswerte liegen im Innern des Einheitskreises; aus dem Monodromiesatz folgt zugleich, daß die entstandene Funktion $T(z)$ im Kreise $|z| < R$ *eindeutig* ist. Das Lindelöfsche Prinzip (Kap. 6, § 7) lehrt nun, daß nach Vorgabe der Zahl ζ_0 und des dazu ausgewählten Wertes von $t(\zeta_0)$ zu dem Kreise $|z| \leqq R_1$ ein bestimmtes (den Punkt $t(\zeta_0)$ enthaltendes) abgeschlossenes Teilgebiet H_1 des Einheitskreises existiert, das für *alle* zugelassenen Funktionen $f(z)$ die Bilder $T(z)$ der sämtlichen Punkte aus $|z| \leqq R_1$ aufnimmt, wenn nur jedesmal zur Bildung der Funktion $T(z) = t(f(z))$ derselbe Ausgangswert $T(0) = t(\zeta_0)$ benutzt wurde. Die den Punkten t von H_1 entsprechenden Punkte $\zeta = m(t)$ bilden in der ζ-Ebene ein abgeschlossenes Gebiet, welches die Punkte

---

[1] Bei diesem Beweise werden von der Funktion $z(\zeta)$ nur die folgenden Eigenschaften gebraucht:

1. Es gibt eine von 0, 1, ∞ verschiedene Stelle ζ_0, in deren Umgebung $z(\zeta)$ eindeutig und regulär ist.

2. Beschreibt man von ζ_0 aus irgendeinen Weg, der nur die Punkte 0, 1, ∞ vermeidet, so ist $z(\zeta)$ längs dieses Weges unbeschränkt fortsetzbar; insbesondere ist also jeder Zweig von $z(\zeta)$ in der Umgebung jedes durch Fortsetzung erreichten Punktes eindeutig regulär.

3. Die Werte, die $z(\zeta)$ annimmt, liegen in einem Bereiche der z-Ebene, der einen Teil derselben frei läßt.

4. $z(\zeta)$ ist keine Konstante.

0, 1, ∞ nicht enthält und daher beschränkt ist; andrerseits stellen sie genau die Gesamtheit der Werte ζ dar, die vermöge der Funktion $\zeta = f(z)$ den Punkten des Kreises $|z| \leqq R_1$ entsprechen, unabhängig von der speziellen Wahl der Funktion $f(z)$. Damit ist der Schottkysche Satz bewiesen.

An den Schottkyschen Satz schließen wir noch einige wichtige Folgerungen an.

Ist die Funktion

$$f(z) = a_0 + a_1 z + a_2 z^2 + \cdots$$

im Kreise $|z| < 1$ regulär und ist $0 < \varrho < 1$, so folgt zunächst aus der Cauchyschen Integralformel für die Ableitung aus Kap. 2, § 7, (6):

$$a_1 = f'(0) = \frac{1}{2\pi} \int_0^{2\pi} \frac{f(\varrho e^{i\varphi})}{\varrho e^{i\varphi}} d\varphi,$$

$$|a_1| \leqq \frac{1}{2\pi} \cdot \frac{2\pi}{\varrho} \operatorname*{Max}_{|z|=\varrho} |f(z)|.$$

Wird nun $f(z)$ im Kreis $|z| < 1$ von 0 und 1 verschieden vorausgesetzt, so hat uns der Schottkysche Satz gelehrt, daß $\operatorname*{Max}_{|z|=\varrho} |f(z)|$ unterhalb einer nur von $a_0 = f(0)$ und von ϱ abhängigen Schranke $\Theta(a_0, \varrho)$ liegt. Es folgt also weiter:

$$|a_1| \leqq \frac{\Theta(a_0, \varrho)}{\varrho} = \Theta_1(a_0, \varrho).$$

Ist nun die Funktion $f(z)$ nicht mehr im Kreise $|z| < 1$, sondern im Kreise $|z| < R$ $(R > 0)$ als regulär und von 0 und 1 verschieden vorausgesetzt, so wird die Funktion

$$g(z) = f(Rz) = a_0 + a_1 Rz + \cdots$$

im Kreise $|z| < 1$ regulär und von 0 und 1 verschieden sein. Ist überdies $a_1 \neq 0$, so lehrt das vorige Ergebnis, auf die Funktion $g(z)$ angewandt, daß für $0 < \varrho < 1$

$$|a_1 R| \leqq \Theta_1(a_0, \varrho),$$

$$R \leqq \frac{\Theta_1(a_0, \varrho)}{|a_1|} \tag{1}$$

ist. Diese Abschätzung für den Radius des Regularitätskreises $|z| < R$ hängt nur von den Anfangskoeffizienten a_0 und a_1 wesentlich ab, da ϱ willkürlich ist. Bezeichnen wir z. B. für $\varrho = \frac{1}{2}$ die rechte Seite von (1) mit $\Theta_2(a_0, a_1)$, so haben wir den *Satz von* Landau:

Sind a_0 und a_1 komplexe Zahlen und ist $a_1 \neq 0$, so gibt es eine allein von a_0 und a_1 abhängige positive Zahl $\Theta_2 = \Theta_2(a_0, a_1)$ mit folgender Eigenschaft: Ist $R > \Theta_2$ und

$$\mathfrak{P}(z) = a_0 + a_1 z + a_2 z^2 + \cdots$$

eine beliebige Potenzreihe mit den ersten Koeffizienten a_0, a_1, *so ist entweder* $\mathfrak{P}(z)$ *nicht im ganzen Kreise* $|z| < R$ *konvergent, oder die durch* $\mathfrak{P}(z)$ *dargestellte Funktion wird in diesem Kreise mindestens an einer Stelle gleich* 0 *oder* 1.

Hieraus ergibt sich nun auf einfachem Wege ein neuer Beweis des Picardschen Satzes. Gäbe es eine ganze Funktion $f(z) = a_0 + a_1 z + \cdots$ mit $a_1 \neq 0$, die nirgends den Wert 0 oder 1 annähme, so folgte aus dem Landauschen Satze, daß die Potenzreihe $a_0 + a_1 z + \cdots$ nicht überall konvergent wäre, gegen die Voraussetzung. Jede ganze Funktion, deren Ableitung im Nullpunkt nicht verschwindet, muß also irgendwo den Wert 0 oder 1 annehmen.

Da man jeden beliebigen Punkt durch eine Verschiebung in den Nullpunkt bringen kann, so genügt es, vorauszusetzen, daß die Ableitung $f'(z)$ in irgendeinem Punkte der Ebene nicht verschwindet, d. h. daß $f(z)$ keine Konstante ist.

Schließlich können die Zahlen 0 und 1 noch durch irgend zwei voneinander verschiedene Größen $\varkappa$ und λ ersetzt werden; denn mit $f(z)$ ist auch die Funktion $g(z) = \frac{f(z) - \varkappa}{\lambda - \varkappa}$ (vgl. § 5) ganz und nicht konstant, und aus $g(z) = 0$ oder $g(z) = 1$ folgt $f(z) = \varkappa$ bzw. $f(z) = \lambda$. Das hiermit gewonnene Ergebnis ist gerade der Picardsche Satz.

§ 7. Die Abbildungsfunktionen von Kreisbogenpolygonen als Lösung von Differentialgleichungen.

Während wir die Funktionen $z = \varphi(\zeta)$, welche die konforme Abbildung eines geradlinigen Polygons der z-Ebene auf die obere ζ-Halbebene liefern, explizite darstellen konnten, ist dasselbe Ziel bei allgemeinen Kreisbogenpolygonen noch keineswegs erreicht. Wir wollen hier nur in Kürze zeigen, daß diese Funktionen gewissen Differentialgleichungen genügen, welche wir auf Grund der geometrischen Angaben aufstellen können und welche umgekehrt für die fragliche konforme Abbildung charakteristisch sind. In diesen Differentialgleichungen, deren Integration ja stets, nötigenfalls durch Potenzreihenentwicklung, zu bewerkstelligen ist, hat man dann den Ersatz für die formelmäßige Darstellung der Abbildungsfunktionen zu erblicken.

Um zu diesen Differentialgleichungen zu gelangen, knüpfen wir an die Betrachtungen von § 1 an; wir denken uns das Kreisbogenpolygon Π mit den Winkeln $\alpha_1 \pi$, $\alpha_2 \pi$, ..., $\alpha_n \pi$ konform auf die obere ζ-Halbebene abgebildet, wobei den Ecken sukzessive die Punkte $a_1, a_2, \ldots, a_n$ der reellen Achse entsprechen mögen. Die konforme Abbildung läßt sich nun nach dem Spiegelungsprinzip unbegrenzt fortsetzen, wobei man nach einer geraden Anzahl von Spiegelungen über der ζ-Ebene immer wieder zum selben Werte ζ gelangt, während dieser Operation in der z-Ebene eine lineare Transformation

$$z^* = \frac{\alpha z + \beta}{\gamma z + \delta} \tag{1}$$

entspricht. Selbst wenn sich also die Doppelpolygonfigur über der z-Ebene nicht schließt, wenn also $\zeta(z)$ keine eindeutige Funktion ist, so behält sie doch den durch die Gleichungen $\zeta(z^*) = \zeta(z)$ ausgedrückten automorphen Charakter; man pflegt $z(\zeta)$ eine *linear-polymorphe Funktion* zu nennen. Diese „lineare Polymorphie" läßt sich folgendermaßen erklären: *Die Funktion $z(\zeta)$ ist außer für $\zeta = a_1, a_2, \ldots, a_n$ in der Umgebung jedes Punktes der ζ-Ebene eindeutig und nirgends wesentlich singulär; umläuft der Punkt ζ einen der Punkte a_ν, so erfährt z eine lineare Substitution.*

Aus dieser Eigenschaft folgt leicht, daß z die Lösung einer gewissen Differentialgleichung dritter Ordnung sein muß. Um diese zu erhalten, wollen wir einen Differentialausdruck $[z]_\zeta$ für eine willkürliche analytische Funktion z von ζ herstellen, welcher gegenüber allen linearen Transformationen von z invariant ist, d. h. bei Definition von z^* durch (1) der Relation $[z^*]_\zeta = [z]_\zeta$ genügt, ebenso wie der Ausdruck z' gegen die Transformation $z^* = z + \beta$, der Ausdruck $\frac{z''}{z'}$ gegen die Transformation $z^* = \alpha z + \beta$ invariant ist[1].

Um den fraglichen Differentialausdruck zu erhalten, differenzieren wir die Relation

$$z^* \cdot (\gamma z + \delta) = \alpha z + \beta$$

dreimal und finden so die Gleichungen

$$\begin{aligned} \gamma(z^* z)' + \delta z^{*\prime} - \alpha z' &= 0, \\ \gamma(z^* z)'' + \delta z^{*\prime\prime} - \alpha z'' &= 0, \\ \gamma(z^* z)''' + \delta z^{*\prime\prime\prime} - \alpha z''' &= 0, \end{aligned}$$

aus welchen sich durch Elimination der Konstanten γ, δ, α ergibt:

$$\begin{vmatrix} (z^* z)' & z^{*\prime} & z' \\ (z^* z)'' & z^{*\prime\prime} & z'' \\ (z^* z)''' & z^{*\prime\prime\prime} & z''' \end{vmatrix} = 0,$$

eine Gleichung, die nach einfacher Umformung die Gestalt

$$\frac{z^{*\prime\prime\prime}}{z^{*\prime}} - \frac{3}{2}\left(\frac{z^{*\prime\prime}}{z^{*\prime}}\right)^2 = \frac{z'''}{z'} - \frac{3}{2}\left(\frac{z''}{z'}\right)^2$$

annimmt; wir haben demnach in dem Ausdruck

$$[z]_\zeta = \frac{2 z' z''' - 3 z''^2}{2 z'^2}$$

[1] Hierbei bedeuten α und β beliebige Konstanten ($\alpha \neq 0$).

einen Differentialausdruck dritter Ordnung mit der gesuchten Invarianzeigenschaft, den man in der Literatur mit dem Namen „*Schwarzscher Differentialparameter*" bezeichnet findet, wenngleich er schon vor SCHWARZ bei LAGRANGE und anderen Autoren vorkommt[1].

Nunmehr verstehen wir unter $z = \varphi(\zeta)$ unsere linear-polymorphe Funktion; der für sie gebildete Schwarzsche Differentialparameter verhält sich in der ganzen ζ-Ebene eindeutig, da eine gerade Anzahl von Spiegelungen der ζ-Halbebene nur eine lineare Substitution für $z = \varphi(\zeta)$ bedeutet, also den Ausdruck $[z]_\zeta$ unverändert läßt. Wie in § 1 kann man aus der Voraussetzung der Konformität der Abbildung (unter der Annahme, daß der Ausgangszweig $z(\zeta)$ in der oberen Halbebene keinen Pol hat) mit Hilfe des Spiegelungsprinzipes schließen, daß $[z]_\zeta$ nur in den Punkten $a_1, a_2, \ldots, a_n$ singulär werden kann. Wir behaupten, daß diese Singularitäten Pole sein müssen. Ohne Beschränkung der Allgemeinheit können wir $a_1 = 0$, $\lim\limits_{\zeta \to 0} \varphi(\zeta) = 0$ annehmen. Es sei zunächst $\alpha_1 > 0$. Durch die Substitution $t = z^{\frac{1}{\alpha_1}}$ wird ein gestreckter Winkel mit dem Scheitel im Punkte $t = 0$ auf einen gestreckten Winkel bei $\zeta = 0$ abgebildet, so daß t sich nach dem Spiegelungsprinzip in der Umgebung von $\zeta = 0$ als umkehrbar eindeutige Funktion von ζ ergibt, also, mit Rücksicht auf die einfache Nullstelle bei $\zeta = 0$, eine Entwicklung

$$t = c\zeta(1 + c_1\zeta + \cdots)$$

besitzen muß, wo c eine Konstante $\neq 0$ bedeutet. Es ist also auch

$$z = c^* \zeta^{\alpha_1}(1 + c_1^* \zeta + c_2^* \zeta^2 + \cdots),$$

wo $c^* \neq 0$. Hieraus erhält man für den Schwarzschen Differentialparameter

$$[z]_\zeta = \frac{1 - \alpha_1^2}{2\zeta^2}(1 + c_1' \zeta + \cdots).$$

Dieser Ausdruck bleibt aber auch gültig, wenn $\alpha_1 = 0$ ist. Dann erhält man nämlich die Entwicklung $z = \frac{c}{\log c_1 \zeta}(1 + \cdots)$, die für $[z]_\zeta$ denselben Ausdruck ergibt.

Damit haben wir bewiesen, daß die Singularitäten von $[z]_\zeta$ nur Pole sind, und haben zugleich den Hauptteil der Funktion an einem solchen Pole angegeben. Da die Funktion $[z]_\zeta$ also bis auf endlich viele Pole überall in der ζ-Ebene regulär und eindeutig ist, so muß sie eine rationale

[1] H. A. SCHWARZ hat in seiner grundlegenden Arbeit „Über diejenigen Fälle, in welchen die Gaußische hypergeometrische Reihe eine algebraische Funktion ... darstellt" die Bedeutung dieses Ausdruckes erst zur rechten Geltung gebracht (vgl. H. A. SCHWARZ: Ges. Math. Abh. Bd. 2, S. 211ff.).

Funktion sein. Wir haben also das Resultat: *Jede linear-polymorphe Funktion $z(\zeta)$ genügt einer Differentialgleichung dritter Ordnung*

$$[z]_\zeta = R(\zeta), \tag{2}$$

wobei $R(\zeta)$ eine rationale Funktion von ζ ist.

Die Differentialgleichung (2) hat die bemerkenswerte Eigenschaft, daß man ihre sämtlichen Lösungen kennt, wenn man eine von ihnen besitzt. Aus dem Vorangehenden ergibt sich nämlich unmittelbar, daß jede lineare Funktion einer Lösung z von (2) wieder eine Lösung ist; da umgekehrt diese lineare Funktion drei willkürliche Konstanten enthält, so gewinnen wir auf diese Art auch das allgemeine Integral der Differentialgleichung (2).

Die Theorie dieser Differentialgleichung ist aufs engste verknüpft mit der Lehre von den linearen homogenen Differentialgleichungen zweiter Ordnung mit rationalen Koeffizienten. Eine Lösung der Differentialgleichung (2) läßt sich auf mannigfache Weise auffassen als Quotient zweier partikulärer Integrale solcher linearer Differentialgleichungen, und umgekehrt genügt der Quotient zweier linear unabhängiger Lösungen einer linearen homogenen Differentialgleichung zweiter Ordnung einer Gleichung vom Typus (2). *Insbesondere führt der Fall $n = 3$ auf die hypergeometrische Differentialgleichung.*

Handelt es sich speziell um die *Funktionen der Kreisbogendreiecke*, d. h. um die Funktionen, welche ein Kreisbogendreieck der Winkel $\alpha_1\pi$, $\alpha_2\pi$, $\alpha_3\pi$ auf die obere ζ-Halbebene abbilden, so erhält man für den mit einer solchen Funktion $z = z(\zeta)$ gebildeten Schwarzschen Differentialparameter auf Grund einer leicht durchführbaren Bestimmung der Konstanten den Ausdruck:

$$[z]_\zeta = \frac{(1-\alpha_1^2)(a_1-a_2)(a_1-a_3)}{2(\zeta-a_1)^2(\zeta-a_2)(\zeta-a_3)} + \frac{(1-\alpha_2^2)(a_2-a_3)(a_2-a_1)}{2(\zeta-a_2)^2(\zeta-a_3)(\zeta-a_1)} + \frac{(1-\alpha_3^2)(a_3-a_1)(a_3-a_2)}{2(\zeta-a_3)^2(\zeta-a_1)(\zeta-a_2)},$$

wobei a_1, a_2, a_3 die auf der reellen ζ-Achse gelegenen Bildpunkte der Ecken des Kreisbogendreiecks darstellen. Normiert man die Abbildung insbesondere so, daß $a_1 = 0$, $a_2 = 1$, $a_3 = \infty$ wird, so ergibt sich hieraus

$$[z]_\zeta = \frac{1-\alpha_1^2}{2\zeta^2} + \frac{1-\alpha_2^2}{2(\zeta-1)^2} + \frac{\alpha_1^2+\alpha_2^2-\alpha_3^2-1}{2\zeta(\zeta-1)}.$$

Wählt man insbesondere $\alpha_1 = \alpha_2 = \alpha_3 = 0$, so erhält man die Differentialgleichung der in § 4 definierten Modulfunktion $\varkappa^2(\tau)$

$$[\tau]_{\varkappa^2} = \frac{1}{2\varkappa^4} + \frac{1}{2(\varkappa^2-1)^2} - \frac{1}{2\varkappa^2(\varkappa^2-1)}.$$

Setzt man dagegen $\alpha_1 = \frac{1}{3}$, $\alpha_2 = \frac{1}{2}$, $\alpha_3 = 0$, so ergibt sich für die zugehörige Funktion $\tau = \tau(J)$, d. h. für die Abbildungsfunktion des sechsten Teiles des vorigen Bereiches,

$$[\tau]_J = \frac{4}{9J^2} + \frac{3}{8(J-1)^2} - \frac{23}{72(J-1)J}.$$

Auf diese wichtigen und schönen Zusammenhänge kann hier nur hingewiesen werden[1].

Achtes Kapitel.

Die Verallgemeinerung des Riemannschen Abbildungssatzes. Das Dirichletsche Prinzip.

Wir haben in Kap. 6 unser allgemeines Ziel, zu vorgegebenen Bereichen zugehörige analytische Funktionen zu konstruieren, nur für den speziellen Fall schlichter einfach zusammenhängender Gebiete gelöst. Die dort entwickelten Methoden, insbesondere das Schwarzsche alternierende Verfahren, sind zwar weitgehender Verallgemeinerungen fähig. Wir werden aber in diesem Kapitel, in dem wir uns der gestellten Aufgabe in ihrer vollen Allgemeinheit zuwenden, von vornherein einen ganz anderen, von den Resultaten des Kap. 6 unabhängigen Weg einschlagen, der sich enger an den ursprünglichen Ansatz RIEMANNS anschließt und von RIEMANN mit dem Worte „*Dirichletsches Prinzip*" bezeichnet worden ist. Diese Methode beruht wesentlich auf potentialtheoretischen Gedanken und hängt auf das engste mit anschaulichen Vorstellungen von Strömungsvorgängen zusammen. Den einzuschlagenden Weg kennzeichnen wir zunächst unter der vereinfachenden Annahme, daß es sich um ein schlichtes Gebiet handelt, werden aber dann unseren Existenzbeweis unter den allgemeinsten Voraussetzungen durchführen.

§ 1. Heuristische Betrachtungen. Schlitzbereiche.

Um zu einem zweckmäßigen Ansatz für die Untersuchung unserer Fragestellungen zu gelangen, wollen wir uns durch die anschauliche Vorstellung einer Strömung leiten lassen. Wir setzen der Einfachheit

---

[1] Der Leser findet Näheres z. B. in dem Werk von F. KLEIN: Vorlesungen über das Ikosaeder (Leipzig 1884), sowie in den autographierten Vorlesungen „Ausgewählte Kapitel aus der Theorie der linearen Differentialgleichungen zweiter Ordnung" (Göttingen 1891) und „Über die hypergeometrische Funktion" (Göttingen 1894). Ausführliche Literaturangaben finden sich in den Enzyklopädieartikeln von R. FRICKE II B 3 und II B 4. Über die soeben berührten Fragen bei den Dreiecksfunktionen (dort übrigens als „Schwarzsche s-Funktionen" $s(\alpha, \beta, \gamma; J)$ bezeichnet) vgl. insbesondere das Kapitel III des ersten Bandes der bereits S. 436 genannten Monographie von KLEIN und FRICKE über Modulfunktionen.

wegen voraus, daß das Gebiet G, welches der Träger unserer zweidimensionalen Strömung sein soll, ein schlichtes von endlich vielen stückweise glatten Kurven begrenztes Gebiet ist; die Strömung denken wir uns erzeugt, indem wir in einem Punkte von G, etwa dem Punkte O mit den Koordinaten $x = 0$, $y = 0$, eine Doppelquelle anbringen; das Potential $u(x, y)$ der Strömung möge in O etwa die Singularität $\frac{x}{x^2 + y^2}$ besitzen, also das konjugierte Potential $v(x, y)$ die Singularität $\frac{-y}{x^2 + y^2}$.

Die Strömung muß längs der Kurven $v =$ konst. erfolgen, indem sie aus der Doppelquelle in O parallel zur x-Achse austritt und wieder dorthin in derselben Richtung zurückkehrt, wie das in Abb. **91** auf S. **344** gekennzeichnet ist. Längs einer geschlossenen Kurve $v =$ konst., welche keinen Kreuzungspunkt enthält, werden sich die Werte von u monoton von $-\infty$ bis $+\infty$ ändern, wenn wir von O ausgehend zu O zurückkehren; denn es ist zufolge der Cauchy-Riemannschen Differentialgleichungen $\frac{\partial u}{\partial s} = \frac{\partial v}{\partial n}$, unter s die in Richtung der Strömung gemessene Bogenlänge auf der Stromlinie, unter n die Länge auf der nach der linken Seite genommenen Normalen verstanden; und da die Werte von v auf der einen Seite der Kurve $v =$ konst. größer, auf der anderen Seite kleiner sind als diese Konstante, so hat $\frac{\partial u}{\partial s}$ längs der ganzen Kurve $v =$ konst. dasselbe Vorzeichen.

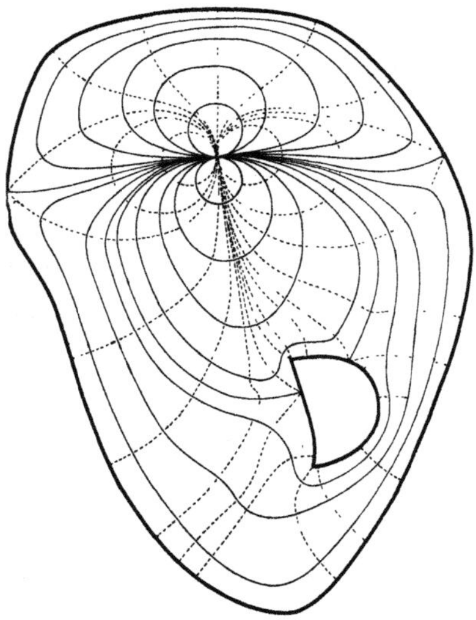

Abb. **123**.

Es ist nun ohne weiteres plausibel, daß das Bild der Stromlinien so aussieht, wie es in Abb. **123** für den Fall eines zweifach zusammenhängenden Gebietes angedeutet ist, d. h. daß keine Kreuzungspunkte der Strömung in G vorkommen und daß alle Kurven $v =$ konst. einfach geschlossene, durch O gehende, ganz im Innern von G verlaufende Kurven sind, mit Ausnahme von zwei Kurven $v = c_1$ und $v = c_2$, von denen jede auf eines der beiden zusammenhängenden Randstücke von G mündet und sich auf diesem gewissermaßen in zwei Stromäste spaltet, die in entgegengesetzter Richtung um das Randstück herumführen, sich an einem Randpunkte wieder vereinigen und durch das Innere nach O gemeinsam zurückfließen.

Jede Stromlinie, welche ganz im Inneren verläuft, wird durch die analytische Funktion $\zeta = u + iv = f(z)$ auf eine volle Gerade $v =$ konst.

der ζ-Ebene umkehrbar eindeutig abgebildet, wobei der Punkt O dem Punkte $\zeta = \infty$ entspricht; lassen wir den Wert der Konstanten von $-\infty$ bis $+\infty$ monoton wachsen, so wird die Gerade $v =$ konst. die ganze ζ-Ebene einmal überstreichen; nur bei den Ausnahmegeraden $v = c_1$, $v = c_2$ haben wir zu beachten, daß nicht ihre sämtlichen Punkte inneren Punkten von G entsprechen; vielmehr wird zu einer gewissen Strecke auf der Geraden $v = c_1$ bzw. $v = c_2$ das betreffende Randstück von G gehören, so daß man also die ζ-Ebene längs zweier bzw. für ein n-fach zusammenhängendes Gebiet längs n solcher geradlinigen Strecken parallel zur reellen Achse aufgeschnitten denken muß. Nennen wir ein solches Gebiet einen „*geradlinigen Schlitzbereich*", so wird also das Gebiet G durch die analytische Funktion $\zeta = u + iv = f(z)$ auf einen solchen abgebildet. Wir heben hervor, daß diese Funktion im Punkte O einen einfachen Pol mit dem Residuum 1 besitzt, d. h. sich in der Form $f(z) = \frac{1}{z} + g(z)$ darstellen läßt, wobei $g(z)$ für $z = 0$ regulär bleibt. Es bedarf keiner besonderen Ausführung, daß man den Quellpunkt auch in einem beliebigen Punkt z_0 hätte anbringen und dort Stärke und Richtung der Doppelquelle beliebig vorschreiben dürfen. Dem würde eine Abbildungsfunktion $\zeta = f(z)$ entsprechen, welche in der Umgebung von $z = z_0$ die Form hat

$$f(z) = \frac{\alpha}{z - z_0} + g(z),$$

wobei α eine beliebige reelle oder komplexe Konstante und $g(z)$ eine für $z = z_0$ reguläre Funktion bedeutet.

Für den Fall eines einfach zusammenhängenden Gebietes enthält dies den Riemannschen Abbildungssatz; denn wenn G nicht aus der ganzen oder punktierten z-Ebene besteht, so können wir also G auf die mit einem geradlinigen Schlitz versehene ζ-Ebene konform abbilden; wir können den Schlitz durch eine lineare Transformation in die Strecke $0 \leqq u < \infty$ der u-Achse verlegt denken und bilden dann diese geschlitzte Ebene durch die Funktion $\zeta_1 = \sqrt{\zeta}$ auf die obere ζ_1-Halbebene ab, was ja gleichbedeutend mit der Abbildung auf den Einheitskreis ist.

Anstatt die Strömung im Gebiete G durch eine Doppelquelle zu erzeugen, können wir auch andere Strömungen betrachten, z. B. eine solche, die durch zwei in den Punkten z_0 und z_1 angebrachte logarithmische Quellpunkte von entgegengesetzt gleicher Stärke oder durch zwei Wirbel in diesen Punkten von entgegengesetzter Richtung und absolut gleicher Stärke oder auch durch eine in einem Punkte z_0 angebrachte Quelle von höherer als erster Ordnung erzeugt wird. Solchen Strömungen würden analytische Funktionen entsprechen, welche sich in G bis auf die Punkte z_0, z_1 (bzw. z_0) regulär verhalten und deren

Singularität durch einen Ausdruck

$$\log\frac{z-z_0}{z-z_1} \quad \text{oder} \quad i\log\frac{z-z_0}{z-z_1} \quad \text{oder} \quad \frac{1}{(z-z_0)^2} \quad \text{usw.}$$

geliefert wird.

Es wird nun unsere Aufgabe sein, die vorausgehenden Betrachtungen durch eine mathematische Theorie zu ersetzen und insbesondere die Existenz der oben rein heuristisch eingeführten Potentialfunktionen, die wir von nun an als „*Strömungspotentiale*" bezeichnen wollen, zu beweisen.

Um zu einem zweckmäßigen Ansatz zu gelangen, bedürfen wir der Betrachtung gewisser über das Gebiet G erstreckter Integrale, welche uns den Betrag der Energie einer solchen Strömung liefern. Ist $\varphi(x,y)$ das Geschwindigkeitspotential einer Strömung, so wird ihre kinetische Energie bis auf einen von φ unabhängigen Faktor für ein Teilgebiet B von G durch das Integral

$$\iint\limits_B (\varphi_x^2 + \varphi_y^2)\,dx\,dy$$

gegeben; der gewünschte Ansatz wird darauf beruhen, daß wir versuchen, Ausdrücke dieser Form unter passend gewählten Bedingungen *zu einem Minimum zu machen.* Der Formulierung dieses Minimumproblems schicken wir im nächsten Paragraphen einige Betrachtungen über derartige Integrale voraus.

§ 2. Das Dirichletsche Integral und die Greensche Formel.

Ist B ein beliebiges schlichtes Gebiet, so bezeichnen wir den Ausdruck

(1) $$D[\varphi] = D_B[\varphi] = \iint\limits_B (\varphi_x^2 + \varphi_y^2)\,dx\,dy$$

als das „*Dirichletsche Integral*" von φ über B; [1] hierbei ist $\varphi(x, y)$ irgend eine reelle Funktion der rechtwinkligen Koordinaten x, y, für welche dieses Doppelintegral existiert. Wenn der Integrand nicht im Gebiete B mit Einschluß des Randes stetig ist oder wenn B den unendlich fernen Punkt enthält, so muß dabei das Integral als uneigentliches Integral aufgefaßt werden [2].

---

[1] Den Index zur Bezeichnung des Integrationsgebietes lassen wir weg, wenn kein Mißverständnis zu befürchten ist.

[2] Dieses kann hier folgendermaßen definiert werden: Es sei B' irgend ein abgeschlossener Teilbereich von B oder eine aus mehreren solchen Teilbereichen bestehende Punktmenge. Ist $f(x, y)$ eine in B nirgends negative Funktion, so verstehen wir unter $\iint\limits_B f(x, y)\,dx\,dy$ die obere Grenze der Werte aller Integrale $\iint\limits_{B'} f(x, y)\,dx\,dy$ für alle in Betracht kommenden Punktmengen B'. Nimmt die Funktion $f(x, y)$ dagegen auch negative Werte an, so zerlegen wir sie in eine Summe $f = f^* + f^{**}$, wo f^* an allen Stellen mit f übereinstimmt, an denen $f \geqq 0$ ist, sonst aber gleich Null gesetzt wird, während f^{**} die entsprechende Bedeutung für die Stellen mit $f \leqq 0$ besitzt. Unter $\iint\limits_B f(x, y)\,dx\,dy$ verstehen wir jetzt die Differenz der Integrale von f^* und $-f^{**}$.

Bei Einführung von Polarkoordinaten r, ϑ nimmt das Dirichletsche Integral die Form

$$(2) \qquad D[\varphi] = \iint_B \left(\varphi_r^2 + \frac{1}{r^2}\varphi_\vartheta^2\right) r\,dr\,d\vartheta$$

an.

Das Dirichletsche Integral ist gegen konforme Abbildung invariant, d. h. bei konformer Abbildung des Gebietes B auf ein Gebiet B^* durch die Funktion $\zeta = f(z) = f(x + iy) = u + iv$ gilt für jede Funktion φ, für welche die betreffenden Integrale einen Sinn haben,

$$\iint_B (\varphi_x^2 + \varphi_y^2)\,dx\,dy = \iint_{B^*} (\varphi_u^2 + \varphi_v^2)\,du\,dv.$$

Wegen der Cauchy-Riemannschen Differentialgleichungen haben wir nämlich

$$\varphi_x^2 + \varphi_y^2 = (\varphi_u^2 + \varphi_v^2)(u_x^2 + u_y^2).$$

Andererseits ist $u_x^2 + u_y^2 = u_x v_y - u_y v_x$ gerade die Funktionaldeterminante von u, v nach x, y und nicht negativ; somit gilt in der Tat nach dem bekannten Satze der Integralrechnung über Transformation von Doppelintegralen die obige Relation.

Setzen wir speziell $\varphi = u$, so erhalten wir

$$D[u] = \iint_B |f'(z)|^2\,dx\,dy = \iint_{B^*} du\,dv.$$

Das Dirichletsche Integral einer Potentialfunktion u über ein Gebiet B stellt also den Flächeninhalt[1] des durch die analytische Funktion $\zeta = u + iv$ erzeugten Bildbereiches B^* von B dar.

Offenbar bleibt das Dirichletsche Integral auch bei einer konformen Abbildung des Gebietes mit Umlegung der Winkel invariant, wie z. B. bei der Spiegelung an einer Geraden oder einem Kreise.

Führen wir weiter die Abkürzung

$$(3) \qquad D[\varphi, \psi] = \iint_B (\varphi_x \psi_x + \varphi_y \psi_y)\,dx\,dy$$

ein, so gilt bei konstantem λ und μ die Identität

$$(4) \qquad D[\lambda\varphi + \mu\psi] = \lambda^2 D[\varphi] + 2\lambda\mu D[\varphi, \psi] + \mu^2 D[\psi].$$

Da $D[\lambda\varphi + \mu\psi]$ eine nicht negative homogene quadratische Funktion von λ und μ ist, folgt

$$(5) \qquad D[\varphi, \psi]^2 \leqq D[\varphi] D[\psi],$$

wobei natürlich überall vorausgesetzt ist, daß die betreffenden Integrale überhaupt Sinn haben. Aus (5) folgt sofort, daß die Existenz von $D[\varphi]$ und $D[\psi]$ die von $D[\varphi, \psi]$ nach sich zieht.

Der Ausdruck $D[\varphi, \psi]$ ist ebenfalls gegenüber konformer Abbildung invariant, wie man entweder wie oben bei $D[\varphi]$ erkennt oder der Identität (4) entnimmt.

---

[1] Vgl. Kap. 2, § 8.

Endlich werden wir im folgenden von einer einfachen Umformung des Integrales $D[\varphi, \psi]$ Gebrauch machen, welche man als „*Greensche Formel*" bezeichnet.

Wir setzen voraus, daß das Gebiet B von endlich vielen stückweise glatten Kurvenbögen begrenzt wird. Es sei φ eine im ganzen Gebiete stetige und mit stückweise stetigen[1] Ableitungen versehene Funktion. Es sei ferner ψ eine Funktion, die einschließlich des Randes mit ihren ersten und zweiten Ableitungen stetig ist, und es bezeichne $\frac{\partial}{\partial n}$ die Differentiation nach der inneren Normalen des Randes, ds das Linienelement auf dem im positiven Sinne zu umlaufenden Rand S. Dann lautet die *Greensche Formel*:

$$D[\varphi, \psi] = -\iint_B \varphi\, \Delta\psi\, dx\, dy - \int_S \varphi \frac{\partial \psi}{\partial n}\, ds. \tag{6}$$

Diese Relation ist nichts anderes als ein Ausdruck für die partielle Integration des Integrals $D[\varphi, \psi]$.

Zum Beweise genügt es, die entsprechende Formel für eine Folge von Gebieten zu beweisen, deren Ränder den Rand von B „glatt" approximieren (vgl. Kap. 1, § 2). Da dies mit Hilfe von ganz in B liegenden Polygonen möglich ist, so können wir unseren Beweis auf Polygone, und da sich diese in Dreiecke zerlegen lassen, sogar auf Dreiecke beschränken, die wir außerdem rechtwinklig annehmen dürfen, da wir sie sonst durch eine geeignete Höhe in rechtwinklige Dreiecke zerlegen könnten. Wir beachten, daß die zu beweisende Greensche Formel gegenüber Drehung und Verschiebung des Koordinatensystems invariant ist, so daß wir dieses derart wählen können, daß die Ecken des betrachteten Dreiecks $\triangle$ bzw. die Koordinaten $0, 0$; $a, 0$; $0, b$ erhalten. Dann erhält man durch partielle Integration

$$\iint_\triangle (\varphi_x \psi_x + \varphi_y \psi_y)\, dx\, dy$$

$$= \int_0^b dy \int_0^{\frac{a}{b}(b-y)} \varphi_x \psi_x\, dx + \int_0^a dx \int_0^{\frac{b}{a}(a-x)} \varphi_y \psi_y\, dy$$

$$= \int_0^b [\varphi\, \psi_x]_{x=0}^{x=\frac{a}{b}(b-y)}\, dy + \int_0^a [\varphi\, \psi_y]_{y=0}^{y=\frac{b}{a}(a-x)}\, dx - \iint_\triangle \varphi\, (\psi_{xx} + \psi_{yy})\, dx\, dy$$

$$= -\iint_\triangle \varphi\, \Delta\psi\, dx\, dy - \int \varphi \frac{\partial \psi}{\partial n}\, ds,$$

[1] „*Stückweise stetig*" heißt eine Funktion in einem Gebiete G, wenn man das Gebiet derartig in von stückweise glatten einfachen Kurven begrenzte Teilgebiete zerlegen kann, daß jeder abgeschlossene Teilbereich von G nur mit endlich vielen dieser Teilgebiete Punkte gemein hat und daß die Funktion in jedem dieser Teilgebiete stetig ist und stetige Randwerte besitzt.

wo das letzte Integral über den Rand des Dreiecks zu erstrecken ist, während die Normale nach innen positiv zu zählen ist. Hiermit ist die Greensche Formel bewiesen.

§ 3. Das Dirichletsche Prinzip.

Das Dirichletsche Integral ist ursprünglich nicht im Zusammenhange mit den Strömungspotentialen in der Funktionentheorie angewandt worden; es trat vielmehr zuerst bei den Bemühungen um die Lösung der Randwertaufgabe der Potentialtheorie auf. Der hier von RIEMANN eingeschlagene Gedankengang läßt sich im einfachsten Falle folgendermaßen darstellen. Es sei G ein von einer stückweise glatten Kurve S begrenztes Gebiet der xy-Ebene, auf dessen Rande irgend welche stetige Randwerte vorgegeben sind; man betrachte das über G erstreckte Dirichletsche Integral $D[\varphi]$, wobei unter φ eine im Gebiete G einschließlich des Randes stetige und mit stetigen ersten und zweiten Ableitungen versehene Funktion mit den vorgeschriebenen Randwerten verstanden wird. Wenn es dann unter allen derartigen Funktionen eine Funktion $u(x, y)$ gibt, welche den kleinstmöglichen Wert für das Integral $D[\varphi]$ liefert, so muß u der Differentialgleichung $\Delta u = 0$ genügen und somit die Randwertaufgabe der Potentialtheorie lösen. Ist nämlich $h(x, y)$ eine am Rande verschwindende, im Gebiete G einschließlich des Randes mit ihren ersten und zweiten Ableitungen stetige, sonst willkürliche Funktion, für welche $D[h]$ endlich bleibt, so muß für jeden reellen Wert des Parameters ε

$$D[u + \varepsilon h] = D[u] + 2\varepsilon D[u, h] + \varepsilon^2 D[h] \geqq D[u]$$

sein. Es muß also

$$\varepsilon(2D[u, h] + \varepsilon D[h]) \geqq 0$$

sein, was offenbar bei beliebigem ε nur unter der Bedingung

$$D[u, h] = 0$$

möglich ist.

Die Anwendung der Greenschen Formel ergibt nun ohne weiteres

$$\iint_G h\, \Delta u\, dx\, dy = 0;$$

hieraus folgt aber wegen der Willkürlichkeit der Funktion h das Bestehen der Gleichung

$$\Delta u = 0;$$

denn wäre die in G stetige Funktion Δu an irgend einer Stelle von Null verschieden, etwa positiv, so gäbe es auch eine in G gelegene Umgebung dieser Stelle, wo Δu positiv bleibt; wählen wir nun für h irgend eine mit ihren ersten und zweiten Ableitungen in G stetige Funktion, welche außerhalb dieser Umgebung verschwindet, aber innerhalb derselben positiv ist, so stünde dies im Widerspruch mit der obigen Relation.

Diese von RIEMANN als „*Dirichletsches Prinzip*“ bezeichnete Schlußweise genügt aber keineswegs, um die Lösbarkeit der Randwertaufgabe zu beweisen, worauf zuerst WEIERSTRASZ hingewiesen hat. Es ist nämlich keineswegs evident, daß das Integral unter den angegebenen Bedingungen ein Minimum besitzen muß, und ein unmittelbarer Beweis hierfür gelang zunächst nicht. Man kann eben im allgemeinen von einer nach unten beschränkten Zahlenmenge nur die Existenz einer unteren Grenze, aber nicht die eines wirklich erreichten Minimums behaupten[1].

Trotzdem werden wir im folgenden sehen, wie der Grundgedanke des Riemannschen Beweises, die Charakterisierung der Potentialfunktion durch Minimumseigenschaften eines Dirichletschen Integrals, doch zum Ziele führen wird; wir behalten daher auch hierfür die Bezeichnung „*Dirichletsches Prinzip*“ bei. Anstatt aber diesen Gedanken des Dirichletschen Prinzips für die Randwertaufgabe der Potentialtheorie durchzuführen, wenden wir ihn hier zum Beweise der Existenz von Strömungspotentialen an. Hierbei müssen wir jedoch das obige Minimumproblem etwas modifizieren; die Notwendigkeit einer solchen Modifikation ergibt sich vor allem daraus, daß das Dirichletsche Integral nicht existiert, wenn das Integrationsgebiet einen Quellpunkt oder irgend eine andere der oben betrachteten singulären Stellen enthält. Um dieser Schwierigkeit zu begegnen, betrachten wir zunächst den Fall, wo es sich um eine im Punkte O gelegene Doppelquelle handelt, und denken uns um den Quellpunkt O als Mittelpunkt einen ganz im Inneren von G liegenden Kreis K mit der Peripherie $\varkappa$ gegeben, welcher den Radius a haben möge. Wir definieren nun eine Funktion $S(x, y)$ durch

$$(1) \qquad S(x, y) \begin{cases} = \dfrac{x}{x^2 + y^2} + \dfrac{x}{a^2} & \text{in } K \text{ einschließlich der Peripherie } \varkappa, \\ = 0 & \text{außerhalb } K. \end{cases}$$

Diese Funktion S besitzt dieselbe Singularität wie die gesuchte Potentialfunktion u.[2]

Wir heben hervor, daß auch die Funktion S eine Potentialfunktion ist, nämlich überall in K außer in O der Differentialgleichung

$$(2) \qquad \Delta S = 0$$

[1] Ein bekanntes Beispiel für die Unlösbarkeit eines Minimumproblems bietet die Aufgabe, die Punkte 0 und 1 der x-Achse durch eine stetig gekrümmte, möglichst kurze Kurve zu verbinden, welche in den Endpunkten auf der x-Achse senkrecht steht; die untere Grenze der Länge, nämlich die Länge 1, wird offenbar von keiner zulässigen Vergleichsfunktion erreicht.

[2] Die von WEYL herrührende Einführung der obigen Funktion S bringt bei der Durchführung des Beweises gegenüber früheren Ansätzen Vereinfachungen mit sich. Vgl. das S. 376, Anm. 1 genannte Buch.

genügt, und daß ferner längs $\varkappa$ die Relation

(3) $$\frac{\partial S}{\partial n} = 0$$

besteht, wenn mit $\frac{\partial}{\partial n}$ die Differentiation nach der inneren Normalen des Kreises bezeichnet wird; diese letzte Eigenschaft ergibt sich sofort, wenn wir Polarkoordinaten r, ϑ im Kreise einführen, wodurch S in die Gestalt $\frac{\cos\vartheta}{r} + \frac{r}{a^2}\cos\vartheta$ übergeht, aus welcher

$$-\left(\frac{\partial S}{\partial r}\right)_{r=a} = \left(\frac{\partial S}{\partial n}\right)_{r=a} = 0$$

folgt.

Wollen wir Strömungspotentiale mit den anderen oben betrachteten Singularitäten erhalten (welche wir uns der Einfachheit halber in dem obigen Kreise K mit dem Radius a gelegen denken), so wählen wir als „*Singularitätenfunktion*" eine Funktion S, welche in den vorgeschriebenen Punkten die verlangten Singularitäten besitzt, während sie sonst eine in K reguläre Potentialfunktion ist, außerhalb K identisch verschwindet und auf der Peripherie von K verschwindende Ableitung in Richtung der Normalen besitzt. Wir führen die folgenden Betrachtungen nur für den Fall eines einfachen Poles im Punkte O durch, bemerken aber, daß sich diese Überlegungen ohne weiteres auch auf die übrigen genannten Singularitäten übertragen lassen[1].

Ist nunmehr φ eine in G mit Einschluß des Randes bis auf den Punkt O stetige und mit stückweise stetigen Ableitungen versehene Funktion, welche in O die vorgeschriebene Singularität besitzt, so ist die Funktion $\Phi = \varphi - S$ im ganzen Gebiete G stetig, abgesehen von der Kreisperipherie $\varkappa$, wo sie den durch die Funktion S vorgeschriebenen Sprung erleidet. Das Dirichletsche Integral $D[\Phi]$ darf dann über den Punkt O hin erstreckt werden.

Wir nennen nun eine Funktion Φ eine „*zulässige*" Funktion, wenn folgende Bedingungen erfüllt sind: 1. Die Funktion $\Phi + S = \varphi$ ist in dem Gebiete G einschließlich des Randes, abgesehen vom Punkte O, stetig und mit stückweise stetigen Ableitungen versehen, während sie in O die Singularität $\frac{x}{x^2+y^2}$ besitzt. 2. Es existiert das Integral

$$D[\Phi] = \iint_G (\Phi_x^2 + \Phi_y^2)\,dx\,dy.$$

Wir beachten, daß eine zulässige Funktion Φ bei Addition einer willkürlichen Konstanten zulässig bleibt und daß der Wert von $D[\Phi]$ dadurch nicht geändert wird. Daher können wir es ohne Änderung von $D[\Phi]$ immer erreichen, daß die betrachteten Funktionen Φ an der

[1] Vgl. z. B. Kap. 9, § 2.

Stelle O den Wert 0 besitzen; solche Funktionen wollen wir „*normiert*" nennen und gebrauchen diese Bezeichnung auch für die zugehörige Funktion $\varphi = \Phi + S$.

Wir stellen nun das folgende Minimumproblem: *Unter allen zulässigen Funktionen Φ ist eine solche zu finden, für welche das über G erstreckte Integral $D[\Phi]$ einen möglichst kleinen Wert besitzt.*

Dieses Minimumproblem hat jedenfalls einen Sinn, d. h. es gibt wenigstens eine zulässige Funktion Φ, für welche das Integral $D[\Phi]$ einen endlichen Wert besitzt. Ist nämlich K' ein zu K konzentrischer ganz in G gelegener Kreis mit einem Radius $a' > a$, so definieren wir Φ folgendermaßen: $\Phi = 0$ in K und außerhalb K', dagegen $\Phi = \frac{2}{a}\frac{a'-r}{a'-a}\cos\vartheta$ für $a \leqq r \leqq a'$. Offenbar ist Φ eine zulässige Vergleichsfunktion, deren Dirichletsches Integral endlich bleibt.

Die Menge aller für zulässige Funktionen Φ angenommenen Werte $D[\Phi]$ ist also nicht leer und muß eine untere Grenze besitzen, welche nicht negativ ist und mit d bezeichnet werden soll.

Wenn also unser Minimumproblem gelöst werden kann, etwa durch eine Funktion U, so muß für jede in G mit Einschluß des Randes stetige und mit stückweise stetigen Ableitungen versehene Funktion h, für welche $D[h]$ existiert, bei beliebigen Werten von ε der Ausdruck $D[U + \varepsilon h] \geqq D[U]$ sein; woraus sich wie oben (S. 451) ergibt, daß

$$D[U, h] = 0 \tag{4}$$

ist[1].

Falls eine Lösung U überhaupt existiert, so existiert auch eine normierte Lösung, und *diese ist durch das Minimumproblem eindeutig bestimmt.* Gäbe es nämlich noch eine weitere normierte Lösung U', so wäre auch die Funktion $U - U'$ überall in G stetig und ihre ersten Ableitungen in G stückweise stetig. Es existierte ferner

$$D[U - U'] = D[U] + D[U'] - 2\,D[U, U'];$$

da nach (4) sowohl

$$D[U, U - U'] = 0$$

als auch

$$D[U', U - U'] = 0$$

gilt, so folgt durch Subtraktion

$$D[U - U'] = 0.$$

Es müssen also die partiellen Ableitungen von $U - U'$ überall in G verschwinden, und da die Funktionen U und U' im Punkte O übereinstimmen, so sind sie im ganzen Gebiete G identisch.

---

[1] Aus dieser Gleichung kann man wieder schließen, daß U bzw. $u = U + S$ Potentialfunktionen sind, wie sich später direkt ergeben wird.

Wir bemerken schließlich, daß die Willkür, welche bei der Wahl der Größe a in unserem Ansatze verbleibt, auf die Funktion $u = U + S$ ohne Einfluß ist. Bezeichnet nämlich $a' < a$ den Radius eines neuen Kreises K' um O und S' die zu a' gehörige Funktion

$$S'(x, y) \begin{cases} = \dfrac{x}{x^2+y^2} + \dfrac{x}{a'^2} & \text{in } K' \text{ einschließlich der Peripherie } \varkappa', \\ = 0 & \text{außerhalb } K', \end{cases}$$

so gilt die folgende Tatsache: Die Lösung U' des neuen Minimumproblems ist durch $U' = U + S - S'$ gegeben, so daß $u = U + S = U' + S'$ wird; die Lösbarkeit des einen Minimumproblems zieht die des anderen nach sich.

Zum Beweise setzen wir $S - S' = \sigma$; diese Funktion ist außerhalb K identisch Null und innerhalb des Kreises K' sowie innerhalb des Kreisringes R zwischen $\varkappa$ und $\varkappa'$ eine reguläre Potentialfunktion. Ist Φ eine zulässige Funktion des ersten Minimumproblems, so ist die Funktion $\Phi' = \Phi + \sigma$ zulässige Funktion des zweiten und umgekehrt. Nun ist

$$D[\Phi'] = D[\Phi] + D[\sigma] + 2D[\Phi, \sigma]$$

und, wie wir sogleich beweisen werden,

$$D[\Phi, \sigma] = 0; \tag{5}$$

es unterscheiden sich also die Integrale $D[\Phi]$ und $D[\Phi']$ nur um einen von der Wahl der Vergleichsfunktionen Φ und Φ' unabhängigen Ausdruck, so daß in der Tat die beiden Minimumprobleme äquivalent sind. Zum Beweise von (5) haben wir uns nur der Greenschen Formel zu bedienen und zu beachten, daß im Innern von K' und von R überall $\Delta\sigma = 0$ ist, während auf $\varkappa$ und im Innern von K in der Nähe des Randes noch $\sigma = S$, auf $\varkappa$ also $\dfrac{\partial\sigma}{\partial n} = 0$ gilt. Daher ist

$$D_{K'}[\Phi, \sigma] = -\iint\limits_{K'} \Phi\,\Delta\sigma\,dx\,dy - \int\limits_{\varkappa'} \Phi \frac{\partial\sigma}{\partial n}\,ds = \int\limits_{\varkappa'} \Phi \frac{\partial\sigma}{\partial r}\,ds$$

und

$$D_R[\Phi, \sigma] = -\iint\limits_{R} \Phi\,\Delta\sigma\,dx\,dy - \int\limits_{\varkappa} \Phi \frac{\partial\sigma}{\partial n}\,ds - \int\limits_{\varkappa'} \Phi \frac{\partial\sigma}{\partial n}\,ds$$

$$= -\int\limits_{\varkappa'} \Phi \frac{\partial\sigma}{\partial r}\,ds.$$

Addition dieser beiden Formeln ergibt die Behauptung $D[\Phi, \sigma] = 0$.

Bevor wir zur Lösung des gestellten Minimumproblems schreiten, wollen wir noch die Voraussetzung abstreifen, daß G ein schlichtes Gebiet ist, um nachher die Betrachtungen gleich für den allgemeinsten Fall durchführen zu können. Wir haben hierzu vor allem den Begriff eines Gebietes allgemeinster Art (Riemannsche Fläche) geometrisch festzulegen, wie es auch den am Ende von Kap. 5, § 3 berührten Gedankengängen entspricht.

§ 4. Erweiterte Fassung des Problems.

Ein schlichtes Gebiet G können wir stets durch übereinandergreifende Kreisgebiete ausschöpfen; d. h. wir können eine abzählbare Folge von Kreisen $K_1, K_2, \ldots$ angeben, derart, daß jeder Punkt von G in mindestens einem dieser Kreise liegt und daß jedes abgeschlossene Teilgebiet von G nur Punkte aus endlich vielen dieser Kreisbereiche enthält. In analoger Weise können wir auch mehrblättrige Bereiche, wie sie in Kap. 5 als Riemannsche Flächen zu jeder analytischen Funktion konstruiert wurden, durch „*Kreisbereiche*" ausschöpfen. Dabei verstehen wir unter einem Kreisbereich oder Kreisgebiet entweder eine schlichte Kreisscheibe oder die Ebene mit Ausnahme einer solchen oder eine endlich vielblättrige Kreisscheibe mit einem Windungspunkt im Mittelpunkt oder das entsprechende den Punkt ∞ enthaltende Gebilde. Schließlich wollen wir der Bequemlichkeit halber diese Kreisbereiche stets als abgeschlossene Gebiete annehmen. Eine solche Ausschöpfung der Riemannschen Fläche ergibt sich von selbst aus der analytischen Fortsetzung mit Hilfe von Potenzreihen durch die Betrachtung zugehöriger Kreise gleichmäßiger Konvergenz. Insbesondere lassen sich geschlossene Riemannsche Flächen, welche n-blättrig über der ganzen Ebene ausgebreitet sind, durch endlich viele solche Kreisbereiche vollständig ausschöpfen. Mit Hilfe solcher Kreisbereiche können wir ein schlichtes Gebiet G bzw. eine gegebene Riemannsche Fläche darstellen als „*Limes*" einer Folge einander umfassender abgeschlossener Gebiete G_n, derart, daß G_n ein Teilbereich von G_{n+1} ist und daß jeder Punkt von G in einem der Bereiche G_n (und also in allen folgenden) gelegen ist. Wir haben für G_n nur einen aus endlich vielen geeigneten Kreisbereichen zusammengesetzten Bereich zu nehmen.

Wir müssen nun unseren Begriff des mehrblättrigen Gebietes ohne Bezugnahme auf eine analytische Funktion definieren, um erst hinterher die Existenz zugehöriger Funktionen zu beweisen.

Zur Definition der allgemeinsten über der z-Ebene ausgebreiteten Gebiete betrachten wir die oben definierten schlichten oder mehrblättrigen Kreisbereiche als einfachste Bausteine und setzen zunächst aus endlich vielen von ihnen ein abgeschlossenes Gebiet G zusammen, welches durch folgende Festsetzungen gekennzeichnet sein soll: Jeder Punkt einer der gegebenen Kreisbereiche soll Punkt von G heißen. Gewisse der Kreisbereiche, welche ein und dasselbe Kreisbogenzweieck der z-Ebene gemeinsam überdecken, sollen über diesem Zweieck[1] zusammengefügt werden, indem die betreffenden Punkte der beiden

[1] Bei unseren Festsetzungen wollen wir demgemäß ausschließen, daß zwei Kreisgebiete zusammengefügt werden, welche ein Ringgebiet gemeinsam bedecken oder von denen eines im andern enthalten ist; diese Einschränkung ist aber keineswegs wesentlich.

Kreisgebiete als Punkte von G identifiziert werden. Ist dabei eines der beiden Kreisgebiete gewunden, so soll das andere nicht über seinen Mittelpunkt hinausgreifen und nicht selbst wieder gewunden sein. Ferner machen wir die selbstverständliche Einschränkung, daß gleichzeitig mit der Identität eines Punktes P aus dem Kreisgebiet A mit einem Q aus dem Kreisgebiet B und mit der Identität von Q mit einem Punkt R aus dem Kreisgebiet C auch die von P und R vorgeschrieben sein muß; und endlich, daß durch den Zusammenfügungsprozeß eine einzige zusammenhängende Punktmenge entsteht.

Ist jeder Randpunkt einer der endlich vielen vorgegebenen Kreisbereiche innerer Punkt eines anderen dieser Kreisbereiche, so haben wir eine geschlossene Fläche vor uns. Andernfalls können wir nach der obigen Vorschrift an das Gebiet G, das wir stets als abgeschlossen anzusehen haben, noch eine endliche Anzahl weiterer Kreisbereiche anhängen und so G zu einem Gebiet G^* erweitern, das G als Teilgebiet enthält. Wir betrachten nun eine Folge $G_1, G_2, \ldots$ derartiger Gebiete, wobei immer G_n in G_{n+1} enthalten ist, und sagen dann, daß eine solche Folge ein „Gebiet" G definiert, indem wir unter G die Gesamtheit der zu mindestens einem der Gebiete G_n gehörigen Punkte verstehen. Wir bezeichnen G auch als „*Limes*" der ineinander geschachtelten Gebiete G_n und haben damit den geometrischen Begriff der allgemeinsten Riemannschen Fläche definiert.

In dem derart definierten Gebiete G können wir nun Funktionen des Ortes betrachten, welche in jedem schlichten Teilgebiete von G Funktionen der Koordinaten x, y der z-Ebene sind und daher mit $f(x, y)$ (bzw. $\varphi(x, y)$ usw.) bezeichnet werden sollen.

Läßt sich ein Gebiet B in eine endliche Anzahl schlichter Teilgebiete zerlegen und existieren die Integrale einer in B definierten Funktion $f(x, y)$ über jedes dieser Teilgebiete, so bezeichnen wir die Summe dieser Integrale als das über B erstreckte Integral von $f(x, y)$ und schreiben dafür

$$\iint_B f(x, y)\, dx\, dy.$$

Wir betrachten nunmehr Integrale über unsere Gebiete G_n. Wenn $\lim_{n\to\infty} \iint_{G_n} f(x, y)\, dx\, dy$ existiert, so soll dieser Grenzwert das über G erstreckte Integral von $f(x, y)$ heißen und mit $\iint_G f(x, y)\, dx\, dy$ bezeichnet werden.

Wenn die Funktion $f(x, y)$ im Gebiete G nirgends negativ ist und wenn alle Integrale über G_n unterhalb einer von n unabhängigen Schranke bleiben, so existiert offenbar das Integral über G. Die im folgenden auftretenden Integrale werden wir in dem hier dargelegten Sinne verstehen (vgl. Anm. 2 von S. 448).

Nach diesen Vorbereitungen können wir nun das in § 3 gestellte Minimumproblem wörtlich auch für ein Gebiet G der eben definierten Art aussprechen. Wir setzen dabei voraus, daß der Quellpunkt O in keinem Windungspunkt des Gebietes G liegt[1].

Die Aufgabe der folgenden Paragraphen wird es sein, unser Minimumproblem in diesem allgemeinsten Sinne zu lösen. Hierzu schicken wir eine Reihe von Hilfsbetrachtungen voraus.

§ 5. Randwertaufgabe und Minimumprinzip für den Kreis.

Wir beginnen mit dem Nachweis, daß die Lösung der Randwertaufgabe für den Kreis (welche wir ja schon in Kap. 3, § 10 durch das Poissonsche Integral gegeben haben) mit der Lösung eines Minimumproblems der in § 3 betrachteten Art äquivalent ist. Wir formulieren folgenden Satz: Es sei $w(x, y)$ eine in einem Kreise K vom Radius R einschließlich des Randes $\varkappa$ stetige und mit stückweise stetigen Ableitungen versehene Funktion mit endlichem Dirichletschen Integral $D[w]$; es sei u diejenige im Innern von K reguläre Potentialfunktion, welche auf seiner Peripherie mit w übereinstimmt; dann existiert[2] $D[u]$, und es gilt

$$D[u] \leqq D[w]. \tag{1}$$

Die Randwertaufgabe der Potentialtheorie ergibt sich also hiernach als äquivalent mit der Aufgabe, bei gegebenen Randwerten $D[w]$ zum Minimum zu machen.

Der Beweis wäre sofort zu erbringen, wenn wir die Greensche Formel auf die Funktionen u und $u - w$ für den Kreis K anwenden dürften; denn da

$$D[w] = D[u + (w - u)] = D[u] + D[w - u] + 2D[u, w - u]$$

ist, hätten wir nach der Greenschen Formel mit Rücksicht auf $\Delta u = 0$ und die Gleichheit der Randwerte von u und w

$$D[u, w - u] = -\iint_K (w - u)\,\Delta u\,dx\,dy - \int_\varkappa (w - u)\frac{\partial u}{\partial n}\,ds = 0,$$

also

$$D[w] = D[u] + D[w - u] \geqq D[u].$$

---

[1] Man könnte sich von dieser Voraussetzung durch Überführung des Windungspunktes in einen einfachen Punkt mit Hilfe konformer Abbildung leicht frei machen.

[2] Gerade dieser Punkt bedarf eines Beweises, da man leicht stetige Randwerte vorschreiben kann, für welche $D[u]$ unendlich wird, z. B.

$$f(\vartheta) = \sum_{n=1}^{\infty} \frac{\cos n!\,\vartheta}{n^2}.$$

Es gibt also Fälle, wo die Randwertaufgabe zwar durch das Poissonsche Integral, nicht aber durch das Minimumprinzip lösbar ist, was z. B. von Hadamard hervorgehoben wurde.

Nun kann man aber im allgemeinen über die Werte der Ableitungen von u auf der Peripherie $\varkappa$ nichts aussagen. Wir bedenken daher, daß sich u nach Kap. 3, § 8, Formel (8) (S. 323) als Grenzwert $u = \lim_{n\to\infty} u_n$ einer Folge überall regulärer Potentialfunktionen u_n (endlicher trigonometrischer Summen) darstellen läßt und daß dasselbe auch für die Ableitungen gilt. Es kann nämlich (wenn r, ϑ Polarkoordinaten bedeuten)

$$u_n = \frac{a_0}{2} + \sum_{k=1}^{n} \left(\frac{r}{R}\right)^k (a_k \cos k\,\vartheta + b_k \sin k\,\vartheta)$$

gesetzt werden, wobei für $k = 0, 1, \ldots, n$ bzw. $k = 1, \ldots, n$ die Koeffizienten

$$a_k = \frac{1}{\pi}\int_0^{2\pi} w(R, \vartheta) \cos k\,\vartheta\, d\vartheta, \qquad b_k = \frac{1}{\pi}\int_0^{2\pi} w(R, \vartheta) \sin k\,\vartheta\, d\vartheta$$

nur von den gegebenen Randwerten von w abhängen; also ist für $r = R$

$$\int_0^{2\pi} (w - u_n)\frac{\partial u_n}{\partial r}\, d\vartheta = 0,$$

denn für jedes der beiden Integrale

$$\int_0^{2\pi} w\,\frac{\partial u_n}{\partial r}\, d\vartheta, \qquad \int_0^{2\pi} u_n\,\frac{\partial u_n}{\partial r}\, d\vartheta$$

findet man für $r = R$ den Wert

$$\frac{\pi}{R}\sum_{k=1}^{n} k\,(a_k^2 + b_k^2)\,.$$

Da u_n in K einschließlich $\varkappa$ stetige erste und zweite Ableitungen besitzt, so ist nunmehr die Anwendung der Greenschen Formel erlaubt und ergibt wie oben aus $D[w] = D[u_n + (w - u_n)]$ die Beziehung

$$D[w] \geqq D[u_n].$$

Ist nun $K_1, K_2, \ldots$ irgend eine Folge konzentrischer Kreise, die von innen gegen K konvergieren, so gilt erst recht

$$D_K[w] \geqq D_{K_h}[u_n].$$

Da die Funktionen u_n mit ihren sämtlichen Ableitungen in K_h gleichmäßig gegen u bzw. gegen die Ableitungen von u konvergieren, so existiert auch $D_{K_h}[u]$, und es gilt

$$D_K[w] \geqq D_{K_h}[u]\,.$$

Daher existiert $D_K[u]$, und es ist

$$D_K[u] = \lim_{h \to \infty} D_{K_h}[u] \leqq D_K[w],$$

wie behauptet wurde.

Wir können das gewonnene Resultat noch weitgehend verallgemeinern. Zunächst folgt aus der Invarianz des Dirichletschen Integrals gegen konforme Abbildung, daß derselbe Zusammenhang zwischen Minimumproblem und Lösung der Randwertaufgabe wie beim Kreise auch für alle abgeschlossenen Gebiete besteht, welche wir konform auf den Kreis abbilden können. Insbesondere gilt dies z. B. für das Äußere eines Kreises oder eine n-fach überdeckte Kreisscheibe mit dem Windungspunkt im Mittelpunkt, d. h. für alle von uns in § 4 als „Kreisbereiche" bezeichneten Gebiete.

Zum Schlusse betrachten wir noch eine weitere Verallgemeinerung des obigen Minimumsatzes für den Kreis: Es sei K ein Kreis, dessen Peripherie $\varkappa$ in zwei Bogen $\varkappa_1$ und $\varkappa_2$ geteilt ist; $w(x, y)$ sei irgend eine in K einschließlich $\varkappa$ stetige Funktion mit dort stückweise stetigen ersten Ableitungen und endlichem Dirichletschem Integral $D[w]$. Dann existiert eine in K einschließlich $\varkappa$ stetige und auf $\varkappa_2$ noch reguläre Potentialfunktion $u(x, y)$, welche auf $\varkappa_1$ mit w übereinstimmt, während ihre Ableitung in Richtung der Normalen auf $\varkappa_2$ verschwindet, und für die

(2) $$D[u] \leqq D[w]$$

gilt.

Dies besagt: *Die Potentialfunktion u löst die Aufgabe, das Dirichletsche Integral über den Kreis zum Minimum zu machen, wenn die Randwerte nur auf einem Teile der Peripherie vorgeschrieben sind, auf dem übrigen Teile aber freigelassen werden.*

Zum Beweise bilden wir den Kreis K derart auf ein halbkreisförmiges Kreisbogenzweieck konform ab, daß hierbei der Bogen $\varkappa_1$ in den Halbkreisbogen, $\varkappa_2$ aber in den Durchmesser übergeht, was nach Kap. 4, § 8 sicher möglich ist. Hierbei geht w in eine Funktion des Ortes in dem Halbkreis über, die wir wieder mit w bezeichnen. Wir spiegeln den Halbkreis an seinem Durchmesser und setzen w derart in den spiegelbildlichen Halbkreis fort, daß Spiegelpunkten jeweils derselbe Funktionswert zugewiesen wird. Für diesen neuen Kreis können wir mit den stetigen Randwerten, die w auf seiner Peripherie annimmt, durch das Poissonsche Integral die zugehörige Potentialfunktion u konstruieren. Nach unserem obigen Satze gilt dann für diesen Kreis

(3) $$D[u] \leqq D[w],$$

eine Relation, die wegen der spiegelbildlichen Symmetrie auch für jeden der Halbkreise richtig bleibt. Aus demselben Grunde ist auch auf dem ausgezeichneten Durchmesser die Ableitung von u in Richtung seiner

Normalen gleich Null. Indem wir die konforme Abbildung des Halbkreises auf den Ausgangskreis rückgängig machen, wobei die Normalenrichtung an dem Durchmesser in die Normalenrichtung auf dem Bogen $\varkappa_2$ übergeht, erkennen wir die Richtigkeit unserer Behauptung.

Es bedarf kaum einer besonderen Bemerkung, daß auf Grund der Invarianz des Dirichletschen Integrals gegen konforme Abbildung auch unser verallgemeinerter Minimumsatz bestehen bleibt, wenn man statt des Kreises einen beliebigen „Kreisbereich" zugrunde legt.

§ 6. Hilfssätze.

Wir werden aus der Kleinheit des Dirichletschen Integrales $D[\varphi]$ auf den Integranden selbst Rückschlüsse zu ziehen haben; dies ist bei einer beliebigen Funktion φ im allgemeinen unmöglich, gelingt jedoch leicht, wenn man φ als Potentialfunktion annimmt. Es gilt dann folgender für zahlreiche Anwendungen in der Funktionentheorie nützliche Hilfssatz.

Hilfssatz I. Es sei $p(x, y)$ eine im Gebiete B reguläre Potentialfunktion, deren Dirichletsches Integral $D_B[p]$ unterhalb einer Schranke M liegt. Es sei ferner B' irgend ein im Innern von B liegendes abgeschlossenes Gebiet und R eine solche Zahl, daß jede Kreisscheibe mit dem Radius R um einen beliebigen Punkt von B' noch einschließlich des Randes ganz zu B gehört; dann gilt überall in B'

$$p_x^2 + p_y^2 \leqq \frac{M}{R^2 \pi}. \tag{1}$$

Ist also $f(z) = p + iq$ eine analytische Funktion mit dem Realteil p, so bleibt für jeden im Inneren von B liegenden abgeschlossenen Teilbereich B' das Vergrößerungsverhältnis der durch $f(z)$ vermittelten Abbildung unterhalb einer nur von M und B' abhängenden, mit M gleichzeitig gegen Null rückenden Schranke[1].

Zum Beweise betrachten wir die Ableitung $f'(z) = p_x - i p_y$ auf einer einschließlich des Randes ganz innerhalb B liegenden Kreisscheibe K mit dem Radius R. Nach der Cauchyschen Integralformel gilt für den Funktionswert $f'(z_0)$ im Mittelpunkte z_0

$$f'(z_0) = \frac{1}{2\pi i}\int \frac{f'(t)}{t - z_0}\, dt,$$

wobei das Integral im positiven Sinne über den Rand irgend eines Kreises mit dem Mittelpunkt z_0 und einem positiven Radius $r \leqq R$ erstreckt werden darf. Es ist also, wenn wir $t - z_0 = re^{i\vartheta}$ setzen, dann

[1] Dieser Hilfssatz läßt sich in mancher Hinsicht als Gegenstück zu den Verzerrungssätzen (Kap. 6, § 7) ansehen.

diese Gleichung mit r multiplizieren und von 0 bis R integrieren,

$$\frac{R^2}{2} f'(z_0) = \frac{1}{2\pi i} \iint_K \frac{f'(t)}{r e^{i\vartheta}} r e^{i\vartheta} \cdot i\, d\vartheta \cdot r\, dr = \frac{1}{2\pi} \iint_K f'(t)\, dx\, dy,$$

somit

$$|f'(z_0)| \leqq \frac{1}{R^2 \pi} \iint_K |f'(t)|\, dx\, dy. \tag{2}$$

Wenden wir nun hierauf die Schwarzsche Ungleichung (vgl. Kap. 6, § 4, S. 402f.) an, so erhalten wir aus (2)

$$|f'(z_0)|^2 \leqq \frac{1}{R^2 \pi} \iint_K |f'(t)|^2\, dx\, dy = \frac{1}{R^2 \pi} D_K[p].$$

Nun kann nach Voraussetzung jeder Punkt unseres Bereiches B' als Mittelpunkt eines Kreises K mit festem Radius R aufgefaßt werden, der noch ganz im Innern von B liegt, für den also $D_K[p] \leqq M$ ist. Mithin haben wir für den Bereich B'

$$p_x^2 + p_y^2 = |f'(z)|^2 \leqq M \cdot \frac{1}{R^2 \pi},$$

womit die Behauptung bewiesen ist.

Hieraus folgt unmittelbar der folgende Satz:

Hilfssatz II. Ist $u_1, u_2, \ldots$ eine Folge in einem Gebiete B regulärer Potentialfunktionen, welche in einem Punkte von B konvergiert und für welche

$$\lim_{n \to \infty} D_B[u_n] = 0 \tag{3}$$

gilt, so konvergieren die Funktionen u_n in jedem ganz im Inneren von B gelegenen abgeschlossenen Teilgebiet B' gleichmäßig gegen eine Konstante.

Gilt aber (neben den anderen Voraussetzungen) an Stelle von (3)

$$\lim_{\substack{m \to \infty \\ n \to \infty}} D_B[u_n - u_m] = 0, \tag{4}$$

so konvergieren die Funktionen u_n in B' gleichmäßig gegen eine reguläre Potentialfunktion u.

Nach Hilfssatz I konvergieren nämlich im ersten Falle die Ableitungen der Funktionen u_n in B' gleichmäßig gegen Null; auf Grund der Voraussetzung der Konvergenz in einem Punkte konvergieren also alle Funktionen u_n gleichmäßig in B' gegen eine Konstante. Ebenso folgt im zweiten Falle die gleichmäßige Konvergenz der Folge gegen eine Grenzfunktion u, welche nach Kap. 3, § 9 wieder eine in B' reguläre Potentialfunktion ist.

Setzen wir nicht die Konvergenz der Folge $u_1, u_2, \ldots$ in einem inneren Punkt voraus, machen wir aber entsprechende Voraussetzungen über ein Stück des Randes, so können wir ebenfalls auf die Konvergenz im Innern schließen; es gilt nämlich:

Hilfssatz III. Es sei B ein abgeschlossenes Gebiet, dessen Rand einen Kreisbogen C enthält, und B' ein abgeschlossenes Teilgebiet von B, das höchstens solche Punkte des Randes von B enthält, welche innere Punkte des Bogens C sind. Ist $u_1, u_2, \ldots$ eine Folge in B regulärer Potentialfunktionen, für welche einerseits in B

$$\lim_{n\to\infty} D_B[u_n] = 0 \tag{5}$$

gilt, andererseits auf C

$$u_1 = u_2 = \cdots = 0 \tag{6}$$

ist, so konvergieren sie in B' gleichmäßig gegen Null.

Ist aber

$$\lim_{\substack{m\to\infty\\ n\to\infty}} D_B[u_n - u_m] = 0, \tag{7}$$

während auf C

$$u_1 = u_2 = \cdots \tag{8}$$

gilt, so konvergiert die Folge der u_n in B' gleichmäßig gegen eine reguläre Potentialfunktion u.

Zum Beweise spiegeln wir das Gebiet B an dem Kreisbogen C. Wir setzen nun unter Voraussetzung von (6) sämtliche Potentialfunktionen u_n dadurch in das gespiegelte Gebiet fort, daß wir spiegelbildlichen Punkten entgegengesetzt gleiche Werte von u_n zuweisen[1]; dann hat (nach § 2) $D[u_n]$ für das gespiegelte Gebiet denselben Wert wie für B, so daß (5) nun für das ganze aus B und seinem Spiegelbild bestehende

---

[1] Für die analytische Fortsetzung einer Potentialfunktion u über einen Kreisbogen hinaus gilt, wie unmittelbar durch Anwendung des Spiegelungsprinzipes von Kap. 5, § 2 (bzw. Kap. 6, § 4) auf die analytische Funktion $u + iv$ folgt, der Satz: Verschwindet u auf dem Kreisbogen, so hat man spiegelbildlichen Punkten entgegengesetzt gleiche Werte zuzuweisen; verschwindet dagegen die Ableitung $\frac{\partial u}{\partial n}$ in Richtung der Normalen auf diesem Bogen, so entsprechen spiegelbildlichen Punkten gleiche Werte von u.

Man kann dieses „Spiegelungsprinzip für Potentialfunktionen" auch ohne Berufung auf das Spiegelungsprinzip für analytische Funktionen direkt beweisen und dabei die Regularitätsvoraussetzungen auf dem Bogen C einschränken. Ist nämlich z. B. u eine in einem abgeschlossenen Halbkreise stetige und im Inneren reguläre Potentialfunktion, welche auf dem begrenzenden Durchmesser konstante Randwerte, etwa den Wert Null, besitzt, so läßt sich u in den spiegelbildlichen Halbkreis durch Spiegelung fortsetzen. Denn die durch das Poissonsche Integral gelieferte Potentialfunktion, deren Randwerte durch die Randwerte von u auf dem gegebenen Halbkreisbogen und durch die entgegengesetzt gleichen Werte auf dem gespiegelten Halbkreise gegeben sind, hat auf dem ausgezeichneten Durchmesser den Wert Null, da sie bei Spiegelung in sich übergehen muß; sie stimmt also auf der ganzen Berandung des ursprünglichen Halbkreises, also auch überall in seinem Innern mit der Funktion u überein.

Gebiet gilt. Wenden wir hierauf Hilfssatz II an, so ergibt sich die Behauptung. Die entsprechende Überlegung gilt unter Annahme von (7) und (8).

Analog beweisen wir schließlich noch

Hilfssatz IV. Haben B, B' und C dieselbe Bedeutung wie in Hilfssatz III und gilt in B (5) bzw. (7), während auf C

$$\frac{\partial u_1}{\partial n} = \frac{\partial u_2}{\partial n} = \dots = 0 \tag{9}$$

bzw.

$$\frac{\partial u_1}{\partial n} = \frac{\partial u_2}{\partial n} = \dots \tag{10}$$

ist (wo n die Normale auf C bedeutet), und konvergiert ferner die Folge $u_1, u_2, \dots$ in einem Punkte von B, so konvergiert sie gleichmäßig in B' gegen eine Konstante bzw. gegen eine reguläre Potentialfunktion u.

Zum Beweise spiegeln[1] wir das Gebiet B an C, woraus sich, wie bei Hilfssatz III, die Behauptung ergibt.

Wir heben noch hervor, daß die im Falle (10) erhaltene Potentialfunktion u auch noch auf dem Kreisbogen C stetig ist und dort dieselben Ableitungen in Richtung der Normalen besitzt wie die Funktionen u_n.

§ 7. Lösung des Minimumproblems für spezielle Gebiete.

Wir sind nunmehr zur Durchführung des Beweises für die Existenz einer Lösung unseres Minimumproblems vorbereitet und führen ihn zunächst unter der Voraussetzung, daß das Gebiet G aus einer endlichen Anzahl N von „Kreisbereichen" der in § 4 definierten Art aufgebaut ist[2].

Wir nehmen an, daß der Kreis K mit dem Radius a um den Nullpunkt O, welcher zur Definition unserer „Singularitätenfunktion" S diente, einschließlich der Peripherie ganz im Innern des Kreisbereiches K_1 gelegen ist und daß keiner der Kreisbereiche $K_2, K_3, \dots, K_N$ mit K gemeinsame Punkte hat. Schließlich möge K_1 ganz im Inneren von G gelegen sein.

Ob unser Minimumproblem eine Lösung besitzt, muß zunächst dahingestellt bleiben; jedenfalls besitzt aber die Gesamtheit der Werte $D[\Phi]$, welche durch Einsetzen zulässiger Funktionen Φ entstehen können, eine untere Grenze $d \geqq 0$, derart, daß für jede zulässige Funktion

$$D[\Phi] \geqq d \tag{1}$$

[1] Vgl. die Fußnote zu Hilfssatz III.

[2] Es sei daran erinnert, daß ein solches Gebiet als abgeschlossen anzusehen ist.

gilt und daß es Funktionenfolgen $\Phi_1, \Phi_2, \ldots$ gibt, für welche

(2) $$\lim_{n\to\infty} D[\Phi_n] = d$$

wird. Das folgt unmittelbar aus der Existenz der unteren Grenze einer Menge positiver Zahlen. (Unter Umständen können dabei alle Funktionen Φ_n gleich einer und derselben Funktion U sein, falls diese wirklich den Wert $D[U] = d$ liefert, also das Problem löst.) Eine solche Funktionenfolge $\Phi_1, \Phi_2, \ldots$ nennen wir eine *Minimalfolge*.

Wir leiten zunächst eine wichtige, für jede Minimalfolge gültige Relation ab. Es seien $h_1, h_2, \ldots$ in G stetige, mit stückweise stetigen Ableitungen versehene Funktionen, für welche die Integrale $D[h_n]$ unterhalb einer von n unabhängigen Schranke M bleiben; dann gilt für jede Minimalfolge $\Phi_1, \Phi_2, \ldots$

(3) $$\lim_{n\to\infty} D[\Phi_n, h_n] = 0,$$

und zwar gleichmäßig in dem Sinne, daß bei gegebenem M, unabhängig von der speziellen Wahl der Funktionen h_n, der Ausdruck auf der linken Seite von (3), absolut genommen, unter jede vorgegebene Grenze sinkt, wenn nur n hinreichend groß genommen wird.

Bilden wir nämlich mit einem Parameter ε die Funktionen $\Phi_n + \varepsilon h_n$, so ist

$$D[\Phi_n + \varepsilon h_n] = D[\Phi_n] + \varepsilon(2D[\Phi_n, h_n] + \varepsilon D[h_n]) \geqq d;$$

wäre nun für gewisse beliebig große Indizes n

$$|D[\Phi_n, h_n]| \geqq \alpha > 0,$$

so könnte man $\varepsilon = \pm \frac{\alpha}{M}$ setzen; dann ist

$$|\varepsilon(2D[\Phi_n, h_n] + \varepsilon D[h_n])| \geqq \frac{\alpha^2}{M};$$

da nun $D[\Phi_n]$ mit wachsendem n gegen d konvergiert, so wäre für gewisse hinreichend große n, falls ε entgegengesetztes Vorzeichen wie $D[\Phi_n, h_n]$ bekommt,

$$D[\Phi_n] + \varepsilon(2D[\Phi_n, h_n] + \varepsilon D[h_n]) \leqq D[\Phi_n] - \frac{\alpha^2}{M} < d,$$

entgegen dem Obigen.

Speziell dürfen wir $h_n = \Phi_m - \Phi_n$ setzen, wobei m entweder fest bleibt oder irgendwie mit n variieren darf; denn sicher liegt $D[h_n] = D[\Phi_n] + D[\Phi_m] - 2D[\Phi_n, \Phi_m]$ wegen § 2, (5) unterhalb einer von n und m unabhängigen Schranke. Schreiben wir nun

$$\begin{aligned} D[\Phi_m] &= D[\Phi_n + (\Phi_m - \Phi_n)] \\ &= D[\Phi_n] + 2D[\Phi_n, \Phi_m - \Phi_n] + D[\Phi_m - \Phi_n], \end{aligned}$$

so folgt, wenn wir n und m hinreichend groß nehmen, aus

$$\lim_{m\to\infty} D[\Phi_m] = \lim_{n\to\infty} D[\Phi_n] = d$$

mit Rücksicht auf (3) sofort, daß der Ausdruck $D[\Phi_m - \Phi_n]$ beliebig klein wird.

Es gilt also für jede Minimalfolge die Relation

$$\lim_{\substack{m\to\infty\\ n\to\infty}} D[\Phi_n - \Phi_m] = 0, \tag{4}$$

welche für die folgende Beweisführung grundlegend ist[1].

Es sei nun $\Phi_1, \Phi_2, \ldots$ irgend eine Minimalfolge unseres Minimumproblems. Wir bilden aus ihr eine neue Minimalfolge, deren Funktionen aus denen der ursprünglichen Folge $\Phi_1, \Phi_2, \ldots$ durch ein „*Glättungsverfahren*" entstehen, um hierdurch zur Lösung unseres Problems vorzudringen.

Zur Beschreibung unseres Glättungsprozesses nehmen wir zunächst an, K_h sei ein Kreisbereich, welcher ganz im Innern von G gelegen ist und von K_1 verschieden sei. Wir sagen: eine zulässige Vergleichsfunktion Φ wird für den Bereich K_h „geglättet", wenn wir eine Funktion bilden, welche außerhalb K_h mit Φ übereinstimmt, während sie im Innern von K_h eine reguläre Potentialfunktion ist, welche dadurch entsteht, daß man die Randwertaufgabe der Potentialtheorie für den Kreisbereich K_h mit den Werten als Randwerten löst, die Φ am Rande von K_h annimmt. Hat aber K_h einen Bogen C mit dem Rande von G gemein, so verstehen wir unter Glättung für K_h das Ersetzen von Φ durch eine zulässige (also auf der Peripherie von K_h stetige) Funktion, welche außerhalb K_h mit Φ übereinstimmt, aber in K_h eine reguläre Potentialfunktion ist, die auf dem Bogen C verschwindende Ableitungen in Richtung der Normalen besitzt. Endlich verstehen wir unter Glättung in K_1 das Ersetzen von Φ durch eine solche zulässige

[1] Man kann diese Relation nach dem Vorgange von BEPPO LEVI auch ohne Benutzung der Relation (3) folgendermaßen erhalten. Gleichzeitig mit den Funktionen Φ_m und Φ_n ist auch (bei beliebigen konstanten λ und μ) die Funktion

$$\Phi = \frac{\lambda\Phi_m + \mu\Phi_n}{\lambda + \mu}$$

eine konkurrenzfähige Funktion unseres Minimumproblems. Also ist $D[\Phi] \geqq d$. Dies ergibt

$$\lambda^2 (D[\Phi_m] - d) + 2\lambda\mu (D[\Phi_m, \Phi_n] - d) + \mu^2 (D[\Phi_n] - d) \geqq 0;$$

da dies für beliebiges λ und μ gilt, so folgt

$$(D[\Phi_m] - d)(D[\Phi_n] - d) - (D[\Phi_m, \Phi_n] - d)^2 \geqq 0.$$

Daher wird

$$\begin{aligned} |D[\Phi_m - \Phi_n]| &\leqq |D[\Phi_m] - d| + |D[\Phi_n] - d| + 2\,|D[\Phi_m, \Phi_n] - d| \\ &\leqq |D[\Phi_m] - d| + |D[\Phi_n] - d| + 2\sqrt{(D[\Phi_m] - d)(D[\Phi_n] - d)}; \end{aligned}$$

hieraus folgt sofort die Relation (4).

Vergleichsfunktion Φ^*, daß

$$\Phi^* + S - \frac{x}{x^2+y^2} - \frac{x}{a^2}$$

eine im Innern von K_1 reguläre Potentialfunktion ist, während Φ^* außerhalb von K_1 und auf dem Rande mit Φ übereinstimmt.

Bringen wir nun die Kreisbereiche $K_1, K_2, \ldots, K_N$ in irgend eine Reihenfolge, in der jeder dieser Kreisbereiche mindestens einmal vorkommt, und glätten eine zulässige Vergleichsfunktion Φ zunächst für den ersten dieser Kreisbereiche, die hierdurch entstandene Funktion für den zweiten usw., bis dieser Glättungsprozeß mindestens einmal für jeden der Kreisbereiche $K_1, \ldots, K_N$ erfolgt ist, so sagen wir, daß die hierdurch gewonnene Funktion Ψ eine durch „Glättung der Funktion Φ für das Gebiet G" entstandene zulässige Vergleichsfunktion sei. Offenbar bleibt eine solche Funktion in G geglättet, wenn man eine weitere Glättung für irgend ein Kreisgebiet K_h hinzufügt. Jede in G geglättete Funktion ist in jedem von Kreisbogen unserer Kreisbereiche K_h freien Teilgebiet eine reguläre Potentialfunktion.

Bei einer Glättung wird der Wert des Dirichletschen Integrals nicht vergrößert, d. h. es gilt stets

$$D[\Psi] \leqq D[\Phi], \tag{5}$$

wenn Ψ durch Glättung aus Φ gebildet ist. Dies folgt für jeden von K_1 verschiedenen Kreisbereich aus § 5, (1). Für K_1 setzen wir

$$S - \frac{x}{x^2+y^2} - \frac{x}{a^2} = k;$$

dann ist in K die Funktion k gleich Null, und im Innern des Kreisrings R zwischen den Peripherien $\varkappa$ und $\varkappa_1$ von K bzw. K_1 besteht die Gleichung $\Delta k = 0$; auf $\varkappa$ verschwindet die in Richtung der Normalen genommene Ableitung $\frac{\partial k}{\partial n}$. Da $\Psi + k$ eine im Innern von K_1 reguläre Potentialfunktion ist, welche auf dem Rande mit $\Phi + k$ übereinstimmt, so gilt nach § 5 für den Kreis K_1

$$D[\Psi + k] \leqq D[\Phi + k]$$

oder

$$D[\Psi] \leqq D[\Phi] + 2D[\Phi - \Psi, k].$$

Nun ist nach der Greenschen Formel

$$D[\Phi - \Psi, k] = D_R[\Phi - \Psi, k]$$

$$= -\iint\limits_R (\Phi - \Psi)\,\Delta k\,dx\,dy - \int\limits_{\varkappa_1} (\Phi - \Psi)\frac{\partial k}{\partial n}\,ds - \int\limits_{\varkappa} (\Phi - \Psi)\frac{\partial k}{\partial n}\,ds = 0,$$

da in R die Gleichung $\Delta k = 0$ gilt, während auf $\varkappa$ überall $\frac{\partial k}{\partial n} = 0$ und auf $\varkappa_1$ überall $\Psi = \Phi$ wird. Es ist somit, wie behauptet wurde,

$$D[\Psi] \leqq D[\Phi].$$

Diese Beziehung besteht also bei jeder Glättung für das Gebiet G.

Wir wenden nunmehr den beschriebenen Glättungsprozeß auf die Funktionen $\Phi_1, \Phi_2, \ldots$ unserer Minimalfolge an, indem wir von jeder Funktion Φ_n zu einer Funktion Ψ_n übergehen, die aus Φ_n durch Glättung für das Gebiet G hervorgeht. Diese Funktionen Ψ_n wollen wir mit Hilfe additiver Konstanten so normieren, daß sie in O verschwinden.

Da jede Funktion Ψ_n eine zulässige Vergleichsfunktion ist, so muß $D[\Psi_n] \geqq d$ sein; aus $D[\Psi_n] \leqq D[\Phi_n]$ und $\lim\limits_{n\to\infty} D[\Phi_n] = d$ folgt aber

$$\lim_{n\to\infty} D[\Psi_n] = d.$$

Es bilden also auch die Funktionen $\Psi_1, \Psi_2, \ldots$ eine Minimalfolge und genügen daher der Relation

$$\lim_{\substack{m\to\infty\\ n\to\infty}} D[\Psi_n - \Psi_m] = 0. \tag{6}$$

Wir wollen zunächst die Glättung so ausgeführt denken, daß hierbei der Kreis K_1 zuletzt an die Reihe kommt; dann sind also die Funktionen $\Psi_n + S$, abgesehen vom Nullpunkt, im Kreise K_1 reguläre Potentialfunktionen. Hieraus folgt aber die gleichmäßige Konvergenz der Funktionen Ψ_n für jedes abgeschlossene Gebiet im Innern des Kreises K_1 unmittelbar aus dem Hilfssatz II, § 6. Denn es ist $\Psi_n - \Psi_m$ im Kreise K_1 eine reguläre Potentialfunktion, welche im Punkte O verschwindet und für welche (6) gilt. Wir bezeichnen die Grenzfunktion $\lim\limits_{n\to\infty} \Psi_n$ mit U; dann ist $U + S = u$ eine in K_1, abgesehen vom Nullpunkt, reguläre Potentialfunktion.

Es sei K_2 ein Kreisbereich, welcher mit K_1 ein abgeschlossenes Teilgebiet B gemeinsam hat; wir wollen zeigen, daß die Folge der Funktionen Ψ_n auch in dem Kreisbereiche K_2 eine Potentialfunktion definiert, welche in dem gemeinsamen Gebiete B mit der soeben für K_1 definierten Funktion U übereinstimmt. Denken wir uns nämlich aus der Minimalfolge der Funktionen Ψ_n eine neue Minimalfolge Ω_n hergestellt, wobei Ω_n aus Ψ_n durch Glättung für den Kreisbereich K_2 entsteht, so gilt sowohl

$$\lim_{\substack{m\to\infty\\ n\to\infty}} D[\Omega_n - \Omega_m] = 0 \tag{7}$$

als auch

$$\lim_{n\to\infty} D[\Omega_n - \Psi_n] = 0,$$

da auch die Folge $\Psi_1, \Omega_1, \Psi_2, \Omega_2, \ldots$ eine Minimalfolge ist. Um so mehr gilt also

$$\lim_{n\to\infty} D_B[\Omega_n - \Psi_n] = 0.$$

Da $\Omega_n - \Psi_n$ auf dem in K_1 liegenden Kreisbogen der Begrenzung von K_2 verschwindet, so muß nach dem Hilfssatze III aus § 6 die Funktion

$\Omega_n - \Psi_n$ mit wachsendem n in B gegen Null konvergieren; d. h. Ω_n konvergiert gegen die vorhin definierte Funktion U. Wegen (7) konvergieren also nach Hilfssatz II im ganzen Kreise K_2 die Potentialfunktionen Ω_n gegen eine Potentialfunktion U, welche die analytische Fortsetzung der oben für K_1 konstruierten Funktion U ist.

In derselben Weise können wir weitergehen und erhalten so eine Potentialfunktion U, welche in jedem abgeschlossenen, von Kreisbogen unserer Kreiseinteilung freien Teilgebiet G^* von G gleichmäßiger Limes einer jeden geglätteten Minimalfolge ist und für welche $u = U + S$ eine außer in O überall in G reguläre Potentialfunktion (mit der vorgeschriebenen Singularität in O) darstellt.

Wir haben noch zu zeigen, daß U unser Minimumproblem löst. Zunächst folgt leicht, daß das Integral $D[U]$ existiert und nicht größer als d sein kann. Da nämlich die Funktionen Ψ_n in jedem abgeschlossenen von Kreisbogen unserer Einteilung freien Teilgebiet gleichmäßig gegen U konvergieren und da hieraus nach Kap. 3, § 9 die gleichmäßige Konvergenz ihrer Ableitungen folgt, so ist

$$D_{\overline{G}}[U] = \lim_{n\to\infty} D_{\overline{G}}[\Psi_n] \leqq \lim_{n\to\infty} D[\Psi_n] = d,$$

wenn wir unter $D_{\overline{G}}$ die Summe der Dirichletschen Integrale über eine Gesamtheit $\overline{G}$ solcher Teilgebiete verstehen. Indem wir $\overline{G}$ gegen G konvergieren lassen, erhalten wir tatsächlich $D[U] \leqq d$.

Sobald wir noch zeigen, daß U eine zulässige Funktion ist, haben wir hiermit die Gleichung $D[U] = d$ bewiesen, da das Dirichletsche Integral für eine zulässige Funktion nicht kleiner als d sein kann.

Um zu zeigen, daß U eine zulässige Funktion ist, braucht nur noch bewiesen zu werden, daß U oder, was dasselbe ist, u am Rande des als abgeschlossen vorausgesetzten Gebietes G stetige Randwerte annimmt. Für jeden Kreisbogen C der Begrenzung folgt aus § 6, Hilfssatz IV, daß auf ihm u stetig ist und verschwindende Ableitung in Richtung der Normalen besitzt. *Die konjugierte Potentialfunktion v muß also* wegen der Cauchy-Riemannschen Differentialgleichungen *auf jedem solchen Bogen $\varkappa$ konstante Randwerte besitzen.* Wir zeigen nunmehr, daß auf jedem zusammenhängenden Randstück dieser Wert derselbe ist, daß also die Randwerte von v auch an dem Schnittpunkt P zweier aufeinanderfolgender Kreisbogen C_1 und C_2 des Randes von G stetig bleiben. Wir denken uns hierzu eine hinreichend kleine Umgebung des Punktes P, soweit sie zu G gehört, (etwa durch eine Potenz) so auf ein schlichtes Gebiet der $\xi\eta$-Ebene abgebildet, daß der Punkt P in den Nullpunkt und die an P anstoßenden Teile von C_1 und C_2 in zwei Strecken Γ_1 und Γ_2 der ξ-Achse übergehen. Die Funktion v ist dann auch eine Potentialfunktion von ξ und η, die wir wieder mit v bezeichnen; sie besitzt auf Γ_1 und Γ_2 konstante Randwerte v_1 bzw. v_2 und ist höchstens im Nullpunkt unstetig, während sie in einem an Γ_1 und Γ_2 anstoßenden Gebiete H (dem Bildgebiete des obigen Teilgebietes von G), das wir uns etwa in der oberen Halbebene gelegen denken können, regulär ist. Wir führen nun um den Nullpunkt Polarkoordinaten r, ϑ ein und zählen ϑ von der positiven ξ-Achse an. Ist R so gewählt, daß der Halbkreis $r = R$, $0 < \vartheta < \pi$ ganz im Gebiete H gelegen ist, so ist die Schwankung von v auf jedem Kreisbogen $0 < \vartheta < \pi$ $(0 < r \leqq R)$ mindestens gleich $\alpha = |v_1 - v_2|$. Es ist also

$$\alpha \leqq \int_0^\pi \left| \frac{\partial v(r, \vartheta)}{\partial \vartheta} \right| d\vartheta$$

und wegen der Schwarzschen Ungleichung

$$\alpha^2 \leqq \pi \int_0^\pi \left(\frac{\partial v}{\partial \vartheta}\right)^2 d\vartheta .$$

Dividieren wir diese Relation durch r und integrieren von $r = \varepsilon$ $(\varepsilon > 0)$ bis $r = R$, so ergibt sich

$$\alpha^2 \log \frac{R}{\varepsilon} \leqq \pi \iint_{H^*} \frac{1}{r} \left(\frac{\partial v}{\partial \vartheta}\right)^2 dr\, d\vartheta$$

$$\leqq \pi \iint_{H^*} \left(\left(\frac{\partial v}{\partial r}\right)^2 + \frac{1}{r^2}\left(\frac{\partial v}{\partial \vartheta}\right)^2\right) r\, dr\, d\vartheta = \pi D_{H^*}[v],$$

wenn wir mit H^* den Halbkreisring $\varepsilon \leqq r \leqq R$, $0 < \vartheta < \pi$ bezeichnen. Da $D[v] = D[u]$ ist, so bleibt der Ausdruck rechts endlich, wenn wir das Integral bis $r = 0$ erstrecken, so daß $\alpha^2 \log \frac{R}{\varepsilon}$ unter einer von ε freien Schranke gelegen ist; hieraus folgt aber $\alpha = 0$, d. h. $v_1 = v_2$.[1]

Nunmehr folgt auch leicht, daß u stetige Randwerte auf der ganzen Begrenzung von G besitzt. Da im Innern jedes Kreisbogens C des Randes von G die Funktion u stetige Randwerte besitzt, so haben wir die Stetigkeit von u nur noch für die Eckpunkte des Randes zu beweisen. Die eben betrachtete konforme Abbildung einer Ecke auf ein Gebiet der $\xi\eta$-Ebene zeigt, daß die analytische Funktion $u + iv$, als Funktion von $\xi + i\eta$ betrachtet, in der Umgebung des Nullpunktes über die reelle Achse der $\xi\eta$-Ebene hinaus nach dem Spiegelungsprinzip fortsetzbar ist[2]. Mithin ist u in dieser Umgebung stetig, woraus durch Rückübertragung auf G die Behauptung folgt.

Damit ist der Nachweis beendet, daß unser Minimumproblem durch die Funktion U gelöst wird.

---

[1] Vgl. die entsprechenden Überlegungen aus Kap. 6, § 4.

[2] Vgl. Anm. 1 von S. 463.

§ 8. Die Stetigkeit der Strömungspotentiale in ihrer Abhängigkeit vom Gebiet. Lösung des allgemeinen Minimumproblems.

Nachdem wir das Minimumproblem für unsere speziellen Gebiete gelöst haben, ergibt sich die Lösung für ein allgemeines Gebiet als einfache Folgerung eines auch an sich interessanten Satzes, welcher die Stetigkeit der Strömungspotentiale in ihrer Abhängigkeit vom Gebiete ausspricht.

Wir nehmen an, daß ein Gebiet G (gemäß § 4) als „Limes" einer Folge ineinander geschachtelter Gebiete G_n definiert ist, wobei diese Gebiete G_n übrigens nicht die im vorigen Paragraphen angegebene spezielle Gestalt zu haben brauchen. Dann lautet der zu beweisende Satz folgendermaßen: Wir setzen voraus, daß sämtliche Gebiete G_n den Punkt O (mit den Koordinaten $x = 0$, $y = 0$) enthalten; $u_n(x, y)$ sei das zu G_n gehörige normierte Strömungspotential mit der Singularität $\frac{x}{x^2+y^2}$ im Punkte O. Dann konvergieren die Potentiale u_n in jedem O ausschließenden in G gelegenen abgeschlossenen Teilgebiet B von G gleichmäßig gegen eine Potentialfunktion $u(x, y)$, welche das Strömungspotential des Gebietes G darstellt. Mit anderen Worten: *Aus der Existenz der Strömungspotentiale für die Gebiete G_n kann man die Existenz des Strömungspotentiales für das Gebiet G schließen und dieses einfach durch Grenzübergang gewinnen.*

Es sei also wieder S die in § 3 eingeführte, der Singularität $\frac{x}{x^2+y^2}$ entsprechende Funktion. Wir betrachten die Funktionen $U_n = u_n - S$ und setzen

$$D_{G_n}[U_n] = D_n[U_n] = d_n\,.\ ^{1}$$

Da U_n das Strömungspotential für das Gebiet G_n bedeutet, so ist die Zahl d_n der Minimumwert für das Gebiet G_n.

Ist Φ irgend eine für das Minimumproblem des Gebietes G zulässige Funktion und d die untere Grenze aller entsprechenden Dirichletschen Integrale $D_G[\Phi]$, so gilt für alle n

$$d_n \leqq d;$$

denn es gibt ja zu jedem noch so kleinen positiven ε eine in G zulässige Funktion Φ, so daß $D_G[\Phi] < d + \varepsilon$, also erst recht $D_n[\Phi] < d + \varepsilon$ ist. Wenn andererseits $n < m$ ist, so gilt, weil U_m auch in G_n zulässige Vergleichsfunktion ist,

$$d_n = D_n[U_n] \leqq D_n[U_m] \leqq D_m[U_m] = d_m\,,$$

$$d_n \leqq d_m;$$

[1] Überhaupt schreiben wir der Einfachheit halber immer $D_n[\Phi]$ für $D_{G_n}[\Phi]$.

mithin existiert $\lim\limits_{n\to\infty} d_n = \delta$ und ist nicht größer als d, d. h. es gilt

(1) $$\lim_{n\to\infty} d_n = \delta \leqq d.$$

Setzen wir $U_m - U_n = h$, so wird, da nach § 3, (4) (S. 454) $D_n[U_n, h] = 0$ gilt,

$$d_m \geqq D_n[U_m] = D_n[U_n + h] = D_n[U_n] + D_n[h] = d_n + D_n[U_m - U_n].$$

Es wird also bei hinreichend großem m und n das Integral $D_n[U_m - U_n]$ beliebig klein, d. h. es gilt für jedes feste im Innern von G liegende abgeschlossene Teilgebiet B

$$\lim_{\substack{m\to\infty\\ n\to\infty}} D_B[U_m - U_n] = 0.$$

Aus Hilfssatz II in § 6 und der Voraussetzung $U_n = 0$ in O folgt nunmehr die gleichmäßige Konvergenz der Funktionen U_n bzw. das Entsprechende für die Strömungspotentiale u_n; wir nennen die Grenzfunktionen U bzw. u. Da die Konvergenz auch für die Ableitungen gleichmäßig bleibt, so ist

$$D_B[U] = \lim_{n\to\infty} D_B[U_n] \leqq \lim_{n\to\infty} D_n[U_n] = \delta.$$

Da B ein beliebiges inneres abgeschlossenes Teilgebiet von G ist, so folgt hieraus sofort die Existenz von $D[U]$ und zwar die Relation

(2) $$D[U] \leqq \delta \leqq d.$$

Da aber d die untere Grenze der Werte der Dirichletschen Integrale $D[\Phi]$ für alle zulässigen Funktionen Φ ist, so folgt aus (2)

(3) $$D[U] = d.$$

Somit stellt U eine, also nach § 3 die Lösung unseres Minimumproblems dar, womit unsere Behauptung bewiesen ist.

Aus diesem Stetigkeitssatze folgt unmittelbar die Existenz der Lösung unseres Minimumproblems für das allgemeinste in § 4 definierte Gebiet, da wir für die zu seinem Aufbau verwandten Gebiete G_n die Existenz der Strömungspotentiale in § 7 bewiesen haben.

§ 9. Die konforme Abbildung auf Schlitzbereiche.

Wir gehen nunmehr dazu über, die konforme Abbildung zu studieren, welche durch die analytische Funktion $\zeta = f(z) = u + iv$, die „*Strömungsfunktion*“, vermittelt wird, wobei u die soeben gewonnene Potentialfunktion, v das konjugierte Potential bedeutet. Hierzu bedarf es zunächst einiger geometrischer Vorbemerkungen über die Zusammenhangsverhältnisse des Gebietes G. Bei nicht schlichten Gebieten können nämlich in gewisser Hinsicht völlig andersartige Verhältnisse auftreten als bei schlichten Gebieten, indem es „*Rückkehrschnitte*“, d. h. in G

verlaufende einfache geschlossene stetige Kurven, geben kann, welche das Gebiet nicht in getrennte Teilgebiete zerlegen. Wenn aber das Gebiet G die Eigenschaft hat, durch jeden Rückkehrschnitt zerlegt zu werden, so wollen wir G „*schlichtartig*" nennen[1]. Als Beispiel für ein nicht schlichtartiges Gebiet kann die in Abb. **124** gezeichnete zweiblättrige Riemannsche Fläche dienen, welche durch die im oberen Blatte verlaufende geschlossene Kurve nicht zerlegt wird, wogegen das Gebiet, welches hieraus durch Ausführung eines Schnittes längs dieser Kurve entsteht, schlichtartig ist.

Offenbar geht bei jeder umkehrbar eindeutigen stetigen Abbildung eines Gebietes auf ein anderes ein nicht zerlegender Rückkehrschnitt

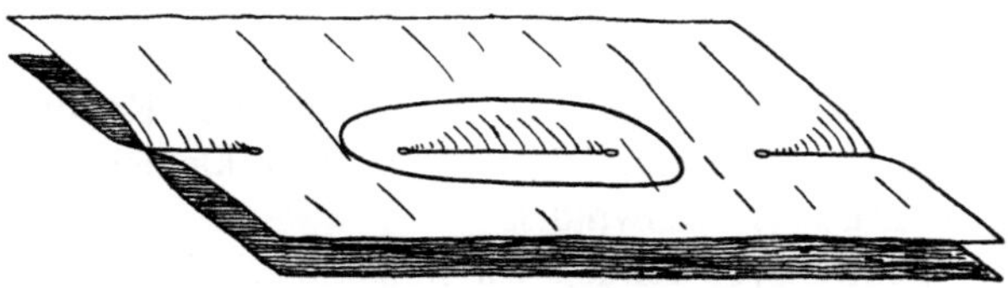

Abb. **124**.

des einen Gebietes in einen ebensolchen des anderen über. Es ist also eine konforme Abbildung auf ein schlichtes Gebiet nur dann möglich, wenn G selbst schlichtartig ist. Diese Voraussetzung werden wir also von nun an machen.

Ein schlichtartiges Gebiet heißt (genau wie ein schlichtes) *n-fach zusammenhängend*, wenn sein Rand aus n getrennten Kurven besteht.

Ein Hauptziel dieses Paragraphen ist dann der Beweis des folgenden Satzes: *Die Funktion* $\zeta = u + iv = f(z)$ *bildet ein n-fach zusammenhängendes schlichtartiges Gebiet G auf einen n-fachen Schlitzbereich* Γ *der* ζ*-Ebene umkehrbar eindeutig und konform ab.* Hierbei verstehen wir unter einem „*n-fachen Schlitzbereich*" die volle ζ-Ebene, welche längs n geradliniger, zur reellen Achse paralleler Strecken aufgeschnitten ist. Einzelne dieser Schlitze dürfen sich dabei auf Punkte reduzieren.

Wenn das schlichtartige Gebiet G *nicht mehr endlich vielfach zusammenhängend ist,* so wird sich ohne weiteres ergeben, daß es durch die Funktion $\zeta = f(z)$ auf ein schlichtes Gebiet abgebildet wird. *Wenn wir den Begriff des Schlitzbereiches auch für den Fall unendlich vielfachen Zusammenhanges sinngemäß definieren, so behält der obige Satz seine Gültigkeit auch für diesen Fall.*

Wir wollen vorerst zeigen, daß die analytische Funktion $\zeta = u + iv$ in G *eindeutig* ist. Da das Strömungspotential u seiner Definition nach eine in G eindeutige Ortsfunktion ist, so haben wir nur die Eindeutig-

[1] Daß ein schlichtes Gebiet schlichtartig ist, folgt aus dem Jordanschen Kurvensatz (Kap. 1, § 2).

keit der konjugierten Potentialfunktion v nachzuweisen. Wir machen hierzu Gebrauch von der Relation

$$D[U, h] = 0,$$

welche besteht, wenn h irgend eine in G stetige Funktion mit stückweise stetigen ersten Ableitungen und endlichem Werte von $D[h]$ ist; diese Relation drückt die Tatsache aus, daß U die Lösung unseres Minimumproblems ist; sie ergibt sich entweder wie Formel (4) in § 3 (S. 454) oder aus (3) § 7, indem wir dort $\Phi_1 = \Phi_2 = \cdots = U$, $h_1 = h_2 = \cdots = h$ setzen. Wählen wir die Funktion h speziell so, daß sie in K identisch verschwindet, so können wir statt U auch u setzen und erhalten

$$D[u, h] = 0. \tag{1}$$

Zufolge der Unabhängigkeit der Funktion u von dem Radius des Kreises K (vgl. § 3) gilt (1), wenn nur h in einer noch so kleinen Umgebung des Punktes O identisch verschwindet.

Aus der Relation (1) können wir nun die Eindeutigkeit der Funktion v erschließen. Ist nämlich C eine in G verlaufende geschlossene, nicht durch O gehende, stückweise glatte Kurve, so zeigen wir, daß für sie stets die Relation

$$\int \frac{\partial u}{\partial n} ds = -\int \frac{\partial v}{\partial s} ds = 0 \tag{2}$$

gilt, wobei unter $\frac{\partial}{\partial s}$ die Differentiation nach der Bogenlänge, unter $\frac{\partial}{\partial n}$ die nach derjenigen Normalen verstanden wird, welche durch positive Drehung um $\frac{\pi}{2}$ aus der Richtung der Tangente hervorgeht, die in die Richtung wachsender Bogenlänge s weist. C teilt nach Voraussetzung G in zwei Gebiete G' und G'', in deren einem, etwa G', der Punkt O liegt. Wir wählen die Funktion h in G'' identisch gleich 1, in G' so, daß sie jedenfalls in einer Umgebung von O und ferner in der Umgebung jedes Randpunktes von G, der auch Randpunkt von G' ist, verschwindet, was ohne weiteres möglich ist[1]. Dann ist $D_{G''}[u, h] = 0$, also wegen (1) auch $D_{G'}[u, h] = 0$; wenn wir hier die Greensche Formel anwenden, so folgt sofort die behauptete Gleichung (2) und damit die Eindeutigkeit von v.

Wir führen den Beweis unseres Abbildungssatzes zunächst unter der Annahme, daß es sich um ein aus endlich vielen „Kreisbereichen" zusammengesetztes Gebiet G handelt, wie wir es in § 7 zugrunde gelegt haben. Sodann werden wir durch Grenzübergang zum allgemeinen Falle gelangen.

Es sei also G ein Gebiet der genannten speziellen Art, von dem wir ferner annehmen, daß es überhaupt Randpunkte besitzt (also nicht

[1] Wir nehmen etwa h in G' nur in einem schmalen, an C angrenzenden Streifen von Null verschieden.

z. B. aus der vollen Ebene besteht). Dann folgt aus der in § 7 bewiesenen Konstanz der Randwerte von v auf jedem zusammenhängenden Randstück von G leicht der behauptete Satz. Wir brauchen nur zu zeigen, daß die Funktion $\zeta = f(z)$ jeden Wert $a = \alpha + i\beta$, für welchen β mit keinem der n Randwerte $c_1, c_2, \ldots, c_n$ von v übereinstimmt, ein- und nur einmal in G annimmt. Zu diesem Zwecke haben wir (entsprechend Kap. 3, § 5, (4)) die Änderung von $\log(f(z) - a)$ zu betrachten, wenn der Punkt z im positiven Sinne den gesamten Rand des Gebietes G umläuft. Nun ist bei Umlauf um jedes zusammenhängende Randstück diese Änderung gleich Null, weil sich der Wert $f(z)$ lediglich auf einer geraden Linie der ζ-Ebene hin und her bewegt und schließlich zu seinem Ausgangspunkt zurückkehrt, während der Punkt a außerhalb dieser geraden Linie liegt. Andererseits wird hierdurch die Differenz der Anzahl der Nullstellen und der Anzahl der Pole der Funktion in G angegeben; da die Funktion $f(z)$ in G, nämlich im Punkte O, einen Pol erster Ordnung besitzt, so wird der Wert a in G ein- und nur einmal angenommen. Das Bildgebiet besteht also aus der vollen ζ-Ebene, begrenzt lediglich von n zusammenhängenden Randpunktmengen, die auf n Geraden $v = c_1$, $v = c_2, \ldots, v = c_n$ liegen; d. h. die Bilder der n stetigen Randkurven von G sind n Schlitze, wie behauptet wurde.

Wir geben für diese Schlitzabbildung noch einen zweiten, auf der Betrachtung der Kurven $v =$ konst. beruhenden Beweis. Es sei c eine Konstante, verschieden von jedem der Randwerte $c_1, c_2, \ldots, c_n$ der Funktion v. Wir betrachten die Kurve $v = c$ im Gebiete G und behaupten, daß sie aus einem einzigen geschlossenen, durch den Quellpunkt O gehenden Zuge besteht. Zum Beweise bemerken wir zunächst, daß wegen der Eindeutigkeit der Funktion v in G und wegen des schon in Kap. 4, § 2 gekennzeichneten Verhaltens der Kurven $v =$ konst. in der Umgebung eines Poles für jeden Wert c nur ein Kurvenzug $v = c$ durch den Punkt O gehen kann. Nunmehr betrachten wir die durch die Kurve $v = c$ getrennten Teilgebiete von G, in deren einem $v < c$ und in deren anderem $v > c$ ist. Wenn unsere Behauptung nicht zuträfe, müßte es, da die Kurve $v = c$ nirgends an den Rand herankommen kann, einen geschlossenen nicht durch den Punkt O gehenden Kurvenzug $v = c$ geben, welcher etwa ein Gebiet $v > c$ begrenzt. Es wäre also auf diesem Kurvenzug die Ableitung von v in Richtung der inneren Normalen dieser Kurve überall positiv. Es wäre daher auch die Ableitung von u in Richtung der Tangente an die Kurve positiv; die Funktion u würde also beim Umlauf um dieses Gebiet nicht zum Ausgangswert zurückkehren, also keine eindeutige Funktion des Ortes in dem Gebiete G sein, was nicht zutrifft.

Daher besteht tatsächlich die Kurve $v = c$ aus einem einzigen durch den Quellpunkt O laufenden geschlossenen Zuge. Auf jeder solchen Kurve muß, wenn man sie in einem Sinne durchläuft, die normale Ableitung von v, also auch die tangentielle von u, einerlei Vorzeichen haben. Da nun bei Umlauf vom Punkte O aus bis zu ihm zurück sich u von $+\infty$ bis $-\infty$ ändert, entsprechend der Tatsache, daß die Singularität in O ein Pol ist, so wird die Kurve $v = c$ umkehrbar eindeutig auf eine Gerade der ζ-Ebene abgebildet, und dies gilt für jeden Wert von c zwischen $-\infty$ und $+\infty$, abgesehen von den n Ausnahmewerten $c_1, \ldots, c_n$. Damit ist wiederum unser Abbildungssatz bewiesen.

Wenn unser Gebiet G keine Randpunkte besitzt, also, wegen seiner endlichen Blätterzahl, eine „geschlossene" Riemannsche Fläche bildet, so gibt es keine Ausnahmekurven $v =$ konst., und das Gebiet G wird daher umkehrbar eindeutig und konform auf die volle ζ-Ebene abgebildet. Ist $z = \psi(\zeta)$ die Umkehrfunktion von $f(z)$, so ist sie in der vollen Ebene definiert und eindeutig und kann, da jedem Wert von ζ ein bestimmter Punkt von G entspricht, als Singularitäten nur Pole haben (also auch nur endlich viele). Daher ist $\psi(\zeta)$ nach Kap. 5, § 4 eine rationale Funktion, etwa vom m-ten Grade, und G ist die zu $f(z)$ gehörige geschlossene m-blättrige Riemannsche Fläche. *Es ist also die Gesamtheit derjenigen Gebiete, welche auf die volle ζ-Ebene abbildbar sind, identisch mit der Gesamtheit der Riemannschen Flächen für die Umkehrfunktionen rationaler Funktionen.*

Wir wollen nunmehr unsere Voraussetzungen über den Aufbau des Gebietes G aus Kreisbereichen fallen lassen und ein beliebiges schlichtartiges Gebiet G betrachten, welches im Sinne von § 4 als „Limes" ineinander geschachtelter Gebiete G_m der obigen speziellen Art definiert ist. Wir können für jedes Gebiet G_m eine zur vorgeschriebenen Singularität in O gehörige „Strömungsfunktion" $\zeta_m = f_m(z)$ konstruieren und erhalten dann nach § 8 in der Grenzfunktion

$$f(z) = \lim_{m\to\infty} f_m(z) = \lim_{m\to\infty} (u_m + i\,v_m)$$

die Strömungsfunktion für das Gebiet G.

Da die Funktionen $f_m(z)$ die Abbildung des Gebietes G_m auf ein schlichtes Gebiet der ζ-Ebene vermitteln, so folgt durch sinngemäße Übertragung des Hilfssatzes aus Kap. 6, § 1 (S. 393), daß auch die Funktion $\zeta = f(z)$ das Gebiet G auf ein schlichtes Gebiet Γ der ζ-Ebene abbildet.

Über die Zusammenhangszahl des Gebietes G war dabei keinerlei Voraussetzung zu machen. Sie braucht insbesondere nicht endlich zu sein. Wir haben damit den folgenden allgemeinen Abbildungssatz bewiesen: *Jedes endlich oder unendlich vielfach zusammenhängende schlichtartige Gebiet läßt sich umkehrbar eindeutig und konform auf ein schlichtes Gebiet abbilden*[1].

---

[1] Dieser wichtige Satz wird von Koebe das *„allgemeine Uniformisierungsprinzip"* genannt.

Wir wollen nunmehr zeigen, daß auch im jetzt betrachteten Falle eines **allgemeinen** schlichtartigen „Limes"-Gebietes G, wenn dieses endlich vielfach zusammenhängt, das Bildgebiet Γ wieder ein Schlitzbereich ist. Wegen der Invarianz des Dirichletschen Integrals gegenüber konformer Abbildung folgt aus (1), wenn wir die Koordinaten u, v des Bildbereiches Γ als unabhängige Variable einführen, wegen $u_u = 1$, $u_v = 0$, die Formel

$$\iint_{\Gamma} h_u \, du \, dv = 0. \tag{3}$$

Dabei bedeutet h irgend eine in einer Umgebung des unendlich fernen Bildpunktes von O im Gebiete Γ identisch verschwindende, in Γ sonst stetige und mit stückweise stetigen ersten Ableitungen versehene Funktion, für welche $D_\Gamma[h]$ existiert. Hieraus können

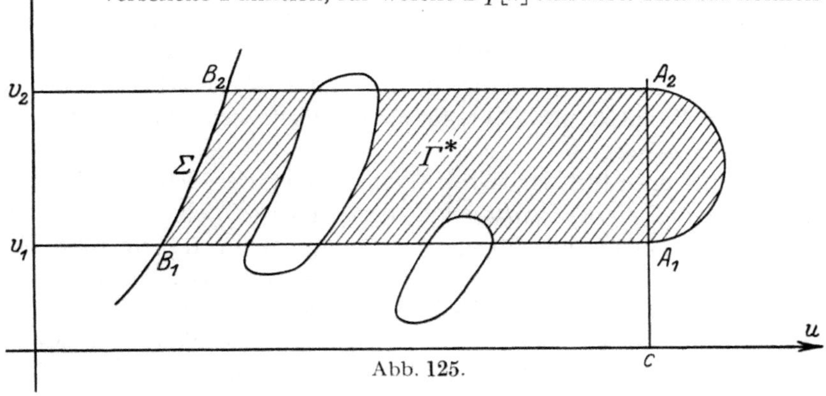

Abb. 125.

wir leicht schließen, daß Γ ein Schlitzbereich ist. Nehmen wir an, ein zusammenhängendes Randstück Σ von Γ besäße zwei Punkte mit den verschiedenen Koordinaten v_1 und v_2, wobei etwa $v_1 < v_2$ sei. Da alle Punkte mit hinreichend großem absoluten Betrag von ζ zum Gebiet Γ gehören, so können wir eine positive Zahl c wählen, so daß alle Punkte ζ mit $u \geqq c$ zu Γ gehören. Auf der Geraden $u = c$ seien die Punkte A_1, A_2 mit $v = v_1$ bzw. $v = v_2$ markiert (vgl. Abb. 125); ihre Verbindungsstrecke liegt ganz in Γ.

Wir ziehen dann von der Strecke A_1A_2 nach links die Geraden $v =$ konst. bis jeweils zu ihrem ersten Treffpunkt mit dem Randstücke Σ. Ein solcher Punkt muß jedenfalls vorhanden sein, da das Randstück Σ Punkte mit jeder Ordinate zwischen v_1 und v_2 besitzen muß; es seien etwa B_1 bzw. B_2 diese Punkte für die Geraden $v = v_1$ und $v = v_2$. Durch die Teile der Strecken A_1B_1, A_2B_2, die in Γ verlaufen, durch die Strecke A_1A_2 und allenfalls andere zwischen A_1A_2 und Σ gelegene Randstücke von Γ werden ein oder mehrere Teilgebiete von Γ bestimmt, deren Gesamtheit wir kurz mit Γ' bezeichnen. Wir betrachten nun irgend eine stetige Funktion $g(v)$ von v im Intervalle

$v_1 \leqq v \leqq v_2$, von der wir voraussetzen, daß sie für $v = v_1$ und $v = v_2$ gleich Null ist (aber nicht identisch verschwindet) und daß sie nirgends negativ wird, z. B. $g(v) = (v - v_1)^2 (v - v_2)^2$. Wir definieren ferner in Γ' überall $h(u, v) = g(v)$; schließlich schlagen wir über $A_1 A_2$ einen Halbkreis nach rechts und denken uns h in diesen Halbkreis so fortgesetzt, daß h auf dem Rande überall verschwindet, etwa indem wir h auf allen vom Mittelpunkt gleich weit entfernten Punkten denselben Wert beilegen. Die Gesamtheit Γ' von Gebieten vermehrt um den Halbkreis über $A_1 A_2$ bezeichnen wir mit Γ^* und setzen außerhalb von Γ^* überall in Γ die Funktion h gleich Null. Nun ist für diese Funktion h offenbar

$$\iint_{\Gamma} h_u \, du \, dv = \iint_{\Gamma^*} h_u \, du \, dv = -\int_{v_1}^{v_2} g(v) \, dv,$$

also im Gegensatz zu Gleichung (3) nicht Null. Hierdurch ist bewiesen, daß alle Punkte eines zusammenhängenden Randstückes von Γ auf einer zur u-Achse parallelen Strecke liegen, d. h. aber, daß Γ ein Schlitzbereich ist. Damit ist unser Satz für endlich vielfach zusammenhängende Bereiche bewiesen.

Im Falle unendlich vielfach zusammenhängender Gebiete definieren wir als „*geradlinigen Schlitzbereich*" ein schlichtes Gebiet, für welches jede zusammenhängende Menge von Randpunkten aus einer Strecke parallel zur reellen Achse besteht. Dann überträgt sich der obige Beweis leicht auch auf diesen Fall. Wir bedürfen hierzu nur der Konstruktion der Gebietsmenge Γ' zu einem zusammenhängenden Randstück Σ eines schlichten Gebietes Γ. Denken wir uns das Gebiet Γ ersetzt durch dasjenige von der Punktmenge Σ begrenzte einfach zusammenhängende Gebiet $\bar{\Gamma}$ der ζ-Ebene, welches den Punkt ∞ enthält, so ist die Konstruktion des Gebietes $\bar{\Gamma}'$ unmittelbar möglich. Von diesem Gebiete sind nun noch alle diejenigen Punkte auszunehmen, welche nicht zu Γ gehören; die übrigbleibende Punktmenge ist die gesuchte Menge Γ'. Nach der Konstruktion von Γ' bleibt aber der Beweis für den Schlitzcharakter von Σ genau derselbe wie oben.

Es sei bemerkt, *daß die durch die Schlitze eines unendlich vielfach zusammenhängenden Schlitzbereiches Γ gebildete Punktmenge den Inhalt Null besitzt.* Das besagt: Es ist möglich, die sämtlichen Schlitze von Γ in endlich viele stückweise glatte Kurven einzuschließen, so daß das von diesen begrenzte Gebiet einen beliebig kleinen Flächeninhalt besitzt. Der Beweis folgt leicht aus der obigen Beziehung (3)

$$\iint_{\Gamma} h_u \, du \, dv = 0, \tag{4}$$

wenn wir sie auf eine Funktion h anwenden, welche in einer Umgebung des unendlich fernen Punktes identisch verschwindet, in Γ stetig ist und stückweise stetige Ableitungen besitzt und in einem alle Schlitze von Γ enthaltenden Kreise mit u übereinstimmt. Entsprechend der Tatsache, daß das Gebiet G als Limes einer Folge einander umfassender Gebiete G_n definiert ist, von denen jedes einzelne auf ein von endlich vielen stückweise glatten Kurven begrenztes schlichtes Gebiet Γ_n abbildbar ist, können wir auch Γ als Limes solcher Gebiete Γ_n auffassen. Die obige Relation (4) besagt dann

$$\lim_{n\to\infty} \iint_{\Gamma_n} h_u \, du \, dv = 0. \tag{5}$$

Jedes dieser Integrale ist aber gleich einer endlichen Summe von Integralen der Form $\int u\,dv$, wo jeder Summand über je eine der Begrenzungslinien von Γ_n im positiven Sinne zu erstrecken ist. Es stellt also

$$\iint_{\Gamma_n} h_u \, du \, dv = \Sigma \int u \, dv$$

den Gesamtflächeninhalt der durch die Randkurven von Γ_n aus der vollen Ebene ausgeschnittenen Gebiete dar, womit wegen (5) unsere Behauptung bewiesen ist.

Zum Schluß sei noch auf die noch nicht restlos geklärte Frage hingewiesen, was es für ein Gebiet G bedeutet, wenn sich einer der Schlitze von Γ auf einen Punkt reduziert. Ist Γ einfach zusammenhängend, so gibt es nur einen einzigen Randpunkt, den wir durch eine lineare Transformation ins Unendliche verlegen; wir haben dann in der Umkehrfunktion $\psi(\zeta)$ eine ganze, bzw. (wenn G den Punkt $z = \infty$ überdeckt) eine meromorphe Funktion vor uns. Wir werden so auf den Fragenkreis des Picardschen Satzes verwiesen; diese Problemstellung können wir so auffassen, als ob nach der geometrischen Struktur solcher unendlich vielblättriger schlichtartiger Riemannscher Flächen gefragt würde, welche bei ihrer konformen Abbildung auf einen schlichten Bereich in die punktierte Ebene übergehen.

§ 10. Die eindeutige Bestimmtheit der Schlitzabbildung.

In § 3 haben wir erkannt, daß die Strömungsfunktion durch die Minimumseigenschaft bis auf eine additive Konstante bestimmt ist. Wir wollen nunmehr zeigen, daß diese Funktion für ein endlich vielfach zusammenhängendes schlichtartiges Gebiet G auch durch die eben bewiesene Abbildungseigenschaft eindeutig charakterisiert ist. Dem entsprechend formulieren wir den folgenden Satz: *Sind $\zeta = f(z)$ und $\zeta^* = f^*(z)$ zwei im Gebiete G reguläre analytische Funktionen, deren jede das Gebiet G konform auf einen Schlitzbereich abbildet, so ist ihre Differenz konstant.*

Zum Beweise betrachten wir den Schlitzbereich Γ, auf den G durch $\zeta = f(z)$ abgebildet wird. Es ist $\tau = p + iq = \zeta - \zeta^* = f(z) - f^*(z) = \varphi(\zeta)$ eine im Gebiete Γ einschließlich des unendlich fernen Punktes eindeutige und reguläre Funktion von ζ, deren Imaginärteil auf jedem der Schlitze von Γ konstante Randwerte haben muß. Ist $q = q_0$ irgend ein im Gebiete Γ angenommener Wert von q, so betrachten wir die Kurve $q = q_0$, welche das Teilgebiet von Γ, in dem $q > q_0$ ist, von dem Teilgebiete mit $q < q_0$ trennt. Die Kurve kann nicht in Γ geschlossen sein, da sonst bei Umlauf um sie p nicht zum Ausgangswert zurückkehren würde (vgl. § 9, S. 475). Also muß die Kurve $q = q_0$ in Randpunkten von Γ endigen, so daß q mit einem der Randwerte übereinstimmen muß. Da es nur endlich viele solche Randwerte gibt, so folgt hieraus, daß alle diese Randwerte miteinander und mit dem Werte von q in einem beliebigen Punkte von Γ identisch sind. Es ist daher q und p, also auch $\varphi(\zeta)$ konstant, wie behauptet wurde[1].

Neuntes Kapitel.

Weitere Existenztheoreme der Funktionentheorie.

Wir wollen das allgemeine, im vorigen Kapitel bewiesene Existenztheorem dazu verwenden, einige der wichtigsten tieferen Probleme der Funktionentheorie zu behandeln. Wir legen unseren Untersuchungen *algebraische Riemannsche Flächen* zugrunde, d. h. (gemäß Kap. 5, § 4 bzw. Kap. 8, § 4) *geschlossene, die ganze Ebene, bzw. Kugel, endlich vielfach überdeckende Flächen mit nur endlich vielen Verzweigungspunkten.*

Im ersten Paragraphen wollen wir uns von dem Verlaufe dieser Flächen eine genauere Vorstellung machen. Wir werden uns dabei zunächst ausgiebig auf die räumlich geometrische Anschauung stützen. Zur Vervollständigung werden dann in einem Anhang die topologischen Überlegungen auf eine axiomatische Grundlage gestellt werden[2].

§ 1. Die Analysis situs der algebraischen Riemannschen Flächen.

Wir haben bereits in Kap. 8, § 9 den Begriff des Rückkehrschnittes kennen gelernt und gesehen, daß es Flächen gibt, nämlich die nicht schlichtartigen Flächen, welche durch eine solche Schnittkurve nicht immer in getrennte Teilgebiete zerlegt werden. Da dieser Fall im folgenden allein in Betracht kommt, so wollen wir von nun an unter „*Rückkehrschnitt*" schlechthin eine geschlossene einfache stetige Kurve auf der Fläche verstehen, welche diese nicht in getrennte Teilgebiete zerlegt. Jeder Rückkehrschnitt besitzt zwei „Ufer", welche nach

[1] Es sei dem Leser überlassen, den Beweis dieses Eindeutigkeitssatzes auch durch Zurückführung auf die Betrachtungen von Kap. 6, § 3 zu erbringen.

[2] Man vergleiche hierzu etwa die Bücher von WEYL (vgl. S. 376) und KERÉKJÁRTÓ (vgl. S. 261).

Definition nicht getrennten Teilgebieten angehören. Es ist also möglich, zwei „gegenüberliegende" Punkte der Ufer eines Rückkehrschnittes Q durch eine Kurve Q' zu verbinden, welche Q sonst nicht mehr trifft. Die geschlossene Kurve Q', für sich genommen, ist wieder ein Rückkehrschnitt, da nunmehr Q zu ihr im selben Verhältnis steht wie eben Q' zu Q. Zwei derartige Rückkehrschnitte heißen *zu einander konjugiert*. Als Beispiel mögen die in Abb. **126** gezeichneten Paare von Rückkehrschnitten auf einer hyperelliptischen[1] Fläche mit **6** Verzweigungspunkten dienen.

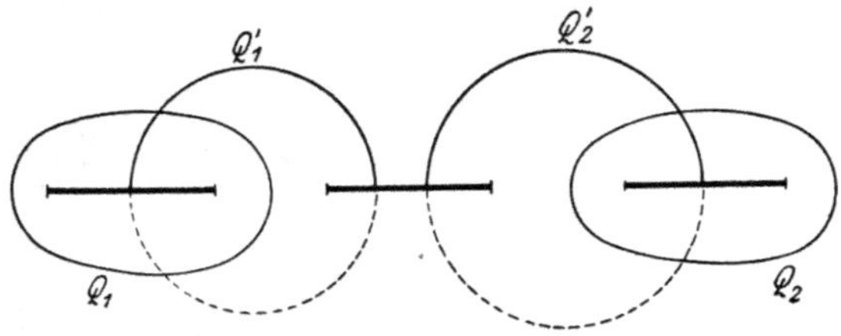

Abb. 126.

Um uns ein anschauliches Bild von einer m-blättrigen Riemannschen Fläche G zu verschaffen, denken wir sie uns so auseinander genommen,

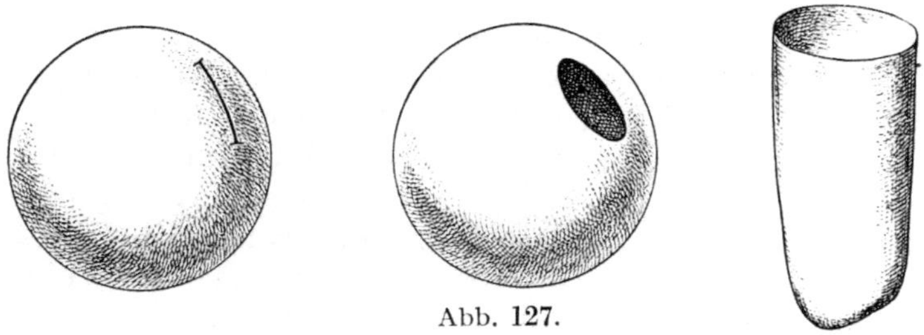
Abb. 127.

daß wir m Exemplare der vollen Ebene oder, was hier bequemer ist, der vollen Kugel erhalten, welche längs gewisser die Verzweigungs-

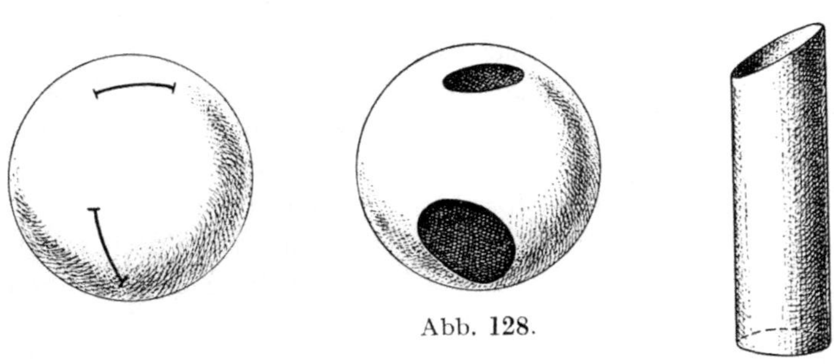
Abb. 128.

punkte geeignet verbindenden Kurven, der „*Verzweigungsschnitte*", aufgeschlitzt sind. Wir denken uns die Ufer dieser Schnitte derart numeriert, daß diejenigen von ihnen, welche auf G aneinander stoßen.

[1] Vgl. Fußnote 1 von S. 385.

dieselbe Nummer erhalten. Nunmehr verzerren[1] wir jedes solche „Blatt" so lange, bis es sack- oder röhrenförmige Gestalt angenommen hat, wie dies die Abb. **127** bis **129** für den Fall ein-, zwei- bzw. dreifachen Zusammenhanges eines Blattes darstellen. So erhalten wir m räumliche Gebilde $R_1, R_2, \ldots, R_m$, deren Ränder aus den Verzweigungsschnitten von G entstanden sind. Nun heften wir diese Gebilde wieder derart

Abb. **129.**

aneinander, daß hierbei gleich bezeichnete Randstücke zur Deckung gelangen, wobei wir durch stetige Verzerrung Sorge tragen, daß überall gerade solche Punkte aneinander kommen, die auch auf der ursprünglichen Riemannschen Fläche zusammenfielen. Indem wir $R_1, R_2, \ldots, R_m$ schrittweise aneinanderfügen, können wir offenbar (nötigenfalls unter weiterer stetiger Verzerrung) erreichen, daß sich die entstehende Fläche nirgends selbst durchdringt oder knotet. Man erhält so eine im Raume gelegene geschlossene Fläche. Bei diesem Verfahren können selbstverständlich auch Flächen vom Typus der Kugel auftreten[2]; der nächst höhere Fall ergibt eine für die Theorie der elliptischen Funktionen wichtige Ringfläche, die man sich auch in eine Kugel mit einem aufgesetzten „Henkel" verzerrt denken kann (vgl. Abb. **130**). So weitergehend, erhält man Flächen mit zwei Henkeln („Bretzelform"), drei Henkeln usw.

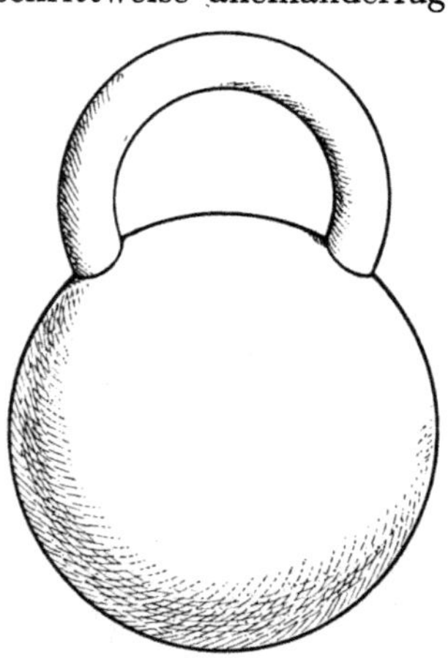

Abb. 130.

Die nach dem geschilderten Verfahren entstandene räumliche Fläche bezeichnen wir wieder als „*Riemannsche Fläche*"; sie ist ein umkehrbar eindeutiges und stetiges Bild der ursprünglichen Fläche und besitzt dieselben Zusammenhangsverhältnisse wie diese; insbesondere behält jeder Rück-

[1] Das durch „Verzerrung" entstandene Gebilde ist dem ursprünglichen umkehrbar eindeutig und stetig zugeordnet.

[2] Man veranschauliche sich dies etwa an dem Falle der Riemannschen Fläche der Funktion $f(z) = \sqrt{(z-1)(z+1)}$.

kehrschnitt seine charakteristische Eigenschaft, die Fläche nicht zu zerlegen.

Die Gewinnung einer leicht übersehbaren, der ursprünglichen Fläche äquivalenten Gestalt einer Riemannschen Fläche, nämlich einer Kugel mit aufgesetzten Henkeln, ermöglicht uns die Einführung einer für die innere Struktur einer Riemannschen Fläche charakteristischen Zahl: *Wir nennen die Anzahl p der Henkel einer Riemannschen Fläche ihr Geschlecht.*

Um diese Zahl mit den durch die Existenz von Rückkehrschnitten charakterisierten Eigenschaften der Fläche in Verbindung zu bringen, ziehen wir auf unserer „Henkelfläche" ein System von p Paaren konjugierter Rückkehrschnitte Q_i, Q_i' ($i = 1, 2, \ldots, p$) derart, daß etwa Q_i' eine „Meridiankurve" eines Henkels bildet, während Q_i an dem Henkel entlang läuft und dann auf die Kugel übertritt (vgl. Abb. 131). Man erkennt unmittelbar, daß die Ausführung dieser $2p$ Schnitte die Fläche vom Geschlecht p in eine schlichtartige Fläche $\overline{G}$ verwandelt, da es nach dieser Zerschneidung keine Rückkehrschnitte von $\overline{G}$ gibt. Unser Ergebnis ist also: *Eine Riemannsche Fläche des Geschlechtes p läßt sich durch p getrennte Paare konjugierter Rückkehrschnitte in ein schlichtartiges Gebiet $\overline{G}$ verwandeln.* Einer schlichtartigen Fläche weisen wir das *Geschlecht Null* zu. *Wir können das Geschlecht auch auffassen als die Anzahl der Paare konjugierter Rückkehrschnitte, die man auf der Fläche ziehen muß, um sie in eine schlichtartige Fläche zu verwandeln.*

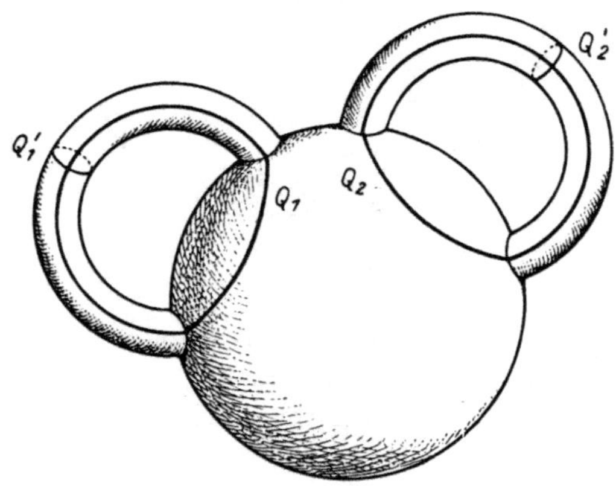

Abb. 131.

Man erkennt, daß die p Rückkehrschnitte $Q_1, Q_2, \ldots, Q_p$ die Fläche G in ein schlichtartiges Gebiet verwandeln, das nicht mehr einfach, sondern $2p$-fach zusammenhängend ist.

Wir gehen nunmehr von einem beliebigen Punkte P unserer räumlichen Riemannschen Fläche G des Geschlechtes p aus und denken uns unser obiges System von $2p$ Rückkehrschnitten Q_i, Q_i' ($i = 1, 2, \ldots, p$) so gewählt, daß P auf keine dieser Kurven fällt. Nun führen wir von P aus nach jedem dieser Rückkehrschnittpaare (etwa nach dem Treffpunkt der zu ihm gehörigen Rückkehrschnitte) einen Schnitt C_i ($i = 1, 2, \ldots, p$), so daß diese Kurven C_i weder einander (außer in P) noch einen der Rückkehrschnitte sonst treffen. Wir bringen nun diese Schnitte

C_i dadurch wieder zum Verschwinden, daß wir den Treffpunkt jedes Rückkehrschnittpaares Q_i, Q_i' längs der Kurve C_i in den Punkt P hineinziehen (vgl. Abb. 132). Diese Art der Zerschneidung einer Riemannschen Fläche wird als „*kanonische Zerschneidung*" bezeichnet.

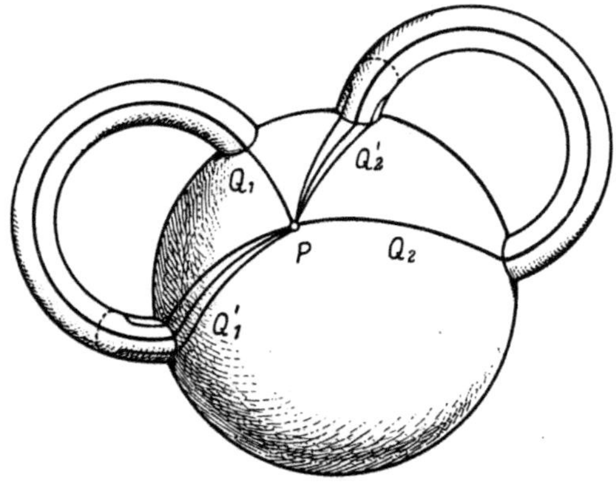

Abb. 132.

Die Ufer des Systems von Rückkehrschnitten Q_i, Q_i' $(i = 1, 2, \ldots, p)$ bilden dann einen geschlossenen Zug, welcher die Fläche in einen einfach zusammenhängenden schlichtartigen Bereich verwandelt. Wir können uns von der zerschnittenen Fläche und der Zuordnung der Schnittufer dadurch eine bequeme Vorstellung machen, daß wir uns diesen Bereich durch stetige Deformation in ein geradliniges regelmäßiges Polygon von $4p$ Seiten verwandelt denken, dessen Seiten den Ufern der $2p$ Rückkehrschnitte entsprechen. Der Fall $p = 2$ (Abb. 132) wird so durch das in Abb. 133 gezeichnete Achteck veranschaulicht; hierbei

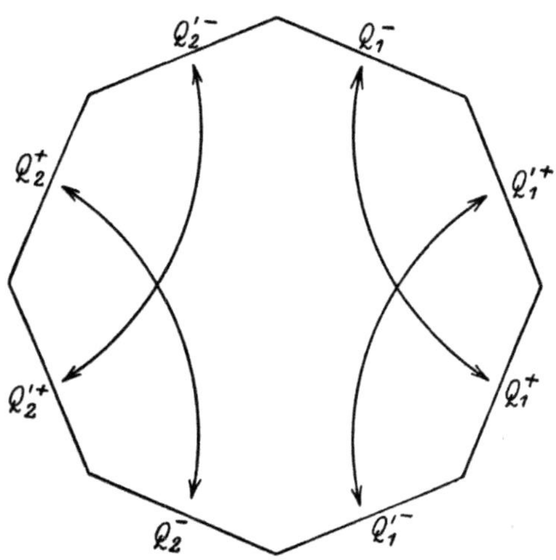

Abb. 133.

sind einander gegenüber liegende Ufer durch Q_i^+, $Q_i'^+$ bzw. Q_i^-, $Q_i'^-$ gekennzeichnet, während ihre Zuordnung durch die Pfeile angegeben ist. Bei der als „kanonisch" bezeichneten Art der Zerschneidung unserer Fläche gehören immer je vier geeignet aufeinander folgende Kanten des $4p$-Eckes zu einem Paar konjugierter Rückkehrschnitte.

Das im vorangehenden unter Berufung auf die Anschauung definierte „Geschlecht" einer Fläche wird sich in § 2 als eine von der Willkür, welche noch in der kanonischen Zerschneidung liegt, unabhängige Zahl erweisen.

Daß sich jede algebraische Riemannsche Fläche tatsächlich kanonisch zerschneiden läßt, soll nun in dem nachstehenden Anhang ausführlich bewiesen werden.

Anhang zu § 1. Die Möglichkeit der kanonischen Zerschneidung[1].

1. Triangulierung. Man verbinde einen festen Punkt der Ebene, der nicht auf der Verbindungsgeraden zweier Verzweigungspunkte liegt, mit allen Verzweigungspunkten w, ziehe die Geraden durch bis ins Unendliche und verbinde noch alle Verzweigungspunkte zyklisch miteinander (Abb. 134). Die Linien $w \ldots \infty$ benutzen wir als Verzweigungsschnitte, längs deren die z-Kugel aufgeschnitten wird und längs deren die Blätter aneinandergeheftet werden. Jedes Blatt, und damit die ganze Fläche, erscheint in Dreiecke eingeteilt, d. h. trianguliert.

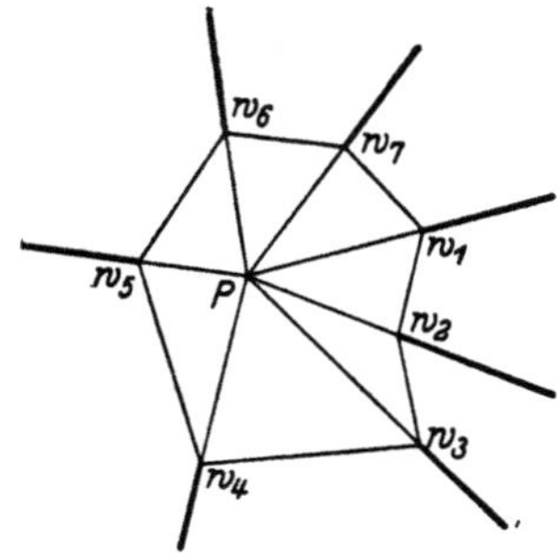

Abb. 134.

2. Verwandlung in ein konvexes Polygon. Durch Verzerrung der Dreiecke kann jedes Blatt nach der Zerschneidung in ein (in Dreiecke eingeteiltes) konvexes Polygon verwandelt werden. Heftet man ferner an ein solches Blatt ein zweites längs eines Verzweigungsschnittes, längs dessen die beiden Blätter auf der Fläche wirklich ineinander übergehen, so kann man in entsprechender Weise an das erste Polygon ein zweites anhängen, welches eine Seite, aber keinen weiteren Punkt mit ihm gemein hat (vgl. Abb. 135). Man kann sogleich wieder annehmen, daß die Vereinigung der Polygone konvex ist. So fortfahrend, heftet man sukzessiv alle Blätter aneinander und hat schließlich die (längs gewisser Linien aufgeschnittene) Fläche in ein einziges (trianguliertes) konvexes Polygon verwandelt. Im allgemeinen werden bei dieser Zusammenheftung keineswegs alle möglichen Übergänge von Blatt zu Blatt ausgeführt, die längs der Schnitte möglich sind. Jedem noch nicht realisierten Übergang zwischen zwei Blättern längs eines geeigneten Schnittes entsprechen zwei Polygonseiten, die man zusammenheften muß, wenn man die Fläche wieder erhalten will. (Die Anzahl der Polygonseiten ist also *gerade*.) Solche zusammengehörigen Seiten sollen mit demselben Buchstaben bezeichnet werden. Da eine gleichzeitige Vereinigung aller dieser Seitenpaare das Bild unübersichtlich gestalten würde, so soll jetzt unter 3., 4. und 5. nur eine teilweise Vereinigung, zugleich aber noch eine Verlagerung der Teildreiecke schrittweise vorgenommen und dadurch ein anschaulich brauchbares topologisches Äquivalent der Riemannschen Fläche aufgebaut werden.

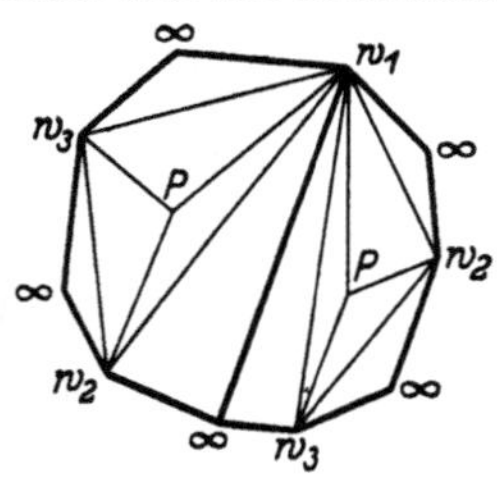

Abb. 135.

3. Operation A. Stoßen zwei gleichnamige Seiten a, a aneinander, so lassen sie sich nach dem Schema der Abb. 136 zusammenheften. Dabei verringert sich die Seitenzahl des Polygons. Unmöglich wird diese Zusammenheftung nur in dem Fall, daß die Seitenzahl 4 ist; dieser kann aber offenbar nur bei einer einblättrigen Fläche, d. h. einer gewöhnlichen z-Kugel, eintreten und ist demnach trivial.

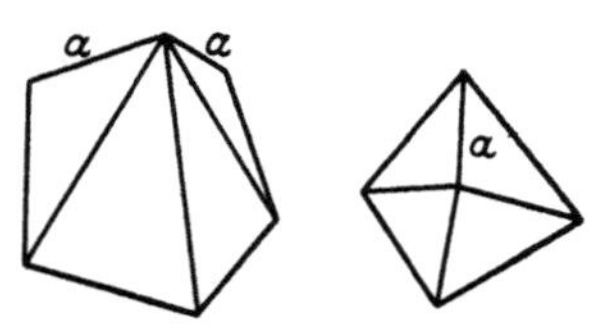

Abb. 136.

Nach wiederholter Anwendung der Operation A können wir also annehmen, daß nirgends mehr zwei benachbarte Polygonseiten mit demselben Buchstaben bezeichnet sind.

4. Operation B. Es läßt sich nunmehr erreichen, daß alle Ecken des Polygons einem und demselben Punkt der Fläche entsprechen, d. h. daß die Triangulierungs-

[1] Die folgenden Ausführungen rühren inhaltlich von Herrn VAN DER WAERDEN her.

punkte mit Ausnahme eines einzigen durch lauter im Innern des Polygons gelegene Eckpunkte von Teildreiecken wiedergegeben sind. Liegt nämlich dieser Sachverhalt noch nicht vor, so gibt es (vgl. Abb. 137) zwei aufeinanderfolgende Polygonecken P, Q, die zu verschiedenen Punkten der Fläche gehören. Die auf PQ folgende Ecke heiße R. Die Seite $QR = b$ muß noch einmal vorkommen, aber nicht in Gestalt der Seite PQ, da alle benachbarten Polygonseiten mit gleichem Namen bereits vereinigt sind. Schneidet man das Dreieck PQR ab und heftet es längs der Seite QR an das zweite Exemplar von b wieder an (vgl. Abb. 137), so entsteht ein neues Polygon, das in derselben Weise wie das alte die Zusammenhangsverhältnisse der Riemannschen Fläche veranschaulicht, wenn man nur die notwendigen Ränderzuordnungen vornimmt. Durch Verzerrung kann man auch erreichen, daß das neue Polygon konvex wird. Nach dieser Operation kommt die Ecke P einmal mehr, die Ecke Q einmal weniger vor als bis dahin. Solange aber Q überhaupt noch als Ecke auftritt, läßt sich auch eine zu einem Q benachbarte und mit Q ungleichnamige Ecke (wie vorhin P) finden; durch Wiederholung der Operation B kann man also schließlich die Ecke Q ganz ins Innere bringen.

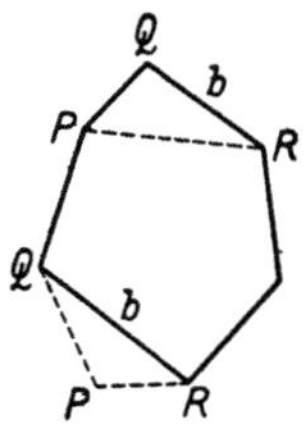

Abb. 137.

Entsprechen alsdann noch nicht alle Ecken einem und demselben Flächenpunkt, so läßt sich mittels desselben Verfahrens wiederum eine Ecke entfernen, usw.

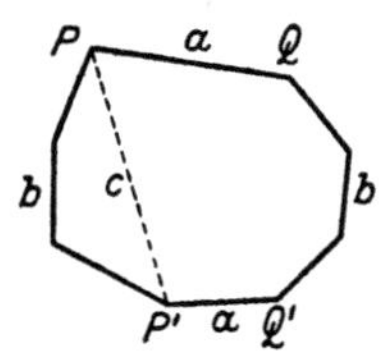

Abb. 138.

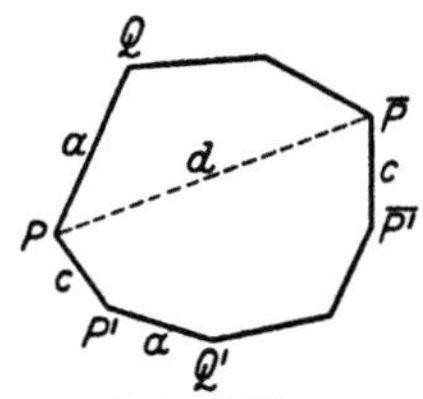

Abb. 139.

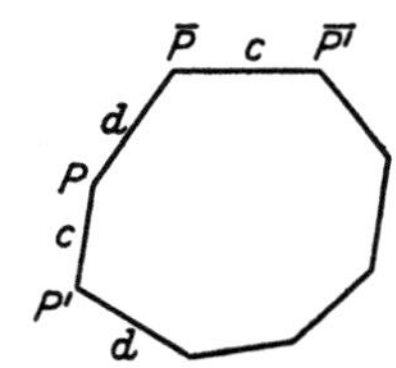

Abb. 140.

Nach endlich vielen Schritten ist also ein konvexes Polygon hergestellt, das den Zusammenhang der Fläche veranschaulicht und dessen sämtliche Ecken einen und denselben Punkt auf ihr repräsentieren.

5. Operation C. Nunmehr wird die Reihenfolge der freien Polygonseiten durch Umgruppierung auf eine Normalform gebracht. Die Endpunkte der beiden Exemplare einer Seite a seien mit P, Q bzw. P', Q' bezeichnet; diese Punkte mögen bei Umlaufung des Polygons etwa in der Reihenfolge P, Q, Q', P' aufeinander folgen (Abb. 138). Es muß dann eine Seite b geben, die sowohl auf dem (Q und Q' vermeidenden) Streckenzug von P nach P' vorkommt als auch auf dem (P und P' vermeidenden) Streckenzug von Q nach Q'; denn sonst würden sich die Ecken des ersten Streckenzugs nicht mit denen des zweiten identifizieren lassen, entgegen der Operation B. Man schneide nun das Polygon längs der Geraden PP' auf, wie es Abb. 138 zeigt, hefte die beiden Stücke längs b zusammen und verzerre die Figur so, daß ein konvexes Polygon entsteht. Dadurch ist die Seite b verschwunden, dafür aber eine neue Seite $PP' = c$ aufgetaucht, deren zweites Exemplar etwa $\overline{P}\,\overline{P'}$ heißen möge. Folgen die Punkte P, P', $\overline{P'}$, $\overline{P}$ etwa in dieser Reihenfolge aufeinander, so schneide man das neue Polygon längs der Geraden $P\overline{P}$ abermals auf (Abb. 139) und hefte die Stücke längs der Seite a zusammen. Wird die entstehende

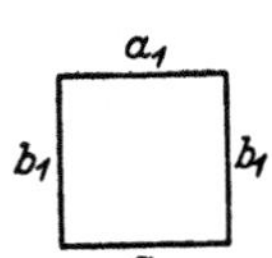

Abb. 141.

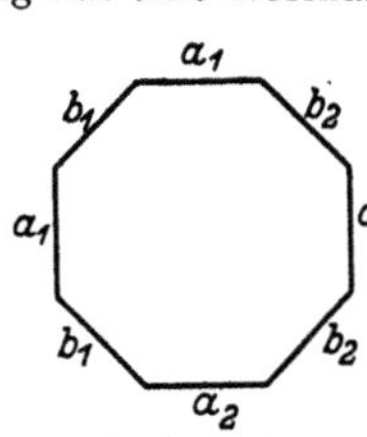

Abb. 142.

Seite $P\overline{P}$ mit d bezeichnet, so folgen nunmehr die Seiten c, d, c, d unmittelbar aufeinander (Abb. 140). Dieser Tatbestand bleibt auch dann erhalten, wenn jetzt die Operation C auf ein weiteres Seitenpaar an Stelle von a und b angewandt wird. Durch Wiederholung des Verfahrens erhält man schließlich als *Normalform* der Fläche ein $4p$-Eck aus p Seitenquadrupeln $(a_1 b_1 a_1 b_1)$, $(a_2 b_2 a_2 b_2)$, . . ., $(a_p b_p a_p b_p)$. Die einfachsten Beispiele zeigen die Abb. 141 und 142.

§ 2. Die Abelschen Integrale und algebraischen Funktionen auf einer gegebenen Riemannschen Fläche.

Einer der größten Erfolge der Riemannschen Begriffsbildungen war der Einblick, den sie in das Wesen der algebraischen Funktionen und ihrer Integrale gestatten. Wir wollen hier, fußend auf den im vorigen Kapitel gewonnenen Ergebnissen, die Grundlagen dieser Theorie entwickeln. Wir stellen uns entsprechend den Bemerkungen von Kap. 5, § 3 die Aufgabe, zu einer gegebenen algebraischen Riemannschen Fläche G die zugehörigen, d. h. auf ihr eindeutigen algebraischen Funktionen zu konstruieren. Für diese Untersuchung ist es charakteristisch, daß man nicht unmittelbar nach den algebraischen Funktionen selbst fragt, sondern zuerst ihre (unbestimmten) Integrale sucht, die zwar auf G im allgemeinen unendlich vieldeutig sind, aber in anderer Hinsicht oft einfacheres Verhalten zeigen als die algebraischen Funktionen selbst; aus ihnen gewinnt man die algebraischen Funktionen durch Differentiation. Man nennt diese Integrale, einem Vorschlage Jacobis folgend, *Abelsche Integrale,* weil Abel sie zum ersten Male systematisch untersucht hat.

Ohne auf die Entstehung durch Integration einer algebraischen Funktion Bezug zu nehmen, definieren wir die Abelschen Integrale in folgender Weise: *Eine ein- oder mehrdeutige analytische Funktion auf G heißt ein zur Fläche G gehöriges Abelsches Integral, wenn sie längs jedes Weges auf G, der nur endlich viele Ausnahmestellen vermeidet, unbeschränkt fortsetzbar ist, wenn sie in den Ausnahmestellen keine anderen Singularitäten hat als höchstens Pole oder logarithmische Singularitäten und wenn ihre verschiedenen über einer und derselben Stelle von G gelegenen Zweige sich nur um Konstante unterscheiden.* Nach dieser Definition ist es klar, daß die Ableitung eines Abelschen Integrales auf G eindeutig ist und höchstens endlich viele und nur algebraische Singularitäten besitzt, d. h. eine algebraische Funktion ist; aber auch umgekehrt besitzt das unbestimmte Integral einer zu G gehörigen algebraischen Funktion alle in unserer Definition genannten Eigenschaften. Insbesondere gehören also die algebraischen Funktionen selber zu den Abelschen Integralen.

Wir unterscheiden je nach der Natur ihrer Singularitäten drei Arten von Abelschen Integralen, auf die man, wie sich zeigen wird, das allgemeinste Abelsche Integral reduzieren kann:

Integrale erster Gattung oder *überall endliche Integrale.* Sie sind auf G überall regulär, werden also auf G insbesondere nirgends unendlich.

Integrale zweiter Gattung. Sie besitzen auf G keine anderen Singularitäten als Pole.

Integrale dritter Gattung. Sie haben auf G logarithmische Singularitäten.

Ehe wir uns der Konstruktion der zu unserer gegebenen Riemannschen Fläche G gehörigen Abelschen Integrale zuwenden, beweisen wir noch einige ihrer Eigenschaften, indem wir ihre Existenz zunächst voraussetzen. Es sei $f(z)$ ein Abelsches Integral erster oder zweiter Gattung und Q ein durch keinen Pol der Funktion gehender Rückkehrschnitt. Betrachten wir das über Q erstreckte Integral von $f'(z)$, so ändert es sich bei stetiger Deformation von Q in einen anderen ebensolchen Rückkehrschnitt Q^* nach dem Cauchyschen Integralsatz nicht, solange bei dieser Deformation kein singulärer Punkt von $f'(z)$ überstrichen wird, in dem $f'(z)$ ein von Null verschiedenes Residuum hat. Die Residuen von $f'(z)$ müssen aber sämtlich verschwinden, weil nach Voraussetzung unser Integral nicht von der dritten Gattung ist. Es gilt demnach der Satz: *Die Änderung, die ein Abelsches Integral erster oder zweiter Gattung beim Umlauf um irgend einen durch keine seiner Singularitäten gehenden Rückkehrschnitt Q erfährt, ist gleich der Änderung beim Umlauf um jeden zu Q äquivalenten durch keine Singularität gehenden Rückkehrschnitt Q^*.* Sie heißt der zu diesem Rückkehrschnitt gehörige *Periodizitätsmodul.*

Wir denken uns jetzt die Riemannsche Fläche wie im vorigen Paragraphen von einem Punkte P aus durch ein System von p Paaren konjugierter Rückkehrschnitte Q_i, Q_i' $(i = 1, 2, \ldots, p)$, die durch keine singuläre Stelle gehen, kanonisch zerschnitten; sie wird dadurch in einen einfach zusammenhängenden Bereich $\overline{G}$ verwandelt. In $\overline{G}$ ist dann jedes Abelsche Integral erster oder zweiter Gattung eindeutig; das erkennt man genau analog zu dem obigen Satz unter Benutzung der Tatsache, daß die Residuen der Ableitung an den singulären Stellen verschwinden. Zu den Rückkehrschnitten Q_i, Q_i' gehören $2p$ Periodizitätsmoduln, aus denen sich alle anderen Periodizitätsmoduln des Integrals linear mit ganzzahligen Koeffizienten zusammensetzen lassen[1].

[1] Auf der kanonisch zerschnittenen Riemannschen Fläche ist nämlich ein solches Integral eindeutig; dem Überschreiten eines Schnittes der kanonischen Zerschneidung entspricht eine Vermehrung (bzw. Verminderung) des in der zerschnittenen Riemannschen Fläche eindeutig festgelegten Integrals um denjenigen Periodizitätsmodul, der zum konjugierten Rückkehrschnitt gehört. Die Änderung des Integrals auf einem beliebigen geschlossenen Wege setzt sich daher additiv aus solchen Änderungen zusammen.

Ist $f(z)$ ein Integral dritter Gattung, so besitzt es außer der Vieldeutigkeit, die beim Durchlaufen der Rückkehrschnitte entsteht, eine Vieldeutigkeit, die im Umkreisen der logarithmisch singulären Stellen ihren Ursprung hat. Aber auch hier ist die Änderung beim Umlauf um zwei solche äquivalente, durch keine Singularität gehende Rückkehrschnitte Q, Q^*, die ineinander stetig deformiert werden können, ohne daß dabei eine logarithmische Singularität überschritten wird, die gleiche. Erstrecken wir ferner das Integral $\int f'(z)\,dz$ um die ganze Berandung von $\bar{G}$, so finden wir, da über jedes Stück des Weges sowohl hin als auch zurück integriert wird, *daß die Summe der Residuen sämtlicher Singularitäten von $f'(z)$ in G gleich Null ist.* Bei der Summation braucht man übrigens die Pole von $f(z)$ nicht zu berücksichtigen, da $f'(z)$ dort das Residuum 0 hat.

Die Existenz der zu G gehörigen Abelschen Integrale beweisen wir nun, indem wir der Reihe nach gewisse besonders einfache Integrale herstellen, aus denen sich dann das allgemeinste Abelsche Integral durch Addition zusammensetzen läßt. Wir behaupten zunächst: *Es gibt auf G ein Abelsches Integral zweiter Gattung, welches in einem gegebenen Punkte O einen Pol mit gegebenem Hauptteil besitzt, außer in O nirgends auf G singulär wird und dessen sämtliche Periodizitätsmoduln rein imaginär sind.*

Wir wollen zuerst nur einen Spezialfall dieses Satzes beweisen. Der Punkt O, der etwa über $z = 0$ liege, sei einfacher Punkt, d. h. nicht Verzweigungspunkt der Riemannschen Fläche, und die vorgeschriebene Singularität sei $\frac{1}{z}$. Dann liefern uns die Überlegungen von Kap. 8 sofort die Existenz einer Funktion $f(z)$ mit den verlangten Eigenschaften; sie vereinfachen sich sogar prinzipiell dadurch, daß sich G als geschlossene Fläche bereits mit endlich vielen Kreisbereichen der nötigen Art überdecken läßt. Unsere Funktion $f(z)$ besitzt wirklich, wie verlangt, rein imaginäre Periodizitätsmoduln; dies folgt daraus, daß die Potentialfunktion u, welche wir als Lösung unseres Minimumproblems erhalten, ihrer Definition nach eindeutig ist, so daß sich die Mehrdeutigkeit von $f(z)$ allein im Imaginärteil v ausprägen kann.

Beim allgemeinsten Falle des obigen Satzes verfahren wir im Prinzip genau so, nur legen wir eine andere Singularitätenfunktion zugrunde. Es sei etwa O ein $(m-1)$-facher $(m \geqq 1)$ Verzweigungspunkt[1] von G, und der vorgeschriebene Hauptteil im Punkte O sei

$$(1) \qquad a_n z^{-\frac{n}{m}} + a_{n-1} z^{-\frac{n-1}{m}} + \cdots + a_1 z^{-\frac{1}{m}} \qquad (n \geqq 1,\ a_n \neq 0).$$

Dann verstehen wir unter K eine m-fach überdeckte Kreisscheibe mit

[1] Unter einem 0-fachen Verzweigungspunkt ist dabei ausnahmsweise ein einfacher Punkt zu verstehen.

dem Mittelpunkt O und dem positiven Radius a, der so klein gewählt sei, daß kein weiterer Verzweigungspunkt von G in K fällt. Indem wir Polarkoordinaten r, ϑ mit dem Mittelpunkt O einführen und $a_\nu = |a_\nu| e^{i\alpha_\nu}$ setzen, definieren wir die Singularitätenfunktion durch

$$(2) \qquad S = \begin{cases} \frac{1}{2} \sum_{\nu=1}^{n} |a_\nu| \left(r^{-\frac{\nu}{m}} + r^{\frac{\nu}{m}} a^{-\frac{2\nu}{m}} \right) \cos\left(\alpha_\nu - \frac{\nu}{m}\vartheta\right) \\ \quad \text{in } K \text{ einschließlich des Randes von } K, \\ 0 \text{ außerhalb von } K. \end{cases}$$

Diese Funktion ist so konstruiert, daß sie in K, abgesehen von O, eine reguläre Potentialfunktion ist, daß sie in O ebenso unendlich wird wie der Realteil von (1) und daß auf der Peripherie von K ihre in Richtung der Normalen genommene Ableitung verschwindet. Daher läßt sich der Existenzbeweis aus dem vorigen Kapitel auf sie anwenden und liefert uns den Realteil des verlangten Integrals zweiter Gattung.

Natürlich können wir ebenso ein Integral zweiter Gattung mit einem einzigen vorgeschriebenen Pol und lauter reellen Periodizitätsmoduln konstruieren; dazu brauchen wir nur in (2) die Kosinus durch die Sinus derselben Argumente zu ersetzen und die zum Schluß erhaltene Funktion mit i zu multiplizieren. Die Differenz zweier solcher Integrale zweiter Gattung mit den gleichen Hauptteilen, von denen das eine rein imaginäre, das andere reelle Periodizitätsmoduln hat, ist notwendig ein Integral erster Gattung, das sicher dann nicht konstant ist, wenn auch nur ein einziger Periodizitätsmodul eines der beiden Integrale zweiter Gattung von Null verschieden war. Doch verfolgen wir diese Bemerkung nicht weiter, da wir nachher die Integrale erster Gattung auf einem anderen Wege gewinnen werden.

Auch die Konstruktion der Integrale dritter Gattung gelingt auf ähnlichem Wege. Die einfachsten unter ihnen sind die in dem folgenden Satz genannten: *Es seien P_1 und P_2 zwei voneinander verschiedene Stellen der Fläche G, die über den Punkten z_1, z_2 der z-Ebene liegen mögen. Dann gibt es zwei Integrale dritter Gattung $\psi(z; P_1, P_2)$ und $\psi^*(z; P_1, P_2)$, die auf G überall außer in P_1 und P_2 endlich bleiben und an den Rückkehrschnitten Q_i, Q_i' $(i = 1, 2, \ldots, p)$ rein imaginäre Periodizitätsmoduln besitzen. In P_1 und P_2 wird $\psi(z; P_1, P_2)$ singulär wie* $\log(z - z_1)$ *bzw. wie* $-\log(z - z_2)$ *und* $\psi^*(z; P_1, P_2)$ *wie* $-i\log(z - z_1)$ *bzw. wie* $i\log(z - z_2)$.

Den Beweis führen wir zunächst nur unter der beschränkenden Annahme, daß die Punkte P_1, P_2 in das Innere einer schlichten, auf G liegenden Kreisscheibe K fallen, deren Mittelpunkt von P_1 und P_2 verschieden sei. Wir spiegeln P_1 und P_2 an dem Kreise K; die Spiegelpunkte und die zu ihnen gehörigen z-Werte bezeichnen wir mit P_1', P_2' bzw. z_1', z_2'. Die geradlinigen Entfernungen eines beliebigen Punktes P

von P_1, P_2, P_1', P_2' bezeichnen wir mit r_1, r_2, r_1', r_2', ferner die Winkel der gerichteten Geraden P_1P, P_2P, $P_1'P$, $P_2'P$ gegen die positive x-Achse mit $\vartheta_1, \vartheta_2, \vartheta_1', \vartheta_2'$. Um $\psi(z; P_1, P_2)$ zu konstruieren, setzen wir in K einschließlich des Randes

$$(3) \qquad S = (\log r_1 - \log r_2) + (\log r_1' - \log r_2'),$$

während außerhalb von K wieder $S = 0$ sein soll; dann ist $-S$ in K die konjugierte Potentialfunktion zu $(\vartheta_1 - \vartheta_2) + (\vartheta_1' - \vartheta_2')$. Da nun für einen Punkt P der Kreisperipherie nach einem bekannten elementargeometrischen Satze die Beziehung

$$(\vartheta_1 - \vartheta_2) + (\vartheta_1' - \vartheta_2') = \text{konst.}$$

gilt, erkennen wir sofort, daß S auf der Kreisperipherie die Bedingung

$$\frac{\partial S}{\partial n} = 0$$

erfüllt; wir können daher auch hier wörtlich wie in Kap. 8 weiter schließen und gelangen zu einem Abelschen Integral dritter Gattung, das genau die von ψ $(z; P_1, P_2)$ verlangten Eigenschaften besitzt.

Für ψ^* $(z; P_1, P_2)$ gebrauchen wir dagegen die folgende Singularitätenfunktion[1]:

$$(4) \qquad S = \begin{cases} (\vartheta_1 - \vartheta_2) - (\vartheta_1' - \vartheta_2') \\ \qquad \text{in } K \text{ einschließlich des Randes von } K, \\ 0 \quad \text{außerhalb von } K. \end{cases}$$

Um sie innerhalb von K zu einer eindeutigen Funktion zu machen, verbinden wir P_1 und P_2 durch eine einfache stetige, ganz in K verlaufende Kurve C und verbieten dem Argumentpunkt, diese Kurve zu überschreiten. Die Werte von S an den beiden Ufern von C unterscheiden sich dann um 2π. Verlangen wir wieder wie in Kap. 8, § 3 die Stetigkeit der zulässigen Konkurrenzfunktionen Φ in K, so werden zwar die Funktionen $\varphi = \Phi + S$ dieselbe Mehrdeutigkeit erhalten wie

---

[1] Wenn man den Betrachtungen von § 9 des vorigen Kapitels die Singularitätenfunktion (3) bzw. (4) zugrunde legt, so erhält man als Bildgebiet einer schlichtartigen Riemannschen Fläche G nicht mehr einen „geradlinigen Schlitzbereich". Gehen wir z. B. von der Funktion (3) aus, so erhalten wir eine Abbildungsfunktion $\zeta = u + iv$, deren Imaginärteil v auf jedem zusammenhängenden Randstück konstante Werte annimmt, die sich selbst aber an den Stellen P_1 und P_2 verhält wie $\log \frac{z - z_1}{z - z_2}$. So erkennen wir, daß die Funktion

$$\eta = e^{\zeta} = e^{u} e^{iv}$$

den Bereich G konform auf die volle η-Ebene abbildet, welche längs endlich oder unendlich vieler auf Strahlen durch den Nullpunkt gelegener Schlitze aufgeschnitten ist. Im Falle der Funktion (4) dagegen ergibt sich, daß G durch die Funktion

$$\eta = e^{i\zeta} = e^{iu} e^{-v}$$

auf die volle η-Ebene abgebildet wird, welche längs endlich oder unendlich vieler konzentrisch um den Nullpunkt angeordneter Kreisbögen aufgeschnitten ist.

S, was aber in keiner Weise die im vorigen Kapitel durchgeführte Betrachtung behindert. Wir haben nur noch nachzuweisen, daß auf dem Rande von K die in Richtung der Normalen genommenen Ableitungen von S verschwinden. Dies folgt wie oben daraus, daß die zu $-S$ konjugierte Potentialfunktion

$$(\log r_1 - \log r_2) - (\log r_1' - \log r_2')$$

auf dem Rande konstant ist.

Sind $P', P'', \ldots, P^{(n)}$ irgendwelche voneinander und von P_1, P_2 und dem Mittelpunkt von K verschiedene Punkte innerhalb von K, so können wir die Kurve C so legen, daß sie der Reihe nach durch $P_1, P', P'', \ldots, P^{(n)}, P_2$ geht, und erkennen die Gültigkeit der Formeln

$$(5)\quad \begin{cases} \psi\,(z;\,P_1, P_2) = \psi\,(z;\,P_1, P') + \psi\,(z;\,P', P'') + \cdots + \psi\,(z;\,P^{(n)}, P_2), \\ \psi^*(z;\,P_1, P_2) = \psi^*(z;\,P_1, P') + \psi^*(z;\,P', P'') + \cdots + \psi^*(z;\,P^{(n)}, P_2). \end{cases}$$

Diese Formeln benutzen wir, um $\psi\,(z;\,P_1, P_2)$ und $\psi^*\,(z;\,P_1, P_2)$ auch dann zu definieren, wenn es keine schlichte auf G gelegene Kreisscheibe gibt, in deren Inneres beide Punkte P_1 und P_2 fallen. Denn es läßt sich stets zwischen P_1 und P_2 eine Kette von Punktepaaren $P_1 P'$, $P' P''$, ..., $P^{(n)} P_2$ schalten, für welche die Funktionen ψ bzw. ψ^* wie oben gebildet werden können. Sollte einer der Punkte P_1 oder P_2, etwa P_1, in einen $(m-1)$-fachen Verzweigungspunkt von G fallen, so brauchen wir dabei nur an Stelle von K eine m-fach überdeckte Kreisscheibe zu nehmen, die P_1 enthält, aber einen von P_1 verschiedenen Mittelpunkt besitzt; die zugehörigen Singularitätenfunktionen erhalten wir, indem wir zuerst die m-blättrige Kreisscheibe auf eine schlichte Kreisscheibe abbilden, für diese die Singularitätenfunktionen (3) bzw. (4) bilden und dann diese Funktionen auf die m-blättrige Kreisscheibe zurück übertragen.

Es ist aber wohl zu beachten, daß unsere Definition die Funktionen ψ und ψ^* nicht notwendig in eindeutiger Weise festlegt; verschiedene Ketten zwischen P_1 und P_2 geschalteter Punkte können zu ganz verschiedenen Funktionen führen. Das ist mit unserem Satze durchaus verträglich; durch die dort angegebenen Eigenschaften sind ja $\psi\,(z;\,P_1, P_2)$ bzw. $\psi^*\,(z;\,P_1, P_2)$ nur bis auf additiv hinzutretende Integrale erster Gattung mit rein imaginären Periodizitätsmoduln bestimmt.

Es seien jetzt $P_1, P_2, \ldots, P_k$ beliebige Stellen der Riemannschen Fläche G und $a_\varkappa = a_\varkappa' + i a_\varkappa''$ $(\varkappa = 1, 2, \ldots, k)$ ihnen zugeordnete komplexe Zahlen, deren Summe gleich Null ist. Bedeutet dann P_0 einen beliebig angenommenen Hilfspunkt auf G, so haben wir in

$$(6)\quad \begin{aligned} &a_1'\,\psi\,(z;\,P_1, P_0) + a_2'\,\psi\,(z;\,P_2, P_0) + \cdots + a_k'\,\psi\,(z;\,P_k, P_0) \\ &- a_1''\,\psi^*(z;\,P_1, P_0) - a_2''\,\psi^*(z;\,P_2, P_0) - \cdots - a_k''\,\psi^*(z;\,P_k, P_0) \end{aligned}$$

ein Abelsches Integral dritter Gattung vor uns, das in den Punkten $P_1, P_2, \ldots, P_k$ logarithmisch unendlich wird, während seine Ableitung in ihnen bzw. die Residuen $a_1, a_2, \ldots, a_k$ hat. Sonst ist es auf G regulär und hat rein imaginäre Periodizitätsmoduln an den Schnitten Q_i, Q_i'.

Zu den Integralen erster Gattung gelangen wir in folgender Weise. Es sei Q ein beliebiger Rückkehrschnitt und $P_1, P_2, \ldots, P_{n-1}, P_n = P_1$ eine sich schließende Kette von Punkten auf Q, die so dicht liegen, daß wir für je zwei aufeinanderfolgende $P_{\nu-1}$, P_ν das Integral $\psi^*(z; P_{\nu-1}, P_\nu)$ durch das oben angegebene direkte Konstruktionsverfahren herstellen können. Dann wird die Summe

$$j(z) = \psi^*(z; P_1, P_2) + \cdots + \psi^*(z; P_{n-1}, P_1)$$

eine in G überall reguläre, also endlich bleibende Funktion; aber ihr reeller Teil ist nicht, wie bei den früheren Ausdrücken, eindeutig, sondern erleidet beim Überschreiten des Querschnittes Q den Sprung 2π, oder besser ausgedrückt, $j(z)$ besitzt auf jedem zu Q konjugierten Rückkehrschnitt Q' einen Periodizitätsmodul mit dem reellen Teil 2π; $j(z)$ ist somit ein nicht konstantes Integral erster Gattung. Indem wir unsere Konstruktion für jeden der $2p$ Rückkehrschnitte Q_i, Q_i' unserer kanonischen Zerschneidung ausführen, *erhalten wir $2p$ Integrale erster Gattung, die wir mit $j_1(z), j_2(z), \ldots, j_{2p}(z)$ bezeichnen. Sie sind in dem Sinne voneinander linear unabhängig, daß es keine lineare Kombination*

$$c_1 j_1(z) + c_2 j_2(z) + \cdots + c_{2p} j_{2p}(z)$$

mit reellen nicht sämtlich verschwindenden Koeffizienten $c_1, \ldots, c_{2p}$ gibt, welche konstant ist. Jede solche Kombination hat nämlich mindestens einen nicht verschwindenden Periodizitätsmodul, kann also nicht konstant sein. Weiter gilt der Satz: *Jedes auf G überall endliche Integral ist bis auf eine additive Konstante eine lineare Kombination der Integrale $j_1(z), j_2(z), \ldots, j_{2p}(z)$ mit reellen Koeffizienten.* Sind nämlich die reellen Teile der Periodizitätsmoduln des vorgelegten Integrals erster Gattung $j(z)$ an den $2p$ Rückkehrschnitten Q_i, Q_i' gleich $2\pi c_1, 2\pi c_2, \ldots, 2\pi c_{2p}$, so wird

$$\bar{j}(z) = j(z) - c_1 j_1(z) - \cdots - c_{2p} j_{2p}(z)$$

ein Integral erster Gattung, dessen reeller Teil auf den Rückkehrschnitten Q_i, Q_i' die Periodizitätsmoduln Null besitzt, somit auf G eindeutig ist. Eine auf G eindeutige und überall endliche Potentialfunktion w ist aber eine Konstante. Denn wendet man die Greensche Formel auf die kanonisch zerschnittene Fläche $\overline{G}$ an, so erhält man sofort die Beziehung

$$D_{\overline{G}}[w] = 0.$$

Folglich ist der Realteil von $\bar{j}(z)$ und somit $\bar{j}(z)$ selbst eine Konstante.

Wir können den soeben bewiesenen Satz auch so aussprechen: *Die Maximalzahl voneinander reell linear unabhängiger Integrale erster Gat-*

tung ist gleich dem doppelten Geschlecht der Fläche. Damit haben wir gezeigt, daß die Zahl p wirklich eine von der speziellen Zerschneidung der Fläche unabhängige Konstante ist. Wir erwähnen noch, daß bei Zulassung beliebiger komplexer Konstanten als Koeffizienten die Maximalzahl linear unabhängiger Integrale erster Gattung gleich p ist.

Nunmehr haben wir die Aufstellung sämtlicher Abelscher Integrale auf G erreicht. Denn wir können durch lineare Kombination der gewonnenen Funktionen ein Integral herstellen, welches an gegebenen Stellen von G Pole mit gegebenen Hauptteilen besitzt, an anderen gegebenen Stellen logarithmische Unstetigkeiten mit gegebenen Residuen der Ableitung[1] (wobei natürlich die Summe aller Residuen gleich Null sein muß) und deren Periodizitätsmoduln an den $2p$ Rückkehrschnitten gegebene reelle Teile besitzen. Andererseits ist durch diese Bedingung ein Abelsches Integral bis auf eine Konstante festgelegt; denn der Realteil der Differenz zweier solcher ist eine auf G eindeutige und überall reguläre Potentialfunktion, also der obigen Bemerkung zufolge eine Konstante. Mit der Gesamtheit der Abelschen Integrale auf der Fläche ist auch die Gesamtheit der algebraischen Funktionen auf der Fläche gegeben.

Wir wollen jetzt eine algebraische Funktion herstellen, für welche G genau die zugehörige Riemannsche Fläche ist, und damit die Frage beantworten, die am Beginne des Paragraphen aufgeworfen wurde. Hierzu verfahren wir folgendermaßen. Es sei m die Blätterzahl der Fläche G und z_0 ein Punkt der z-Ebene, der im Endlichen gelegen sei und über dem die m Blätter der Fläche getrennt, d. h. ohne Verzweigungspunkte, verlaufen. Wir konstruieren nun ein Abelsches Integral zweiter Gattung, welches in den m über z_0 gelegenen Stellen $P_1, P_2, \ldots, P_m$ je einen Pol erster Ordnung hat, wobei wir die Residuen dieser Pole alle voneinander verschieden wählen. Die Ableitung dieses Integrales ist dann eine auf G eindeutige algebraische Funktion $f(z)$ mit der Eigenschaft, daß über z_0 genau m voneinander verschiedene Zweige von ihr liegen. Eine solche Funktion gehört aber genau zu G. Denn da sie auf G eindeutig ist, könnte es höchstens eintreten, daß sie schon bei μ-fachem Umlauf um einen $(\nu - 1)$-fachen $(\mu < \nu)$ Verzweigungspunkt von G in sich zurückkehrt. Daraus würde aber durch geeignete analytische Fortsetzung folgen, daß mindestens zwei der zu $P_1, P_2, \ldots, P_m$ gehörigen Funktionselemente übereinstimmen, im Widerspruch zu unserer Konstruktion.

Die Differentiation der Abelschen Integrale ist nicht die einzige Art der Erzeugung algebraischer Funktionen. Man kann zu ihnen z. B. auch durch Addition von Integralen zweiter und erster Gattung gelangen, indem man die Periodizitätsmoduln vermöge der verfügbaren

[1] Diese Stellen dürfen zum Teil mit den ersten zusammenfallen.

Konstanten zum Verschwinden bringt. Für die nähere Ausführung dieses Gedankens verweisen wir auf die Spezialliteratur über algebraische Funktionen[1].

Es sei noch bemerkt, daß man zu den Integralen erster Gattung auch direkt gelangen kann, indem man diejenige in G überall endliche und außer auf dem Rückkehrschnitte Q stetige und mit stückweise stetigen Ableitungen erster Ordnung versehene reelle Funktion u von x und y sucht, welche beim Überschreiten von Q den Sprung 2π erfährt und das Integral $D[u]$ möglichst klein macht. Diese Funktion muß natürlich, wenn sie existiert, eine Potentialfunktion sein und erweist sich sofort als Realteil des von uns oben betrachteten, zum Rückkehrschnitt Q gehörigen Integrales erster Gattung. Ihre Existenz läßt sich ganz ähnlich wie in Kap. 8, § 7 beweisen, indem man von einer Minimalfolge $\varphi_1, \varphi_2, \ldots$ zulässiger Funktionen ausgeht und diese dann glättet. Eine Singularitätenfunktion wird dabei überhaupt nicht benötigt. Der Glättungsprozeß verläuft ganz nach dem Muster des genannten Paragraphen. Die Riemannsche Fläche G wird zuerst mit endlich vielen Kreisscheiben überdeckt, die so gewählt sein sollen, daß jede Kreisscheibe, die überhaupt einen Punkt von Q enthält, durch Q in genau zwei einfach zusammenhängende Teile zerlegt wird. Für eine Kreisscheibe, die keinen Punkt von Q enthält, gehen wir durch Lösen der Randwertaufgabe zu einer geglätteten Folge über; für eine solche aber, die durch Q in zwei Teile T_1 und T_2 zerlegt wird, addieren wir zu den Funktionen der jeweils zu glättenden Folge im Teile T_1 die Konstante 2π, wodurch wir in der Kreisscheibe stetige Funktionen erhalten, lösen dann mit deren Randwerten die Randwertaufgabe der Potentialtheorie und ziehen hernach in T_1 den Wert 2π wieder ab. Die genaue Durchführung der Einzelheiten sowie der Konvergenzbeweis kann dem Leser überlassen bleiben.

§ 3. Die Existenz automorpher Funktionen mit gegebenem Fundamentalbereich.

Bereits in Kap. 7, § 4 wurden als automorphe Funktionen solche eindeutige Funktionen einer komplexen Variablen z definiert, die ungeändert bleiben, wenn man auf z die sämtlichen linearen Transformationen einer Gruppe anwendet. Die Beispiele, durch die wir dort zu diesem Begriffe geführt wurden, waren die Funktionen, welche ein

[1] Außer auf den ersten Band der „Modulfunktionen" von Klein-Fricke (vgl. S. 436) sei noch auf C. Neumann: Vorlesungen über Riemanns Theorie der Abelschen Integrale (2. Aufl., Leipzig 1884), sowie H. F. Baker: Abel's Theorem and the allied Theory (Cambridge 1897), und Hensel-Landsberg: Theorie der algebraischen Funktionen einer Variabeln (Leipzig 1902) verwiesen. Ausführliche Literaturangaben finden sich in den Referaten II B 2, II B 7, II C 5 der Enzyklopädie.

geeignetes Kreisbogenpolygon der z-Ebene konform auf die obere ζ-Halbebene abbildeten. Die Fortsetzung über den Ausgangsbereich hinaus geschah durch das Spiegelungsprinzip. Der Bereich, welcher aus dem Kreisbogenpolygon und dem aus ihm durch Spiegelung an einer seiner Kanten entstehenden Polygon zusammengesetzt ist, hat die Eigenschaft, daß seine Kanten paarweise auseinander vermöge gewisser linearer Substitutionen hervorgehen; diese Substitutionen sind dann „*Erzeugende*" der Gruppe, zu welcher die betrachteten Abbildungsfunktionen gehören[1]. Wir gehen jetzt allgemeiner von einem Bereich aus, dessen Randkurven paarweise durch lineare Substitutionen zusammengeordnet sind, ohne daß er sich in spiegelbildlich gleiche Hälften zerlegen zu lassen braucht, und werden mit Hilfe des Dirichletschen Prinzips unter sehr weitgehenden Voraussetzungen die Existenz zugehöriger automorpher Funktionen beweisen, um sodann die Verbindung mit dem im vorigen Paragraphen behandelten Gegenstande herzustellen.

Es sei ein schlichter, ein- oder mehrfach zusammenhängender, von einer endlichen und zwar geraden Anzahl analytischer Kurven C_1, $C_2, \ldots, C_n$; $C_1', C_2', \ldots, C_n'$ begrenzter Bereich B gegeben. Von den $2n$ Kurven $C_1, \ldots, C_n'$ setzen wir voraus, daß es einfache geschlossene oder mit zwei Endpunkten versehene analytische Kurven sind, ferner, daß je zwei von ihnen, außer höchstens den Endpunkten, keine Punkte gemeinsam haben. Die Punkte, in denen zwei verschiedene dieser Kurvenbögen zusammenstoßen, nennen wir die „*Ecken*" des Bereichs und fordern, daß in jeder Ecke auch nur zwei der Bögen aneinander grenzen. Die wichtigste Voraussetzung über den Bereich B ist aber die folgende: Es soll n lineare Substitutionen S_ν $(\nu = 1, 2, \ldots, n)$ geben, durch welche jeweils die im positiven Sinne durchlaufene Kurve C_ν in die im entgegengesetzten Sinne zu durchlaufende Kurve C_ν' $(\nu = 1, 2, \ldots, n)$ verwandelt wird. Die Substitutionen S_ν zusammen mit ihren inversen S_ν^{-1} erzeugen eine Gruppe $\mathfrak{G}$ linearer Substitutionen. Zwei Punkte (bzw. Kurvenbögen oder Bereiche), die auseinander vermöge einer Substitution der Gruppe $\mathfrak{G}$ hervorgehen, nennen wir *äquivalent.*

Der Bereich, der aus B durch Anwendung der in $\mathfrak{G}$ enthaltenen Substitution S entsteht, heiße B_S. Um nachher zu eindeutigen Funktionen zu gelangen, machen wir die Voraussetzung, daß die Gesamtheit der den verschiedenen Substitutionen S aus $\mathfrak{G}$ entsprechenden Gebiete B_S keinen Teil der Ebene mehrfach überdeckt[2], so daß wir (wenig-

---

[1] D. h. alle Substitutionen der Gruppe lassen sich aus den „Erzeugenden" zusammensetzen.

[2] Für die weiter unten angeführte Konstruktion der zu B gehörigen automorphen Funktionen ist diese Voraussetzung unwesentlich; sogar die Voraussetzung der Schlichtheit von B darf man für diese fallen lassen.

stens innerhalb eines Teiles der Ebene) B als *Fundamentalbereich*[1] der Gruppe $\mathfrak{G}$ ansehen können. Für die geometrische Gestalt des Fundamentalbereiches B bedeutet diese Annahme vor allem, daß diejenigen der Bereiche B_S, die an einer Ecke E von B zusammenstoßen, die Umgebung von E höchstens einfach überdecken dürfen. D. h. also, die Winkelsumme in den jeweils miteinander äquivalenten Ecken von B muß gleich $\frac{2\pi}{n}$ sein, wo n eine ganze Zahl oder ∞ ist. Diese Forderung reicht aber durchaus noch nicht hin, wie das Beispiel von Abb. 143 zeigt, bei dem die genannte Bedingung für jede der vier Ecken erfüllt ist, die Vervielfältigung durch S_2 aber doch zu einer mehrfachen Überdeckung eines Teiles der Ebene führt.

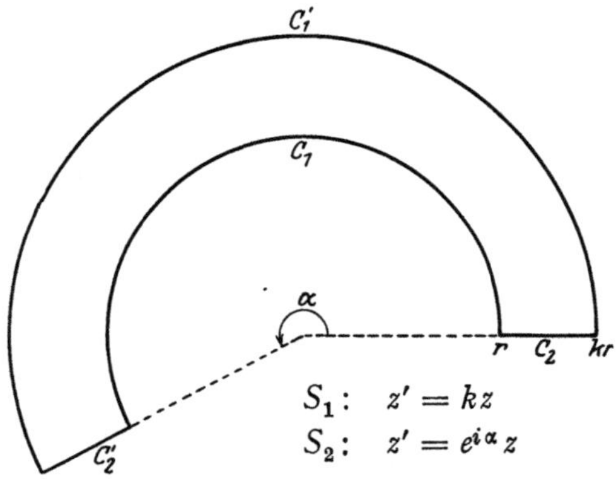

Abb. 143.

Betrachten wir äquivalente Randpunkte von B als nicht verschieden, so ist B eine geschlossene Fläche von endlichem Geschlecht p, also topologisch äquivalent mit einer algebraischen Riemannschen Fläche. Wir behaupten nun, daß dies (vorbehaltlich einer später einzuführenden Voraussetzung über B) auch im Sinne der konformen Abbildung gilt; d. h. *der Bereich B läßt sich umkehrbar eindeutig und bis auf endlich viele Punkte konform auf eine algebraische Riemannsche Fläche G abbilden, derart, daß äquivalenten Randpunkten von B ein und derselbe Punkt von G entspricht.*

Bevor wir zu diesen Fragen übergehen, wollen wir einige Beispiele von Fundamentalbereichen betrachten. Wir verweisen zunächst auf diejenigen, die bereits in Kap. 7, § 4 vorkamen. Gemeinsam war ihnen, daß durch Vervielfältigung des Ausgangsbereichs nicht die ganze Ebene, sondern nur das Innere eines Kreises (bzw. eine Halbebene) überdeckt wurde. Die zugehörigen Funktionen lassen sich über den Kreis nicht analytisch fortsetzen und heißen daher *automorphe Funktionen mit Grenzkreis*. Genau so, wie wir in Kap. 4, § 9 die Gesamtheit aller linearen Substitutionen als räumliche nichteuklidische Bewegungen deuten konnten, lassen sich hier die linearen Substitutionen, die einen Kreis in sich überführen, als *ebene nichteuklidische Bewegungen*

[1] Unter einem „*Fundamentalbereich*" einer Gruppe versteht man einen Bereich, der aus jeder Schar in bezug auf die Gruppe äquivalenter Punkte (wenigstens innerhalb des betrachteten Teiles der Ebene) einen und nur einen Repräsentanten enthält.

auffassen[1]. An Stelle des Begriffes der äquivalenten Bereiche tritt dann der der nichteuklidisch kongruenten Bereiche.

Es gibt aber noch ganz anders geartete Gruppen linearer Substitutionen. Wir gehen z. B. aus von einem Bereich B, der von $2p$ getrennt liegenden Kreisen begrenzt wird, und wählen p hyperbolische oder loxodromische Substitutionen, welche diese Kreise einander paarweise zuordnen (vgl. Abb. 144). Die dem Bereich B im Sinne der Analysis situs entsprechende geschlossene Fläche hat offenbar das Geschlecht p und kann etwa nach § 1 als Fläche mit p Henkeln dargestellt werden. Dabei entsprechen den $2p$ Randkurven von B gewisse p Rückkehrschnitte auf dieser Fläche, deren jeder einen der Henkel umschließt. Vervielfältigen wir den Bereich durch die Substitutionen der zugehörigen Gruppe, so bedecken die zu B äquivalenten Bereiche die ganze Ebene bis auf unendlich viele Grenzpunkte, die in der Ausdrucksweise der Mengenlehre eine perfekte, nirgends zusammenhängende Punktmenge bilden, wie wir hier nicht näher ausführen können[2].

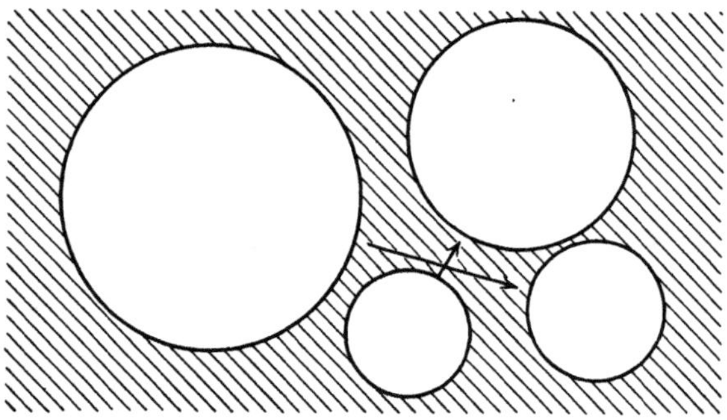

Abb. 144.

Zu einem weiteren Beispiel gelangen wir, indem wir um einen Punkt des Ausgangsvierecks der Modulteilung (vgl. Abb. 121, S. 435, wo das eng schraffierte Dreieck an die linke Seite seines linken Spiegelbildes angesetzt zu denken ist), z. B. um einen Punkt der imaginären Achse, einen ganz in das Innere des Vierecks fallenden Kreis schlagen und das Viereck an ihm spiegeln. Der zwischen den beiden Viereckskonturen gelegene Bereich (vgl. Abb. 145) ist dann als Fundamentalbereich

---

[1] Wenden wir nämlich die dort behandelte Deutung der linearen Substitutionen als räumliche nichteuklidische Bewegungen an, so erkennen wir, daß diese Bewegungen, falls sie den Grenzkreis fest lassen, auch diejenige Ebene, welche aus der z-Kugel den Grenzkreis ausschneidet, in sich überführen. In dem Teile dieser Ebene, der im Innern der z-Kugel verläuft, ergibt sich eine der Bewegungsgruppe entsprechende Einteilung in geradlinig begrenzte nichteuklidisch kongruente Bereiche. Projizieren wir dieses Netz zuerst aus dem Pol der Ebene auf die z-Kugel, sodann von dieser stereographisch auf die Zahlenebene, so erhalten wir gerade die Figuren des Textes. Man kann auch bei ihnen von einer nichteuklidischen Geometrie reden, wenn man z. B. unter den „Geraden" die Orthogonalkreise zum Grenzkreise versteht.

[2] Vgl. jedoch auch § 5, S. 519.

brauchbar und hat offenbar, wenn man die zusammengehörigen Randstücke vereinigt denkt, das Geschlecht Null. Reproduzieren wir ihn durch die zugehörige Gruppe linearer Substitutionen, so überdeckt das Netz der äquivalenten Bereiche einen Teil der Ebene, der von unendlich vielen Kreisen (darunter eine Gerade) begrenzt wird. Die entstehende Figur läßt sich beschreiben als ein System von unendlich vielen „ineinander geschobenen" Modulteilungen.

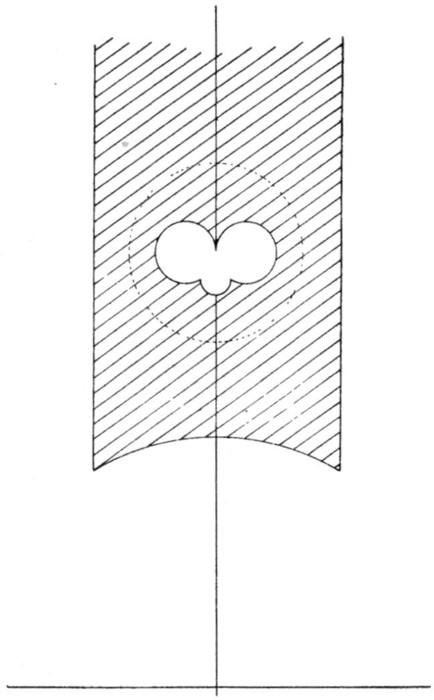

Abb. 145.

Diese Angaben mögen genügen; die Ausführung der hier nur skizzierten Konstruktionen sowie andere Beispiele mit erläuternden Figuren findet der Leser in dem auf S. 438 genannten Werke von FRICKE und KLEIN.

Wir wenden uns nunmehr dem oben ausgesprochenen Abbildungssatze zu. Auf die erwähnte einschränkende Voraussetzung über die Natur des Bereiches B werden wir von selbst geführt, wenn wir uns eine Abbildung von ihm auf die Riemannsche Fläche G als fertig gegeben vorstellen. Jeder Punkt Q der Fläche G hat die Eigenschaft, daß sich eine Umgebung von Q, höchstens mit Ausnahme von Q selbst (falls Q Windungspunkt ist), konform auf eine schlichte Kreisscheibe abbilden läßt. Wenn nun G konform auf B bezogen ist, muß das gleiche für die „Umgebung" jedes Punktes P von B möglich sein, sobald der Begriff „Umgebung" so gefaßt wird, daß vermöge der Abbildung von B auf G einer Umgebung eines Punktes P in B die Umgebung seines Bildpunktes Q in G entspricht. Ist P innerer Punkt von B, so ist die „Umgebung" von P offenbar die Umgebung von P im gewöhnlichen Sinne. Liegt aber P auf dem Rande von B, so erscheint die „Umgebung" von P im allgemeinen in mehrere Stücke zerschnitten, die an sämtliche mit P äquivalente Randpunkte heranreichen. Liegt z. B. P auf der Randkurve C_ν, aber in keiner Ecke, so besitzt B genau einen von P verschie-

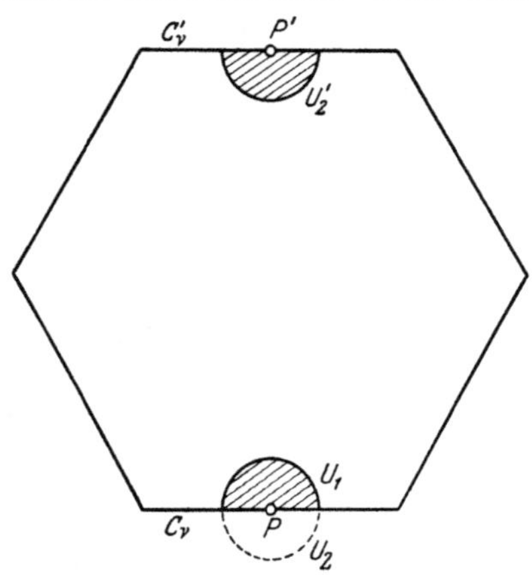

Abb. 146.

denen mit P äquivalenten Randpunkt P' auf C_ν', so daß die Umgebung von P aus zwei getrennten Teilen U_1 und U_2' besteht (vgl. Abb. 146). Diese „Umgebung" läßt sich gewiß konform auf eine schlichte Kreisscheibe abbilden; durch die lineare Funktion S_ν^{-1} wird nämlich U_2' konform auf U_2 abgebildet, und das aus U_1 und U_2 zusammengesetzte Gebiet ist eine schlichte Umgebung von P im gewöhnlichen Sinne. Es bleibt zu untersuchen, was geschehen kann, wenn P in eine Ecke des Bereiches B fällt. Es sei C_1 die eine der beiden durch E gehenden Randkurven von B. Dann ist die andere entweder die mit C_1 äquivalente Randkurve C_1', oder sie ist von C_1' verschieden. Im ersten Falle entstehen offenbar alle an die Ecke E heranreichenden Bereiche B_S durch Anwendung einer Substitution S_1^ν ($\nu = 0, \pm 1, \pm 2, \ldots$) aus B; daher gibt es außer E selbst keinen mit E äquivalenten Punkt auf dem Rande von B, und unter einer „Umgebung" von E ist ein sektorförmiges Gebiet zu ver-

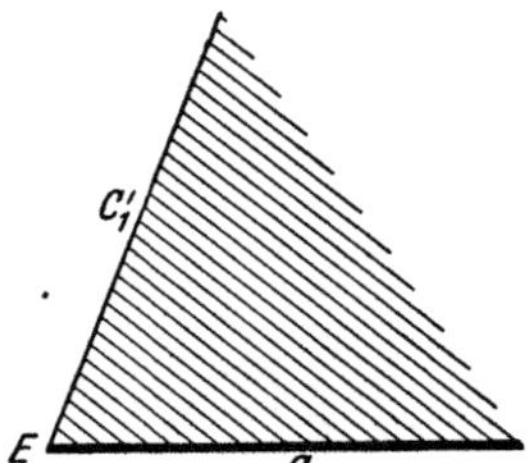

Abb. 147.

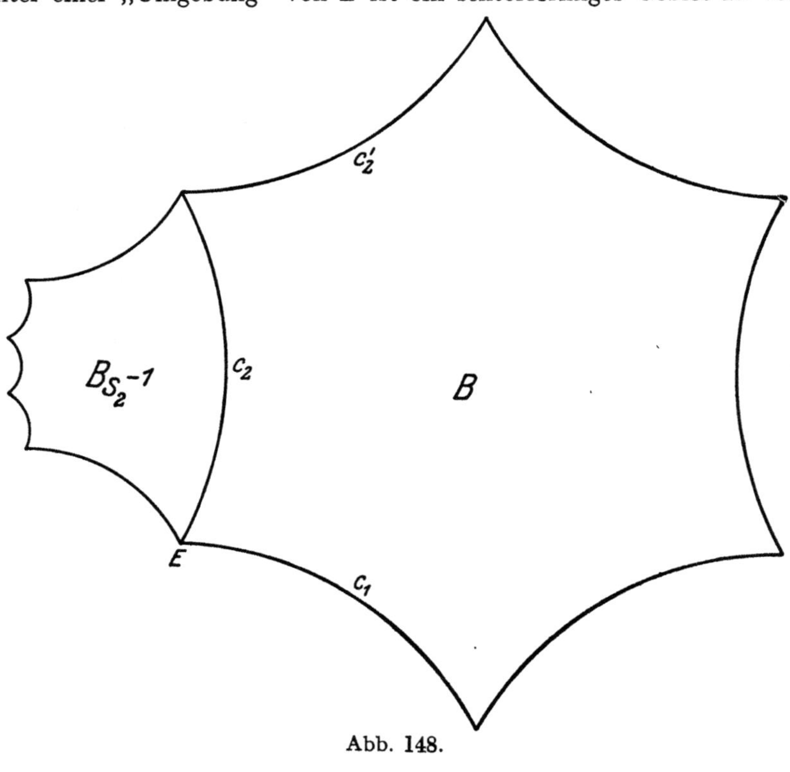

Abb. 148.

stehen, wie es Abb. 147 zeigt. Dabei sind die Punkte von C_1 zur „Umgebung" hinzuzunehmen, diejenigen von C_1' aber (außer E selbst) nicht. Ist dagegen die zweite durch E gehende Randkurve von C_1' verschieden, etwa die Kurve C_2, so gibt es auf dem Rande von B mindestens eine von E verschiedene, aber mit E äquivalente Ecke, nämlich die Ecke $S_2(E)$. Dann legen wir neben den Bereich B den Bereich $B_{S_2^{-1}}$ und er-

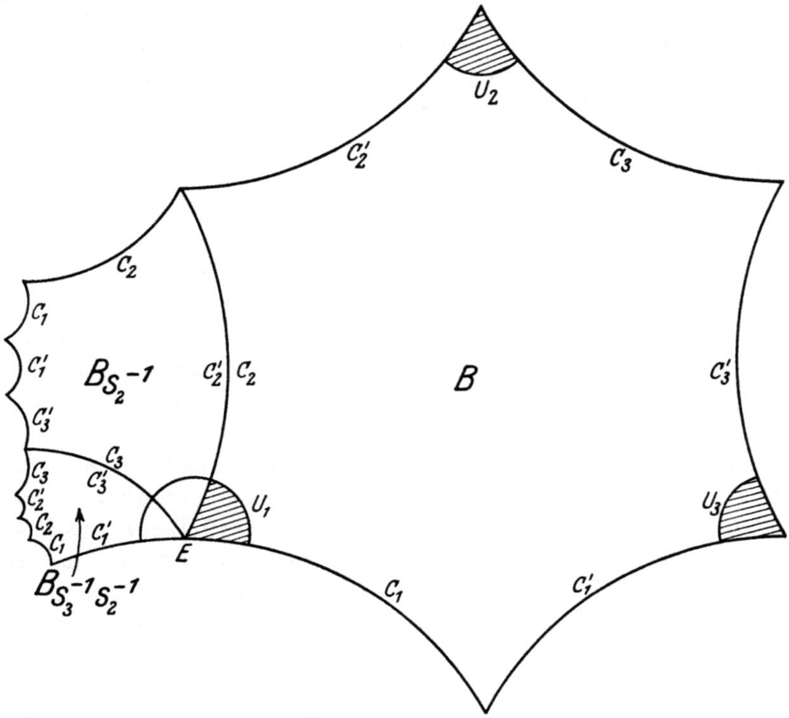

Abb. 149.

halten eine neue durch E gehende Kurve, die Randkurve von $B_{S_2^{-1}}$ ist (vgl. Abb. 148). Sie ist entweder mit C_1 äquivalent, dann nennen wir sie $\overline{C}$, oder sie ist dies nicht; dann ist sie mit einer von C_1 und C_2 verschiedenen Randkurve C_3 von B äquivalent[1]. In diesem Falle legen wir neben den Bereich $B_{S_2^{-1}}$ den neuen Bereich $B_{S_3^{-1} S_2^{-1}}$ (vgl. Abb. 149) und gelangen wieder zu einer neuen durch E gehenden Kurve. Jedenfalls erhalten wir nach endlich vielen, etwa m, Schritten zum ersten Male eine Randkurve $\overline{C}$, die mit C_1 äquivalent ist. Dann liegen auf dem Rande von B genau m mit E äquivalente Ecken, und die „Umgebung" von E erscheint in m Stücke U_1, U_2, ..., U_m zerschnitten, die aber ähnlich wie oben im Sinne der konformen Abbildung durch das Sektorgebiet der Abb. 150

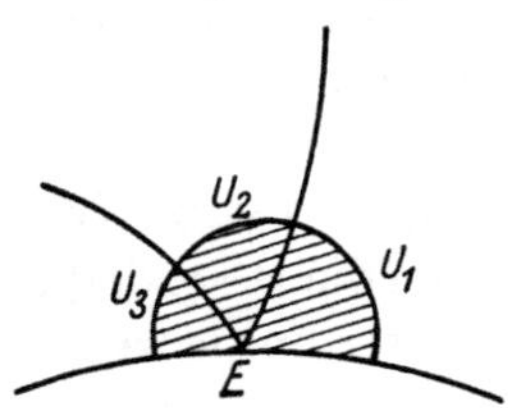

Abb. 150.

[1] Wäre sie mit C_2 äquivalent, so ergäbe sich ein Widerspruch gegen die bisher gemachten Voraussetzungen.

ersetzt werden dürfen. Da die Gesamtheit der Gebiete B_S die Ebene schlicht bedecken soll, ist jedenfalls der Winkel zwischen C_1 und $\overline{C}$ im Punkte E höchstens gleich 2π. Ist er genau gleich 2π, so decken sich C_1 und $\overline{C}$, und unser Sektor wird eine schlichte Umgebung von E im gewöhnlichen Sinne, ist folglich auf eine Kreisscheibe konform abbildbar. Ist der Winkel aber kleiner als 2π, so ist E Fixpunkt einer von der Identität verschiedenen linearen Substitution S unserer Gruppe $\mathfrak{G}$, und die Forderung, die wir stellen müssen, lautet: Der Sektor der Abb. 150 soll mit Ausnahme des Punktes E konform auf eine schlichte Kreisscheibe K abgebildet werden können, derart, daß vermöge der Substitution S äquivalente Punkte von C_1 und $\overline{C}$ in die gleichen Punkte von K übergehen. Wie hier nicht näher bewiesen werden soll[1], ist eine solche Abbildung dann, aber auch nur dann möglich, wenn die Substitution S parabolisch oder elliptisch, nicht aber, wenn sie hyperbolisch oder loxodromisch ist. Nennen wir eine Ecke von B, die Fixpunkt einer in $\mathfrak{G}$ enthaltenen Substitution S ist, je nach dem Charakter von S kurz eine elliptische, parabolische, hyperbolische oder loxodromische Ecke, so können wir die hinzuzufügende Voraussetzung folgendermaßen aussprechen: *Der Bereich B darf nur elliptische und parabolische, aber keine hyperbolischen oder loxodromischen Ecken haben.*

Auf Grund der letzten Voraussetzung sind wir imstande, den Bereich B mit endlich vielen Teilbereichen zu überdecken, die entweder selbst Kreisscheiben sind oder aus mehreren Stücken bestehen, die sich konform auf eine schlichte Kreisscheibe abbilden lassen, wobei die Konformität höchstens im Mittelpunkt gestört ist. Hiermit können wir aber die Entwicklungen des vorigen Paragraphen wörtlich übertragen; wir beginnen damit, auf dem geschlossen gedachten Bereich B ein kanonisches System von p Rückkehrschnittpaaren Q_i, Q_i' $(i = 1, 2, \ldots, p)$ zu ziehen, und stellen dann wie in § 2 Potentiale zweiter und dritter Gattung her, was genau wie dort möglich ist. Diese Potentiale ergänzen wir dann durch Bildung der konjugierten Potentiale zu entsprechenden „Integralen" und gewinnen schließlich auf B eindeutige Funktionen durch Differentiation nach z oder durch lineare Zusammensetzung der Integrale zweiter Gattung. Die so hergestellten eindeutigen Funktionen haben die Besonderheit, in B nur Pole als Singularitäten zu haben, wenn man sie an jeder Stelle P von B in ihrer Abhängigkeit von der zugehörigen lokalen Uniformisierenden t betrachtet[2]. Wir werden weiterhin in diesem Paragraphen die Bezeichnung „automorphe Funktionen" nur auf solche gegenüber unserer Gruppe $\mathfrak{G}$ invariante Funktionen an-

[1] Vgl. etwa F. KLEIN: Ges. math. Abh., Bd. 3, S. 713.

[2] Als lokale Uniformisierende bezeichnen wir dabei eine Funktion $t(z)$, die in P verschwindet und eine passende Umgebung von P auf eine schlichte Kreisscheibe um $t = 0$ abbildet. Wenn wir von der Ordnung eines Poles oder einer a-Stelle reden, so soll stets die Ordnung in t gemeint sein.

wenden, die sich in dem eben angegebenen Sinne in B überall wie rationale Funktionen verhalten[1].

Ist nun $\varphi(z)$ eine der eben konstruierten eindeutigen Funktionen in B, so nimmt die Funktion $\varphi(z)$ in äquivalenten Randpunkten von B die gleichen Werte an, d. h. sie genügt auf der Kurve C_ν $(\nu = 1, 2, \ldots, n)$ höchstens mit Ausnahme endlich vieler Punkte der Funktionalgleichung

$$\varphi(S_\nu(z)) = \varphi(z) \qquad (\nu = 1, 2, \ldots, n). \tag{1}$$

Hieraus schließen wir sofort die Fortsetzbarkeit der Funktionen $\varphi(z)$ in die Nachbarbereiche B_{S_ν}, $B_{S_\nu^{-1}}$, also in jeden Bereich B_S. Zugleich erkennen wir die Gültigkeit der Funktionalgleichung

$$\varphi(S(z)) = \varphi(z) \tag{2}$$

für jede Substitution S aus $\mathfrak{G}$, d. h. den automorphen Charakter von $\varphi(z)$. Da sich $\varphi(z)$ an jeder Stelle von B im oben angegebenen Sinne wie eine rationale Funktion verhält, bildet $\varphi(z)$ die „Umgebung" jeder Stelle des Bereiches B entweder auf ein schlichtes Gebiet über der φ-Ebene oder auf die Umgebung eines endlich vielblättrigen Verzweigungspunktes ab. Schließlich wird $\varphi(z)$ nur an endlich vielen, etwa m Stellen von B einfach unendlich[2]. Ist nun c ein beliebiger komplexer Zahlwert, so läßt sich der Bereich B stets ohne Beschränkung der Allgemeinheit so wählen, daß $\varphi(z)$ auf dem Rande von B weder den Wert c annimmt noch Pole hat. Das im positiven Sinne über den Rand des Bereiches B erstreckte Integral

$$\frac{1}{2\pi i}\int \frac{\varphi'(z)}{\varphi(z) - c}\,dz$$

hat dann wegen des automorphen Charakters der Funktion $\varphi(z)$ den Wert Null, ist aber andrerseits nach Kap. 3, § 5, (4) gleich der Differenz aus der Anzahl der c-Stellen und der Anzahl der Pole von $\varphi(z)$ im Innern des Bereiches B. Die Funktion $\varphi(z)$ nimmt also jeden komplexen Zahlwert an genau m (gleichen oder verschiedenen) Stellen von B an. Damit ist bewiesen, daß $\varphi(z)$ den Bereich B mit Ausnahme endlich vieler Punkte konform auf eine m-blättrige algebraische Riemannsche Fläche G über der φ-Ebene abbildet.

Es sei jetzt $\zeta = \zeta(\varphi)$ eine algebraische Funktion von φ, welche genau zu dieser Riemannschen Fläche G gehört; die Existenz einer solchen wurde ja im vorigen Paragraphen bewiesen. Betrachten wir sie als Funktion von z, so wird sie offenbar auch eine eindeutige automorphe Funktion $\psi(z)$ von z. Das Gleiche gilt von jeder rationalen Funktion von φ und ζ, d. h. nach Kap. 5, § 4 von jeder auf G eindeutigen algebraischen Funktion von φ. Ist umgekehrt $\chi(z)$ irgend

---

[1] Auch bei der Definition der elliptischen Funktionen verlangt man ja ausdrücklich das Fehlen wesentlich singulärer Stellen im Periodenparallelogramm.

[2] Eine ν-fache Unendlichkeitsstelle soll dabei wie ν einfache gezählt werden.

eine der zu B gehörigen eindeutigen automorphen Funktionen, so wird sie auf der Fläche G eine eindeutige Ortsfunktion, also eine algebraische Funktion von φ, die als rationale Funktion von ζ und φ darstellbar ist. Da $\varphi(z)$ und $\chi(z)$ ganz beliebige der zu B gehörigen automorphen Funktionen sind, besteht somit zwischen je zwei von diesen eine algebraische Gleichung. Hiermit haben wir das Ergebnis gewonnen: *Die eindeutigen automorphen Funktionen von z, die zu der Gruppe $\mathfrak{G}$ gehören und sich in ihrem Fundamentalbereich B überall wie rationale Funktionen verhalten, entsprechen umkehrbar eindeutig einem System algebraischer Funktionen, die auf einer zu B in passender Weise konstruierten Riemannschen Fläche G eindeutig sind.*

Wir haben für die Existenz der automorphen Funktionen einen Beweis gegeben, der zwar theoretisch ihre Bildung ermöglicht, aber keinen fertigen analytischen Ausdruck zu ihrer Berechnung liefert. Einen solchen hat H. POINCARÉ in seinen ersten, dieses Gebiet betreffenden Arbeiten in Gestalt unendlicher Reihen aufgestellt. Der Poincarésche Ansatz wurde später namentlich von E. RITTER bis in die Einzelheiten durchgearbeitet[1].

§ 4. Die Uniformisierung der algebraischen und analytischen Funktionen durch automorphe Funktionen mit Grenzkreis.

Die Theorie der automorphen Funktionen steht in engem Zusammenhange mit einem wichtigen Problem der Funktionentheorie. Wir sahen im vorigen Paragraphen, daß zwei automorphe Funktionen

$$z = \varphi(s), \qquad \zeta = \psi(s) \tag{1}$$

mit demselben Fundamentalbereich in der s-Ebene einer algebraischen Gleichung $F(z, \zeta) = 0$ genügen; d. h. daß ζ eine algebraische Funktion von z ist. Diese algebraische Funktion erscheint somit durch die eindeutigen automorphen Funktionen (1) „*uniformisiert*".

Allgemein verstehen wir unter „*Uniformisierung*" einer analytischen Funktion $\zeta = f(z)$ die Konstruktion zweier in einem Gebiete der komplexen Zahlenebene der „uniformisierenden Variablen" s eindeutiger bis auf Pole analytischer Funktionen

$$z = \varphi(s), \qquad \zeta = \psi(s)$$

derart, daß die Gleichung

$$\psi(s) = f(\varphi(s))$$

---

[1] Vgl. H. POINCARÉ: Œuvres Bd. 2, sowie die Arbeiten von RITTER: Math. Ann. in den Bden. 41 bis 47 (1893—1896); sodann FRICKE-KLEIN, Vorlesungen über die Theorie der automorphen Funktionen, Bd. 2.

identisch in s erfüllt ist. Beispiele solcher Uniformisierungen sind uns vielfach begegnet. So wird die Funktion $\zeta = z^\alpha$ bei beliebigem α durch die Darstellung

$$z = e^s, \qquad \zeta = e^{\alpha s}$$

uniformisiert, die Funktion $\zeta = \sqrt{1 - z^2}$ durch

$$z = \sin s, \qquad \zeta = \cos s$$

oder durch

$$z = \frac{2s}{1 + s^2}, \qquad \zeta = \frac{1 - s^2}{1 + s^2};$$

für die Funktion $\zeta = \sqrt{4z^3 - g_2 z - g_3}$, wo g_2 und g_3 komplexe Konstanten bedeuten, die der Nebenbedingung

$$g_2{}^3 - 27 g_3{}^2 \neq 0$$

genügen, gelingt, wie hier nicht näher ausgeführt werden soll, eine Uniformisierung in der Gestalt

$$z = \wp(t), \qquad \zeta = \wp'(t)$$

mit Hilfe einer elliptischen Funktion $\wp(t)$, der „Weierstraßschen $\wp$-Funktion mit den Invarianten g_2, g_3".

In allen diesen Beispielen wird die Uniformisierung entweder durch rationale oder durch einfach- bzw. doppeltperiodische Funktionen geleistet und erstreckt sich jedesmal auf den *Gesamtverlauf* der uniformisierten Funktion.

Es erhebt sich nun die Frage, ob es immer möglich ist, die Uniformisierung für den Gesamtverlauf einer beliebigen algebraischen Funktion zu bewerkstelligen. Dies ist in der Tat der Fall, und es ist dabei einer der schönsten und merkwürdigsten Zusammenhänge der Funktionentheorie, daß die Uniformisierung stets durch *automorphe Funktionen* bewirkt werden kann. Auf Grund der Resultate von § 3 können wir diesen Zusammenhang auch so aussprechen: *Algebraische Riemannsche Flächen und Fundamentalbereiche automorpher Funktionen sind einander äquivalente geometrische Gebilde.* Die Uniformisierung durch automorphe Funktionen kann in jedem einzelnen Falle noch auf mannigfache Arten geschehen; man darf nämlich den Typus des Fundamentalbereichs der zur Verwendung kommenden automorphen Funktionen weitgehend vorschreiben. Wir beschränken uns hier auf den einfachsten und auch interessantesten Fall, die sogenannte *Grenzkreisuniformisierung*. Dabei ziehen wir eine beliebige algebraische Funktion $\zeta = \zeta(z)$ in Betracht, deren Riemannsche Fläche G heiße. Im folgenden Paragraphen werden wir dann noch einen anderen Typus der Uniformisierung behandeln.

Wir konstruieren zunächst an Stelle von G eine neue Fläche $\overline{\overline{G}}$, welche zwar im allgemeinen unendlich viele Blätter besitzt, jedoch hinsichtlich ihrer Zusammenhangsverhältnisse viel einfacher ist als G; diese Fläche, welche wir die zu G gehörige *universelle Überlagerungsfläche* nennen, erhalten wir folgendermaßen: Falls G das Geschlecht $p = 0$ hat, soll $\overline{\overline{G}}$ mit G übereinstimmen; ist aber $p > 0$, so denken wir uns die durch kanonische Zerschneidung von G gebildete schlichtartige Fläche $\overline{G}$ in unendlich vielen kongruenten Exemplaren vorhanden und die Schnittufer der Rückkehrschnitte überall in derselben Weise mit den Buchstaben Q_i^+, Q_i^-, $Q_i'^+$, $Q_i'^-$ $(i = 1, 2, \ldots, p)$ bezeichnet. Dann heften wir an jedes Schnittufer Q^+ von $\overline{G}$ ein neues Exemplar mit seinem entsprechenden Ufer Q^- an, ebenso an jedes Ufer Q^- ein neues Exemplar mit Q^+ und fahren so fort, indem wir an jeden freien Schnittuferrand Q^+ bzw. Q^- eine neue Fläche $\overline{G}$ mit dem entsprechenden Rand Q^- bzw. Q^+ anfügen. Nur in einem Falle sollen an die freien Ränder keine neuen Exemplare von $\overline{G}$ angehängt, sondern statt dessen zwei der schon vorhandenen freien Ränder vereinigt werden. Heften wir nämlich ein Exemplar nach dem anderen an, so erhalten wir der Reihe nach lauter Bereiche, deren Berandung aus aufeinander folgenden Ufern von Rückkehrschnitten besteht, die den zusammengehefteten Exemplaren von $\overline{G}$ angehören. Sobald nun bei Durchlaufung der Berandung eines dieser Bereiche zwei entsprechende Ufer Q_h^+ und Q_h^- (oder $Q_h'^+$ und $Q_h'^-$) mit demselben h unmittelbar aufeinander folgen, sollen sie zusammengefügt und an sie keine neuen Exemplare $\overline{G}$ angehängt werden[1]. Indem wir uns diesen Prozeß in infinitum fortgesetzt denken[2], haben wir einen unendlich vielblättrigen Bereich $\overline{\overline{G}}$ definiert, der aus unendlich vielen kongruenten Exemplaren von $\overline{G}$ besteht und der unsere gesuchte Überlagerungsfläche darstellt.

Diese Überlagerungsfläche $\overline{\overline{G}}$ ist im Falle $p > 0$ ein schlichtartiger einfach zusammenhängender Bereich. Dies erkennen wir unmittelbar an Hand von Abb. **133** in § 1, indem wir $\overline{G}$ ebenso wie die kongruenten Exemplare durch ebene Polygone repräsentieren, deren Seiten je ein Schnittufer darstellen. Wenn wir dann unseren Anhängungsprozeß mit den Polygonen jeweils genau entsprechend demjenigen mit den Exemplaren $\overline{G}$ vornehmen und dafür Sorge tragen, daß bei jedem Schritt ein ebenes einfaches Polygon entsteht, sehen wir unmittelbar

---

[1] Andernfalls würde nämlich die entstehende Fläche über dem Punkt P von G, von dem aus G kanonisch zerschnitten wurde, unendlich viele logarithmische Verzweigungspunkte aufweisen, was wir vermeiden wollen.

[2] Daß er sich unter der Voraussetzung $p > 0$ wirklich unbegrenzt fortsetzen läßt, d. h. daß nicht etwa nach endlich vielen Schritten eine geschlossene Fläche entsteht, indem alle freien Ränder nach der Regel des Textes paarweise vereinigt sind, entnehmen wir unmittelbar daraus, daß die Anzahl der freien Ränder bei jeder Anheftung wächst.

die Richtigkeit unserer Behauptung hinsichtlich des Zusammenhanges von $\overline{\overline{G}}$ ein[1].

Zeichnen wir eins der zusammengehefteten Exemplare $\overline{G}$ als Anfangsexemplar aus und bezeichnen es mit $\overline{G}_0$, so entspricht jedem Punkt P von $\overline{\overline{G}}$ genau ein Punkt P_0 von $\overline{G}_0$, dessen Lage in $\overline{G}_0$ kongruent ist zu der Lage von P in dem Exemplare $\overline{G}$, in dem P selbst liegt. Offenbar befinden sich P und P_0 über derselben Stelle der z-Ebene. Jedem auf $\overline{\overline{G}}$ geschlossenen Wege entspricht in diesem Sinne ein auf $\overline{G}_0$ geschlossener Weg; d. h. jede auf G eindeutige Funktion ist erst recht auf der Überlagerungsfläche $\overline{\overline{G}}$ eindeutig[2].

Der abstrakte Aufbau des Begriffes der Riemannschen Fläche, wie wir ihn in Kap. 5, § 3 gegeben haben, ermöglicht es uns auch, den Begriff der Überlagerungsfläche ohne den oben geschilderten Anheftungsprozeß abstrakt zu definieren. Auf Grund des Monodromiesatzes (Kap. 5, § 1) ist nämlich ein über der z-Ebene ausgebreiteter Bereich B für funktionentheoretische Zwecke vollständig charakterisiert, wenn nur feststeht, ob man bei Umlauf um jeden in der z-Ebene geschlossenen Weg auch in B zum Ausgangspunkte zurückkommt oder ob man hierbei in ein zweites Blatt gelangt. Demgemäß können wir die universelle Überlagerungsfläche $\overline{\overline{G}}$ zu einer Riemannschen Fläche G durch die folgende Festsetzung definieren: Jeder geschlossenen Kurve auf G, die sich stetig auf einen Punkt zusammenziehen läßt, soll auch auf $\overline{\overline{G}}$ eine geschlossene Kurve entsprechen, jeder anderen geschlossenen Kurve auf G eine auf $\overline{\overline{G}}$ nicht geschlossene Kurve. Wir erreichen das dadurch, daß wir jedem von einem Punkt P ausgehenden offenen Kurvenbogen PQ einen Punkt der Überlagerungsfläche entsprechen lassen, jedoch allen solchen Kurven, die sich unter Festhaltung von Anfangs- und Endpunkt in eine gegebene Kurve stetig überführen lassen, einen und denselben Punkt. Es ist leicht, die Äquivalenz dieser Definition mit der früheren nachzuprüfen; die zuletzt gegebene hat den Vorteil, von einer Zerschneidung des Gebietes G keinen Gebrauch zu machen, läßt sich daher auch auf ganz beliebige Bereiche anwenden, was für die Uniformisierung nicht algebraischer Funktionen von Bedeutung ist.

---

[1] Dabei brauchen die Polygone, insofern es nur auf die Zusammenhangsverhältnisse ankommt, keineswegs kongruent zu sein, sondern können sogar alle schlicht in einer Ebene untergebracht werden.

[2] Allgemein nennt man eine über einer gegebenen Riemannschen Fläche G ausgebreitete Fläche G^* dann „*Überlagerungsfläche*" von G, wenn sich jedem Punkt von G^* ein über derselben Stelle liegender Punkt von G eindeutig und stetig zuordnen läßt, derart, daß eine Umgebung eines jeden Punktes von G^* umkehrbar eindeutig und beiderseits stetig auf eine Umgebung des Bildpunktes in G abgebildet wird. Jede solche Überlagerungsfläche kann, wenn sie schlichtartig ist, zur Uniformisierung benutzt werden. Die von uns zugrunde gelegte gibt den übersichtlichsten Fall.

Nach Kap. 8, § 9 können wir nunmehr die Überlagerungsfläche $\overline{\overline{G}}$ umkehrbar eindeutig und konform auf einen schlichten Bereich abbilden, und zwar entweder auf die volle unberandete s-Ebene oder auf die nur von einem Punkte, etwa dem Punkte ∞ berandete s-Ebene oder schließlich auf das Innere des Einheitskreises. Der erste Fall ist nach der Bemerkung von S. 476 (Kap. 8, § 9) ausgeschlossen, sobald $p > 0$ ist, weil dann $\overline{\overline{G}}$ unendlich vielblättrig wird; ist aber $p = 0$, so erhalten wir als Bild von G die volle s-Ebene, und z und ζ werden rationale Funktionen $\varphi(s)$ bzw. $\psi(s)$ der Variablen s. Also: *Für Flächen vom Geschlechte Null gelingt die Uniformisierung stets durch rationale Funktionen.*

Im Falle $p > 0$ bezeichnen wir den Bildbereich von $\overline{\overline{G}}$ in der s-Ebene mit S, gleichviel ob er die ganze Ebene außer dem Punkte ∞ oder der Einheitskreis ist. Dann werden die Punkte der Fläche $\overline{\overline{G}}$, also gewiß auch die auf dieser Fläche eindeutigen Werte von z und ζ eindeutig den Punkten von S zugeordnet sein, also werden z und ζ überall in S eindeutige Funktionen von s werden, die wir wieder mit $\varphi(s)$ bzw. $\psi(s)$ bezeichnen; d. h. aber, die algebraische Funktion $\zeta = \zeta(z)$ ist durch die Funktionen $\varphi(s)$ und $\psi(s)$ uniformisiert. Durchläuft die uniformisierende Variable s irgend einen Weg in S, so durchläuft das Wertsystem (z, ζ) einen Weg auf der Fläche $\overline{\overline{G}}$, dem, wie oben erörtert, ein bestimmter Weg auf G entspricht. Ist der erstere Weg geschlossen, so ist es sicher auch der letztere. Wir erkennen also, daß sogar alle auf $\overline{\overline{G}}$ eindeutigen Funktionen, obwohl sie auf G mehrdeutig sein können, sich als eindeutige Funktionen von s darstellen lassen. Insbesondere gehören zu ihnen die Abelschen Integrale erster und zweiter Gattung der Fläche G.

Um nun die Eigenschaften der Funktionen $\varphi(s)$, $\psi(s)$ näher zu untersuchen, beachten wir die periodische Struktur der Überlagerungsfläche $\overline{\overline{G}}$. *Die Fläche $\overline{\overline{G}}$ gestattet „Decktransformationen", d. h. kongruente Transformationen in sich,* zu denen wir folgendermaßen gelangen: Jeder Punkt P auf $\overline{\overline{G}}$ liegt in irgend einem der unendlich vielen Exemplare der Fläche $\overline{G}$; zu diesem Exemplar gehört eindeutig ein bestimmtes weiteres, in welches wir bei Überschreitung eines Schnittufers Q^+ oder Q^-; Q'^+, Q'^- gelangen, und in diesem Exemplare gibt es einen bestimmten zu P kongruent gelegenen Punkt. Um die Zuordnung auch auf den Ufern Q eindeutig zu machen, haben wir für jeden Schnitt nur immer das eine Ufer Q^+, Q'^+ zu $\overline{G}$ zu rechnen, das andere Q^-, Q'^- nicht. Wir ordnen nun jedem Punkt P auf $\overline{\overline{G}}$ für jeden der Werte $i = 1, 2, \ldots, p$ den so durch Überschreitung eines der Ufer Q_i^+ oder Q_i^-, $Q_i'^+$, $Q_i'^-$ erhaltenen Punkt P' zu und erkennen, daß dabei $\overline{\overline{G}}$ in sich übergeht. Die so erhaltenen $4p$ Decktransformationen und alle, die sich durch wiederholte Anwendung aus ihnen ergeben, bilden eine Gruppe, die *„Gruppe der Decktransformationen von $\overline{\overline{G}}$"*.

Was bedeutet dies für die Funktionen $\varphi(s)$ und $\psi(s)$? Einer Decktransformation unserer Gruppe entspricht umkehrbar eindeutig in der s-Ebene eine Zuordnung von Punkten des Bereiches S untereinander, durch welche S in sich abgebildet wird. Da die Decktransformation als kongruente Abbildung konform ist, so ist es auch die Abbildung von S in sich; sie ist also[1] eine lineare Transformation

$$s' = \frac{\alpha s + \beta}{\gamma s + \delta}. \tag{2}$$

Die sämtlichen linearen Transformationen, die wir so als Gegenstück zu den Decktransformationen erhalten, bilden natürlich auch eine Gruppe; und zwar ist sie isomorph zur Gruppe der Decktransformationen, d. h. die Operationen der beiden Gruppen entsprechen einander umkehrbar eindeutig derart, daß einer aus mehreren Operationen zusammengesetzten Operation der einen Gruppe die analog zusammengesetzte Operation der anderen entspricht.

Da nun zu zwei auf $\overline{\overline{G}}$ in dem angegebenen Sinne durch eine Decktransformation einander zugeordneten Punkten genau dieselben Werte der komplexen Variablen z und ihrer Funktion ζ gehören, so folgt für alle Transformationen unserer Gruppe identisch in s die Gültigkeit der Beziehungen

$$\varphi\left(\frac{\alpha s + \beta}{\gamma s + \delta}\right) = \varphi(s), \qquad \psi\left(\frac{\alpha s + \beta}{\gamma s + \delta}\right) = \psi(s). \tag{3}$$

Wir erhalten also das Ergebnis: *Die algebraische Funktion $\zeta(z)$ ist durch eindeutige automorphe Funktionen von s mit der Gruppe* (2) *uniformisiert.*

Zur genaueren Untersuchung der Funktionen $\varphi(s)$, $\psi(s)$ unterscheiden wir jetzt, ob S die ganze Ebene mit Ausnahme des Punktes ∞ oder das Innere des Einheitskreises ist. Im ersten Falle müssen die Funktionen (2), da der Punkt ∞ in sich übergeht, die Gestalt

$$s' = \alpha s + \beta \tag{4}$$

haben. Hierin muß aber die Konstante α den Wert 1 haben. Denn andernfalls würde der von ∞ verschiedene Punkt $s_0 = \frac{\beta}{1-\alpha}$ bei der Transformation (4) fest bleiben, also auch der entsprechende Punkt von $\overline{\overline{G}}$ bei der (4) entsprechenden Decktransformation. Eine von der Identität verschiedene Decktransformation läßt aber keinen Punkt fest. Folglich hat die Transformation (4) die Form

$$s' = s + \beta. \tag{5}$$

[1] Ist S die punktierte Ebene, so folgt dies aus Kap. 4, § 3. Eine Abbildung des Einheitskreises in sich kann aber durch eine lineare Transformation in eine ebensolche Abbildung verwandelt werden, welche Nullpunkt und positive x-Richtung fest läßt; eine solche ist jedoch nach Kap. 6, § 3 die Identität.

Die Funktionen $\varphi(s)$ und $\psi(s)$ sind somit periodisch. Der Fall einfacher Periodizität, also nur einer erzeugenden Substitution der Gruppe, kann für $p > 0$ nicht vorkommen, da dann schon mindestens 4 Schnittufer auftreten, also mindestens zwei wesentlich verschiedene Transformationen die Gruppe erzeugen. Andererseits kann er aber auch für $p = 0$ nicht vorkommen, da hierbei die mit G identische Fläche $\overline{\overline{G}}$ keine von der Identität verschiedene Decktransformation zuläßt[1].

Doppelte Periodizität wird für $p = 1$ eintreten; dann werden $\varphi(s)$ und $\psi(s)$ *elliptische Funktionen* mit zwei unabhängigen Perioden ω_1, ω_2. Ein höheres Geschlecht kommt aber nicht in Frage; denn dann hätte die Gruppe (5) mehr als zwei wesentlich verschiedene Erzeugende, während eine eindeutige analytische Funktion höchstens zwei unabhängige Perioden besitzt[2]. In der Tat leisten für $p = 1$ die elliptischen Funktionen die Uniformisierung der elliptischen Riemannschen Flächen[3]; man kann aber ganz allgemein zeigen, daß sich jede Riemannsche Fläche vom Geschlecht 1 durch doppeltperiodische Funktionen uniformisieren läßt[4].

Zu wesentlich anderen Funktionen gelangen wir im zweiten Falle, wenn S der Einheitskreis der s-Ebene wird. Alle linearen Transfor-

---

[1] Es sei bemerkt, daß die Gruppe der Transformationen (5) auch im Falle einfacher Periodizität eine Uniformisierung einer Fläche vom Geschlechte Null liefert, der aber eine andere Art von Überlagerungsfläche $\overline{\overline{G}}$ entspricht. Man hat in G einen Einschnitt Q zwischen irgendzwei Punkten zu führen, die so zerschnittene Fläche $\overline{G}$ in unendlich vielen Exemplaren zu nehmen und wie oben an jedes freie Schnittufer ein neues Exemplar von $\overline{G}$ anzuhängen. Hierbei sind aber im Gegensatz zu oben niemals zwei schon vorhandene Ufer zu verbinden. *Für algebraische Funktionen vom Geschlechte Null gibt es also stets außer der Uniformisierung durch rationale Funktionen eine Uniformisierung durch eindeutige einfach periodische Funktionen.*

[2] Vgl. Kap. 7, § 2.

[3] Vgl. die Fußnote zu S. 385.

[4] Um dies einzusehen, brauchen wir nach den obigen Bemerkungen nur zu zeigen, daß die Überlagerungsfläche $\overline{\overline{G}}$ einer Riemannschen Fläche G vom Geschlecht 1 durch die Strömungsfunktion $\zeta = f(z)$, welche die Abbildung von $\overline{\overline{G}}$ auf einen Schlitzbereich leistet (vgl. Kap. 8), auf die punktierte ζ-Ebene abgebildet wird. Zum Beweise fassen wir $\overline{\overline{G}}$ als Limes von ineinandergeschachtelten Gebieten $\overline{G}_n$ auf, wobei $\overline{G}_n$ aus $(2n+1)^2$ Exemplaren der kanonisch zerschnittenen Fläche G besteht und von einer Randkurve C_n begrenzt wird, die aus $4(2n+1)$ Schnittufern unseres Rückkehrschnittsystemes gebildet ist. Alle diese Schnitte mögen Längen unterhalb der festen Schranke a besitzen und durch keinen Verzweigungspunkt gehen. Wir können dann C_n auf $\overline{\overline{G}}$ mit einem Streifen S_n umgeben, der dadurch entsteht, daß man den Mittelpunkt einer schlichten Kreisscheibe mit geeignetem von n unabhängigen positiven Radius auf C_n um diese Kurve herumführt; wir wollen ferner annehmen, daß keiner der Streifen S_n den Quellpunkt enthält und daß sich keine zwei dieser Streifen gegenseitig überdecken. Bezeichnen wir mit D_n das Integral von $|f'(z)|^2$ über S_n, so konvergiert jedenfalls die Reihe

mationen der Gruppe müssen diesen Kreis in sich überführen, indem sie das Innere umkehrbar eindeutig auf sich selbst abbilden. Das Bild eines der Exemplare $\overline{G}$, aus denen $\overline{\overline{G}}$ aufgebaut ist, wird ein schlichter Bereich ganz im Innern von S, in dem die Funktionen $\varphi(s)$, $\psi(s)$ den gesamten Vorrat ihrer Wertepaare genau einmal annehmen. Es ist ein Bereich von derselben Art, wie wir ihn im vorigen Paragraphen als Fundamentalbereich der Gruppe (2) bezeichneten und dort an die Spitze der Betrachtungen stellten. Die unendlich vielen Fundamentalbereiche, die sämtlich durch die linearen Transformationen (2) aus einem festen unter ihnen hervorgehen, müssen den ganzen Einheitskreis ausfüllen und infolgedessen jedenfalls, in eine Reihe $B_1, B_2, B_3, \ldots, B_h, \ldots$ geordnet, einen gegen Null konvergierenden Flächeninhalt haben. Dies ist nur möglich, wenn sie selbst bei hinreichend großem h in einem beliebig kleinen Kreise Platz finden[1]. Daraus schließen wir, daß in beliebiger Nähe jedes Randpunktes des Einheitskreises noch ganze Fundamentalbereiche liegen. Denn wird ein Punkt nur nahe genug am Kreisrand gewählt, so ist der Index h des Bereiches B_h, dem er angehört, beliebig groß, also der Durchmesser von B_h beliebig klein. Somit nehmen die Funktionen $\varphi(s)$, $\psi(s)$ dort noch jeden Wert an; also ist jeder Punkt der Kreisperipherie wesentlich singulärer Punkt für beide Funktionen; mit andern Worten, der Kreis ist die natürliche Grenze für die uniformisierenden automorphen Funktionen. Wir fassen unsere Ergebnisse in dem Satz zusammen: *Die Uniformisierung einer algebraischen Funktion*

$D_1 + D_2 + D_3 + \cdots$. Andererseits erlaubt uns der Hilfssatz I aus Kap. 8, § 6 (Formel (2)), auf die Existenz einer von n unabhängigen Konstanten b zu schließen, so daß $\int\limits_{C_n} |f'(z)|^2 \, |dz| < b D_n$ gilt. Für die Länge L_n der Bildkurve von C_n in der ζ-Ebene ergibt sich nun mit Hilfe der Schwarzschen Ungleichung

$$L_n^2 = \Big(\int\limits_{C_n} |f'(z)| \, |dz|\Big)^2 \leqq 4\,(2n+1)\, a \int\limits_{C_n} |f'(z)|^2 \, |dz| < 4\,(2n+1)\, a\, b\, D_n < c\, n\, D_n,$$

wobei c eine von n unabhängige Konstante bedeutet. Daraus folgt aber, daß für gewisse beliebig große n die Länge L_n beliebig klein werden muß, weil sonst ΣD_n nicht konvergieren könnte. Da nun bei wachsendem n die Bilder der Kurven C_n in der ζ-Ebene ineinanderliegen, so folgt tatsächlich, daß das Bild von $\overline{\overline{G}}$ die punktierte ζ-Ebene ist. — Es sei noch bemerkt, daß unsere Schlußweise bei $p > 1$ versagt, weil dann die Anzahl der Rückkehrschnittufer, aus denen der Rand des wie oben definierten Gebietes $\overline{G}_n$ zusammengesetzt ist, schneller als die erste Potenz von n wächst.

[1] Der Beweis dieser Behauptung folgt z. B. sofort aus Hilfssatz I in Kap. 8, § 6, wenn wir ihn auf ein Gebiet anwenden, das ganz in S liegt und den Ausgangsfundamentalbereich B in sich enthält, etwa durch Hinzufügen der sämtlichen anstoßenden Fundamentalbereiche aus ihm entsteht. Auch dieses Gebiet wird durch die betreffende Transformation noch auf eines mit beliebig kleinem Flächeninhalt abgebildet, und nun folgt aus dem Hilfssatz I, daß im ursprünglichen Fundamentalbereich die Abbildungsfunktion entsprechend der Kleinheit der Bildfläche annähernd konstant wird.

gelingt stets durch automorphe Funktionen mit Grenzkreis, indem wir den Fall, daß S die punktierte Ebene ist, in diese Ausdrucksweise einbeziehen[1]. Dieser Satz wird als „*Grenzkreistheorem*" bezeichnet.

Der Einheitskreis in der s-Ebene mit seiner Einteilung in Fundamentalbereiche leistet uns dasselbe wie die Riemannsche Fläche einer algebraischen Funktion mit der zugehörigen Überlagerungsfläche. Indem wir auf die im letzten Paragraphen (S. 497f.) besprochene Deutung der linearen Transformationen des Einheitskreises in sich als nichteuklidische Bewegungen zurückgreifen, können wir sagen: Die Riemannsche Fläche einer algebraischen Funktion mit der zugehörigen Überlagerungsfläche wird dargestellt durch ein aus unendlich vielen nichteuklidisch kongruenten Bestandteilen aufgebautes Stück der Ebene, anders ausgedrückt, durch einen „*nichteuklidischen Kristall*". Im Falle der elliptischen Funktionen tritt an Stelle der nichteuklidischen die euklidische Kongruenz.

Zum Schlusse sei noch bemerkt, daß sich auf demselben Wege auch die *Uniformisierung beliebiger analytischer Funktionen* durch automorphe Funktionen erreichen läßt. Denn die Konstruktion der entsprechenden einfach zusammenhängenden Überlagerungsfläche gelingt auf Grund ihrer abstrakten Definition, die wir oben auf S. 507 gegeben haben, und diese Überlagerungsfläche brauchen wir wieder nur konform auf die volle oder punktierte Ebene oder auf das Innere eines Kreises abzubilden. Falls die Riemannsche Fläche der Ausgangsfunktion selbst schon einfach zusammenhängend und schlichtartig ist, so ist sie ihre eigene Überlagerungsfläche, und die Gruppe der Decktransformationen schrumpft auf die Identität zusammen. Die Bezeichnung „automorphe Funktionen" für die uniformisierenden Funktionen erscheint dann kaum mehr gerechtfertigt.

Ferner sei darauf hingewiesen, daß unsere Betrachtungen auch die *gleichzeitige Uniformisierung mehrerer Funktionen* durch automorphe Funktionen mit gemeinsamer Gruppe liefern. Man braucht nur von einer Riemannschen Fläche auszugehen, auf welcher gleichzeitig alle betrachteten Funktionen eindeutig sind.

§ 5. Die konforme Abbildung schlichtartiger Bereiche auf Kreisbereiche. Das Rückkehrschnitt-Theorem.

Wir wollen zum Schluß noch eine Anwendung des allgemeinen Theorems aus Kap. 8, § 9 machen, welches besagt, daß man jeden beliebigen schlichtartigen Bereich konform auf einen schlichten abbilden

[1] Dies rechtfertigt sich sofort, wenn wir statt der s-Ebene die s-Kugel zugrunde legen; der Existenzbereich der automorphen Funktionen ist dann das Innere eines gewissen Kreises auf der Kugel, dessen Äußeres sich im Grenzfalle auf einen Punkt zusammenziehen kann.

kann, und zwar wollen wir beweisen, *daß es möglich ist, jeden nicht geschlossenen endlich vielfach, etwa n-fach, zusammenhängenden schlichtartigen Bereich auf die volle Ebene mit Ausschluß von n kreisförmigen Löchern („Kreisbereich") umkehrbar eindeutig und konform abzubilden.* Es genügt hierzu nach Kap. 8, § 9, den Beweis unter der Voraussetzung zu führen, daß der Ausgangsbereich G ein ebener geradliniger n-facher Schlitzbereich über der z-Ebene ist und daß dieser wirklich Grenzschlitze aufweist, die sich nicht auf einen Punkt reduzieren. Da wir nämlich punktförmige Schlitze als Kreise mit verschwindendem Radius auffassen können, wäre andernfalls nichts mehr zu beweisen. Das behauptete Theorem ist eine Verallgemeinerung des Riemannschen Abbildungssatzes, und zwar in der Formulierung, die wir ihm in Kap. 6 am Ende von § 2 gegeben haben.

Zu einem Beweisansatz werden wir auf ganz naturgemäße Art geführt, wenn wir die konforme Abbildung von G auf einen Kreisbereich K der ζ-Ebene für den Augenblick als fertig vorliegend annehmen und nach dem Spiegelungsprinzip fortgesetzt denken. Das durch den Spiegelungsprozeß über der z-Ebene entstehende Gebilde können wir folgendermaßen schrittweise aufbauen: Wir gehen zunächst von G zu einem Gebiete G_1 über, indem wir G an seinen n Schlitzen spiegeln. Der entstehende Bereich G_1 ist ein mehrblättriger, nämlich aus $n+1$ vollen Ebenen bestehender Bereich, dessen Begrenzung von $n(n-1)$ geradlinigen zur reellen Achse parallelen Schlitzen, den Spiegelbildern jedes der ursprünglichen Schlitze $\Sigma_1, \Sigma_2, \ldots, \Sigma_n$, gebildet wird. Von G_1 aus erzeugen wir eine neue Fläche G_2, indem wir G_1 wieder an jedem seiner freien Schlitzränder spiegeln, und gehen so weiter zu $G_3, G_4, G_5, \ldots$. Den „Limes" der ineinander geschachtelten Bereiche G_j bezeichnen wir mit G_∞.

Von den Zusammenhangsverhältnissen der anschaulich nicht leicht vorstellbaren Bereiche G_j bzw. G_∞ erhalten wir sofort ein übersichtliches Bild, wenn wir die entsprechenden Spiegelungen an dem Kreisbereiche K vorgenommen denken. Den Bereichen $G_1, G_2, \ldots$ entsprechen dann ineinander geschachtelte Kreisbereiche $\mathsf{K}_1, \mathsf{K}_2, \ldots$ mit einer immer wachsenden Anzahl von Kreislöchern. Den Limes dieser Kreisbereiche bezeichnen wir mit K_∞. In Abb. 151 (S. 514) ist für $n = 3$ der Näherungsbereich K_2 gezeichnet; dabei sind die Teile von K_2, die aus K durch eine gerade Anzahl von Spiegelungen hervorgehen, schraffiert, die übrigen weiß gelassen. Gleichviel, ob sich die Kreisfigur K_∞ wirklich durch konforme Abbildung von G_∞ gewinnen läßt oder nicht, so veranschaulicht sie uns doch im Sinne der Analysis situs die Zusammenhangsverhältnisse von G_j ($j = 1, 2, \ldots$) und G_∞. Wir sehen, daß G_∞ jedenfalls schlichtartig ist, wenn auch nicht mehr von endlicher Zusammenhangszahl.

Die konforme Abbildung des Bereiches G_∞ auf einen Bereich mit den Eigenschaften von K_∞ gelingt nun, indem wir zu irgend einer

Stelle O $(z = z_0)$ auf G_∞, die etwa im ursprünglichen Bereiche G liegen möge, nach Kap. 8 die Strömungsfunktion konstruieren, die in O einen Pol erster Ordnung mit gegebenem Residuum besitzt. Sie ist eine auf G_∞ eindeutige analytische Funktion $\zeta = u + iv = f(z)$ und bildet G_∞ auf einen schlichten Bereich ab, der K'_∞ heißen möge. Die ineinander geschachtelten Bereiche, welche dabei als Bilder von G, G_1, G_2, ...

Abb. 151.

entstehen, wollen wir K', K_1', K_2', ... nennen. Dann haben wir zu beweisen, daß diese genau die Eigenschaften der oben mit K, K_1, K_2, ... bezeichneten Bereiche haben, d. h. daß K' aus der vollen Ebene mit Ausschluß von n kreisförmigen Löchern besteht und daß K_1', K_2', ... aus K' durch den oben geschilderten Spiegelungsprozeß hervorgehen.

Der Beweis dieser Tatsache gelingt leicht, wenn wir vorher zeigen, *daß die Abbildungsfunktion $f(z)$ durch die beiden folgenden Eigenschaften bis auf eine willkürliche additive Konstante festgelegt ist*: 1. *$f(z)$ hat an der Stelle O von G_∞ einen einfachen Pol mit dem vorgeschriebenen*

Residuum und ist im übrigen auf G_∞ eindeutig und regulär. 2. *Das Dirichletsche Integral*

$$D_{G_\infty - K_0}[u] = \iint\limits_{G_\infty - K_0} |f'(z)|^2 \, dx \, dy,$$

erstreckt über den aus G_∞ durch Weglassung eines beliebig kleinen Kreises K_0 um O entstehenden Bereich, ist endlich.

Um die Richtigkeit dieser Behauptung darzutun, genügt es, für jede zweite Funktion $\zeta^* = u^* + iv^* = f^*(z)$ mit den Eigenschaften 1. und 2. nachzuweisen, daß die überall in G_∞ reguläre und dem Betrage nach beschränkte Potentialfunktion $w = u - u^*$ die Relation

$$D_{G_\infty}[w] = 0$$

erfüllt.

Zu diesem Zwecke bedenken wir zunächst, daß das Integral $D_{G_\infty}[w]$, erstreckt über den ganzen Bereich G_∞, existieren muß; denn einerseits existiert $D_{K_0}[w]$, andererseits wegen der Beziehung

$$D[u - u^*] \leqq D[u] + D[u^*] + 2\sqrt{D[u]\,D[u^*]}$$

auch $D_{G_\infty - K_0}[w]$.

Wir umgeben nun jeden Schlitz Σ_i von G im Abstande R mit einem Rechteck Q_i $(i = 1, 2, \ldots, n)$ (vgl. Abb. 152), wobei die feste Zahl R so bestimmt ist, daß es kein Schlitzpaar gibt, dessen Punkte sich näher als $4R$ kommen[1]; ebenso verfahren wir mit den Spiegelbildern dieser Schlitze. Das schlichte abgeschlossene Gebiet aller Punkte, welche von Q_i einen Abstand nicht größer als R besitzen, bezeichnen wir mit B_i. Für jeden festen Wert des Index $i = 1, 2, \ldots, n$ wollen wir die aus Q_i bzw. B_i durch Spiegelung entstehenden Gebilde in eine Reihe

$$Q_{i,1}, Q_{i,2}, \ldots; \qquad B_{i,1}, B_{i,2}, \ldots$$

so geordnet denken, daß bei dieser Aufzählung zuerst alle in G_1 liegenden, dann alle in G_2 neu hinzukommenden Gebilde angeführt werden usw. Wir setzen

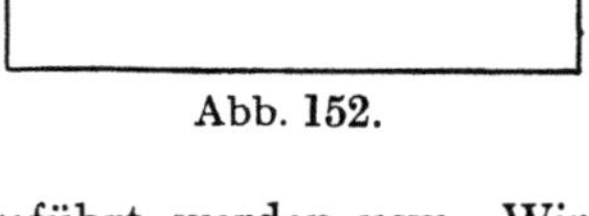

Abb. 152.

$$D_{B_{i,r}}[w] = W_{i,r};$$

dann ist wegen der Existenz von $D_{G_\infty}[w]$ klar, daß die Relation

$$\lim_{j \to \infty} \sum_{r=j}^{\infty} \sum_{i=1}^{n} W_{i,r} = 0 \tag{1}$$

besteht.

---

[1] Die Rechtecke Q_i dienen nur dazu, Hilfssatz I aus Kap. 8, § 6 anwenden zu können.

Nach Hilfssatz I von Kap. 8, § 6 gilt für jeden Punkt von $Q_{i,r}$ die Ungleichung

$$w_x^2 + w_y^2 \leqq \frac{1}{R^2 \pi} W_{i,r}. \tag{2}$$

Es ist also, wenn s auf $Q_{i,r}$ die Bogenlänge, n die Normale bedeutet,

$$\left|\frac{\partial w}{\partial s}\right| \leqq \frac{1}{R\sqrt{\pi}} \sqrt{W_{i,r}}, \qquad \left|\frac{\partial w}{\partial n}\right| \leqq \frac{1}{R\sqrt{\pi}} \sqrt{W_{i,r}}. \tag{3}$$

Aus der ersten Gleichung folgt, wenn wir unter $w_{i,r}^0$ irgend einen von w auf $Q_{i,r}$ angenommenen Wert verstehen, für alle w auf $Q_{i,r}$

$$|w - w_{i,r}^0| \leqq \frac{1}{R\sqrt{\pi}} \sqrt{W_{i,r}}\, L, \tag{4}$$

wobei L eine gemeinsame obere Schranke für die Längen aller Q_i bedeutet.

Nunmehr betrachten wir statt des Bereiches G_j denjenigen Bereich G_j', welcher aus G_j entsteht, wenn wir die noch nicht durch Spiegelung geschlossenen Schlitze auf G_j durch die jeweils benachbarten Kurven $Q_{i,r}$ ersetzen und deren Innengebiet aus dem Bereich G_j weglassen. G_j' liegt in G_j, enthält jedoch G_{j-1} in sich, so daß G_∞ auch als Limes der G_j' aufgefaßt werden kann. Nach der Greenschen Formel, angewandt auf den Bereich G_j' und die Funktionen $\varphi = w$, $\psi = w$, wird wegen $\Delta w = 0$

$$D_{G_j'}[w] = -\sum \int_{Q_{i,r}} w \frac{\partial w}{\partial n}\, ds,$$

wobei die Randintegrale über diejenigen Kurven $Q_{i,r}$ zu erstrecken sind, welche die Begrenzung von G_j' darstellen. Nun haben wir wegen der Eindeutigkeit der Funktion $v - v^*$ auf G_∞

$$\int_{Q_{i,r}} \frac{\partial w}{\partial n}\, ds = 0,$$

also

$$\int_{Q_{i,r}} w \frac{\partial w}{\partial n}\, ds = \int_{Q_{i,r}} (w - w_{i,r}^0) \frac{\partial w}{\partial n}\, ds,$$

mithin wegen (3) und (4)

$$\left|\int_{Q_{i,r}} w \frac{\partial w}{\partial n}\, ds\right| \leqq \frac{1}{R^2 \pi} W_{i,r} L.$$

Es ist also

$$D_{G_j'}[w] \leqq \frac{L}{R^2 \pi} \sum W_{i,r},$$

und da bei hinreichend großem j alle Indizes r beliebig groß werden, ergibt sich hieraus wegen (1) unmittelbar

$$D_{G_\infty}[w] = \lim_{j \to \infty} D_{G'_j}[w] = 0.$$

Damit ist die Behauptung bewiesen, daß w und somit auch $f(z) - f^*(z)$ konstant ist.

Nachdem wir so unsere Funktion $\zeta = f(z)$ durch die oben angegebenen Eigenschaften 1. und 2. charakterisiert haben, folgern wir, daß die zu verschiedenen Quellpunkten O in G_∞ und beliebigen dort vorgegebenen Residuen gehörigen Funktionen, welche G_∞ auf ein schlichtes Gebiet abbilden, *lineare Funktionen voneinander* sind. Einerseits ist nämlich, wenn $\zeta = f(z)$ unsere zum Punkte z_0 gehörige Funktion bedeutet, jede lineare Funktion

$$\zeta^* = \frac{\alpha\zeta + \beta}{\gamma\zeta + \delta} \tag{5}$$

wieder eine Funktion von z, welche das Gebiet G_∞ auf einen schlichten Bereich der ζ^*-Ebene abbildet, nämlich auf den durch (5) aus dem Bildbereich K'_∞ von G_∞ entstehenden. Außerdem hat ζ^* offenbar die Eigenschaft 2., wobei unter K_0 natürlich ein beliebig kleiner Kreis um den Pol von ζ^* zu verstehen ist. Andrerseits kann man durch geeignete Wahl der Konstanten $\alpha, \beta, \gamma, \delta$ in (5) eine Funktion ζ^* konstruieren, die an einer beliebig gegebenen Stelle der ζ-Ebene, also auch an einer beliebig gegebenen Stelle von G_∞ einen einfachen Pol mit gegebenem Residuum besitzt. Nach dem bewiesenen Eindeutigkeitssatz erschöpfen somit die linearen Funktionen von ζ die Gesamtheit der zu G_∞ gehörigen Funktionen, welche für irgend eine Stelle O in G_∞ und irgend ein Residuum die angegebenen Eigenschaften 1., 2. besitzen.

Wir können dies Resultat auch so ausdrücken: Jede konforme Abbildung von G_∞ auf ein schlichtes Gebiet der ζ^*-Ebene, welches den Punkt $\zeta^* = \infty$ im Inneren enthält[1], wird vermittelt durch eine lineare Funktion der oben konstruierten Strömungsfunktion $\zeta = f(z)$. Hieraus folgt weiter, daß jede konforme Abbildung von G_∞ auf ein schlichtes, den Punkt ∞ im Inneren enthaltendes Gebiet einer ζ^{**}-Ebene mit Umlegung der Winkel durch Übergang von unserer Funktion $\zeta = f(z)$ oder von einer linearen Funktion von $\zeta = f(z)$ zu der konjugiert komplexen Funktion vermittelt wird, also durch eine Beziehung der Form

$$\overline{\zeta^{**}} = \frac{\alpha\zeta + \beta}{\gamma\zeta + \delta}, \tag{6}$$

wobei $\overline{\zeta^{**}}$ die zu ζ^{**} konjugiert komplexe Zahl bedeutet.

Indem wir jetzt von den Symmetrieeigenschaften des Bereiches G_∞ Gebrauch machen, erhalten wir das Resultat, daß die Funktion $f(z)$

[1] Natürlich ist diese Bedingung unwesentlich.

in der Tat den Ausgangsbereich G_∞ auf einen Kreisbereich der gewünschten Art konform abbildet. Die Fläche G_∞ gestattet nämlich Transformationen in sich: Sie geht in sich selbst über, wenn man sie an einem der Schlitze Σ von G spiegelt; dabei vertauschen sich die beiden Gebiete miteinander, in die G_∞ durch Σ zerlegt wird, während die Punkte von Σ selbst festbleiben. Wir bezeichnen vorübergehend unsere Funktion $\zeta = f(z)$, indem wir sie als Funktion eines Punktes P auf G_∞ ansehen, mit $f\{P\}$. Ist dann P' der aus P durch Spiegelung an unserem Schlitze Σ entstehende Punkt, so ordnen wir ihm in einer ζ^{**}-Ebene den Punkt $\zeta^{**}\{P'\} = \overline{f\{P\}}$ zu. Durch diese Zuordnung wird eine konforme Abbildung der Fläche G_∞ mit Umlegung der Winkel auf das schlichte Gebiet K'_∞ der ζ^{**}-Ebene definiert. Da dieses den Punkt ∞ im Inneren enthält, ist nach den vorangegangenen Überlegungen ζ^{**} die konjugiert komplexe Funktion zu einer linearen Funktion von $f(z)$ und etwa durch Gleichung (6) mit $\zeta = f(z)$ verknüpft.

Denken wir ζ und ζ^{**} in derselben Ebene dargestellt, so definiert die Gleichung (6) eine solche Abbildung der Ebene in sich, bei der Kreise wieder in Kreise übergehen. Ferner muß jeder Punkt des Bildes C von Σ in sich selbst übergehen, während die beiden Teile, in die K'_∞ durch C zerlegt wird, miteinander vertauscht werden. Dies ist nur möglich, wenn C ein Kreis ist. Legen wir nämlich durch drei willkürlich gewählte voneinander verschiedene Punkte von C den durch sie bestimmten Kreis, so geht er bei der Abbildung (6) in sich über, da drei seiner Punkte fest bleiben; sein Inneres und sein Äußeres werden vertauscht; also kann die Kurve C keine Punkte im Inneren oder Äußeren des Kreises haben und muß, da sie K'_∞ in zwei getrennte Teile zerlegt, mit seiner ganzen Peripherie identisch sein. Bei der Abbildung von G_∞ auf die ζ-Ebene wird also jeder Schlitz des Ausgangsbereiches G auf einen Kreis abgebildet; das Gebiet G ist somit in der Tat auf einen durch Kreise begrenzten schlichten Bereich konform abgebildet, der im übrigen den Punkt ∞ im Inneren enthält, da der Pol O im Ausgangsbereich G gewählt ist. Damit ist das behauptete Abbildungstheorem bewiesen.

Gleichzeitig ist bewiesen, *daß die Abbildung im wesentlichen, d. h. bis auf eine lineare Transformation, eindeutig bestimmt ist.* Denn wenn zwei verschiedene Kreisbereiche der z-Ebene auf denselben n-fach zusammenhängenden schlichtartigen Bereich konform abgebildet sind, so lassen sie sich auch auf denselben Schlitzbereich G der z-Ebene konform abbilden; indem wir zu diesem G die obige Fläche G_∞ konstruieren und die Abbildung von G auf die Kreisbereiche nach dem Spiegelungsverfahren fortsetzen, erkennen wir, daß unsere Abbildungsfunktionen mit unseren oben betrachteten Funktionen $\zeta^*(z)$ identisch, also lineare Funktionen voneinander sind. Wir können dieses Eindeutigkeitstheorem auch so formulieren: *Zwei Kreisbereiche lassen sich dann und nur dann* *umkehrbar eindeutig und konform aufeinander abbilden, wenn sie durch lineare Transformationen auseinander hervorgehen.*

Wir wollen schließlich noch die Struktur des Bereiches K_∞ [1] betrachten, auf den die Fläche G_∞ durch die Funktion $\zeta = f(z)$ abgebildet wird. K_∞ ist, wie in Abb. 151 (S. 514) angedeutet, Limes der ineinander geschachtelten Bereiche K_j $(j = 1, 2, \ldots)$, deren Zusammenhangszahl mit j über alle Grenzen wächst. Wir behaupten: Jeder einzelne der Begrenzungskreise von K_j hat einen bei hinreichend großem j beliebig kleinen Radius, und zwar konvergiert der Gesamtflächeninhalt der von diesen Kreisen aus der ζ-Ebene ausgeschnittenen Fläche bei wachsendem j gegen Null. Dies ist zwar eine rein geometrische Tatsache, die nur mit der Entstehung des Bereiches K_∞ aus K durch den Spiegelungsprozeß, dagegen nichts mit der konformen Abbildung der Fläche G_∞ auf K_∞ zu tun hat. Trotzdem ergibt sich der Beweis für uns am raschesten dadurch, daß wir von der Existenz der konformen Abbildung Gebrauch machen und an die in Kap. 8, § 9 auf S. 478 erörterte Eigenschaft der Strömungsfunktion erinnern. Die Begrenzung unseres Bildbereiches K_∞ besteht darnach aus einer Punktmenge, der Menge der Häufungspunkte unserer Kreise, welche den „Inhalt Null" hat, d. h. sich in endlich viele Gebiete von beliebig kleinem Gesamtflächeninhalt einschließen läßt. Damit ist die Behauptung bewiesen. Die Begrenzung von K_∞ ist außerdem „nirgends zusammenhängend", da sich je zwei ihrer Punkte durch eine ganz außerhalb derselben laufende Kurve trennen lassen, und im Falle $n \geqq 3$ doch „perfekt", d.h. mit der Menge ihrer Häufungspunkte identisch.

Die Gedankengänge dieses Paragraphen erlauben uns, in einfacher Weise ein weiteres Uniformisierungstheorem, das „*Rückkehrschnitttheorem*", zu beweisen, das dem „Grenzkreistheorem" von § 4 an die Seite tritt und sich folgendermaßen ausspricht:

Es sei G eine algebraische Riemannsche Fläche vom Geschlechte p und $Q_1, Q_2, \ldots, Q_p$ ein System einander nicht treffender Rückkehrschnitte auf ihr, durch die sie in ein schlichtartiges $2p$-fach zusammenhängendes Gebiet G^* verwandelt wird. Dann läßt sich G^* auf einen von $2p$ einfachen geschlossenen getrennt verlaufenden Randkurven begrenzten Bereich B derart konform abbilden, daß je zwei Randkurven C_i und C_i', welche die Bildkurven der beiden Ufer Q_i^+ bzw. Q_i^- eines der Rückkehrschnitte Q_i $(i = 1, 2, \ldots, p)$ sind, auseinander durch eine lineare Transformation hervorgehen. Dabei werden durch diese lineare Transformation jeweils solche Punkte von C_i und C_i' zusammengeordnet, deren entsprechende Punkte in G^* auf Q_i^+ und Q_i^- einander gegenüberliegen. *Die auf G eindeutigen algebraischen Funktionen werden also durch*

---

[1] Wir lassen jetzt, nachdem unser Abbildungssatz bewiesen ist, die Akzente an $\mathsf{K}', \mathsf{K}_1', \mathsf{K}_2', \ldots, \mathsf{K}_\infty'$ wieder fort.

eindeutige automorphe Funktionen uniformisiert, deren Fundamentalbereich das eben geschilderte Gebiet B ist[1].

Den Beweis dieses „Rückkehrschnitt-Theorems" beginnen wir mit der Konstruktion einer passenden Überlagerungsfläche. Nach dem Muster von § 4 denken wir uns die Fläche G^* in unendlich vielen Exemplaren vorhanden und auf allen in der gleichen Weise die Ufer der Rückkehrschnitte mit Q_i^+, Q_i^- bezeichnet. Sodann heften wir an jedes Ufer Q_i^+ bzw. Q_i^- $(i = 1, 2, \ldots, p)$ eines Ausgangsexemplars ein neues Exemplar mit seinem entsprechenden Ufer Q_i^- bzw. Q_i^+ an und setzen diesen Anheftungsprozeß unbegrenzt fort. Dabei sind stets neue Exemplare anzuhängen und nie zwei schon vorhandene Ufer zu vereinigen. Die im Limes entstehende Fläche G^{**} ist unsere gesuchte Überlagerungsfläche. Sie ist, wie man leicht sieht, schlichtartig und kann daher durch eine Strömungsfunktion auf ein schlichtes Gebiet konform abgebildet werden. Genau wie am Beginne des Paragraphen zeigt man nun, daß alle Funktionen, welche G^{**} auf ein schlichtes, den Punkt ∞ im Inneren enthaltendes Gebiet konform abbilden, lineare Funktionen einer unter ihnen sind. Mit Rücksicht auf die Decktransformationen, welche G^{**} zuläßt, ergibt sich dann unsere Behauptung ohne weiteres.

§ 6. Die Moduln eines schlichtartigen Bereiches.

Wir wenden die gewonnenen Ergebnisse noch an, um die Frage zu beantworten, wann zwei vorgegebene schlichtartige Bereiche G_1 und G_2 von endlicher Zusammenhangszahl sich konform aufeinander abbilden lassen. Wenn beide Bereiche einfach zusammenhängend sind, so ist dies immer möglich, höchstens abgesehen von dem Ausnahmefall, daß einer der Bereiche aus der vollen oder der punktierten Ebene besteht bzw. auf diese abbildbar ist. Im Falle einer beliebigen endlichen Zusammenhangszahl n denken wir uns beide Bereiche nach dem vorigen Paragraphen auf Kreisbereiche, nämlich K_1 und K_2, abgebildet. Nun kann man zufolge dem auf S. 518f. angegebenen Satze G_1 und G_2 dann und nur dann konform aufeinander abbilden, wenn die Kreisbereiche K_1 und K_2 auseinander durch lineare Transformationen hervorgehen. Beträgt die Zusammenhangszahl zwei, so bringen wir jeden der Kreisbereiche zunächst durch eine lineare Transformation auf eine Normalgestalt: Der Bereich soll ein Kreisring zwischen zwei um den Nullpunkt geschlagenen Kreisen sein, wobei die Grenzfälle zugelassen sind, daß der innere Kreis in den Nullpunkt oder der äußere in den unendlich fernen Punkt übergeht. Einen derartigen Bereich bezeichnen wir als

[1] Ein Beispiel eines Fundamentalbereiches vom Typus des hier betrachteten Bereiches B haben wir schon in § 3 erwähnt; dort waren alle Randkurven C_1, $C_2, \ldots, C_p$; $C_1', C_2', \ldots, C_p'$ Kreise, während bei den Bereichen unseres Satzes viel allgemeinere geschlossene Kurven als Randkurven vorkommen können.

„Parallelkreisring". Führt eine lineare Transformation zwei solche Kreisringe ineinander über, wobei etwa die äußeren Kreise einander entsprechen mögen[1], so muß sie die Gestalt $\zeta_1 = \alpha\zeta_2$ haben, weil jede Gerade durch den Mittelpunkt der konzentrischen Kreise als gemeinsamer Orthogonalkreis wieder in einen gemeinsamen Orthogonalkreis, d. h. eine Gerade durch den Mittelpunkt übergehen muß, so daß der Nullpunkt und infolgedessen auch der unendlich ferne Punkt fest bleibt. Bei einer solchen Transformation wird das Radienverhältnis der beiden Kreise nicht geändert (dem in den Grenzfällen die Werte $\frac{0}{1}, \frac{1}{\infty}, \frac{0}{\infty}$ beizulegen sind). Umgekehrt lassen sich zwei Parallelkreisringe von gleichem Radienverhältnis durch Streckung stets aufeinander konform abbilden. Wir schließen also: Zwei zweifach zusammenhängende schlichtartige Bereiche lassen sich dann und nur dann konform aufeinander abbilden, wenn das Radienverhältnis der zugehörigen Parallelkreisringe bei beiden dasselbe ist. Es ist demnach eine reelle Bedingung notwendig und hinreichend, oder, wie man nach RIEMANN sagt, *ein zweifach zusammenhängender schlichtartiger Bereich besitzt einen „Modul".*

Ist die Zusammenhangszahl n der Bereiche G_1 und G_2 größer als zwei, so können wir uns wieder durch eine lineare Transformation jeden der zugehörigen Kreisbereiche K_1, K_2 von vornherein so umgestaltet denken, daß zwei seiner Kreise konzentrisch um den Nullpunkt und die übrigen in dem Kreisring zwischen ihnen liegen. Dann sind also K_1, K_2 mit kreisförmigen Löchern versehene Parallelkreisringe, wobei der Fall der mehrfach punktierten Ebene als Grenzfall eingeschlossen bleibt. Wenn es überhaupt eine lineare Transformation gibt, die K_2 in K_1 überführt, dürfen wir wieder ohne Einschränkung der Allgemeinheit annehmen, daß bei ihr die beiden äußeren Kreise sowie die beiden inneren Kreise der Kreisringe einander entsprechen. Eine lineare Transformation, welche die beiden konzentrischen Kreise wieder in konzentrische, ebenso angeordnete Kreise um den Nullpunkt überführt, muß die Form $\zeta_1 = \alpha\zeta_2$ besitzen. K_1 und K_2 müssen daher durch Drehung und Streckung auseinander hervorgehen. Wir finden somit, indem wir beachten, daß hier alle Schlüsse umkehrbar sind, das Ergebnis: Zwei schlichtartige n-fach zusammenhängende Bereiche ($n > 2$) lassen sich dann und nur dann mit gegebener Zuordnung der Randkurven aufeinander konform abbilden, wenn bei den betrachteten zugehörigen ringförmigen Kreisbereichen die Verhältnisse der n Radien sowie die Winkel, unter denen die $n-2$ im Kreisringe gelegenen Kreise und die gegenseitigen Abstände ihrer Mittelpunkte vom Nullpunkt aus erscheinen, je miteinander übereinstimmen. Wir haben also hier, da die Radienverhältnisse durch

[1] Den anderen Fall führt man auf diesen zurück, indem man vorher einen der Bereiche der Transformation $z' = \frac{1}{z}$ unterwirft.

$n-1$, die Winkel der ersten Art durch $n-2$ und die der zweiten Art durch $n-3$ Zahlen gegeben sind, als notwendige und hinreichende Bedingung für die Abbildbarkeit der Gebiete G_1 und G_2 aufeinander zu fordern, daß gewisse $3n-6$ dem Gebiete G_1 zugeordnete reelle Zahlen mit den entsprechenden Zahlen des Gebietes G_2 übereinstimmen. Diese Konstanten des Bereiches, die für seine Abbildungseigenschaften charakteristisch sind, nennt man wieder die „*Moduln*" des Bereiches. Zusammenfassend können wir daher sagen: *Ein schlichtartiger, n-fach zusammenhängender Bereich hat für* $n=1$ *gar keinen, für* $n=2$ *einen, für* $n>2$ *dagegen* $3n-6$ *reelle Moduln.*

Daß für $n=1$ und $n=2$ der allgemeine Ausdruck $3n-6$ für die Anzahl der Moduln nicht gilt, hat seinen Grund darin, daß sich der Bereich für $n=1$ noch durch eine von drei willkürlichen reellen Konstanten abhängige Funktion, im Falle $n=2$ durch eine von einer willkürlichen reellen Konstanten abhängige Funktion in sich transformieren läßt, während bei $n>2$ keine solchen Scharen von Transformationen des Bereiches in sich mehr auftreten können, wie die obigen Betrachtungen zeigen.

§ 7. Der allgemeine Begriff der Riemannschen Fläche.

Während die Riemannschen Flächen, wie wir sie anfänglich einführten, über der Zahlenebene oder der Zahlenkugel ausgebreitet gedacht waren, sind wir, um ihre Zusammenhangsverhältnisse zu veranschaulichen, darauf geführt worden, sie beliebigen stetigen Deformationen zu unterwerfen und so durch im Raume gelegene geschlossene gekrümmte Flächen zu ersetzen. Diese dienten bisher lediglich den Zwecken der Analysis situs; wir wollen jetzt aber zeigen, daß sie auch im Sinne der konformen Abbildung als „Riemannsche Flächen" dienen können.

Um dies näher auszuführen, setzen wir voraus, G sei eine im gewöhnlichen Raume gelegene Fläche, auf der sich eine Anzahl von Teilgebieten derart abgrenzen läßt, daß jeder Punkt von G in mindestens einem der Teilgebiete liegt und daß die Punkte eines jeden Teilgebietes sich durch zwei reelle Koordinaten x, y festlegen lassen, wobei der Punkt x, y ein schlichtes Gebiet der xy-Ebene durchläuft. Das Linienelement ds sei durch den Ausdruck

$$ds^2 = E\,dx^2 + 2F\,dx\,dy + G\,dy^2 \tag{1}$$

gegeben; hierbei sind E, F, G Funktionen von x und y, deren Gestalt natürlich von den zugrunde gelegten Koordinaten x, y abhängt. Wir setzen voraus, daß sie stetige partielle Differentialquotienten besitzen, und erinnern an die aus der Differentialgeometrie bekannte Tatsache, daß überall

$$EG - F^2 > 0 \tag{2}$$

gilt.

Es seien nun $u = u(x, y)$ und $v = v(x, y)$ zwei mit stetigen partiellen Ableitungen versehene reelle Funktionen von x und y, deren Funktionaldeterminante $u_x v_y - u_y v_x$ an einer Stelle in G nicht verschwindet. Dann lassen sich u und v in einer hinreichend kleinen Umgebung dieser Stelle ebenso wie x und y als Koordinaten der Flächenpunkte verwenden, so daß diese Umgebung umkehrbar eindeutig und stetig auf ein schlichtes Gebiet der uv-Ebene abgebildet erscheint. Offenbar ist diese Abbildung dann und nur dann winkeltreu, wenn das Quadrat des Linienelementes, in u, v geschrieben, die Gestalt

$$ds^2 = \lambda (du^2 + dv^2) \tag{3}$$

annimmt, wobei λ eine positive stetige Funktion von u und v bedeutet. Indem wir auf G einen bestimmten Umlaufssinn einführen[1], können wir es durch geeignete Vorzeichenbestimmung von u und v stets so einrichten, daß die winkeltreue Abbildung auch den Umlaufssinn erhält. Wir nennen dann den komplexen Ausdruck $u + iv = \zeta$ eine *in der Umgebung der betrachteten Stelle analytische Funktion* oder kurz eine *analytische Funktion auf der Fläche.* Ist $u^* + iv^* = \zeta^*$ eine andere Funktion auf der Fläche, so haben wir offenbar wegen der Konformität der Abbildung der ζ-Ebene auf die ζ^*-Ebene in ζ^* eine analytische Funktion der komplexen Variablen ζ im gewöhnlichen Sinne vor uns; mit anderen Worten: *Zwei beliebige nicht konstante analytische Funktionen auf einer Fläche G sind analytische Funktionen voneinander.* Im Spezialfall der ebenen über der z-Ebene ausgebreiteten Riemannschen Flächen ($E = G = 1$, $F = 0$) liegt die Sache einfach so, daß z und ζ Funktionen auf der Fläche sind; *unsere allgemeine Auffassung beseitigt die Sonderstellung der unabhängigen Variablen gegenüber der abhängigen.*

Wir formen die Bedingung (3) um, indem wir $du = u_x dx + u_y dy$, $dv = v_x dx + v_y dy$ einsetzen und dann mit (1) vergleichen. So erhalten wir die drei Bedingungen

$$E = \lambda (u_x^2 + v_x^2), \tag{4}$$

$$F = \lambda (u_x u_y + v_x v_y), \tag{5}$$

$$G = \lambda (u_y^2 + v_y^2), \tag{6}$$

aus denen sofort

$$W = \sqrt{EG - F^2} = \lambda (u_x v_y - u_y v_x) \tag{7}$$

folgt, wobei die Wurzel mit dem Vorzeichen der Größe $u_x v_y - u_y v_x$ zu nehmen ist (denn λ ist seiner Definition nach positiv). Durch Elimination von λ aus (4) und (5) mit Hilfe von (7) erhalten wir zwei Gleichungen,

---

[1] Dies geschieht zunächst in der Umgebung der betrachteten Stelle durch willkürliche Festsetzung. Soll die Ausdehnung dieser Festsetzung nach dem Prinzip der Stetigkeit über die ganze Fläche G hin widerspruchsfrei möglich sein, so muß G eine orientierbare Fläche sein.

die in den Größen u_y, v_y linear sind und, nach ihnen aufgelöst, die Beziehungen

$$u_y = \frac{F\,u_x - W\,v_x}{E},$$

$$v_y = \frac{W\,u_x + F\,v_x}{E}$$

ergeben, die wir unter Benutzung von (6) auch schreiben können

$$\text{(8)} \qquad \begin{cases} u_x = \dfrac{E\,v_y - F\,v_x}{W}, \\[2ex] u_y = \dfrac{F\,v_y - G\,v_x}{W} \end{cases} \quad \text{oder} \quad \begin{aligned} v_x &= -\frac{E\,u_y - F\,u_x}{W}, \\ v_y &= -\frac{F\,u_y - G\,u_x}{W}. \end{aligned}$$

Diese Gleichungen haben für die Funktionen auf der Fläche genau dieselbe Bedeutung wie die Cauchy-Riemannschen Differentialgleichungen für die analytischen Funktionen einer unabhängigen komplexen Variablen. In der Tat gehen sie in diese für $E = G = 1$, $F = 0$ über. Setzen wir auch die Existenz stetiger zweiter partieller Differentialquotienten der Funktionen u und v voraus, so folgern wir aus (8), daß u und v Lösungen der partiellen *Differentialgleichung von* Beltrami

$$\text{(9)} \qquad \Delta w = \frac{1}{W}\left(\frac{\partial}{\partial x}\,\frac{G\,w_x - F\,w_y}{W} + \frac{\partial}{\partial y}\,\frac{E\,w_y - F\,w_x}{W}\right) = 0$$

sind, welche das Analogon zur Potentialgleichung für unsere Fläche darstellt. Daher nennt man die Lösungen dieser Gleichung *Potentiale auf der Fläche*. Zwei Potentiale u, v, welche durch die Beziehungen (8) aneinander gebunden sind, heißen *konjugiert*. Alle unsere früheren auf ebene Strömungen bezüglichen Überlegungen übertragen sich mit Hilfe der eben entwickelten Begriffe unmittelbar auf unsere Fläche G; insbesondere lassen sich zwei konjugierte Potentiale durch die Stromlinien und die Niveaulinien einer Strömung auf der Fläche veranschaulichen. Die Greensche Formel und die Sätze über das Dirichletsche Integral bleiben ebenfalls erhalten, wenn wir unter $D[\varphi, \psi]$ das Integral

$$D[\varphi, \psi] = \iint \frac{E\,\varphi_y\,\psi_y - F\,(\varphi_x\,\psi_y + \varphi_y\,\psi_x) + G\,\varphi_x\,\psi_x}{W}\,dx\,dy$$

verstehen. Alle diese Tatsachen beweist man leicht, wenn man beachtet, daß die hier gebildeten Ausdrücke gegenüber beliebigen umkehrbar eindeutigen stetigen Transformationen der Koordinaten und ihrer Ableitungen invariant bzw. kovariant sind, daß stets das Quadrat des Linienelementes von G die Form $ds^2 = \lambda(du^2 + dv^2)$ annimmt, wenn wir zwei konjugierte Potentiale u, v auf der Fläche als Koordinaten einführen, und daß für diese Koordinatenwahl unsere Ausdrücke in die früher von uns behandelten übergehen.

Auf Grund dieser Vorstellungen ergibt sich ohne weiteres eine Ausdehnung der früher entwickelten Abbildungs- und Existenztheoreme auf Gebiete G, die auf beliebigen krummen Flächen im Raum ausgebreitet sind, da man die Umgebung jedes Punktes von G in der eben geschilderten Art konform auf einen schlichten ebenen Bereich abbilden kann. Dabei darf der Bereich G sogar im Raume Singularitäten aufweisen. So stören z. B. Kanten, längs deren zwei stetig gekrümmte Flächenstücke aneinanderstoßen, die Möglichkeit der konformen Abbildung keineswegs, da die Ortsfunktionen E, F, G sich bei geeigneter Koordinatenwahl nebst ihren Ableitungen stetig über die Kanten hinweg fortsetzen. Sogar körperliche Ecken, in denen drei oder mehr Flächenstücke unter von Null verschiedenen Winkeln aneinander stoßen, darf der Bereich G in seinem Inneren enthalten. Denn wie man z. B. nach den Methoden von Kap. 6, § 4 leicht feststellt, kann man die Umgebung der körperlichen Ecke konform auf einen ebenen Bereich derart abbilden, daß dabei der Ecke ein einzelner Punkt entspricht.

Zum Schlusse geben wir dem Begriffe der Riemannschen Fläche eine noch größere Allgemeinheit als bisher, indem wir die Besonderheiten, die mit dem Wesen der Sache nichts zu tun haben, abstreifen. Zunächst kommt es gar nicht darauf an, daß die Stellen unserer Riemannschen Fläche geometrisch durch Raumpunkte dargestellt werden. Es genügt, eine *beliebige orientierbare zweidimensionale Mannigfaltigkeit* M von irgend welchen „Elementen" zugrunde zu legen, welche die Eigenschaft hat, sich in Teilmannigfaltigkeiten zerlegen zu lassen, innerhalb deren die Elemente sich durch Angabe zweier reeller Koordinaten x, y eindeutig kennzeichnen lassen. Auf einer solchen Mannigfaltigkeit muß, damit wir von konformer Abbildung reden können, eine *Maßbestimmung für die „Winkel"* gegeben sein. Während wir bei den räumlichen Riemannschen Flächen einfach die natürliche Maßbestimmung des dreidimensionalen euklidischen Raumes übernehmen konnten, müssen wir hier willkürlich eine Maßbestimmung vorschreiben, indem wir nach Festlegung eines Koordinatensystems x, y drei reelle stetig differenzierbare Funktionen $E(x, y)$, $F(x, y)$, $G(x, y)$, die nur die Bedingung

$$EG - F^2 > 0$$

erfüllen müssen, willkürlich wählen und festsetzen, das Quadrat des Linienelements solle gleich

$$E\,dx^2 + 2F\,dx\,dy + G\,dy^2$$

sein. Da es uns aber nur auf die Winkel, nicht auf die Längen ankommt, geben wir E, F, G nicht einmal völlig vor, sondern nur bis auf einen gemeinsamen reellen von Null verschiedenen Proportionalitätsfaktor. Eine in dieser Weise mit einer Winkelmaßbestimmung ausgestattete zweidimensionale Mannigfaltigkeit bezeichnen wir als

„*Riemannsche Mannigfaltigkeit*". Offenbar ist eine Riemannsche Mannigfaltigkeit genau in der gleichen Weise wie eine räumliche Riemannsche Fläche geeignet, die Grundlage für funktionen- und potentialtheoretische Betrachtungen abzugeben.

§ 8. Historische Angaben zu den letzten Kapiteln.

Die Theorien, denen die letzten Kapitel gewidmet sind, hängen alle mehr oder weniger mittelbar mit den grundlegenden Gedanken zusammen, welche BERNHARD RIEMANN (geb. 1826, gest. 1866) in die Analysis eingeführt hat[1]. Daß RIEMANN das Dirichletsche Prinzip zur Grundlage seiner Existenzbeweise genommen hat, ist schon früher berichtet worden; auch die Weierstraßsche Kritik dieses Ansatzes war schon erwähnt, welche zur Folge hatte, daß C. NEUMANN und H. A. SCHWARZ andere Methoden ausbildeten, mit deren Hilfe ihnen der Beweis der wichtigsten Existenztheoreme gelang. Sie konnten die Existenz der Abelschen Integrale und der algebraischen Funktionen zu einer gegebenen geschlossenen Riemannschen Fläche sowie die Möglichkeit der konformen Abbildung schlichter einfach zusammenhängender, von einer stückweise glatten Kurve begrenzter Bereiche auf das Innere eines Kreises beweisen. Dagegen gelang es noch nicht, unendlich vielblättrige schlichtartige Bereiche auf schlichte Normalbereiche konform abzubilden, weil der Beweis für die Konvergenz der Potentialfunktionen, welche die Abbildung der Näherungsbereiche leisten, damals noch unüberwindliche Schwierigkeiten bot.

Vor neue Fragen sah man sich gestellt, als aus der Theorie der automorphen Funktionen, deren erste Anfänge schon bei GAUSZ und RIEMANN zu finden sind[2], das Problem der Uniformisierung herauswuchs. Die kühnen Gedankengänge, in denen F. KLEIN und H. POINCARÉ Anfang der achtziger Jahre des vorigen Jahrhunderts dieses Problem nach den verschiedensten Richtungen hin durchdrangen, gaben insofern noch keine befriedigende Lösung, als der strenge Beweis für die Möglichkeit der Uniformisierung in diesen Arbeiten noch nicht erbracht werden konnte. Er gelang erst viel später, nachdem einerseits eine intensive Entwicklung, vor allem unter dem Einfluß von F. KLEIN, die Gedanken und Methoden der Riemannschen Funktionentheorie verbreitet und fortgeführt hatte, während andererseits mittlerweile die Auffassungen Weierstraßscher Strenge in allen Fragen der Analysis

[1] Vor allem in seiner Inaugural-Dissertation „Grundlagen für eine allgemeine Theorie der Functionen einer veränderlichen complexen Größe" (Göttingen 1851) und in seiner Abhandlung „Theorie der Abelschen Functionen" (Journ. f. d. reine u. angew. Math. Bd. 54, 1857). Beide Arbeiten sind wieder abgedruckt in den Gesammelten Math. Werken B. RIEMANNS, 2. Aufl., Leipzig 1892.

[2] Vgl. den Bericht „Zur Vorgeschichte der automorphen Funktionen" in Bd. 3, S. 577 bis 586 der Ges. Math. Abhandl. von F. KLEIN, Berlin 1923.

zum Allgemeingut der folgenden Mathematikergeneration geworden waren. Auf der Grundlage der Neumann-Schwarzschen Methoden aufbauend, vermochten gleichzeitig P. KOEBE und H. POINCARÉ im Jahre 1907 das wichtigste Uniformisierungstheorem (dasjenige, von dem in § 4 die Rede war) zu beweisen, und von da ab hat hauptsächlich KOEBE diesen Fragenkreis nach allen Richtungen hin in völlig befriedigender Weise behandelt [1].

Inzwischen war das vorher verworfene Dirichletsche Prinzip von D. HILBERT wieder aufgenommen worden. HILBERT zeigte zunächst nur in einigen einfacheren Fällen, daß die Kräfte der Analysis ausreichten, um den Weg des Dirichletschen Prinzipes zu Ende zu gehen, d. h. daß es möglich ist, die Existenz des Minimums eines Integrals in aller Strenge zu beweisen. Aber nach diesem ersten Erfolge setzten die Bemühungen vieler Mathematiker ein mit dem Ergebnis, daß nunmehr der Weg des Dirichletschen Prinzipes vielleicht den bequemsten Zugang zu der modernen geometrischen Funktionentheorie darstellt [2].

---

[1] Aus der großen Reihe der Koebeschen Abhandlungen kommen vor allem die folgenden in Betracht: „Über die Uniformisierung der algebraischen Kurven", Abh. I bis IV, Math. Annalen Bd. 67 bis 75 (1909 bis 1914), „Über die Uniformisierung beliebiger analytischer Kurven", Journ. f. d. reine u. angew. Math. Bd. 138 u. 139 (1910 u. 1911), „Allgemeine Theorie der Riemannschen Mannigfaltigkeiten (konforme Abbildung und Uniformisierung)", Acta math. Bd. 50 (1927), sowie eine Serie an verschiedenen Stellen veröffentlichter Aufsätze „Zur Theorie der konformen Abbildung". In diesen Arbeiten ist auch vielfach andere Literatur zitiert.

[2] Für die vorliegende Darstellung möge man folgende Arbeiten des Verfassers vergleichen: „Über die Anwendung des Dirichletschen Prinzipes auf die Probleme der konformen Abbildung", Math. Annalen Bd. 71 (1912), „Über die Existenztheoreme der Potential- und Funktionentheorie", Journ. f. d. reine u. angew. Math. Bd. 144 (1914), „Über eine Eigenschaft der Abbildungsfunktionen bei konformer Abbildung", Göttinger Nachrichten, Jahrgang 1914 und 1922.

Sachverzeichnis.

Die Zahlen geben die Seiten an.

GPSR Compliance

The European Union's (EU) General Product Safety Regulation (GPSR) is a set of rules that requires consumer products to be safe and our obligations to ensure this.

If you have any concerns about our products, you can contact us on ProductSafety@springernature.com

In case Publisher is established outside the EU, the EU authorized representative is:

Springer Nature Customer Service Center GmbH
Europaplatz 3
69115 Heidelberg, Germany

Batch number: 10682411

Printed by Printforce, the Netherlands